Werner Kutzelnigg

Einführung in die Theoretische Chemie

WILEY-VCH

Werner Kutzelnigg

Einführung in die Theoretische Chemie

WILEY-VCH

Prof. Dr. Werner Kutzelnigg
Lehrstuhl für Theoretische Chemie
Fakultät für Chemie der
Ruhr-Universität Bochum
Universitätsstraße 150
44780 Bonn

Titelbild mit freundlicher Genehmigung von Prof. T. Fässler, Darmstadt
(entnommen aus: T. F. Fässler, A. Savin, *Chemie in* unserer *Zeit*, **1997**, *31*, 110)

Die Deutsche Bibliothek - CIP-Einheitsaufnahme
Ein Titeldatensatz für diese Publikation ist bei Die Deutsche Bibliothek erhältlich

ISBN: 978-3-527-30609-1

Gedruckt auf säurefreiem Papier.

Inhalt

Teil I. Quantenmechanische Grundlagen

Teil II: Die chemische Bindung

Vorwort zu Teil I

Versucht man, ein Lehrbuch über ein Gebiet der Theoretischen Chemie abzufassen, so steht man immer vor einer grundsätzlichen Schwierigkeit. Man wendet sich vom Thema her hauptsächlich an Chemiker, muß aber andererseits physikalisch-mathematische Kenntnisse voraussetzen, die ein Chemiker normalerweise nicht besitzt. Zwei mögliche Auswege werden oft gewählt. Der eine besteht darin, daß man versucht, unter Verzicht auf Strenge der Darstellung eine vereinfachte, leicht verständliche Theorie anzubieten; der andere, daß man zunächst die quantenmechanischen Grundlagen erläutert und in Kauf nimmt, daß das eigentliche Thema dann zu kurz kommt.

Wir haben uns dafür entschieden, den quantenmechanischen Grundlagen der Theoretischen Chemie einen in sich abgeschlossenen selbständigen Band zu widmen, der zwar in erster Linie als Vorbereitung für Band 2 ,Die chemische Bindung' gedacht ist, der sich aber auch als Grundlage für andere Teilgebiete der Quantenchemie eignet. Im vorliegenden Band werden keine mathematischen Kenntnisse vorausgesetzt, die über die elementare Differential- und Integralrechnung hinausgehen. Die benötigte Mathematik wird in diesem Band selbst, hauptsächlich im Anhang, vorgestellt.

Gegenstand dieses Bandes ist die nichtrelativistische, zeitunabhängige Quantenmechanik, insbesondere die Theorie der Atome. Es ist im wesentlichen nur von stationären Zuständen die Rede, weil man es in der Quantenchemie fast nur mit solchen zu tun hat. Auf die Theorie der Kontinuumszustände sowie die der zeitabhängigen Erscheinungen wurde bewußt verzichtet und damit auch auf das ,freie Teilchen', das Durchdringen einer Potentialschwelle (Tunneleffekt) sowie die gesamte Streutheorie. Ebenso mußten die Wechselwirkung der Materie mit dem elektromagnetischen Feld und damit die Theorie der Licht-Absorption und -Emission und die Theorie der Auswahlregeln und Intensitäten unberücksichtigt bleiben. Hingegen wird das Verhalten von Atomen in statischen Magnetfeldern behandelt, weil es für die Theorie der chemischen Bindung der Übergangsmetallionen wichtig ist.

Die Darstellung ist an den Methoden der gegenwärtigen Forschung orientiert, doch werden gelegentlich auch weniger moderne oder elegante Formulierungen verwendet, wenn diese leichter zu verstehen sind. Grundsätzlich hat der Autor der Versuchung widerstanden, zur Erleichterung des Verständnisses halbrichtige oder saloppe Formulierungen zu benutzen. Die axiomatische Einführung der Quantenmechanik wurde von vornherein auf die Schrödinger-Darstellung im Ortsraum festgelegt. Eine darstellungsfreie Einführung wäre zwar eleganter gewesen, hätte aber weder didaktisch noch im Hinblick auf die Anwendungen Vorteile gebracht. Die wenigen Beispiele von Schrödingergleichungen, die sich exakt lösen lassen, sind für die Quantenchemie relativ uninteressant. Deshalb stehen in diesem Band die allgemeineren Prinzipien der näherungsweisen Lösung der Schrödingergleichung im Vordergrund. Einen breiten Raum nehmen das Variationsprinzip und die auf ihm basierenden Methoden ein, speziell das lineare Variationsverfahren, das zu einer endlichen Matrixdarstellung der Schrödingergleichung führt.

Es ließ sich nicht vermeiden, daß die verschiedenen Abschnitte unterschiedliche Anforderungen an den Leser stellen. Vielleicht empfiehlt es sich bei einer ersten Lektüre, Abschn. 2.7 zu überschlagen, vom Kap. 3 nur die Zusammenfassung zu lesen und sich in Kap. 5 auf Abschn. 5.1 und 5.7 zu beschränken. Die Störungstheorie (Kap. 6) wird später nur im Zusammenhang mit Atomen im Magnetfeld und auch in Band 2 nur einige Male benutzt, so daß man sie ebenfalls zunächst übergehen kann. Auf den mathematischen Anhang wird im Text mehrfach verwiesen. Man kann natürlich diesen Anhang auch vor dem eigentlichen Buch durcharbeiten.

Der Verfasser dankt Herrn Dr. V. Staemmler und Herrn Dr. R. Ahlrichs für die kritische Durchsicht früherer Versionen dieses Manuskripts und für wertvolle Anregungen, den Herren H. Diehl, F. Driessler, F. Keil, Dr. H. Kollmar und M. Schindler für ihre Hilfe bei der Suche nach Fehlern im Manuskript und beim Korrekturlesen, Herrn B. Weinert für seine Mitwirkung bei der Abfassung des Registers und Frau H. Jansoone für einen großen Teil der Schreibarbeit.

Bochum, im März 1974 *Werner Kutzelnigg*

Verwendete Symbole (in Klammern Definitionsgleichungen)

A, B, C	sowie a, b, c wird für vorübergehend auftretende Größen und in wechselnder Bedeutung verwendet
A, B, C	speziell in Kap. 10 und 11: Racah – Parameter (10.7–5)
$\vec{A}$	in Kap. 11: Vektorpotential des magnetischen Feldes (11.4–3)
$\boldsymbol{A}$	Matrix mit den Elementen A_{ik} (A7 – 3)
$\|\boldsymbol{A}\| = \|A_{ik}\|$	Determinante der Matrix $\boldsymbol{A}$ (A7 – 33)
$\boldsymbol{A}^{-1}$	Inverses der Matrix $\boldsymbol{A}$ (A7 – 39)
A	Operator zur Größe A
A^{+}	zu A adjungierter Operator (A7 – 76)
$\langle \mathsf{A} \rangle$	Erwartungswert des Operators A (2.3–3)
$\langle \mathsf{A} \rangle_{\varphi}$	Erwartungswert des Operators A, gebildet mit der Wellenfunktion φ (5.6–5)
$[\mathsf{A},\mathsf{B}]_{-}$	Kommutator der Operatoren A und B (2.4–7)
$\vec{a}$	Vektor mit den Komponenten a_i (A1–1)
$\vec{a} \cdot \vec{b} = (\vec{a}, \vec{b}) = \sum_i a_i^* b_i$	Skalar-Produkt von $\vec{a}$ und $\vec{b}$ (A1–9)
$\vec{a} \times \vec{b}$	Vektorprodukt von $\vec{a}$ und $\vec{b}$ (A1–26)
$\vec{a}_k$	Vektor mit den Komponenten $a_i^{(k)}$
$\dot{a}$	zeitliche Änderung von a
a	als Index: antisymmetrisch
$a = \|\vec{a}\|$	Betrag des Vektors $\vec{a}$ (A1–6), (A1–8)
a^*	zu a konjugierte komplexe Größe
a_0	atomare Längeneinheit (Bohr) ≈ 0.529 Å (4.2–3)
a.u.	atomare Energieeinheit (Hartree) ≈ 27.21 eV ≈ 627.71 kcal / mol (4.2–2)
$\mathbf{C}^n$	komplexer n-dimensionaler cartesischer Vektorraum
c	speziell in Kap. 3 und 11: Lichtgeschwindigkeit
D	Mehrelektronenzustand mit $L = 2$
d	im Anhang: Entartungsgrad
d	Einelektronenzustand mit $l = 2$
$d_{xy}, d_{yz}, d_{xz}, d_{z^2}, d_{x^2-y^2}$	reelle d-Funktionen (4.5–6)
div	Divergenz (A2 – 9)
$\mathrm{d}\tau = \mathrm{d}x\mathrm{d}y\mathrm{d}z$	Volumenelement
$\mathrm{d}\tau_i$	Volumenelement des i-ten Teilchens
E	Energie, insbesondere Gesamtenergie oder exakte Energie
E_0	Energie des Grundzustandes
E_k	Energie des k-ten angeregten Zustandes
E_λ	von einem Parameter λ abhängige Energie
$E^{(k)}$	k-ter Term der Störentwicklung der Energie nach Potenzen von λ (6.1–2)

E_{corr}	Korrelationsenergie
E_{ex}	Exakte (experimentelle) Energie (12.1–2)
E_{HF}	Hartree-Fock-Energie (12.1–1)
E_{rel}	relativistische Korrektur zur Energie (12.1–3)
E_{SB}	Spin-Bahn-Wechselwirkungsenergie (11.1–15)
$\vec{\mathcal{E}}$	Elektrische Feldstärke, mit den cartesischen Komponenten $\mathcal{E}_x, \mathcal{E}_y, \mathcal{E}_z$
e	elektrische Elementarladung = $4.8029 \cdot 10^{-10}$ el.stat.Einh.
e	Basis der natürlichen Logarithmen
e_k	Einelektronenenergie des k-ten Orbitals bei separierbaren Problemen (7.1–9)
F, f, G, g	vorübergehend auftretende Funktionen
F	Gesamtzustand mit $L = 3$
$\vec{F}$	Kraft, mit den cartesischen Komponenten F_x, F_y, F_z
F^k, F_k	speziell in Kap. 10: Slater-Condon-Parameter (10.6–8), (10.7–3)
f	Einelektronenzustand mit $l = 3$
G	Gesamtzustand zu $L = 4$
g	Einelektronenzustand zu $l = 4$
g	speziell in Kap. 11: g-Faktor des Elektrons (11.4–10) bzw. Landéscher g-Faktor (11.4–26)
$g^{-1}(y)$	Inverses der Funktion $y = g(x)$
g	als Index: gerade (10.9–1)
grad	Gradient (A2–5)
H	Hamiltonfunktion (1.2–16)
H	Wasserstoffatom
H	Hamiltonoperator (2.1–11)
$\mathsf{H}_0 = \mathsf{H}^{(0)}$	ungestörter Hamiltonoperator (6.2–3)
H'	Störoperator (6.2–3)
H_λ	von einem Parameter λ abhängiger Hamiltonoperator
$\mathsf{H}^{(k)}$	Koeffizienten von λ^k in der Entwicklung von H_λ nach Potenzen von λ (6.2–2)
H_{SB}	Spin-Bahn-Wechselwirkungsoperator (11.1–1)
H	Matrixdarstellung des Hamiltonoperators
H_{jk}	Matrixelement des Hamiltonoperators
H_{pp}	Matrixelement zwischen zwei gleichen p-Funktionen
$\vec{\mathcal{H}}$	magnetische Feldstärke mit den cartesischen Komponenten $\mathcal{H}_x, \mathcal{H}_y, \mathcal{H}_z$
h	Plancksches Wirkungsquantum
$\hbar = \frac{h}{2\pi}$	reduziertes Plancksches Wirkungsquantum = $1.0544 . 10^{-27}$ erg s
h	Einelektronen-Hamiltonoperator
h_{eff}	effektiver Einelektronen-Hamiltonoperator

h_{SB}	Einelektronen-Spin-Bahn-Wechselwirkungsoperator (11.1–1)
I	Elektronenwechselwirkung
i	imaginäre Einheit
i, j, k, l	Summationsindices, speziell über Elektronen
i	Inversionsoperator
$(ii \mid jj)$	Coulombintegral in Mulliken-Schreibweise (9.2–26)
$\vec{J}$	Gesamtdrehimpulsoperator mit Komponenten J_x, J_y, J_z
J	Gesamtdrehimpulsquantenzahl
$J(i)$	speziell in Kap. 7: Gesamt-Coulomb-Operator
$J^k(i)$	Coulomb-Operator des k-ten Orbitals (9.3–5)
$\vec{j}$	Einelektronen-Gesamtdrehimpuls-Operator mit Komponenten j_x, j_y, j_z
j	Einelektronen-Gesamtdrehimpuls-Quantenzahl
$[j_1, j_2]$	Spinorbital-Unterkonfiguration
$K^k(i)$	Austauschoperator
k	in Kap. 2: Eigenwert des Impulsoperators in Einheiten von $\hbar$
L	in Kap. 1: Lagrange-Funktion
L	in Kap. 2: für die Bewegung charakteristische Länge
L	Gesamtdrehimpulsquantenzahl
$\vec{L}$	Gesamtbahn-Drehimpulsoperator, mit Komponenten L_x, L_y, L_z (10.2–1)
$\mathcal{L}^2$	Hilbertraum der quadratintegierbaren Funktionen
l	Drehimpulsquantenzahl
$\vec{l}$	Drehimpuls (1.5–1)
$\vec{\ell}$	Einteilchen-Drehimpuls-Operator, mit Komponenten ℓ_x, ℓ_y, ℓ_z (3.1–2)
L_+, L_-, ℓ_+, ℓ_-	step-up und step-down-Operator (3.4–1), (10.8–3)
$\vec{M}$	Gesamt-Dipolmoment-Operator
M	Kernmasse
$\vec{m}$	Einelektronen-Dipolmoment-Operator
m	Elektronenmasse = $9.108\ 10^{-28}$ g
M_J, m_j	Quantenzahl zu J_z bzw. j_z
M_L, m_l (oder M, m)	Quantenzahl zu L_z bzw. ℓ_z
M_S, m_s	Quantenzahl zu S_z bzw. s_z
N_e	Zahl der Elektronen
N_k	Zahl der Kerne
N	Normierungskonstante (2.1–3)
N	normaler Operator (A6–81)
N_L	Loschmidtsche Zahl
N	Gesamtzahl der Teilchen (Kerne und Elektronen)

n^{α}, n^{β}	Zahl der Elektronen mit α-, bzw. β-Spin
n	Quantenzahl für ein Teilchen im eindimensionalen Kasten
n	Hauptquantenzahl beim H-Atom
n	Dimension einer Basis bzw. eines Vektors oder einer Matrix
n_k	Besetzungszahl des Orbitals φ_k
n_k^{α}, n_k^{β}	Besetzungszahl des Orbitals φ_k mit α- bzw. β-Spin
n_x, n_y, n_z	Quantenzahlen für ein Teilchen im dreidimensionalen Kasten
P_{12}	Permutations-Operator (8.2–1)
$\vec{P}$	Gesamtimpuls (Impuls der Schwerpunktsbewegung) mit Komponenten P_X, P_Y, P_Z
$\vec{\mathsf{P}}$	Gesamtimpulsoperator
P	Gesamtzustand mit $L = 1$
$P(x)$, $Q(x)$	beliebiges Polynom in x
$\mathrm{P}_n(x)$	n-tes Legendresches Polynom (3.3–10)
p	Einelektronenzustand mit $l = 1$
$\vec{p}$	Impuls, insbesondere Relativimpuls, mit den Komponenten p_x, p_y, p_z
$\vec{\mathsf{p}}$	Einteilchen-Impulsoperator
p_u	in Kap. 1: der zu u kanonisch konjugierte Impuls
p_x, p_y, p_z	reelle p-Funktionen (4.5–1)
$p\sigma$, $p\pi$, $p\bar{\pi}$	komplexe p-Funktionen
Q, q	elektrische Ladung
Q_i	elektrische Ladung des i-ten Teilchens
q_i	in Kap. 1: verallgemeinerte Koordinaten
$\mathcal{R}^n$	reeller n-dimensionaler cartesischer Vektorraum
$\vec{R}$	in Kap. 1: Vektor der Schwerpunktsbewegung, mit den Komponenten X, Y, Z
$R(r)$	Funktion von r bei Separationsansatz
$\mathrm{Re}(A)$	Realteil von A
$\vec{r}$	Ortsvektor, insbesondere Vektor der Relativbewegung, mit den Komponenten x, y, z
$\vec{r}_i$	Ortvektor des i-ten Teilchens, mit den Komponenten x_i, y_i, z_i
$r = \lvert\vec{r}\rvert$	Betrag von $\vec{r}$
r_{ij}	Abstand zwischen i-tem und j-tem Teilchen
rot	Rotation (A2–18)
$r_>$, $r_<$	größerer und kleinerer von 2 r-Werten (10.6–6)
S	Gesamtspin-Quantenzahl
S	Gesamtzustand mit $L = 0$
S_{ik}	Überlappungsintegral zweier Funktionen

S	Überlappmatrix
$S(x)$	in Kap. 2: Phasenintegral der WKB-Methode (2.6–25)
$\vec{\mathsf{S}}, \vec{S}$	Gesamtspin-Operator (Matrix) mit den Komponenten $\mathsf{S}_x, \mathsf{S}_y, \mathsf{S}_z$ bzw. S_x, S_y, S_z
Spur (A)	Spur der Matrix A (A7–86)
$\vec{\mathsf{s}}, \vec{s}$	Einelektronenspin-Operator (Matrix) mit den Komponenten $\mathsf{s}_x, \mathsf{s}_y, \mathsf{s}_z$ bzw. s_x, s_y, s_z (3.5–2)
s	Einelektronen-Spinquantenzahl
s	Einelektronen-Zustand mit $l = 0$
s	als Index: symmetrisch
s	Spinkoordinate
s_i	Spinkoordinate des i-ten Elektrons
T	kinetische Energie
T	Operator der kinetischen Energie
$\bar{T}$	in Kap. 1: zeitliches Mittel von T (1.4–35)
t	Zeit
U, U	unitärer Operator bzw. unitäre Matrix (A6–78)
u,v,w	in Kap. 1: beliebige Koordinaten
u	als Index: ungerade (10.9–2)
V	potentielle Energie, Potential
$\bar{V}$	in Kap. 1: zeitliches Mittel von V
V	Operator der potentiellen Energie
V_{ee}	Potentielle Energie der Elektronenabstoßung
V_{ek}	Potentielle Energie der Anziehung zwischen Kernen und Elektronen
V_{kk}	Potentielle Energie der Kernabstoßung
$X(x),\ Y(y),\ Z(z)$	Funktionen bei Separation in cartesichen Koordinaten
x,y,z	cartesische Koordinaten
$\vec{x}_i=(\vec{r}_i, s_i)$	Zusammenfassung von Orts- und Spinkoordinaten des i-ten Teilchens
$\mathrm{Y}_l^m(\vartheta,\varphi)$	normierte Kugelfunktion (3.3–14)
$y(x)$	beliebige Funktion
Z	Kernladung
Z_{eff}	effektive Kernladung, im Sinne der Slaterschen Regeln
α, β, γ	für vorübergehend auftretende Größen in wechselnder Bedeutung und Summations-Indices
α	in Kap. 11: Feinstrukturkonstante (11.1–1)
α, β	Einteilchenspinfunktionen (3.5–8)
β	Speziell in Kap. 11: Bohrsches Magneton
$\gamma(\vec{r}, s)$	in Kap. 8: Einelektronendichte mit Spin
Δ	Mehrelektronenzustand mit $M = 2$

Δ	Laplace-Operator (A2–15)
ΔA	Varianz (Unschärfe) des Erwartungswertes $\langle A \rangle$ (2.3–5)
δ	in Kap. 1: Phasenverschiebung
δ	in Kap. 4: Variation, z.B. $\delta(\varphi, \mathrm{A}\, \varphi)$
δ_{ij}	Kronecker-Symbol (=1 für $i=j$, sonst =0)
$\delta, \bar{\delta}$	Einelektronenzustand mit $m_l = 2, -2$
δ_l	Quantendefekt der Rydbergserie mit Nebenquantenzahl l
ϵ	in Kap. 5: Abstand zweier Funktionen im Hilbert-Raum (5.5–1)
ϵ_k	Orbitalenergie (insbes. Hartree-Fock-Energie) des k-ten Orbitals
η	(Scaling) – Parameter, Variable im Exponenten
${}^3\theta_1, {}^3\theta_0, {}^3\theta_{-1}, {}^1\theta$	2-Elektronen-Spinfunktionen (8.5–8, 9)
ϑ	sphärische Polarkoordinate
Λ	Diagonalmatrix
λ	wird für beliebige Skalare verwendet, insbesondere Lagrange-Multiplikatoren, sowie Eigenwerte von Matrizen, Störparameter
λ	in Kap. 2: De-Broglie-Wellenlänge (2.6–20)
λ	in Kap. 11: Mehrelektronen-Spin-Bahn-Wechselwirkungsparameter
$\lambda\!\!\!^{-}$	in Kap. 2: reduzierte De-Broglie-Wellenlänge (2.6–20)
μ, ν	Summations-Indices, vor allem für Kerne
μ	reduzierte Masse (1.4–11)
μ	Entartungsgrad
ν	Frequenz (insbesondere in der Verknüpfung hν)
$\xi(r)$	in Kap. 11: Radialfaktor der Spin-Bahnwechselwirkung
ξ	für Variablen verwendet
ξ_{nl}	in Kap. 11: Spin-Bahn-Wechselwirkungsparameter
$\Pi, \bar{\Pi}$	Mehrelektronen-Zustand mit $M_L = 1, -1$
$\prod_{i=1}^{n} a_i$	Produkt ($= a_1 \cdot a_2 \ldots a_n$)
π	3.14 ...
$\pi, \bar{\pi}$	Einelektronenzustand mit $m_l = 1, -1$, speziell für $p\pi$, $p\bar{\pi}$
$\pi(\vec{r}_1, \vec{r}_2)$	in Kap. 12: Paardichte
$\pi^{\alpha\alpha}, \pi^{\alpha\beta}, \pi^{\beta\alpha}, \pi^{\beta\beta}$	Beiträge zur Paardichte mit verschiedenen Spin-Kombinationen
$\rho(x)$	Wahrscheinlichkeitsdichte
$\rho(\vec{r})$	Einteilchendichte
ρ^α, ρ^β	Einteilchendichte mit α- bzw. β-Spin

Σ	Mehrelektronenzustand mit $M_L = 0$
$\sum$	Summe
σ	Einelektronenzustand mit $m_l = 0$, speziell für $p\sigma$
τ	in Kap. 1: Umlaufszeit
τ	siehe $d\tau$!
ϕ	Mehrelektronen-Wellenfunktion in der Form einer Slater-Determinante
ϕ_{ij}^{ab} etc.	substituierte Slater-Determinanten (12.5–1)
φ	sphärische Polarkoordinate
$\varphi_i(\vec{r})$	Orbital (Einelektronenfunktion)
$\{\varphi_i\}$	Basis von Einelektronenfunktionen
φ	in Kap. 5: Variationsfunktion
χ_k	Basisfunktionen
χ_k	in Kap. 12: natürliche Orbitale (12.4–5)
χ	in Kap. 11: magnetische Suszeptibilität
Ψ	in Kap. 2: Zeitabhängige Wellenfunktion
Ψ	Mehrelektronenwellenfunktion, die der Korrelation Rechnung trägt
$\psi_i(\vec{r}, s)$	Spin-Orbital
ψ	in Kap. 2: Zeitunabhängige Wellenfunktion
$\lvert \psi_1(1) \ldots \psi_n(n) \rvert$	Slater-Determinante
$\lvert\psi\rvert$	Betrag von ψ
$\lVert\psi\rVert$	Norm von ψ (2.5–5)
(ψ, φ)	Überlappungsintegral (2.5–3)
$(\psi, \mathrm{A}\varphi) = \langle\psi \vert \mathrm{A} \vert \varphi\rangle$	Matrixelement (2.5–1)
$\vec{\psi} = \begin{pmatrix}\psi_1 \\ \psi_2\end{pmatrix}$	zweikomponentige Einteilchen-Wellenfunktion (3.5–1)
$\Omega(1,2)$, $\omega(1,2)$	Spinfreie Zweielektronenfunktion
ω	$= 2\pi\nu$ Kreisfrequenz
ω	$= e^{\frac{2\pi i}{3}}$ komplexe dritte Einheitswurzel
∇	Nabla-Operator (A2–12)

1. Klassisch-mechanische Behandlung von Atomen und Molekülen

1.1. Vorbemerkung

Zwar wissen wir, daß man die Existenz und die Eigenschaften von Atomen und Molekülen nur auf der Grundlage der Quantenmechanik verstehen kann. Der Versuch einer klassischen, d.h. nichtquantenmechanischen Beschreibung ist aber in verschiedener Hinsicht lehrreich. Erstens versteht man die Quantenmechanik besser, wenn man sich klarmacht, in welcher Hinsicht sie eine von der der klassischen Physik abweichende Beschreibung liefert. Zweitens sind die aus der klassischen Mechanik abgeleiteten Gleichungen unmittelbar anwendbar, zwar nicht auf die Bewegung der Elektronen in Atomen und Molekülen, aber doch oft in guter Näherung für die Bewegung der Atomkerne – und in aller Strenge natürlich für die Bewegung der Planeten um die Sonne. Drittens nehmen wir die Gelegenheit wahr, den Hamiltonschen Formalismus der Mechanik einzuführen, von dem aus sich ein besonders zwangloser Zugang zur Quantenmechanik ergibt. Viertens schließlich können wir das Bohrsche Atommodell auf diesem Wege gleichsam als kleinen Abstecher mitnehmen.

Daß Atome aus Atomkernen und Elektronen bestehen, weiß man erst seit den Arbeiten von Rutherford, d.h. seit etwa 1911. Die Kräfte zwischen diesen Teilchen gehorchen dem Coulombschen Gesetz und unterscheiden sich formal nicht (abgesehen davon, daß Anziehung *und* Abstoßung auftreten kann) von den Gravitationskräften, so daß die Übertragung der Newtonschen Theorie der Planetenbewegung auf der Hand liegt.

Atomkerne und Elektronen lassen sich sicher gut als Massenpunkte idealisieren. Diese Idealisierung wird übrigens auch in der quantenmechanischen Beschreibung beibehalten, obwohl wir heute wissen, daß Atomkerne und Elektronen eine endliche Ausdehnung haben. Der Fehler, den man macht, indem man sie als punktförmig ansieht, ist aber für die Quantenchemie bedeutungslos.

Wonach wir jetzt fragen, ist die Bewegung unserer Massenpunkte. Zu einer Zeit t ist die Position des i-ten Massenpunktes durch den Ortsvektor $\vec{r}_i$ gekennzeichnet. Wir wünschen, die Ortsvektoren sämtlicher N Teilchen als Funktion der Zeit zu kennen, d.h. die N *Bahnkurven*:

$$\vec{r}_i(t) \; ; \quad i = 1,2 \ldots\ldots N$$

Die klassische Mechanik gibt keine unmittelbare Auskunft über diese Bahnkurven, sondern sie liefert uns sog. *Bewegungsgleichungen*, das sind Differentialgleichungen, die eine Vielfalt von Bahnkurven als Lösung haben, aus denen wir die ‚richtige' auswählen können, wenn wir bestimmte Anfangsbedingungen einsetzen. Außerdem liefert uns die Mechanik Aussagen über Größen wie Energie oder Impuls, die während der Bewegung unverändert bleiben und die man als *Bewegungskonstanten* bezeichnet.

In diesem Kapitel wird der Formalismus der Vektorrechnung benutzt, wir verwenden außerdem Polarkoordinaten sowie den Begriff des Feldes. Ferner kommen einfache gewöhnliche Differentialgleichungen vor. Der mit diesen Dingen nicht vertraute Leser sei auf den mathematischen Anhang (A1, A2, A4, A5) verwiesen.

1.2. Der Newtonsche und der Hamiltonsche Formalismus für die Bewegung eines Massenpunktes

Seit Newton wissen wir, daß für die Bewegung eines Massenpunktes der Masse m unter dem Einfluß einer Kraft $\vec{F}$ folgende Beziehung gilt (das sog. 2. Newtonsche Axiom).

$$m \cdot \ddot{\vec{r}} = \vec{F} \qquad (1.2\text{–}1)$$

wobei $\ddot{\vec{r}}$ die zweite Ableitung des Ortsvektors nach der Zeit ist. Die erste Ableitung des Ortsvektors nach der Zeit, $\dot{\vec{r}}$ heißt Geschwindigkeit, und die zweite Ableitung $\ddot{\vec{r}}$ Beschleunigung.

Wir wollen uns auf den Fall beschränken, daß die Kraft nur eine Funktion des Ortes ist, an dem sich das Teilchen befindet, daß sie aber unabhängig von der Geschwindigkeit des Teilchens ist und nicht explizit von der Zeit abhängt. (Mittelbar kann die Kraft, die auf das Teilchen wirkt, natürlich von der Zeit abhängen, weil das Teilchen sich bewegt und die Kraft vom Ort abhängt.) In diesem Fall kann man die Kraft durch ein Kraftfeld $\vec{F}(\vec{r})$ beschreiben. Nicht durch ein Kraftfeld beschreibbar sind z.B. Reibungskräfte, weil diese von der Geschwindigkeit des Teilchens abhängen, aber bei der Bewegung von Teilchen im freien Raum braucht man keine Reibung zu berücksichtigen.

Eine weitere Einengung der möglichen Kräfte erweist sich für viele Fälle als nützlich, und wir kommen mit diesem weiter eingeschränkten Fall im folgenden immer aus. Man bezeichnet ein Kraftfeld als *konservativ,* wenn $\vec{F}(\vec{r})$ sich als Gradient einer skalaren Feldfunktion $V(\vec{r})$ schreiben läßt, d.h., wenn es ein $V(\vec{r})$ gibt, derart daß

$$\vec{F}(\vec{r}) = -\operatorname{grad} V(\vec{r}) = -\nabla \cdot V(\vec{r}) \qquad (1.2\text{–}2)$$

(Die Definition des Gradienten sowie des Differentialoperators ∇, des sog. Nablaoperators, und einige Anwendungen findet man im Anhang A2.)

Für Coulombkräfte gilt Gl. (1.2–2), hierbei ist

$$\vec{F}(\vec{r}) = Q\,q \cdot \frac{\vec{r}}{r^3}\,; \quad V(r) = \frac{Q \cdot q}{r} \qquad (1.2\text{–}3)$$

wenn eine Ladung Q im Koordinatenursprung das Feld erzeugt und das betrachtete Teilchen die Ladung q in elektrostatischen Einheiten besitzt.

In konservativen Systemen gilt ein wichtiger Satz, den wir für den Spezialfall einer eindimensionalen Bewegung aus dem Newtonschen Axiom ableiten wollen. Die Bewegung verlaufe in x-Richtung, d.h., y und z bleiben bei der Bewegung konstant. Dann ist

$$m\,\ddot{x} = F(x) = -\frac{\mathrm{d}V}{\mathrm{d}x} \qquad (1.2\text{–}4)$$

Multiplizieren dieser Gleichung mit $\dot{x} = \frac{\mathrm{d}x}{\mathrm{d}t}$ führt zu

$$m\,\dot{x}\ddot{x} = -\frac{\mathrm{d}V}{\mathrm{d}x} \cdot \frac{\mathrm{d}x}{\mathrm{d}t} \qquad (1.2\text{–}5)$$

Die linke Seite dieser Gleichung ist aber gleich

$$m \cdot \frac{1}{2} \frac{\mathrm{d}}{\mathrm{d}t} (\dot{x})^2$$

und die rechte Seite gleich $-\frac{\mathrm{d}V}{\mathrm{d}t}$ (weil V nicht explizit von t abhängt, also $\frac{\partial V}{\partial t} = 0$), so daß folgt

$$\frac{\mathrm{d}}{\mathrm{d}t}\left(\frac{1}{2} m \dot{x}^2\right) = -\frac{\mathrm{d}V}{\mathrm{d}t} \qquad (1.2\text{–}6)$$

Kürzen wir $1/2\ m\,\dot{x}^2$ als T ab und nennen T die *kinetische Energie*, und definieren wir $E = T + V$ als Gesamtenergie sowie V als potentielle Energie, so haben wir den *Energiesatz* abgeleitet

$$\frac{\mathrm{d}E}{\mathrm{d}t} = \frac{\mathrm{d}(T+V)}{\mathrm{d}t} = 0 \qquad (1.2\text{–}7)$$

Die Summe aus potentieller und kinetischer Energie ist in einem konservativen Kraftfeld zeitlich konstant. Analog läßt sich dieser Satz für eine Bewegung im dreidimensionalen Raum beweisen. Hierbei ist

$$T = \frac{m}{2}(\dot{x}^2 + \dot{y}^2 + \dot{z}^2) = \frac{m}{2}\dot{\vec{r}}^{\,2} \qquad (1.2\text{–}8)$$

Es mag irritieren, daß wir den bekannten Energiesatz hier indirekt gewonnen haben – nämlich aus dem Newtonschen Axiom – und nur für Bewegungen in konservativen Kraftfeldern. Tatsächlich gilt der Energiesatz in der angegebenen Form nicht für Bewegungen in beliebigen äußeren Kraftfeldern. Er gilt wohl allgemein für abgeschlossene Systeme, d.h. Systeme ohne äußeres Kraftfeld. Über das Kraftfeld kommt im Prinzip eine Wechselwirkung mit der Außenwelt zustande, es kann unseren Teilchen Energie zugeführt oder weggenommen werden, allerdings nicht, wie wir soeben bewiesen haben, wenn das Kraftfeld konservativ ist.

Für konservative Kraftfelder ist es vorteilhaft, anstelle von Kraft und Beschleunigung die potentielle und kinetische Energie in den Mittelpunkt der Theorie zu stellen. Das führt uns zur Hamiltonschen Formulierung der Mechanik. Wie gesagt, beschränken wir uns auf den Fall, daß die potentielle Energie V definiert ist und nur von den Ortskoordinaten abhängt*). V muß aber nicht notwendigerweise in cartesischen Koordinaten $x, y, z,$ sondern kann z.B. auch in sphärischen Polarkoordinaten r, ϑ, φ oder beliebigen Koordinaten u, v, w gegeben sein. Wir definieren jetzt zu jeder Ortskoordinate die *kanonisch konjugierte Impulskoordinate* in folgender Weise

$$p_u = \frac{\partial T}{\partial \dot{u}} \qquad (1.2\text{–}9)$$

* Wenn wir diese Einschränkung nicht machen, ist die im folgenden gegebene Einführung des Hamiltonschen Formalismus nicht zulässig, sondern man muß in zwei Schritten vorgehen, indem man zunächst die sog. Lagrange-Funktion $L = T - V$ und die sog. Lagrange-Gleichungen einführt.

In cartesischen Koordinaten ist

$$T = \frac{m}{2}(\dot{x}^2 + \dot{y}^2 + \dot{z}^2) \tag{1.2–10}$$

also

$$p_x = \frac{\partial T}{\partial \dot{x}} = m\dot{x} \ ; \quad p_y = m\dot{y} \ ; \quad p_z = m\dot{z} \tag{1.2–11}$$

Den Ausdruck für T in sphärischen Polarkoordinaten müssen wir aus dem in cartesischen Koordinaten erst berechnen. Aus $x = r \sin \vartheta \cos \varphi$, $y = r \sin \vartheta \sin \varphi$, $z = r \cdot \cos \vartheta$ folgt nach der Produktregel der Differentialrechnung:

$$\dot{x} = \dot{r} \sin \vartheta \cos \varphi + r \dot{\vartheta} \cos \vartheta \cos \varphi - r\dot{\varphi} \sin \vartheta \sin \varphi$$

$$\dot{y} = \dot{r} \sin \vartheta \sin \varphi + r \dot{\vartheta} \cos \vartheta \sin \varphi + r\dot{\varphi} \sin \vartheta \cos \varphi$$

$$\dot{z} = \dot{r} \cos \vartheta - r \cdot \dot{\vartheta} \sin \vartheta$$

$$\dot{x}^2 + \dot{y}^2 + \dot{z}^2 = \dot{r}^2 + r^2 \cdot \dot{\vartheta}^2 + r^2 \dot{\varphi}^2 \cdot \sin^2 \vartheta$$

$$T = \frac{m}{2} \left\{ \dot{r}^2 + (r \cdot \dot{\vartheta})^2 + (r \sin \vartheta \cdot \dot{\varphi})^2 \right\} \tag{1.2–12}$$

Daraus erhalten wir

$$p_r = \frac{\partial T}{\partial \dot{r}} = m\dot{r}$$

$$p_\vartheta = \frac{\partial T}{\partial \dot{\vartheta}} = mr^2 \dot{\vartheta}$$

$$p_\varphi = \frac{\partial T}{\partial \dot{\varphi}} = mr^2 \sin^2 \vartheta \cdot \dot{\varphi} \tag{1.2–13}$$

Als nächstes eliminieren wir die $\dot{u}$ aus dem Ausdruck für T und ersetzen sie durch die p_u, d.h., wir drücken die kinetische Energie durch die Impulse statt durch die Geschwindigkeiten aus.

In cartesischen Koordinaten:

$$\dot{x} = \frac{1}{m} p_x \quad \text{etc.}$$

$$T = \frac{1}{2m}(p_x^2 + p_y^2 + p_z^2) = \frac{1}{2m} \vec{p}^{\,2} \tag{1.2–14}$$

In sphärischen Polarkoordinaten:

$$\dot{r} = \frac{1}{m} p_r \; ; \; \dot{\vartheta} = \frac{1}{m \cdot r^2} p_\vartheta \; ; \; \dot{\varphi} = \frac{1}{mr^2 \sin^2 \vartheta} p_\varphi$$

$$T = \frac{1}{2m} \left[p_r^2 + \frac{1}{r^2} p_\vartheta^2 + \frac{1}{r^2 \sin^2 \vartheta} p_\varphi^2 \right] \qquad (1.2\text{–}15)$$

Die Gesamtenergie $T + V$ als Funktion der Ortskoordinaten und der konjugierten Impulse (aber nicht der Geschwindigkeiten) bezeichnet man als die *Hamilton-Funktion*

$$H(u,v,w,p_u,p_v,p_w) = T(u,v,w,p_u,p_v,p_w) + V(u,v,w) \qquad (1.2\text{–}16)$$

Unter Benutzung der Hamilton-Funktion läßt sich das Newtonsche Gesetz

$$m\ddot{\vec{r}} = \vec{F} \qquad (1.2\text{–}1)$$

das ja den Charakter eines Axioms hat, durch ein anderes, gleichwertiges Gleichungssystem ersetzen, nämlich:

$$\frac{\partial H}{\partial u} = -\dot{p}_u \quad \text{dto. } u \text{ durch } v \text{ und } w \text{, sowie} \qquad (1.2\text{–}17a)$$

$$\frac{\partial H}{\partial p_u} = \dot{u} \quad p_u \text{ durch } p_v \text{ und } p_w \text{ ersetzt} \qquad (1.2\text{–}17b)$$

Diese Gleichungen heißen die Hamiltonschen (oder kanonischen) Bewegungsgleichungen. Überzeugen wir uns für die Beschreibung in cartesischen Koordinaten, daß die beiden Beschreibungen (nach Newton und Hamilton) in der Tat äquivalent sind:

$$H = \frac{1}{2m} (p_x^2 + p_y^2 + p_z^2) + V(x,y,z)$$

$$\frac{\partial H}{\partial x} = \frac{\partial V}{\partial x} = -F_x = -\dot{p}_x$$

$$\frac{\partial H}{\partial p_x} = \frac{1}{m} p_x = \dot{x} \qquad (1.2\text{–}18)$$

Kombination beider Gleichungen ergibt tatsächlich

$$F_x(x) = m\ddot{x} \qquad (1.2\text{–}4)$$

Die Gleichungen für die y- und z-Komponenten sind entsprechend.

Ein Vorteil der Hamiltonschen Gleichungen gegenüber denen von Newton besteht darin – was wir allerdings hier nicht bewiesen haben –, daß sie in beliebigen Koordinatensystemen gültig sind, bei denen die Newtonschen Gleichungen nicht unmittelbar anwendbar sind.

1.3. Die Hamilton-Funktion eines Moleküls

Im letzten Abschnitt haben wir die Hamilton-Funktion *eines* Teilchens kennengelernt. Die Hamilton-Funktion eines N-Teilchen-Systems ist analog die Summe aus kinetischer und potentieller Energie dieses Systems. Die kinetische Energie setzt sich dabei additiv aus den kinetischen Energien der einzelnen Teilchen zusammen,

$$T = \sum_{i=1}^{N} T_i ; \; T_i = \frac{1}{2m_i} \vec{p}_i^{\,2} = \frac{1}{2m_i} (p_{xi}^2 + p_{yi}^2 + p_{zi}^2) \qquad (1.3-1)$$

während die potentielle Energie aus der Summe der potentiellen Energie der Teilchen im äußeren Feld sowie einer Wechselwirkung der Teilchen besteht. Im allgemeinen Fall ist also V irgendeine Funktion der Ortskoordinaten $\vec{r}_i$ sämtlicher Teilchen.

$$V = V(\vec{r}_1, \vec{r}_2, \ldots \vec{r}_N) \qquad (1.3-2)$$

Jeder Ortsvektor entspricht drei Koordinaten, deshalb numeriert man oft die Koordinaten, die man dann q_i nennt, von 1 bis $3N$ durch:

$$V = V(q_1, q_2 \ldots q_{3N}) \qquad (1.3-3)$$

Die zu den q_i konjugierten Impulse p_i ergeben sich wie bei einem Teilchen aus

$$p_i = \frac{\partial T}{\partial \dot{q}_i} \qquad (1.3-4)$$

und die kanonischen Bewegungsgleichungen lauten

$$\frac{\partial H}{\partial q_i} = -\dot{p}_i ; \; \frac{\partial H}{\partial p_i} = \dot{q}_i \qquad (1.3-5)$$

Das ist ein System von $6N$ gekoppelten gewöhnlichen Differentialgleichungen 1. Ordnung. Die allgemeine Lösung dieses Systems enthält $6N$ Integrationskonstanten, deshalb kann man z.B. die Orts- und Impulsvektoren sämtlicher Teilchen zu einem Zeitpunkt t_0 vorgeben, um eine bestimmte Lösung zu spezifizieren.

Betrachten wir jetzt ein Molekül bei Abwesenheit eines äußeren Feldes! Die potentielle Energie ist dann einfach die Coulombsche Anziehungs- bzw. Abstoßungsenergie der Kerne und Elektronen untereinander:

$$V = \sum_{i<j=1}^{N} \frac{Q_i Q_j}{r_{ij}} \tag{1.3-6}$$

wobei Q_i die Ladung des i-ten Teilchens (Elektron oder Kern) ist (Vorzeichen eingeschlossen) und

$$r_{ij} = |\vec{r}_i - \vec{r}_j| = +\sqrt{(x_i - x_j)^2 + (y_i - y_j)^2 + (z_i - z_j)^2} \tag{1.3-7}$$

den Abstand zwischen dem i-ten und dem j-ten Teilchen bedeutet. Die Summe (1.3–6) enthält $\frac{N(N-1)}{2}$ Terme. Die Hamilton-Funktion lautet also

$$H = \sum_{i=1}^{N} \frac{1}{2m_i} \vec{p}_i^{\,2} + \sum_{i<j=1}^{N} \frac{Q_i Q_j}{r_{ij}} \tag{1.3-8}$$

Schreiben wir jetzt H um, indem wir zwischen Kernen und Elektronen unterscheiden! Jedes Elektron hat die Masse m, der μ-te Kern die Masse M_μ, die Elektronenladung ist gleich der Elementarladung $-e$, der μ-te Kern mit der Ordnungszahl Z_μ hat die Ladung $+Z_\mu \cdot e$. Benutzen wir die Summationsindizes k, l für Elektronen und μ, ν für Kerne, so ergibt sich:

$$\begin{aligned} H = {} & \sum_{\mu=1}^{N_k} \frac{\vec{p}_\mu^{\,2}}{2M_\mu} + \frac{1}{2m} \sum_{k=1}^{N_e} \vec{p}_k^{\,2} + e^2 \sum_{\mu<\nu=1}^{N_k} \frac{Z_\mu \cdot Z_\nu}{r_{\mu\nu}} \\ & - e^2 \sum_{\mu=1}^{N_k} \sum_{k=1}^{N_e} \frac{Z_\mu}{r_{\mu k}} + e^2 \sum_{k<l=1}^{N_e} \frac{1}{r_{kl}} \end{aligned} \tag{1.3-9}$$

Dabei ist N_e die Zahl der Elektronen und N_k die Zahl der Kerne. Anziehende Terme in der potentiellen Energie haben negatives, abstoßende ein positives Vorzeichen.

1.4. Das Keplerproblem am Beispiel des H-Atoms

Die Hamiltonschen Bewegungsgleichungen für ein Atom oder ein Molekül lassen sich jetzt leicht schreiben. Wir wollen uns aber auf den einfachsten Fall, das H-Atom, beschränken, bzw. auf H-ähnliche Ionen, die aus einem Kern der Ordnungszahl Z und einem Elektron bestehen. Die Hamilton-Funktion ist

$$\mathrm{H} = \frac{1}{2M} \vec{p}_k^{\,2} + \frac{1}{2m} \vec{p}_e^{\,2} - \frac{Ze^2}{r} \tag{1.4-1}$$

wobei M und p_k Masse und Impuls des Kernes, m und p_e Masse und Impuls des Elektrons und

$$r = |\vec{r}_e - \vec{r}_k| \tag{1.4-2}$$

den Abstand zwischen Kern und Elektron bedeutet. Wir könnten jetzt gleich die kanonischen Bewegungsgleichungen aufstellen; es ist aber sinnvoll, zuerst neue Koordinaten einzuführen und die Tatsache auszunützen, daß die Hamiltonschen Gleichungen auch in den neuen Koordinaten gelten. Unsere neuen Koordinatenvektoren, die man als Schwerpunkts- und Relativkoordinaten $\vec{R}$ und $\vec{r}$ bezeichnet, hängen mit den alten folgendermaßen zusammen

$$\vec{r} = \vec{r}_e - \vec{r}_k$$

$$\vec{R} = \frac{m\vec{r}_e + M\,\vec{r}_k}{m + M} \tag{1.4–3}$$

V hängt dann nämlich nur von $\vec{r}$, nicht aber von $\vec{R}$ ab. Um die zu $\vec{r}$ und $\vec{R}$ konjugierten Impulse $\vec{p}$ und $\vec{P}$ zu erhalten, müssen wir T zuerst als Funktion von $\dot{\vec{r}}$ und $\dot{\vec{R}}$ ausdrücken:

$$T = \frac{1}{2}\,m\,\dot{\vec{r}}_e^{\,2} + \frac{1}{2}\,M\,\dot{\vec{r}}_k^{\,2} \tag{1.4–4}$$

$$\vec{r}_e = \vec{R} + \frac{M}{M+m}\,\vec{r} \tag{1.4–5}$$

$$\vec{r}_k = \vec{R} - \frac{m}{m+M}\,\vec{r} \tag{1.4–6}$$

Durch elementare Umrechnung findet man:

$$T = \frac{1}{2}\,(M+m)\,\dot{\vec{R}}^{2} + \frac{1}{2}\,\frac{M\cdot m}{M+m}\,\dot{\vec{r}}^{2} \tag{1.4–7}$$

und daraus:

$$P_X = \frac{\partial T}{\partial \dot{X}} = (M+m)\,\dot{X} \tag{1.4–8}$$

$$p_x = \frac{\partial T}{\partial \dot{x}} = \frac{M\cdot m}{M+m}\,\dot{x} \tag{1.4–9}$$

wobei $\vec{R}$ die cartesischen Koordinaten X, Y, Z und $\vec{r}$ die Koordinaten x, y, z haben und P_X zu X sowie p_x zu x konjugiert sei. Analoge Formeln findet man für die y- und z-Komponenten. Folglich ergibt sich:

$$\vec{P} = (M+m)\,\dot{\vec{R}} = m\dot{\vec{r}}_e + M\dot{\vec{r}}_k = \vec{p}_e + \vec{p}_k \tag{1.4–10}$$

$$\vec{p} = \frac{M\cdot m}{M+m}\,\dot{\vec{r}} = \mu\cdot\dot{\vec{r}} \tag{1.4–11}$$

Dabei ist $M + m$ die Gesamtmasse und $\mu = \frac{M \cdot m}{M + m}$ die sog. reduzierte Masse. Der Impuls der Schwerpunktsbewegung $\vec{P}$ ist gleich der Summe der Impulse der beiden Teilchen und wird deshalb auch als *Gesamt*impuls bezeichnet.
Als Funktion von $\vec{P}$ und $\vec{p}$ schreibt sich T jetzt:

$$T = \frac{1}{2(M+m)} \vec{P}^2 + \frac{1}{2\mu} \vec{p}^2 \tag{1.4–12}$$

und die Hamilton-Funktion

$$H = \frac{1}{2(M+m)} \vec{P}^2 + \frac{1}{2\mu} \vec{p}^2 - \frac{Ze^2}{r} \tag{1.4–13}$$

Der Koordinatenvektor $\vec{R} = (X, Y, Z)$ tritt in H nicht auf, d.h.

$$\frac{\partial H}{\partial X} = -\dot{P}_X = 0 \tag{1.4–14}$$

mit analogen Gleichungen für die Y- und Z-Komponenten, folglich

$$\dot{\vec{P}} = \vec{0} \tag{1.4–15}$$

oder

$$\vec{P} = \text{const.} \tag{1.4–16}$$

Der Gesamtimpuls $\vec{P}$ ist zeitlich konstant (ein Ergebnis, das nicht nur für den hier betrachteten Fall gilt, sondern für jedes N-Teilchensystem mit nur abstands-abhängigen Wechselwirkungen in einem konservativen Kraftfeld), und da $\vec{P} = (M+m)\,\dot{\vec{R}}$, bedeutet das:

$$\vec{R} = \vec{A}\,t + \vec{B} \tag{1.4–17}$$

Der Schwerpunkt des Systems führt eine gleichförmige geradlinige Bewegung aus. Was ergibt sich jetzt für die Relativbewegung?

$$\frac{\partial H}{\partial x} = +\frac{Ze^2 \cdot x}{r^3} = -\dot{p}_x \tag{1.4–18}$$

$$\frac{\partial H}{\partial p_x} = \frac{1}{\mu} p_x = \dot{x} \tag{1.4–19}$$

woraus folgt:

$$p_x = \mu \cdot \dot{x} \tag{1.4–20}$$

$$\dot{p}_x = \mu \cdot \ddot{x} = -\frac{Ze^2 \cdot x}{r^3} \tag{1.4–21}$$

mit entsprechenden Gleichungen für die y- und z-Komponenten. Folglich lauten die Bewegungsgleichungen in Vektorform (d.h. genau in der Newtonschen Formulierung, wenn auch nicht für die Bewegung eines Teilchens, sondern für die Relativbewegung)

$$\mu \cdot \ddot{\vec{r}} = -\frac{Z \cdot e^2 \cdot \vec{r}}{r^3} \tag{1.4–22}$$

Ersetzen wir $Z \cdot e^2$ durch $f \cdot m \cdot M$, wobei f die Gravitationskonstante ist, so haben wir genau die Differentialgleichung, die die Bewegung eines Planeten um die Sonne beschreibt.

Wir wollen nicht die allgemeine Lösung dieser Differentialgleichung (DG) (1.4–22) (genauer dieses Systems von DG) suchen, sondern zunächst einmal versuchen, ob eine Kreisbahn evtl. Lösung der Differentialgleichung ist. Wir machen also den Ansatz

$$\begin{aligned} x &= a \cdot \cos(\omega t + \delta) \\ y &= a \cdot \sin(\omega t + \delta) \\ z &= 0 \end{aligned} \tag{1.4–23}$$

d.h., wir legen unser Koordinatensystem so, daß die Bahnkurve in der x–y-Ebene liegt und ihr Mittelpunkt im Koordinatenursprung. Der Radius der Bahn erweist sich

$$r = |\vec{r}| = a\sqrt{\cos^2(\omega t + \delta) + \sin^2(\omega t + \delta)} = a \tag{1.4–24}$$

in der Tat als konstant und gleich a, während $\tau = \frac{2\pi}{\omega}$ offenbar die Umlaufzeit bedeutet, denn für $t = t_0 + \tau$ haben x, y und z die gleichen Werte wie für $t = t_0$

Mit unserem Ansatz (1.4–23) ergibt sich:

$$\begin{aligned} \mu\ddot{x} &= -\mu \cdot a\,\omega^2 \cdot \cos(\omega t + \delta) = -\mu \cdot \omega^2 \cdot x \\ \mu\ddot{y} &= -\mu \cdot a\,\omega^2 \cdot \sin(\omega t + \delta) = -\mu \cdot \omega^2 \cdot y \\ \mu\ddot{z} &= 0 = -\mu \cdot \omega^2 \cdot z \end{aligned} \tag{1.4–25}$$

also

$$\mu \cdot \ddot{\vec{r}} = -\mu \cdot \omega^2 \cdot \vec{r} \tag{1.4–26}$$

und nach Einsetzen in die Bewegungsgleichung

$$-\mu \cdot \omega^2 \vec{r} = -\frac{Z \cdot e^2 \cdot \vec{r}}{a^3} \tag{1.4–27}$$

Diese Gleichung ist offenbar identisch erfüllt, wenn

$$\mu \cdot \omega^2 = \frac{Z \cdot e^2}{a^3} \quad \text{oder} \quad \frac{a^3}{\tau^2} = \frac{Z \cdot e^2}{4\pi^2 \cdot \mu} \tag{1.4–28}$$

Unser Ansatz ist also tatsächlich Lösung der Differentialgleichung, vorausgesetzt, daß a und τ, d.h. Bahnradius und Umlaufzeit, in der durch (1.4–28) gegebenen Weise zusammenhängen. a und τ (bzw. ω) sind nicht unabhängig voneinander, sondern eines von beiden bestimmt das andere.

Gl. (1.4–28) ist übrigens im wesentlichen nichts anderes als das 3. Keplersche Gesetz: Die Quadrate der Umlaufzeiten verhalten sich wie die dritten Potenzen der Bahnradien. Wir werden die Gleichung später noch benötigen.

Wir fragen uns jetzt, ob wir mit unserem Ansatz die *allgemeine* Lösung des Problems erhalten haben. Diese muß (vgl. die Bemerkung im Anschluß an Gl. (1.3–5)) sechs Integrationskonstanten enthalten. Unsere Lösung enthält die drei Konstanten a, ω und δ, von denen aber nur zwei (z.B. a und δ) unabhängig sind. Indem wir das Koordinatensystem so wählten, daß die Bewegung in der x–y-Ebene verläuft, haben wir zwei weitere Konstanten festgelegt, insgesamt also vier. Wir können deshalb nicht die allgemeine Lösung haben, da diese zwei Integrationskonstanten mehr enthalten muß. Wir wir hier nicht im einzelnen zeigen wollen, ist die allgemeine Lösung eine elliptische Bahn (mit dem Schwerpunkt des Systems in einem Brennpunkt), die durch zwei weitere Parameter, beispielsweise durch die Exzentrizität und die Richtung der großen Hauptachse, charakterisiert wird.

Wie gesagt, wollen wir darauf verzichten, die allgemeine Lösung zu finden, aber wir wollen immerhin im nächsten Abschnitt beweisen, daß die Bewegung in einer Ebene verläuft. Zunächst wollen wir aber für die Kreisbewegung die Energie berechnen, und zwar nur die der Relativbewegung, ohne die kinetische Energie der Schwerpunktbewegung.

$$T = \frac{1}{2}\mu(\dot{x}^2 + \dot{y}^2) = \frac{1}{2}\mu\,\omega^2 a^2 = \frac{1}{2}\frac{Z \cdot e^2}{a^3} \cdot a^2 = \frac{1}{2}\frac{Ze^2}{a} \tag{1.4–29}$$

$$V = -\frac{Z \cdot e^2}{a} \tag{1.4–30}$$

$$E = T + V = \frac{1}{2}\frac{Ze^2}{a} - \frac{Ze^2}{a} = -\frac{1}{2}\frac{Ze^2}{a} \tag{1.4–31}$$

Zweierlei fällt auf:

1. Die Gesamtenergie ist negativ, das System aus Kern und Elektron in endlicher Entfernung in Bewegung hat eine niedrigere Energie, als wenn die beiden Teilchen unendlich weit entfernt und in Ruhe wären*). Es liegt Bindung vor. Das liegt natürlich an der

* Dann ist sowohl $T = 0$ als auch $V = 0$ und mithin $E = 0$. An sich ist der Nullpunkt der Energie willkürlich, aber wir haben ihn durch die Wahl (1.2–3) des Coulombpotentials festgelegt.

Coulombschen Anziehung, die eine negative potentielle Energie bedeutet. Dieser Anziehung wirkt aber die kinetische Energie (die immer positiv ist) entgegen.

2. Zwischen potentieller, kinetischer und gesamter Energie ergibt sich die Beziehung

$$T = -E = -\frac{1}{2} V \tag{1.4–32}$$

Diese Beziehung gilt in der einfachen Form nur für eine Kreisbewegung, weil nur bei einer solchen T und V für sich zeitlich konstant sind. Bei beliebigen Bewegungen ist ja nur E zeitlich konstant. Man kann aber zeigen, daß für Bewegungen in Coulombfeldern, d.h. in Feldern, für die gilt

$$V = \sum_{i<j} \frac{Q_i Q_j}{r_{ij}} \tag{1.4–33}$$

die folgende Gleichung erfüllt ist

$$\overline{T} = -E = -\frac{1}{2} \overline{V} \tag{1.4–34}$$

wobei $\overline{T}$ und $\overline{V}$ die zeitlichen Mittelwerte von kinetischer und potentieller Energie bedeuten

$$\overline{T} = \lim_{\tau \to \infty} \frac{1}{\tau} \int_0^{\tau} T(t)\, dt \tag{1.4–35}$$

Die Beziehung (1.4–34) bezeichnet man als *Virialsatz.* Er gilt auch in der Quantenmechanik.

1.5. Bewegungskonstanten – Der Drehimpuls

Es gibt einige, mit der Bewegung zusammenhängende, physikalisch interessante Größen, die während der Bewegung konstante Werte behalten.

1. Die Gesamtenergie E. In einem abgeschlossenen System oder bei Anwesenheit eines äußeren konservativen Kraftfeldes ist diese eine Bewegungskonstante.

2. Der Gesamtimpuls $\vec{P} = \sum_i \vec{p}_i$. Er ist eine Bewegungskonstante für abgeschlossene N-Teilchen-Systeme, wenn die Kräfte zwischen diesen nur von der relativen Lage der Teilchen zueinander abhängen.

3. Der Drehimpuls. Der Drehimpuls eines Teilchens in bezug auf einen Koordinatenursprung ist definiert als

$$\vec{l}_i = \vec{r}_i \times \vec{p}_i \tag{1.5–1}$$

Er stellt also einen Vektor dar, der senkrecht auf Orts- und Impulsvektor steht und für dessen Länge gilt

$$|\vec{l}_i| = |\vec{r}_i| \cdot |\vec{p}_i| \cdot \sin(\vec{r}_i, \vec{p}_i) \tag{1.5–2}$$

Wir wollen den Drehimpulssatz nicht in seiner allgemeinsten Form, sondern für den Fall der Bewegung *eines* Teilchens in einem sog. Zentralfeld, und zwar für ein konservatives Zentralfeld beweisen. Ein solches Feld hat ein Potential $V(r)$, das nur vom Abstand des Teilchens vom Ursprung des Feldes (nicht aber von der Richtung) abhängt.

Die Hamilton-Funktion ist in cartesischen Koordinaten

$$H = \frac{1}{2m}(p_x^2 + p_y^2 + p_z^2) + V(r); \quad r = \sqrt{x^2 + y^2 + z^2} \tag{1.5–3}$$

und die Hamiltonschen Gleichungen lauten in Vektorform

$$-\dot{\vec{p}} = \frac{\partial V}{\partial r} \cdot \frac{\vec{r}}{r}; \quad \dot{\vec{r}} = \frac{1}{m}\vec{p} \tag{1.5–4}$$

Die zeitliche Änderung des Drehimpulses ist

$$\dot{\vec{l}} = \vec{r} \times \dot{\vec{p}} + \dot{\vec{r}} \times \vec{p} \tag{1.5–5}$$

Ersetzen wir $\dot{\vec{p}}$ und $\dot{\vec{r}}$ nach dem Hamiltonschen Gleichungen (1.5–4), so erhalten wir

$$\dot{\vec{l}} = -\frac{\partial V}{\partial r} \cdot \frac{1}{r} \cdot \vec{r} \times \vec{r} + \frac{1}{m}\vec{p} \times \vec{p} = \vec{0} \tag{1.5–6}$$

$\dot{\vec{l}}$ verschwindet, da das Vektorprodukt eines Vektors mit sich der Nullvektor ist.

Die Konstanz des Drehimpulses bedeutet u.a., daß die Bewegung in einer Ebene verläuft, denn $\vec{r}$ und $\vec{p}$ müssen beide immer senkrecht zu $\vec{l}$ sein, mithin in der zu $\vec{l}$ senkrechten Ebene.

Unter Benutzung der Tatsache, daß die Bewegung in einer Ebene verläuft, ist es sinnvoll, das Koordinatensystem so zu legen, daß die Bewegung in der x–y-Ebene stattfindet, und in dieser Ebene Polarkoordinaten einzuführen. Die Hamilton-Funktion lautet dann (man gehe hierzu von (1.2–15) aus und berücksichtige, daß $\vartheta \equiv 90°$ und damit $p_\vartheta \equiv 0$ während der gesamten Bewegung):

$$H = \frac{1}{2m}\left[p_r^2 + \frac{1}{r^2}p_\varphi^2\right] + V(r) \tag{1.5–7}$$

wobei die Impulse p_r und p_φ gegeben sind durch (vgl. 1.2–13)

$$p_r = m\dot{r}; \quad p_\varphi = mr^2\dot{\varphi} \tag{1.5–8}$$

Da φ in H nicht vorkommt, hat man sofort

$$-\dot{p}_\varphi = \frac{\partial H}{\partial \varphi} = 0\,;\quad p_\varphi = \text{const.} \tag{1.5–9}$$

Man überzeugt sich leicht davon, daß p_φ nichts anderes ist als der Betrag des Drehimpulses, dessen z-Komponente in cartesischen Koordinaten gegeben ist durch $l_z = m(x\dot{y} - y\dot{x})$, und dessen Komponenten in x- und y-Richtung l_x und l_y (für Bewegungen in der xy-Ebene) verschwinden, weil $z \equiv 0$ und $\dot{z} \equiv 0$. Setzen wir nämlich in $|\vec{l}| = m\,(x\dot{y} - y\dot{x})$ für x, $\dot{x}$, y und $\dot{y}$ deren Ausdrücke in Polarkoordinaten ein

$$x = r\cos\varphi\,;\quad \dot{x} = \dot{r}\cos\varphi - r\sin\varphi\,\dot{\varphi}$$

$$y = r\sin\varphi\,;\quad \dot{y} = \dot{r}\sin\varphi + r\cos\varphi\,\dot{\varphi}$$

so erhalten wir in der Tat

$$|\vec{l}| = m\,(x\dot{y} - y\dot{x}) = mr^2\,\dot{\varphi} = p_\varphi \tag{1.5–10}$$

Berücksichtigen wir in der Hamilton-Funktion, daß $p_\varphi = l$ eine Konstante ist, so schreibt sie sich als Funktion von r und p_r allein

$$H = \frac{1}{2m}\left[p_r^2 + \frac{l^2}{r^2}\right] + V(r) \tag{1.5–11}$$

und die entsprechende Bewegungsgleichung ergibt sich zu

$$-\dot{p}_r = \frac{\partial H}{\partial r} = -\frac{l^2}{mr^3} + \frac{\partial V}{\partial r} = -m\ddot{r} \tag{1.5–12}$$

Die Bewegung von r findet also so statt, als sei die Bewegung eindimensional mit dem „effektiven" Potential

$$\widetilde{V}(r) = V(r) + \frac{l^2}{2mr^2} \tag{1.5–13}$$

Den Term $\frac{l^2}{2mr^2}$, der immer abstoßend ist, bezeichnet man auch als Zentrifugalterm und den Beitrag $-\frac{l^2}{mr^3}$ zur Kraft als Zentrifugalkraft.

In unserem Beispiel eines ‚klassischen' H-Atoms für den Spezialfall einer Kreisbahn ist $\varphi = \omega t + \delta$, folglich

$$l = |\vec{l}| = p_\varphi = \mu r^2\dot{\varphi} = \mu a^2\omega\,;\quad \omega = \frac{l}{\mu a^2} \tag{1.5–14}$$

und wir können sowohl den Bahnradius a als auch die Energie E durch l ausdrücken:

$$a^3 = \frac{Z \cdot e^2}{\mu \cdot \omega^2} = \frac{Z \cdot e^2 \cdot a^4 \cdot \mu}{l^2} \tag{1.5–15}$$

$$a = \frac{l^2}{Z \cdot e^2 \cdot \mu} \tag{1.5–16}$$

$$E = -\frac{1}{2} \cdot \frac{Z \cdot e^2}{a} = -\frac{1}{2} \frac{Z^2 \cdot e^4 \cdot \mu}{l^2} \tag{1.5–17}$$

1.6. Das Bohrsche Atommodell

Bisher haben wir zur Beschreibung unseres Atoms die Gesetze der klassischen Mechanik benutzt. Da Atomkerne und Elektronen elektrisch geladen sind, müssen wir aber auch die Elektrodynamik berücksichtigen. Diese sagt uns, daß ein Atom, wie wir es beschrieben, einen schwingenden Dipol darstellt und daß ein solcher ständig Energie abstrahlen muß, damit aber in kurzer Zeit unter ständigem Energieverlust in sich zusammenfallen, kollabieren müßte. Es könnte also gar keine stabilen Atome geben.

Bohr fand einen Trick als Ausweg, indem er postulierte, daß es sogenannte strahlungsfreie Bahnen gäbe, und zwar sollten das diejenigen sein, bei denen der Betrag des Drehimpulses gleich einem ganzzahligen Vielfachen der Naturkonstante $\hbar = \frac{h}{2\pi}$ ist. Diese Konstante hat genau die Dimension eines Drehimpulses.

Macht man dieses doch recht künstliche Postulat, das eigentlich eher eine Korrektur an der Elektrodynamik als an der Mechanik darstellt, so erhält man unter Benutzung von (1.5–16 und 17) für die ‚strahlungsfreien' Bahnen folgende Radien und Energiewerte:

$$l_n = \hbar \cdot n \tag{1.6–1}$$

$$a_n = \frac{\hbar^2}{Z \cdot e^2 \cdot \mu} \cdot n^2 \qquad n = 1, 2, 3 \ldots\ldots \tag{1.6–2}$$

$$E_n = -\frac{1}{2} \cdot \frac{Z^2 e^4 \cdot \mu}{\hbar^2} \cdot \frac{1}{n^2} \tag{1.6–3}$$

Diese Energiewerte sind genau diejenigen, die man aus einer Analyse der Spektren des H-Atoms und H-ähnlicher Ionen unter Benutzung des sog. Kombinationsprinzips gefunden hatte.

Bei anderen physikalischen Problemen führte allerdings das Bohrsche Postulat nicht zu der gewünschten Übereinstimmung mit der Erfahrung. Insbesondere ist eine chemische Bindung im Rahmen des Bohrschen Modells nicht zu verstehen. Erst die systematische Abänderung der klassischen Mechanik zur Quantenmechanik durch Heisenberg, Schrödinger u.a. führte zu einer befriedigenden Theorie der Bewegungen in atomaren Dimensionen.

Zusammenfassung zu Kap. 1

Atome sowie Moleküle bestehen aus Atomkernen und Elektronen. Beide Arten von Teilchen werden als Massenpunkte idealisiert. Eine Beschreibung im Sinne der klassischen Mechanik geschieht durch die sog. Bahnkurven $\vec{r}_i(t)$, die die Bewegung des i-ten Teilchens als Funktion der Zeit darstellen. Die klassische Mechanik liefert diese Bahnkurven nicht unmittelbar, sondern sie gibt nur die sog. Bewegungsgleichungen. Das sind Differentialgleichungen, die eine Vielfalt von möglichen Bahnkurven als Lösung haben. Die einem physikalischen Problem entsprechende richtige Lösung muß man dann durch Vorgabe der Anfangsbedingungen auswählen.

Die Bewegungsgleichungen können in verschiedenen Formalismen angegeben werden. Am bekanntesten ist der Newtonsche Formalismus, bei dem Kräfte und Beschleunigungen verknüpft werden. Demgegenüber stehen beim Hamiltonschen Formalismus die kinetische sowie die potentielle Energie und ihre Summe, die sog. Hamilton-Funktion, im Mittelpunkt. Wir beschränken uns auf den Fall, daß eine potentielle Energie definiert ist, d.h., daß die Kraft sich als Gradient einer Potentialfunktion darstellen läßt. Außerdem verlangen wir, daß die Potentialfunktion weder von den Geschwindigkeiten der Teilchen, noch explizit von der Zeit abhängt. Das ist für die zwischen Kernen und Elektronen wirkenden Kräfte (auch für die zwischen Sonne und Planeten) verwirklicht. In einem solchen „konservativen" Kraftfeld gilt der Energiesatz: Die Summe von potentieller und kinetischer Energie ist zeitlich konstant. Die Gesamtenergie E ist eine ‚Bewegungskonstante'. Weitere Bewegungskonstanten, d.h. Größen, die ihren Wert während der Bewegung nicht ändern, sind der Gesamtimpuls (oder Impuls der Schwerpunktsbewegung) sowie der Drehimpuls, letzterer allerdings nur für eine Bewegung in einem sog. Zentralfeld bzw. bei Abwesenheit äußerer Felder. In einem Zentralfeld hängt die Kraft nur vom Abstand des Teilchens von einem gegebenen Zentrum ab und ist auf diese gerichtet. Die Elektronen eines Atoms bewegen sich z.B. in einem Zentralfeld.

Die Hamiltonschen Bewegungsgleichungen (1.2–17) gelten in beliebigem Koordinatensystem, z.B. auch in sphärischen Polarkoordinaten.

Die Bewegung eines Elektrons um ein Proton ist formal analog der eines Planeten um die Sonne. Bei der theoretischen Behandlung trennt man zumeist die Schwerpunktsbewegung ab, d.h., man führt statt der Ortskoordinaten der beiden Teilchen sog. Schwerpunkts- und Relativkoordinaten ein. Der Schwerpunkt führt eine kräftefreie, d.h. mit konstanter Geschwindigkeit verlaufende, lineare Bewegung aus. Für die Relativbewegung erhält man ein Differentialgleichungssystem (1.4–22), das wir nicht allgemein lösen. Wegen des Drehimpulssatzes muß die Bewegung in einer Ebene verlaufen (2. Keplersches Gesetz). Das legt eine Beschreibung in ebenen Polarkoordinaten nahe. Die Bewegung der r-Koordinate verläuft so, als sei die Bewegung eindimensional in einem effektiven Potential (1.5–13), das außer dem tatsächlichen Potential noch einen sog. Zentrifugalterm enthält.

Eine spezielle Lösung ist eine Kreisbewegung. Für eine solche ist die dritte Potenz des Bahnradius proportional zum Quadrat der Umlaufzeit (Gl. 1.4–28), dies ist im wesentlichen das 3. Keplersche Gesetz. Für diese Bewegung gilt Gl. (1.4–34), die man als

Virialsatz bezeichnet, und die besagt, daß die Gesamtenergie gleich dem Negativen der mittleren kinetischen Energie ist.

Im Gegensatz zum Fall der Planetenbewegung stellt ein ‚klassisches' Atom einen schwingenden Dipol dar, der ständig Energie abstrahlen und dadurch in sich zusammenfallen müßte. Bohr fand als Ausweg das Postulat, daß es sog. strahlungsfreie Bahnen geben sollte, die dadurch gekennzeichnet sind, daß ihr Drehimpuls gleich einem ganzzahligen Vielfachen der Naturkonstante $\hbar = h/2\pi$ ist. Diese Bahnen haben die durch (1.6–2) und (1.6–3) gegebenen Radien und Energiewerte, wobei letztere mit den experimentell gefundenen übereinstimmen. Diese Bohrsche Korrektur der klassischen Beschreibung führte aber in anderen Fällen zu falschen Ergebnissen, und erst die Quantenmechanik erwies sich als zulässige Grundlage für die Beschreibung von atomaren und molekularen Systemen.

Viele Begriffe, die in der klassischen Mechanik eine zentrale Bedeutung haben, behalten diese auch in der Quantenmechanik. Hierzu gehören u.a. Ort, Impuls, Drehimpuls, kinetische und potentielle Energie, Hamilton-Funktion. Die Bewegungskonstanten der klassischen Mechanik haben eine ähnliche Bedeutung in der Quantenmechanik.

2. Einführung in die Quantenmechanik

2.1. Wellenfunktionen und Operatoren

Der Zustand eines Systems wird in der klassischen Mechanik durch die Bahnkurven $q_i(t)$ ($i = 1, 2 \ldots 3N$) für sämtliche Koordinaten des Systems beschrieben. Alle möglichen Zustände sind Lösungen der Bewegungsgleichungen dieses Systems, ein bestimmter Zustand eines N-Teilchensystems kann durch $6N$ Anfangsbedingungen bzw. ebensoviele Integrationskonstanten festgelegt werden.

In der Quantenmechanik gibt es keine Bahnkurven, oder vielleicht genauer gesagt, Bahnkurven sind grundsätzlich nicht bekannt. Die Kenntnis der Bahnkurve eines Teilchens würde gleichzeitige Kenntnis seines Ortes und seines Impulses zu einem bestimmten Zeitpunkt bedeuten, und genau diese gleichzeitige Kenntnis ist im Sinne der Quantenmechanik nicht möglich.

Anstelle von Bahnkurven wird der Zustand eines Systems durch eine sogenannte *Wellenfunktion* $\Psi\,(q_1, \ldots . q_{3N}, t)$ beschrieben, die eine Funktion sämtlicher Ortskoordinaten der N Teilchen und der Zeit ist. Diese Wellenfunktion ist eine skalare Größe, und sie kann reell oder komplex sein. Die zu Ψ konjugiert komplexe Funktion werde Ψ^* genannt. Das Produkt $\Psi\Psi^* = |\Psi|^2$ ist dann für alle Werte der q_i reell und sogar nicht-negativ (wie das für das Produkt einer Größe mit ihrem konjugiert komplexen immer gilt).

$$\Psi\Psi^* \geqslant 0 \text{ für alle Werte der } q_i \qquad (2.1\text{–}1)$$

Wir interpretieren $|\Psi|^2$ als die Wahrscheinlichkeitsdichte, das erste Teilchen an der Stelle $\vec{r}_1$, das zweite an der Stelle $\vec{r}_2$ etc. zur gleichen Zeit anzutreffen, d.h., wir fassen $|\Psi|^2\, dx_1\, dy_1\, dz_1\, dx_2\, dy_2\, dz_2 \ldots dx_N\, dy_N\, dz_N$ als die Wahrscheinlichkeit auf, daß gleichzeitig das erste Teilchen seine x-Koordinate zwischen x_1 und $x_1 + dx_1$, seine y-Koordinate zwischen y_1 und $y_1 + dy_1$ hat, etc. Da die Gesamtwahrscheinlichkeit gleich 1 sein soll*), muß gelten

$$\int |\Psi|^2\, d\tau_1\, d\tau_2 \ldots d\tau_N = 1 \qquad (2.1\text{–}2)$$

wobei $d\tau_i = dx_i dy_i dz_i$ und wobei die Integration über jede der Koordinaten dx_i etc. von $-\infty$ bis $+\infty$ gehen soll. Man sagt auch, man integriert über den gesamten Konfigurationsraum der N Teilchen. Es handelt sich um ein $3N$-faches Integral, aber man schreibt in der Regel nur ein Integralzeichen.

---

* Es wird sich herausstellen, daß Wellenfunktionen nur bis auf einen konstanten Faktor bestimmt sind. Diesen Faktor kann man so wählen, daß (2.1–2) erfüllt und damit eine wahrscheinlichkeitstheoretische Interpretation unmittelbar möglich ist. Es ist aber oft sinnvoll, mit Funktionen zu arbeiten, die nicht auf 1 normiert sind. Zwei Wellenfunktionen, die sich nur um einen konstanten (reellen oder komplexen) Faktor unterscheiden, beschreiben grundsätzlich denselben physikalischen Tatbestand.

Das mathematische Problem, wie die Funktion Ψ beschaffen sein muß, damit dieses uneigentliche Gebietsintegral überhaupt existiert – was gleichzeitig bedeutet, daß sein Wert unabhängig von der Reihenfolge der Integrationen ist – soll uns jetzt nicht interessieren. (Das Integral ist ‚uneigentlich', da die Integrationsgrenzen unendlich sind, s. Anhang A3.) Wir begnügen uns mit der qualitativen Feststellung, daß eine notwendige Voraussetzung für die Existenz des Integrals darin besteht, daß für $r_i \rightarrow \infty$, Ψ gegen 0 gehen muß. Jede Funktion Ψ, für die das Integral $\int |\Psi|^2 \, d\tau$ existiert (was ja auch bedeutet, daß es endlich ist), läßt sich durch Multiplikation mit einer reellen Konstanten N immer auf 1 normieren:

$$\int |\Psi|^2 \, d\tau = A$$

$$\int |N\Psi|^2 \, d\tau = N^2 \int |\Psi|^2 \, d\tau = N^2 A = 1 \Rightarrow N = \frac{1}{\sqrt{A}} \qquad (2.1\text{–}3)$$

Die Ψ-Funktion für den Zustand eines Systems ist insofern das Gegenstück zur Gesamtheit der Bahnkurven, als $\Psi\Psi^*$ den zeitlichen Verlauf der Wahrscheinlichkeitsverteilung beschreibt, gleichzeitig das erste Teilchen an der Stelle $\vec{r}_1$, das zweite an der Stelle $\vec{r}_2$ etc. anzutreffen.

Wie kann man nun von den Gleichungen der klassischen Mechanik zu denen der Quantenmechanik übergehen? Dazu gibt es ein einfaches Rezept:

Man ersetze die in Gleichungen der klassischen Mechanik unmittelbar auftretenden meßbaren Größen, wie Ort, Impuls, Energie etc., durch die entsprechenden Operatoren. Ein Operator $\mathbf{A}$ ist eine Vorschrift, die einer Menge von Funktionen ψ_i eindeutig eine Menge von Funktionen φ_i zuordnet, was man formal so schreibt:

$$\mathbf{A}\,\psi_i = \varphi_i \qquad (2.1\text{–}4)$$

Die wichtigsten Operatoren sind

a) multiplikative Operatoren, z.B.

$$\mathbf{f} = f(x) \quad \text{d.h.} \quad \mathbf{f}\,\psi_i(x) = f(x)\,\psi_i(x) \qquad (2.1\text{–}5)$$

(Hier bedeutet die durch $\mathbf{f}$ symbolisierte Vorschrift: multipliziere mit $f(x)$.)

b) Differentialoperatoren, z.B.

$$\mathbf{g} = \frac{\partial}{\partial x} \quad \text{d.h.} \quad \mathbf{g}\,\psi_i(x) = \frac{\partial \psi_i}{\partial x} \qquad (2.1\text{–}6)$$

(Die durch den Operator $\mathbf{g}$ symbolisierte Vorschrift bedeutet also: differenziere nach x.)

c) Integraloperatoren, z.B.

$$\mathbf{h}\,\psi_i(x) = \int h(x,x')\,\psi_i(x')\,dx' \qquad (2.1\text{–}7)$$

(Jedem Integraloperator $\mathbf{h}$ ist ein Integralkern $h(x,x')$ zugeordnet, und die Vorschrift $\mathbf{h}$ – angewendet auf $\psi_i(x)$ – bedeutet: multipliziere $h(x,x')$ mit $\psi_i(x')$ und integriere über die Variable x'. Die so gebildete Funktion $\varphi_i(x)$ ist gleich $\mathbf{h}\psi_i(x)$.)

Um von der klassischen Mechanik zur Quantenmechanik zu kommen, gelte die in Tab. 1 gegebene Zuordnung zwischen den klassischen Größen und den quantenmechanischen Operatoren, kurz gesagt: man ersetze in den klassischen Ausdrücken p_{x_i} überall durch $\frac{\hbar}{\mathrm{i}}\frac{\partial}{\partial x_i}$ und E durch $\mathrm{i}\hbar\frac{\partial}{\partial t}$.

Tab. 1. Übergang von den klassischen Größen zu den quantenmechanischen Operatoren.

klassisch	quantenmechanisch
Ort	
z.B. x_i, y_i	$\mathbf{x}_i = x_i$; $\mathbf{y}_i = y_i$
Funktionen der Ortskoordinaten	multiplikative Operatoren
z.B. $x_i^2 \cdot y_j$	$\mathbf{x}_i^2\mathbf{y}_j = x_i^2 y_j$
oder allgemein $f(x_i, y_j, z_k)$	$\mathbf{f} = f(x_i, y_j, z_k)$
Impuls	
z.B. p_{x_i}	$\mathbf{p}_{x_i} = \frac{\hbar}{\mathrm{i}}\frac{\partial}{\partial x_i}$
Funktion der Impulskoordinaten	Differentialoperatoren
z.B. $(p_{x_i})^2$	$(\mathbf{p}_{x_i})^2 = \mathbf{p}_{x_i}\cdot\mathbf{p}_{x_i} = -\hbar^2\frac{\partial^2}{\partial x_i^2}$
$g(p_{x_i}, p_{y_j}, p_{z_k})$	$\mathbf{g} = g(\mathbf{p}_{x_i}, \mathbf{p}_{y_j}, \mathbf{p}_{z_k})$
Funktionen von Ort und Impuls	
z.B. $\vec{l} = \vec{r}\times\vec{p}$	$\vec{\boldsymbol{\ell}} = \vec{\mathbf{r}}\times\vec{\mathbf{p}} = (x,y,z)\times\frac{\hbar}{\mathrm{i}}\left(\frac{\partial}{\partial x},\frac{\partial}{\partial y},\frac{\partial}{\partial z}\right)$
Zeit t	$\mathbf{t} = t$
Energie E	$\mathbf{E} = \mathrm{i}\hbar\frac{\partial}{\partial t}$

Operatoren, die uns besonders interessieren, sind natürlich diejenigen der kinetischen Energie, der potentiellen Energie und der Gesamtenergie. Beschränken wir uns gleich auf ein molekulares System. Zunächst die kinetische Energie:

$$T = \frac{1}{2}\sum_k \frac{1}{m_k}(\vec{p}_k)^2 = \frac{1}{2}\sum_k \frac{1}{m_k}(p_{xk}^2 + p_{yk}^2 + p_{zk}^2) \qquad (2.1\text{–}8)$$

$$\mathbf{T} = \frac{1}{2}\sum_k \frac{1}{m_k}(\vec{\mathbf{p}}_k)^2 = -\frac{\hbar^2}{2}\sum_k \frac{1}{m_k}\left(\frac{\partial^2}{\partial x_k^2} + \frac{\partial^2}{\partial y_k^2} + \frac{\partial^2}{\partial z_k^2}\right)$$

$$= -\frac{\hbar^2}{2}\sum_k \frac{1}{m_k}\Delta_k \qquad (2.1\text{–}9)$$

Δ_k ist hierbei der sogenannte Laplace-Operator

$$\Delta_k = \frac{\partial^2}{\partial x_k^2} + \frac{\partial^2}{\partial y_k^2} + \frac{\partial^2}{\partial z_k^2} \tag{2.1–10}$$

Die potentielle Energie **V** bleibt völlig derselbe Ausdruck wie in der klassischen Mechanik. Die Summe $\mathbf{H} = \mathbf{T} + \mathbf{V}$ wird in Analogie zur Hamilton-Funktion der klassischen Mechanik als *Hamilton-Operator* bezeichnet. Für ein Molekül lautet der Hamilton-Operator also

$$\mathbf{H} = -\frac{\hbar^2}{2m}\sum_k \Delta_k - \frac{\hbar^2}{2}\sum_\nu \frac{1}{M_\nu}\Delta_\nu - \sum_\nu\sum_k \frac{Z_\nu e^2}{r_{\nu k}}$$

$$+ \sum_{\nu<\mu} \frac{Z_\nu Z_\mu e^2}{r_{\nu\mu}} + \sum_{k<l} \frac{e^2}{r_{kl}} \tag{2.1–11}$$

Hierbei haben wir wie in Kap. 2 die Elektronenmasse als m, die Elektronenladung als e, die Masse und Ordnungszahl des ν-ten Kerns als M_ν und Z_ν und den Abstand zwischen I-tem und J-tem Teilchen als r_{IJ} abgekürzt. Die Summenindices k, l gehen über alle Elektronen, ν, μ über alle Kerne.

Die klassische Aussage, daß für einen Zustand eines Systems (beschrieben durch eine Wellenfunktion Ψ) die Hamilton-Funktion gleich der Gesamtenergie ist, lautet quantenmechanisch:

$$\mathbf{H}\,\Psi = \mathbf{E}\,\Psi = i\hbar\,\frac{\partial\Psi}{\partial t} \tag{2.1–12}$$

Diese Gleichung wird als Schrödingergleichung bezeichnet, und zwar, genau gesagt, als *zeitabhängige Schrödingergleichung.* Das ist eine Differentialgleichung, die für bestimmte Funktionen Ψ erfüllt ist, die zulässigen Wellenfunktionen des Systems. Man kann also die möglichen Wellenfunktionen eines Systems dadurch bestimmen, daß man die Schrödingergleichung löst.

Wir interessieren uns jetzt für sog. ‚stationäre Zustände' eines Systems. Für diese ist die Gesamtenergie eine Konstante, d.h.

$$\mathbf{E}\Psi = E\Psi \text{ bzw. } i\hbar\,\frac{\partial\Psi}{\partial t} = E\Psi \tag{2.1–13}$$

Das ist jetzt eine gewöhnliche Differentialgleichung mit t als Variable. Die Lösung ist

$$\Psi(x_1, y_1 \ldots z_N, t) = \psi(x_1, y_1 \ldots z_N)\exp\left(\frac{E}{i\hbar}\,t\right) \tag{2.1–14}$$

wobei ψ noch eine beliebige Funktion der Ortkoordinaten sein kann. Wir sehen: Die Ψ-Funktion eines stationären Zustandes ist eine periodische Funktion der Zeit

$$\exp\left(\frac{E}{\mathrm{i}\hbar}t\right) = \exp\left(-\mathrm{i}\frac{E}{\hbar}t\right) = \cos\left(\frac{E}{\hbar}t\right) - \mathrm{i}\sin\left(\frac{E}{\hbar}t\right) \qquad (2.1\text{–}15)$$

mit der Frequenz $\nu = \dfrac{E}{h}$

Gehen wir jetzt mit diesem Ansatz in die Schrödingergleichung ein:

$$\mathbf{H}\Psi = \mathbf{H}\psi\, \mathrm{e}^{-\mathrm{i}\frac{E}{\hbar}t} = \mathrm{i}\hbar\,\frac{\partial\Psi}{\partial t} = E\,\Psi = E\psi\,\mathrm{e}^{-\mathrm{i}\frac{E}{\hbar}t} \qquad (2.1\text{–}16)$$

Da der Operator $\mathbf{H}$ die Zeit nicht enthält, kann man $\mathrm{e}^{-\mathrm{i}\frac{E}{\hbar}t}$ vor den Operator ziehen und dadurch kürzen. Wir erhalten

$$\mathbf{H}\,\psi = E\,\psi \qquad (2.1\text{–}17)$$

Das ist die sogenannte *zeitunabhängige Schrödingergleichung*. Sie ist eine Differentialgleichung zur Bestimmung der zeitunabhängigen Wellenfunktion ψ eines stationären Zustands. Wir wollen uns im weiteren Verlauf auf solche Zustände beschränken und werden daher von nun an nur mit zeitunabhänigen Wellenfunktionen und der zeitunabhängigen Schrödingergleichung zu tun haben.

2.2. Lösungen einfacher Schrödingergleichungen

2.2.1. Das Teilchen im eindimensionalen Kasten

In einigen wenigen Fällen kann man die Schrödingergleichung geschlossen lösen. Eines der einfachsten Beispiele ist ein Teilchen in einem eindimensionalen Kasten. Die Hamilton-Funktion lautet:

$$H(x,p_x) = \frac{1}{2m}p_x^2 + V(x) \qquad (2.2\text{–}1)$$

mit

$$V(x) = \begin{cases} \infty & \text{für} \quad x \leqslant 0 \\ 0 & \text{für} \quad 0 < x < a \\ \infty & \text{für} \quad x \geqslant a \end{cases} \qquad (2.2\text{–}2)$$

Die klassische Behandlung ist trivial. Das Teilchen bewegt sich mit konstanter Geschwindigkeit in x-Richtung, bis es auf die Wand stößt, an dieser reflektiert wird und sich anschließend mit gleicher Geschwindigkeit in entgegengesetzter Richtung bewegt etc.

Die Hamiltonsche Bewegungsgleichungen sind nämlich:

$$\dot{p}_x = -\frac{\partial H}{\partial x} = \begin{cases} 0 & \text{für} \quad 0 < x < a \\ \infty & \text{für} \quad x = 0,\ x = a \end{cases}$$

$$\dot{x} = \frac{\partial H}{\partial p_x} = \frac{1}{m} p_x \tag{2.2–3}$$

Der Hamilton-Operator für das gleiche Problem ist

$$\mathbf{H} = -\frac{\hbar^2}{2m}\frac{\mathrm{d}^2}{\mathrm{d}x^2} + V(x) \tag{2.2–4}$$

mit dem gleichen V. Das Elektron kann sich offenbar nur innerhalb des Kastens aufhalten, weil außerhalb seine potentielle Energie unendlich groß wäre. Also

$$\psi(x) = 0 \qquad \text{für} \begin{cases} x \leqslant 0 \\ x \geqslant a \end{cases} \tag{2.2–5}$$

Innerhalb des Kastens gilt (da $V = 0$)

$$\mathbf{H}\psi = -\frac{\hbar^2}{2m}\frac{\mathrm{d}^2\psi}{\mathrm{d}x^2} = E\psi \tag{2.2–6}$$

Die allgemeine Lösung dieser gewöhnlichen Differentialgleichung ist bekanntlich (vgl. A5):

$$\psi = A\cos(2\pi\nu \cdot x + \delta) \tag{2.2–7}$$

mit

$$\nu^2 = \frac{2mE}{h^2} \tag{2.2–8}$$

Wir dürfen aber nur solche Lösungen zulassen, die die Randbedingungen $\psi(0) = \psi(a) = 0$ erfüllen. Das bedeutet $\delta = \pi/2$ und $2\pi\nu a = n \cdot \pi$ mit ganzzahligem n. Damit sind die möglichen Werte von ν eingeschränkt zu

$$\nu_n = \frac{n}{2a}; \quad n = 0, 1, 2 \ldots \tag{2.2–9}$$

Die entsprechenden ψ-Funktionen sind

$$\psi_n = A\cos\left(\frac{\pi n}{a} \cdot x + \frac{\pi}{2}\right)$$

$$= -A\sin\left(\frac{\pi n}{a}x\right); \quad n = 0, 1, 2 \ldots \tag{2.2–10}$$

Die zugehörigen Eigenwerte ergeben sich zu

$$E_n = \frac{h^2 \nu^2}{2m} = \frac{h^2 n^2}{8ma^2}\,; \quad n = 0, 1, 2 \ldots \tag{2.2–11}$$

Wir hatten früher gesagt, daß Wellenfunktionen auf 1 normiert sein sollen. Wir schreiben jetzt A_n statt A, um anzudeuten, daß die Normierungskonstante a priori von n abhängen sollte, und legen A_n so fest, daß

$$\int_{-\infty}^{+\infty} \psi^* \psi \, dx = A_n^2 \int_0^a \sin^2 \frac{\pi n}{a} x \, dx = 1$$

Man setze

$$u = \frac{\pi n}{a} \cdot x$$

dann ist

$$\int_0^a \sin^2 \frac{\pi n}{a} x \, dx = \int_0^{n\pi} \sin^2 u \cdot \frac{a}{\pi \cdot n} \, du = \frac{a}{\pi} \int_0^{\pi} \sin^2 u \, du =$$

$$= \frac{a}{\pi} \cdot \frac{\pi}{2} = \frac{a}{2} \tag{2.2–12}$$

Daraus folgt $A_n = \sqrt{\frac{2}{a}}$ (für $n \neq 0$)
(A_n erweist sich also als von n unabhängig), und unsere normierten Wellenfunktionen sind (das Vorzeichen kann noch beliebig gewählt werden):

$$\psi_n = \sqrt{\frac{2}{a}} \sin \frac{\pi n}{a} x \tag{2.2–13}$$

Den Fall $n = 0$ müssen wir jetzt allerdings ausschließen, denn zwar erfüllt

$$\psi_0 = -A \cdot \sin(0x) \equiv 0 \tag{2.2–14}$$

die Schrödingergleichung. Aber diese Lösung (die man manchmal auch als triviale Lösung bezeichnet) ist nicht normierbar. Nicht normierbare Lösungen sind physikalisch unsinnig und auszuschließen.

Was ist anders als bei der klassischen Behandlung? Klassisch kann das Teilchen jede beliebige Energie haben, quantentheoretisch sind für stationäre Zustände nur diskrete Energiewerte

$$E_n = \frac{h^2}{8ma^2} \cdot n^2 \tag{2.2–15}$$

zugelassen. Dieses Ergebnis ist übrigens, wie wir sahen, wesentlich unseren Randbedingungen zuzuschreiben.

Tragen wir die Energieniveaus und die Wellenfunktionen schematisch auf, so ergibt sich Abb. 1. Mit steigendem n nimmt die Zahl der Knoten (Nullstellen) von ψ zu und E geht wie n^2.

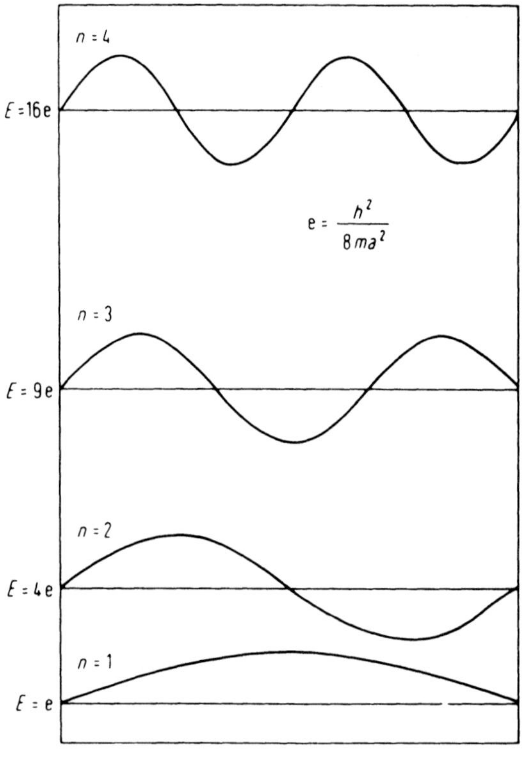

Abb. 1. Energieniveaus und Wellenfunktionen für ein Teilchen im eindimensionalen Kasten

2.2.2. Das Teilchen im dreidimensionalen Kasten

Das zweite Beispiel sei ein Teilchen in einem würfelförmigen Kasten. Die Schrödingergleichung lautet:

$$-\frac{\hbar^2}{2m}\left[\frac{\partial^2\psi}{\partial x^2}+\frac{\partial^2\psi}{\partial y^2}+\frac{\partial^2\psi}{\partial z^2}\right]+V(x,y,z)\,\psi = E\,\psi \qquad (2.2\text{–}16)$$

$$\text{mit} \quad V(x,y,z) = \begin{cases} 0 & \text{für } 0<x<a,\ 0<y<a,\ 0<z<a \\ \infty & \text{sonst} \end{cases} \qquad (2.2\text{–}17)$$

Bei diesem Potential verschwindet die Wellenfunktion nur innerhalb des Kastens nicht identisch, und wir erhalten die Randbedingungen

$$\psi(x,y,0) = \psi(x,0,z) = \psi(0,y,z) = 0$$
$$\psi(x,y,a) = \psi(x,a,z) = \psi(a,y,z) = 0 \qquad (2.2.-18)$$

d.h. ψ verschwindet, wenn eine der drei Koordinaten gleich 0 oder gleich a ist. Innerhalb des Kastens gilt die partielle Differentialgleichung

$$\Delta\psi = -\frac{2mE}{\hbar^2}\cdot\psi \qquad (2.2-19)$$

Anders als bei gewöhnlichen Differentialgleichungen hängt bei partiellen Differentialgleichungen die analytische Form der Lösung sehr von den Randbedingungen ab (z.B. hat die Differentialgleichung $\frac{\partial}{\partial x}f(x,y,z) = 0$ jede beliebige Funktion $g(y,z)$ zur Lösung, und wir können den Wert der Funktion auf der $(y-z)$-Ebene als Randbedingung vorgeben, vgl. hierzu den Anhang A5).

In der Tat hängt es sehr von den Randbedingungen ab, welchen Lösungsansatz man sinnvollerweise wählt. In diesem Fall bewährt sich ein Separationsansatz, d.h. man setzt versuchsweise an

$$\psi(x,y,z) = X(x)Y(y)Z(z) \qquad (2.2-20)$$

Ein solcher Ansatz führt nicht immer zum Ziel, aber in unserem Fall ist das Verfahren erfolgreich, was an der speziellen Form der Differentialgleichung und der Randbedingungen liegt.

$$\Delta\psi = \Delta(XYZ) = YZ\,\frac{d^2X}{dx^2} + XZ\,\frac{d^2Y}{dy^2} + XY\,\frac{d^2Z}{d^2z^2}$$
$$= -\frac{2mE}{\hbar^2}XYZ \qquad (2.2-21)$$

Unter Ausschluß der ‚trivialen' Lösung, daß X, Y oder Z identisch verschwinden, können wir die Gleichung durch XYZ dividieren und erhalten

$$\frac{1}{X}\frac{d^2X}{dx^2} + \frac{1}{Y}\frac{d^2Y}{dy^2} + \frac{1}{Z}\frac{d^2Z}{dz^2} = -\frac{2mE}{\hbar^2} \qquad (2.2-22)$$

Offenbar ist $\frac{1}{X}\frac{d^2X}{dx^2}$ nur von x abhängig, nach dieser Gleichung aber gleich einem Ausdruck, der von x überhaupt nicht abhängt. Es muß also konstant sein. Das gleiche gilt für die analogen Ausdrücke in Y und Z. Wir erhalten also:

$$\frac{1}{X}\frac{d^2X}{dx^2} = -\alpha \quad \text{bzw.} \quad \frac{d^2X}{dx^2} = -\alpha X$$

$$\frac{1}{Y}\frac{d^2Y}{dy^2} = -\beta \quad \text{bzw.} \quad \frac{d^2Y}{dy^2} = -\beta Y$$

$$\frac{1}{Z}\frac{d^2Z}{dz^2} = -\gamma \quad \text{bzw.} \quad \frac{d^2Z}{dz^2} = -\gamma Z$$

$$\alpha + \beta + \gamma = +\frac{2mE}{\hbar^2}$$

$$E = \frac{\hbar^2}{2m}\,[\alpha + \beta + \gamma] \tag{2.2–23}$$

Bestimmt man X, Y und Z aus den obigen gewöhnlichen Differentialgleichungen (2.2–23) (die genau denen im eindimensionalen Kasten (2.2–6) entsprechen) und multipliziert man sie miteinander, so gehorcht ihr Produkt offenbar der ursprünglichen partiellen Differentialgleichung. Man muß allerdings noch zweierlei prüfen:

1. Hat man so die allgemeine Lösung?

2. Kann die Lösung die Randbedingungen erfüllen?

Meist lassen sich nicht beide Fragen bejahen. Im vorliegenden Fall lassen sich die Randbedingungen offenbar erfüllen. Die Funktion (2.2–10) mit

$$X = A\cos(\sqrt{\alpha}\cdot x + \delta) \quad \text{etc.} \tag{2.2–24}$$

erfüllt die Randbedingungen, wenn $\delta = \pi/2$ und $\sqrt{\alpha} = n_x\pi/a$; $\alpha = n_x^2 \cdot \pi^2 a^{-2}$ etc.. Tatsächlich gibt es hier keine anderen Lösungen, die die gleichen Randbedingungen erfüllen. Für die Energie erhalten wir

$$E = \frac{h^2}{8ma^2}\left[n_x^2 + n_y^2 + n_z^2\right] \tag{2.2–25}$$

Betrachten wir diese Formel für die Energie-Eigenwerte etwas genauer! Die Zahlen n_x, n_y, n_z, die alle beliebige natürliche Zahlen sein können, bezeichnet man als ‚Quantenzahlen'. Während beim Teilchen im eindimensionalen Kasten die Energie nur von einer Quantenzahl abhängt, hängt sie hier von dreien ab. Der Grundzustand, d.h. der Zustand niedrigster Energie, ist offenbar durch $n_x = n_y = n_z = 1$ gekennzeichnet. Seine Energie ist $\frac{h^2}{8ma^2}\cdot 3$. Der nächste Energiezustand ist $\frac{h^2}{8ma^2}(1^2 + 1^2 + 2^2) = \frac{h^2}{8ma^2}\cdot 6$. Offenbar haben drei verschiedene Wellenfunktionen,

nämlich:

1. $n_x = 1, n_y = 1, n_z = 2$

2. $n_x = 1, n_y = 2, n_z = 1$

3. $n_x = 2, n_y = 1, n_z = 1$

dieselbe Energie. Es kommt oft vor, daß es zu einem Energiewert E mehrere linear unabhängige Eigenfunktionen $\psi_1, \psi_2 \ldots\ldots$ gibt. Man spricht dann von ‚*Entartung*'. In unserem Beispiel ist der Grundzustand nicht entartet, der erste angeregte Zustand dreifach entartet.

2.3. Erwartungswerte

Ein Zustand eines Systems werde durch die Wellenfunktion ψ beschrieben. Der Einfachheit halber nehmen wir an, daß ψ nur von einer Koordinate x abhängt. Für $3N$ Koordinaten ist alles ganz analog.

Wir haben gesagt, $|\psi(x)|^2 = \psi^*(x)\,\psi(x) = \rho(x)$ ist die Wahrscheinlichkeitsdichte für den Aufenthalt des Teilchens, oder anders gesagt $\rho(x)\,\mathrm{d}x$ ist die Wahrscheinlichkeit, das Teilchen zwischen x und $x + \mathrm{d}x$ anzutreffen. Die Gesamtwahrscheinlichkeit sei gleich eins, d.h.

$$\int \rho(x)\,\mathrm{d}x = 1 \tag{2.3–1}$$

Die potentielle Energie des Teilchens ist offenbar eine Funktion von x (sowohl klassisch als auch quantenmechanisch). Versuchen wir die potentielle Energie zu messen!
Mit der Wahrscheinlichkeit $\rho(x)\,\mathrm{d}x$ finden wir das Teilchen zwischen x und $x + \mathrm{d}x$, mit der gleichen Wahrscheinlichkeit $\rho(x)$ finden wir, daß das Teilchen die potentielle Energie $V(x)$ hat. Machen wir sehr viele Messungen am gleichen System und fragen, welchen Wert von V wir im Mittel messen!

Dazu müssen wir jeden Wert $V(x)$ mit der Wahrscheinlichkeit multiplizieren, daß das Teilchen an der Stelle x ist, und wir müssen über alle x-Werte summieren bzw. im Grenzfall integrieren.

$$\langle \mathbf{V} \rangle = \int_{-\infty}^{+\infty} V(x)\,\rho(x)\,\mathrm{d}x = \int_{-\infty}^{+\infty} \psi^*(x)\,V(x)\,\psi(x)\,\mathrm{d}x \tag{2.3–2}$$

Wir bezeichnen $\langle \mathbf{V} \rangle$ als den Mittelwert oder *Erwartungswert* der potentiellen Energie. In analoger Weise können wir die Erwartungswerte für beliebige Funktionen von x definieren.

Diese anschauliche Argumentation führt uns dagegen nicht zu einer Definition der Erwartungswerte von Größen, etwa des Impulses, deren Operatoren nicht multiplikativ sind. Allerdings haben wir in (2.3–2) im Ausdruck rechts des zweiten Gleichheitszeichens bereits die Erweiterung von (2.3–2) für beliebige Operatoren vorbereitet, nämlich (2.3–3). Daß diese Definition physikalisch sinnvoll ist, wird in Abschn. 2.7 deutlich, wo wir zeigen werden, daß zwischen den nach (2.3–3) definierten Erwartungswerten die Bewegungsgleichungen der klassischen Physik gelten, insbesondere daß

$$\langle \mathbf{p}_x \rangle = m\,\frac{\mathrm{d}\langle \mathbf{x} \rangle}{\mathrm{d}t}$$

Wird irgendeine physikalische Größe A durch den Operator $\mathbf{A}$ beschrieben, so ist der Erwartungswert von $\mathbf{A}$, d.h. der bei der Messung von A im Mittel erhaltene Wert für einen durch die (auf 1 normierte) Wellenfunktion ψ beschriebenen Zustand, gegeben durch

$$\langle\mathbf{A}\rangle = \int_{-\infty}^{\infty} \psi^*(x)\,[\mathbf{A}\psi(x)]\,\mathrm{d}x = \int_{-\infty}^{\infty} \psi^*\mathbf{A}\,\psi\,\mathrm{d}x \qquad (2.3\text{–}3)$$

Die Klammern können weggelassen werden. Sie sollen nur daran erinnern, daß zuerst der Operator $\mathbf{A}$ auf ψ anzuwenden ist, und daß man dann erst mit ψ^* multipliziert und integriert. Für multiplikative Operatoren erhalten wir genau den Ausdruck, den wir vorher bereits anschaulich hergeleitet haben.

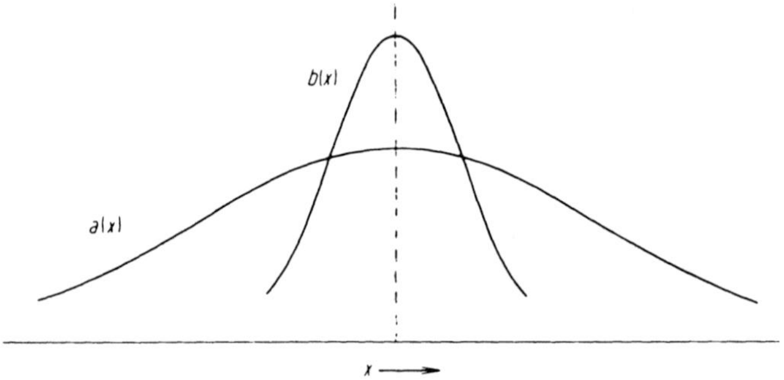

Abb. 2. Zwei Verteilungen mit gleichem Mittelwert, aber verschiedener Unschärfe

Wie bei allen statistischen Größen interessiert uns neben dem Mittelwert auch die Streuung um den Mittelwert, die sogenannte Varianz. Die beiden Verteilungen auf Abb. 2 haben den gleichen Mittelwert, bei a ist die mittlere Abweichung vom Mittelwert aber viel größer. Wir betrachten den Operator der quadratischen Abweichung vom Mittelwert

$$(\mathbf{A} - \langle\mathbf{A}\rangle)^2 = \mathbf{A}^2 - 2\langle\mathbf{A}\rangle\,\mathbf{A} + \langle\mathbf{A}\rangle^2 \qquad (2.3\text{–}4)$$

und berechnen jetzt den Mittelwert dieses Operators (2.3–4) nach der Formel (2.3–3) und nennen diesen Mittelwert $(\Delta A)^2$

$$(\Delta A)^2 = \int_{-\infty}^{\infty} \psi^*\,(\mathbf{A} - \langle\mathbf{A}\rangle)^2\,\psi\,\mathrm{d}x$$

$$= \int_{-\infty}^{\infty} \psi^*\,\mathbf{A}^2\,\psi\,\mathrm{d}x - 2\langle\mathbf{A}\rangle \int_{-\infty}^{\infty} \psi^*\mathbf{A}\,\psi\,\mathrm{d}x + \langle\mathbf{A}\rangle^2 \int_{-\infty}^{\infty} \psi^*\,\psi\,\mathrm{d}x$$

$$= \langle\mathbf{A}^2\rangle - \langle\mathbf{A}\rangle^2 \qquad (2.3\text{–}5)$$

Die Größe ΔA, d.h. die positive Wurzel aus $(\Delta A)^2$, heißt Varianz oder Unschärfe des Erwartungswertes. (Das Δ hat in diesem Fall nichts mit dem Laplace-Operator Δ zu tun.)

Wenn $\Delta A = 0$ ist, sagen wir der Erwartungswert $\langle \mathbf{A} \rangle$ ist *scharf*, dann messen wir bei jeder Messung immer den gleichen Wert. Ein Operator mit einem scharfen Erwartungswert entspricht einer Bewegungskonstanten der klassischen Physik.

Man sieht leicht, daß $\Delta A = 0$, genau dann, wenn $\mathbf{A}\psi = \alpha\psi$, d.h. wenn ψ eine Eigenfunktion von $\mathbf{A}$ ist.

Dann ist

$$\mathbf{A}^2 \psi = \mathbf{A} \cdot \mathbf{A}\psi = \mathbf{A} \cdot \alpha\psi = \alpha\mathbf{A}\psi = \alpha^2 \psi$$

$$\int \psi^* \mathbf{A}\psi \mathrm{d}x = \alpha \int \psi^* \psi \,\mathrm{d}x; \quad \int \psi^* \mathbf{A}^2 \psi \mathrm{d}x = \alpha^2 \int \psi^* \psi \,\mathrm{d}x$$

$$(\Delta A)^2 = \langle \mathbf{A}^2 \rangle - \langle \mathbf{A} \rangle^2 = \alpha^2 - \alpha^2 = 0 \qquad (2.3\text{–}6)$$

Wenn ψ eine Eigenfunktion des zugehörigen Hamilton-Operators ist ($\mathbf{H}\psi = E\psi$), dann folgt, daß $\langle \mathbf{H} \rangle = E$ ein scharfer Erwartungswert ist.

Wählt man eine nicht auf 1 normierte Wellenfunktion, so ist statt des Ausdrucks (2.3–3) zu bilden

$$\langle \mathbf{A} \rangle = \frac{\int \psi^* \mathbf{A}\psi \mathrm{d}x}{\int \psi^* \psi \mathrm{d}x} \qquad (2.3\text{–}7)$$

Bei Funktionen von mehr als einer Variablen ist natürlich $\mathrm{d}x$ durch $\mathrm{d}\tau$ zu ersetzen.

Erwartungswerte können sowohl für zeitunabhängige als auch für zeitabhängige Wellenfunktionen berechnet werden. Bei letzteren sind die Erwartungswerte i.allg. zeitabhängig. Sei z.B. $\Psi(\vec{r}, t)$ eine zeitabhängige Wellenfunktion, so ist

$$\langle \mathbf{A} \rangle = \int \Psi^* (\vec{r}, t) \; \mathbf{A} \; \Psi (\vec{r}, t) \, \mathrm{d}\tau \qquad (2.3\text{–}8)$$

eine Funktion von t.

Bei stationären Zuständen ist allerdings der mit der zeitabhängigen Wellenfunktion

$$\Psi (\vec{r}, t) = \psi (\vec{r}) \, \mathrm{e}^{\frac{E}{\mathrm{i}\hbar} t} \qquad (2.3\text{–}9)$$

gebildete Erwartungswert eines zeitunabhängigen Operators $\mathbf{A}$ zeitunabhängig und gleich dem mit der zeitunabhängigen Wellenfunktion gebildeten Erwartungswert

$$\langle \mathbf{A} \rangle = \int \psi^*(\vec{r}) \; \mathrm{e}^{-\frac{E}{\mathrm{i}\hbar} t} \; \mathbf{A} \; \psi (\vec{r}) \; \mathrm{e}^{\frac{E}{\mathrm{i}\hbar} t} \, \mathrm{d}\tau = \int \psi^*(r) \, \mathbf{A} \, \psi (r) \, \mathrm{d}\tau \qquad (2.3\text{–}10)$$

2.4. Vertauschbarkeit von Operatoren

Wenn $\mathbf{A}$ und $\mathbf{B}$ zwei Operatoren sind, so gilt i.allg. nicht, daß

$$\mathbf{AB} = \mathbf{BA} \tag{2.4–1}$$

anders gesagt, daß

$$\mathbf{AB}\varphi = \mathbf{BA}\varphi \tag{2.4–2}$$

für beliebige φ. Wir sehen das an einem einfachen Beispiel, nämlich für

$$\mathbf{A} = \mathbf{x} = x, \quad \mathbf{B} = \mathbf{p}_x = \frac{\hbar}{\mathrm{i}} \frac{\partial}{\partial x} \tag{2.4–3}$$

Wir finden:

$$\mathbf{x}\,\mathbf{p}_x\,\varphi = x\,\frac{\hbar}{\mathrm{i}}\frac{\partial\varphi}{\partial x} = \frac{\hbar}{\mathrm{i}}\,x\,\frac{\partial\varphi}{\partial x}$$

$$\mathbf{p}_x\mathbf{x}\,\varphi = \frac{\hbar}{\mathrm{i}}\frac{\partial}{\partial x}(x\varphi) = \frac{\hbar}{\mathrm{i}}\,x\,\frac{\partial\varphi}{\partial x} + \frac{\hbar}{\mathrm{i}}\,\varphi \tag{2.4–4}$$

Folglich ist

$$(\mathbf{p}_x\mathbf{x} - \mathbf{x}\,\mathbf{p}_x)\,\varphi = \frac{\hbar}{\mathrm{i}}\,\varphi \tag{2.4–5}$$

oder

$$\mathbf{p}_x\mathbf{x} - \mathbf{x}\,\mathbf{p}_x = \frac{\hbar}{\mathrm{i}} \tag{2.4–6}$$

Einen Ausdruck der Form $\mathbf{AB} - \mathbf{BA}$ bezeichnet man auch als Kommutator, und man führt die folgende Abkürzung ein:

$$[\mathbf{A},\mathbf{B}]_- = \mathbf{AB} - \mathbf{BA} \tag{2.4–7}$$

Statt Gl. (2.4–6) können wir also auch schreiben

$$[\mathbf{p}_x, \mathbf{x}]_- = \frac{\hbar}{\mathrm{i}} \tag{2.4–8}$$

Wenn zwei Operatoren $\mathbf{A}$ und $\mathbf{B}$ Gl. (2.4–1) bzw. (2.4–2) erfüllen, d.h. wenn ihr Kommutator verschwindet, so sagt man, sie ‚vertauschen' oder ‚kommutieren'. Die Tatsache, daß z.B. $\mathbf{x}$ und $\mathbf{p}_x$ nicht vertauschen, stellt einen wesentlichen, wenn nicht sogar den wesentlichen Unterschied zwischen Quantenmechanik und klassischer Mechanik dar. Man kann in der Tat (und das ist in modernen Darstellungen der

Quantentheorie allgemein üblich) die ‚Vertauschungsrelationen' vom Typ (2.4–8) als Axiome an den Anfang der Theorie stellen und wichtige Sätze der Quantentheorie unmittelbar aus den Vertauschungsrelationen ableiten (vgl. Abschn. 3.4). Man kann dann anschließend zeigen, daß die in Tab. 1 angegebene Zuordnungsvorschrift zwischen klassischen Größen und quantenmechanischen Operatoren die grundlegenden Vertauschungsrelationen erfüllt oder, wie man sagt, eine ‚Darstellung' dieser Vertauschungsrelationen ist. Diese von uns verwendete Darstellung heißt allgemein die ‚Schrödinger-Darstellung im Ortsraum'. Es gibt andere, gleichwertige Darstellungen, auf die wir nicht eingehen wollen. Wir weisen noch darauf hin, daß Gl. (2.4–8) jeweils für eine Ortskoordinate und die zu ihr gehörende Impulskoordinate gilt, daß aber z.B.

$$[\mathbf{p}_x, \mathbf{y}]_- = 0 \qquad (2.4–9)$$

Für zwei Operatoren $\mathbf{A}$ und $\mathbf{B}$, die kommutieren, d.h. für die (2.4–1) erfüllt ist, gilt, daß sie gemeinsame Eigenfunktionen haben, d.h. daß die Eigenfunktionen von $\mathbf{B}$ gleichzeitig Eigenfunktionen von $\mathbf{A}$ sind bzw. daß sie im Falle von Entartung immer so gewählt werden können, daß sie auch Eigenfunktionen von $\mathbf{A}$ sind.

Wir wollen den Beweis für diesen wichtigen Satz nur unter der etwas einschränkenden Voraussetzung führen, daß der Eigenwert b von $\mathbf{B}$ nicht entartet ist, d.h. daß zu b nur eine Eigenfunktion (abgesehen von einem beliebigen skalaren Faktor) gehört. Der vollständige Beweis wird im Anhang A6 gegeben.

Es gelte also

$$\mathbf{B}\psi = b\psi \qquad (2.4–10)$$

hieraus und aus (2.4–1) folgt:

$$\mathbf{A}\,\mathbf{B}\,\psi = \mathbf{A}\,b\,\psi = b\,\mathbf{A}\,\psi = \mathbf{B}\,\mathbf{A}\,\psi \qquad (2.4–11)$$

Man sieht, daß neben ψ auch $\varphi = \mathbf{A}\psi$ eine Eigenfunktion von $\mathbf{B}$ zum Eigenwert b ist. Da aber b nach Voraussetzung ein nicht-entarteter Eigenwert sein soll, muß φ bis auf einen konstanten Faktor a gleich ψ sein, d.h.

$$\varphi = \mathbf{A}\psi = a\psi \qquad (2.4–12)$$

Also ist ψ auch eine Eigenfunktion von $\mathbf{A}$.

Wenn zwei Operatoren $\mathbf{A}$ und $\mathbf{B}$ vertauschen, so gibt es Wellenfunktionen (nämlich ihre gemeinsamen Eigenfunktionen), bezüglich derer $\mathbf{A}$ und $\mathbf{B}$ gleichzeitig scharfe Erwartungswerte haben. Das bedeutet, daß $<\mathbf{A}>$ und $<\mathbf{B}>$ gleichzeitig genau gemessen werden können. Für nicht-vertauschbare Operatoren gilt dies in der Regel nicht.

Es wird sich in späteren Kapiteln als wichtig erweisen, Operatoren $\mathbf{A}$ zu finden, die mit dem Hamilton-Operator $\mathbf{H}$ kommutieren und deren Eigenfunktionen leichter zu finden sind als die von $\mathbf{H}$.

Wir wollen noch die Kommutatoren zwischen der kinetischen und potentiellen Energie $\mathbf{T}$ und $\mathbf{V}$ einerseits und $\mathbf{x}$ sowie $\mathbf{p}_x$ andererseits berechnen, weil wir diese später brauchen werden. Betrachten wir zunächst

$$[\mathbf{p}_x, \mathbf{p}_y^2]_- = \mathbf{p}_x \mathbf{p}_y \mathbf{p}_y - \mathbf{p}_y \mathbf{p}_y \mathbf{p}_x \qquad (2.4\text{–}13)$$

Da $\mathbf{p}_x$ und $\mathbf{p}_y$ vertauschen, können wir das zweite Glied auch als $\mathbf{p}_y \mathbf{p}_x \mathbf{p}_y$ bzw. nach nochmaliger Vertauschung als $\mathbf{p}_x \mathbf{p}_y \mathbf{p}_y$ schreiben, so daß der Kommutator verschwindet. Das gleiche gilt für $[\mathbf{p}_x, \mathbf{p}_z^2]_-$ und in noch trivialerer Weise für $[\mathbf{p}_x, \mathbf{p}_x^2]$. Nach (2.1–9) gilt folglich auch, daß

$$[\mathbf{p}_x, \mathbf{T}]_- = 0 \qquad \text{bzw.} \qquad [\vec{\mathbf{p}}, \mathbf{T}]_- = \vec{0} \qquad (2.4\text{–}14)$$

Die Operatoren von Impuls und kinetischer Energie vertauschen.

In ähnlicher Weise folgt aus der Vertauschbarkeit von $\mathbf{x}$ mit $\mathbf{p}_y$ bzw. mit $\mathbf{p}_z$, daß

$$[\mathbf{x}, \mathbf{p}_y^2]_- = [\mathbf{x}, \mathbf{p}_z^2]_- = 0 \qquad (2.4\text{–}15)$$

Nicht vertauschbar sind dagegen $\mathbf{x}$ und $\mathbf{p}_x^2$, da schon $\mathbf{x}$ und $\mathbf{p}_x$ nicht vertauschen. Bilden wir

$$[\mathbf{x}, \mathbf{p}_x^2]_- = \mathbf{x}\,\mathbf{p}_x \mathbf{p}_x - \mathbf{p}_x \mathbf{p}_x\,\mathbf{x} \qquad (2.4\text{–}16)$$

und ersetzen wir in zweitem Glied $\mathbf{p}_x\mathbf{x}$ nach (2.4–6)

$$[\mathbf{x}, \mathbf{p}_x^2]_- = \mathbf{x}\,\mathbf{p}_x \mathbf{p}_x - \mathbf{p}_x\left(\frac{\hbar}{i} + \mathbf{x}\,\mathbf{p}_x\right) = -\frac{\hbar}{i}\,\mathbf{p}_x + \mathbf{x}\,\mathbf{p}_x \mathbf{p}_x - \mathbf{p}_x\,\mathbf{x}\,\mathbf{p}_x \qquad (2.4\text{–}17)$$

Erneute Anwendung von (2.4–6) führt zu

$$\begin{aligned} [\mathbf{x}, \mathbf{p}_x^2]_- &= -\frac{\hbar}{i}\,\mathbf{p}_x + \left(-\frac{\hbar}{i} + \mathbf{p}_x\,\mathbf{x}\right)\mathbf{p}_x - \mathbf{p}_x\,\mathbf{x}\,\mathbf{p}_x \\ &= 2i\,\hbar\,\mathbf{p}_x \end{aligned} \qquad (2.4\text{–}18)$$

Daraus folgt unmittelbar

$$[\mathbf{x}, \mathbf{T}]_- = \left[\mathbf{x}, \frac{\vec{\mathbf{p}}^{\,2}}{2m}\right]_- = \frac{i\hbar}{m}\,\mathbf{p}_x \qquad (2.4\text{–}19)$$

bzw.

$$[\vec{\mathbf{r}}, \mathbf{T}]_- = \frac{i\hbar}{m}\,\vec{\mathbf{p}} \qquad (2.4\text{–}20)$$

Da sowohl $\mathbf{x}$ als auch $\mathbf{V}(r)$ multiplikative Operatoren sind, vertauschen sie miteinander

$$[\mathbf{x}, \mathbf{V}]_- = 0 \qquad (2.4\text{–}21)$$

Den Kommutator $[\mathbf{p}_x, \mathbf{V}]_-$ wenden wir auf eine Funktion ψ an:

$$[\mathbf{p}_x, \mathbf{V}]_- \ \psi = \mathbf{p}_x \mathbf{V} \psi - \mathbf{V} \mathbf{p}_x \ \psi = \frac{\hbar}{\mathrm{i}} \frac{\partial}{\partial x} (V\psi) - \frac{\hbar}{\mathrm{i}} V \frac{\partial \psi}{\partial x}$$

$$= \frac{\hbar}{\mathrm{i}} \frac{\partial V}{\partial x} \cdot \psi + \frac{\hbar}{\mathrm{i}} V \frac{\partial \psi}{\partial x} - \frac{\hbar}{\mathrm{i}} V \frac{\partial \psi}{\partial x} = \frac{\hbar}{\mathrm{i}} \frac{\partial V}{\partial x} \cdot \psi \qquad (2.4\text{–}22)$$

Also ist

$$[\mathbf{p}_x, \mathbf{V}]_- = \frac{\hbar}{\mathrm{i}} \frac{\partial V}{\partial x} \qquad (2.4\text{–}23)$$

Schließlich können wir noch die Kommutatoren von $\mathbf{H}$ mit $\mathbf{x}$ bzw. mit $\mathbf{p}_x$ hinschreiben.

$$[\mathbf{x}, \mathbf{H}]_- = [\mathbf{x}, \mathbf{T}]_- = \frac{\mathrm{i}\hbar}{m} \mathbf{p}_x \qquad (2.4\text{–}24)$$

$$[\mathbf{p}_x, \mathbf{H}]_- = [\mathbf{p}_x, \mathbf{V}]_- = \frac{\hbar}{\mathrm{i}} \frac{\partial V}{\partial x} \qquad (2.4\text{–}25)$$

2.5. Der harmonische Oszillator

Zu den wenigen Beispielen einer geschlossen lösbaren Schrödingergleichung gehört dasjenige des harmonischen Oszillators.

Die klassische Hamilton-Funktion eines eindimensionalen harmonischen Oszillators ist

$$H = \frac{p_x^2}{2m} + \frac{1}{2} k x^2; \quad k > 0 \qquad (2.5\text{–}1)$$

Entsprechend sind die Hamiltonschen Bewegungsgleichungen

$$\frac{\partial H}{\partial p_x} = \frac{p_x}{m} = \dot{x} \qquad (2.5\text{–}2)$$

$$\frac{\partial H}{\partial x} = kx = -\dot{p}_x = -m\ddot{x} \qquad (2.5\text{–}3)$$

mit der Lösung

$$x = A \cos(\omega t + \delta) \qquad (2.5\text{–}4)$$

$$\omega = \sqrt{\frac{k}{m}} \qquad (2.5\text{–}5)$$

wobei ω $(= 2\pi\nu)$ die sog. Kreisfrequenz ist und A sowie δ beliebig sein können.

Man kann H in folgender Weise als ein Produkt schreiben

$$H = b_+ b_- = b_- b_+ \tag{2.5–6}$$

mit

$$b_+ = \frac{1}{\sqrt{2m}} p_x + i\sqrt{\frac{k}{2}} \cdot x$$

$$b_- = \frac{1}{\sqrt{2m}} p_x - i\sqrt{\frac{k}{2}} \cdot x \tag{2.5–7}$$

Der quantenmechanische Hamilton-Operator

$$\mathbf{H} = \frac{\mathbf{p}_x^2}{2m} + \frac{1}{2} k x^2 \tag{2.5–8}$$

läßt sich allerdings nicht genauso wie das klassische H zerlegen, denn die (2.5–7) entsprechenden Operatoren

$$\mathbf{b}_+ = \frac{1}{\sqrt{2m}} \mathbf{p}_x + i\sqrt{\frac{k}{2}} x$$

$$\mathbf{b}_- = \frac{1}{\sqrt{2m}} \mathbf{p}_x - i\sqrt{\frac{k}{2}} x \tag{2.5–8}$$

kommutieren nicht. Vielmehr gilt wegen der Vertauschungsbeziehung (2.4–8) zwischen $\mathbf{p}_x$ und $\mathbf{x}$, daß

$$\mathbf{b}_+\mathbf{b}_- = \frac{1}{2m} \mathbf{p}_x^2 + \frac{k}{2} x^2 - \frac{i}{2}\sqrt{\frac{k}{m}} [\mathbf{p}_x, \mathbf{x}]_-$$

$$= \mathbf{H} - \frac{\hbar}{2}\sqrt{\frac{k}{m}} = \mathbf{H} - \frac{\hbar\omega}{2} \tag{2.5–9}$$

$$\mathbf{b}_-\mathbf{b}_+ = \frac{1}{2m} \mathbf{p}_x^2 + \frac{k}{2} x^2 + \frac{i}{2}\sqrt{\frac{k}{m}} [\mathbf{p}_x, \mathbf{x}]_- = \mathbf{H} + \frac{\hbar\omega}{2} \tag{2.5–10}$$

Sei nun ψ eine Eigenfunktion von $\mathbf{H}$ zum Eigenwert E

$$\mathbf{H}\psi = E\psi \tag{2.5–11}$$

Wir drücken in (2.5–11) $\mathbf{H}$ nach (2.5–9) aus und wenden auf die Gleichung von links $\mathbf{b}_-$ an:

$$\left[\mathbf{b}_+\mathbf{b}_- + \frac{\hbar\omega}{2}\right]\psi = E\psi \tag{2.5–12}$$

$$\mathbf{b}_- \left[\mathbf{b}_+\mathbf{b}_- + \frac{\hbar\omega}{2}\right]\psi = \mathbf{b}_-\mathbf{b}_+\mathbf{b}_-\ \psi + \frac{\hbar\omega}{2}\mathbf{b}_-\psi = E\,\mathbf{b}_-\ \psi \qquad (2.5-13)$$

Setzen wir im mittleren Ausdruck in (2.5−13) für $\mathbf{b}_-\mathbf{b}_+$ jetzt (2.5−10) ein,

$$\left(\mathbf{H} + \frac{\hbar\omega}{2}\right)\mathbf{b}_-\ \psi + \frac{\hbar\omega}{2}\,\mathbf{b}_-\ \psi = (\mathbf{H} + \hbar\omega)\ \mathbf{b}_-\ \psi = E\,\mathbf{b}_-\ \psi \qquad (2.5-14)$$

bzw.

$$\mathbf{H}\,(\mathbf{b}_-\ \psi) = (E - \hbar\omega)\ (\mathbf{b}_-\ \psi) \qquad (2.5-15)$$

so sehen wir, daß, wenn ψ Eigenfunktion von $\mathbf{H}$ zum Eigenwert E ist, $\mathbf{b}_-\psi$ eine Eigenfunktion von $\mathbf{H}$ zum Eigenwert $E - \hbar\omega$ ist oder aber identisch verschwindet, Analog findet man

$$\mathbf{H}\,\mathbf{b}_+\ \psi = (E+\hbar\omega)\ \mathbf{b}_+\ \psi \qquad (2.5-16)$$

Sei nun ψ_0 Eigenfunktion zum *tiefsten* Eigenwert*) E_0 von $\mathbf{H}$

$$\mathbf{H}\,\psi_0 = E_0\ \psi_0 \qquad (2.5-17)$$

Einen kleineren Eigenwert $E_0 - \hbar\omega$ kann es nicht geben, weil E_0 ja der kleinste Eigenwert sein soll, also muß $\mathbf{b}_-\ \psi_0$ identisch verschwinden, d.h.

$$\mathbf{b}_-\ \psi_0 = 0 \qquad (2.5-18)$$

---

* Daß es einen tiefsten Eigenwert auch wirklich gibt, wie wir bei unserer Ableitung stillschweigend voraussetzen, ist durchaus nicht selbstverständlich, sondern muß eigentlich bewiesen werden. Es genügt hier, zu zeigen, daß eine untere Schranke für die Eigenwerte existiert. Der Erwartungswert $(\varphi, \mathbf{H}\varphi)$ gebildet mit einer beliebigen (zum Definitionsbereich von $\mathbf{H}, \mathbf{b}_+$ und $\mathbf{b}_-$ gehörenden) Funktion läßt sich nämlich nach (2.5−9) und (2.5−10) sowie unter Benutzung der Tatsache, daß $\mathbf{b}_+$ und $\mathbf{b}_-$ zueinander adjungiert sind (vgl. Anhang A6) umformen gemäß

$$(\varphi, \mathbf{H}\varphi) = \frac{1}{2}(\varphi, \mathbf{b}_+\mathbf{b}_-\varphi) + \frac{1}{2}(\varphi, \mathbf{b}_-\mathbf{b}_+\varphi) = \frac{1}{2}(\mathbf{b}_-\varphi, \mathbf{b}_-\varphi) + \frac{1}{2}(\mathbf{b}_+\varphi, \mathbf{b}_+\varphi)$$

Die Normierungsintegrale $(\mathbf{b}_-\varphi, \mathbf{b}_-\varphi)$ und $(\mathbf{b}_+\varphi, \mathbf{b}_+\varphi)$ sind aber sicher nicht-negativ, so daß auch

$$(\varphi, \mathbf{H}\varphi) \geqslant 0$$

Ist insbesondere φ irgendeine Eigenfunktion zum Eigenwert E, so folgt hieraus sofort, daß $E \geqslant 0$, d.h. daß nur nicht-negative Eigenwerte möglich sind.

Wie wichtig diese ‚Beschränktheit des Hamiltonoperators nach unten' ist, erkennt man, wenn man formal die Eigenfunktion zum höchsten (statt zum tiefsten) Eigenwert sucht. Mit der gleichen Argumentation wie von Gl. (2.5−17) bis (2.5−21) nur mit $\mathbf{b}_+$ und $\mathbf{b}_-$ vertauscht erhält man $E_0 = -\frac{\hbar\omega}{2}$ für den ‚höchsten' Eigenwert, wenn man vergißt, sich vorher zu vergewissern, ob es wirklich einen höchsten Eigenwert gibt, bzw. ob negative Eigenwerte möglich sind.

Hierauf kann man von links $\mathbf{b}_+$ anwenden:

$$\mathbf{b}_+\mathbf{b}_- \psi_0 = \left(\mathbf{H} - \frac{\hbar\omega}{2}\right)\psi_0 = \mathbf{b}_+ 0 = 0 \tag{2.5–19}$$

d.h.

$$\mathbf{H}\,\psi_0 = \frac{\hbar\omega}{2}\,\psi_0 = E_0\,\psi_0 \tag{2.5–20}$$

Der tiefste Eigenwert ist folglich

$$E_0 = \frac{\hbar\omega}{2} = \frac{h\nu}{2} \tag{2.5–21}$$

Um ψ_0 zu berechnen, schreiben wir (2.5–18) explizit hin (vgl. 2.5–8):

$$\mathbf{b}_-\psi_0 = \left[\frac{1}{\sqrt{2m}}\,\frac{\hbar}{\mathrm{i}}\,\frac{\mathrm{d}}{\mathrm{d}x} - \mathrm{i}\sqrt{\frac{k}{2}}\,x\right]\psi_0 = \frac{-\mathrm{i}\hbar}{\sqrt{2m}}\,\frac{\mathrm{d}\psi_0}{\mathrm{d}x} - \mathrm{i}\sqrt{\frac{k}{2}}\,x\,\psi_0 = 0 \tag{2.5–22}$$

Diese Differentialgleichung für $\psi_0\,(x)$ läßt sich durch Separation lösen (vgl. Anhang A5.3):

$$\frac{\mathrm{d}\psi_0}{\psi_0} = -\frac{\sqrt{km}}{\hbar}\,x\,\mathrm{d}x \tag{2.5–23}$$

$$\ln\psi_0 = -\frac{\sqrt{km}}{2\hbar}\,x^2 + C \tag{2.5–24}$$

$$\psi_0 = \exp\left(-\frac{\sqrt{km}}{2\hbar}\,x^2\right)\mathrm{e}^C \tag{2.5–25}$$

Die Konstante C wählt man dann so, daß ψ_0 auf 1 normiert ist.

Die Eigenfunktionen ψ_n zu den Eigenwerten $\left(n + \frac{1}{2}\right)\hbar\omega$ erhält man durch n-malige sukzessive Anwendung von $\mathbf{b}_+$ auf ψ_0. Sie sind von der Form (auf 1 normiert)

$$\psi_n = \mathrm{N}_n\,\mathrm{H}_n\,(u)\,\mathrm{e}^{-\frac{u^2}{2}} \tag{2.5–26}$$

mit

$$u = \frac{(km)^{\frac{1}{4}}}{\sqrt{\hbar}}\cdot x = \sqrt{\alpha}\cdot x \tag{2.5–27}$$

$$\mathrm{N}_n = \left(\frac{\alpha}{\pi}\right)^{\frac{1}{4}}\frac{1}{\sqrt{2^n n!}} \tag{2.5–28}$$

wobei die $H_n(u)$ als Hermitische Polynome bezeichnet werden. Ihre ersten Vertreter sind

$$H_0(u) = 1 \qquad H_1(u) = 2u$$

$$H_2(u) = -2+4u^2 \qquad H_3(u) = -12u+8u^3$$

$$H_4(u) = 12-48u^2+16u^4 \tag{2.5–29}$$

Die ersten normierten Eigenfunktionen des linearen harmonischen Oszillators sind auf Tab. 2 zusammengestellt und auf Abb. 3 graphisch dargestellt.

Tab. 2. Die ersten Eigenfunktionen des eindimensionalen harmonischen Oszillators $\alpha = \frac{\sqrt{km}}{\hbar}$.

$$\psi_0 = \left(\frac{\alpha}{\pi}\right)^{\frac{1}{4}} e^{-\frac{\alpha}{2}x^2}$$

$$\psi_1 = \left(\frac{4\alpha^3}{\pi}\right)^{\frac{1}{4}} xe^{-\frac{\alpha}{2}x^2}$$

$$\psi_2 = \left(\frac{\alpha}{4\pi}\right)^{\frac{1}{4}} (1-2\alpha x^2)\, e^{-\frac{\alpha}{2}x^2}$$

$$\psi_3 = \left(\frac{9\alpha^3}{\pi}\right)^{\frac{1}{4}} \left(x-\frac{2\alpha}{3}x^3\right) e^{-\frac{\alpha}{2}x^2}$$

$$\psi_4 = \left(\frac{9\alpha}{64\pi}\right)^{\frac{1}{4}} \left(1-4\alpha x^2+\frac{4}{3}\alpha^2x^4\right) e^{-\frac{\alpha}{2}x^2}$$

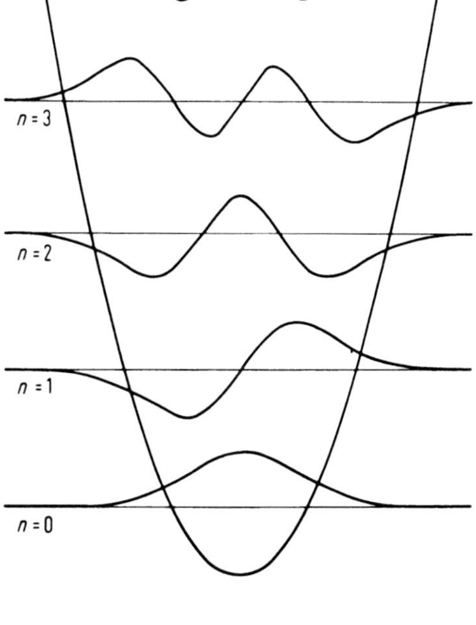

Abb. 3. Energieniveaus und Eigenfunktionen des harmonischen Oszillators.

Es ist noch der Beweis nachzutragen, daß andere Eigenwerte als $\left(n+\frac{1}{2}\right)\hbar\omega$ mit $n = 0, 1, 2 \ldots$ nicht möglich sind. Nehmen wir etwa an, es gäbe einen Eigenwert $E = (n + a)\hbar\omega$ mit $0 \leqslant a \leqslant 1$, $a \neq \frac{1}{2}$. Durch n-malige Anwendung von $\mathbf{b}_-$ auf die zugehörige Eigenfunktion erhält man eine Eigenfunktion zum Eigenwert $a\hbar\omega$ und durch (n + 1)malige Anwendung eine Eigenfunktion zum negativen Eigenwert $(a-1)\hbar\omega$ oder eine identisch verschwindende Funktion. Ersteres ist nicht möglich, da negative Eigenwerte nicht vorkommen können, letzteres aber nach (2.5–18, 19) nur dann, wenn $a = \frac{1}{2}$. Unsere Annahme, es gäbe andere als die oben abgeleiteten Eigenwerte, ist damit als falsch erwiesen.

Man kann die Eigenwerte und Eigenfunktionen des eindimensionalen harmonischen Oszillators auch nach einem Verfahren erhalten, das analog zu dem ist, das wir in Kap. 4 zur Lösung der radialen Schrödingergleichung des H-Atoms benutzen werden. Der hier beschrittene Weg über eine unmittelbare Anwendung der Vertauschungsrelationen ist offensichtlich eleganter. In Kap. 3 werden wir in einer analogen Weise die Eigenwerte und Eigenfunktionen der Drehimpulsoperatoren ableiten.

2.6. Matrixelemente von Operatoren

Eine Erweiterung des Begriffs des durch (2.3–3) definierten Erwartungswertes ist das sog. Matrixelement

$$(\psi, \mathbf{A}\varphi) = \int \psi^* \{\mathbf{A}\varphi\}\, d\tau \tag{2.6–1}$$

eines Operators zwischen zwei Funktionen ψ und φ. Der Erwartungswert ist ein Spezialfall für $\psi = \varphi$ und $\int \psi^* \psi\, d\tau = 1$. Für Matrixelemente sind auch andere Schreibweisen üblich, die wir gleichberechtigt verwenden wollen.

$$(\psi_i, \mathbf{A}\,\psi_k) = \langle \psi_i | \mathbf{A} | \psi_k \rangle = \langle i | \mathbf{A} | k \rangle = A_{ik} \tag{2.6–2}$$

Einen Spezialfall von Matrixelementen stellen diejenigen dar, bei denen $\mathbf{A}$ der Einheitsoperator $\mathbf{1}$ ist, der jedes ψ in sich selbst überführt

$$(\psi_i, \mathbf{1}\,\psi_k) = \int \psi_i^* \, \psi_k \, d\tau = (\psi_i, \psi_k) = \langle \psi_i | \psi_k \rangle = S_{ik} \tag{2.6–3}$$

Man nennt S_{ik} das Überlappungsintegral der beiden Funktionen ψ_i und ψ_k. Aus der Definition (2.6–3) folgt unmittelbar, daß

$$S_{ki} = (\psi_k, \psi_i) = \int \psi_k^* \, \psi_i \, d\tau = (\psi_i, \psi_k)^* = S_{ik}^* \tag{2.6–4}$$

Das Überlappungsintegral einer Funktion mit sich selbst ist gleich dem uns bereits bekannten Normierungsintegral (2.1–3)

$$(\psi_i, \psi_i) = \| \psi_i \|^2 = \int \psi_i^* \psi_i \, d\tau = \int |\psi_i|^2 \, d\tau \qquad (2.6\text{–}5)$$

Wir bezeichnen $\|\psi_i\|$ als die Norm von ψ_i.

Aus der Definition (2.6–1) der Matrixelemente folgen unmittelbar folgende wichtige Beziehungen

$$([\psi_i + \psi_j], \mathbf{A}\psi_k) = (\psi_i, \mathbf{A}\psi_k) + (\psi_j, \mathbf{A}\psi_k) \qquad (2.6\text{–}6a)$$

$$(\psi_i, \mathbf{A}[\psi_k + \psi_l]) = (\psi_i, \mathbf{A}\psi_k) + (\psi_i, \mathbf{A}\psi_l) \qquad (2.6\text{–}6b)$$

$$(\lambda \psi_i, \mathbf{A}\psi_k) = \lambda^* (\psi_i, \mathbf{A}\psi_k) \qquad (2.6\text{–}6c)$$

$$(\psi_i, \mathbf{A}[\lambda \psi_k]) = \lambda (\psi_i, \mathbf{A}\psi_k) \qquad (2.6\text{–}6d)$$

Man beachte vor allem das Konjugiert-Komplex-Zeichen in (2.6–6c).

Matrixelemente von Operatoren werden in einem größeren mathematischen Zusammenhang im Anhang A6 behandelt.

Ein Operator $\mathbf{A}$ heißt hermitisch, wenn für alle seine Matrixelemente folgende Beziehung gilt

$$(\psi_i, \mathbf{A}\psi_k) = (\psi_k, \mathbf{A}\psi_i)^* = (\mathbf{A}\psi_i, \psi_k) \qquad (2.6\text{–}7)$$

Im Anhang A6 wird gezeigt, daß reelle multiplikative Operatoren sowie der Impulsoperator $\vec{\mathbf{p}}$ und auch der Operator der kinetischen Energie $\mathbf{T}$ hermitisch sind, und daß hermitische Operatoren einige sehr wichtige Eigenschaften haben:

1. Sie haben nur reelle Erwartungswerte und insbesondere reelle Eigenwerte.
2. Eigenfunktionen eines hermitischen Operators zu verschiedenen Eigenwerten sind orthogonal zueinander, d.h. ihr Überlappungsintegral verschwindet.

2.7. Der klassische Grenzfall und die Unschärferelation

Zwar haben wir die Quantenmechanik aus der klassischen Mechanik erhalten, indem wir die klassischen Größen durch Operatoren ersetzten, trotzdem erkennt man einen expliziten Zusammenhang zwischen den beiden Theorien nicht ohne weiteres, weil ihr mathematischer Formalismus so völlig anders ist. Es ist deshalb wichtig, zum einen zu zeigen, daß zur Beschreibung von Bewegungen, bezüglich derer $\hbar$ als beliebig klein angesehen werden kann, Quantenmechanik und klassische Mechanik die gleichen Ergebnisse liefern, und daß zum anderen die klassische Mechanik ein Grenzfall der Quantenmechanik ist. Ebenso wichtig ist es aber, in einer einfachen anschaulichen Weise zu verstehen, in welcher Hinsicht die quantenmechanischen Ergebnisse von den klassischen abweichen, wenn eben $\hbar$ nicht zu vernachlässigen ist.

Es gibt viele Wege, die klassische Mechanik als Grenzfall aus der Quantenmechanik abzuleiten. Wir wollen uns hier des sog. Satzes von *Ehrenfest** bedienen, der besagt, daß für die quantenmechanischen Erwartungswerte $\langle \mathbf{A} \rangle$ tatsächlich die Bewegungsgleichungen der klassischen Mechanik gelten. Wir zeigen zunächst, daß die zeitliche Änderung des Erwartungswertes eines zeitunabhängigen hermitischen Operators $\mathbf{A}$ gleich einem Faktor $\frac{1}{i\hbar}$ mal dem Erwartungswert des Kommutators von $\mathbf{A}$ mit dem Hamilton-Operator $\mathbf{H}$ ist,

$$\frac{d\langle \mathbf{A} \rangle}{dt} = \frac{1}{i\hbar}\langle [\mathbf{A},\mathbf{H}]_- \rangle \tag{2.7–1}$$

vorausgesetzt, daß die Wellenfunktion Ψ, mit der die Erwartungswerte in (2.7–1) gebildet sind, Lösung der zeitabhängigen Schrödingergleichung

$$\mathbf{H}\Psi = (\mathbf{T} + \mathbf{V})\,\Psi = i\hbar\,\frac{\partial \Psi}{\partial t} \tag{2.7–2}$$

ist.

Zum Beweis von (2.7–1) werten wir die linke Seite nach der Produktregel der Differentialrechnung und unter Berücksichtigung der Zeitunabhängigkeit des Operators $\mathbf{A}$ explizit aus.

$$\frac{d\langle \mathbf{A} \rangle}{dt} = \frac{\partial(\Psi,\mathbf{A}\Psi)}{\partial t} = \left(\frac{\partial \Psi}{\partial t}, \mathbf{A}\Psi\right) + \left(\Psi, \mathbf{A}\frac{\partial \Psi}{\partial t}\right) \tag{2.7–3}$$

Wir substituieren $\frac{\partial \Psi}{\partial t}$ nach (2.7–2), berücksichtigen (2.6–6c) und (2.6–6d) und nützen die Hermitizität von $\mathbf{H}$ aus, die (nach (2.6–7) bedeutet, daß $(\mathbf{H}\Psi,\varphi) = (\Psi,\mathbf{H}\varphi)$, insbesondere auch für $\varphi = \mathbf{A}\Psi$

$$\begin{aligned}
\frac{d\langle \mathbf{A} \rangle}{dt} &= \left(\frac{1}{i\hbar}\,\mathbf{H}\Psi, \mathbf{A}\Psi\right) + \left(\Psi, \mathbf{A}\frac{1}{i\hbar}\,\mathbf{H}\Psi\right) \\
&= \frac{-1}{i\hbar}\,(\mathbf{H}\Psi, \mathbf{A}\Psi) + \frac{1}{i\hbar}\,(\Psi, \mathbf{A}\mathbf{H}\Psi) \\
&= \frac{-1}{i\hbar}\,(\Psi, \mathbf{H}\mathbf{A}\Psi) + \frac{1}{i\hbar}\,(\Psi, \mathbf{A}\mathbf{H}\Psi) \\
&= \frac{1}{i\hbar}\,(\Psi,\{\mathbf{A}\mathbf{H} - \mathbf{H}\mathbf{A}\}\Psi) = \frac{1}{i\hbar}\,(\Psi,[\mathbf{A},\mathbf{H}]_-\,\Psi) = \frac{1}{i\hbar}\langle [\mathbf{A},\mathbf{H}]_- \rangle
\end{aligned} \tag{2.7–4}$$

Als nächstes zeigen wir, daß

$$m\,\frac{d\langle \mathbf{x} \rangle}{dt} = \langle \mathbf{p}_x \rangle \tag{2.7–5}$$

* P. Ehrenfest, Z.Phys. *45*, 455 (1927).

Wegen (2.7–4) ist nämlich

$$m \frac{\mathrm{d}\langle \mathbf{x} \rangle}{\mathrm{d}t} = \frac{m}{\mathrm{i}\hbar} \langle [\mathbf{x}, \mathbf{H}]_{-} \rangle \tag{2.7–6}$$

Setzen wir $[\mathbf{x}, \mathbf{H}]_{-}$ nach (2.4–24) ein, folgt sofort (2.7–5). Dieses Ergebnis ist nicht uninteressant, da es zeigt, daß der auf den ersten Blick etwas merkwürdig aussehende quantenmechanische Impulsoperator durchaus physikalisch sinnvoll definiert ist. Die zeitliche Änderung von $\langle \mathbf{p}_x \rangle$ berechnet sich nach (2.7–4) und (2.4–25) folgendermaßen

$$\frac{\mathrm{d}\langle \mathbf{p}_x \rangle}{\mathrm{d}t} = \frac{1}{\mathrm{i}\hbar} \langle [\mathbf{p}_x, \mathbf{H}]_{-} \rangle = \frac{1}{\mathrm{i}\hbar} \cdot \frac{\hbar}{\mathrm{i}} \langle \frac{\partial V}{\partial x} \rangle = -\langle \frac{\partial V}{\partial x} \rangle \tag{2.7–7}$$

Das ist aber, da $F_x = -\frac{\partial V}{\partial x}$ gleich der Komponente der Kraft in x-Richtung ist, in Kombination mit (2.7–6), nichts anderes als das Newtonsche Kraftgesetz für die Erwartungswerte.

Da die Gesetze der klassischen Mechanik also tatsächlich für die Erwartungswerte gelten, könnte man auf den Gedanken kommen, daß man auf die Quantenmechanik ganz verzichten kann, indem man eben nur mit Erwartungswerten operiert. Daß man damit wahrscheinlich nicht sehr weit kommt, erkennt man, wenn man stationäre Zustände betrachtet. Für diese sind nach (2.3–10) sämtliche Erwartungswerte (zeitunabhängiger Operatoren) automatisch zeitunabhängig und geben deshalb überhaupt keine Auskunft über den Bewegungsablauf. Der Satz von Ehrenfest stellt also nur für nichtstationäre Zustände eine physikalisch sinnvolle Aussage dar. Aber auch für solche Zustände, deren Wellenfunktion nicht von der Form (2.3–9) ist, sind die Bewegungsgleichungen für $\langle \mathbf{x} \rangle$ nicht ausreichend zur vollständigen Beschreibung der Bewegung. Das liegt daran, daß die Erwartungswerte von $\mathbf{x}$ und $\mathbf{p}_x$ offenbar nicht scharf sind, sondern Unschärfen Δx und Δp_x im Sinne von (2.3–5) aufweisen.

Wir wollen uns jetzt nicht mit dem Formalismus für nicht-stationäre Zustände beschäftigen (vor allem deshalb, weil man in der Quantenchemie fast nur mit stationären Zuständen zu tun hat), sondern vielmehr eine klassische Analogie heranziehen. Wir nehmen an, daß für die (eindimensionale) Bewegung eines Massenpunkts die klassische Mechanik zwar streng gelte, daß wir aber aus meßtechnischen Gründen weder Ort x noch Impuls p_x zur Zeit t_0 exakt bestimmen können, sondern nur innerhalb von Fehlergrenzen, derart daß wir Wahrscheinlichkeitsverteilungen $\rho(x)$ und $P(p_x)$ angeben können. Das Maximum von $\rho(x)$ bzw. $P(p_x)$ entspricht dann dem wahrscheinlichsten Wert von x bzw. p_x zur Zeit t_0, und die Halbwertsbreiten der Verteilungen sind dann jeweils ein Maß für die Varianz, d.h. die Unschärfe unserer Messung.

Zu einem späteren Zeitpunkt t hat sich das Teilchen, genauer gesagt, der Mittelwert $\langle x \rangle$, um die Strecke $(t-t_0)\frac{\mathrm{d}\langle x \rangle}{\mathrm{d}t} = (t-t_0)\frac{\langle p_x \rangle}{m}$ bewegt, wenn wir konstante Geschwindigkeit voraussetzen. Die Unschärfe des Teilchens besteht jetzt aus zwei Anteilen, erstens der Ortsunschärfe, die schon zum Zeitpunkt t_0 existierte, zweitens einer Ortsunschärfe, die eine Folge der Geschwindigkeitsunschärfe ist. Zum Zeitpunkt

t hat nämlich $\langle x \rangle$ die (zusätzliche) Unschärfe $(t-t_0)\,\frac{\Delta p_x}{m}$. Wie die beiden Unschärfen zusammenwirken, wollen wir nicht im einzelnen untersuchen. Es ist aber deutlich, daß die Unschärfe während der Bewegung zunimmt. Die Wahrscheinlichkeitsverteilung für den Ort des Teilchens ‚zerfließt' gewissermaßen. Das Zerfließen ist umso geringer, je größer die Masse m ist. Es sei betont, daß nicht das Teilchen selbst ‚zerfließt', sondern daß nur unsere Information über den Ort und Impuls des Teilchens immer unvollkommener (breiter gestreut) wird.

Eine Unschärfe als Folge von Meßfehlern wirkt sich aber praktisch genau so aus wie eine Unschärfe, die aus der Quantenmechanik folgt. Man könnte zwar versuchen, die Ortsunschärfe Δx möglichst klein zu machen, das würde aber das ‚Zerfließen' unserer Information über das Teilchen nur dann verhindern, wenn auch Δp_x möglichst klein gemacht wird. Es ist aber gerade nicht möglich, gleichzeitig Δx und Δp_x beliebig klein zu machen, weil $\mathbf{x}$ und $\mathbf{p}_x$ nicht kommutieren. Allgemein sind die Unschärfen nicht-kommutierender hermitischer Operatoren **A** und **B** über eine sog. Unschärfenrelation

$$\Delta A \cdot \Delta B \geqslant \frac{1}{2}\,|\langle \mathrm{i}\,[\mathbf{A},\mathbf{B}]_-\rangle| = \frac{1}{2}\,|\langle \mathrm{i}\mathbf{AB} - \mathrm{i}\mathbf{BA}\rangle| \tag{2.7–8}$$

verknüpft.

Zum Beweis von (2.7–8) wenden wir den Operator $\mathbf{A} + \mathrm{i}\lambda\mathbf{B}$ ($\mathbf{A}$ und $\mathbf{B}$ seien hermitisch, vgl. (2.6–6)) mit reellem, aber sonst beliebigem λ auf die Wellenfunktion Ψ an und bilden das Normierungsintegral der so entstandenen neuen Funktion, das – wie alle Normierungsintegrale – nicht-negativ ist.

$$\begin{aligned} 0 &\leqslant ([\mathbf{A} + \mathrm{i}\lambda\mathbf{B}]\,\Psi, [\mathbf{A} + \mathrm{i}\lambda\mathbf{B}]\,\Psi) = (\mathbf{A}\Psi, \mathbf{A}\Psi) + \lambda^2\,(\mathbf{B}\Psi, \mathbf{B}\Psi) \\ &\quad - \lambda\,\mathrm{i}\,(\mathbf{B}\Psi, \mathbf{A}\Psi) + \lambda\,\mathrm{i}\,(\mathbf{A}\Psi, \mathbf{B}\Psi) \\ &= (\Psi, \mathbf{A}^2\Psi) + \lambda^2\,(\Psi, \mathbf{B}^2\Psi) + \lambda\,\mathrm{i}\,(\Psi, [\mathbf{AB} - \mathbf{BA}]\,\Psi) \\ &= \langle \mathbf{A}^2\rangle + \lambda^2\,\langle \mathbf{B}^2\rangle + \lambda\,\langle \mathrm{i}\,[\mathbf{A},\mathbf{B}]_-\rangle \end{aligned} \tag{2.7–9}$$

Wir wollen in dieser Ungleichung so dicht wie möglich an das Gleichheitszeichen kommen und wählen deshalb λ so, daß (2.7–9) sein Minimum einnimmt. Das ist der Fall, wie man durch Ableiten nach λ, Nullsetzen der Ableitung und Prüfen des Vorzeichens der 2. Ableitung erkennt, für

$$\lambda = -\frac{\langle \mathrm{i}[\mathbf{A},\mathbf{B}]_-\rangle}{2\langle \mathbf{B}^2\rangle} \tag{2.7–10}$$

Da (2.7–9) nur für reelle λ gilt, ist zu prüfen, ob λ nach (2.7–10) tatsächlich reell ist. Das ist aber der Fall, weil $\mathrm{i}[\mathbf{A},\mathbf{B}]_-$ ebenso wie $\mathbf{B}^2$ hermitisch ist. Einsetzen von (2.7–10) in (2.7–9) ergibt

$$0 \leqslant \langle \mathbf{A}^2\rangle - \frac{\langle \mathrm{i}\,[\mathbf{A},\mathbf{B}]_-\rangle^2}{4\langle \mathbf{B}^2\rangle} \tag{2.7–11}$$

bzw.

$$4 \langle \mathbf{A}^2 \rangle \langle \mathbf{B}^2 \rangle \geqslant \langle i[\mathbf{A},\mathbf{B}]_- \rangle^2 \tag{2.7–12}$$

Nun haben aber $\mathbf{A} - \langle \mathbf{A} \rangle$ und $\mathbf{B} - \langle \mathbf{B} \rangle$ den gleichen Kommutator wie $\mathbf{A}$ und $\mathbf{B}$, so daß sich ergibt

$$\langle (\mathbf{A} - \langle \mathbf{A} \rangle)^2 \rangle \cdot \langle (\mathbf{B} - \langle \mathbf{B} \rangle)^2 \rangle \geqslant \frac{1}{4} \langle i[\mathbf{A},\mathbf{B}]_- \rangle^2 \tag{2.7–13}$$

$$\Delta A \cdot \Delta B \geqslant \frac{1}{2} | \langle i[\mathbf{A},\mathbf{B}]_- \rangle | \text{ w.z.b.w.} \tag{2.7–14}$$

Besonders interessiert uns die Anwendung auf Ort und Impuls

$$\Delta x \cdot \Delta p_x \geqslant \frac{1}{2} | \langle i[\mathbf{x},\mathbf{p}_x]_- \rangle | = \frac{1}{2} \hbar \tag{2.7–15}$$

Das ist die bekannte Heisenbergsche Unschärferelation, die besagt, daß das Produkt der Unschärfen von Ort und Impuls nie kleiner als von der Größenordnung $\hbar$ sein kann. Versucht man den Ort genau festzulegen, so wird der Impuls entsprechend unscharf und umgekehrt.

Es ist eine interessante Frage, ob in (2.7–15) auch das Gleichheitszeichen angenommen werden kann. Aufgrund unserer Ableitung, ausgehend von (2.7–9), ist das der Fall, wenn $(\mathbf{A} + i\lambda\mathbf{B})\,\psi$ identisch verschwindet, d.h. in unserem Fall, wenn

$$(\mathbf{x} + i\lambda \mathbf{p}_x)\psi = \left(\mathbf{x} + \hbar\lambda \frac{\partial}{\partial x}\right)\psi = 0 \tag{2.7–16}$$

oder

$$x\psi = -\hbar\lambda \frac{\partial \psi}{\partial x} \tag{2.7–17}$$

Diese Differentialgleichung für $\psi(x)$ ist durch Separation lösbar und hat die Lösung

$$\psi = e^{-\frac{x^2}{2\hbar\lambda}} \tag{2.7–18}$$

Wenn also $\psi(x)$ von der Form (2.7–18) ist, mit beliebigem positivem λ (für negatives λ ist ψ nicht normierbar und deshalb unphysikalisch), so gilt in der Unschärferelation das Gleichheitszeichen; folglich ist $1/2\ \hbar$ auch der kleinstmögliche Wert, den das Produkt $\Delta x \cdot \Delta p_x$ einnehmen kann.

In Lehrbüchern findet man oft eine zu (2.7–15) analoge Beziehung ohne den Faktor 1/2. Dies ist darauf zurückzuführen, daß *Heisenberg* ursprünglich die Unschärfen Δx und Δp_x anders definiert hat, derart daß sie sich von den hier verwendeten um einen Faktor $\sqrt{2}$ unterscheiden*).

* Vgl. W. Heisenberg: Die Physikalischen Prinzipien der Quantentheorie. BI-Hochschultaschenbuch 1. Bibliographisches Institut, Mannheim 1958.

Unter Benutzung des Satzes von Ehrenfest können wir feststellen, daß die klassische Mechanik eine umso bessere Näherung für die streng richtige Quantenmechanik ist, je kleiner die Ortsunschärfe Δx gemessen am tatsächlich zurückgelegten Weg $L = x_1 - x_2$ und je kleiner Δp_x gemessen an mittlerem Impuls $\langle \mathbf{p}_x \rangle$ ist. Da aber Δx und Δp_x nicht voneinander unabhängig sind, müssen wir statt Δx und Δp_x ihr Produkt $\Delta x \, \Delta p_x$ mit dem Produkt $L \langle \mathbf{p}_x \rangle$ vergleichen*). Der Grenzfall, in dem die klassische Mechanik beliebig genau gilt, ist also verwirklicht, wenn

$$\Delta x \, \Delta p_x \ll L \langle \mathbf{p}_x \rangle \tag{2.7–19}$$

bzw. – da $\Delta x \, \Delta p_x$ von der Größenordnung $\hbar$ ist – wenn

$$L \langle \mathbf{p}_x \rangle \gg \hbar \tag{2.7–20}$$

ist.

Das ist der Fall, wenn die für die Bewegung charakteristische Länge und die bewegte Masse m groß sind (denn bei gleicher Geschwindigkeit ist p_x proportional zu m). Für makroskopische Bewegungen ist (2.7–20) erfüllt, nicht aber für Bewegungen in atomaren Dimensionen. Dabei ist noch zu bemerken, daß für die Bewegung der Kerne die klassische Mechanik eher gerechtfertigt ist als für die viel leichteren Elektronen.

Wir können (2.7.–20) noch in einer anderen Weise interpretieren. Betrachten wir einen Zustand mit scharfem Impuls, d.h. eine Wellenfunktion, die Eigenfunktion des Impulsoperators (zum Eigenwert $\hbar k$) ist:

$$\mathbf{p}_x \, \psi(x) = \frac{\hbar}{\mathrm{i}} \frac{\partial \psi}{\partial x} = \hbar k \, \psi(x) \tag{2.7–21}$$

$$\psi(x) = \mathrm{e}^{\mathrm{i}kx} = \cos kx + \mathrm{i} \sin kx \tag{2.7–22}$$

Dieses $\psi(x)$ ist offenbar eine periodische Funktion von x mit der Wellenlänge $\lambda = \frac{2\pi}{k}$, da

$$\mathrm{e}^{\mathrm{i}k\left(x + \frac{2\pi}{k}\right)} = \mathrm{e}^{\mathrm{i}kx} \, \mathrm{e}^{2\pi \mathrm{i}} = \mathrm{e}^{\mathrm{i}kx} \tag{2.7–23}$$

Der Erwartungswert von $\mathbf{p}_x$ ist, wie man leicht sieht, gleich $\hbar k$, so daß

$$\lambda = \frac{2\pi}{k} = \frac{2\pi\hbar}{\langle \mathbf{p}_x \rangle} \tag{2.7–24}$$

* Besser betrachtet man statt $L \langle \mathbf{p}_x \rangle$ die Änderung des Integrals $\int p_x \mathrm{d}x$, das man auch als Wirkung oder Phasenintegral bezeichnet, während der Bewegung. Bei gleichförmiger Bewegung ist aber diese Änderung der Wirkung gleich $L \langle \mathbf{p}_x \rangle$.

Man bezeichnet λ als die de-Broglie-Wellenlänge des Teilchens; vielfach wird

$$\lambdabar = \frac{\lambda}{2\pi} = \frac{\hbar}{\langle p_x \rangle} \tag{2.7–25}$$

auch als sog. reduzierte de-Broglie-Wellenlänge bezeichnet. Setzen wir (2.7–25) in (2.7–20) ein, so erhalten wir als Bedingung für die Gültigkeit der klassischen Mechanik

$$L \gg \lambdabar \tag{2.7–26}$$

Wenn die (reduzierte) de-Broglie-Wellenlänge des Teilchens gegenüber der Dimension der Bewegung klein ist, so ist die klassische Mechanik zulässig.

Hier ist eine deutliche Analogie zum Zusammenhang zwischen Strahlenoptik und Wellenoptik. Die Strahlenoptik kann mit der klassischen Mechanik verglichen werden. Sie ist zulässig, solange die Abmessungen der Gegenstände im Strahlengang groß sind gegenüber der Wellenlänge des Lichts. Diese Analogie weist uns darauf hin, daß in den Fällen, wo die klassische Mechanik nicht zulässig ist, auch Interferenzeffekte zu erwarten sind. Diese beruhen unmittelbar auf der Wellennatur der ψ-Funktion. Sie treten nicht auf, wenn man nur eine statistische Verteilung von x und p_x als Folge der Meßgenauigkeit hat. Aber auch die Interferenzeffekte werden im Grenzfall (2.7–26) vernachlässigbar.

Die Interferenz bedeutet im wesentlichen, daß bei der Überlagerung zweier Wellenfunktionen $a(x)$ und $b(x)$, zu denen die Wahrscheinlichkeitsverteilung $|a(x)|^2$ und $|b(x)|^2$ gehören, zu einer neuen Wellenfunktion

$$\psi(x) = a(x) + b(x) \tag{2.7–27}$$

die Gesamtwahrscheinlichkeitsverteilung nicht $|a(x)|^2 + |b(x)|^2$ ist, sondern gleich

$$|\psi(x)|^2 = |a(x)|^2 + |b(x)|^2 + a^*(x)\,b(x) + a(x)\,b^*(x) \tag{2.7–28}$$

Es treten also die Interferenzterme $a^*(x)b(x) + a(x)b^*(x)$ auf, die positiv oder negativ sein können und die bei einer unmittelbaren Überlagerung der Wahrscheinlichkeitsverteilungen nicht auftreten würden. Bei der Interferenz spielen auch die Phasen von a und b eine Rolle, die in die Wahrscheinlichkeitsverteilungen $|a|^2$ und $|b|^2$ ja nicht eingehen.

Faßt man die wesentlichen Unterschiede in den Aussagen der klassischen Mechanik und der Quantenmechanik in wenigen Sätzen zusammen, so kann man sagen, daß es in der Quantenmechanik drei Erscheinungen gibt, die in der klassischen Mechanik nicht auftreten:

1. Die Unschärferelation
2. Interferenz
3. die Existenz stationärer Zustände mit diskreten Energieniveaus

Früher war es vielfach üblich, ein gegebenes Problem zuerst klassisch zu behandeln und dann mit Hilfe des sog. ‚Bohrschen Korrespondenzprinzips' den Übergang zur Quantenmechanik zu bewerkstelligen. Während dieses Verfahren heute bedeutungslos ist, erweist sich ein Mittelweg zwischen klassischer Mechanik und Quantenmechanik, die sog. semiklassische oder WKB-Näherung (WKB nach den Autoren *Wentzel*, *Kramers* und *Brillouin*, die sie unabhängig ableiteten), nach wie vor als sehr nützlich – wenn auch nicht im Rahmen der Quantenchemie, so daß wir nicht detailliert darauf eingehen wollen.

Der Grundgedanke der WKB-Näherung besteht darin, daß man (im eindimensionalen Fall) für die Wellenfunktion den Ansatz macht

$$\psi(x) = e^{i\frac{S(x)}{\hbar}} \tag{2.7–29}$$

und $S(x)$, das von der Größenordnung $L\langle \mathbf{p}_x \rangle$ ist, nach Potenzen von $\hbar$ entwickelt, wobei man die drei ersten Terme mitnimmt.

Zusammenfassung zu Kap. 2

Bahnkurven sind in der Quantenmechanik grundsätzlich nicht bekannt. Stattdessen wird der Zustand eines quantenmechanischen Systems durch eine sogenannte Wellenfunktion Ψ beschrieben, die eine Funktion sämtlicher Ortskoordinaten der Teilchen und der Zeit ist. Nur solche Ψ-Funktionen sind zugelassen, für die das Integral $\int \Psi\Psi^* d\tau$ über den gesamten Konfigurationsraum definiert, d.h. endlich, ist. Multiplizieren von Ψ mit einem konstanten Faktor ändert an der physikalischen Situation nichts. Vielfach wählt man Ψ normiert, d.h. so, daß $\int \Psi\Psi^* d\tau = 1$.

Die in den Gleichungen der klassischen Mechanik unmittelbar auftretenden Größen wie Ort, Impuls etc. werden in der Quantenmechanik durch Operatoren gemäß Tab. 1 ersetzt. Ein Operator ist eine Vorschrift, die einer gegebenen Funktion Ψ eindeutig eine (i.a. andere) Funktion zuordnet.

Für sogenannte stationäre Zustände ist die zeitabhängige Wellenfunktion einfach gleich dem Produkt einer zeitunabhängigen Funktion und einem Faktor $\exp\left(\frac{E}{\hbar i} t\right)$, wobei E die Energie des Zustandes ist. Die zeitunabhängige Funktion ψ ist die Lösung der Schrödingergleichung $\mathbf{H}\psi = E\psi$. Dabei ist $\mathbf{H}$ der der klassischen Hamilton-Funktion entsprechende Hamilton-Operator, und E ist ein Eigenwert der Differentialgleichung. Die Schrödingergleichung hat nur für bestimmte diskrete Werte von E (normierbare) Lösungen. Diese Werte E_i sind die möglichen Energiezustände des Systems.

Für die Bewegung eines Teilchens in einem eindimensionalen Kasten mit konstantem Potential innen und unendlich hohen Potentialwänden ist die Lösung der Schrödingergleichung besonders einfach und durch (2.2–7), (2.2–8) sowie Abb. 1 gegeben. Die Eigenwerte (2.2–11) hängen von einer Zahl n ab, die die Werte $n = 1, 2 \ldots$ annehmen kann und die man als Quantenzahl bezeichnet. Die Wellenfunktion für die Bewegung eines Teilchens in einem dreidimensionalen (würfelförmigen) Kasten läßt sich als Produkt dreier eindimensionaler Wellenfunktionen schreiben. Jeder Zustand ist jetzt durch drei Quantenzahlen n_x, n_y, n_z gekennzeichnet. Es kommt vor, daß

m verschiedene Lösungen, durch m verschiedene Tripel von Quantenzahlen gekennzeichnet, zum gleichen Eigenwert E gehören. Man sagt dann, dieser Eigenwert ist m-fach *entartet*. Irgendwelche Linearkombinationen der verschiedenen Lösungen erfüllen dann die Schrödingergleichung ebenfalls. Sowohl beim eindimensionalen als auch beim dreidimensionalen Kasten kommen die diskreten Energiewerte wesentlich durch die Randbedingungen zustande.

Die in den Gleichungen der klassischen Mechanik auftretenden Größen sind unmittelbar meßbar, sogenannte Observable, einen Operator kann man aber nicht unmittelbar messen. Der Zusammenhang zwischen den Grundgleichungen der Quantenmechanik und den meßbaren Größen wird hergestellt durch den Begriff des Erwartungswertes. Der Erwartungswert eines Operators $\mathbf{A}$ für einen durch ψ beschriebenen Zustand eines Systems ist definiert als $\langle\mathbf{A}\rangle = \frac{\int \psi^* \mathbf{A} \psi \mathrm{d}\tau}{\int \psi^* \psi \, \mathrm{d}\tau}$, und er gibt den Wert an, den man bei einer Messung der Größe $\mathbf{A}$ im Mittel finden würde. Man findet bei solchen Messungen i.allg. nicht einen einzigen Wert, sondern gewissermaßen eine statistische Verteilung von Werten. Jede solche Verteilung ist charakterisiert durch ihren Mittelwert $\langle\mathbf{A}\rangle$ sowie die ‚Varianz' oder die mittlere Abweichung vom Mittelwert ΔA, mit $(\Delta A)^2 = \langle\mathbf{A}^2\rangle - \langle\mathbf{A}\rangle^2$. Wenn die Varianz verschwindet, ist der Erwartungswert ‚scharf', und man erhält bei jeder Messung den gleichen Wert $\langle\mathbf{A}\rangle$. Ein Erwartungswert $\int \psi^* \mathbf{A} \psi \, \mathrm{d}\tau$ ist scharf, wenn ψ Eigenfunktion von $\mathbf{A}$ ist. Andererseits ist ψ, das ja Eigenfunktion von $\mathbf{H}$ (dem Hamilton-Operator) ist, dann gleichzeitig Eigenfunktion von $\mathbf{A}$ (bzw. als solche wählbar), wenn $\mathbf{A}$ mit $\mathbf{H}$ vertauscht, d.h., wenn $\mathbf{AH} - \mathbf{HA} = 0$. Operatoren $\mathbf{A}$, die mit $\mathbf{H}$ vertauschen, entsprechen den Bewegungskonstanten der klassischen Physik. Ihre Erwartungswerte sind scharf. Wenn zwei Operatoren nicht vertauschen, kann man die ihnen entsprechenden Größen i.allg. nicht gleichzeitig genau messen.

Für die Erwartungswerte der dynamischen Variablen gelten die Gesetze der klassischen Mechanik (Satz von Ehrenfest), etwa in der Form

$$m \frac{\mathrm{d}\langle\mathbf{x}\rangle}{\mathrm{d}t} = \langle\mathbf{p}_x\rangle, \quad \frac{\mathrm{d}\langle\mathbf{p}_x\rangle}{\mathrm{d}t} = -\langle\frac{\partial V}{\partial x}\rangle .$$

Die Unschärfen von Operatoren, die nicht vertauschen, sind durch die Heisenbergsche Unschärferelation verknüpft

$$\Delta A \cdot \Delta B \geqslant \frac{1}{2} |\langle \mathrm{i}[\mathbf{A}, \mathbf{B}]_- \rangle|$$

insbesondere

$$\Delta x \cdot \Delta p_x \geqslant \frac{1}{2} \hbar$$

Die klassische Mechanik gilt im Grenzfall, daß das Produkt aus charakteristischer Länge L der Bewegung und mittlerem Impuls $\langle\mathbf{p}_x\rangle$ groß ist verglichen mit dem Wirkungsquantum $\hbar$, oder anders gesagt, wenn die reduzierte de-Broglie-Wellenlänge

$$ƛ = \frac{\hbar}{\langle \mathbf{p}_x \rangle}$$

klein ist verglichen mit L.

Der Hamilton-Operator des eindimensionalen harmonischen Oszillators

$$\mathbf{H} = \frac{1}{2m}\,\mathbf{p}_x^2 + \frac{1}{2}\,k\,x^2$$

hat die Eigenwerte

$$E_n = \left(n + \frac{1}{2}\right)\hbar\omega\,, \quad \omega = \sqrt{\frac{k}{m}}\,, \quad n = 0, 1, 2\ \ldots$$

und die auf Tab. 2 angegebenen Eigenfunktionen.

3. Quantentheorie des Drehimpulses

3.1. Vertauschbarkeit der Komponenten des Drehimpulsoperators mit dem Hamilton-Operator im Zentralfeld

In der klassischen Mechanik erwies sich für beliebige Bewegungen in einem Zentralfeld der Drehimpuls $\vec{l} = \vec{r} \times \vec{p}$ als eine Bewegungskonstante. Wir suchen jetzt nach dem quantenmechanischen Analogon dieses Drehimpulssatzes. Für ein Teilchen in einem (konservativen) Zentralfeld hängt die potentielle Energie nur vom Abstand r des Teilchens vom Ursprung des Feldes ab, wir haben daher einen Hamilton-Operator der Form

$$\mathbf{H} = -\frac{\hbar^2}{2m}\Delta + V(r) \tag{3.1–1}$$

wobei $V(r)$ eine beliebige Funktion von r sein kann.

Wir zeigen jetzt, daß der Drehimpulsoperator

$$\vec{\ell} = \vec{\mathbf{r}} \times \vec{\mathbf{p}} = \frac{\hbar}{i}\vec{r} \times \nabla \tag{3.1–2}$$

mit den Komponenten

$$\ell_x = \frac{\hbar}{i}\left(y\frac{\partial}{\partial z} - z\frac{\partial}{\partial y}\right)$$

$$\ell_y = \frac{\hbar}{i}\left(z\frac{\partial}{\partial x} - x\frac{\partial}{\partial z}\right)$$

$$\ell_z = \frac{\hbar}{i}\left(x\frac{\partial}{\partial y} - y\frac{\partial}{\partial x}\right) \tag{3.1–3}$$

mit dem Hamilton-Operator $\mathbf{H}$ kommutiert, d.h. daß

$$(\vec{\ell} \cdot \mathbf{H} - \mathbf{H} \cdot \vec{\ell})\,\psi = 0 \tag{3.1–4}$$

für beliebiges (genügend oft differenzierbares) ψ. Dazu zeigen wir zunächst, daß ℓ_x mit $\mathbf{T}$ bzw. mit Δ kommutiert, d.h. daß

$$(\ell_x\Delta - \Delta\ell_x)\,\psi = 0 \tag{3.1–5}$$

Es ergibt sich für den Kommutator, angewandt auf ψ, folgendes:

$$\frac{\hbar}{i}\left(y\frac{\partial}{\partial z} - z\frac{\partial}{\partial y}\right)\left(\frac{\partial^2\psi}{\partial x^2} + \frac{\partial^2\psi}{\partial y^2} + \frac{\partial^2\psi}{\partial z^2}\right) - \left(\frac{\partial^2}{\partial x^2} + \frac{\partial^2}{\partial y^2} + \frac{\partial^2}{\partial z^2}\right)\frac{\hbar}{i}\left(y\frac{\partial\psi}{\partial z} - z\frac{\partial\psi}{\partial y}\right) \tag{3.1–6}$$

Ausdifferenzieren unter Anwendung der Kettenregel ergibt, daß dieser Ausdruck in der Tat verschwindet.

Der Beweis für die y- und z-Komponente von $\vec{\ell}$ ist ganz analog. Als Nächstes ist zu zeigen, daß ℓ_x mit jeder beliebigen Funktion $g(r)$ kommutiert. Eine Funktion von r ist offensichtlich auch eine Funktion von $u = r^2$; wir setzen also $g(r) = f(u) = f(x^2 + y^2 + z^2)$ und zeigen, daß

$$\frac{i}{\hbar}(\ell_x f(u) - f(u)\,\ell_x)\,\psi = 0 \tag{3.1–7}$$

Ausgeschrieben lautet der Kommutator, angewandt auf ψ

$$\left(y\frac{\partial}{\partial z} - z\frac{\partial}{\partial y}\right) f(u)\,\psi - f(u)\left(y\frac{\partial\psi}{\partial z} - z\frac{\partial\psi}{\partial y}\right)$$

$$= y\frac{\partial(f\psi)}{\partial z} - z\frac{\partial(f\psi)}{\partial y} - f\cdot y\frac{\partial\psi}{\partial z} + f\cdot z\frac{\partial\psi}{\partial y}$$

$$= y\left(\frac{\partial f}{\partial z}\cdot\psi + f\frac{\partial\psi}{\partial z}\right) - z\left(\frac{\partial f}{\partial y}\cdot\psi + f\frac{\partial\psi}{\partial y}\right) - f\cdot y\frac{\partial\psi}{\partial z} + f\cdot z\frac{\partial\psi}{\partial y}$$

$$= y\cdot\psi\frac{\partial f}{\partial z} - z\cdot\psi\frac{\partial f}{\partial y} = y\cdot\psi\frac{\partial f}{\partial u}\cdot\frac{\partial u}{\partial z} - z\cdot\psi\frac{\partial f}{\partial u}\frac{\partial u}{\partial y}$$

$$= y\cdot\psi\frac{\partial f}{\partial u}2z - z\cdot\psi\frac{\partial f}{\partial u}\cdot 2y = 0 \tag{3.1–8}$$

Da $\mathbf{H} = \mathbf{T} + \mathbf{V}$, haben wir also gezeigt, daß für die Bewegung eines Teilchens in einem Zentralfeld $V(r)$ jede Komponente von $\vec{\ell}$ mit $\mathbf{H}$ vertauscht. Das bedeutet, daß die Eigenfunktionen von $\mathbf{H}$, d.h. die Lösungen der Schrödingergleichung, gleichzeitig Eigenfunktionen von z.B. ℓ_x sind, bzw. im Falle von Entartung als solche gewählt werden können. Kenntnis der Eigenfunktionen von $\vec{\ell}$ bedeutet deshalb eine wesentliche Information über die Eigenfunktionen von $\mathbf{H}$.

Betrachten wir z.B. $\ell_z = \frac{\hbar}{i}\left(x\frac{\partial}{\partial y} - y\frac{\partial}{\partial x}\right)$.

Dieser Operator nimmt in sphärischen Polarkoordinaten eine besonders einfache Form an, die man durch elementare Umformung erhält, nämlich

$$\ell_z = \frac{\hbar}{i}\frac{\partial}{\partial\varphi} \tag{3.1–9}$$

Die Eigenfunktionen dieses Operators sind offenbar von der Form

$$\psi(r, \vartheta, \varphi) = f(r, \vartheta)\,e^{mi\varphi} \tag{3.1–10}$$

Um diejenigen Eigenfunktionen von ℓ^2 zu finden, die gleichzeitig Eigenfunktionen von ℓ_z sind, benutzen wir unser früheres Ergebnis, daß Eigenfunktionen von ℓ_z die Form haben

$$\psi(r, \vartheta, \varphi) = f(r, \vartheta)\, e^{im\varphi}; \; m = 0, \pm 1, \pm 2 \ldots \tag{3.1–12}$$

Damit gehen wir in die Eigenwertgleichung

$$\ell^2 \psi = \hbar^2 \cdot A \psi \tag{3.3–3}$$

ein, wobei wir den Eigenwert $\hbar^2 \cdot A$ nennen, und erhalten nach Division durch $\hbar^2 \cdot e^{im\varphi}$:

$$\frac{1}{\sin\vartheta} \frac{\partial}{\partial\vartheta} \sin\vartheta \frac{\partial f(r, \vartheta)}{\partial\vartheta} - \frac{m^2 f(r, \vartheta)}{\sin^2\vartheta} = -A f(r, \vartheta) \tag{3.3–4}$$

Da Ableitungen nach r nicht vorkommen, muß $f(r, \vartheta)$ von der Form $R(r) \cdot \Theta(\vartheta)$ sein, wobei $\Theta(\vartheta)$ der gewöhnlichen Differentialgleichung

$$\frac{1}{\sin\vartheta} \frac{d}{d\vartheta} \sin\vartheta \frac{d\Theta}{d\vartheta} - \frac{m^2 \Theta}{\sin^2\vartheta} = -A\,\Theta \tag{3.3–5}$$

genügt. Diese Differentialgleichung war den Mathematikern schon lange bekannt. Man kann sie in eine etwas einfachere Form bringen, wenn man eine Variablensubstitution einführt und $\Theta(\vartheta) = P(\cos\vartheta) = P(\xi)$ setzt. (Das bedeutet übrigens, daß uns nur der Wertebereich $|\xi| \leqslant 1$ interessiert, da $|\cos\vartheta| \leqslant 1$.) Mit der Substitution $\Theta(\vartheta) = P(\cos\vartheta)$ hat man automatisch berücksichtigt, daß Θ eine eindeutige Funktion von ϑ ist. Für $P(\xi)$ erhält man die Differentialgleichung

$$(\xi^2 - 1) \frac{d^2 P}{d\xi^2} + 2\xi \cdot \frac{dP}{d\xi} + \frac{m^2}{1-\xi^2} P = A P \tag{3.3–6}$$

Die Lösungen dieser Differentialgleichung heißen „assoziierte Legendre-Funktionen". Für den Spezialfall $m = 0$ ist $P(\xi)$ besonders einfach zu finden, da es in diesem Fall als eine Potenzreihe angesetzt werden kann. Gehen wir mit dem Ansatz

$$P(\xi) = \sum_{k=0}^{\infty} c_k\, \xi^k \tag{3.3–7}$$

in Gl. (3.3–6) ein (mit $m = 0$), ordnen nach Potenzen von ξ und bedenken, daß der Koeffizient jeder Potenz von ξ verschwinden muß, so erhalten wir die Rekursionsformel für die Koeffizienten

$$c_{k+2} = \frac{k(k+1) - A}{(k+1)(k+2)}\, c_k \tag{3.3–8}$$

Man überzeugt sich davon, daß eine Potenzreihe, deren Koeffizienten dieser Rekursionsformel genügen, zwar für $-1 < \xi < 1$ konvergiert, aber für $\xi = \pm 1$ divergiert und damit als Wellenfunktion nicht in Frage kommt. Folglich kann die Lösung nur ein Polynom und keine Potenzreihe sein, d.h., es muß gelten

$$c_k = 0 \quad \text{für} \quad k > l \tag{3.3–9}$$

wobei l der (zunächst noch beliebige) Grad des Polynoms ist. Ein solcher ‚Abbruch' der Reihe ist offenbar nur möglich, wenn $A = l(l+1)$; $l = 0, 1, 2 \ldots$, und wenn entweder alle geraden oder alle ungeraden Koeffizienten verschwinden.

Die Polynome $P_l(\xi)$, die Lösungen der Differentialgleichung (der sog. Legendreschen Differentialgleichung)

$$(\xi^2 - 1)\frac{d^2 P_l}{d\xi^2} + 2\xi \cdot \frac{dP_l}{d\xi} = l(l+1)\, P_l \tag{3.3–10}$$

sind, und deren Koeffizienten der Rekursionsformel

$$c_{k+2} = \frac{k(k+1) - l(l+1)}{(k+1)(k+2)} \cdot c_k \tag{3.3–11}$$

genügen, bezeichnet man als *Legendresche Polynome*. Ihre ersten Vertreter sind (in willkürlicher, aber konventieller Normierung*)):

$$\begin{aligned}
P_0(\xi) &= 1 \\
P_1(\xi) &= \xi \\
P_2(\xi) &= \frac{1}{2}(3\xi^2 - 1) \\
P_3(\xi) &= \frac{1}{2}(5\xi^3 - 3\xi) \\
P_4(\xi) &= \frac{1}{8}(35\xi^4 - 30\xi^2 + 3) \\
P_5(\xi) &= \frac{1}{8}(63\xi^5 - 70\xi^3 + 15\xi) \\
&\text{etc.}
\end{aligned} \tag{3.3–12}$$

Die sog. assoziierten Legendre-Funktionen sind definiert als

$$P_l^m(x) = (1 - x^2)^{\frac{m}{2}} \frac{d^m}{dx^m} P_l(x) \tag{3.3–13}$$

mit $m = 0, 1, 2 \ldots l$.

---

* Die Normierung ist so gewählt, daß $P_n(1) = 1$.

Differenziert man die Legendresche Differentialgleichung (3.3–10) m mal nach ξ, und führt man die Definition der assoziierten Legendreschen Funktionen (3.3–13) ein, so erhält man genau die Gl. (3.3–6), deren Lösung wir suchen.

Die Eigenfunktionen von ℓ^2 sind also von der Form

$$Y_l^m(\vartheta, \varphi) = N_{lm} \cdot P_l^{|m|}(\cos\vartheta) \cdot e^{im\varphi} \cdot (-1)^{(m+|m|)/2} \tag{3.3–14}$$

wobei N_{lm} einen Normierungsfaktor bedeutet. Die auf 1 normierten Funktionen $Y_l^m(\vartheta, \varphi)$ bezeichnet man als *Kugelfunktionen* (oder Kugelflächenfunktionen). Sie sind nur definiert für $|m| \leqslant l$ (da sonst $P_l^{|m|}$ identisch verschwindet) und gehorchen der Eigenwertgleichung

$$\ell^2 Y_l^m = \hbar^2 l(l+1)\, Y_l^m \tag{3.3–15}$$

Der Betrag des Drehimpulses kann also nur bestimmte diskrete Werte annehmen und zwar $\hbar\sqrt{l(l+1)}$ mit $l = 0, 1, 2 \ldots$ und nicht $\hbar l$, wie Bohr ursprünglich annahm.

Tab. 3. Die ersten normierten Kugelfunktionen.

$l = 0$	$Y_0^0 = \frac{1}{\sqrt{4\pi}}$		s
$l = 1$	$Y_1^{-1} = \sqrt{\frac{3}{8\pi}}$	$\sin\vartheta\, e^{-i\varphi}$	$p\,\bar{\pi}$
	$Y_1^0 = \sqrt{\frac{3}{4\pi}}$	$\cos\vartheta$	$p\,\sigma$
	$Y_1^{+1} = -\sqrt{\frac{3}{8\pi}}$	$\sin\vartheta\, e^{i\varphi}$	$p\,\pi$
$l = 2$	$Y_2^{-2} = \frac{\sqrt{15}}{4\sqrt{2\pi}}$	$\sin^2\vartheta\, e^{-2i\varphi}$	$d\,\bar{\delta}$
	$Y_2^{-1} = \sqrt{\frac{15}{8\pi}}$	$\sin\vartheta\cos\vartheta\, e^{-i\varphi}$	$d\,\bar{\pi}$
	$Y_2^0 = \frac{\sqrt{5}}{4\sqrt{\pi}}$	$(3\cos^2\vartheta - 1)$	$d\,\sigma$
	$Y_2^1 = \sqrt{\frac{15}{8\pi}}$	$\sin\vartheta\cos\vartheta\, e^{i\varphi}$	$d\,\pi$
	$Y_2^2 = \frac{\sqrt{15}}{4\sqrt{2\pi}}$	$\sin^2\vartheta\, e^{2i\varphi}$	$d\,\delta$

Man wählt die Funktionen Y_l^m auf 1 normiert, d.h. man verlangt, daß

$$\int Y_l^{m*}(\vartheta,\varphi)\, Y_l^m(\vartheta,\varphi)\, \sin\vartheta\, d\vartheta\, d\varphi = 1 \tag{3.3–16}$$

Die ersten Vertreter dieser sogenannten Kugelfunktionen oder Kugelflächenfunktionen sind in Tab. 3 angegeben.

Die Eigenwerte $\hbar^2 \cdot l(l+1)$ von ℓ^2 sind $(2l+1)$-fach entartet, denn zu jedem l gibt es $2l+1$ verschiedene Funktionen, die das gleiche l, aber verschiedenes m (mit $m = -l, -l+1, \ldots\ldots +l$) haben.

Es ist üblich, für Einelektronenwellenfunktionen, deren Winkelabhängigkeit durch $Y_l^m(\vartheta,\varphi)$ gegeben ist, folgende Bezeichnungsweise zu wählen. Man nennt sie *s, p, d, f, g, h* etc. -Funktionen, je nachdem ob $l = 0, 1, 2, 3, 4, 5$ etc. ist, und $\sigma, \pi, \delta, \varphi, \gamma$ etc., je nachdem ob $m = 0, 1, 2, 3, 4$ etc. ist. Die entsprechenden Bezeichnungen sind in Tab. 3 mitaufgenommen.

Daß der Operator ℓ^2 die Eigenwerte $\hbar^2 \cdot l(l+1)$ hat, läßt sich, ohne daß man von der Theorie der Differentialgleichungen Gebrauch macht, auch zeigen, indem man einzig die Vertauschungsrelationen (3.2–1) der Komponenten des Drehimpulsoperators voraussetzt. Das wollen wir im folgenden Abschnitt erläutern.

3.4. Ableitung der Eigenwerte des Quadrats des Drehimpulsoperators aus den Vertauschungsrelationen

Wir setzen im folgenden nur die Vertauschungsrelationen (3.2–1) zwischen den Komponenten des Drehimpulses voraus

$$\ell_x\ell_y - \ell_y\ell_x = \hbar i \ell_z$$

$$\ell_y\ell_z - \ell_z\ell_y = \hbar i \ell_x$$

$$\ell_z\ell_x - \ell_x\ell_z = \hbar i \ell_y \tag{3.2–1}$$

Wir definieren zwei neue Operatoren

$$\ell_+ = \ell_x + i\,\ell_y$$

$$\ell_- = \ell_x - i\,\ell_y \tag{3.4–1}$$

Man sieht ohne weiteres, daß folgende Gleichungen gelten:

$$\ell_-\ell_+ = \ell_x^2 + \ell_y^2 + i(\ell_x\ell_y - \ell_y\ell_x) = \ell_x^2 + \ell_y^2 - \hbar\cdot\ell_z$$

$$\ell_+\ell_- = \ell_x^2 + \ell_y^2 - i(\ell_x\ell_y - \ell_y\ell_x) = \ell_x^2 + \ell_y^2 + \hbar\cdot\ell_z \tag{3.4–2}$$

$$\ell^2 = \ell_x^2 + \ell_y^2 + \ell_z^2 = \ell_-\ell_+ + \ell_z^2 + \hbar\cdot\ell_z$$
$$= \ell_+\ell_- + \ell_z^2 - \hbar\cdot\ell_z \qquad (3.4-3)$$

$$\ell_z\ell_+ - \ell_+\ell_z = \hbar\,\ell_+$$

$$\ell_z\ell_- - \ell_-\ell_z = -\hbar\,\ell_- \qquad (3.4-4)$$

Da ℓ_z und ℓ^2 kommutieren (vgl. Gl. (3.2–3)), haben sie gemeinsame Eigenfunktionen. Es gibt also Funktionen y, für die gilt

$$\ell^2 y = \hbar^2 a\cdot y \qquad (3.4-5a)$$

$$\ell_z y = \hbar m\cdot y \qquad (3.4-5b)$$

wobei wir die Eigenwerte als $\hbar^2 a$ bzw. $\hbar m$ geschrieben haben. Wenden wir auf (3.4–5b) von links ℓ_+ an, und benutzen wir (3.4–4), so erhalten wir

$$\ell_+\ell_z y = \ell_z\ell_+ y - \hbar\,\ell_+ y = \hbar\cdot\ell_+ m\cdot y \qquad (3.4-6)$$

bzw. nach einfacher Umformung

$$\ell_z\ell_+ y = \hbar(m+1)\,\ell_+ y \qquad (3.4-7)$$

Das heißt aber, $\ell_+ y$ ist Eigenfunktion von ℓ_z zum Eigenwert $\hbar(m+1)$ oder aber $\ell_+ y = 0$. Entsprechend ist $\ell_- y$ Eigenfunktion von ℓ_z zum Eigenwert $\hbar(m-1)$. Da ℓ_+ mit ℓ^2 vertauscht (was unmittelbar daraus folgt, daß ℓ_x und ℓ_y mit ℓ^2 vertauschen), ist $\ell_+ y$ Eigenfunktion von ℓ^2 zum gleichen Eigenwert $\hbar^2 a$ wie y selbst.

Die Anwendung des Operators ℓ_+ (bzw. ℓ_-) macht aus einer Eigenfunktion y von ℓ^2 und ℓ_z zu den Eigenwerten $\hbar^2 a$ und $\hbar m$ eine Eigenfunktion von ℓ^2 und ℓ_z zu den Eigenwerten $\hbar^2 a$ und $\hbar(m+1)$ (bzw. $\hbar(m-1)$), oder aber sie macht aus y eine Funktion, die identisch verschwindet. Man bezeichnet die Operatoren ℓ_+ und ℓ_- auch als Verschiebungsoperatoren, insbesondere ℓ_+ als ‚step-up'- und ℓ_- als ‚step-down'-Operator.

Gehen wir davon aus, daß y auf 1 normiert ist, so sind $\ell_+ y$ bzw. $\ell_- y$ nicht auf 1 normiert, vielmehr gilt (man bedenke dabei*), daß $\ell_+^+ = \ell_-$ und berücksichtige (3.4–5)):

$$\|\ell_+ y\|^2 = (\ell_+ y, \ell_+ y) = (y, \ell_-\ell_+ y) = (y, [\ell^2 - \ell_z^2 - \hbar\,\ell_z]y) =$$
$$= (y, \ell^2 y) - (y, \ell_z^2 y) - \hbar(y, \ell_z y) = \hbar^2(a - m^2 - m) \qquad (3.4-8)$$

$$\|\ell_- y\|^2 = \hbar^2(a - m^2 + m) \qquad (3.4-9)$$

---
* $\mathbf{A}^+$ ist der zu $\mathbf{A}$ adjungierte Operator (s. Anhang A6).

Da diese Integrale aber sicher nicht-negativ sind, muß gelten:

$$a \geqslant m\,(m+1)$$

$$a \geqslant m\,(m-1) \qquad (3.4\text{—}10)$$

Bezeichnen wir für ein gegebenes a den größtmöglichen Wert von m mit $m_>$ und den kleinstmöglichen mit $m_<$, dann muß, da es dann keine Eigenfunktionen zu den Eigenwerten $\hbar\,(m_> + 1)$ bzw. $\hbar\,(m_< - 1)$ gibt, Anwendung von ℓ_+ auf $y_{m>}$ (analog ℓ_- auf $y_{m<}$), identisch verschwindende Funktionen ergeben:

$$\ell_+ y_{m_>} \equiv 0 \qquad \ell_- y_{m_<} \equiv 0 \qquad (3.4\text{—}11)$$

(wobei wir den Eigenwert von ℓ_z durch den Index $m_>$ bzw. $m_<$ angedeutet haben) und damit auch

$$\|\ell_+ y_{m_>}\| = 0 \qquad \|\ell_- y_{m_<}\| = 0 \qquad (3.4\text{—}12)$$

d.h. nach (3.4—8) und (3.4—9)

$$a = m_>\,(m_> + 1) = m_<\,(m_< - 1) \qquad (3.4\text{—}13)$$

Diese Gleichúng läßt sich aber nur erfüllen, wenn $m_< = -m_>$ (oder wenn $m_< = m_> + 1$, was aber mit $m_> > m_<$ nicht verträglich wäre).

Wir bezeichnen jetzt $m_> = l$, und wir sehen, daß zu einem gegebenen Eigenwert

$$\hbar^2 a = \hbar^2 l\,(l+1) \qquad (3.4\text{—}14)$$

von ℓ^2 die folgenden Eigenwerte von ℓ_z möglich sind:

$$\hbar m = \hbar l,\ \hbar\,(l-1),\ \ldots\ -\hbar l\,. \qquad (3.4\text{—}15)$$

Das geht aber nur dann auf, wenn l *ganz-* oder *halb-*zahlig ist. Dann muß auch m ganz- oder halbzahlig sein, und es gibt zu jedem l genau $(2l+1)$ verschiedene m-Werte (nämlich $m = l, l-1, \ldots -l$).

Der besondere Vorzug der Ableitung der Eigenwerte von ℓ^2 und ℓ_z nur aus den Vertauschungsrelationen besteht darin, daß diese Ableitung für alle Operatoren gilt, deren Vertauschungsrelationen formal gleich (3.2—1) sind. Hierzu gehört vor allem der Gesamtbahndrehimpuls

$$\vec{\mathbf{L}} = \sum_{i=1}^{n} \vec{\ell}\,(i) \qquad (3.4\text{—}16)$$

der die Summe der Bahndrehimpulse sämtlicher Elektronen in einem Mehrelektronensystem darstellt. Für die Komponenten $\mathbf{L}_x$, $\mathbf{L}_y$, $\mathbf{L}_z$ von $\vec{\mathbf{L}}$ gelten in der Tat die gleichen Vertauschungsrelationen wie in Gl. (3.2–1). In Mehrelektronenatomen vertauschen $\mathbf{L}_z$ und $\mathbf{L}^2$ mit dem Gesamt-Hamilton-Operator $\mathbf{H}$, so daß man die Eigenfunktionen von $\mathbf{H}$ als gleichzeitige Eigenfunktionen von $\mathbf{L}_z$ und $\mathbf{L}^2$ wählen kann. Diese Eigenfunktionen sind dann nicht mehr von der einfachen Form wie im Einelektronenfall, aber wir wissen von vornherein, daß die Eigenwerte von $\mathbf{L}^2$ und $\mathbf{L}_z$ gleich $\hbar^2 L(L+1)$ bzw. $\hbar M$ sind, mit ganzzahligem M und L und $|M| \leqslant L$.

Auch für die Spinoperatoren (s. den Abschn. 3.5) gelten analoge Vertauschungsrelationen und folglich die gleichen Sätze über die Eigenwerte.

Befassen wir uns noch einmal mit dem Fall eines Teilchens in einem Zentralfeld, für das wir in Abschn. 3.3 die Winkelabhängigkeit der Wellenfunktionen explizit abgeleitet haben. Das gleiche Ergebnis können wir jetzt auch noch auf eine andere Weise gewinnen. Wir gehen aus von den expliziten Ausdrücken von ℓ_x, ℓ_y und ℓ_z in sphärischen Polarkoordinaten (3.3–1), aus denen wir für ℓ_+ und ℓ_- gemäß (3.4–1) folgendes erhalten:

$$\ell_+ = \hbar\, e^{i\varphi}\left\{\frac{\partial}{\partial\vartheta} + i \operatorname{ctg}\vartheta \frac{\partial}{\partial\varphi}\right\}$$

$$\ell_- = \hbar\, e^{-i\varphi}\left\{-\frac{\partial}{\partial\vartheta} + i \operatorname{ctg}\vartheta \frac{\partial}{\partial\varphi}\right\} \qquad (3.4\text{–}17)$$

Bezeichnen wir jetzt eine Eigenfunktion $y(r, \vartheta, \varphi)$ von ℓ_z zum Eigenwert $\hbar m$ und von ℓ^2 zum Eigenwert $\hbar^2 l(l+1)$, als y_l^m. Für eine Eigenfunktion y_l^l (d.h. für $l = m$) muß gelten

$$\ell_+ y_l^l = 0 \qquad (3.4\text{–}18)$$

Nach (3.1–12) muß y_l^l von der Form sein

$$y_l^l = f(r, \vartheta)\, e^{il\varphi} \qquad (3.4\text{–}19)$$

Einsetzen von (3.4–17) und (3.4–19) in (3.4–18) ergibt dann:

$$\frac{\partial f(r, \vartheta)}{\partial\vartheta} - l \cdot \operatorname{ctg}\vartheta\, f(r, \vartheta) = 0 \qquad (3.4\text{–}20)$$

Da Ableitungen nach r nicht vorkommen, ist $f(r, \vartheta)$ von der Form

$$f(r, \vartheta) = R(r) \cdot g(\vartheta) \qquad (3.4\text{–}21)$$

wobei $g(\vartheta)$ die gewöhnliche Differentialgleichung

$$\frac{dg}{d\vartheta} - l \operatorname{ctg}\vartheta\, g(\vartheta) = 0 \qquad (3.4\text{–}22)$$

erfüllt, und wobei $R(r)$ eine beliebige Funktion von r ist. Man überzeugt sich leicht davon, daß

$$g(\vartheta) = \sin^l(\vartheta) \tag{3.4–23}$$

die Differentialgleichung (3.4–22) löst.

Es ergibt sich also in der üblichen Phasenkonvention

$$y_l^l(r, \vartheta, \varphi) = (-1)^l R(r) \sin^l(\vartheta)\, e^{il\varphi} = N(-1)^l R(r) \cdot Y_l^l(\vartheta, \varphi) \tag{3.4–24}$$

Hierbei bedeutet $Y_l^m(\vartheta, \varphi)$ die normierte Kugelflächenfunktion, und N ist ein Normierungsfaktor. Für den Fall $m = l$ haben wir soeben erhalten, daß

$$N \cdot Y_l^l(\vartheta, \varphi) = \sin^l \vartheta \cdot e^{il\varphi} \cdot (-1)^l \tag{3.4–25}$$

Die Funktionen Y_l^m mit $|m| < l$ erhält man durch Anwendung von ℓ_-, z.B.

$$N' Y_1^0 = \ell_- Y_1^1 = \hbar e^{-i\varphi} \left\{ \frac{\partial}{\partial\vartheta} - i \operatorname{ctg} \vartheta \frac{\partial}{\partial\varphi} \right\} \sin^1 \vartheta\, e^{i\varphi} =$$

$$= \hbar e^{-i\varphi} \left\{ \cos\vartheta\, e^{i\varphi} + \operatorname{ctg}\vartheta \cdot \sin\vartheta\, e^{i\varphi} \right\} = 2\hbar \cdot \cos\vartheta \tag{3.4–26}$$

Die Faktoren N und N′ sind dann nachträglich so zu bestimmen, daß die Normierungsbedingung (3.3–16) erfüllt ist. Die so berechneten Y_l^m sind dann mit jenen auf Tab. 3 angegebenen identisch.

Genau wie in Abschn. 3 ergeben sich jetzt nur *ganzzahlige* Werte von l und m, und zwar folgt diese Einschränkung (halbzahlige Werte ausgeschlossen) unmittelbar aus der Forderung, daß die Funktion (3.4–19) eindeutig sein muß, letztlich aber daraus, daß wir nicht nur die Vertauschungsregeln (3.2–1) voraussetzen, sondern die Definition (3.1–2) eines Bahndrehimpulses. Vgl. hierzu (3.1–11, 12)

3.5. Der Elektronenspin

Aus den Vertauschungsregeln der Drehimpulsoperatoren folgt, daß Eigenwerte $\hbar m$ und $\hbar^2 l(l+1)$ von ℓ_z bzw. ℓ^2 mit ganz- oder halbzahligem m bzw. l möglich sind. Berücksichtigt man dagegen explizit, daß $\vec{\ell}$ von der Form $\vec{\ell} = \vec{r} \times \vec{p}$ ist, d.h. daß $\vec{\ell}$ einem klassischen Bahndrehimpuls entspricht, so sind nur ganzzahlige Werte von m und l zulässig. Halbzahlige Werte von m und l sind deshalb nur möglich für Operatoren $\vec{j}$, deren Komponenten formal die Vertauschungsregeln (3.2–1) erfüllen, die aber nicht das quantenmechanische Analogon eines klassischen Bahndrehimpulses sind. Solche Operatoren lassen sich in der Tat konstruieren, und es zeigt sich, daß sie sich in der Quantenmechanik als außerordentlich wichtig erweisen, und zwar im Zusammenhang mit einem Eigendrehimpuls des Elektrons, den man als Spin bezeichnet.

Zur Beschreibung der Eigenschaften des Elektrons, die mit dem Spin zu tun haben, empfiehlt es sich, für ein Elektron nicht wie bisher eine einzige Wellenfunktion ψ zu verwenden, sondern einen zweidimensionalen Vektor $\vec{\psi}$, den man sich aus zwei Wellenfunktionen ψ_1 und ψ_2 aufgebaut denken kann:

$$\vec{\psi} = \begin{pmatrix} \psi_1 \\ \psi_2 \end{pmatrix} \tag{3.5–1}$$

Wir interessieren uns jetzt für Operatoren, die nicht auf die in ψ_1 und ψ_2 enthaltenen Raumkoordinaten wirken, sondern die auf $\vec{\psi}$ formal wie auf einen Vektor anzuwenden sind. Solche Operatoren müssen also die Gestalt von Matrizen haben.

Betrachten wir z.B. folgende drei Matrizen

$$s_x = \frac{\hbar}{2}\begin{pmatrix} 0 & 1 \\ 1 & 0 \end{pmatrix}, \quad s_y = \frac{\hbar}{2}\begin{pmatrix} 0 & -i \\ +i & 0 \end{pmatrix}, \quad s_z = \frac{\hbar}{2}\begin{pmatrix} 1 & 0 \\ 0 & -1 \end{pmatrix} \tag{3.5–2}$$

so gehorchen diese den Vertauschungsrelationen

$$\begin{aligned} s_x s_y - s_y s_x &= \hbar \cdot i\, s_z \\ s_y s_z - s_z s_y &= \hbar \cdot i\, s_x \\ s_z s_x - s_x s_z &= \hbar \cdot i\, s_y \end{aligned} \tag{3.5–3}$$

die formal genau dieselben wie für die Komponenten eines Drehimpulses sind.

Fassen wir diese Matrizen als Operatoren auf – wir nennen sie ‚Spinoperatoren' –, die auf unsere zweikomponentige Wellenfunktion (3.5–1) wirken, so erhalten wir z.B.

$$s_z \vec{\psi} = \frac{\hbar}{2}\begin{pmatrix} 1 & 0 \\ 0 & -1 \end{pmatrix} \cdot \begin{pmatrix} \psi_1 \\ \psi_2 \end{pmatrix} = \frac{\hbar}{2}\begin{pmatrix} \psi_1 \\ -\psi_2 \end{pmatrix} \tag{3.5–4}$$

Wir suchen jetzt nach denjenigen $\vec{\psi}$, die Eigenfunktionen (eigentlich Eigenvektoren) der Spinoperatoren sind. Wegen der Vertauschungsbeziehungen (3.5–3) kann man i.allg. nur verlangen, daß ein $\vec{\psi}$ gleichzeitig Eigenfunktion von

$$s^2 = s_x \cdot s_x + s_y \cdot s_y + s_z \cdot s_z = \frac{3}{4}\hbar^2 \begin{pmatrix} 1 & 0 \\ 0 & 1 \end{pmatrix} \tag{3.5–5}$$

und von einer Komponente, z.B. von s_z ist. Die Eigenfunktionen von s_z sind von der Form

$$\vec{\psi} = \begin{pmatrix} \psi_1 \\ 0 \end{pmatrix} \quad \text{oder} \quad \vec{\psi} = \begin{pmatrix} 0 \\ \psi_2 \end{pmatrix} \tag{3.5–6}$$

da dann

$$s_z \begin{pmatrix} \psi_1 \\ 0 \end{pmatrix} = \frac{\hbar}{2} \begin{pmatrix} \psi_1 \\ 0 \end{pmatrix}$$

$$s_z \begin{pmatrix} 0 \\ \psi_2 \end{pmatrix} = -\frac{\hbar}{2} \begin{pmatrix} 0 \\ \psi_2 \end{pmatrix} \tag{3.5–7}$$

mit beliebigem ψ_1 oder ψ_2. Offenbar hat s_z nur die beiden Eigenwerte $\hbar/2$ und $-\hbar/2$. Jedes beliebige $\vec{\psi}$ ist aber Eigenfunktion von s^2 nach (3.5–5) mit dem Eigenwert $\frac{3}{4}\hbar^2$. Dieser Eigenwert ist also zweifach entartet. Wir wählen eine abgekürzte Schreibweise für diejenigen zweikomponentigen Wellenfunktionen $\vec{\psi}$, die Eigenfunktionen von s_z sind, nämlich:

$$\begin{pmatrix} \psi_1 \\ 0 \end{pmatrix} = \psi_1 \cdot \alpha, \quad \begin{pmatrix} 0 \\ \psi_2 \end{pmatrix} = \psi_2 \cdot \beta \tag{3.5–8}$$

wobei wir $\alpha = \begin{pmatrix} 1 \\ 0 \end{pmatrix}$ und $\beta = \begin{pmatrix} 0 \\ 1 \end{pmatrix}$ als Spinfunktionen bezeichnen. Ein allgemeines $\vec{\psi}$, das nicht Eigenfunktion von s_z ist, läßt sich immer schreiben

$$\vec{\psi} = \begin{pmatrix} \psi_1 \\ \psi_2 \end{pmatrix} = \psi_1 \cdot \alpha + \psi_2 \cdot \beta \tag{3.5–9}$$

d.h., in eine Komponente mit α-Spin und eine mit β-Spin zerlegen.

Wird ein Elektron durch eine Funktion $\vec{\psi}$ beschrieben, die Eigenfunktion von s_z ist, so hat es einen Eigendrehimpuls $+\hbar/2$ oder $-\hbar/2$ in z-Richtung je nachdem ob $\vec{\psi}$ α- oder β-Spin hat, d.h., je nachdem ob nur die erste oder nur die zweite Komponente von $\vec{\psi}$ von Null verschieden ist. Unabhängig davon, ob $\vec{\psi}$ Eigenfunktion von s_z ist oder nicht, ist $\vec{\psi}$ immer Eigenfunktion zu s^2 mit dem Eigenwert $\hbar^2\ 1/2\ (1/2 + 1) = 3/4\ \hbar^2$, d.h., das Betragsquadrat des Eigendrehimpulses ist $3/4\ \hbar^2$.

Da man, um den Spin zu erfassen, zweikomponentige statt einkomponentiger Einelektronenwellenfunktionen zu verwenden hat, müssen wir uns fragen, inwieweit wir den bisher benutzten Formalismus zu revidieren haben. Ferner müssen wir uns überlegen (dies stellen wir allerdings bis Kap. 8 zurück), in welcher Weise man dem Spin in Mehrelektronenwellenfunktionen Rechnung trägt.

Wenn wir zweikomponentige Wellenfunktionen verwenden, müssen unsere Operatoren vierkomponentig sein, gemäß

$$A = \begin{pmatrix} \mathbf{A}_{11} & \mathbf{A}_{12} \\ \mathbf{A}_{21} & \mathbf{A}_{22} \end{pmatrix} \tag{3.5–10}$$

Entsprechend werden aus Operatorengleichungen $\mathbf{A}\psi = \varphi$ jetzt Matrixgleichungen $A\vec{\psi} = \vec{\varphi}$, wobei jede der vier Komponenten der Matrix A ein Operator (in bezug auf die Raumkoordinaten der Elektronen) ist.

Alle die Operatoren, die wir bisher kennengelernt haben, sind allerdings von einer einfachen Form, nämlich

$$A = \begin{pmatrix} \mathbf{A} & 0 \\ 0 & \mathbf{A} \end{pmatrix} \tag{3.5–11}$$

und das bedeutet, alle diese A vertauschen z.B. mit s_z ; folglich können die Eigenfunktionen aller dieser A gleichzeitig als Eigenfunktion von s_z gewählt werden, d.h. in der Form $\psi \cdot \alpha$ oder $\psi \cdot \beta$. Die Matrixoperatorengleichungen $A\vec{\psi} = \vec{\varphi}$ reduzieren sich dann auf die uns gewohnten Operatorengleichungen $\mathbf{A}\psi = \varphi$ z.B.

$$H\vec{\psi} = \begin{pmatrix} \mathbf{H} & 0 \\ 0 & \mathbf{H} \end{pmatrix} \cdot \begin{pmatrix} \psi \\ 0 \end{pmatrix} = \begin{pmatrix} \mathbf{H}\psi \\ 0 \end{pmatrix} = E \begin{pmatrix} \psi \\ 0 \end{pmatrix} \tag{3.5–12}$$

oder

$$H\vec{\psi} = \mathbf{H}\,\psi\,\alpha = E\,\psi\,\alpha = E\,\vec{\psi} \tag{3.5–13}$$

ist gleichbedeutend mit

$$\mathbf{H}\,\psi = E\,\psi \tag{3.5–14}$$

da man sich auf eine Komponente beschränken, bzw. da man formal durch die Spinfunktion kürzen kann, weil $\mathbf{H}$ auf den Spin nicht wirkt.

Bei der Berechnung von Erwartungswerten $(\vec{\psi}, \mathbf{A}\vec{\psi})$ muß man berücksichtigen, daß α und β je auf eins normiert und zueinander orthogonale Vektoren sind,

$$\alpha \cdot \alpha = \begin{pmatrix} 1 \\ 0 \end{pmatrix} \cdot \begin{pmatrix} 1 \\ 0 \end{pmatrix} = 1; \quad \beta \cdot \beta = \begin{pmatrix} 0 \\ 1 \end{pmatrix} \cdot \begin{pmatrix} 0 \\ 1 \end{pmatrix} = 1 \tag{3.5–15}$$

$$\alpha \cdot \beta = \begin{pmatrix} 1 \\ 0 \end{pmatrix} \cdot \begin{pmatrix} 0 \\ 1 \end{pmatrix} = 0; \quad \beta \cdot \alpha = \begin{pmatrix} 0 \\ 1 \end{pmatrix} \cdot \begin{pmatrix} 1 \\ 0 \end{pmatrix} = 0 \tag{3.5–16}$$

so daß (für spinunabhängige Operatoren $\mathbf{A}$)

$$(\psi_1\alpha + \psi_2\beta, \mathbf{A}\,[\psi_1\alpha + \psi_2\beta]) = (\psi_1\mathbf{A}\,\psi_1) + (\psi_2\mathbf{A}\,\psi_2) \tag{3.5–17}$$

Die Orthogonalitätsbeziehung zwischen den Spinfunktionen α und β schreibt man oft auch formal als Integral

$$\int \alpha^* \alpha \, ds = 1 \qquad \int \alpha^* \beta \, ds = 0 \tag{3.5–18}$$

wobei man s als Spinkoordinate bezeichnet. Die Gln. (3.5–18) bedeuten aber wirklich nichts anderes als (3.5–15, 16).

Solange wir nur mit Operatoren der Form (3.5–11) zu tun haben, mit Operatoren, die man als ‚spinunabhängig' bezeichnet, macht es in der Tat keinen Unterschied, ob wir wie bisher mit einkomponentigen oder aber mit zweikomponentigen Einelektronenfunktionen arbeiten. Nun kann man aber gewisse physikalische Erscheinungen nur sinnvoll erklären, wenn man annimmt, daß es auch ‚spinabhängige' Operatoren gibt.

Ein einfaches Beispiel dafür liegt z.B. vor, wenn man ein Elektron in einem äußeren magnetischen Feld der Feldstärke $\mathcal{H}$ betrachtet. Zum Hamilton-Operator für das Elektron ohne äußeres Feld kommt dann u.a. ein Term hinzu, der von folgender Gestalt ist:

$$-\frac{|e|}{mc}\, s \cdot \vec{\mathcal{H}} = -\frac{|e|}{mc} \cdot \left\{ s_x \cdot \mathcal{H}_x + s_y \cdot \mathcal{H}_y + s_z \cdot \mathcal{H}_z \right\}$$

$$= -\frac{\hbar\,|e|}{2mc} \cdot \begin{pmatrix} \mathcal{H}_z & \mathcal{H}_x - \mathrm{i}\mathcal{H}_y \\ \mathcal{H}_x + \mathrm{i}\mathcal{H}_y & -\mathcal{H}_z \end{pmatrix} \tag{3.5–19}$$

Dieser Zusatzterm zum Hamilton-Operator ist in der Tat spin-abhängig, und das hat zur Folge, daß die beiden Funktionen $\psi \cdot \alpha$ und $\psi \cdot \beta$ nicht mehr notwendigerweise Eigenfunktionen des Hamilton-Operators zum gleichen Eigenwert sind. Legen wir z.B. das Feld in die z-Richtung (d.h. $\mathcal{H}_x = \mathcal{H}_y = 0$), so unterscheiden sich die Energieerwartungswerte von $\psi\alpha$ und $\psi\beta$ um den Betrag $\frac{\hbar \cdot e}{mc} \cdot \mathcal{H}_z$. Wir haben hierbei vorausgesetzt, daß kein Bahndrehimpuls vorliegt, denn dieser führt auch zu einer Wechselwirkung mit dem Magnetfeld, die wir hier unberücksichtigt gelassen haben – ebenso wie die Terme, die für den Diamagnetismus verantwortlich sind.

Ebenfalls unberücksichtigt lassen wir an dieser Stelle die Wechselwirkung zwischen Bahndrehimpuls und Spin, die zur sogenannten Feinstruktur der Atomspektren führt (vgl. Kap. 11).

Die große Bedeutung des Spins liegt aber nicht so sehr in dem mit ihm verbundenen Drehimpuls, sondern in seiner Rolle im Zusammenhang mit dem Pauli-Prinzip für Mehrteilchensysteme. Hierauf kommen wir in Kap. 9 zurück, wo wir allgemein auf die Rolle des Spins in Mehrelektronensystemen eingehen.

Zusammenfassung zu Kap. 3

Dem Drehimpuls $\vec{l} = \vec{r} \times \vec{p}$ der klassischen Physik entspricht in der Quantenmechanik der Drehimpulsoperator $\vec{\ell}$. Für kräftefreie Bewegungen oder Bewegungen in einem Zentralfeld vertauscht $\vec{\ell}$ mit **H**. Die Eigenfunktionen ψ von **H** (Lösungen der Schrödingergleichung) sind dann gleichzeitig Eigenfunktionen von $\vec{\ell}$ (bzw. als solche wählbar). Da die Komponenten ℓ_x, ℓ_y, ℓ_z von $\vec{\ell}$ nicht untereinander vertauschen, kann man nur erreichen, daß ψ Eigenfunktion von $\ell^2 = \ell_x^2 + \ell_y^2 + \ell_z^2$ und z.B. von ℓ_z ist. Im Einelektronenfall haben diese Eigenfunktionen die Form:

$$\psi(r, \vartheta, \varphi) = R(r) \cdot Y_l^m(\vartheta, \varphi)$$

wobei $Y_l^m(\vartheta, \varphi)$ mit $l = 0, 1, 2 \ldots$; $m = -l, -l+1, \ldots +l$ die sogenannten Kugelfunktionen oder Kugelflächenfunktionen sind. Die ersten Vertreter sind in Tab. 3 angegeben.

Aus den Vertauschungsrelationen (3.2–1) der Komponenten des Drehimpulsoperators untereinander folgt, daß die Eigenwerte von ℓ^2 von der Form $\hbar^2\, l\,(l+1)$ sind, wobei l ganz- oder halbzahlig sein kann. Die entsprechenden Eigenwerte von ℓ_z sind $\hbar \cdot m$ mit $m = -l, -l+1, \ldots +l$. Somit gehören zu jedem l genau $2l+1$ verschiedene mögliche Werte von m. Dieses Ergebnis gilt für alle Operatoren, die formal die gleichen Vertauschungsrelationen erfüllen wie die Komponenten von $\vec{\ell}$, insbesondere für den Operator

$$\vec{\mathbf{L}} = \sum_{i=1}^{n} \vec{\ell}(i)$$

des Gesamtdrehimpulses und für den Operator des Elektronenspins.

Der Elektronenspin, der mit einem Eigendrehimpuls des Elektrons verbunden ist, läßt sich durch eine zweikomponentige Wellenfunktion beschreiben. Als bequemer erweist sich die Verwendung der sog. Spinfunktionen α und β. Bei spinunabhängigen Operatoren kann man, zumindest im Einelektronenfall, auf die explizite Berücksichtigung des Spins verzichten.

4. Das Wasserstoffatom

4.1. Abtrennung der Schwerpunktsbewegung

Im Gegensatz zu allen anderen Atomen ist beim H-Atom eine geschlossene Lösung der Schrödingergleichung möglich, und diese schließt sich eng an das bisher Besprochene an, während wir uns künftig ganz anderer Methoden zu bedienen haben werden, um die entsprechenden Schrödingergleichungen näherungsweise zu lösen.

Der Hamilton-Operator für die Relativbewegung ist

$$\mathbf{H} = \frac{-\hbar^2}{2\mu}\,\Delta + V(r) \qquad (4.1\text{–}1)$$

wobei $V(r)$ für das H-Atom und H-ähnliche Ionen (He^+, Li^{2+}, Be^{3+} etc.) gegeben ist durch

$$V(r) = -\frac{Z \cdot e^2}{r} \qquad (4.1\text{–}2)$$

Die reduzierte Masse μ hängt mit Elektronenmasse m und Kernmasse M zusammen gemäß

$$\mu = \frac{m \cdot M}{m+M} \qquad (4.1\text{–}3)$$

Da beim H-Atom $M \approx 1800 \cdot m$, unterscheidet sich μ von m um weniger als 1 ‰, bei schwereren Kernen ist der Unterschied von μ und m noch kleiner, so daß man in der Schrödingergleichung oft μ durch m ersetzt.

4.2. Atomare Einheiten

Es ist üblich, sogenannte atomare Einheiten*) einzuführen, die dadurch festgelegt sind, daß man die Elektronenmasse m als Einheit der Masse verwendet, $\hbar$ als Einheit der Wirkung und die Elektronenladung e als Einheit der Ladung. Der Hamilton-Operator der H-ähnlichen Ionen lautet dann

$$\mathbf{H} = -\frac{1}{2}\Delta - \frac{Z}{r} \qquad (4.2\text{–}1)$$

Die Energie-Eigenwerte ergeben sich in atomaren Energie-Einheiten

$$1\text{ a.u.} = \frac{e^4 m}{\hbar^2} = 1\text{ Hartree} = 27.21\text{ eV} = 627.71\text{ kcal/mol} \qquad (4.2\text{–}2)$$

---

* D.R. Hartree, Proc. Cambridge Phil. Soc *24*, 89 (1926).

und Längen werden gemessen in Einheiten von

$$1\,a_0 = \frac{\hbar^2}{me^2} = 1\ \text{Bohr} = 0.529\ \text{Å} \qquad (4.2\text{–}3)$$

Der Formalismus ist in atomaren Einheiten wesentlich übersichtlicher.

Wie gesagt, darf man μ nicht einfach durch m ersetzen. Setzt man das μ ein, so ist der ‚Gegenwert' in konventionellen Einheiten für eine atomare Einheit je nach dem Kern etwas verschieden*). Dieser Unterschied fällt aber nur bei H und D ins Gewicht.

4.3. Die Winkelabhängigkeit der Eigenfunktionen

Da der Fall eines Zentralfeldes vorliegt, muß $\psi(r, \vartheta, \varphi)$ von der Form sein

$$\psi(r, \vartheta, \varphi) = R(r)\ Y_l^m(\vartheta, \varphi) \qquad (4.3\text{–}1)$$

wobei $Y_l^m(\vartheta, \varphi)$ eine Kugelfunktion ist.

Wir drücken wieder den Laplace-Operator in sphärischen Koordinaten aus

$$\Delta = \frac{1}{r^2}\left[\frac{\partial}{\partial r}\left(r^2 \frac{\partial}{\partial r}\right) + \frac{1}{\sin\vartheta} \cdot \frac{\partial}{\partial\vartheta}\left(\sin\vartheta \frac{\partial}{\partial\vartheta}\right) + \frac{1}{\sin^2\vartheta}\frac{\partial^2}{\partial\varphi^2}\right] \qquad (4.3\text{–}2)$$

Vergleicht man diesen Ausdruck mit dem für $\vec{\ell}^{\,2}$ (Gl. 3.3–2), so sieht man, daß man ihn auch folgendermaßen schreiben kann (in atomaren Einheiten, in denen $\hbar = 1$ ist):

$$\Delta = \frac{1}{r^2}\frac{\partial}{\partial r} r^2 \frac{\partial}{\partial r} - \frac{\vec{\ell}^{\,2}}{r^2} \qquad (4.3\text{–}3)$$

In atomaren Einheiten lautet dann die Schrödingergleichung

$$-\frac{1}{2r^2}\frac{\partial}{\partial r} r^2 \frac{\partial\psi}{\partial r} + \frac{\ell^2}{2r^2}\psi - \frac{Z}{r}\psi = E\,\psi \qquad (4.3\text{–}4)$$

Einsetzen von (4.3–1) für ψ und dividieren durch Y_l^m führt zu

$$-\frac{1}{2r^2}\frac{d}{dr} r^2 \frac{dR}{dr} + \frac{l(l+1)}{2r^2} R - \frac{Z}{r} \cdot R = ER \qquad (4.3\text{–}5)$$

---

* H. Shull, G.G. Hall, Nature *184*, 1559 (1959).

4.4. Lösung der radialen Schrödingergleichung

4.4.1. Verhalten der Lösung für $r \to \infty$

Zur Lösung der gewöhnlichen Differentialgleichung (4.3–5) führen wir zunächst eine neue Funktion ein

$$g(r) = r \cdot R(r) \qquad (4.4\text{–}1)$$

um die Gleichung zu vereinfachen

$$\frac{d^2 g}{dr^2} - \frac{l(l+1)}{r^2} \cdot g + \frac{2Z}{r} \cdot g = -2E \cdot g \qquad (4.4\text{–}2)$$

Formal ist das die Schrödingergleichung für eine eindimensionale Bewegung im effektiven Potential $V(r) = +\frac{l(l+1)}{2r^2} - \frac{Z}{r}$, wobei analog zur klassischen Behandlung zusätzlich zum eigentlichen Potential $-\frac{Z}{r}$ noch der ‚Zentrifugalterm' $+\frac{l(l+1)}{2r^2}$ auftritt (vgl. Gl. 1.5–11).

Wir interessieren uns jetzt zuerst für das Verhalten der Lösung von (4.4–2) für $r \to \infty$. Wir können den zweiten und dritten Term links hierzu vernachlässigen, weil diese, verglichen mit den beiden anderen Termen, beliebig klein werden, wenn r groß genug ist.

$$\frac{d^2 g(r)}{dr^2} \approx -2E \cdot g(r) \qquad \text{für } r \to \infty \qquad (4.4\text{–}3)$$

Die asymptotische Lösung ist offenbar

$$g(r) \approx e^{\pm\sqrt{-2E} \cdot r} \qquad (4.4\text{–}4)$$

Nur diejenige Funktion $g(r)$ mit dem Minuszeichen vor der Wurzel verschwindet genügend rasch im Unendlichen, um normierbar zu sein, vorausgesetzt, daß E negativ ist und die Wurzel somit reell. Bei positivem E ist $g(r)$ eine periodische Funktion und sicher nicht normierbar.

Wir machen für $g(r)$ also den Ansatz

$$g(r) = e^{-\sqrt{-2E} \cdot r} \cdot P(r) \qquad (4.4\text{–}5)$$

wobei $P(r)$ ein noch unbekanntes Polynom oder eine Potenzreihe von r ist.

4.4.2. Bestimmung der Koeffizienten von $P(r)$

Einsetzen von (4.4–5) in (4.4–2) ergibt die folgende Differentialgleichung für $P(r)$

$$\frac{d^2P}{dr^2} - 2\sqrt{-2E}\cdot\frac{dP}{dr} - \frac{l(l+1)}{r^2}P + \frac{2Z}{r}P = 0 \qquad (4.4\text{–}6)$$

Schreiben wir P explizit hin:

$$P(r) = \sum_{\nu=0}^{\infty} c_\nu r^\nu \qquad (4.4\text{–}7)$$

so wird aus (4.4–6)

$$\sum_{\nu=0}^{\infty} \nu(\nu-1)\, c_\nu \cdot r^{\nu-2} - 2\sqrt{-2E}\sum_{\nu=0}^{\infty} \nu\cdot c_\nu\cdot r^{\nu-1}$$

$$-l(l+1)\sum_{\nu=0}^{\infty} c_\nu r^{\nu-2} + 2Z\sum_{\nu=0}^{\infty} c_\nu r^{\nu-1} = 0 \qquad (4.4\text{–}8)$$

Wie üblich muß der Koeffizient jeder Potenz von r verschwinden; d.h.

$$-l(l+1)\, c_0 = 0$$

$$-l(l+1)\, c_1 + 2Z\, c_0 = 0$$

$$c_{\nu+1}\,[\nu(\nu+1) - l(l+1)] = c_\nu\,[2\nu\cdot\sqrt{-2E} - 2Z];\ n > \nu \geqslant 1 \qquad (4.4\text{–}9)$$

Die beiden ersten Gleichungen bedeuten

$c_0 = 0$, und sofern $l \neq 0$ auch $c_1 = 0$

aus der dritten Gleichung folgt die Rekursionsbeziehung

$$c_{\nu+1} = c_\nu\,\frac{2\nu\sqrt{-2E} - 2Z}{\nu(\nu+1) - l(l+1)} \qquad (4.4\text{–}10)$$

4.4.3. Abbruch von $P(r)$ nach einer endlichen Zahl von Gliedern – Quantenzahlen

Man überzeugt sich jetzt davon, daß $P(r)$ keine Potenzreihe sein darf, sondern ein Polynom sein muß. Wäre nämlich $P(r)$ eine Potenzreihe, d.h. hätte es unendlich viele

Glieder, so würde für genügend großes ν in der Rekursionsformel (4.4–10) $2Z$ sowie $l(l+1)$ vernachlässigbar werden:

$$c_{\nu+1} \approx c_\nu \frac{2\sqrt{-2E}}{\nu+1} \tag{4.4–11}$$

so daß, ebenfalls für genügend großes ν, gilt

$$c_\nu \approx a \frac{(2\sqrt{-2E})^\nu}{\nu!} \tag{4.4–12}$$

wobei a eine Konstante ist. Eine Potenzreihe $P(r)$, deren Koefizienten für genügend großes ν beliebig genau durch (4.4–12) gegeben sind, unterscheidet sich aber für genügend große r beliebig wenig von der Exponentialfunktion

$$a \cdot e^{2\sqrt{-2E}\cdot r} \tag{4.4–13}$$

Damit würde aber $g(r)$ nach (4.4–5) für große r wie $e^{+\sqrt{-2E}r}$ gehen und $R(r)$ nicht normierbar sein.

Also ist nur zulässig, daß $P(r)$ ein Polynom mit einer endlichen Zahl von Gliedern ist.

Die Forderung, daß $P(r)$ ein Polynom des Grades n ist, führt zu der Bedingung $c_{n+1} = 0$ (aber $c_n \neq 0$), die nur zu erfüllen ist, wenn

$$2n\sqrt{-2E} - 2Z = 0 \tag{4.4–14}$$

d.h.
$$E = -\frac{Z^2}{2n^2} \tag{4.4–15}$$

Der Eigenwert E hängt also nur von n ab; es muß aber betont werden, daß dies an der speziellen Form des Potentials $V(r) = -\frac{Z}{r}$ liegt, und daß für allgemeine Potentiale E auch von l abhängt. Dagegen hängt E in beliebigem Zentralfeld nie von m ab, weil m in der Differentialgleichung für $R(r)$ überhaupt nicht vorkommt.

Setzen wir unseren Wert für E in die Rekursionsformel ein, so wird aus dieser

$$c_{\nu+1} = \frac{2\cdot Z}{n}\,\frac{\nu-n}{\nu(\nu+1)-l(l+1)}\cdot c_\nu \tag{4.4–16}$$

Schreiben wir diese Rekursionsformel einmal rückläufig!

$$c_\nu = \frac{n}{2\cdot Z}\,\frac{\nu(\nu+1)-l(l+1)}{\nu-n}\cdot c_{\nu+1} \tag{4.4–17}$$

Hieraus entnehmen wir, daß auf jeden Fall $c_\nu = 0$, wenn $\nu = l$, d.h. $c_l = 0$ und damit $c_\nu = 0$ für $\nu \leqslant l$, d.h., der erste nicht verschwindende Koeffizient ist c_{l+1}. Damit $P(r)$ nicht identisch verschwindet, muß zumindest ein Koeffizient c_ν von 0 verschieden sein. Da aber $c_\nu = 0$ für $\nu \leqslant l$, muß für diesen nicht verschwindenden Koeffizienten $\nu \geqslant l + 1$ sein. Nun ist aber $n \geqslant \nu$, da n der Grad des Polynoms ist, also gilt auch $n \geqslant l + 1$ bzw. $n > l$.
Kombinieren wir diese wichtige Ungleichung zwischen der sogenannten Hauptquantenzahl n und der Nebenquantenzahl (oder Drehimpulsquantenzahl) l mit der bereits bekannten zwischen l und der sogenannten Achsenquantenzahl (oder magnetischen Quantenzahl) m

$$l < n$$

$$-l \leqslant m \leqslant l \tag{4.4—18}$$

so ergeben sich die erlaubten Kombinationen der drei Quantenzahlen, die in Tab. 4 angegeben sind.
Wie man aus dieser Aufstellung sieht, ist im Coulombfeld $\left(V(r) = -\frac{Z}{r}\right)$ jeder Eigenwert $E_n = \frac{-Z^2}{2n^2}$ n^2-fach entartet.

Tab. 4. Mögliche Kombinationen der Quantenzahlen n, l, m.

$n = 1$	$l = 0$	$m = 0$	1	1
$n = 2$	$l = 0$	$m = 0$	1	4
	$l = 1$	$m = -1$		
	$l = 1$	$m = 0$	3	
	$l = 1$	$m = 1$		
$n = 3$	$l = 0$	$m = 0$	1	9
	$l = 1$	$m = -1$		
	$l = 1$	$m = 0$	3	
	$l = 1$	$m = 1$		
	$l = 2$	$m = -2$		
	$l = 2$	$m = -1$	5	
	$l = 2$	$m = 0$		
	$l = 2$	$m = 1$		
	$l = 2$	$m = 2$		

In Zentralfeldern, die nicht Coulombfelder sind, wie das z.B. für die Valenzelektronen der Alkalien gilt, hängt die Energie auch von l ab, und es gilt die genäherte Beziehung

$$E_{n,l} = \frac{-Z^2}{2\,(n-\delta_l)^2} \tag{4.4–19}$$

wobei man δ_l als den Quantendefekt bezeichnet, der für festes l konstant ist. Jeder Eigenwert ist dann nur $(2l+1)$-fach entartet.

Tab. 5. Eigenfunktionen des H-Atoms.

n	l	m			
1	0	0	1s: $\psi = 2e^{-r}\,Y_0^0 = \frac{1}{\sqrt{\pi}}\,e^{-r}$		1s
2	0	0	2s: $\psi = \frac{1}{2\sqrt{2}}\,(2-r)\,e^{-\frac{r}{2}}\,Y_0^0 = \frac{1}{4\sqrt{2\pi}}\,(2-r)\,e^{-\frac{r}{2}}$		2s
2	1	-1 0 1	2p: $\psi = \frac{1}{\sqrt{24}}\,r\,e^{-\frac{r}{2}}\,Y_1^m = \frac{1}{8\sqrt{\pi}}\,r\cdot e^{-\frac{r}{2}}\cdot$	$\sin\vartheta\,e^{-i\varphi}$ $\sqrt{2}\cdot\cos\vartheta$ $-\sin\vartheta\,e^{i\varphi}$	$2p\bar{\pi}$ $2p\sigma$ $2p\pi$
3	0	0	3s: $\psi = \frac{2}{81\sqrt{3}}\,(27-18r+2r^2)\,e^{-\frac{r}{3}}\,Y_0^0 =$ $= \frac{1}{81\sqrt{3\pi}}\,(27-18r+2r^2)\,e^{-\frac{r}{3}}$		3s
3	1		3p $\psi = \frac{4}{81\sqrt{6}}\,(6r-r^2)\,e^{-\frac{r}{3}}\,Y_1^m$		
		-1 0 1	$= \frac{1}{81\sqrt{\pi}}\,(6-r)\,r\,e^{-\frac{r}{3}}$	$\sin\vartheta\,e^{-i\varphi}$ $\sqrt{2}\cos\vartheta$ $-\sin\vartheta\,e^{i\varphi}$	$3p\bar{\pi}$ $3p\sigma$ $3p\pi$
3	2		3d: $\psi = \frac{1}{9\sqrt{30}}\,\frac{4}{9}\cdot r^2\,e^{-\frac{r}{3}}\,Y_2^m$		
		-2 -1 0 $+1$ $+2$	$= \frac{1}{81\sqrt{\pi}}\,r^2\,e^{-\frac{r}{3}}$	$\frac{1}{2}\sin^2\vartheta\,e^{-2i\varphi}$ $\sin\vartheta\cos\vartheta\,e^{-i\varphi}$ $\frac{1}{\sqrt{6}}\,(3\cos^2\vartheta-1)$ $-\sin\vartheta\cos\vartheta\,e^{i\varphi}$ $\frac{1}{2}\sin^2\vartheta\,e^{2i\varphi}$	$3d\bar{\delta}$ $3d\bar{\pi}$ $3d\sigma$ $3d\pi$ $3d\delta$

Die Eigenfunktionen der H-ähnlichen Ionen erhält man, wenn man r durch Zr ersetzt und ψ mit $Z^{\frac{3}{2}}$ multipliziert.

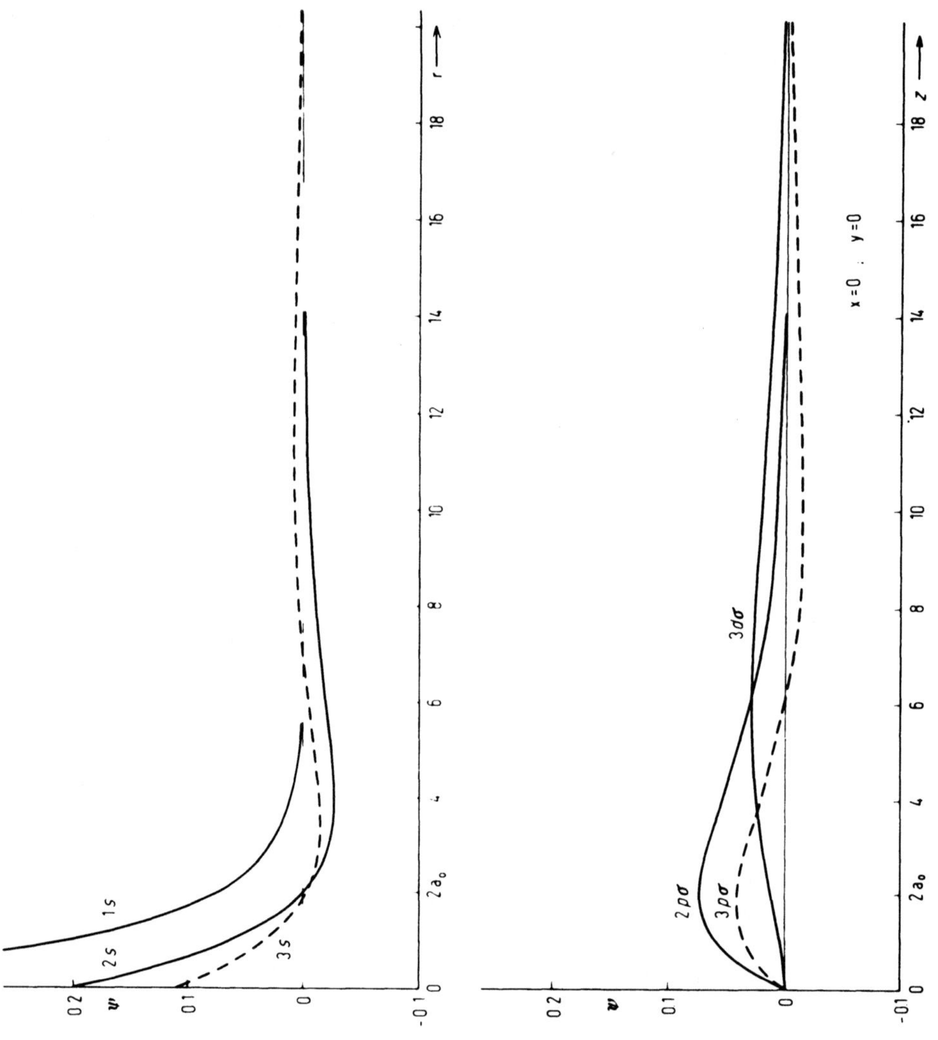

4 a

4 b

Abb. 4. Eigenfunktionen des H-Atoms in zwei verschiedenen Darstellungen [a, b : ψ (z); c, d : ρ (r) = $\int |\psi|^2 r^2 d\omega$].

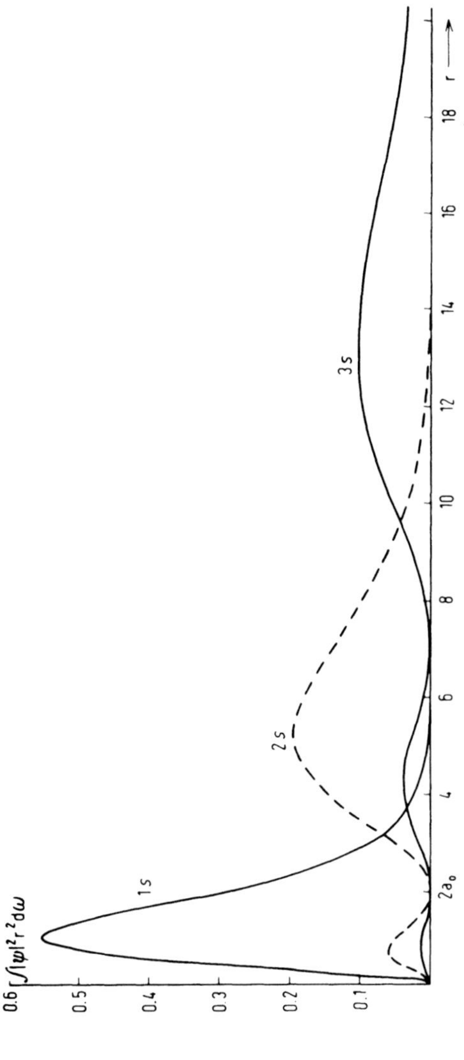
1s
2s
3s
0.6
0.5
0.4
0.3
0.2
0.1
$2a_0$
4
6
8
10
12
14
16
18
r

4 c

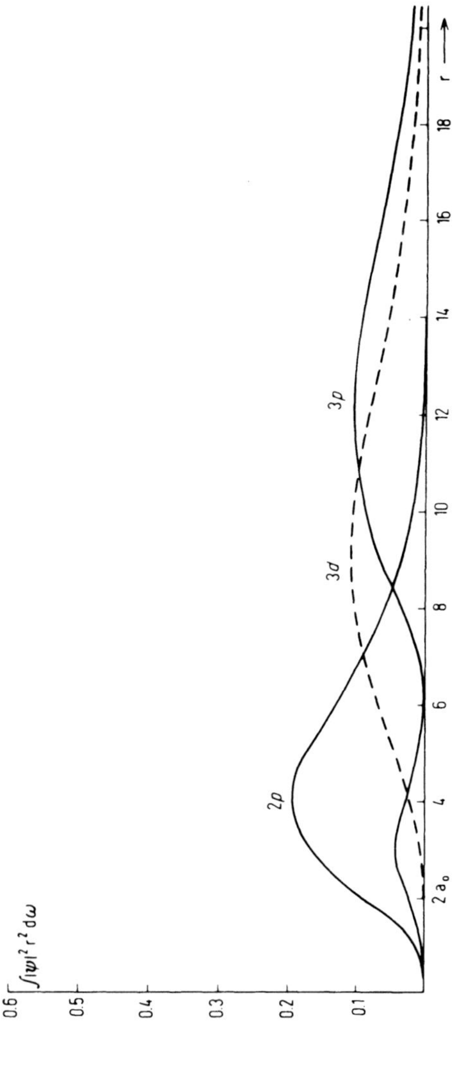
2p
3p
3d
0.6
0.5
0.4
0.3
0.2
0.1
$2a_0$
4
6
8
10
12
14
16
18
r

4 d

Unsere Polynome $P_{nl}(r)$, d.h. deren Koeffizienten c_ν, hängen nicht nur von n und l, d.h. vom Grad des Polynoms und der Drehimpulsquantenzahl, sondern auch von Z ab, aber man sieht anhand der Rekursionsformel (4.4–16), daß nach der Substitution $P_{nl}(r) = Q_{nl}(Z \cdot r)$ die Koeffizienten von Q_{nl} von Z unabhängig werden und nur noch von n und l abhängen. In $Q_{nl}(Zr)$ ist $c_\nu = 0$ für $\nu \leqslant l$, folglich ist auch

$$S_{nl}(Zr) = \frac{1}{(Zr)^{l+1}} Q_{nl}(Zr) \tag{4.4–20}$$

ein Polynom in Zr. Die Gesamtradialfunktion $R(r)$ hängt über (4.4–1), (4.4–5), (4.4–15) und (4.4–20) folgendermaßen mit $S_{nl}(Zr)$ zusammen:

$$R(r) = \frac{1}{r} g(r) = \frac{1}{r} \mathrm{e}^{-\sqrt{-2E} \cdot r} \cdot P_{nl}(r) = Z \cdot (Zr)^l S_{nl}(Zr)\, \mathrm{e}^{-\frac{Z \cdot r}{n}} \tag{4.4–21}$$

Diese Funktion wäre dann noch mit einem Normierungsfaktor zu multiplizieren. Die hier definierten Polynome $S_{nl}(Zr)$ hängen eng mit den sogenannten Laguerreschen Polynomen zusammen. Wir verzichten hier auf Einzelheiten und beschränken uns darauf, in Tab. 5 die ersten Eigenfunktionen des H-Atoms explizit hinzuschreiben, sowie auf Abb. 4 verschiedene graphische Darstellungen anzugeben.

4.5. Reelle und komplexe Eigenfunktionen des H-Atoms

Da die drei p-Funktionen entartet sind, kann man auch irgendwelche Linearkombinationen wählen (die möglichst orthogonal sein sollen). Solche Linearkombinationen sind dann immer noch Eigenfunktionen von $\mathbf{H}$ und von $\mathfrak{l}^2$, aber nicht notwendigerweise von $\mathfrak{l}_z$. Die in Tab. 4 angegebenen Funktionen sind sicher Eigenfunktionen von $\mathfrak{l}_z$, denn so wurden sie ja schon zu Beginn der Ableitung gewählt. Eine unmittelbare Folge davon ist, daß diese Funktionen komplex sind. In der Praxis sind komplexe Funktionen manchmal unbequem, und man macht sich die Tatsache zunutze, daß auch Linearkombinationen von z.B. $2\,p\bar{\pi}$ und $2\,p\pi$ Eigenfunktionen von $\mathbf{H}$ und $\mathfrak{l}^2$ sind, um reelle Linearkombinationen zu konstruieren. Man erhält

$$2p_x = \frac{1}{\sqrt{2}} (2p\pi + 2p\bar{\pi}) = \frac{2}{8\sqrt{2\pi}} \cdot r \cdot \mathrm{e}^{-\frac{r}{2}} \sin\vartheta \cos\varphi$$

$$= \frac{1}{4\sqrt{2\pi}}\, x\, \mathrm{e}^{-\frac{r}{2}} \tag{4.5–1}$$

$$2p_y = \frac{-\mathrm{i}}{\sqrt{2}}(2p\pi - 2p\bar{\pi}) = \frac{2}{8\sqrt{2\pi}}\, r\, \mathrm{e}^{-\frac{r}{2}} \sin\vartheta \sin\varphi$$

$$= \frac{1}{4\sqrt{2\pi}}\, y\, \mathrm{e}^{-\frac{r}{2}} \qquad (4.5\text{–}2)$$

Die Funktion $2p\sigma$ ist ja schon reell, und wir haben

$$2p_z = 2p\sigma = \frac{1}{4\sqrt{2\pi}}\, r\, \mathrm{e}^{-\frac{r}{2}} \cos\vartheta = \frac{1}{4\sqrt{2\pi}}\, z\, \mathrm{e}^{-\frac{r}{2}} \qquad (4.5\text{–}3)$$

Diese drei reellen Funktionen sind völlig äquivalent und entsprechen den drei Raumrichtungen. Das ist besonders praktisch. Etwas ähnliches versucht man bei den *d*-Funktionen, da gelingt es aber nur mühsam. Im allg. verzichtet man auf die Äquivalenz und geht so vor:

$$d_1 = \frac{1}{\sqrt{2}}(d\delta + d\bar{\delta}) = \frac{1}{81\sqrt{2\pi}}\, r^2\, \mathrm{e}^{-\frac{r}{3}} \sin^2\vartheta \cos 2\varphi$$

$$d_2 = \frac{-\mathrm{i}}{\sqrt{2}}(d\delta - d\bar{\delta}) = \frac{1}{81\sqrt{2\pi}}\, r^2\, \mathrm{e}^{-\frac{r}{3}} \sin^2\vartheta \sin 2\varphi$$

$$d_3 = \frac{1}{\sqrt{2}}(d\pi + d\bar{\pi}) = \frac{2}{81\sqrt{2\pi}}\, r^2\, \mathrm{e}^{-\frac{r}{3}} \sin\vartheta \cos\vartheta \cos\varphi$$

$$d_4 = \frac{-\mathrm{i}}{\sqrt{2}}(d\pi - d\bar{\pi}) = \frac{2}{81\sqrt{2\pi}}\, r^2\, \mathrm{e}^{-\frac{r}{3}} \sin\vartheta \cos\vartheta \sin\varphi$$

$$d_5 = d\sigma = \frac{1}{81\sqrt{6\pi}}\, r^2\, \mathrm{e}^{-\frac{r}{3}} (3\cos^2\vartheta - 1) \qquad (4.5\text{–}4)$$

Diese Funktionen sind reell. Bedenkt man, daß

$$r^2 \sin^2\vartheta \cos 2\varphi = r^2 \sin^2\vartheta (\cos^2\varphi - \sin^2\varphi) = x^2 - y^2$$

$$r^2 \sin^2\vartheta \sin 2\varphi = 2r^2 \sin^2\vartheta \cos\varphi \sin\varphi = 2xy$$

$$r^2 \sin\vartheta \cos\vartheta \cos\varphi = xz$$

$$r^2 \sin\vartheta \cos\vartheta \sin\varphi = yz \qquad (4.5\text{–}5)$$

so kann man die fünf Funktionen auch so schreiben:

$$d_1 = d_{x^2-y^2} = \frac{1}{81\sqrt{2\pi}} e^{-\frac{r}{3}} (x^2 - y^2)$$

$$d_2 = d_{xy} = \frac{2}{81\sqrt{2\pi}} e^{-\frac{r}{3}} x \cdot y$$

$$d_3 = d_{xz} = \frac{2}{81\sqrt{2\pi}} e^{-\frac{r}{3}} x \cdot z$$

$$d_4 = d_{yz} = \frac{2}{81\sqrt{2\pi}} e^{-\frac{r}{3}} y \cdot z$$

$$d_5 = d_{z^2} = \frac{1}{81\sqrt{6\pi}} e^{-\frac{r}{3}} (3z^2 - r^2) \qquad (4.5\text{–}6)$$

Nur drei von diesen Funktionen d_{xy}, d_{xz}, d_{yz} sind äquivalent im strengen Sinne. In etwas schwächerem Sinn ist $d_{x^2-y^2}$ äquivalent zu den dreien, da es aus d_{xy} durch Drehung um 45° hervorgeht. Die Funktion d_{z^2} ist dagegen von völlig anderer Gestalt.

Man kann einen Satz von fünf äquivalenten und zueinander orthogonalen *d*-Funktionen konstruieren*) (sogar in zweierlei Weise). Diese Orbitale haben eine ähnliche Gestalt wie d_{z^2}-Orbitale; jedes für sich ist aber nicht rotationssymmetrisch um seine Achse, und die fünf äquivalenten Orbitale gehen durch eine Drehung um eine fünfzählige Symmetrieachse ineinander über – ähnlich wie die drei äquivalenten *p*-Orbitale durch eine Drehung um eine dreizählige Achse ($x=y=z$) ineinander überführt werden.

Große praktische Bedeutung haben die fünf äquivalenten *d*-Orbitale nicht. In der Theorie der isolierten Atome zieht man die komplexen Orbitale (Tab. 5) vor, während in Molekülen die reellen Orbitale (4.5–6) den Vorteil haben, der Oktaeder- bzw. Tetraeder-Symmetrie bereits angepaßt zu sein.

Zusammenfassung zu Kap. 4

Die Bewegung des Elektrons im H-Atom verläuft in einem Zentralfeld, die Eigenfunktionen haben daher die Form

$$\Psi(r,\vartheta,\varphi) = R(r)\, Y_l^m(\vartheta,\varphi)$$

* R.E. Powell, J.Chem.Educ. *45*, 45 (1968).
L. Pauling, V. McClure, J.Chem.Educ. *47*, 15 (1970).
D.D. Shillady, F.S. Richardson, Chem.Phys.Letters *6*, 359 (1971).

und man braucht nur noch $R(r)$ zu bestimmen, für das man eine gewöhnliche Differentialgleichung erhält. Die geeigneten Lösungen erhält man unter Berücksichtigung der Bedingung, daß $R(r)$ für $r \rightarrow \infty$ genügend rasch verschwinden muß, in der Form

$$R(r) = r^{-1} \cdot e^{-\sqrt{-2E} \cdot r} \cdot P(r)$$

wobei E der zugehörige (negative) Eigenwert und $P(r)$ ein Polynom ist, dessen Koeffizienten man aus einer Rekursionsformel erhält.

Es empfiehlt sich, sogenannte atomare Einheiten einzuführen; man mißt dabei Ladungen in Einheiten der Elektronenladung e, Massen in Einheiten der Elektronenmasse m und Wirkungen in der Einheit von $\hbar$. Als Einheit der Länge ergibt sich dann ein Bohr $a_0 \approx 0.53$ Å, der sogenannte Bohrsche Radius des H-Atoms, und als Einheit der Energie 1 Hartree $\approx$ 27.2 e.V. $\approx$ 627 kcal/mol, die doppelte Ionisierungsenergie des H-Atoms. In den quantenchemischen Gleichungen treten dann keine Naturkonstanten mehr auf.

Für Bewegungen in einem beliebigen Zentralfeld ist der zu einem l-Wert (Nebenquantenzahl) gehörende Eigenwert von **H** $(2l + 1)$-fach entartet. Im Falle des H-Atoms sind auch die zum gleichen n (Hauptquantenzahl), aber verschiedenen l gehörenden Eigenwerte entartet. Aus den $2l + 1$-Eigenfunktionen zum gleichen l kann man auch reelle Linearkombinationen bilden (für $l = 1$ sind sie in x, y und z-Richtung orientiert), diese sind dann nicht Eigenfunktionen von ℓ_z.

5. Matrixdarstellung von Operatoren und Variationsprinzip

5.1. Die Matrixform der Schrödingergleichung

Nur wenige Spezialfälle von Schrödingergleichungen, etwa die des H-Atoms, lassen sich geschlossen lösen, in allen anderen Fällen ist man auf Näherungslösungen angewiesen. Dazu bedient man sich vor allem der Theorie der linearen Räume (Funktionalanalysis), deren Grundzüge im Anhang A6 erläutert werden. Kurz gesagt, nützt man die Tatsache aus, daß sich Funktionen in mancher Hinsicht formal wie Vektoren behandeln lassen.

Ähnlich wie man in einem Vektorraum eine Basis angeben kann, derart, daß sich beliebige Vektoren dieses Raumes als Linearkombination der Basisvektoren darstellen lassen (s. Anhang A1), läßt sich auch eine Wellenfunktion als Linearkombination einer gegebenen Basis darstellen

$$\psi = \sum_i c_i \varphi_i \tag{5.1–1}$$

wobei man allerdings bedenken muß, daß eine Basis in diesem Fall aus unendlich vielen Funktionen besteht, und daß eine unendliche Summe a priori nicht definiert ist. (S. dazu Anhang A6.)

Wenn eine Basis $\{\varphi_i\}$ gegeben ist, so ist eine beliebige Funktion ψ im Sinne von (5.1–1) durch die Koeffizienten c_i, die man auch zu einem Vektor $\vec{c}$ zusammenfassen kann, charakterisiert. Analog läßt sich jeder Operator $\mathbf{A}$ in der Basis $\{\varphi_i\}$ durch seine Matrixelemente $A_{ik} = (\varphi_i, \mathbf{A}\varphi_k)$ darstellen. Gehen wir mit der Entwicklung (5.1–1) in die Schrödingergleichung ein,

$$\mathbf{H} \sum_i c_i \varphi_i = \sum_i c_i \mathbf{H} \varphi_i = E \sum_i c_i \varphi_i \tag{5.1–2}$$

und multiplizieren wir diese Gleichung von links skalar mit φ_k, so erhalten wir

$$\sum_i c_i (\varphi_k, \mathbf{H}\varphi_i) = E \sum_i c_i (\varphi_k, \varphi_i) \quad ; \quad k = 1, 2, \ldots \tag{5.1–3}$$

bzw.

$$\sum_i H_{ki} c_i = E \sum_i S_{ki} c_i \quad ; \quad k = 1, 2, \ldots \tag{5.1–4}$$

d.h., die Schrödingergleichung in Matrixform.

Etwas unangenehm ist hierbei, daß die Matrizen unendlich-dimensional sind. Wir werden aber sehen, daß man mit endlich-dimensionalen Matrizen Näherungslösungen gewinnen kann. Die Grundlage dafür bildet das Variationsprinzip, mit dem wir uns im folgenden Abschnitt befassen werden.

5.2. Allgemeines zum Variationsprinzip

Die bei weitem wichtigsten Methoden zur genäherten Lösung der Schrödingergleichung basieren auf dem Variationsprinzip. Die Bedeutung dieses Prinzips beruht auf folgenden Tatsachen, die wir zuerst formulieren und in den folgenden Abschnitten beweisen wollen.

1. Sei E_0 die exakte Energie des Grundzustandes eines Systems, d.h. der tiefste Eigenwert eines Hamilton-Operators $\mathbf{H}$, und sei φ irgendeine beliebige Wellenfunktion der richtigen Elektronenzahl, so gilt die Ungleichung

$$<\mathbf{H}>_\varphi = \frac{(\varphi, \mathbf{H}\varphi)}{(\varphi, \varphi)} \geqslant E_0 \tag{5.2–1}$$

Der mit φ berechnete Erwartungswert von $\mathbf{H}$ ist eine obere Schranke für den exakten Energie-Eigenwert E_0.

2. Gegeben sei die Variationsaufgabe, $<\mathbf{H}>_\varphi$ in Abhängigkeit von φ stationär zu machen, d.h., es sei dasjenige φ gesucht, für das gelte

$$\delta <\mathbf{H}>_\varphi = 0 \tag{5.2–2}$$

für beliebige (infinitesimale) Variation von φ.

Die Lösung dieser Aufgabe ist dann gleichbedeutend mit derjenigen, die Eigenfunktion der Schrödingergleichung

$$\mathbf{H}\,\psi_i = E_i\,\psi_i \tag{5.2–3}$$

zu suchen. Genau die (5.2–3) genügenden ψ_i machen $<\mathbf{H}>_\varphi$ stationär und umgekehrt. Insbesondere ist diejenige Funktion φ, die $<\mathbf{H}>_\varphi$ zu einem Minimum macht, identisch mit der zum tiefsten Eigenwert E_0 gehörenden Eigenfunktion ψ_0.

3. Die Differenz zwischen E_0 und $<\mathbf{H}>_\varphi$ ist ein Maß für die Güte der Näherungsfunktion φ. Qualitativ gesagt, ist φ eine umso bessere Näherung für ψ_0, je kleiner $|E_0 - <\mathbf{H}>_\varphi|$ ist, d.h., je dichter $<\mathbf{H}>_\varphi$ an E_0 liegt. Der Zusammenhang wird durch die sogenannte Eckartsche Ungleichung vermittelt:

$$1 - |(\varphi, \psi_0)|^2 \leqslant \frac{<\mathbf{H}>_\varphi - E_0}{E_1 - E_0} \tag{5.2–4}$$

wobei E_1 die (exakte) Energie des ersten angeregten Zustands bedeutet.

Je kleiner man die rechte Seite der Ungleichung (5.2–4) macht, umso kleiner wird in der Regel auch die linke Seite sein. Da in (5.2–4) die rechte Seite nicht gleich der linken Seite, sondern nur eine obere Schranke für diese ist, kann es durchaus auch vorkommen, daß für zwei Näherungsfunktionen φ_1 und φ_2 bei der einen die rechte, bei der anderen die linke Seite von (5.2–4) kleiner ist als bei der anderen. Anders gesagt, bedeutet „bessere Energie" nicht notwendigerweise auch „bessere Wellenfunktion".

5.3. Energie-Erwartungswert berechnet mit genäherter Wellenfunktion als obere Schranke für die exakte Grundzustandsenergie

Voraussetzung für den Beweis der Behauptung *1.* ist, daß es wirklich einen niedrigsten Eigenwert von $\mathbf{H}$ gibt.

Seien ψ_i die Eigenfunktionen von $\mathbf{H}$ im Sinne von Gl. (5.2–3). Die ψ_i bilden dann eine Basis unseres Funktionenraumes (wie das für die Gesamtheit der Eigenfunktionen eines hermitischen Operators i.allg. gilt, wobei man allerdings auch die sogenannten Kontinuumseigenfunktionen, d.h., die – i.allg. nicht normierbaren – Eigenfunktionen zu positiven Energie-Eigenwerten mitberücksichtigen muß)*). Wir können also φ als Linearkombination der ψ_i schreiben

$$\varphi = \sum_i c_i \psi_i \tag{5.3–1}$$

und erhalten

$$\begin{aligned}(\varphi, \mathbf{H}\varphi) &= \sum_{i,k} c_i^* c_k (\psi_i, \mathbf{H}\psi_k) \\ &= \sum_{i,k} c_i^* c_k E_k (\psi_i, \psi_k)\end{aligned} \tag{5.3–2}$$

Wegen der Orthogonalität der ψ_i wird daraus

$$(\varphi, \mathbf{H}\varphi) = \sum_{i,k} c_i^* c_k E_k \delta_{ik} = \sum_k |c_k|^2 E_k \tag{5.3–3}$$

Andererseits ist

$$(\varphi, \varphi) = \sum_{i,k} c_i^* c_k (\psi_i, \psi_k) = \sum_{i,k} c_i^* c_k \delta_{ik} = \sum_k |c_k|^2 \tag{5.3–4}$$

somit

$$<\mathbf{H}>_\varphi = \frac{(\varphi, \mathbf{H}\varphi)}{(\varphi, \varphi)} = \frac{\sum_k |c_k|^2 \cdot E_k}{\sum_k |c_k|^2} \tag{5.3–5}$$

---

* Ein Hamilton-Operator $\mathbf{H}$ hat i.allg. diskrete negative Eigenwerte E_i, die gebundenen Zuständen entsprechen, während die Schrödingergleichung $\mathbf{H}\psi = E\psi$ für beliebige positive E Lösungen besitzt, die z.B. im Falle des H-Atoms getrenntem Kern und Elektron mit beliebiger kinetischer Energie entsprechen.

$$\langle \mathbf{H} \rangle_\varphi - E_0 = \frac{\sum\limits_k |c_k|^2 E_k - E_0 \cdot \sum\limits_k |c_k|^2}{\sum\limits_k |c_k|^2} = \frac{\sum\limits_k (E_k - E_0)\,|c_k|^2}{\sum\limits_k |c_k|^2} \tag{5.3–6}$$

Da E_0 nach Voraussetzung der tiefste Eigenwert ist, gilt $E_k - E_0 \geqslant 0$, folglich

$$\langle \mathbf{H} \rangle_\varphi - E_0 \geqslant 0 \qquad \text{bzw.} \qquad \langle \mathbf{H} \rangle_\varphi \geqslant E_0 \tag{5.3–7}$$

was zu beweisen war.

Wir können jetzt für φ irgendeinen Ansatz wählen, der noch freie Parameter enthält, und das Minimum von $\langle \mathbf{H} \rangle_\varphi$ in Abhängigkeit dieser Parameter suchen. Haben wir unsere Parameter geschickt gewählt, so können wir beliebig dicht an die wahre Energie des Grundzustandes kommen und haben dabei immer die Gewähr, daß die gefundene Energie *über* der wahren Energie liegt.

5.4. Äquivalenz zwischen Variationsprinzip und Schrödingergleichung

Die Behauptung *2.* zu Beginn des Abschn. 5.2. betrifft die Äquivalenz zwischen der Schrödingergleichung (5.2–3) und dem Variationsprinzip (5.2–2). Zur Vereinfachung des Beweises nehmen wir an, daß φ reell ist. (Das ist für reelle Operatoren $\mathbf{H}$ kein Verlust der Allgemeinheit.) Wir verlangen also, daß

$$\delta \, \frac{(\varphi, \mathbf{H}\,\varphi)}{(\varphi, \varphi)} = 0 \tag{5.4–1}$$

Analog zur Quotientenregel und anschließend der Produktregel der Differentialrechnung läßt sich diese Variation umformen:

$$\begin{aligned}
\delta \, \frac{(\varphi, \mathbf{H}\varphi)}{(\varphi, \varphi)} &= \frac{(\varphi, \varphi) \cdot \delta\,(\varphi, \mathbf{H}\varphi) - (\varphi, \mathbf{H}\varphi) \cdot \delta\,(\varphi, \varphi)}{(\varphi, \varphi)^2} \\
&= \frac{(\varphi, \varphi)\,[(\delta\,\varphi, \mathbf{H}\varphi) + (\varphi, \mathbf{H}\,\delta\,\varphi)] - [(\varphi, \mathbf{H}\varphi)\,[(\delta\,\varphi, \varphi) + (\varphi, \delta\,\varphi)]}{(\varphi, \varphi)^2} \\
&= \frac{2\,(\delta\,\varphi, \mathbf{H}\varphi)}{(\varphi, \varphi)} - \frac{2\,(\varphi, \mathbf{H}\varphi)}{(\varphi, \varphi)^2}\,(\delta\,\varphi, \varphi) \\
&= \frac{2}{(\varphi, \varphi)}\,[(\delta\,\varphi, \mathbf{H}\varphi) - \langle \mathbf{H} \rangle_\varphi\,(\delta\,\varphi, \varphi)]
\end{aligned} \tag{5.4–2}$$

Bei dieser Umformung haben wir uns die Hermitizität (2.6–7) von $\mathbf{H}$ und die Definition (5.2–1) von $\langle \mathbf{H} \rangle_\varphi$ zunutze gemacht. Der Ausdruck (5.4–2) soll nun verschwinden, d.h. es muß gelten

$$0 = (\delta\varphi, \mathbf{H}\varphi) - \langle \mathbf{H} \rangle_\varphi (\delta\varphi, \varphi) = (\delta\varphi, [\mathbf{H} - \langle \mathbf{H} \rangle_\varphi]\,\varphi) \tag{5.4–3}$$

Und zwar muß Gl. (5.4–3) für beliebige Variationen $\delta\varphi$ erfüllt sein; das ist aber nur möglich, wenn

$$[\mathbf{H} - \langle \mathbf{H} \rangle_\varphi]\,\varphi = 0 \quad \text{bzw.} \quad \mathbf{H}\varphi = \langle \mathbf{H} \rangle_\varphi \cdot \varphi \tag{5.4–4}$$

Gl. (5.4–4) ist aber nichts anderes als die Schrödingergleichung (5.2–3) mit $\varphi = \psi_i$, $\langle \mathbf{H} \rangle_\varphi = E_i$. Wir sehen also, daß $\langle \mathbf{H} \rangle_\varphi$ immer dann stationär in bezug auf beliebige Variationen von φ ist, wenn $\varphi = \psi_i$ und $\langle \mathbf{H} \rangle_\varphi = E_i$.

In der Praxis wird man es i.allg. nicht erreichen können, daß $\langle \mathbf{H} \rangle_\varphi$ stationär ist in bezug auf beliebige Variationen von φ, aber man wird versuchen, Stationarität in bezug auf möglichst allgemeine Variationen zu erreichen, d.h. man wird, wie schon gesagt, zwar nicht das absolute Minimum von $\langle \mathbf{H} \rangle_\varphi$, aber das Minimum bezüglich gewisser in φ enthaltener Parameter suchen.

5.5. Die Eckartsche Ungleichung

Als nächstes haben wir noch die Eckartsche Ungleichung zu beweisen, die einen Zusammenhang zwischen dem Fehler der Energie und dem Fehler der Wellenfunktion darstellt. Wir setzen jetzt voraus, daß sowohl die wahre Eigenfunktion ψ_0 als auch die Näherungsfunktion φ reell und auf 1 normiert seien. Ein Maß für den Unterschied (Abstand) der beiden Funktionen (s. Anhang A6) ist dann

$$\begin{aligned}\epsilon &= \|\varphi - \psi_0\|^2 = (\varphi - \psi_0, \varphi - \psi_0) = (\varphi, \varphi) - 2(\psi_0, \varphi) + (\psi_0, \psi_0) \\ &= 2 - 2(\psi_0, \varphi) = 2[1 - (\psi_0, \varphi)]\end{aligned} \tag{5.5–1}$$

Offenbar ist φ eine umso bessere Näherung für ψ_0, je kleiner ϵ ist, im Sinne von Gl. (5.5–1) kann man aber auch sagen:

φ ist eine umso bessere Näherung für ψ_0, je dichter das Überlappungsintegral (ψ_0, φ) an 1 liegt. Folglich ist auch die Größe

$$\delta = 1 - |(\psi_0, \varphi)|^2 \tag{5.5–2}$$

ein Maß für die Güte der Näherung φ; je kleiner δ, umso „besser" φ. (Übrigens gilt: $\delta = \epsilon - \epsilon^2/4$). Aus Gl. (5.3–6) und der Normierung von φ – die nach (5.3–4) bedeutet: $\sum_k |c_k|^2 = 1$ – folgt

$$\langle \mathbf{H} \rangle_\varphi - E_0 = \sum_k (E_k - E_0)\,|c_k|^2 \tag{5.5–3}$$

In der Summe kann man den Term mit $k = 0$ genausogut weglassen. Berücksichtigt man, daß

$$E_1 \leqslant E_k \qquad \text{für} \qquad k > 1 \tag{5.5–4}$$

so erhält man

$$\langle \mathbf{H} \rangle_\varphi - E_0 = \sum_{k \geqslant 1} (E_k - E_0)\,|c_k|^2 \geqslant \sum_{k \geqslant 1} (E_1 - E_0)\,|c_k|^2$$

$$= (E_1 - E_0) \sum_{k \geqslant 1} |c_k|^2 = (E_1 - E_0)(1 - |c_0|^2) \tag{5.5–5}$$

oder

$$1 - |c_0|^2 \leqslant \frac{\langle \mathbf{H} \rangle_\varphi - E_0}{E_1 - E_0} \tag{5.5–6}$$

Dies ist aber bereits das, was in Gl. (5.2–4) behauptet wurde, wenn wir noch zeigen können, daß

$$c_0 = (\psi_0, \varphi) \tag{5.5–7}$$

Hierzu brauchen wir aber nur die Entwicklung (5.3–1) von φ nach den Eigenfunktionen von $\mathbf{H}$ einzusetzen und die Orthogonalität der ψ_i zu berücksichtigen.

$$(\psi_0, \varphi) = \sum_k c_k\,(\psi_0, \psi_k) = \sum_k c_k\,\delta_{ok} = c_0 \tag{5.5–8}$$

Die Eckartsche Ungleichung besagt, daß der Fehler δ der Wellenfunktion klein ist, wenn der Fehler der Energie klein ist verglichen mit der niedrigsten Anregungsenergie. Sind diese beiden Energien von der gleichen Größenordnung, so erlaubt die Eckartsche Ungleichung keine Aussage bezüglich der Güte der Wellenfunktion

5.6. Zwei Variationsrechnungen für den Grundzustand des H-Atoms

5.6.1. Exponentialfunktion als Variationsansatz

Zur Illustration einer Anwendung des Variationsprinzips behandeln wir jetzt den Grundzustand des H-Atoms bzw. der H-ähnlichen Ionen zuerst mit dem Variationsansatz

$$\psi(r, \vartheta, \varphi) = e^{-\alpha r} \tag{5.6–1}$$

und dann mit dem Ansatz

$$\psi(r, \vartheta, \varphi) = e^{-\beta r^2} \tag{5.6–2}$$

wobei wir das Minimum von $\langle \mathbf{H} \rangle_\varphi$ als Funktion von α bzw. β suchen.

Für die Funktion (5.6–1) ergibt sich:

$$<\mathbf{H}>_\psi = \frac{(\psi, \mathbf{H}\psi)}{\psi, \psi} = \frac{\int e^{-\alpha r}\left[-\frac{1}{2}\Delta - \frac{Z}{r}\right] e^{-\alpha r}\, d\tau}{\int e^{-\alpha r} \cdot e^{-\alpha r}\, d\tau} \tag{5.6–3}$$

Wir drücken Δ in Polarkoordinaten (vgl. 4.3–2) aus und berücksichtigen, daß ψ von ϑ und φ nicht abhängt, daß das Volumenelement $d\tau = r^2\, dr \sin\vartheta\, d\vartheta\, d\varphi$ ist, und daß die Integration über die Winkel einfach 4π ergibt.

$$<\mathbf{H}>_\psi = \frac{4\pi \int_0^\infty e^{-\alpha r}\left[-\frac{1}{2r^2}\frac{\partial}{\partial r} r^2 \frac{\partial}{\partial r} e^{-\alpha r}\right] r^2 dr - 4\pi Z \int_0^\infty e^{-2\alpha r} r dr}{4\pi \int_0^\infty e^{-2\alpha r} r^2 dr}$$

$$= \frac{-\frac{\alpha^2}{2}\int_0^\infty e^{-2\alpha r} r^2 dr + \alpha \int_0^\infty e^{-2\alpha r} r dr - Z \int_0^\infty e^{-2\alpha r} r dr}{\int_0^\infty e^{-2\alpha r} r^2 dr} \tag{5.6–4}$$

Zum Auswerten der Integrale benutzen wir, daß

$$\int_0^\infty e^{-ar} r^m dr = \frac{m!}{a^{m+1}} \tag{5.6–5}$$

und erhalten

$$<\mathbf{H}>_\psi = \frac{\alpha^2}{2} - Z \cdot \alpha \tag{5.6–6}$$

Das Minimum von $<\mathbf{H}>_\psi$ als Funktion von α erhalten wir, indem wir die erste Ableitung von $<\mathbf{H}>_\psi$ nach α bilden und diese gleich 0 setzen:

$$\frac{\partial <\mathbf{H}>_\psi}{\partial \alpha} = \alpha - Z \overset{!}{=} 0\,; \quad \alpha_{opt} = Z \tag{5.6–7}$$

Es handelt sich in der Tat um ein Minimum, da die zweite Ableitung positiv ist. An der Stelle des Minimums erhalten wir

$$\psi_{opt}(r, \vartheta, \varphi) = N \cdot e^{-Zr} \tag{5.6–8}$$

wobei N ein Normierungsfaktor ist.

$$E_{\text{opt}} = \frac{Z^2}{2} - Z^2 = -\frac{1}{2} Z^2 \qquad (5.6\text{–}9)$$

Wir haben hier durch Anwendung des Variationsprinzips die exakte Lösung (5.6–8) erhalten (vgl. Tab. 5 und Gl. (4.4–15)). Das war aber nur deshalb möglich, weil die exakte Eigenfunktion des Grundzustandes in der durch den Lösungsansatz definierten Familie von Funktionen enthalten ist. Das können wir für die Variationsfunktion (5.6–2) natürlich nicht erwarten.

5.6.2. Gauß-Funktion als Variationsansatz*)

Mit der Variationsfunktion (5.6–2) ergibt sich:

$$\langle \mathrm{H} \rangle_\psi = \frac{\int_0^\infty \mathrm{e}^{-\beta r^2} \left[-\frac{1}{2r^2} \frac{\mathrm{d}}{\mathrm{d}r} r^2 \frac{\mathrm{d}}{\mathrm{d}r} \mathrm{e}^{-\beta r^2} \right] r^2 \mathrm{d}r - Z \cdot \int_0^\infty \mathrm{e}^{-2\beta r^2} r \mathrm{d}r}{\int_0^\infty \mathrm{e}^{-2\beta r^2} r^2 \mathrm{d}r}$$

$$= \frac{3\beta \int_0^\infty \mathrm{e}^{-2\beta r^2} r^2 \mathrm{d}r - 2\beta^2 \int_0^\infty \mathrm{e}^{-2\beta r^2} r^4 \mathrm{d}r - Z \int_0^\infty \mathrm{e}^{-2\beta r^2} r \mathrm{d}r}{\int_0^\infty \mathrm{e}^{-2\beta r^2} \cdot r^2 \mathrm{d}r} \qquad (5.6\text{–}10)$$

Zur Auswertung brauchen wir die folgenden Integrale

$$\int_0^\infty \mathrm{e}^{-ar^2} \cdot r \mathrm{d}r = \frac{1}{2a}$$

$$\int_0^\infty \mathrm{e}^{-ar^2} \cdot r^2 \mathrm{d}r = \frac{\sqrt{\pi}}{4 a^{\frac{3}{2}}}$$

$$\int_0^\infty \mathrm{e}^{-ar^2} \cdot r^4 \mathrm{d}r = \frac{3\sqrt{\pi}}{8 a^{\frac{5}{2}}} \qquad (5.6\text{–}11)$$

* Der für die Praxis der numerischen Quantenchemie folgenreiche Vorschlag, Gauß-Funktionen für Rechnungen an Molekülen zu verwenden, geht auf S.F. Boys [Proc.Roy.Soc. *A 200*, 542 (1950)] zurück. R.McWeeny [Acta Cryst 6, 631 (1953)] hat wahrscheinlich als erster Slater-Funktionen als Linearkombinationen von Gauß-Funktionen approximiert.

von denen sich die letzten beiden auf das im Anhang A4 behandelte Integral

$$\int_0^\infty e^{-r^2}\, dr = \frac{\sqrt{\pi}}{2} \tag{5.6–12}$$

zurückführen lassen.
Die Integralauswertung ergibt

$$<\mathbf{H}>_\psi = \frac{3}{2}\beta - \frac{2 \cdot Z \cdot \sqrt{2} \cdot \sqrt{\beta}}{\sqrt{\pi}} \tag{5.6–13}$$

Differenzieren nach β und Nullsetzung der Ableitung führt zu

$$\beta_{opt} = \frac{8 \cdot Z^2}{9\,\pi} \tag{5.6–14}$$

Die im Sinne des Variationsprinzips beste Näherung der Form (5.6–2) ist also

$$\psi_{opt} = N e^{-\frac{8 \cdot Z^2}{9\,\pi} \cdot r^2} \tag{5.6–15}$$

und der zugehörige Energieerwartungswert ist, wie man durch Einsetzen von (5.6–14) in (5.6–13) sieht

$$E_{opt} = \frac{4}{3} \cdot \frac{Z^2}{\pi} - \frac{8}{3}\,\frac{Z^2}{\pi} = -\frac{4}{3}\,\frac{Z^2}{\pi} = -0.424413 \cdot Z^2 \tag{5.6–16}$$

Verglichen mit der exakten Energie $-0.5 \cdot Z^2$ ist das keine besonders gute Näherung, aber immerhin stimmt die Größenordnung. Funktionen der Form (5.6–2) bezeichnet man als Gauß-Funktionen, sie haben gegenüber den Exponential- oder Slaterfunktionen (5.6–1) für Atome keine Vorteile. Für Rechnungen an Molekülen zieht man dagegen vielfach Gauß-Funktionen vor, weil sich bestimmte Matrixelemente mit ihnen leichter berechnen lassen. Natürlich ist die Beschreibung des H-Atoms durch eine Gauß-Funktion recht unbefriedigend; wählt man jedoch Linearkombinationen von Gauß-Funktionen im Sinne von Abschn. 5.7 mit verschiedenen β, so kann man im Prinzip eine beliebig gute Näherung erhalten. Man erhält z.B.

mit fünf Gauß-Funktionen	$E = -0.49981$ a.u.
und mit sechs Gauß-Funktionen	$E = -0.49996$ a.u.

Eine Schwierigkeit bei der Approximation einer Exponentialfunktion durch eine Summe von Gauß-Funktionen besteht darin, daß Exponentialfunktionen für $r = 0$ eine Spitze („cusp") aufweisen, während Gauß-Funktionen (Glockenkurven) bei $r = 0$ eine horizontale Tangente haben. Man kann sich da etwas helfen, indem man steile Gauß-Funktionen (d.h., solche mit großem β) in der Linearkombination mitnimmt. Eine andere Schwierigkeit besteht darin, daß Gauß-Funktionen für große r zu schnell gegen 0 gehen. Das macht für die Energie und eine Reihe von Erwartungswerten wenig aus, kann aber in bezug auf andere Erwartungswerte problematisch sein.

Wir weisen noch darauf hin, daß sowohl für die Funktion (5.6–1) als auch (5.6–2) an der Stelle, wo $<\mathbf{H}>$ sein Minimum (als Funktion von α bzw. β) annimmt, folgende Beziehung gilt:

$$<\mathbf{H}> = -<\mathbf{T}> = \frac{1}{2}<\mathbf{V}> \tag{5.6–17}$$

Diese Beziehung, die man als Virialsatz bezeichnet, und die uns in ähnlicher Form schon in der klassischen Mechanik begegnet ist, gilt allgemein für Atome, vorausgesetzt, daß die für die Berechnung der Erwartungswerte verwendete Wellenfunktion ψ von der Form ist $\psi = \psi\,(\eta\cdot\vec{r}_1,\ \eta\cdot\vec{r}_2,\ \ldots\ldots)$ und daß η so bestimmt ist, daß

$$\frac{\partial<\mathbf{H}>}{\partial\eta} = 0\,.$$

Der Virialsatz gilt insbesondere für die exakten Funktionen, da für diese jede infinitesimale Variation von $<\mathbf{H}>$ verschwindet (s. auch Abschnitt 5.4).

5.7. Lineare Variationen – Das Ritzsche Verfahren

Es gibt einen Weg zu einer besonders systematischen Anwendung des Variationsprinzips, das sogenannte *Ritzsche* Verfahren. Wir setzen die Variationsfunktion φ als eine *endliche* Linearkombination gegebener Basisfunktionen χ_i an

$$\varphi = \sum_{k=1}^{n} c_k\,\chi_k \tag{5.7–1}$$

und betrachten die Koeffizienten c_k als Variationsparameter. Für $<\mathbf{H}>_\varphi$ ergibt sich

$$<\mathbf{H}>_\varphi = \frac{\sum\limits_{i,k} c_i^*\,c_k\,(\chi_i,\mathbf{H}\,\chi_k)}{\sum\limits_{i,k} c_i^*\,c_k\,(\chi_i,\chi_k)} = \frac{A}{B} \tag{5.7–2}$$

wobei B und A nur Abkürzungen für den Nenner und den Zähler sind. Differenzieren wir jetzt $<\mathbf{H}>_\varphi$ nach einem herausgegriffenen Koeffizienten c_l, und setzen wir die Ableitung gleich null! Wir betrachten der Einfachheit halber nur den Fall reeller Basisfunktionen und Koeffizienten, d.h. $c_i^* = c_i$

$$\frac{\partial<\mathbf{H}>_\varphi}{\partial c_l} = \frac{1}{B^2}\left\{B\,\frac{\partial A}{\partial c_l} - A\,\frac{\partial B}{\partial c_l}\right\} \stackrel{!}{=} 0 \tag{5.7–3}$$

dabei ist

$$\frac{\partial A}{\partial c_l} = \sum_{\substack{i \\ (\neq l)}} c_i (\chi_i, \mathbf{H}\,\chi_l) + \sum_{\substack{k \\ (\neq l)}} c_k (\chi_l, \mathbf{H}\,\chi_k) + 2\,c_l (\chi_l, \mathbf{H}\,\chi_l)$$

$$= 2 \sum_k c_k (\chi_l, \mathbf{H}\,\chi_k) = 2 \sum_k c_k H_{lk} \qquad (5.7\text{–}4)$$

$$\frac{\partial B}{\partial c_l} = 2 \sum_k c_k (\chi_l, \chi_k) = 2 \sum_k c_k S_{lk} \qquad (5.7\text{–}5)$$

Einsetzen von (5.7–4) und (5.7–5) in (5.7–3), multiplizieren mit $B/2$ und Benützung von (5.7–2) führt zu

$$\sum_k c_k H_{lk} - \langle \mathbf{H} \rangle_\varphi \sum_k c_k S_{lk} = 0 \qquad (5.7\text{–}6)$$

oder

$$\sum_k [\, H_{lk} - \langle \mathbf{H} \rangle_\varphi S_{lk} \,]\, c_k = 0 \qquad (5.7\text{–}7)$$

Das ist aber nichts anderes als Gl. (5.1–4), mit dem Unterschied, daß jetzt die Summe *endlich* ist und daß anstelle der exakten Energie E die genäherte Energie $\langle \mathbf{H} \rangle_\varphi$ auftritt.

Das Gleichungssystem hat nur für bestimmte Werte von $\langle \mathbf{H} \rangle_\varphi$ sogenannte nichttriviale Lösungen, und diese Werte sind jeweils obere Schranken für die n ersten Eigenwerte der Schrödingergleichung.

Gleichungssysteme wie (5.7–6), die man in Matrixform auch so schreibt:

$$(\boldsymbol{H} - \lambda\,\boldsymbol{S})\,\vec{c} = \vec{0} \qquad (5.7\text{–}8)$$

bezeichnet man als verallgemeinerte Matrixeigenwertprobleme. Mit Vorteil benützt man orthonormale Basen, für die gilt:

$$S_{ik} = (\chi_i, \chi_k) = \delta_{ik} \qquad (5.7\text{–}9)$$

Aus Gl. (5.7–8) wird dann

$$(\boldsymbol{H} - \lambda\,\boldsymbol{1})\,\vec{c} = \vec{0} \qquad (5.7\text{–}10)$$

bzw.

$$\boldsymbol{H}\,\vec{c} = \lambda\,\vec{c} \qquad (5.7\text{–}11)$$

oder ausgeschrieben

$$\sum_k H_{lk} c_k = \lambda c_l \qquad (5.7-12)$$

In diesem Fall spricht man von einem Matrixeigenwertproblem im eigentlichen Sinne. Der mit der Matrixrechnung nicht vertraute Leser sei auf den Anhang A7 verwiesen.

Bei Anwendung des Ritzschen Verfahrens wird ein Eigenwertproblem einer partiellen Differentialgleichung in ein Matrixeigenwertproblem überführt. Die Lösung solcher Probleme ist mit elektronischen Rechenmaschinen eine Routineaufgabe. Schwieriger ist i.allg. die Berechnung der Matrixelemente H_{ik} des Hamilton-Operators.

Natürlich erhält man mit einer endlichen Basis nur eine Näherungslösung der Schrödingergleichung, aber man ist zumindest sicher, daß der tiefste Eigenwert des Matrixproblems *über* dem tiefsten Eigenwert der Schrödingergleichung liegt, wenn man auch i.allg. nicht weiß, wieviel darüber. Durch Vergrößerung der Basis kann man im Prinzip Energie und Wellenfunktion beliebig dicht an den Lösungen der Schrödingergleichung erhalten. Trotzdem ist man bestrebt, mit möglichst kleinen Basen möglichst gute Ergebnisse zu erzielen. Die geschickte Wahl einer Basis ist eines der Hauptprobleme der praktischen Quantenchemie.

In vielen Fällen kennt man die exakten Eigenwerte genügend genau (entweder aus besseren Rechnungen oder aus dem Experiment), dann ist ein unmittelbarer Vergleich zwischen berechnetem Wert und Sollwert und über die Eckartsche Ungleichung eine Abschätzung der Güte der Näherungslösung möglich. Kennt man diesen Sollwert E der Energie nicht, so empfiehlt es sich, diesen abzuschätzen, indem man außer einer oberen Schranke für E (über das Variationsprinzip) noch eine untere Schranke für E ableitet. So wichtig untere Schranken in formal-quantenchemischen Untersuchungen sind, so bedeutungslos sind sie für die Praxis der numerischen Quantenchemie und die Theorie der chemischen Bindung.

Das liegt daran, daß mit vergleichbarem Aufwand berechnete untere Schranken um Größenordnungen weiter von der exakten Energie entfernt sind als entsprechende obere Schranken. Die heute wichtigste Methode zur Berechnung von unteren Schranken ist diejenige von Fox und Bazley*).

Zusammenfassung zu Kap. 5

Eine wichtige Rolle spielen die Matrixelemente eines Operators (vgl. dazu auch Abschn. 2.6).

$$(\psi, \mathbf{A}\varphi) = \int \psi^* (\mathbf{A}\varphi)\, d\tau$$

Ein Operator heißt hermitisch, wenn $(\psi, \mathbf{A}\varphi) = (\varphi, \mathbf{A}\psi)^*$. Hermitisch sind z.B. der Hamilton-Operator sowie die Operatoren von Ort, Impuls, kinetischer und potentieller

* N. Bazley, D.W. Fox J.Math. Physics *4*, 1147 (1963); Rev.mod.Phys. *35*, 712 (1963).

Energie. Hermitische Operatoren haben nur reelle Erwartungswerte sowie Eigenwerte. Eigenfunktionen eines hermitischen Operators zu verschiedenen Eigenwerten sind orthogonal zu einander, d.h. für diese gilt:

$$(\psi_1, \psi_2) = \int \psi_1^* \psi_2 \, d\tau = 0$$

Mit Wellenfunktionen läßt sich in gewisser Weise wie mit Vektoren rechnen. Kennt man eine Basis $\{\varphi_i\}$ im Funktionenraum, so läßt sich jedes zulässige ψ als Linearkombination der φ_i darstellen.

$$\psi = \sum_i c_i \varphi_i$$

Jedes ψ läßt sich durch den Vektor $\vec{c}$ der Komponenten c_i und jeder Operator **A** durch die Matrix A der Elemente $A_{ik} = (\varphi_i, \mathbf{A}\varphi_k)$ charakterisieren. In Wirklichkeit sind der Vektor $\vec{c}$ sowie die Matrix A unendlichdimensional, aber auf dem Weg über das Variationsprinzip läßt sich die Verwendung endlichdimensionaler Basen rechtfertigen.

Das Variationsprinzip besagt, daß der mit einer beliebigen Funktion φ berechnete Erwartungswert $< \mathbf{H} >_\varphi$ des Hamilton-Operators stets größer oder gleich dem kleinsten Eigenwert E_0 von **H** ist, und daß das Gleichheitszeichen nur dann gilt, wenn φ Eigenfunktion von **H** zum Eigenwert E_0 ist. Die Forderung, daß φ Eigenfunktion von **H** ist, ist gleichwertig mit der Forderung, daß $< \mathbf{H} >_\varphi$ stationär bezüglich beliebiger Variationen von φ ist. Zur praktischen Anwendung des Variationsprinzips wählt man einen Ansatz für φ, der noch gewisse frei wählbare Parameter λ_i enthält, und man bestimmt diese λ_i so, daß $\frac{\partial < \mathbf{H} >_\varphi}{\partial \lambda_i} = 0$ für alle λ_i, d.h. genauer, daß $< \mathbf{H} >_\varphi$ sein Minimum als Funktion der λ_i einnimmt. Je tiefer $< \mathbf{H} >$ liegt, d.h. je dichter an E_0, eine desto bessere Näherung ist i.allg. φ. Besonders günstig ist es i.allg., eine endliche Basis $\{\varphi_i\}$ vorzugeben, das gesuchte φ als Linearkombination der φ_i anzusetzen und die Koeffizienten c_i als Variationsparameter aufzufassen. Es zeigt sich, daß die optimalen c_i aus dem Gleichungssystem

$$(H - E\,S)\,\vec{c} = \vec{0}$$

zu bestimmen sind, wobei H die Matrix des Hamilton-Operators in der gegebenen Basis, S die Überlappungsmatrix (mit den Elementen $S_{ik} = \int \varphi_i^* \varphi_k \, d\tau$) ist. Solche Gleichungssysteme haben i.allg. nur für bestimmte Werte von E (die sogenannten Eigenwerte) nichttriviale Lösungen. Diese Matrixeigenwerte sind obere Schranken für die Eigenwerte des Hamilton-Operators.

6. Störungstheorie

6.1. Vorbemerkung

Wir wollen die Störungstheorie etwas sorgfältiger besprechen als das sonst üblich ist und den Formalismus verwenden, dessen man sich heute bei wirklichen Anwendungen der Störungstheorie bedient. Wir legen insbesondere auf folgende Feststellungen wert.

1. Die Aufgabe der Störungstheorie, wie sie auf Rayleigh und Schrödinger zurückgeht, besteht darin, für einen Hamilton-Operator $\mathbf{H}_\lambda$, der von einem Parameter λ abhängt, die Koeffizienten einer Taylor-Entwicklung von Energie und Wellenfunktion nach Potenzen von λ anzugeben.

$$\psi_\lambda = \psi^{(0)} + \lambda\, \psi^{(1)} + \lambda^2\, \psi^{(2)} + \ldots. \qquad (6.1-1)$$

$$E_\lambda = E^{(0)} + \lambda\, E^{(1)} + \lambda^2\, E^{(2)} + \ldots. \qquad (6.1-2)$$

Das bedeutet einerseits, daß die Störungsentwicklung in der Regel nur einen endlichen Konvergenzradius λ_{max} hat, d.h., daß die Potenzreihen für E und ψ nur konvergieren für $|\lambda| < \lambda_{max}$.

Andererseits und unabhängig von der Konvergenz der Entwicklungen liefert die Störungstheorie unmittelbar die Ableitungen verschiedener Ordnung der Energie und der Wellenfunktion nach λ an der Stelle $\lambda = 0$, z.B.

$$\left(\frac{\partial E}{\partial \lambda}\right)_{\lambda=0} = E^{(1)}$$

2. Die Koeffizienten $\psi^{(k)}$ der Entwicklung von ψ nach Potenzen von λ, die sog. Störfunktionen k-ter Ordnung ergeben sich als Lösungen von inhomogenen Differentialgleichungen. Diese kann man zwar nur in den seltensten Fällen geschlossen lösen, meist ist aber eine beliebig genaue Näherungslösung möglich, wenn man eine solche inhomogene Differentialgleichung durch ein äquivalentes Variationsprinzip ersetzt. Die Entwicklung der Störfunktionen nach den Eigenfunktionen des ungestörten Hamilton-Operators, die man vielfach in Lehrbüchern findet, ist weder elegant noch praktikabel.

3. Die Störung erster Ordnung der Energie $E^{(1)}$ erhält man als Erwartungswert des Störoperators 1. Ordnung $\mathbf{H}^{(1)}$, gebildet mit der ungestörten Wellenfunktion $\psi^{(0)}$,

$$E^{(1)} = (\psi^{(0)}, \mathbf{H}^{(1)}\, \psi^{(0)}) \qquad (6.1-3)$$

während die Störung 2. Ordnung der Energie $E^{(2)}$ die Kenntnis von $\psi^{(1)}$ voraussetzt.

$$E^{(2)} = (\psi^{(1)}, \mathbf{H}^{(1)}\, \psi^{(0)}) + (\psi^{(0)}, \mathbf{H}^{(2)}\, \psi^{(0)}) \qquad (6.1-4)$$

Wir gehen so vor, daß wir nach der Formulierung des allgemeinen Problems (Abschn. 6.2) zunächst ein Beispiel behandeln, bei dem sich E_λ und ψ_λ als *geschlossene* Funktionen von λ berechnen lassen, und entwickeln anschließend E_λ nach Potenzen von λ. Dabei erhalten wir automatisch auch den Konvergenzradius λ_{max} dieser Potenzreihenentwicklung (Abschn. 6.3). Der an der grundsätzlichen Problematik weniger interessierte Leser kann Abschn. 6.3 zunächst überschlagen.

In Abschnitt 6.4 zeigen wir dann, wie man die $\psi^{(k)}$ und $E^{(k)}$ unmittelbar berechnen kann, ohne daß man vorher geschlossene Ausdrücke für ψ_λ und E_λ abgeleitet hat – was nämlich in den meisten Fällen gar nicht möglich wäre. Nach der Ableitung des allgemeinen Formalismus beschäftigen wir uns mit dem praktisch wichtigen Problem, $\psi^{(1)}$ und $E^{(2)}$ zu berechnen (Abschn. 6.5). Bei Zuständen, die im Grenzfall $\lambda \to 0$ entartet sind, nicht aber für $\lambda \neq 0$, ergeben sich Besonderheiten, die in Abschn. 6.6 behandelt werden. Zum Abschluß (Abschn. 6.7) befassen wir uns mit einer 'Zweckentfremdung' der Störungstheorie zur Näherungslösung einer Schrödingergleichung, deren Hamilton-Operator $\mathbf{H}$ sich nur wenig von einem Hamilton-Operator $\mathbf{H}_0$ unterscheidet, dessen Eigenwerte und Eigenfunktionen wir kennen.

6.2. Das Grundproblem der Störungstheorie

Man steht oft vor der Aufgabe, nicht eine einzige Schrödingergleichung, sondern gewissermaßen eine Familie von Schrödingergleichungen zu lösen, wobei der Hamilton-Operator $\mathbf{H}_\lambda$ eines bestimmten Mitglieds dieser Familie durch einen bestimmten Wert des Parameters λ gekennzeichnet ist. Dabei kann λ verschiedene physikalische Bedeutungen haben. Wir können z.B. ein Atom in einem äußeren homogenen Feld der Feldstärke $\mathfrak{E}$ betrachten. Suchen wir die Lösung der Schrödingergleichung für beliebige Werte von $\mathfrak{E}$, so spielt $\mathfrak{E}$ die Rolle des Parameters λ. Wenn der Hamilton-Operator von λ abhängt, werden auch ψ und E von λ abhängen.

$$\mathbf{H}_\lambda \psi_\lambda = E_\lambda \psi_\lambda \tag{6.2-1}$$

Im Allgemeinfall ist es durchaus nicht immer möglich, E und ψ explizit als Funktionen von λ zu berechnen; das ist z.B. nicht der Fall, wenn $\mathbf{H}_\lambda$ der elektronische Hamilton-Operator für ein zweiatomiges Molekül ist und λ den Kernabstand bedeutet.

Eine ausgebaute Theorie*) existiert eigentlich nur für eine spezielle Form der Abhängigkeit des Hamilton-Operators von λ, nämlich für den Fall, daß $\mathbf{H}_\lambda$ ein Polynom oder eine Potenzreihe in λ ist.

$$\mathbf{H}_\lambda = \mathbf{H}^{(0)} + \lambda \mathbf{H}^{(1)} + \lambda^2 \mathbf{H}^{(2)} + \ldots \tag{6.2-2}$$

* Das Standardwerk hierzu in aller mathematischer Strenge ist: T. Kato: Perturbation Theory of Linear Operators. Berlin, Springer 1966. Einen guten Überblick über die Anwendungen der Störungstheorie in der Quantenchemie geben J.O. Hirschfelder, W. Byers-Brown, S.T. Epstein in Adv. Quant. Chem. *1*, 255 (1964) (Academic Press, New York, P.O. Löwdin ed.).

Oft hat man mit dem noch spezielleren Fall zu tun, daß das Polynom linear ist:

$$\mathbf{H}_\lambda = \mathbf{H}^{(0)} + \lambda\,\mathbf{H}^{(1)} = \mathbf{H}_0 + \lambda\,\mathbf{H}' \tag{6.2−3}$$

Man bezeichnet dann $\mathbf{H}_0$ als ungestörten Operator und $\mathbf{H}'$ als Störoperator.

Es liegt nahe, zu erwarten, daß für Hamilton-Operatoren der Form (6.2−2) sich auch die Eigenwerte E_λ und die Eigenfunktionen ψ_λ als Potenzreihen in λ schreiben lassen.

$$E_\lambda = E^{(0)} + \lambda E^{(1)} + \lambda^2 E^{(2)} + \dots \tag{6.1−1}$$

$$\psi_\lambda = \psi^{(0)} + \lambda\,\psi^{(1)} + \lambda^2\,\psi^{(2)} + \dots \tag{6.1−2}$$

6.3. Taylor-Entwicklung der Energie in einem Spezialfall – Konvergenzradius der Entwicklung

Daß eine Entwicklung (6.1−1) (6.1−2) möglich ist, ist durchaus nicht selbstverständlich und auch nicht immer gewährleistet. Um die Problematik zu verstehen, wollen wir ein einfaches Beispiel betrachten. Der Hamilton-Operator $\mathbf{H}$ sei von der Form (6.2−3). Zwei (von λ unabhängige) orthonormale Basisfunktion φ_1 und φ_2 seien gegeben, und die exakte Eigenfunktion ψ_λ von $\mathbf{H}_\lambda$ lasse sich als Linearkombination der beiden Basisfunktionen schreiben,

$$\psi_\lambda = c_1(\lambda)\,\varphi_1 + c_2(\lambda)\,\varphi_2 \tag{6.3−1}$$

wobei die Koeffizienten von λ abhängen. Wir wollen ferner voraussetzen – was durch eine unitäre Transformation zwischen φ_1 und φ_2 immer erreicht werden kann – daß

$$(\varphi_1, \mathbf{H}_0\,\varphi_2) = (\varphi_2, \mathbf{H}_0\,\varphi_1) = 0 \tag{6.3−2}$$

d.h., daß der ungestörte Operator $\mathbf{H}_0$ in unserer Basis Diagonalgestalt hat.

Es gibt durchaus Probleme der soeben skizzierten einfachen Form, andere Probleme lassen sich näherungsweise auf diese Form reduzieren, wovon wir später öfter Gebrauch machen werden. In diesem Fall können wir die Schrödingergleichung geschlossen lösen und erhalten E und ψ als explizite Funktionen von λ. Das wollen wir jetzt tun.

Einsetzen von (6.3−1) in (6.2−1) ergibt

$$\begin{aligned}\mathbf{H}_\lambda\,\psi_\lambda &= c_1(\lambda)\,\mathbf{H}_\lambda\,\varphi_1 + c_2(\lambda)\,\mathbf{H}_\lambda\,\varphi_2 = E_\lambda\,\psi_\lambda \\ &= c_1(\lambda)\,E_\lambda\,\varphi_1 + c_2(\lambda)\,E_\lambda\,\varphi_2 \end{aligned}\tag{6.3−3}$$

Skalarmultiplizieren der Gl. (6.3–3) von links mit φ_1 bzw. φ_2 (beachte, daß $(\varphi_i, \varphi_j) = \delta_{ij}$) führt zu

$$
\begin{aligned}
c_1(\lambda)(\varphi_1, \mathbf{H}_\lambda \varphi_1) + c_2(\lambda)(\varphi_1, \mathbf{H}_\lambda \varphi_2) &= E_\lambda \cdot c_1(\lambda) \\
c_1(\lambda)(\varphi_2, \mathbf{H}_\lambda \varphi_1) + c_2(\lambda)(\varphi_2, \mathbf{H}_\lambda \varphi_2) &= E_\lambda \cdot c_2(\lambda)
\end{aligned}
\qquad (6.3\text{–}4)
$$

d.h. zu einem Matrixeigenwertproblem

$$
H_\lambda \vec{c}(\lambda) = E_\lambda \vec{c}(\lambda) \qquad (6.3\text{–}5)
$$

wobei

$$
H_\lambda = \begin{pmatrix} (\varphi_1, \mathbf{H}_\lambda \varphi_1) & (\varphi_1, \mathbf{H}_\lambda \varphi_2) \\ (\varphi_2, \mathbf{H}_\lambda \varphi_1) & (\varphi_2, \mathbf{H}_\lambda \varphi_2) \end{pmatrix} = \begin{pmatrix} H_{11} & H_{12} \\ H_{21} & H_{22} \end{pmatrix} \qquad (6.3\text{–}6)
$$

$$
\vec{c}(\lambda) = \begin{pmatrix} c_1(\lambda) \\ c_2(\lambda) \end{pmatrix} \qquad (6.3\text{–}7)
$$

Offenbar ist E_λ Eigenwert von H_λ. Die Eigenwerte einer 2x2-Matrix lassen sich aber geschlossen angeben (wenn wir statt E_λ einfach E schreiben, vgl. Anhang A7.5).

$$
E_{1,2} = \frac{H_{11} + H_{22}}{2} \pm \frac{1}{2} \sqrt{(H_{11} - H_{22})^2 + 4 H_{12} H_{21}} \qquad (6.3\text{–}8)
$$

Wir benutzen jetzt (6.2–3), woraus für die Matrixelemente von H_λ folgt

$$
\begin{aligned}
H_{ij} &= (\varphi_i, \mathbf{H}_\lambda \varphi_j) = (\varphi_i, [\mathbf{H}_0 + \lambda \mathbf{H}'] \varphi_j) = (\varphi_i, \mathbf{H}_0 \varphi_j) + \lambda (\varphi_i, \mathbf{H}' \varphi_j) \\
&= H_{ij}^0 + \lambda H_{ij}'
\end{aligned}
\qquad (6.3\text{–}9)
$$

Da ferner Gültigkeit von (6.3–2) vorausgesetzt ist, folgt

$$
\begin{aligned}
H_{11} &= H_{11}^0 + \lambda H_{11}' \; ; \; H_{22} = H_{22}^0 + \lambda H_{22}' \\
H_{12} &= \lambda H_{12}' = \lambda H_{21}'^{*}
\end{aligned}
\qquad (6.3\text{–}10)
$$

und aus den Eigenwerten (6.3–8) wird

$$E_{1,2} = \frac{H_{11}^0 + H_{22}^0}{2} + \lambda \frac{H'_{11} + H'_{22}}{2}$$
$$\pm \frac{1}{2} \sqrt{(H_{11}^0 - H_{22}^0 + \lambda H'_{11} - \lambda H'_{22})^2 + 4\lambda^2 \, |H'_{12}|^2} \qquad (6.3\text{–}11)$$

Damit haben wir für die beiden Eigenwerte E_1 und E_2 geschlossene Ausdrücke als Funktion von λ.

Aus der Wurzel ziehen wir den Faktor $(H_{11}^0 - H_{22}^0)$ heraus:

$$E_{1,2} = \frac{H_{11}^0 + H_{22}^0}{2} + \lambda \frac{H'_{11} + H'_{22}}{2}$$
$$\pm \frac{H_{11}^0 - H_{22}^0}{2} \sqrt{1 + 2\lambda \frac{H'_{11} - H'_{22}}{H_{11}^0 - H_{22}^0} + \lambda^2 \frac{(H'_{11} - H'_{22})^2 + 4\,|H'_{12}|^2}{(H_{11}^0 - H_{22}^0)^2}}$$
$$(6.3\text{–}12)$$

Anschließend benutzen wir, daß für $\sqrt{1+x}$ die folgende Taylor-Entwicklung gilt, sofern $|x| < 1$

$$\sqrt{1+x} = (1+x)^{\frac{1}{2}} = \sum_{k=0}^{\infty} \binom{\frac{1}{2}}{k} x^k = 1 + \frac{x}{2} - \frac{x^2}{8} + \frac{x^3}{16} - \ldots \qquad (6.3\text{–}13)$$

Die Wurzel in (6.3–12) entwickeln wir, wobei wir alle Beiträge in λ und λ^2 mitnehmen, aber höhere Potenzen in λ weglassen*). Nach Umformung ergibt das für die beiden Eigenwerte E_1 und E_2:

$$E_1 = H_{11}^0 + \lambda H'_{11} + \lambda^2 \frac{|H'_{12}|^2}{H_{11}^0 - H_{22}^0} + O(\lambda^3) \qquad (6.3\text{–}14)$$

$$E_2 = H_{22}^0 + \lambda H'_{22} - \lambda^2 \frac{|H'_{12}|^2}{H_{11}^0 - H_{22}^0} + O(\lambda^3) \qquad (6.3\text{–}15)$$

---

* Das sog. Landau-Symbol $O(\lambda^3)$ bedeutet, daß der Rest der Entwicklung wie λ^3 geht (von der Ordnung λ^3 ist), präzise gesagt, lautet die Schreibweise

$$f(x) = g(x) + O(x^k)$$

daß $$\lim_{x \to 0} \frac{f(x) - g(x)}{x^{k-1}} = 0$$

Ohne große Mühe lassen sich auch die Beiträge in λ^3, λ^4 etc. ableiten, aber wir wollen hierauf verzichten. Wir wollen auch nur denjenigen Eigenwert betrachten, der im Grenzfall $\lambda \to 0$ in den tiefsten Eigenwert der Matrix $H_0 = \begin{pmatrix} H_{11}^0 & 0 \\ 0 & H_{22}^0 \end{pmatrix}$ übergeht. Wenn $H_{11} < H_{22}$ ist das offenbar E_1.

Aus der Ableitung der Entwicklung des Eigenwerts E_1 nach Potenzen von λ als Taylor-Entwicklung des exakten Eigenwerts wird unmittelbar deutlich, welche Voraussetzung erfüllt sein muß, damit diese Entwicklung überhaupt zulässig ist. Die Wurzel in (6.3–12) läßt sich nach Potenzen von λ entwickeln, sofern $|\lambda|$ kleiner ist als der kleinste Betrag eines solchen λ, für das die Wurzel singulär wird*). Das ist der Fall für die dem Nullpunkt nächste Nullstelle des Radikanden (Verzweigungspunkt)**). Das kritische λ ist gegeben durch

$$\lambda_{max} = \min_{(-,+)} \left| \frac{H_{11}^0 - H_{22}^0}{H_{11}' - H_{22}' \mp 2H_{12}'} \right| \qquad (6.3\text{–}17)$$

wobei das Minimum über die Werte mit Minus- und Plus-Vorzeichen zu bilden ist. Wenn

$$|\lambda| < \lambda_{max} \qquad (6.3\text{–}17)$$

so konvergiert die Potenzreihenentwicklung für $E(\lambda)$, andernfalls divergiert sie, d.h., für $|\lambda| > \lambda_{max}$ ist es unmöglich, $E(\lambda)$ als Potenzreihe in λ dazustellen. Man bezeichnet λ_{max} als den *Konvergenzradius* der Störentwicklung. Dieser Konvergenzradius gilt, wie wir nicht zeigen wollen, auch für den Eigenvektor $\vec{c}(\lambda)$ und damit für die Wellenfunktion ψ_λ.

Die Größe

$$\max_{(+,-)} \quad |H_{11}' - H_{22}' \pm 2H_{12}'| \qquad (6.3\text{–}18)$$

kann man als Maß für die Größe der Störung ansehen, während

$$d = |H_{11}^0 - H_{22}^0| \qquad (6.3\text{–}19)$$

den Abstand des betrachteten ungestörten Eigenwerts zum nächsten benachbarten ungestörten Eigenwert darstellt.

* Ein grundlegender Satz der Funktionstheorie besagt, daß eine Funktion $f(z)$ einer komplexen Variablen, die an den Stellen z_1, z_2 etc. Singularitäten besitzt, sich in eine konvergente Potenzreihe für solche Werte von z entwickeln läßt, deren Betrag kleiner als der kleinste Betrag eines der z_k ist. Singularitäten sind z.B. Stellen, an denen $f(z)$ unendlich wird oder z.B. wie im hier betrachteten Fall die erste Ableitung $f'(z)$ unendlich wird.

** Außerdem konvergiert die Reihe trivialerweise, wenn sich die Wurzel in (6.3–8) explizit ziehen läßt, nämlich wenn $H_{12}' = 0$.

Der Konvergenzradius (und damit der Geltungsbereich) der Störungsentwicklung ist offenbar um so größer, je kleiner die Störung im Sinne von (6.3–18) und je größer der Abstand d zum nächsten ungestörten Eigenwert ist.

Der hier für die Störungstheorie der Eigenwerte von 2x2-Matrizen abgeleitete Konvergenzradius der Störentwicklung läßt sich nur mit großem mathematischen Aufwand für beliebige hermitische Matrizen verallgemeinern, wobei man ein qualitativ ähnliches Ergebnis erhält, allerdings nicht für den Konvergenzradius λ_{max} selbst, sondern nur für eine untere Schranke für λ_{max}.*)

In bezug auf Hamilton-Operatoren in einem unendlich-dimensionalen Hilbert-Raum ist die Situation etwas komplizierter. Es läßt sich zwar zeigen, daß die Störungsentwicklung von E und φ nach Potenzen von λ einen endlichen Konvergenzradius hat, wenn $\mathbf{H}_\lambda$ von der Form (6.2–3) ist, und wenn es endliche Konstanten a, b (mit $a > 0$, $|b| < \infty$) gibt, derart, daß

$$|(\varphi, \mathbf{H}'\varphi)| \leqslant a(\varphi, \mathbf{H}^0\varphi) + b\,(\varphi,\varphi) \qquad (6.3\text{–}20)$$

für beliebiges φ. (Das ist die sog. Rellich-Bedingung.) Eine exakte Berechnung des Konvergenzradius ist aber in der Regel nicht möglich, und selbst die Berechnung unterer Schranken für den Konvergenzradius**) macht große Schwierigkeiten.

6.4. Der Formalismus der Rayleigh-Schrödingerschen Störentwicklung

Im vorigen Abschnitt sind wir zur Ableitung der Störentwicklung von E von der Kenntnis der expliziten Form von E als Funktion von λ ausgegangen. Diese Kenntnis kann man normalerweise nicht voraussetzen, und wäre sie gegeben, wäre eine anschließende Potenzreihenentwicklung relativ uninteressant. Es ist aber möglich, die Koeffizienten $E^{(k)}$ und $\psi^{(k)}$ der Entwicklung von E und ψ nach Potenzen von λ unmittelbar zu bestimmen, vorausgesetzt, daß die Entwicklung überhaupt zulässig ist. Wenn sie zulässig ist, gehen wir einfach mit dem Ansatz

$$E_\lambda = \sum_{k=0}^{\infty} E^{(k)} \cdot \lambda^k \qquad (6.4\text{–}1)$$

$$\psi_\lambda = \sum_{k=0}^{\infty} \psi^{(k)} \cdot \lambda^k \qquad (6.4\text{–}2)$$

---

* s.T. Kato l.c.

** Vgl. z.B. R. Ahlrichs, Phys.Rev. *A5*, 605 (1972).

in die Schrödingergleichung*)

$$(\mathbf{H}_\lambda - E_\lambda)\,\psi_\lambda = 0 \tag{6.4–3}$$

$$\mathbf{H}_\lambda = \sum_{k=0}^{\infty} \mathbf{H}^{(k)} \lambda^k \tag{6.4–4}$$

ein und erhalten

$$\sum_{k=0}^{\infty} \lambda^k \,[\mathbf{H}^{(k)} - E^{(k)}] \sum_{l=0}^{\infty} \lambda^l \,\psi^{(l)} = 0 \tag{6.4–5}$$

bzw. geordnet nach Potenzen von λ und nach Einführen von $m = k + l$

$$\sum_{m=0}^{\infty} \lambda^m \sum_{k=0}^{m} [\mathbf{H}^{(k)} - E^{(k)}]\,\psi^{(m-k)} = 0 \tag{6.4–6}$$

Der Ausdruck auf der linken Seite von Gl. (6.4–6) ist eine Potenzreihe in λ. Diese kann nur dann identisch verschwinden, wenn sämtliche Koeffizienten verschwinden, d.h. wenn

$$\sum_{k=0}^{m} [\mathbf{H}^{(k)} - E^{(k)}]\,\psi^{(m-k)} = 0, \qquad \text{für alle } m = 0, 1, 2, \ldots \tag{6.4–7}$$

Die ersten dieser Gleichungen, die die $\mathbf{H}^{(k)}$, $E^{(k)}$ und $\psi^{(k)}$ verknüpfen, lauten ausgeschrieben

$$m = 0: \quad [\mathbf{H}^{(0)} - E^{(0)}]\,\psi^{(0)} = 0 \tag{6.4–7a}$$

$$m = 1: \quad [\mathbf{H}^{(0)} - E^{(0)}]\,\psi^{(1)} + [\mathbf{H}^{(1)} - E^{(1)}]\,\psi^{(0)} = 0 \tag{6.4–7b}$$

$$m = 2: \quad [\mathbf{H}^{(0)} - E^{(0)}]\,\psi^{(2)} + [\mathbf{H}^{(1)} - E^{(1)}]\,\psi^{(1)} + [\mathbf{H}^{(2)} - E^{(2)}]\,\psi^{(0)} = 0 \tag{6.4–7c}$$

Es fällt auf, daß man z.B. zu $\psi^{(1)}$ ein beliebiges Vielfaches von $\psi^{(0)}$ addieren kann und es immer noch (6.4–7b) erfüllt. Wir werden durch eine spezielle Normierungsbedingung (6.4–8b) erreichen, daß $\psi^{(1)}$ sowie auch die anderen $\psi^{(k)}$ eindeutig bestimmt sind.

---

* Man müßte bei allen E's und ψ's noch einen weiteren Index angeben, der die verschiedenen Eigenfunktionen und Eigenwerte von (6.4–3) zählt. Wir lassen diesen jedoch weg (in der Regel betrachten wir den Grundzustand) und setzen auch voraus, daß keine Entartung des betrachteten Eigenwertes vorliegt (vgl. Abschn. 6.6).

Offenbar besagt Gl. (6.4–7a), daß $E^{(0)}$ und $\psi^{(0)}$ Eigenwert und Eigenfunktion des ‚ungestörten' Operators $\mathbf{H}^{(0)}$ sind. Hat man aus (6.4–7a) $E^{(0)}$ und $\psi^{(0)}$ berechnet, so kann man diese in (6.4–7b) einsetzen und hieraus $E^{(1)}$ sowie $\psi^{(1)}$ berechnen u.s.f. Die Gleichungen der Störungstheorie lassen sich hintereinander lösen, und man kann im Prinzip zu einer beliebig hohen Ordnung gehen.

In der Praxis stößt dieses Verfahren i.allg. aber auf große Schwierigkeiten, denn die Lösung jeder der Gl. (6.4–7a, b, c etc.) ist etwa so schwierig wie die der Schrödingergleichung (6.4–3) für ein festes λ. Ist man ganz allgemein an der λ-Abhängigkeit von E und ψ interessiert, so gilt im Grunde auch hier der Satz von der Invarianz der Schwierigkeiten. Es wird dann etwa den gleichen Aufwand bedeuten, ob man E als Funktion von λ in Form einer Werte-Tabelle berechnet, indem man die ursprüngliche Schrödingergleichung (6.4–3) für eine Menge von Werten von λ löst, oder ob man eine gleich große Menge Koeffizienten $E^{(k)}$ für die Entwicklung (6.4–1) mit Hilfe der Störungstheorie berechnet. In besonderen Fällen kann sich entweder die punktweise Berechnung von E_λ oder aber die Störungstheorie als günstiger erweisen.

Die punktweise Berechnung von $E(\lambda)$ ist *dann* die Methode der Wahl, wenn man $E(\lambda)$ nur für einige Werte von λ zu berechnen hat, oder wenn die Störungsentwicklung nicht oder nur langsam konvergiert, d.h., wenn die interessierenden λ-Werte jenseits des Konvergenzradius λ_{max} liegen oder zwar dieseits, aber dicht an λ_{max}.

Die Störungstheorie ist vorteilhafter, wenn die interessierenden λ-Werte so klein sind, daß die Berücksichtigung von wenigen Termen in der Störentwicklung genügende Genauigkeit gibt. Praktische Bedeutung hat die Störungstheorie nur dann, wenn man mit $E^{(0)}, E^{(1)}, E^{(2)}$ bzw. $\psi^{(0)}$ und $\psi^{(1)}$ ‚auskommt'. Ferner ist die Störungstheorie dann günstiger, wenn man sich für die Energie, statt für die Wellenfunktion interessiert. Es läßt sich nämlich zeigen, daß bei Kenntnis der Störfunktionen $\psi^{(k)}$ bis zur n-ten Ordnung die Störenergien $E^{(k)}$ bis zur $2n+1$-ten Ordnung als Summen von Erwartungswerten berechnet werden können. Hingegen würde man aus einer oberflächlichen Betrachtung der Gln. (6.4–7) schließen, daß zur Berechnung von $E^{(k)}$ die Lösung der Gleichungen für die ersten k Ordnungen der Störungs-Theorie nötig sein sollte. Wir wollen nun die Ableitung von $E^{(2n+1)}$ aus $\psi^{(0)}, \psi^{(1)} \,.\,.\, \psi^{(n)}$ für die Fälle $n = 0$ und $n = 1$ geben.

Die Wellenfunktion ψ_λ ist bekanntlich als Lösung der Schrödingergleichung (6.4–3) nicht eindeutig, sondern nur bis auf einen beliebigen Normierungsfaktor bestimmt. Während man üblicherweise die Normierung so wählt, daß $(\psi, \psi) = 1$, empfiehlt sich bei Verwendung der Störungstheorie eine etwas andere Normierung, nämlich

$$(\psi^{(0)}, \psi^{(0)}) = 1 \qquad (6.4\text{–}8a)$$

$$(\psi^{(0)}, \psi_\lambda) = 1 \qquad (6.4\text{–}8b)$$

d.h., wir normieren zwar die ‚ungestörte' Funktion $\psi^{(0)}$, die nach (6.4–7a) Eigenfunktion des ungestörten Hamilton-Operators $H^{(0)}$ ist, auf 1, die tatsächliche Wellenfunktion ψ_λ sei dagegen nicht auf 1 normiert. Aus den Normierungsbedingungen (6.4–8) folgt unmittelbar die Orthogonalitätsbedingung

$$\sum_{k=1}^{\infty} \lambda^k \, (\psi^{(0)}, \psi^{(k)}) = 0 \tag{6.4–9}$$

Diese kann nur dann für beliebige λ erfüllt sein, wenn

$$(\psi^{(0)}, \psi^{(k)}) = 0 \qquad \text{für } k = 1, 2, \ldots \tag{6.4–10}$$

d.h., bei der gewählten Normierung (6.4–8) sind die Störfunktionen $\psi^{(k)}$ sämtlicher Ordnungen zur ungestörten Funktion $\psi^{(0)}$ orthogonal. Die $\psi^{(k)}$ $(k > 0)$ für sich sind dagegen nicht auf eins normiert, sondern ihre Normierung ergibt sich bei ihrer Berechnung aus den Differentialgleichungen (6.4–7b, c, . .) automatisch mit. Das ist deshalb so, weil die Differentialgleichungen (6.4–7) außer (6.4–7a) inhomogen sind. Das bedeutet z.B. für (6.4–7b), daß diese Gleichung nicht invariant gegenüber Multiplikation von $\psi^{(1)}$ mit einem beliebigen Faktor ist.

Wir gehen jetzt aus von Gl. (6.4–7b) und multiplizieren diese von links skalar mit $\psi^{(0)}$.

$$(\psi^{(0)}, [\mathbf{H}^{(0)} - E^{(0)}]\, \psi^{(1)}) + (\psi^{(0)}, [\mathbf{H}^{(1)} - E^{(1)}]\, \psi^{(0)}) = 0 \tag{6.4–11}$$

Für den ersten Term in (6.4–11) benutzen wir zuerst die Hermitizität des Operators $[\mathbf{H}^{(0)} - E^{(0)}]$ und anschließend die Gültigkeit von (6.4–7a)

$$(\psi^{(0)}, [\mathbf{H}^{(0)} - E^{(0)}]\, \psi^{(1)}) = (\psi^{(1)}, [\mathbf{H}^{(0)} - E^{(0)}]\, \psi^{(0)})^* = (\psi^{(1)}, 0)^* = 0 \tag{6.4–12}$$

Den verbleibenden zweiten Term links in (6.4–11) zerlegen wir in zwei Anteile; wir benutzen die Normierungsbedingungen (6.4–8a), womit sich ergibt

$$(\psi^{(0)}, \mathbf{H}^{(1)}\, \psi^{(0)}) = (\psi^{(0)}, E^{(1)}\, \psi^{(0)}) = E^{(1)}\, (\psi^{(0)}, \psi^{(0)}) = E^{(1)} \tag{6.4–13}$$

Die Störung erster Ordnung der Energie, nämlich $E^{(1)}$, berechnet sich als Erwartungswert des Störoperators 1. Ordnung, $\mathbf{H}^{(1)}$ mit der *ungestörten* Wellenfunktion $\psi^{(0)}$.

Multiplizieren wir jetzt Gl. (6.4–7c) von links skalar mit $\psi^{(0)}$

$$(\psi^{(0)}, [\mathbf{H}^{(0)} - E^{(0)}]\, \psi^{(2)}) + (\psi^{(0)}, [\mathbf{H}^{(1)} - E^{(1)}]\, \psi^{(1)}) + (\psi^{(0)}, [\mathbf{H}^{(2)} - E^{(2)}]\, \psi^{(0)}) = 0 \tag{6.4–14}$$

Ähnlich wie zuvor kann man argumentieren, daß der erste Term $(\psi^{(0)}, [\mathbf{H}^{(0)} - E^{(0)}]\psi^{(2)})$ verschwinden muß. Den zweiten Term kann man in zwei Teile zerlegen, von denen der zweite

$$-(\psi^{(0)}, E^{(1)}\,\psi^{(1)}) = -E^{(1)}(\psi^{(0)}, \psi^{(1)}) = 0 \qquad (6.4\text{–}15)$$

wegen (6.4–10) verschwindet. Damit erhält man

$$(\psi^{(0)}, \mathbf{H}^{(1)}\,\psi^{(1)}) + (\psi^{(0)}, \mathbf{H}^{(2)}\,\psi^{(0)}) = (\psi^{(0)}, E^{(2)}\,\psi^{(0)}) = E^{(2)} \qquad (6.4\text{–}16)$$

Zur Berechnung von $E^{(2)}$ ist die Kenntnis von $\psi^{(0)}$ und $\psi^{(1)}$ ausreichend. Wie man $E^{(3)}$ durch $\psi^{(0)}$ und $\psi^{(1)}$ ausdrückt, wollen wir andeuten. Man geht von (6.4–7) für $m = 3$ aus und multipliziert diese Gleichung von links skalar mit $\psi^{(0)}$. Der erste von den vier Termen der Summe verschwindet dann so wie in den vorigen Beispielen. Den zweiten formt man unter Benutzung von zuerst (6.4–7b) und dann (6.4–7c) wie folgt um

$$(\psi^{(0)}, [\mathbf{H}^{(1)} - E^{(1)}]\,\psi^{(2)}) = (\psi^{(2)}, [\mathbf{H}^{(1)} - E^{(1)}]\,\psi^{(0)})^*$$

$$= -(\psi^{(2)}, [\mathbf{H}^{(0)} - E^{(0)}]\,\psi^{(1)})^* = -(\psi^{(1)}, [\mathbf{H}^{(0)} - E^{(0)}]\,\psi^{(2)})$$

$$= (\psi^{(1)}, [\mathbf{H}^{(1)} - E^{(1)}]\,\psi^{(1)}) + (\psi^{(1)}, [\mathbf{H}^{(2)} - E^{(2)}]\,\psi^{(0)}) \qquad (6.4\text{–}17)$$

Schließlich benutzt man (6.4–10), so daß sich analog zu (6.4–13) und (6.4–16) ergibt

$$(\psi^{(1)}, [\mathbf{H}^{(1)} - E^{(1)}]\,\psi^{(1)}) + (\psi^{(0)}, \mathbf{H}^{(2)}\,\psi^{(1)}) + (\psi^{(1)}, \mathbf{H}^{(2)}\,\psi^{(0)})$$

$$+ (\psi^{(0)}, \mathbf{H}^{(3)}\,\psi^{(0)}) = E^{(3)} \qquad (6.4\text{–}18)$$

Die Störungstheorie wird vielfach als eine Näherungsmethode zur Lösung der Schrödingergleichung interpretiert. Diese Funktion kann sie zwar in einer modifizierten Version gelegentlich haben (vgl. Abschn. 6.7). Im Grunde ist die Störungstheorie, sofern man die Gln. (6.4–7) exakt löst und nicht bei deren Lösung Näherungen einführt, eine Methode, um *exakt* die *Ableitungen* verschiedener Ordnung von Energie und Wellenfunktion nach λ an der Stelle $\lambda = 0$ zu berechnen.

Das sieht man unmittelbar, wenn man Gl. (6.4–1) oder (6.4–2) einmal oder mehrmal nach λ differenziert und anschließend $\lambda = 0$ setzt, z.B.

$$\frac{\partial E}{\partial \lambda} = \sum_{k=1}^{\infty} k \cdot E^{(k)}\,\lambda^{k-1}; \quad \left(\frac{\partial E}{\partial \lambda}\right)_{\lambda=0} = E^{(1)} \qquad (6.4\text{–}19)$$

$$\frac{\partial^2 E}{\partial \lambda^2} = \sum_{k=2}^{\infty} k\,(k-1)\,E^{(k)}\,\lambda^{k-2}; \quad \left(\frac{\partial^2 E}{\partial \lambda^2}\right)_{\lambda=0} = 2\,E^{(2)} \qquad (6.4\text{–}20)$$

Versteht man die Störungstheorie als Methode zur Berechnung von

$$\left(\frac{\partial^n E}{\partial \lambda^n}\right)_{\lambda=0},$$

so kann sie auch richtige Aussagen liefern, wenn die Potenzreihe (6.4–1) von E als Funktion von λ für *kein* λ konvergiert.

6.5. Störungstheorie 2. Ordnung

Wenn man von Störungstheorie einer bestimmten Ordnung spricht, kann man sich entweder auf die Energie oder auf die Wellenfunktion beziehen. Wie in Abschn. 6.4 ausgeführt, genügt zur Kenntnis der $(2n+1)$-ten Ordnung der Energie die Kenntnis der n-ten Ordnung der Wellenfunktion. Wir wollen, dem allgemeinen Sprachgebrauch folgend, unter Störungstheorie 2. Ordnung verstehen, daß man die Energie bis zur zweiten Ordnung in λ, d.h., die Koeffizienten $E^{(0)}$, $E^{(1)}$ und $E^{(2)}$ berechnet. Wie gesagt, berechnet man $E^{(0)}$ als Eigenwert des ‚ungestörten Operators' $\mathbf{H}^{(0)}$

$$\mathbf{H}^{(0)}\,\psi^{(0)} = E^{(0)}\,\psi^{(0)} \tag{6.4–7a}$$

und $E^{(1)}$ als Erwartungswert des Störoperators 1. Ordnung mit der ungestörten Wellenfunktion $\psi^{(0)}$

$$E^{(1)} = (\psi^{(0)}, \mathbf{H}^{(1)}\,\psi^{(0)}) \tag{6.4–13}$$

Die Störung 2. Ordnung der Energie ist gegeben durch

$$E^{(2)} = (\psi^{(0)}, \mathbf{H}^{(1)}\,\psi^{(1)}) + (\psi^{(0)}, \mathbf{H}^{(2)}\,\psi^{(0)}) \tag{6.4–16}$$

Wenn der gestörte Hamilton-Operator von der speziellen Form $\mathbf{H} = \mathbf{H}^{(0)} + \lambda\,\mathbf{H}^{(1)}$ ist, fällt natürlich der zweite Term rechts in (6.4–16) weg, da dann $\mathbf{H}^{(2)} = 0$. Zur Berechnung von $E^{(2)}$ nach (6.4–16) ist die Kenntnis von $\psi^{(1)}$ nötig. Dieses ist Lösung der inhomogenen Differentialgleichung

$$[\mathbf{H}^{(0)} - E^{(0)}]\,\psi^{(1)} + [\mathbf{H}^{(1)} - E^{(1)}]\,\psi^{(0)} = 0 \tag{6.4–7b}$$

Die Lösung dieser Differentialgleichung ist durchaus nicht trivial, und das ganze praktische Problem der ‚Störungstheorie 2. Ordnung' besteht darin, Näherungslösungen für (6.4–7b) zu finden. Ähnlich wie nahezu alle praktischen Verfahren, Näherungslösungen der Schrödingergleichung zu finden, davon ausgehen, daß man die Schrödingergleichung zunächst in ein äquivalentes Variationsprinzip umformt, benutzt man auch zur näherungsweisen Lösung von (6.4–7b) mit Vorteil ein Variationsprinzip. Wie

Hylleraas allgemein zeigen konnte*) (obwohl andere Autoren vor ihm ähnlich vorgingen), ist das folgende Funktional

$$F(\tilde{\psi}) = (\tilde{\psi}, [\mathbf{H}^{(0)} - E^{(0)}]\,\tilde{\psi}) + (\tilde{\psi}, [\mathbf{H}^{(1)} - E^{(1)}]\,\psi^{(0)})$$

$$+ (\psi^{(0)}, [\mathbf{H}^{(1)} - E^{(1)}]\,\tilde{\psi}) \qquad (6.5-1)$$

dann und nur dann stationär (und zwar ein Minimum) bezüglich einer Variation von $\tilde{\psi}$, wenn $\tilde{\psi} = \psi^{(1)}$, d.h., wenn $\tilde{\psi}$ Lösung von (6.4–7b) ist.

Man geht also so vor, daß man für $\tilde{\psi}$ irgendeinen Variationsansatz mit freien Parametern (analog wie in Kap. 5) wählt und die Parameter so bestimmt, daß $F(\tilde{\psi})$ ein Minimum als Funktion dieser Parameter einnimmt. Oft setzt man

$$\tilde{\psi} = f \cdot \psi^{(0)} \qquad (6.5-2)$$

und betrachtet f als die eigentliche Variationsfunktion (das ist oft praktisch, führt aber zu Schwierigkeiten, wenn $\psi^{(0)}$ an Stellen verschwindet, wo $\tilde{\psi}$ nicht verschwindet), oder man setzt näherungsweise an

$$\tilde{\psi} = c \cdot \mathbf{H}^{(1)}\,\psi^{(0)} \qquad (6.5-3)$$

mit c als einzigem Variationsparameter.

Am günstigsten ist i.allg. aber die Verwendung eines linearen Variationsansatzes, d.h., man wählt eine endliche orthonormale Basis von Funktionen $\varphi_1, \varphi_2 \ldots \varphi_n$ (wobei $\psi^{(0)} = \varphi_1$ auch ein Element der Basis sei) und setzt $\tilde{\psi}$ als Linearkombination der φ_i an

$$\tilde{\psi} = \sum_{i=2}^{n} c_i\,\varphi_i \qquad (6.5-4)$$

(Die Orthogonalität zwischen $\psi^{(0)} = \varphi_1$ und $\tilde{\psi}$ wird durch die Wahl $c_1 = 0$, d.h. den Beginn der Summe bei i=2 gewährleistet.) Den Vektor $\vec{c} = (c_1, c_2 \ldots c_n)$, der $F(\tilde{\psi})$ zu einem Minimum macht, erhält man aus der Matrizengleichung

$$[\boldsymbol{H}^{(0)} - E^{(0)}\,\boldsymbol{1}]\,\vec{c} = -[\boldsymbol{H}^{(1)} - E^{(1)}\,\boldsymbol{1}]\,\vec{c}_0 \qquad (6.5-5)$$

dabei ist $\boldsymbol{H}^{(0)}$ bzw. $\boldsymbol{H}^{(1)}$ die Matrixdarstellung von $\mathbf{H}^{(0)}$ bzw. $\mathbf{H}^{(1)}$ in der Basis der φ_i und $\vec{c}_0 = (1,0,0 \ldots 0)$. Offenbar ist (da $\varphi_1 = \psi^{(0)}$)

$$H_{11}^{(0)} = E^{(0)}; \quad H_{1k}^{(0)} = H_{k1}^{(0)} = 0 \text{ für alle } k = 2, \ldots n \qquad (6.5-6)$$

* E.A. Hylleraas, Z.Phys. *65*, 209 (1930); s. auch R.E. Knight, C.W. Scherr, Phys.Rev. *128*, 2675 (1962).

d.h., $H^{(0)}$ ist von der Gestalt

$$H^{(0)} = \begin{pmatrix} E^{(0)} & 0 & 0 & \dots & 0 \\ 0 & & & & \\ 0 & & \widetilde{H}^{(0)} & & \\ 0 & & & & \\ \cdot & & & & \\ \cdot & & & & \\ \cdot & & & & \\ 0 & & & & \end{pmatrix} \tag{6.5–7}$$

wobei $\widetilde{H}^{(0)}$ eine quadratische Matrix der Dimension $(n-1)$ ist. Führen wir noch $(n-1)$ dimensionale Vektoren $\tilde{\vec{c}}$ und $\tilde{\vec{0}} = (0,0 \dots 0)$ ein, so daß

$$\vec{c} = \begin{pmatrix} 0 \\ \tilde{\vec{c}} \end{pmatrix}; \qquad \vec{c}_0 = \begin{pmatrix} 1 \\ \tilde{\vec{0}} \end{pmatrix} \tag{6.5–8}$$

und definieren wir den $(n-1)$-dimensionalen Vektor

$$\vec{b} = \begin{pmatrix} H_{21}^{(1)} \\ H_{31}^{(1)} \\ \cdot \\ \cdot \\ H_{n1}^{(1)} \end{pmatrix} \tag{6.5–9}$$

Unter Benutzung von $\widetilde{H}^0$ kann man (6.5–5) auch schreiben

$$0 = -[H_{11}^{(1)} - E^{(1)}] \qquad \text{(erste Zeile des Gl.Systems)} \tag{6.5–5}$$

$$[\widetilde{H}^{(0)} - E^{(0)}\, 1]\, \tilde{\vec{c}} = - \begin{pmatrix} H_{21}^{(1)} \\ H_{31}^{(1)} \\ \cdot \\ \cdot \\ H_{n1}^{(1)} \end{pmatrix} = -\vec{b} \quad \text{(zweite bis } n\text{-te Zeile)} \tag{6.5–10}$$

Wenn jetzt kein zweiter Eigenwert von $H^{(0)}$ gleich $E^{(0)}$ ist, was wir voraussetzen wollen, so ist die Matrix $[\widetilde{H}^{(0)} - E^{(0)}\, 1]$ regulär, und ihr Inverses existiert, womit wir erhalten:

$$\vec{\tilde{c}} = -[\widetilde{H}^{(0)} - E^{(0)}\, 1]^{-1} \cdot \vec{b} \tag{6.5–11}$$

Die Lösung von (6.4–7b) ist damit über das Hylleraassche Variationsprinzip und den Ansatz (6.5–4) auf die Aufgabe einer Matrixinversion zurückgeführt.

Wählt man, wozu in der Praxis i.allg. aber kein Anlaß besteht, die Basis $\{\varphi_i\}$ so, daß $H^{(0)}$ in dieser Basis Diagonalgestalt hat, so ist $[\widetilde{H}^{(0)} - E^{(0)}\, 1]$ eine Diagonalmatrix mit den Elementen $(H_{kk}^{(0)} - E^{(0)})$, und $[\widetilde{H}^{(0)} - E^{(0)}\, 1]^{-1}$ ist eine Diagonalmatrix mit den Elementen $(H_{kk}^{0} - E^{0})^{-1}$, so daß man für die c_k unmittelbar erhält

$$c_k = \frac{-b_k}{H_{kk}^{(0)} - E^{(0)}} = \frac{H_{k1}^{(1)}}{E^{(0)} - H_{kk}^{(0)}} \tag{6.5–12}$$

Das ergibt für das genäherte $\psi^{(1)}$

$$\psi^{(1)} = \sum_{k=2}^{n} c_k \varphi_k = \sum_{k=2}^{n} \frac{H_{k1}^{(1)}}{E^{(0)} - H_{kk}^{(0)}} \varphi_k \tag{6.5–13}$$

Nach Einsetzen in (6.4–16) erhalten wir für $E^{(2)}$, wenn $\mathbf{H}^{(2)} = 0$

$$E^{(2)} = (\psi^{(0)}, \mathbf{H}^{(1)} \psi^{(1)}) = \sum_{k=2}^{n} c_k (\varphi_1, \mathbf{H}^{(1)} \varphi_k)$$

$$= \sum_{k=2}^{n} c_k H_{1k}^{(1)} = \sum_{k=2}^{n} \frac{H_{1k}^{(1)} H_{k1}^{(1)}}{E^{(0)} - H_{kk}^{(0)}} \tag{6.5–14}$$

Einen Spezialfall von (6.5–14), nämlich den für $n = 2$, haben wir in Abschn. 6.3 bereits auf andere Weise hergeleitet.

Den Ausdruck für $E^{(2)}$ erhält man formal auch, wenn man ansetzt, daß die Funktionen φ_k, nach denen man $\psi^{(1)}$ entwickelt, Eigenfunktionen des ungestörten Operators $\mathbf{H}^{(0)}$ sind. So wird die Störungstheorie in den meisten Lehrbüchern behandelt. Das ist aber weniger glücklich, als wenn man das Hylleraassche Funktional in den Mittelpunkt der Theorie stellt.

Würden die Eigenfunktionen von $\mathbf{H}^{(0)}$, die jetzt vorübergehend als unsere φ_k verwendet werden sollen, eine vollständige Basis bilden, so könnte man $E^{(2)}$ *exakt* darstellen als unendliche Summe:

$$E^{(2)} = \sum_{k=2}^{\infty} \frac{H_{1k}^{(1)} H_{k1}^{(1)}}{E_1^{(0)} - E_k^{(0)}} \tag{6.5–15}$$

Tatsächlich bilden die Eigenfunktionen von $\mathbf{H}^{(0)}$ zu diskreten Eigenwerten i.allg. zwar ein unendliches, aber kein vollständiges System. Erst durch Hinzunahme der nichtabzählbar unendlich vielen sog. Kontinuumsfunktionen wird das System vollständig. Die Einbeziehung des Kontinuums in die Summe (6.5–15) ist praktisch nicht durchführbar, der Beitrag des Kontinuums zu $E^{(2)}$ kann aber von vergleichbarer Größenordnung wie der der diskreten Zustände sein. Selbst wenn der Kontinuumsbeitrag zu vernachlässigen wäre, wäre (6.5–15) trotzdem unbrauchbar, da sich eine unendliche Summe schlecht berechnen läßt. Bei einer Beschränkung auf eine endliche obere Summationsgrenze sind aber die Eigenfunktionen von $\mathbf{H}^{(0)}$ i.allg. so ziemlich die schlechteste Wahl einer Variationsbasis $\{\varphi_i\}$ im Sinne des Hylleraasschen Variationsprinzips, die man treffen kann.

Hat man nach Gl. (6.5–13) eine Näherungslösung im Sinne des Hylleraasschen Funktionals für $\psi^{(1)}$ erhalten, so kann man aus den berechneten $\psi^{(1)}$ nach Gl. (6.4–18) auch $E^{(3)}$ berechnen, wobei sich (im Falle, daß $\mathbf{H}^{(2)} \equiv 0$ und $\mathbf{H}^{(3)} \equiv 0$) ergibt

$$
\begin{aligned}
E^{(3)} &= (\psi^{(1)}, [\mathbf{H}^{(1)} - E^{(1)}]\, \psi^{(1)}) \\
&= \sum_{k=2}^{n} \sum_{l=2}^{n} c_k^* c_l\, (\varphi_k, [\mathbf{H}^{(1)} - E^{(1)}]\, \varphi_l) \\
&= \sum_{k=2}^{n} \sum_{l=2}^{n} c_k^* c_l\, [H_{kl}^{(1)} - E^{(1)}\, \delta_{kl}] \\
&= \sum_{k=2}^{n} \sum_{l=2}^{n} \frac{H_{1k}^{(1)}\, [H_{kl}^{(1)} - E^{(1)}\, \delta_{kl}]\, H_{l1}^{(1)}}{(E^{(0)} - H_{kk}^{(0)})\, (E^{(0)} - H_{ll}^{(0)})}
\end{aligned}
\qquad (6.5\text{–}16)
$$

Dieser Ausdruck sieht nicht wesentlich komplizierter aus als der für $E^{(2)}$, und man kann sich fragen, warum man, wenn man schon $\psi^{(1)}$ berechnet hat, sich i.allg. auf $E^{(2)}$ beschränkt und nicht gleich auch $E^{(3)}$ mitberechnet. Daß die Berechnung von $E^{(3)}$ in der Tat mehr Aufwand als die von $E^{(2)}$ bedeutet, liegt daran, daß zur Auswertung von $E^{(2)}$ nur die Matrixelemente $H_{1k} = (\varphi_1, \mathbf{H}^{(1)} \varphi_k)$ zwischen φ_1 und den anderen φ_k nötig sind, für $E^{(3)}$ aber sämtliche Elemente der Matrix $H^{(1)}$. Die Berechnung der Matrixelemente ist i.allg. aber das, was den größten Aufwand erfordert.

6.6. Störungstheorie für entartete Zustände

Wir haben bisher vorausgesetzt, daß der Zustand, den wir störungstheoretisch behandelten, nicht entartet ist, genauer gesagt, daß zu E_λ für alle interessierenden Werte von λ jeweils nur eine Wellenfunktion ψ_λ gehört. Entartung von E_λ als Folge einer Symmetrie macht *dann* keinerlei Schwierigkeiten, wenn die Symmetriegruppe für alle λ gleich ist. Dann muß man alle $\psi^{(k)}$ in der Entwicklung (6.1–1) so wählen, daß sie in der gleichen Weise symmetrieangepaßt sind; im übrigen kann man den Formalismus von Abschn. 6.4 ungeändert verwenden. Eine Abwandlung des Formalismus ist dagegen notwendig, wenn für $\lambda = 0$ eine höhergradige Entartung als für $\lambda \neq 0$ besteht. Wir wollen nur den Fall betrachten, daß E_λ für $\lambda \neq 0$ nicht entartet, für $\lambda = 0$ d-fach entartet ist. In diesem Fall ist zwar die Ableitung, die zu (6.4–7) führte, nach wie vor richtig, aber (6.4–7a) bestimmt $\psi^{(0)}$ nicht mehr eindeutig. Vielmehr hat $\mathbf{H}^{(0)}$ d linear unabhängige Eigenfunktion $\psi_k^{(0)}$ (die wir orthonormal wählen wollen) zum Eigenwert $E^{(0)}$.

Welche die ‚richtige' Linearkombination

$$\psi^{(0)} = \sum_{k=1}^{d} a_k \psi_k^{(0)} \qquad (6.6\text{–}1)$$

der $\psi_k^{(0)}$ ist, können wir Gl. (6.4–7a) allein nicht entnehmen. Das richtige $\psi^{(0)}$ ist offenbar dasjenige, in das ψ_λ im Grenzfall $\lambda \to 0$ übergeht.

Betrachten wir jetzt die Entwicklung der Energie nach Potenzen von λ, und setzen wir für $E^{(1)}$ den Ausdruck (6.4–13) ein:

$$\begin{aligned} E_\lambda &= E^{(0)} + \lambda E^{(1)} + \lambda^2 E^{(2)} + \ldots\ldots \\ &= E^{(0)} + \lambda (\psi^{(0)}, \mathbf{H}^{(1)} \psi^{(0)}) + \lambda^2 E^{(2)} + \ldots\ldots \\ &= E^{(0)} + \lambda \sum_{j=1}^{d} \sum_{k=1}^{d} a_j^* a_k H_{jk}^{(1)} + \lambda^2 E^{(2)} + \ldots\ldots \end{aligned} \qquad (6.6\text{–}2)$$

E_λ ist Eigenwert von $\mathbf{H}_\lambda$, folglich muß E_λ stationär gegenüber Variationen der a_k sein, mit der Nebenbedingung

$$\sum_k a_k^* a_k = 1 \qquad (6.6\text{–}3)$$

$E^{(0)}$ ist von vornherein stationär gegenüber allen solchen Variationen, so daß gelten muß

$$\frac{\partial E_\lambda}{\partial a_k} = \lambda \sum_{j=1}^{d} a_j^* H_{jk}^{(1)} + \lambda^2 \frac{\partial E^{(2)}}{\partial a_k} + \ldots = \lambda \mu a_k^* \qquad (6.6\text{–}4)$$

wobei $\lambda \cdot \mu$ der Lagrange-Multiplikator zur Gewährleistung der Nebenbedingung (6.6–3) ist.

Wir dividieren (6.6–4) durch λ und überlegen, daß die Stationarität auch im Grenzfall $\lambda \to 0$ gelten muß, d.h., daß

$$\sum_{j=1}^{d} a_j^* H_{jk}^{(1)} = \mu \cdot a_k^* \qquad (6.6\text{–}5)$$

Die richtigen Koeffizienten a_k und damit die richtigen Linearkombination der $\psi_k^{(0)}$ berechnen sich also als Eigenvektoren der Matrixdarstellung des Störoperators $\mathbf{H}^{(1)}$ in der Basis der $\psi_k^{(0)}$. Die richtigen (man sagt auch ‚der Störung angepaßten') Funktionen nullter Ordnung $\psi^{(0)}$ sind folglich diejenigen, in bezug auf die der Störoperator 1. Ordnung Diagonalgestalt hat.

Das bedeutet, daß die Störungsenergie 1. Ordnung, die man mit $\psi^{(0)}$ nach Gl. (6.4–13) berechnet, gleich dem zu $\psi^{(0)}$ gehörenden Eigenwert μ von $\mathbf{H}^{(1)}$ im Sinne von (6.6–5) ist

$$(\psi^{(0)}, \mathbf{H}^{(1)}\, \psi^{(0)}) = \sum_{j=1}^{d} \sum_{k=1}^{d} a_j^* a_k\, H_{jk}^{(1)} = \sum_{k=1}^{d} a_k^*\, \mu\, a_k = \mu \qquad (6.6\text{–}6)$$

Natürlich gibt es genau d Eigenwerte von $\mathbf{H}^{(1)}$, die nicht alle verschieden sein müssen. Ein in nullter Ordnung in λ d-fach entarteter Eigenwert spaltet in 1. Ordnung in einige verschiedene (maximal d verschiedene) Eigenwerte auf.

Das Problem, die Störungsenergie 1. Ordnung für einen in nullter Ordnung entarteten Eigenwert zu berechnen, ist formal identisch mit dem Problem, für die Eigenwerte des Operators $\mathbf{H}^{(0)} + \lambda\, \mathbf{H}^{(1)}$ eine Variationslösung zu finden mit den zu einem entarteten Eigenwert von $\mathbf{H}^0$ gehörenden Eigenfunktionen als Variationsbasis.

6.7. Störungstheorie ohne natürlichen Störparameter

Oft steht man vor der Aufgabe, Eigenwerte E und Eigenfunktionen ψ eines Operators

$$\mathbf{H} = \mathbf{H}^{(0)} + \mathbf{H}' \qquad (6.7\text{–}1)$$

zu berechnen, wobei Eigenwerte $E^{(0)}$ und Eigenfunktionen $\psi^{(0)}$ des ‚ungestörten' Operators $\mathbf{H}^{(0)}$ bekannt sind. Man kann diese Aufgabe auf die Störungstheorie zurückführen, indem man in (6.7–1) formal einen Störparameter λ einführt

$$\mathbf{H} = \mathbf{H}^{(0)} + \lambda\, \mathbf{H}' \qquad (6.7\text{–}2)$$

und am Schluß der störungstheoretischen Behandlung einfach $\lambda = 1$ setzt. Dabei ist natürlich zu bedenken, daß die Störentwicklung für $\lambda = 1$ gar nicht zu konvergieren braucht. Ferner ist die Anwendung der Störungstheorie nur dann einfacher als eine direkte (näherungweise) Lösung der Schrödingergleichung $\mathbf{H}\,\psi = E\,\psi$, wenn die ersten Ordnungen der Störungstheorie ausreichen, d.h., wenn die Störung ‚klein' ist. Die etwas vage Bezeichnung einer Störung als ‚klein' läßt sich präzisieren. Wir wollen hier auf Abschn. 6.3 verweisen, wo wir ein Maß für die Größe eines speziellen Störoperators angegeben haben, und wo wir zeigten, daß es außer auf die Größe des Störoperators auch auf den Abstand des betrachteten ungestörten Eigenwerts zum nächstbenachbarten ungestörten Eigenwert ankommt. Ist dieser Abstand klein, kann ein kleiner Störoperator doch eine große Störung bedeuten.

Bei dieser Störungstheorie ohne natürlichen Störparameter sind die Ordnungen der Störungstheorie nicht eindeutig definiert. Gehen wir aus von der ‚ungestörten' Schrödingergleichung

$$\mathbf{H}^{(0)}\,\psi^{(0)} = E^{(0)}\,\psi^{(0)} \tag{6.7–3}$$

und betrachten wir einen bestimmten Zustand mit der Wellenfunktion $\psi^{(0)}$. Man kann bei Kenntnis von $\psi^{(0)}$ ohne Mühe und mit beliebiger Willkür einen Operator $\mathbf{A}$ konstruieren, der die Eigenschaft

$$\mathbf{A}\,\psi^{(0)} = 0 \tag{6.7–4}$$

hat. Definieren wir jetzt

$$\widetilde{\mathbf{H}}^{(0)} = \mathbf{H}^{(0)} + \mathbf{A}$$

$$\widetilde{\mathbf{H}}' = \mathbf{H}' - \mathbf{A} \tag{6.7–5}$$

so läßt sich $\mathbf{H}$ nach (6.7–1) auch zerlegen gemäß

$$\mathbf{H} = \widetilde{\mathbf{H}}^{(0)} + \widetilde{\mathbf{H}}' \tag{6.7–6}$$

wobei $\widetilde{\mathbf{H}}^{(0)}$ mit gleichem Recht wie $\mathbf{H}^{(0)}$ als ungestörter Hamilton-Operator bezeichnet werden kann, denn trivialerweise gilt

$$\widetilde{\mathbf{H}}^{(0)}\,\psi^{(0)} = E^{(0)}\,\psi^{(0)} \tag{6.7–7}$$

Der Operator

$$\widetilde{\mathbf{H}} = \widetilde{\mathbf{H}}^{(0)} + \lambda\,\widetilde{\mathbf{H}}' \tag{6.7–8}$$

ist zwar für $\lambda = 1$ mit dem Operator $\mathbf{H}$ nach (6.7–1) identisch, nicht aber für $\lambda \neq 1$. Folglich hängen auch die Eigenwerte und Eigenfunktionen der beiden Operatoren in verschiedener Weise von λ ab, d.h., alle $E^{(k)}$ sind für beide Operatoren verschieden.

Nur für $\lambda = 1$ ist

$$\sum_{k=0}^{\infty} \lambda^k E^{(k)} = \sum_{k=0}^{\infty} E^{(k)} \qquad (6.7-9)$$

für $\mathbf{H}$ nach (6.7–2) und $\widetilde{\mathbf{H}}$ nach (6.7–8) gleich. Die Gesamtenergie ist (Konvergenz vorausgesetzt) für beide Zerlegungen von $\mathbf{H}$ gleich, die Beiträge der einzelnen Ordnungen können aber sehr verschieden sein.

Es sei darauf hingewiesen, daß es außer der hier behandelten Rayleigh-Schrödingerschen Störungstheorie noch andere Varianten einer Störungstheorie gibt, unter denen vor allem diejenige von Brillouin und Wigner zu erwähnen ist.

Ihre geringe praktische Bedeutung rechtfertigt aber nicht, diese Varianten hier vorzustellen.

Zusammenfassung zu Kap. 6

Wenn ein Hamilton-Operator von einem Parameter λ abhängt und sich nach Potenzen von λ entwickeln läßt, dann lassen sich auch seine Eigenwerte E_λ und seine Eigenfunktionen ψ_λ nach Potenzen von λ entwickeln (6.4–1) und (6.4–2), sofern $|\lambda| < \lambda_{max}$, wobei λ_{max} der Konvergenzradius der Störentwicklung ist. Die Störbeiträge k-ter Ordnung $E^{(k)}$ und $\psi^{(k)}$, d.h., die Koeffizienten von E bzw. ψ in der Entwicklung nach Potenzen von λ, lassen sich als Lösungen von inhomogenen Differentialgleichungen (6.4–7) berechnen. Um diese Lösungen eindeutig zu machen und den Formalismus so einfach wie möglich zu halten, wählt man die Normierung (6.4–8). Bei Kenntnis der Störbeiträge bis einschließlich der k-ten Ordnung in der Wellenfunktion lassen sich die Störbeiträge zur Energie bis einschließlich der $(2k+1)$-ten Ordnung als Matrixelemente berechnen. Insbesondere genügt zur Berechnung von $E^{(1)}$ die ungestörte Wellenfunktion $\psi^{(0)}$.

Zur Berechnung von $E^{(2)}$ ist die Kenntnis von $\psi^{(1)}$ erforderlich. Eine Näherung für dieses $\psi^{(1)}$ erhält man am besten aus dem Hylleraasschen Variationsprinzip, das der entsprechenden inhomogenen Differentialgleichung äquivalent ist.

Bei Zuständen, die im Grenzfall $\lambda \to 0$ entartet sind, nicht aber für $\lambda \neq 0$, muß man zunächst aus der Eigenfunktion zum entarteten ungestörten Eigenwert die der Störung angepaßte Linearkombination konstruieren, ehe man den üblichen Formalismus anwendet.

Die Störungstheorie liefert unmittelbar die verschiedenen Ableitungen der Energie nach λ an der Stelle $\lambda = 0$.

Der Formalismus der Störungstheorie läßt sich auch verwenden, um Eigenwerte und Eigenfunktionen eines Operators $\mathbf{H} = \mathbf{H}^{(0)} + \mathbf{H}'$, näherungsweise zu berechnen, wenn man die Eigenwerte und Eigenfunktionen von $\mathbf{H}^{(0)}$ kennt. Die Ordnungen der Störungstheorie verlieren aber dann weitgehend ihren Sinn.

7. Elementare Theorie der Atome

7.1. Atom-Orbitale

7.1.1. Der hypothetische Fall eines separierbaren Mehrelektronensystems

Der Hamilton-Operator eines Atoms mit n Elektronen und der Kernladung Z lautet in atomaren Einheiten:

$$\mathbf{H} = -\frac{1}{2}\sum_{i=1}^{n} \Delta_i - \sum_{i=1}^{n} \frac{Z}{r_i} + \sum_{i<j=1}^{n} \frac{1}{r_{ij}} \tag{7.1–1}$$

(wenn $n \neq Z$ liegt ein Ion vor). Betrachten wir zunächst den hypothetischen Fall, daß die letzte Summe verschwindet, d.h., daß wir ein Atom ohne Elektronenwechselwirkung vor uns haben. Dann können wir $\mathbf{H}$ auch folgendermaßen schreiben:

$$\mathbf{H} = \sum_{i=1}^{n} \mathbf{h}(\vec{r}_i) \tag{7.1–2}$$

mit

$$\mathbf{h}(\vec{r}_i) = -\frac{1}{2}\Delta_i - \frac{Z}{r_i} \tag{7.1–3}$$

Es liegt jetzt nahe (vgl. Abschn. 2.2), den Lösungsansatz

$$\Psi(\vec{r}_1, \vec{r}_2 \ldots \vec{r}_n) = \varphi_1(\vec{r}_1)\varphi_2(\vec{r}_2)\ldots\varphi_n(\vec{r}_n) = \prod_{i=1}^{n} \varphi_i(\vec{r}_i) \tag{7.1–4}$$

zu machen und damit in die Schrödingergleichung einzugehen (zunächst natürlich, um zu sehen, ob solch ein Ansatz wirklich Lösung sein kann):

$$\mathbf{H}\Psi = \mathbf{h}(\vec{r}_1)\varphi_1(\vec{r}_1) \prod_{\substack{i=1\\(i\neq 1)}}^{n} \varphi_i(\vec{r}_i) + \mathbf{h}(\vec{r}_2)\varphi_2(\vec{r}_2) \prod_{\substack{i=1\\(i\neq 2)}}^{n} \varphi_i(\vec{r}_i) + \ldots$$

$$= \sum_{k=1}^{n} \mathbf{h}(\vec{r}_k)\varphi_k(\vec{r}_k) \prod_{\substack{i=1\\(i\neq k)}}^{n} \varphi_i(\vec{r}_i) = E \prod_{i=1}^{n} \varphi_i(\vec{r}_i) \tag{7.1–5}$$

Man dividiert, wie in Abschn. 2.2. sowie Anhang A5 erläutert, durch Ψ und erhält

$$\sum_{k=1}^{n} \frac{\mathbf{h}(\vec{r}_k)\,\varphi_k(\vec{r}_k)}{\varphi_k(\vec{r}_k)} = E \tag{7.1–6}$$

Jeder einzelne Term in der Summe hängt nur von $\vec{r}_k$ ab, ist aber gleich etwas, das von $\vec{r}_k$ überhaupt nicht abhängt; jeder Term muß also konstant sein, d.h., gleich einer Konstanten e_k:

$$\frac{\mathbf{h}(\vec{r}_k)\,\varphi_k(\vec{r}_k)}{\varphi_k(\vec{r}_k)} = e_k \; ; \quad \sum_{k=1}^{n} e_k = E \tag{7.1–7}$$

oder

$$\mathbf{h}(\vec{r}_k)\,\varphi_k(\vec{r}_k) = e_k\,\varphi_k(\vec{r}_k) \tag{7.1–8}$$

Jedes φ_k ist also Lösung einer (wasserstoffähnlichen) Einelektronen-Schrödingergleichung, in unserem Beispiel ausführlicher geschrieben:

$$\left(-\frac{1}{2}\Delta_k - \frac{Z}{r_k}\right)\varphi_k(\vec{r}_k) = e_k\,\varphi_k(\vec{r}_k) \tag{7.1–9}$$

Mit dem Produktansatz kommt man also tatsächlich zum Ziel. Jedem Elektron ist eine Einelektronenfunktion (*ein Orbital*) zugeordnet, diese Orbitale sind Eigenfunktionen des gleichen Hamilton-Operators und deshalb auch orthogonal zueinander. Die Gesamtenergie E ist einfach gleich der Summe der Einelektronenenergien e_k.

Was ist nun der Grundzustand unseres (hypothetischen) N-Elektronenatoms? Die niedrigste Energie erhalten wir offenbar, wenn wir alle Elektronen in das Orbital φ_1 mit der niedrigsten Energie e_1 stecken. Das darf man allerdings nicht, obwohl es nicht im Widerspruch zu denjenigen Postulaten der Quantenmechanik steht, die wir bisher eingeführt haben. Wir lernen an dieser Stelle ein weiteres Postulat kennen, das sogenannte Pauli-Prinzip, und zwar eine erste, vorläufige Fassung dieses Prinzips:

1. Fassung des Pauli-Prinzips:

In einem separierbaren Mehrelektronensystem kann jedes Orbital maximal von 2 Elektronen besetzt werden.

Bezeichnen wir als n_k die Besetzungszahl des Orbitals φ_k, so kann $n_k = 0$, 1 oder 2 sein, und die Gesamtenergie ergibt sich zu

$$E = \sum_k n_k\,e_k \; ; \quad n = \sum_k n_k \tag{7.1–10}$$

Wir können E auch so schreiben: (für normierte φ_k)

$$E = \sum_k n_k\,(\varphi_k, \mathbf{h}\varphi_k) \tag{7.1–11}$$

Überlegen wir uns jetzt, was sich dadurch ändert, daß in Wirklichkeit die Elektronen sich abstoßen, d.h., daß der Hamilton-Operator lautet:

$$\mathbf{H} = \sum_{i=1}^{n} \mathbf{h}(\vec{r}_i) + \sum_{i<j=1}^{n} \frac{1}{r_{ij}} \tag{7.1–12}$$

Ein Produktansatz ist jetzt nicht mehr als Lösung der Schrödingergleichung möglich, sondern die Eigenfunktionen $\Psi(\vec{r}_1, \vec{r}_2 \ldots \vec{r}_n)$ hängen in sehr komplizierter Weise von den Koordinaten sämtlicher Elektronen ab. Ein Produkt aus Orbitalen kommt als Lösungsansatz nicht in Frage, aber wir können immerhin im Sinne des Variationsprinzips nach dem Orbitalprodukt fragen, das den Erwartungswert $(\Psi, \mathbf{H}\Psi)$ zu einem Minimum macht.

Führt man das explizit durch, was wir hier nicht tun wollen, so erhält man, daß die besten Orbitale $\varphi_i(\vec{r})$ Eigenfunktionen von effektiven Einelektronen-Hamilton-Operatoren $\mathbf{h}_{\text{eff}}^{(i)}$ sind

$$\mathbf{h}_{\text{eff}}^{(i)} \varphi_i(\vec{r}) = \epsilon_i \varphi_i(\vec{r}) \tag{7.1–13}$$

wobei

$$\mathbf{h}_{\text{eff}}^{(i)}(\vec{r}_1) = -\frac{1}{2}\Delta_1 - \frac{Z}{r_1} + \sum_{\substack{k=1\\(k \neq i)}}^{n} \int \frac{|\varphi_k(\vec{r}_2)|^2}{r_{12}} \, d\tau_2 \tag{7.1–14}$$

Wir erkennen den Term der kinetischen Energie $-\frac{1}{2}\Delta_1$ sowie den der potentiellen Energie im Feld des Kerns $\frac{-Z}{r_1}$. Der letzte Term stellt die potentielle Energie im Feld der anderen Elektronen dar, wenn man diese anderen Elektronen durch Ladungswolken beschreibt. Bekanntlich ist das durch eine Ladungswolke der Dichte $\rho(\vec{r}_2)$ an der Stelle $\vec{r}_1$ erzeugte Potential gegeben durch

$$\int \frac{\rho(\vec{r}_2)}{r_{12}} \, d\tau_2 \tag{7.1–15}$$

wobei das Integral über die ganze Ladungsverteilung zu bilden ist. Anschaulich sieht man das anhand von Abb. 5.

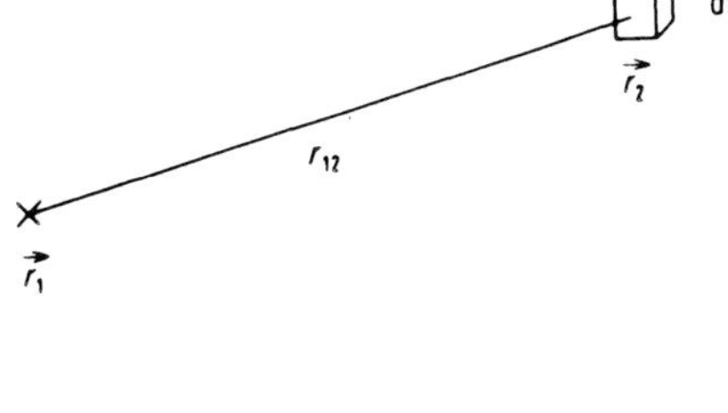

Abb. 5. Zur Erläuterung des durch eine Ladungsverteilung hervorgerufenen Potentials.

Die im Volumenelement $d\tau_2$ an der Stelle $\vec{r}_2$ befindliche Ladung $\rho(\vec{r}_2)\,d\tau_2$ erzeugt in $\vec{r}_1$ das Potential $\frac{\rho(\vec{r}_2)\,d\tau_2}{r_{12}}$. Das von der ganzen Ladungswolke erzeugte Potential erhält man durch Integration.

Die Gleichungen $\mathbf{h}_{\text{eff}}^{(i)}\varphi_i = \epsilon_i\varphi_i$ bezeichnet man als *Hartree*-Gleichungen. Sie stellen ein gekoppeltes Gleichungssystem dar. Zur ihrer Lösung geht man meist so vor, daß man eine Startnäherung für die ‚besetzten' Orbitale φ_i rät, aus diesen dann die $\mathbf{h}_{\text{eff}}^{(i)}$ konstruiert, deren Eigenfunktionen berechnet u.s.f., bis zur sogenannten ‚Selbstkonsistenz'. Man spricht deshalb auch vom Verfahren des selbstkonsistenten Feldes (englisch self-consistent field) oder SCF-Verfahren. Mathematisch gesehen handelt es sich um ein Iterationsverfahren. Solche Verfahren sind nur dann brauchbar, wenn sie konvergieren, was nicht immer gewährleistet ist. Gelegentlich sind mathematische Tricks notwendig, um Konvergenz zu ‚erzwingen'.

7.1.2. Die Slaterschen Regeln

Die explizite Lösung der Hartree-Gleichungen soll uns jetzt nicht interessieren (zumal wir auch noch sehen werden, daß man ohnehin die sog. Hartree-Fock-Methode vorzuziehen hat), wir wollen uns aber qualitativ überlegen, wie diese für ein Atom etwa aussehen wird. Wir haben gesehen, daß die Dichteverteilung eines 1*s*-Elektrons in guter Näherung innerhalb einer Kugel um den Kern liegt, die eines 2*s*-Elektrons in einer Kugelschale, die etwas außerhalb liegt, etc. wie auf Abb. 6 dargestellt.

Betrachten wir ein hypothetisches Atom, bei dem jedes Elektron sich im wesentlichen in einer anderen Kugelschale aufhält, wobei sich die verschiedenen Kugelschalen nicht überlappen, etwa wie auf Abb. 6.

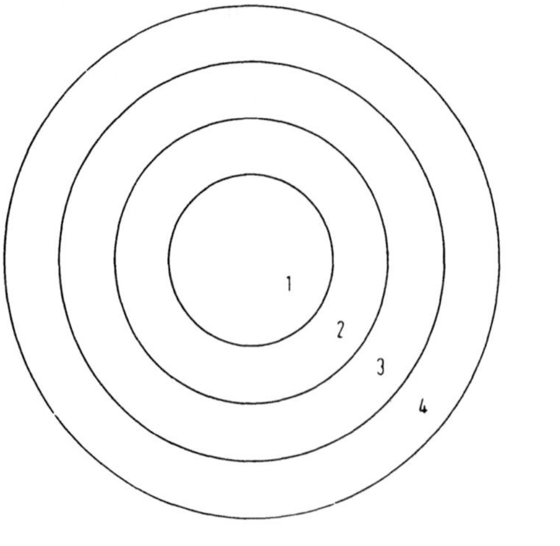

Abb. 6. Zur Erläuterung der Schalenstruktur.

Sehen wir jetzt das Feld an, das das erste Elektron verspürt! Die Elektrostatik sagt uns, daß eine kugelschalenförmige Ladungsverteilung in ihrem inneren *kein* Feld erzeugt (Beiträge von diametralen Punkten kompensieren sich gerade) und außerhalb das gleiche Potential wie eine Punktladung der gleichen Gesamtladung im Kugelmittelpunkt. Das erste Elektron spürt also nur die Ladung des Kerns. Sein effektiver Hamilton-Operator ist $\mathsf{h}_{\text{eff}}^{(i)} = -\frac{1}{2}\Delta - \frac{Z}{r}$. Für das zweite Elektron erzeugt das dritte bis N-te Elektron kein Potential, aber das erste ein Potential $+\frac{1}{r}$. Sein effektiver Hamilton-Operator ist $\mathsf{h}_{\text{eff}}^{(i)} = -\frac{1}{2}\Delta - \frac{Z-1}{r}$.

Wir sehen also: Innere Elektronen verspüren das volle Kernfeld, äußere Elektronen ein z.T. durch die inneren Elektronen *abgeschirmtes* Kernfeld. In Wirklichkeit bildet nicht jedes Elektron eine Schale für sich, sondern in jeder Schale ist mehr als ein Elektron. Man faßt folgende Elektronen zu ‚Schalen' zusammen: $(1s)$ $(2s, 2p)$ $(3s, 3p)$ $(3d)$ $(4s, 4p)$ $(4d, 4f)$ etc.

Die ‚effektive Ladung' Z_{eff} für ein Elektron in einer dieser Schalen kann man jetzt nach den sogenannten *Slaterschen* Regeln*) abschätzen:

1. Elektronen in einer Schale weiter außen tragen zu Z_{eff} nicht bei.

2. Jedes andere Elektron in der gleichen Schale schirmt Z um 0.35 Einheiten ab, im Falle der $(1s)$-Schale um 0.30.

3. Jedes Elektron in der Schale unmittelbar darunter schirmt Z um 0.85 Einheiten ab, jedes Elektron in einer noch tieferen Schale um eine ganze Einheit**).

Beispiel: Kohlenstoff $1s^2 2s^2 2p^2$

$Z = 6$; für $1s$ ist $Z_{\text{eff}} = 6 - 0.3 = 5.7$

für $2s$ ist $Z_{\text{eff}} = 6 - 2 \times 0.85 - 3 \times 0.35 = 3.25$

für $2p$ ist $Z_{\text{eff}} = 6 - 2 \times 0.85 - 3 \times 0.35 = 3.25$

Die entsprechenden Orbitale sind dann in grober Näherung

$$1s : \psi = \mathrm{N}e^{-5.7\,r}$$

$$2s : \psi = \mathrm{N}' r\, e^{-\frac{3.25}{2} r}$$

$$2p : \psi = \mathrm{N}''\, e^{-\frac{3.25}{2} r} \cdot \begin{cases} x \\ y \\ z \end{cases}$$

Man bezeichnet sie als (knotenfreie) Slaterfunktionen. (Die $1s$- und die $2s$-Slaterfunktion sind nicht orthogonal zueinander, während die exakten AO's eines Atoms sehr wohl zueinander orthogonal sind.)

Für manche Anwendungen sind diese einfachen Slaterfunktionen oft eine brauchbare Näherung für die Atomorbitale (AO's). Bessere Näherungen, wo jedes AO Linearkom-

---

* C. Zener, Phys. Rev. *36*, 51 (1930); J.C. Slater, Phys. Rev. *36*, 57 (1930).

** Wir wollen nicht darauf eingehen, daß in der ursprünglichen Form der Slaterschen Regeln auch eine effektive Hauptquantenzahl statt der wirklichen Hauptquantenzahl n verwendet wird.

bination mehrer Slater-typ-orbitale (STO's) ist, wurden von Clementi*) für die Atome H bis Kr und für deren Ionen publiziert.

Wir sehen: Die Atomorbitale, die in einem Atom von Elektronen besetzt sind, sind verschieden von den möglichen Orbitalen des H-Atoms. Die verschiedene ‚effektive Ladung' für innere und äußere Orbitale verstärkt noch die Schalenstruktur der Atome (s. Abb. 7).

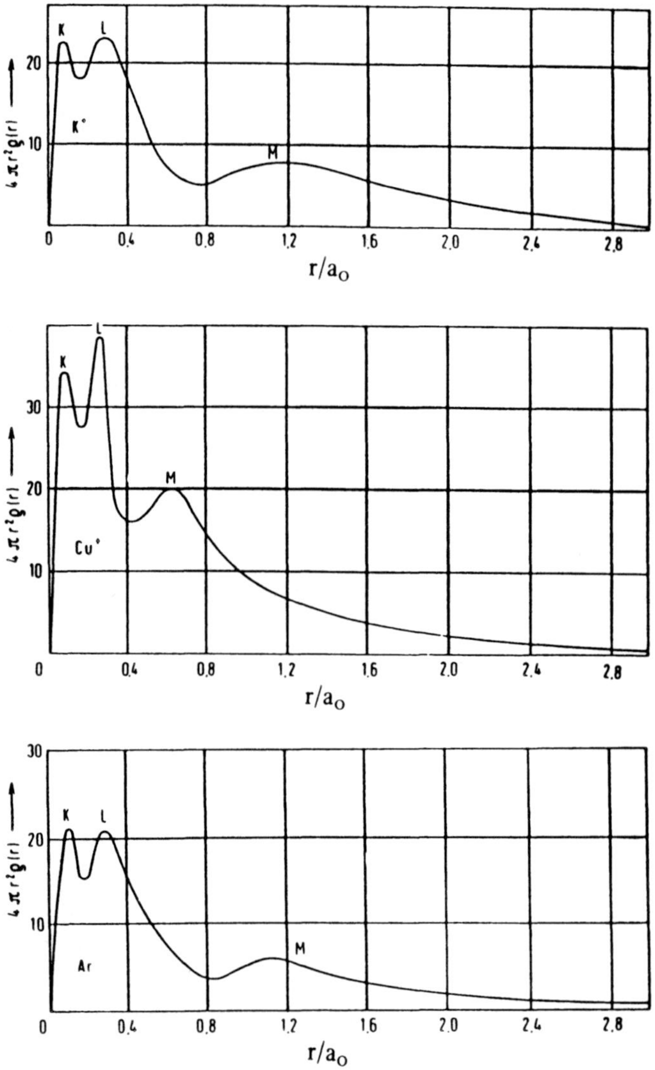

Abb. 7. Gesamtelektronendichte in Atomen.

* E. Clementi, suppl. to IBM J.res.devel. *9* (1965). In gewisser Hinsicht günstiger sind die unpublizierten Funktionen von Bagus und Gilbert, die in McLean, Yoshimine, suppl. to IBM J.res.devel. *11*, (1967) angegeben sind.

7.1.3. Orbitalenergien und Gesamtenergie

Im Sinne der Hartree-Methode ist ϵ_i die Energie des AO's φ_i im Feld der übrigen Elektronen, d.h., gleich der Energie, die man aufwenden muß, ein Elektron aus diesem Orbital zu entfernen (vorausgesetzt, daß die anderen sich nicht umordnen), d.h., dem Betrage nach gleich dem entsprechenden Ionisationspotential*). Bei Atomen stimmen in der Tat berechnete Orbitalenergien und Ionisationspotentiale recht gut überein.

Die Gesamtenergie des Atoms (in dieser Näherung) ist allerdings nicht, wie man denken könnte, gleich der Summe der Orbitalenergien

$$E \neq \sum_{i=1}^{n} \epsilon_i \tag{7.1–16}$$

Man kann sich leicht davon überzeugen, daß man die Elektronenabstoßung I doppelt rechnet, wenn man die ϵ_i's addiert, also

$$E = \sum_{i=1}^{n} \epsilon_i - I \tag{7.1–17}$$

wobei

$$I = \sum_{i<j} \int \frac{|\varphi_i(\vec{r}_1)|^2 \, |\varphi_j(\vec{r}_2)|^2}{r_{12}} \, d\tau_1 \, d\tau_2 \tag{7.1–18}$$

die Elektronenwechselwirkungsenergie ist (wie sie der Vorstellung entspricht, die nicht ganz korrekt ist, daß die Elektronen verschmierte Ladungswolken sind).

7.2. Der Aufbau des Periodensystems der Elemente

Das *Aufbauprinzip* besagt nun, daß in einem Atom mit $2n$ bzw. $2n+1$ Elektronen im Grundzustand die n-Orbitale mit den tiefsten Orbitalenergien doppelt und gegebenenfalls das $(n+1)$te Orbital einfach besetzt wird. Um also die Elektronenkonfiguration des Grundzustandes eines beliebigen Atoms abzuleiten, sollte es genügen, die energetische Reihenfolge der AO's zu kennen. Das wird dadurch erleichtert, daß es so etwas wie eine allgemeingültige Reihenfolge der Orbitalenergien gibt:

$$1s<2s<2p<3s<3p<4s\approx 3d<4p<5s\approx 4d<5p<6s\approx 5d\approx 4f<6p<7s\approx 6d\approx 5f<7p$$

Dabei ist das $\approx$-Zeichen nicht wörtlich als „ungefähr gleich" zu interpretieren, sondern $4s\approx 3d$ heißt nur, daß $4s$ und $3d$ miteinander konkurrieren, und daß man nicht von vornherein sagen kann, welches von beiden tiefer liegt. Auf Abb. 8 sind die aus einer

* T.A. Koopmans, Physica *1*, 104 (1933).

Hartree-Fock-Rechnung stammenden Orbitalenergien für die Neutralatome Wasserstoff bis Krypton graphisch dargestellt. Für Ionen sähe das Bild qualitativ ähnlich, aber quantitativ verschieden aus. Die Hartree-Fock-Methode, auf die wir im Abschn. 9.3 kommen werden, ist eine Erweiterung der Hartree-Methode.

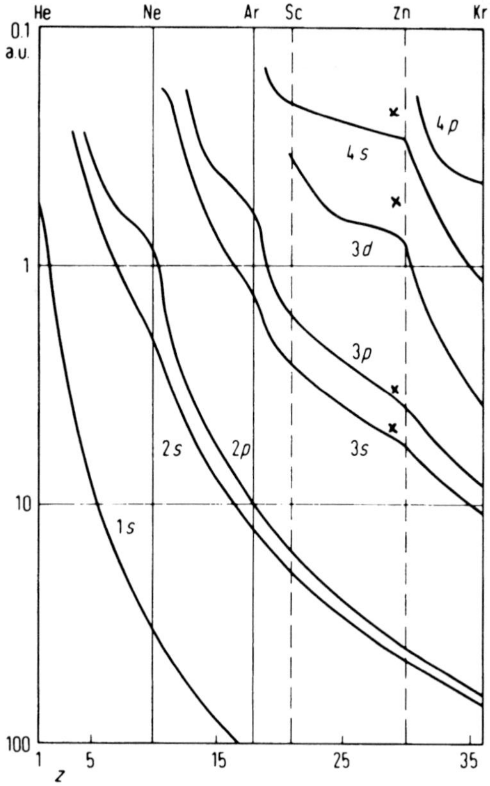

Abb. 8. Hartree-Fock-Orbitalenergien der Atome H–Kr im Grundzustand.

Bei der Angabe der Elektronenkonfiguration eines Atoms ist es i.allg. üblich, die Besetzungszahl formal als Exponent anzugeben, z.B.

$$F: 1s^2 2s^2 2p^5$$

Für jedes Orbital wird nur der n- und l-Wert (ns, np etc.) symbolisiert, nicht der m_l-Wert*).

Einer μ-fach entarteten Orbitalenergie entsprechen μ unabhängige Orbitale. Werden diese alle doppelt besetzt, so ist der entsprechende Energiewert 2μ-fach besetzt. Demgemäß wird np 6-fach, nd 10-fach, nf 14-fach besetzt etc. Wenn alle μ Orbitale zu einer Orbitalenergie doppelt besetzt sind, spricht man von ***abgeschlossenen Schalen.***

* Man verwechsle nicht die Hauptquantenzahl n eines Orbitals mit der Elektronenzahl, die auch als n abgekürzt wird!

Tab. 6. Elektronen-Konfiguration der Elemente im Grundzustand

Element	1*s*	2*s*	2*p*	3*s*	3*p*	3*d*	4*s*	4*p*	4*d*	4*f*	5*s*	5*p*	5*d*	5*f*
1. H	1													
2. He	2													
3. Li	2	1												
4. Be	2	2												
5. B	2	2	1											
6. C	2	2	2											
7. N	2	2	3											
8. O	2	2	4											
9. F	2	2	5											
10. Ne	2	2	6											
11. Na	2	2	6	1										
12. Mg	2	2	6	2										
13. Al	2	2	6	2	1									
14. Si	2	2	6	2	2									
15. P	2	2	6	2	3									
16. S	2	2	6	2	4									
17. Cl	2	2	6	2	5									
18. Ar	2	2	6	2	6									
19. K	2	2	6	2	6		1							
20. Ca	2	2	6	2	6		2							
21. Sc	2	2	6	2	6	1	2							
22. Ti	2	2	6	2	6	2	2							
23. V	2	2	6	2	6	3	2							
24. Cr	2	2	6	2	6	5	1							
25. Mn	2	2	6	2	6	5	2							
26. Fe	2	2	6	2	6	6	2							
27. Co	2	2	6	2	6	7	2							
28. Ni	2	2	6	2	6	8	2							
29. Cu	2	2	6	2	6	10	1							
30. Zn	2	2	6	2	6	10	2							
31. Ga	2	2	6	2	6	10	2	1						
32. Ge	2	2	6	2	6	10	2	2						
33. As	2	2	6	2	6	10	2	3						
34. Se	2	2	6	2	6	10	2	4						
35. Br	2	2	6	2	6	10	2	5						
36. Kr	2	2	6	2	6	10	2	6						
37. Rb	2	2	6	2	6	10	2	6			1			
38. Sr	2	2	6	2	6	10	2	6			2			
39. Y	2	2	6	2	6	10	2	6	1		2			
40. Zr	2	2	6	2	6	10	2	6	2		2			
41. Nb	2	2	6	2	6	10	2	6	4		1			
42. Mo	2	2	6	2	6	10	2	6	5		1			

Tab. 6. (Fortsetzung)

Element	1*s*	2*s*	2*p*	3*s*	3*p*	3*d*	4*s*	4*p*	4*d*	4*f*	5*s*	5*p*	5*d*	5*f*
43. Tc	2	2	6	2	6	10	2	6	5		2			
44. Ru	2	2	6	2	6	10	2	6	7		1			
45. Rh	2	2	6	2	6	10	2	6	8		1			
46. Pd	2	2	6	2	6	10	2	6	10					
47. Ag	2	2	6	2	6	10	2	6	10		1			
48. Cd	2	2	6	2	6	10	2	6	10		2			
49. In	2	2	6	2	6	10	2	6	10		2	1		
50. Sn	2	2	6	2	6	10	2	6	10		2	2		
51. Sb	2	2	6	2	6	10	2	6	10		2	3		
52. Te	2	2	6	2	6	10	2	6	10		2	4		
53. I	2	2	6	2	6	10	2	6	10		2	5		
54. Xe	2	2	6	2	6	10	2	6	10		2	6		

Element	K	L	M	4*s*	4*p*	4*d*	4*f*	5*s*	5*p*	5*d*	5*f*	6*s*	6*p*	6*d*	7*s*
55. Cs	2	8	18	2	6	10		2	6			1			
56. Ba	2	8	18	2	6	10		2	6			2			
57. La	2	8	18	2	6	10		2	6	1		2			
58. Ce	2	8	18	2	6	10	1	2	6	1		2			
59. Pr	2	8	18	2	6	10	3	2	6			2			
60. Nd	2	8	18	2	6	10	4	2	6			2			
61. Pm	2	8	18	2	6	10	5	2	6			2			
62. Sm	2	8	18	2	6	10	6	2	6			2			
63. Eu	2	8	18	2	6	10	7	2	6			2			
64. Gd	2	8	18	2	6	10	7	2	6	1		2			
65. Tb	2	8	18	2	6	10	9	2	6			2			
66. Dy	2	8	18	2	6	10	10	2	6			2			
67. Ho	2	8	18	2	6	10	11	2	6			2			
68. Er	2	8	18	2	6	10	12	2	6			2			
69. Tm	2	8	18	2	6	10	13	2	6			2			
70. Yb	2	8	18	2	6	10	14	2	6			2			
71. Lu	2	8	18	2	6	10	14	2	6	1		2			
72. Hf	2	8	18	2	6	10	14	2	6	2		2			
73. Ta	2	8	18	2	6	10	14	2	6	3		2			
74. W	2	8	18	2	6	10	14	2	6	4		2			
75. Re	2	8	18	2	6	10	14	2	6	5		2			
76. Os	2	8	18	2	6	10	14	2	6	6		2			
77. Ir	2	8	18	2	6	10	14	2	6	7		2			
78. Pt	2	8	18	2	6	10	14	2	6	9		1			
79. Au	2	8	18	2	6	10	14	2	6	10		1			
80. Hg	2	8	18	2	6	10	14	2	6	10		2			
81. Tl	2	8	18	2	6	10	14	2	6	10		2	1		
82. Pb	2	8	18	2	6	10	14	2	6	10		2	2		
83. Bi	2	8	18	2	6	10	14	2	6	10		2	3		
84. Po	2	8	18	2	6	10	14	2	6	10		2	4		

Tab. 6. (Fortsetzung)

Element	K	L	M	4s	4p	4d	4f	5s	5p	5d	5f	6s	6p	6d	7s
85. At	2	8	18	2	6	10	14	2	6	10		2	5		
86. Rn	2	8	18	2	6	10	14	2	6	10		2	6		
87. Fr	2	8	18	2	6	10	14	2	6	10		2	6		1
88. Ra	2	8	18	2	6	10	14	2	6	10		2	6		2
89. Ac	2	8	18	2	6	10	14	2	6	10		2	6	1	2
90. Th	2	8	18	2	6	10	14	2	6	10		2	6	2	2
91. Pa	2	8	18	2	6	10	14	2	6	10	2	2	6	1	2
92. U	2	8	18	2	6	10	14	2	6	10	3	2	6	1	2
93. Np	2	8	18	2	6	10	14	2	6	10	4	2	6	1	2
94. Pu	2	8	18	2	6	10	14	2	6	10	6	2	6		2
95. Am	2	8	18	2	6	10	14	2	6	10	7	2	6		2
96. Cm	2	8	18	2	6	10	14	2	6	10	7	2	6	1	2
97. Bk	2	8	18	2	6	10	14	2	6	10	9	2	6		2
98. Cf	2	8	18	2	6	10	14	2	6	10	10	2	6		2
99. Es	2	8	18	2	6	10	14	2	6	10	11	2	6		2
100. Fm	2	8	18	2	6	10	14	2	6	10	12	2	6		2
101. Md	2	8	18	2	6	10	14	2	6	10	13	2	6		2
102. –	2	8	18	2	6	10	14	2	6	10	14	2	6		2
103. Lr	2	8	18	2	6	10	14	2	6	10	14	2	6	1	2

Die Elektronenkonfigurationen der Atome H bis Ar ($Z=n=1$ bis 18) lassen sich ohne besondere Überlegung hinschreiben (vgl. Tab. 6). He, Ne und Ar zeichnen sich dadurch aus, daß sie nur aus abgeschlossenen Schalen bestehen*). Das bedeutet erhöhte Stabilität, z.B. in dem Sinne, daß diese Atome besonders schwer zu ionisieren sind. Wir sehen das anhand von Abb. 8, wenn wir bedenken, daß die Orbitalenergie des höchsten besetzten AO's dem Betrage nach näherungsweise gleich dem Ionisationspotential des Atoms ist. Die außerhalb einer abgeschlossenen Schale neu eingelagerten Elektronen sind wesentlich leichter zu ionisieren, d.h., vom Atom zu entfernen. Außerdem erstrecken sich ihre Orbitale weiter nach außen und sind daher viel stärker zur Überlappung mit AO's anderer Atome befähigt. Es ist deshalb sinnvoll, die besetzten Orbitale eines Atoms in innere oder Rumpf-Orbitale und äußere oder Valenz-Orbitale zu unterteilen. Nur letztere sind für das chemische Verhalten der Atome wesentlich.

Die Ähnlichkeit von Elementen in der gleichen Spalte des Periodensystems hängt damit zusammen, daß sie die gleiche Zahl und den gleichen Typ von besetzten Valenzorbitalen haben. Wenn gelegentlich von Rumpf- und Valenz*elektronen* die Rede ist, darf man nicht vergessen, daß eigentlich besetzte *Orbitale* gemeint sind.

Zwischen den Atomen Sc und Zn wird die $3d$-Schale aufgefüllt. Die $3d$-Orbitale sind weder innere (Rumpf-)Orbitale noch Valenzorbitale im eigentlichen Sinn. Rein räum-

*) Auch z.B. Be und Pd bestehen aus abgeschlossenen Schalen, der energetische Abstand zwischen höchster besetzter und tiefster unbesetzter Schale ($2s/2p$ bei Be bzw. $4d/5s$ bei Pd) ist aber sehr klein. Deshalb sind diese Atome nicht typisch für abgeschlossenschalige Systeme.

lich gesehen könnte man sie zu den inneren Orbitalen rechnen, sie befinden sich deutlich weiter „innen" als die 4*s*- und 4*p*-Orbitale (so werden sie ja auch bei den Slaterschen Regeln eingeordnet). Vom energetischen Standpunkt sind die 3*d*-Orbitale aber den 4*s*- und 4*p*-Orbitalen viel ähnlicher; sie sind wesentlich schwächer gebunden, d.h., leichter zu ionisieren (sie haben dem Betrag nach kleinere Orbitalenergien) als die inneren Orbitale. Während sich innere Orbitale an der chemischen Bindung praktisch überhaupt nicht beteiligen, beteiligen sich die 3*d*-Orbitale, allerdings nur schwach. Die Eigentümlichkeiten der sogenannten Übergangselemente beruhen wesentlich auf ihren *d*-Elektronen.

Man kann im Sinne einer Definition sagen, daß ein Element dann ein Übergangselement ist, wenn seine Eigenschaften wesentlich durch die *d*-Orbitale mitbestimmt werden. Einzelheiten versteht man am besten anhand der graphischen Darstellung der Orbitalenergien für die ersten 40 Elemente in Abb. 8. Während bis zum Ar die Orbitalenergien strikt der Reihenfolge $1s<2s<2p<3s<3p$ folgen und die entsprechenden Niveaus in dieser Reihenfolge besetzt werden, jeweils bis zur maximalen Besetzung, ist die Konkurrenz der 4*s*- und 3*d*-Niveaus zwischen K und Ga nicht ganz durchsichtig. Extrapoliert man die Kurven nach links, so könnte man sagen, daß das 3*d*-Niveau bei K und Ca höher als das von 4*s* liegt, und daß deshalb zuerst 4*s* aufgefüllt wird. Als nächstes sollte dann 3*d* besetzt werden, wie es bei Sc tatsächlich der Fall ist. Hier liegt aber die 3*d*-Energie schon deutlich tiefer als die von 4*s*, und mit steigendem Z werden die 3*d*-Elektronen immer fester gebunden, während die 4*s*-Energie nahezu konstant bleibt.

Man kann jetzt fragen: Wenn für die Elemente Sc bis Ni die 3*d*-Niveaus tiefer als 4*s* liegen, warum sind dann nicht alle Valenzelektronen in 3*d* und nicht i.allg. zwei von ihnen in 4*s*? Das hängt mit der Elektronenwechselwirkung, der gegenseitigen Abstoßung der Elektronen zusammen, d.h., es ist im Rahmen des Aufbauprinzips allein nicht zu verstehen. Die Energie eines Atoms wird durch Einelektronenenergien (Orbitalenergien) und die Elektronenwechselwirkung bestimmt. Wenn der Abstand zwischen den verschiedenen Einelektronenenergien groß ist, entscheiden diese allein darüber, welche Einelektronenniveaus besetzt sind. Dann gilt das Aufbauprinzip. Bei kleinen energetischen Unterschieden zwischen diesen Niveaus wird die Elektronenwechselwirkung entscheidend. Diese Elektronenabstoßung ist geringer, wenn nicht alle Elektronen in einer Schale (bzw. Unterschale) sind. Etwas aus dem Rahmen fallen Cr und Cu, die im Grundzustand die Konfigurationen [Ar] $3d^5$ $4s$ bzw. [Ar] $3d^{10}$ $4s$ statt der erwarteten [Ar] $3d^4$ $4s^2$ bzw. [Ar] $3d^9$ $4s^2$ haben. Auf Abb. 8 entsprechen die ausgezogenen Linien übrigens letzteren Konfigurationen, den ersteren des Cu die eingezeichneten Kreuze. Man sieht deutlich, daß bei Erhöhung der 3*d*-Besetzungszahl die 3*d*-Energie erhöht, d.h. jedes 3*d*-Niveau destabilisiert wird, was an sich ungünstig ist, aber durch die erhöhte Stabilität gefüllter ($3d^{10}$)- bzw. halbgefüllter Schalen ($3d^5$) überkompensiert wird.

Welche Elemente der 1. großen Periode (Ar – Kr) sind nun Übergangselemente? Ein Element ist dann *kein* Übergangselement, d.h., seine *d*-Orbitale sind für seine Eigenschaften nicht wesentlich, wenn entweder

a) das niedrigste unbesetzte 3*d*-Niveau energetisch so hoch liegt, daß es (im Sinne der MO-LCAO-Theorie) an der Bindung des entsprechenden Atoms nicht oder nur unwesentlich beteiligt ist (z.B. K, Ca),

b) eine volle *d*-Schale besetzt ist –, die energetisch so tief liegt, daß sie zum Rumpf gerechnet werden kann. Letzteres ist wahrscheinlich ab Ga, sicher ab Ge verwirklicht. Zwar ist bei Cu und Zn die 3*d*-Schale voll besetzt, aber die 3*d*-Elektronen sind noch relativ schwach gebunden, dementsprechend leicht ionisierbar und polarisierbar und haben folglich einen Einfluß auf die chemischen Eigenschaften dieser Elemente. Nur bei den Hauptgruppenelementen kann man sich auf 4*s* und 4*p* als Valenzelektronen beschränken.

Bei der Diskussion der Übergangselemente muß man noch berücksichtigen, daß sie ja normalerweise als Ionen vorliegen. Diese Ionen haben aber, im Gegensatz zu denen von Hauptgruppenelementen, i.allg. nicht die gleiche Elektronenkonfiguration wie die mit ihnen isoelektronischen Atome. So hat z.B. Sc die Konfiguration $3d\,4s^2$, die isoelektronischen Ionen Ti^+ und V^{2+} aber $3d^2\,4s$ bzw. $3d^3$. Erhöhung der Kernladung bei gleicher Elektronenzahl stabilisiert die 3*d*-Elektronen deutlich gegenüber den 4*s*-Elektronen. Das ist ganz in Einklang mit der Vorstellung, daß bei Übergangselementen zuerst die 4*s*- und dann erst die 3*d*-Elektronen wegionisiert werden.

Die Auffüllung der 4*d*-Schale führt in analoger Weise zu einer zweiten Reihe von Übergangselementen (Y bis Cd). Die 4*f*-Schale wird erst aufgefüllt, nachdem 5*s*, 5*p* und 6*s* gefüllt sind (wobei 4*f* auch noch mit 5*d* konkurriert, was zu einigen Unregelmäßigkeiten führt). Daß die seltenen Erden (La bis Lu) in ihren chemischen Eigenschaften sehr ähnlich sind, liegt daran, daß die 4*f*-Elektronen sehr weit innen liegen und an der chemischen Bindung praktisch nicht beteiligt sind. Obwohl sie erst nach den 6*s*-Elektronen ‚eingebaut' werden, sind sie doch fester als diese gebunden und nur schwer zu ionisieren. Qualitativ ist das ähnlich wie auf Abb. 8.

Die Auffüllung der 5*d*-Schale, die sich anschließt, führt zur dritten Reihe von Übergangselementen (Hf bis Hg), während die Actiniden ein Analogon zu den seltenen Erden darstellen, insofern als bei ihnen die 5*f*-Schale aufgefüllt wird. Da bei Ac und Th zunächst 6*d* bevorzugt wird, ehe 5*f* sich durchsetzt, hatte man früher fälschlich geglaubt, daß diese Elemente eine vierte Reihe von Übergangselementen bilden, wofür auch die (im Gegensatz zu den Lanthaniden) hohen Wertigkeiten der Actiniden sprachen. Offenbar sind übrigens die 5*f*-Elektronen der Actiniden schwächer gebunden und stärker an der Bindung beteiligt als die recht inerten 4*f*-Elektronen der Lanthaniden.

Die grundlegende theoretische Arbeit*) von Goeppert-Meyer über das Auftreten der seltenen Erden und der Actiniden im Periodensystem ist noch heute lesenswert.

Zusammenfassung von Kap. 7

Wenn ein *n*-Elektronen-Hamilton-Operator die Form hat

$$\mathbf{H}(\vec{r}_1, \vec{r}_2 \ldots \vec{r}_n) = \sum_{i=1}^{n} \mathbf{h}(\vec{r}_i)$$

---

* M. Goeppert-Meyer, Phys.Rev. *60*, 814 (1941).

so sind seine Eigenfunktionen von der Form

$$\Psi(\vec{r}_1, \vec{r}_2 \ldots \vec{r}_n) = \varphi_1(\vec{r}_1)\,\varphi_2(\vec{r}_2) \ldots \varphi_n(\vec{r}_n)$$

wobei die Funktionen φ_i Eigenfunktionen des Einelektronenoperators $\mathbf{h}$ sind

$$\mathbf{h}\,\varphi_i(\vec{r}) = e_i\,\varphi_i(\vec{r})$$

Einelektronenfunktionen nennt man Orbitale.

Die Gesamtenergie ist dann

$$E = \sum_k n_k\, e_k$$

wobei n_k die ‚Besetzungszahl' des Orbitals φ_k ist. Nach dem Pauli-Prinzip ist $n_k \leqslant 2$. Im Falle von d-facher Entartung eines Energiezustandes kann dieser mit $2d$-Elektronen besetzt sein, jedes Orbital aber nur von 2 Elektronen.

Der tatsächliche Hamilton-Operator eines Atoms enthält noch einen Term

$$\sum_{i<j} \frac{1}{r_{ij}}$$

der Elektronenabstoßung, den man nicht einfach vernachlässigen kann. Wegen dieses Terms kann die richtige Gesamtwellenfunktion (d.h. die Lösung der Schrödingergleichung) nicht gleich einer Produktfunktion sein. Man kann aber eine Produktfunktion als Variationsansatz wählen und nach der besten möglichen Produktfunktion im Sinne des Variationsprinzips fragen.

Die *besten* Orbitale im Sinne dieses Ansatzes ergeben sich als Eigenfunktionen eines *effektiven* Einelektronenoperators

$$\mathbf{h}_{\text{eff}}^{(i)} = -\frac{1}{2}\,\Delta - \frac{Z}{r} + J^{(i)}(r)$$

wobei $J^{(i)}$, der sogenannte Coulomb-Operator, die potentielle Energie des Elektrons im gemittelten Feld der übrigen Elektronen darstellt.

Die Gleichungen

$$\mathbf{h}_{\text{eff}}^{(i)}\,\varphi_i(\vec{r}) = \epsilon_i\,\varphi_i(\vec{r})$$

heißen *Hartree*-Gleichungen. Die Lösungen der Hartree-Gleichungen, die sogenannten Atomorbitale (AO's), sind etwas verschieden von den Eigenfunktionen des H-Atoms, sie sind allerdings immer noch von der Form

$$\psi_{nlm}(r, \vartheta, \varphi) = R_{nl}(r)\, Y_l^m(\vartheta, \varphi)$$

wobei $Y_l^m(\vartheta, \varphi)$ eine Kugelfunktion ist. Nur die Radialfunktionen sind anders und i.allg. etwas komplizierter als beim H-Atom. Die Lösungen lassen sich allerdings (genau wie beim H-Atom) durch 3 Quantenzahlen n, l, m klassifizieren. Die einfachsten möglichen Näherungen für die AO's sind diejenigen, die man nach den sog. Slaterschen Regeln erhält.

$$\psi_{nlm}(r, \vartheta, \varphi) = \mathrm{N} \cdot r^{n-1}\, e^{-\frac{Z_{\mathrm{eff}}}{n} r} \cdot Y_l^m(\vartheta, \varphi)$$

Hierbei ist N ein Normierungsfaktor, und die effektive Ladung Z_{eff} erhält man nach einfachen Regeln. Diese Regeln beruhen auf der Vorstellung, daß Elektronen in einer Schale weiter innen die Kernladung weitgehend und solche in der gleichen Schale die Kernladung etwas abschirmen.

Atome besitzen eine ausgesprochene Schalenstruktur. Diese wird im wesentlichen durch die Anziehung zwischen Kern und Elektronen, d.h. den Einelektronenterm im Hamilton-Operator, bestimmt. Diese Schalenstruktur ist für den Aufbau des Periodensystems verantwortlich.

Die energetische Reihenfolge der Atomorbitale (AO's) ist in allen Atomen nahezu gleich. Im Sinne des ‚Aufbauprinzips' werden die vorhandenen Elektronen der Reihe nach in die energetisch tiefsten Orbitale unter Berücksichtigung des Pauli-Prinzips eingelagert. Man kann den Zustand eines Atoms in der ersten Näherung durch seine Konfiguration, z.B. $1s^2 2s^2 2p^4$, d.h. durch die Besetzungszahlen der AO's, beschreiben. Bei der Auffüllung der $3d$-Elektronen gilt nicht streng das Aufbauprinzip, sondern die Elektronenwechselwirkung ist am Zustandekommen der Grundkonfiguration mitbeteiligt. So etwas gilt immer dann, wenn verschiedene Einelektronenniveaus dicht beisammen liegen, d.h. auch bei den Übergangselementen der höheren Perioden, den seltenen Erden und Actiniden.

8. Zweielektronen-Atome – Singulett- und Triplett-Zustände

8.1. Der Helium-Grundzustand

Nachdem wir soeben das gesamte Periodensystem kennengelernt haben, wollen wir uns jetzt etwas sorgfältiger mit dem einfachsten möglichen Mehrelektronensystem beschäftigen, nämlich dem Helium-Atom. Der Hamilton-Operator lautet

$$\mathbf{H} = -\frac{1}{2}\Delta_1 - \frac{1}{2}\Delta_2 - \frac{Z}{r_1} - \frac{Z}{r_2} + \frac{1}{r_{12}} \tag{8.1–1}$$

(beim He-Atom ist natürlich $Z = 2$, aber wir wollen Li^+, Be^{2+} etc. gleich mit behandeln).

Der Ansatz

$$\omega(\vec{r}_1, \vec{r}_2) = \varphi(\vec{r}_1)\,\varphi(\vec{r}_2) \tag{8.1–2}$$

löst die Schrödingergleichung nicht, aber wir können den Erwartungswert $(\omega, \mathbf{H}\,\omega)$ als Funktional von ω zu einem Minimum machen. Daß beide Elektronen im gleichen Orbital sind, ist mit dem Pauli-Prinzip verträglich. Anstatt eine möglichst beliebige Form für φ zu wählen, benutzen wir nur den einfachen Ansatz

$$\varphi(\vec{r}_1) = \mathrm{N}\,\mathrm{e}^{-\eta r} \tag{8.1–3}$$

und betrachten η als Variationsparameter. Unter Berücksichtigung, daß

$$\int_0^\infty r^m\,\mathrm{e}^{-ar}\,\mathrm{d}r = \frac{m!}{a^{m+1}} \tag{8.1–4}$$

erhalten wir nach einfacher Rechnung:

$$\langle \mathbf{T} \rangle = \langle \mathbf{T}_1 + \mathbf{T}_2 \rangle = \eta^2 \tag{8.1–5}$$

$$\langle \mathbf{V}_{ek} \rangle = \langle -\frac{Z}{r_1} - \frac{Z}{r_2} \rangle = -2Z\eta \tag{8.1–6}$$

Die Berechnung von $\langle \mathbf{V}_{ee} \rangle = \langle \frac{1}{r_{12}} \rangle$ ist etwas mühsam,*) aber das Ergebnis ist recht einfach

---

* Wie man solche Integrale berechnet, ist in Abschn. 10.6 skizziert. Unser $\langle \frac{1}{r_{12}} \rangle$ ist identisch mit dem F° nach (10.6–8), wenn man $R(r) = 2\,\eta^{\frac{3}{2}}\,\mathrm{e}^{-\eta r}$ setzt. Das Integral (10.6–8) schreibt sich dann als eine Summe von zwei Beiträgen entsprechend ($r_1 = r_>$, $r_2 = r_<$) und ($r_1 = r_<$, $r_2 = r_>$), die sich beide durch zweimalige Integration geschlossen auswerten lassen.

$$<\mathbf{V}_{ee}> = <\frac{1}{r_{12}}> = \frac{5}{8}\eta \qquad (8.1-7)$$

Wir haben also

$$<\mathbf{H}> = \eta^2 - 2Z\eta + \frac{5}{8}\eta \qquad (8.1-8)$$

$$\frac{\partial <\mathbf{H}>}{\partial \eta} = 2\eta - 2Z + \frac{5}{8} \stackrel{!}{=} 0 \qquad (8.1-9)$$

Das optimale η ergibt sich zu:

$$\eta_{opt} = Z - \frac{5}{16} \approx Z - 0.3 \qquad (8.1-10)$$

(womit wir nachträglich einen Punkt der Slaterschen Regeln begründet haben, nämlich die gegenseitige Abschirmung von 1s-Elektronen).
Das Minimum der Energie ist

$$<\mathbf{H}>_{min} = (Z - \frac{5}{16})^2 - 2Z(Z - \frac{5}{16}) + \frac{5}{8}(Z - \frac{5}{16}) = -(Z - \frac{5}{16})^2 \qquad (8.1-11)$$

Im Falle $Z = 2$ haben wir $<\mathbf{H}>_{min} = -(27/16)^2 = -2.8475$ a.u. Die beste Energie, die man mit dem Ansatz $\omega(r_1, r_2) = \varphi(r_1)\,\varphi(r_2)$ überhaupt bekommen kann, beträgt -2.8616 a.u., davon unterscheiden wir uns nur um 1 %, der exakte Eigenwert ist allerdings -2.9037 a.u. Den Fehler, den man mit einer Atomorbitaltheorie macht, indem man jedem Elektron ein Orbital zuordnet, bezeichnet man als *Korrelationsenergie*. Wir werden diesen Begriff in Kap. 12 genauer diskutieren.

Bei unserer bescheidenen Rechnung am He-Grundzustand können wir noch eine interessante Beobachtung machen. An der Stelle, wo $<\mathbf{H}>$ als Funktion von η sein Minimum einnimmt, ist die Gesamtenergie $<\mathbf{H}>$ gleich dem negativen der kinetischen Energie $<\mathbf{T}>$, nämlich

$$<\mathbf{H}> = -(Z - \frac{5}{16})^2 \; ; \; <\mathbf{T}> = (Z - \frac{5}{16})^2 \qquad (8.1-12)$$

Das ist kein Zufall. In der Tat gilt für die *exakten* Erwartungswerte für einen beliebigen Zustand eines Atoms, daß

$$<\mathbf{H}> = -<\mathbf{T}> \qquad (8.1-13)$$

und da $\langle \mathbf{H} \rangle = \langle \mathbf{T} \rangle + \langle \mathbf{V} \rangle$, auch daß

$$\langle \mathbf{V} \rangle = 2 \langle \mathbf{H} \rangle \tag{8.1–14}$$

Diese merkwürdige Beziehung, die wir bereits aus der klassischen Mechanik und vom H-Atom her kennen, bezeichnet man als den *Virialsatz*. Wie gesagt, erfüllen exakte Eigenfunktionen von $\mathbf{H}$ immer den Virialsatz; Näherungslösungen erfüllen ihn dann, wenn sie von der Form

$$\Psi(\vec{r}_1, \vec{r}_2 \ldots \vec{r}_n) = \phi(\eta \vec{r}_1, \eta \vec{r}_2 \ldots \eta \vec{r}_n) \tag{8.1–15}$$

sind und das η so gewählt ist, daß

$$\frac{\partial \langle \mathbf{H} \rangle}{\partial \eta} = 0 \tag{8.1–16}$$

Das war in unserem Beispiel ja der Fall. Auf den allgemeinen Beweis wollen wir verzichten.

Soviel zum Grundzustand des He-Atoms, auf den wir in Kap. 12 noch einmal zurückkommen. Betrachten wir jetzt angeregte Zustände!

8.2. Permutation von Elektronenkoordinaten – Symmetrische und antisymmetrische Zustände

Der Hamilton-Operator eines Mehrelektronensystems ist invariant in bezug auf eine Vertauschung der Koordinaten zweier Elektronen. Definieren wir einen Operator $\mathbf{P}_{12}$, der angewandt auf eine beliebige Wellenfunktion $\Psi(1, 2, 3 \ldots n)$ die Ortskoordinaten des ersten und des zweiten Elektrons vertauscht:

$$\mathbf{P}_{12}\, \Psi(1, 2, 3 \ldots n) = \Psi(2, 1, 3 \ldots n) \tag{8.2–1}$$

so gilt offenbar

$$\mathbf{P}_{12}\, \mathbf{H}\, \Psi = \mathbf{H}\, \mathbf{P}_{12}\, \Psi \tag{8.2–2}$$

da es keinen Unterschied macht, ob man vor oder nach der Anwendung von $\mathbf{H}$ auf Ψ die Elektronenkoordinaten vertauscht. Da $\mathbf{P}_{12}$ und $\mathbf{H}$ kommutieren, kann man die Eigenfunktion von $\mathbf{H}$ immer so wählen, daß sie gleichzeitig Eigenfunktionen von $\mathbf{P}_{12}$ sind.

Offenbar hat $\mathbf{P}_{12}$ die Eigenschaft

$$\mathbf{P}_{12}^2 = \mathbf{1} \tag{8.2–3}$$

d.h.

$$\mathbf{P}_{12}\,(\mathbf{P}_{12}\,\Psi\,(1,2,\ldots)) = \mathbf{P}_{12}\,\Psi\,(2,1,\ldots) = \Psi\,(1,2,\ldots) \tag{8.2–4}$$

für beliebiges Ψ.

Operatoren, deren Quadrat der Einheitsoperator ist, können nur die Eigenwerte +1 und −1 haben, die entsprechenden Eigenfunktionen bezeichnet man als *symmetrisch*, wenn gilt

$$\mathbf{P}_{12}\,\Phi_s\,(1,2,\ldots) = \Phi_s\,(2,1,\ldots) = \Phi_s\,(1,2,\ldots) \tag{8.2–5}$$

bzw. als *antisymmetrisch*, wenn gilt

$$\mathbf{P}_{12}\,\Phi_a\,(1,2,\ldots) = \Phi_a\,(2,1,\ldots) = -\Phi_a\,(1,2,\ldots) \tag{8.2–6}$$

Unsere Näherungsfunktion (8.1–2) für den Grundzustand des He-Atoms ist offenbar symmetrisch in bezug auf eine Vertauschung der beiden Elektronen.

Bei Zweielektronenwellenfunktionen $\Omega\,(1,2)$ gibt es nur die beiden Möglichkeiten: symmetrisch und antisymmetrisch. Bei Wellenfunktionen von Drei- und Mehrelektronensystemen wird die Situation dadurch komplizierter, daß z.B. die Operatoren $\mathbf{P}_{12}$, $\mathbf{P}_{13}$ und $\mathbf{P}_{23}$ nicht miteinander vertauschen, daß also Ω i.allg. nicht gleichzeitig Eigenfunktion von $\mathbf{P}_{12}$, $\mathbf{P}_{13}$ und $\mathbf{P}_{23}$ sein kann.

8.3. Der erste angeregte Zustand des Helium-Atoms

Der niedrigste angeregte Zustand des He-Atoms sollte die Konfiguration $1s2s$ haben. Nach den Slaterschen Regeln ist $Z_{\text{eff}} = 2$ für $1s$ und $Z_{\text{eff}} = 1.15$ für $2s$. Eine erste Näherung für die Wellenfunktion dieses Zustandes sollte also sein

$$\omega\,(\vec{r}_1, \vec{r}_2) = \mathrm{N}\cdot \mathrm{e}^{-2r_1}\cdot r_2\cdot \mathrm{e}^{-\frac{1.15\,\cdot\, r_2}{2}} \tag{8.3–1}$$

Wir wollen aber jetzt $\omega_1 = a\,(1)\;b\,(2)$ ansetzen und a sowie b nicht spezifizieren, bis auf die Forderung, daß a und b *zueinander orthogonale*, auf 1 normierte Funktionen seien.

Man sieht ohne Mühe, daß $\omega_2 = b\,(1)\;a\,(2)$ eine von ω_1 verschiedene Funktion ist, die aber sicher den gleichen Erwartungswert $\langle \mathbf{H} \rangle$ hat

$$H_{11} = (\omega_1, \mathbf{H}\,\omega_1) = H_{22} = (\omega_2, \mathbf{H}\,\omega_2) \tag{8.3–2}$$

Sind nun ω_1 und ω_2 miteinander entartet? Nein; denn weder ω_1 noch ω_2 ist ja Eigenfunktion von $\mathbf{H}$, eine einfache Produktfunktion kann nicht Eigenfunktion sein. Sowohl ω_1 als auch ω_2 sind Näherungslösungen. Suchen wir jetzt eine bessere Näherung der Form

$$\Omega(1,2) = c_1\,\omega_1(1,2) + c_2\,\omega_2(1,2) \tag{8.3–3}$$

wobei wir die nach dem Variationsprinzip besten Koeffizienten c_1 und c_2 bestimmen! Wie in Abschn. 5.7 dargelegt, erhalten wir c_1 und c_2 aus dem Gleichungssystem

$$\begin{aligned} H_{11}\,c_1 + H_{12}\,c_2 &= \lambda c_1 + \lambda S_{12}\,c_2 \\ H_{21}\,c_1 + H_{22}\,c_2 &= \lambda S_{21}\,c_1 + \lambda c_2 \end{aligned} \tag{8.3–4}$$

Das Überlappungsintegral S_{12} verschwindet aber, da

$$S_{12} = \int a^*(1)\,b^*(2)\,b(1)\,a(2)\,d\tau_1\,d\tau_2 = \int a^*(1)\,b(1)\,d\tau_1 \times$$

$$\int b^*(2)\,a(2)\,d\tau_2 = (a,b)\cdot(b,a) \tag{8.3–5}$$

und wir vorausgesetzt haben, daß a und b zueinander orthogonal sein sollen, d.h., daß $(a,b) = 0$ ist.

Da die Funktionen ω_1 und ω_2 reell sind und $\mathbf{H}$ sowohl reell als hermitisch ist, folgt ferner, daß

$$H_{12} = (\omega_1, \mathbf{H}\,\omega_2) = H_{21} \tag{8.3–6}$$

Berücksichtigen wir außerdem die Gleichheit von H_{11} und H_{22}, so wird aus dem Gleichungssystem (8.3–4):

$$\begin{aligned} H_{11}\,c_1 + H_{12}\,c_2 &= \lambda c_1 \\ H_{12}\,c_1 + H_{11}\,c_2 &= \lambda c_2 \end{aligned} \tag{8.3–7}$$

oder

$$\begin{aligned} (H_{11} - \lambda)\,c_1 + H_{12}\,c_2 &= 0 \\ H_{12}\,c_1 + (H_{11} - \lambda)\,c_2 &= 0 \end{aligned} \tag{8.3–8}$$

Bedingung dafür, daß dieses lineare Gleichungssystem eine nicht-triviale Lösung hat (vgl. Anhang A7), ist, daß die folgende Determinante verschwindet:

$$\begin{vmatrix} H_{11} - \lambda & H_{12} \\ H_{12} & H_{11} - \lambda \end{vmatrix} = (H_{11} - \lambda)^2 - H_{12}^2 = 0 \tag{8.3–9}$$

Das ist offenbar nur möglich, wenn

$$\lambda_{1,2} = H_{11} \pm H_{12} \tag{8.3–10}$$

Anstelle der gleichen Energie H_{11} für zwei verschiedene Wellenfunktionen haben wir jetzt zwei verschiedene Energien λ_1 und λ_2 erhalten. Wie sehen jetzt die zu λ_1 und λ_2 gehörenden Wellenfunktionen aus?

Man muß dazu λ_1 bzw. λ_2 in das Gleichungssystem (8.3–8) einsetzen und die entsprechenden Koeffizienten c_{11} und c_{12} bzw. c_{21} und c_{22} berechnen, die aber nur bis auf einen gemeinsamen Faktor bestimmt sind. Man erhält (vgl. Anhang A7.4)

$$\vec{c}_1 = (c_{11}, c_{11}) \; ; \qquad \vec{c}_2 = (c_{21}, -c_{21}) \tag{8.3–11}$$

bzw. nach Nominierung auf 1

$$\vec{c}_1 = \frac{1}{\sqrt{2}}(1,1) \; ; \; \vec{c}_2 = \frac{1}{\sqrt{2}}(1,-1) \tag{8.3–12}$$

Die entsprechenden Wellenfunktionen sind:

$$\Omega_1 = \frac{1}{\sqrt{2}}(\omega_1 + \omega_2) = \frac{1}{\sqrt{2}}[a(1)\,b(2) + b(1)\,a(2)]$$

$$\Omega_2 = \frac{1}{\sqrt{2}}(\omega_1 - \omega_2) = \frac{1}{\sqrt{2}}[a(1)\,b(2) - b(1)\,a(2)] \tag{8.3–13}$$

Daß die Wellenfunktionen von dieser Gestalt sein müssen, hätten wir auch einfach aus einer Symmetrieüberlegung ableiten können. Sowohl Ω_1 als auch Ω_2, die ja Näherungen für wahre Wellenfunktionen sein sollen, müssen Eigenfunktionen des in Abschn. 8.2 eingeführten Operators $\mathbf{P}_{12}$ sein, der die Koordinaten der beiden Elektronen vertauscht.

Von den beiden Funktionen der Gl. (8.3–13) ist in der Tat eine (Ω_1) symmetrisch, die andere (Ω_2) antisymmetrisch. Es gibt nur diese eine Möglichkeit, aus $a(1)b(2)$ und $b(1)a(2)$ Funktionen linear zu kombinieren, die entweder symmetrisch oder antisymmetrisch sind.

Zur Konfiguration $1s2s$ gibt es offenbar zwei verschiedene Energiezustände, und das gleiche gilt für alle Konfigurationen $a\,b$ mit $a \neq b$. Wir müssen uns jetzt noch überlegen, welcher der beiden Zustände energetisch am tiefsten liegt. Dazu müssen wir uns das Matrixelement H_{12} etwas genauer ansehen.

$$H_{12} = \int a^*(1)\, b^*(2) \left\{ \mathbf{h}(1) + \mathbf{h}(2) + \frac{1}{r_{12}} \right\} b(1)\, a(2)\, d\tau_1\, d\tau_2$$

$$= \int a^*(1)\, \mathbf{h}(1)\, b(1)\, d\tau_1 \int b^*(2)\, a(2)\, d\tau_2$$

$$+ \int a^*(1)\, b(1)\, d\tau_1 \int b^*(2)\, \mathbf{h}(2)\, a(2)\, d\tau_2$$

$$+ \int a^*(1)\, b^*(2)\, \frac{1}{r_{12}}\, b(1)\, a(2)\, d\tau_1\, d\tau_2 \qquad (8.3\text{–}14)$$

Wegen der Orthogonalität von a und b verschwinden die ersten beiden Terme in (8.3–14), so daß nur der dritte Term, ein sogenanntes *Austauschintegral*, übrig bleibt. (Zur genauen Definition von Austauschintegralen s. Abschn. 9.2–3).

Solche Austauschintegrale sind immer positiv. Damit ist also

$$H_{12} > 0$$

Folglich hat $\lambda_2 = H_{11} - H_{12}$ die niedrigere Energie, verglichen mit $\lambda_1 = H_{11} + H_{12}$.

Zur antisymmetrischen Funktion Ω_2 gehört eine tiefere Energie als zur symmetrischen Funktion Ω_1.

8.4. Ortho- und Para-Helium

Nun war den Spektroskopikern schon lange bekannt, daß es beim He-Atom zwei verschiedene Arten von Zuständen gibt. Die beobachteten Frequenzen ν lassen sich ja bekanntlich durch Energieterme E_i ausdrücken, derart daß alle ν durch die Formel $h\nu_{ij} = E_i - E_j$ darstellbar sind. Man fand beim He-Atom, daß es zwei Typen von Termen gibt, $\bar{E}_i$ und E_i, derart daß immer nur Differenzen $\bar{E}_i - \bar{E}_j$ oder $E_i - E_j$, nie aber $E_i - \bar{E}_j$, im Spektrum beobachtet wurden. Anfangs dachte man, es gäbe zwei verschiedene Arten von He, die man Ortho- und Para-Helium nannte, und die demgemäß verschiedene und völlig voneinander unabhängige Spektren haben.

Wir können leicht einsehen, daß es zwischen den durch die Wellenfunktionen

$$\Omega_1 = \frac{1}{\sqrt{2}} [a(1)b(2) + b(1)a(2)] \qquad (8.4\text{–}1)$$

$$\Omega_2 = \frac{1}{\sqrt{2}} [c(1)d(2) - d(1)c(2)] \qquad (8.4\text{–}2)$$

beschriebenen Zuständen tatsächlich keinen Übergang gibt. Denn allgemein kann ein Übergang nur auftreten, wenn das Matrixelement des Dipolmoment-Operators

$$\vec{\mathbf{M}} = \vec{\mathbf{m}}(1) + \vec{\mathbf{m}}(2) = e \cdot \vec{r}_1 + e \cdot \vec{r}_2 \tag{8.4–3}$$

nicht verschwindet. Wir haben aber

$$(\Omega_1, \vec{\mathbf{M}}\,\Omega_2) = \frac{1}{2}\, e \Big\{ \int a(1)\, b(2)\, [\vec{r}_1 + \vec{r}_2]\, c(1)\, d(2)\, \mathrm{d}\tau_1\, \mathrm{d}\tau_2$$
$$- \int a(1)\, b(2)\, [\vec{r}_1 + \vec{r}_2]\, d(1)\, c(2)\, \mathrm{d}\tau_1\, \mathrm{d}\tau_2$$
$$+ \int b(1)\, a(2)\, [\vec{r}_1 + \vec{r}_2]\, c(1)\, d(2)\, \mathrm{d}\tau_1\, \mathrm{d}\tau_2$$
$$- \int b(1)\, a(2)\, [\vec{r}_1 + \vec{r}_2]\, d(1)\, c(2)\, \mathrm{d}\tau_1\, \mathrm{d}\tau_2 \Big\} = 0 \tag{8.4–4}$$

Daß das Matrixelement (8.4–4) verschwinden muß, kann man übrigens auch sehen, ohne daß man es explizit hinschreibt. Man benutzt dazu den im Anhang A6 bewiesenen Satz: Wenn zwei Operatoren (hier $\vec{\mathbf{M}}$ und $\mathbf{P}_{12}$) vertauschen und ϕ_1 und ϕ_2 zwei Eigenfunktionen des einen Operators (hier $\mathbf{P}_{12}$) zu verschiedenen Eigenwerten (hier +1 und –1) sind, so verschwindet das Matrixelement des anderen Operators zwischen ϕ_1 und ϕ_2 [d.h. $(\Omega_1\, \vec{\mathbf{M}}\, \Omega_2) = 0$].

Damit ist das Auftreten zweier Termserien beim Helium-Atom erklärt. Allerdings sieht man bei extrem hoher Auflösung, daß die beiden Arten von Energietermen sich noch in einer weiteren Weise unterscheiden. Während die einen nämlich *einfach* sind, bestehen die anderen aus *drei* dicht beieinander liegenden Energieniveaus.

Um das zu verstehen, müssen wir den Elektronenspin mitberücksichtigen.

8.5. Die Zweielektronen-Spinfunktionen – Singulett- und Triplett-Zustände

Aus den zwei linear unabhängigen Einteilchenspinfunktionen α und β lassen sich vier linear unabhängige Zweiteilchenspinfunktionen konstruieren, z.B.

$$\alpha(1)\alpha(2),\ \alpha(1)\beta(2),\ \beta(1)\alpha(2),\ \beta(1)\beta(2) \tag{8.5–1}$$

oder irgendwelche Linearkombinationen von diesen.

Für Zweielektronensysteme ist ein Operator des Gesamtspins $\vec{\mathbf{S}}(1,2)$ definiert*)

$$\vec{\mathbf{S}}(1,2) = \vec{\mathbf{s}}(1) + \vec{\mathbf{s}}(2) \tag{8.5–2}$$

wobei $\vec{\mathbf{s}}(1)$ der Einteilchenspinoperator (im Sinne von Gl. 3.5–2) ist, der nur auf die Spinkoordinaten des ersten Teilchens wirkt. Bei Abwesenheit von Spin-Bahnwechselwirkung vertauscht der Hamilton-Operator $\mathbf{H}$ mit

* Wir schreiben künftig die Spinoperatoren auch formal als Operatoren, z.B. $\mathbf{S}_z$ und nicht wie bisher als Matrizen, z.B. S_z; die mathematische und physikalische Bedeutung ist aber die gleiche.

$$\mathbf{S}^2 = \mathbf{S}_x^2 + \mathbf{S}_y^2 + \mathbf{S}_z^2$$

$$= \mathbf{s}_x^2(1) + \mathbf{s}_y^2(1) + \mathbf{s}_z^2(1) + \mathbf{s}_x^2(2) + \mathbf{s}_y^2(2) + \mathbf{s}_z^2(2)$$

$$+ 2\,\mathbf{s}_x(1)\,\mathbf{s}_x(2) + 2\,\mathbf{s}_y(1)\,\mathbf{s}_y(2) + 2\,\mathbf{s}_z(1)\,\mathbf{s}_z(2)$$

$$= \mathbf{s}^2(1) + \mathbf{s}^2(2) + 2\,\vec{\mathbf{s}}(1)\cdot\vec{\mathbf{s}}(2) \qquad (8.5\text{–}3)$$

und z.B. mit $\mathbf{S}_z$. Es ist daher möglich, die Wellenfunktionen $\Psi(1,2)$ so zu wählen, daß sie Eigenfunktionen von $\mathbf{S}^2$ sind. Aus diesem Grunde sind wir an den Eigenfunktionen von $\mathbf{S}^2$ interessiert.

Geht man von den Definitionsgleichungen von $\vec{\mathbf{s}}$ aus, die gleichbedeutend mit Gl. (3.5–2) sind, nämlich:

$$\mathbf{s}_x\,\alpha = \frac{\hbar}{2}\beta\,; \qquad \mathbf{s}_y\,\alpha = \mathrm{i}\frac{\hbar}{2}\beta; \qquad \mathbf{s}_z\,\alpha = \frac{\hbar}{2}\alpha$$

$$\mathbf{s}_x\,\beta = \frac{\hbar}{2}\alpha\,; \qquad \mathbf{s}_y\,\beta = -\mathrm{i}\frac{\hbar}{2}\alpha; \qquad \mathbf{s}_z\,\beta = -\frac{\hbar}{2}\beta \qquad (8.5\text{–}4)$$

so sieht man ohne weiteres, daß

$$\mathbf{S}_z\,\alpha(1)\,\alpha(2) = \mathbf{s}_z(1)\alpha(1)\alpha(2) + \mathbf{s}_z(2)\alpha(1)\alpha(2)$$

$$= \frac{\hbar}{2}\alpha(1)\alpha(2) + \frac{\hbar}{2}\alpha(1)\cdot\alpha(2)$$

$$= \hbar\,\alpha(1)\alpha(2)$$

$$\mathbf{S}_z\,\alpha(1)\,\beta(2) = 0$$

$$\mathbf{S}_z\,\beta(1)\,\alpha(2) = 0$$

$$\mathbf{S}_z\,\beta(1)\beta(2) = -\hbar\,\beta(1)\,\beta(2) \qquad (8.5\text{–}5)$$

Die Produkte $\alpha\alpha$, $\alpha\beta$, $\beta\alpha$, $\beta\beta$ sind also Eigenfunktionen von $\mathbf{S}_z$, und zwar $\alpha\alpha$ zum Eigenwert $\hbar$, $\beta\beta$ zum Eigenwert $-\hbar$ und $\alpha\beta$ sowie $\beta\alpha$ zum Eigenwert $0\cdot\hbar$. Einem Eigenwert $M_S\,\hbar$ von $\mathbf{S}_z$ entspricht die Quantenzahl M_S, diese kann also bei Zweielektronensystemen die Werte -1, 0, +1 haben (während bei einem Einelektronensystem die Werte $M_S = +\frac{1}{2}, -\frac{1}{2}$ möglich sind).

Durch elementare Rechnung unter Benutzung von (8.5–3) und (8.5–4) findet man ferner, daß

$$\mathbf{S}^2\,\alpha(1)\,\alpha(2) = 2\,\hbar^2\,\alpha(1)\,\alpha(2)$$

$$\mathbf{S}^2\,\alpha(1)\,\beta(2) = \hbar^2\,[\alpha(1)\,\beta(2) + \beta(1)\,\alpha(2)]$$

$$\mathbf{S}^2\,\beta(1)\,\alpha(2) = \hbar^2\,[\beta(1)\,\alpha(2) + \alpha(1)\,\beta(2)]$$

$$\mathbf{S}^2\,\beta(1)\,\beta(2) = 2\,\hbar^2\,\beta(1)\,\beta(2) \qquad (8.5\text{–}6)$$

Folglich sind $\alpha\alpha$ und $\beta\beta$ Eigenfunktionen von $\mathbf{S}^2$, beide zum Eigenwert $2\hbar^2$. Man sieht leicht, daß auch

$$\frac{1}{\sqrt{2}}\,[\alpha(1)\,\beta(2) + \beta(1)\,\alpha(2)] \qquad \text{und}$$

$$\frac{1}{\sqrt{2}}\,[\alpha(1)\,\beta(2) - \beta(1)\,\alpha(2)] \qquad (8.5\text{–}7)$$

Eigenfunktionen von $\mathbf{S}^2$ sind, erstere zum Eigenwert $2\hbar^2$, letztere zum Eigenwert 0. Da die Eigenwerte von $\mathbf{S}^2$ von der Form sein müssen $\hbar^2 S\,(S+1)$ (das folgt aus den Vertauschungsrelationen, vgl. Abschn. 4.5), kommen also für Zweiteilchensysteme die Spinquantenzahlen $S = 1$ und $S = 0$ vor. Daß M_s die Werte annehmen kann: $M_s = S, S-1 \ldots -S$, d.h. hier $M_s = 1, 0, -1$ für $S = 1$ und $M_s = 0$ für $S = 0$, ist ebenfalls verifiziert.

Zu $S = 1$ gibt es drei verschiedene Spinfunktionen, mit $M_s = 1, 0, -1$. Man sagt, die Spinmultiplizität ist 3, oder es liegt ein Triplett vor. Allgemein ist die *Spinmultiplizität* gleich $2S+1$, wobei S die Spinquantenzahl ist. Bei Einelektronensystemen gibt es, wie wir wissen, nur Spindubletts ($s = 1/2$; $2s + 1 = 2$), bei Zweielektronensystemen sowohl Singuletts als auch Tripletts. Solange keine sog. Spin-Bahn-Wechselwirkung auftritt, ist die Energie von M_s unabhängig, alle $2S + 1$ Komponenten zur Spinquantenzahl S sind miteinander entartet. Berücksichtigt man die Spin-Bahn-Wechselwirkung, wie wir das in Abschn. 11.1 allgemein diskutieren wollen, so ergibt sich, daß für die Zustände mit $S \leqslant L$ und $L \geqslant 1$ die bei Abwesenheit von Spin-Bahn-Wechselwirkung $(2S + 1) \cdot (2L + 1)$-fach entarteten Energieniveaus in $2S + 1$ verschiedene Niveaus aufspalten, wie in Abb. 9 grob schematisch angegeben.

Zur Klassifizierung der Zustände benutzt man die Quantenzahlen S, L sowie eine weitere Quantenzahl J, die die Werte $L + S$, $L + S - 1, \ldots |L - S|$ annehmen kann, und mit deren genauerer Bedeutung wir uns in Abschn. 11.1 noch zu beschäftigen haben. Bei den sog. Termsymbolen, die auch auf Abb. 9 verwendet werden, gibt man statt S die Spinmultiplizität $2S+1$ und zwar als linken oberen Index an; der Wert von L wird durch einen Buchstaben S, P, D, F etc. angegeben, je nachdem ob $L = 0, 1, 2 \ldots$; der Wert von J wird schließlich als rechter unterer Index angeschrieben. Aus dem in Abb. 9 angegebenen Termschema des He-Atoms, das qualitativ auch für alle Atome

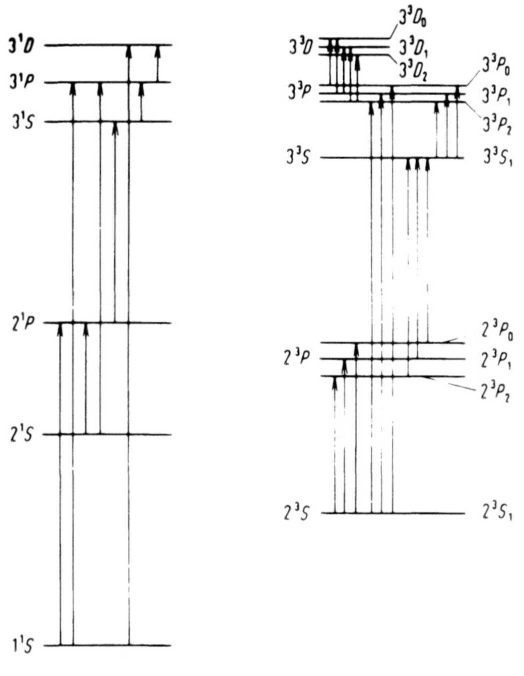

Abb. 9. Singulett und Triplett-Zustände bei Zweielektronen-Atomen.

mit zwei Valenzelektronen wie die Erdalkalien und die Elemente Zn, Cd, Hg gilt*), entnehmen wir nun, daß die eine der beiden Termserien (Para-Helium) offenbar Singulett-Zuständen, die andere (Ortho-Helium) Triplett-Zuständen entspricht.

Nun hatten wir uns aber schon überlegt, daß der Grundzustand und die jeweils höheren angeregten Singulett-Zustände, also die Terme des Para-Heliums, symmetrischen Ortsfunktionen entsprechen, die Terme des Ortho-Heliums dagegen antisymmetrischen Ortsfunktionen. Bedenken wir, daß die drei Triplett-Spinfunktionen

$$
\begin{aligned}
{}^3\Theta_1 &= \alpha(1)\,\alpha(2) \\
{}^3\Theta_0 &= \frac{1}{\sqrt{2}}\,[\alpha(1)\,\beta(2) + \beta(1)\,\alpha(2)] \\
{}^3\Theta_{-1} &= \beta(1)\,\beta(2)
\end{aligned}
\tag{8.5–8}
$$

---

* In Wirklichkeit fällt das He-Atom selbst etwas aus dem Rahmen. Einerseits ist die energetische Reihenfolge der Niveaus mit $J = 0, 1, 2$ umgekehrt als bei den meisten anderen Zweielektronenatomen, andererseits sind die Abstände ungewöhnlich (die Niveaus mit $J = 1$ und $J = 2$ liegen viel dichter beisammen, als jedes vom J=0-Niveau entfernt ist). Für unsere allgemeine Diskussion spielen diese Besonderheiten keine Rolle. Eine ausführliche Diskussion findet man z.B. in H.A. Bethe, E.E. Salpeter: Quantum mechanics of one and two-electron atoms. Springer, Berlin 1957.

symmetrisch in bezug auf eine Vertauschung der beiden Elektronen und die Singulett-Spinfunktion

$$^1\Theta = \frac{1}{\sqrt{2}}\,[\alpha(1)\,\beta(2) - \beta(1)\,\alpha(2)] \qquad (8.5\text{–}9)$$

antisymmetrisch ist, so erkennen wir anhand des Termschemas des He-Atoms, daß offenbar beide Kombinationen verwirklicht sind:

Para-Helium: Symmetrische Ortsfunktion × antisymmetrische Spinfunktion,

Ortho-Helium: Antisymmetrische Ortsfunktion × symmetrische Spinfunktion.

In bezug auf gleichzeitige Vertauschung von Ort und Spin der beiden Elektronen sind die Wellenfunktionen zu den Termen beider Serien *antisymmetrisch*.

8.6. Das Pauli-Prinzip

Wir haben im vorigen Abschnitt durch eine Bezeichnungsweise wie $\alpha(2)$ angedeutet, daß die Spinfunktion α sich auf das zweite Elektron bezieht. Wir wollen im folgenden in der gleichen Bedeutung beispielsweise auch $\alpha(s_2)$ schreiben und s_2 formal als Spinkoordinate des zweiten Teilchens auffassen (man darf Spinkoordinaten nicht mit Spinquantenzahlen verwechseln, die ebenfalls mit s abgekürzt werden, oder mit dem Symbol s für Atomorbitale, das $l = 0$ bedeutet). Wir können so jedem Elektron zu seinen drei Ortskoordinaten x_i, y_i, z_i – die oft zu einem Ortsvektor $\vec{r}_i$ zusammengefaßt werden – noch eine vierte Koordinate, die sog. Spinkoordinate s_i zufügen, wobei wir für die Gesamtheit dieser vier Koordinaten oft die Abkürzung $\vec{x}_i$ verwenden.

Zu Ende des vorigen Abschnittes stellten wir fest, daß für das Helium-Atom nur solche Wellenfunktionen verwirklicht sind, die antisymmetrisch bezüglich einer gleichzeitigen Vertauschung von Orts- und Spinkoordinaten sind. Dieses wichtige Prinzip, das wir als ein zusätzliches quantenmechanisches Axiom aufzufassen haben, und das als *Pauli-Prinzip* bezeichnet wird, gilt allgemein für Mehrelektronensysteme.

Nur solche Mehrelektronenwellenfunktionen sind zulässig, die antisymmetrisch in bezug auf die gleichzeitige Vertauschung von Orts- und Spinkoordinaten zweier Teilchen sind, d.h. für die gilt

$$\Psi(\vec{x}_1, \ldots \vec{x}_i, \ldots \vec{x}_k, \ldots \vec{x}_n) = -\Psi(\vec{x}_1, \ldots \vec{x}_k, \ldots \vec{x}_i, \ldots \vec{x}_n) \quad (8.6\text{–}1)$$

Wir werden in Abschn. 9.2.1 sehen, daß die in Abschn. 7.1.1 gegebene vorläufige Formulierung dieses Prinzips als ein Spezialfall in der jetzt gegebenen endgültigen Fassung enthalten ist.

Bei Zweielektronensystemen kann man die nach dem Pauli-Prinzip zulässigen Funktionen einfach so erhalten, daß man von Zweielektronen-Ortsfunktionen ausgeht, die symmetrisch bzw. antisymmetrisch in bezug auf Vertauschung der Ortskoordinaten sind. (Wir haben in Abschn. 8.4. gesehen, daß exakte oder genäherte Eigenfunktionen eines Zweielektronen-Hamilton-Operators symmetrisch oder antisymmetrisch in bezug auf Vertauschung der Ortskoordinaten sind oder so gewählt werden können.) Dann multiplizieren wir eine symmetrische Zweielektronen-Ortsfunktion mit einer antisymmetrischen Zweielektronen-Spinfunktion und umgekehrt.

Ein so einfaches Rezept gilt leider für Drei- und Mehrelektronensysteme nicht.

Bei Zweielektronensystemen (im Gegensatz zu Drei- und Mehrelektronensystemen) führt das Pauli-Prinzip nicht zu einer Einschränkung der möglichen Ortsfunktionen.

Zweielektronensysteme sind insofern untypisch, als man bei ihnen – so lange man nur spinunabhängige Operatoren betrachtet (und z.B. nicht die unmittelbar spinabhängigen Erscheinungen wie die Feinstruktur des Triplettniveaus) – ohne den Spin und ohne das Pauli-Prinzip auskommen kann. Von dieser Möglichkeit werden wir vor allem bei der Behandlung des H_2-Moleküls Gebrauch machen.

Zusammenfassung zu Kap. 8

Beim Helium-Grundzustand führt eine Variationsrechnung mit einer Produktfunktion $\Psi(1,2) = \varphi(1)\,\varphi(2)$ zu einer Gesamtenergie von -2.8475 a.u., wenn man für φ den Ansatz wählt: $\varphi = N \cdot e^{-\eta r}$, und zu -2.8616 a.u. für das bestmögliche φ überhaupt, während die exakte Energie des Grundzustandes -2.9037 a.u. beträgt. Den Fehler, den man macht, wenn man eine Produktfunktionsnäherung verwendet, bezeichnet man als Korrelationsenergie.

Bei angeregten Zuständen von Zweielektronensystemen kann es mehrere Elektronenzustände zur gleichen Konfiguration geben. So gehören z.B. zur Konfiguration $1s2s$ zwei Wellenfunktionen, von denen die erste symmetrisch, die zweite antisymmetrisch in bezug auf eine Vertauschung der Ortskoordinaten der beiden Elektronen ist.

Nach dem Pauli-Prinzip sind nur solche Wellenfunktionen zugelassen, die antisymmetrisch in bezug auf eine gleichzeitige Vertauschung von Orts- und Spinkoordinaten sind. Für Zweielektronensysteme bedeutet das, daß eine in bezug auf Vertauschung der Ortskoordinaten symmetrische Funktion antisymmetrisch in bezug auf eine Vertauschung der Spinkoordinaten sein muß und umgekehrt.

Für Zweielektronensysteme gibt es *eine* antisymmetrische Spinfunktion – diese ist Eigenfunktion der Spinoperatoren $\mathbf{S}^2$ bzw. $\mathbf{S}_z$ zu den Eigenwerten $\hbar^2\, S\,(S+1)$ mit $S=0$ bzw. $\hbar M_s$ mit $M_s = 0$ – und *drei* symmetrische Spinfunktionen – die Eigenfunktionen von $\mathbf{S}^2$ zum Eigenwert $\hbar^2\, S\,(S+1)$ mit $S = 1$ und Eigenfunktionen von $\mathbf{S}_z$ zu den Eigenwerten $\hbar M_s$ mit $M_s = 1, 0, -1$ sind. Da der Hamilton-Operator in erster Näherung spinunabhängig ist, haben die drei Funktionen zu $S = 1$ die gleiche Energie. Berücksichtigt man die Spin-Bahn-Wechselwirkung, so spalten die drei Niveaus dieses Tripletts etwas auf, sofern $L \neq 0$.

9. Das Modell der unabhängigen Teilchen bei Mehrelektronenatomen

9.1. Spinorbitale

Bezeichnen wir eine zweikomponentige Einelektronenwellenfunktion

$$\vec{\psi} = \begin{pmatrix} \psi_1 \\ \\ \psi_2 \end{pmatrix} = \psi_1 \, \alpha + \psi_2 \, \beta \tag{9.1–1}$$

wie wir sie in Abschn. (3.5) eingeführt haben, künftig als ein *Spin-Orbital* und eine reine Ortsfunktion wie ψ_1 oder ψ_2 als ein *Orbital*.

Wir wollen in diesem Abschnitt nur Hamilton-Operatoren in Betracht ziehen, die *spinunabhängig* sind. Dann kann man die Spinorbitale immer so wählen, daß sie Eigenfunktionen des Spinoperators $\mathbf{s}_z$ sind, d.h. daß sie von der Form

$$\vec{\psi} = \varphi \cdot \alpha \qquad \text{oder} \qquad \vec{\psi} = \varphi \cdot \beta \tag{9.1–2}$$

sind, wobei φ ein Orbital bedeutet. Gleichzeitig verzichten wir im folgenden darauf, ein Spinorbital durch einen Pfeil als eine zweikomponentige Funktion zu charakterisieren, z.B. schreiben wir statt (3.5–6) künftig

$$\psi(1) = \psi(\vec{x}_1) = \varphi(\vec{r}_1) \, \alpha(s_1) \, . \tag{9.1–3}$$

9.2. Slater-Determinanten

9.2.1. Definitionen

Für n-Elektronensysteme mit $n > 2$ kann man die Gesamtfunktion i.allg. *nicht* als Produkt einer Orts- und einer Spinfunktion schreiben, so daß der Allgemeinfall recht verwickelt wird. Oft kann man jedoch die einfachste Form für eine antisymmetrische n-Elektronenfunktion wählen, nämlich eine sogenannte Slater-Determinante (zum Begriff ‚Determinante' siehe Anhang A7).

$$\Phi(1,2 \ldots n) = \frac{1}{\sqrt{n!}} \begin{vmatrix} \psi_1(1) & \psi_2(1) & \ldots & \psi_n(1) \\ \psi_1(2) & \psi_2(2) & \ldots & \psi_n(2) \\ \psi_1(n) & \psi_2(n) & \ldots & \psi_n(n) \end{vmatrix} \tag{9.2–1}$$

wobei

$$\psi_1(1) = \psi_1(\vec{r}_1, s_1) \tag{9.2–2}$$

Man überzeugt sich leicht davon, daß eine solche Funktion antisymmetrisch in bezug auf die Vertauschung der Koordinaten zweier Elektronen ist, denn diese Vertauschung ist nichts anderes als die Vertauschung zweier Zeilen in (9.2–1), und bei einer solchen Operation kehrt sich bekanntlich das Vorzeichen einer Determinante um. Man sieht ferner, daß es kein Verlust der Allgemeinheit ist, wenn man die Spinorbitale orthonormal wählt:

$$\int \psi_i^* \psi_k \, d\tau = (\psi_i, \psi_k) = \delta_{ik} \tag{9.2–3}$$

Man kann z.B. von irgendwelchen normierten Spinorbitalen ψ_i ausgehen, die allerdings linear unabhängig sein müssen, denn sonst würde die Determinante verschwinden. Aus linear unabhängigen Funktionen kann man aber immer Linearkombinationen konstruieren, die orthogonal zueinander sind, etwa nach dem Verfahren von Schmidt (siehe Anhang A6). Wir setzen also z.B.

$$\widetilde{\psi}_1 = \psi_1 \,;\; \widetilde{\psi}_2 = c_{21}\,\psi_1 + c_{22}\,\psi_2 \,;\; \widetilde{\psi}_3 = c_{31}\,\psi_1 + c_{32}\,\psi_2 + c_{33}\,\psi_3$$

etc. und bestimmen die Koeffizienten c_{ik} aus der Forderung (9.2–3). Übergang von den ψ_i zu dem $\widetilde{\psi}_i$ in (9.2–1) bedeutet mathematisch, daß man jeweils eine Spalte mit einem konstanten Faktor multipliziert – dabei multipliziert sich die ganze Determinante mit diesem Faktor – und anschließend zu dieser Spalte ein Vielfaches einer anderen Spalte addiert; dabei ändert sich der Wert der Determinante (9.2–1) aber überhaupt nicht, so daß die Slaterdeterminante sich nur um einen physikalisch belanglosen Faktor ändert, wenn wir in (9.2–1) die ψ_i durch die $\widetilde{\psi}_i$ ersetzen. Man erkennt an dieser Stelle, daß kein Spinorbital doppelt (oder mehrfach) besetzt sein kann, d.h. in einer Slaterdeterminante mehr als einmal vorkommen kann, weil Φ sonst verschwinden würde. Berücksichtigen wir ferner, daß ein Orbital maximal Anlaß zu zwei verschiedenen Spinorbitalen geben kann, so haben wir damit unsere frühere vorläufige Formulierung des Pauli-Prinzips, daß jedes Orbital höchstens doppelt besetzt sein kann.

9.2.2. Erwartungswerte, gebildet mit Slater-Determinanten

Wir wollen im folgenden immer voraussetzen, daß die Spinorbitale ψ_i in (9.2–1) orthonormal sind. Wir interessieren uns für die Elektronendichte und für Erwartungswerte, berechnet mit Slaterdeterminanten. Das Normierungsintegral

$$(\Phi, \Phi) = \int \Phi^* (1,2 \ldots n)\, \Phi (1,2 \ldots n)\, d\tau_1\, d\tau_2 \ldots d\tau_n \tag{9.2–4}$$

ist eine Summe von $(n!)^2$ Beiträgen, da sowohl Φ^* als Φ je eine Summe von $n!$ Produkten von Spinorbitalen ist. Nun geben aber Produkte, bei denen links und rechts die Spinorbitale in anderer Reihenfolge stehen, wegen der Orthogonalität (9.2–3) keinen Beitrag, z.B.:

$$\int \psi_1^*(1)\, \psi_2^*(2)\, \psi_3^*(3) \ldots \psi_n^*(n)\, \psi_2(1)\, \psi_1(2)\, \psi_3(3) \ldots$$

$$\psi_n(n)\, \mathrm{d}\tau_1 \ldots \mathrm{d}\tau_n$$

$$= \int \psi_1^*(1)\, \psi_2(1)\, \mathrm{d}\tau_1 \cdot \int \psi_2^*(2)\, \psi_1(2)\, \mathrm{d}\tau_2 \int \psi_3^*(3)\, \psi_3(3)\, \mathrm{d}\tau_3 \ldots$$

$$\int \psi_n^*(n)\, \psi_n(n)\, \mathrm{d}\tau_n$$

$$= 0 \,.\, 0 \,.\, 1 \ldots 1 = 0 \qquad (9.2\text{–}5)$$

Es bleiben also nur diejenigen $n!$ Terme übrig, bei denen links und rechts die Spinorbitale in der gleichen Reihenfolge stehen, und diese geben je den Betrag 1. Ihre Summe ist $n!$, diese ist aber noch mit dem Quadrat des Normierungsfaktors $\frac{1}{\sqrt{n!}}$ in (9.2–1) zu multiplizieren, so daß sich schließlich ergibt

$$(\Phi, \Phi) = 1 \qquad (9.2\text{–}6)$$

Die durch (9.2–1) definierte Slaterdeterminante ist auf 1 normiert, sofern die ψ_i orthonormal sind.

Die Wahrscheinlichkeitsdichte $\gamma_1(\vec{r}_1, s_1)$, das erste Elektron an irgendeiner Stelle des Raums und in einem bestimmten Spinzustand anzutreffen, erhalten wir, wenn wir das Produkt $\Phi^* \Phi$ über die (Orts- und Spin-) Koordinaten der anderen Elektronen integrieren:

$$\gamma_1(\vec{r}_1, \vec{s}_1) = \int \Phi^* \Phi\, \mathrm{d}\tau_2 \cdots \mathrm{d}\tau_n \qquad (9.2\text{–}7)$$

Auch dieses Integral besteht aus $(n!)^2$ Termen, aber wiederum geben Terme, bei denen links und rechts die Spinorbitale in anderer Reihenfolge stehen, keinen Beitrag, weil ein Integral wie (9.2–5) auch schon verschwindet, wenn wir nur über die Koordinaten von $(n-1)$ Teilchen integrieren, da es zwei Faktoren hat, die gleich null sind. Von den verbleibenden $n!$ Termen sind [ohne Berücksichtigung des Normierungsfaktors in (9.2–1)] je $(n-1)!$ von der Form

$$\psi_i^*(1)\, \psi_i(1) \qquad i = 1, 2 \ldots n \qquad (9.2\text{–}8)$$

so daß sich insgesamt ergibt

$$\gamma_1(1) = \frac{(n-1)!}{n!} \sum_{i=1}^{n} \psi_i^*(1)\, \psi_i(1) = \frac{1}{n} \sum_{i=1}^{n} \psi_i^*(1)\, \psi_i(1) \qquad (9.2\text{–}9)$$

Berechnet man die gleiche Wahrscheinlichkeitsdichte γ_2 für das zweite Elektron, so erhält man völlig den gleichen Ausdruck. Es ist eine unmittelbare Folge des Pauli-Prinzips, daß die Elektronen ununterscheidbar sind. Die Gesamtwahrscheinlichkeitsdichte, irgendein Elektron an einer Stelle $\vec{r}$ des Raums in einem Spinzustand s anzutreffen, ist damit

$$\gamma(\vec{r}, s) = \sum_{i=1}^{n} \gamma_i(\vec{r}, s) = \sum_{i=1}^{n} \psi_i^*(\vec{r}, s)\, \psi_i(\vec{r}, s) \tag{9.2–10}$$

d.h. der gleiche Ausdruck, den man auch für ein einfaches Produkt von Spinorbitalen (statt einer Slater-Determinante) erhalten haben würde.

Interessieren wir uns nicht für den Spinzustand, sondern nur für die Wahrscheinlichkeit im Ortsraum, so müssen wir über die Spinkoordinate integrieren.

$$\rho(\vec{r}) = \int \gamma(\vec{r}, s)\, ds \tag{9.2–11}$$

Das so definierte $\rho(\vec{r})$ ist nichts anderes als die Elektronendichte im betrachteten Atom (bzw. Molekül). Den Ausdruck für Erwartungswerte eines Einelektronenoperators

$$\mathbf{A}(1, 2 \ldots n) = \sum_{i=1}^{n} \mathbf{a}(i) \tag{9.2–12}$$

für eine Slater-Determinante leitet man in gleicher Weise wie den für die Elektronendichte ab, und man erhält

$$(\Phi, \mathbf{A}\,\Phi) = \sum_{i=1}^{n} (\psi_i, \mathbf{a}\,\psi_i) \tag{9.2–13}$$

Ein wenig mühsamer ist die Berechnung der Erwartungswerte von Zweielektronenoperatoren, von denen uns derjenige der Elektronenabstoßung $\left[\text{mit } \mathbf{g}(i, j) = \frac{1}{r_{ij}}\right]$

$$\mathbf{G}(1, 2 \ldots n) = \sum_{i<j=1}^{n} \mathbf{g}(i, j) \tag{9.2–14}$$

besonders interessiert. Man erhält nach analoger Argumentation wie oben

$$(\Phi, \mathbf{G}\,\Phi) = \sum_{i<j=1}^{n} \Big\{ \langle \psi_i(1)\, \psi_j(2) \,|\mathbf{g}(1,2)|\, \psi_i(1)\, \psi_j(2) \rangle - \langle \psi_i(1)\, \psi_j(2) \,|\mathbf{g}(1,2)|\, \psi_j(1)\, \psi_i(2) \rangle \Big\} \tag{9.2–15}$$

Der zu einer Slater-Determinante gehörende Energieausdruck sieht also folgendermaßen aus

$$E = \sum_{i=1}^{n} (\psi_i, \mathbf{h}\psi_i) + \sum_{i<j=1}^{n} \left\{ < \psi_i(1)\, \psi_j(2) \,|\, \frac{1}{r_{12}} \,|\, \psi_i(1)\, \psi_j(2) > - < \psi_i(1)\, \psi_j(2) \,|\, \frac{1}{r_{12}} \,|\, \psi_j(1)\, \psi_i(2) > \right\} \tag{9.2-16}$$

wobei alle Integrale über Spinorbitale gehen. In der Doppelsumme kann man auch über $i \neq j$ summieren und einen Faktor $1/2$ vor die Summe schreiben. Man kann sogar die Terme $i = j$ mitnehmen, da sie insgesamt 0 ergeben, so daß man statt (9.2–16) auch schreiben kann

$$E = \sum_{i=1}^{n} (\psi_i, \mathbf{h}\psi_i) + \frac{1}{2} \sum_{i,j=1}^{n} \left\{ < \psi_i(1)\, \psi_j(2) \,|\, \frac{1}{r_{12}} \,|\, \psi_i(1)\, \psi_j(2) > - < \psi_i(1)\, \psi_j(2) \,|\, \frac{1}{r_{12}} \,|\, \psi_j(1)\, \psi_i(2) > \right\} \tag{9.2-17}$$

9.2.3. Elimination des Spins aus den Erwartungswerten

Wir wollen jetzt die Energie durch Integrale über Orbitale statt Spinorbitale ausdrücken. Dazu setzen wir voraus, daß die Spinorbitale von der Form

$$\psi_i = \varphi_k \alpha \quad \text{oder} \quad \psi_i = \varphi_k \beta \tag{9.2-18}$$

sind und daß die Orbitale φ_k orthonormal sind. Das bedeutet, daß ein Orbital φ_k entweder doppelt besetzt ist (mit α- und β-Spin) oder einfach (mit α- *oder* β-Spin). Entsprechend führen wir die Besetzungszahl $n_k = 2$ bzw. $n_k = 1$ für das Orbital (und $n_k = 0$ für ein unbesetztes Orbital) ein. Betrachten wir in der ersten Summe in (9.2–17) einen Term, z.B.

$$(\varphi_k\, \alpha, \mathbf{h}\, \varphi_k\, \alpha) \quad \text{oder} \quad (\varphi_k\, \beta, \mathbf{h}\, \varphi_k\, \beta) \tag{9.2-19}$$

Die Integration über die Spinkoordinaten kann man sofort durchführen, und sie gibt 1, also

$$(\varphi_k\, \alpha, \mathbf{h}\, \varphi_k\, \alpha) = (\varphi_k\, \beta, \mathbf{h}\, \varphi_k\, \beta) = (\varphi_k, \mathbf{h}\, \varphi_k) \tag{9.2-20}$$

Folglich erhält man

$$\sum_{i=1}^{n} (\psi_i, \mathbf{h}\, \psi_i) = \sum_{k} n_k\, (\varphi_k, \mathbf{h}\, \varphi_k) \tag{9.2-21}$$

wobei auf der rechten Seite die Summe über die Orbitale geht.

Bei den Elektronenwechselwirkungsintegralen des ersten Typs ist es ganz analog:

$$< \varphi_k \, \alpha(1) \, \varphi_l \, \alpha(2) \,|\, \frac{1}{r_{12}} \,|\, \varphi_k \, \alpha(1) \, \varphi_l \, \alpha(2) >$$

$$= < \varphi_k \, \alpha(1) \, \varphi_l(2) \,|\, \frac{1}{r_{12}} \,|\, \varphi_k \, \alpha(1) \, \varphi_l(2) >$$

$$= < \varphi_k(1) \, \varphi_l(2) \,|\, \frac{1}{r_{12}} \,|\, \varphi_k(1) \, \varphi_l(2) > \qquad (9.2\text{–}22)$$

so daß man erhält

$$\frac{1}{2} \sum_{i,j} < \psi_i(1) \, \psi_j(2) \,|\, \frac{1}{r_{12}} \,|\, \psi_i(1) \, \psi_j(2) >$$

$$= \frac{1}{2} \sum_{k,l} n_k \, n_l < \varphi_k(1) \, \varphi_l(2) \,|\, \frac{1}{r_{12}} \,|\, \varphi_k(1) \, \varphi_l(2) > \qquad (9.2\text{–}23)$$

Etwas anderes ist es bei denen Elektronenwechselwirkungsintegralen des zweiten Typs, z.B. verschwindet

$$< \varphi_k \, \alpha(1) \, \varphi_l \, \beta(2) \,|\, \frac{1}{r_{12}} \,|\, \varphi_l \, \beta(1) \, \varphi_k \, \alpha(2) > \; = \; (\alpha(1), \beta(1)) \, (\beta(2), \alpha(2))$$

$$\times < \varphi_k(1) \, \varphi_l(2) \,|\, \frac{1}{r_{12}} \,|\, \varphi_l(1) \, \varphi_k(2) > \; = \; 0 \qquad (9.2\text{–}24)$$

wegen der Orthogonalität der Spinfunktionen, so daß nur diejenigen Integrale einen Beitrag geben, bei denen beide Spinorbitale den gleichen Spin haben. Folglich ist

$$\frac{1}{2} \sum_{i,j} < \psi_i(1) \, \psi_j(2) \,|\, \frac{1}{r_{12}} \,|\, \psi_j(1) \, \psi_i(2) > \; =$$

$$= \frac{1}{2} \sum_{k,l} (n_k^\alpha \, n_l^\alpha + n_k^\beta \, n_l^\beta) < \varphi_k(1) \, \varphi_l(2) \,|\, \frac{1}{r_{12}} \,|\, \varphi_l(1) \, \varphi_k(2) > \qquad (9.2\text{–}25)$$

wobei $n_k^\alpha = 1$, wenn das Orbital φ_k mit α-Spin besetzt ist, und $n_k^\alpha = 0$ sonst, wobei natürlich $n_k = n_k^\alpha + n_k^\beta$

Für die Zweielektronenintegrale über Orbitale benutzt man heute meist die sogenannte Mullikensche Schreibweise:

$$(\varphi_i\varphi_i|\varphi_j\varphi_j) \equiv (ii|jj) \equiv <\varphi_i(1)\,\varphi_j(2)\,|\frac{1}{r_{12}}|\,\varphi_i(1)\,\varphi_j(2)> \tag{9.2–26}$$

$$(\varphi_i\varphi_j|\varphi_j\varphi_i) \equiv (ij|ji) \equiv <\varphi_i(1)\,\varphi_j(2)\,|\frac{1}{r_{12}}|\,\varphi_j(1)\,\varphi_i(2)> \tag{9.2–27}$$

Bei dieser Mullikenschen Schreibweise stehen die zum ersten Elektron gehörenden Orbitale links, die zum zweiten rechts vom Strich. Integrale vom Typ (9.2–26) bezeichnet man als Coulombintegrale, sie stellen die Coulombsche Wechselwirkung der ‚Ladungswolken' $|\varphi_i(1)|^2$ und $|\varphi_j(2)|^2$ dar, während Integrale vom Typ (9.2–27) Austauschintegrale genannt werden. – Unter Benutzung der Mullikenschen Schreibweise ergibt sich für die Energie einer Slater-Determinante

$$E = \sum_k n_k\,(\varphi_k, \mathbf{h}\,\varphi_k) + \frac{1}{2}\sum_{k,l}\Big\{n_k\,n_l\,(kk|ll) - \Big[n_k^\alpha n_l^\alpha + n_k^\beta n_l^\beta\Big](kl|lk)\Big\} \tag{9.2–28}$$

Für die Elektronendichte $\rho(\vec{r})$, die durch (9.2–11) definiert ist, erhält man

$$\rho(\vec{r}) = \sum_k n_k\,|\varphi_k(\vec{r})|^2 \tag{9.2–29}$$

d.h. die Summe der Dichten der einzelnen Orbitale, gewichtet mit deren Besetzungszahl.

9.3. Abgeschlossene Schalen – Die Hartree-Fock-Näherung*)

Wir werden später noch genauer diskutieren, unter welchen Voraussetzungen eine Slater-Determinante eine gute Näherung für die Wellenfunktion eines n-Teilchenzustandes ist. Wir wollen aber schon vorwegnehmen, daß dies i.allg. der Fall ist, wenn der betrachtete Zustand nur aus abgeschlossenen Schalen besteht. In solchen Zuständen ist zumindest auch jedes Orbital doppelt besetzt, und zwar einmal mit α- und einmal mit β-Spin ($n_k^\alpha = n_k^\beta = 1$, $n_k = 2$ für alle k). Für Zustände mit nur doppelt besetzten Orbitalen vereinfacht sich der Energieausdruck (9.2–28) zu:

*) Eine ausführliche Darstellung dieser Methode in der heute i.allg. verwendeten Darstellung findet man z.B. bei C.C.J. Roothaan, Rev.Mod.Phys. *23*, 69 (1951).

$$E = 2\sum_{i=1}^{\frac{n}{2}} (\varphi_i, \mathbf{h}\,\varphi_i) + \sum_{i,j=1}^{\frac{n}{2}} [2\,(ii\,|\,jj) - (ij\,|\,ji)] \tag{9.3–1}$$

dabei geht jetzt die Summe ($i=1,2\;.\;.\;.\;\frac{n}{2}$) über die doppelt besetzten Orbitale φ_i.

Wir müssen jetzt die Hartree-Methode neu formulieren, mit einer Slater-Determinante anstelle eines Orbitalprodukts als Variationsfunktion. Dabei ändert sich aber überraschenderweise sehr wenig, die Theorie wird eher noch einfacher. Wiederum erhalten wir eine effektive Einelektronen-Schrödingergleichung, die sogenannte *Hartree-Fock-Gleichung*

$$\mathbf{h}_{\text{eff}}\,\varphi_i(\vec{r}) = \epsilon_i\,\varphi_i(\vec{r}) \tag{9.3–2}$$

mit zwei Unterschieden zur Hartree-Methode:

1. Alle φ_i sind Eigenfunktionen des *gleichen* effektiven Hamilton Operators und damit auch automatisch orthogonal zueinander.

2. Der effektive Operator $\mathbf{h}_{\text{eff}}$ unterscheidet sich vom Hartreeschen Operator dadurch, daß im ‚Coulomb-Term'

$$2\sum_k \int \frac{|\,\varphi_k(\vec{r}_2)\,|^2}{r_{12}}\,d\tau_2 = 2\sum_k \mathbf{J}^k(1) \tag{9.3–3}$$

der Summand $k = i$ *nicht* ausgeschlossen ist, und daß noch ein sogenannter Austausch-Term hinzutritt:

$$-\sum_k \mathbf{K}^k(1) \tag{9.3–4}$$

wobei man einen Austauschoperator $\mathbf{K}^k$ am besten durch seine Matrixelemente bezüglich beliebiger Funktionen a und b definiert:

$$(a, \mathbf{K}^k b) = \int a^*(1)\,\varphi_k^*(2)\,\frac{1}{r_{12}}\,\varphi_k(1)\,b(2)\,d\tau_1\,d\tau_2 \tag{9.3–5}$$

Die explizite Form des Hartree-Fock-Operators für einen Zustand mit $n/2$ doppelt besetzten Orbitalen ist dann

$$\mathbf{h}_{\text{eff}}(\vec{r}_1) = \mathbf{h}(\vec{r}_1) + \sum_{k=1}^{\frac{n}{2}} \left\{ 2\,\mathbf{J}^k(\vec{r}_1) - \mathbf{K}^k(\vec{r}_1) \right\} \tag{9.3–6}$$

Man gelangt hierzu (was wir nicht im einzelnen durchführen wollen*)), indem man die Variation δE des Energieerwartungswertes (9.3–1) in Abhängigkeit von den Variationen $\delta\varphi_i$ der Orbitale φ_i zu Null macht, mit der Nebenbedingung, daß die φ_i bei den Variationen orthogonal bleiben sollen. Diese Nebenbedingung kann man durch sogenannte Lagrange-Multiplikatoren λ_{ik} berücksichtigen (wobei jedes λ_{ik} einer Nebenbedingung $(\varphi_i, \varphi_k) = \delta_{ik}$ entspricht). Das Ergebnis der Variationsrechnung liefert dann zuerst die Hartree-Fock-Gleichungen in der Form

$$\mathbf{h}_{\text{eff}}\varphi_i = \sum_k \lambda_{ik}\varphi_k \tag{9.3–7}$$

Berücksichtigt man allerdings, daß der Wert von Φ und damit auch von E sich nicht ändert, wenn man eine unitäre Transformation zwischen den Orbitalen φ_k durchführt, und daß sich bei einer solchen Transformation auch die funktionale Form von $\mathbf{h}_{\text{eff}}$ nicht ändert, so kann man zusätzlich fordern, daß die φ_k Eigenvektoren der Matrix λ_{ik} sind, d.h. daß

$$\sum_k \lambda_{ik}\varphi_k = \epsilon_i\varphi_i \tag{9.3–8}$$

Das bedeutet aber, daß wir die Hartree-Fock-Gleichungen in der Form (9.3–2) verwenden können.

Wie wir schon im Zusammenhang mit der Hartree-Methode erwähnten, ist die Summe der Orbitalenergien nicht gleich der Gesamtenergie, da bei dieser Summierung die Elektronenwechselwirkung doppelt zählt.

$$2\sum_i \epsilon_i = 2\sum_i (\varphi_i, \mathbf{h}_{\text{eff}}\varphi_i) = 2\sum_i (\varphi_i, \mathbf{h}\,\varphi_i) + 2\sum_{i,k} [2(ii|kk) - (ik|ki)] \tag{9.3–9}$$

Zusammenfassung zu Kap. 9

Die Wellenfunktion eines Vielelektronensystems muß antisymmetrisch in bezug auf die gleichzeitige Vertauschung der Orts- und Spin-Koordinaten zweier Elektronen sein – (Pauli-Prinzip). Die einfachste Form einer Funktion, die das Pauli-Prinzip erfüllt, ist eine sog. Slater-Determinante (9.2–1), aufgebaut aus ebensovielen Spinorbitalen, wie es Elektronen gibt. Es bedeutet keinen Verlust der Allgemeinheit, wenn man verlangt, daß die verschiedenen Spinorbitale orthonormal zueinander sein sollen.

Für den Erwartungswert eines Einteilchenoperators **A**, definiert durch Gl. (9.2–12) erhält man einen sehr einfachen Ausdruck (9.2–13), nämlich eine Summe von Erwartungswerten, gebildet mit den einzelnen Spinorbitalen. Der Erwartungswert der Elektronenwechselwirkungsenergie besteht aus zwei Anteilen, dem der Coulombwechselwirkung der ‚Ladungswolken' der Spinorbitale sowie einer klassisch nicht deutbaren ‚Austausch-Wechselwirkung'. Nach Integration über die Spinkoordinaten erhält man

* Vgl. C.C.J. Roothaan, l.c.

für den Erwartungswert der Energie mit einer Slater-Determinante Gl. (9.2–28), bei deren Formulierung wir uns der Mulliken-Schreibweise (9.2–26), (9.2–27) für die Zweielektronenintegrale und der Abkürzungen n_k, n_k^α, n_k^β für die Besetzungszahl eines Orbitals insgesamt bzw. mit α und β-Spin bedient haben.

Die beste Wellenfunktion (zumindest für abgeschlossen-schalige Zustände) in der Form einer Slater-Determinante erhält man, wenn man die Orbitale, aus denen man sie aufbaut, als Lösungen der Hartree-Fock-Gleichungen (9.3–2) wählt, mit dem effektiven Einelektronen-Hamilton-Operator (9.3–6), der anschaulich das effektive Feld darstellt, in dem sich ein Elektron bewegt.

10. Terme und Konfigurationen in der Theorie der Mehrelektronenatome

10.1. Beispiele für Zustände, die durch Angabe der Konfiguration nicht eindeutig gekennzeichnet sind

Bei der Ableitung des Periodensystems der Elemente haben wir die Zustände von Atomen durch die Angabe der sogenannten ‚Konfiguration' charakterisiert, z.B. den Grundzustand des C-Atoms durch

$$1s^2\,2s^2\,2p^2$$

was bedeutet, $1s$ ist doppelt, d.h. vollständig, besetzt, ebenso $2s$, während von den sechs möglichen $2p$-Spin-Orbitalen zwei besetzt sind. Am Beispiel der angeregten Helium-Konfiguration $1s2s$ haben wir bereits gesehen, daß durch die Angabe der Konfiguration der Zustand nicht immer völlig gekennzeichnet ist. Zur Konfiguration $1s2s$ gibt es zwei *Terme* (von denen einer nicht-entartet und einer dreifach-entartet ist) mit den Wellenfunktionen

$$\psi_1 = \frac{1}{2}[1s(1)\,2s(2) + 2s(1)\,1s(2)]\,[\alpha(1)\beta(2) - \alpha(2)\beta(1)]$$

$$\psi_2 = \frac{1}{\sqrt{2}}[1s(1)\,2s(2) - 2s(1)\,1s(2)]\begin{cases} \alpha(1)\alpha(2) \\ \dfrac{1}{\sqrt{2}}[\alpha(1)\beta(2) + \beta(1)\alpha(2)] \\ \beta(1)\beta(2) \end{cases} \qquad (10.1\text{–}1)$$

Es sei darauf hingewiesen, daß der Begriff *Term* im Rahmen der Atomtheorie einen wohldefinierten ‚terminus technicus' darstellt, daß es sich aber nie ganz vermeiden läßt, gelegentlich von ‚Termen' auch in einem anderen und viel allgemeineren Sinn zu sprechen, so wie man einen Summanden in einer beliebigen Summe oft auch als Term bezeichnet.

Die Energie eines quantenmechanischen Zustandes eines Atoms hängt in erster Näherung von seiner Konfiguration ab, d.h. davon, welche Atomorbitale besetzt sind. In gewissen Fällen (wie bei der soeben erwähnten $1s2s$-Konfiguration) gibt es zu einer Konfiguration verschiedene Terme mit verschiedenen Energien. Wellenfunktionen zur gleichen Konfiguration, aber zu verschiedenen Termen haben in erster Näherung die gleiche Elektronendichteverteilung, genauer gesagt, den gleichen total-symmetrischen Anteil der Elektronendichte (vgl. hierzu Kap. 12) und damit die gleichen Einelektronenenergien, und sie stimmen auch in den meisten Beiträgen zur Elektronenwechselwirkungsenergie überein. Nur die Elektronenwechselwirkung der Elektronen in den offenen Schalen unterscheidet sich etwas. Man spricht oft davon, daß die Energie einer Konfiguration infolge der Elektronenwechselwirkungsenergie ‚aufgespalten' wird. In der Regel, aber nicht immer, ist diese Energieaufspaltung als Folge der Elektronenwechselwirkung klein gegenüber dem Abstand zwischen benachbarten Konfigurationen.

Nur einen einzigen möglichen Term gibt es zu einer Konfiguration z.B. immer dann, wenn man zu dieser Konfiguration nur eine Slater-Determinante schreiben kann.

Das ist der Fall, wenn die Konfiguration nur aus abgeschlossenen Schalen besteht, z.B. beim Grundzustand des He, wo die besetzten Spinorbitale sind:

$$1s\alpha,\ 1s\beta \tag{10.1–2}$$

und wo nur eine Slater-Determinante möglich ist, die wir symbolisch schreiben als

$$|\,1s\alpha,\ 1s\beta\,| \tag{10.1–3}$$

oder beim Grundzustand von Ne, zu dem die Slater-Determinante

$$|\,1s\alpha,\ 1s\beta,\ 2s\alpha,\ 2s\beta,\ 2p\pi\alpha,\ 2p\pi\beta,\ 2p\sigma\alpha,\ 2p\sigma\beta,\ 2p\bar{\pi}\alpha,\ 2p\bar{\pi}\beta\,| \tag{10.1–4}$$

gehört.

Anhand der Grundkonfiguration $1s^2 2s^2 2p^2$ des Kohlenstoffatoms, bei der die $2p$-Schale offen ist, läßt sich besonders gut erläutern, wie verschiedene Terme zur gleichen Konfiguration zustandekommen.

Alle Slater-Determinanten, die wir zu dieser Konfiguration hinschreiben können, enthalten die Spinorbitale $1s\alpha$, $1s\beta$, $2s\alpha$, $2s\beta$ der beiden abgeschlossenen Schalen, sie unterscheiden sich aber darin, welche Spin-Orbitale der offenen $2p^2$-Schale vorkommen. Es gibt sechs verschiedene $2p$-Spinorbitale, nämlich die folgenden, für die wir gleich die m_l- und m_s-Werte angeben:

$$\begin{array}{cccccccc} & & 2p\pi\alpha, & 2p\pi\beta, & 2p\sigma\alpha, & 2p\sigma\beta, & 2p\bar{\pi}\alpha, & 2p\bar{\pi}\beta \\ m_l & = & 1 & 1 & 0 & 0 & -1 & -1 \\ m_s & = & \frac{1}{2} & -\frac{1}{2} & \frac{1}{2} & -\frac{1}{2} & \frac{1}{2} & -\frac{1}{2} \end{array} \tag{10.1–5}$$

und für die wir künftig abgekürzt schreiben wollen:

$$\pi\alpha,\ \pi\beta,\ \sigma\alpha,\ \sigma\beta,\ \bar{\pi}\alpha,\ \bar{\pi}\beta \tag{10.1–6}$$

Will man sechs mögliche Spinorbitale mit zwei Elektronen besetzen, so gibt es dafür $\binom{6}{2} = \frac{6 \cdot 5}{2} = 15$ Möglichkeiten*). Diese sind in Tab. 7 explizit angegeben. Für die

---

* Nach dem Pauli-Prinzip können nicht beide Elektronen das gleiche Spinorbital besetzen, d.h. $|\,\pi\alpha,\ \pi\alpha\,|$ ist z.B. nicht möglich, ferner bedeutet z.B. $|\,\pi\alpha,\ \pi\beta\,|$ und $|\,\pi\beta,\ \pi\alpha\,|$ physikalisch dasselbe (die beiden Slater-Determinanten unterscheiden sich nur um einen Faktor -1). Von n Elementen kann man genau $\binom{n}{2} = \frac{n\,(n-1)}{2}$ Paare verschiedener Elemente bilden, wenn die Reihenfolge der Elemente im Paar belanglos ist.

folgenden Überlegungen macht es keinen Unterschied, ob man die abgeschlossenen Schalen $1s^2$ und $2s^2$ mitnimmt oder nicht. Wir wollen uns deshalb auf die $2p^2$-Konfiguration allein beschränken und erst später überlegen, welchen Einfluß die allen 15 Slater-Determinanten gemeinsamen Spinorbitale haben.

Tab. 7. Die möglichen Slater-Determinanten zu einer p^2-Konfiguration.

Nr.	Funktion	m_{l1}	m_{l2}	M_L	m_{s1}	m_{s2}	M_S	$M_J = M_L + M_S$
1	$\vert\pi\alpha,\pi\beta\vert$	1	1	2	$\frac{1}{2}$	$-\frac{1}{2}$	0	2
2	$\vert\pi\alpha,\sigma\alpha\vert$	1	0	1	$\frac{1}{2}$	$\frac{1}{2}$	1	2
3	$\vert\pi\alpha,\sigma\beta\vert$	1	0	1	$\frac{1}{2}$	$-\frac{1}{2}$	0	1
4	$\vert\pi\alpha,\bar{\pi}\alpha\vert$	1	-1	0	$\frac{1}{2}$	$\frac{1}{2}$	1	1
5	$\vert\pi\alpha,\bar{\pi}\beta\vert$	1	-1	0	$\frac{1}{2}$	$-\frac{1}{2}$	0	0
6	$\vert\pi\beta,\sigma\alpha\vert$	1	0	1	$-\frac{1}{2}$	$\frac{1}{2}$	0	1
7	$\vert\pi\beta,\sigma\beta\vert$	1	0	1	$-\frac{1}{2}$	$-\frac{1}{2}$	-1	0
8	$\vert\pi\beta,\bar{\pi}\alpha\vert$	1	-1	0	$-\frac{1}{2}$	$\frac{1}{2}$	0	0
9	$\vert\pi\beta,\bar{\pi}\beta\vert$	1	-1	0	$-\frac{1}{2}$	$-\frac{1}{2}$	-1	-1
10	$\vert\sigma\alpha,\sigma\beta\vert$	0	0	0	$\frac{1}{2}$	$-\frac{1}{2}$	0	0
11	$\vert\sigma\alpha,\bar{\pi}\alpha\vert$	0	-1	-1	$\frac{1}{2}$	$\frac{1}{2}$	1	0
12	$\vert\sigma\alpha,\bar{\pi}\beta\vert$	0	-1	-1	$\frac{1}{2}$	$-\frac{1}{2}$	0	-1
13	$\vert\sigma\beta,\bar{\pi}\alpha\vert$	0	-1	-1	$-\frac{1}{2}$	$\frac{1}{2}$	0	-1
14	$\vert\sigma\beta,\bar{\pi}\beta\vert$	0	-1	-1	$-\frac{1}{2}$	$-\frac{1}{2}$	-1	-2
15	$\vert\bar{\pi}\alpha,\bar{\pi}\beta\vert$	-1	-1	-2	$\frac{1}{2}$	$-\frac{1}{2}$	0	-2

Wir setzen jetzt, ähnlich wie wir das bei der $1s2s$-Konfiguration des He-Atoms durchgeführt haben, die zur p^2-Konfiguration möglichen Wellenfunktionen als Linearkombinationen der 15 Slaterdeterminanten an

$$\Psi = \sum_{i=1}^{15} c_i \phi_i \qquad (10.1\text{–}7)$$

und bestimmen die Koeffizienten c_i nach dem Variationsprinzip*). So erhalten wir sicher bessere Näherungen, als wenn wir die Slater-Determinanten ϕ_i selbst schon als

* Es sei darauf hingewiesen, daß nicht nur eine einzelne Slater-Determinante, sondern jede Linearkombination von Slater-Determinanten antisymmetrisch ist, mithin das Pauli-Prinzip erfüllt.

Näherungen für die gesuchten Wellenfunktionen ansehen würden. Man könnte so vorgehen, daß man zuerst die 15x 15 Matrixelemente

$$H_{ik} = (\phi_i, \mathbf{H}\,\phi_k) \tag{10.1–8}$$

berechnet und dann Eigenvektoren und Eigenwerte der H_{ik}-Matrix bestimmt, so wie in Abschn. 5.7 angegeben. Dieses Verfahren ist aber recht mühsam, und wir kommen sicherlich einfacher zum Ziel, wenn wir zunächst eine Überlegung zum Gesamtspin und Gesamtdrehimpuls von Atomen anstellen.

10.2. Gesamtdrehimpuls und Gesamtspin in Mehrelektronenatomen

Der Operator des gesamten Bahndrehimpulses der Elektronen in einem Atom ist gegeben durch

$$\vec{\mathbf{L}}(\vec{r}_1, \vec{r}_2 \ldots \vec{r}_n) = \sum_{i=1}^{n} \vec{\ell}(\vec{r}_i) \tag{10.2–1}$$

also gleich der Summe der Einzeldrehimpulse. Insbesondere gilt für die z-Komponente

$$\mathbf{L}_z(\vec{r}_1, \vec{r}_2 \ldots \vec{r}_n) = \sum_{i=1}^{n} \ell_z(\vec{r}_i) \tag{10.2–2}$$

während $\mathbf{L}^2$ nicht einfach gleich der Summe der $\ell^2(\vec{r}_i)$ ist, sondern

$$\mathbf{L}^2 = \left[\sum_{i=1}^{n} \vec{\ell}(\vec{r}_i)\right]^2 = \sum_{i=1}^{n} \sum_{j=1}^{n} \vec{\ell}(\vec{r}_i) \cdot \vec{\ell}(\vec{r}_j) \tag{10.2–3}$$

wobei der Punkt die Bildung des Skalarproduktes andeutet.

Ähnlich wie für ein Elektron in einem Zentralfeld ℓ_z und ℓ^2 mit dem Hamilton-Operator $\mathbf{H}$ vertauschen, vertauschen – wie man allgemein zeigen kann – in einem Mehrelektronenatom (bei Abwesenheit von Spin-Bahn-Wechselwirkung) zwar nicht die einzelnen $\ell_z(\vec{r}_i)$ bzw. $\ell^2(\vec{r}_i)$, wohl aber $\mathbf{L}_z$ und $\mathbf{L}^2$ mit $\mathbf{H}$. Das bedeutet, die richtigen Eigenfunktionen von $\mathbf{H}$ sind gleichzeitig Eigenfunktionen von $\mathbf{L}_z$ und $\mathbf{L}^2$ oder können zumindest als solche gewählt werden.

Betrachten wir die Slater-Determinanten der Tab. 7, so sind sie zwar alle Eigenfunktionen von $\mathbf{L}_z$, aber nur einige von ihnen sind Eigenfunktionen von $\mathbf{L}^2$. Wir müssen deshalb solche Linearkombinationen (10.1–7) suchen, die Eigenfunktionen von $\mathbf{L}^2$ sind.

Daß unsere Slater-Determinanten Eigenfunktionen von $\mathbf{L}_z$ sind, folgt daraus, daß

$$\mathbf{L}_z = \ell_z(1) + \ell_z(2) \qquad (10.2\text{–}4)$$

und daß jedes der beiden Spinorbitale Eigenfunktion von $\ell_z(1)$ bzw. $\ell_z(2)$ ist. Sei

$$\ell_z\, a = \hbar m_{la} \cdot a$$

$$\ell_z\, b = \hbar m_{lb} \cdot b \qquad (10.2\text{–}5)$$

wobei a und b (orthonormale) Spinorbitale sind, und sei

$$\phi = |\, a, b\,| = \frac{1}{\sqrt{2}}\left\{a\,(1)\,b(2) - b(1)\,a\,(2)\right\} \qquad (10.2\text{–}6)$$

eine Slater-Determinante, so gilt offenbar

$$\mathbf{L}_z\,\phi = [\ell_z(1) + \ell_z(2)]\,\frac{1}{\sqrt{2}}\left\{a(1)\,b(2) - b(1)\,a(2)\right\}$$

$$= \frac{\hbar}{\sqrt{2}}\left\{m_{la}\, a(1)\,b(2) + m_{lb}\, a(1)\,b(2) - m_{lb}\, b(1)\,a(2) - m_{la}\, b(1)\,a(2)\right\}$$

$$= \hbar\,(m_{la} + m_{lb})\,\phi = \hbar M_L\,\phi \qquad (10.2\text{–}7)$$

Der Beweis ist analog für Slater-Determinanten von mehr als zwei Elektronen und für beliebige Operatoren, die sich additiv aus Einelektronenoperatoren zusammensetzen wie $\mathbf{L}_z$ nach Gl. (10.2–2). Er gilt dagegen nicht für Operatoren wie $\mathbf{L}^2$ nach (10.2–3).

Für unsere 15 Slater-Determinanten können wir die zu $\mathbf{L}_z$ gehörende Quantenzahl M_L sofort hinschreiben als Summe der m_l-Werte der Orbitale. Diese Werte sind in Tab. 8 mitangegeben.

Tab. 8. Klassifikation der Slater-Determinanten zur Konfiguration p^2 nach den Quantenzahlen M_L und M_S.

M_S \ M_L	−2	−1	0	1	2
−1		$\|\sigma\beta,\bar{\pi}\beta\|$	$\|\pi\beta,\bar{\pi}\beta\|$	$\|\pi\beta,\sigma\beta\|$	
0	$\|\bar{\pi}\alpha,\bar{\pi}\beta\|$	$\|\sigma\alpha,\bar{\pi}\beta\|$ $\|\sigma\beta,\bar{\pi}\alpha\|$	$\|\pi\alpha,\bar{\pi}\beta\|$ $\|\sigma\alpha,\sigma\beta\|$ $\|\pi\beta,\bar{\pi}\alpha\|$	$\|\pi\alpha,\sigma\beta\|$ $\|\pi\beta,\sigma\alpha\|$	$\|\pi\alpha,\pi\beta\|$
1		$\|\sigma\alpha,\bar{\pi}\alpha\|$	$\|\pi\alpha,\bar{\pi}\alpha\|$	$\|\pi\alpha,\sigma\alpha\|$	

Bei Abwesenheit von Spin-Bahn-Wechselwirkung vertauschen in einem beliebigen Mehrelektronensystem (nicht nur bei Atomen, sondern auch bei Molekülen) die Operatoren

$$\mathbf{S}_z = \sum_{i=1}^{n} \mathbf{s}_z(i) \qquad (10.2-8)$$

und

$$\mathbf{S}^2 = \left[\sum_{i=1}^{n} \vec{\mathbf{s}}(i)\right]^2 \qquad (10.2-9)$$

des Gesamtspins mit dem Hamilton-Operator. Unsere Slater-Determinanten sind automatisch Eigenfunktionen von $\mathbf{S}_z$, wobei die Quantenzahl M_S die Summe der m_s-Werte der einzelnen Spinorbitale ist. (Die Begründung hierfür ist ganz analog wie bei M_L.) Auch diese Werte findet man in Tab. 7*). Um Eigenfunktionen von $\mathbf{S}^2$ zu erhalten, muß man Linearkombinationen der ϕ_i wählen.

Wir gehen folgendermaßen vor:

Als erstes fragen wir, welche Eigenfunktionen von $\mathbf{L}^2$ und $\mathbf{S}^2$ bei einer gegebenen Konfiguration möglich sind, mithin welche Quantenzahlen L und S entsprechend den Eigenwertgleichungen

$$\mathbf{L}^2 \Psi = \hbar^2 L(L+1) \Psi \qquad (10.2-10)$$

$$\mathbf{S}^2 \Psi = \hbar^2 S(S+1) \Psi \qquad (10.2-11)$$

für eine gegebene Konfiguration infrage kommen.

Dazu bedienen wir uns im folgenden Abschnitt eines einfachen Abzählschemas. Damit können wir die möglichen Terme zu einer Konfiguration durch die Quantenzahlen L und S bzw. diesen äquivalente Symbole klassifizieren. Wir leiten dann (in Abschn. 10.5) Ausdrücke für die Energien der verschiedenen Terme ab und ermitteln schließlich (in Abschn. 10.6) die zu den Termen gehörenden Wellenfunktionen, d.h. die Koeffizienten in der Entwicklung (10.1–7). Wir benutzen dabei zur Erläuterung stets die Konfiguration p^2, geben aber gelegentlich auch Ergebnisse für andere Konfigurationen an.

Zur Klassifikation von atomaren Zuständen nennen wir diese S, P, D, F etc., je nachdem ob $L = 0, 1, 2, 3, \ldots$ (analog wie bei den entsprechenden Einelektronenzuständen). Dagegen wird statt der Spinquantenzahl S die sogenannte Spinmultiplizität $2S + 1$, und zwar als linker oberer Index angegeben. Ein Zustand mit $S = 1/2$ und $L = 1$ wird also als ^2P gekennzeichnet.

---

* Abgeschlossene Schalen liefern sowohl zu M_L als zu M_S den Beitrag 0, so daß man sie bei dieser Überlegung unberücksichtigt lassen kann.

10.3. Abzählschema zur Bestimmung der Terme zu einer Konfiguration

Ordnen wir die Slater-Determinanten der Tab. 7 nach ihren M_L und M_S-Werten, so erhalten wir das Schema der Tab. 8.

Schreiben wir in einem analogen Schema die Slater-Determinanten nicht explizit hin, sondern machen wir für jede von ihnen einen Strich, so erhalten wir folgendes Bild:

<table>
<tr><th>M_S \ M_L</th><th>−2</th><th>−1</th><th>0</th><th>1</th><th>2</th></tr>
<tr><td>−1</td><td></td><td>|</td><td>|</td><td>|</td><td></td></tr>
<tr><td>0</td><td>|</td><td>||</td><td>|||</td><td>||</td><td>|</td></tr>
<tr><td>1</td><td></td><td>|</td><td>|</td><td>|</td><td></td></tr>
</table>

Wir überzeugen uns jetzt davon, daß einige der 15 Slater-Determinanten bereits Eigenfunktionen von $\mathbf{L}^2$ und $\mathbf{S}^2$ sind. Wir benutzen dabei, daß von einem Term (L, S), wenn er vorkommt, sämtliche Funktionen zu diesem Term vorkommen müssen*), mit $M_L = -L, -L+1, \ldots +L$; $M_S = -S, -S+1, \ldots +S$

Der Fall $M_L = 2$, $M_S = 0$ kann offenbar nur zu $L = 2$, $S = 0$ (d.h. zu ^1D) gehören, ersteres wegen der Ungleichung $|M_L| \leqslant L$, letzteres, weil $M_L = 2$, $M_S = \pm 1$ nicht vorkommt.

Zu $L = 2$, $S = 0$ müssen aber fünf Zustände (mit $M_L = -2, -1, 0, 1, 2$ und $M_S = 0$) gehören. Für jeden dieser Zustände streichen wir in unserem Schema einen Strich weg, so daß verbleibt:

<table>
<tr><th>M_S \ M_L</th><th>−2</th><th>−1</th><th>0</th><th>1</th><th>2</th></tr>
<tr><td>−1</td><td></td><td>|</td><td>|</td><td>|</td><td></td></tr>
<tr><td>0</td><td></td><td>|</td><td>||</td><td>|</td><td></td></tr>
<tr><td>1</td><td></td><td>|</td><td>|</td><td>|</td><td></td></tr>
</table>

---

* Daß das so sein muß, versteht man am besten mit Hilfe der Gruppentheorie. Da wir diese (vgl. hierzu den Anhang zu Band II: ‚Die chemische Bindung') im Zusammenhang mit der Atomtheorie sonst nicht benutzen, wollen wir den Beweis nur andeuten. Die drei p-Funktionen $(p\sigma, p\pi, p\bar{\pi})$ bilden die Basis einer irreduziblen Darstellung der Symmetriegruppe (Kugeldrehgruppe) des Atoms und gleichzeitig der Spindrehgruppe. Die 15 Zwei-Elektronen-Slater-Determinanten der Tab. 7 bilden die Basis einer reduziblen Darstellung der gleichen Gruppe. Diese reduzible Darstellung kann in drei irreduzible Darstellungen zerlegt werden, derart, daß gewisse Linearkombinationen der Slater-Determinanten die Basen für irreduzible Darstellungen sind. Zu der durch $L = 2$, $S = 0$ gekennzeichneten irreduziblen Darstellung gehören fünf Basisfunktionen mit $M_L = 2, 1, 0, -1, -2$.

Der Fall $M_L = 1$, $M_S = 1$ kann nur zu $L = 1$, $S = 1$ (d.h. zu ^3P) gehören (wegen $|M_L| \leqslant L$, $|M_S| \leqslant S$). Zu $L = 1$, $S = 1$ gehören aber insgesamt neun Eigenfunktionen, entsprechend $M_L = 0, \pm 1$, $M_S = 0, \pm 1$. Streichen wir die entsprechenden neun Striche weg, so verbleibt nur noch ein Strich mit $M_L = 0$, $M_S = 0$. Für diesen kommt nur in Frage, daß er einer einzigen Wellenfunktion zu $L = 0$, $S = 0$ (d.h. ^1S) entspricht.

Zur Konfiguration $2p^2$ (und damit auch zu $1s^2 2s^2 2p^2$) gehören damit die drei Terme ^1D, ^3P und ^1S. Folglich sind nur drei verschiedene Energieeigenwerte der 15x15-Matrix H_{ik} nach (10.1–8) möglich. Von diesen ist einer fünffach (^1D), einer neunfach (^3P) und einer nicht-entartet (^1S).

Argumentieren wir in der gleichen Weise für eine nur aus abgeschlossenen Schalen bestehende Konfiguration, so haben wir nur in das Feld ($M_S = 0$, $M_L = 0$) einen Strich zu machen. Folglich ist für abgeschlossen-schalige Zustände nur ein ^1S Zustand möglich.

10.4. Die Dreiecksungleichung für die Kopplung von Drehimpulsen

Aus dem einfachen Abzählungsschema zur Ermittlung der Terme zu einer Konfiguration kann man leicht eine wichtige allgemeine Beziehung für die Kopplung von Drehimpulsen ableiten. Seien $\vec{\mathbf{j}}_1$ und $\vec{\mathbf{j}}_2$ zwei Drehimpulsoperatoren und $\vec{\mathbf{J}} = \vec{\mathbf{j}}_1 + \vec{\mathbf{j}}_2$ ($\vec{\mathbf{j}}_1$ und $\vec{\mathbf{j}}_2$ können etwa $\vec{\ell}(1)$ und $\vec{\ell}(2)$ für verschiedene Elektronen oder auch $\vec{\ell}(1)$ und $\vec{\mathbf{s}}(1)$ für das gleiche Elektron bedeuten). Wir fragen jetzt danach, welche Werte die Quantenzahl J haben kann, wenn j_1 und j_2 vorgegebene Werte haben. Offenbar kann der maximale Wert von J nicht größer als das größtmögliche M_J sein. Andererseits ist, da die Eigenwerte von $\mathbf{j}_z$ sich einfach addieren,

$$J \leqslant \max(J) = \max(M_J) \leqslant \max(m_{j1}) + \max(m_{j2}) = j_1 + j_2 \qquad (10.4\text{–}1)$$

Wir erhalten also

$$J \leqslant j_1 + j_2 \qquad (10.4\text{–}2)$$

Die gleiche Überlegung gilt aber auch für die Subtraktion zweier Vektoren, etwa $\vec{\mathbf{j}}_2 = \vec{\mathbf{J}} - \vec{\mathbf{j}}_1 = \vec{\mathbf{J}} + (-\vec{\mathbf{j}}_1)$, wofür wir erhalten

$$j_2 \leqslant \max(j_2) = \max(m_{j2}) \leqslant \max(M_j) + \max(m_{j1}) = J + j_1 \qquad (10.4\text{–}3)$$

oder

$$j_2 \leqslant J + j_1 \qquad \text{bzw.} \qquad j_2 - j_1 \leqslant J \qquad (10.4\text{–}4)$$

sowie entsprechend

$$j_1 \leqslant J + j_2 \qquad \text{bzw.} \qquad j_1 - j_2 \leqslant J \qquad (10.4\text{–}5)$$

Zusammenfassen von (10.4–4) und (10.4–5) ergibt

$$J \geqslant |j_1 - j_2| \tag{10.4–6}$$

und Zusammenfassen von (10.4–2) und (10.4–6)

$$j_1 + j_2 \geqslant J \geqslant |j_1 - j_2| \tag{10.4–7}$$

Diese Beziehung, die Schranken für die möglichen Werte von J angibt, heißt Dreiecksungleichung, weil eine ähnliche Beziehung für die Längen der Seiten eines Dreiecks – und auch für die Addition von Vektoren allgemein – gilt.

Zusätzlich zu (10.4–7) gilt noch, daß die zulässigen J-Werte sich um ganzzahlige Beträge unterscheiden (vgl. Abschn. 4.4), so daß die möglichen J-Werte sind:

$$J = j_1 + j_2, j_1 + j_2 - 1, \ldots, |j_1 - j_2| \tag{10.4–8}$$

Das sind

$$2 \cdot \min(j_1, j_2) + 1 \tag{10.4–9}$$

Werte.

Einige Beispiele für die Addition von Drehimpulsen haben wir bereits kennengelernt:

1. Die Kopplung der Spins zweier Elektronen zu einem Singulett bzw. Triplett. Hier ist

$$s_1 = s_2 = \frac{1}{2} \quad \text{und} \quad S = \frac{1}{2} + \frac{1}{2} = 1 \quad \text{oder} \quad S = \frac{1}{2} - \frac{1}{2} = 0 .$$

2. Die Kopplung zweier p-Elektronen. Hier ist $l_1 = l_2 = 1$ und $L_{max} = 1 + 1 = 2$, $L_{min} = |1 - 1| = 0$. Da die verschiedenen L-Werte sich um ganzzahlige Beträge unterscheiden, ist noch $L = 1$ möglich, insgesamt also $L = 0, 1, 2$.

10.5. Energien der verschiedenen Terme zu einer Konfiguration – Der Diagonalsummensatz

Wir haben am Beispiel der Konfiguration p^2 (bzw. $1s^2 2s^2 2p^2$) gezeigt, wie man ableiten kann, welche Terme zu einer gegebenen Konfiguration gehören. Wir wollen jetzt Ausdrücke für die Energien der Terme berechnen. Diese Energien lassen sich relativ einfach auf Energieerwartungswerte von Slater-Determinanten zurückführen. Dazu bedienen wir uns vor allem des sog. *Diagonalsummensatzes.* Die Ausdrücke für die Energien der verschiedenen Terme zu einer Konfiguration haben eine Reihe von Beiträgen gemeinsam, die nur von der Konfiguration abhängen. Wir interessieren uns dagegen hauptsächlich für die Beiträge, um die sich die Energien der verschiedenen Terme unterscheiden. Wir führen diese Unterschiede dann auf einige wenige Größen, die sog. Slater-Condon-Parameter, zurück.

Betrachten wir zunächst die 15x15-Matrix des Hamilton-Operators in der Basis der Slater-Determinanten zur Konfiguration p^2. Ordnen wir die Slater-Determinanten so an, daß solche mit gleichen M_L und M_S nebeneinander stehen (vgl. Abb. 10) so ist die Matrix bereits stark faktorisiert.

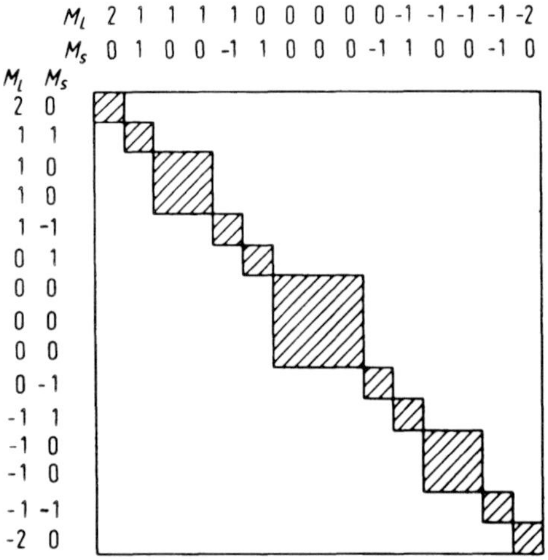

Abb. 10. Blockstruktur der Energie-Matrix zur p^2-Konfiguration in der Basis der Slater-Determinanten der Tab. 7. (Nur die schraffierten Elemente sind von Null verschieden.)

Da $\mathbf{L}_z$ und $\mathbf{S}_z$ mit $\mathbf{H}$ vertauschen, verschwinden Matrixelemente von $\mathbf{H}$ zwischen Funktionen ϕ_i, die sich in M_L oder M_S unterscheiden.(vgl. Anhang A6).

Die Matrixelemente, die in einem der acht 1x1-Blöcke stehen, sind bereits Eigenwerte; um die übrigen Eigenwerte zu berechnen, braucht man nur zwei 2x2- und ein 3x3-Matrixeigenwertprobleme zu lösen. Aber es geht tatsächlich noch einfacher.

Um die Energie des ^1D-Terms der Konfiguration p^2 zu erhalten, genügt es, die Energie einer solchen Slater-Determinante zu nehmen, die automatisch Eigenfunktion von $\mathbf{S}^2$ und $\mathbf{L}^2$ ist, z.B.:

$$|\pi\alpha, \pi\beta| \quad \text{mit} \quad M_L = 2,\ M_S = 0\,;\ L = 2,\ S = 0$$

$$E(^1D) = E(|\pi\alpha, \pi\beta|) = 2(\pi, \mathbf{h}\pi) + (\pi\pi|\pi\pi)$$

$$= 2H_{pp} + (\pi\pi|\pi\pi) \tag{10.5–1}$$

Ein anderes Beispiel:

$$|\pi\alpha, \sigma\alpha| \quad \text{mit} \quad M_L = 1,\ M_S = 1\,;\ L = 1,\ S = 1$$

$$E(^3P) = E(|\pi\alpha, \sigma\alpha|) = (\pi, \mathbf{h}\pi) + (\sigma, \mathbf{h}\sigma) + (\pi\pi|\sigma\sigma) - (\pi\sigma|\sigma\pi)$$

$$= 2H_{pp} + (\pi\pi|\sigma\sigma) - (\pi\sigma|\sigma\pi) \tag{10.5–2}$$

Wir haben hierzu die in Abschn. 9.2 abgeleiteten Ausdrücke für den Energieerwartungswert einer Slater-Determinante benutzt und die Integration über den Spin gleich durchgeführt. Ein Austauschintegral wie $(\pi\sigma|\sigma\pi)$ tritt nur auf, wenn beide Spinorbitale den gleichen Spinfaktor haben. Die Einelektronenmatrixelemente, wie $(\pi, \mathbf{h}\pi)$, sind unabhängig davon, welchen m_l-Wert das Orbital hat (ähnlich wie die Eigenwerte von $\mathbf{h}$ im Zentralfeld von m_l unabhängig sind). Deshalb können wir für alle diese Matrixelemente das gleiche Symbol verwenden

$$H_{pp} = (\sigma, \mathbf{h}\sigma) = (\pi, \mathbf{h}\pi) = (\bar{\pi}, \mathbf{h}\bar{\pi}) \qquad (10.5-3)$$

Hätten wir z.B. zu ^3P eine andere Slater-Determinante genommen, die ebenfalls automatisch Eigenfunktion von $\mathbf{L}^2$ und $\mathbf{S}^2$ ist, z.B. $|\pi\alpha, \bar{\pi}\alpha|$, so hätten wir einen scheinbar anderen Ausdruck für $E\,(^3P)$ bekommen:

$$E\,(^3P) = 2\,H_{pp} + (\pi\pi\,|\,\bar{\pi}\bar{\pi}) - (\pi\bar{\pi}\,|\,\bar{\pi}\pi) \qquad (10.5-4)$$

Die Ausdrücke (10.5−2) und (10.5−4) sind aber identisch, wie es sein muß, da die Energie von M_L und M_S nicht abhängt. Wir sehen das nur nicht unmittelbar, weil wir noch nicht explizit wissen, wie die verschiedenen Elektronenwechselwirkungsintegrale $(\pi\pi\,|\,\bar{\pi}\bar{\pi})$ etc. zusammenhängen.

Jetzt fehlt uns noch die Energie des ^1S-Terms, zu dem es keine einzelne Slater-Determinante gibt. Um diese Energie zu erhalten, benutzen wir ein sehr einfaches Rezept, nämlich den sog. Diagonalsummensatz.

Der 3x3-Block der H-Matrix zu $M_S = 0$, $M_L = 0$ enthält offenbar drei Eigenwerte, von denen je einer zu den Termen ^3P, ^1D und ^1S gehört.

Nun ist (vgl. Anhang A7) aber die Summe der Eigenwerte einer Matrix gleich der Summe ihrer Diagonalelemente (der Spur). Diese Summe können wir leicht ausrechnen. Ziehen wir von dieser Summe die uns bereits bekannten Energien von ^3P und ^1D ab, so erhalten wir die Energie von ^1S.

Zunächst die drei Diagonalelemente

$$\begin{aligned} E\,(|\pi\alpha, \bar{\pi}\beta|) &= 2\,H_{pp} + (\pi\pi\,|\,\bar{\pi}\bar{\pi}) \\ E\,(|\sigma\alpha, \sigma\beta|) &= 2\,H_{pp} + (\sigma\sigma\,|\,\sigma\sigma) \\ E\,(|\pi\beta, \bar{\pi}\alpha|) &= 2\,H_{pp} + (\pi\pi\,|\,\bar{\pi}\bar{\pi}) \end{aligned} \qquad (10.5-5)$$

woraus wir schließlich erhalten:

$$\begin{aligned} E\,(^1S) = {} & 2\,H_{pp} + (\sigma\sigma\,|\,\sigma\sigma) + 2\,(\pi\pi\,|\,\bar{\pi}\bar{\pi}) - (\pi\pi\,|\,\sigma\sigma) \\ & + (\pi\sigma\,|\,\sigma\pi) - (\pi\pi\,|\,\pi\pi) \end{aligned} \qquad (10.5-6)$$

Hätten wir statt der Konfiguration p^2 z.B. $1s^2 2s^2 2p^2$ betrachtet, so hätten wir nur das für alle Terme gleiche $2\,H_{pp}$ durch einen ebenfalls für alle Terme zur gleichen Konfiguration gleichen Ausdruck $\mathrm{E_c}$ zu ersetzen. Dieses $\mathrm{E_c}$ enthält außer $2\,H_{pp}$

1. die Einelektronenmatrixelemente der Orbitale der abgeschlossenen Schalen (hier 1*s* und 2*s*), *2.* die Elektronenwechselwirkungsintegrale der Elektronen in den abgeschlossenen Schalen untereinander, *3.* die Elektronenwechselwirkungsintegrale zwischen Elektronen der abgeschlossenen Schalen mit den *p*-Elektronen. Die Summe der unter *3* genannten Beiträge kann man auch als die potentielle Energie der *p*-Orbitale im Feld der Rumpfelektronen auffassen. Auch diese Energie ist von m_l und m_s unabhängig.

10.6. Einführung der Slater-Condon-Parameter

Die Energieausdrücke (10.5–1), (10.5–2) und (10.5–6) sind noch nicht in der Form, in der wir sie haben wollen. Es treten fünf verschiedene Elektronenwechselwirkungsintegrale auf, man könnte aber auch fünf andere wählen, wenn man etwa (10.5–2) durch den gleichwertigen Ausdruck (10.5–4) ersetzt. Wie wir sehen werden, lassen sich alle diese Integrale durch nur zwei unabhängige Größen ausdrücken. Erst wenn wir diese Größen einführen, werden die Energieausdrücke wirklich übersichtlich. Wir wollen aber den Weg, der zu diesen Slater-Condon-Parametern führt, da er etwas aufwendig ist, hier nur andeuten. In allen Einzelheiten wird die Rechnung z.B. in Condon-Shortley ‚The Theory of Atomic Spectra' durchgeführt*). Der weniger interessierte Leser kann auch gleich zu den endgültigen Gl. (10.6–11) übergehen.

Die Orbitale $\pi, \sigma, \bar{\pi}$ haben alle den gleichen Radialfaktor, aber verschiedene Winkelabhängigkeit.

$$\pi(1) = R(r_1) \cdot Y_1^1 \cdot (\vartheta_1, \varphi_1)$$

$$\sigma(1) = R(r_1) \cdot Y_1^0 \; (\vartheta_1, \varphi_1)$$

$$\bar{\pi}(1) = R(r_1) \cdot Y_1^{-1} (\vartheta_1, \varphi_1) \qquad (10.6\text{–}1)$$

Integrale wie z.B. $(\sigma\pi \mid \pi\sigma)$, allgemein $(m_1 m_2 \mid m_3 m_4)$, sehen also explizit so aus:

$$(m_1 m_2 \mid m_3 m_4) = \int R^*(r_1)\, R(r_1)\, \frac{1}{r_{12}}\, R^*(r_2)\, R(r_2) \times$$

$$\times\, Y_l^{m_1^*}(\vartheta_1, \varphi_1)\, Y_l^{m_2}(\vartheta_1, \varphi_1)\, Y_l^{m_3^*}(\vartheta_2, \varphi_2)\, Y_l^{m_4}(\vartheta_2, \varphi_2)\, d\tau_1\, d\tau_2 \qquad (10.6\text{–}2)$$

Es liegt nahe, die Integration über Radial- und Winkelkoordinaten zu separieren. Das geht aber nicht ohne weiteres, da der Faktor $1/r_{12}$ noch implizit von den Winkeln abhängt. Nun kann man r_{12} durch r_1, r_2 und den Winkel ϑ_{12}, den $\vec{r}_1$ und $\vec{r}_2$ einschließen, ausdrücken

$$r_{12} = \sqrt{r_1^2 + r_2^2 - 2 r_1 r_2 \cos \vartheta_{12}} \qquad (10.6\text{–}3)$$

* Cambridge Univ. Press 1935/1967.

und folglich läßt sich $\frac{1}{r_{12}}$ in einer der beiden folgenden Weisen schreiben:

$$\frac{1}{r_{12}} = \frac{1}{r_1}\left\{1 + \left(\frac{r_2}{r_1}\right)^2 - 2\frac{r_2}{r_1}\cos\vartheta_{12}\right\}^{-\frac{1}{2}} \tag{10.6–4a}$$

$$\frac{1}{r_{12}} = \frac{1}{r_2}\left\{1 + \left(\frac{r_1}{r_2}\right)^2 - 2\frac{r_1}{r_2}\cos\vartheta_{12}\right\}^{-\frac{1}{2}} \tag{10.6–4b}$$

Jeden dieser Ausdrücke kann man in eine Taylor-Reihe nach Potenzen von $\frac{r_2}{r_1}$ bzw. $\frac{r_1}{r_2}$ entwickeln.

$$\frac{1}{r_{12}} = \frac{1}{r_1}\sum_{k=0}^{\infty}\left(\frac{r_2}{r_1}\right)^k P_k(\cos\vartheta_{12}) \tag{10.6–5a}$$

$$\frac{1}{r_{12}} = \frac{1}{r_2}\sum_{k=0}^{\infty}\left(\frac{r_1}{r_2}\right)^k P_k(\cos\vartheta_{12}) \tag{10.6–5b}$$

Die Koeffizienten der Taylor-Entwicklung sind natürlich Funktionen von $\cos\vartheta_{12}$; sie sind gleich den uns bereits bekannten Legendre-Polynomen*). Die Reihe (10.6–5a) konvergiert für $\frac{r_2}{r_1} < 1$, die Reihe (10.6–5b) für $\frac{r_1}{r_2} < 1$, erstere ist also nur für $r_2 < r_1$, letztere für $r_1 < r_2$ zu verwenden. Es empfiehlt sich, die Abkürzungen

$$\begin{aligned} r_> &= \max(r_1, r_2) \\ r_< &= \min(r_1, r_2) \end{aligned} \tag{10.6–6}$$

für das jeweils größere und kleinere von r_1 und r_2 einzuführen und die Reihen (10.6–5a,b) zu einer einzigen zusammenzufassen:

$$\frac{1}{r_{12}} = \sum_{k=0}^{\infty}\frac{r_<^k}{r_>^{k+1}} P_k(\cos\vartheta_{12}) \tag{10.6–7}$$

Gl. (10.6–7) bezeichnet man meist als Laplace-Entwicklung.

---

* Gelegentlich werden die Legendre-Polynome über eine sog. erzeugende Funktion eingeführt $(1 + x^2 - 2xt)^{-\frac{1}{2}} = \sum_{k=0}^{\infty} x^k \cdot P_k(t)$ und hieraus ihre übrigen Eigenschaften abgeleitet. Aus dieser Definition folgt (10.6–5) unmittelbar.

Setzt man die Entwicklung (10.6–7) in (10.6–2) ein, so wird aus dem Integral $(m_1 m_2 \mid m_3 m_4)$ eine Summe von Integralen, von denen jedes sich als Produkt eines Integrals nur über die Ortskoordinaten, nämlich

$$F^k = \int |R(r_1)|^2 \, |R(r_2)|^2 \, \frac{r_<^k}{r_>^{k+1}} \, r_1^2 \, r_2^2 \, dr_1 \, dr_2 \qquad (10.6\text{–}8)$$

und eines Integrals nur über die Winkel

$$\int Y_l^{m_1^*}(\vartheta_1, \varphi_1) \, Y_l^{m_2}(\vartheta_1, \varphi_1) \, P_k(\cos \vartheta_{12}) \, Y_l^{m_3^*}(\vartheta_2, \varphi_2) \, Y_l^{m_4}(\vartheta_2, \varphi_2)$$
$$\sin \vartheta_1 \, d\vartheta_1 \, d\varphi_1 \cdot \sin \vartheta_2 \, d\vartheta_2 \, d\varphi_2 \qquad (10.6\text{–}9)$$

schreiben läßt. Glücklicherweise verschwinden die weitaus meisten der Integrale des Typs (10.6–9) über die Winkel, und für die wenigen (endlich vielen) nicht verschwindenden Integrale ergeben sich sehr einfache Zahlenwerte. Ein allgemeiner analytischer Ausdruck für die Integrale des Typs (10.6–9) wurde zuerst von Gaunt*) angegeben. Sie werden aber heute meist als Condon-Shortley-Koeffizienten bezeichnet, weil im Buch von Condon und Shortley**) die Werte für alle interessierenden Fälle zusammengestellt sind. Diese Condon-Shortley-Koeffizienten sind von den Radialfaktoren $R(r)$ der Orbitale unabhängig, sie hängen nur von den Quantenzahlen m_1, m_2, m_3, m_4 ab (bzw. auch von l_1, l_2, l_3, l_4, wenn wir Integrale mit verschiedenen l betrachten), die F^k nennt man Slater-Condon-Parameter.

Im Fall, daß $l = 1$ (p-Orbitale) ist, sind die einzigen nicht verschwindenden Condon-Shortley-Koeffizienten diejenigen zu $k = 0$ und $k = 2$, für $l = 2$ (d-Orbitale) sind es diejenigen zu $k = 0, 2, 4$. Die Elektronenwechselwirkungsintegrale für p^n-Konfigurationen lassen sich also alle durch zwei Größen F^0 und F^2 ausdrücken, diejenigen zu d^n-Konfigurationen durch drei Größen F^0, F^2, F^4. Bei Konfigurationen $p^n p'^m$ etc., bei denen p und p' verschiedene Radialfaktoren haben, ist die Situation nur unwesentlich komplizierter.

Die expliziten Ergebnisse für die uns interessierenden Integrale über p-Orbitale sind:

$$(\pi\pi \mid \pi\pi) = F^0 + \frac{1}{25} F^2$$

$$(\pi\pi \mid \bar{\pi}\,\bar{\pi}) = F^0 + \frac{1}{25} F^2$$

$$(\pi\bar{\pi} \mid \bar{\pi}\pi) = \frac{6}{25} F^2$$

$$(\pi\pi \mid \sigma\sigma) = F^0 - \frac{2}{25} F^2$$

$$(\pi\sigma \mid \sigma\pi) = \frac{3}{25} F^2$$

$$(\sigma\sigma \mid \sigma\sigma) = F^0 + \frac{4}{25} F^2 \qquad (10.6\text{–}10)$$

---

* Gaunt, Trans.Roy.Soc. A*228*, 151 (1929).

** l.c.

Setzen wir (10.6–10) in (10.5–1), (10.5–2) und (10.5–6) ein, so erhalten wir

$$E\,(^1D) = 2\,H_{pp} + F^0 + \frac{1}{25}\,F^2$$

$$E\,(^3P) = 2\,H_{pp} + F^0 - \frac{1}{5}\,F^2$$

$$E\,(^1S) = 2\,H_{pp} + F^0 + \frac{2}{5}\,F^2 \qquad (10.6\text{–}11)$$

Hätten wir für $E\,(^3P)$ Gl. (10.5–4) statt (10.5–2) genommen, hätten wir genau dasselbe Ergebnis erhalten.

Für eine Konfiguration, die außer p^2 noch abgeschlossene Schalen hat, ist, wie bereits erläutert, in (10.6–11) $2\,H_{pp}$ durch E_c zu ersetzen.

Die Beschreibung eines quantenmechanischen Zustandes eines Atoms durch eine Linearkombination von Slater-Determinanten zu einer Konfiguration ist immer nur eine Näherung. Wir wollen in Kap. 12 die Grenzen dieser Näherung genauer diskutieren, dagegen in Kap. 10 und 11 über diese Näherung nicht hinausgehen. Im Rahmen dieser Ein-Konfigurationsnäherung ist quantitative Übereinstimmung mit der Erfahrung nicht zu erwarten, auch wenn man die für die Theorie entscheidenden Größen wie H_{pp}, F^0 und F^2 für optimal gewählte Atomorbitale ausrechnet, wobei als optimal diejenigen Atomorbitale anzusehen sind, die den Mittelwert der Energien der Terme einer Konfiguration zum Minimum machen.

Viel erfolgreicher als eine theoretische Berechnung von H_{pp}, F^0 und F^2 ist ein Mittelweg zwischen vollständiger quantenmechanischer Rechnung und einer quantitativen Analyse der empirischen Spektren. Diesen Weg bezeichnet man als ‚semi-empirisch'. Wir wollen ihn am Beispiel der p^2-Konfiguration erläutern. Wir sahen, daß sich die Energieunterschiede zwischen den Termen ^3P, ^1D, und ^1S in unserer Näherung durch eine einzige Größe, nämlich F^2, ausdrücken lassen. Ist die Theorie richtig, so muß gelten:

$$E\,(^3P) - E\,(^1D) = -\frac{6}{25}\,F^2$$

$$E\,(^1D) - E\,(^1S) = -\frac{9}{25}\,F^2 \qquad (10.6\text{–}12)$$

und folglich

$$\frac{E\,(^3P) - E\,(^1D)}{E\,(^1D) - E\,(^1S)} = \frac{2}{3} \qquad (10.6\text{–}13)$$

Man hat die Gleichung natürlich für sämtliche bekannten Systeme geprüft, die eine p^2-Konfiguration außerhalb von abgeschlossenen Schalen enthalten. Man findet zwar starke Abweichungen von der Beziehung, aber doch genug Beispiele, wo (10.6–13) recht gut gilt.

Eines davon ist der Grundzustand $1s^2\,2s^2\,2p^6\,3s^2\,3p^2$ des Si-Atoms, wo man fand

$$E(^3P) = -65615\ \text{cm}^{-1} + E_0(\text{Si}^+)$$

$$E(^1D) = -59466\ \text{cm}^{-1} + E_0(\text{Si}^+)$$

$$E(^1S) = -50370\ \text{cm}^{-1} + E_0(\text{Si}^+)$$

$$\frac{E(^3P) - E(^1D)}{E(^1D) - E(^1S)} = \frac{2}{2.96} \tag{10.6–14}$$

Man kann also aus einer der beiden Gl. (10.6–12) F^2 aus den empirischen Energien berechnen. Im allgemeinen Fall erhält man wie hier ein überbestimmtes Gleichungssystem zur Berechnung von F^2 bzw. F^2 und F^4 etc. Es empfiehlt sich dann ein Ausgleichsverfahren, um die besten Werte der Slater-Condon-Parameter aus experimentellen Daten zu berechnen. Die vollständigste Zusammenstellung derartiger Parameter aus neuerer Zeit stammt von Hinze und Jaffe*).

Würde man die F's berechnen, so erhielte man andere Werte als aus einer Anpassung an die Spektren. Bei dieser semi-empirischen Anpassung trägt man gewissermaßen den Korrekturen Rechnung, die darauf beruhen, daß die Beschreibung eines Zustandes durch eine einzige Konfiguration nur eine Näherung ist.

10.7. Energien der Terme einiger wichtiger Konfigurationen

Die Energien der Terme zu einer p^2-Konfiguration, ausgedrückt durch F^0 und F^2, haben wir in Gl. (10.6–11) angegeben. Wir wollen jetzt die ähnlich ableitbaren Energien für die Konfiguration p^3 angeben sowie etwas zu den d^n-Konfigurationen sagen. Bezüglich anderer Konfigurationen wie $p^n\,p'^m$ oder $p^n\,\text{d}^m$ sei auf die Literatur verwiesen**).

Für p^3 erhält man drei mögliche Terme und:

$$E(^4S) = 3\,H_{pp} + 3\,F^0 - \frac{15}{25}\,F^2$$

$$E(^2D) = 3\,H_{pp} + 3\,F^0 - \frac{6}{25}\,F^2$$

$$E(^2P) = 3\,H_{pp} + 3\,F^0 \tag{10.7–1}$$

Bei p^4 ist das Ergebnis das gleiche wie bei p^2, nur daß man $2\,H_{pp}$ durch $4\,H_{pp}$ zu ersetzen hat.

* J. Hinze und H.H. Jaffe, J.Chem.Phys. *38*, 1834 (1963).

** Condon-Shortley l.c.

Man sieht, daß die Koeffizienten zu F^2 immer den gleichen Nenner 25 haben. Um diesen nicht immer schreiben zu müssen, führt man vielfach eine Größe

$$F_2 = \frac{1}{25} F^2 \tag{10.7–2}$$

ein. Eine analoge Konvention erweist sich für die d^n-Konfigurationen als nützlich, und zwar benutzt man statt der durch (10.6–8) definierten F^k die wie folgt definierten F_k:

$$F_0 = F^0; \; F_2 = \frac{1}{49} F^2; \; F_4 = \frac{1}{441} F^4 \tag{10.7–3}$$

Dann erhält man für die d^2-Konfiguration:

$$\begin{aligned}
E(^3\mathrm{F}) &= 2\,H_{dd} + F_0 - 8F_2 - 9F_4 \\
E(^3\mathrm{P}) &= 2\,H_{dd} + F_0 + 7\,F_2 - 84\,F_4 \\
E(^1\mathrm{G}) &= 2\,H_{dd} + F_0 + 4F_2 + F_4 \\
E(^1\mathrm{D}) &= 2\,H_{dd} + F_0 - 3\,F_2 + 36F_4 \\
E(^1\mathrm{S}) &= 2\,H_{dd} + F_0 + 14F_2 + 126F_4
\end{aligned} \tag{10.7–4}$$

Die Energieausdrücke für die d^n-Terme werden noch etwas übersichtlicher, wenn man statt der F_k die sog. Racah-Parameter A, B, C verwendet, die mit den F_k wie folgt zusammenhängen:

$$\begin{aligned}
A &= F_0 - 49\,F_4 \\
B &= F_2 - \;5\,F_4 \\
C &= 35\,F_4
\end{aligned} \tag{10.7–5}$$

Dann ergibt sich für d^2

$$\begin{aligned}
E(^3F) &= 2\,H_{dd} + A - 8\,B \\
E(^3P) &= 2\,H_{dd} + A + 7\,B \\
E(^1G) &= 2\,H_{dd} + A + 4\,B + 2\,C \\
E(^1D) &= 2\,H_{dd} + A - 3\,B + 2\,C \\
E(^1S) &= 2\,H_{dd} + A + 14\,B + 7\,C
\end{aligned} \tag{10.7–6}$$

Tab. 9. Energien der Terme von d^n-Konfigurationen, ausgedrückt durch die Racah-Parameter A, B, C.

d^2	d^3
$^3F = A - 8B$	$^4F = 3A - 15B$
$^3P = A + 7B$	$^4P = 3A$
$^1G = A + 4B + 2C$	$^2H = {}^2P = 3A - 6B + 3C$
$^1D = A - 3B + 2C$	$^2G = 3A - 11B + 3C$
$^1S = A + 14B + 7C$	$^2F = 3A + 9B + 3C$
	$^2D = 3A + 5B + 5C \pm (193B^2 + 8BC + 4C^2)^{\frac{1}{2}}$

d^4	d^5
$^5D = 6A - 21B$	$^6S = 10A - 35B$
$^3H = 6A - 17B + 4C$	$^4G = 10A - 25B + 5C$
$^3G = 6A - 12B + 4C$	$^4F = 10A - 13B + 7C$
$^3F = 6A - 5B + 5\frac{1}{2}C \pm \frac{3}{2}(68B^2 + 4BC + C^2)^{\frac{1}{2}}$	$^4D = 10A - 18B + 5C$
$^3D = 6A - 5B + 4C$	$^4P = 10A - 28B + 7C$
$^3P = 6A - 5B + 5\frac{1}{2}C \pm \frac{1}{2}(912B^2 - 24BC + 9C^2)^{\frac{1}{2}}$	$^2I = 10A - 24B + 8C$
$^1I = 6A - 15B + 6C$	$^2H = 10A - 22B + 10C$
$^1G = 6A - 5B + 7\frac{1}{2}C \pm \frac{1}{2}(708B^2 - 12BC + 9C^2)^{\frac{1}{2}}$	$^2G = 10A - 13B + 8C$
$^1F = 6A + 6C$	$^2G' = 10A + 3B + 10C$
$^1D = 6A + 9B + 7\frac{1}{2}C \pm \frac{3}{2}(144B^2 + 8BC + C^2)^{\frac{1}{2}}$	$^2F = 10A - 9B + 8C$
$^1S = 6A + 10B + 10C \pm 2(193B^2 + 8BC + 4C^2)^{\frac{1}{2}}$	$^2F' = 10A - 25B + 10C$
	$^2D' = 10A - 4B + 10C$
	$^2D = 10A - 3B + 11C \pm 3(57B^2 + 2BC + C^2)^{\frac{1}{2}}$
	$^2P = 10A + 20B + 10C$
	$^2S = 10A - 3B + 8C$

Bei der Konfiguration d^3 tritt eine Besonderheit auf, es gibt nämlich zwei verschiedene ^2D-Terme. In einem solchen Fall ist der Zustand durch Angabe von Konfiguration und Term noch nicht eindeutig charakterisiert. Mit Hilfe des Diagonalsummensatzes kann man nur die Summe der Energien der zwei ^2D-Terme berechnen. Um jede davon einzeln zu erhalten, muß man eine 2x2-Matrix explizit diagonalisieren. Den entsprechenden Energien (Tab. 9) sieht man an, daß sie Lösungen einer quadratischen Gleichung sind.

Die möglichen Energien der Terme der Konfigurationen d^n ($n = 2, 3, 4, 5$) sind in Tab. 9 zusammengestellt, wobei der Beitrag $n \cdot H_{dd}$ überall weggelassen ist. Die Terme für d^{10-n} sind die gleichen wie für d^n (sog. Lückensatz: eine Lücke in einer abgeschlossenen Schale wirkt sich so aus wie ein Elektron außerhalb der Schale.)

Die relative Reihenfolge der Terme innerhalb einer Konfiguration ist bei der p^n-Konfiguration eindeutig, da sich die Terme nur im Anteil von F^2 unterscheiden und da $F^2 > 0$.

Folglich gilt

$$p^2 \text{ und } p^4 : E(^3P) < E(^1D) < E(^1S)$$

$$p^3 \qquad : E(^4S) < E(^2D) < E(^2P)$$

Bei den d^n-Termen hängt die energetische Reihenfolge dagegen vom Verhältnis B/C ab, sie kann also bei verschiedenen Atomen verschieden sein. Welcher Term energetisch der tiefste ist, hängt allerdings von B/C nicht ab, es ist jeweils der Term, der in Tab. 9 an erster Stelle steht.

Tatsächlich wird die Frage, welcher der tiefste Term einer Konfiguration ist, allgemein durch die sog. Hundsche Regel beantwortet:

1. Unter den verschiedenen Termen zu einer Konfiguration liegt derjenige der höchsten Multiplizität (d.h. des höchsten S-Wertes) am tiefsten.

2. Gibt es mehrere Terme einer Konfiguration mit der gleichen höchsten Multiplizität, so liegt derjenige mit dem höchsten Drehimpuls (d.h. dem höchsten L-Wert) am tiefsten.

Beim Kohlenstoff mit der Grundkonfiguration $1s^2 2s^2 2p^2$ ist also der Grundzustand ein ^3P-Term, dann kommt ^1D und schließlich ^1S. Das gleiche gilt für den Sauerstoff mit der Grundkonfiguration $1s^2 2s^2 2p^4$, während der Grundzustand des Stickstoffatoms ein ^4S-Term ist.

10.8. Berechnung der Wellenfunktionen zu den Termen einer Konfiguration

Oft interessiert man sich nur für die Energien der Terme, manchmal braucht man aber auch die zugehörigen Wellenfunktionen. Es gibt eine Reihe von Möglichkeiten für deren Berechnung, wir wollen hier aber nur auf eine einzige eingehen und diese wieder am Beispiel der p^2-Konfiguration erläutern.

Wir bedienen uns der Tatsache, daß die folgenden Slater-Determinanten bereits Eigenfunktionen von $\mathbf{L}_z$, $\mathbf{L}^2$, $\mathbf{S}_z$ und $\mathbf{S}^2$ zu den angegebenen Quantenzahlen sind (vgl. Tab. 7).

$$|\pi\alpha, \pi\beta| \quad L = 2, M_L = 2, S = 0, M_S = 0 \tag{10.8–1}$$

$$|\pi\alpha, \bar{\pi}\alpha| \quad L = 1, M_L = 0, S = 1, M_S = 1 \tag{10.8–2}$$

Andere Wellenfunktionen zum gleichen Wert von L und S, aber anderen Werten von M_L und M_S, erhält man durch Anwendung der ‚step-up'- bzw. ‚step-down'-Operatoren, wie wir sie in Abschn. 3.4 bereits benutzt haben.

$$\begin{aligned} \mathbf{L}_+ &= \mathbf{L}_x + \mathrm{i}\,\mathbf{L}_y \\ \mathbf{L}_- &= \mathbf{L}_x - \mathrm{i}\,\mathbf{L}_y \\ \mathbf{S}_+ &= \mathbf{S}_x + \mathrm{i}\,\mathbf{S}_y \\ \mathbf{S}_- &= \mathbf{S}_x - \mathrm{i}\,\mathbf{S}_y \end{aligned} \tag{10.8–3}$$

Wendet man diese Operatoren auf eine Wellenfunktion $\Psi(L, M_L, S, M_S)$ mit den in den Klammern angegebenen Quantenzahlen an, so machen die Operatoren (10.8–3) daraus Wellenfunktionen zum gleichen L und S, aber verschiedenen M_L und M_S:

$$\begin{aligned} \mathbf{L}_+ \Psi(L, M_L, S, M_s) &= \Psi(L, M_L + 1, S, M_S) \\ \mathbf{L}_- \Psi(L, M_L, S, M_S) &= \Psi(L, M_L - 1, S, M_S) \\ \mathbf{S}_+ \Psi(L, M_L, S, M_S) &= \Psi(L, M_L, S, M_S + 1) \\ \mathbf{S}_- \Psi(L, M_L, S, M_S) &= \Psi(L, M_L, S, M_S - 1) \end{aligned} \tag{10.8–4}$$

Man muß dabei allerdings beachten, daß die rechts stehenden Funktionen i.allg. nicht auf 1 normiert sind, wenn die links stehenden Funktionen auf 1 normiert sind*). Man muß also, wenn man normierte Funktionen wünscht, nachträglich noch normieren.

Konstruieren wir jetzt die Funktion zu $L = 2$, $M_L = 1$, $S = 0$, $M_S = 0$. Wir gehen aus von $|\pi\alpha, \pi\beta|$ (vgl. 10.8–1) und wenden darauf $\mathbf{L}_-$ an.

---

* Auf 1 normierte Funktionen erhält man, wenn man rechts in (10.8–4) mit $[L(L+1) - M_L(M_L \pm 1)]^{-\frac{1}{2}}$ bzw. $[S(S+1) - M_S(M_S \pm 1)]^{-\frac{1}{2}}$ multipliziert.

$\mathbf{L}_-$ ist (ebenso wie $\mathbf{L}_+$, $\mathbf{S}_-$ und $\mathbf{S}_+$) eine Summe von Einelektronenoperatoren

$$\mathbf{L}_-\,(1,2) = \ell_-\,(1) + \ell_-\,(2)$$

$$\mathbf{L}_+\,(1,2) = \ell_+\,(1) + \ell_+\,(2)$$

$$\mathbf{S}_-\,(1,2) = \mathbf{s}_-\,(1) + \mathbf{s}_-\,(2)$$

$$\mathbf{S}_+\,(1,2) = \mathbf{s}_+\,(1) + \mathbf{s}_+\,(2) \qquad (10.8-5)$$

Anwendung der Einelektronenverschiebungsoperatoren auf *p*-AO's ergibt, vgl. (2.4–26)

$$\ell_-\pi = \sqrt{2}\cdot\sigma \qquad \ell_+\pi = 0$$

$$\ell_-\sigma = \sqrt{2}\;\bar{\pi} \qquad \ell_+\sigma = \sqrt{2}\,\pi$$

$$\ell_-\bar{\pi} = 0 \qquad \ell_+\bar{\pi} = \sqrt{2}\cdot\sigma$$

$$\mathbf{s}_-\alpha = \beta \qquad \mathbf{s}_+\alpha = 0$$

$$\mathbf{s}_-\beta = 0 \qquad \mathbf{s}_+\beta = \alpha \qquad (10.8-6)$$

Anwendung von $\mathbf{L}_-$ auf eine Zweielektronen-Slater-Determinante ergibt eine Summe von zwei Beiträgen. Im ersten Beitrag wird ℓ_- auf das erste Orbital angewandt und das zweite unverändert gelassen, im zweiten Beitrag umgekehrt.

$$\mathbf{L}_-\,|\,\pi\alpha,\pi\beta\,| = \sqrt{2}\,\Big[\,|\,\sigma\alpha,\pi\beta\,| + |\,\pi\alpha,\sigma\beta\,|\,\Big] \qquad (10.8-7)$$

Mit Normierung ergibt sich die Wellenfunktion zu $L = 2$, $M_L = 1$, $S = 0$, $M_S = 0$:

$$\Psi = \frac{1}{\sqrt{2}}\,|\,\sigma\alpha,\pi\beta\,| + \frac{1}{\sqrt{2}}\,|\,\pi\alpha,\sigma\beta\,| \qquad (10.8-8)$$

Um die Funktion zu $L = 2$, $M_L = 0$, $S = 0, M_S = 0$ zu erhalten, wenden wir $\mathbf{L}_-$ erneut an und erhalten nach anschließender Normierung

$$\Psi = \frac{1}{\sqrt{6}}\,|\,\bar{\pi}\alpha,\pi\beta\,| + \frac{2}{\sqrt{6}}\,|\,\sigma\alpha,\sigma\beta| + \frac{1}{\sqrt{6}}\,|\,\pi\alpha,\bar{\pi}\beta\,|$$

$$= -\frac{1}{\sqrt{6}}\,|\,\pi\beta,\bar{\pi}\alpha\,| + \frac{2}{\sqrt{6}}\,|\,\sigma\alpha,\sigma\beta\,| + \frac{1}{\sqrt{6}}\,|\,\pi\alpha,\bar{\pi}\beta\,| \qquad (10.8-9)$$

Wir bilden jetzt die Funktion zu $L = 1$, $M_L = 0$, $S = 1$, $M_S = 0$, indem wir auf die Funktion $(\pi\alpha, \bar{\pi}\alpha)$ (vgl. 10.8–2) den Operator $\mathbf{S}_-$ anwenden.

Nach Normierung erhalten wir

$$\Psi = \frac{1}{\sqrt{2}} \, |\pi\beta, \bar{\pi}\alpha| + \frac{1}{\sqrt{2}} \, |\pi\alpha, \bar{\pi}\beta| \qquad (10.8\text{–}10)$$

Die einzige Funktion, die wir durch einfache oder mehrfache Anwendung eines Verschiebungsoperators, ausgehend von einer Eindeterminantenfunktion, nicht konstruieren können, ist diejenige zum ^1S-Zustand, d.h. diejenige zu $L = 0$, $M_L = 0$, $S = 0$, $M_S = 0$.

Diese können wir aber indirekt gewinnen. Wir wissen nämlich, daß die drei möglichen Funktionen zu $M_L = 0$, $M_S = 0$ Linearkombinationen der drei Slater-Determinanten

$$|\pi\alpha, \bar{\pi}\beta|, \quad |\pi\beta, \bar{\pi}\alpha|, \quad |\sigma\alpha, \sigma\beta|$$

sein müssen, und daß die drei Funktionen orthogonal zueinander sind. Zwei der drei Funktionen kennen wir bereits, nämlich

$$^1D : \Psi_1 = \frac{2}{\sqrt{6}} \, |\sigma\alpha, \sigma\beta| + \frac{1}{\sqrt{6}} \, |\pi\alpha, \bar{\pi}\beta| - \frac{1}{\sqrt{6}} \, |\pi\beta, \bar{\pi}\alpha| \qquad (10.8\text{–}9)$$

$$^3P : \Psi_2 = \frac{1}{\sqrt{2}} \, |\pi\alpha, \bar{\pi}\beta| + \frac{1}{\sqrt{2}} \, |\pi\beta, \bar{\pi}\alpha| \qquad (10.8\text{–}10)$$

Für die dritte setzen wir an:

$$^1S : \Psi_3 = c_1 \, |\sigma\alpha, \sigma\beta| + c_2 \, |\pi\alpha, \bar{\pi}\beta| + c_3 \, |\pi\beta, \bar{\pi}\alpha| \qquad (10.8\text{–}11)$$

und wir bestimmen die c_i aus den Orthogonalitätsforderungen

$$(\Psi_1, \Psi_3) = 0 = \frac{2c_1}{\sqrt{6}} + \frac{c_2}{\sqrt{6}} - \frac{c_3}{\sqrt{6}}$$

$$(\Psi_2, \Psi_3) = 0 = \frac{c_2}{\sqrt{2}} + \frac{c_3}{\sqrt{2}} \qquad (10.8\text{–}12)$$

Hieraus erhalten wir $c_2 = -c_3$, $c_1 = -c_2$ und mit der Normierung schließlich

$$^1S : \Psi_3 = \frac{1}{\sqrt{3}} \, |\sigma\alpha, \sigma\beta| - \frac{1}{\sqrt{3}} \, |\pi\alpha, \bar{\pi}\beta| + \frac{1}{\sqrt{3}} \, |\pi\beta, \bar{\pi}\alpha| \qquad (10.8\text{–}13)$$

10.9. Die Parität von atomaren Wellenfunktionen

Außer den Operatoren des Drehimpulses und des Spins vertauscht in einem Atom auch der Operator der Spiegelung (Inversion) am Koordinatenursprung, d.h. am Ort des

Kerns, mit dem Hamilton-Operator; folglich kann man die Wellenfunktion eines Atoms auch als gerade *(g)* bzw. ungerade *(u)* klassifizieren, je nachdem ob sie symmetrisch oder antisymmetrisch in bezug auf eine Inversion am Kernort ist. Es gilt

$$\Psi_g(\vec{r}_1, \vec{r}_2 \ldots \vec{r}_n) = \Psi_g(-\vec{r}_1, -\vec{r}_2 \ldots -\vec{r}_n) \tag{10.9–1}$$

$$\Psi_u(\vec{r}_1, \vec{r}_2 \ldots \vec{r}_1) = -\Psi_u(-\vec{r}_1, -\vec{r}_2 \ldots -\vec{r}_n) \tag{10.9–2}$$

Man bezeichnet das Verhalten (g oder u) gegenüber Inversion am Kernort auch als die *Parität* der Wellenfunktion. Bei Einelektronenzuständen, etwa dem H-Atom, ergibt die Angabe der Parität keine neue Information, denn es gilt allgemein, daß

s, d, g etc.-Orbitale *gerade*

p, f, h etc.-Orbitale *ungerade*

sind. Anders ist es aber bei Mehrelektronenzuständen, bei denen sowohl S_g als S_u, P_g als P_u etc. möglich ist. Kennt man allerdings die Konfiguration, zu der ein bestimmter Zustand gehört, so kann man seine Parität leicht angeben. Sie ist das Produkt der Paritäten der besetzten Orbitale, wobei die Regeln $g \times g = u \times u = g$ und $g \times u = u \times g = u$ zu beachten sind. Alle Terme einer Konfiguration haben immer die gleiche Parität. Die Terme zur Konfiguration p^2 sind alle gerade, d.h., sie sind vollständig als ^3P_g, ^1D_g, ^1S_g zu klassifizieren, während die Terme zu p^3 als ^4S_u und ^2P_u zu bezeichnen sind. Da d-Orbitale gerade sind, sind sämtliche Terme zu d^n-Konfigurationen gerade. Atome mit abgeschlossenen Schalen haben immer den Term ^1S_g.

Wir können auch gerade Terme durch den Eigenwert +1 des Inversionsoperators und ungerade durch den Eigenwert −1 kennzeichnen. Dann gilt, daß der entsprechende Eigenwert für ein AO durch

$$(-1)^l$$

und für eine $l_1^{n_1}\ l_2^{n_2} \ldots l_k^{n_k}$ Konfiguration durch

$$(-1)^{n_1 l_1 + n_2 l_2 + \ldots l_k n_k}$$

gegeben ist.

Zusammenfassung zu Kap. 10

Nur abgeschlossen-schalige Zustände, wie z.B. der Neon-Grundzustand mit der Konfiguration $1s^2\,2s^2\,2p^6$, sind durch die Angabe der Konfiguration vollständig gekennzeichnet. Zur (offenschaligen) Grundkonfiguration $1s^2\,2s^2\,2p^2$ des Kohlenstoffatoms kann man z.B. 15 verschiedene Slater-Determinanten konstruieren. Die zu dieser Konfiguration möglichen Wellenfunktionen sind Linearkombinationen der 15 Slater-Determinanten.

In einem Mehrelektronenatom vertauschen (bei Abwesenheit von Spin-Bahn-Wechselwirkung) die Operatoren $\mathbf{L}^2$ und $\mathbf{L}_z$ des Gesamtbahndrehimpulses und $\mathbf{S}^2$ sowie $\mathbf{S}_z$ des Gesamtspins mit dem Hamilton-Operator. Deshalb sind die Mehrteilchenzustände als Eigenfunktionen von $\mathbf{L}^2$, $\mathbf{L}_z$, $\mathbf{S}^2$, $\mathbf{S}_z$ zu wählen. Die 15 Slater-Determinanten zur Konfiguration $1s^2 2s^2 2p^2$ sind zwar alle Eigenfunktionen von $\mathbf{L}_z$ und $\mathbf{S}_z$, aber nur einige von ihnen sind auch Eigenfunktionen von $\mathbf{L}^2$ und $\mathbf{S}^2$. Aus einem einfachen Abzählschema ermittelt man, daß zu dieser Konfiguration ein (fünffach-entarteter) ^1D-Term, ein (neunfach-entarteter) ^3P-Term und ein (nicht-entarteter) ^1S-Term gehören.

Für die Addition beliebiger Drehimpulsoperatoren $\vec{\mathbf{j}}_1$ und $\vec{\mathbf{j}}_2$ zu einem $\vec{\mathbf{J}}$ gilt für die möglichen Quantenzahlen j_1, j_2, J die sog. Dreiecksungleichung

$$j_1 + j_2 \geqslant J \geqslant |j_1 - j_2|$$

und zwar sind die Werte $J = j_1 + j_2, j_1 + j_2 - 1, \ldots |j_1 - j_2|$ möglich.

Die Energien der Terme lassen sich, unter Ausnützung der Tatsache, daß manche Slater-Determinanten bereits Eigenfunktionen von $\mathbf{L}^2$ und $\mathbf{S}^2$ sind, und unter Benutzung des sog. Diagonalsummensatzes auf Erwartungswerte von Slater-Determinanten zurückführen (10.5–1), (10.5–2), (10.5–6). Die Elektronenwechselwirkungsintegrale lassen sich weiter durch die sog. Slater-Condon-Parameter F^0, F^2 etc. (10.6–8) ausdrücken (10.6–10), wobei man schließlich sehr einfache Ausrücke erhält wie (10.6–11) für p^2 und (10.7–1) für p^3-Konfigurationen.

Bei den d^n-Konfigurationen empfiehlt es sich, statt der Slater-Condon-Parameter die sog. Racah-Parameter A, B, C nach (10.7–5) einzuführen und die Termenergien durch diese auszudrücken (Tab. 9).

Unter den Termen einer Konfiguration hat derjenige mit der höchsten Spinmultiplizität die niedrigste Energie, und wenn es mehrere mit dem gleichen S gibt, derjenige von ihnen mit dem größten L (Hundsche Regel).

Die Wellenfunktionen zu den verschiedenen Termen kann man, ausgehend von bestimmten Slater-Determinanten, durch Anwendung der Verschiebungsoperatoren $\mathbf{L}_+$, $\mathbf{L}_-$, $\mathbf{S}_+$, $\mathbf{S}_-$ und evtl. Normierung erhalten.

Zur Vervollständigung der Klassifikation von Termen muß man noch angeben, ob die Wellenfunktion gerade *(g)* oder ungerade *(u)* bezüglich einer Inversion am Kernort ist.

11. Spin-Bahn-Wechselwirkung und Atome im Magnetfeld

11.1. Spin-Bahn-Wechselwirkung für Einelektronenatome

Das magnetische Moment, das mit dem Bahndrehimpuls verbunden ist, und das magnetische Moment des Elektronenspins geben Anlaß zu einer Wechselwirkung, die durch einen Zusatzterm zum Hamilton-Operator (für Bewegungen im Zentralfeld) beschrieben werden kann:

$$\mathbf{H}_{\mathrm{SB}} = -\frac{\alpha^2}{2}\,\frac{1}{r}\,\frac{\mathrm{d}\,V(r)}{\mathrm{d}r}\cdot\vec{\ell}\cdot\vec{\mathbf{s}} = \xi(r)\,\vec{\ell}\cdot\vec{\mathbf{s}} = \xi(r)\left\{\ell_x\,\mathbf{s}_x + \ell_y\,\mathbf{s}_y + \ell_z\,\mathbf{s}_z\right\} \tag{11.1–1}$$

wobei $V(r)$ das Potential ist, in dem sich das Elektron bewegt und $\alpha = \frac{e^2}{\hbar c} \approx \frac{1}{137}$ die dimensionslose sogenannte Feinstrukturkonstante bedeutet. Daß in $\mathbf{H}_{\mathrm{SB}}$ das Skalarprodukt der Operatoren $\vec{\ell}$ und $\vec{\mathbf{s}}$ auftritt, bedeutet anschaulich, daß die Wechselwirkung von der relativen Orientierung dieser beiden Drehimpulsvektoren abhängt.

Die Eigenfunktionen des gesamten Hamilton-Operators

$$\mathbf{H} = \mathbf{H}_0 + \mathbf{H}_{\mathrm{SB}} \tag{11.1–2}$$

(wobei $\mathbf{H}_0$ unseren bisherigen spinunabhängigen Hamilton-Operator bedeutet) sind nun als gemeinsame Eigenfunktionen der mit $\mathbf{H}$ vertauschbaren Operatoren zu wählen. Anders als $\mathbf{H}_0$ vertauscht $\mathbf{H}_{\mathrm{SB}}$ und damit auch $\mathbf{H}$ weder mit den Komponenten von $\vec{\ell}$ noch von $\vec{\mathbf{s}}$, vielmehr gilt, wie man durch Einsetzen von (11.1–1) für $\mathbf{H}_{\mathrm{SB}}$ und (3.1–3) für ℓ_z erhält, z.B.

$$\mathbf{H}_{\mathrm{SB}}\,\ell_z - \ell_z\,\mathbf{H}_{\mathrm{SB}} = \mathrm{i}\,\hbar\,\xi(r)\left\{\mathbf{s}_x\,\ell_y - \mathbf{s}_y\,\ell_x\right\} \tag{11.1–3}$$

$$\mathbf{H}_{\mathrm{SB}}\,\mathbf{s}_z - \mathbf{s}_z\,\mathbf{H}_{\mathrm{SB}} = \mathrm{i}\,\hbar\,\xi(r)\left\{\mathbf{s}_y\,\ell_x - \mathbf{s}_x\,\ell_y\right\} \tag{11.1–4}$$

mit entsprechenden Gleichungen für die x- und y-Komponenten. Man sieht aber, daß sämtliche Komponenten des Operators

$$\vec{\mathbf{j}} = \vec{\ell} + \vec{\mathbf{s}} \tag{11.1–5}$$

mit $\mathbf{H}_{\mathrm{SB}}$ vertauschen. Für $\mathbf{j}_z$ folgt das z.B. unmittelbar aus (11.1–3) und (11.1–4). Da $\vec{\mathbf{j}}$ auch mit $\mathbf{H}_0$ vertauscht, vertauscht es mit $\mathbf{H}$, und wir können die Eigenfunktionen von $\mathbf{H}$ so wählen, daß sie gleichzeitig Eigenfunktionen von $\mathbf{j}^2$ und $\mathbf{j}_z$ sind:

$$\begin{aligned} \mathbf{j}^2\,\psi &= \hbar^2\,j\,(j+1)\,\psi \\ \mathbf{j}_z\,\psi &= \hbar\,m_j\,\psi \end{aligned} \tag{11.1–6}$$

So wie für $\vec{\ell}$ und $\vec{s}$ gelten auch für $\vec{j}$ die typischen Drehimpulsvertauschungsrelationen,

$$\mathbf{j}_x\mathbf{j}_y - \mathbf{j}_y\mathbf{j}_x = i\hbar\mathbf{j}_z$$

$$\mathbf{j}_y\mathbf{j}_z - \mathbf{j}_z\mathbf{j}_y = i\hbar\mathbf{j}_x$$

$$\mathbf{j}_z\mathbf{j}_x - \mathbf{j}_x\mathbf{j}_z = i\hbar\mathbf{j}_y \qquad (11.1\text{–}7)$$

aus denen (11.1–6) wie in Abschn. 3.4 abgeleitet werden kann.

Für Einelektronensysteme (und nur für solche) vertauschen auch ℓ^2 und $\mathbf{s}^2$ mit $\mathbf{H}_{SB}$ (nicht aber die Komponenten ℓ_z, $\mathbf{s}_z$ etc. für sich). Das folgt unmittelbar daraus, daß sowohl ℓ^2 als auch $\mathbf{s}^2$ mit z.B. ℓ_x, $\mathbf{s}_x$ und $\xi(r)$, somit auch mit $\xi(r)\,\ell_x \cdot \mathbf{s}_x$ vertauschen.

Wir können die Eigenfunktionen unseres Einelektronensystems im Zentralfeld somit durch die Quantenzahlen j, m_j, l und s charakterisieren. Nach der in Abschn. 10.4 abgeleiteten Dreiecksungleichung für die Addition von Drehimpulsen gilt, daß

$$j = l+s,\, l+s-1,\, \ldots\, |l-s| \qquad (11.1\text{–}8)$$

Da aber $s = \frac{1}{2}$, verbleibt nur

$$j = l+\frac{1}{2},\; l-\frac{1}{2} \quad \text{für } l \geqslant 1$$

$$j = \frac{1}{2} \quad \text{für } l = 0 \qquad (11.1\text{–}9)$$

Zu jedem Wert von l gehören also zwei verschiedene Werte von j, außer für $l = 0$, wozu nur ein Wert von j gehört.

Die 1s-Spinorbitale

$$\begin{array}{ccc} & s\alpha, & s\beta \\ m_j & \frac{1}{2} & -\frac{1}{2} \end{array} \qquad (11.1\text{–}10)$$

sind also automatisch Eigenfunktionen von $\mathbf{j}^2$ zu $j = \frac{1}{2}$, und zu $s\alpha$ gehört $m_j = \frac{1}{2}$, zu $s\beta$ $m_j = -\frac{1}{2}$.

Die 2p-Spinorbitale

$$\begin{array}{ccccccc} & \pi\alpha, & \pi\beta, & \sigma\alpha, & \sigma\beta, & \bar{\pi}\alpha, & \bar{\pi}\beta \\ m_j & \frac{3}{2} & \frac{1}{2} & \frac{1}{2} & -\frac{1}{2} & -\frac{1}{2} & -\frac{3}{2} \end{array} \qquad (11.1\text{–}11)$$

sind dagegen noch nicht automatisch Eigenfunktionen von $\mathbf{j}^2$, aber aus (11.1–9) wissen wir, daß $j = 3/2$ (mit $m_j = 3/2, 1/2, -1/2, -3/2$) und $j = 1/2$ (mit $m_j = 1/2, -1/2$) vorkommen müssen. Wir können m_j für diese Orbitale sofort hinschreiben, da $m_j = m_l + m_s$. Ähnlich wie bei der Ableitung der Terme zur Konfiguration p^2 argumentieren wir jetzt, daß $\pi\alpha$ und $\bar{\pi}\beta$ bereits Eigenfunktionen von $\mathbf{j}^2$ zu $j = 3/2$ sein müssen.

Die Eigenfunktionen von $\mathbf{j}^2$ zu $j = 3/2$, $m_j = \pm 1/2$ erhält man z.B. durch Anwendung von $\mathbf{j}_-$ auf $\pi\alpha$, so daß sich schließlich ergibt:

$$j = \frac{3}{2}: \quad \pi\alpha; \quad \frac{1}{\sqrt{2}}(\pi\beta + \sigma\alpha); \quad \frac{1}{\sqrt{2}}(\sigma\beta + \bar{\pi}\alpha); \quad \bar{\pi}\beta$$

$$m_j \quad \frac{3}{2} \quad \frac{1}{2} \quad -\frac{1}{2} \quad -\frac{3}{2} \tag{11.1–12}$$

$$j = \frac{1}{2}; \quad \frac{1}{\sqrt{2}}(\pi\beta - \sigma\alpha); \quad \frac{1}{\sqrt{2}}(\sigma\beta - \bar{\pi}\alpha)$$

$$m_j \quad \frac{1}{2} \quad -\frac{1}{2} \tag{11.1–13}$$

Berechnen wir jetzt die Erwartungswerte von $\mathbf{H}_{SB}$ für unsere (j, m_j, l, s)-angepaßten Orbitale! Diese sind offenbar von der Form

$$\psi_{n,j,m_j,l,s} = R_{nl}(r)\, f_{j,m_j,l,s}(\vartheta, \varphi, s) \tag{11.1–14}$$

$$E_{SB} = \langle \psi_{n,j,m_j,l,s} | \mathbf{H}_{SB} | \psi_{n,j,m_j,l,s} \rangle = \int R^*_{nl}(r)\, \xi(r)\, R_{nl}(r)\, r^2\, dr \times$$

$$\times \langle f_{j,m_j,l,s} | \vec{\ell} \cdot \vec{s} | f_{j,m_j,l,s} \rangle \tag{11.1–15}$$

Das Ergebnis der Integration über r bezeichnet man i.allg. mit dem Buchstaben ξ_{nl} und nennt es den *Spin-Bahn-Wechselwirkungsparameter*. Die Integration über die Winkel und den Spin formen wir noch etwas um:

$$\langle f_{j,m_j,l,s} | \vec{\ell} \cdot \vec{s} | f_{j,m_j,l,s} \rangle = \frac{1}{2} \langle f_{j,m_j,l,s}, | \mathbf{j}^2 - \ell^2 - \mathbf{s}^2 | f_{j,m_j,l,s} \rangle$$

$$= \frac{1}{2} [j(j+1) - l(l+1) - s(s+1)]\, \hbar^2 \tag{11.1–16}$$

Von m_j ist dieses Ergebnis unabhängig. Jeder Energiewert ist also $(2j+1)$-fach entartet.

Für die Spin-Bahn-Wechselwirkungsenergie eines Spinorbitals mit den Quantenzahlen (n, j, m_j, l, s) erhalten wir also schließlich

$$E_{SB} = \langle \psi_{n,j,m_j,l,s} | \mathbf{H}_{SB} | \psi_{n,j,m_j,l,s} \rangle = \frac{1}{2} \xi_{nl} [j(j+1) - l(l+1) - s(s+1)] \tag{11.1–17}$$

oder, wenn wir $s = 1/2$ einsetzen und die Fälle $j = l \pm 1/2$ berücksichtigen

$$E_{SB} = \begin{cases} \frac{1}{2} l \xi_{nl} & \\ & \text{für} \\ -\frac{1}{2}(l+1)\xi_{nl} & \end{cases} \begin{cases} j = l + \frac{1}{2} \\ \\ j = l - \frac{1}{2} \end{cases} \tag{11.1–18}$$

Für s-AO's, d.h. für $l = 0$, ist nur $j = l + 1/2 = 1/2$ möglich und $E_{SB} = 0$, d.h., es tritt weder eine Verschiebung noch eine Aufspaltung der Energie auf. Für $l > 0$ ist dagegen $j = l + 1/2$ und $j = l - 1/2$ zugelassen, und zu beiden j-Werten gehört ein verschiedener Wert von E_{SB}. Die Energie des Orbitals wird also in zwei verschiedene Niveaus aufgespalten, als Folge der Spin-Bahn-Wechselwirkung.

Für ein Elektron in einem Zentralfeld sind die Niveaus mit $l \neq 0$ in zwei Komponenten aufgespalten, man spricht dabei von *Dublett*-Termen. Zwischen jeder der beiden Komponenten des Dubletts zu $l = 1$ einerseits und dem (nicht-aufgespaltenen) s-Grundzustand andererseits sind Übergänge möglich, so daß alle entsprechenden Linien im Absorptionsspektrum in zwei Komponenten aufgespalten sind. Das bekannteste Beispiel für eine solche Dublett-Aufspaltung sind die beiden Natrium-D-Linien.

Es sei noch darauf hingewiesen, daß allgemein $\frac{dV}{dr}$ überall negativ, folglich $\xi(r)$ überall positiv ist und damit

$$\xi_{nl} > 0$$

Folglich liegt der Zustand mit $j = l - 1/2$ tiefer als derjenige mit $j = l + 1/2$. Allgemein bezeichnet man ein Multiplett als ‚normal', wenn die Komponente mit dem kleinsten J am tiefsten liegt. Anderenfalls heißt das Multiplett ‚invertiert'. So etwas kann bei Mehrelektronenatomen vorkommen.

Bei wasserstoffähnlichen Ionen läßt sich ξ_{nl} explizit ausrechnen, und man erhält (für $l > 0$; $\xi_{n0} = 0$)

$$\xi_{nl} = \frac{\alpha^2}{2} \cdot \frac{Z^4}{n^3 \cdot l\,(l + \frac{1}{2})\,(l+1)} \tag{11.1–19}$$

Bemerkenswert an diesem Ausdruck ist, daß ξ_{nl} proportional zur vierten Potenz der Kernladung Z ist.

Die Aufspaltung der Energieniveaus als Folge der Spin-Bahn-Wechselwirkung ist außerordentlich klein für leichte Atome, sie fällt aber bei schweren Atomen deutlich ins Gewicht. Der Spin-Bahn-Kopplungsparameter ist für ein $2p$-Elektron des H-Atoms ca. 0.24 cm^{-1}, er ist für das Valenzelektron im tiefsten ^2P-Zustand des B^{2+} etwa 23 cm^{-1}, für ein äußeres d-Elektron in Fe^{2+} ca. 400 cm^{-1}. Die ξ_{nl}-Werte für $2p$-Elektronen der schweren Elemente sind noch um ein Vielfaches größer (von der Größenordnung Z^4 cm^{-1}).

Wir haben in diesem Abschnitt unterstellt, daß die Spin-Bahn-Wechselwirkung die Radialabhängigkeit der Wellenfunktion nicht beeinflußt*). Das ist nicht streng richtig, aber doch in so guter Näherung, daß wir uns nicht weiter darum zu kümmern haben, zumal dies allenfalls zu einer kleinen Veränderung der numerischen Werte von ξ_{nl} führen würde.

11.2. Spin-Bahn-Wechselwirkung bei Mehrelektronenatomen – Die Russell-Saunders-Kopplung

In Mehrelektronenatomen kommen noch Beiträge der Spin-Spin-Wechselwirkung, der Bahn-Bahn-Wechselwirkung und der Wechselwirkung zwischen dem Spin des einen und dem Drehimpuls eines anderen Elektrons hinzu**). Alle diese Terme und noch ein paar weitere sind aber nur kleine und i.allg. zu vernachlässigende Korrekturen zur eigentlichen Spin-Bahn-Wechselwirkung

$$\mathbf{H}_{SB} = \sum_{k=1}^{n} \xi(r_k)\, \vec{\ell}(\vec{r}_k)\, \vec{\mathbf{s}}(s_k) = \sum_{k=1}^{n} \mathbf{h}_{SB}(k) \tag{11.2–1}$$

Der Spin-Bahn-Wechselwirkungsoperator $\mathbf{H}_{SB}$ ist in guter Näherung eine Summe von Einelektronenoperatoren.

Anders als im Einelektronenfall vertauschen jetzt aber nur $\mathbf{J}^2$ und $\mathbf{J}_z$, wobei

$$\vec{\mathbf{J}} = \sum_{k=1}^{n} \vec{\mathbf{j}}(\vec{r}_k, s_k) \tag{11.2–2}$$

mit $\mathbf{H}_{SB}$ und folglich mit $\mathbf{H} = \mathbf{H}_0 + \mathbf{H}_{SB}$, nicht aber $\mathbf{L}^2$ und $\mathbf{S}^2$ (und natürlich auch nicht $\mathbf{L}_z$ und $\mathbf{S}_z$), so daß man die Eigenfunktionen von $\mathbf{H}$ streng nur nach J und M_J, nicht aber nach L und S klassifizieren darf. Wenn jedoch die Spin-Bahn-Wechselwirkung sehr klein ist, sind L und S immer noch nahezu ,gute Quantenzahlen', weil der Kommutator zwischen $\mathbf{H}$ und $\mathbf{L}^2$ bzw. $\mathbf{S}^2$ dann sehr klein ist.

---

* D.h., daß für die Berechnung der Spin-Bahn-Wechselwirkung die Störungstheorie 1. Ordnung ausreicht.

** Bzgl. Einzelheiten s. J.H. van Vleck, Rev.Mod.Phys. *23,* 213 (1951).

Wir wollen jetzt einfach unsere Näherungswellenfunktionen dazu zwingen, auch Eigenfunktionen von $\mathbf{L}^2$ und $\mathbf{S}^2$ zu sein. Das ist eine zusätzliche Näherung, die umso besser ist, je kleiner die Spin-Bahn-Wechselwirkung ist. (In Abschn. 11.3 wollen wir über diese Näherung hinausgehen und die Wellenfunktionen nicht mehr darauf beschränken, daß sie Eigenfunktionen von $\mathbf{L}^2$ und $\mathbf{S}^2$ sind.) Macht man diese Näherung, so spricht man von der *Russell-Saunders-Kopplung.*

Wir erläutern sie am Beispiel der p^2-Konfiguration, zu der es, wie wir wissen, bei Abwesenheit von Spin-Bahn-Wechselwirkung die Terme ^3P, ^1D und ^1S gibt.

Da nach der Dreiecksungleichung für J die Werte

$$J = L + S,\ L + S - 1,\ \ldots\ |L - S| \tag{11.2–3}$$

möglich sind, gibt es, wenn wir J am Termsymbol als rechten unteren Index angeben, folgende Russell-Saunders-Terme zurKonfiguration p^2:

$$\begin{aligned} &{}^3P_2,\ {}^3P_1,\ {}^3P_0 \\ &{}^1S_0,\ {}^1D_2 \end{aligned} \tag{11.2–4}$$

Die Wellenfunktionen zu den Termen ^1S und ^1D sind automatisch schon Eigenfunktionen von $\mathbf{J}^2$; um die Eigenfunktionen von $\mathbf{J}^2$ zum Term ^3P zu erhalten, müssen wir Linearkombinationen aus den zu diesem Term gehörenden Wellenfunktionen bilden. Zum Glück gibt es einige Slater-Determinanten, die automatisch nicht nur Eigenfunktion von $\mathbf{L}^2$ und $\mathbf{S}^2$, sondern auch von $\mathbf{J}^2$ sind. Dieser Fall ist z.B. dann verwirklicht, wenn M_J seinen maximalen Wert einnimmt, der dann gleich J sein muß. In unserem Fall ist max $(M_J) = 2$. Hierzu gehören die beiden Slater-Determinanten

$$\begin{aligned} \Phi_1 = |\pi\alpha, \pi\beta| \quad & M_L = 2; M_S = 0; M_J = M_L + M_S = 2;\ L = 2; \\ & S = 0;\ J = 2 \end{aligned} \tag{11.2–5}$$

$$\begin{aligned} \Phi_2 = |\pi\alpha, \sigma\alpha| \quad & M_L = 1;\ M_S = 1;\ M_J = M_L + M_S = 2; \\ & L = 1;\ S = 1;\ J = 2 \end{aligned} \tag{11.2–6}$$

Φ_1 ist also eine der Eigenfunktionen zum Term $^1D_2$ und Φ_2 eine der Eigenfunktionen zum Term $^3P_2$. Für den Erwartungswert von $\mathbf{H}_{SB}$ gebildet mit Φ_2 ergibt sich, da $\mathbf{H}_{SB}$ eine Summe von Einelektronenoperatoren ist,

$$E_{SB}(^3P_2) = (\Phi_2, \mathbf{H}_{SB}\Phi_2) = (\pi\alpha, \mathbf{h}_{SB}\,\pi\alpha) + (\sigma\alpha, \mathbf{h}_{SB}\,\sigma\alpha) = \frac{1}{2}\,\xi_{nl} \tag{11.2–7}$$

(Zum Auswerten dieser Matrixelemente setzt man

$$\mathbf{h}_{SB} = \xi(r)\,\vec{\ell}\cdot\vec{s} = \xi(r)\left\{\frac{1}{2}\,\ell_+ s_- + \frac{1}{2}\,\ell_- s_+ + \ell_z s_z\right\} \tag{11.2–8}$$

und erhält, daß der erste Summand in (11.2–7) 1/2 ξ_{nl} ergibt, der zweite 0.)

Um E_{SB} für die beiden anderen Terme zu ^3P zu erhalten, ist es nicht nötig, zuerst die Wellenfunktionen zu konstruieren. Man kann sich vielmehr einer allgemeinen Beziehung bedienen. $\mathbf{H}_{SB}$ transformiert sich nämlich genauso wie der Operator $\vec{\mathbf{L}} \cdot \vec{\mathbf{S}}$, das bedeutet, daß für die Diagonal-Matrixelemente von $\mathbf{H}_{SB}$ und $\vec{\mathbf{L}} \cdot \vec{\mathbf{S}}$ zwischen Funktionen des gleichen $(L-S)$-Terms allgemein, wenn wir die Wellenfunktion eines Russel-Saunders-Terms durch die Konfiguration N und die Quantenzahlen J, M_J, L, S charakterisieren, folgendes gilt:

$$E_{SB} = \langle \Psi_{N,J,M_J,L,S} \mid \mathbf{H}_{SB} \mid \Psi_{N,J,M_J,L,S} \rangle$$

$$= \lambda \langle \Psi_{N,J,M_J,L,S,} \mid \vec{\mathbf{L}} \cdot \vec{\mathbf{S}} \mid \Psi_{N,J,M_J,L,S} \rangle$$

$$= \lambda \cdot \frac{1}{2} \left\{ J(J+1) - L(L+1) - S(S+1) \right\} \qquad (11.2\text{–}9)$$

wobei λ eine für *alle Terme einer Konfiguration* gleiche Konstante ist. Den Wert von λ für die $2p^2$-Konfiguration erhalten wir, wenn wir $E_{SB}\ (^3P_2)$ nach (11.2–9) ausrechnen und mit dem bereits bekannten Wert (11.2–7) vergleichen.

$$E_{SB}\ (^3P_2) = \lambda \cdot \frac{1}{2} \left\{ 2 \cdot 3 - 1 \cdot 2 - 1 \cdot 2 \right\} = \lambda = \frac{\xi_{2p}}{2} \qquad (11.2\text{–}10)$$

Also ist hier $\lambda = \xi_{2p}/2$, und wir erhalten

$$E_{SB}\ (^3P_1) = \lambda \cdot \frac{1}{2} \left\{ 1 \cdot 2 - 1 \cdot 2 - 1 \cdot 2 \right\} = -\lambda = -\frac{\xi_{2p}}{2} \qquad (11.2\text{–}11)$$

$$E_{SB}\ (^3P_0) = \lambda \cdot \frac{1}{2} \left\{ 0 \cdot 1 - 1 \cdot 2 - 1 \cdot 2 \right\} = -2\lambda = -\xi_{2p} \qquad (11.2\text{–}12)$$

Anhand von (11.2–9) sieht man auch, daß E_{SB} immer dann verschwindet, wenn $L = 0$ (und damit $J = S$) oder $S = 0$ (und damit $J = L$) ist. Die Energien unserer Russell-Saunders-Terme sind damit (vgl. 10.6–11):

$$E\ (^3P_0) = E\ (^3P) - \xi_{2p} = 2\,H_{pp} + F^0 - \frac{1}{5}\,F^2 - \xi_{2p}$$

$$E\ (^3P_1) = E\ (^3P) - \frac{1}{2}\,\xi_{2p} = 2\,H_{pp} + F^0 - \frac{1}{5}\,F^2 - \frac{1}{2}\,\xi_{2p}$$

$$E\ (^3P_2) = E\ (^3P) + \frac{1}{2}\,\xi_{2p} = 2\,H_{pp} + F^0 - \frac{1}{5}\,F^2 + \frac{1}{2}\,\xi_{2p}$$

$$E\ (^1D_2) = E\ (^1D) = 2\,H_{pp} + F^0 + \frac{1}{25}\,F^2$$

$$E\ (^1S_0) = E\ (^1S) = 2\,H_{pp} + F^0 + \frac{2}{5}\,F^2 \qquad (11.2\text{–}13)$$

Zur Illustration der auftretenden Zahlenwerte seien jetzt die für die Energieunterschiede der Terme entscheidenden Werte F^2 und ξ_{2p} für die Konfiguration $1s^2 2p^2$ des C^{2+} angegeben: $F^2 = 3090\ \text{cm}^{-1}$, $\xi_{2p} = 27\ \text{cm}^{-1}$.

Die Aufspaltung des Energieniveaus durch F^2, also durch die Elektronenwechselwirkung, ist hier also wesentlich größer als diejenige durch ξ_{2p}, d.h. durch die Spin-Bahn-Wechselwirkung. Mit steigender Kernladungszahl steigt die Spin-Bahn-Wechselwirkung stark an. Bei den Übergangsmetallen der ersten Übergangsperiode ist ξ_{3d} noch klein gegenüber den Racah-Parametern B und C, bei denen der zweiten Periode sind ξ_{4d}, B und C von der gleichen Größenordnung, und in der dritten Periode ist ξ_{5d} deutlich größer als B und C. Dann ist die Russell-Saunderssche Näherung, die wir hier benutzt haben, nicht mehr zulässig.

Gl. (11.2–9) für die Multiplettaufspaltung gilt allgemein innerhalb des Russel-Saunders-Schemas. Für jede Konfiguration hängt λ aber in verschiedener Weise von dem Spin-Bahn-Wechselwirkungsparameter der beteiligten Atome ab. Für die Grundterme einer l^n-Konfiguration erhält man

$$\lambda = \frac{1}{2S}\,\xi, \text{ sofern } n \leqslant 2l+1 \text{ (und } S \neq 0\text{), und } \lambda = -\frac{1}{2S}\,\xi \text{ für } n \geqslant 2l+1$$

(und $S \neq 0$). Während für p^2 $\lambda = \frac{1}{2}\xi$ ist, so gilt für p^4, das die gleichen Russel-Saunders-Terme wie p^2 hat, daß $\lambda = -\frac{1}{2}\xi$. Die Reihenfolge der Terme $^3P_2$, $^3P_1$, $^3P_0$ ist also genau umgekehrt, das Multiplett ist ‚invertiert'. *Löcher* in einer abgeschlossen-schaligen Konfiguration verhalten sich zwar in vieler Hinsicht ähnlich wie Elektronen, aber sie haben gewissermaßen einen Drehimpuls in der umgekehrten Richtung.

11.3. Intermediäre Kopplung und *j–j*-Kopplung

Wir haben in Abschn. 11.2 unterstellt, daß man die Eigenfunktionen von $\mathbf{H}$ als Eigenfunktionen von $\mathbf{L}^2$ und $\mathbf{S}^2$ wählen kann, obwohl streng genommen nur J und M_J gute Quantenzahlen sind. Das bedeutet, um wieder beim Beispiel der p^2-Konfiguration zu bleiben, daß die Wellenfunktionen zu den Russell-Saunders-Termen $^3P_2$, $^3P_1$, $^3P_0$, $^1D_2$, $^1S_0$ nicht gute Näherungen für die wirklichen Wellenfunktionen sind, sondern wir haben diese anzusetzen als Linearkombinationen von Wellenfunktionen zu gleichem J und M_J. Die Funktionen zu $^3P_1$ sind bereits ‚richtig'; denn $J = 1$ kommt bei den anderen Termen nicht vor. Dagegen müssen wir $^3P_2$ mit $^1D_2$ und $^3P_0$ mit $^1S_0$ ‚mischen'. Wie stark diese Funktionen ‚mischen', hängt vom Wechselwirkungsmatrixelement

$$\langle {}^3P_2 \,|\, \mathbf{H}_{SB} \,|\, {}^1D_2 \rangle \text{ bzw. } \langle {}^3P_0 \,|\, \mathbf{H}_{SB} \,|\, {}^1S_0 \rangle \qquad (11.3\text{–}1)$$

ab. Solche Matrixelemente sind nur dann von Null verschieden, wenn beide Funktionen das gleiche M_J haben. Die Funktionen Φ_1 und Φ_2 nach Gl. (11.2–5) und (11.2–6) stimmen in der Tat in M_J überein, und Φ_1 gehört zu $^1D_2$, Φ_2 zu $^3P_2$. Für das Nichtdiagonal-Matrixelement erhält man mittels (11.2–8)

$$(\Phi_2, \mathsf{H}_{SB}, \Phi_1) = \frac{1}{2}\sqrt{2}\cdot \xi_{2p} \tag{11.3–2}$$

Die gesamte Matrix des Hamilton-Operators in der Basis Φ_1, Φ_2 ist dann (wir schreiben im folgenden einfach ξ statt ξ_{2p})

$$H = \begin{pmatrix} E(^3P) + \frac{1}{2}\xi & \frac{1}{2}\sqrt{2}\,\xi \\ \frac{1}{2}\sqrt{2}\,\xi & E(^1D) \end{pmatrix} \tag{11.3–3}$$

Die Eigenwerte dieser Matrix und damit die Energien zu den ‚richtigen' Linearkombinationen zu $J = 2$ sind

$$\begin{aligned} E_{1,2}^{(J=2)} &= \frac{1}{2}\left\{E(^3P) + E(^1D) + \frac{1}{2}\xi\right\} \pm \frac{1}{2}\sqrt{[E(^3P) - E(^1D) + \frac{1}{2}\xi]^2 + 2\xi^2} \\ &= 2H_{pp} + F^0 - \frac{2}{25}F^2 + \frac{1}{4}\xi \pm \frac{1}{2}\sqrt{\left[-\frac{6}{25}F^2 + \frac{1}{2}\xi\right]^2 + 2\xi^2} \end{aligned} \tag{11.3–4}$$

In ganz analoger Weise erhält man für die Energien zu $J = 0$ folgendes:

$$\begin{aligned} E_{1,2}^{(J=0)} &= \frac{1}{2}\left\{E(^3P) + E(^1S) - \xi\right\} \pm \frac{1}{2}\sqrt{\left[E(^3P) - E(^1S) - \xi\right]^2 + 8\xi^2} \\ &= 2H_{pp} + F^0 + \frac{1}{10}F^2 - \frac{1}{2}\xi \pm \frac{1}{2}\sqrt{\left[-\frac{3}{5}F^2 - \xi\right]^2 + 8\xi^2} \end{aligned} \tag{11.3–5}$$

Zu $J = 1$ gibt es, wie gesagt, nur eine Energie:

$$E^{(J=1)} = E(^3P) - \frac{1}{2}\xi = 2H_{pp} + F^0 - \frac{1}{5}F^2 - \frac{1}{2}\xi \tag{11.3–6}$$

Die Ausdrücke (11.3–4) bis (11.3–6) sind richtig, unabhängig davon, wie das Größenverhältnis zwischen F^2 und ξ ist – vorausgesetzt natürlich immer (was streng nie gilt), daß die Beschreibung im Rahmen einer einzigen Konfiguration (hier p^2) eine hinreichend gute Näherung ist. Das hier angewandte Verfahren, das die Russell-Saundersche Kopplung als Spezialfall (für $\xi \ll F^2$) enthält, bezeichnet man als *intermediäre* Kopplung. Es enthält, abgesehen von der Beschränkung auf eine Konfiguration und die Einschränkungen, die im Hamilton-Operator selbst liegen, keine Näherungen.

Es empfiehlt sich, anhand von (11.3–4) bis (11.3–6) die Grenzfälle a) $\xi \ll F^2$ und b) $\xi \gg F^2$ getrennt zu diskutieren. Im Fall a) können wir in den Wurzeln in (11.3–4) und (11.3–5) $2\xi^2$ bzw. $8\xi^2$ vernachlässigen, und wir erhalten die uns schon bekannten Russell-Saunders-Energien (11.2–13). Eine etwas bessere Näherung für nicht ganz kleine ξ erhält man, wenn man in den Wurzeln die Ausdrücke in eckigen Klammern ausklammert und vor die Wurzel zieht. Für die verbleibende Wurzel macht man dann eine Taylor-Entwicklung:

$$E_{1,2}^{(J=2)} = \frac{1}{2}\left\{E(^3P) + E(^1D) + \frac{1}{2}\xi\right\} \pm \frac{1}{2}\left\{E(^3P) - E(^1D) + \frac{1}{2}\xi\right\}$$

$$\times\left\{1 + \frac{\xi^2}{(E(^3P) - E(^1D) + \frac{1}{2}\xi)^2} + O(\xi^4)\right\} =$$

$$\begin{cases} E(^3P) + \frac{1}{2}\xi + \frac{1}{2}\,\dfrac{\xi^2}{E(^3P) - E(^1D) + \frac{1}{2}\xi} + O(\xi^4) \\[2ex] E(^1D) - \frac{1}{2}\,\dfrac{\xi^2}{E(^3P) - E(^1D) + \frac{1}{2}\xi} + O(\xi^4) \end{cases} \tag{11.3–7}$$

Das Ergebnis (11.3–7) wird üblicherweise mit Hilfe der Störungstheorie 2. Ordnung abgeleitet. Die Störungstheorie leistet aber im Grund ja nichts anderes, als daß sie die Koeffizienten der Entwicklung der Energie nach Potenzen eines Parameters (hier ξ) zu berechnen gestattet. In unserem Fall können wir diese Koeffizienten unmittelbar durch eine Taylor-Entwicklung der exakten Lösung erhalten. Im Grenzfall b) ergibt sich bei völliger Vernachlässigung von F^2 gegenüber ξ folgendes:

$$E_{1,2}^{(J=2)} \doteq 2H_{pp} + F^0 + \frac{1}{4}\xi \pm \frac{3}{4}\xi = \begin{cases} 2H_{pp} + F^0 + \xi \\[1ex] 2H_{pp} + F^0 - \frac{1}{2}\xi \end{cases}$$

$$E_{1,2}^{(J=0)} = 2H_{pp} + F^0 - \frac{1}{2}\xi \pm \frac{3}{2}\xi = \begin{cases} 2H_{pp} + F^0 + \xi \\[1ex] 2H_{pp} + F^0 - 2\xi \end{cases}$$

$$E^{(J=1)} = 2H_{pp} + F^0 - \frac{1}{2}\xi \tag{11.3–8}$$

Die Ausdrücke, die man erhält, wenn man F^2 stehen läßt und für die Wurzel nach Ausklammern von $\frac{9}{4}\xi^2$ bzw. $9\xi^2$ eine Taylor-Entwicklung ansetzt, wollen wir nicht anschreiben. Vielmehr wollen wir uns überlegen, wie das Ergebnis (11.3–8) für extrem große Spin-Bahn-Wechselwirkung zu verstehen ist und wie man es u.U. einfacher erhält.

Bei völliger Vernachlässigung der Austauschwechselwirkung der Elektronen kann man bei Anwesenheit von Spin-Bahn-Wechselwirkung die Wellenfunktionen einfach als Slater-Determinanten ansetzen, die aus solchen Spinorbitalen aufgebaut sind, die Eigenfunktionen von $\mathbf{j}^2$, d.h. von der Form (11.1–12/13) sind. Der Erwartungswert von $\mathbf{H}_{SB}$ ist dann gleich der Summe der Erwartungswerte von $\mathbf{h}_{SB}$ der beiden Spinorbitale. Da alle $l = 1$ und alle $s = 1/2$ sind, hängt nach (11.1–17) ein solcher Orbitalerwartungswert nur von j ab, und wir erhalten

$$\frac{1}{2}\xi \quad \text{für } j = \frac{3}{2} \quad \text{und } -\xi \quad \text{für } j = \frac{1}{2}.$$

Damit ist, wenn wir eine *Spinorbital-Unter-Konfiguration* $[j_1, j_2]$ schreiben:

$$\begin{aligned}
&< \left[\frac{1}{2}, \frac{1}{2}\right] |\mathbf{H}_{SB}| \left[\frac{1}{2}, \frac{1}{2}\right] > = -\xi - \xi = -2\xi \\
&< \left[\frac{1}{2}, \frac{3}{2}\right] |\mathbf{H}_{SB}| \left[\frac{1}{2}, \frac{3}{2}\right] > = -\xi + \frac{1}{2}\xi = -\frac{1}{2}\xi \\
&< \left[\frac{3}{2}, \frac{3}{2}\right] |\mathbf{H}_{SB}| \left[\frac{3}{2}, \frac{3}{2}\right] > = \frac{1}{2}\xi + \frac{1}{2}\xi = +\xi
\end{aligned} \tag{11.3–9}$$

Das sind aber genau die gleichen Ausdrücke wie in (11.3–8). Im Grenzfall starker Spin-Bahn-Wechselwirkung hängt die Energie eines Terms in erster Näherung nur davon ab, welche j-Werte die beteiligten Elektronen haben, d.h., welche $[j_1, j_2]$-Unter-Konfiguration vorliegt. In diesem Fall, in dem man von j–j-Kopplung spricht, wird eine Konfiguration besser durch die Angabe der j-Werte für jedes Elektron als durch einen Russell-Saunders-Term charakterisiert.

Man kann natürlich auch ausgehend von der j–j-Kopplung nach anschließender Berücksichtigung der Austausch-Wechselwirkung der Elektronen zu den Energieausdrücken (11.3–4–6) der intermediären Kopplung gelangen, aber das ist etwas mühsam, und wir wollen es nicht durchführen.

11.4. Atome im Magnetfeld

11.4.1. Klassische Hamilton-Funktion – Vektorpotential des Magnetfelds

Die klassische Hamilton-Funktion für ein Elektron in einem elektromagnetischen Feld lautet

$$H = \frac{1}{2m}(\vec{p} + \frac{e}{c}\vec{A})^2 + V \tag{11.4–1}$$

wobei $\vec{A}$ das sog. Vektorpotential des magnetischen Feldes $\vec{\mathcal{H}}$ und V das Potential des elektrischen Feldes $\vec{\mathcal{E}}$ ist. Dabei ist e die Elektronenladung und c die Lichtgeschwindigkeit. $\vec{A}$ ist eine Funktion der Koordinaten der Elektronen. Bekanntlich (d.h. nach den Maxwellschen Gleichungen) ist das elektrische Feld $\vec{\mathcal{E}}$ wirbelfrei, d.h. rot $\vec{\mathcal{E}} = \vec{0}$ (sofern $\mathcal{H}$ zeitlich konstant ist – wir wollen uns auf diesen Fall beschränken), und folglich läßt sich $\vec{\mathcal{E}}$ als Gradient eines skalaren Potentials schreiben:

$$\vec{\mathcal{E}} = -\operatorname{grad} V = -\nabla V \tag{11.4–2}$$

Hingegen ist $\vec{\mathcal{H}}$ quellenfrei, d.h. div $\vec{\mathcal{H}} = 0$, und folglich läßt sich $\vec{\mathcal{H}}$ als Rotation eines Vektorpotentials $\vec{A}$ schreiben (zur Definition von div, grad, rot s. Anhang A2)

$$\vec{\mathcal{H}} = \operatorname{rot} \vec{A} = \nabla \times \vec{A} \tag{11.4–3}$$

So wie V durch (11.4–2) nicht eindeutig festgelegt ist – man kann zu V eine beliebige Konstante hinzufügen, ohne die Gültigkeit von (11.4–2) zu ändern –, ist auch in der Definition von $\vec{A}$ noch einige Willkür. Addiert man nämlich zu $\vec{A}$ den Gradienten irgendeiner skalaren Funktion χ, so erfüllt $\vec{A} + \operatorname{grad} \chi$ ebenfalls (11.4–3). Diese Mehrdeutigkeit der sog. ‚Eichung' des Vektorpotentials soll uns aber nicht weiter interessieren; man kann nämlich zeigen, daß alle quantenmechanischen Observablen von dieser Eichung völlig unabhängig sind. Im Spezialfall eines homogenen Magnetfelds der Stärke $\vec{\mathcal{H}}$ ist *eine mögliche* Wahl des Vektorpotentials

$$\vec{A} = \frac{1}{2}\, \vec{\mathcal{H}} \times \vec{r} \tag{11.4–4}$$

Wir setzen (11.4–4) in (11.4–1) ein und haben dann die klassischen Hamilton-Funktion eines Elektrons in einem homogenen magnetischen Feld. Ersetzen wir dann $\vec{p}$ durch den Operator $\vec{\mathbf{p}} = \frac{\hbar}{i}\nabla$, so erhalten wir den entsprechenden Hamilton-Operator. Allerdings müssen wir noch berücksichtigen, daß auch der Elektronenspin mit dem Magnetfeld $\vec{\mathcal{H}}$ wechselwirkt, und wir dürfen den Term der Spin-Bahn-Wechselwirkung nicht weglassen. Evtl. sind sogar weitere Terme zu berücksichtigen, etwa solche, die mit dem Kernspin zusammenhängen, aber diese wollen wir jetzt weglassen. Sie sind natürlich für spezielle Anwendungen, z.B. im Zusammenhang mit der Kernresonanzspektroskopie, durchaus wesentlich, stellen aber in bezug auf die Effekte, die uns jetzt interessieren, nur kleine Korrekturen dar.

11.4.2. Der Hamilton-Operator für ein Atom im Magnetfeld

Der Hamilton-Operator für ein Atom in einem homogenen Magnetfeld ist somit gegeben durch (man benutzt in diesem Fall i.allg. keine atomaren Einheiten.):

$$\begin{aligned}\mathbf{H} = \frac{1}{2m} \sum_{k=1}^{n} \Big\{ &\Big(\frac{\hbar}{i}\nabla_k + \frac{e}{2c}\,\vec{\mathcal{H}} \times \vec{r}_k\Big)^2 + \frac{2e}{c}\,\vec{\mathbf{s}}_k \cdot \vec{\mathcal{H}} \\ &+ \frac{me}{c}\,\xi(r_k)\,\vec{r}_k \times \vec{\mathcal{H}} \times \vec{r}_k \cdot \vec{\mathbf{s}}_k + \xi(r_k)\,\vec{\ell}_k \cdot \vec{\mathbf{s}}_k \Big\} - \sum_{k=1}^{n} \frac{Z e^2}{r_k} \\ &+ \sum_{k<l} \frac{e^2}{r_{kl}}\end{aligned} \tag{11.4–5}$$

Dabei enthält (11.4–5) zusätzlich zu den bereits in (11.4–1) bzw. auch sonst in einem Hamilton-Operator eines Mehrelektronenatoms enthaltenen Termen noch den Operator

$$\frac{1}{2m} \sum_{k=1}^{n} \frac{2e}{c} \vec{\mathbf{s}}_k \cdot \vec{\mathcal{H}} \,, \tag{11.4–6}$$

der Wechselwirkung zwischen Spin und äußerem Magnetfeld, den Operator

$$\frac{e}{2c} \sum_{k=1}^{n} \xi\,(r_k)\, \vec{r}_k \times \vec{\mathcal{H}} \times \vec{r}_k \cdot \vec{\mathbf{s}}_k \,, \tag{11.4–7}$$

der i.allg. aber nur kleinere Korrekturen darstellt, und den wir deshalb im folgenden weglassen wollen, sowie schließlich den uns bekannten Operator der Spin-Bahn-Wechselwirkung

$$-\frac{1}{2m} \sum_{k} \xi\,(r_k)\, \vec{\ell}_k \,.\, \vec{\mathbf{s}}_k \tag{11.4–8}$$

Subtrahiert man von $\mathbf{H}$ den Hamilton-Operator $\mathbf{H}_0$ bei Abwesenheit eines äußeren Magnetfeldes (aber mit Berücksichtigung der Spin-Bahn-Wechselwirkung), so erhält man für den ‚Störoperator' $\mathbf{H}' = \mathbf{H} - \mathbf{H}_0$, wenn man den i.allg. sehr kleinen Term (11.4–7) vernachlässigt,

$$\begin{aligned}
\mathbf{H}' &= \sum_{k=1}^{n} \left\{ \frac{e}{2mc} \vec{\mathcal{H}} \times \vec{r}_k \cdot \frac{\hbar}{i} \nabla_k + \frac{e^2}{8mc^2} |\vec{\mathcal{H}} \times \vec{r}_k|^2 + \frac{e}{mc} \vec{\mathcal{H}} \,.\, \vec{\mathbf{s}}_k \right\} \\
&= \frac{e}{2mc} \vec{\mathcal{H}} \cdot \sum_{k=1}^{n} (\vec{\ell}_k + 2\vec{\mathbf{s}}_k) + \frac{e^2}{8mc^2} \sum_{k=1}^{n} |\vec{\mathcal{H}} \times \vec{r}_k|^2 \\
&= \frac{e}{2mc} \vec{\mathcal{H}} \cdot (\vec{\mathbf{L}} + 2\vec{\mathbf{S}}) + \frac{e^2}{8mc^2} \sum_{k=1}^{n} |\vec{\mathcal{H}} \times \vec{r}_k|^2
\end{aligned} \tag{11.4–9}$$

Bei der Umformung in (11.4–9) haben wir berücksichtigt, daß allgemein $\vec{A} \times \vec{B} \cdot \vec{C} = \vec{A} \cdot \vec{B} \times \vec{C}$ gilt.

Man kann $\frac{e}{2mc} \vec{\mathbf{L}}$ als den Operator des magnetischen Moments interpretieren, das mit dem Bahndrehimpuls verbunden ist, und entsprechend $\frac{e}{mc} \cdot \vec{\mathbf{S}}$ als das magnetische Moment des Spins. Während das Verhältnis $\frac{e}{2mc}$ zwischen magnetischem Moment und Bahndrehimpuls durchaus im Einklang mit den Ergebnissen der klassischen

Physik ist, weicht das entsprechende Verhältnis beim Spin um einen Faktor 2 von dem ab, was man naiverweise erwarten würde. Das Elektron hat ein anomales gyromagnetisches Verhältnis von $g = 2$. Wir haben hier dieses Ergebnis nicht abgeleitet, sondern bei der Formulierung des Wechselwirkungsterms zwischen Spin und Magnetfeld in (11.4–5) hineingesteckt. Die Form (11.4–5) des Hamilton-Operators und damit auch das anomale gyromagnetische Verhältnis des Elektrons läßt sich aber ausgehend von der Diracschen relativistischen Quantentheorie herleiten. Interessant ist, daß der g-Faktor des Elektrons nicht, wie aus der Dirac-Gleichung folgt, und wie wir es hier unterstellt haben, genau gleich 2 ist, sondern

$$g = 2.0023 \tag{11.4–10}$$

Die Abweichung vom Wert von 2 läßt sich mit Hilfe der Quantenelektrodynamik quantitativ erklären. Das soll uns aber hier nicht weiter interessieren.

11.4.3. Anwendung der Störungstheorie

Wir wollen festlegen, daß die Richtung des homogenen magnetischen Feldes die z-Richtung sei, d.h.

$$\mathcal{H}_x = \mathcal{H}_y = 0,\ \vec{\mathcal{H}} = (0,0,\mathcal{H}_z),\ \vec{\mathcal{H}} \times \vec{r} = (-\mathcal{H}_z y,\ \mathcal{H}_z x,\ 0) \tag{11.4–11}$$

Dann wird aus (11.4–9)

$$\begin{aligned} \mathbf{H}' &= \frac{e}{2mc}\,\mathcal{H}_z\,(\mathbf{L}_z + 2\mathbf{S}_z) + \frac{e^2}{8mc^2}\,\mathcal{H}_z^2 \sum_{k=1}^{n} (x_k^2 + y_k^2) \\ &= \mathbf{H}_1\,\mathcal{H}_z + \mathbf{H}_2\,\mathcal{H}_z^2 \end{aligned} \tag{11.4–12}$$

$$\begin{aligned} \mathbf{H}_1 &= \frac{e}{2mc}\,(\mathbf{L}_z + 2\mathbf{S}_z) \\ \mathbf{H}_2 &= \frac{e^2}{8mc^2} \sum_{k=1}^{n} (x_k^2 + y_k^2) \end{aligned} \tag{11.4–13}$$

Der Störungsoperator $\mathbf{H}'$ besteht also aus zwei Anteilen, von denen der eine proportional zur Feldstärke $\mathcal{H}_z$, der andere proportional zu $\mathcal{H}_z^2$ ist. Was uns jetzt interessiert, ist die Energie E als Funktion von $\mathcal{H}_z$. Dazu benutzen wir den Formalismus der Störungstheorie (s. Kap. 6).

Wir entwickeln E und ψ für genügend kleine $\mathcal{H}_z$ als Potenzreihe in $\mathcal{H}_z$:

$$E = E_0 + E_1\,\mathcal{H}_z + E_2\,\mathcal{H}_z^2 + \ldots \tag{11.4–14}$$

$$\psi = \psi_0 + \psi_1\,\mathcal{H}_z + \psi_2\,\mathcal{H}_z^2 + \ldots \tag{11.4–15}$$

Einsetzen von (11.4–12), (11.4–14) und (11.4–15) in die Schrödingergleichung $(\mathbf{H}_0 + \mathbf{H}')\,\psi = E\,\psi$ und Ordnen nach Potenzen von $\mathcal{H}_z$ führt zu Gleichungen, die H_k, E_k und ψ_k verknüpfen. Uns interessieren vor allem folgende drei Gleichungen der Störungstheorie

$$\mathbf{H}_0\,\psi_0 = E_0\,\psi_0 \tag{11.4–16}$$

$$E_1 = (\psi_0, \mathbf{H}_1\,\psi_0) \tag{11.4–17}$$

$$E_2 = (\psi_0, \mathbf{H}_1\,\psi_1) + (\psi_0, \mathbf{H}_2\,\psi_0) \tag{11.4–18}$$

Den in $\mathcal{H}_z$ linearen Anteil E_1 der Energie berechnet man einfach als Erwartungswert von $\mathbf{H}_1$, gebildet mit der Eigenfunktion ψ_0 des ‚ungestörten' Hamilton-Operators $\mathbf{H}_0$. Zur Berechnung von E_2 ist dagegen die Kenntnis von ψ_1 erforderlich, das man als Lösung der inhomogenen Differentialgleichung

$$(\mathbf{H}_0 - E_0)\,\psi_1 = -(\mathbf{H}_1 - E_1)\,\psi_0 \tag{11.4–19}$$

mit der Nebenbedingung $(\psi_1, \psi_0) = 0$ berechnen kann.

Wenn $\mathcal{H}_z$ sehr klein ist – und alle experimentell erzeugbaren Feldstärken sind in diesem Sinne klein –, so ist die Störung der Energie im wesentlichen durch $E_1\,\mathcal{H}_z$ gegeben, bzw. falls $E_1\,\mathcal{H}_z$ verschwindet, durch $E_2\,\mathcal{H}_z^2$. Wenn $E_1\,\mathcal{H}_z$ nicht verschwindet, aber nur dann, kann man in guter Näherung $E_2\,\mathcal{H}_z^2$ vernachlässigen. Man sieht übrigens leicht, daß

$$\left(\frac{\partial E}{\partial \mathcal{H}_z}\right)_{\mathcal{H}_z=0} = E_1 \tag{11.4–20}$$

$$\left(\frac{\partial^2 E}{\partial \mathcal{H}_z^2}\right)_{\mathcal{H}_z=0} = 2\,E_2 \tag{11.4–21}$$

11.4.4. Der Diamagnetismus von Atomen in ^1S-Zuständen

Betrachten wir den ^1S-Zustand eines Atoms. Hier gilt

$$\begin{aligned} \mathbf{L}_z\,\psi_0 &= 0\,\psi_0 = 0 \\ \mathbf{S}_z\,\psi_0 &= 0\,\psi_0 = 0 \end{aligned} \tag{11.4–22}$$

und folglich nach (11.4–17) und (11.4–13)

$$E_1 = \frac{e}{2mc} < \psi_0 \mid \mathbf{L}_z + 2\mathbf{S}_z \mid \psi_0 > = 0 \tag{11.4–23}$$

Außerdem verschwindet die rechte Seite von (11.4–19), so daß ψ_1 Eigenfunktion von $\mathbf{H}_0$ zum Eigenwert E_0 ist. Einzige Eigenfunktion von $\mathbf{H}_0$ zum Eigenwert E_0 ist aber ψ_0, da ein ^1S-Zustand nicht-entartet ist. Die Nebenbedingung $(\psi_1, \psi_0) = 0$ ist also nur zu erfüllen, wenn $\psi_1 \equiv 0$ ist. Damit erhalten wir für E_2 nach (11.4–18) und (11.4–13)

$$E_2 = \frac{e^2}{8mc^2} < \psi_0 \mid \sum_{k=1}^{n} (x_k^2 + y_k^2) \mid \psi_0 >$$

$$= \frac{e^2}{12mc^2} < \psi_0 \mid \sum_{k=1}^{n} r_k^2 \mid \psi_0 > = \frac{1}{2} \left(\frac{\partial^2 E}{\partial \mathcal{H}_z^2} \right)_{\mathcal{H}_z = 0} \tag{11.4–24}$$

Wenn wir $\frac{\partial^2 E}{\partial \mathcal{H}_z^2}$ noch mit der Loschmidtschen Zahl N_L multiplizieren, erhalten wir den Ausdruck für die magnetische Suszeptibilität

$$\chi = \frac{N_L \cdot e^2}{6mc^2} < \psi_0 \mid \sum_{k=1}^{n} r_k^2 \mid \psi_0 > \tag{11.4–25}$$

eines Mols von Atomen in einem ^1S-Zustand. Der Ausdruck (11.4–25) ist positiv, die Energie wird im Feld erhöht. Anschaulich gesprochen induziert das angelegte Feld in einem Atom, das kein permanentes magnetisches Moment hat, einen Kreisstrom und damit ein dem angelegten Feld entgegengesetzes magnetischen Moment, wodurch Energieerhöhung auftritt. Man spricht hier von *Diamagnetismus.*

Es sei darauf hingewiesen, daß die soeben gegebene Ableitung der magnetischen Suszeptibilität nur für diamagnetische *Atome,* nicht aber für Moleküle gilt. Die Wellenfunktionen von Molekülen sind nämlich nicht Eigenfunktionen von $\mathbf{L}_z$, und damit verschwindet ψ_1 nicht, so daß es auch einen ganz wesentlichen Beitrag zu $\frac{\partial^2 E}{\partial \mathcal{H}_z^2}$ gibt, der mit $\mathbf{H}_1$ in einer komplizierten Weise über (11.4–18 und 11.4–19) zusammenhängt (sog. van-Vleckscher oder temperaturunabhängiger Paramagnetismus).

11.4.5. Der Zeeman-Effekt

Im folgenden betrachten wir Atome mit $L \neq 0$ oder $S \neq 0$, die also selbst ein permanentes magnetisches Moment haben, und wir interessieren uns nur für Energiebeiträge, die linear in der Feldstärke $\mathcal{H}_z$ sind.

Wenn das Feld $\mathcal{H}_z$ genügend klein ist – und das ist in der Praxis in der Regel der Fall – so sind die Wechselwirkungen mit dem Magnetfeld klein gegen die Spin-Bahn-Wechselwirkung. Wir beschränken uns jetzt auf den Fall, daß auch letztere noch klein ist, d.h., daß wir die **Russell-Saunders-Kopplung** verwenden können. Die Russel-Saunders-Terme sind nach J, M_J, L und S klassifiziert, $\mathbf{H}'$ vertauscht dagegen nur mit $\mathbf{J}^2$, $\mathbf{J}_z$, $\mathbf{L}_z$

und $\mathbf{S}_z$, nicht aber mit $\mathbf{L}^2$ und $\mathbf{S}^2$. Das macht die Berechnung der Matrixelemente $E_1 = (\psi_0, \mathbf{H}'\,\psi_0)$ etwas schwierig. Um sie berechnen zu können, muß man etwas tiefer in die Theorie des Drehimpulses eindringen als wir das hier vorhaben. Man erhält für die Energieänderungen im Feld

$$\Delta E\,(J, M_J, L, S) = \frac{e\,\hbar}{2mc}\cdot g\,\mathcal{H}_z M_J = \beta\cdot g\,\mathcal{H}_z\,M_J \qquad (11.4\text{–}26)$$

mit

$$g = 1 + \frac{J\,(J+1) + S\,(S+1) - L\,(L+1)}{2\,J\,(J+1)} \qquad (11.4\text{–}27)$$

Die Größe

$$\beta = \frac{e\cdot\hbar}{2mc} = 0.92\,73\cdot 10^{-20}\ \text{erg/gauss} \qquad (11.4\text{–}28)$$

bezeichnet man als *Bohrsches Magneton.* Im magnetischen Feld spaltet die Energie jedes Russell-Saunders-Terms, die bei Abwesenheit eines Feldes $(2J+1)$-fach entartet ist, gemäß (11.4–26) in $(2J+1)$-äquidistante Niveaus auf, mit einem Abstand von $\beta\cdot g\cdot\mathcal{H}_z$ zwischen benachbarten Niveaus. Diese Aufspaltung im Magnetfeld bezeichnet man als *Zeeman-Effekt.* Man kann die Übergänge zwischen Zeeman-Niveaus unmittelbar mit Hilfe der Elektronenspinresonanz-Methode messen.

11.4.6. Die magnetische Suszeptibilität paramagnetischer Atome

Eine Folge des Zeeman-Effekts ist der Paramagnetismus von Atomen mit $S \neq 0$ oder $L \neq 0$.

Betrachten wir zunächst einen Russell-Saunders-Term, etwa den Grundterm eines Atoms. Dieser ist durch J, L und S gekennzeichnet und $(2J+1)$-fach entartet. Alle $(2J+1)$-verschiedenen M_J-Werte sind bei Abwesenheit eines äußeren Magnetfelds gleich wahrscheinlich. Die Wechselwirkung eines M_J-Zustandes mit dem Magnetfeld ist durch (11.4–26) gegeben. Mittelt man über alle M_J-Zustände unter der Voraussetzung, daß sie gleich wahrscheinlich sind, so erhält man

$$\overline{\Delta E}\,(J\;L, S) = \frac{1}{2J+1}\sum_{M_J=-J}^{J}\Delta E\,(J, M_J, L, S) = \frac{\beta\cdot g\cdot\mathcal{H}_z}{2J+1}\cdot\sum_{M_J=-J}^{J} M_J = 0$$

$$(11.4\text{–}29)$$

Es sollte also im Mittel überhaupt keine Wechselwirkungsenergie mit dem Feld auftreten.

Tatsächlich sind die verschiedenen Niveaus in einem Gas von Atomen aber nicht gleich stark besetzt, sondern es gilt eine Boltzmann-Verteilung, und wir erhalten für die mittlere Wechselwirkungsenergie eines Russell-Saunders-Terms:

$$\overline{\Delta E}\,(J, L, S) = \frac{\sum\limits_{M_J} \mathcal{H}_z \beta g \cdot M_J \, e^{-\frac{\beta g M_J \mathcal{H}_z}{k T}}}{\sum\limits_{M_J} e^{-\frac{\beta g M_J \mathcal{H}_z}{k T}}}$$

$$= \frac{\mathcal{H}_z \cdot \beta \cdot g \sum\limits_{M_J} M_J \left\{1 - \frac{\beta g M_J \mathcal{H}_z}{k T} + \ldots\right\}}{\sum\limits_{M_J} \left\{1 - \frac{\beta g M_J \mathcal{H}_z}{k T} + \ldots\right\}} \tag{11.4–30}$$

Berücksichtigen wir, daß

$$\sum_{M_J=-J}^{J} 1 = (2J+1) \,; \quad \sum_{M_J=-J}^{J} M_J = 0 \tag{11.4–31}$$

$$\sum_{M_J=-J}^{J} M_J^2 = \frac{1}{3} J\,(J+1)\,(2J+1)\,, \tag{11.4–32}$$

so wird aus (11.4–30) bei Vernachlässigung von Termen, die von höherer als zweiter Ordnung in $\mathcal{H}_z$ sind:

$$\overline{\Delta E}\,(L, S, J) = -\mathcal{H}_z^2 \cdot \frac{\beta^2 \cdot g^2 J\,(J+1)}{3\,k T} \tag{11.4–33}$$

(Dieser Ausdruck gilt nicht mehr für sehr tiefe Temperaturen, d.h. kleines T, weil die Reihenentwicklung der e-Funktion unter Beschränkung auf zwei Terme dann eine schlechte Näherung ist.)

Wenn wir wie in Abschn. 11.4.4 die magnetische Suszeptibilität definieren als

$$\chi = N_L \cdot \frac{\partial^2 E}{\partial \mathcal{H}_z^2} \tag{11.4–34}$$

so erhalten wir jetzt

$$\chi = -\frac{2 N_L \cdot \beta^2 \cdot g^2 J\,(J+1)}{3\,k T} \tag{11.4–35}$$

χ ist negativ, die Energie wird im Feld erniedrigt, man spricht von *Paramagnetismus*. Dieser ist, wie das T im Nenner erkennen läßt, temperaturabhängig.

Anschaulich kommt diese Energieerniedrigung dadurch zustande, daß Atome mit $L \neq 0$, $S \neq 0$ ein permanentes magnetisches Moment besitzen. Während bei Abwesenheit eines Feldes alle Orientierungen der Momente gleich wahrscheinlich sind, sind im Feld, abhängig von der Temperatur, mehr Momente so orientiert, daß sie eine anziehende (energieerniedrigende) Wechselwirkung mit dem Feld geben.

Mit dem Ausdruck (11.4–35) für die magnetische Suszeptibilität sind wir aber noch nicht ganz fertig. Zunächst müssen wir berücksichtigen, daß bei höherer Temperatur nicht nur Zustände des Grundterms besetzt sind, vor allem dann, wenn die Energien anderer Russel-Saunders-Terme dicht über dem Grundterm liegen. Dann müssen wir noch über eine Boltzmann-Verteilung der verschiedenen Russell-Saunders-Terme mitteln und erhalten

$$\chi = -\frac{2\,N_L \sum_k (2J_k + 1)\,\Delta E_k\,(L_k, S_k, J_k)\; e^{-\frac{\Delta E_k}{kT}}}{\mathcal{H}_z^2 \sum_k (2J_k + 1)\; e^{-\frac{\Delta E_k}{kT}}} \tag{11.4–36}$$

Wir müssen aber noch etwas anderes bedenken: Die Zeeman-Aufspaltung der einzelnen Niveaus ist linear in $\mathcal{H}_z$, aber die mittlere Wechselwirkung der Atome eines Gases mit dem Feld, die zum Paramagnetismus führt, ist quadratisch in $\mathcal{H}_z$. Während wir bei der Betrachtung des Zeeman-Effekts auf die Berücksichtigung von Beiträgen in $\mathcal{H}_z^2$ zur Energie verzichten konnten, da die in $\mathcal{H}_z$ linearen Beiträge sicher wichtiger sind, ist das für die magnetische Suszeptibilität anders. In der Tat gibt es zwei Beiträge zu χ, die von Beiträgen zur Energie, die proportional zu $\mathcal{H}_z^2$ sind, herrühren:

a) den in Abschn. 11.4.4 behandelten diamagnetischen Beitrag, der im Sinne der Störungstheorie (11.4–18) den Erwartungswert $(\psi_0, \mathbf{H}_2\,\psi_0)$ darstellt,

b) den Beitrag $(\psi_0, \mathbf{H}_1, \psi_1)$, der energieerniedrigend ist und den man als Van-Vleckschen Paramagnetismus bezeichnet.

Sowohl der diamagnetische Beitrag zu χ wie der Beitrag des Van-Vleckschen Paramagnetismus sind temperatur*un*abhängig. Beide sind i.allg. klein, verglichen mit dem temperaturabhängigen Paramagnetismus. Bei einer quantitativen Berechnung der magnetischen Suszeptibilität eines paramagnetischen Moleküls müssen aber beide mitberücksichtigt werden.

Zusammenfassung zu Kap. 11

Das magnetische Moment des Bahndrehimpulses und dasjenige des Spins führen zu einer Wechselwirkung, die durch den Spin-Bahn-Wechselwirkungsoperator $\mathbf{H}_{SB}$ (11.1–1) beschrieben wird. Dieser ist eine Summe von Einelektronenoperatoren (11.2–1). Bei Anwesenheit von Spin-Bahn-Wechselwirkung (d.h., wenn diese nicht zu vernachlässigen ist) vertauscht der Hamilton-Operator $\mathbf{H} = \mathbf{H}_0 + \mathbf{H}_{SB}$ nicht mehr mit $\mathbf{L}^2$, $\mathbf{L}_z$, $\mathbf{S}^2$, $\mathbf{S}_z$, sondern nur mit $\mathbf{J}^2$ und $\mathbf{J}_z$, wobei $\vec{J} = \vec{L} + \vec{S}$. Die Eigenfunktionen sind nur mehr durch die Quantenzahlen J und M_J zu charakterisieren. Bei Einelektronensystemen vertauscht $\mathbf{H}$ allerdings auch mit $\boldsymbol{\ell}^2$ und $\mathbf{s}^2$ (nicht mit $\boldsymbol{\ell}_z$ und $\mathbf{s}_z$), so daß j, m_j, l und s ‚gute' Quantenzahlen sind. Bei Mehrelektronenatomen sind L und S nur im Grenzfall sehr kleiner Spin-Bahn-Wechselwirkung gute Quantenzahlen. In diesem Grenzfall kennzeichnet man Zustände durch einen Russell-Saunders-Term, z.B. $^3P_1$, wobei der Index 1 den Wert von J angibt. Die zulässigen Werte von J liegen nach der Dreiecksungleichung zwischen $|L-S|$ und $L+S$.

Wenn zu einem LS-Term mehrere J möglich sind, so haben die verschiedenen Zustände verschiedene Energien, die gemäß (11.2–9) mit L, S und J zusammenhängen. Die Spin-Bahn-Wechselwirkung führt zu einer Aufspaltung des $(2L+1)\cdot(2S+1)$-fach entarteten LS-Terms in min $[(2L+1), (2S+1)]$ verschiedene Terme mit verschiedenem J, die je noch $(2J+1)$-fach entartet sind.

Wenn die Spin-Bahn-Wechselwirkung nicht klein ist gegenüber der Größe der energetischen Aufspaltung einer Konfiguration in verschiedene Terme als Folge der Austauschwechselwirkung der Elektronen, dann wird ein physikalischer Zustand nicht durch einen einzigen Russell-Saunders-Term, sondern durch eine Mischung von Russell-Saunders-Termen der gleichen Konfiguration, mit verschiedenen L und S, aber gleichem J beschrieben. Bei der p^2-Konfiguration ‚mischen' z.B. die Terme $^3P_2$ und $^1D_2$. Im Grenzfall, daß die Spin-Bahn-Wechselwirkung sogar groß ist verglichen mit der Termaufspaltung, empfiehlt es sich in erster Näherung nicht von Russell-Saunders-Termen auszugehen, sondern von Unterkonfigurationen, in denen jedes Elektron außer durch l und s durch einen Wert von j gekennzeichnet ist. Bei der p^2-Konfiguration sind die Unterkonfigurationen [1/2, 1/2], [1/2, 3/2] und [3/2, 3/2] möglich.

Der Hamilton-Operator für ein Atom in einem äußeren Magnetfeld ist durch (11.4–5) gegeben. Er kann für ein homogenes Magnetfeld so umgeformt werden, daß er sich als $\mathbf{H} = \mathbf{H}_0 + \mathbf{H}'$ schreiben läßt, wobei $\mathbf{H}_0$ der Operator bei Abwesenheit eines Magnetfeldes ist. $\mathbf{H}'$ enthält zwei Anteile, von denen der eine proportional zur magnetischen Feldstärke $\mathcal{H}_z$, der andere proportional zu ihrem Quadrat $\mathcal{H}_z^2$ ist (wobei die Feldrichtung mit der z-Achse zusammenfalle). Mit Hilfe der Störungstheorie lassen sich die Beiträge zur Energie berechnen, die proportional zu $\mathcal{H}_z$ bzw. zu $\mathcal{H}_z^2$ sind. Bei Atomen in ^1S-Zuständen verschwindet der Beitrag in $\mathcal{H}_z$, und derjenige in $\mathcal{H}_z^2$ (11.4–24) ist unmittelbar für die diamagnetische Suszeptibilität verantwortlich.

Atomare Zustände mit $J \neq 0$ sind bei Abwesenheit eines Feldes $(2J+1)$-fach entartet. Diese Entartung wird im magnetischen Feld aufgehoben, wobei die Verschiebung der Energien für verschiedenes M_J durch (11.4–26) gegeben ist (Zeeman-Effekt). Diese Zeeman-Aufspaltung ergibt zusammen mit der Boltzmannschen Energieverteilung den temperaturabhängigen Paramagnetismus. Daneben gibt es noch einen temperaturunabhängigen (Van-Vleckschen) Paramagnetismus, der mit dem Störungsbeitrag 2. Ordnung (11.4–18) zur Energie zusammenhängt.

12. Elektronen-Korrelation und Konfigurationswechselwirkung

12.1. Die Korrelationsenergie

Berechnet man den im Sinne des Variationsprinzips besten Energieerwartungswert für eine nur aus einer Slater-Determinante bestehende Wellenfunktion, d.h. die Hartree-Fock-Energie

$$E_{HF} = (\phi, \mathbf{H}\phi) \qquad (12.1-1)$$

eines bestimmten quantenmechanischen Zustandes, so hat man damit nicht den entsprechenden Eigenwert E der Schrödingergleichung, sondern nur eine Näherung für diesen. Die Differenz

$$E_{corr} = E - E_{HF} \qquad (12.1-2)$$

bezeichnet man als Korrelationsenergie*). Auch der Eigenwert E der Schrödinger-Gleichung ist noch nicht identisch mit der exakten (oder experimentellen) Energie E_{ex} dieses Zustandes, da die Schrödingergleichung selbst nur im sog. nicht-relativistischen Grenzfall gültig ist, während die atomare bzw. molekulare Wirklichkeit relativistisch ist. Die relativistische Korrektur zur Energie

$$E_{rel} = E_{ex} - E \qquad (12.1-3)$$

ist bei Atomen etwa proportional zur vierten Potenz der Kernladung. Sie ist bei leichten Atomen (etwa H bis Ne) oft zu vernachlässigen, sie wird aber bei schweren Atomen sehr wichtig. Es spricht einiges dafür, obwohl es nicht erwiesen ist, daß die relativistischen Korrekturen im wesentlichen nur die inneren Schalen betreffen und sich bei der Berechnung der Energiedifferenzen, die uns eigentlich interessieren (wie Bindungsenergien, spektrale Anregungsenergien der äußeren Elektronen etc.) nahezu vollständig herausheben. Aus diesem Grunde sind die relativistischen Korrekturen zur Energie relativ uninteressant, abgesehen von spezifischen relativistischen Effekten wie Spin-Bahn-Wechselwirkung etc.

Im Gegensatz zu E_{rel} ändert sich aber E_{corr} bei spektraler Anregung, bei chemischer Bindung etc., sehr stark und ist deshalb i.allg. auch bei der Berechnung von Energiedifferenzen nicht zu vernachlässigen. Größenordnungsmäßig beträgt die Korrelationsenergie E_{corr} eines Atoms oder Moleküls etwa 1 % der Gesamtenergie E, wobei die Gesamtenergie (dem Betrage nach) die Energie ist, die nötig ist, um sämtliche Elektronen und sämtliche Kerne paarweise unendlich weit voneinander zu entfernen. Gesamtenergien sind i.allg. außerordentlich groß, für Atome mit Kernladung Z ist für nicht zu kleine Z $|E| > Z^2$; beispielsweise ist $E(\mathrm{H}) = -.5$ a.u., $E(\mathrm{C}) \sim -37$ a.u.; $E(\mathrm{P}) \sim -340$ a.u.

---

* E.P. Wigner, F. Seitz, Phys.Rev. *43*, 804 (1933); P.O. Löwdin, Adv.Quant.Chem. *2*, 207 (1959).

Bei der Anregung eines Valenzelektrons oder der Bildung einer chemischen Bindung ist die Änderung von E_{corr} in der Regel von der gleichen Größenordnung wie diejenige von E_{HF}, so daß im Grunde eine Theorie von Atomen und Molekülen auf der Basis von E_{HF}, d.h. ohne Berücksichtigung von E_{corr}, gar nicht möglich ist. Die Berechnung von Korrelationsenergien ist aber nicht einfach.

12.2. Die Korrelation der Elektronen im Raum

Der Begriff Korrelation stammt eigentlich aus der mathematischen Statistik und bezieht sich auf die Verteilung von zwei Variablen. Wenn für zwei Variable x und y Verteilungsfunktionen $f_1(x)$ und $f_2(y)$ und eine gemeinsame Verteilungsfunktion $g(x,y)$ gegeben sind, so bezeichnet man die Variablen als unabhängig, wenn

$$g(x,y) = f_1(x)\, f_2(y) \tag{12.2–1}$$

Andernfalls, d.h. wenn (12.2–1) nicht gilt, heißen sie *korreliert*. Dann hängt die Wahrscheinlichkeit, daß y einen bestimmten Wert annimmt, davon ab, welchen Wert gleichzeitig x annimmt.

Um die Begriffe der mathematischen Statistik auf die Elektronenverteilung anwenden zu können, führt man die Elektronendichte $\rho(\vec{r})$ und die Paardichte $\pi(\vec{r}_1, \vec{r}_2)$ ein. Die Wahrscheinlichkeitsdichte $\rho_1(\vec{r}_1)$, das erste Elektron an einer Stelle $\vec{r}_1$ des Raums anzutreffen (unabhängig davon, wo die anderen Elektronen sich befinden), erhält man, wenn man in der Wahrscheinlichkeitsdichte

$$\Psi(1,2 \ldots n)\, \Psi^*(1,2 \ldots n) \tag{12.2–2}$$

über die Koordinaten aller anderen Elektronen integriert. Der Wert der Spin-Koordinaten soll uns gleichgültig sein, d.h. wir integrieren auch über sämtliche Spinkoordinaten. Das ergibt

$$\rho_1(\vec{r}_1) = \int \Psi(1,2 \ldots n)\, \Psi^*(1,2 \ldots n)\, d\tau_2 \ldots d\tau_n\, ds_1 \ldots ds_n \tag{12.2–3}$$

Würde man nach der Wahrscheinlichkeit $\rho_2(\vec{r}_2)$ gefragt haben, das zweite Teilchen an der Stelle $\vec{r}_2$ zu finden, so hätte man über die Ortskoordinaten aller Teilchen bis auf das zweite integrieren müssen. Da (als Folge der Ununterscheidbarkeit der Teilchen) $\Psi\Psi^*$ invariant gegenüber Teilchenvertauschung ist, wäre das Ergebnis identisch dieselbe Funktion. Die Wahrscheinlichkeit, *irgendein* Teilchen an der Stelle $\vec{r}_1$ zu finden, ist folglich gleich n mal der, das erste Teilchen dort anzutreffen:

$$\rho(\vec{r}_1) = n \int \Psi(1,2 \ldots n)\, \Psi^*(1,2 \ldots n)\, d\tau_2 \ldots d\tau_n\, ds_1\, ds_2 \ldots ds_n \tag{12.2–4}$$

Analog ergibt sich, daß die Wahrscheinlichkeitsdichte, gleichzeitig ein Teilchen in $\vec{r}_1$ und ein beliebiges anderes in $\vec{r}_2$ zu finden, gegeben ist durch

$$\pi(\vec{r}_1, \vec{r}_2) = n\,(n\text{-}1) \int \Psi(1,2\ldots n)\,\Psi^*(1,2\ldots n)\,d\tau_3\ldots d\tau_n\,ds_1\,ds_2\ldots ds_n \tag{12.2–5}$$

Wären die Elektronen in einem Atom (oder Molekül) unabhängig im statistischen Sinne, so müßte gelten

$$\pi(\vec{r}_1, \vec{r}_2) = \frac{n-1}{n}\,\rho(\vec{r}_1)\,\rho(\vec{r}_2) \tag{12.2–6}$$

wobei der Faktor $\frac{n-1}{n}$ die Ununterscheidbarkeit der Teilchen berücksichtigt*).
Die wirkliche Paardichte $\pi(1,2)$ eines quantenmechanischen Zustandes hängt mit der entsprechenden Einteilchendichte $\rho(1)$ nicht gemäß (12.2–6) zusammen, sondern i.allg. ist es so, daß für kleine Abstände zwischen $\vec{r}_1$ und $\vec{r}_2$ $\pi(1,2)$ kleiner ist, als man es nach (12.2–6) erwarten würde, während es für große Abstände etwas größer ist. Man kann anschaulich sagen, daß die Elektronen einander etwas ausweichen und genau dies ist es, was man als Korrelation der Elektronen bezeichnet. Wären die Elektronen nicht korreliert, so könnte man jedes Elektron durch eine ‚Ladungswolke' beschreiben, und die Wechselwirkung zweier Elektronen bestünde in der Coulomb-Abstoßung dieser Ladungswolken. Die wirkliche Elektronenabstoßung ist aber kleiner als die der den Elektronen zugeordneten Ladungswolken, eben weil die Elektronen einander ausweichen, d.h., weil sie sich nie so nahe kommen, wie es statistisch unabhängige Teilchen tun würden. Diese verringerte Abstoßungsenergie der Elektronen als Folge ihrer Korrelation ist z.T. verantwortlich für die in Abschn. 12.1 definierte Korrelationsenergie.

Für die Korrelation der Elektronen im Raum gibt es im wesentlichen zwei Ursachen. Die eine hat mit dem Pauli-Prinzip (d.h. der Antisymmetrie der Wellenfunktion in bezug auf die Vertauschung der Koordinaten zweier Elektronen) zu tun. Man spricht in diesem Zusammenhang von *Fermi-Korrelation*. Eine andere Ursache für die Korrelation ist die Coulombsche Abstoßung der Elektronen, man spricht hier von *Coulomb-Korrelation*. Daneben gibt es auch eine Korrelation, die mit der Gesamtsymmetrie oder dem Gesamtspin des betrachteten Zustandes zu tun hat.

Zur Erläuterung der Fermi-Korrelation empfiehlt es sich, sowohl die Ladungsdichte als auch die Paardichte in Beiträge aufzuteilen, die bestimmten Spinquantenzahlen der Elektronen entsprechen.

$$\rho(1) = \rho^{\alpha}(1) + \rho^{\beta}(1) \tag{12.2–7}$$

$$\pi(1,2) = \pi^{\alpha\alpha}(1,2) + \pi^{\alpha\beta}(1,2) + \pi^{\beta\alpha}(1,2) + \pi^{\beta\beta}(1,2) \tag{12.2–8}$$

* Dieser Faktor wird oft vergessen. Vgl. hierzu W. Kutzelnigg, G. Del Re, G. Berthier, Phys.Rev. *172*, 49 (1968). Anschaulich kann man den Faktor $\frac{n-1}{n}$ verstehen, wenn man bedenkt, daß die mögliche Zahl von Paaren $n(n-1)$ und nicht n^2 ist.

Es bedeutet z.B. $\rho^{\alpha}(1)$ die Wahrscheinlichkeitsdichte, ein Elektron mit α-Spin an der Stelle $\vec{r}_1$ zu finden, und $\pi^{\alpha\beta}(1,2)$ ist die Wahrscheinlichkeitsdichte, gleichzeitig ein Elektron mit α-Spin in $\vec{r}_1$ und ein anderes mit β-Spin in $\vec{r}_2$ zu finden. Man kann nun relativ leicht zeigen, daß als Folge der Antisymmetrie der Wellenfunktion allgemein gilt*)

$$\pi^{\alpha\alpha}(1,1) = \pi^{\beta\beta}(1,1) = 0 \qquad (12.2-9)$$

Die Wahrscheinlichkeit, zwei Teilchen mit gleichem Spin an derselben Stelle zu finden, verschwindet. Da auch die erste Ableitung von $\pi^{\alpha\alpha}$ (oder $\pi^{\beta\beta}$) nach $r_{12} = |\vec{r}_1 - \vec{r}_2|$ an der Stelle $\vec{r}_1 = \vec{r}_2$ verschwindet, sieht $\pi^{\alpha\alpha}$ als Funktion von $\vec{r}_2$ bei festgehaltenem $\vec{r}_1$ etwa so aus:

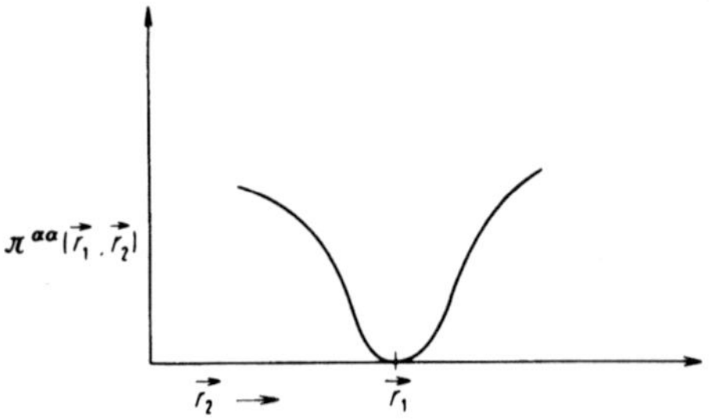

Abb. 11. Schematische Darstellung des Fermi-Lochs.

Zwei Elektronen mit gleichem Spin können sich nicht beliebig nahe kommen. Jedes Teilchen ist gewissermaßen von einem Loch in der Verteilung der anderen Elektronen umgeben. Dieses Loch wird *Fermi-Loch* genannt.

Im Gegensatz zu $\pi^{\alpha\alpha}$ (oder $\pi^{\beta\beta}$) verschwindet $\pi^{\alpha\beta}$ (oder $\pi^{\beta\alpha}$) im Grenzfall $\vec{r}_1 = \vec{r}_2$ keineswegs. Im Rahmen der Eindeterminanten-Näherung (z.B. der Hartree-Fock-Methode) gilt sogar, daß

$$\pi^{\alpha\beta}(1,2) = \rho^{\alpha}(1)\,\rho^{\beta}(2) \qquad (12.2-10)$$

während (12.2–9) auch in der Eindeterminanten-Näherung gilt, da die Wellenfunktion dieser Näherung ja antisymmetrisch ist.

---

* Zum Beweis betrachte man statt der Paardichte zunächst die sog. Dichtematrix

$$P(1,2;1',2') = n\,(n-1) \int \Psi\,(1,2,3\,,\ldots n)\, \Psi^*(1',2',3\ldots n) \quad d\tau_3 \ldots d\tau_n\, ds_3 \ldots ds_n$$

bei der die Koordinaten, über die nicht integriert wird, in Ψ und Ψ^* anders benannt sind, und wobei P noch spinabhängig ist. Man sieht unmittelbar, daß $P(1,2;1',2') = -P(2,1;1',2')$, folglich $P(1,1;1',1') = 0$. Dann setze man $\vec{x}_1 = \vec{x}_1'$, und man erhält das Ergebnis: Die Wahrscheinlichkeitsdichte, zwei Elektronen mit dem gleichen Spin s_1 an derselben Stelle $\vec{r}_1$ anzutreffen, d.h. zwei Teilchen mit gleichem $\vec{x}_1 = (\vec{r}_1, s_1)$, verschwindet.

Die Coulomb-Korrelation (die man im Rahmen der Eindeterminanten-Näherung nicht berücksichtigt) führt dazu, daß das exakte $\pi^{\alpha\beta}$ in der Nähe von $\vec{r}_1 = \vec{r}_2$ kleiner ist als $\rho^{\alpha}(\vec{r}_1) \cdot \rho^{\beta}(\vec{r}_2)$, schematisch etwa in folgender Weise:

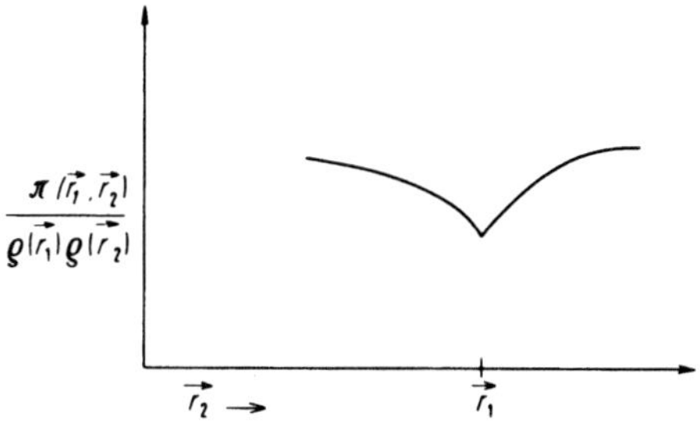

Abb. 12. Schematische Darstellung des Coulomb-Lochs.

Es tritt also auch ein ‚*Coulomb-Loch*' auf. Qualitativ unterscheidet sich dieses in zweierlei Weise vom Fermi-Loch:

1. $\pi^{\alpha\beta}(1,1)$ verschwindet nicht, das Loch geht nicht bis auf Null.

2. An der Stelle $\vec{r}_1 = \vec{r}_2$ hat $\pi^{\alpha\beta}(\vec{r}_1, \vec{r}_2)$ eine Spitze (engl. ‚cusp'), d.h. eine unstetige erste Ableitung.

Wie schon angedeutet, trägt die Hartree-Fock-Näherung der Fermi-Korrelation Rechnung (diese führt ja gerade zur sog. Austauschenergie), so daß die Korrelationsenergie, die ja gemäß (12.1–2) definiert ist, im wesentlichen damit zu tun hat, daß in der Hartree-Fock-Näherung das Ausweichen der Elektronen als Folge ihrer Coulombschen Abstoßung vernachlässigt wird.

Es gibt allerdings auch einen Beitrag zur Korrelation bei offenschaligen Zuständen, den man in der Eindeterminanten-Näherung vernachlässigt, den man aber erfaßt, wenn man (wie in Kap. 10 ausführlich erläutert) als Wellenfunktion eine geeignete Linearkombination von Slater-Determinanten zur gleichen Konfiguration verwendet. In erster Näherung ist die Einteilchendichte $\rho(1)$ (genauer gesagt der total-symmetrische Anteil*) der Einteilchendichte) für alle Terme der gleichen Konfiguration (z.B. ^3P, ^1D, ^1S zu p^2) gleich, dagegen unterscheiden sich die verschiedenen Terme in der Paardichte $\pi(1,2)$ und damit in der räumlichen Korrelation der Elektronen. Die Hundsche Regel besagt genau, daß derjenige Term einer Konfiguration energetisch am tiefsten liegt, bei dem die Elektronen am stärksten negativ korreliert sind, d.h. in dem ihnen die beste Gelegenheit geboten wird, einander auszuweichen. Bei der p^2-Konfiguration ist die Reihenfolge negativer Korrelation $^3P > {}^1D > {}^1S$.

Ob man die Termaufspaltungsenergie zur Korrelationsenergie oder zur Hartree-Fock-Energie rechnet, ist im Grunde eine Definitionssache, über die unter Fachleuten leider keine Einigkeit besteht. Wir umgehen diese Schwierigkeit, indem wir uns im folgenden auf abgeschlossenschalige Zustände beschränken, wo zu jeder Konfiguration nur ein Term gehört.

* Vgl. W. Kutzelnigg, V.H. Smith, Int.J.Quant.Chem. *2*, 31, 553 (1968).

12.3. Konfigurationswechselwirkung

Die Beschreibung von atomaren Zuständen durch die Angabe der Konfiguration und, wenn nötig, des Terms innerhalb einer Konfiguration ist recht praktisch und weitgehend anschaulich zu erfassen. Sie stellt gewissermaßen das bestmögliche Modell dar, das mit der Vorstellung unabhängiger Elektronen gerade noch verträglich ist. Die Spektroskopiker sind mit dieser Beschreibung i.allg. sehr gut zurechtgekommen*), sie sind aber schon früh auf Zustände gestoßen, die sich durch eine einzige Konfiguration einfach nicht beschreiben lassen.

Das ist immer dann der Fall, wenn zwei Terme (mit Wellenfunktionen ϕ_1, ϕ_2) gleicher Symmetrie (d.h. mit gleichem S, M_S, L, M_S) zu *verschiedenen Konfigurationen* zufällig energetisch sehr nahe beieinander liegen oder aber ein besonders großes Nichtdiagonalelement H_{12} des Hamilton-Operators haben. In einem solchen Fall ist weder ϕ_1 noch ϕ_2 eine gute Näherung für wirkliche Zustände, sondern man muß zumindest Linearkombinationen von ϕ_1 und ϕ_2 wählen

$$\Psi = c_1 \phi_1 + c_2 \phi_2$$

und die Koeffizienten c_1, c_2 sowie Näherungen für die Energieeigenwerte aus einem Säkularproblem berechnen. Ein klassisches Beispiel betrifft die ^1D-Terme zu den Konfigurationen $[\mathrm{Mg}^{2+}]\, 3s3d$ und $[\mathrm{Mg}^{2+}]\, 3p^2$ des neutralen Magnesium-Atoms. Zur Konfiguration $3s3d$ gibt es die Terme ^1D und ^3D, zu $3p^2$ die Terme ^3P, ^1D und ^1S.

Der einzige, beiden Konfigurationen gemeinsame Term ist ^1D. Da die Matrixelemente zwischen Termen verschiedener Symmetrie notwendig verschwinden, ‚stören' sich die Terme ^3D zu $3s3d$ und ^3P sowie ^1S zu $3p^2$ überhaupt nicht. Deren Energien liegen deshalb dort, wo man sie erwartet, dagegen wird der ^1D-Term zu $3s3d$ durch die Konfigurationswechselwirkung gesenkt – und zwar so sehr, daß er entgegen der Hundschen Regel unter den ^3D-Term zu liegen kommt, während der ^1D-Term zu $3p^2$ angehoben wird. Die neuen Terme entsprechen nicht reinen Konfigurationen, sondern sind beide Mischungen von $3p^2$ und $3s3d$. Fälle von Konfigurationswechselwirkung wie der soeben besprochene sind spektakulär in ihrer Auswirkung und mathematisch leicht zu behandeln. Sie stellen aber nur Spezialfälle einer allgemeinen Tatsache dar, nämlich daß eine exakte Lösung der Schrödingergleichung eines Atoms grundsätzlich nicht durch eine Konfiguration – insbesondere nicht durch eine einzige Slater-Determinante – beschrieben werden kann, daß man aber jede Wellenfunktion als Linearkombination aller der Slater-Determinanten darstellen kann, die aus einem vollständigen Satz von Spinorbitalen aufgebaut werden können. Im Sinne des Variationsprinzips kann man also einen Satz von Spinorbitalen wählen, hieraus alle möglichen Slater-Determinanten bilden (bei m Spinorbitalen und n Elektronen sind das $\binom{m}{n} = \frac{m!}{n!\,(m-n)!}$ solche Determinanten) und die gesuchte Wellenfunktion als Linearkombination dieser Slater-Determinanten formulieren, wobei sich die Koeffizienten in diesen Linearkombinationen aus einem Matrixeigenwertproblem ergeben. Man spricht dann von Konfigurations-

* Vgl. hierzu z.B. C.K. Jörgensen: Modern Aspects of Ligand-Field-Theorie. North-Holland, Amsterdam 1971, insbesondere das Kap. ‚The world as a theatre'.

wechselwirkungs- oder C.I.-Ansatz (C.I. nach dem englischen ‚configuration interaction'). Dieser quantenchemische Begriff der Konfigurationswechselwirkung deckt sich nicht ganz mit dem aus der Spektroskopie, vor allem dann, wenn man, wie es manchmal geschieht – was wir aber nicht tun wollen – eine Slater-Determinante im Sinne der quantenchemischen C.I. als eine Konfiguration bezeichnet. Dann wäre nämlich bereits die Linearkombination mehrerer Slater-Determinanten der gleichen Konfiguration in einem Term ein Fall von C.I.

Eine C.I. wie bei den ^1D-Termen des Mg bezeichnet man in der Sprache der Quantenchemie sinnvollerweise als eine C.I. 1. Ordnung. Diese Bezeichnung ist immer dann angebracht, wenn aus einem speziellen Grund zwei oder auch mehr Einkonfigurationswellenfunktionen entweder sehr ähnliche Energieerwartungswerte oder große Nichtdiagonalelemente mit dem Hamilton-Operator haben, so daß in den zu wählenden Linearkombinationen beide (bzw. mehrere) Konfigurationen mit Koeffizienten von gleicher Größenordnung auftreten, so daß eine Klassifikation eines Zustandes durch Angabe einer Konfiguration ihren Sinn verliert. In den meisten, sozusagen normalen Fällen ist in der Linearkombination des C.I.-Ansatzes eine Funktion einer bestimmten Konfiguration wesentlich stärker beteiligt als alle anderen, oft mit einem Koeffizienten $c_1 \approx 0.9$ oder gar $c_1 \approx 0.99$, so daß die Beschreibung des Zustandes durch eine Konfiguration zumindest qualitativ durchaus berechtigt ist. In diesen Fällen hat die Verbesserung der Wellenfunktion durch C.I. wenig Einfluß auf die Elektronendichte und die Erwartungswerte von Einteilchenoperatoren, wohl aber auf die Paardichte und damit auf die Elektronenwechselwirkung.

Hier muß noch auf ein mögliches Mißverständnis hingewiesen werden, das durch die Bezeichnung Konfigurationswechselwirkung nahegelegt wird. Man könnte nämlich glauben, daß die Einkonfiguration-Funktionen, aus denen man eine Variationsfunktion linear kombiniert, selbst physikalisch realisierten Zuständen entsprechen müßten. Das ist aber ausgesprochen falsch.

Das erkennt man deutlich, wenn man z.B. die Konfiguration $2p^2$ des He-Atoms, die den Erwartungswert des Hamilton-Operators minimiert, d.h. die spektroskopische Konfiguration $2p^2$ vergleicht mit derjenigen $2p^2$-Konfiguration, die ‚beigemischt' zur $1s^2$-Konfiguration im Sinne der C.I.-Rechnung die Energie des $1s^2$-Zustandes optimal verbessert. Im ersten Fall erhält man für den Radialteil der $2p$-Funktionen näherungsweise $Nre^{-0.8r}$, im zweiten Fall $N're^{-3.5r}$. Diejenige $2p$-Funktion, die am besten mit $1s$ wechselwirkt, ist diejenige, die im wesentlichen dort lokalisiert ist, wo ein $1s$-Elektron die größte Aufenthaltswahrscheinlichkeit hat, während die spektroskopische $2p$-Funktion einer maximalen Aufenthaltswahrscheinlichkeit der Elektronen weit außerhalb der der $1s$-Funktion entspricht (s. Abb. 13 auf Seite 208).

12.4. Die Elektronen-Korrelation im Helium-Grundzustand

Die Theorie der Zweielektronensysteme wird dadurch erleichtert, daß man den Spin abseparieren kann. Die spinfreie Wellenfunktion eines Singulett-Zustandes muß symmetrisch sein:

$$\Omega(1,2) = \Omega(2,1) \tag{12.4–1}$$

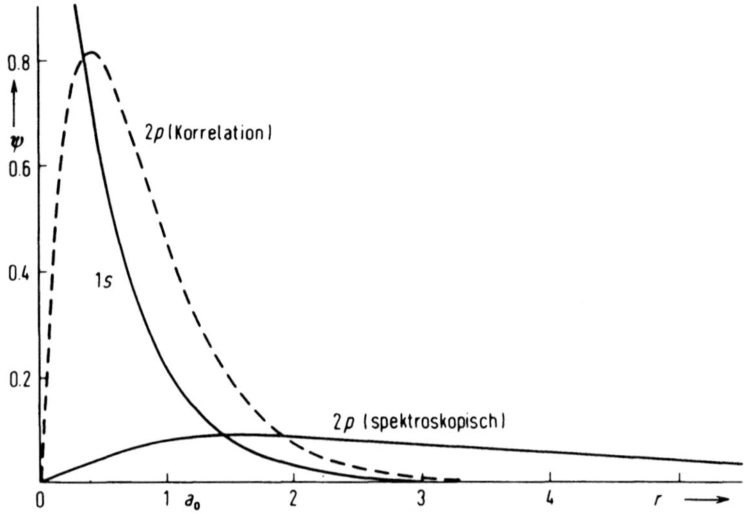

Abb. 13. Vergleich des spektroskopischen $2p$-AO's der $1s2p$-Konfiguration des He mit dem für die Korrelation der $1s^2$-Konfiguration optimalen $2p$-AO.

Die spinfreie Wellenfunktion $\psi(1,2)$, die einer einzigen Slater-Determinante für eine abgeschlossen-schalige Konfiguration entspricht, ist von der uns aus Abschn. 8.1 bekannten Form

$$\omega(1,2) = \varphi(1)\varphi(2) \tag{12.4–2}$$

Wie können wir diesen Näherungsansatz verbessern, um so beliebig nahe an eine exakte Lösung der Schrödingergleichung zu kommen? Wir wollen hier nur eine Möglichkeit diskutieren, die zwar für den Spezialfall eines Zweielektronensystems nicht die wirkungsvollste ist, die sich aber im Gegensatz zu den diesem Spezialfall besser angepaßten Methoden ohne große Schwierigkeiten auf Systeme mit beliebig vielen Elektronen erweitern läßt. Die folgenden Überlegungen schließen unmittelbar an die des Abschnitts 12.3 an, nur daß wir jetzt statt Slater-Determinanten einfach Produktfunktionen verwenden können.

Sei $\{\varphi_i\}$ eine Basis des Hilbert-Raums der Orbitale (spinfreie Einelektronenfunktionen), dann bilden die Produkte $\varphi_i(1)\varphi_j(2)$ eine Basis für den Raum der spinfreien Zweielektronenfunktion, d.h. jede beliebige Zweielektronenfunktion läßt sich als Linearkombination der Produkte $\varphi_i(1)\varphi_j(2)$ darstellen:

$$\Omega(1,2) = \sum_{i,j} c_{ij}\,\varphi_i(1)\varphi_j(2) \tag{12.4–3}$$

Verlangen wir, daß $\Omega(1,2)$ eine symmetrische Funktion ist, so muß sein

$$c_{ij} = c_{ji} \tag{12.4–4}$$

Wir können nun eine Basis$\{\varphi_i\}$ vorgeben, die Matrixelemente $H_{ij,kl}$ des Hamilton-Operators in der Basis von Produktfunktionen ausrechnen und die Energie E sowie die Koeffizienten c_{ij} aus einem Matrixeigenwertproblem berechnen. Eine offensichtliche Schwierigkeit dieses Verfahrens besteht darin, daß eine vollständige Basis sowohl von Einelektronen- wie von Zweielektronenfunktionen unendlich ist, wir aber nur mit endlichen Basen rechnen können.

Damit man, im Sinne des Variationsprinzips, auch mit einer relativ kleinen Basis genügend nahe an die exakte Energie kommt, ist eine geeignete Wahl der φ_i sehr wesentlich. Sonst bringt dieses Verfahren der ‚Konfigurationswechselwirkung' (C.I.) nicht viel.

Nun läßt sich das Kriterium für eine optimale Basis, d.h. für diejenige, die mit einer möglichst kleinen Zahl von Termen in der Summe (12.4–3) eine möglichst gute Näherung für Energie und Wellenfunktion ergibt, mathematisch streng formulieren. Es zeigt sich, daß bei Verwendung dieser Basis$\{\chi_i\}$ die sog. Kreuzterme (Nichtdiagonalterme) mit $i \neq j$ in der Entwicklung wegfallen, und daß man statt (12.4–3) einfach hat

$$\Omega(1,2) = \sum_i c_i \chi_i(1) \chi_i^*(2) \tag{12.4–5}$$

Daß eine solche Entwicklung ohne Verlust der Allgemeinheit möglich ist, haben als erste wahrscheinlich Hurley, Lennard-Jones und Pople*) erkannt, die diese Entwicklung (12.4–5) der Wellenfunktion als ‚kanonische' Entwicklung bezeichneten. Ein allgemeines Interesse an dieser Entwicklung wurde aber erst durch Shull und Löwdin**) geweckt, nachdem diese Autoren Zweielektronensysteme im Zusammenhang mit dem kurz zuvor definierten Begriff der natürlichen Orbitale***) diskutiert hatten und für (12.4–5) die suggestive Bezeichnung ‚natürliche Entwicklung' vorgeschlagen hatten. Die χ_i selbst werden seither üblicherweise als natürliche Orbitale bezeichnet.

Für die praktische Quantenchemie ist nun von Bedeutung, daß man eine natürliche Entwicklung mit zunächst unbekannten c_i und χ_i als Variationsansatz benützen kann, wobei sowohl die Koeffizienten c_i als auch die Orbitale χ_i zu variieren sind. Wesentliche Vorarbeiten zur Durchführung dieser Art von doppelter Variation wurden von A.P. Jucys****) geleistet. Die direkte Berechnung genäherter natürlicher Orbitale für den Grundzustand des He-Atoms und der mit He isoelektronischen Ionen*****) wurde erst durchgeführt, nachdem vorher genäherte natürliche Orbitale indirekt aus bereits bekannten guten Wellenfunktionen für den Helium-Grundzustand berechnet worden waren.

Beschränkt man sich in der Entwicklung (12.4–5) auf einen einzigen Term, so führt das natürlich auf die Hartree-Fock-Näherung, und man erhält eine Energie von −2.8617 a.u. Die beste Energie, die man mit einer Summe von 6 Termen in (12.4–5) erhalten kann, ist −2.9017 a.u., während 20 Terme −2.9032 a.u. geben. Der exakte

* C. Hurley, J.E. Lennard-Jones, J.A. Pople, Proc.Roy.Soc. *A220*, 446 (1953).

** P.O. Löwdin, H. Shull, Phys.Rev. *101*, 1730(1956).

*** P.O. Löwdin, Phys.Rev. *97*, 1474 (1955).

**** A.P. Jucys, J. Exp.Theor.Phys. (UdSSR) *23*, 129 (1952).

***** W. Kutzelnigg, Theoret.Chim.Acta *1*, 327, 343 (1963).

Wert ist – 2.9037 a.u. Die beste Rechnung des Helium-Grundzustandes stammt von Pekeris*), der einen recht komplizierten Ansatz (nicht der hier besprochenen Art) für die Wellenfunktion verwendete und spektroskopische Genauigkeit erreichte (Übereinstimmung mit dem Experiment auf ca. 10^{-7} a.u. $\approx 0.01\ \mathrm{cm}^{-1}$). Rechnungen unter Benutzung ähnlicher Ansätze und mit vergleichbarer hoher Genauigkeit sind außer an den He-ähnlichen Ionen nur noch am Li-Atom**) und am H_2-Molekül***) möglich.

12.5. Elektronenpaar-Korrelation in Atomen

Die Erfassung der Elektronenkorrelation in Atomen ist sehr aufwendig, und erst in den letzten Jahren ist es gelungen, unter Benutzung z.B. der sog. Elektronenpaarnäherung gute Ergebnisse für Korrelationsenergien von Vielelektronensystemen zu erhalten. Sieht man von sehr kleinen Atomen wie He und Li, allenfalls Be ab, so beruhen alle praktikablen Ansätze auf der Konfigurationswechselwirkung (C.I.). Wir wollen jetzt nur solche Zustände betrachten, die in erster Näherung durch eine einzige Slater-Determinante ϕ, aufgebaut aus Spinorbitalen ψ_i, beschrieben werden können. Wir setzen dann die exakte (nicht relativistische) Wellenfunktion folgendermaßen an:

$$\Psi = c_0\,\phi + \sum_{i,a} c_i^a\,\phi_i^a + \sum_{i<j}\,\sum_{a<b} c_{ij}^{ab}\,\phi_{ij}^{ab} + \ldots \qquad (12.5\text{–}1)$$

Dabei sei z.B. ϕ_i^a diejenige Slater-Determinante, die man aus ϕ erhält, wenn man das in ϕ besetzte Spinorbital ψ_i durch das in ϕ unbesetzte Spinorbital ψ_a ersetzt. Die ψ_i sollen gemeinsam mit den ψ_a eine orthonormale Basis von Einelektronenfunktionen bilden. Man bezeichnet die ϕ_i^a als einfach-substituierte, die ϕ_{ij}^{ab} als doppelt-substituierte Slater-Determinanten. Gelegentlich spricht man auch von einfach- bzw. doppelt-'angeregten Konfigurationen', was aber mißverständlich ist, da die ϕ_i^a etc. keinerlei spektroskopischen Zuständen entsprechen.

Die weitere Rechnung wird durch zwei Tatsachen erleichtert:

1. Die Matrixelemente des Hamilton-Operators zwischen ϕ und allen mehr als zweifach-substituierten Determinanten verschwinden sämtlich, z.B.

$$(\phi, \mathbf{H}\,\phi_{ijk}^{abc}) = 0 \qquad (12.5\text{–}2)$$

Das liegt daran, daß $\mathbf{H}$ nur Ein- und Zweielektronenterme enthält, und daß die Spinorbitale ψ_i, ψ_a orthonormal sind.

2. Die Matrixelemente zwischen ϕ und allen einfach-substituierten Determinanten ϕ_i^a verschwinden dann, wenn die ψ_i Eigenfunktionen des Hartree-Fock-Operators sind. Das ist die Aussage des sog. *Brillouin-Theorems*.

* C.L. Pekeris, Phys.Rev. *112*, 1649 (1958).
** S. Larsson, Phys. Rev. *169*, 49 (1968).
*** W. Kolos, L. Wolniewicz, J.Chem.Phys. *41*, 3663 (1964).

Wählen wir also die ψ_i als Hartree-Fock-Spinorbitale, so tragen in erster Näherung nur die ϕ_{ij}^{ab} zur Korrelationsenergie bei. Die ϕ_i^a und ϕ_{ijk}^{abc} tragen in höherer Näherung bei, weil sie nicht verschwindende Matrixelemente mit den ϕ_{ij}^{ab} haben. Es bietet sich also als Näherung zur Erfassung der Korrelation an, nur die zweifach-substituierten Determinanten ϕ_{ij}^{ab} in der Entwicklung mitzunehmen. Es ist dann möglich, Beiträge ϵ_{ij} von Paaren der einzelnen in ϕ besetzten ψ_i zur Korrelationsenergie zu definieren und Näherungen für diese ϵ_{ij} aus stark vereinfachten Gleichungen zu berechnen. Diese *Näherung der unabhängigen Elektronenpaare,* die manchmal auch Many-Elektron-Theorie*) oder Bethe-Goldstone-Theorie**) genannt wird, gehorcht nicht streng dem Variationsprinzip, sie liefert aber mit relativ wenig Aufwand recht gute Ergebnisse. Die Näherung der unabhängigen Elektronenpaare, bei der jeweils ein Elektronenpaar im Hartree-Fock-Feld der übrigen Elektronen berechnet wird, läßt sich verbessern zur Näherung der gekoppelten Elektronenpaare***), die die z.Zt. praktikabelste Methode zur Berechnung von Korrelationsenergien größerer Atome und Moleküle darstellt. Bei den Paarbeiträgen zur Elektronenkorrelation unterscheidet man sinnvollerweise zwischen sog. Intrapaarbeiträgen ϵ_{RR}, die dem Fall entsprechen, daß $\psi_i = \varphi_R \cdot \alpha$; $\psi_j = \varphi_R \cdot \beta$, also der Korrelation der beiden Elektronen, die das gleiche Orbital besetzen, und Interpaarbeiträgen ϵ_{RS}. In der Regel sind die Intrapaarbeiträge größer als die Interpaarbeiträge. Erstaunlich groß sind aber Interpaarbeiträge wie $\epsilon_{2s,\,2p}$, also zwischen Orbitalen, die zwar nicht gleich sind, aber doch zur gleichen Hauptquantenzahl gehören. Auffallend ist, daß der Beitrag der K-Schalen, $\epsilon_{1s,\,1s}$, in den verschiedenen Atomen nahezu konstant ist. Auf Abb. 14 ist die Korrelationsenergie der Grundzustände der Atome als Funktion der Ordnungszahl graphisch dargestellt.

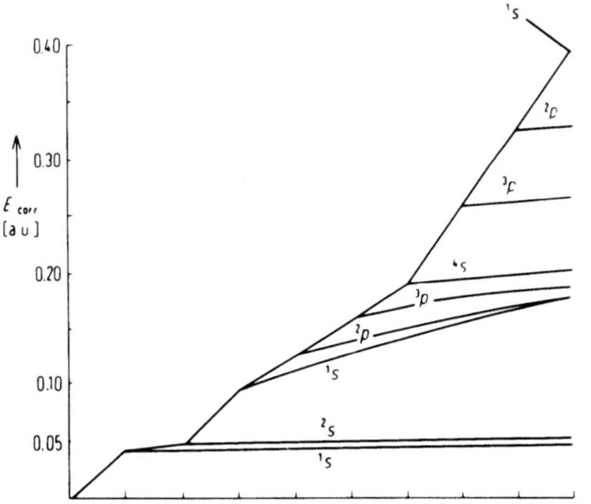

Abb. 14. Die Korrelationsenergie der neutralen Atome und der isoelektronischen positiven Ionen im Grundzustand als Funktion der Ordnungszahl****.

* O. Sinanoglu, J.Chem.Phys. *36*, 706, 3198 (1962).

** R.K. Nesbet, Phys.Rev. *109*, 1632 (1958), 175, 2 (1968); *A3*, 87 (1971).

*** W. Meyer, J.Chem.Phys. *58*, 1017 (1973).

**** E. Clementi, A. Veillard, J.Chem.Phys. *44*, 3052 (1966).

Zusammenfassung zu Kap. 12

Die im Sinne des Variationsprinzips beste Energie, die man mit einer Wellenfunktion in der Form einer Slater-Determinante erhalten kann, unterscheidet sich vom entsprechenden exakten Eigenwert des Hamilton-Operators um den Betrag der sog. Korrelationsenergie.

Unter Elektronenkorrelation versteht man die Tatsache, daß die Verteilungsfunktionen der verschiedenen Elektronen nicht im statistischen Sinne voneinander unabhängig, sondern eben korreliert sind. Für diese Korrelation gibt es im wesentlichen drei Ursachen:

1. Die Antisymmetrie der Wellenfunktion (Pauli-Prinzip),
2. räumliche Symmetrieeigenschaften, die mit Drehimpuls und Spin zusammenhängen,
3. die Abstoßung der Elektronen.

In der Regel wirkt sich die Korrelation so aus, daß die Elektronen einander ausweichen.

Die Standardmethode, Wellenfunktionen zu konstruieren, die der Korrelation Rechnung tragen, ist diejenige der sog. Konfigurationswechselwirkung, bei der man die Wellenfunktion als Linearkombination von Slater-Determinanten ansetzt. Eine vielfach gute Näherung ist auch diejenige der sog. unabhängigen Elektronenpaare.

Mathematischer Anhang

A1. Vektoren*)

A 1.1. Definitionen

Wir wollen ein n-tupel von Zahlen $(a_1, a_2 \ldots\ldots\ldots a_n)$ z.B. (3, 4) oder (4, −6, 5, 3) einen *Vektor* nennen. Die Zahlen a_i nennen wir seine Komponenten, a_3 ist die dritte Komponente. Die Gesamtzahl n der Komponenten nennen wir die *Dimension* des Vektors, z.B. hat der Vektor (4, −6, 5, 3) die Dimension 4. Symbolisch wollen wir einen Vektor durch einen Buchstaben mit einem Pfeil darüber bezeichnen:

$$\vec{a} = (a_1, a_2 \ldots\ldots a_n) \tag{A1–1}$$

Zwei Vektoren sind gleich, wenn sie in allen Komponenten paarweise übereinstimmen, z.B.

$$\vec{a} = \vec{b} \quad \text{dann und nur dann, wenn}$$

$$a_i = b_i \quad \text{für alle } i \tag{A1–2}$$

(Nur Vektoren der gleichen Dimension können gleich sein.) Z.B. ist

$$(3, 4) \neq (4, 3), \quad \text{aber} \quad (1+2, 7) = (3, 4+3) .$$

Eine Komponente eines Vektors kann auch ein arithmetischer Ausdruck statt einer Zahl sein.

Wir definieren die Summe zweier Vektoren:

$$\vec{c} = \vec{a} + \vec{b} \quad (\vec{a}, \vec{b} \text{ und } \vec{c} \text{ von gleicher Dimension } n) \tag{A1–3}$$

$$\text{heißt: } c_i = a_i + b_i \quad \text{für } i = 1, 2 \ldots\ldots n$$

Eine Zahl im herkömmlichen Sinn kann man auch als eindimensionalen Vektor auffassen. Wir nennen Zahlen *Skalare,* wenn wir sie von Vektoren unterscheiden wollen. Die Multiplikation eines Vektors mit einem Skalar ist so definiert:

$$\vec{c} = \lambda \vec{a} \quad \text{heißt: } c_i = \lambda a_i \qquad \text{für } i = 1, 2 \ldots n \tag{A1–4}$$

---

* Es ist heute i.allg. üblich, Vektoren axiomatisch als Elemente eines linearen Raumes einzuführen. Wir wollen diesen Weg in Abschn. A6 gehen, wir ziehen es aber vor, zunächst Vektoren in einem speziellen sog. cartesischen Vektorraum in einer konstruktiven Weise zu definieren.

Ein Vektor, dessen sämtliche Komponenten gleich 0 sind, heißt Nullvektor. Er wird als $\vec{0}$ abgekürzt, $\vec{0} = (0, 0 \ldots 0)$.

A 1.2. Geometrische Deutung eines Vektors – Skalarprodukte

Einen zweidimensionalen Vektor kann man als Punkt auf einer Ebene interpretieren. Wir wählen ein cartesisches Koordinatensystem (wobei die Wahl eines solchen Systems, des Ursprungs, der Orientierung und des Maßstabes natürlich recht willkürlich ist). Die x- und die y-Koordinate irgendeines Punktes lassen sich dann als Vektor (x, y) schreiben, und jedem Zahlenpaar (x, y) läßt sich ein Punkt zuordnen.

Oft ordnet man statt des Punktes (x, y) dem Vektor (x, y) auch einen Pfeil zu, der vom Koordinatenursprung zum Punkt (x, y) weist. Im Dreidimensionalen ist alles analog, vier- und mehrdimensionale Vektoren entziehen sich einer anschaulichen Interpretation.

Die Vektoraddition läßt sich anschaulich darstellen (Kräfteparallelogramm):

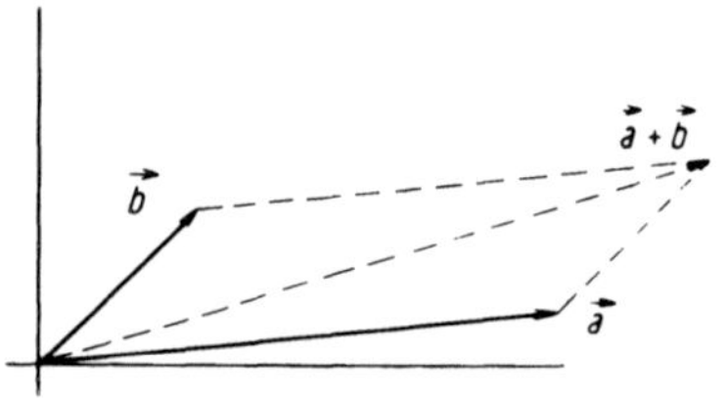

Abb. A–1.

Multiplikation mit einem Skalar: die Richtung bleibt dieselbe, die Länge wird mit λ multipliziert.

Die *Länge* eines Vektors (man sagt auch *Norm* oder *Betrag* des Vektors), geschrieben $|\vec{c}|$ oder c, ergibt sich im Zweidimensionalen anschaulich nach Pythagoras:

$$\vec{c} = (c_1, c_2)$$

$$c = |\vec{c}| = +\sqrt{c_1^2 + c_2^2} \qquad \text{(A1–5)}$$

Die Erweiterung dieser Definition auf n-dimensionale Vektoren ist

$$\vec{c} = (c_1, c_2 \ldots\ldots c_n)$$

$$|\vec{c}| = +\sqrt{c_1^2 + c_2^2 + \ldots\ldots + c_n^2} \qquad \text{(A1–6)}$$

Oft benutzt man komplexe Vektoren, d.h. Vektoren mit komplexen Komponenten. Damit die Norm reell ist, definiert man

$$c^2 = c_1^* c_1 + c_2^* c_2 + \ldots\ldots c_n^* c_n \qquad \text{(A1–7)}$$

wobei c_i^* die zu c_i konjugiert komplexe Zahl ist. Das Produkt einer komplexen Zahl mit ihrem konjugiert Komplexen ist immer reell und positiv (genauer gesagt: nicht negativ).

Zur Erinnerung: Sei $\mathrm{i} = \sqrt{-1}$ die imaginäre Einheit, dann ist $z = a + \mathrm{i}b$ (mit a und b reell) eine komplexe Zahl und $z^* = a - \mathrm{i}b$ die zu z konjugiert komplexe Zahl. Man sieht unmittelbar, daß $z^*z = a^2 + b^2 \geqslant 0$. Oft schreibt man auch $z^*z = zz^* = |z|^2$, wobei $|z| = +\sqrt{a^2 + b^2}$ als Betrag der komplexen Zahl bezeichnet wird.

Die Definition für den Betrag eines komplexen Vektors

$$c = |\vec{c}\,| = \sqrt{c_1^* c_1 + c_2^* c_2 + \ldots\ldots c_n^* c_n}$$

$$= \sqrt{|c_1|^2 + |c_2|^2 + \ldots |c_n|^2} \qquad \text{(A1–8)}$$

enthält die zuvor für reelle Vektoren gegebene als Spezialfall.

Das Skalarprodukt zweier Vektoren (gleicher Dimension) ist definiert durch

$$\vec{u} \cdot \vec{v} = (\vec{u}, \vec{v}) = u_1^* v_1 + u_2^* v_2 + \ldots + u_n^* v_n \qquad \text{(A1–9)}$$

wobei $\vec{u} \cdot \vec{v}$ und $(\vec{u}, \vec{v})$ zwei verschiedene Schreibweisen für den gleichen Ausdruck sind. Wie der Name sagt, ist das Skalarprodukt nicht ein Vektor, sondern ein Skalar.

Kombination von Vektoraddition und Skalarprodukt:

$$(\vec{a} + \vec{b}, \vec{c}) = (\vec{a}, \vec{c}) + (\vec{b}, \vec{c})\,;\; (\lambda\vec{a}, \vec{b}) = \lambda^*(\vec{a}, \vec{b}) \qquad \text{(A1–10)}$$

Symmetrie der Skalarprodukte:

$$(\vec{a}, \vec{b}) = (\vec{b}, \vec{a})^* \qquad \text{(A1–11)}$$

Anschauliche Deutung des Skalarprodukts im Zweidimensionalen:

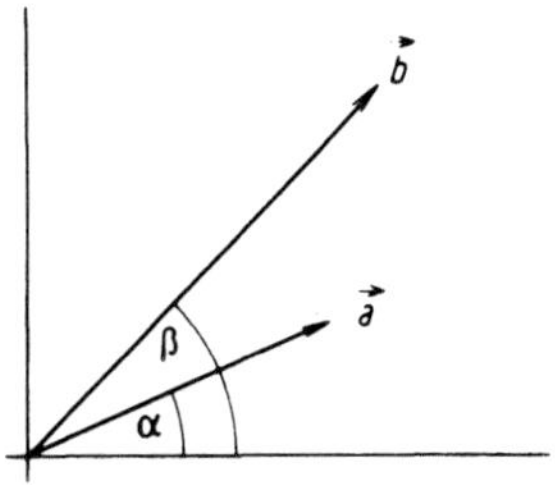

Abb. A–2.

$$\vec{a} = (a \cos\alpha,\ a \sin\alpha)$$

$$\vec{b} = (b \cos\beta,\ b \sin\beta)$$

$$\vec{a}\cdot\vec{b} = a\,b \cos\alpha\cos\beta + ab \sin\alpha\sin\beta$$

$$= a\,b\,[\cos\alpha\cos\beta + \sin\alpha\sin\beta] = a\,b\cos(\alpha-\beta) \qquad \text{(A1–12)}$$

Wenn $\alpha - \beta = \frac{\pi}{2}$ (=90°), so ist $\cos(\alpha-\beta) = 0$, damit $\vec{a}\cdot\vec{b} = 0$, d.h. das Skalarprodukt verschwindet. Man spricht in diesem Fall von *orthogonalen* Vektoren. (Sofern keiner der beiden Vektoren den Betrag 0 hat.)

A 1.3. Linearkombinationen von Vektoren – Koordinatentransformation

Seien $\vec{u}_1, \vec{u}_2 \ldots\ldots \vec{u}_m$ Vektoren der Dimension n. Ein Vektor

$$\vec{v} = \alpha_1\vec{u}_1 + \alpha_2\vec{u}_2 + \ldots\ldots \alpha_m\vec{u}_m, \qquad \text{(A1–13)}$$

wobei die α_i Skalare sind, heißt eine *Linearkombination* der gegebenen Vektoren $\vec{u}_k$. Die Gesamtheit der als Linearkombination eines gegebenen Satzes $\vec{u}_k$ darstellbaren Vektoren nennt man den von den Vektoren $\vec{u}_k$ ‚aufgespannten' Vektorraum.

Um diesen Raum genauer zu untersuchen, brauchen wir den wichtigen Begriff der *linearen Unabhängigkeit.*

Eine Menge von Vektoren $\vec{a}_k$ ($k = 1, 2 \ldots m$) heißt linear unabhängig, wenn es außer der ‚trivialen' Wahl $\alpha_1 = \alpha_2 = \ldots\ldots \alpha_m = 0$ keinen Satz von Skalaren α_k gibt, derart daß

$$\sum_{k=1}^{m} \alpha_k\,\vec{a}_k = \vec{0} \qquad \text{(A1–14)}$$

Man kann die Definition auch so formulieren: ... wenn keiner der Vektoren $\vec{a}_k$ als Linearkombination der anderen $\vec{a}_i$ ($i \neq k$) dargestellt werden kann. Oder ...... wenn keiner der Vektoren $\vec{a}_k$ zu dem von den anderen Vektoren aufgespannten Vektorraum gehört.

Anderenfalls, d.h., wenn es eine nichttriviale Wahl von $\alpha_1, \ldots \alpha_k$ gibt, derart daß (A1–14) erfüllt ist, heißen die Vektoren linear abhängig. Dann gibt es zumindest einen Vektor $\vec{a}_k$, der als Linearkombination der anderen dargestellt werden kann.

Ein Satz, den wir nicht beweisen wollen, lautet: m Vektoren der Dimension n sind immer dann notwendig linear abhängig, wenn $m > n$. Z.B. sind 3 Vektoren in zweidimensionalen Räumen immer linear abhängig.

Sind die Vektoren $\vec{a}_k$ ($k = 1, 2 \ldots\ldots m$) linear unabhängig, so sagen wir, der Vektorraum, den sie aufspannen, habe die Dimension m.

Z.B. sind 3 Vektoren $\vec{a}_1, \vec{a}_2, \vec{a}_3$ im dreidimensionalen Raum linear unabhängig, wenn sie nicht in einer Ebene liegen. Jeder beliebige andere Vektor läßt sich dann als Linearkombination von $\vec{a}_1, \vec{a}_2, \vec{a}_3$ darstellen. Die drei Vektoren spannen in der Tat den gesamten dreidimensionalen Raum auf.

Zwei Vektoren $\vec{a}_1, \vec{a}_2$ sind linear unabhängig, wenn nicht $\vec{a}_1 = \lambda \vec{a}_2$ gilt, wenn sie also nicht kollinear sind. Zwei nicht-kollineare Vektoren spannen einen zweidimensionalen Vektorraum auf (einen 'Unterraum'), zu dem alle die Vektoren gehören, die in der gleichen Ebene liegen.

Einen Satz $\{\vec{u}_k\}$ von n linear unabhängigen Vektoren der Dimension n nennt man eine *Basis* des n-dimensionalen Raums. Denn jeder Vektor $\vec{a}$ der gleichen Dimension läßt sich als Linearkombination der $\vec{u}_k$ schreiben.

$$\vec{a} = \sum_{k=1}^{n} \alpha_k \vec{u}_k \qquad \text{(A1–15)}$$

Durch die Angabe der $\vec{u}_k$ und der α_k ist jeder Vektor eindeutig charakterisiert. Man kann einen Vektor $\vec{a}$ statt durch seine 'natürlichen' Komponenten a_i im Sinne von (A1–1) auch durch seine Komponenten α_k in der Basis $\{\vec{u}_k\}$ kennzeichnen. Man spricht dann von einem Übergang zu einem anderen Koordinatensystem.

Die natürlichen Komponenten a_i ergeben sich unmittelbar als diejenigen α_i im Sinne von Gl. (A1–15), wenn man als Basis $\{\vec{u}_k\}$ die Vektoren $\vec{u}_1 = (1, 0, 0 \ldots 0)$, $\vec{u}_2 = (0, 1, 0 \ldots 0)$ etc., die sog. cartesischen Einheitsvektoren, wählt.

Die Gesamtheit der Vektoren der Dimension n bildet den n-dimensionalen cartesischen Vektorraum $\mathcal{R}_n$ (für reelle Vektoren) bzw. $\mathbf{C}_n$ (für komplexe Vektoren). m linear unabhängige Vektoren ($m \leqslant n$) spannen einen Vektorraum der Dimension m auf: im Fall $m = n$ eben den $\mathcal{R}_n$, im Falle $m < n$ einen Unterraum; $m > n$ ist ausgeschlossen, weil es maximal n linear unabhängige Vektoren gibt.

Die Komponenten eines Vektors $\vec{a}$ im Sinne von (A1–1) in beliebigen Koordinatensystemen erhält man durch Lösen des Gleichungssystems (A1–15), das in Komponenten geschrieben lautet:

$$\begin{aligned} a_1 &= \alpha_1 u_{11} + \alpha_2 u_{21} + \ldots\ldots \alpha_n u_{n1} \\ a_2 &= \alpha_1 u_{12} + \alpha_2 u_{22} + \ldots\ldots \alpha_n u_{n2} \\ &\ldots\ldots\ldots\ldots\ldots\ldots\ldots\ldots \\ a_n &= \alpha_1 u_{1n} + \alpha_n u_{2n} + \ldots\ldots \alpha_n u_{nn} \end{aligned} \qquad \text{(A1–16)}$$

wobei $\vec{u}_k = (u_{k1}, u_{k2} \ldots\ldots u_{kn})$.

Die α_k sind die Unbekannten.

Mit Vorteil verwendet man allerdings eine Basis, die orthonormal ist, d.h. die aus Vektoren besteht, die paarweise zueinander orthogonal sind und die Norm 1 haben.

$$(\vec{u}_i, \vec{u}_j) = \delta_{ij} \qquad \text{d.h.} \begin{cases} = 0 & \text{für } i \neq j \\ = 1 & \text{für } i = j \end{cases} \tag{A1–17}$$

Im Falle einer orthogonalen Basis erübrigt sich eine Auflösung des Gleichungssystems (A1–15) bzw. (A1–16). Man multipliziert $\vec{a}$ skalar mit $\vec{u}_l$.

$$(\vec{u}_l, \vec{a}) = \sum_{k=1}^{n} \alpha_k (\vec{u}_l, \vec{u}_k) = \sum_{k=1}^{n} \alpha_k \delta_{lk} = \alpha_l \tag{A1–18}$$

Die Komponente α_l von $\vec{a}$ in der Basis $\{u_l\}$ erhält man also einfach als Skalarprodukt, sofern die Basis orthonormal ist.

Vektoraddition läßt sich in jeder Basis durch Addition der entsprechenden Komponenten ausdrücken, die Bildung eines Skalarprodukts hat dagegen nur in einer orthogonalen Basis die uns bekannte einfache Form. Sei:

$$\vec{a} = \sum_{i=1}^{n} \alpha_i \vec{u}_i$$

$$\vec{b} = \sum_{i=1}^{n} \beta_i \vec{u}_i \tag{A1–19}$$

dann ist

$$(\vec{a}, \vec{b}) = \left(\sum_{i=1}^{n} \alpha_i \vec{u}_i , \sum_{k=1}^{n} \beta_k \vec{u}_k \right) = \sum_{i=1}^{n} \sum_{k=1}^{n} \alpha_i^* \beta_k (u_i, u_k) \tag{A1–20}$$

Im Falle, daß $(u_i, u_k) = \delta_{ik}$, folgt sofort

$$(\vec{a}, \vec{b}) = \sum_{i=1}^{n} \sum_{k=1}^{n} \delta_{ik} \alpha_i^* \beta_k = \sum_{i=1}^{n} \alpha_i^* \beta_i \tag{A1–21}$$

In einem schiefwinkligen Koordinatensystem enthält der Ausdruck für das Skalarprodukt noch die $(\vec{u}_i, \vec{u}_k)$, die, wie man sagt, die *Metrik* des Koordinatensystems darstellen.

A 1.4. Kovariante und kontravariante Komponenten eines Vektors

Sei eine nichtorthogonale Basis $\{\vec{u}_i\}$ gegeben mit der Metrik

$$S_{ik} = (\vec{u}_i, \vec{u}_k) , \tag{A1–22}$$

so kann man einen Vektor $\vec{a}$ bezüglich der Basis in zweierlei Weise charakterisieren:

a) so wie bisher im Sinne von (A1–15) durch die Komponenten α_i der Zerlegung von $\vec{a}$ nach den $\vec{u}_i$,

b) durch die Skalarprodukte

$$\overline{\alpha}_i = (\vec{u}_i, \vec{a}) . \tag{A1–23}$$

Wir bezeichnen die α_i als kontravariante und die $\overline{\alpha}_i$ als kovariante Komponenten von $\vec{a}$ bezüglich der Basis $\vec{u}_i$. In orthogonalen Basen sind wegen (A1–18) die α_i mit den entsprechenden $\overline{\alpha}_i$ identisch.

In einem zweidimensionalen Raum kann man die Bedeutung der beiden Typen von Komponenten anhand von Abb. A–3 veranschaulichen. Wir setzen voraus, daß $|\vec{u}_1| = |\vec{u}_2|$ und daß alle Längen in Einheiten von $|\vec{u}_1|$ gemessen werden.

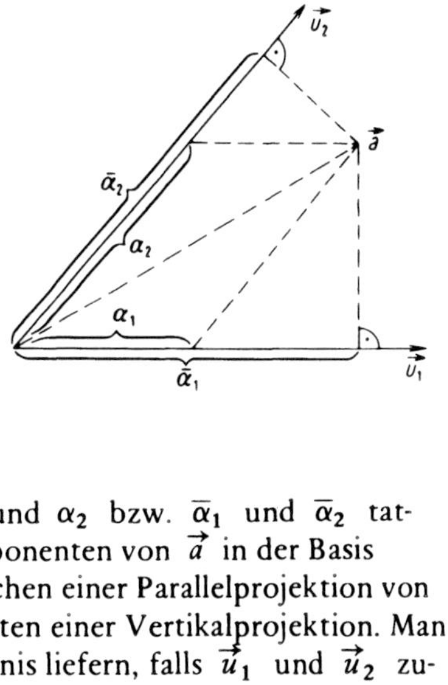

Abb. A–3.

Offenbar sind die auf Abb. A–3 eingetragenen α_1 und α_2 bzw. $\overline{\alpha}_1$ und $\overline{\alpha}_2$ tatsächlich die kontravarianten bzw. kovarianten Komponenten von $\vec{a}$ in der Basis $\vec{u}_1, \vec{u}_2$. Die kontravarianten Komponenten entsprechen einer Parallelprojektion von $\vec{a}$ auf die Basisvektoren, die kovarianten Komponenten einer Vertikalprojektion. Man sieht auch, daß beide Projektionen das gleiche Ergebnis liefern, falls $\vec{u}_1$ und $\vec{u}_2$ zueinander orthogonal sind.

Bei Kenntnis der Metrik lassen sich die $\overline{\alpha}_i$ leicht durch die α_i ausdrücken. Nach (A1–23), (A1–15) und (A1–22) ist

$$\overline{\alpha}_i = (\vec{u}_i, \vec{a}) = \sum_k \alpha_k (\vec{u}_i, \vec{u}_k) = \sum_k S_{ik} \alpha_k \tag{A1–24}$$

Das Skalarprodukt zwischen zwei Vektoren $\vec{a}$ und $\vec{b}$ gemäß (A1–19) und (A1–20) läßt sich unter Benutzung von (A1–24) vereinfachen zu:

$$(\vec{a}, \vec{b}) = \sum_i \sum_k \alpha_i^* \beta_k \cdot S_{ik} = \sum_i \alpha_i^* \bar{\beta}_i \qquad \text{(A1–25)}$$

Der im Falle einer orthogonalen Basis gültige Ausdruck (A1–21) läßt sich für den Fall einer nichtorthogonalen Basis verallgemeinern, wenn man vorschreibt, daß jeweils eine kontravariante Komponente des einen Vektors mit der entsprechenden kovarianten Komponente des anderen Vektors zu kombinieren ist.

A 1.5. Vektorprodukte

Im dreidimensionalen Raum definiert man außer dem Skalarprodukt noch ein sog. Vektorprodukt:

$$\vec{c} = \vec{a} \times \vec{b} \qquad \text{heißt}$$

$$c_1 = a_2 b_3 - a_3 b_2;\; c_2 = a_3 b_1 - a_1 b_3;\; c_3 = a_1 b_2 - a_2 b_1 \qquad \text{(A1–26)}$$

Man zeigt verhältnismäßig leicht, daß

$$|\vec{c}| = |\vec{a}|\; |\vec{b}| \sin(\vec{a}, \vec{b}) \qquad \text{(A1–27)}$$

Der Vektor $\vec{c}$ ist orthogonal zu $\vec{a}$ und $\vec{b}$. Wegen des sin-Faktors verschwindet $\vec{c}$, wenn $\vec{a}$ und $\vec{b}$ kollinear sind. Insbesondere verschwindet das Vektorprodukt eines Vektors mit sich selbst.

$$\vec{a} \times \vec{a} = \vec{0} \qquad \text{(A1–28)}$$

A 2. Felder und Differentialoperatoren

Sei $u = f(x, y, z)$ eine Funktion von drei Variablen, so kann man diese interpretieren als eine Vorschrift, die jedem Punkt des dreidimensionalen Raums (oder anders gesagt: jedem Ortsvektor $\vec{r}$) einen Wert u zuordnet.

Man kann auch schreiben:

$$u = f(\vec{r}) \qquad \vec{r} = (x, y, z) \qquad \text{(A2–1)}$$

und man sagt, u beschreibt ein *Feld*, genauer gesagt ein skalares Feld, denn u ist eine skalare Funktion.

Ein physikalisches Beispiel ist etwa ein Temperaturfeld. An jedem Punkt des Raumes herrscht eine Temperatur $T(\vec{r})$, wobei i.allg. gilt: $T(\vec{r}_1) \neq T(\vec{r}_2)$ für $\vec{r}_1 \neq \vec{r}_2$. Ähnlich wie man eine Vorschrift definiert, die einem Vektor einen Skalar zuordnet, kann man auch umgekehrt einem Skalar einen Vektor zuordnen. Wir haben dann eine Vektorfunktion. Die skalare unabhängige Variable sei z.B. die Zeit t, und der Vektor $\vec{r}(t) = (x(t), y(t), z(t))$ gebe den Ort eines sich bewegenden Punktes zur Zeit t an. Man nennt $\vec{r}(t)$ auch die Bahn des Punktes. Ähnlich wie ein Vektor drei Skalare zusammenfaßt, besteht eine Vektorfunktion aus drei skalaren Funktionen, die völlig beliebig sein können und voneinander unabhängig sind. Ähnlich wie man eine skalare Funktion nach den unabhängigen Variablen differenzieren kann, geht das auch bei einer Vektorfunktion (Differenzierbarkeit der Komponenten $x(t)$ etc. für sich vorausgesetzt).

$$\frac{d\vec{r}}{dt} = \dot{\vec{r}} = \left(\frac{dx(t)}{dt}, \frac{dy(t)}{dt}, \frac{dz(t)}{dt}\right) = (\dot{x}, \dot{y}, \dot{z}) \tag{A2–2}$$

$\dot{\vec{r}}$ bezeichnet man als den Geschwindigkeitsvektor, er hat i.allg. nicht die gleiche Richtung wie $\vec{r}$ selbst.

Schließlich können sowohl unabhängige als abhängige Variable Vektoren sein. Dann liegt ein sog. Vektorfeld vor.

$$\vec{s} = \vec{s}(\vec{r}) \tag{A2–3}$$

oder ausführlicher geschrieben:

$$\vec{s} = (u, v, w) \quad ; \quad \vec{r} = (x, y, z)$$

$$u = u(x, y, z)$$

$$v = v(x, y, z)$$

$$w = w(x, y, z) \tag{A2–4}$$

Physikalische Beispiele für Vektorfelder sind ein Strömungsfeld (jedem Punkt ist ein Geschwindigkeitsvektor zugeordnet) oder ein Kraftfeld (z.B. das Schwerefeld der Erde).

Aus jedem skalaren Feld kann man (Existenz der partiellen Ableitungen vorausgesetzt) z.B. durch Differenzieren ein Vektorfeld bilden.

Sei $f(x, y, z)$ ein skalares Feld, so bilden die Funktionen

$$f_x = \frac{\partial f}{\partial x} \; ; \; f_y = \frac{\partial f}{\partial y} \; ; \; f_z = \frac{\partial f}{\partial z}$$

die Komponenten eines Vektorfeldes, das man als Gradientenfeld des skalaren Feldes bezeichnet:

$$\operatorname{grad} f = \left(\frac{\partial f}{\partial x}, \frac{\partial f}{\partial y}, \frac{\partial f}{\partial z}\right) \qquad \text{(A2–5)}$$

Ein Beipiel: Das elektrische Potential einer Punktladung Q ist

$$V = \frac{Q}{r} \qquad \text{(A2–6)}$$

wobei $r = \sqrt{x^2 + y^2 + z^2}$ der Abstand von der Punktladung ist. Die elektrische Feldstärke erhält man aus dem entsprechenden Potential nach der Formel

$$\vec{E} = -\operatorname{grad} V \qquad \text{(A2–7)}$$

In unserem Beispiel

$$\vec{E} = -Q \operatorname{grad}\left(\frac{1}{r}\right) = -Q\left\{\frac{\partial}{\partial x}\left(\frac{1}{r}\right), \frac{\partial}{\partial y}\left(\frac{1}{r}\right), \frac{\partial}{\partial z}\left(\frac{1}{r}\right)\right\}$$

$$= -Q\left\{\frac{-x}{r^3}, \frac{-y}{r^3}, \frac{-z}{r^3}\right\} = Q \cdot \frac{\vec{r}}{r^3} \qquad \text{(A2–8)}$$

Andererseits erhält man z.B. aus einem Vektorfeld ein Skalarfeld nach folgender Vorschrift: Sei $\vec{s} = \vec{s}\,(\vec{r})$ ein Vektorfeld mit $\vec{s} = (u, v, w)$, so bilde man

$$\frac{\partial u}{\partial x} + \frac{\partial v}{\partial y} + \frac{\partial w}{\partial z} = \operatorname{div} \vec{s} \qquad \text{(A2–9)}$$

Man spricht diesen Ausdruck: Divergenz von $\vec{s}$.

Schließlich kann man aus einem skalaren Feld zuerst das Gradientenfeld bilden und anschließend dessen Divergenz, wobei man wieder ein skalares Feld erhält:

$$\operatorname{div} \operatorname{grad} f = \frac{\partial}{\partial x}\left(\frac{\partial f}{\partial x}\right) + \frac{\partial}{\partial y}\left(\frac{\partial f}{\partial y}\right) + \frac{\partial}{\partial z}\left(\frac{\partial f}{\partial z}\right)$$

$$= \frac{\partial^2 f}{\partial x^2} + \frac{\partial^2 f}{\partial y^2} + \frac{\partial^2 f}{\partial z^2} \qquad \text{(A2–10)}$$

Man kann die Schreibweise vereinfachen, wenn man sog. Differentialoperatoren einführt. Schreiben wir zunächst:

$$\frac{df}{dx} = \frac{d}{dx} f \qquad \text{(A2–11)}$$

und nennen wir $\frac{\mathrm{d}}{\mathrm{d}x}$ einen *Differentialoperator.* Allgemein versteht man unter einem Operator eine Vorschrift, die einer Funktion f eine andere Funktion g zuordnet. In unserem Fall ist $g = \frac{\mathrm{d}f}{\mathrm{d}x}$

Entsprechend können wir die Vorschrift, den Gradienten eines Feldes zu berechnen, durch einen vektorartigen Operator symbolisieren, den wir als ∇ abkürzen und Nabla sprechen:

$$\nabla = \left(\frac{\partial}{\partial x}, \frac{\partial}{\partial y}, \frac{\partial}{\partial z}\right) \tag{A2–12}$$

heißt

$$\nabla f = \left(\frac{\partial f}{\partial x}, \frac{\partial f}{\partial y}, \frac{\partial f}{\partial z}\right) = \operatorname{grad} f \tag{A2–13}$$

Die Divergenz von $\vec{s}$ können wir als Skalarprodukt von ∇ und $\vec{s}$ schreiben:

$$\nabla \cdot \vec{s} = \left(\frac{\partial}{\partial x}, \frac{\partial}{\partial y}, \frac{\partial}{\partial z}\right) (u, v, w)$$

$$= \frac{\partial u}{\partial x} + \frac{\partial v}{\partial y} + \frac{\partial w}{\partial z} = \operatorname{div} \vec{s} \tag{A2–14}$$

Analog ist

$$\nabla \cdot (\nabla f) = \left(\frac{\partial}{\partial x}, \frac{\partial}{\partial y}, \frac{\partial}{\partial z}\right) \cdot \left(\frac{\partial f}{\partial x}, \frac{\partial f}{\partial y}, \frac{\partial f}{\partial z}\right)$$

$$= \frac{\partial^2 f}{\partial x^2} + \frac{\partial^2 f}{\partial y^2} + \frac{\partial^2 f}{\partial z^2} = \operatorname{div} \operatorname{grad} f = \nabla^2 f = \Delta f \tag{A2–15}$$

Für den Operator $\nabla \cdot \nabla$ schreibt man auch ∇^2 oder Δ. Man nennt ihn Laplace-Operator.

In unserem Beispiel des Feldes einer Punktladung ist das Potential $V = \frac{Q}{r}$; entsprechend ist (unter Benutzung von A2–7 und A2–8)

$$\Delta V = \operatorname{div} \operatorname{grad} V = -\operatorname{div} \vec{E} = -Q \operatorname{div} \frac{\vec{r}}{r^3} \tag{A2–16}$$

Außer an der Stelle $\vec{r} = \vec{0}$, wo ΔV nicht existiert, ergibt sich, wenn man $\operatorname{div} \frac{\vec{r}}{r^3}$ explizit ausrechnet, daß

$$\Delta V = \frac{\partial^2 V}{\partial x^2} + \frac{\partial^2 V}{\partial y^2} + \frac{\partial^2 V}{\partial z^2} = 0 \tag{A2–17}$$

erfüllt. Das elektrische Potential V erfüllt also die Differentialgleichung (A2–17) an den Stellen des Raumes, wo sich keine Ladung befindet. Dies ist eine der wichtigsten Differentialgleichungen der mathematischen Physik. Sie heißt Laplacesche Differentialgleichung. Ihre Lösungen werden wir in Kap. A5 näher erläutern. Eine mögliche Lösung ist offenbar $V = \frac{Q}{r}$.

In Gl. (A2–14) haben wir das Skalarprodukt $\nabla \cdot \vec{s}$ gebildet und als div $\vec{s}$ bezeichnet. Man kann auch das entsprechende Vektorprodukt $\nabla \times \vec{s}$ bilden und bezeichnet dieses als Rotation von $\vec{s}$, abgekürzt rot $\vec{s}$

$$\text{rot}\,\vec{s} = \nabla \times \vec{s} = \left(\frac{\partial}{\partial x}, \frac{\partial}{\partial y}, \frac{\partial}{\partial z}\right) \times (u, v, w)$$

$$= \left(\frac{\partial w}{\partial y} - \frac{\partial v}{\partial z}, \frac{\partial u}{\partial z} - \frac{\partial w}{\partial x}, \frac{\partial v}{\partial x} - \frac{\partial u}{\partial y}\right) \tag{A2–18}$$

Die Rotation spielt vor allem in der Elektrodynamik eine wichtige Rolle.

A 3. Uneigentliche und mehrdimensionale Integrale

Die Definition eines (Riemannschen) Integrals

$$\int_a^b f(x)\, dx$$

sei als bekannt vorausgesetzt. Hinreichend für die Existenz eines solchen Integrals ist bekanntlich, daß $f(x)$ im ganzen Intervall definiert, stückweise stetig und beschränkt ist, anders gesagt, daß für $a \leqslant x \leqslant b$ $f(x)$ nicht unendlich wird, und daß in diesem Intervall höchstens eine endliche Zahl von Unstetigkeiten ist.

Oft haben wir es mit Integralen zu tun, bei denen der Integrationsbereich unendlich ist, z.B.

$$\int_a^\infty f(x)\, dx \quad \text{oder} \quad \int_{-\infty}^\infty f(x)\, dx \tag{A3–1}$$

Im Riemannschen Sinn sind solche Integrale überhaupt nicht definiert.

Wenn allerdings der Grenzwert

$$\lim_{b \to \infty} \int_a^b f(x)\, dx \tag{A3–2}$$

existiert (d.h. auch: endlich ist), so kann man abgekürzt schreiben:

$$\lim_{b \to \infty} \int_a^b f(x)\,\mathrm{d}x = \int_a^\infty f(x)\,\mathrm{d}x \qquad \text{(A3–3)}$$

und hat so Integrale mit unendlichem Integrationsbereich definiert. Eine Voraussetzung für die Existenz eines solchen 'uneigentlichen Integrals' ist in der Regel, daß $f(x)$ im Unendlichen genügend rasch verschwindet.

Beispiel für ein existierendes uneigentliches Integral:

$$\int_0^\infty e^{-x}\,\mathrm{d}x = \lim_{b \to \infty} \int_0^b e^{-x}\,\mathrm{d}x = \lim_{b \to \infty} \left\{ -e^{-x} \Big|_0^b \right\}$$

$$= \lim_{b \to \infty} \left\{ -e^{-b} + e^{-0} \right\} = 1 \qquad \text{(A3–4)}$$

Verschwinden des Integranden im Unendlichen ist allerdings nicht eine hinreichende Voraussetzung für die Existenz eines derartigen Integrals.

$\int_1^\infty x^{-\frac{1}{2}}\,\mathrm{d}x$ existiert nicht, obwohl $x^{-\frac{1}{2}}$ für $x \to \infty$ gegen 0 geht.

$$\int_1^b x^{-\frac{1}{2}}\,\mathrm{d}x = 2\,x^{\frac{1}{2}} \Big|_1^b = 2\,b^{\frac{1}{2}} - 2 \qquad \text{(A3–5)}$$

Der Grenzwert des Integrals für $b \to \infty$ existiert nicht (wird unendlich).

Es gibt noch einen anderen Typ von uneigentlichen Integralen. Falls $f(x)$ im Integrationsintervall nicht beschränkt ist (unendlich wird), so daß das Integral nicht definiert ist, kann man in manchen Fällen die entsprechenden Integrale als Grenzwert erklären, z.B.

$$\int_0^1 x^{-\frac{1}{2}}\,\mathrm{d}x$$

ist zunächst nicht definiert, da für $x = 0$ $f(x) = \infty$, aber

$$\lim_{a \to 0} \int_a^1 x^{-\frac{1}{2}}\,\mathrm{d}x = \lim_{a \to 0} \left\{ 2\,x^{\frac{1}{2}} \Big|_a^1 \right\} = 2 \lim_{a \to 0} \left\{ 1 - a^{\frac{1}{2}} \right\} = 2 \qquad \text{(A3–6)}$$

existiert.

Bei Funktionen mehrerer Variabler kennt man Linienintegrale und Gebietsintegrale. Uns interessieren hier nur die letzteren. Sei $z = f(x,y)$, und sei das Integrationsgebiet G (in Abb. A–4 schraffiert) begrenzt durch die Kurven $x = 0$, $y = 0$ und $y = g(x)$ ($g(x)$ sei eine monotone Funktion mit Umkehrung $x = g^{-1}(y)$),

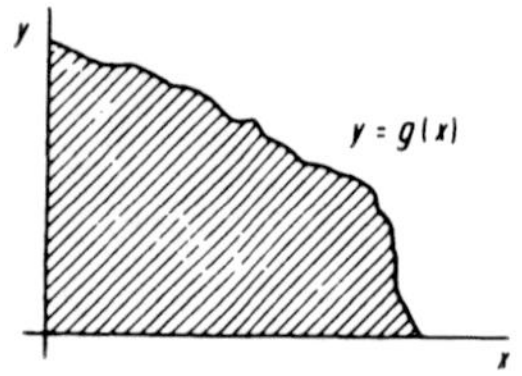

Abb. A–4.

so kann man das entsprechende Gebietsintegral

$$\int_G f(x,y)\,dx\,dy$$

a priori in zweierlei Weise definieren, d.h. auf eindimensionale Integrale zurückführen, nämlich

$$\int_{y=0}^{g(0)} \left[\int_{x=0}^{g^{-1}(y)} f(x,y)\,dx \right] dy \tag{A3–7}$$

oder

$$\int_{x=0}^{g^{-1}(0)} \left[\int_{y=0}^{g(x)} f(x,y)\,dy \right] dx \tag{A3–8}$$

Im ersten Fall betrachtet man zunächst y als konstant und integriert über x, d.h. in horizontalen Streifen, erhält so eine Funktion von y allein und integriert diese dann. Im zweiten Fall ist es umgekehrt.

Notwendig und hinreichend dafür, daß man in beiden Fällen das gleiche Ergebnis erhält, daß mithin das Gebietsintegral definiert ist, ist Stetigkeit von $f(x,y)$ im Sinne der Stetigkeit von Funktionen mehrerer Variabler, was eine stärkere Forderung ist als Stetigkeit in jeder Variablen für sich. Einzelheiten würden zu weit führen, zumal die Funktionen, mit denen wir es zu tun haben werden, alle die Stetigkeitsforderung erfüllen. Wir müssen jetzt die Begriffe Gebietsintegral und uneigentliches Integral kombinieren. Ein Beispiel:

$$\int_{x=0}^{\infty} \int_{y=0}^{\infty} e^{-x-y}\,dx\,dy \tag{A3–9}$$

In diesem Fall ist die Situation besonders einfach. Das uneigentliche Gebietsintegral läßt sich ‚faktorisieren', d.h., als Produkt zweier uneigentlicher eindimensionaler Integrale schreiben, da hier $f(x, y)$ ein Produkt einer Funktion nur von x und einer nur von y ist.

$$\int_{x=0}^{\infty} \int_{y=0}^{\infty} e^{-x} e^{-y} \, dx dy = \left\{ \int_0^{\infty} e^{-x} \, dx \right\} \left\{ \int_0^{\infty} e^{-y} \, dy \right\} = 1 \qquad \text{(A3–10)}$$

Ein anderes Integral, das uns interessiert, ist

$$\int_{x=0}^{\infty} \int_{y=0}^{\infty} e^{-x^2-y^2} \, dx dy \qquad \text{(A3–11)}$$

Im Prinzip können wir es zwar auch faktorisieren, aber das hilft uns nicht weiter, da die Stammfunktion von e^{-x^2} keine elementare Funktion ist, wir also $\int_0^{\infty} e^{-x^2} dx$ zunächst nicht kennen.

Wir werden dieses Integral später durch Übergang zu einem anderen Koordinatensystem auswerten.

A4. Krummlinige Koordinatensysteme, insbesondere sphärische Polarkoordinaten

Einen Punkt in einer Ebene kann man entweder durch seine cartesischen Koordinaten x, y oder aber z.B. durch seine Polarkoordinaten r, φ kennzeichnen, wie in Abb. A–5 angedeutet ist.

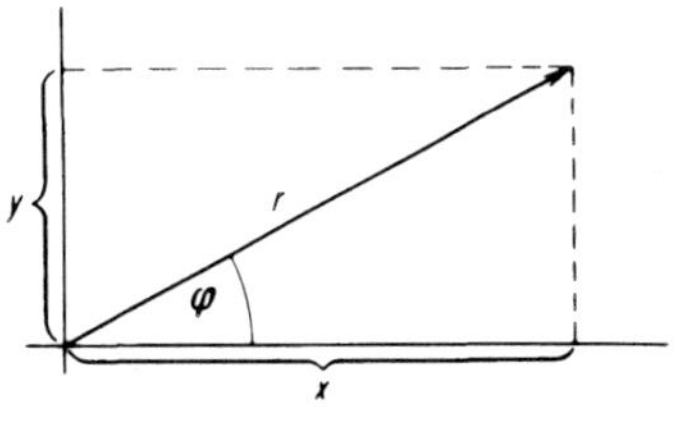

Abb. A–5.

Der Zusammenhang zwischen beiden Koordinatensätzen ist gegeben durch

$$x = r \cos \varphi$$

$$y = r \sin \varphi \qquad \text{(A4–1)}$$

$$r = +\sqrt{x^2 + y^2}$$

$$\varphi = \operatorname{arctg}\left(\frac{y}{x}\right) \qquad \text{(A4–2)}$$

Das cartesische Koordinatennetz ist durch die Kurven x = const. bzw. y = const. gegeben. Diese sind Geraden und orthogonal zueinander. Das Netz der Polarkoordinaten besteht aus Geraden durch den Ursprung (φ = const.) und konzentrischen Kreisen um den Ursprung (r = const.).

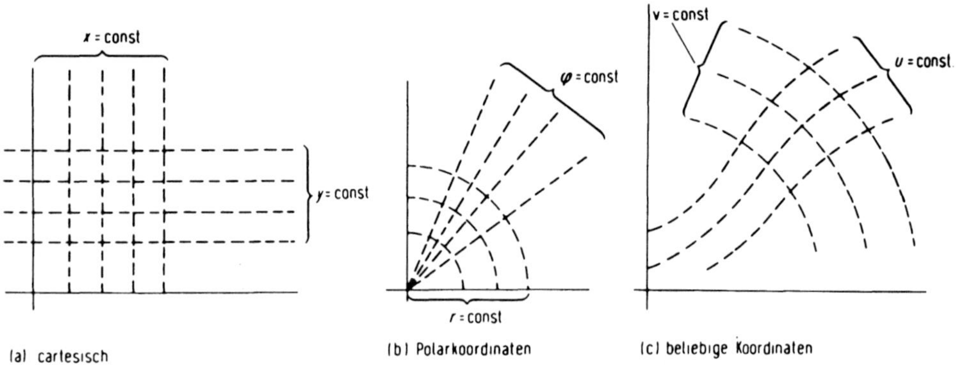

Abb. A–6.

Diese beiden Koordinatennetze sowie eine dritte Möglichkeit eines beliebigen krummlinigen Koordinatensystems sind auf Abb. A–6 schematisch dargestellt. Der Übergang vom x–y- zum u–v-Koordinatensystem ist möglich, wenn u und v als Funktionen von x und y angegeben sind.

$$u = u(x, y)$$

$$v = v(x, y) \qquad \text{(A4–3)}$$

Damit jeder Punkt (x, y) eindeutig festgelegt ist, muß die Abbildung (A4–3) umkehrbar sein, d.h. es muß (eindeutig) existieren

$$x = x(u, v)$$

$$y = y(u, v) \qquad \text{(A4–4)}$$

Die Transformation einer Funktion $f(x, y)$ auf die neuen Koordinaten ist dann trivial

$$f(x, y) = f[x(u, v), \; y(u, v)] = F(u, v) \qquad \text{(A4–5)}$$

z.B.

$$f(x, y) = 2xy = 2r^2 \sin\varphi \cos\varphi = r^2 \sin 2\varphi = F(r, \varphi) \qquad \text{(A4–6)}$$

Ähnlich elementar ist die umgekehrte Transformation, z.B.

$$F(r, \varphi) = \mathrm{e}^{-r} = \mathrm{e}^{-\sqrt{x^2 + y^2}} = f(x, y) \qquad \text{(A4–7)}$$

Die Erweiterung der obigen Überlegungen auf mehrdimensionale Koordinatensysteme liegt nahe, z.B. haben wir statt (A4–4) in einem dreidimensionalen Raum

$$\begin{aligned} u &= u(x, y, z) & x &= x(u, v, w) \\ v &= v(x, y, z) & y &= y(u, v, w) \\ w &= w(x, y, z) & z &= z(u, v, w) \end{aligned} \tag{A4–8}$$

Ein besonders wichtiges Koordinatensystem im dreidimensionalen Raum ist das der sphärischen Polarkoordinaten oder Kugelkoordinaten, die mit den cartesischen Koordinaten folgendermaßen zusammenhängen:

$$\begin{aligned} r &= \sqrt{x^2 + y^2 + z^2} & x &= r \sin \vartheta \cos \varphi \\ \vartheta &= \operatorname{arc\,cos} \left(\frac{z}{r}\right) & y &= r \sin \vartheta \sin \varphi \\ \varphi &= \operatorname{arc\,tg} \left(\frac{y}{x}\right) & z &= r \cos \vartheta \end{aligned} \tag{A4–9}$$

Dabei ist r der Abstand des Punktes (x, y, z) vom Koordinatenursprung, die z-Achse definiert eine ausgezeichnete Richtung entsprechend der Verbindungslinie der Pole (Erdachse) auf der Erdkugel, φ entspricht der geographischen Länge und $\pi/2 - \vartheta$ der geographischen Breite.

Oft hat man Gebietsintegrale von Funktionen in krummlinigen Koordinaten zu bilden, z.B.

$$\int_{r=0}^{R} \int_{\varphi=0}^{2\pi} r^2 \, \mathrm{d}f \tag{A4–10}$$

wobei $\mathrm{d}f$ das Flächenelement (im zweidimensionalen Fall, analog das Volumenelement $\mathrm{d}\tau$ im dreidimensionalen Falle) in den Polarkoordinaten r und φ bedeutet. In cartesischen Koordinaten ist das Flächenelement einfach durch $\mathrm{d}f = \mathrm{d}x\mathrm{d}y$ (analog $\mathrm{d}\tau = \mathrm{d}x\mathrm{d}y\mathrm{d}z$) gegeben, in beliebigen Koordinatensystemen ist es aber i.allg. nicht gleich

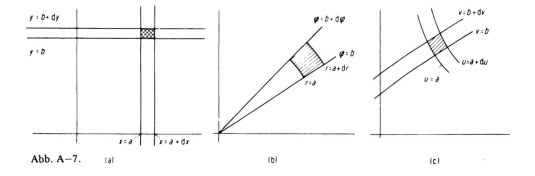

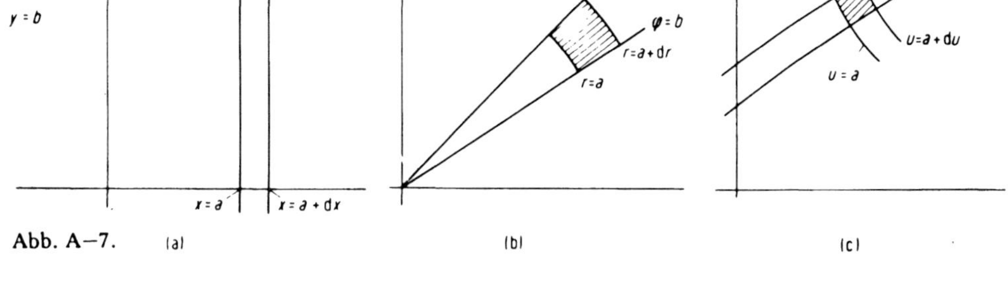

Abb. A–7. (a) (b) (c)

$dudv$ (bzw. $dudvdw$). Das Flächenelement df ist die Fläche, die von den Kurven $u = a$, $u = a + du$, $v = b$, $v = b + dv$ begrenzt wird, wobei a und b Konstante sind. In Abb. A–7 ist df für ein ebenes cartesisches Koordinatensystem, für Polarkoordinaten und beliebige krummlinige Koordinaten angegeben.

Im allgemeinen Fall wird für $du \to 0$, $dv \to 0$ das Flächenelement ein Parallelogramm, aufgespannt von den Vektoren $d\vec{u}$ und $d\vec{v}$, deren cartesische Komponenten gegeben sind durch

$$d\vec{u} = \left(\frac{\partial x}{\partial u}\,du, \frac{\partial y}{\partial u}\,du\right)$$

$$d\vec{v} = \left(\frac{\partial x}{\partial v}\,dv, \frac{\partial y}{\partial v}\,dv\right) \qquad \text{(A4–11)}$$

Der Flächeninhalt eines Parallelogramms ist aber gleich der Determinante aus den cartesichen Komponenten der Vektoren, die es aufspannen

$$df = \begin{vmatrix} \frac{\partial x}{\partial u} & \frac{\partial x}{\partial v} \\ \frac{\partial y}{\partial u} & \frac{\partial y}{\partial v} \end{vmatrix} du\,dv \qquad \text{(A4–12)}$$

Analog erhält man für das Volumenelement $d\tau$ im dreidimensionalen Raum

$$d\tau = \begin{vmatrix} \frac{\partial x}{\partial u} & \frac{\partial x}{\partial v} & \frac{\partial x}{\partial w} \\ \frac{\partial y}{\partial u} & \frac{\partial y}{\partial v} & \frac{\partial y}{\partial w} \\ \frac{\partial z}{\partial u} & \frac{\partial z}{\partial v} & \frac{\partial z}{\partial w} \end{vmatrix} du\,dv\,dw \qquad \text{(A4–13)}$$

Die in (A4–12) bzw. (A4–13) auftretenden Determinanten nennt man Funktionaldeterminanten oder Jacobische Determinanten. Für ebene Polarkoordinaten ergibt sich für die Funktionaldeterminante aus (A4–1):

$$\begin{vmatrix} \frac{\partial x}{\partial r} & \frac{\partial x}{\partial \varphi} \\ \frac{\partial y}{\partial r} & \frac{\partial y}{\partial \varphi} \end{vmatrix} = \begin{vmatrix} \cos\varphi & -r\sin\varphi \\ \sin\varphi & r\cos\varphi \end{vmatrix} = r \cdot \cos^2\varphi + r \cdot \sin^2\varphi = r \qquad \text{(A4–14)}$$

also ist

$$df = r dr d\varphi . \qquad \text{(A4–15)}$$

Für sphärische Polarkoordinaten erhalten wir aus (A4–9):

$$\begin{vmatrix} \frac{\partial x}{\partial r} & \frac{\partial x}{\partial \vartheta} & \frac{\partial x}{\partial \varphi} \\ \frac{\partial y}{\partial r} & \frac{\partial y}{\partial \vartheta} & \frac{\partial y}{\partial \varphi} \\ \frac{\partial z}{\partial r} & \frac{\partial z}{\partial \vartheta} & \frac{\partial z}{\partial \varphi} \end{vmatrix} = \begin{vmatrix} \sin\vartheta \cos\varphi & r\cos\vartheta \cos\varphi & r\sin\vartheta \sin\varphi \\ \sin\vartheta \sin\varphi & r\cos\vartheta \sin\varphi & -r\sin\vartheta \cos\varphi \\ \cos\vartheta & -r\sin\vartheta & 0 \end{vmatrix} =$$

$$= r^2 \cos^2\vartheta \sin\vartheta \cos^2\varphi + r^2 \sin^3\vartheta \sin^2\varphi$$

$$+ r^2 \sin\vartheta \cos^2\vartheta \sin^2\varphi + r^2 \sin^3\vartheta \cos^2\varphi$$

$$= r^2 \sin\vartheta (\cos^2\vartheta + \sin^2\vartheta) \cos^2\varphi$$

$$+ r^2 \sin\vartheta (\cos^2\vartheta + \sin^2\vartheta) \sin^2\varphi$$

$$= r^2 \sin\vartheta (\cos^2\varphi + \sin^2\varphi) = r^2 \sin\vartheta \qquad \text{(A4–16)}$$

Folglich ist

$$d\tau = r^2 dr \sin\vartheta \, d\vartheta d\varphi \qquad \text{(A4–17)}$$

$d\omega = \sin\vartheta d\vartheta d\varphi$ bezeichnet man manchmal auch als Raumwinkel.
Wenn man in einem Gebietsintegral

$$\int_G f(x, y) \, dx dy \qquad \text{(A4–18)}$$

eine Koordinatentransformation durchführt, muß man nicht nur die Funktion $f(x, y)$ sowie das Flächenelement $dxdy$ auf die neuen Koordinaten transformieren, sondern man muß auch die Integrationsgrenzen entsprechend transformieren. Das soll am folgenden Beispiel erläutert werden, bei dem das Integrationsgebiet ein Quadrat ist mit den Eckpunkten (0, 0); (1, 0); (0, 1) und (1, 1) im cartesischen System. Daß die Integrationsgrenzen für φ 0 und $\pi/2$ sind, erkennt man sofort, man sieht aber auch, daß die Integrationsgrenze für r von φ abhängt, und zwar in einer verschiedenen Weise, je nachdem ob φ zwischen 0 und $\pi/4$ oder zwischen $\pi/4$ und $\pi/2$ liegt.

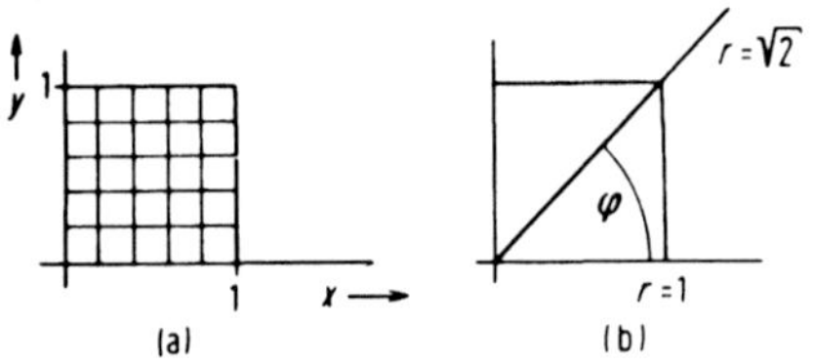

Abb. A–8.

$$\int_{x=0}^{1}\int_{y=0}^{1}(x+y)^2\,\mathrm{d}x\mathrm{d}y = \int_{\varphi=0}^{\frac{\pi}{4}}\int_{r=0}^{\sqrt{1+\mathrm{tg}^2\varphi}} r^2[\cos\varphi+\sin\varphi]^2\,r\,\mathrm{d}r\mathrm{d}\varphi$$

$$+\int_{\varphi=\frac{\pi}{4}}^{\frac{\pi}{2}}\int_{r=0}^{\sqrt{1+\mathrm{ctg}^2\varphi}} r^2[\cos\varphi+\sin\varphi]^2\,r\mathrm{d}r\mathrm{d}\varphi \qquad \text{(A4–19)}$$

Offenbar ist das Gebietsintegral (A4–19) in cartesischen Koordinaten leichter auszuwerten als in Polarkoordinaten, es gibt aber Gebietsintegrale, die man in Polarkoordinaten leichter berechnet, evtl. dann, wenn das Integrationsgebiet ein Kreis um den Ursprung ist.

Von besonderer Bedeutung ist das folgende uneigentliche Integral

$$\int_{x=0}^{\infty}\int_{y=0}^{\infty}\mathrm{e}^{-(x^2+y^2)}\,\mathrm{d}x\mathrm{d}y = \int_{\varphi=0}^{\frac{\pi}{2}}\int_{r=0}^{\infty}\mathrm{e}^{-r^2}\,r\mathrm{d}r\mathrm{d}\varphi$$

$$= \int_{\varphi=0}^{\frac{\pi}{2}}\mathrm{d}\varphi\int_{r=0}^{\infty} r\,\mathrm{e}^{-r^2}\,\mathrm{d}r = \frac{\pi}{2}\left\{-\frac{1}{2}\,\mathrm{e}^{-r^2}\Big|_0^{\infty}\right\} = \frac{\pi}{4} \qquad \text{(A4–20)}$$

Wegen der Identität

$$\int_{x=0}^{\infty}\int_{y=0}^{\infty}\mathrm{e}^{-(x^2+y^2)}\,\mathrm{d}x\mathrm{d}y = \int_{x=0}^{\infty}\mathrm{e}^{-x^2}\,\mathrm{d}x\int_{y=0}^{\infty}\mathrm{e}^{-y^2}\,\mathrm{d}y$$

$$= \left\{\int_{x=0}^{\infty}\mathrm{e}^{-x^2}\,\mathrm{d}x\right\}^2 \qquad \text{(A4–21)}$$

gewinnt man hieraus

$$\int_{x=0}^{\infty}\mathrm{e}^{-x^2}\,\mathrm{d}x = \frac{1}{2}\sqrt{\pi} \quad \text{bzw.} \quad \int_{-\infty}^{\infty}\mathrm{e}^{-x^2}\,\mathrm{d}x = \sqrt{\pi} \qquad \text{(A4–22)}$$

Das Volumen einer Kugel vom Radius R ist durch folgendes Integral gegeben:

$$V = \int_{\varphi=0}^{2\pi} \int_{\vartheta=0}^{\pi} \int_{r=0}^{R} \mathrm{d}\tau = \int_{\varphi=0}^{2\pi} \mathrm{d}\varphi \int_{\vartheta=0}^{\pi} \sin\vartheta \,\mathrm{d}\vartheta \int_{r=0}^{R} r^2 \,\mathrm{d}r$$

$$= 2\pi \left\{ -\cos\vartheta \Big|_0^{\pi} \right\} \left\{ \frac{1}{3} r^3 \Big|_0^{R} \right\} = \frac{4}{3}\pi R^3 \qquad \text{(A4–23)}$$

Man merke sich die Integrationsgrenzen für ϑ und φ, die immer gelten, wenn man über die gesamte Kugeloberfläche integriert. Wir müssen auch gelegentlich Differentialoperatoren in ein anderes Koordinatensystem umrechnen können, insbesondere den Laplace-Operator.

$$\Delta = \frac{\partial^2}{\partial x^2} + \frac{\partial^2}{\partial y^2} + \frac{\partial^2}{\partial z^2} \qquad \text{(A4–24)}$$

Er lautet in Polarkoordinaten (wie wir nicht beweisen wollen)

$$\Delta = \frac{\partial^2}{\partial r^2} + \frac{2}{r}\frac{\partial}{\partial r} + \frac{1}{r^2 \sin^2\vartheta}\frac{\partial^2}{\partial\varphi^2} + \frac{1}{r^2}\frac{\partial^2}{\partial\vartheta^2} + \frac{1}{r^2}\operatorname{ctg}\vartheta\,\frac{\partial}{\partial\vartheta}$$

$$= \frac{1}{r^2}\frac{\partial}{\partial r}\; r^2 \frac{\partial}{\partial r} + \frac{1}{r^2 \sin\vartheta}\frac{\partial}{\partial\vartheta}\; \sin\vartheta\frac{\partial}{\partial\vartheta} + \frac{1}{r^2\sin^2\vartheta}\frac{\partial^2}{\partial\varphi^2}$$

(A4–25)

Wenden wir Δ auf eine Funktion an, die nur von r, nicht aber von ϑ und φ abhängt, so ist das Ergebnis relativ einfach:

$$\Delta f(r) = \frac{\partial^2 f}{\partial r^2} + \frac{2}{r}\frac{\partial f}{\partial r} \qquad \text{(A4–26)}$$

(die letzten drei Terme geben keinen Beitrag).

Z.B. ist

$$\Delta \frac{1}{r} = \frac{\partial^2\left(\frac{1}{r}\right)}{\partial r^2} + \frac{2}{r}\frac{\partial\left(\frac{1}{r}\right)}{\partial r}$$

$$= \frac{\partial}{\partial r}\left(-\frac{1}{r^2}\right) + \frac{2}{r}\left(-\frac{1}{r^2}\right) = \frac{2}{r^3} - \frac{2}{r^3} = 0 \qquad \text{(A4–27)}$$

(sofern $r \neq 0$, weil $\frac{1}{r}$ für $r=0$ nicht definiert ist). Dieses Ergebnis erhielten wir früher in cartesischen Koordinaten mit mehr Mühe.

A 5. Differentialgleichungen

A 5.1. Definitionen

Wir wollen hier auf Differentialgleichungen nur soweit eingehen, als ihre Kenntnis für die Quantenchemie wichtig ist.

Man unterscheidet zunächst zwischen gewöhnlichen und partiellen Differentialgleichungen. Für Differentialgleichungen ist vielfach die Abkürzung DG üblich. Die allgemeinste Form einer gewöhnlichen DG ist

$$F(x, y, y', y'' \ldots y^{(n)}) = 0 \quad . \qquad \text{(A5–1)}$$

Der Grad in der höchsten vorkommenden Ableitung $y^{(n)}$ bestimmt die Ordnung der DG. So ist z.B.

$$y' = x y^2 \qquad \text{(A5–2)}$$

eine spezielle DG 1. Ordnung. Man hat eine DG gelöst, wenn man eine oder mehrere Funktionen $y(x)$ gefunden hat, die die gegebene DG erfüllen. Im Falle der DG (A5–2) ist z.B. die Lösung

$$y = \frac{-2}{x^2 + 2c} \qquad \text{(A5–3)}$$

denn die Funktion (A5–3) erfüllt die DG (A5–2) und zwar unabhängig davon, welchen Wert die Konstante c hat.

Man spricht auch dann davon, daß man eine DG gelöst hat, wenn man zwar $y(x)$ nicht in expliziter Form gefunden hat, aber zur Berechnung von $y(x)$ oder des Inversen $x(y)$ nur ein Integral zu berechnen hat, für das evtl. ein geschlossener Ausdruck nicht bekannt ist. Man bezeichnet das Lösen einer DG vielfach als integrieren, und man verwendet dann für Integration im herkömmlichen Sinn die Bezeichnung ‚Quadratur'.

Während bei einer gewöhnlichen DG die gesuchte Funktion $y(x)$ eine Funktion einer Variablen ist, sucht man bei einer partiellen DG eine Funktion mehrerer Variablen, und in der DG treten außer der Funktion und den unabhängige Variablen noch die verschiedenen partiellen Ableitungen auf. Für eine Funktion $z(x, y)$ zweier Variablen x und y ist die allgemeine Form einer partiellen DG:

$$F\left(x, y, z, \frac{\partial z}{\partial x}, \frac{\partial z}{\partial y}, \frac{\partial^2 z}{\partial x^2}, \frac{\partial^2 z}{\partial x \partial y}, \ldots \frac{\partial^n z}{\partial y^n}\right) = 0 \qquad \text{(A5–4)}$$

Auch hier unterscheidet man DGs 1., 2. Ordnung etc., je nachdem ob die höchste vorkommende Ableitung eine erste oder zweite Ableitung etc. ist. Eine spezielle partielle DG 2. Ordnung ist z.B.

$$\frac{\partial^2 z}{\partial x^2} = a \frac{\partial z}{\partial y} \tag{A5–5}$$

Eine partielle DG bezeichnet man als gelöst, wenn man sie auf die Lösung einer gewöhnlichen DG zurückgeführt hat, auch wenn sich diese nicht ohne weiteres lösen läßt.

A 5.2. Existenzsätze

In der Theorie der DG interessiert man sich zunächst für die Frage, ob eine gegebene DG überhaupt eine Lösung hat, und ob diese eindeutig ist. Relativ einfach sind die Existenzsätze für gewöhnliche DGs erster Ordnung, die in der speziellen (nach y' aufgelösten) Weise gegeben sind:

$$y' = f(x, y) \tag{A5–6}$$

Unter einer Voraussetzung (Stetigkeit in einer Umgebung von (x_0, y_0) und Erfüllen einer sog. Lipschitz-Bedingung), die wir nicht genauer formulieren wollen, und die bei physikalischen Beispielen in der Regel erfüllt ist, läßt sich zeigen, daß es zu jedem vorgegebenen Wertepaar (x_0, y_0) genau eine Lösung $y(x)$ gibt, die die DG (A5–6) erfüllt, und für die gilt $y(x_0) = y_0$.

Wenn $f(x, y)$ in einer Umgebung von x_0, y_0 sogar eine analytische Funktion ist, dann ist auch $y(x)$ analytisch, und man kann die DG dadurch lösen, daß man $y(x)$ als Potenzreihe ansetzt

$$y(x) = \sum_k a_k x^k \tag{A5–7}$$

und durch Einsetzen in die DG Bedingungsgleichungen für die Koeffizienten a_k erhält.

Für eine DG 1. Ordnung, die sich nicht auf die Form (A5–6) bringen läßt, muß es nicht notwendigerweise durch jeden vorgegebenen Punkt (x_0, y_0) eine Lösung geben, und es kann auch mehr als eine Lösung geben.

A 5.3. Separierbare gewöhnliche Differentialgleichungen erster Ordnung – Beispiele für Lösungsmannigfaltigkeiten und Integrationskonstanten

Besonders leicht lösbar sind DG der Form

$$y' = f(x)\, g(y) \tag{A5–8}$$

Anhand der Lösungen dieses Typs von DG kann man einige Dinge illustrieren, die für DG allgemein gelten.

Wir machen von der Möglichkeit Gebrauch, daß man statt

$$y' = \frac{dy}{dx} \quad \text{auch schreiben kann}$$

$$dy = y' \cdot dx \tag{A5–9}$$

woraus man nach Integration erhält

$$y = \int dy = \int y' \, dx + c\,, \tag{A5–10}$$

Wenn (A5–8) gilt, wird aus (A5–9)

$$dy = f(x)\; g(y)\; dx \tag{A5–11}$$

Dividieren durch $g(y)$ ergibt

$$\frac{dy}{g(y)} = f(x)\; dx \tag{A5–12}$$

und Integrieren

$$\int \frac{dy}{g(y)} = \int f(x)\; dx + c \tag{A5–13}$$

Genau wie bei (A5–10) muß man bei (A5–13) noch eine willkürliche Integrationskonstante hinzufügen, um die allgemeine Lösung zu erhalten.

Im Beispiel der DG (A5–2) ist $f(x) = x$, $g(y) = y^2$, folglich

$$\int \frac{dy}{y^2} = \int x dx + c \tag{A5–14}$$

Integriert man Gl. (A5–14) explizit aus, so erhält man

$$-\frac{1}{y} = \frac{1}{2}x^2 + c \tag{A5–15}$$

Aufgelöst nach y ergibt sich

$$y = \frac{-2}{x^2 + 2c} \tag{A5–16}$$

Die Lösung der DG ist offenbar nicht eine einzige Kurve $y(x)$, sondern eine Kurvenschar $y_c(x)$, wobei sich für jedes c eine andere Kurve ergibt.

Die allgemeine Lösung einer DG 1. Ordnung enthält immer eine (beliebig wählbare) Integrationskonstante; bei einer DG n-ter Ordnung sind n Integrationskonstanten frei wählbar.

Vielfach kann man unter der Vielfalt der Lösungen einer DG eine bestimmte Lösung herausgreifen, indem man verlangt, daß diese gewisse vorgegebene Randbedingungen erfüllt. Man kann z.B. fordern, daß y nicht nur die DG (A5–2) erfüllt, sondern daß z.B. außerdem $y(0) = A$, wobei A ein fest vorgegebener Wert ist. Mit dieser zusätzlichen Forderung ist die Lösung in der Tat festgelegt. Bilden wir $y(0)$ für das durch (A5–16) gegebene $y(x)$

$$y(0) = \frac{-2}{2c} = \frac{-1}{c} = A \qquad \text{(A5–17)}$$

Also haben wir $c = \frac{-1}{A}$ zu wählen. Die Funktion

$$y = \frac{-2A}{Ax^2 - 2} \qquad \text{(A5–18)}$$

erfüllt sowohl unsere DG (A5–2) als auch die Randbedingung $y(0) = A$.

Betrachtungen über die Zahl der frei wählbaren Integrationskonstanten sind wichtig, wenn man einen sog. Lösungsansatz wählt. Sei z.B.

$$y'' + ay' + by = 0 \qquad \text{(A5–19)}$$

mit konstantem a und b, so versucht man den Ansatz (man bezeichnet (A5–19) als eine homogene, lineare DG 2. Ordnung mit konstanten Koeffizienten)*)

$$y = e^{\lambda x}, \qquad \text{(A5–20)}$$

dann ist $y' = \lambda e^{\lambda x}$; $y'' = \lambda^2 e^{\lambda x}$

und nach Einsetzen in (A5–19) und Dividieren durch $e^{\lambda x}$:

$$\lambda^2 + a\lambda + b = 0 \qquad \text{(A5–21)}$$

$$\lambda_{1,2} = -\frac{a}{2} \pm \sqrt{\frac{a^2}{4} - b} \qquad \text{(A5–22)}$$

---

* Eine DG der Form $a_n(x)\,y^{(n)} + \ldots a_1(x)y' + a_0(x)y = g(x)$ bezeichnet man als linear; wenn $g(x) = 0$, als homogen (sonst inhomogen). In Gl. (A5–19) sind außerdem die ‚Koeffizienten' a, b konstant, d.h. keine Funktionen von x.

Der gewählte Ansatz löst dann die Differentialgleichung, wenn λ eine der beiden Wurzeln der quadratischen Gleichung (A5—22) ist. I.allg. ist $\lambda_1 \neq \lambda_2$, demnach haben wir zwei Funktionen, $y_1 = e^{\lambda_1 x}$ und $y_2 = e^{\lambda_2 x}$, gefunden, die die Differentialgleichung (A5—19) lösen. Man sieht ohne weiteres, daß

$$y = c_1 y_1 + c_2 y_2 \tag{A5—23}$$

auch eine Lösung ist. Da c_1 und c_2 beliebig gewählt werden können, enthält y zwei Integrationskonstanten, muß also die allgemeine Lösung sein. Das ist allerdings nicht der Fall, wenn zufällig $a^2 = 4b$. Dann hat die quadratische Gleichung nur eine Lösung, und wir haben mit unserem Ansatz *nicht* die allgemeine Lösung erhalten.

Bei Differentialgleichungen 2. Ordnung kann man zwei Randbedingungen vorgeben, um die ‚richtige' Lösung auszuwählen. Man kann z.B. $y(0) = A$ und $y'(0) = B$ mit vorgegebenen A und B verlangen.

Sei z.B.

$$y'' = -y \tag{A5—24}$$

dann ist

$$y = a \cos x + b \sin x \tag{A5—25}$$

oder damit gleichbedeutend

$$y = c\,e^{ix} + d e^{-ix} \tag{A5—26}$$

oder

$$y = A \cos (x + \delta) \tag{A5—27}$$

die allgemeine Lösung, die zwei Integrationskonstanten enthält. Die Forderung $y(0) = 1$; $y'(0) = -1$ läßt sich nur dann erfüllen, wenn $a = 1$, $b = -1$. Durch diese Randbedingungen ist also die Lösung

$$y = \cos x - \sin x \tag{A5—28}$$

festgelegt.

A 5.4. Partielle Differentialgleichungen – Bedeutung der Randbedingungen

Bei partiellen Differentialgleichungen ist die Lösungsmannigfaltigkeit noch größer. Sei z.B. die Funktion $z(x, t)$ gesucht, die die Differentialgleichung

$$\frac{\partial z}{\partial t} = c \, \frac{\partial z}{\partial x} \tag{A5—29}$$

erfüllt. Man überzeugt sich leicht davon, daß

$$z = f(x + ct) \tag{A5–30}$$

die Differentialgleichungen erfüllt, wobei $f(u)$ eine beliebige differenzierbare Funktion einer Variablen ist, denn

$$\frac{\partial z}{\partial t} = \frac{\partial f}{\partial u} \cdot \frac{\partial u}{\partial t} = c\,\frac{\partial f}{\partial u}$$

$$\frac{\partial z}{\partial x} = \frac{\partial f}{\partial u} \cdot \frac{\partial u}{\partial x} = \frac{\partial f}{\partial u} \tag{A5–31}$$

Wollen wir unter den vielen möglichen Lösungen eine bestimmte herausgreifen, so genügt es offenbar nicht, den Wert z für einen bestimmten Wert von x und t vorzugeben. Man kann in der Tat z.B. den Wert von z auf der Geraden $t = 0$ vorgeben. Sei die vorgegebene Funktion $g(x)$

$$z(x, 0) = g(x) \tag{A5–32}$$

dann folgt daraus

$$z(x, 0) = f(x + c\,0) = f(x) = g(x) \tag{A5–33}$$

also $f(x) = g(x)$, womit die Lösung der Differentialgleichung als

$$z(x, t) = g(x + ct) \tag{A5–34}$$

festgelegt ist. Verlangen wir z.B., daß $z(x, 0) = x^2$, so folgt, daß

$$z(x, t) = (x + ct)^2 \tag{A5–35}$$

Es ist i.allg. möglich, zusätzlich dazu, daß $z(x, y)$ Lösung einer partiellen Differentialgleichung ist, zu verlangen, daß $z(x, y)$ entlang einer vorgegebenen Kurve $h(x, y) = 0$ vorgegebene Werte hat. Man spricht dann von einer Randwertaufgabe. Am obigen Beispiel haben wir gesehen, daß die Lösung nicht weniger von den Randbedingungen als von der Differentialgleichung abhängt.

Bei Funktionen dreier unabhängiger Variabler hat man den Wert der Lösung auf einer Fläche anstatt einer Kurve vorzugeben.

A 5.5. Methode der Separation der Variablen bei partiellen Differentialgleichungen

Anhand der folgenden Beispiele wollen wir eine Lösungsmethode für partielle DG kennenlernen, die sich für Randwertprobleme oft bewährt. Sei die Differentialgleichung

$$\frac{\partial^2 z}{\partial x^2} = \frac{\partial^2 z}{\partial y^2} \tag{A5–36}$$

und erfülle die gesuchte Funktion zusätzlich die Bedingung

$$\begin{aligned} z(x, 1) &= z(x, -1) = 0 \\ z(1, y) &= z(-1, y) = 0 \end{aligned} \tag{A5–37}$$

d.h., verschwinde die Funktion $z(x,y)$ auf den Seiten eines Quadrates mit der Seitenlänge 2 und dem Mittelpunkt im Ursprung. Wir versuchen für die Lösung $z(x,y)$ den Ansatz

$$z(x,y) = X(x)\ Y(y) \tag{A5–38}$$

wobei $X(x)$ und $Y(y)$ noch zu bestimmende Funktionen je einer Variablen sind. Damit engen wir die Lösungsmannigfaltigkeit willkürlich ein, wir hoffen aber, daß diejenige Lösung (oder diejenigen Lösungen), die unseren Randbedingungen genügt (bzw. genügen), zu diesem speziellen Funktionstyp gehört. Gehen wir mit dem Ansatz (A5–38) in die DG (A5–36) ein:

$$Y(y)\ \frac{\partial^2 X(x)}{\partial x^2} = X(x)\ \frac{\partial^2\ Y(y)}{\partial y^2} \tag{A5–39}$$

Jetzt tun wir etwas, was für diese Separationsmethode charakteristisch ist. Wir suchen zu erreichen, daß auf der linken Seite der Gleichung ein Ausdruck steht, der nur von x, auf der rechten einer, der nur von y abhängt. Das erreichen wir, indem wir durch XY dividieren:

$$\frac{1}{X}\frac{\partial^2 X}{\partial x^2} = \frac{1}{Y}\frac{\partial^2 Y}{\partial y^2} \tag{A5–40}$$

Da die linke Seite nur von x abhängt, aber gleich einem Ausdruck ist, der von x überhaupt nicht abhängt, können beide nur konstant sein, d.h.

$$\begin{aligned} \frac{1}{X}\frac{\partial^2 X}{\partial x^2} &= A \\ \frac{1}{Y}\frac{\partial^2 Y}{\partial y^2} &= A \end{aligned} \tag{A5–41}$$

oder nach Multiplizieren mit X bzw. Y

$$\frac{\partial^2 X}{\partial x^2} = AX \qquad \frac{\partial^2 Y}{\partial y^2} = AY \tag{A5–42}$$

Die Konstante A, die zunächst beliebig ist, bezeichnen wir als *Separationskonstante*.

Unterscheiden wir die Fälle $A > 0$ und $A < 0$, und setzen wir im ersten Fall $A = B^2$, im zweiten $A = -C^2$. Die Lösungen sind im ersten Fall

$$X = a_1 \, e^{Bx} + a_2 \, e^{-Bx}; \; Y = b_1 \, e^{By} + b_2 \, e^{-By} \tag{A5–43}$$

im zweiten Fall

$$X = c_1 \cos C x + c_2 \sin C x$$

$$Y = d_1 \cos C y + d_2 \sin C y \tag{A5–44}$$

Der erste Fall ist mit unseren Randbedingungen nicht verträglich (außer für $a_1 = a_2 = b_1 = b_2 = 0$), da e^x für keinen Wert von x verschwindet. Im zweiten Fall, $A = -C^2 < 0$, erfüllen wir die Randbedingungen, wenn

$$X(1) = c_1 \cos C + c_2 \sin C = 0$$

$$X(-1) = c_1 \cos(-C) + c_2 \sin(-C) = c_1 \cos C - c_2 \sin C = 0$$

d.h. $c_1 \cos C = c_2 \sin C = 0$ und analog

$$d_1 \cos C = d_2 \sin C = 0 \tag{A5–45}$$

Außer der 'trivialen' Lösung $c_1 = c_2 = d_1 = d_2 = 0$, d.h. $z(x,y) \equiv 0$, gibt es folgende Möglichkeiten (da es kein Argument C gibt, für das $\sin C = \cos C = 0$):

1. $c_1 = 0$; $c_2 \neq 0$; $\sin C = 0$; $d_1 = 0$; $d_2 \neq 0$

2. $c_1 \neq 0$; $c_2 = 0$; $\cos C = 0$; $d_1 \neq 0$; $d_2 = 0$ (A5–46)

Nun ist $\cos C = 0$, wenn $C = (n+1/2)\pi$, und $\sin C = 0$, wenn $C = n \cdot \pi$, für beliebiges ganzzahliges n.

Wir sehen, nur solche Lösungen der Differentialgleichung sind mit unseren Randbedingungen verträglich, bei denen die Separationskonstante A gegeben ist durch

$$A = -C^2 = -\left(n + \frac{1}{2}\right)^2 \pi^2$$

$$A = -C^2 = -n^2 \cdot \pi^2$$

Die entsprechenden Lösungen sind

$$z(x,y) = c_1 \cos\left[\left(n+\frac{1}{2}\right)\pi \cdot x\right] \cdot d_1 \cos\left[\left(n+\frac{1}{2}\right)\pi \cdot y\right] = f_{n+\frac{1}{2}}(x,y)$$

$$z(x,y) = c_2 \sin[n \cdot \pi x] \cdot d_2 \sin[n \pi y] = f_n(x,y) \qquad \text{(A5-47)}$$

Wir haben zwar nicht eine einzige Lösung, aber doch einen diskreten (abzählbaren) Satz von Lösungen, die unsere Differentialgleichung und die Randbedingungen erfüllen. Allerdings ist jede Linearkombination dieser Lösungen auch wiederum Lösung und erfüllt die Randbedingungen, so daß wir als allgemeine Lösung, die die Randbedingungen erfüllt, schreiben können

$$z(x,y) = \sum_{n=0}^{\infty} c_n \cdot \cos\left[\left(n+\frac{1}{2}\right)\pi x\right] \cos\left[\left(n+\frac{1}{2}\right)\pi y\right] +$$

$$+ \sum_{n=0}^{\infty} d_n \sin[n\pi x] \sin[n\pi y] \qquad \text{(A5-48)}$$

Es ist deutlich, daß man mit dem hier gewählten Separationsansatz nur solchen Randbedingungen gerecht werden kann, bei denen die Randkurven x = const. und y = const. sind. Die Bedingung, daß etwa $z=f(x,y)=0$ für $x^2+y^2=R^2$, kann man auf diese Weise sicher nicht erfüllen. Hier hilft aber eine andere Separation, nämlich in ebenen Polarkoordinaten der Ansatz

$$z(r,\varphi) = R(r)\,\phi(\varphi) \qquad \text{(A5-49)}$$

An unserem Beispiel haben wir nebenbei einen Fall eines sog. *Eigenwertproblems* kennengelernt. Die (gewöhnliche) DG

$$\frac{\partial^2 X}{\partial x^2} = AX \qquad \text{(A5-50)}$$

hat mit den Randbedingungen $X(1)=X(-1)=0$ nicht für jedes vorgegebene A eine Lösung, sondern nur für solche A's, die sich als $A = -n^2 \cdot \pi^2$ mit $n=1, 1.5, 2, 2.5$ ... schreiben lassen. Die speziellen Werte von A, für die unsere DG mit Randbedingungen lösbar ist, bezeichnet man als *Eigenwerte*.

A 6. Lineare Räume

A 6.1. Definition eines linearen Raums

Die Theorie der Differentialgleichungen ist nützlich für einige Spezialfälle von Schrödingergleichungen, wo eine geschlossene Lösung möglich ist. Ein Beispiel ist das H-Atom. Für alle praktischen Anwendungen der Quantenchemie sind aber diejenigen Methoden ungleich wichtiger, die auf der sog. Funktionalanalysis oder der Theorie linearer Räume basieren.

Wir verstehen unter einem *linearen Raum* *) eine Menge von Elementen A, B, C etc., für die eine Addition definiert ist sowie die Multiplikation mit einem Skalar, und für die folgendes gilt:

1. Zu je zwei Elementen A, B ist die Summe $A+B = C$ wiederum ein Element der Menge (Abgeschlossenheit gegenüber Addition).

2. Die Addition ist kommutativ, d.h. $A+B = B+A$, und assoziativ, d.h. $(A+B) + C = A + (B+C)$, m.a.W. Klammern können weggelassen werden, und auf die Reihenfolge kommt es nicht an.

3. Es existiert ein sog. Nullelement 0 mit der Eigenschaft

$$A + 0 = 0 + A = A \tag{A6–1}$$

für jedes A, und es existiert zu jedem A ein Element $-A$, derart daß

$$A + (-A) = 0. \tag{A6–2}$$

4. Zu jedem A ist auch λA (mit beliebigem reellen oder komplexen λ) Element der Menge, wobei $1 \cdot A = A$.

5. Addition sowie Multiplikation mit einem Skalar sind distributiv, d.h.

$$\lambda (A+B) = \lambda A + \lambda B \tag{A6–3}$$

$$(\lambda+\mu) A = \lambda A + \mu A \tag{A6–4}$$

Beispiele für lineare Räume sind:

1. Die n-tupel $(a_1, a_2 \dots a_n)$ von reellen oder komplexen Zahlen, wenn wir als Addition die in (A1–1) definierte Vektoraddition nehmen.

2. Die im Intervall $a \leqslant x \leqslant b$ stetigen Funktionen $f(x)$.

3. Die Gesamtheit der Polynome vom Grade $\leqslant n$.

4. Die periodischen Funktionen mit der Periode 2π.

Man gehe einfach für jedes Beispiel die fünf oben angegebenen Axiome durch und überzeuge sich davon, daß sie erfüllt sind. Ein Gegenbeispiel ist etwa: Die Gesamtheit der im Intervall $a \leqslant x \leqslant b$ positiven Funktionen. Diese bilden keinen linearen Raum, weil das dritte Axiom sicher nicht erfüllt ist.

---

* Man spricht vielfach auch von einem 'Vektorraum' und nennt die Elemente A, B, C 'Vektoren'. Wir wollen hier aber den Begriff 'Vektoren' und deren Kennzeichnung durch einen Pfeil den Vektoren im $\mathbb{R}^n$ bzw. $\mathbf{C}^n$ vorbehalten.

Zu irgendwelchen Elementen $A_1, A_2 \,..\, A_n$ ist natürlich auch jede Linearkombination

$$B = \sum_{i=1}^{n} \alpha_i A_i \tag{A6–5}$$

Element des linearen Raumes. Analog wie bei Vektoren im Sinne von n-tupeln führt man auch den Begriff der linearen Abhängigkeit ein.

N Elemente $A_1, A_2 \,...\, A_N$ eines linearen Raumes heißen linear unabhängig, wenn es außer der ‚trivalen' Wahl $\alpha_1 = \alpha_2 = \,...\, \alpha_N = 0$ keine Skalare $\alpha_1, \alpha_2 \,...\, \alpha_N$ gibt, derart, daß

$$\sum_{i=1}^{N} \alpha_i A_i = 0 \tag{A6–6}$$

Z.B. sind die drei Polynome

$$\begin{aligned} y_1 &= 2x \\ y_2 &= x^2 - 2x \\ y_3 &= 2x^2 - x \end{aligned} \tag{A6–7}$$

linear abhängig, denn:

$$2y_2 - y_3 + \frac{3}{2} y_1 = 0 \tag{A6–8}$$

Unter der *Dimension* eines linearen Raumes versteht man die Maximalzahl zueinander linear unabhängiger Elemente. Für unser Beispiel 1 (n-tupel) ist die Dimension gleich n, für das Beispiel 3 (Polynome von Gerade $\leqslant n$) ist die Dimension $n+1$, denn die $n+1$ Elemente

$$1, x, x^2, \,...\, x^n \tag{A6–9}$$

sind linear unabhängig, und jedes andere Element läßt sich als Linearkombination von ihnen darstellen. Man nennt die Elemente $1, x, x^2 \,...\, x^n$ in diesem Fall auch eine *Basis* des Raumes. Bei den anderen beiden Beispielen ist die Dimension unendlich, d.h. zu jeder Menge von n linear unabhängigen Elementen findet man stets (mindestens) ein weiteres Element, das sich nicht als Linearkombination der n Elemente darstellen läßt.

A 6.2. Definition und Eigenschaften eines unitären Raumes

Wenn in einem linearen Raum ein sog. Skalarprodukt definiert ist, spricht man von einem linearen Raum mit Skalarprodukt oder einem *unitären* Raum. Ein Skalarprodukt (a, b) ist eine Zahl, die zwei Elementen a, b des Raumes zugeordnet ist, und die folgende Eigenschaften haben muß (damit man sie ein Skalarprodukt nennen darf):

$$(a, b)^* = (b, a) \tag{A6–10}$$

$$(a, \lambda b + \mu c) = \lambda (a, b) + \mu (a, c) \tag{A6–11}$$

$$(a, a) \geqslant 0 \tag{A6–12}$$

Das Skalarprodukt, das wir für cartesische Vektoren kennen als

$$(\vec{a}, \vec{b}) = \sum_{i=1}^{n} a_i^* b_i \tag{A6–13}$$

erfüllt offenbar diese drei Bedingungen. Mit dieser Definition des Skalarprodukts ist der cartesische Vektorraum also ein unitärer Raum.

Sind die Elemente des linearen Raumes Funktionen, so empfiehlt sich folgende Definition des Skalarprodukts

$$(f, g) = \int_a^b f(x)^* g(x) \, \mathrm{d}x \tag{A6–14}$$

wobei zu einem bestimmten unitären Raum bestimmte feste Integrationsgrenzen a und b gehören.

Auch ein so definiertes Skalarprodukt erfüllt die drei Bedingungen, die man an ein Skalarprodukt stellen muß.

In einem unitären Raum ist automatisch jedem Element A eine Zahl zugeordnet, die man als seine Norm $\|A\|$ bezeichnet. Sie ist folgendermaßen definiert:

$$\|A\| = + \sqrt{(A, A)} \tag{A6–15}$$

Ein wichtiger Satz, der unmittelbar aus den drei grundlegenden Eigenschaften eines Skalarprodukts folgt, ist die sog. Cauchy-Schwarzsche Ungleichung

$$|(A, B)| \leqslant \|A\| \cdot \|B\| \tag{A6–16}$$

Diese läßt sich folgendermaßen beweisen:

$$0 \leqslant (\lambda A + \mu B, \lambda A + \mu B) = \lambda^*(A, \lambda A + \mu B) + \mu^*(B, \lambda A + \mu B)$$

$$= \lambda^* \lambda (A, A) + \lambda^* \mu (A, B) + \mu^* \lambda (B, A) + \mu^* \mu (B, B) \tag{A6–17}$$

Dies gilt für beliebiges λ und μ. Wählen wir jetzt speziell $\lambda = \|B\|^2$, $\mu = -(B,A)$, dann ist

$$0 \leqslant \|B\|^4 \, \|A\|^2 - \|B\|^2 \, |(A,B)|^2 - \|B\|^2 \, |(A,B)|^2$$

$$+ |(A,B)|^2 \, \|B\|^2 \qquad \text{(A6–18)}$$

Zusammenfassen und Teilen durch $\|B\|^2$ ergibt:

$$0 \leqslant \|B\|^2 \, \|A\|^2 - |(A,B)|^2 \qquad \text{(A6–19)}$$

Aus der Cauchy-Schwarzschen Ungleichung folgt die sog. Dreiecksungleichung

Behauptung: $\|A\| + \|B\| \geqslant \|A+B\|$ (A6–20)

Beweis: $\|A + B\|^2 = (A+B, A+B) =$

$$= (A,A) + (A,B) + (B,A) + (B,B)$$

$$= \|A\|^2 + \|B\|^2 + 2\mathrm{Re}\,(A,B) \qquad \text{(A6–21)}$$

Nun ist*) sicher $\mathrm{Re}(A,B) \leqslant \|(A,B)\|$, aber nach der Cauchy-Schwarzschen Ungleichung $|(A,B)| \leqslant \|A\| \, \|B\|$, also

$$\|A + B\|^2 \leqslant \|A\|^2 + \|B\|^2 + 2 \, \|A\| \cdot \|B\| = (\|A\| + \|B\|)^2 \qquad \text{(A6–22)}$$

Wenn eine Norm definiert ist, kann man auch den Abstand zwischen zwei Elementen definieren:

$$\text{dist.}\,(A,B) = \|A-B\| = \|A+(-B)\| \qquad \text{(A6–23)}$$

Die Cauchy-Schwarzsche Ungleichung gestattet, den 'Winkel' zwischen zwei Elementen zu definieren:

$$\cos(\measuredangle A,B) = \frac{(A,B)}{\|A\| \cdot \|B\|} \qquad \text{(A6–24)}$$

Das ist eine sinnvolle Definition, da dieser Ausdruck dem Betrage nach immer kleiner als 1 und gleich 1 nur dann ist, wenn A und B kollinear sind.

Wenn für zwei Elemente eines unitären Raumes A und B (von denen keines gleich dem Nullelement ist) ihr Skalarprodukt verschwindet

$$(A,B) = 0 \qquad \text{(A6–25)}$$

* $\mathrm{Re}(A)$, wobei A eine komplexe Zahl $A = x + iy$ ist, bedeutet den Realteil x von A. Es gilt $2\,\mathrm{Re}(A) = 2x = A + A^* = x+iy+x-iy$. Es gilt natürlich $\mathrm{Re}(A) = x \leqslant \|A\| = +\sqrt{x^2+y^2}$.

(0 bedeutet hier natürlich die Zahl 0), so bezeichnet man die Elemente (in Analogie zur entsprechenden Definition in cartesischen Räumen) als *orthogonal.*

A 6.3. Orthogonale Funktionensysteme

Oft ist es vorteilhaft, in einem unitären Raum über eine *orthogonale Basis* zu verfügen. Nehmen wir als Beispiel die reellen Polynome vom Grade $\leqslant n$ mit folgendem Skalarprodukt:

$$(f,g) = \int_{-1}^{+1} f(x)g(x)\,dx \qquad \text{(A6–26)}$$

Die Funktionen $1, x, x^2 \ldots x^n$ sind linear unabhängig und bilden eine *Basis* in dem Sinne, daß jedes beliebige andere Element unseres Raumes als Linearkombination der x^k darstellbar ist. Die x^k sind aber offensichtlich nicht orthogonal, denn

$$\int_{-1}^{1} x^k\, x^l\, dx = \frac{1}{k+l+1}\, x^{k+l+1} \Big|_{-1}^{1} = \begin{cases} 0 & \text{für } k+l \text{ ungerade} \\ \dfrac{2}{k+l+1} & \text{sonst} \end{cases} \qquad \text{(A6–27)}$$

Nur gerade Potenzen sind zu ungeraden automatisch orthogonal. Um eine orthogonale Basis zu erhalten, kann man das sog. Schmidtsche Orthogonalisierungsverfahren anwenden (nach Erhard Schmidt).

Seien die nichtorthogonalen Funktionen u_i $(i = 0, 1, 2 \, .. \, n)$ gegeben, so konstruieren wir daraus nach Schmidt ein Orthogonalsystem von Funktionen v_i – die eine Basis des gleichen Raums sind – in folgender Weise. Wir setzen

$$v_i = \sum_{k=0}^{i-1} c_{ik}\, u_k + u_i \qquad \text{(A6–28)}$$

und wählen die c_{ik} so, daß jedes v_i orthogonal zu allen v_k (mit $k < i$) ist. Explizit sieht das so aus:

$$v_0 = u_0 \qquad \text{(A6–29)}$$

$$v_1 = c_{10}\, u_0 + u_1 \qquad \text{(A6–30)}$$

Die Forderung

$$(v_0, v_1) = 0 = c_{10}\,(u_0, u_0) + (u_0, u_1) \qquad \text{(A6–31)}$$

legt c_{10} fest, nämlich

$$c_{10} = -\frac{(u_0, u_1)}{(u_0, u_0)} \tag{A6–32}$$

Entsprechend fahren wir fort:

$$v_2 = c_{20} u_0 + c_{21} u_1 + u_2 \tag{A6–33}$$

$$(v_0, v_2) = 0 = c_{20} (u_0, u_0) + c_{21} (u_0, u_1) + (u_0, u_2) \tag{A6–34}$$

$$\begin{aligned}(v_1, v_2) = 0 = {} & c_{20} (u_1, u_0) + c_{21} (u_1, u_1) + (u_1, u_2) \\ & + c_{20} c_{10} (u_0, u_0) + c_{21} c_{10} (u_0, u_1) + c_{10} (u_0, u_2)\end{aligned} \tag{A6–35}$$

Zur Bestimmung der beiden Unbekannten c_{20} und c_{21} (c_{10} ist ja aus (A6–32) bekannt) haben wir die beiden linearen Gln. (A6–34) und (A6–35), die man in herkömmlicher Weise lösen kann. Das Verfahren läßt sich beliebig fortführen.

Die so erhaltenen v_i sind in der Regel nicht auf 1 normiert, man kann sie, wenn man will, aber mühelos auf 1 normieren.

Angewandt auf das Beispiel $u_k = x^k$ und das durch (A6–26) definierte Skalarprodukt ergibt die Schmidtsche Orthogonalisierung:

$$v_0 = u_0 = 1 \tag{A6–36}$$

$$v_1 = c_{10} u_0 + u_1 = u_1 = x \tag{A6–37}$$

wobei c_{10} deshalb verschwindet, weil $(u_0, u_1) = 0$; die Funktionen 1 und x sind ja bereits orthogonal zueinander.

$$v_2 = c_{20} u_0 + c_{21} u_1 + u_2 = c_{20} + c_{21} x + x^2 \tag{A6–38}$$

$$\begin{aligned}(v_0, v_2) = 0 &= (1, c_{20} + c_{21} x + x^2) = \\ &= c_{20} (1, 1) + c_{21} (1, x) + (1, x^2) = \\ &= c_{20} \cdot x \Big|_{-1}^{1} + c_{21} \cdot \frac{1}{2} x^2 \Big|_{-1}^{1} + \frac{1}{3} x^3 \Big|_{-1}^{1} \\ &= 2 c_{20} + \frac{2}{3}\end{aligned} \tag{A6–39}$$

$$(v_1, v_2) = 0 = (x, c_{20} + c_{21}\, x + x^2)$$

$$= c_{20} \cdot \frac{1}{2} x^2 \Big|_{-1}^{1} + c_{21} \frac{1}{3} x^3 \Big|_{-1}^{1} + \frac{1}{4} x^4 \Big|_{-1}^{1}$$

$$= \frac{2}{3} \cdot c_{21} \qquad \text{(A6–40)}$$

Also ist

$$c_{20} = -\frac{1}{3}$$

$$c_{21} = 0$$

$$v_2 = -\frac{1}{3} + x^2 \qquad \text{(A6–41)}$$

Die so berechneten Polynome $v_i(x)$ sind bis auf einen – im Grunde willkürlichen – Normierungsfaktor gleich den sog. Legendreschen Polynomen $P_i(x)$ – die besonders wegen ihrer Beziehung zu den Kugelflächenfunktionen von Interesse sind:

$$P_0 = 1$$

$$P_1 = x$$

$$P_2 = \frac{1}{2}(3x^2 - 1)$$

$$P_3 = \frac{1}{2}(5x^3 - 3x) \qquad \text{etc.} \qquad \text{(A6–42)}$$

Die Legendreschen Polynome sind so normiert, daß $P_n(1) = 1$, nicht etwa so, daß $\|P_n\| = 1$.

Hätte man das Skalarprodukt anders definiert, z.B. als

$$(f,g) = \int_{-\infty}^{\infty} f(x)g(x) \cdot e^{-x^2}\, dx \qquad \text{(A6–43)}$$

so hätte man nach dem Schmidtschen Orthogonalisierungsverfahren statt der Legendreschen Polynome die für die Theorie des harmonischen Oszillators wichtigen Hermiteschen Polynome erhalten.

Ferner ergeben sich mit dem Skalarprodukt

$$(f,g) = \int_{0}^{\infty} f(x)g(x)\, e^{-x}\, dx \qquad \text{(A6–44)}$$

die Laguerreschen Polynome, die mit den Eigenfunktionen des H-Atoms zusammenhängen.

Ein ganz anderes Beispiel für ein orthogonales Funktionsystem stellen die Funktionen

$$\left.\begin{array}{l}\frac{1}{\sqrt{2\pi}}\\ \frac{1}{\sqrt{\pi}}\cos nx\\ \\ \frac{1}{\sqrt{\pi}}\sin nx\end{array}\right\} n = 1, 2 \ldots \tag{A6-45}$$

mit dem Skalarprodukt

$$(f,g) = \int_0^{2\pi} f(x)g(x)\,\mathrm{d}x \tag{A6-46}$$

dar. Sie sind die Basis für die Fourier-Entwicklung periodischer Funktionen.

Die Darstellung eines gegebenen Elements A als Linearkombination einer orthonormalen Basis $\{v_i\}$ ist besonders einfach, wie wir das bei den cartesischen Vektoren früher schon sahen.

Zunächst berechnen wir die Skalarprodukte

$$\alpha_i = (v_i, A) \tag{A6-47}$$

die man auch als Fourier-Koeffizienten bezeichnet (in Verallgemeinerung eines Begriffs aus der Theorie der Fourier-Reihen). In einem endlich-dimensionalen Raum gilt einfach

$$A = \sum_i \alpha_i v_i \tag{A6-48}$$

Davon überzeugt man sich, wenn man die α_i zunächst als unbekannt ansieht und die obige Gleichung von links skalar mit v_k multipliziert. Wegen der Orthogonalität der v_i bleibt nur ein Term übrig:

$$(v_k, A) = \sum_i \alpha_i (v_k, v_i) = \sum_i \alpha_i \delta_{ki} = \alpha_k \tag{A6-49}$$

A 6.4. Unendlich-dimensionale Räume – Der Hilbert-Raum

In Räumen der Dimensionen unendlich ist die in den Gl. (A6–48 und 49) enthaltene Schlußweise zunächst unzulässig, da eine Summe aus unendlich vielen Termen a priori nicht definiert ist. Ähnlich wie in der elementaren Analysis kann man eine solche Summe nur als Grenzwert einer Folge endlicher Summen definieren, vorausgesetzt, daß ein solcher Grenzwert existiert. Dazu brauchen wir den Begriff der Konvergenz von Folgen von Elementen eines linearen Raums, z.B. von Folgen von Funktionen.

Wir müssen diesen Begriff auf den uns bekannten der Konvergenz von Zahlenfolgen zurückführen, wozu es verschiedene Möglichkeiten gibt. Wir beschränken uns hier nur auf eine Möglichkeit, die für unitäre Räume besonders 'natürlich' ist, die sog. Konvergenz im Mittel.

Definition: Eine Folge von Elementen A_i eines unitären Raumes 'konvergiert im Mittel' gegen ein Grenzelement A, wenn

$$\lim_{i\to\infty} \|A-A_i\| = 0 \tag{A6–50}$$

d.h., wenn der Abstand zum Grenzelement gegen 0 geht. Diese Konvergenz bedeutet bei Funktionenfolgen durchaus nicht 'punktweise' Konvergenz und erst recht nicht sog. 'gleichmäßige' Konvergenz.

In der elementaren Analysis lernt man das sog. Cauchysche Kriterium kennen, das notwendig und hinreichend für die Konvergenz einer Folge von Zahlen ist.

Cauchy-Kriterium: Eine Folge von Zahlen a_i konvergiert dann und nur dann gegen einen Grenzwert a, wenn es zu jedem $\epsilon > 0$ ein N gibt, derart daß

$$|a_N - a_{N+m}| < \epsilon \quad \text{für beliebiges } m \tag{A6–51}$$

Würden wir uns auf die Menge der rationalen Zahlen beschränken, so gäbe es Folgen (von rationalen Zahlen), die im Sinne des Cauchy-Kriteriums konvergieren, deren Grenzwert aber eine irrationale Zahl ist, z.B. die Folge

$$a_1 = 1, \quad a_{k+1} = \frac{a_k^2 + 2}{2a_k},$$

deren Grenzwert $\sqrt{2}$ ist. Ähnlich kann es passieren, daß in einem unitären Raum eine Folge von Elementen das auf die Konvergenz im Mittel sinngemäß angewandte Cauchy-Kriterium erfüllt, daß aber der Grenzwert nicht Element unseres Raumes ist. Wenn aber alle 'Cauchy-Folgen' auch gegen Elemente des Raumes konvergieren, nennen wir diesen Raum *vollständig*.

Damit kommen wir zu der für die praktische Quantenmechanik außerordentlich wichtigen Definition:

Ein vollständiger unitärer Raum heißt *Hilbert-Raum*. (Diese Definition ist vor allem für unendlich-dimensionale Räume wichtig, denn endlich-dimensionale Räume sind immer vollständig.)

Der best-untersuchte Hilbert-Raum ist derjenige der sog. quadrat-integrierbaren Funktionen. Eine Funktion $f(x)$ heißt im Intervall $[a,b]$ quadrat-integrierbar, wenn

$$\int_a^b |f(x)|^2 \, dx < \infty \tag{A6–52}$$

Man nennt diesen Raum auch $\mathcal{L}^2\ (a,b)$.

Daß die Menge aller dieser Funktionen mit der Definition des Skalarproduktes

$$(f,g) = \int_a^b f(x)^* g(x) \, dx \qquad ((A6\text{–}53)$$

einen unitären Raum bildet, sieht man ohne weiteres.

Die Cauchy-Schwarzsche Ungleichung gewährleistet nämlich wegen (A6–52), daß

$$(f,g) < \infty \qquad \text{für beliebiges} \qquad f,g\,. \tag{A6–54}$$

Die Vollständigkeit ist nicht so elementar zu beweisen. Im Hilbert-Raum $\mathcal{L}^2\ (0,2\pi)$ bilden die Funktionen

$$\frac{1}{\sqrt{2\pi}}, \frac{1}{\sqrt{\pi}} \sin nx, \quad \frac{1}{\sqrt{\pi}} \cos nx \qquad \text{eine orthonormale Basis.}$$

Ein grundlegendes Theorem aus der Theorie*) der Fourier-Reihen besagt nun, daß jede zu $\mathcal{L}^2\ (0,2\pi)$ gehörende Funktion f sich als Fourier-Reihe darstellen läßt. Bezeichnen wir die orthonormalen trigonometrischen Funktionen als u_i, so gilt

$$\lim_{N \to \infty} \| f - \sum_{i=0}^{N} \alpha_i u_i \| = 0 \tag{A6–55}$$

wobei $\alpha_i = (u_i, f)$. Wir schreiben dann

$$f = \sum_{i=0}^{\infty} \alpha_i u_i\,, \tag{A6–56}$$

müssen aber bedenken, daß das keine echte Gleichung ist. Ähnliches gilt für die analoge Entwicklung von Wellenfunktionen.

Im Sinne der Funktionalanalysis kann man Funktionen formal wie Vektoren behandeln, was für die Quantenmechanik außerordentlich wichtig ist.

---

* Zum Beweis s.z.B. D. Laugwitz, Ingenieurmathematik IV, Kap. 1. BI-Taschenbuch 62/62a.

Als mögliche Wellenfunktionen von N-Teilchensystemen sind zunächst alle diejenigen Funktionen $\psi(\vec{r}_1, \vec{r}_2 \ldots \vec{r}_n)$ zugelassen, die quadratintegrierbar (normierbar) sind, d.h. für die gilt:

$$\int \psi^*(\vec{r}_1, \vec{r}_2 \ldots \vec{r}_n)\ \psi(\vec{r}_1, \vec{r}_2 \ldots \vec{r}_n)\, d\tau < \infty \tag{A6–57}$$

wobei das Integral über den gesamten Konfigurationsraum zu bilden ist. Die Gesamtheit dieser Funktionen bildet einen linearen Raum und mit der Definition des Skalarprodukts

$$(\psi, \varphi) = \int \psi^* \varphi\, d\tau \tag{A6–58}$$

einen unitären Raum. Nach der Cauchy-Schwarzschen Ungleichung existieren in der Tat alle diese Skalarprodukte zwischen Funktionen ψ und φ, die man auch als *Überlappungsintegrale* bezeichnet. Andere Schreibweisen sind

$$(\psi_i, \psi_k) = \langle \psi_i | \psi_k \rangle = S_{ik} \tag{A6–59}$$

Dieser Raum ist unendlich-dimensional und vollständig. Es handelt sich also um einen Hilbert-Raum. Man kann in bezug auf viele Anwendungen formal so tun, als läge ein endlich-dimensionaler unitärer Raum vor, gelegentlich ist aber Vorsicht geboten und eine korrekte Anwendung der Theorie des Hilbert-Raum notwendig, vor allem bei der Diskussion von Grenzübergängen.

A 6.5. Operatoren

Physikalische Größen werden in der Quantenmechanik bekanntlich durch Operatoren beschrieben (Vgl. Abschn. 2.1). Ein Operator $\mathbf{A}$ ist eine Vorschrift, die einem Element φ eines linearen Raumes eindeutig ein anderes Element ψ desselben (oder eines anderen) Raumes zuordnet. (Die letztere Möglichkeit soll uns aber nicht interessieren.)

Symbolisch schreibt man

$$\mathbf{A}\varphi = \psi \tag{A6–60}$$

Die Gesamtheit der φ (das ist eine Untermenge unseres Raumes), für die diese Zuordnung definiert ist, nennen wir den *Definitionsbereich* von $\mathbf{A}$. Am liebsten haben wir natürlich solche $\mathbf{A}$'s, die für alle Elemente φ des linearen Raumes definiert sind. Auf die Schwierigkeiten, die andernfalls auftreten (z.B. bei Differentialoperatoren) wollen wir hier nicht eingehen. Uns interessieren nur sog. *lineare* Operatoren, d.h. solche, die die Eigenschaft haben:

$$\mathbf{A}(\lambda\varphi) = \lambda \cdot (\mathbf{A}\varphi) \tag{A6–61}$$

$$\mathbf{A}(\varphi_1 + \varphi_2) = \mathbf{A}\varphi_1 + \mathbf{A}\varphi_2 \tag{A6–62}$$

Beispielsweise sind alle multiplikativen Operatoren oder Differentialoperatoren wie $\frac{\partial}{\partial x}$ lineare Operatoren.

Wenn für ein Element φ eine Gleichung der folgenden Art gilt

$$\mathbf{A}\varphi = a\varphi \qquad \text{(A6–63)}$$

wobei a ein Skalar ist, wenn also Anwendung von $\mathbf{A}$ auf φ ein Vielfaches von φ ergibt, so sagt man, φ ist *Eigenelement (Eigenvektor, Eigenfunktion)* des Operators $\mathbf{A}$ und a der entsprechenden *Eigenwert.*

Für die Eigenfunktionen *linearer* Operatoren gelten zwei wichtige Sätze:

1. Wenn φ Eigenfunktion eines linearen Operators $\mathbf{A}$ ist, so ist auch $c \cdot \varphi$ mit beliebigem skalaren c Eigenfunktion von $\mathbf{A}$ zum gleichen Eigenwert. Das folgt unmittelbar aus Gl. (A6–61) und (A6–63).

2. Wenn φ_1 und φ_2 zwei linear unabhängige Eigenfunktionen eines linearen Operators $\mathbf{A}$ zum gleichen Eigenwert a sind, so ist jede beliebige Linearkombination von φ_1 und φ_2 ebenfalls Eigenfunktion von $\mathbf{A}$ zum gleichen Eigenwert a:

$$\mathbf{A}(\lambda\varphi_1 + \mu\varphi_2) = \lambda\mathbf{A}\varphi_1 + \mu\mathbf{A}\varphi_2 = \lambda a\varphi_1 + \mu a\varphi_2$$

$$= a(\lambda\varphi_1 + \mu\varphi_2) \qquad \text{(A6–64)}$$

Durch die Feststellung, daß φ Eigenfunktion von $\mathbf{A}$ zu einem bestimmten Eigenwert a ist, ist φ noch keineswegs eindeutig festgelegt. Wir wollen zwei Möglichkeiten unterscheiden:

1. Zum Eigenwert a von $\mathbf{A}$ gibt es außer φ keine weitere, von φ linear unabhängige Eigenfunktion. Wir sagen dann, der Eigenwert a ist *nicht-entartet.* In diesem Fall unterscheiden sich die möglichen Eigenfunktionen von $\mathbf{A}$ zum Eigenwert a von φ nur um einen skalaren Faktor c. Wir können diese Lösungsmannigfaltigkeit einschränken, wenn wir zusätzlich fordern, daß $\|\varphi\| = 1$, d.h., daß φ auf 1 normiert ist. Aber auch dann ist φ noch nicht eindeutig festgelegt, denn mit φ ist auch $e^{i\alpha}\varphi$ mit beliebigen α auf 1 normiert. Einen Faktor $e^{i\alpha}$ bezeichnet man als *Phasenfaktor.* Wenn $\mathbf{A}$ ein reeller hermitischer Operator ist – der Hamilton-Operator bei Abwesenheit eines Magnetfeldes gehört zu dieser Klasse – ist es immer möglich, φ reell zu wählen; fordert man dies zusätzlich, so ist φ nur noch bis auf einen Faktor ± 1 unbestimmt.

2. Zum Eigenwert a von $\mathbf{A}$ gibt es μ verschiedene linear unabhängige Eigenfunktionen $\varphi_1, \varphi_2 \ldots\ldots \varphi_\mu$. Die Lösungsmannigfaltigkeit bildet dann einen μ-dimensionalen linearen Raum mit den Funktionen $\varphi_1, \varphi_2 \ldots \varphi_\mu$ als Basis. Vorteilhaft ist auch hier die Wahl einer orthonormalen Basis, die man z.B. aus den gegebenen φ_i nach dem Schmidtschen Orthogonalisierungsverfahren konstruieren kann. Durch eine beliebige unitäre Transformation kann man aus einer orthonormalen Basis eine andere, gleichwertige machen.

Ein wichtiger Begriff ist der des *Matrixelements* eines Operators. Sei **A** ein Operator in einem unitären Raum, und seien ψ_i und ψ_k zwei Elemente dieses Raumes (die zum Definitionsbereich von **A** gehören). Dann ist auch $\mathbf{A}\,\psi_k$ ein Element dieses Raums. Das Skalarprodukt

$$(\psi_i, \mathbf{A}\,\psi_k) \tag{A6–65}$$

bezeichnet man dann als das Matrixelement des Operators **A** zwischen den Elementen ψ_i und ψ_k. Es sind verschiedene abgekürzte Schreibweisen für dieses Matrixelement üblich,

$$<\psi_i\,|\,\mathbf{A}\,|\,\psi_k>, \quad <i\,|\,\mathbf{A}\,|\,k>, \quad A_{ik} \tag{A6–66}$$

die alle dasselbe bedeuten.

Ein Operator heißt *hermitisch*, wenn für alle seine Matrixelemente folgende Beziehung gilt:

$$(\psi_i, \mathbf{A}\,\psi_k) = (\psi_k, \mathbf{A}\,\psi_i)^* \tag{A6–67}$$

Den in Abschn. 2.3 definierten Erwartungswert

$$<\mathbf{A}> = (\psi, \mathbf{A}\,\psi) = \int \psi^* [\mathbf{A}\psi]\, d\tau \tag{A6–68}$$

kennen wir als den Spezialfall eines Matrixelements mit $\psi_i = \psi_k$ und $\|\psi_i\| = \|\psi_k\| = 1$ wieder.

Wenn **A** ein hermitischer Operator ist, so ist sein Erwartungswert, gebildet mit irgendeiner Funktion, immer reell, denn

$$(\psi, \mathbf{A}\,\psi) = (\psi, \mathbf{A}\,\psi)^* \tag{A6–69}$$

Hermitische Operatoren haben zwei wichtige Eigenschaften:

1. Ihre Eigenwerte sind immer reell.

2. Eigenfunktionen zu verschiedenen (diskreten) Eigenwerten sind orthogonal zueinander.

Zum Beweis des ersten Satzes gehen wir von (A6–69) aus und berücksichtigen, daß $\mathbf{A}\,\psi = a\,\psi$

$$\begin{aligned}(\psi, \mathbf{A}\,\psi) &= a\,(\psi,\psi) = (\psi, \mathbf{A}\,\psi)^* = a^*(\psi,\psi)^* \\ &= a^*(\psi,\psi)\end{aligned} \tag{A6–70}$$

Hieraus folgt unmittelbar, daß $a = a^*$, d.h., daß a reell sein muß.

Zum Beweis des zweiten Satzes gehen wir von den beiden Eigenwertgleichungen aus

$$\mathbf{A}\psi = a\,\psi$$

$$\mathbf{A}\varphi = b\,\varphi \qquad \text{(A6–71)}$$

aus denen folgt:

$$(\varphi,\mathbf{A}\psi) = a\,(\varphi,\psi)$$

$$(\psi,\mathbf{A}\varphi) = b\,(\psi,\varphi)$$

$$(\varphi,\mathbf{A}\psi) = (\psi,\mathbf{A}\varphi)^* = b^*\,(\psi,\varphi)^* = b\,(\varphi,\psi) \qquad \text{(A6–72)}$$

Vergleich der ersten und dritten Zeile ergibt

$$0 = (a-b)\,(\varphi,\psi) \qquad \text{(A6–73)}$$

d.h. aber, da nach Voraussetzung $a \neq b$ sein soll, daß $(\varphi,\psi) = 0$ ist.

Die Eigenfunktionen eines hermitischen Operators zu verschiedenen Eigenwerten sind notwendigerweise orthogonal zueinander, diejenigen zu einem entarteten Eigenwert können, wie wir gesehen haben, immer orthogonal gewählt werden. Die Gesamtheit der Eigenfunktionen eines hermitischen Operators kann folglich immer als Orthonormalsystem gewählt werden.

Wir wollen jetzt zeigen, daß einige wichtige Operatoren der Quantenmechanik in der Tat hermitisch sind. Zunächst sind alle reellen multiplikativen Operatoren hermitisch. Sei $\mathbf{f} = f = f^*$ ein multiplikativer Operator, dann gilt

$$(\psi_i, \mathbf{f}\psi_k) = \int \psi_i^*\, f\psi_k \;\mathrm{d}\tau$$

$$(\psi_i, \mathbf{f}\psi_k)^* = \int \psi_i\; f^*\psi_k^* \;\mathrm{d}\tau = \int \psi_k^*\; f\psi_i \;\mathrm{d}\tau$$

$$(\psi_k, \mathbf{f}\psi_i) = \int \psi_k^*\, f\psi_i \;\mathrm{d}\tau = (\psi_i, \mathbf{f}\psi_k)^* \qquad \text{(A6–74)}$$

Hierbei sind ja ψ_k, ψ_i und f einfach Funktionen und beliebig vertauschbar.

Auch der Impulsoperator $\mathbf{p}_x = \frac{\hbar}{\mathrm{i}}\frac{\partial}{\partial x}$ ist hermitisch, wie man folgendermaßen sieht:

$$p_{lk} = \left(\psi_l, \frac{\hbar}{\mathrm{i}}\frac{\partial}{\partial x}\psi_k\right) = \int_{-\infty}^{+\infty} \psi_l^*\,\frac{\hbar}{\mathrm{i}}\,\frac{\partial\psi_k}{\partial x}\,\mathrm{d}x$$

$$p_{kl} = \left(\psi_k, \frac{\hbar}{\mathrm{i}}\frac{\partial}{\partial x}\psi_l\right) = \int_{-\infty}^{+\infty} \psi_k^*\,\frac{\hbar}{\mathrm{i}}\,\frac{\partial\psi_l}{\partial x}\,\mathrm{d}x$$

$$= \frac{\hbar}{i} \psi_k^* \psi_l \Big|_{-\infty}^{+\infty} - \frac{\hbar}{i} \int_{-\infty}^{+\infty} \frac{\partial \psi_k^*}{\partial x} \psi_l \, dx$$

$$= 0 - \frac{\hbar}{i} \int_{-\infty}^{+\infty} \psi_l \frac{\partial \psi_k^*}{\partial x} dx$$

$$p_{kl}^* = \frac{\hbar}{i} \int_{-\infty}^{+\infty} \psi_l^* \frac{\partial \psi_k}{\partial x} dx = p_{lk} \qquad \text{(A6–75)}$$

Zum Beweis der Hermitizität von $\mathbf{p}_x$ haben wir eine partielle Integration durchgeführt und benützt, daß ψ_k und ψ_l im Unendlichen verschwinden. Man beachte, daß der Operator $\hbar \frac{\partial}{\partial x}$ nicht hermitisch wäre, und daß erst die imaginäre Einheit i die Hermitizität gewährleistet. Um zu beweisen, daß der Δ-Operator und damit der Operator der kinetischen Energie hermitisch ist, muß man zweimal hintereinander partiell integrieren, aber der Beweis ist analog wie bei (A6–75).

Sei ein beliebiger Operator $\mathbf{A}$ (der insbesondere nicht hermitisch sein muß) gegeben, und sei f eine Funktion aus dem Definitionsbereich von $\mathbf{A}$, so läßt sich durch die Beziehung

$$(g, \mathbf{A} f) = (\mathbf{A}^+ g, f) \qquad \text{(A6–76)}$$

ein neuer Operator $\mathbf{A}^+$ definieren, den man als den zu $\mathbf{A}$ adjungierten Operator bezeichnet. Dabei hat $\mathbf{A}^+$ i.allg. einen anderen Definitionsbereich als $\mathbf{A}$, selbst dann, wenn $\mathbf{A}$ hermitisch ist, wenn also für diejenigen g, die zum Definitionsbereich von $\mathbf{A}$ gehören, gilt:

$$\mathbf{A} g = \mathbf{A}^+ g \qquad \text{(A6–77)}$$

Falls $\mathbf{A}$ und $\mathbf{A}^+$ völlig übereinstimmen, sie also auch den gleichen Definitionsbereich haben, bezeichnet man $\mathbf{A}$ als *selbstadjungiert.* Wir erwähnen das nur, um darauf hinzuweisen, daß es eine etwas strengere Forderung an einen Operator darstellt, wenn er selbstadjungiert, als wenn er nur hermitisch sein soll. Für Operatoren in endlich-dimensionalen Räumen fallen beide Begriffe allerdings zusammen und werden dann oft unterschiedslos gebraucht.

Außer hermitischen Operatoren spielen noch zwei Typen von Operatoren eine Rolle. Ein Operator $\mathbf{U}$ heißt *unitär,* wenn das Produkt aus $\mathbf{U}$ und seinem Adjungierten $\mathbf{U}^+$ den Einheitsoperator ergibt

$$\mathbf{U}^+\mathbf{U} = \mathbf{U}\mathbf{U}^+ = \mathbf{1}$$

$$\mathbf{U}^+\mathbf{U} f = \mathbf{U}\mathbf{U}^+ f = f \qquad \text{(A6–78)}$$

Für unitäre Operatoren gilt insbesondere

$$(\mathbf{U}f, \mathbf{U}g) = (f,g) \qquad \text{(A6–79)}$$

Der Beweis von (A6–79) folgt aus der allgemeinen Definition (A6–76) eines adjungierten Operators und der Definition (A6–78) der Unitarität.

$$(\mathbf{U}f, \mathbf{U}g) = (\mathbf{U}^+ \mathbf{U}f,g) = (f,g) \qquad \text{(A6–80)}$$

Man kann auch definieren, daß $\mathbf{U}$ unitär ist, wenn (A6–79) gilt für alle f,g aus seinem Definitionsbereich.

Wendet man einen unitären Operator $\mathbf{U}$ auf sämtliche Elemente eines unitären Raumes an, d.h. transformiert man diesen Raum mit $\mathbf{U}$, so bleiben bei dieser Transformation alle Skalarprodukte und damit, geometrisch gesprochen, alle Längen und alle Winkel invariant. Man spricht deshalb auch von einer isometrischen Transformation.

Man nennt einen Operator $\mathbf{N}$ normal, wenn $\mathbf{N}$ und der zu $\mathbf{N}$ adjungierte Operator $\mathbf{N}^+$ vertauschen, d.h. wenn gilt

$$\mathbf{N}\mathbf{N}^+ = \mathbf{N}^+\mathbf{N} \qquad \text{(A6–81)}$$

Hermitische und unitäre Operatoren sind Spezialfälle von normalen Operatoren. Der früher für hermitische Operatoren bewiesene Satz, daß die Eigenfunktionen orthogonal zueinander gewählt werden können, gilt allgemein für normale Operatoren.

Zwei beliebige Operatoren $\mathbf{A}$ und $\mathbf{B}$ vertauschen in der Regel nicht, d.h. i.allg. gilt

$$\mathbf{A}\mathbf{B}f \neq \mathbf{B}\mathbf{A}f \qquad \text{(A6–82)}$$

Falls trotzdem für beliebige f das Ergebnis das gleiche ist, gleichgültig ob man zuerst $\mathbf{B}$ anwendet und dann $\mathbf{A}$ oder umgekehrt, d.h. wenn

$$\mathbf{A}\mathbf{B} = \mathbf{B}\mathbf{A} \qquad \text{(A6–83)}$$

dann hat diese Vertauschbarkeit eine Reihe von Konsequenzen für die Eigenfunktionen von $\mathbf{A}$ und $\mathbf{B}$:

1. Wenn $\mathbf{A}$ mit $\mathbf{B}$ vertauscht und φ Eigenfunktion von $\mathbf{B}$ zu einem *nichtentarteten* Eigenwert b ist, so ist φ auch Eigenfunktion von $\mathbf{A}$. Unsere Voraussetzung ist

$$\mathbf{B}\varphi = b\varphi, \quad b \text{ nichtentartet.} \qquad \text{(A6–84)}$$

Hieraus und aus (A6–83) folgt

$$\mathbf{B}\mathbf{A}\varphi = \mathbf{A}\mathbf{B}\varphi = \mathbf{A}b\varphi = b\mathbf{A}\varphi \qquad \text{(A6–85)}$$

Das heißt aber, $\mathbf{A}\varphi$ ist ebenfalls Eigenfunktion von $\mathbf{B}$ zum Eigenwert b; da b aber nichtentartet sein soll, kann $\mathbf{A}\varphi$ sich von φ nur um einen skalaren Faktor a unterscheiden:

$$\mathbf{A}\varphi = a\varphi \tag{A6–86}$$

Folglich ist φ in der Tat auch Eigenfunktion von $\mathbf{A}$.

2. Wenn $\mathbf{A}$ mit $\mathbf{B}$ vertauscht und φ Eigenfunktion von $\mathbf{B}$ zum Eigenwert b ist, und ferner $\mathbf{A}\varphi$ und φ linear unabhängig sind, so ist der Eigenwert b entartet. Der Beweis ist nahezu gleich wie beim vorigen Satz.

3. Wenn $\mathbf{A}$ mit $\mathbf{B}$ vertauscht, $\mathbf{B}$ ein normaler Operator ist und φ_k $(k=1,2, \ldots d)$ die linear unabhängigen Eigenfunktionen von $\mathbf{B}$ zu einem d-fach entarteten Eigenwert b sind, so lassen sich solche Linearkombinationen der φ_k bilden, die gleichzeitig Eigenfunktionen von $\mathbf{A}$ sind.

Beweis: Auch unter diesen Voraussetzungen gilt (A6–85) für jedes φ_k $(k=1, \ldots d)$, d.h. $\mathbf{A}\varphi_k$ muß sich als Linearkombination der φ_l darstellen lassen:

$$\mathbf{A}\varphi_k = \sum_{l=1}^{d} c_{kl}\varphi_l \qquad (k = 1, 2, \ldots d) \tag{A6–87}$$

Es ist kein Verlust der Allgemeinheit, vorauszusetzen, daß die φ_k orthonormal gewählt sind, d.h. daß

$$(\varphi_k, \varphi_l) = \delta_{kl} \tag{A6–88}$$

Multiplizieren wir (A6–87) von links skalar mit φ_i, so erhalten wir

$$(\varphi_i, \mathbf{A}\varphi_k) = \sum_{l=1}^{d} c_{kl}(\varphi_i, \varphi_l) = \sum_{l=1}^{d} c_{kl}\,\delta_{il} = c_{ki} \tag{A6–89}$$

Wir suchen jetzt nach einer solchen Linearkombination der φ_k

$$\psi = \sum_k \alpha_k \varphi_k \tag{A6–90}$$

mit der Eigenschaft

$$\mathbf{A}\psi = a\psi \tag{A6–91}$$

Einsetzen von (A6–90) und (A6–87) in (A6–91) ergibt

$$\mathbf{A}\psi = \sum_k \alpha_k \mathbf{A}\varphi_k = \sum_k \alpha_k \sum_l c_{kl}\varphi_l = a \sum_l \alpha_l \varphi_l \tag{A6–92}$$

Nach Skalarmultiplizieren mit φ_i erhalten wir

$$\sum_k \alpha_k \sum_l c_{kl} (\varphi_i, \varphi_l) = \sum_k \alpha_k c_{ki} = a \sum_l \alpha_l (\varphi_i, \varphi_l) = a \cdot \alpha_i \qquad \text{(A6–93)}$$

bzw. wenn wir noch (A6–89) berücksichtigen

$$\sum_k (\varphi_i, \mathbf{A}\varphi_k)\, \alpha_k = a \cdot \alpha_i : \text{ für } i = 1,2 \ldots d \qquad \text{(A6–94)}$$

In der Theorie der Matrizen (Anhang A7) wird gezeigt, daß die Matrixelemente eines normalen Operators eine normale Matrix bilden, daß das lineare Gleichungssystem (A6–94) genau d Vektoren $\vec{\alpha}^{(k)} = (\alpha_1^{(k)}, \alpha_2^{(k)}, \ldots \alpha_d^{(k)})$ und d zugehörige $a^{(k)}$ als Lösung hat, und daß es folglich genau d Linearkombinationen ψ_k der φ_l gibt, die Eigenfunktionen von $\mathbf{A}$ sind.

4. Ein normaler Operator $\mathbf{N}$ und der zu $\mathbf{N}$ adjungierte Operator $\mathbf{N}^+$ haben die gleichen Eigenfunktionen, und die entsprechenden Eigenwerte von $\mathbf{N}$ und $\mathbf{N}^+$ sind konjugiert komplex zueinander.

Die Eigenfunktionen von $\mathbf{N}$ (und $\mathbf{N}^+$) können orthogonal gewählt werden.

Beweis: Da $\mathbf{N}$ und $\mathbf{N}^+$ vertauschen, können die Eigenfunktionen φ_k von $\mathbf{N}$ so gewählt werden, daß sie auch Eigenfunktionen von $\mathbf{N}^+$ sind:

$$\mathbf{N}\varphi_k = n_k \varphi_k$$

$$\mathbf{N}^+\varphi_l = n'_l \varphi_l \qquad \text{(A6–95)}$$

Wir multiplizieren beide Seiten von links skalar mit φ_l bzw. φ_k.

$$(\varphi_l, \mathbf{N}\varphi_k) = n_k (\varphi_l, \varphi_k)$$

$$(\varphi_k, \mathbf{N}^+\varphi_l) = n'_l (\varphi_k, \varphi_l)$$

$$= (\mathbf{N}\varphi_k, \varphi_l) = (\varphi_l, \mathbf{N}\varphi_k)^* = n_k^* (\varphi_l, \varphi_k)^*$$

$$= n_k^* (\varphi_k, \varphi_l) \qquad \text{(A6–96)}$$

Wir sehen also, daß

$$(n'_l - n_k^*)(\varphi_k, \varphi_l) = 0 \qquad \text{(A6–97)}$$

Für $k = l$ ist $(\varphi_k, \varphi_l) \neq 0$, folglich gilt allgemein $n'_k = n_k^*$, was zu beweisen war. Außerdem ergibt sich, daß für $n_l \neq n_k$ (und damit $n'_l = n_l^* \neq n_k^*$) φ_k und φ_l zueinander orthogonal sein müssen.

5. Wenn **A** und **B** vertauschen, **B** normal ist und φ_1 sowie φ_2 Eigenfunktionen von **B** zu verschiedenen Eigenwerten b_1 und b_2 sind, so gilt

$$(\varphi_1, \mathbf{A}\varphi_2) = 0 \tag{A6–98}$$

Zum Beweis betrachten wir

$$\begin{aligned}(\varphi_1, \mathbf{A}\mathbf{B}\varphi_2) &= (\varphi_1, \mathbf{A}b_2\varphi_2) = b_2(\varphi_1, \mathbf{A}\varphi_2)\\ &= (\varphi_1, \mathbf{B}\mathbf{A}\varphi_2) = (\mathbf{B}^+\varphi_1, \mathbf{A}\varphi_2)\\ &= (b_1^*\varphi_1, \mathbf{A}\varphi_2) = b_1(\varphi_1, \mathbf{A}\varphi_2)\end{aligned} \tag{A6–99}$$

Also ist

$$(b_2 - b_1)(\varphi_1, \mathbf{A}\varphi_2) = 0 \tag{A6–100}$$

Mit $b_2 \neq b_1$ führt das auf (A6–98). Dieser Satz ist wichtig im Zusammenhang mit der Konstruktion der Matrixelemente eines Operators **A** in einer Basis $\{\varphi_i\}$. Sind die Basisfunktionen so gewählt, daß sie Eigenfunktionen eines mit **A** vertauschbaren normalen Operators **B** sind, so sind die meisten Matrixelemente automatisch gleich 0.

A 7. Matrizen

A 7.1. Allgemeines

Gegeben sei ein lineares Gleichungssystem

$$\begin{aligned}a_{11}x_1 + a_{12}x_2 + \ldots + a_{1n}x_n &= y_1\\ a_{21}x_1 + a_{22}x_2 + \ldots + a_{2n}x_n &= y_2\\ \ldots\ldots\ldots\ldots\ldots\ldots\ldots\ldots\ldots\\ a_{m1}x_1 + a_{m2}x_2 + \ldots + a_{mn}x_n &= y_m\end{aligned} \tag{A7–1}$$

oder abgekürzt geschrieben

$$\sum_{i=1}^{n} a_{ki}x_i = y_k \qquad (k = 1,2 \ldots m) \tag{A7–2}$$

Wir können das als eine Vorschrift interpretieren, die einem n-dimensionalen Vektor $\vec{x} = (x_1, x_2 \ldots x_n)$ einen m-dimensionalen Vektor $\vec{y} = (y_1, y_2 \ldots y_m)$ zuordnet. Falls $\vec{x}$ gegeben ist, so ist die Berechnung von $\vec{y}$ trivial. Im umgekehrten Fall liegt das Problem vor, ein lineares Gleichungssystem zu 'lösen', mit dem wir uns in Abschn. A7.3 beschäftigen werden. Es ist üblich, die Gesamtheit der a_{ik} zu einer sog. Matrix zusammenzufassen:

$$a = \begin{pmatrix} a_{11} & a_{12} & \cdots & a_{1n} \\ a_{21} & a_{22} & \cdots & a_{2n} \\ \cdots & \cdots & \cdots & \cdots \\ \cdots & \cdots & \cdots & \cdots \\ a_{m1} & a_{m2} & \cdots & a_{mn} \end{pmatrix} \tag{A7–3}$$

und das Gleichungssystem formal zu schreiben:

$$a\,\vec{x} = \vec{y} \tag{A7–4}$$

Innerhalb einer Matrix unterscheidet man zwischen *Zeilen* und *Spalten*. So bilden die Elemente $a_{k1}, a_{k2} \ldots a_{kn}$ die k-te Zeile, die Elemente $a_{1k}, a_{2k} \ldots a_{mk}$ die k-te Spalte. Jedes Matrixelement a_{ik} hat zwei Indices, von denen der erste Zeilenindex, der zweite Spaltenindex genannt wird. Die Matrix (A7–3) hat m Zeilen und n Spalten, man bezeichnet sie deshalb als eine $m \times n$-Matrix.

Die Definition von Zeilen und Spalten erkennt man am besten anhand des folgenden Schemas:

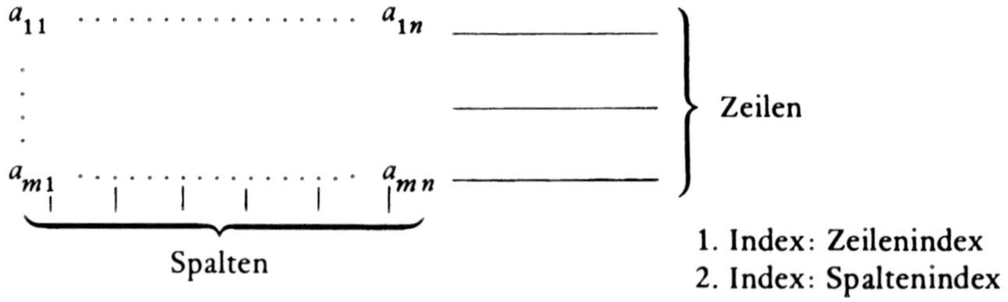

Wenn $m \neq n$, bezeichnet man die Matrix als *rechteckig*, wenn $m = n$, als quadratisch.

‚Anwendung' der Matrix a auf den Vektor $\vec{x}$ ergibt einen neuen Vektor $\vec{y}$. In diesem Sinn stellt also die Matrix a einen linearen Operator in einem cartesischen Vektorraum dar. In der Tat ist a linear, denn

$$a(\vec{x}_1 + \vec{x}_2) = a\,\vec{x}_1 + a\,\vec{x}_2 \tag{A7–5}$$

$$a\,\lambda\,\vec{x} = \lambda\,a\,\vec{x} \tag{A7–6}$$

wovon man sich leicht überzeugen kann.

Es seien $a\vec{u} = \vec{v}$ und $b\vec{u} = \vec{w}$ zwei Gleichungssysteme, dann ist natürlich

$$a\vec{u} + b\vec{u} = \vec{v} + \vec{w} \qquad \text{(A7–7)}$$

Man sieht aber, daß das Ergebnis das gleiche ist, wenn wir zuerst a und b addieren, nach der Vorschrift

$$c_{ik} = a_{ik} + b_{ik}$$

und die Matrix $c = a + b$ auf $\vec{u}$ anwenden:

$$c\vec{u} = (a + b)\vec{u} = \vec{v} + \vec{w} = a\vec{u} + b\vec{u} \qquad \text{(A7–8)}$$

Es ist deshalb sinnvoll, $c = a + b$ als die Summe der Matrizen a und b zu bezeichnen. Nach der obigen Erläuterung hat eine solche Addition zweier Matrizen nur einen Sinn, wenn beide die gleiche Anzahl Zeilen und Spalten haben, also wenn $n_a = n_b$; $m_a = m_b$.

Eine Matrix ordnet jedem $\vec{x}$ (geeigneter Dimension) einen neuen Vektor (i.allg. anderer Dimension) zu. Dieses Spiel kann man fortsetzen, z.B.

$$\vec{v} = A\vec{u} \qquad \text{d.h. } v_k = \sum_{i=1}^{n} A_{ki}\, u_i \;(k=1, 2 \ldots m)$$

$$\vec{w} = B\vec{v} = B(A\vec{u}) \qquad \text{d.h. } w_l = \sum_{k=1}^{m} B_{lk}\, v_k \;(l=1, 2 \ldots p) \qquad \text{(A7–9)}$$

Offenbar hat $\vec{u}$ die Dimension n, $\vec{v}$ m und $\vec{w}$ p, A hat m Zeilen und n Spalten, die entsprechenden Zahlen für B sind p und m. Man könnte $\vec{w}$ auch unmittelbar aus $\vec{u}$ erhalten, wenn man eine Matrix C auf $\vec{u}$ anwendet:

$$C\vec{u} = \vec{w} \qquad \text{(A7–10)}$$

Wie hängt C mit A und B zusammen?

Einsetzen ergibt:

$$w_l = \sum_{k=1}^{m} B_{lk} \sum_{i=1}^{n} A_{ki} u_i = \sum_{k=1}^{m} \sum_{i=1}^{n} B_{lk} A_{ki} u_i$$

$$= \sum_{i=1}^{n} \sum_{k=1}^{m} B_{lk} A_{ki} u_i = \sum_{i=1}^{n} C_{li} u_i \qquad \text{(A7–11)}$$

Folglich hängen die Koeffizienten von C mit denen von A und B folgendermaßen zusammen:

$$C_{li} = \sum_{k=1}^{m} B_{lk} A_{ki} \tag{A7–12}$$

Es liegt nahe, C als das Produkt von B und A zu definieren. Wir wollen dafür schreiben: $C = B \cdot A$ oder auch $C = BA$.

Matrizenmultiplikation ist offenbar nur möglich, wenn die Zahl der Spalten von B gleich der Zahl der Zeilen von A ist, bzw. bei quadratischen Matrizen, wenn beide die gleiche Dimension haben. Die so definierte Matrizenmultiplikation ist assoziativ, d.h.

$$(A \cdot B) \cdot C = A \cdot (B \cdot C) \tag{A7–13}$$

aber nicht kommutativ, d.h. i.allg. ist

$$A \cdot B \neq B \cdot A \tag{A7–14}$$

z.B.

$$\begin{pmatrix} 3 & 1 \\ 2 & 5 \end{pmatrix} \begin{pmatrix} 2 & 1 \\ 1 & 3 \end{pmatrix} = \begin{pmatrix} 7 & 6 \\ 9 & 17 \end{pmatrix}$$

$$\begin{pmatrix} 2 & 1 \\ 1 & 3 \end{pmatrix} \begin{pmatrix} 3 & 1 \\ 2 & 5 \end{pmatrix} = \begin{pmatrix} 8 & 7 \\ 9 & 16 \end{pmatrix} \tag{A7–15}$$

Wenn in besonderen Fällen trotzdem $A \cdot B = B \cdot A$ ist, so nennt man die Matrizen *vertauschbar*, oder man sagt, A und B ***kommutieren***. Praktischer Hinweis zur Ausführung einer Matrizenmultiplikation $A \cdot B = C$: Man erhält das Element C_{ik}, indem man die i-te Zeile von A mit der k-ten Spalte von B skalar multipliziert (allerdings ohne bei der i-ten Zeile von A das konjugiert Komplexe zu bilden, wie man das sonst bei Skalarprodukten tut). Im Sinne der Matrizentheorie kann man einen Vektor auch als eine Matrix auffassen, die entweder nur aus einer Zeile oder einer Spalte besteht, und zwischen Zeilenvektoren und Spaltenvektoren unterscheiden. Das wollen wir hier nicht tun.

Eine besondere Matrix ist die Einheitsmatrix, als $\mathbf{1}$ oder E abgekürzt, eine quadratische Matrix, die in der Hauptdiagonale ($i = k$) lauter Einsen, sonst Nullen enthält:

$$\mathbf{1} = \begin{pmatrix} 1 & & & & & & & \\ & 1 & & & & & & \\ & & 1 & & & & & \\ & & & 1 & & & & \\ & & & & 1 & & & \\ & & & & & \cdot & & \\ & & & & & & \cdot & \\ & & & & & & & \cdot \\ & & & & & & & & 1 \end{pmatrix} \tag{A7–16}$$

Sie kommutiert mit allen quadratischen Matrizen der gleichen Dimension, und es gilt

$$A \cdot 1 = 1 \cdot A = A \qquad \text{für jedes } A\,. \tag{A7–17}$$

Eine Matrix, die nur in der Hauptdiagonale von 0 verschiedene Elemente hat, heißt *Diagonal-Matrix*, z.B.

$$\begin{pmatrix} 1 & 0 & 0 \\ 0 & 3 & 0 \\ 0 & 0 & -2 \end{pmatrix} \tag{A7–18}$$

Im Gegensatz zur Einheitsmatrix vertauscht eine beliebige Diagonalmatrix nicht mit jedem A (gleicher Dimension).

Die Einheitsmatrix ist ein Spezialfall einer Diagonalmatrix.

Zu jeder Matrix A ist die *gestürzte* oder transponierte Matrix A' so definiert: Sei $A = (A_{ik})$, so ist $A' = (A_{ki})$:

$$A = \begin{pmatrix} 3 & 2 \\ 1 & 5 \\ -6 & 0 \end{pmatrix} \qquad A' = \begin{pmatrix} 3 & 1 & -6 \\ 2 & 5 & 0 \end{pmatrix} \tag{A7–19}$$

Ist $A = (A_{ik})$ komplex, d.h. sind gewisse Elemente A_{ik} komplex, so definiert man die zu A konjugiert komplexe Matrix $A^* = (A^*_{ik})$, z.B.

$$A = \begin{pmatrix} 1 & 3i \\ -i & 2+i \end{pmatrix} \qquad A^* = \begin{pmatrix} 1 & -3i \\ i & 2-i \end{pmatrix} \tag{A7–20}$$

Ferner definiert man die hermitisch konjugierte (manchmal auch adjungiert genannte) Matrix $A^+ = (A^*_{ki})$, z.B.

$$A = \begin{pmatrix} 1 & 3i \\ -i & 2+i \end{pmatrix} \qquad A^+ = \begin{pmatrix} 1 & i \\ -3i & 2-i \end{pmatrix} \tag{A7–21}$$

Wenn eine Matrix A gleich der gestürzten Matrix A' ist (das ist nur bei quadratischen Matrizen möglich), nennt man A *symmetrisch*, z.B.

$$A = \begin{pmatrix} 1 & 2 & 3 \\ 2 & 1 & 5 \\ 3 & 5 & 6 \end{pmatrix} = A' \tag{A7–22}$$

Wenn $A = A^+$, so heißt A *hermitisch*, z.B.

$$A = \begin{pmatrix} 1 & \mathrm{i} & 1+\mathrm{i} \\ -\mathrm{i} & 3 & 0 \\ 1-\mathrm{i} & 0 & 2 \end{pmatrix} = A^+ \tag{A7–23}$$

Reelle symmetrische Matrizen sind gleichzeitig auch hermitisch. Für das Stürzen und Hermitisch-Konjugieren von Matrizenprodukten gelten folgende Regeln:

$$(A \cdot B \cdot C)' = C' \cdot B' \cdot A' \tag{A7–24}$$

$$(A \cdot B \cdot C)^+ = C^+ \cdot B^+ \cdot A^+ \tag{A7–25}$$

Wenn es zu A eine Matrix B (beide quadratisch) mit der Eigenschaft gibt, daß

$$A \cdot B = 1\,, \tag{A7–26}$$

dann bezeichnet man B als das *Inverse* von A und schreibt $B = A^{-1}$. Es gibt nicht zu jedem (quadratischen) A ein Inverses. Wenn A^{-1} existiert, so gilt:

$$A \cdot A^{-1} = A^{-1} \cdot A = 1 \tag{A7–27}$$

Eine Matrix und ihr Inverses kommutieren.

Wir nennen eine quadratische Matrix U *unitär*, wenn sämtliche Zeilen von U zueinander paarweise orthogonal sind, d.h. wenn

$$\sum_{k=1}^{m} U_{ik}^* U_{jk} = \delta_{ij} \quad (i = 1, 2 \ldots m\,;\; j = 1, 2 \ldots m) \tag{A7–28}$$

Man sieht leicht, daß diese Forderung gleichbedeutend ist mit derjenigen, daß

$$U^* U' = 1 \qquad \text{oder}$$

$$U^+ U = UU^+ = 1 \qquad \text{bzw.}$$

$$U^{-1} = U^+ \tag{A7–29}$$

Ein Beispiel für eine unitäre Matrix ist z.B.

$$U = \begin{pmatrix} \cos\alpha & \sin\alpha \\ -\sin\alpha & \cos\alpha \end{pmatrix}$$

denn

$$U^+ U = \begin{pmatrix} \cos\alpha & -\sin\alpha \\ \sin\alpha & \cos\alpha \end{pmatrix} \begin{pmatrix} \cos\alpha & \sin\alpha \\ -\sin\alpha & \cos\alpha \end{pmatrix} = \begin{pmatrix} 1 & 0 \\ 0 & 1 \end{pmatrix} \qquad \text{(A7–30)}$$

Schließlich wird noch der Begriff ‚normale Matrix' benutzt. Eine Matrix A heißt *normal*, wenn

$$A\,A^+ = A^+ A \qquad \text{(A7–31)}$$

Hermitische und unitäre Matrizen sind Sonderfälle normaler Matrizen.

Der Leser sei auf die Analogie der Klassifikation von Matrizen mit der von Operatoren hingewiesen. Diese Analogie liegt schon deshalb nahe, weil die Matrizen einen Spezialfall von Operatoren darstellen.

A 7.2. Determinanten

Jeder quadratischen Matrix A ist eine Zahl zugeordnet, die wir als *Determinante* der Matrix bezeichnen, und für die folgende abgekürzte Schreibweisen üblich sind:

$$\det(A) = \det(A_{ik}) = |A| = |A_{ik}| \qquad \text{(A7–32)}$$

Sie wird folgendermaßen konstruiert:

Man bilde zunächst das Produkt der Diagonalelemente der Matrix:

$$a_{11} \cdot a_{22} \cdot a_{33} \; \ldots\ldots \; a_{nn}$$

Anschließend betrachte man alle Produkte, die hieraus durch Permutieren des zweiten Index (Spaltenindex) hervorgehen:

$$a_{1i_1}\, a_{2i_2} \; \ldots\ldots \; a_{ni_n}$$

wobei die Folge $(i_1, i_2 \; \ldots\ldots \; i_n)$ irgendeine Permutation der Folge $(1, 2 \; \ldots\ldots \; n)$ ist. Offenbar gibt es $n!$ solche Produkte. Man multipliziere dann jedes Produkt mit $(-1)^p$, wobei p die Parität der Permutation $\begin{pmatrix} 1 & 2 & \ldots & n \\ i_1 & i_2 & \ldots & i_n \end{pmatrix}$ bedeutet, und addiere dann sämtliche Terme.

$$|A| = \sum_P (-1)^p\, a_{1i_1}\, a_{2i_2} \; \ldots\ldots \; a_{ni_n} \qquad \text{(A7–33)}$$

Die Parität p ist die Zahl der Paarvertauschungen (Transpositionen), aus denen man die betreffende Permutation aufbauen kann, z.B.:

$\begin{pmatrix} 1 & 2 & 3 \\ 2 & 3 & 1 \end{pmatrix}$: Aus (1 2 3) erhalte ich (2 3 1), indem ich zuerst 1 mit 2 vertausche, das ergibt (2 1 3), und dann 1 mit 3, also ist $p = 2$, $(-1)^p = +1$.

Für $n = 2$ und $n = 3$ erhält man besonders einfache Ausdrücke für die Determinanten:

$$n = 2 \quad : \quad |A| = A_{11} A_{22} - A_{12} A_{21} \tag{A7–34}$$

$$n = 3 \quad : \quad |A| = A_{11} A_{22} A_{33} + A_{12} A_{23} A_{31} + A_{13} A_{21} A_{32} - A_{11} A_{23} A_{32} - A_{12} A_{21} A_{33} - A_{13} A_{22} A_{31} \tag{A7–35}$$

Für $n = 2$ und $n = 3$ kann man sich diese Formeln folgendermaßen merken: Die Kreise bedeuten dabei die Matrixelemente, eine ausgezogene Linie weist darauf hin, daß das Produkt der Matrixelemente mit Plus-Vorzeichen, eine strichlinierte Linie, daß das Produkt mit Minus-Vorzeichen zu nehmen ist.

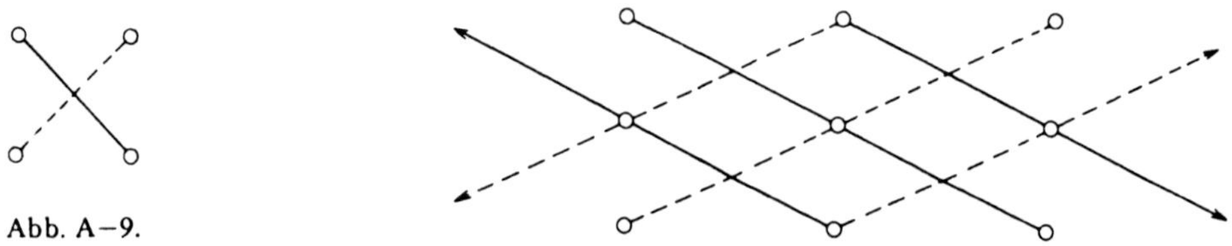

Abb. A–9.

Bereits bei $n = 4$ (24 Terme) hilft kein einfaches Schema mehr. Es empfiehlt sich dann, $|A|$ nicht unter unmittelbarer Benutzung der Definition auszurechnen, sondern sich der folgenden Sätze zu bedienen, insbesondere des sog. Laplaceschen Entwicklungssatzes.

Aus der Definition einer Determinante folgen unmittelbar folgende Eigenschaften:

1. Eine Matrix $A = (A_{ik})$ und ihre transponierte Matrix $A' = (A_{ki})$ haben die gleiche Determinante: $|A| = |A'|$

Beispiel: $\begin{vmatrix} 3 & 4 \\ 1 & 2 \end{vmatrix} = \begin{vmatrix} 3 & 1 \\ 4 & 2 \end{vmatrix} = 6 - 4 = 2$

2. Eine Determinante verschwindet, wenn alle Elemente einer Zeile oder einer Spalte verschwinden. Jeder Summand in (A7–33) verschwindet dann nämlich.

Beispiel: $\begin{vmatrix} 3 & 1 & -4 \\ 0 & 0 & 0 \\ 1 & 2 & 1 \end{vmatrix} = 0$

3. Eine Determinante kehrt ihr Vorzeichen um, wenn man zwei Spalten vertauscht (dann wird nämlich jede gerade Permutation ungerade und umgekehrt).

Beispiel:
$$\begin{vmatrix} 0 & 2 & 1 \\ 1 & 1 & 0 \\ 0 & 1 & -1 \end{vmatrix} = - \begin{vmatrix} 2 & 0 & 1 \\ 1 & 1 & 0 \\ 1 & 0 & -1 \end{vmatrix} = 3$$

Allgemein gilt:

Eine Determinante ändert sich nicht, wenn man eine gerade Permutation von Zeilen oder Spalten durchführt; sie wird mit -1 multipliziert bei einer ungeraden Permutation.

4. Sind zwei Zeilen oder zwei Spalten gleich, so verschwindet die Determinante. Vertauschen dieser beiden Zeilen (bzw. Spalten) darf die Determinante natürlich nicht ändern, andererseits muß sie nach Satz 3 das Vorzeichen umkehren, also bleibt nur die Möglichkeit $|\boldsymbol{A}| = 0$.

Beispiel:
$$\begin{vmatrix} 1 & 2 & 3 \\ 1 & 2 & 3 \\ 4 & 0 & 6 \end{vmatrix} = 0$$

5. Multipliziert man alle Elemente einer Zeile (oder Spalte) mit λ, so multipliziert sich die Determinante mit λ. Jeder Summand in (A7–33) wird dann nämlich mit λ multipliziert.

Beispiel:
$$\begin{vmatrix} 5 \cdot 1 & 5 \cdot 2 \\ 3 & -3 \end{vmatrix} = 5 \begin{vmatrix} 1 & 2 \\ 3 & -3 \end{vmatrix} = 15 \begin{vmatrix} 1 & 2 \\ 1 & -1 \end{vmatrix}$$
$$= 15 \cdot (-1 - 2) = -45$$

Daraus folgt natürlich, daß $|\lambda \boldsymbol{A}| = \lambda^n |\boldsymbol{A}|$.

6. Zwei Determinanten, die sich nur in einer Zeile (bzw. Spalte) unterscheiden, kann man addieren, indem man die unterschiedliche Zeile (Spalte) addiert und die übrigen gleich läßt.

Beispiel:
$$\begin{vmatrix} 1 & 1 & 1 \\ 2 & 3 & 4 \\ 1 & 2 & 3 \end{vmatrix} + \begin{vmatrix} 1 & 1 & 1 \\ 1 & 0 & 2 \\ 1 & 2 & 3 \end{vmatrix} = \begin{vmatrix} 1 & 1 & 1 \\ 3 & 3 & 6 \\ 1 & 2 & 3 \end{vmatrix}$$

7. Addiert man zu einer Zeile ein Vielfaches einer anderen Zeile (analog für Spalten), so bleibt die Determinante unverändert. (Das folgt aus den Sätzen 4, 5 und 6.)

Beispiel:
$$\begin{vmatrix} 1 & 1 & 1 \\ 2 & 3 & 4 \\ 1 & 2 & 3 \end{vmatrix} = \begin{vmatrix} 1 & 1 & 1 \\ 2-1 & 3-1 & 4-1 \\ 1 & 2 & 3 \end{vmatrix} = \begin{vmatrix} 1 & 1 & 1 \\ 1 & 2 & 3 \\ 1 & 2 & 3 \end{vmatrix} = 0$$

8. Sind die Zeilenvektoren (oder die Spaltenvektoren) linear abhängig, so verschwindet die Determinante. (Das folgt aus den Sätzen 7 und 2.) Es gilt auch umgekehrt, daß A nur dann verschwindet, wenn die Zeilenvektoren linear abhängig sind (vorausgesetzt, daß keiner der Nullvektor ist), folglich auch, daß das Verschwinden der Determinante lineare Abhängigkeit der Zeilenvektoren impliziert und umgekehrt. Der Beweis ist zwar elementar, aber etwas langwierig.

Beispiel für die Umformung einer Determinante und die lineare Abhängigkeit ihrer Zeilen- (bzw. Spalten-)Vektoren:

$$\begin{vmatrix} 1 & 2 & 3 & 4 \\ 5 & 6 & 7 & 8 \\ -21 & -22 & -23 & -24 \\ -1 & 4 & 36 & \pi \end{vmatrix} = \begin{vmatrix} 1 & 2 & 3 & 4 \\ 4 & 4 & 4 & 4 \\ -21 & -22 & -23 & -24 \\ -1 & 4 & 36 & \pi \end{vmatrix} =$$

$$= \begin{vmatrix} 1 & 2 & 3 & 4 \\ 4 & 4 & 4 & 4 \\ -20 & -20 & -20 & -20 \\ -1 & 4 & 36 & \pi \end{vmatrix} = \begin{vmatrix} 1 & 2 & 3 & 4 \\ 4 & 4 & 4 & 4 \\ 0 & 0 & 0 & 0 \\ -1 & 4 & 36 & \pi \end{vmatrix} = 0$$

9. Die Determinante eines Produktes von Matrizen ist gleich dem Produkt der Determinanten der Matrizen:

$$|A \cdot B| = |A|\,|B| \qquad \text{(A7–36)}$$

Der Beweis ist elementar, aber etwas mühsam. Man muß dabei ausnützen, daß Produkte von Permutationen wiederum Permutationen sind.

10. Laplacescher Entwicklungssatz für Entwicklung nach einer Zeile oder Spalte:

Man definiert zuerst die sog. Unterdeterminanten (Minoren). Die Matrix sei $a = (a_{ik})$, dann versteht man unter der Unterdeterminante a^{ik} die Determinante der Matrix, die aus a entsteht, wenn man die i-te Zeile und die k-te Spalte wegläßt.

Beispiel:

$$a = \begin{pmatrix} 1 & 2 & 3 \\ 0 & 5 & 1 \\ 1 & 0 & 1 \end{pmatrix} \qquad a^{12} = \begin{vmatrix} 0 & 1 \\ 1 & 1 \end{vmatrix} = -1$$

Ferner definiert man den Kofaktor $\overline{a}^{ik} = (-1)^{i+k}\, a^{ik}$. Der Entwicklungssatz lautet dann: Man wähle eine Zeile (oder Spalte) der Matrix a aus, multipliziere jedes Element a_{ik} dieser Zeile (bzw. Spalte) mit dem ihm zugeordneten Kofaktor $\overline{a}^{ik}$. Die Summe dieser Produkte ist dann gleich der Determinante $|a|$.

$$|a| = \sum_k a_{ik}\, \overline{a}^{ik} = \sum_k (-1)^{i+k}\, a_{ik}\, a^{ik} \quad \text{für beliebiges } i \qquad \text{(A7–37)}$$

Beispiel:

$$\begin{vmatrix} 1 & 2 & 3 \\ 0 & 2 & 2 \\ 1 & 3 & 0 \end{vmatrix} = 1 \cdot \begin{vmatrix} 2 & 2 \\ 3 & 0 \end{vmatrix} - 2 \begin{vmatrix} 0 & 2 \\ 1 & 0 \end{vmatrix} + 3 \begin{vmatrix} 0 & 2 \\ 1 & 3 \end{vmatrix} = -6 + 4 - 6 = -8$$

$$= -0 \begin{vmatrix} 2 & 3 \\ 3 & 0 \end{vmatrix} + 2 \begin{vmatrix} 1 & 3 \\ 1 & 0 \end{vmatrix} - 2 \begin{vmatrix} 1 & 2 \\ 1 & 3 \end{vmatrix} = 0 - 6 - 2 = -8$$

Man entwickelt bevorzugt nach einer Zeile (bzw. Spalte), die möglichst viele Nullen enthält.

A 7. 3. Auflösen linearer Gleichungssysteme

Sei A eine quadratische Matrix und

$$A \vec{x} = \vec{y} \qquad \text{(A7–38)}$$

ein lineares Gleichungssystem. Sei $\vec{y}$ gegeben und $\vec{x}$ gesucht. Falls die Matrix A ein Inverses A^{-1} besitzt (vgl. Abschn. A 7.1), so hat das Gleichungssystem (A7–38) sicher eine Lösung. Es genügt, daß wir es von links mit A^{-1} multiplizieren:

$$A^{-1} A\vec{x} = \mathbf{1}\,\vec{x} = \vec{x} = A^{-1}\,\vec{y} \qquad \text{(A7–39)}$$

Kenntnis von A^{-1} ist also gleichbedeutend mit der Auflösung des Gleichungssystems für beliebig vorgegebenes $\vec{y}$.

Die Frage, unter welchen Voraussetzungen A^{-1} existiert und wenn es existiert, wie es sich konstruieren läßt, ist offenbar von grundsätzlicher Bedeutung für die Theorie der Lösung linearer Gleichungssysteme. Wir werden im folgenden zeigen, daß die Bedingung $|A| \neq 0$ notwendig und hinreichend für die Existenz von A^{-1} ist, und wir werden den Beweis dafür, daß sie hinreichend ist, gleich mit einer Konstruktionsvorschrift für A^{-1} verbinden. Dann zeigen wir, daß das Inverse eindeutig ist, sofern es existiert.

Es erweist sich dabei als nützlich, folgende Definitionen einzuführen:

Eine Matrix A heißt *regulär,* wenn $|A| \neq 0$, d.h. wenn ihre Determinante nicht verschwindet. Eine Matrix A heißt *singulär,* wenn $|A| = 0$, d.h. wenn ihre Determinante verschwindet.

Nach den linearen Gleichungssystemen mit regulärer Matrix A werden wir uns dann mit denjenigen mit singulärem A befassen.

Beweis, daß nur reguläre Matrizen ein Inverses haben: Nach Satz 9 für Determinanten ist

$$|A^{-1}| \cdot |A| = |A^{-1} \cdot A| = |\mathbf{1}| = 1 \qquad \text{(A7–40)}$$

Diese Gleichung ist nur zu erfüllen, wenn $|A| \neq 0$, dann ist

$$|A^{-1}| = |A|^{-1} \tag{A7–41}$$

Beweis, daß zu jeder regulären Matrix ein Inverses existiert: Für die Matrix

$$A = \begin{pmatrix} A_{11} & A_{12} & \cdots\cdots\cdots & A_{1n} \\ A_{21} & A_{22} & \cdots\cdots\cdots & A_{2n} \\ \cdots & \cdots & \cdots & \cdots \\ \cdots & \cdots & \cdots & \cdots \\ A_{n1} & A_{n2} & \cdots\cdots\cdots & A_{nn} \end{pmatrix} \tag{A7–42}$$

gilt nach dem Laplaceschen Entwicklungssatz z.B.

$$|A| = \sum_{k=1}^{n} A_{1k} \bar{A}^{1k} \tag{A7–43}$$

wobei $\bar{A}^{1k}$ die zu A_{1k} gehörigen Kofaktoren sind. Betrachten wir jetzt die folgende Matrix

$$\begin{pmatrix} A_{21} & A_{22} & \cdots\cdots\cdots & A_{2n} \\ A_{21} & A_{22} & \cdots\cdots\cdots & A_{2n} \\ \cdots & \cdots & \cdots & \cdots \\ \cdots & \cdots & \cdots & \cdots \\ A_{n1} & A_{n2} & \cdots\cdots\cdots & A_{nn} \end{pmatrix} \tag{A7–44}$$

die aus A hervorgeht, indem wir die erste Zeile durch die zweite ersetzen. Die Determinante dieser Matrix ist offenbar gleich 0, andererseits kann man auf sie den Laplaceschen Entwicklungssatz anwenden:

$$0 = \sum_{k=1}^{n} A_{2k} \bar{A}^{1k} \tag{A7–45}$$

wobei die $\bar{A}^{1k}$ die gleichen wie oben sind.

Offenbar gilt allgemein

$$\sum_{k=1}^{n} A_{ik} \bar{A}^{jk} = \delta_{ij} \cdot |A| \tag{A7–46}$$

Definieren wir jetzt die Matrix $\boldsymbol{B}$ mit den Elementen

$$B_{ki} = \frac{1}{|\boldsymbol{A}|} \bar{A}^{ik} \tag{A7–47}$$

so gilt offenbar

$$\sum_{k=1}^{n} A_{ik} B_{kj} = \delta_{ij} \tag{A7–48}$$

oder in Matrixform

$$\boldsymbol{A} \cdot \boldsymbol{B} = \mathit{1} \tag{A7–49}$$

Folglich ist $\boldsymbol{B}$ in der Tat das Inverse von $\boldsymbol{A}$,

$$\boldsymbol{B} = \boldsymbol{A}^{-1} \tag{A7–50}$$

für das wir also gleich eine Konstruktionsvorschrift angegeben haben. Aus dieser Konstruktion sieht man, daß $\boldsymbol{A}^{-1}$ sich nur dann in der angegebenen Weise konstruieren läßt, wenn $|\boldsymbol{A}| \neq 0$, d.h. wenn $\boldsymbol{A}$ regulär ist. Vorher haben wir gezeigt, daß die Regularität von $\boldsymbol{A}$ notwendige Voraussetzung für die Existenz von $\boldsymbol{A}^{-1}$ ist; jetzt haben wir gezeigt, daß diese Bedingung auch hinreichend ist.

Beweis, daß das Inverse einer Matrix eindeutig ist, sofern es überhaupt existiert:

Nehmen wir an, es gäbe zwei verschiedene Matrizen $\boldsymbol{B}$ und $\boldsymbol{C}$ mit der Eigenschaft, daß

$$\boldsymbol{B} \cdot \boldsymbol{A} = \mathit{1} \qquad \text{und} \qquad \boldsymbol{C} \cdot \boldsymbol{A} = \mathit{1}, \tag{A7–51}$$

dann gilt offenbar auch

$$(\boldsymbol{B} - \boldsymbol{C})\boldsymbol{A} = \mathit{0} \tag{A7–52}$$

Jede Zeile der Matrix $\boldsymbol{D} = \boldsymbol{B} - \boldsymbol{C}$ muß also zu jeder Spalte von $\boldsymbol{A}$ orthogonal oder aber gleich dem Nullvektor sein. Da $\boldsymbol{A}$ regulär sein soll, sind die Spaltenvektoren von $\boldsymbol{A}$ linear unabhängig, d.h., sie bilden eine Basis des n-dimensionalen cartesischen Raumes $\mathfrak{R}_n$, es gibt dann keinen Vektor, der zu allen Spalten orthogonal ist. Folglich kann $\boldsymbol{B} - \boldsymbol{C}$ nur die Nullmatrix sein. Die Annahme, daß $\boldsymbol{B}$ von $\boldsymbol{C}$ verschieden ist, führt zu einem Widerspruch: $\boldsymbol{B}$ und $\boldsymbol{C}$ müssen gleich sein, also ist $\boldsymbol{A}^{-1}$ eindeutig.

Das oben angegebene Konstruktionsverfahren für $\boldsymbol{A}^{-1}$ ist zwar formal sehr durchsichtig, aber von geringer praktischer Bedeutung, da die Zahl der expliziten Rechenschritte zu groß ist. I.allg. führt der sogenannte Gaußsche Algorithmus, auf den wir hier nicht eingehen können, mit weniger numerischem Rechenaufwand zum Ziel.

Das Problem, das Gleichungssystem

$$\vec{y} = \boldsymbol{A}\vec{x} \tag{A7–38}$$

nach $\vec{x}$ aufzulösen, haben wir soeben im Prinzip gelöst, zumindest für den Fall, daß A regulär ist. In diesem Fall ist die Lösung eindeutig und gegeben durch

$$\vec{x} = A^{-1}\,\vec{y}, \qquad \text{(A7–39)}$$

Für singuläres A haben wir zunächst keine Aussage gefunden. Es wäre sicher übereilt, zu glauben, daß bei singulärem A überhaupt keine Lösung existiert. Es sind zwei Fälle möglich, die von der speziellen Form von $\vec{y}$ abhängen. Entweder existiert kein Lösungsvektor $\vec{x}$, der diese Gleichung erfüllt, oder es existieren unendlich viele Lösungsvektoren. Wir beschränken uns im folgenden auf den Fall $\vec{y} = \vec{0}$, d.h. auf sogenannte homogene Gleichungssysteme.

$$A\vec{x} = \vec{0} \qquad \text{(A7–53)}$$

Falls A regulär ist, können wir das Gleichungssystem von links mit A^{-1} multiplizieren, und es ergibt sich

$$A^{-1}A\vec{x} = \vec{x} = \vec{0} \qquad \text{(A7–54)}$$

Die eindeutige Lösung ist also der Nullvektor. Daß $\vec{x} = \vec{0}$ die Gl. (A7–53) löst, sieht man sofort, und dieses Ergebnis gilt sicher für beliebiges (also auch singuläres) A. Diese Lösung ist recht uninteressant, man bezeichnet sie als *triviale* Lösung.

Da für reguläres A die Lösung eindeutig ist, ist für reguläres A die triviale Lösung die einzig mögliche Lösung. Notwendige Bedingung für die Existenz noch anderer, nichttrivialer Lösungen ist deshalb offenbar, daß A singulär ist.

Bevor wir diese Lösungen untersuchen, können wir noch folgendes zeigen:

1. Ist $\vec{x}$ Lösung des Gleichungssystems $A\vec{x} = \vec{0}$, so ist auch $\lambda\vec{x}$ Lösung des gleichen Gleichungssystems.

2. Sind $\vec{x}_1$ und $\vec{x}_2$ zwei Lösungsvektoren von $A\vec{x} = \vec{0}$, so ist auch $\lambda\vec{x}_1 + \mu\vec{x}_2$ mit beliebigem λ und μ Lösungsvektor.

Allgemein gilt also, daß die Lösungsvektoren, wenn überhaupt welche existieren, einen linearen Unterraum des $\mathcal{R}_n$ bilden. Die Dimension dieses Unterraumes ist gleich der Zahl der linear unabhängigen Lösungen von $A\vec{x} = 0$.

Beachten wir also das Gleichungssystem

$$\begin{aligned}
A_{11}x_1 + A_{12}x_2 + \ldots A_{1n}x_n &= 0 \\
A_{21}x_1 + A_{22}x_2 + \ldots A_{2n}x_n &= 0 \\
\ldots\ldots\ldots\ldots\ldots\ldots\ldots\ldots\ldots \\
A_{n1}x_1 + A_{n2}x_2 + \ldots A_{nn}x_n &= 0
\end{aligned} \qquad \text{(A7–55)}$$

mit singulärem A, d.h. $|A| = 0$ und die Zeilenvektoren von A sind linear abhängig; das bedeutet aber auch, daß die n Gleichungen linear abhängig sind. Mindestens eine Gleichung läßt sich als Linearkombination der anderen Gleichungen darstellen, sie enthält keine zusätzliche Information. Man bezeichnet die Zahl r linear unabhängiger Zeilenvektoren von A als *Rang* dieser Matrix. Das vorliegende Gleichungssystem entspricht also bei $r < n$ nur r unabhängigen Gleichungen für n Unbekannte. Wir denken uns die Zeilen so angeordnet, daß die ersten r Zeilen linear unabhängig sind, und wir lassen die letzten $n-r$ Zeilen weg. Die verbleibende $n \times r$-Matrix hat nur r und zwar genau r linear unabhängige Spaltenvektoren. (Der 'Zeilenrang' einer Matrix ist, was wir nicht beweisen wollen, immer gleich ihrem 'Spaltenrang'.) Wir denken uns diese Spalten so angeordnet, daß die ersten r Spalten linear unabhängig sind. Unser Gleichungssystem läßt sich dann so schreiben:

$$\begin{aligned}
A_{11}x_1 + A_{12}x_2 + \ldots A_{1r}x_r &= -A_{1,r+1}x_{r+1} - \ldots A_{1n}x_n \\
A_{21}x_1 + A_{22}x_2 + \ldots A_{2r}x_r &= -A_{2,r+1}x_{r+1} - \ldots A_{2n}x_n \\
\ldots\ldots\ldots\ldots\ldots\ldots &\ldots\ldots\ldots\ldots\ldots\ldots \\
A_{r1}x_1 + A_{r2}x_2 + \ldots A_{rr}x_r &= -A_{r,r+1}x_{r+1} - \ldots A_{rn}x_n
\end{aligned} \tag{A7–56}$$

Nun geben wir für $x_{r+1}, x_{r+2} \ldots x_n$ (das sind $n-r$ Zahlen) irgendwelche Werte vor, dann ergeben sich für die rechten Seiten die Werte $d_1, d_2, \ldots d_r$, die sich als Vektor $\vec{d}$ zusammenfassen lassen.

Wir haben dann das r-dimensionale Gleichungssystem

$$A^{(r)}\vec{x}^{(r)} = \vec{d}^{(r)} \tag{A7–57}$$

Die Matrix $A^{(r)}$ ist offenbar regulär, da sie r linear unabhängige Zeilen- (und Spalten-) vektoren hat. Das Gleichungssystem (A7–57) ist also eindeutig lösbar. Folglich können wir zu jedem vorgegebenen Wert von $x_{r+1}, x_{r+2} \ldots x_n$ immer Werte für $x_1, x_2 \ldots x_r$ berechnen, derart daß der n-dimensionale $\vec{x}$-Vektor unsere ursprüngliche Gleichung löst. Dementsprechend ist die Lösungsmannigfaltigkeit $(n-r)$-dimensional. Besonders wichtig ist der Fall $r = n - 1$, dann ist $n - r = 1$, die Lösungsfaltigkeit ist eindimensional.

Ein Beispiel zur Erläuterung:

$$A = \begin{pmatrix} \sqrt{2} & 1 & 0 \\ 1 & \sqrt{2} & 1 \\ 0 & 1 & \sqrt{2} \end{pmatrix} \qquad \begin{aligned} \sqrt{2}\cdot x_1 + x_2 &= 0 \\ x_1 + \sqrt{2}\cdot x_2 + x_3 &= 0 \\ x_2 + \sqrt{2}\cdot x_3 &= 0 \end{aligned}$$

$$|A| = 0 \qquad \text{Lösung:} \quad x_2 = -\sqrt{2}\cdot x_1$$

$$r = 2 \qquad x_3 = -\sqrt{\frac{1}{2}}\cdot x_2 = x_1 \tag{A7–58}$$

Man gebe $x_1 = a$ vor:

$$x_1 = a\,; \quad x_2 = -\sqrt{2}\cdot a\,; \quad x_3 = a$$

$$\vec{x} = (a, -\sqrt{2}\,a, a) = a\,(1, -\sqrt{2}, 1) \tag{A7–59}$$

Die Lösungsmannigfaltigkeit ist eindimensional, alle Vielfachen von $(1, -\sqrt{2}, 1)$ lösen die Gleichung.

Ein anderes Beispiel:

$$A = \begin{pmatrix} 1 & 1 & 1 \\ 1 & 1 & 1 \\ 1 & 1 & 1 \end{pmatrix} \qquad x_1 + x_2 + x_3 = 0$$

$$|A| = 0 \quad . r = 1 \tag{A7–60}$$

Man gebe vor: $x_2 = a$

$$x_3 = b \qquad x_1 = -a - b$$

$$\vec{x} = (-a - b, a, b)$$

$$= a\,(-1, 1, 0) + b\,(-1, 0, 1) \tag{A7–61}$$

Die Lösungsmannigfaltigkeit ist zweidimensional, $\vec{x}_1 = (-1, 1, 0)$ und $\vec{x}_2 = (-1, 0, 1)$ sind zwei linear unabhängige Vektoren dieser Mannigfaltigkeit.

A 7.4. Eigenwerte und Eigenvektoren

Sei A eine quadratische Matrix. Wir suchen einen Vektor $\vec{x}$ und eine Zahl λ, so daß gelte

$$A\vec{x} = \lambda\vec{x} \tag{A7–62}$$

d.h. daß Anwendung von A auf $\vec{x}$ ein Vielfaches von $\vec{x}$ ergebe. Wenn ein solches $\vec{x}$ existiert, nennen wir es *Eigenvektor* der Matrix A und λ den zugehörigen Eigenwert.

Wir können die Gl. (A7–62) etwas anders schreiben:

$$(A - \lambda\,1)\,\vec{x} = \vec{0} \tag{A7–63}$$

und sehen, daß $\vec{x}$ Lösung eines homogenen linearen Gleichungssystems (vgl. Abschn. A7.3) ist. Die triviale Lösung $\vec{x} = \vec{0}$ soll uns nicht interessieren, wir wollen vielmehr nur solche $\vec{x}$ als Eigenvektoren bezeichnen, die vom Nullvektor $\vec{0}$ verschieden sind.

Bedingung für die Existenz eines nicht-trivialen $\vec{x}$ ist nun nach Abschn. A7.3, daß die Matrix $\boldsymbol{A} - \lambda \boldsymbol{1}$ singulär ist, d.h. daß ihre Determinante verschwindet:

$$|\boldsymbol{A} - \lambda \boldsymbol{1}| = 0 \tag{A7–64}$$

Wenn man diese Determinante ausmultipliziert, erhält man ein Polynom in λ, z.B.

$$\boldsymbol{A} = \begin{pmatrix} A_{11} & A_{12} & A_{13} \\ A_{21} & A_{22} & A_{23} \\ A_{31} & A_{32} & A_{33} \end{pmatrix}$$

$$|\boldsymbol{A} - \lambda \boldsymbol{1}| = \begin{vmatrix} A_{11} - \lambda & A_{12} & A_{13} \\ A_{21} & A_{22} - \lambda & A_{23} \\ A_{31} & A_{32} & A_{33} - \lambda \end{vmatrix} = P(\lambda) =$$

$$\begin{aligned} &= (A_{11} - \lambda)(A_{22} - \lambda)(A_{33} - \lambda) + A_{12} A_{23} A_{31} + A_{13} A_{32} A_{21} \\ &\quad - (A_{11} - \lambda) A_{23} A_{32} - (A_{22} - \lambda) A_{13} A_{31} - (A_{33} - \lambda) A_{12} A_{21} \\ &= -\lambda^3 + \lambda^2 (A_{11} + A_{22} + A_{33}) - \lambda (A_{11} A_{22} + A_{22} A_{33} + A_{11} A_{33} \\ &\quad - A_{23} A_{32} - A_{13} A_{31} - A_{12} A_{21}) + A_{12} A_{23} A_{31} + A_{13} A_{32} A_{21} \\ &\quad + A_{11} A_{22} A_{33} - A_{11} A_{23} A_{32} - A_{22} A_{13} A_{31} - A_{33} A_{12} A_{21} \end{aligned} \tag{A7–65}$$

Man bezeichnet $P(\lambda)$ als das charakteristische Polynom der Matrix $\boldsymbol{A}$. Offenbar ist für die Existenz eines Eigenvektors $\vec{x}$ Bedingung, daß $P(\lambda) = 0$, d.h., daß λ eine Nullstelle des charakteristischen Polynoms ist.

Nach dem Fundamentalsatz der Algebra hat ein Polynom n-ten Grades $P_n(\lambda)$ genau n Nullstellen λ_k, und es läßt sich in der Form schreiben

$$P_n(\lambda) = \prod_{k=1}^{n} (\lambda - \lambda_k) = (\lambda - \lambda_1)(\lambda - \lambda_2) \; .... \; (\lambda - \lambda_n) \tag{A7–66}$$

Die Nullstellen λ_k können reell oder komplex sein, und mehrere λ_k können auch gleich sein. Wenn in der Zerlegung (A7–66) ein Faktor $(\lambda - \lambda_k)$ m-mal vorkommt, sagt man, λ_k ist eine m-fache Nullstelle.

Eine beliebige quadratische Matrix $\boldsymbol{A}$ der Dimension n hat also maximal n verschiedene Eigenwerte λ_k. Da $|\boldsymbol{A} - \lambda_k \boldsymbol{1}| = 0$, hat die Gl. (A7–63) für $\lambda = \lambda_k$ zumindest einen nichttrivialen Lösungsvektor $\vec{x}_k$. Es können a priori zu einem λ_k auch mehrere linear unabhängige Lösungsvektoren gehören, nämlich dann, wenn der Rang der Matrix $(A-\lambda_k 1)$ kleiner als $n-1$ ist. Es läßt sich zeigen, daß die Eigenvektoren zu verschiedenen Eigenwerten linear unabhängig sind. Dies hat u.a. zur Folge, daß, wenn alle λ_k verschieden sind, zu jedem λ_k nur genau ein Eigenvektor gehört.

Wir wollen die Theorie der Eigenwerte und Eigenvektoren *beliebiger* Matrizen nicht weiter verfolgen, sondern uns (in Abschn. A7.5) auf *hermitische* Matrizen beschränken, die für die Quantenchemie bei weitem am wichtigsten sind. Vorher soll aber an einem Beispiel einer nichthermitischen Matrix gezeigt werden, wie man bei beliebigen Matrizen immer vorgehen kann, um die Eigenwerte und Eigenvektoren zu bestimmen.

Beispiel:

$$A = \begin{pmatrix} 0 & 1 & 0 \\ 0 & 0 & 1 \\ 1 & 0 & 0 \end{pmatrix}; \; P(\lambda) = |A - \lambda 1| = \begin{vmatrix} -\lambda & 1 & 0 \\ 0 & -\lambda & 1 \\ 1 & 0 & -\lambda \end{vmatrix} = -\lambda^3 + 1 \stackrel{!}{=} 0 \tag{A7–67}$$

Nullstellen von $P(\lambda)$ sind:

$$\lambda_1 = 1\,; \; \lambda_2 = -\frac{1}{2} + \frac{i}{2}\sqrt{3} = \omega\,; \; \lambda_3 = -\frac{1}{2} - \frac{i}{2}\sqrt{3} = \omega^* \tag{A7–68}$$

(die sog. drei dritten Einheitswurzeln aus 1).

Berechnung des Eigenvektors zu $\lambda_1 = 1$:

$$(A - \lambda 1)\vec{x}^{(1)} = \begin{pmatrix} -1 & 1 & 0 \\ 0 & -1 & 1 \\ 1 & 0 & -1 \end{pmatrix} \begin{pmatrix} x_1^{(1)} \\ x_2^{(1)} \\ x_3^{(1)} \end{pmatrix} = \begin{pmatrix} -x_1^{(1)} + x_2^{(1)} \\ -x_2^{(1)} + x_3^{(1)} \\ x_1^{(1)} - x_3^{(1)} \end{pmatrix} = \begin{pmatrix} 0 \\ 0 \\ 0 \end{pmatrix} \tag{A7–69}$$

Der Rang dieses linearen Gleichungssystems ist 2, die dritte Gleichung ist Linearkombination der ersten und zweiten. Aus der ersten Gleichung folgt:

$$x_1^{(1)} = x_2^{(1)}$$

aus der zweiten:

$$x_2^{(1)} = x_3^{(1)}\,.$$

Also ist $\vec{x}^{(1)} = (x_1^{(1)}, x_1^{(1)}, x_1^{(1)}) = (a, a, a)$ mit beliebigem a.

Es ist üblich, zusätzlich zu fordern, daß $\vec{x}$ auf 1 normiert ist, d.h. daß

$$|\vec{x}^{(1)}|^2 = 3a^2 = 1 , \tag{A7–70}$$

das führt zu:

$$\vec{x}^{(1)} = \frac{1}{\sqrt{3}} (1, 1, 1) \tag{A7–71}$$

Die beiden anderen Eigenvektoren berechnet man ganz analog und man erhält:

$$\vec{x}^{(2)} = \frac{1}{\sqrt{3}} (1, \omega, \omega^*)$$

$$\vec{x}^{(3)} = \frac{1}{\sqrt{3}} (1, \omega^*, \omega) \tag{A7–72}$$

A 7.5. Eigenwert-Theorie hermitischer Matrizen

Besondere Bedeutung haben hermitische (speziell: reelle symmetrische Matrizen). Für ihre Eigenwerte und Eigenvektoren gilt eine Reihe von Sätzen, die für beliebige Matrizen nicht gelten.

1. Hermitische Matrizen haben nur *reelle* Eigenwerte.

Der Beweis entspricht genau dem für die Eigenwerte hermitischer Operatoren. In Entsprechung zum 'Matrixelement' eines hermitischen Operators führen wir den Begriff der Bilinearform einer Matrix ein:

$$(\vec{x}, A\vec{y}) \tag{A7–73}$$

wobei $\vec{x}$ und $\vec{y}$ beliebige Vektoren (der richtigen Dimension) sind. Der Ausdruck (A7–73) ist das Skalarprodukt zwischen $\vec{x}$ und $A\vec{y}$.

Für eine hermitische Matrix gilt offenbar

$$(\vec{x}, A\vec{y}) = (\vec{y}, A\vec{x})^* \tag{A7–74}$$

Der Beweis dafür, daß die Eigenwerte reell sind, ist dann genau wie in Abschn. A6.5.

2. Eigenvektoren einer hermitischen Matrix zu verschiedenen Eigenwerten sind orthogonal.

Auch bei diesem Satz können wir uns auf den Beweis für allgemeine hermitische Operatoren in Abschn. A6.5 berufen. Wie zum Beginn von Abschn. A7.1. erwähnt, sind Matrizen Operatoren mit dem cartesischen Vektorraum als Definitionsbereich.

3. Ist λ_i eine d_i-fache Nullstelle des charakteristischen Polynoms $P(\lambda)$ einer hermitischen Matrix, so ist λ_i ein genau d_i-fach entarteter Eigenwert. Falls alle n Nullstellen von $P(\lambda)$ verschieden sind, sind alle $d_i = 1$, sonst

$$\sum_{i=1}^{k} d_i = n \tag{A7–75}$$

wenn es k verschiedene Nullstellen gibt.

Einen Eigenwert λ_i bezeichnet man als D_i-fach entartet, wenn es zu λ_i D_i linear unabhängige Eigenfunktionen gibt. Wir wollen hier nicht beweisen, daß $d_i = D_i$, aber darauf hinweisen, daß dies für hermitische, nicht aber für beliebige Matrizen gilt.

Die d_i linear unabhängigen Eigenvektoren zu λ_i spannen einen d_i-dimensionalen Raum auf. Wir können in diesem Raum eine orthogonale (unitäre) Basis konstruieren, z.B. ausgehend von irgendwelchen linear unabhängigen $\vec{x}$ und anschließender Orthogonalisierung nach E. Schmidt (vgl. Abschn. A6.3). Wir können somit für jedes hermitische A einen Satz von n zueinander paarweise orthogonalen Eigenvektoren angeben. Nennen wir diese $\vec{u}_i$ $(i = 1, 2 \ldots n)$.

4. Sei A eine hermitische Matrix, und seien $\vec{u}_i$ $(i = 1, 2, \ldots n)$ orthogonale und auf 1 normierte Eigenvektoren. Fassen wir diese Vektoren als Spaltenvektoren auf, und konstruieren wir aus ihnen eine Matrix,

$$U = (\vec{u}_1, \vec{u}_2 \ldots\ldots \vec{u}_n) \tag{A7–76}$$

so ist diese Matrix offenbar unitär, denn $U \cdot U^+ = 1$; ferner gilt, daß

$$U^+ A\, U = \Lambda \tag{A7–77}$$

wobei Λ eine Diagonalmatrix ist mit den Eigenwerten λ_i von A als Elementen.

In der Tat ist

$$A \cdot U = A \cdot (\vec{u}_1, \vec{u}_2 \ldots\ldots \vec{u}_n) = (\lambda_1 \vec{u}_1, \lambda_2 \vec{u}_2 \ldots\ldots \lambda_n \vec{u}_n)$$

$$U^+ \cdot A\, U = \begin{pmatrix} \vec{u}_1 \\ \vec{u}_2 \\ \cdot \\ \cdot \\ \cdot \\ \vec{u}_n \end{pmatrix} \cdot (\lambda_1 \vec{u}_1, \lambda_2 \vec{u}_2 \ldots\ldots \lambda_n \vec{u}_n) = \begin{pmatrix} \lambda_1 & & & & & 0 \\ & \lambda_2 & & & & \\ & & \cdot & & & \\ & & & \cdot & & \\ & & & & \cdot & \\ 0 & & & & & \lambda_n \end{pmatrix} \tag{A7–78}$$

wenn wir berücksichtigen, daß $(\vec{u}_i, \vec{u}_j) = \delta_{ij}$

Allgemein sagt man, eine Matrix A werde mit einer unitären Matrix B in eine Matrix C transformiert, wenn man bildet

$$C = B^+ A B \tag{A7–79}$$

In diesem Sinn kann man sagen, daß die Matrix U der Eigenvektoren von A dieses A in eine Diagonalmatrix Λ transformiert. Das Problem, die Eigenwerte und Eigenfunktionen von A zu finden, ist also gleichbedeutend mit dem, eine Matrix U zu finden, die A in eine Diagonalmatrix transformiert. Man spricht auch einfach davon, die Matrix A zu *diagonalisieren* und meint dasselbe.

Gelegentlich ist es sinnvoll, eine Diagonalisierung schrittweise vorzunehmen, indem wir z.B. U als ein Produkt zweier Matrizen U_1 und U_2 auffassen:

$$\Lambda = U^+ A U = U_2^+ U_1^+ A U_1 U_2 = U_2^+ B U_2$$

wobei $B = U_1^+ A U_1$ nicht diagonal ist, aber aus Diagonalblöcken besteht, etwa

$$\left(\begin{array}{c|cc|cc} 1 & 0 & 0 & 0 & 0 \\ \hline 0 & 3 & 4 & 0 & 0 \\ 0 & 4 & 2 & 0 & 0 \\ \hline 0 & 0 & 0 & 5 & 2 \\ 0 & 0 & 0 & 2 & 0 \end{array}\right) \tag{A7–80}$$

Abb. A–10.

vgl. auch Abb. 10 auf S. 166. Die Matrix U_1 *faktorisiert,* wie man sagt, die Matrix A. Matrizen U_1, die so etwas besorgen, kann man oft rein aus Symmetriebetrachtungen finden.

Die Diagonalisierung von B ist jetzt viel einfacher als die von A, weil man für jeden der kleinen Blöcke getrennt die Eigenwerte und Eigenvektoren bestimmen kann, was den Rechenaufwand beträchtlich reduziert. Dieser ist proportional zu n^3 für die unfaktorisierte Matrix, aber nur proportional zu $n_1^3 + n_2^3 + \ldots n_m^3$ für die faktorisierte Matrix.

5. Es gibt einige einer Matrix zugeordnete Zahlen, die unverändert bleiben, wenn man eine Matrix A mit einer unitären Matrix B transformiert. Dazu gehören:

a) Die Determinante $|A|$. In der Tat haben A und $C = B^+ A B$ die gleiche Determinante, denn $|B^+| = |B| = 1$ und

$$|C| = |B^+| \cdot |A| \cdot |B| = |A| . \tag{A7–81}$$

b) Die sogenannte *Spur.* Darunter versteht man die Summe der Diagonalelemente:

$$\text{Spur}\,(A) = \text{Tr}\,(A) = \sum_{i=1}^{n} A_{ii} \tag{A7–82}$$

Offenbar ist Spur $(C) = \sum_{i=1}^{n} C_{ii}$ (A7–83a)

$$C_{ii} = \sum_{l=1}^{n} \sum_{k=1}^{n} B_{li}^{*} A_{lk} B_{ki} \tag{A7–83b}$$

folglich Spur $(C) = \sum_{i=1}^{n} \sum_{l=1}^{n} \sum_{k=1}^{n} B_{li}^{*} A_{lk} B_{ki}$

$$= \sum_{l=1}^{n} \sum_{k=1}^{n} \left(\sum_{i=1}^{n} B_{li}^{*} B_{ki} \right) A_{lk}$$

$$= \sum_{l=1}^{n} \sum_{k=1}^{n} \delta_{lk} A_{lk} = \sum_{l=1}^{n} A_{ll} = \text{Spur}\,(A)\,. \tag{A7–84}$$

c) Die Summe der Quadrate der Beträge sämtlicher Elemente (für A hermitisch)

$$\sum_{i=1}^{n} \sum_{k=1}^{n} |A_{ik}|^2 = \sum_{i=1}^{n} \sum_{k=1}^{n} A_{ik} A_{ik}^{*}$$

In der Tat ist diese Summe der Quadrate nicht anders als die Spur der Matrix $A \cdot A$, und es gilt (wegen der Unitarität von B)

$$C \cdot C = B^{+} A B B^{+} A B = B^{+} A \, 1 \, A B$$

$$= B^{+} A A B$$

$$\text{Tr}\,(A \cdot A) = \text{Tr}\,(B^{+} A A B) = \text{Tr}\,(C \cdot C) \tag{A7–85}$$

Diese *unitären Invarianten*, von denen es noch mehr gibt, sind geeignet zur Probe bei Eigenwertaufgaben. A und Λ müssen die gleichen Invarianten haben, da Λ aus A durch eine unitäre Transformation hervorgeht. Das bedeutet

a) $|A| = |\Lambda| = \lambda_1 \lambda_2 \ldots\ldots \lambda_n$ (A7–86)

Die Determinante einer hermitischen Matrix ist gleich dem Produkt ihrer Eigenwerte. Ist z.B. $|A| = 0$, d.h. ist A singulär, so ist mindestens ein $\lambda_i = 0$.

b) Spur $(A) = \sum_{i=1}^{n} A_{ii} = \text{Spur}\,(\Lambda) = \sum_{i=1}^{n} \lambda_i$ (A7–87)

Die Summe der Eigenwerte einer hermitischen Matrix ist gleich der Summe ihrer Diagonalelemente.

c) $$\sum_{i=1}^{n} \sum_{j=1}^{n} |A_{ij}|^2 = \sum_{i=1}^{n} |\lambda_i|^2 = \sum_{i=1}^{n} \lambda_i^2$$

Die Summe der Quadrate der Beträge der Elemente einer hermitischen Matrix ist gleich der Summe der Quadrate der Eigenwerte.

6. Es gibt Abschätzungen (Ungleichungen) für den größten und den kleinsten Eigenwert einer hermitischen Matrix:

a) $$\lambda_{\text{max}} \geqslant \text{Max}\,(A_{ii}) \qquad \text{(A7–88a)}$$

b) $$\lambda_{\text{min}} \leqslant \text{Min}\,(A_{ii}) \qquad \text{(A7–88b)}$$

c) $$|\lambda| \leqslant \text{Max} \sum_{k} |A_{ik}| \qquad \text{(A7–89)}$$

In Worten: der größte Eigenwert ist mindestens so groß wie das größte Diagonalelement, und der kleinste mindestens so klein wie das kleinste Diagonalelement. Jeder Eigenwert, mithin auch λ_{max} ist dem Betrage nach kleiner als die größtmögliche Summe der Beträge der Elemente einer Zeile (oder Spalte).

Zum Beweis von Satz a) und b) zeigt man zunächst, daß für eine beliebige quadratische Form (Spezialfall einer Bilinearform im Sinne von (A7–73) mit $\vec{x} = \vec{y}$)

$$(\vec{x}, A\vec{x}) \qquad \text{(A7–90)}$$

(dem Analogon zum Erwartungswert bei Operatoren) mit normiertem $\vec{x}$, d.h. mit

$$(\vec{x}, \vec{x}) = 1\,, \qquad \text{(A7–91)}$$

folgendes gilt:

$$\lambda_{\text{min}} \leqslant (\vec{x}, A\vec{x}) \leqslant \lambda_{\text{max}} \qquad \text{(A7–92)}$$

Der Beweis dafür ist ganz analog zu dem, daß ein Erwartungswert eines hermitischen Operators, z.B. des Hamilton-Operators, immer eine obere Schranke für dessen tiefsten Eigenwert ist (vgl. Abschn. 5.3). Wir entwickeln $\vec{x}$ nach den orthonormierten Eigenfunktionen $\vec{u}_i$ von A:

$$\vec{x} = \sum_{i=1}^{n} \alpha_i \vec{u}_i\,, \quad \sum_{i=1}^{n} |\alpha_i|^2 = 1 \qquad \text{(A7–93)}$$

Dann ist

$$(\vec{x}, A\vec{x}) = \sum_{i=1}^{n} \sum_{k=1}^{n} \alpha_i^* \alpha_k (\vec{u}_i, A\vec{u}_k)$$

$$= \sum_{i=1}^{n} \sum_{k=1}^{n} \alpha_i^* \alpha_k (\vec{u}_i, \lambda_k \vec{u}_k)$$

$$= \sum_{i=1}^{n} \sum_{k=1}^{n} \alpha_i^* \alpha_k \lambda_k \delta_{ik} = \sum_{k=1}^{n} |\alpha_k|^2 \lambda_k \qquad \text{(A7–94)}$$

Sei $\lambda_1 = \text{Min}(\lambda_i)$; $\lambda_n = \text{Max}(\lambda_i)$, dann ist

$$\lambda_n - (\vec{x}, A\vec{x}) = \sum_{k=1}^{n} (\lambda_n - \lambda_k) |\alpha_k|^2 \geqslant 0$$

$$\lambda_1 - (\vec{x}, A\vec{x}) = \sum_{k=1}^{n} (\lambda_1 - \lambda_k) |\alpha_k|^2 \leqslant 0 \qquad \text{(A7–95)}$$

womit Gl. (A7–92) bewiesen ist. Wir müssen jetzt nur bedenken, daß A_{ii} in der Tat eine quadratische Form der Matrix $\boldsymbol{A}$, gebildet mit dem normierten Vektor $\vec{e}_i$, ist, wobei $\vec{e}_i$ an der i-ten Stelle Einsen, sonst nur Nullen hat, um zu beweisen, daß

$$\lambda_{\text{min}} \leqslant A_{ii} \leqslant \lambda_{\text{max}} \qquad \text{(A7–96)}$$

Der Beweis von Satz c) geht von der Eigenwertgleichung

$$\sum_k A_{ik} x_k = \lambda \cdot x_i \qquad (i = 1, 2 \,\ldots\ldots\, n) \qquad \text{(A7–97)}$$

aus, woraus nach Übergang zu den Beträgen eine Ungleichung wird. (Der Betrag einer Summe ist immer kleiner als oder gleich der Summe der Beträge der Summanden.)

$$\sum_k |A_{ik}|\ |x_k| \geqslant |\lambda| \cdot |x_i| \quad (i = 1, 2 \,\ldots\ldots\, n) \qquad \text{(A7–98)}$$

Sei jetzt x_j die dem Betrage nach größte Komponente von $\vec{x}$, dann ist

$$|\lambda|\ |x_j| \leqslant \sum_k |A_{jk}|\ |x_k| \leqslant |x_j| \sum_k |A_{jk}| \qquad \text{(A7–99)}$$

bzw. nach Kürzen durch $|x_j|$:

$$|\lambda| \leqslant \sum_k |A_{jk}| \leqslant \operatorname{Max}_i \sum_k |A_{ik}| \tag{A7–100}$$

7. Die Gleichung $\Lambda = U^+ A\, U$ kann man von links mit U und von rechts mit U^+ multiplizieren, wobei sich wegen $U^+ U = 1$ ergibt

$$A = U \,\Lambda\, U^+ \tag{A7–101}$$

Man kann also jedes hermitische A aus seinen Eigenwerten und Eigenvektoren aufbauen. Man nennt (A7–101) die *Spektraldarstellung* der Matrix A. Wir werden von dieser in Abschn. A7.6 Gebrauch machen.

Da Eigenwerte und Eigenfunktionen reeller hermitischer 2 X 2-Matrizen in der Praxis besonders häufig vorkommen, wollen wir für dieses Beispiel noch die vollständige Lösung angeben.

Sei

$$A = \begin{pmatrix} a & b \\ b & c \end{pmatrix} \tag{A7–102}$$

dann ist das charakteristische Polynom

$$P(\lambda) = \lambda^2 - \lambda\,(a + c) + ac - b^2 \tag{A7–103}$$

Die Nullstelle von $P(\lambda)$ und damit die Eigenwerte von A sind

$$\lambda_{1,2} = \frac{1}{2}\,(a+c) \pm \frac{1}{2}\sqrt{(a-c)^2 + 4\,b^2} \tag{A7–104}$$

Setzen wir λ_1 bzw. λ_2 in das Gleichungssystem $(A - \lambda_k 1)\,\vec{c}_k = 0$ ein, so erhalten wir die Eigenvektoren $\vec{c}_1$ und $\vec{c}_2$, die wir anschließend auf 1 normieren, und für die sich nach etwas Umformung ergibt:

$$\vec{c}_1 = \frac{1}{\sqrt{2}} \left\{ \sqrt{1 - \frac{a-c}{\sqrt{(a-c)^2 + 4b^2}}},\ \sqrt{1 + \frac{a-c}{\sqrt{(a-c)^2 + 4b^2}}} \right\}$$

$$\vec{c}_2 = \frac{1}{\sqrt{2}} \left\{ \sqrt{1 + \frac{a-c}{\sqrt{(a-c)^2 + 4b^2}}},\ -\sqrt{1 - \frac{a-c}{\sqrt{(a-c)^2 + 4b^2}}} \right\} \tag{A7–105}$$

Für den Fall, daß $a = c$, wird das Ergebnis natürlich besonders einfach:

$$\lambda_{1,2} = a \pm b$$

$$\vec{c}_1 = \frac{1}{\sqrt{2}}\,(1,\,1)$$

$$\vec{c}_2 = \frac{1}{\sqrt{2}}\,(1,\,-1) \tag{A7–106}$$

Es sei erwähnt, daß das hier angegebene Rezept zur Berechnung von Eigenwerten und Eigenvektoren über die Nullstellen des charakteristischen Polynoms keine praktische

Bedeutung hat, außer für Rechnungen von Hand an sehr kleinen Matrizen. Bei Benutzung von programmierbaren Rechenmaschinen bedient man sich anderer Verfahren, von denen dasjenige von Jacobi das wichtigste ist. Man geht dabei so vor, daß man die Matrix $\boldsymbol{A}$ sukzessiv mit Matrizen $\boldsymbol{U}$ der Form

$$
\begin{array}{r@{}c}
 & \begin{array}{ccccccccc} & & & i & & k & & & \end{array} \\
\boldsymbol{U} = \begin{array}{r} \\ \\ \\ \\ i \\ \\ \\ \\ k \\ \\ \\ \\ \\ \\ \end{array} & \begin{pmatrix}
1 & & & \cdot & & \cdot & & & \\
 & 1 & & \cdot & & \cdot & & & \\
 & & \cdot & \cdot & & \cdot & & & \\
 & & & \cdot\;\cdot & & \cdot & & & \\
 & & & \cos\alpha & & \sin\alpha & & & \\
 & & & \cdot\;\cdot & & \cdot & & & \\
 & & & \cdot & \cdot & \cdot & & & \\
 & & & \cdot & & 1\;\cdot & & & \\
 & & & -\sin\alpha & & \cos\alpha & & & \\
 & & & \cdot & & \cdot\;\cdot & & & \\
 & & & \cdot & & \cdot & \cdot & & \\
 & & & \cdot & & \cdot & \cdot & & \\
 & & & \cdot & & \cdot & & 1 & \\
 & & & \cdot & & \cdot & & & 1
\end{pmatrix}
\end{array}
\qquad \text{(A7–107)}
$$

transformiert, d.h. mit einer Matrix, die eine unitäre Transformation zwischen i-ter und k-ter Zeile und Spalte von $\boldsymbol{A}$ durchführt, eine sog. 2 X 2-Rotation. Man wählt $\boldsymbol{U}$ in jedem Schritt so, daß es das größte Nichtdiagonalelement von $\boldsymbol{A}$ zum Verschwinden bringt.

A 7.6. Funktionen hermitischer Matrizen

Da die Multiplikation zweier Matrizen definiert ist, und diese assoziativ ist, ist auch eine Potenz $\boldsymbol{A}^n$ mit ganzzahligen n definiert (und eindeutig), ebenso kann man Polynome von Matrizen

$$\boldsymbol{P}(\boldsymbol{A}) = a_0 \cdot \boldsymbol{A}^0 + a_1 \boldsymbol{A} + a_2 \boldsymbol{A}^2 + \ldots . \; a_n \boldsymbol{A}^n \qquad \text{(A7–108)}$$

definieren (wobei $\boldsymbol{A}^0 = \boldsymbol{1}$). Die Spektraldarstellung von $\boldsymbol{P}(\boldsymbol{A})$ ist

$$
\begin{aligned}
\boldsymbol{P}(\boldsymbol{A}) &= a_0 \boldsymbol{U} \boldsymbol{1} \boldsymbol{U}^+ + a_1 \boldsymbol{U} \boldsymbol{\Lambda} \boldsymbol{U}^+ + a_2 \boldsymbol{U} \boldsymbol{\Lambda} \boldsymbol{U}^+ \boldsymbol{U} \boldsymbol{\Lambda} \boldsymbol{U}^+ \\
&\quad + \ldots . \; a_n \boldsymbol{U} \boldsymbol{\Lambda} \boldsymbol{U}^+ \boldsymbol{U} \boldsymbol{\Lambda} \boldsymbol{U}^+ \ldots . \; \boldsymbol{U} \boldsymbol{\Lambda} \boldsymbol{U}^+ \\
&= a_0 \boldsymbol{U} \boldsymbol{1} \boldsymbol{U}^+ + a_1 \boldsymbol{U} \boldsymbol{\Lambda} \boldsymbol{U}^+ + a_2 \boldsymbol{U} \boldsymbol{\Lambda}^2 \boldsymbol{U}^+ \\
&\quad + \ldots . \; a_n \boldsymbol{U} \boldsymbol{\Lambda}^n \boldsymbol{U}^+ = \\
&= \boldsymbol{U} \left\{ a_0 \boldsymbol{1} + a_1 \boldsymbol{\Lambda} + a_2 \boldsymbol{\Lambda}^2 + \ldots . \; a_n \boldsymbol{\Lambda}^n \right\} \boldsymbol{U}^+ \qquad \text{(A7–109)}
\end{aligned}
$$

Λ ist eine Diagonalmatrix mit den Elementen $\lambda_1, \lambda_2 \ldots\ldots \lambda_n$. Man überzeugt sich leicht davon, daß Λ^m ebenfalls eine Diagonalmatrix mit den Elementen $\lambda_1^m, \lambda_2^m \ldots \ldots\ldots \lambda_n^m$ ist. Folglich ist

$$\boldsymbol{P}(\boldsymbol{A}) = \boldsymbol{U}\,\boldsymbol{P}(\Lambda)\,\boldsymbol{U}^+, \qquad \text{(A7–110)}$$

wobei $\boldsymbol{P}(\Lambda)$ eine Diagonalmatrix mit den Elementen $P(\lambda_1)$, $P(\lambda_2) \ldots\ldots P(\lambda_n)$ ist.

Eine Potenzreihe $f(x)$ stellt den Grenzwert einer Folge von Polynomen $P_n(x)$ für $n \to \infty$ dar, sofern diese Folge konvergiert. Analog definieren wir die Potenzreihe $f(\boldsymbol{A})$ einer Matrix. Offenbar gilt (A7–110) für jedes Element der Folge; das bedeutet, die Folge $\boldsymbol{P}_n(\boldsymbol{A})$ kann nur konvergieren, wenn die Folge $P_n(\lambda_k)$ konvergiert für alle Eigenwerte λ_k von $\boldsymbol{A}$. Da z.B. die Potenzreihe von $\exp(x)$ für beliebige x konvergiert, können wir auch $\exp(\boldsymbol{A})$ für beliebige hermitische Matrixen bilden.

$$\exp(\boldsymbol{A}) = \sum_{k=0}^{\infty} \frac{\boldsymbol{A}^k}{k!} = \boldsymbol{U} \exp(\Lambda)\, \boldsymbol{U}^+ \qquad \text{(A7–111)}$$

Man kann noch einen Schritt weiter gehen und beliebige Funktionen $f(\boldsymbol{A})$ einer hermitischen Matrix, die zunächst nicht definiert sind, über die Spektraldarstellung einführen, z.B.

$$\boldsymbol{A}^{\frac{1}{2}} \overset{\text{def}}{=} \boldsymbol{U}\,\Lambda^{\frac{1}{2}}\,\boldsymbol{U}^+ \qquad \text{(A7–112)}$$

Diese Definition ist nur sinnvoll, wenn die Eigenwerte von $\boldsymbol{A}$ alle reell sind, sonst ist $\boldsymbol{A}^{\frac{1}{2}}$ nicht hermitisch, wir müssen uns also auf solche $\boldsymbol{A}$ beschränken, für die alle $\lambda_i \geqslant 0$. Damit $\boldsymbol{A}^{\frac{1}{2}}$ eindeutig ist, nehmen wir alle Wurzeln positiv:

$$\lambda_i^{\frac{1}{2}} = +\sqrt{\lambda_i} \qquad \text{(A7–113)}$$

Das oben definierte $\boldsymbol{A}^{\frac{1}{2}}$ hat sicher die Eigenschaft, daß

$$\boldsymbol{A}^{\frac{1}{2}} \cdot \boldsymbol{A}^{\frac{1}{2}} = \boldsymbol{A}$$

Unsere Definition ist also nicht unvernünftig.

In der Quantenchemie spielt die Matrix $\boldsymbol{S}^{-\frac{1}{2}}$ eine gewisse Rolle, wobei $\boldsymbol{S}$ die Überlappmatrix zu einer gegebenen Basis von Funktionen ist.

Vorwort zu Teil II der 2. Auflage

Die zweite Auflage ist im wesentlichen ein korrigierter Nachdruck der ersten Auflage, mit einigen Ergänzungen an den Stellen, wo sich der Stand der Erkenntnis geändert hat. Daß nur relativ wenige solcher Ergänzungen erforderlich waren, mag 15 Jahre nach Erscheinen der ersten Auflage verwundern, vor allem wenn man bedenkt, welche enormen Fortschritte die Theoretische Chemie in dieser Zeit gemacht hat.

Tatsächlich waren diese Fortschritte in erster Linie methodischer Art, weshalb sich die meisten Ergänzungen im Anhang A.3.8 über ab-initio-Methoden finden. Insgesamt sind natürlich seither viele quantenchemische Rechnungen durchgeführt worden, die zu unserem Verständnis der Chemie beigetragen haben. Zu den mehr grundlegenden Fragen, um die es in diesem Buch geht, waren allerdings vor Erscheinen der ersten Auflage meist bereits hinreichend gute Rechnungen vorhanden, auf die ich mich weiter beziehe, auch wenn inzwischen neuere und oft bessere Rechnungen vorliegen. Es ist vielfach zur Gewohnheit geworden, zu einem bestimmten Thema immer nur die jüngsten Rechnungen zu zitieren, anstatt zumindest auch die ersten, die im wesentlichen richtig waren. Z. B. halte ich es nach wie vor für sinnvoll, mich bei der Frage nach den beiden niedrigsten Zuständen des CH_2 auf eine Arbeit von V. Staemmler von 1973 zu beziehen, auch wenn in der Zwischenzeit Dutzende von zunehmend besseren Rechnungen zu diesem Molekül erschienen sind.

Viele Aussagen dieses Buches basieren nicht entscheidend auf ab-initio-Rechnungen, etwa zur Hückel-Theorie der π-Elektronensysteme oder zur Begründung der Ligandenfeldtheorie. Diese konnten daher bei der ersten Auflage bereits mehr oder weniger endgültig formuliert werden. Bei anderen Aussagen, die damals noch unbefriedigend waren, etwa bei der Rechtfertigung semiempirischer Methoden, ist man auch heute noch nicht viel weiter.

Für Hinweise auf Druckfehler der ersten Auflage, die hoffentlich jetzt weitgehend ausgeräumt sind, danke ich insbesondere V. Staemmler, R. Jaquet, K. Weiger und H. Kampmann. Frau Antoinette (geb. Krupinski) hat sich wieder in vorbildlicher Weise um die Textverarbeitung gekümmert. Herrn Kollegen V. Staemmler danke ich für die Durchsicht und Kommentierung der Ergänzungen.

Bochum, im August 1993 *Werner Kutzelnigg*

Vorwort zu Teil II der 1. Auflage

Von Diracs lakonischer Behauptung aus den späten zwanziger Jahren, daß in den Grundgleichungen der Quantenchemie die gesamte Chemie enthalten sei, bis zu einer expliziten Theorie der Chemie auf der Grundlage der Quantenmechanik ist ein weiter Weg. Es ist eine interessante, wenn auch sehr hypothetische Frage, ob ein hinreichend befähigter Physiker oder eine Generation von Physikern ohne jegliche Kenntnis der empirischen Chemie, rein durch Deduktion aus der Quantenmechanik, eine Theorie der chemischen Bindung hätte aufstellen können. In ihrer tatsächlichen Geschichte ging die Theoretische Chemie jedenfalls einen anderen Weg. Empirische Befunde aus der chemischen Forschung flössen in sie mindestens so stark ein wie die Gesetze der Quantenmechanik.

Erst in jüngerer Zeit sind gewisse Tendenzen zu erkennen, theoretisch-chemische Prinzipien rein aus der Quantenmechanik herzuleiten, ohne daß man sich an Vorstellungen klammert, die aus der chemischen Erfahrung abstrahiert wurden. Solche Tendenzen sind dennoch nicht populär, die meisten Quantenchemiker scheinen festgelegt auf eine von zwei extremen Auffassungen ihrer Forschung. Nach der einen Auffassung zählen nur möglichst gute Näherungslösungen der Schrödingergleichung zu wohldefinierten Problemen, wobei Fragen der Interpretation fast als unseriös gelten. Nach der anderen Auffassung verstellen gerade numerische Rechnungen den Weg zu einer wirklichen Einsicht in die Chemie, die vielmehr durch möglichst einfache Modelle gewährleistet werde, wobei die Rechtfertigung dieser Modelle aus der Quantenmechanik nicht ernsthaft gesucht, wenn nicht gar verworfen wird. Diese Modelle, von denen die Hückel-Theorie der konjugierten Kohlenwasserstoffe und die Ligandenfeldtheorie der Übergangsmetallkomplexe am besten ausgebaut und am populärsten sind, basieren fast alle unmittelbar auf Ansätzen aus der Frühphase der Quantenchemie, d.h. aus den dreißiger Jahren. Damals gingen die Bemühungen um Näherungslösungen der Schrödingergleichung und um ein Verständnis der Chemie noch meist Hand in Hand. Die uns heute möglichen, so viel besseren Kenntnisse über die Wellenfunktionen von Molekülen haben auf die qualitative und begriffliche Theorie der chemischen Bindung, die inzwischen zur Allgemeinbildung jedes Chemikers gehört, bisher kaum einen Einfluß gehabt.

In diesem Buch soll nun der Versuch gemacht werden, ausgehend von einer quantenmechanisch einwandfreien Analyse des Zustandekommens der chemischen Bindung (basierend auf Arbeiten von Mulliken, Ruedenberg u.a.) eine Theorie der chemischen Bindung aus einer einheitlichen Sicht darzustellen, die dem quantenchemischen Erkenntnisstand unserer Zeit gerecht wird. In der qualitativen Theorie bewährte Begriffe und Formalismen, die von puristischen Quantenchemikern wegen mangelnder Fundierung längst verworfen wurden, sollen, soweit das möglich und sinnvoll erscheint, „gerettet" werden, indem ihre tatsächliche Bedeutung, aber auch ihre Grenzen, diskutiert werden.

Nach einer historischen Einleitung (Kap. 1) und der Diskussion der Abtrennung der Kernbewegung (Kap. 2) beginnen wir mit einer Analyse der Bindungsverhältnisse in den einfachsten Molekülen H_2^+ und H_2 (Kap. 3 und 4), bei denen wir die Bedeutungder Beiträge von Interferenz, Promotion, quasiklassischer Wechselwirkung und Elektronenkorrelation und die Rolle von kinetischer und potentieller Energie für das Zustandekommen der kovalenten Bindung verstehen lernen. Die am H_2^+ und H_2 gewonnenen Erkenntnisse lassen sich nur dann sinnvoll auf die Bindung in komplizierteren Molekülen anwenden, wenn man den Näherungsausdruck für deren Bindungsenergie in geeigneter Weise umformt. Dies geschieht in den Kap. 5 und 6, die dem Leser wahrscheinlich als die sprödesten des ganzen Buches vorkommen werden, weil sehr viele Größen und Hilfsgrößen definiert werden und weil eine Reihe von kompliziert anmutenden Näherungen auf ihre Zulässigkeit und ihre Grenzen hin untersucht werden. In Kap. 6 werden zusätzlich die Formalismen der wichtigsten semiempirischen Näherungsverfahren (Modelle) hergeleitet, und es wird versucht, die physikalische Bedeutung der in diesen Modellen auftretenden Größen zu erkennen. Vor allem die bei dieser Gelegenheit vorgestellte Hückel-Näherung wird im folgenden viel benutzt - nicht nur für π-Elektronensysteme -, weil sie das einfachste Modell darstellt, das die Interferenzeffekte zumindest qualitativ richtig erfaßt, und weil die Interferenzenergie der wichtigste Beitrag zur kovalenten Bindung ist. Ein Vergleich von kovalenter und ionogener Bindung und von Bindungssituationen zwischen beiden Grenzfällen schließt sich an (Kap. 7), bevor zunächst die zweiatomigen (Kap. 8) und dann die mehratomigen Moleküle (Kap. 9 und 10) in grundsätzlicher Weise besprochen werden. Bei den mehratomigen Molekülen beginnen wir mit der delokalisierten (kanonischen) Beschreibung und im Zusammenhang damit mit den sog. Wahlschen Regeln (Kap. 9) und schließen daran die Diskussion der Möglichkeit und der Konsequenzen einer Lokalisierung von Bindungen an (Kap. 10). Die hier gegebene Formulierung der Hybridisierungsbedingung ist bisher unveröffentlicht; auch die zentrale Rolle, die der Hundschen Lokalisierungsbedingung gegeben wird, ist neu.

Die weiteren Kapitel sind speziellen Verbindungsklassen gewidmet, nämlich den Tr-Elektronensystemen (Kap. 11), den Elektronenmangelverbindungen (Kap. 12), den Elektronenüberschußverbindungen (Kap. 13) und den Verbindungen der Übergangselemente (Kap. 14). Ein Kapitel über zwischenmolekulare Kräfte (Kap. 15) schließt das Buch ab. Da π-Elektronensysteme und Übergangsmetallkomplexe in vielen anderen Büchern ausgiebig besprochen werden, haben wir uns hier einerseits auf das grundsätzlich wichtige beschränkt, andererseits solche Aspekte ausführlicher behandelt, über die man sonst nichts oder nur wenig findet, z.B. die Bindungsalternierung (Abschn. 11.11) oder spezielle Klassen von π-Elektronensystemen (Abschn. 11.7, 11.14, 11.15).

Zum Verständnis dieses Bandes notwendige Voraussetzungen findet man, soweit sie nicht schon in Band 1 besprochen wurden (elementare Quantenmechanik und deren Mathematik, Theorie der Atome) im Anhang, der u.a. eine Zusammenfassung der Theorie der Darstellungen von Symmetriegruppen enthält.

Obwohl ursprünglich nicht die Absicht bestand, die Methodik der numerischen Quantenchemie ausführlich zu diskutieren, hat sich angesichts der Bedeutung, die ab-initio-Rechnungen neuerdings für ein Verständnis der chemischen Bindung gewonnen haben, die Notwendigkeit ergeben, einen Anhang über ab-initio-Rechnungen beizufügen. Auch hier wurde besonderer Wert auf Dinge gelegt, die man sonst meist nicht findet.

Hinweise auf Originalliteratur sowie auf Lehrbücher oder Monographien findet man als Fußnoten dort, wo auf sie bezug genommen wird. Es wurde nicht angestrebt, möglichst viele Aussagen durch Literaturhinweise zu belegen, wohl aber solche, die zwar grundsätzlich wichtig, aber nicht allgemein bekannt sind, und alles das, was der Leser nicht ohne weiteres nachvollziehen kann.

Da es für den hier unternommenen Versuch einer deduktiven und einheitlichen Theorie der chemischen Bindung nur wenig Vorläufer gibt, ist er wahrscheinlich nicht an allen Stellen gelungen. Nachdem Band I über die quantenchemischen Grundlagen weitgehend beifällig aufgenommen wurde, rechnet der Verfasser bei diesem zweiten Band mit mehr Kritik, einfach deshalb, weil er mehr Angriffsflächen bietet, mehr Anlaß zum Widerspruch.

Ein Rezensent hat kritisch vermerkt, daß in Bd. 1 vom System der SI-Einheiten nicht Gebrauch gemacht wurde. Er wird wahrscheinlich entsetzt sein, wenn er feststellt, daß auch in Bd.

2 das SI-System nicht zu seinem Recht kommt. Rund heraus gesagt, werden hier Energiedifferenzen des öfteren in kcal/mol (gelegentlich auch in eV) angegeben. Das geschieht aber weder aus bösem Willen, noch aus Nachlässigkeit, sondern aus dem Bestreben, anschaulich zu sein, wo das immer möglich ist. Wir wollten erreichen, daß nach einem relativ abstrakten Formalismus zumindest Zahlenwerte vorkommen, die der Leser zu Bekanntem in Beziehung setzen kann. Es mag sein, daß in naher Zukunft viele Chemiker mit kJ/mol soviel anfangen können wie jetzt mit kcal/mol. Darauf könnte man bei einer späteren Auflage Rücksicht nehmen. Z. Zt. ist für einen Chemiker die vertraute Energieeinheit kcal/mol, so wie sie für einen Physiker das eV ist.

Der Verfasser wurde mehrfach von Kollegen gefragt, ob er auch beabsichtige, einen dritten Teil zu verfassen, der vor allem den zeitabhängigen Erscheinungen zu widmen wäre. An dieser Stelle soll zugegeben werden, daß die beiden jetzt vorliegenden Bände durchaus noch keine vollständige „Einführung in die Theoretische Chemie" darstellen. Ein Versprechen, daß ein weiterer Band folgen soll, ist dieses Eingeständnis jedoch nicht.

Bei der Abfassung dieses Bandes sind eine Menge von Anregungen jüngerer Kollegen und Mitarbeiter berücksichtigt worden. Allen voraus möchte ich Herrn Doz. Dr. V. Staemmler danken, der mehrere Versionen dieses Manuskripts (die Arbeit daran erstreckte sich über viele Jahre) kritisch und sorgfältig durchgelesen und den Anstoß für viele Verbesserungen gegeben hat. Auch Prof. Dr. R. Ahlrichs, Dr. F. Driessler, Dr. H. Kollmar und Dr. H. Lischka haben durch kritische Kommentare in verschiedenen Phasen der Entstehung dieses Manuskripts wesentliche Beiträge geleistet. Den letzten Schliff erhielt das Manuskript durch die sachkundige Redaktion von Frau Dr. U. Schumacher vom Verlag Chemie. Auch den Hörern meiner Vorlesung, auf der dieses Buch in großen Teilen aufbaut, soll an dieser Stelle für jede Art von konstruktiver Kritik gedankt werden.

Zum Dank verpflichtet bin ich schließlich Frl. U. Krupinski für das Tippen, Korrigieren und erneute Tippen des Manuskripts, sowie Herrn B. Weinert für das Zeichnen der Abbildungen und das Erstellen des Registers.

Bochum, im Februar 1978 Werner Kutzelnigg

Verwendete Symbole

(in Klammern Definitionsgleichungen, wobei I auf Bd. I verweist)

Vorbemerkung: Die Bezeichnungen für die Symmetriegruppen und die irreduziblen Darstellungen, die in Tab. AI zusammengestellt sind, werden in dieser Liste nicht berücksichtigt. Symbole für irreduzible Darstellungen, z.B. $\mathrm{a_{1g}}$, werden normal gesetzt, wenn sie eine Darstellung bedeuten, kursiv a_{1g}, wenn sie ein Orbital symbolisieren, das sich entsprechend dieser Darstellung transformiert. Nicht aufgeführt sind auch die Symbole der chemischen Elemente, sowie einige Symbole, die nur im Anhang verwendet werden.

A, B, C	sowie a, b, c wird für vorübergehend auftretende Größen und in wechselnder Bedeutung verwendet.
A, B, C	speziell in Kap. 14: Racah-Parameter (I 10.7–5)
A	speziell in Kap. 4: Austauschintegral nach Heitler-London (4.3–2)
A^*	zu A konjugiert komplexe Größe (Abschn. A. 1)
A	in Kap. 13: Elektronen-Akzeptor
A, B, C	beliebige Atome
A_μ	Elektronenaffinität des μ-ten Atoms
A_A	Elektronenaffinität des Elektronen-Akzeptors
A_{lm}	Parameter des Ligandenfeldpotentials (14.2–9, 10)
A(G)	Gruppenalgebra zur Gruppe G (Abschn. A.2–9)
$\mathbf{A}$	beliebiger Operator
$\langle \mathbf{A} \rangle$	Erwartungswert des Operators $\mathbf{A}$
$\mathbf{A}^\dagger$	zu $\mathbf{A}$ adjungierter Operator
$\widetilde{A}_{\mu s,\nu t}$	Korrekturterm zur Mulliken-Näherung (5.3–12)
$\boldsymbol{A}$	Matrix mit Elementen A_{kl}
$\boldsymbol{A}$	insbesondere in Abschn. 11.11: Alternierungsmatrix
$\boldsymbol{A}^\dagger$	zu $\boldsymbol{A}$ adjungierte Matrix
Å	Ångstrom (1 Å = 10^{-8} cm)
a, b	auch $a(r)$, $b(r)$ AO's der H-Atome in Kap. 3,4
a.	antibindendes Orbital
$\mathrm{a_0}$	atomare Längeneinheit (Bohr)≈ 0.529 Å (I.4.2–3)
$a_{lm}^{(\nu)}$	Beitrag des ν-ten Atoms zu A_{lm} (s.o.)
a.u.	atomare Energieeinheit (Hartree) ≈ 27.21 eV = 627.7 kcal/mol (I.4.2–2)
$(ab\|cd)$	Elektronenwechselwirkungsintegral in Mulliken-Schreibweise (4.1–7)
$\vec{a}$	Vektor mit Komponenten a_k
$\|\vec{a}\|$	Betrag des Vektors $\vec{a}$
$(b{:}aa)$	Penetrationsintegral (4.1–12)
b.	bindendes Orbital

C	in Kap. 4: Coulomb-Integral der Heitler-London-Näherung (4.3–2)
C_n	$= -E_n$ in Kap. 15: van-der-Waals-Konstanten
$C_{\mu s}$	Einzentren-Elektronenwechselwirkungsbeitrag (6.1–9)
$\mathbf{C}(R)$	adiabatische Korrektur zur Potentialkurve (2.2–9)
c	Lichtgeschwindigkeit
c_i	Koeffizienten
$c^i_{\mu s}$	(kontravarianter) Koeffizient des AO's $\chi_{\mu s}$ im MO φ_i
$\vec{c}_i$	MO-Vektor mit den Komponenten $c^i_{\mu s}$
$c_{g1}, c_{g2}, c_{u1}, c_{u2}$	Koeffizienten der MO's nach Symmetrie-AO's (in Kap. 10)
D	atomarer Zustand mit $L = 2$
D_n	Säkulardeterminante eines [n]-Polyens (11.5–2)
Dq	$10\,Dq = \Delta =$ Ligandenfeldstärke
D_e	Dissoziationsenergie
d	in Abschn. 12.7 : Gitterkonstante
d	AO mit $l = 2$
d^n	Konfiguration mit n d-AO's
d^3r, d^3R	Volumenelement zum Vektor $\vec{r}$ bzw. $\vec{R}$
$d\tau$	Volumenelement schlechthin
$d^i_{\mu s}$	kovarianter Koeffizient zu $c^i_{\mu s}$ (5.3–4)
d_ν	Dimension der irreduziblen Darstellung Γ_ν
d_{xy}, d_{xz}, d_{yz}	cartesische d-Funktionen zur Darstellung t_{2g}
$d_{z^2}, d_{x^2-y^2}$	cartesische d-Funktionen zur Darstellung e_g
$d_i; i = 1,2..5$	die 5d-AO's eines Satzes
$d\pi, d\bar{\pi}$	komplexe d-Funktionen zu $m_l = \pm 1$
$d\delta, d\bar{\delta}$	komplexe d-Funktionen zu $m_l = \pm 2$
$d\sigma$	$= d_{z^2}$, d-Funktion zu $m_l = 0$
di_1, di_2	digonale Hybrid-AO's
E	Energie (meist mit Korrektur für die Links-Rechts-Korrelation)
E_R	Energie als Funktion von R
E_{el}	elektronische Energie (ohne Kernabstoßung)
E_{BO}	Born-Oppenheimer-Energie
E_{QK}	quasiklassische Energie
E_{bind}	Beitrag einer Bindung zur Bindungsenergie (10.6–7)
$E_{HÜ}$	Hückel-Energie
E_{res}	Resonanzenergie (Kap. 11)
E^0_μ	Energie des μ-ten isolierten Atoms (5.6–1)

$E_\mu^{0(1)}$, $E_\mu^{0(2)}$	Ein- und Zweielektronenbeiträge zu E_μ^0
$E_\mu^{0'}$	Austauschbeitrag zur Energie des μ-ten Atoms (5.6–1)
E_μ	Energie des μ-ten Atoms im Molekül (5.7–11)
$E_{\mu\nu}$	Wechselwirkungsenergie der Atome μ und ν (5.7–12)
$E_\mu^{(1)}$, $E_\mu^{(2)}$	Ein- und Zweielektronenbeiträge zu E_μ (5.7–13, 14)
$E_{\mu\nu}^{IF}$	Interferenzbeitrag zu $E_{\mu\nu}$ (5.7–15)
$E_{\mu\nu}^{QK}$	quasiklassischer Beitrag zu $E_{\mu\nu}$ (5.7–16)
$E_{\mu\nu}^{ee}$	Beitrag der Elektronenabstoßung zu $E_{\mu\nu}^{QK}$ (5.8–5)
$E_{\mu\nu}^{ek}$	Beitrag der Elektronen-Kern-Anziehung zu $E_{\mu\nu}^{QK}$ (5.8–7)
$E_{\mu\nu}^{kk}$	Beitrag der Kernabstoßung zu $E_{\mu\nu}^{QK}$ (5.8–6)
$E_{12}^{(1)}$, $E_{12}^{(2)}$, $E_{12}^{(3)}$	Beiträge zur Abstoßungsenergie zweier He-Atome (8.4–8)
E_{HF}	Hartree-Fock-Energie
E_I	Inversionsbarriere (Kap. 9)
E_π	sog. Gesamt-π-Elektronenenergie (Kap. 11)
E_σ	σ-Beitrag zur Bindungsenergie
$E(e_g)$, $E(t_{2g})$	Energie eines e_g- bzw. t_{2g}-AO's
E_k	in Kap. 15: Störenergie k-ter Ordnung
E_{ind}	in Kap. 15: Induktionsenergien
$\mathfrak{E}$	elektr. Feldstärke (Kap. 15)
e	Basis der natürlichen Logarithmen
e	Elektronenladung
e	in Kap. 11: zweithöchstes besetztes MO nach Platt
e_i	MO-Energie der Einelektronennäherung (auch Hückel) (6.1–12)
$\tilde{e}_i$	Hückel-Energie mit Wheland-Korrektur
$\tilde{\tilde{e}}_i$	Hückel-Energie mit Wheland-Korrektur und ‚scaling'
$\boldsymbol{F}$	Pople-Matrix (6.3–11,12) mit Element $F_{\mu s,\nu t}$
F	atomarer Zustand mit $L = 3$
F_0, F_2, F_4	in Kap. 14: Slater-Condon-Parameter (I.10.6–8, I.10.7–3)
F	Fock-Operator
F_{kk}	Diagonalelement des Fock-Operators
F_z	in Kap. 3: Kraft in z-Richtung
f	AO mit $l = 3$
f	in Kap. 11: höchstes besetztes MO nach Platt
$f(x)$	beliebige Funktion
$f(r, \vartheta)$	gemeinsamer Ortsfaktor der $p\pi$-AO's in Kap. 8
$f(r)$	gemeinsamer radialabhängiger Faktor der d-AO's in Kap. 14
$f_{\mu s}^i$	MO-Koeffizienten, die orthonormale Vektoren bilden (6.2–4)

G	atomarer Zustand mit $L = 4$
G	Symmetriegruppe
g	AO mit $l = 4$
g	als Index: gerade
g	in Kap. 11: tiefstes unbesetztes MO nach Platt
g	Ordnung der Gruppe G
$\mathbf{g}(i,j)$	$= 1/r_{ij}$, Elektronenwechselwirkungsoperator
H	atomarer Zustand mit $L = 5$
$\mathbf{H}_{AB}$	Hamilton-Operator eines Supermoleküls (15.2–3)
H_{aa}, H_{ab}	Matrixelemente von $\mathbf{H}$ bez. der AO's a und b
$H_{\mu s,\nu t}, \widetilde{H}_{\mu s,\nu t}$	Matrixelement von H bzw. $\widetilde{H}$ in der Basis der AO's $\chi_{\mu s}$, $\chi_{\nu t}$
H_{dd}	Diagonal-Matrixelement von $\mathbf{H}_0$ bez. eines d-AO's
$\mathbf{H}$	(vollständiger) Hamilton-Operator
$\mathbf{H}_0$	in Kap. 14: effektiver Hamilton-Operator ohne Ligandenfeld
$\mathbf{H}_0$	in Kap. 15: ungestörter Hamilton-Operator
$\mathbf{H}_{\mathrm{BO}} = \mathbf{H}_{\mathrm{R}}$	Hamilton-Operator der Born-Oppenheimer-Näherung (Kap. 2)
$\mathbf{H}_{\mathrm{el}}$	rein elektronischer Hamilton-Operator (Kap. 2)
H^0	effektive Einelektronenmatrix (6.1–13, 14)
H	Hückel-Matrix (6.2–11)
$\widetilde{H}$	Einelektronenmatrix der Pople-Näherung (6.3–17)
$\widetilde{H}, \widetilde{\widetilde{H}}$	transformierte Hückel-Matrizen (Abschn. 10.5)
$\mathbf{h}$	Einelektronenoperator (5.2–2)
h	in Kap. 11: Plancksche Konstante
h	in Kap. 11: zweitniedrigstes unbesetztes MO nach Platt
$h_{ii}, h_{\mu s,\nu t}$	Matrixelemente von h bez. AO's bzw. MO's
h_1, h_2	AO's des 1., 2. etc. H-Atoms
$h_{\mathrm{s}}, h_{\mathrm{a}}$ ($h_{\mathrm{g}}, h_{\mathrm{u}}$)	symmetrische bzw. antisymmetrische Linearkombination der AO's h_1 und h_2
$h_{\mathrm{a}}, h_{\mathrm{ex}}, h_{\mathrm{ey}}$	symmetrieadaptierte Linearkombination von AO's dreier H-Atome (10.5–43)
I	Elektronenwechselwirkungsenergie (Kap. 9)
I_μ	Ionisationspotential des μ-ten Atoms
I_{D}	Ionisationspotential des Elektronendonors
I_{MO}	Interferenzterm der MO-Näherung (4.4–3)
I_{HL}	Interferenzterm der HL-Näherung (4.4–4)
i	imaginäre Einheit
i, j, k, l	beliebige Indizes, insbesondere zum Zählen der MO's oder der Elektronen

$(ij\|kl)$	Zweielektronenintegrale über MO's in Mulliken-Schreibweise
$\mathbf{i}$	Inversionsoperator
$\vec{j} = (j_x, j_y, j_z)$	Vektor, der die MO's im Kristall zählt (12.7–1)
k	beliebige Konstante
$\vec{k}$	Wellenvektor (12.7–3)
$k = \|\vec{k}\|$	Betrag des Wellenvektors
k_F	Fermi-Impuls in Einheiten von $\hbar$ (12.7–13)
k, k'	Wolfsberg-Helmholtz-Parameter (6.1–20, 21)
$\vec{\mathbf{L}} = (\mathbf{L}_x, \mathbf{L}_y, \mathbf{L}_z)$	Gesamtdrehimpulsoperator
L_a, L_b	in Kap. 11: Bezeichnung von Absorptionsbanden nach Platt
l	Drehimpulsquantenzahl
$\vec{\ell}_i = (\ell_{xi}, \ell_{yi}, \ell_{zi})$	Drehimpulsoperator des i-ten Elektrons
M	topologische Matrix (Strukturmatrix)
M_L, M_S	Eigenwerte von $\mathbf{L}_z$ bzw. $\mathbf{S}_z$ in Einheiten von $\hbar$
m_i	Eigenwerte der Strukturmatrix
m_{li}, m_{si}	Eigenwerte von ℓ_{zi} bzw. $\mathbf{s}_{zi}$ in Einheiten von $\hbar$
m	Masse
$\vec{m}$	Dipolmomentvektor
N	Zahl der Atome entlang einer Achse im Kristall (Kap. 12)
N	Zahl der unabhängigen Elemente im Ligandenfeldpotential (Kap. 14)
N	Normierungsfaktor
N_A	Zahl der Valenz-AO's eines Atoms, die an der Bindung beteiligt sind
N_N	Zahl der Nachbarn
N_V	Zahl der Valenzelektronen eines Atoms
N_F	Zahl freier Elektronenpaare eines Atoms
$N_\mathrm{A}^\mathrm{pot}$	potentielle Zahl der Valenz-AO's
$N_\mathrm{V}^\mathrm{pot}$	potentielle Zahl der Valenzelektronen
N_bind	in Kap. 8: Zahl der Elektronen in bindenden MO's
N_ant	in Kap. 8: Zahl der Elektronen in antibindenden MO's
n	Zahl der Elektronen
n	Hauptquantenzahl
n_μ	Zahl der Elektronen des μ-ten isolierten Atoms
$n_{\mu s}$	Besetzungszahl des AO's $\chi_{\mu s}$ im μ-ten isolierten Atom
n_i	Besetzungszahl des i-ten MO's
$n_\bullet$	nichtbindendes Orbital
$\vec{n} = (n_x, n_y, n_z)$	Vektor, der die Atome in einem Kristall zählt

n_λ	Zahl des Auftretens der irreduziblen Darstellung
$O(R)$	Landau-Symbol (Fußnote zu S. 16)
$\mathbf{P}_k$	Projektionsoperator zur k-ten irreduziblen Darstellung (A2.9–4)
p	Bindungsgrad (Kap. 8)
p	in Kap. 11: Bezeichnung einer Absorptionsbande nach Clar
p	AO mit $l = 1$
p_x, p_y, p_z	reelle (cartesische) p-AO's
$p\sigma, p\pi, p\overline{\pi}$	komplexe p-AO's
$p_{\mu s,\nu t}$	Bindungsordnung zwischen AO's $\chi_{\mu s}$ und $\chi_{\nu t}$ (5.3–9), speziell in der Hückel-Näherung (6.2–28)
$p^{(1)}_{\mu s,\nu t}, p^{(2)}_{\mu s,\nu t}, p^{(3)}_{\mu s,\nu t}$	Hilfsgrößen (5.3–8)
Q_μ	effektive Ladung des μ-ten Atoms (5.7–2)
Q_A^{lm}	Komponente eines Multipolmoments (5.2–13)
$q_{\mu s}$	Ladungsordnung der AO's $\chi_{\mu s}$ (5.3–5), speziell in der Hückel-Näherung (6.2–7)
q_μ	Gesamtladungsordnung des μ-ten Atoms (5.6–3)
q_a, q_p, q_b	spezielle Ladungsdichten (10.5–16)
R, r_a, r_b	Koordinaten im H_2^+ (Abb. 2)
$R, r_{a1}, r_{a2}, r_{b1}, r_{b2}$	Koordinaten im H_2 (Abb. 14)
$\vec{R}_A, \vec{R}_B$	Kernkoordinaten der Atome A bzw. B
$\vec{R}$	Relativkoordinate in einem zweiatomigen Molekül
$\vec{R}$	Koordinatenvektor eines Atoms im Kristall
$R_{\mu\nu}$	Abstand zwischen den Kernen μ und ν
R_e	Gleichgewichtsabstand
R	zwischenmolekularer Abstand
$\mathbf{R}$	Element der Gruppe G (Symmetrieoperator), insbesondere Drehung um 2π in SU(2)
$\boldsymbol{R}$	Matrixdarstellung des Symmetrieoperators $\mathbf{R}$
$\vec{r}_i$	Ortsvektor des i-ten Elektrons
r_i	Polarkoordinate
r_{kl}	Abstand zwischen k-tem und l-tem Elektron
$r_<, r_>$	kleinerer und größerer von zwei r-Werten
r_e	Gleichgewichtsabstand
S	Gesamtspin-Quantenzahl
S	Überlappungsintegral
$\boldsymbol{S}$	Überlapp-Matrix
$\vec{\mathbf{S}} = (\mathbf{S}_x, \mathbf{S}_y, \mathbf{S}_z)$	Gesamtspin-Operator

S	Atomarer Zustand mit $L = 0$
$S_{\mu s,\nu t}$	Überlappungsintegral zwischen den AO's $\chi_{\mu s}$ und $\chi_{\nu t}$
$S_{j\to k}$	Singulettzustand, hervorgegangen aus der Einfachanregung $j \to k$
SU(2)	spezielle unitäre Gruppe (Abschn. A 2.9)
s, t, u, v	Indizes, die AO's an einem Atom zählen
s	AO mit $l = 0$
s_i	Eigenwerte der Überlappungsmatrix (6.2–2)
$\vec{\mathbf{s}}_i = (\mathbf{s}_{xi}, \mathbf{s}_{yi}, \mathbf{s}_{zi})$	Spinoperator des i-ten Elektrons (Kap. 14)
$\mathbf{T}$	in Kap. 11: Drehoperator
$\mathbf{T}$	Operator der kinetischen Energie
$\mathbf{T}_A, \mathbf{T}_B$	kinetische Energie der Kerne A bzw. B
$\mathbf{T}_i$	kinetische Energie des i-ten Elektrons
$<\mathbf{T}_x>, <\mathbf{T}_y>, <\mathbf{T}_z>$	x-, y-, z-Komponenten des Erwartungswerts der kinetischen Energie (Abschn. 3.5)
T	Transformationsmatrix, insbesondere von kanonischen auf äquivalente Orbitale
T	in Kap. 11: Drehmatrix $(T + T^{+} = M)$
$T_{j\to k}$	Triplettzustand, hervorgegangen aus der Einfachanregung $j \to k$
$t(\rho)$	Hilfsgröße in Abschn. 3.4
te_1, te_2, te_3, te_4	tetraedrische Hybrid-AO's
tr_1, tr_2, tr_3	trigonale Hybrid-AO's
U, V	Transformationsmatrizen
u	als Index: ungerade
u, v	Orbitale der (u, v)-Form (4.5–4)
V_k	Terme des Wechselwirkungspotentials in der Multipolentwicklung (Kap. 15)
V_k	invarianter Unterraum zu Γ_k (Anhang)
$\mathbf{V}$	potentielle Energie (gesamt)
$\mathbf{V}$	Störoperator (Kap. 15)
$\mathbf{V}_{ek}, \mathbf{V}_{ke}$	Elektronen-Kern-Anziehungsenergie
$\mathbf{V}_{ee}$	Elektronen-Abstoßungsenergie
$\mathbf{V}_{kk}$	Kern-Abstoßungsenergie
$\mathbf{V}_{ik}$	Matrixelement des Ligandenfeldpotentials (Kap. 14)
$\mathbf{V}_l$	Beitrag zum Pseudopotential (6.5–2)
$\mathbf{V}$	Mehrelektronenligandenfeldpotential, explizit
$\mathbf{v}$	Einelektronenligandenfeldpotential, explizit
$\mathbf{v}_0$	radialsymmetrischer Anteil von v
$\mathbf{v}_w$	winkelabhängiger Anteil von v

$\widetilde{\mathbf{v}}$	Ligandenfeldpotential (parametrisiert)
W	LCAO-MO-Energie eines Moleküls (5.2–3)
$W^{(1)}$	Einelektronenbeitrag zu W (5.2–6)
$W^{(2)}$	Zweielektronenbeitrag (5.2–7)
$W^{(0)}$	Kernabstoßungsbeitrag (5.2–8)
$W^{(0)}_{\mathrm{QK}}$	$= W^{(0)}$ (5.3–11)
$W^{(1)}_{\mathrm{QK}}$	quasiklassische Einelektronenenergie (5.3–3)
$W^{(2)}_{\mathrm{QK}}$	quasiklassische Zweielektronenenergie (5.3–10)
$W^{(1)}_{\mathrm{IF}}$	Interferenzbeitrag zu $W^{(1)}$
$W^{(2)}_{\mathrm{IF}}$	Interferenzbeitrag zu $W^{(2)}$
$W'_{\mu\nu}$	Korrekturterm zu Zweizentrenintegralen (5.3–17)
W'_{μ}	Korrekturterm zu Einzentrenintegralen (5.3–20)
W_{μ}	Einzentrenbeiträge zu W (5.5–2)
$W_{\mu\nu}$	Zweizentrenbeiträge zu W (5.5–2)
x, y, z	cartesische Koordinaten
$\vec{x}_{\mathrm{g1}}, \vec{x}_{\mathrm{g2}}, \vec{x}_{\mathrm{u1}}, \vec{x}_{\mathrm{u2}}$	Hilfsvektoren in Abschn. (10.5–4)
y	Hilfsgröße (11.5–6)
$\mathrm{Y}_l^m(\vartheta, \varphi)$	normierte Kugelfunktion
$\mathrm{Z}(\mathrm{G})$	Zentrum der Gruppenalgebra zur Gruppe G (Abschn. A 2.9)
Z_{μ}	Ladung des μ-ten Kerns (A1–1)
Z_{eff}	effektive Kernladung
z	$= x + iy$ komplexe Zahl (A1–1)
α, β	Spinfunktionen mit $m_s = \frac{1}{2}$ bzw. $-\frac{1}{2}$
α, β	Bandenbezeichnungen nach Clar (Abschn. 11.12)
$\alpha_1, \alpha_2, \beta_1, \beta_2$	spezielle Koeffizienten (Abschn. 10.5–4)
α	Einzentreneinelektronenenergie (3.2–22, 4.1–14)
α	Einzentren-Hückel-Parameter (Kap. 11)
α	Polarisierbarkeit (Kap. 3 u. 15)
α	Klasse von Symmetrieelementen (Anhang)
α	Winkel (Kap. 8)
α_{e}	Gleichgewichtswinkel (Kap. 6)
$\alpha_{\mathrm{ex}}, \alpha_{\mathrm{cycl}}$	Hückel-α's für exocyclische bzw. cyclische Bindungen in Radialenen (11.7–3)
$\alpha_s, \alpha_p, \alpha_b$	spezielle Hückel-α's (Kap. 10 bzw. 13)
α_{μ}	Hückel-α des μ-ten Atoms
$\alpha_{\mu s}$	Einzentren-Einelektronenenergie des AO's $\chi_{\mu s}$ (5.4–4)

$\alpha'_{\mu s}$	Effektives Einzentren-Diagonal-Matrixelement (6.9–10)
β	reduziertes Resonanzintegral (3.2–27)
β_T, β_V	Beiträge der kinetischen und potentiellen Energie zu β (3.5–3,4)
β	mittleres β (Kap. 7)
$\beta_{\mu\nu}$	Hückel-β zwischen χ_μ und χ_ν
$\beta_{\mu s,\nu t}$	reduziertes Resonanzintegral zwischen AO's $\chi_{\mu s}$und $\chi_{\nu t}$ (5.3–13)
$\beta'_{\mu s,\nu t}$	reduziertes Resonanzintegral mit Anteilen der Zweielektronen-Interferenzbeiträge (6.1–6)
β_{sh}, β_{ph}	spezielle Hückel-β's (Kap. 10 und 13)
$\Gamma^{(A)}$, $\Gamma(A)$	Matrixdarstellung des Symmetrieoperators **A**
Γ_ν	ν-te irreduzible Darstellung
$\Gamma_\nu^{(A)}$	Darstellungsmatrix des Operators **A** in Γ_ν
γ	Resonanzintegral
$\gamma_{\mu s,\nu t}$	Resonanzintegral zwischen den AO's $\chi_{\mu s}$ und $\chi_{\nu t}$
$\gamma'_{\mu s,\nu t}$	effektives Resonanzintegral (6.1–14)
Δ	Ligandenfeldstärke (14.2–6)
Δ_k	Laplace-Operator des k-ten Elektrons
Δ_μ	Laplace-Operator des μ-ten Kerns
ΔE	Bindungs- bzw. Wechselwirkungsenergie
ΔE	Energieänderung durch Störung (Abschn. 11.10)
$\Delta E^{(1)}$	Energieänderung durch Störung 1. Ordnung (Abschn. 11.10)
ΔE	Bindungsenergie eines Moleküls mit genäherter Korrektur für die Links-Rechts-Korrelation (6.1–1)
ΔE_∞	Bindungsenergie bei unendlichem Abstand (7.2–3)
ΔE_π	π-Elektronen-Bindungsenergie
Δq	$(q_2 - q_1)/2$ (7.1–5)
ΔW	Bindungsenergie der MO-LCAO-Näherung (5.5–4)
$\Delta\epsilon_{\mu,\nu}$	Paarkopplungsbeiträge zur Korrelationsenergie (Abschn. 10.8)
δ	$(H_{11} - H_{22})/2$ (7.1–1)
δ	Maß der Bindungsalternierung (Kap. 11)
δ_{ik}	Kronecker-Symbol (= 1 für $i = k$; = 0 für $i \neq k$)
$\in$	$A \in B$: A ist Element der Menge B
ϵ	Absorptionskoeffizient (Kap. 14)
ϵ_i	Hartree-Fock-Orbitalenergien, speziell Pople-Energien (6.3–17)
ϵ_i	HMO-Energien (ab Kap. 10)
$\tilde{\epsilon}_i$	IC-SCF-Orbitalenergien (Abschn. 9.3.5)

$\epsilon_i^{(0)}$	‚ungestörte' HMO-Energie
$\epsilon_{g1}, \epsilon_{g2}, \epsilon_{u1}, \epsilon_{u2}$	spezielle HMO-Energie (Kap. 10)
$\epsilon^c_{\vec{k}}, \epsilon^s_{\vec{k}}$	HMO-Energie in Kristallen (12.7–23)
ϵ_F	Fermi-Energie (12.7–14)
$\epsilon_{RR}, {}^1\epsilon_{RS}, {}^3\epsilon_{RS}, \epsilon_\mu$	Beiträge zur Korrelationsenergie (Abschn. 10.8)
η	Skalenfaktor (3.2–10)
η	Polaritätsparameter für Heteroatome (Kap. 11)
ϑ_i	Polarkoordinate
λ	Wellenlänge (Abschn. 11.12)
λ_1, λ_2	Energieeigenwerte (Kap. 3)
λ_i	Eigenwerte der Strukturmatrix (Kap. 11)
$\lambda_0^{(s)}, \lambda_{j\pm}^{(s)}, \lambda_j^{(a)}, \lambda_{j\pm}^{(s)}$	Eigenwerte der Strukturmatrix bei Polyacenen (11.7–1)
$(\kappa : \mu_s\mu_s)$	Durchdringungsintegral (5.4–3)
μ, ν, κ, ρ	Indizes zum Zählen der Kerne
μ	Dipolmoment (Kap. 3, 15)
μ	Magnetisches Moment (Kap. 14)
$(\mu_s\nu_t \mid \kappa_u\rho_v)$	Elektronenwechselwirkungsintegral zwischen den AO's $\chi_{\mu s}, \chi_{\nu t}, \chi_{\kappa u}, \chi_{\rho v}$ in der Mulliken-Schreibweise
$[\mu_s\nu_t \mid \kappa_u\rho_v]$	Abweichung des Integrals $(\mu_s\nu_t \mid \kappa_u\rho_v)$ vom Wert in der Mulliken-Näherung (5.3–15)
ν	Frequenz
ν_i	Besetzungszahl eines natürlichen Orbitals χ_i (Tab. 3)
$\xi(r)$	Spin-Bahn-Kopplungsfunktion (Kap. 14)
ξ_{nd}	Spin-Bahn-Kopplungsparameter für *nd*-AO's (Kap. 14)
Π	Termsymbol bei linearen Molekülen
π	3.14159...
π	MO's antisymmetrisch zur Molekülebene (ab Kap. 11) (s. auch Tabellen A1 der irreduziblen Darstellungen)
$\pi_{\mu\nu}, \pi_{\mu\nu,\rho}, \pi_{\mu\nu,\rho\sigma}$	HMO-Polarisierbarkeiten (6.2–45 bis 47)
ρ	$\eta \cdot R$, Abstand mal Skalenfaktor (Kap. 3)
ρ	Elektronendichte
ρ_ν	Ladungsdichte des ν-ten Liganden (Kap. 14)
ρ_{QK}	quasiklassischer Beitrag zur Elektronendichte
Σ	Termsymbol bei linearen Molekülen
$\sum$	Summenzeichen
$\sum'_{k,l}$	Summe über k und l unter Ausschluß von $k = l$

$\sum \epsilon_{val} = \sum_{i(val)}$	Summe der MO-Energien der Valenz-MO's (Kap. 9)
σ	MO's symmetrisch zur Molekülebene (ab Kap. 11) bzw. zur Molekülachse (ab Kap. 8)
σ_{Xe}, σ_O	spezielle σ-AO's (13.5–1)
Φ	Mehrelektronenwellenfunktion (meist als Slater-Determinante)
φ	Einelektronenwellenfunktion (meist spinfrei)
φ_i	Molekülorbital (ab Kap. 5)
$\varphi, \overline{\varphi}$	Spin-MO mit α- bzw. β-Spin. (Kap. 13)
$\varphi_{AH}, \varphi^*_{AH}$	Zwischen A und H bindendes bzw. antibindendes MO (Kap. 13)
χ	Kernwellenfunktion (Kap. 2)
χ_i	natürliche Orbitale (Kap. 4)
χ_ν	π-AO's (Kap. 11)
$\chi_{\mu s}$	s-tes AO des μ-ten Atoms (ab Kap. 5)
χ_μ	Elektronegativität nach Pauling (Kap. 7)
$\tilde{\chi}_\mu$	Elektronegativität nach Mulliken (Kap. 7)
$\chi(\alpha)$	Charakter einer Darstellung zur Klasse α (Abschn. A2.6)
$\chi_k(\alpha)$	Charakter der k-ten irreduziblen Darstellung zur Klasse α (Abschn. A2.6)
Ψ	Wellenfunktion, meist des Gesamtsystems
ψ_R	Elektronenwellenfunktion (Kap. 2)
ψ	Einteilchenwellenfunktion (meist mit Spin)
$\psi^c_{\vec{k}}, \psi^s_{\vec{k}}$	der Periodizität des Potentials angepaßte stehende Welle (12.7–22)
ω_μ	Omega-Parameter (Kap. 7)
$\omega_k^{(m)}$	komplexe Einheitswurzeln (A1)

1. Zur Geschichte der Theorie der chemischen Bindung

1.1. Entwicklung der klassischen Valenztheorie

Etwa seit Beginn des 19. Jahrhunderts spielt der Begriff der chemischen Bindung eine zentrale Rolle innerhalb des Gedankengebäudes der Chemie. Von Anbeginn war die ‚chemische Bindung' ein rein theoretischer Begriff, denn eine Bindung kann man nicht unmittelbar beobachten, auf sie wurde nur indirekt aus der Existenz von Molekülen geschlossen. Es ist nicht zufällig, daß ein Zusammenhang zwischen der chemischen Bindung und der Elektrizität sehr früh gesehen, wenn auch nicht verstanden wurde. Um 1800 beschrieb Volta die nach ihm benannte galvanische Zelle, 1808 stellte Davy die Alkalimetalle Na und K durch Elektrolyse dar, und 1812 publizierte Berzelius seine erste, dualistische Theorie der chemischen Bindung.

Seit man von einer Theorie der chemischen Bindung sprechen kann, ist diese atomistisch: Atome wurden als Bausteine von Molekülen und diese als Bausteine der Materie verstanden. Die zeitgenössische Physik verzichtete dagegen auf die Begriffe Atom und Molekül. Obwohl die Gasgesetze damals bekannt waren (Boyle 1662, Avogadro 1811, Gay-Lussac 1808), gelang deren uns heute so selbstverständliche, atomistische Erklärung erst um 1860 (Clausius, Boltzmann, Maxwell).

Die Theorie der chemischen Bindung des 19. Jahrhunderts basierte fast ausschließlich auf der chemischen Erfahrung, ohne Hilfestellung durch die Physik. Bei der Entwicklung der Theorie spielte der Isomeriebegriff eine wichtige Rolle. Wesentliche Verfeinerungen der Theorie wurden veranlaßt durch das Bemühen, gewisse Isomere, die in der Theorie der früheren Stufe ‚bindungsmäßig' gleich waren, als verschieden strukturiert zu kennzeichnen. Anfangs charakterisierte man Verbindungen durch Verhältnisformeln, z.B. $(CH_2O)_x$, später durch Summenformeln, z.B. $C_6H_{12}O_6$, schließlich – vor allem seit Kekulé (um 1854) – durch Strukturformeln, die im Laufe der Zeit mehr und mehr verfeinert wurden. Die Strukturformeln, zuerst mehr abstrakt gedacht, wurden erst langsam als eine Abbildung der räumlichen Anordnung der Atome im Molekül aufgefaßt. Van't Hoff, der diese Auffassung konsequent vertrat (etwa seit 1874), wurde lange Zeit angefeindet. Von einem unmittelbaren Zugang zur Struktur von Molekülen, etwa über Elektronen- oder Röntgenbeugung oder Mikrowellenspektren, die uns heute so selbstverständlich sind, war man ja damals noch weit entfernt.

Grundlage der Kekuléschen Valenztheorie war die Annahme lokalisierter Zweizentrenbindungen, deren Zahl durch die Wertigkeiten der beteiligten Atome bestimmt wird, wobei die Wertigkeit später (L. Meyer, Mendelejeff) mit der Stellung im Periodensystem in Zusammenhang gebracht wurde. Bei manchen Verbindungen sah man sich gezwungen, Doppelbindungen zuzulassen, was sich als nicht unplausibel erwies. Im Grunde paßte aber bereits das Benzol, dessen Formel zu finden (1865) als die stolzeste Leistung Kekulés gilt, mit seinen nicht-lokalisierten Doppelbindungen nicht in die klassische Valenztheorie. Diese wurde jedoch erst um die Jahrhundertwende teilweise in Frage gestellt, man denke etwa an die Thieleschen Partialvalenzen. In den zwanziger und dreißiger Jahren dieses Jahrhunderts wurde es dann schließlich Mode, vor allem in der Nachfolge von Ingold, Moleküle nicht durch eine Valenzstruktur, sondern durch eine Überlagerung mehrerer solcher Strukturen zu beschreiben. Nicht recht in die klassische Valenztheorie paßten auch die Komplexverbindungen, die Anfang dieses Jahrhunderts vor allem von A. Werner untersucht wurden.

Inzwischen hatte auch die Physik begonnen, sich mit dem Atom zu befassen. Das Elektron war 1897 entdeckt worden. Seit den Arbeiten von Rutherford (um 1911) war deutlich, daß Atome aus Kernen und Elektronen aufgebaut sind und daß die Zahl der Elektronen gleich der Ordnungszahl im Periodensystem ist. Bereits um 1916 wurde von Kossel, Lewis und Langmuir der Zusammenhang zwischen Wertigkeit und Oktettregel herausgearbeitet, wonach jedes Atom bestrebt ist, eine Edelgaskonfiguration einzunehmen, und wobei Elektronenpaare zwei Atomen gemeinsam angehören können. Seither ist es üblich, die klassischen Valenzstriche mit Elektronenpaaren zu identifizieren. Als Niels Bohr seine Theorie des H-Atoms entwickelte, wurde auch bald versucht, im Rahmen dieser Theorie die chemische Bindung zu verstehen, allerdings ohne Erfolg. Eine Theorie der chemischen Bindung auf physikalischer Grundlage wurde erst möglich, nachdem Heisenberg (1924) und Schrödinger (1925) die Quantenmechanik entwickelt hatten. Als Geburtsstunde der Quantentheorie der chemischen Bindung wird i.allg. die Publikation der Arbeit von Heitler und London (1927) über eine Näherungsrechnung am H_2-Molekül angesehen.

1.2. Theorie der chemischen Bindung auf quantenmechanischer Grundlage

Die erste Phase der Quantenchemie, d.h. der theoretischen Chemie auf quantenmechanischer Grundlage, dauerte etwa von 1927 bis 1935. Sie war durch folgendes gekennzeichnet.

1. Man bemühte sich, die bekannten Regeln der klassischen Valenztheorie quantentheoretisch zu verstehen bzw. plausibel zu machen, und versuchte nicht etwa, in einer rein deduktiven Weise aus der Quantenmechanik neue Gesetze über Struktur und Eigenschaften von Molekülen abzuleiten.

Der zweite Weg, der heute möglich ist, wäre damals auf zu große Schwierigkeiten gestoßen. So wurde es begrüßt, daß die Heitler-Londonsche Rechnung am H_2 als quantenchemisches Gegenstück zur Lewisschen Elektronenpaarbindung aufgefaßt werden konnte, und man konstruierte andere Elektronenpaarbindungen in analoger Weise, ohne Rücksicht darauf, daß die Heitler-London-Funktion schon beim H_2 von der wirklichen Wellenfunktion recht weit entfernt war. So konnte man zunächst die Bindungen in gewissen Molekülen mit lokalisierten Bindungen – etwa H_2O oder NH_3 – plausibel machen, nicht aber z.B. die im CH_4, weil das C-Atom im Grundzustand nur 2 ungepaarte Elektronen zur Verfügung stellt. Als Ausweg erwies sich die Einführung der Begriffe ‚Hybridisierung' und ‚Valenzzustand'. Verbindungen, die durch eine klassische Valenzstruktur nicht zu beschreiben waren – etwa das Benzol – beschrieb man, wie das in der Chemie längst geschah, durch Überlagerung mehrerer Strukturen. Diese für den Chemiker zunächst etwas mysteriöse Überlagerung von Strukturen (Resonanz, Mesomerie) ließ sich quantenmechanisch im Rahmen eines gewissen Näherungsverfahrens begründen. Von der Möglichkeit, Systeme wie Benzol viel unmittelbarer und einfacher ohne Zuhilfenahme von Mesomerie zu beschreiben (E. Hückel 1933), wurde lange nicht Gebrauch gemacht.

Wenige Forscher jener Zeit hatten gleichermaßen Zugang zum Erfahrungsmaterial der Chemie wie zu den Gesetzen der Quantentheorie. Einer der wenigen war L. Pauling, der in dieser Phase der Entwicklung eine zentrale Rolle spielte. Sein Buch*) 'The nature of the chemical bond' erschien zuerst 1938.

2. Das Mehrteilchenproblem der Quantenmechanik ist nicht geschlossen, sondern nur näherungsweise numerisch lösbar. Atome und Moleküle sind aber Mehrteilchensysteme. Halbwegs genaue numerische Lösungen sind sehr aufwendig. Immerhin wurden die erforderlichen Methoden entwickelt, vor allem von Hylleraas. Die erste wirklich anspruchsvolle quantenmechanische Rechnung von James und Coolidge am H_2-Molekül stammt aus dem Jahre 1933, sie blieb bis etwa 1960 die beste Rechnung auf diesem Gebiet. Es wurde aber deutlich, daß Rechnungen vergleichbarer Genauigkeit an größeren Systemen als dem H_2 hoffnungslos waren, jedenfalls ohne die uns heute zur Verfügung stehenden elektronischen Rechenmaschinen. So erwiesen sich die erwähnten Rechnungen am H_2 sowie die von Hylleraas am He-Atom als für lange Zeit gesetzte Grenzen und nicht als Ansatzpunkte für eine weitere Entwicklung. Damit hängt auch zusammen, daß die beste H_2-Rechnung praktisch keine Auswirkung auf die Theorie der chemischen Bindung hatte. Ihre Analyse im Hinblick auf ein besseres allgemeines Verständnis der chemischen Bindung – über das von Heitler und London nahegelegte hinaus – wurde völlig unterlassen.

3. Sehr gut ausgebaut wurden diejenigen Teilgebiete der Quantenchemie, bei denen man wichtige Aussagen machen konnte, auch ohne daß man die Schrödinger-Gleichung explizit löste. Das war der Fall z.B. bei der Theorie der Atome, die zu einem großen Teil als Theorie des Drehimpulses bzw. der Kugeldrehgruppe aufgefaßt werden kann. Das 1935 zuerst erschienene Buch von Condon und Shortley 'Theory of Atomic Spectra' (Cambridge Univ. Press) gilt heute noch als ein Standardwerk.

Aber auch die numerische Berechnung von genäherten Atomwellenfunktionen gelang, vor allem dank R.D. Hartree, in mühsamen Rechnungen, nur unter Benutzung von Tischrechenmaschinen.

Auch die Theorie der Atome in äußeren Feldern bestimmter Symmetrie, und damit die Grundlage der späteren Ligandenfeldtheorie, wurde voll ausgearbeitet (Bethe 1929).

4. Die Erfolge der insbesondere von Slater entwickelten Atomtheorie und gewisse Analogien zwischen der Termaufspaltung innerhalb einer atomaren Konfiguration infolge von Austauschwechselwirkung und einer voreiligen Interpretation der chemischen Bindung als ‚Austauschphänomen' führten zu einer Formulierung der Theorie der chemischen Bindung, bei der die Permutation von Elektronen die entscheidende Rolle spielte. Das mathematische Rüstzeug dazu, die Theorie der Permutationsgruppe und ihrer Darstellungen, war z.T. bekannt (Young) und wurde z.T. weiter entwickelt (Rumer, Weyl) im direkten Zusammenhang mit Problemen der chemischen Bindung.

---

* In mehreren Auflagen unter dem Titel ‚Die Natur der chemischen Bindung' auch in deutscher Sprache (Verlag Chemie, Weinheim 1962, 1964 und 1968).

Der Formalismus erwies sich als zu kompliziert, um als Grundlage für eine auch den Chemikern verständliche Theorie dienen zu können. Zudem zeigte sich später, daß die allgemein verwendete vereinfachte Version der Theorie inkonsistent und teilweise falsch ist, so daß dieser Weg später bedeutungslos wurde.

5. Am meisten profitiert hat die theoretische Chemie vom Bemühen, die Spektren zweiatomiger Moleküle zu klassifizieren und zu verstehen. Hierbei haben sich vor allem F. Hund und R.S. Mulliken verdient gemacht, die u.a. zeigen konnten, daß eine Beschreibung eines Moleküls durch Molekülorbitale (MO's) eine sehr gute erste Näherung darstellt. Zum qualitativen Verständnis der MO-Energien und des Aufbauprinzips für Moleküle erwiesen sich die sog. Korrelationsdiagramme als außerordentlich wichtig. Als sehr nützlich stellte sich auch der Vorschlag von Lennard-Jones heraus, die MO's als Linearkombinationen von Atomorbitalen (AO's) darzustellen.

Einen Überblick über den Stand der theoretischen Chemie um 1935 kann man aus gewissen damals erschienenen zusammenfassenden Darstellungen gewinnen, unter denen besonders zu erwähnen sind: H. Hellmann: Einführung in die Quantenchemie (F. Deuticke, Leipzig, Wien 1935), ferner das heute noch vielfach benutzte Lehrbuch von H. Eyring, J. Walter, G.E. Kimball: Quantum Chemistry (Wiley, New York 1944) sowie der Übersichtsartikel von J.H. Van Vleck und A. Sherman in Rev. Mod. Phys. 7, 167 (1935).

Charakteristisch für die erste Phase der Quantenchemie sind verblüffend gute Resultate sehr grober Rechnungen (sog. ‚Pauling point') und eine ausgesprochene Ernüchterung, wenn man versuchte, durch verfeinerte Methoden die Ergebnisse zu verbessern.

Etwa um 1935 machte sich die Ansicht breit, daß das Problem der chemischen Bindung ‚im Prinzip' gelöst sei, oder etwas ehrlicher gesagt, daß die Probleme, die man rein durch Denken lösen kann, erschöpft waren und daß für diejenigen, bei denen man rechnen mußte, die Zeit nicht reif war.

Die zweite Phase der Quantenchemie, etwa von 1935 bis 1950, war von wenig Elan getragen. Die meisten Pioniere dieser Wissenschaft waren Physiker und hatten kein besonders enges Verhältnis zur Chemie. Inzwischen fehlte es aber nicht an neuen, rein physikalischen Problemen, etwa auf dem Gebiet der Festkörper, der Atomkerne, der Elementarteilchen, wo man das an Atomen und Molekülen Gelernte anwenden und erweitern konnte.

Wirklich um die Chemie bemühten sich damals relativ wenige Theoretiker, unter denen besonders E. Hückel zu erwähnen ist, der allerdings mit der von ihm entwickelten, bewußt extrem vereinfachten Theorie der π-Elektronensysteme lange nicht die verdiente Resonanz fand. Auch R.S. Mulliken verfolgte weiter seinen Weg zu einem physikalischen Verständnis der chemischen Bindung, ohne außerhalb des Kreises der Molekülspektroskopiker viel Beachtung zu finden.

Erst um 1950 setzte eine dritte Phase in der Entwicklung der Quantenchemie ein. Richtungweisend waren u.a. ein sehr ausführlicher Artikel Mullikens über die MO-Theorie in J. Chim. Phys. *46*, 497, 675 (1949) sowie eine Reihe von Artikeln von Lennard-Jones und Mitarbeitern in den Proc. Roy. Soc. 1949 – 1953.

Kennzeichen dieser dritten Phase sind:

1. Die zunehmende Bedeutung der UV-Spektroskopie für die Organische Chemie, und damit ein wachsendes Interesse an deren Interpretation. Das führte zunächst zu einer Renaissance der Hückelschen MO-Theorie, die u.a. von Coulson und Longuet-Higgins weiter ausgebaut wurde, später zur Entwicklung speziell für die Theorie der Spektren geeigneter Verfahren, vor allem von Pariser, Parr und Pople. Diese semiempirischen Methoden erwiesen sich auch in anderem Zusammenhang als nützlich. Argumentationen auf der Grundlage der Hückel-Theorie setzten sich in der Organischen Chemie immer mehr durch, u.a. dank des Buches von A. Streitwieser: Molecular Orbital Theory for Organic Chemists (Wiley, New York 1962). Anwendungen der Hückel-Näherung auf Probleme der chemischen Reaktivität (z.B. Dewar, Fukui) fanden einen Höhepunkt in den sog. Woodward-Hoffmann-Regeln (1968), die der MO-Theorie zu einer allgemeinen Anerkennung in der Organischen Chemie verhalfen.

2. Auch in der Anorganischen Chemie, vor allem im Bereich der Komplexverbindungen der Übergangsmetalle, gewannen spektroskopische Untersuchungen an Bedeutung. Zur Interpretation der Spektren (und der magnetischen Eigenschaften) wurde, anknüpfend an eine grundlegende Arbeit Bethes (1929) sowie Arbeiten von Van Vleck und Mitarbeitern, die Ligandenfeldnäherung entwickelt (Hartmann-Ilse 1949, Tanabe-Sugano 1954). Später wurde die Ligandenfeldnäherung z.T. durch eine MO-Beschreibung ersetzt, bzw. mit dieser kombiniert.

3. Die Computer-Technologie machte solche Fortschritte (seit ca. 1955), daß man daran gehen konnte, Probleme in Angriff zu nehmen, die früher an zu hohem Rechenaufwand scheiterten. Als Standardmethode der Quantenchemie wurde die sog. Matrix-Hartree-Fock-Methode ausgearbeitet (Roothaan 1951, Hall und Lennard-Jones 1950). Die Hauptschwierigkeit bei der Anwendung dieser Methode auf Moleküle lag in der Berechnung gewisser Integrale. Um die Berechnung dieser Integrale haben sich verschiedene Forscher verdient gemacht, u.a. Kotani, Ruedenberg, Boys. Trotzdem ist auch heute noch ein wichtiges Problem die Beschleunigung von Integralprogrammen. Von Boys stammt der folgenreiche Vorschlag, für Molekülberechnungen sog. Gauß-Funktionen statt Slater-Funktionen zu verwenden.
Als Hartree-Fock-Rechnungen an Molekülen möglich wurden, wurde auch deutlich, daß die in dieser Näherung vernachlässigten Effekte, die der sog. Elektronenkorrelation, für viele Anwendungen wichtig sind. Die Schwierigkeit der Erfassung der Elektronenkorrelation bedeutete lange Zeit einen Engpaß der numerischen Quantenchemie. Erst in den letzten Jahren gelang es, diese Schwierigkeiten, zumindest für kleine und mittelgroße Moleküle, zu überwinden, vor allem durch Elektronenpaarnäherungs- und Multikonfigurationsansätze.

4. Arbeiten aus der Pionierzeit der Quantenchemie, die z.T. in Vergessenheit geraten waren (u.a. weil sie auf deutsch abgefaßt waren), wurden wieder ausgegraben, in verständlicher Weise neu formuliert, weiterentwickelt und auf Sommerschulen einem breiten Publikum nahegebracht. Eine besonders wichtige Rolle spielten die Sommerschulen von P.O. Löwdin. Ein erneutes Interesse an Grundlagenfragen, z.B. formal mathematischen Problemen, wurde geweckt, und interessante allgemeingültige Ergebnisse wurden gefunden (vor allem durch T. Kato im Anschluß an frühere Arbeiten von Rellich.) Da man die Schrödinger-Gleichung nicht exakt lösen kann, ist es

von Interesse, Fehlerschranken für die berechneten Größen u. dgl. anzugeben, und es gibt genug Betätigungsfeld für eine sehr formale quantenchemische Arbeitsrichtung.

5. Während Rechnungen im Vordergrund standen, spielten Fragen der Interpretation quantenchemischer Ergebnisse eine geringere Rolle. Trotzdem geriet Mullikens Frage ‚What are the electrons really doing in molecules' nicht in Vergessenheit. Eine sehr tiefgründige, wenn auch nicht leicht verständliche Analyse der physikalischen Natur der chemischen Bindung stammt von K. Ruedenberg [Rev. Mod. Phys. *34*, 326 (1962)].

6. Neue Verbindungsklassen wurden entdeckt, die im Rahmen der klassischen Valenztheorie nicht verständlich gewesen wären, z.T. solche, die von der Theorie vorhergesagt worden waren, wie gewisse polyedrische Borhydride oder Metall-Aromaten-Komplexe, z.T. aber auch solche, die vorherzusagen die Theorie versäumt hatte, wie die Edelgasverbindungen. Hier muß man allerdings der Theorie zugute halten, daß man die Verbindungen der Atome mit sehr vielen Elektronen erst allmählich in den Griff bekommt.

1.3. Ergänzungen 1993

In den letzten 20 Jahren wird die Aufgabe der theoretischen Chemie zunehmend darin gesehen, auf Einzelfragen, z. B. zur Interpretation von Experimenten, quantitive Antworten zu geben und auch Vorhersagen nicht zugänglicher experimenteller Ergebnisse zu machen. In vielen Bereichen ist die *Computerchemie* eine wichtige Ergänzung zur experimentellen Chemie geworden. Manche Verbindungsklassen, z. B. die Kohlenstoff-Lithium-Verbindungen kennt man von Rechnungen her besser als vom Experiment[*)].

Die Frage nach einem qualitativen Verständnis der chemischen Bindung ist dabei etwas in den Hintergrund geraten, auch wenn es auf diesem Sektor neue Erkenntnisse gab, z. B. zu Besonderheiten bei den Hauptgruppenelementen[**)], zur sog. negativen Hyperkonjugation[***)], zur sekundären Periodizität[1)] und zur Bedeutung relativistischer Effekte für die Chemie[2)].

In der Theorie der Verbindungen der Übergangsmetalle spielte u. a. die Existenz von Vierfachbindungen, die es bei Hauptgruppenelementen nicht gibt, eine wichtige Rolle.[3)]

Recht originell, aber etwas außerhalb des Hauptstroms der theoretischen Chemie, sind die Arbeiten von R. W. F. Bader zur Analyse der Elektronendichte und zu Versuchen, ein Schwingersches Wirkungsprinzip auf die Probleme der Chemie anzuwenden[4)].

---

* P. v. R. Schleyer, in *New Horizons in Quantum Chemistry*, P. O. Löwdin, A. Pullmann ed., Reidel, Dordrecht, 1983.

** W. Kutzelnigg, Angew. Chem. *96*, 262 (1984), Angew. Chem. Int. Ed. *23*, 272 (1984).

*** A. Reid, P. v. R. Schleyer, J. Am. Chem. Soc. *112*, 1434 (1990).

1 P. Pyykkö, J. Chem. Res. *1979*, 380.

2 P. Pyykkö, Chem. Rev. *88*, 563 (1988).

3 F. A. Cotton und R. A. Walton, *Multiple Bonds between Metal Atoms*, Wiley, New York 1982.

4 R. W. F. Bader, *Atoms in Molecules, a Quantum Theory*, Clarendon, Oxford 1990
R. W. F. Bader, Angew. Chem., im Druck.

2. Vorbemerkungen zur Quantentheorie von Molekülen

2.1. Allgemeines

Die Theorie der chemischen Bindung beruht auf der Voraussetzung, daß Moleküle sich nach den Gesetzen der Quantenmechanik beschreiben lassen. Es gibt bisher keinen Hinweis dafür, daß diese Voraussetzung nicht erfüllt wäre. Etwas einschränkender wollen wir sogar voraussetzen, daß die nicht-relativistische Quantenmechanik zulässig ist, d.h., daß für ein Molekül die Schrödinger-Gleichung ohne relativistische Korrekturen gültig ist. Bei den Verbindungen schwererer Atome können relativistische Zusatzterme, z.B. die Spin-Bahn-Wechselwirkung, eine Rolle spielen. Diese Rolle ist aber nicht grundsätzlich anders als bei den entsprechenden Atomen, und wir wollen darauf nicht eingehen.

Der mit der nicht-relativistischen Quantenmechanik nicht vertraute Leser findet alles das, was in diesem Buch vorausgesetzt wird, z.B. in Band I dieser Einführung: Quantenmechanische Grundlagen (Verlag Chemie, Weinheim 1975). Hinweise im vorliegenden Buch auf diese einführende Darstellung werden im folgenden mit I und der Nummer des Abschnitts angegeben.

Im Zusammenhang mit der Theorie der chemischen Bindung werden keine neuen oder zusätzlichen quantenmechanischen Prinzipien eingeführt. Alle neu auftauchenden Begriffe werden aus solchen abgeleitet, die bei der allgemeinen Grundlegung der Quantentheorie auftreten.

Es wird sich oft als notwendig erweisen, Näherungen einzuführen. Eine Näherung, die wir grundsätzlich machen wollen, betrifft die Trennung von Kern- und Elektronenbewegung. Diese Trennung ist bei Molekülen weniger elementar zu begründen als bei Atomen, und wir wollen hierzu einige Worte sagen, bevor wir mit der Theorie der chemischen Bindung beginnen. Als Beispiel wählen wir ein zweiatomiges Molekül, aber diese Überlegung lassen sich, wenn auch nicht ohne Schwierigkeiten, auf beliebige Moleküle verallgemeinern.

2.2. Die Abtrennung der Kernbewegung

Der vollständige Hamilton-Operator für ein zweiatomiges Molekül läßt sich folgendermaßen schreiben:

$$\mathbf{H}(\vec{R}_A, \vec{R}_B, \vec{r}_1, \vec{r}_2 \ldots \vec{r}_n) = \mathbf{T}_A + \mathbf{T}_B + \sum_{i=1}^{n} \mathbf{T}_i - \\ - \sum_{i=1}^{n} \frac{Z_A}{|\vec{R}_A - \vec{r}_i|} - \sum_{i=1}^{n} \frac{Z_B}{|\vec{R}_B - \vec{r}_i|} + \sum_{i<j=1}^{n} \frac{1}{|\vec{r}_i - \vec{r}_j|} + \frac{Z_A Z_B}{|\vec{R}_A - \vec{R}_B|} \tag{2.2-1}$$

Hierbei bedeuten $\mathbf{T}_A$ und $\mathbf{T}_B$ die kinetische Energie der Kerne, $\mathbf{T}_i$ die kinetische Energie des i-ten Elektrons, $\vec{R}_A$ und $\vec{R}_B$ bezeichnen die Koordinaten der beiden Kerne und $\vec{r}_i$ die Koordinaten des i-ten Elektrons. Die Zahl der Elektronen sei n. Ähnlich wie wir bei den Atomen die Schwerpunktsbewegung absepariert haben, können wir das hier auch tun, wir wollen es aber nicht explizit hinschreiben. Der Schwerpunkt führt natürlich eine kräftefreie Bewegung durch. Es verbleiben dann noch die Koordinaten der Elektronen relativ zu den Kernen sowie die Relativkoordinate der beiden Kerne zueinander $\vec{R} = \vec{R}_A - \vec{R}_B$. Die Relativbewegung der Kerne kann man nicht so ohne weiteres abtrennen. Es ist jedoch üblich, eine Näherung zu machen, die auf Born und Oppenheimer*) zurückgeht und die in den meisten praktischen Fällen außerordentlich gut ist. Da die Elektronen viel leichter als die Kerne sind und sich viel schneller bewegen, kann man erwarten, daß während einer Zeit, die lang ist gemessen an der Bewegung der Elektronen, die Kerne sich praktisch in Ruhe befinden und daß sich die Kerne für die Elektronen nur durch das elektrostatische Potential bemerkbar machen, das sie hervorrufen. Durch die langsame Bewegung der Kerne relativ zueinander ändert sich dieses Potential etwas, aber die Elektronen passen sich diesem geänderten Potential ohne Verzögerung an.

Wir gehen in zwei Schritten vor. Als erstes halten wir die Kerne fest und berechnen aus der Schrödinger-Gleichung, die jetzt explizit nur von den Elektronenkoordinaten abhängt, eine Elektronen-Wellenfunktion $\psi_R(\vec{r}_1, \vec{r}_2 \ldots \vec{r}_n)$ und eine Energie E_R.

Der dazugehörige ‚elektronische' Hamilton-Operator ist

$$\mathbf{H}_R = \sum_{i=1}^{n} \mathbf{T}_i - \sum_{i=1}^{n} \frac{Z_A}{|\vec{R}_A - \vec{r}_i|} - \sum_{i=1}^{n} \frac{Z_B}{|\vec{R}_B - \vec{r}_i|} + \sum_{i<j=1}^{n} \frac{1}{|\vec{r}_i - \vec{r}_j|} + \frac{Z_A Z_B}{|\vec{R}_A - \vec{R}_B|} \qquad (2.2\text{–}2)$$

In ihm fehlen die Terme der kinetischen Energie der Kerne, da die Kerne als ruhend angesehen werden. Der letzte Term $\frac{Z_A Z_B}{|\vec{R}_A - \vec{R}_B|} = \frac{Z_A Z_B}{R}$ bedeutet die Abstoßung der Kerne, er ist bei festgehaltenen Kernen eine Konstante.

Der Hamilton-Operator $\mathbf{H}_R$ und damit auch sein Eigenwert E_R und seine Eigenfunktion ψ_R hängen ab vom Kernabstand, der aber bei der Lösung der Eigenwertgleichung

$$\mathbf{H}_R \psi_R = E_R \psi_R \qquad (2.2\text{–}3)$$

---

* M. Born, J.R. Oppenheimer, Ann. Phys. *84*, 457 (1927).

M. Born, Gött. Nachr. Math. Phys. Kl. *1951*, 1.

S. Bratož, in ‚Calcul des fonctions d'onde moléculaire' CNRS, Paris 1958.

festgehalten wird. Nachdem man (2.2–3) für verschiedene R gelöst hat, kann man die so (punktweise) erhaltenen E_R und ψ_R nachträglich als Funktionen von R interpretieren. Den Zusammenhang zur vollständigen Schrödinger-Gleichung

$$\mathbf{H}\Psi = (\mathbf{T}_A + \mathbf{T}_B + \mathbf{H}_R)\Psi = E\Psi \tag{2.2–4}$$

stellen wir her, indem wir ansetzen

$$\Psi(\vec{r}_1, \vec{r}_2 \ldots \vec{r}_n, \vec{R}) = \psi_R(\vec{r}_1, \vec{r}_2, \ldots \vec{r}_n)\,\chi(\vec{R}) \tag{2.2–5}$$

Das führt zu

$$(\mathbf{T}_A + \mathbf{T}_B)\,\psi_R\chi(\vec{R}) + E_R\psi_R\chi(R) = E\,\psi_R\chi(\vec{R}) \tag{2.2–6}$$

Diese Differentialgleichung (2.2–6) für $\chi(R)$ hat i.allg. keine Lösung, da das exakte Ψ sich nicht in der Weise (2.2–5) mit dem ψ_R aus (2.2–3) schreiben läßt. Wir erhalten aber leicht eine Näherungslösung, wenn wir annehmen, daß die R-Abhängigkeit von Ψ im wesentlichen in $\chi(\vec{R})$ steckt und daß ψ_R verglichen mit $\chi(\vec{R})$ nur eine ‚langsam veränderliche' Funktion von R ist. Wenn das so ist, dann wirken $\mathbf{T}_A$ und $\mathbf{T}_B$ nur auf $\chi(R)$, während ψ_R sich bez. $\mathbf{T}_A$ und $\mathbf{T}_B$ wie eine Konstante verhält und vor die Operatoren gezogen werden kann.

Dann kann man aber (2.2–6) durch ψ_R kürzen und erhält:

$$(\mathbf{T}_A + \mathbf{T}_B + E_R)\,\chi(\vec{R}) = E\chi(\vec{R}) \tag{2.2–7}$$

Dies ist eine effektive Schrödinger-Gleichung für die durch $\chi(\vec{R})$ beschriebene Bewegung der Kerne, in der die elektronische Energie E_R die Rolle der potentiellen Energie spielt. Man bezeichnet deshalb die graphische Darstellung von E_R (Abb. 1) auch als Potentialkurve.

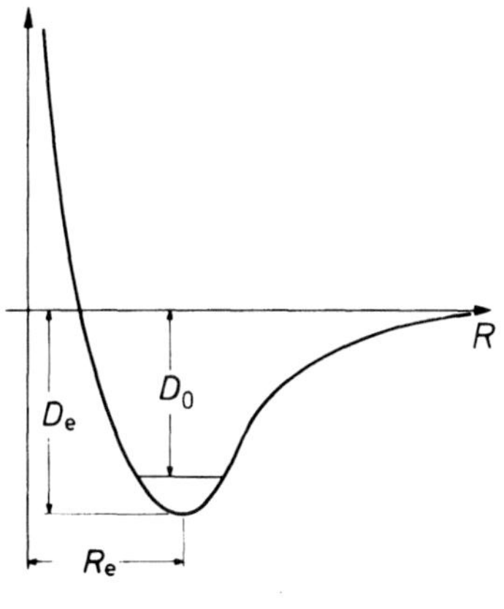

Abb. 1. Potentialkurve eines zweiatomigen Moleküls (R_e = Gleichgewichtsabstand, D_e = Bindungsenergie, bezogen auf das Minimum, D_0 = Bindungsenergie, bezogen auf das Niveau der Nullpunktschwingung).

In genügender Nähe des Minimums ist das Potential von der Form $E_R = E_0 + \frac{1}{2} k\,(R - R_0)^2$, und im klassischen Bild führen die Kerne harmonische Schwingungen um die Ruhelage aus. Außerdem rotiert des Molekül. $\chi(\vec{R})$ beschreibt die Rotation und die Schwingung des Moleküls.

Die Born-Oppenheimersche Näherung besteht offenbar darin, daß man die elektronische Wellenfunktion ψ_R aus (2.2–3), die Kernfunktion χ aus (2.2–7) berechnet. Die soeben gegebene Begründung dieser Näherung ist vielleicht etwas gewaltsam. Befriedigender ist die folgende Argumentation. Wir berechnen wiederum ψ_R und E_R aus (2.2–3), fassen aber (2.2–5) nicht als Lösungsansatz für (2.2–4) auf, sondern als Variationsansatz, wobei wir $\chi(R)$ so bestimmen, daß es den Erwartungswert $\frac{<\Psi, \mathbf{H}\Psi>}{<\Psi, \Psi>}$ zu einem Extremum macht. Das führt zu folgender effektiver Schrödinger-Gleichung für χ:

$$\{\mathbf{T}_A + \mathbf{T}_B + E_R + \mathbf{C}(R)\}\,\chi(R) = E\chi(R) \tag{2.2–8}$$

wobei

$$-\mathbf{C}(R) = <\psi_R \left| \frac{1}{2m_A}\Delta_A + \frac{1}{2m_B}\Delta_B \right| \psi_R> + <\psi_R \left| \frac{1}{m_A}\nabla_A \right| \psi_R> \cdot \nabla_A + <\psi_R \left| \frac{1}{m_B}\nabla_B \right| \psi_R> \cdot \nabla_B \tag{2.2–9}$$

Das Zusatzpotential $\mathbf{C}(R)$ wird als sog. adiabatische Korrektur zum Born-Oppenheimer-Potential E_R bezeichnet. Wegen der Kernmassen im Nenner und der ‚langsamen' R-Abhängigkeit von ψ_R ist in der Regel (was durch numerische Rechnungen bestätigt wurde*) $\mathbf{C}(R)$ vernachlässigbar klein.

Durch Mitberücksichtigen von $\mathbf{C}(R)$, was allerdings sehr aufwendig ist und sich i.allg. nicht lohnt, läßt sich die Born-Oppenheimersche Näherung zur sog. ‚adiabatischen Näherung' verbessern. Auch diese ist noch eine Näherung. Zur exakten Lösung kann man nur kommen, wenn man statt (2.2–5) eine Linearkombination ansetzt

$$\Psi = \sum_k \psi_R^{(k)} \chi^{(k)} \tag{2.2–10}$$

wobei die Summe über die verschiedenen Eigenzustände der elektronischen Schrödinger-Gleichung geht. Dieser nicht-adiabatische Ansatz ist dann zu verwenden, wenn im interessierenden Abstandsbereich die Potentialkurven $E_R^{(k)}$ zu verschiedenen Zuständen sich schneiden oder einander sehr nahe kommen, oder auch wenn die Kerne sich aus irgendeinem Grunde sehr schnell bewegen.

* W. Kołos, J. Chem. Phys. *41*, 3663, 3674 (1964).

Wir halten fest, daß die Potentialkurve E_R eines Moleküls, die man durch Lösen der elektronischen Schrödinger-Gleichung (2.2–3) erhält, nur dann einen physikalisch sinnvollen Begriff darstellt, wenn die Born-Oppenheimersche (oder zumindest die adiabatische) Näherung in guter Näherung gilt. Wir wollen diese Voraussetzung im folgenden immer treffen.

Zur Herleitung des nichtadiabatischen (d. h. über die adiabatische Näherung hinausgehenden) Formalismus setzen wir den allgemeinen Ansatz (2.2-10) in die zeitunabhängige Schrödingergleichung (2.2-4) ein*). (Man müßte dazu eigentlich zuerst die Schwerpunktsbewegung abtrennen, was nicht ganz problemlos ist, aber worauf wir hier nicht eingehen können**))

$$(\mathbf{T}_A + \mathbf{T}_B + \mathbf{H}_R - E)\sum_k \psi_R^{(k)}\chi^{(k)}(R) = 0 \tag{2.2–11}$$

Nehmen wir weiterhin an, daß die $\psi_R^{(k)}$ Eigenfunktionen von $\mathbf{H}_R$ (sog. adiabatische Zustände) sind, d. h.

$$\mathbf{H}_R\psi_R^{(k)} = E_R^{(k)}\psi_R^{(k)} \tag{2.2–12}$$

die ein Orthogonalsystem bilden, so erhalten wir ein gekoppeltes Gleichungssystem für die Kernwellenfunktionen $\chi^{(k)}$

$$\sum_k \left\langle \psi_R^{(k)} \mid \mathbf{T}_A + \mathbf{T}_B \mid \psi_R^{(l)} \right\rangle \chi^{(l)}(R) + E_R^{(k)}\chi^{(k)}(R) = E\chi^{(k)}(R) \tag{2.2–13}$$

wobei spitze Klammern Integration über die Elektronenkoordinaten bedeuten.

Die verschiedenen (adiabatischen) elektronischen Wellenfunktionen $\psi_R^{(l)}$ koppeln über ihre Matrixelemente mit den Operatoren der kinetischen Energie der Kerne. Kann man diese Kopplung vernachlässigen, gilt die adiabatische Näherung. Starke Kopplungen treten z. B. in der Nähe von vermiedenen Überkreuzungen auf, wenn zwei elektronische Zustände sich sehr nahe kommen. In solchen Fällen ändern sich die Kopplungselemente sehr stark, oft geradezu abrupt mit dem Kernabstand. Das ist besonders unangenehm, da die Berechnung der Kopplungselemente mühsam ist und in der Regel eine numerische Differentiation der elektronischen Wellenfunktion erfordert. Von Vorteil ist in solchen Fällen die Verwendung einer *diabatischen* statt einer adiabatischen Basis. Während die adiabatische Basis eindeutig dadurch gekennzeichnet ist, daß sie gemäß (2.2-12) den elektronischen Hamiltonoperator diagonalisiert, sollte die diabatische Basis statt dessen den Operator der kinetischen Energie der Kerne diagonalisieren, allerdings nicht generell, sondern nur in bezug auf Linearkombinationen eines begrenzten Satzes adiabatischer Funktionen. Hat man eine diabatische Basis, zu deren Konstruktion in der Regel nicht wirklich die

---

* M. Born, K. Huang, *Dynamical Theory of Crystal Lattices*, Oxford Univ. Press, 1954, Appendix 8.

** s. B. T. Sutcliffe, in *Methods of Computational Molecular Physics*, S. Wilson u. G. H. F. Diercksen ed., Plenum, New York, 1992.

Diagonalisierung der Operatoren der kinetischen Energie der Kerne erforderlich ist, sondern die man meist einfacher gewinnen kann*), muß man dann die Kopplung der diabatischen Funktionen über $\mathbf{H}_R$ berücksichtigen, was in der Regel nicht sehr schwierig ist.

Das Konzept einer molekularen Struktur ist eng mit der Gültigkeit der Born-Oppenheimer-Näherung verknüpft. In diesem Zusammenhang gibt es zwei extreme Standpunkte. Woolley et al.**) haben z. B. die Zulässigkeit der Born-Oppenheimer-Näherung und damit die Molekülstruktur schlechthin in Frage gestellt, jedenfalls im Zusammenhang mit stationären vibronischen Zuständen isolierter Moleküle. Ganz im Gegensatz hierzu sehen Primas und Müller-Herold***) die Born-Oppenheimer-Separation nicht als Näherung, sondern als einen wesentlichen Schritt auf dem Weg zu einer neuen Begriffswelt.

* H. J. Werner, W. Meyer, J. Chem. Phys. *74*, 5802 (1981).

** R. G. Woolley, J. Am. Chem. Soc. *100*, 1073 (1978)
R. G. Woolley, B. T. Sutcliffe, Chem. Phys. Lett. *45*, 393 (1977).

*** H. Primas, U. Müller-Herold, *Elementare Quantenchemie,* Teubner, Stuttgart 1984.

3. Das H_2^+-Molekül-Ion

3.1. Diskussion der exakten Potentialkurven und ihres Verhaltens für $R \to 0$ und $R \to \infty$

Der Hamilton-Operator des H_2^+ in der Born-Oppenheimer-Näherung ist (vgl. Abb. 2)

$$\mathbf{H} = -\frac{1}{2}\Delta - \frac{1}{r_a} - \frac{1}{r_b} + \frac{1}{R} \tag{3.1–1}$$

(wir lassen jetzt den Index R an $\mathbf{H}$ weg und verstehen unter $\mathbf{H}$ künftig immer elektronische Hamilton-Operatoren) wobei r_a den Abstand des Elektrons von Kern A und r_b den von Kern B bezeichnet. Ähnlich wie das H-Atom hat das H_2^+-Ion nur ein Elektron. Die möglichen Zustände dieses Elektrons kennzeichnet man durch Quantenzahlen. Der Hamilton-Operator des H_2^+ vertauscht nicht mit dem Quadrat des Drehimpulsoperators ℓ^2, sondern nur mit der z-Komponente ℓ_z, wenn z die Richtung der Molekülachse ist; demgemäß existiert die Quantenzahl l nicht, wohl aber ist m_l definiert, und entsprechend bezeichnet man die Zustände des H_2^+ als σ, π, δ etc., je nachdem ob $m_l = 0, \pm 1, \pm 2$ etc. ist. Die so klassifizierten Wellenfunktionen hängen vom Winkel φ der Drehung um die z-Achse ab wie $e^{i m_l \varphi}$.

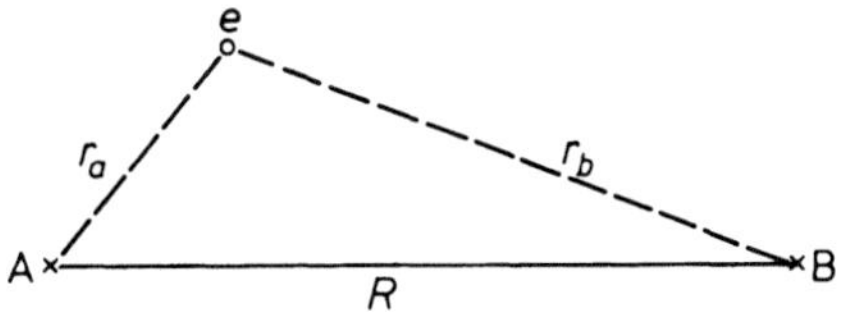

Abb. 2. Abstände im H_2^+-Ion.

Ein weiterer Operator, der mit $\mathbf{H}$ vertauscht, ist derjenige Operator $\mathbf{i}$, der das Molekül an seinem Mittelpunkt spiegelt (invertiert), d.h. der $\vec{r}$ in $-\vec{r}$ überführt. Die Eigenfunktionen des Operators $\mathbf{i}$ sind entweder von der Form

$$\psi_g = f(\vec{r}) + f(-\vec{r}) \qquad : \mathbf{i}\,\psi_g = \psi_g \tag{3.1–2}$$

oder

$$\psi_u = f(\vec{r}) - f(-\vec{r}) \qquad : \mathbf{i}\,\psi_u = -\psi_u \tag{3.1–3}$$

wobei $f(\vec{r})$ eine beliebige Funktion sein kann. Die Abkürzungen g (für gerade) und u (für ungerade) sind international üblich, und wir klassifizieren die Zustände des H_2^+ jetzt als

$$n\sigma_g,\ n\sigma_u,\ n\pi_g,\ n\pi_u \quad \text{etc.},$$

wobei n eine weitere Quantenzahl ist, die die Zustände gleicher Symmetrie (d.h. mit gleichem m_l und gleicher Parität, d.h. g oder u) zählt.

Die exakte Lösung der Schrödinger-Gleichung des H_2^+ ist zwar möglich, aber sehr mühsam. Wir wollen uns hier darauf beschränken, die exakt berechneten Potentialkurven für die verschiedenen Zustände des H_2^+ zur Kenntnis zu nehmen (Abb. 4), und später *Näherungslösungen* für zwei dieser Zustände genauer diskutieren.

Im Sinne der Born-Oppenheimer-Näherung ist bei konstantem R der Term $\frac{1}{R}$ in $\mathbf{H}$ (3.1–1) eine Konstante. Die Eigenfunktionen sind davon unabhängig, ob $\mathbf{H}$ den Term $\frac{1}{R}$ enthält oder nicht, und die Eigenwerte der beiden Operatoren $\mathbf{H}$ und $\mathbf{H}-\frac{1}{R}$ unterscheiden sich um den konstanten Betrag $\frac{1}{R}$. Es ist nützlich, sowohl die ‚rein elektronische Energie' $E_{el}(R)$ (ohne $\frac{1}{R}$) und die Gesamtenergie $E(R)$ (mit $\frac{1}{R}$, d.h. die eigentliche Potentialkurve) anzusehen (Abb. 3 und 4).

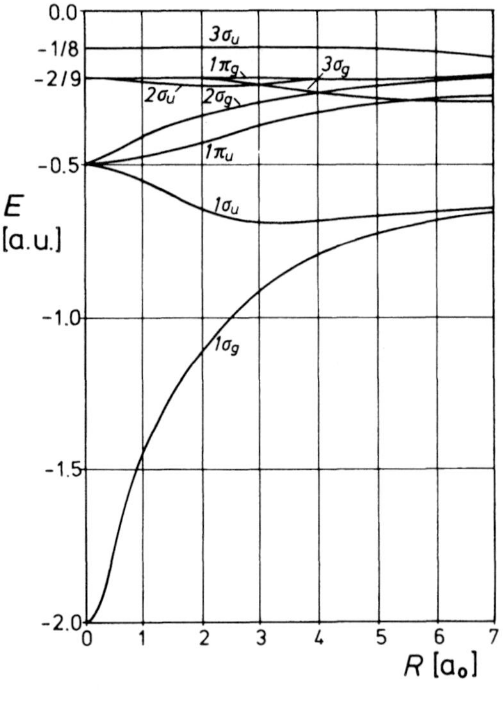

Abb. 3. Niedrigste Energieniveaus von H_2^+ in Abhängigkeit vom Kernabstand R, ohne Energie der Kernabstoßung.

Zunächst die ‚rein elektronische' Energie (Abb. 3)! Man sieht, daß der ‚rein elektronische' Hamilton-Operator,

$$\mathbf{H}_{el} = -\frac{1}{2}\Delta - \frac{1}{r_a} - \frac{1}{r_b} = \mathbf{H} - \frac{1}{R} \tag{3.1–4}$$

für $R \to 0$ in den des He^+-Ions übergeht und daß entsprechend Energien und Wellenfunktionen gegen die des He^+ gehen. Man sagt, He^+ ist das ‚vereinigte Atom' des H_2^+. Man kann daher die MO's des H_2^+ auch dadurch klassifizieren, daß man

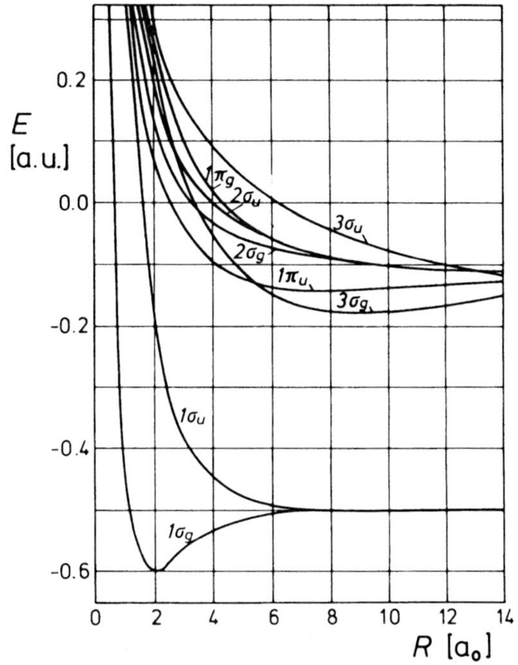

Abb. 4. Niedrigste Energieniveaus von H_2^+ in Abhängigkeit vom Kernabstand R, einschließlich Energie der Kernabstoßung.

angibt, in welche AO's des He^+ sie für $R \to 0$ übergehen (also z.B. $1\,s\sigma_g$, $2\,p\sigma_u$ etc.). Auffällig ist, daß die ‚rein elektronische' Energie für alle R endlich ist. Die Gesamtenergie (Abb. 4) wird wegen des $\frac{1}{R}$-Terms für $R \to 0$ aber unendlich.

Bei großen Abständen ($R \to \infty$) gehen sowohl die ‚rein-elektronischen' als die Gesamtenergien gegen die möglichen Energiezustände des H-Atoms, denn bei großen Abständen ist das H_2^+ ein H-Atom plus ein Proton.

Man kann in verhältnismäßig elementarer Weise zeigen, welche Zustände des vereinigten Atoms in welche der getrennten Atome übergehen und wie die Potentialkurven sich asymptotisch für $R \to 0$ und $R \to \infty$ verhalten. Wir beschränken uns darauf, die Zuordnungstabelle (Tab. 1) anzugeben. Daß jeder Zustand der getrennten Atome (für $R \to \infty$) doppelt auftritt, und zwar gerade und ungerade, wird im Rahmen des LCAO-Ansatzes, den wir in Abschn. 3.2 besprechen, unmittelbar verständlich.

Wir interessieren uns im folgenden nur für die beiden Zustände tiefster Energie, die beide gegen $1\,s$ der getrennten Atome gehen, nämlich $1\,\sigma_g$ und $1\,\sigma_u$. In der Gesamtenergie (Abb. 4) hat $1\,\sigma_g$ ein deutliches Minimum, entsprechend einem stabilen H_2^+-Molekül, während die Kurve zu $1\,\sigma_u$ ‚abstoßend' ist.

Ein geschlossener analytischer Ausdruck für die Energie des $1\,\sigma_g$ oder des $1\,\sigma_u$-Zustandes des H_2^+ läßt sich nicht angeben. Man verfügt dagegen über sehr genaue Wertetabellen*). Wir kennen bereits das Verhalten von $E_{el}(R)$ für $R = 0$ und $R \to \infty$,

* Für $1\sigma_g$: H. Wind, J. Chem. Phys. *42*, 2371 (1965), für $1\,\sigma_u$; J.M. Peek, J. Chem. Phys. *43*, 3004 (1965)

Tab. 1. Korrelation der Zustände des vereinigten Atoms und der getrennten Atome für das H_2^+ (Energien in atomaren Einheiten, a.u.).

$E_{el}^{(R=0)}$	vereinigtes Atom	Molekül	getrennte Atome	$E_{el}^{(R=\infty)}$
– 2	1s	$1\sigma_g$	1s	– 0.5
– 0.5	2pσ	$1\sigma_u$	1s	– 0.5
– 0.5	2s	$2\sigma_g$	2s	– 0.125
– 0.5	2pπ	$1\pi_u$	2pπ	– 0.125
– 0.222	3pσ	$2\sigma_u$	2s	– 0.125
– 0.222	3dσ	$3\sigma_g$	2pσ	– 0.125
– 0.222	3dπ	$1\pi_g$	2pπ	– 0.125
– 0.222	2s	$4\sigma_g$	3s	– 0.056
– 0.222	3pπ	$2\pi_u$	3pπ	– 0.056
– 0.125	4fσ	$3\sigma_u$	2pσ	– 0.125
– 0.125	4pσ	$4\sigma_u$	3s	– 0.056
		etc.		

es lassen sich auch noch asymptotische Entwicklungen für kleine R und große R angeben, und zwar ist für den $1\,\sigma_g$-Zustand (in a.u.) (diese Entwicklungen erhält man mit Hilfe der Störungstheorie*) **))

$$E_{el}(R) = -2 + \frac{8}{3}R^2 + \frac{16}{3}R^3 + 0(R^4)\ ;\ \text{für } R \to 0 \qquad (3.1-5)$$

$$E(R) = E_{el}(R) + \frac{1}{R} = -\frac{2.25}{R^4} - \frac{7.5}{R^6} + 0(R^{-7}) \text{ für } R \to \infty$$

$$\text{bzw. } \frac{1}{R} \to 0 \qquad (3.1-6)$$

Beide Entwicklungen sind nur asymptotisch***), es gibt kein R, für das E_{el} als konvergente Potenzreihe in R oder in $\frac{1}{R}$ darstellbar wäre. $E_{el}(R)$ hat für $R = 0$

* (zu 3.1–5) P.M. Morse, E.C.G. Stueckelberg, Phys. Rev. *33*, 932 (1929); W.A. Bingel, J. Chem. Phys. *30*, 1250 (1959); W. Byers-Brown, J.D. Power, Proc. Roy. Soc. London *A317*, 545 (1970), in dieser letzten Arbeit findet man detaillierte Hinweise auf frühere Publikationen zu diesem Thema.
** zu (3.1–6) C.A. Coulson, Proc. Roy. Soc. Edinburgh *A61*, 20 (1941)

***Eine Entwicklung $f_n(x) = \sum_{k=0}^{n} a_k x^k$ einer Funktion $f(x)$ heißt asymptotisch oder semikonvergent für $x \to 0$, wenn $\lim_{x\to 0} \frac{f_n(x) - f(x)}{x^n} = 0$, wofür man auch schreibt $f(x) = f_n(x)$

und für $R = \infty$ wesentliche Singularitäten. Die Entwicklung (3.1–5) ist nur für $R \leqslant 0.05\ a_0$ und die Entwicklung (3.1–6) nur für $R \geqslant 12\ a_0$ eine gute Näherung. In der Nähe des Minimums sind beide völlig unbrauchbar. In der Tat ist in Bezug auf die chemische Bindung weder das Verhalten für $R \to 0$, noch das für $R \to \infty$ von grundsätzlicher Bedeutung.

3.2. Die LCAO-Näherung

Einen Einblick in das Zustandekommen der chemischen Bindung erhalten wir, wenn wir bewußt nur eine genäherte Wellenfunktion für das H_2^+ verwenden, und zwar eine solche, die aus Orbitalen des H-Atoms aufgebaut ist.

Machen wir folgenden Variationsansatz*), den man als LCAO-Ansatz**) bezeichnet (LCAO ist die Abkürzung des englischen linear combination of atomic orbitals)

$$\varphi(\vec{r}) = c_1 a(\vec{r}) + c_2 b(\vec{r}) \qquad (3.2\text{–}1)$$

wobei a und b reelle H-Atomorbitale sein sollen, und zwar um die Kerne zentriert. Die Funktionen a und b seien je auf 1 normiert, aber sie sind nicht orthogonal, und wir bezeichnen ihr Überlappungsintegral (I.2.6), das natürlich eine Funktion von R ist, mit S

$$S = (a, b) = \int a(\vec{r})\, b(\vec{r})\, d\tau \qquad (3.2\text{–}2)$$

Die Koeffizienten c_1, c_2 sowie die möglichen Energiewerte erhalten wir aus dem linearen Variationsverfahren mit Überlappung (vgl. I.5.7), d.h. wir haben zuerst die Matrixelemente des Hamilton-Operators

$$\mathbf{H} = -\frac{1}{2}\Delta - \frac{1}{r_a} - \frac{1}{r_b} + \frac{1}{R} \qquad (3.1\text{–}1)$$

$+ O(x^{n+1})$ und sagt: $f(x)$ und $f_n(x)$ unterscheiden sich nur um etwas von der Ordnung x^{n+1}, während die Existenz einer konvergenten Potenzreihe bedeutet, daß $\lim_{n\to\infty} f_n(x) = f(x)$. Analog ist eine Entwicklung $f_n(x) = \sum_{k=0}^{n} b_k \frac{1}{x^k}$ nach Potenzen von $\frac{1}{x}$ asymptotisch für $x \to \infty$, wenn $\lim_{x\to\infty} x^n [f_n(x) - f(x)] = 0$ für festes n. Im Falle der Entwicklung (3.1–5) sind nur die ersten vier Ordnungen der Entwicklung (bis einschl. R^4) definiert, im Falle (3.1–6) sind zwar alle Ordnungen definiert, aber man ist i.allg. nicht daran interessiert, n sehr groß zu wählen. Vielmehr gibt es für jedes x ein optimales n, derart, daß $f_n(x)$ die bestmögliche Näherung für $f(x)$ ist. Diese ‚beste' Näherung, die durch Vergrößerung von n nur verschlechtert werden kann, braucht nicht gut zu sein, sofern x nicht sehr klein bzw. sehr groß ist.

Bez. Einzelheiten zur Mathematik asymptotischer Entwicklungen sei z.B. verwiesen auf E. Erdely: Asymptotic Expansions. New York, Dover 1956.

* L. Pauling, Chem. Rev. 5, 173 (1928).

** J.E. Lennard-Jones, Trans. Farad.Soc. *25*, 668 (1929).

in der Basis a, b zu berechnen:

$$H_{aa} = (a, \mathbf{H}\, a) = (b, \mathbf{H}\, b) = (a, -\frac{1}{2}\Delta a) - (a, \frac{1}{r_a} a) - (a, \frac{1}{r_b} a) + \frac{1}{R} \tag{3.2–3}$$

$$H_{ab} = (a, \mathbf{H}\, b) = (b, \mathbf{H}\, a) = (a, -\frac{1}{2}\Delta b) - 2\,(a, \frac{1}{r_a} b) + \frac{S}{R} \tag{3.2–4}$$

Aus Symmetriegründen und weil die Funktionen a und b reell sind, gibt es nur zwei verschiedene Matrixelemente H_{aa} und H_{ab}, die natürlich beide Funktionen von R sind.

Wir haben jetzt folgendes Gleichungssystem zu lösen

$$\begin{pmatrix} H_{aa} - \lambda & H_{ab} - S\,\lambda \\ H_{ab} - S\,\lambda & H_{aa} - \lambda \end{pmatrix} \begin{pmatrix} c_1 \\ c_2 \end{pmatrix} = 0 \tag{3.2–5}$$

das bekanntlich nur dann eine nichttriviale Lösung hat, wenn die folgende Determinante verschwindet

$$\begin{vmatrix} H_{aa} - \lambda & H_{ab} - S\,\lambda \\ H_{ab} - S\,\lambda & H_{aa} - \lambda \end{vmatrix} = (H_{aa} - \lambda)^2 - (H_{ab} - S\,\lambda)^2 = 0 \tag{3.2–6}$$

Das bedeutet:

$$H_{aa} - \lambda = \pm\,(H_{ab} - S\,\lambda)$$

$$\lambda\,(1 \pm S) = H_{aa} \pm H_{ab}$$

$$\lambda = \frac{H_{aa} \pm H_{ab}}{1 \pm S} \tag{3.2–7}$$

Es gibt also 2 mögliche Werte von λ

$$\lambda_1 = \frac{H_{aa} + H_{ab}}{1 + S} \qquad \lambda_2 = \frac{H_{aa} - H_{ab}}{1 - S} \tag{3.2–8}$$

die beide obere Schranken für je einen Eigenwert der Schrödinger-Gleichung des H_2^+-Ions darstellen. Die zugehörigen Koeffizienten c_1, c_2 und damit die genäherten Eigenfunktionen erhalten wir nach Einsetzen von λ_1 bzw. λ_2 in das lineare Gleichungssystem (3.2–5) zu

$$\varphi_1 = \frac{1}{\sqrt{2(1+S)}}(a+b)$$

$$\varphi_2 = \frac{1}{\sqrt{2(1-S)}}(a-b) \qquad (3.2\text{–}9)$$

(Bei der Normierung der Funktionen müssen wir ja darauf achten, daß a und b nicht orthogonal sind.)

Man hätte auch ohne Lösung des Säkular-Gleichungssystems herausfinden können, daß φ_1 und φ_2 die obige Form haben. Sie hängen nämlich mit der Symmetrie unseres Problems zusammen. Die Eigenfunktionen von **i** müssen, wie wir in Abschnitt 3.1 erläuterten, von der Form (3.1–2) bzw. (3.1–3) sein. Die Eigenfunktion φ_1 ist offenbar gerade, d.h. als σ_g zu klassifizieren (σ bedeutet Rotationssymmetrie um die Molekülachse) und φ_2 als σ_u.

Bis jetzt haben wir noch keine Annahme über die Art der Funktionen a und b gemacht (außer daß sie durch Spiegelung am Mittelpunkt ineinander übergeführt werden), es müssen nicht unbedingt $1s$, es können auch $2s$ oder $2p$-Funktionen sein (nur müssen beide vom gleichen Typ sein). In jedem Fall erhalten wir aus einem Energiewert des H-Atoms *zwei* Energiewerte des H_2^+-Moleküls, die beide natürlich von R abhängen.

Legen wir jetzt fest, daß a und b $1s$-Wasserstoff-Funktionen sein sollen (r werde in atomaren Einheiten gemessen, vgl. I.4.2)

$$a = N e^{-\eta r_a} \qquad b = N e^{-\eta r_b} \qquad (3.2\text{–}10)$$

mit $\eta = 1$. Die Matrixelemente H_{aa} und H_{ab} sowie das Überlappungsintegral S lassen sich dann ohne allzu große Schwierigkeiten ausrechnen*), und man erhält (mit $\rho = \eta \cdot R$)

$$H_{aa} = \frac{1}{2}\eta^2 - \eta + \eta\, e^{-2\rho}\left(1 + \frac{1}{\rho}\right) \qquad (3.2\text{–}11)$$

$$H_{ab} = e^{-\rho}\left\{\eta^2\left[\frac{1}{2} + \frac{1}{2}\rho - \frac{1}{6}\rho^2\right] + \eta\left[\frac{1}{\rho} - 1 - \frac{5}{3}\rho\right]\right\} \qquad (3.2\text{–}12)$$

$$S = \left(1 + \rho + \frac{1}{3}\rho^2\right)e^{-\rho} \qquad (3.2\text{–}13)$$

Wir haben diese Ausdrücke absichtlich für beliebiges η angegeben, obwohl uns zunächst nur der Fall $\eta = 1$ (und damit auch $\rho = R$) interessiert. Auf Abb. 5 sind

* S.z.B. H. Hellmann: Einführung in die Quantenchemie. Deuticke, Leipzig 1937 oder C.C.J. Roothaan, J. Chem. Phys. *19*, 1445 (1951).

(für $\eta = 1$) H_{aa}, H_{ab} und S sowie auch λ_1 und λ_2 als Funktionen von R aufgetragen. Entscheidend ist, daß die λ_1-Kurve (die zur Wellenfunktion ψ_1 gehört), in der Tat ein Minimum hat, und zwar nicht weit von der Stelle, wo die exakte Energie des Grundzustandes ihr Minimum hat. Die Tiefe des Minimums ist nicht ganz zufriedenstellend, aber wir können jedenfalls sagen, daß unser einfacher LCAO-Ansatz qualitativ die chemische Bindung richtig beschreibt.

Wie können wir dieses Ergebnis interpretieren?

Stellen wir zunächst eine Überlegung an, die falsch ist, die aber in diesem oder einem ähnlichen Zusammenhang sehr oft gemacht wird. Bei genügend großen Abständen ist S sehr klein, und wir können versuchsweise das Überlappungsintegral zwischen a und b vernachlässigen (a und b als orthogonal ansehen), dann ergibt sich

$$\lambda_1 \approx H_{aa} + H_{ab} \qquad \lambda_2 \approx H_{aa} - H_{ab} \tag{3.2–14}$$

Auf Abb. 5 erkennen wir, daß H_{aa} sich nur bei sehr kleinen Abständen deutlich vom Wert -0.5, d.h. von der Energie eines H-Atoms, unterscheidet. Die Bindungsenergie des H_2^+, d.h. die Energie des H_2^+ minus der des H-Atoms, ist also in dieser Näherung gegeben zu

$$\Delta E_1 \approx H_{ab} \qquad \Delta E_2 \approx -H_{ab} \tag{3.2–15}$$

Nach dieser Überlegung sollte also das Nichtdiagonalelement H_{ab} für die Bindung verantwortlich sein. Die Bindungsenergie ist danach gleich diesem H_{ab}, und die ‚Aufspaltung' zwischen den Energien des $1\sigma_g$- und des $1\sigma_u$-Zustandes gleich $2H_{ab}$.

Was ist falsch an dieser Überlegung? (Daß sie falsch sein muß, erkennen wir schon anhand von Abb. 5. Die ‚Bindungsenergie' gleich H_{ab} würde etwa dem Betrag nach um einen Faktor 5 zu groß herauskommen.)

Unter den Voraussetzungen, unter denen S vernachlässigbar klein ist, ist nämlich H_{ab} ebenso zu vernachlässigen. Es besteht überhaupt kein Grund, H_{ab} und S verschieden zu behandeln. Vernachlässigt man aber auch H_{ab}, so ergibt sich überhaupt keine Bindung. Wir müssen schon etwas sorgfältiger vorgehen. Zu diesem Zweck schreiben wir unsere genäherten Energien etwas um

$$\lambda_1 = \frac{H_{aa} + H_{ab}}{1+S} = H_{aa} + \frac{H_{ab} - H_{aa}S}{1+S} = H_{aa} + \frac{\beta}{1+S}$$

$$\lambda_2 = \frac{H_{aa} - H_{ab}}{1-S} = H_{aa} - \frac{H_{ab} - H_{aa}S}{1-S} = H_{aa} - \frac{\beta}{1-S} \tag{3.2–16}$$

wobei wir die Größe

$$\beta = H_{ab} - H_{aa}S \tag{3.2–17}$$

eingeführt haben, die wir als ‚reduziertes Resonanzintegral' bezeichnen. Jetzt bestehen λ_1 und λ_2 aus einem Term H_{aa}, der beiden gemeinsam ist, sowie einem

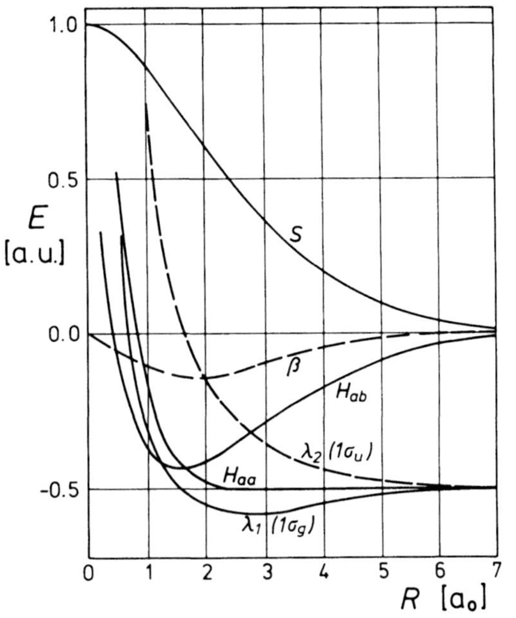

Abb. 5. Die Matrixelemente S, H_{aa} und H_{ab}, das reduzierte Resonanzintegral β sowie die Eigenwerte λ_1 und λ_2 der Zustände $1\sigma_g$ und $1\sigma_u$ des H_2^+ in der LCAO-Näherung als Funktionen des Kernabstandes R.

zweiten Term, der wesentlich durch β bestimmt wird. Offenbar ist die chemische Bindung von 1. Ordnung in der Überlappung (die durch S bzw. H_{ab} charakterisiert wird). Vernachlässigung von S in (3.2–8) bedeutet, daß man Beiträge von der Größenordnung der chemischen Bindungsenergie vernachlässigt, was sicher unzulässig ist. Vernachlässigen wir dagegen S in den Endausdrücken von (3.2–16), so vernachlässigen wir einen Beitrag der Größenordnung βS, d.h. etwas, das von 2. Ordnung in der Überlappung ist, also von einer höheren Ordnung als der Effekt, den wir erfassen wollen. Dies ist sicher eher gerechtfertigt. Lassen wir außerdem in H_{aa} die Terme weg, die wie $e^{-2\rho}$ gehen, dann haben wir näherungsweise für die Bindungsenergien

$$\Delta E_1 \approx \beta \qquad\qquad \Delta E_2 \approx -\beta \tag{3.2–18}$$

Formal kommt etwas ähnliches wie bei unseren vorherigen falschen Überlegungen heraus. Entscheidend für das Zustandekommen der Bindung ist aber offensichtlich nicht H_{ab}, sondern das ‚reduzierte Resonanzintegral' β. (Das ist dem Betrage nach viel kleiner als H_{ab}, vgl. Abb. 5.) Hierauf hat vor allem Mulliken*) hingewiesen. Explizit hängt β folgendermaßen von R ab.

$$\beta = \eta \cdot e^{-\rho} \left\{\frac{1}{3}\rho^2 [1-\eta] - \frac{2}{3}\rho + \frac{1}{\rho}\right\} -$$

$$- \eta \cdot e^{-3\rho} \left\{\frac{1}{3}\rho^2 + \frac{4}{3}\rho + 2 + \frac{1}{\rho}\right\} \tag{3.2–19}$$

* R.S. Mulliken, J. Chim. Phys. *46*, 497, 675 (1949) (Übersichtsartikel); R.S. Mulliken, J. Chem. Phys. *3*, 573 (1935), R.S. Mulliken und C.A. Rieke, J. Am. Chem. Soc. *63*, 44, 1770 (1941) (Originalarbeiten).

Lassen wir den zweiten Term weg, der für große ρ wegen des Faktors $e^{-3\rho}$ viel schneller gegen 0 geht als der erste Term, und setzen wir $\eta = 1$ so erhalten wir

$$\beta \approx e^{-R} \left\{ -\frac{2}{3} R + \frac{1}{R} \right\} \tag{3.2–20}$$

Auf Abb. 5 ist auch β als Funktion von R dargestellt.

Offensichtlich hat β ein Minimum nicht weit von der Stelle, wo λ_1 sein Minimum hat.

Nachdem wir jetzt erkannt haben, daß das reduzierte Resonanzintegral β eine entscheidende Rolle für das Zustandekommen der chemischen Bindung spielt, wollen wir im folgenden Abschnitt (3.3) den physikalischen Mechanismus zu verstehen versuchen, der formal durch β erfaßt wird und der offenbar zur Bindung führt.

Außerdem dürfen wir aber nicht vergessen, daß auch in H_{aa} noch ein Beitrag zur Bindungsenergie steckt, auch wenn dieser abstoßend, der Bindung entgegenwirkend ist. Es wird sich zeigen, daß der in H_{aa} enthaltene Beitrag mit der quasiklassischen Coulomb-Wechselwirkung im Molekül zu tun hat, während das reduzierte Resonanzintegral β auf der quantenmechanischen Interferenz beruht.

Es empfiehlt sich an dieser Stelle, H_{aa} in zwei Teile zu zerlegen (vgl. 3.2–3 und 3.2–11)

$$H_{aa} = \alpha + E_{QK} \tag{3.2–21}$$

$$\alpha = (a, -\frac{1}{2}\Delta a) - (a, \frac{1}{r_a} a) = \frac{1}{2}\eta^2 - \eta \tag{3.2–22}$$

$$E_{QK} = -(a, \frac{1}{r_b} a) + \frac{1}{R} = \eta \frac{1+\rho}{\rho} e^{-2\rho} \tag{3.2–23}$$

Offenbar ist α gleich der Energie eines isolierten H-Atoms und E_{QK} ist die Coulombsche Wechselwirkungsenergie zwischen einem H-Atom und einem Proton, die sich zusammensetzt aus der Anziehung des Elektrons durch den anderen Kern und der Abstoßung der beiden Kerne.

Wir wollen auch H_{ab} analog zu (3.2–21) aufteilen.

$$H_{ab} = \gamma + S \cdot E_{QK} \tag{3.2–24}$$

Durch diese Beziehung ist γ definiert, das wir als ‚Resonanzintegral' (im Gegensatz zum ‚reduzierten Resonanzintegral' β) bezeichnen wollen*). Einsetzen von (3.2–21) und (3.2–24) in (3.2–8) ergibt für die Energien des $1\sigma_g$ und $1\sigma_u$-Zustands

$$\lambda_1 = E_{QK} + \frac{\alpha+\gamma}{1+S} \qquad \lambda_2 = E_{QK} + \frac{\alpha-\gamma}{1-S} \tag{3.2–25}$$

Wir wollen das γ beim H_2^+ sowie beim H_2 nicht benutzen, wohl aber später (Kap. 5) bei mehratomigen Molekülen.

Alle vier Größen S, H_{ab}, β und γ sind ein Maß für die Überlappung der Orbitale a und b. Dort wo S deutlich von Null verschieden ist, sind auch H_{ab}, β und γ deutlich von Null verschieden. Wie Mulliken zeigen konnte**), ist für $R \geqslant 3$ a.u. sogar β recht gut zu S proportional

$$\beta \approx -0.4 \cdot S \qquad \text{für } R \geqslant 3 \text{ a.u.} \tag{3.2–26}$$

In der Nähe des Minimums gilt diese Proportionalität allerdings nicht mehr. Am Minimum ist $\beta \approx -0.3 \cdot S$. Bei noch kleinerem R wird $|\beta|$ wieder kleiner und nähert sich dem Wert 0, während S monoton gegen 1 wächst.

Wenn man also feststellt, daß die chemische Bindung mit der Überlappung zusammenhängt, muß man beachten, daß das Überlappungsintegral nur unter Vorbehalt das geeignete Maß dieser Überlappung ist. Käme es nur auf das Überlappungsintegral an, so wären 2 H-Atome bestrebt, sich beliebig nahe zu kommen, weil S für $R = 0$ am größten ist.

Wenn zwei AO's verschiedener Atome a und b aus Symmetriegründen ein verschwindendes Überlappungsintegral haben, wenn z.B. a ein σ-Orbital und b ein π-Orbital ist, so verschwinden auch H_{ab} und β aus Symmetriegründen, und eine chemische Bindung ist nicht möglich. Das Produkt aus einem s-AO am Kern A und einem p_x-AO am Kern B – die Kernverbindungslinie sei die z-Achse – ist positiv für $x > 0$ und negativ für $x < 0$. Bei der Integration über den ganzen Raum kompensieren sich positive und negative Beiträge gerade und das Überlappungsintegral verschwindet. Mit der gleichen Argumentation versteht man, daß β verschwindet.

---

* Wir folgen bei dieser Wahl der Buchstaben β und γ dem Vorschlag R.S. Mullikens (l.c.), während K. Ruedenberg (l.c.) genau die umgekehrte Wahl empfiehlt.

Beide Vorschläge lassen sich rechtfertigen. In ‚naiven' Darstellungen wird vielfach β vorgeblich so definiert wie wir H_{ab} oder γ definiert haben, aber so verwendet wie das hier verwendete β. Durch die Mullikensche Konvention befinden wir uns im Einklang mit der praktischen Verwendung der Buchstaben, durch die Ruedenbergsche Konvention mit seiner Definition. Ein Nachteil beider Vorschläge ist, daß der Buchstabe γ von anderen Autoren, z.B. Pople, in einer noch völlig anderen Bedeutung, nämlich für ein Elektronenwechselwirkungsintegral, verwendet wird.

** R.S. Mulliken, J. Chim. Phys. l.c., J. Chem. Phys. *56*, 295 (1952).

3.3. Quasiklassische und Interferenzbeiträge zur chemischen Bindung*)

Versuchen wir einmal, das H_2^+-Molekül ‚quasiklassisch' zu beschreiben. Damit meinen wir folgendes: Ein H_2^+-Molekül besteht (zumindest für große R) aus einem H-Atom und einem Proton; aus Symmetriegründen kann das Elektron mit gleicher Wahrscheinlichkeit beim rechten wie beim linken Proton sein, etwa gemäß dem folgenden Schema

1. ⊙ ·

2. · ⊙

Die Elektronendichte ist im ersten Fall $\rho_1 = |a(\vec{r}_a)|^2$, im zweiten Fall $\rho_2 = |b(\vec{r}_b)|^2$. Sollen beide Zustände mit gleicher Wahrscheinlichkeit auftreten und können wir die Wahrscheinlichkeiten einfach addieren, so erhalten wir für die Elektronendichte im Molekül

$$\rho_{QK} = \frac{1}{2}|a(\vec{r}_a)|^2 + \frac{1}{2}|b(\vec{r}_b)|^2 \qquad (3.3\text{–}1)$$

Die Energie ist in den beiden Situationen gleich, und zwar gleich $H_{aa}(R)$, denn $H_{aa}(R)$ ist in der Tat die Energie eines Elektrons in einem Atom-Orbital am Kern A im Feld seines eigenen Kerns sowie eines anderen Kerns im Abstand R. Im Sinne unserer wahrscheinlichkeitstheoretischen Überlegung, die wir als quasiklassisch bezeichnen, ist

$$E(R) = H_{aa}(R) = \alpha + E_{QK} \qquad (3.3\text{–}2)$$

Wäre unsere quasiklassische Überlegung richtig oder, genauer gesagt, vollständig, so wäre die Potentialkurve des H_2^+ durch $H_{aa}(R)$ bzw. die Bindungsenergie durch E_{QK} gegeben. Wie man auf Abb. 5 sieht, verläuft die $H_{aa}(R)$-Kurve von ∞ bis ca. 2 a.u. nahezu horizontal und steigt dann sehr steil an. Ein Minimum (und damit chemische Bindung) tritt nicht auf. Die Abstoßung bei kleinen Abständen kann man anschaulich verstehen. Sobald das zweite Proton in die Elektronenwolke des $1s$-Orbitals einzudringen beginnt, kompensieren sich die Abstoßung der beiden Protonen und die Anziehung zwischen Elektron im $1s$-Orbital und zweitem Proton nicht mehr vollständig, die Abstoßung der Kerne überwiegt. Bei sehr kleinen Abständen ist nur noch die Kernabstoßung maßgeblich. Die Abstoßung von Atomen bei beginnender Durchdringung ist also, zumindest teilweise, quasiklassisch zu verstehen. Der Vergleich zwischen $H_{aa}(R)$ und $\lambda_2(R)$ (der Energie des $1\sigma_u$-Zustandes) auf Abb. 5 weist allerdings darauf hin, daß es noch einen wesentlich wirksameren Abstoßungsmechanismus gibt, den wir im quasiklassischen Bild nicht erfassen und der (allerdings nur im antibindenden Zustand) bereits bei wesentlich größeren Abständen zur Abstoßung führt. Offenbar berücksichtigen wir mit der quasiklassischen Überlegung zwar einen Beitrag zur Energie des H_2^+ (und zwar denjenigen, der $1\sigma_g$ und $1\sigma_u$

* Vgl. hierzu auch W. Kutzelnigg, Angew. Chem. *85*, 551 (1973).

gemeinsam ist), aber wir erhalten überhaupt keine Bindung, sondern nur eine Abstoßung bei beginnender Durchdringung.

Wir müssen also die quasiklassische Überlegung durch etwas ergänzen, das ausgesprochen quantenmechanisch ist. In der Quantenmechanik dürfen wir Wahrscheinlichkeiten nicht einfach addieren, d.h. linearkombinieren. Linearkombinieren dürfen wir nur Wellenfunktionen, und da Wahrscheinlichkeiten Quadrate von Wellenfunktionen sind, erhalten wir noch sog. Interferenzterme. Im Falle der beiden betrachteten Zustände von H_2^+ haben wir

$$1\sigma_g : \varphi_1 = \frac{1}{\sqrt{2(1+S)}}(a+b)\,;\ \rho_1 = |\varphi_1|^2 = \frac{1}{2(1+S)}(a^2+2ab+b^2)$$

$$1\sigma_u : \varphi_2 = \frac{1}{\sqrt{2(1-S)}}(a-b)\,;\ \rho_2 = |\varphi_2|^2 = \frac{1}{2(1-S)}(a^2-2ab+b^2)$$

(3.3–3)

Vergleichen wir das mit der quasiklassischen Dichte

$$\rho_{QK} = \frac{1}{2}(a^2+b^2)$$

$$1\sigma_g : \rho_1 = \rho_{QK} + \Delta\rho_1\,;\ \Delta\rho_1 = \frac{1}{1+S}(ab - S\rho_{QK})$$

$$1\sigma_u : \rho_2 = \rho_{QK} - \Delta\rho_2\,;\ \Delta\rho_2 = \frac{1}{1-S}(ab - S\rho_{QK}) \qquad (3.3\text{–}4)$$

Die quasiklassische und die quantenmechanische Dichte für den $1\sigma_g$- und den $1\sigma_u$-Zustand des H_2^+ in der LCAO-Näherung sind auf Abb. 6 schematisch dargestellt. Die Änderung der Elektronendichte durch Interferenz ist von fundamentaler Bedeutung für das Zustandekommen der Bindung ($1\sigma_g$) bzw. die starke Abstoßung ($1\sigma_u$). Wäre die quasiklassische Dichte richtig, so ergäbe sich ja $E(R) = H_{aa}(R)$ sowohl für $1\sigma_g$ als auch für $1\sigma_u$.

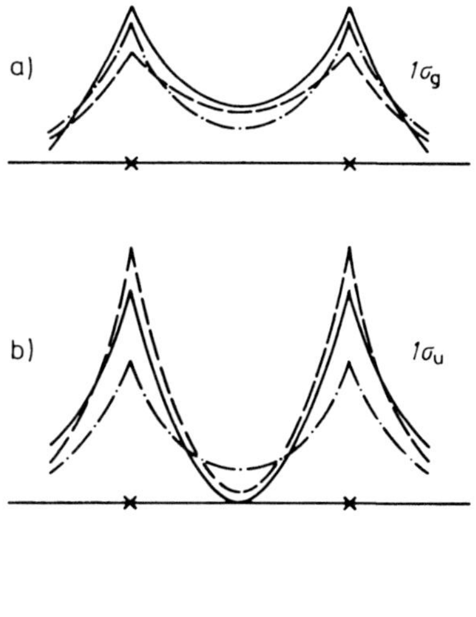

Abb. 6. Schematische Darstellung der quasiklassischen Elektronendichte (—•—•—), der quantenchemischen Dichte ohne Promotion (– – – –) und mit Promotion der AO's (——) (a) im Grundzustand des H_2^+ entlang der Kernverbindungslinie, (b) im tiefsten $1\sigma_u$-Zustand.

Bei der Diskussion des Unterschiedes von quasiklassischer und quantenmechanischer Dichte wird fälschlich oft nur der Term ab betrachtet, wodurch man zu der Auffassung kommt, daß dort, wo a und b beide groß sind, im $1\sigma_g$-Zustand Ladung angehäuft wird. Es wird dann behauptet, daß diese Ladungsanhäufung in der Bindungsregion (zwischen zwei Kernen) die potentielle Energie erniedrigt, weil diese angehäufte Elektronenladung unter dem anziehenden Einfluß beider Kerne steht. Diese Auffassung ist aber völlig falsch, da man dabei übersieht, daß die zwischen den Kernen angehäufte Ladung woanders weggenommen wird (entsprechend dem Term $-S\rho_{QK}$), insbesondere aus der unmittelbaren Umgebung der Kerne, wo die potentielle Energie viel tiefer als in der Bindungsregion ist, so daß insgesamt die Interferenz sogar zu einer leichten Erhöhung der potentiellen Energie für den $1\sigma_g$-Zustand führt. Auf Abb. 7 sind die Beiträge der kinetischen und der potentiellen Energie zur Bindungsenergie des H_2^+ in der LCAO-Näherung graphisch dargestellt, und man erkennt, daß die Bindung durch eine Erniedrigung der kinetischen Energie zustandekommt. Noch deutlicher sieht man das auf Abb. 8, wo $\frac{\beta}{1+S}$, das die Energieänderung durch Interferenz darstellt, in die Beiträge von kinetischer und potentieller Energie aufgeteilt wurde.

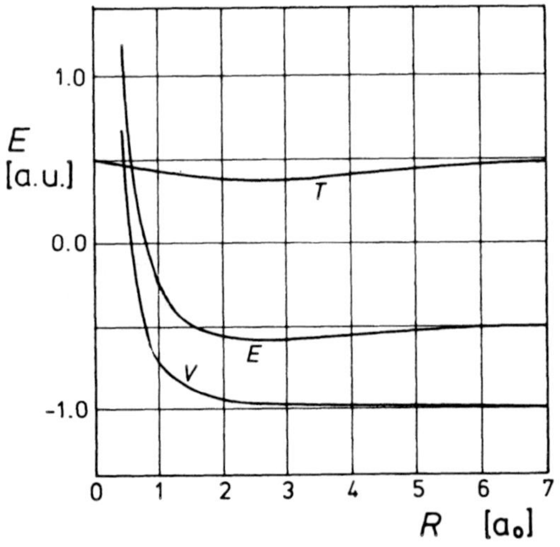

Abb. 7. Beiträge der kinetischen Energie (T) und der potentiellen Energie (V) zur Gesamtenergie (E) für das H_2^+ ($1\sigma_g$) in LCAO-Näherung mit η=1 als Funktionen des Kernabstandes.

Die falsche Beschreibung der Dichteänderung, die man erhält, wenn man $\Delta\rho = \pm ab$ setzt, anstatt die korrekten Ausdrücke (3.3–4) zu verwenden, ist übrigens ganz analog der im letzten Abschnitt erwähnten unzulässigen Vernachlässigung des Überlappungsintegrals S, die zu dem Ausdruck (3.2–15) statt (3.2–16) für die Bindungsenergie führt.

Bevor wir uns endgültig dazu entschließen, die chemische Bindung im Sinne Hellmanns*) auf eine Erniedrigung der kinetischen Energie durch Interferenz der Atom-

---

* H. Hellmann, Z. Phys. *35*, 180 (1933).

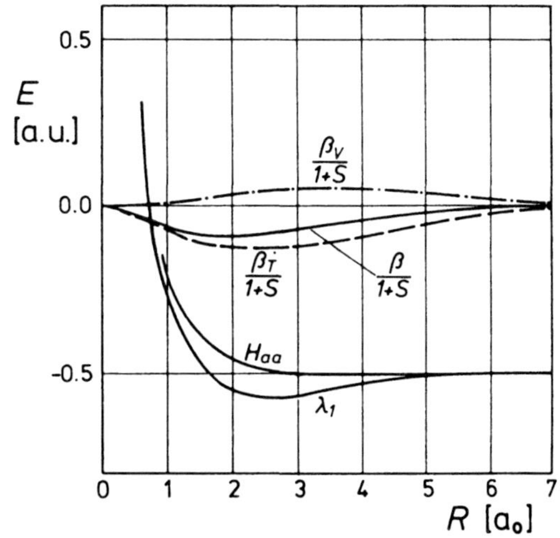

Abb. 8. Aufteilung des Interferenzbeitrages $\frac{\beta}{1+S}$ zur Bindungsenergie des $H_2^+ (1\sigma_g)$ in LCAO-Näherung (η=1) in Beiträge der kinetischen und der potentiellen Energie.

orbitale zurückzuführen, müssen wir noch berücksichtigen, daß die LCAO-Näherung ja nur eine Näherung ist und daß es immer gefährlich ist, aus der Interpretation von Näherungslösungen zu weitreichende Schlüsse zu ziehen. Eine Reihe irriger Ansichten über die Rolle von kinetischer und potentieller Energie für das Zustandekommen der chemischen Bindung findet man auch in sonst guten Büchern. Erst 1962 hat Ruedenberg**)das Problem endgültig geklärt.

Um das Zustandekommen der chemischen Bindung richtig zu verstehen, müssen wir nämlich noch berücksichtigen, daß Energie und Wellenfunktion der LCAO-Näherung, auf die wir unsere Überlegungen stützen, in zwei Punkten ein von der exakten Lösung der Schrödinger-Gleichung deutlich verschiedenes Verhalten zeigen.

1. Während die Gesamtenergie in der Umgebung des Potentialminimums qualitativ das richtige Verhalten zeigt, ist das nicht so für die Einzelbeiträge der kinetischen und potentiellen Energie. Insbesondere ergibt der LCAO-Ansatz, daß an der Stelle des Minimums der Potentialkurve die kinetische Energie kleiner als für ein H-Atom sein soll, während sie in Wirklichkeit größer ist.

2. Die gesamte elektronische Energie zeigt für $R \to 0$ das falsche asymptotische Verhalten. Es ergibt sich -1.5 a.u. anstatt -2 a.u.. Ähnlich falsch ist das Verhalten der potentiellen und der kinetischen Energie.

3.4. Einführung eines variablen η. Der Virialsatz für Moleküle

Diese beiden Unstimmigkeiten kann man mit einem kleinen Kunstgriff aus der Welt schaffen. Offenbar wird aus unserer Wellenfunktion φ_1 an der Grenze $R \to 0$ einfach die Wellenfunktion des Wasserstoff-Grundzustandes:

$$\lim_{R\to 0} \varphi_1 = \lim_{R\to 0} \frac{1}{\sqrt{2(1+S)}} (a+b) = \frac{1}{\sqrt{4}} \cdot 2a = a \qquad (3.4\text{–}1)$$

* K. Ruedenberg, Rev. Mod. Phys. *34*, 326 (1962).

Der Hamilton-Operator an der gleichen Grenze ist aber der des vereinigten Atoms, nämlich des He^+. Dessen Eigenfunktion

$$\varphi = N' e^{-2r} \tag{3.4–2}$$

unterscheidet sich um den Faktor 2 im Exponenten von der Wasserstoff-Eigenfunktion a. Es liegt nahe, den in (3.2–10 bis 13) für die AO's bereits vorgesehenen Faktor η nicht mehr konstant gleich 1 zu setzen, wie das für ein isoliertes Atom richtig wäre, sondern η für jedes R optimal im Sinne des Variationsprinzips zu wählen*). Wir wissen bereits, daß für $R \to \infty$ $\eta = 1$ und für $R \to 0$ $\eta = 2$ sein wird. Die explizite Abhängigkeit $\eta(R)$ ist auf Abb. 9 dargestellt, und auf Abb. 10 sehen wir die Potentialkurve sowie die Beiträge zur Energie als Funktion von R für optimisierte η. Die Übereinstimmung mit der exakten Lösung (Abb. 11) ist jetzt eigentlich schon verblüffend gut, ein Hinweis darauf, daß man einen variablen Faktor im Exponenten auch sonst verwenden sollte.

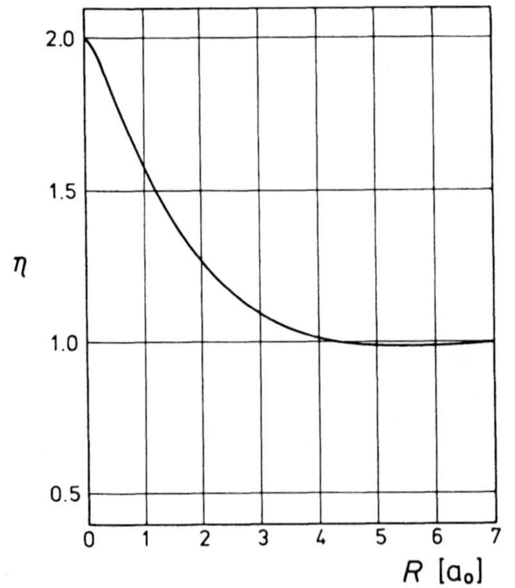

Abb. 9. Das optimale η für den 1σ-Zustand des H_2^+ als Funktion des Kernabstandes.

Es empfiehlt sich, eine allgemeine Überlegung über Wellenfunktionen der Form

$$\Phi(\eta R, \eta \vec{r}_1, \eta \vec{r}_2, \ldots \eta \vec{r}_n) = \Phi(\rho, \vec{\rho}_1, \vec{\rho}_2 \ldots \vec{\rho}_n) \tag{3.4–3}$$

für Moleküle anzustellen. Bei Atomen hatten wir gesehen, daß eine derartige Funktion den Virialsatz erfüllt:

* B.N. Finkelstein, G.E. Horowitz, Z. Phys. *48*, 118 (1928). C.A. Coulson, Proc. Cambr. Phil. Soc. *33*, 1479 (1937).

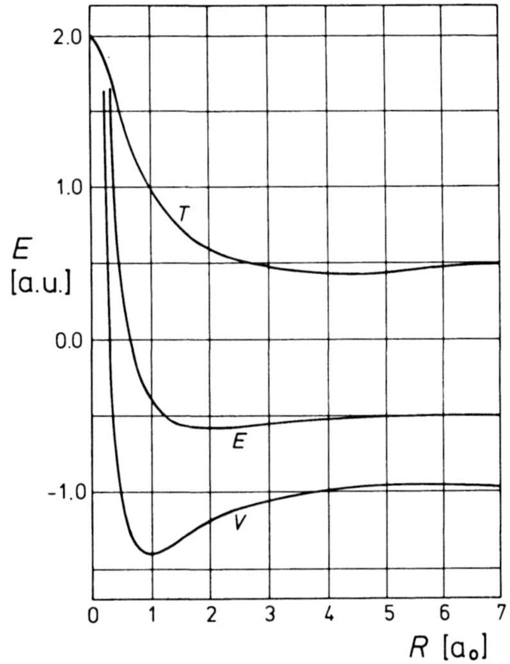

Abb. 10. Beiträge der kinetischen Energie (T) und der potentiellen Energie (V) zur Gesamtenergie (E) des H_2^+ ($1\sigma_g$) in LCAO-Näherung mit optimalem η.

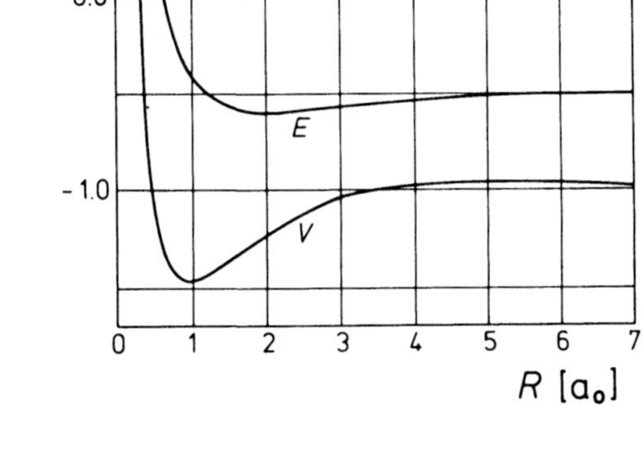

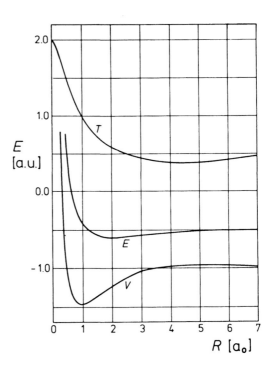

Abb. 11. Beiträge der kinetischen Energie (T) und der potentiellen Energie (V) zur Gesamtenergie (E) des H_2^+ ($1\sigma_g$) nach einer ‚exakten' Rechnung.

$$2 \langle \mathbf{T} \rangle = -2 \langle \mathbf{E} \rangle = -\langle \mathbf{V} \rangle$$

sofern das η so gewählt ist, daß $\dfrac{\partial \langle \mathbf{H} \rangle}{\partial \eta} = 0$. (3.4–4)

Für Moleküle (wir beschränken uns hier auf zweiatomige Moleküle) gilt der Virialsatz – im Rahmen der Born-Oppenheimer-Näherung – in etwas modifizierter Form. Man sieht zunächst, daß der Erwartungswert der Gesamtenergie die Form haben muß

$$\langle \mathbf{H} \rangle = \eta^2 t(\rho) + \eta \cdot v_{ek}(\rho) + \eta \frac{Z_A Z_B}{\rho} = \eta^2 t(\rho) + \eta v(\rho) \qquad (3.4\text{–}5)$$

wobei $\rho = \eta R$ und wobei $\eta^2 t(\rho)$ die kinetische Energie und $\eta \cdot v_{ek}(\rho)$ die potentielle Energie der Elektronen im Feld der Kerne und die der Elektronenwechselwirkung darstellt.

Zur Ableitung der Gleichung (3.4–5) gehen wir folgendermaßen vor. Das Normierungsintegral für Funktionen der Form (3.4–3) ist gegeben durch (mit der Abkürzung $d^3 r_i = dx_i dy_i dz_i$)

$$(\Phi, \Phi) = \int \Phi^* (\rho, \vec{\rho}_1, \ldots \vec{\rho}_n)\, \Phi (\rho, \vec{\rho}_1 \ldots \vec{\rho}_n)\, d^3 r_1\, d^3 r_2 \ldots d^3 r_n$$

$$= \frac{1}{\eta^{3n}} \int \Phi^* \Phi\, d^3 \rho_1\, d^3 \rho_2 \ldots d^3 \rho_n = \frac{1}{\eta^{3n}} \cdot A(\rho) \qquad (3.4\text{–}6)$$

wenn wir das von η unabhängige und nur von $\rho = \eta \cdot R$ abhängige Integral mit $A(\rho)$ bezeichnen. Zur Bildung des Erwartungswertes $\langle \mathbf{T} \rangle$ der kinetischen Energie müssen wir zunächst $\mathbf{T}\Phi$ bilden. Da $\mathbf{T}$ bis auf einen Faktor $-\frac{1}{2}$ gleich einer Summe von Termen der Art $\dfrac{\partial^2}{\partial x_1^2}$, $\dfrac{\partial^2}{\partial y_1^2}$ etc. ist, ergibt $\mathbf{T}\Phi$ eine Funktion $\tilde{\Phi}$ die von $\vec{\rho}_1$, $\vec{\rho}_2$ etc. abhängt, mal η^2, da sich beim Differenzieren einer Funktion von ηx_1, ηx_2 etc. nach x_1, x_2 etc. ein Faktor η ergibt. Folglich ist

$$(\Phi, \mathbf{T}\Phi) = \eta^2 \int \Phi^* \tilde{\Phi}\, d\vec{r}_1\, d\vec{r}_2 \ldots d\vec{r}_n = \eta^2 \cdot \frac{1}{\eta^{3n}} B(\rho) \qquad (3.4\text{–}7)$$

wobei B wieder eine nur von ρ abhängige Funktion ist. Bei der Bildung von $(\Phi,$ $\mathbf{V}\Phi)$ müssen wir berücksichtigen, daß $\mathbf{V}_{ek}$ eine Summe von Termen wie $\dfrac{Z_A}{|\vec{R} - \vec{r}_i|}$ $= \dfrac{\eta \cdot Z_A}{|\vec{\rho} - \vec{\rho}_i|}$, $\dfrac{1}{|\vec{r}_i - \vec{r}_k|} = \dfrac{\eta}{|\vec{\rho}_i - \vec{\rho}_k|}$ etc. ist, so daß $\mathbf{V}\Phi$ von der Form $\eta \cdot \tilde{\tilde{\Phi}}(\rho, \vec{\rho}_1, \vec{\rho}_2 \ldots \vec{\rho}_n)$ ist, und daß

$$(\Phi, \mathbf{V}\Phi) = \eta \cdot \int \Phi^* \tilde{\tilde{\Phi}}\, d\vec{r}_1\, d\vec{r}_2 \ldots d\vec{r}_n = \eta \cdot \frac{1}{\eta^{3n}} \cdot C(\rho) \qquad (3.4\text{–}8)$$

Der Erwartungswert $<\mathsf{T}>$ der kinetischen Energie ist gleich dem Quotienten von (3.4–7) und (3.4–6), also tatsächlich von der Form $\eta^2 \cdot t(\rho)$, wobei $t(\rho) = B(\rho)/A(\rho)$, und V_{ek} ist von der Form $\eta \cdot v_{ek}(\rho)$ mit $v_{ek}(\rho) = C(\rho)/A(\rho)$.
Suchen wir jetzt das Minimum von $<\mathsf{H}>$ als Funktion von η bei konstantem ρ, so ergibt sich

$$\left(\frac{\partial <\mathsf{H}>}{\partial \eta}\right)_\rho = 2\eta t(\rho) + v(\rho) \overset{!}{=} 0 \tag{3.4–9}$$

Eine solche Forderung hat aber wenig physikalischen Sinn. Uns interessiert der Fall R = const. und nicht ρ = const. Wir müssen also bilden:

$$\begin{aligned}\left(\frac{\partial <\mathsf{H}>}{\partial \eta}\right)_R &= \left(\frac{\partial <\mathsf{H}>}{\partial \eta}\right)_\rho + \left(\frac{\partial <\mathsf{H}>}{\partial \rho}\right)_\eta \left(\frac{\partial \rho}{\partial \eta}\right)_R \\ &= \left(\frac{\partial <\mathsf{H}>}{\partial \eta}\right)_\rho + R \cdot \left(\frac{\partial <\mathsf{H}>}{\partial \rho}\right)_\eta \\ &= \left(\frac{\partial <\mathsf{H}>}{\partial \eta}\right)_\rho + \frac{R}{\eta}\left(\frac{\partial <\mathsf{H}>}{\partial \mathrm{R}}\right)_\eta \\ &= 2\eta t(\rho) + v(\rho) + \frac{R}{\eta}\left(\frac{\partial <\mathsf{H}>}{\partial R}\right)_\eta \overset{!}{=} 0\end{aligned} \tag{3.4–10}$$

Wenn $\Phi(\vec{r}_1, \vec{r}_2 \, .. \, \vec{r}_n)$ die exakte Wellenfunktion des Grundzustandes ist, kann sie dadurch, daß $\vec{r}_i$ durch $\eta \vec{r}_i$ ersetzt wird, nicht verbessert werden, d.h. das optimale η muß = 1 sein, und es muß gelten

$$2 \cdot t(\rho) + v(\rho) + R\left(\frac{\partial E}{\partial R}\right)_{\eta=1} = 0 \tag{3.4–11}$$

$$2 <\mathsf{T}> + <\mathsf{V}> + R\left(\frac{\partial E}{\partial R}\right) = 0 \tag{3.4–12}$$

Das ist der Virialsatz für Moleküle bei festgehaltenen Kernen, wie er zuerst unabhängig und gleichzeitig von Hellmann und Slater abgeleitet wurde*). An der Stelle des Minimums der Potentialkurve ist $\left(\frac{\partial E}{\partial R}\right) = 0$, und es gilt

$$2 <\mathsf{T}> = - <\mathsf{V}> = -2\dot{E} \tag{3.4–13}$$

* H. Hellmann, Z. Phys. *35*, 180 (1933); J.C. Slater, Phys. Rev. *1*, 687 (1933).

genauso wie bei Atomen. Eine notwendige Konsequenz ist, daß ein Molekül im Gleichgewichtsabstand eine höhere kinetische Energie $<\mathsf{T}>$ als die getrennten Atome zusammen haben muß, da $<\mathsf{T}> = -E$ in beiden Situationen und E im Molekül kleiner als in den getrennten Atomen zusammen ist – sonst läge ja keine Bindung vor.

Wenn Φ nicht die exakte Wellenfunktion ist, können wir den soeben abgeleiteten Formalismus benutzen, um das optimale η zu bestimmen.

$$\left(\frac{\partial <\mathsf{H}>}{\partial \eta}\right)_R = 2\eta \cdot t(\rho) + v(\rho) + \frac{\rho}{\eta} \left(\frac{\partial[\eta^2 t + \eta v]}{\partial \rho}\right)_\eta$$

$$= 2\eta \cdot t(\rho) + v(\rho) + \rho \cdot \eta \cdot \frac{\partial t}{\partial \rho} + \rho \frac{\partial v}{\partial \rho} \stackrel{!}{=} 0 \qquad (3.4\text{–}14)$$

$$-\eta_{\text{opt}} = \frac{v(\rho) + \rho \cdot \frac{\partial v}{\partial \rho}}{2t(\rho) + \rho \cdot \frac{\partial t}{\partial \rho}} \qquad (3.4\text{–}15)$$

Das optimale η als Funktion von R ist für H_2^+ in der LCAO-Näherung auf Abb. 9 aufgetragen. Für den Gleichgewichtsabstand (2.0 a.u.) erhält man $\eta = 1.25$.

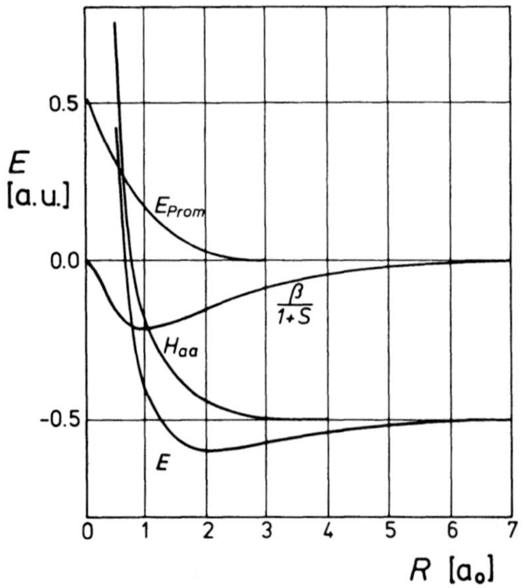

Abb. 12. H_2^+ $(1\sigma_g)$ mit optimalen η in LCAO-Näherung. Die Gesamtenergie (E), die Beiträge H_{aa} und $\frac{\beta}{1+S}$ sowie die Promotionsenergie ($E_{\text{Prom}} = \alpha(\eta) - \alpha(1)$).

Übrigens erhält man für den antibindenden Zustand ein anderes η, damit auch ein anderes $H_{aa}(R)$ als für den bindenden. Die beiden Zustände haben jetzt nicht mehr den quasiklassischen Term $H_{aa}(R)$ gemeinsam.

3.5. Die Rolle von kinetischer und potentieller Energie für das Zustandekommen der chemischen Bindung

Wir haben oben auf die durch ‚Interferenz' der AO's bewirkte Erniedrigung der kinetischen Energie als wesentliche Voraussetzung für das Zustandekommen der chemischen Bindung hingewiesen. Nach dem Virialsatz muß aber die kinetische Energie – jedenfalls beim Gleichgewichtsabstand – gegenüber den getrennten atomaren Bestandteilen erhöht sein. Was bedeutet dieser offensichtliche Widerspruch? Offenbar lohnt es sich, das Zustandekommen der chemischen Bindung im Rahmen der LCAO-Näherung mit variablem η, die ja den Virialsatz erfüllt, im Detail anzusehen. Wir folgen hier im wesentlichen Gedanken von K. Ruedenberg.

Teilen wir zuerst α und β in Anteile der kinetischen und der potentiellen Energie auf (E_{QK} ist rein potentielle Energie)

$$\alpha_T = \frac{1}{2}\eta^2 = \frac{1}{2} + T_{Prom} \tag{3.5–1}$$

$$\alpha_V = -\eta = -1 + V_{Prom} \tag{3.5–2}$$

$$\beta_T = -\frac{1}{3}\eta^2 \rho^2 e^{-\rho} \tag{3.5–3}$$

$$\beta_V = \eta \cdot e^{-\rho}\left\{\frac{1}{3}\rho^2 - \frac{2}{3}\rho + \frac{1}{\rho}\right\} - \eta e^{-3\rho}\left\{\frac{1}{3}\rho^2 + \frac{4}{3}\rho + 2 + \frac{1}{\rho}\right\} \tag{3.5–4}$$

wobei $\rho = \eta \cdot R$. Beim Gleichgewichtsabstand $R = 2$ a.u. ist $\eta \approx 1.25$, demgemäß ist $\alpha_T \approx 0.8$, also um ≈ 0.3 größer als für $\eta = 1$, während sich mit $\eta = 1.25$ für $H_{aa} = \alpha_T + \alpha_V + E_{QK} = -0.45$ ergibt, verglichen mit -0.47 für $\eta = 1$*). Das bedeutet folgendes: die intraatomare und die quasiklassische Energie $H_{aa} = \alpha + E_{QK}$ wird durch die Erhöhung von η insgesamt nur unwesentlich geändert, die Beiträge der kinetischen und der potentiellen Energie zu α ändern sich aber stark, und zwar wird die intraatomare kinetische Energie $\alpha_T = \frac{1}{2}\eta^2$ beträchtlich erhöht und etwa im gleichen Maß α_V erniedrigt.

Durch die Vergrößerung von η wird β dem Betrage nach vergrößert (die Bindung wird verstärkt), aber an den relativen Beträgen von β_V und β_T zu β ändert sich nichts wesentliches. β ist nach wie vor deshalb negativ, weil β_T negativ ist, d.h. weil die Interferenz zu einer Erniedrigung der kinetischen Energie führt. Auf Abb. 13 sind die einzelnen Beiträge als Funktion des Abstands dargestellt.

---

* E_{QK}, das ohnehin sehr klein ist, ändert sich bei scaling – zumindest in der Nähe des Gleichgewichtsabstands – praktisch nicht.

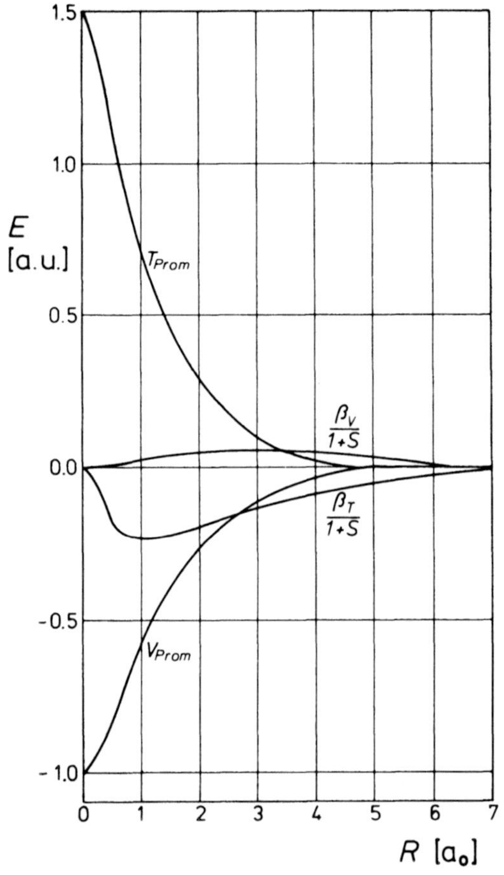

Abb. 13. Aufschlüsselung der Promotionsenergie (E_{Prom}) sowie des Interferenzbeitrags zur chemischen Bindung $\frac{\beta}{1+S}$ im H_2^+ ($1\sigma_g$) in Beiträge der kinetischen (T) und der potentiellen Energie (V).

Ausgehend von der Aufteilung der Energie in intraatomare Beiträge (α_T, α_V) und interatomare Beiträge $\left(\frac{\beta_T}{1+S}\right)$, $\left(\frac{\beta_V}{1+S}\right)$
kann man die Ausbildung der chemischen Bindung in drei Teilschritte zerlegen.

Der Teilschritt 1 betrifft nur die intraatomaren Beiträge. Man kann ihn als Präparation der Atome für die Bindung oder ‚Promotion' bezeichnen. In diesem Teilschritt wird das η vom Wert 1, der für die isolierten Atome am günstigsten ist, auf ca. 1.25 erhöht, was der für das Molekül günstigste Wert ist. Dieser Teilschritt führt zu einer geringfügigen Erhöhung der intraatomaren Energie – in unserem Beispiel um 0.02 a.u. –, er führt aber zu einer beträchtlichen Verschiebung des intraatomaren Gleichgewichts von kinetischer und potentieller Energie. (In unserem Beispiel erhöht sich die intraatomare kinetische Energie um ca. 0.30 a.u., während die potentielle Energie um fast den gleichen Betrag, nämlich 0.28 a.u., sinkt.) Die Erhöhung von η bedeutet, daß die Orbitale steiler werden (vgl. Abb. 6), daß die Elektronen mehr in Kernnähe gedrängt werden.

Im zweiten Teilschritt bauen wir das Molekül quasiklassisch (d.h. einfach durch Überlagerung der Elektronendichten) aus den promovierten Atomen auf.

Die quasiklassische Wechselwirkung ist beim H_2^+ bei mittleren Abständen vernachlässigbar klein und nur bei kleinen Abständen stark abstoßend.

Im dritten Teilschritt berücksichtigen wir die Energieerniedrigung als Folge der Interferenz der AO's (d.h. der Tatsache, daß die MO's genähert Linearkombinationen der AO's sind). Dabei tritt eine Energieerniedrigung auf, die für die chemische Bindung verantwortlich ist. Dieser dritte Schritt ist eindeutig mit einer Erniedrigung der kinetischen Energie verbunden, der interatomare Beitrag β_T zur kinetischen Energie ist negativ.

Man würde chemische Bindung auch schon erhalten, wie wir in Abschn. 3.2 und 3.3 sahen, wenn wir nur den dritten Teilschritt betrachteten. Führen wir vorher noch den ersten Teilschritt durch, d.h. ‚promovieren' wir die Atome, so werden sie noch besser zur Bindung befähigt und der Energieverlust im 1. Teilschritt wird durch die Erhöhung der Interferenzenergie mehr als wett gemacht.

Man kann natürlich auch die Reihenfolge der Teilschritte umkehren, wobei sich am Ergebnis nichts ändert.

Die Rolle der kinetischen Energie für die chemische Bindung ist insofern paradox, als die treibende Kraft in einer Erniedrigung der kinetischen Energie (nämlich in β_T) liegt, während insgesamt, als Folge der Promotion der AO's und der damit verbundenen Erhöhung von α_T, die kinetische Energie sich bei der Molekülbildung erhöht.

Die Aufteilung der Bindungsenergie in intra- und interatomare Beiträge ist eine Möglichkeit zur Illustration der merkwürdigen Rolle der kinetischen Energie. Eine andere Illustration ergibt sich, wenn man die x-, y- und z-Komponenten der kinetischen Energie, d.h. die folgenden Erwartungswerte, getrennt berechnet:

$$\langle \mathsf{T}_x \rangle = \left\langle -\frac{1}{2}\frac{\partial^2}{\partial x^2} \right\rangle ; \langle \mathsf{T}_y \rangle = \left\langle -\frac{1}{2}\frac{\partial^2}{\partial y^2} \right\rangle ;$$

$$\langle \mathsf{T}_z \rangle = \left\langle -\frac{1}{2}\frac{\partial^2}{\partial z^2} \right\rangle$$

Wählen wir z als die Richtung der Molekülachse, so erhält man für das H_2^+ am Gleichgewichtsabstand die Werte, die in Tab. 2 angegeben sind.

Tab. 2. Komponenten der kinetischen Energie in Richtung der Molekülachse ($\langle \mathsf{T}_z \rangle$) und senkrecht dazu ($\langle \mathsf{T}_x \rangle$, $\langle \mathsf{T}_y \rangle$) sowie gesamte kinetische Energie $\langle \mathsf{T} \rangle$ für das H_2^+-Ion im Grundzustand am Gleichgewichtsabstand (Energien in atomaren Einheiten, a.u.).

	$\langle \mathsf{T}_x \rangle$	$\langle \mathsf{T}_z \rangle$	$\langle \mathsf{T} \rangle$
getrennte Atome (η = 1)	0.17	0.17	0.50
Molekül mit η = 1	0.15	0.09	0.39
Molekül mit η = 1.25	0.23	0.14	0.60

Die gesamte kinetische Energie $<\mathbf{T}>$ wird erniedrigt, wenn wir die Promotion nicht berücksichtigen, sie erhöht sich bei Verwendung der für das Molekül optimalen η-Werte. Da die Erhöhung von $<\mathbf{T}>$ als Folge der Erhöhung von η intraatomar, d.h. isotrop ist, während die Erniedrigung von $<\mathbf{T}>$ als Folge der Interferenz nur die kinetische Energie in Bindungsrichtung, d.h. $<\mathbf{T}_z>$, betrifft, ergeben sich $<\mathbf{T}_x> = <\mathbf{T}_y>$ und $<\mathbf{T}_z>$ für das Molekül deutlich verschieden. Für $<\mathbf{T}_x>$ und $<\mathbf{T}_y>$ dominiert der intraatomare Term, senkrecht zur Bindungsrichtung wird die kinetische Energie insgesamt erhöht, für $<\mathbf{T}_z>$ dominiert der Interferenzbeitrag, in Richtung der Bindung wird die kinetische Energie insgesamt erniedrigt.

Die Bedeutung der kinetischen Energie für das Zustandekommen der Bindung kann man sich vielleicht an einem Beispiel aus dem Geschäftsleben klar machen. Zwei Unternehmen mögen in Einnahmen, Ausgaben und Gewinn übereinstimmen. Die Rentabilität eines solchen Unternehmens sei dann optimal, wenn Ausgaben und Gewinn in einem bestimmten Verhältnis stehen. Nehmen wir der Einfachheit halber an, dieses optimale Verhältnis sei -1, dann können wir Ausgaben mit kinetischer Energie, Einnahmen mit potentieller Energie und Gewinn mit Gesamtenergie identifizieren. Die beiden Unternehmen mögen nun fusionieren. Das hat unmittelbar zur Folge, daß bestimmte Ausgaben, die vorher jedes Unternehmen getrennt machen mußte, nun nur einmal gemacht zu werden brauchen (Erniedrigung der Ausgaben, d.h. der kinetischen Energie). Nach dieser Einsparung von Ausgaben ist aber das Verhältnis Ausgaben zu Gewinn nicht das der maximalen Rentabilität (Virialsatz).

In der Tat wird sich das fusionierte Unternehmen nach dem Einsparen von Ausgaben neue Ausgaben leisten, die sich für ein Teilunternehmen nicht lohnten, um wieder das Verhältnis -1 zu erreichen. Jemand, der nur die Bilanz vor und nach der Fusion vergleicht, muß feststellen: Nach der Fusion haben sich sowohl Einnahmen als auch Ausgaben erhöht, erstere stärker, der zusätzliche Gewinn beruht also auf einer Erhöhung der Einnahmen (Erniedrigung der potentiellen Energie). Der Mechanismus, der zu dieser Einnahmenerhöhung ursprünglich führte, nämlich Einsparung von Ausgaben (Erniedrigung der kinetischen Energie), wird dabei völlig übersehen.

Nachdem wir nun alle Einwände gegen das sog. ‚Hellmannsche Bild der chemischen Bindung' vorweggenommen haben, müssen wir dieses oft mißverstandene Bild*) an dieser Stelle doch bringen. Wie kann man eine Erniedrigung der kinetischen Energie bei der Molekülbildung evtl. anschaulich verstehen? Nehmen wir an, einem Elektron an einem Atom steht ein bestimmter Raum zur Verfügung, im Molekül ist dieser Raum, grob gesagt, doppelt so groß. Der Erwartungswert des Impulses ist null, also gilt folgender Zusammenhang zwischen der Unschärfe des Impulses und der kinetischen Energie

$$(\Delta\vec{p})^2 = <(\vec{\mathbf{p}} - <\vec{\mathbf{p}}>)^2> = <\vec{\mathbf{p}}^2> = 2m \cdot <\mathbf{T}>$$

Nach der Heisenbergschen Unschärferelation ist aber die Unschärfe des Impulses umgekehrt proportional zur Unschärfe des Ortes. Das bedeutet, daß eine Vergrößerung

* H. Hellmann, l.c.

des zur Verfügung stehenden Raumes die kinetische Energie erniedrigen muß. Das kann man sich übrigens auch am Beispiel eines Teilchens im linearen eindimensionalen Kasten (I.2.2.1) klarmachen. Die tiefste Energie $\frac{h^2}{8ma^2}$ verkleinert sich um einen Faktor vier, wenn wir die Länge des Kastens verdoppeln. Für ein Teilchen im Kasten gibt es ja keine potentielle Energie, und die Gesamtenergie ist gleich der kinetischen Energie. (Der Virialsatz ist hier natürlich außer Kraft, da er in der hier verwendeten Form nur für Teilchen in einem Coulomb-Feld gilt).

Oft wird das ein- oder mehrdimensionale Elektronengasmodell zur genäherten Beschreibung der chemischen Bindung verwendet. Die Zulässigkeit dieses Modells (das den für Moleküle gültigen Virialsatz völlig ignoriert) kann offenbar nur darauf beruhen, daß man durch eine Betrachtung nur der kinetischen Energie im Sinne des Hellmannschen Bildes zumindest qualitativ wesentliche Züge der chemischen Bindung richtig erfaßt. Übrigens gilt das soeben gesagte auch für das Elektronengasmodell der Metalle, dessen Berechtigung als erste Näherung niemand infrage stellen würde, nur weil es den Virialsatz ignoriert.

Das Zustandekommen der chemischen Bindung ist offenbar ein recht verwickelter Vorgang (wobei dieser beim H_2^+ noch relativ einfach ist), so daß ein physikalisches Verständnis jenseits aller aufwendigen Rechnungen nur möglich ist, wenn man imstande ist, wesentliche von unwesentlichen Beiträgen zur Bindungsenergie zu trennen. Die unwesentlichen Terme brauchte man in diesem Sinne nur dann zu berücksichtigen, wenn man quantitative und nicht qualitative Aussagen machen will.

Offensichtlich ist die Interferenz und die damit verbundene Energieerniedrigung ein wesentlicher Beitrag, weil diese qualitativ die Bindung verständlich macht. Wie ist es nun mit der Kontraktion der AO's, der Erhöhung von η? Solange man sich für die Gesamtenergie in der Nähe des Minimums interessiert, bringt die Kontraktion qualitativ nichts Neues. Sie ist nur dann wesentlich, wenn man sich für die richtige Aufteilung der Gesamtenergie in kinetische und potentielle Beiträge interessiert. Das mag manchmal von Interesse sein, im allgemeinen ist es das aber nicht, weil wir über die richtige Beziehung von potentieller und kinetischer Energie durch den Virialsatz von vornherein Bescheid wissen. Unter diesem Gesichtspunkt muß man die Näherungsmethoden der Quantenchemie sehen, die auf die Erfüllung des Virialsatzes (so wenig zusätzlichen Aufwand das auch bedeuten mag) bewußt keinen Wert legen.

Bez. Einzelheiten zur Interpretation der chemischen Bindung im H_2^+ als Funktion des Abstands und auch für den $1\sigma_u$-Zustand sei der Leser auf die Arbeiten von Ruedenberg verwiesen*).

3.6. Das Hellmann-Feynman-Theorem

Nach diesen Bemerkungen zu einer Theorie der chemischen Bindung unter Beschränkung auf eine Diskussion der kinetischen Energie ist es angebracht, auch einen völlig entgegengesetzten Standpunkt zu Wort kommen zu lassen, bei dem die kinetische

* K. Ruedenberg, Rev. Mod. Phys. *34*, 326 (1962); M. J. Feinberg, K. Ruedenberg, E. L. Mehler, Adv. Quant. Chem. *5*, 27 (1970); M.J. Feinberg, K. Ruedenberg, J. Chem. Phys. *59*, 1495 (1971).

Energie scheinbar völlig unberücksichtigt bleibt. Grundlage dieser Diskussion ist das sog. Hellmann-Feynman-Theorem. Dieses Theorem wurde zuerst von Hellmann in seinem Lehrbuch*) 1937 formuliert, obwohl man es als Spezialfall eines allgemeinen Theorems ansehen muß, das so alt ist wie die Quantenmechanik und das sich bereits in Paulis Handbuchartikel**) von 1933 findet. Feynman hat als sehr junger Mann das Theorem in Unkenntnis der Literatur neu entdeckt***).

Sei $\Psi_R(\vec{r}_1 \ldots \vec{r}_n)$ die auf 1 normierte exakte Wellenfunktion eines Moleküls in einer bestimmten festen Anordnung der Kerne, d.h. erfülle Ψ_R die Schrödinger-Gleichung

$$\mathbf{H}_R \Psi_R = E_R \Psi_R \tag{3.6–1}$$

Wir können die Kraft, die auf einen Kern wirkt, durch Differenzieren der Potentialfläche E_R nach den Koordinaten des Kernes berechnen. Nehmen wir der Einfachheit halber ein zweiatomiges Molekül an und habe ein Kern die Koordinaten (0, 0, 0) und der andere (0, 0, Z) mit $Z = R$, so ist

$$-F_z = \frac{\partial \langle \mathbf{H}_R \rangle}{\partial z} = \frac{\partial (\Psi_R, \mathbf{H}_R \Psi_R)}{\partial z} =$$

$$= \left(\frac{\partial \Psi_R}{\partial z}, \mathbf{H}_R \Psi_R\right) + \left(\Psi_R, \frac{\partial \mathbf{H}_R}{\partial z} \Psi_R\right) + \left(\Psi_R, \mathbf{H}_R \frac{\partial \Psi_R}{\partial z}\right) \tag{3.6–2}$$

Benutzung der Eigenwertgleichung für Ψ_R und der Hermitizität von $\mathbf{H}_R$ erlaubt eine Umformung des ersten und dritten Terms zu

$$E_R \frac{\partial}{\partial z} (\Psi_R, \Psi_R) = E_R \frac{\partial}{\partial z} 1 = 0 \tag{3.6–3}$$

so daß verbleibt

$$-F_z = \left(\Psi_R, \frac{\partial \mathbf{H}_R}{\partial z} \Psi_R\right) = \left(\Psi_R, \left[\frac{\partial \mathbf{T}}{\partial z} + \frac{\partial \mathbf{V}}{\partial z}\right] \Psi_R\right) = \left(\Psi_R, \frac{\partial \mathbf{V}}{\partial z} \Psi_R\right) \tag{3.6–4}$$

weil der Operator $\mathbf{T}$ der kinetischen Energie der Elektronen von den Kernkoordinaten nicht abhängt.

Der Operator $\mathbf{V}$ der potentiellen Energie besteht aus drei Beiträgen: $\mathbf{V}_{ee}$ der Elektronenabstoßung, $\mathbf{V}_{ke}$ der Kern-Elektronen-Anziehung und $\mathbf{V}_{kk}$ der Kernabstoßung.

---

* H. Hellmann: Einführung in die Quantenchemie. Deuticke, Leipzig–Wien 1937.

** W. Pauli: Die allgemeinen Prinzipien der Wellenmechanik, in Handbuch der Physik (Hrsg. H. Geiger, K. Scheel) XXIV/1, S. 83. Springer, Berlin 1933 (fast unverändert nachgedruckt in Handbuch der Physik (Hrsg. S. Flügge) *V/1*, S. 1. Springer, Berlin 1958).

*** R.P. Feynman, Phys. Rev. *56*, 340 (1939).

Da $\mathbf{V}_{ee}$ von den Kern-Koordinaten unabhängig ist, besteht $\frac{\partial \mathbf{V}}{\partial z}$ nur aus zwei Anteilen, nämlich $\frac{\partial \mathbf{V}_{ke}}{\partial z}$ und $\frac{\partial \mathbf{V}_{kk}}{\partial z}$. Der erste von beiden ist ein multiplikativer Einelektronenoperator, wir können seinen Erwartungswert bilden, indem wir mit der Elektronendichte $\rho(\vec{r})$ multiplizieren und über den Raum eines Teilchens integrieren. Der zweite Anteil, nämlich

$$\frac{\partial \mathbf{V}_{kk}}{\partial z} = \frac{\partial}{\partial R}\left(\frac{Z_A \cdot Z_B}{R}\right) = -\frac{Z_A \cdot Z_B}{R^2} \qquad (3.6\text{–}5)$$

ist von den Elektronenkoordinaten unabhängig, d.h. eine Konstante. Somit ergibt sich für $-F_z$

$$-F_z = \int \frac{\partial \mathbf{V}_{ke}}{\partial z} \rho(\vec{r})\, d\tau - \frac{Z_A Z_B}{R^2} \qquad (3.6\text{–}6)$$

(Man beachte, daß ρ hier die Elektronendichte bedeutet, und nicht wie an anderer Stelle in diesem Kapitel einen reduzierten Abstand.) Gl. (3.6–6) stellt aber nichts anderes als die Kraft dar, die die übrigen Kerne sowie die Ladungsverteilung der Elektronen rein elektrostatisch auf den betrachteten Kern ausüben. Ein in der Tat verblüffendes Ergebnis! Kennen wir die Ladungsverteilung der Elektronen, können wir alle im Molekül auftretenden Kräfte berechnen. Stabilitätsfragen kann man einfach nach den Regeln der klassischen Elektrostatik berechnen.

So schön dieses Theorem zur Abrundung der Theorie ist, so unbrauchbar ist es für die Praxis. Das liegt daran, daß wir bei seiner Ableitung davon Gebrauch machen mußten, daß die Wellenfunktion Ψ_R die Schrödinger-Gleichung exakt löst. Solche Wellenfunktionen kennt man in der Regel aber gar nicht, und es tritt die Frage auf, ob das Hellmann-Feynman-Theorem auch für Näherungslösungen der Schrödinger-Gleichung gilt. Die Antwort ist generell: nein. Man kann völlig falsche Ergebnisse erhalten, wenn man ausgehend von genäherten Ladungsdichten die Kräfte nach dem Hellmann-Feynman-Theorem berechnen will. Man kann zwar, ähnlich wie beim Virialsatz, durch einen speziellen Typ von Variationsansatz die Gültigkeit des Hellmann-Feynman-Theorems erzwingen, aber viel ist damit nicht gewonnen; denn wenn man ohnehin eine quantenmechanische Rechnung durchführt, kann man die Kräfte auch durch Differenzieren der Potentialkurve erhalten oder von einem Variationsprinzip für die Kräfte ausgehen und man ist auf das Hellmann-Feynman-Theorem nicht angewiesen. Die Hoffnung, man könne von einer nicht quantenmechanisch berechneten Ladungsverteilung ausgehen und dann das Hellmann-Feynman-Theorem anwenden, erweist sich als trügerisch. Damit ist auch die Eliminierung der kinetischen Energie nur scheinbar. Man braucht diese, um die Ladungsverteilungen zu berechnen. Ohne den Term der kinetischen Energie, nur dem Gesetz der Elektrostatik überlassen, würde übrigens jede statische Ladungsverteilung in sich zusammenfallen.

Ein Beispiel zur Warnung vor einer unkritischen Anwendung des Hellmann-Feynman-Theorems möge genügen:

Die Wechselwirkung zwischen einem H-Atom und einem Proton bei großen Entfernungen, wo Überlappungseffekte vernachlässigt werden können, beruht im wesentlichen auf einer Polarisierung des H-Atoms durch das Proton. Die Wechselwirkungsenergie ist, wie in Abschn. 15.4 gezeigt wird, für große R gleich $-\frac{9}{4R^4}$ a.u., die auf eines der beiden Protonen wirkende Kraft daher gleich $\frac{9}{R^5}$ a.u.

Berechnen wir andererseits die Kräfte auf die beiden Kerne nach dem Hellmann-Feynman-Theorem!

Auf das Proton des H-Atoms wirkt die Kraft $-\frac{1}{R^2}$ des anderen Protons, da ein Elektron im ls-Orbital auf dessen Zentrum keine Kraft ausübt. Auf das isolierte Proton wirkt dagegen überhaupt keine Kraft, da die Beiträge des anderen Kerns und seines Elektrons wie $\frac{1}{R^2}$ gehen und sich genau kompensieren. Offensichtlich beruht dieses sicher falsche Ergebnis darauf, daß wir die ungestörte Ladungsverteilung — $1s^2$ — für das H-Atom genommen haben. Unter dem Einfluß des anderen Protons ändert sich aber die Ladungsverteilung. Aber selbst, wenn wir die Änderung der Ladung in 1. störungstheoretischer Näherung berücksichtigt hätten — was genügt, um die Wechselwirkungsenergie richtig auszurechnen — wären die Kräfte nach dem Hellmann-Feynman-Theorem immer noch falsch. Erst mit der 3. störungstheoretischen Ordnung für die Ladungsverteilung erhält man die richtigen Hellmann-Feynman-Kräfte*).

* Vgl. hierzu J.O. Hirschfelder, M.A. Eliason, J. Chem. Phys. *47*, 1164 (1967) und dort zitierte unpublizierte Ergebnisse von A.A. Frost, sowie E. Steiner, J. Chem. Phys. *59*, 2427 (1973).

4. Das H_2-Molekül

4.1. Die MO-LCAO-Näherung

Die meisten der Überlegungen des vorherigen Kapitels lassen sich auf das H_2 übertragen. Hier kommen nur einige Besonderheiten hinzu, die damit zusammenhängen, daß im neutralen H_2 zwei Elektronen an der Bindung beteiligt sind.

Wie bei Atomen liegt es nahe, jedem Elektron im Molekül ein Orbital (Molekül-Orbital, MO) zuzuordnen, wie das zuerst von Hund*) vorgeschlagen und vor allem von Mulliken **) ausgebaut wurde, und diese Orbitale in der Reihenfolge zunehmender Energie im Einklang mit dem Pauli-Prinzip mit Elektronen zu besetzen. Diese Molekülorbitale (MO's) wollen wir in erster Näherung als Linearkombinationen von Atomorbitalen darstellen. Aus den 1*s*-Orbitalen der beteiligten Atome kann man zwei MO's aufbauen, die aus Symmetriegründen gar keine anderen sein können als diejenigen $1\sigma_g$ und $1\sigma_u$, die wir schon beim H_2^+ kennenlernten.

$$1\sigma_g : \varphi_1 = \frac{1}{\sqrt{2(1+S)}} (a+b) \tag{4.1–1}$$

$$1\sigma_u : \varphi_2 = \frac{1}{\sqrt{2(1-S)}} (a-b) \tag{4.1–2}$$

Im Grundzustand des H_2 wird (im Sinne des Aufbauprinzips) das tiefste Orbital φ_1 doppelt besetzt sein. Der Zustand ist dementsprechend ein Singulett (ein Orbital mit α- und β-Spin besetzt).

Die Gesamtwellenfunktion des Grundzustands in der MO-LCAO-Näherung ist die Slater-Determinante

$$\Phi = \frac{1}{\sqrt{2}} \begin{vmatrix} \varphi_1\alpha(1) & \varphi_1\beta(1) \\ \varphi_1\alpha(2) & \varphi_1\beta(2) \end{vmatrix} = \varphi_1(1)\,\varphi_1(2) \cdot \frac{1}{\sqrt{2}} [\alpha(1)\,\beta(2) - \beta(1)\,\alpha(2)]$$

die sich als Produkt einer reinen Ortsfunktion $\varphi_1(1)\,\varphi_2(2)$ und der sog. Singulett-Spinfunktion schreiben läßt. Da wir uns hier nur für spinunabhängige Eigenschaften interessieren, können wir uns auf eine Diskussion der spinfreien Funktion beschränken, die symmetrisch bez. der Vertauschung der beiden Elektronen sein muß.

Wir bezeichnen wieder (vgl. I.10) Quantenzahlen von Einelektronenfunktionen mit Kleinbuchstaben und diejenigen von Mehrelektronenfunktionen mit Großbuchstaben.

Da die m_l-Werte ($m_{l1} = 0$, $m_{l2} = 0$) der Orbitale sich einfach addieren, ist $M_L = 0$. So wie wir Einelektronenfunktionen (Orbitale) bei linearen Molekülen als σ, π, δ etc.

---

* F. Hund, Z. Phys. *51*, 759 (1928).

** R.S. Mulliken, Phys. Rev. *32*, 186 (1928).

klassifizieren, je nachdem ob $m_l = 0, 1, 2$ etc. (vgl. S. 13), so verwenden wir entsprechende Großbuchstaben Σ, Π, Δ etc. für Wellenfunktionen von linearen Mehrelektronenmolekülen je nachdem ob die Quantenzahl M_L des gesamten elektronischen Bahndrehimpulses in Richtung der Molekülachse gleich 0, 1, 2 etc. ist.

Der Grundzustand des H_2 ist also ein $^1\Sigma$-Zustand. Man kann bei Mehrelektronenzuständen homonuklearer linearer Moleküle das Termsymbol noch ergänzen durch einen rechten unteren Index g oder u, je nachdem ob die Wellenfunktion symmetrisch oder antisymmetrisch in Bezug auf eine Inversion am Symmetriezentrum des Moleküls ist, sowie bei Σ-Termen durch einen rechten oberen Index + oder −, je nachdem ob die Wellenfunktion symmetrisch oder antisymmetrisch bez. Spiegelung an einer Spiegelebene durch die Molekülachse ist. Das vollständige Termsymbol für den Grundzustand des H_2 ist damit $^1\Sigma_g^+$.

Der Hamilton-Operator bei festen Kernen ist (vgl. Abb. 14)

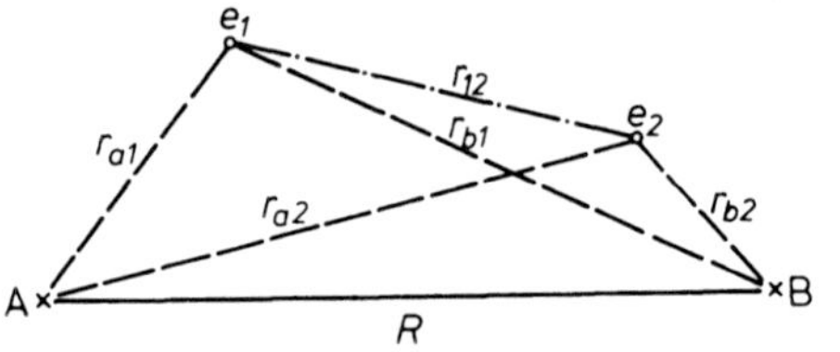

Abb. 14. Abstände im H_2-Molekül.

$$\mathbf{H} = -\frac{1}{2}\Delta_1 - \frac{1}{2}\Delta_2 - \frac{1}{r_{a1}} - \frac{1}{r_{a2}} - \frac{1}{r_{b1}} - \frac{1}{r_{b2}} + \frac{1}{r_{12}} + \frac{1}{R}$$

$$= \mathbf{h}(1) + \mathbf{h}(2) + \frac{1}{r_{12}} - \frac{1}{R} \qquad (4.1\text{–}3)$$

wobei

$$\mathbf{h}(1) = -\frac{1}{2}\Delta_1 - \frac{1}{r_{a1}} - \frac{1}{r_{b1}} + \frac{1}{R} \qquad (4.1\text{–}4)$$

der Hamilton-Operator des H_2^+ ist. Vernachlässigen wir zunächst einmal die Terme $\frac{1}{r_{12}} - \frac{1}{R}$, so ergibt sich (wenn wir H_{aa} und H_{ab} genauso definieren wie bei H_2^+ (3.2–3/3.2–4)

$$E = 2\frac{H_{aa} + H_{ab}}{1 + S} = 2H_{aa} + \frac{2\beta}{1 + S} \qquad (4.1\text{–}5)$$

also genau die doppelte Bindungsenergie wie im H_2^+. Um die wirkliche Energie des H_2 in der MO-LCAO-Näherung (und damit eine obere Schranke für die wahre Energie) zu erhalten, müssen wir noch den Erwartungswert von $\frac{1}{r_{12}}$ zuzählen und $\frac{1}{R}$ abziehen.

Explizit ergibt sich für die Elektronenwechselwirkung in der LCAO-Näherung:

$$<\frac{1}{r_{12}}> = \int \varphi_1(1)\,\varphi_1(1)\frac{1}{r_{12}}\,\varphi_1(2)\,\varphi_1(2)\,d\tau_1\,d\tau_2$$

$$= \frac{1}{2(1+S)^2}\,\{(aa|aa) + (aa|bb) + 2(ab|ba) + 4(aa|ab)\} \qquad (4.1\text{–}6)$$

wobei wir für die Zweielektronenintegrale die sog. Mullikensche Schreibweise benutzen*) (vgl. I.9.2.3)

$$(ab|cd) = \int a^*(1)\,b(1)\frac{1}{r_{12}}\,c^*(2)\,d(2)\,d\tau_1\,d\tau_2 \qquad (4.1\text{–}7)$$

und die Gleichheit bestimmter Integrale (z.B. $(aa|aa) = (bb|bb)$; $(aa|bb) = (bb|aa)$ etc.) berücksichtigt haben. Es zeigt sich, daß man den Ausdruck vereinfachen kann, wenn man die sog. Mullikensche Näherung*) benutzt, die zwar nicht exakt, aber beim H_2 auf Bruchteile von Prozenten genau gilt:

$$(ab|cd) \approx \frac{1}{4}\,S_{ab}S_{cd}\,[(aa|cc) + (bb|cc) + (aa|dd) + (bb|dd)] \qquad (4.1\text{–}8)$$

Dann erhält man

$$<\frac{1}{r_{12}}> \approx \frac{1}{2}\,[(aa|aa) + (aa|bb)] \qquad (4.1\text{–}9)$$

im Einklang mit der anschaulichen Vorstellung, daß mit gleicher Wahrscheinlichkeit beide Elektronen in gleichen oder verschiedenen Atom-Orbitalen sind, denn $(aa|aa)$ ist die Abstoßung zweier Elektronen im gleichen AO, $(aa|bb)$ zweier Elektronen in AO's der verschiedenen Atome.

Für die Energie des H_2 in der LCAO-Näherung ergibt sich (mit der Mullikenschen Näherung) somit

$$E = 2H_{aa} + \frac{2\beta}{1+S} - \frac{1}{R} + \frac{1}{2}\,[(aa|aa) + (aa|bb)] \qquad (4.1\text{–}10)$$

bzw. wenn wir die analytischen Ausdrücke für die Zweielektronenintegrale einführen**)

$$E(H_2) = 2\,E(H_2^+) - \frac{1}{R} + \frac{1}{2}\left\{\frac{5}{8} + \frac{1}{R} - \frac{1}{R}\left[1 + \frac{11}{8}R + \frac{3}{4}R^2 + \frac{1}{6}R^3\right]e^{-2R}\right\}$$

$$= 2\,E(H_2^+) - \frac{1}{2R} + \frac{5}{16} - \frac{1}{2R}\left[1 + \frac{11}{8}R + \frac{3}{4}R^2 + \frac{1}{6}R^3\right]e^{-2R} \qquad (4.1\text{–}11)$$

* R.S. Mulliken, J. Chim. Phys. *46*, 497 (1949).
** S. z.B. C.C.J. Roothaan, J. Chem. Phys. *19*, 1445 (1951).

Die beiden Beiträge $2 \cdot E(H_2^+)$ und $-\frac{1}{R} - \frac{1}{2}\,[(aa|aa) + (aa|bb)]$ sind auf Abb. 15 graphisch dargestellt.

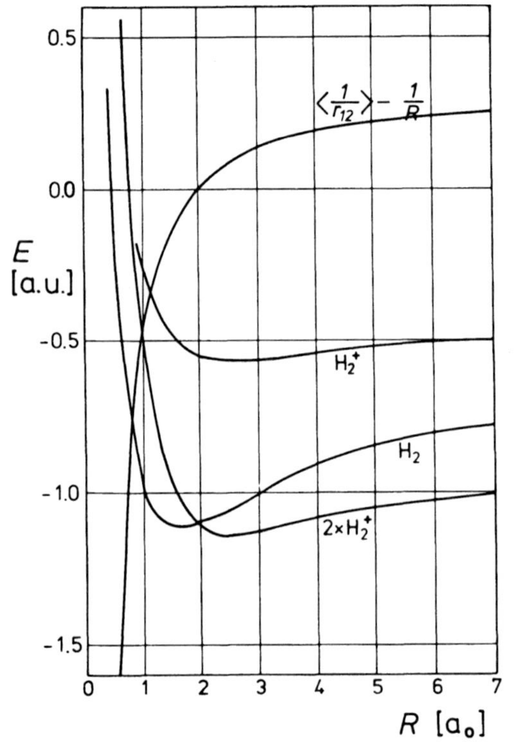

Abb. 15. Vergleich der Potentialkurven des H_2^+ und des H_2 in der MO-LCAO-Näherung.

Die Differenz $<\frac{1}{r_{12}}> - \frac{1}{R}$ ist weit davon entfernt, konstant zu sein, aber mehr oder weniger zufällig ist der Betrag dieser Differenz in der Nähe des Minimums sehr klein. Bei ca. 1.8 a.u. geht diese Differenz durch Null. Deshalb unterscheidet sich die Potentialkurve des H_2 in der Nähe des Minimums nicht allzusehr von der doppelten Potentialkurve des H_2^+. Allerdings ist das Minimum des H_2 nach links verschoben und weniger tief als das von $2 \times H_2^+$.

Bei großen Abständen ist dagegen die Potentialkurve der MO-LCAO-Näherung für das H_2 ausgesprochen falsch. Sie geht für $R \to \infty$ nicht gegen -1 a.u. wie die exakte Potentialkurve, sondern, wie man an Hand von Gl. (4.1–11) sieht, gegen $-\frac{11}{16}$ a.u. Der Energieausdruck (4.1–11) enthält nämlich eine Reihe von Termen, die für $R \to \infty$ gegen Null gehen, sowie zwei Terme, die für $R \to \infty$ von R unabhängig sind, nämlich $2E(H_2^+) = -1$ a.u. und $\frac{5}{16}$ a.u. Dieses falsche asymptotische Verhalten für große Abstände ist eine ernstzunehmende Schwäche der MO-Näherung. Wir werden im Abschnitt 4.2 zeigen, wie man den MO-Ansatz zu erweitern hat, damit dieses falsche

Verhalten nicht auftritt, und unter welchen Voraussetzungen wir auch ohne diese Erweiterung vernünftige Aussagen aus der MO-Näherung gewinnen können.

Zunächst wollen wir aber den Energieausdruck der MO-LCAO-Näherung in einer abgeänderten Weise aufteilen. Zu diesem Zweck zerlegen wir zunächst das Matrixelement H_{aa} (vgl. Abschn. 3.2) in der in (3.2–21 bis 23) angegebenen Weise. Wir benutzen ferner die folgende Abkürzung für die exzentrischen Potentialintegrale

$$(b : aa) = \left(a, \frac{1}{r_b} a\right) \tag{4.1–12}$$

Dann ist (vgl. 3.2–21 bis 23)

$$H_{aa} = \alpha - (b : aa) + \frac{1}{R} \tag{4.1–13}$$

$$\alpha = \left(a, -\frac{1}{2}\Delta a\right) - \left(a, \frac{1}{r_a} a\right) \tag{4.1–14}$$

Die Größe α stellt die Energie eines isolierten H-Atoms dar, sofern in (3.2–10) $\eta = 1$ ist, andernfalls ($\eta \neq 1$) bedeutet es die Energie eines deformierten H-Atoms, während die Summe $-(b : aa) + \frac{1}{R}$ die quasiklassische Wechselwirkungsenergie im H_2^+ darstellt*), da $(b : aa)$ die Anziehung eines Elektrons im Orbital a durch den Kern B und $\frac{1}{R}$ die Kernabstoßung bedeutet. Wir machen diese Zerlegung, um anschließend die quasiklassischen Beiträge mit der ebenfalls quasiklassischen Elektronenabstoßung zu einer gesamten quasiklassischen Energie zusammenzufassen. Damit erhalten wir statt (4.1–10)

$$E = 2\alpha + \frac{2\beta}{1+S} + \frac{1}{R} - 2(b : aa) + \frac{1}{2}[(aa|aa) + (aa|bb)] \tag{4.1–15}$$

Die Summe der drei letzten Terme stellt offenbar die quasiklassische Wechselwirkung der beiden H-Atome im H_2 dar. Sie besteht aus der Kernabstoßung $\frac{1}{R}$, der Anziehung $-2(b : aa) = -(b : aa) - (a : bb)$ zwischen je einem Kern und dem Elektron des anderen Atoms und der Elektronenabstoßung $\frac{1}{2}[(aa|aa) + (aa|bb)]$. Wenn unser Modell richtig ist, sollte für große R die Kern-Elektronen-Anziehung wie $-\frac{2}{R}$ und die Elektronenabstoßung wie $\frac{1}{R}$ gehen, so daß die Summe der drei Beiträge gegen Null gehen sollte. Das ergibt sich beim MO-LCAO-Ansatz aber nicht, da die Elek-

* Wir wollen diese Summe jetzt nicht als E_{QK} bezeichnen, sondern wir wollen die Bezeichnung E_{QK} jetzt für die quasiklassische Wechselwirkung im H_2 (nicht H_2^+) vorbehalten.

tronenabstoßung wie $\frac{1}{2}\left(\frac{1}{R}+\frac{5}{8}\right)$ statt wie $\frac{1}{R}$ geht. Der Fehler des MO-LCAO-Ansatzes liegt aber genau in diesem Term der Elektronenabstoßung.

Die MO-LCAO-Näherung hat auch das falsche Verhalten für $R \to 0$, sofern man die AO's der isolierten Atome nimmt. Ähnlich wie beim H_2^+ kann man das asymptotische Verhalten für $R \to 0$ in Ordnung bringen, wenn man einen variablen Faktor η im Exponenten einführt, gemäß $a = e^{-\eta r_a}$, und diesen für jedes R optimal bestimmt. Das falsche Verhalten für $R \to \infty$ ist weniger leicht zu beheben, und mit diesem wollen wir uns jetzt befassen.

4.2. Die Links-Rechts-Korrelation

Das gemeinsame Angehören beider Bindungselektronen zu beiden Atomen, das zur Bindung führt, hat einen Nebeneffekt, den es bei einer Einelektronenbindung nicht gibt. Da die beiden Elektronen das gleiche MO besetzen, können sie einander sehr nahe kommen, so daß sich die beiden Elektronen ebenso häufig in der Nähe des gleichen Atoms wie an verschiedenen Atomen befinden. Dieser Effekt, der der Bindung entgegenwirkt und der u.a. dafür verantwortlich ist, daß die Bindungsenergie im H_2 dem Betrage nach kleiner ist als zweimal diejenige des H_2^+, wurde von Ruedenberg*) als ‚sharing penetration' bezeichnet. Wir können das etwa als erhöhte Anwesenheit beider Elektronen am gleichen Atom infolge der Bindung bezeichnen. Nun ist unsere MO-Wellenfunktion nicht die exakte Lösung der Schrödinger-Gleichung, und wir können versuchen, sie so zu verbessern, daß wir die Elektronenabstoßungsenergie verringern, indem wir den Elektronen die Möglichkeit geben, einander auszuweichen. Wir müssen mit anderen Worten einen Teil der Elektronenkorrelation berücksichtigen, die man, wie wir das bereits bei Atomen sahen, im Rahmen einer Einkonfigurations-Wellenfunktion völlig vernachlässigt. Auch ohne sich genauer zu überlegen, wie man das gegenseitige Ausweichen der Elektronen mathematisch zu formulieren hat, kann man erwarten, daß dieses Ausweichen auch die Möglichkeit zur Interferenz der Elektronen erniedrigt, daß also gewissermaßen eine Konkurrenz zwischen Interferenz und Korrelation besteht. Dies läßt weiter vermuten, daß das Ausmaß des Ausweichens vom Wert von β abhängt. Dort wo $|\beta|$ sowieso klein ist, also bei großen Abständen, ist die Erniedrigung von $|\beta|$ belanglos, verglichen mit der Erniedrigung von $<\frac{1}{r_{12}}>$ durch Ausweichen der Elektronen, während es bei kleinen Abständen hauptsächlich darauf ankommt, daß $|\beta|$ möglichst groß ist. Hier wird also der Beitrag der Korrelation geringer sein.

In der Tat ist die Beschreibung des H_2-Moleküls bei großen Abständen durch eine MO-Funktion zur Konfiguration $(1\sigma_g)^2$ eine sehr schlechte Näherung. In der Quantentheorie der Mehrelektronensysteme ist es nun grundsätzlich so, daß man immer dann, wenn eine einzige Konfiguration zur Beschreibung nicht ausreicht, eine Linearkombination von Funktionen zu verschiedenen Konfigurationen zu verwenden hat

* K. Ruedenberg, Rev. Mod. Phys. *34*, 326 (1962).

(I.12.3). Man spricht darum von Konfigurationswechselwirkung oder CI als Abkürzung für das englische configuration interaction.

Wir wählen also einen Ansatz für die spinfreie Zweielektronenfunktion

$$\Psi(1,2) = \sum_{i,j} c_{ij}\,\varphi_i(1)\,\varphi_j(2) \tag{4.2–1}$$

Welche Konfigurationen müssen wir zusätzlich zu $(1\sigma_g)^2$ berücksichtigen? Wir wollen die Wellenfunktion in erster Linie für $R \to \infty$ verbessern, bei großem R kommen für den Grundzustand aber sicher nur solche MO's in Frage, die aus den AO's a, b der Atome im Grundzustand gebildet sind, d.h.

$$1\sigma_g : \varphi_1 = \frac{1}{\sqrt{2(1+S)}}(a+b) \tag{4.1–1}$$

$$1\sigma_u : \varphi_2 = \frac{1}{\sqrt{2(1-S)}}(a-b) \tag{4.1–2}$$

und die hieraus aufbaubaren Konfigurationen

$$(1\sigma_g)^2 \;;\; 1\sigma_g\,1\sigma_u \;;\; (1\sigma_u)^2$$

Zur Konfiguration $1\sigma_g\,1\sigma_u$ gehören zwei Terme, ${}^1\Sigma_u^+$ und ${}^3\Sigma_u^+$, beide sind insgesamt ungerade ($g \times u = u$), während der Grundzustand zum Term ${}^1\Sigma_g^+$ gehört. Einen weiteren ${}^1\Sigma_g^+$-Term gibt es nur zur Konfiguration $(1\sigma_u)^2$, so daß dies die einzige der obigen Konfigurationen ist, die mit $(1\sigma_g)^2$ ‚mischt'. Die exakte Funktion des H_2-Grundzustandes darf keine Komponenten falscher Symmetrie enthalten, sondern muß eine reine ${}^1\Sigma_g^+$-Funktion sein.

Unser Variationsansatz (spinfrei) ist folglich:

$$\begin{aligned}
\Psi(1,2) &= c_1\,1\sigma_g(1)\,1\sigma_g(2) + c_2\,1\sigma_u(1)\,1\sigma_u(2) \\
&= c_1\Phi_1 + c_2\Phi_2 \\
&= \frac{c_1}{2(1+S)}[a(1)+b(1)][a(2)+b(2)] + \\
&\quad + \frac{c_2}{2(1-S)}[a(1)-b(1)]\,[a(2)-b(2)]
\end{aligned} \tag{4.2–2}$$

Berechnen wir zunächst unsere Matrixelemente $H_{ik} = (\Phi_i, \mathbf{H}\Phi_k)$ (wir machen wieder die Mulliken-Näherung für die 2-Elektronenintegrale)

$$H_{11} = 2\alpha + 2\frac{\beta}{1+S} + \frac{1}{R} + \frac{1}{2}[(aa|aa) + (aa|bb)] - 2(b:aa) = (\Phi_1, \mathbf{H}\Phi_1)$$

$$H_{12} = \frac{1}{2(1-S^2)}[(aa|aa)-(aa|bb)] = (\Phi_1, \mathbf{H}\Phi_2)$$

$$H_{22} = 2\alpha - 2\frac{\beta}{1-S} + \frac{1}{R} + \frac{1}{2}[(aa|aa)+(aa|bb)] - 2(b:aa) = (\Phi_2, \mathbf{H}\Phi_2)$$

$$(4.2\text{–}3)$$

Zur Berechnung der Koeffizienten c_1 und c_2 sowie der Energie unserer 2-Konfigurations-Wellenfunktion Ψ müssen wir Eigenwerte und Eigenvektoren der Matrix

$$\begin{pmatrix} H_{11} & H_{12} \\ H_{12} & H_{22} \end{pmatrix}$$ bestimmen.

Die Basisfunktionen Φ_1 und Φ_2 sind hierbei orthogonal, wovon man sich leicht überzeugen kann. Für c_1 und c_2 ergeben sich etwas komplizierte Ausdrücke, das Ergebnis für die Eigenwerte ist dagegen verhältnismäßig übersichtlich:

$$E = 2\alpha + \frac{1}{R} + \frac{1}{2}[(aa|aa)+(aa|bb)] - \frac{2\beta S}{1-S^2} - 2(b:aa) \pm$$

$$\pm \frac{1}{2(1-S^2)}\sqrt{16\beta^2 + [(aa|aa)-(aa|bb)]^2} \qquad (4.2\text{–}4)$$

Wir sehen: bei kleinen Abständen ist $\{(aa|aa)-(aa|bb)\}$ offenbar sehr klein, da dieser Ausdruck für $R \to 0$ ja gegen 0 geht. Vernachlässigen wir ihn, so können wir die Wurzel ziehen, und die beiden Eigenwerte E_1 und E_2 sind genau die Erwartungswerte H_{11} und H_{22} der Konfigurationen $(1\sigma_g)^2$ bzw. $(1\sigma_u)^2$. Andererseits sind bei großen Abständen β sowie S zu vernachlässigen und wir erhalten:

$$E_1 = 2\alpha + \frac{1}{R} + (aa|bb) - 2(b:aa)$$

$$E_2 = 2\alpha + \frac{1}{R} + (aa|aa) - 2(b:aa) \qquad (4.2\text{–}5)$$

Für große R gehen $(aa|bb)$ sowie $(b:aa)$ wie $\frac{1}{R}$ und kompensieren sich insgesamt mit dem Term der Kernabstoßung, so daß wir bei E_1 asymptotisch tatsächlich die Energie 2α zweier H-Atome erhalten. Damit haben wir das richtige asymptotische Verhalten für $R \to \infty$ erhalten und für mittlere R eine optimale Bilanz zwischen dem Interferenzterm β und der Elektronenabstoßung $\langle \frac{1}{r_{12}} \rangle$ erzielt.

Der zweite Eigenwert geht asymptotisch offenbar gegen die Energie eines H^--Ions $[2\alpha + (aa|aa)]$ plus der eines Protons $[0]$ und der Coulomb-Anziehung zwischen beiden. Dieser sog. ionogene Zustand des H_2-Moleküls ist ein möglicher angeregter Zustand, er soll uns aber nicht weiter interessieren.

Im Energieausdruck der einzigen MO-Konfiguration $(1\sigma_g)^2$ geht der Term der Elektronenwechselwirkung gegen $\frac{1}{2}\left[(aa|aa) + \frac{1}{R}\right] = \frac{5}{16} + \frac{1}{2R}$ statt gegen $\frac{1}{R}$. Das liegt daran, daß bei dieser Beschreibung die Wahrscheinlichkeit, beide Elektronen in der Nähe des Kerns A (in AO a) anzutreffen, genauso groß ist wie diejenige, eines in der Nähe des Kerns A, das andere in der Nähe des Kerns B zu finden. Diese Beschreibung ist offenbar bei kleinen Abständen nicht sehr falsch, wohl aber bei großen Abständen. Die ‚Beimischung' von $(1\sigma_u)^2$ sorgt dafür, daß die Elektronen einander ausweichen können, d.h. daß das eine Elektron bevorzugt links ist, wenn das andere rechts ist, und umgekehrt. Diese Links-Rechts-Korrelation wird in der MO-Beschreibung (durch eine Konfiguration) vernachlässigt. Das Verhältnis c_2/c_1 ist ein Maß für die Bedeutung dieser Korrelation. Am Gleichgewichtsabstand ist $c_2/c_1 \approx -0.1$, also dem Betrage nach sehr klein, für $R \to \infty$ nähert sich c_2/c_1 dem Wert -1.

Die Feststellung gilt für eine MO-Beschreibung von Molekülen allgemein: In der Nähe des Gleichgewichtsabstandes ist die Links-Rechts-Korrelation nicht extrem wichtig, und man kann sie in erster Näherung vernachlässigen, zumal sie in der Nähe des Gleichgewichtsabstandes i.allg. von R wenig abhängt, d.h. nahezu konstant ist, und deshalb zwar auf die absolute Lage, nicht aber die Form der Potentialkurve einen Einfluß hat. Gleichgewichtsabstände und Kraftkonstanten erhält man deshalb mit einer MO-Beschreibung ganz gut. Interessiert man sich dagegen für das Verhalten der Potentialkurve bei großen Abständen, muß man einen Konfigurationswechselwirkungsansatz benutzen, um die Links-Rechts-Korrelation zu erfassen und das richtige asymptotische Verhalten zu haben. Bzgl. Einzelheiten s. Anhang A3.4.

Diese Bemerkung über die Anwendbarkeit und die Grenzen der MO-Theorie, d.h. die Beschreibung eines Moleküls durch eine einzige MO-Konfiguration, ist von grundsätzlicher Bedeutung.

Die 2-Konfigurationsfunktion (in LCAO-Näherung) des H_2-Grundzustandes (4.2–2) kann man etwas umschreiben:

$$\begin{aligned}\Psi &= \frac{c_1}{2(1+S)}\,[a(1)+b(1)]\,[a(2)+b(2)] + \\ &\quad + \frac{c_2}{2(1-S)}\,[a(1)-b(1)]\,.\,[a(2)-b(2)] \\ &= \left[\frac{c_1}{2(1+S)} + \frac{c_2}{2(1-S)}\right][a(1)\,a(2)+b(1)\,b(2)] + \\ &\quad + \left[\frac{c_1}{2(1+S)} - \frac{c_2}{2(1-S)}\right][a(1)\,b(2)+b(1)\,a(2)] \qquad (4.2\text{–}6)\end{aligned}$$

Die Funktion $a(1)\,a(2)$ für sich würde einen Zustand beschreiben, bei dem beide Elektronen sich am Atom A befinden, d.h. ein H^--Ion und ein Proton, analoges gilt für die Funktion $b(1)\,b(2)$. Man sagt deshalb oft, diese Funktionen entsprechen ionogenen Strukturen, während man die Funktionen $a(1)\,b(2)$ und $b(1)\,a(2)$ als kovalent bezeichnet. Sie entsprechen einer Situation, bei der je ein Elektron sich am Atom A und eines am Atom B befindet. Anschaulich kann man argumentieren, daß bei großen Abständen nur die kovalenten Funktionen beitragen können und der Anteil der ionogenen verschwinden muß, weil sie energetisch zu hoch liegen.

Entscheidend für das richtige asymptotische Verhalten ist mithin, daß für $R \to \infty$ der Koeffizient $\frac{c_1}{2(1+S)} + \frac{c_2}{2(1-S)}$ verschwindet. Man kann nun, anstatt c_2/c_1 für jedes R optimal zu bestimmen, sich mit einer weniger guten Näherung begnügen, die zumindest das richtige asymptotische Verhalten hat, und $\frac{c_1}{2(1+S)} = \frac{-c_2}{2(1-S)}$ für beliebige R wählen. Die Wellenfunktion lautet dann

$$\Psi = \frac{1}{\sqrt{2(1+S^2)}}\,[a(1)\,b(2) + b(1)\,a(2)] \qquad (4.2\text{–}7)$$

Berechnet man mit dieser Wellenfunktion den Erwartungswert von **H**, so erhält man eine gar nicht so schlechte Näherung für die Potentialkurve des H_2-Grundzustandes, die sogar auch in der Nähe des Gleichgewichtsabstandes besser als die der einfachen LCAO-MO-Rechnung (mit einer Konfiguration) ist.

Dieser Ansatz hat besonderes historisches Interesse, denn er war der erste Ansatz, der zur quantenmechanischen Beschreibung eines Moleküls überhaupt gewählt wurde (Heitler-London*)). Die im Zusammenhang mit dieser ersten Rechnung gegebene Interpretation der chemischen Bindung ist dagegen heute überholt.

4.3. Der Heitler-Londonsche Ansatz

Der Ansatz (4.2–7) für die Wellenfunktion des H_2-Grundzustandes stellt eine schlechtere Näherung dar als die CI-Wellenfunktion (4.2–6), aber eine bessere als die einfache MO-Funktion zur Konfiguration $(1\sigma_g)^2$. Ein Vorteil dieser Heitler-London-Funktion besteht darin, daß die ihr entsprechende Energie für große R tatsächlich gegen die Summe der Energien zweier Atome geht.

Der Energieausdruck zu dieser Funktion wird i.allg. in folgender Form angegeben:

$$E = \frac{C+A}{1+S^2} \qquad (4.3\text{–}1)$$

* W. Heitler, F. London, Z. Phys. *44*, 455 (1927).

wobei

$$C = \int a(1)\, b(2)\, \mathbf{H}\, a(1)\, b(2)\, d\tau_1\, d\tau_2$$

$$A = \int a(1)\, b(2)\, \mathbf{H}\, b(1)\, a(2)\, d\tau_1\, d\tau_2 \tag{4.3-2}$$

Die Integrale C und A, die in diesem Zusammenhang als Coulomb- und Austauschintegral bezeichnet werden – in einer anderen Bedeutung als der, die wir diesen Begriffen bisher (nämlich im Zusammenhang mit der Theorie der Atome) gaben – sind formal Zweielektronenintegrale, und man könnte vermuten, daß die chemische Bindung ein Zweielektroneneffekt ist, d.h. durch eine Elektronenwechselwirkung zustande kommt. Wenn man insbesondere bedenkt, daß sich auch folgende Funktion konstruieren läßt:

$$\Psi = \frac{1}{\sqrt{2(1-S^2)}}\, [a(1)\, b(2) - b(1)\, a(2)] \tag{4.3-3}$$

zu der die Energie gehört:

$$E = \frac{C-A}{1-S^2} \tag{4.3-4}$$

und wenn man S^2 vernachlässigt, so ergibt sich eine formale Analogie zu den Zuständen ^1S und ^3S zur Konfiguration $1s\,2s$ des Helium-Atoms (vgl. I.8.3).

Der Energieunterschied der beiden Zustände wird, wie in I.8.3. gezeigt wurde, durch ein Austauschintegral in der damals gegebenen Bedeutung bestimmt.

Als die Heitler-Londonsche Beschreibung des H_2-Moleküls vorgeschlagen wurde, war die Theorie der Atome bereits weit entwickelt, und man wußte, daß die Energieunterschiede zwischen verschiedenen Termen zur gleichen Konfiguration in der Tat durch Austauschintegrale bestimmt werden. Bei nahezu gleicher Gesamtelektronendichte ist hier die Wechselwirkung zweier Elektronen etwas verschieden, je nach Gesamtspin und Gesamtdrehimpuls.

Eine Kleinigkeit machte zunächst die Analogie zwischen der Theorie der Atome und der chemischen Bindung unvollkommen. Während bei Atomen das Austauschintegral positiv ist und folglich beim He-Atom der antisymmetrische Zustand (Triplett-Zustand) tiefer liegt (Hundsche Regel), mußte man bei Molekülen negative Austauschintegrale annehmen, um zu erreichen, daß der Singulett-Zustand tiefer liegt.

Daß die Analogie der chemischen Bindung zur Termaufspaltung innerhalb einer atomaren Konfiguration trügerisch war, sieht man deutlich, wenn man C und A explizit hinschreibt;

$$C = 2\,H_{aa} + (aa|bb) - \frac{1}{R}$$

$$A = 2\,SH_{ab} + (ab|ba) - \frac{S^2}{R} \tag{4.3-5}$$

Benutzen wir jetzt noch die Definition von α und β (3.2–22 und 3.2–17) und führen wir die Mullikensche Näherung für $(ab|ba)$ ein, so erhalten wir:

$$C = 2\alpha + (aa|bb) + \frac{1}{R} - 2\,(b:aa)$$

$$A = 2\beta S + \frac{S^2}{2}\,[(aa|aa) + (aa|bb)] + \frac{S^2}{R} + 2\,S^2\,[\alpha - (b:aa)] \qquad (4.3\text{–}6)$$

und für E ergibt sich:

$$E = \frac{C + A}{1 + S^2} = 2\alpha + \frac{2\beta S}{1 + S^2} + (aa|bb) + \frac{1}{R} - 2(b:aa) +$$

$$+ \frac{S^2}{2(1 + S^2)}\,[(aa|aa) - (aa|bb)] \qquad (4.3\text{–}7)$$

wobei der letzte Term i.allg. zu vernachlässigen ist. Man sieht deutlich, daß ähnlich wie bei der Beschreibung durch eine MO-Funktion die chemische Bindung entscheidend durch das reduzierte Resonanzintegral β bestimmt wird. Dabei ist β ein Einelektronenintegral, das mit der Überlappung oder, anders gesagt, der Interferenz zusammenhängt.

Die Energieaufspaltung der Terme einer Atomkonfiguration kommt durch echte Zweielektronenterme (Austauschintegrale) zustande, ohne daß die Elektronendichte sich wesentlich ändert, die chemische Bindung dagegen durch Einelektronenintegrale, d.h. durch eine Änderung der Elektronendichte als Folge der Interferenz. Das sog. ‚Austauschintegral' A besteht aus drei Termen, von denen nur einer, nämlich $(ab|ba)$, ein Austauschintegral im eigentlichen Sinn darstellt. Dieses ist positiv. Daß A insgesamt negativ wird, liegt am ersten Term $2\,S\beta$, der negativ ist, weil β, wie wir wissen, negativ ist.

Die sog. Valence-bond (VB)-Beschreibung der chemischen Bindung, die eine Weiterentwicklung der Heitler-Londonschen Näherung ist, beruht weitgehend auf der (in Wirklichkeit nicht bestehenden) Analogie zwischen chemischer Bindung und Atomtheorie. Der mathematische Apparat der VB-Theorie ist wesentlich komplizierter als der der MO-Theorie, da die irreduziblen Darstellungen der Permutationsgruppe eine große Rolle spielen. Ein wesentlicher Nachteil der VB-Theorie liegt darin, daß sie immer von Zweizentren-Zweielektronen-Bindungen ausgehen muß und deshalb Mehrzentrenbindungen nur indirekt erfassen kann.

Ein Vergleich des Energieausdrucks der MO-Theorie mit dem der VB-Theorie ist immerhin lehrreich. In der MO-Theorie kommt offenbar der Interferenzterm besser zur Geltung, er ist $\frac{2\beta}{1 + S}$ verglichen mit $\frac{2\,S\beta}{1 + S^2}$ bei der VB-Theorie. Letztere erfaßt dagegen die Elektronenwechselwirkung besser.

4.4. Qualitative Erfassung der Links-Rechts-Korrelation in der MO-Theorie

Man könnte jetzt versuchen, die Vorzüge beider Beschreibungen zu kombinieren. Der Energieausdruck (4.2–4) der Konfigurationswechselwirkung von $(1\sigma_g)^2$ und $(1\sigma_u)^2$ vereinigt zwar die Vorzüge von MO- und VB-Beschreibung, aber er ist relativ kompliziert. Man könnte aber z.B. den Energieausdruck der MO-Theorie so korrigieren, daß man den Beitrag der Elektronenabstoßung $\frac{1}{2}$ $[(aa|aa) + (aa|bb)]$ durch den asymptotisch richtigen Wert $(aa|bb)$ ersetzt.

$$E = 2\alpha + \frac{2\beta}{1+S} + \frac{1}{R} + (aa|bb) - 2\,(b:aa) \tag{4.4–1}$$

Dieser Ausdruck gibt wesentliche Züge der exakten Potentialkurve richtig wieder (s. Abb. 16), er hat nur den Nachteil, nicht dem Variationsprinzip zu gehorchen, d.h. keine obere Schranke für die exakte Energie darzustellen, weil es keine Wellenfunktion gibt, deren Energieerwartungswert (4.4–1) ist.

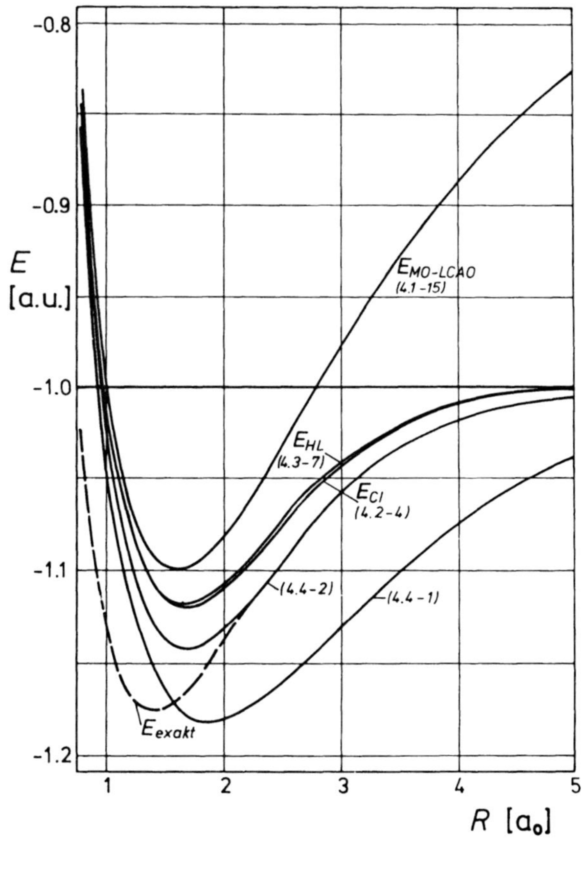

Abb. 16. Potentialkurven für den H_2-Grundzustand: exakt, in Heitler-London (HL), MO-LCAO-Näherung und mit korrekter (durch CI) und näherungsweiser Berücksichtigung der Links-Rechts-Korrelation.

Mulliken hat wahrscheinlich als erster bewußt eine derartige Kombination der Vorteile von MO- und VB-Ansatz im Zusammenhang mit seiner Suche nach einer ‚magischen Formel' für die Bindungsenergie beliebiger Moleküle vorgeschlagen*), obwohl unbewußt von dieser Möglichkeit schon viel früher, z.B. von E. Hückel**), Gebrauch gemacht wurde. Für die qualitative MO-Theorie ist Gl. (4.4—1) bzw. ihre Erweiterung für beliebige Moleküle, die wir in Abschn. 5.7 kennenlernen werden, von grundsätzlicher Bedeutung. Gerade, weil sie dem Variationsprinzip nicht gehorcht, ist bei ihrer Anwendung Vorsicht geboten. Dabei ist es nicht so erheblich, daß man keine obere Schranke für die Energie hat, denn das kann für qualitative oder halb qualitative Diskussionen angesichts der sonstigen Näherungen ohne Belang sein. Wichtiger ist, daß man die für das Zustandekommen der Bindung wesentlichen Terme richtig erfaßt. Betrachten wir zunächst als Alternative zu (4.4—1) den folgenden Energieausdruck

$$E = 2\alpha + \frac{2\beta S}{1+S^2} + \frac{1}{R} + (aa|bb) - 2(b:aa) \qquad (4.4\text{—}2)$$

der eine nur unwesentliche Vereinfachung des unter Benutzung der Mullikenschen Näherung formulierten Heitler-Londonschen Energieausdrucks (4.3—7) darstellt und der sich sicher nur wenig von einer echten oberen Schranke für die Energie unterscheidet, d.h. der nahezu dem Variationsprinzip gehorcht. Der Energieausdruck (4.4—2) unterscheidet sich von (4.4—1) dadurch, daß der Interferenzterm

$$I_{MO} = \frac{2\beta}{1+S} \qquad (4.4\text{—}3)$$

durch den Interferenzterm

$$I_{HL} = \frac{2\beta S}{1+S^2} \qquad (4.4\text{—}4)$$

ersetzt ist. Welcher der beiden Energieausdrücke, (4.4—1) oder (4.4—2), ist nun vorzuziehen? Mulliken*) hat eine Reihe von Argumenten für (4.4—1), und damit für I_{MO}, vorgebracht, er hat aber auch darauf hingewiesen, daß sich z.B. beim H_2-Molekül in der Nähe des Gleichgewichtsabstands I_{MO} und I_{HL} nicht wesentlich unterscheiden. Bei $R = 1.4$ ist $S = 0.78$ und folglich $\frac{1}{1+S} = 0.56$; $\frac{S}{1+S^2} = 0.48$, so daß es für qualitative Diskussionen keinen zu großen Unterschied macht, ob man I_{MO} oder I_{HL} verwendet. Allerdings unterscheiden sich I_{MO} und I_{HL} in ihrer Abhängigkeit vom Abstand. Unterstellen wir nämlich (vgl. Abschn. 3.2), daß β proportional zu S ist, dann ist I_{MO} auch proportional zu S, I_{HL} dagegen proportional zu S^2. In der Nähe des Gleichgewichtsabstands gibt eine Proportionalität des Inter-

* R.S. Mulliken, J. Phys. Chem. *56*, 295 (1952).

** E. Hückel, Z. Phys. *60*, 423 (1930).

ferenzterms zu S i.allg. das Verhalten der Potentialkurven bei einer Reihe von Molekülen besser wieder, weshalb (neben anderen Gründen) Mulliken sich für I_{MO} und damit Gl. (4.4–1) entschied. Im großen und ganzen scheint diese Wahl auch die bessere gewesen zu sein*). Der Grund liegt offenbar darin, daß für Abstände in der Nähe des Gleichgewichtsabstands für die meisten Moleküle der MO-Ansatz mit einer Konfiguration eine gute Näherung darstellt und daß (4.4–1) im wesentlichen der Energieausdruck der MO-LCAO-Näherung ist, der nur für große Abstände gewissermaßen zurechtgebogen wurde. Die explizite Abhängigkeit der Bindungsenergie für große Abstände ist dabei allerdings nicht richtig erfaßt, denn für große Abstände ist $S \ll 1$ und damit $|I_{MO}| > |I_{HL}|$, und das bedeutet, daß Gl. (4.4–1) den Interferenzbeitrag zur Bindung bei großen Abständen überschätzt. Dies hat eine Konsequenz für Moleküle mit besonders großen Gleichgewichtsabständen, wie z.B. die Alkali-Moleküle wie Li_2 oder auch gewisse Moleküle mit Dreizentrenbindungen wie H_3^+. Bei diesen ist für eine sinnvolle qualitative Diskussion eher Gl. (4.4–2) als Gl. (4.4–1) zu verwenden. Interessanterweise gilt für Einelektronenbindungen im ganzen Abstandsbereich im Rahmen der LCAO-Näherung die Gleichung

$$E = \alpha + \frac{\beta}{1 + S} + E_{QK} \tag{4.4–5}$$

Wenn ein Molekül durch (4.4–1) einigermaßen richtig beschrieben wird und wenn außerdem – was für unpolare Bindungen plausibel ist – die quasiklassischen Terme insgesamt zu vernachlässigen sind, sollte die Bindungsenergie für eine Zweielektronenbindung etwa doppelt so groß wie die für eine entsprechende Einelektronenbindung sein. Das ist für H_2 und H_2^+ nicht gut, aber doch halbwegs erfüllt [$E(H_2^+)$ = 0.102 a.u., $E(H_2)$ = 0.174 a.u.]. Ist dagegen (4.4–2) für die Bindungsenergie der Zweielektronenbindung zuständig, so kann die Energie einer Zweielektronenbindung sogar kleiner als die einer Einelektronenbindung sein, wie das z.B. beim Li_2 der Fall (vgl. Abschn. 8.5). Bei Einelektronenbindungen geht für große R die Bindungsenergie wie S, bei Zweielektronenbindungen wie S^2, die Wechselwirkung durch Interferenz ist also bei Einelektronenbindungen von größerer Reichweite.

Die Überlegungen dieses Abschnitts haben keine unmittelbare Bedeutung für die Theorie des H_2, vor allem nicht für den folgenden Abschnitt, wohl aber für die MO-Theorie großer Moleküle.

4.5. Die natürliche Entwicklung der H_2-Wellenfunktion

John Platt**) hat einmal die boshafte Bemerkung gemacht, daß die ‚Theoretische Chemie' bisher (das war 1963) im wesentlichen eine Theorie des H_2-Moleküls gewesen sei. Daran ist zumindest so viel wahr, daß einige hundert Näherungsansätze für

---

* Eine sorgfältige Analyse dieser Frage (F. Driessler und W. Kutzelnigg, Theoret. Chim. Acta *43*, 1 (1976) ergab, daß von Fall zu Fall entweder I_{MO} oder I_{HL} vorzuziehen ist. Einzelheiten würden hier zu weit führen.

** J.R. Platt, in Hdb. der Physik. Bd. 37/2 S. 173 (S. Flügge Hrsg.) Springer-Verlag Berlin 1961.

das H_2-Molekül vorgeschlagen wurden*) und daß fast mit jedem dieser Ansätze ein neues physikalisches Bild angeboten wurde. In den Jahren 1927–1933 wurden Rechnungen am H_2 hauptsächlich mit der Absicht durchgeführt, im Sinne des Variationsprinzips bessere Wellenfunktionen und niedrigere Energien zu erhalten. Die Rechnung von James und Coolidge**) (1933) führte aber bereits zu einer so guten Übereinstimmung von theoretischen und experimentellen Potentialkurven, daß diese Genauigkeit erst 1960***) weiter verbessert werden konnte. Merkwürdigerweise hatte die wirklich gute Rechnung von James und Coolidge kaum einen Einfluß auf die mehr qualitative Theorie der chemischen Bindung. Das lag offenbar daran, daß eine anschauliche Interpretation bei dieser Rechnung – im Gegensatz zu der von Heitler und London – nicht mitgeliefert wurde. Ein weiterer Grund hierfür ist allerdings, daß der James-Coolidgesche Ansatz sich nicht auf größere Moleküle als H_2 erweitern ließ. Die meisten der nach James und Coolidge am H_2 durchgeführten Rechnungen wurden in der Absicht unternommen, unter Verzicht auf eine vergleichbare Genauigkeit leichter anschaulich interpretierbare Ergebnisse zu erhalten.

Einen Schlußstrich unter dieses Kapitel zog H. Shull 1959[1)], indem er davon ausging, daß sowohl die exakte als auch jede genäherte Wellenfunktion des H_2-Grundzustandes sich in folgender Weise schreiben läßt

$$\Psi(1,2) = \sum_i c_i \chi_i(1)\chi_i^*(2) \quad \text{mit} \quad (\chi_i, \chi_k) = \delta_{ik} \qquad (4.5\text{–}1)$$

wobei χ_i die sog. natürlichen Orbitale dieses Zustandes sind, wenn Ψ die exakte Wellenfunktion ist. Die verschiedenen bekannten Ansätze unterscheiden sich dadurch, wieviel Terme in der Summe mitgenommen werden und wie gut die jeweiligen χ_i die wahren natürlichen Orbitale annähern. Zu Ansätzen, in denen sich die Summe auf einen Term beschränkt, gehören alle einfachen MO-Ansätze, insbesondere auch die MO-LCAO-Funktion. Zwei Terme enthalten sowohl der Heitler-Londonsche Ansatz als auch der Heitler-London-Ansatz mit ionischen Termen (die sog. Weinbaum-Funktion), der äquivalent zu einer CI mit $1\sigma_g$ und $1\sigma_u$ in der LCAO-Basis ist. Scheinbar verschiedene Ansätze erwiesen sich in dieser Analyse als sehr ähnlich.

Erst nach dieser Analyse wurden Integrodifferential-Gleichungen zur unmittelbaren Bestimmung der natürlichen Orbitale (NO's) abgeleitet[2)] und mit ihrer Hilfe die NO's des H_2-Grundzustandes ohne den Umweg über irgendwelche zuerst ermittelten Näherungswellenfunktionen berechnet[3)]. Wir kennen heute die besten Wellenfunktionen, die zu ein, zwei drei etc. Termen in dieser Entwicklung gehören, und die

* S. z.B. die ausführliche Bibliographie von A.D. McLean, A. Weiss, M. Yoshimine, in Rev. Mod. Phys. *32*, 211 (1960).

** H.M. James, A.S. Coolidge, J. Chem. Phys. *1*, 825 (1933).

*** W. Kolos, C.C.J. Roothaan, Rev. Mod. Phys. *32*, 219 (1960); W. Kolos, L. Wolniewicz, Rev. Mod. Phys. *35*, 473 (1963), J..Chem. Phys. *41*, 3663, 3674 (1964).

1 H. Shull, J. Chem. Phys. *30*, 1405 (1959).

2 W. Kutzelnigg, Theoret. Chim. Acta *1*, 327, 343 (1963).

3 R. Ahlrichs, W. Kutzelnigg, W.A. Bingel, Theoret. Chim. Acta *5*, 305 (1966); W. Kutzelnigg et al., Chem. Phys. Letters *1*, 447 (1967); R. Ahlrichs, F. Driessler, Theoret. Chim. Acta *36*, 275 (1975).

entsprechenden Potentialkurven. Einen Überblick über die Koeffizienten c_i und die Beiträge der verschiedenen NO's am Gleichgewichtsabstand gibt Tab. 3.

Tab. 3. Natürliche Entwicklung der Wellenfunktion für den Grundzustand des H_2-Moleküls*).

$$\psi(1,2) = \sum_i c_i \chi_i(1)\, \chi_i^*(2) \qquad \text{Wellenfunktion}$$

$$\rho(1) = 2 \int |\psi(1,2)|^2 \, d\tau_2 = \sum_i \nu_i |\chi_i(1)|^2 \qquad \text{Elektronendichte}$$

$$\nu_i = 2 c_i^2$$

i	Symmetrie	Entartung	c_i**)	ν_i	% d. Bindungs-energie
1	σ_g	1	0.9910	1.9643	76.7
2	σ_u	1	− 0.0997	0.0199	87.3
3, 4	π_u	2	− 0.0653	0.0085	93.6
5	σ_g	1	− 0.0550	0.0061	97.6
6, 7	π_g	2	− 0.0121	0.0003	98.1
8	σ_g	1	− 0.0100	0.0002	98.4
9	σ_u	1	− 0.0098	0.0002	98.8
10, 11	δ_g	2	− 0.0093	0.0002	99.2
12, 13	π_u	2	− 0.0092	0.0002	99.5
14	σ_g	1	− 0.0067	0.0001	99.6
15, 16	π_u	2	− 0.0037	–	
17, 18	δ_u	2	− 0.0032	–	
19, 20	π_g	2	− 0.0032	–	
21	σ_u	1	− 0.0028		
22	σ_g	1	− 0.0027		
23, 24	ψ_g	2	− 0.0023	–	
25	σ_u	1	− 0.0022	–	99.7

* Unpublizierte Daten der besten Wellenfunktion aus R. Ahlrichs, F. Driessler, Theoret. Chim. Acta *36*, 275 (1975).

** Multipliziert mit $\sqrt{2}$ bei entarteten Orbitalen.

Wichtig sind folgende Ergebnisse:

1. Mit einer MO-Funktion $(1\sigma_g)^2$ (1 Term) erhält man den richtigen Gleichgewichtsabstand 1.40 a_0 und rund 77 % der Bindungsenergie (aber natürlich das falsche Verhalten für $R \to \infty$). Approximiert man das MO $1\sigma_g$ durch eine LCAO-Funktion, so ergeben sich $r = 1.60\ a_0$ und 56 % der Bindungsenergie. Ein variabler Faktor im Exponenten der LCAO-Funktion verbessert das einfache LCAO-Ergebnis zu $r = 1.38\ a_0$ und 74 % der Bindungsenergie, recht nahe an der besten MO-Funktion.

2. Die beste Zweiterm-Funktion $(1\sigma_g)^2 / (1\sigma_u)^2$ führt zu $r = 1.42\ a_0$ und 87 % der Bindungsenergie. Der Gleichgewichtsabstand ergibt sich schlechter als bei einer Funktion aus einem Term, eine allgemeine Erscheinung, aber das Verhalten für $R \to \infty$ wird richtig. Man beachte, daß der Koeffizient von $1\sigma_u(1)\, 1\sigma_u(2)$ negativ ist, wenn derjenige der ‚führenden' Konfiguration $1\sigma_g(1)\, 1\sigma_g(2)$ positiv ist.

3. Nimmt man vier Terme, d.h. noch die $(1\pi_u)^2$-Konfiguration hinzu, wird der falsche Gleichgewichtsabstand korrigiert, und die Bindungsenergie ergibt sich jetzt zu 94 %.

4. Beim H_2 am Gleichgewichtsabstand sind 25 % der Bindungsenergie Korrelationsenergie, d.h. auch in der besten Einkonfigurationsnäherung nicht zu erhalten. In der Nähe des Minimums ist die Korrelationsenergie vom Abstand nahezu unabhängig, deshalb ergibt sich mit nur der $(1\sigma_g)^2$-Konfiguration bereits die richtige Geometrie. Den Gleichgewichtsabstand erhält man ohne viel Aufwand richtig. Die Bindungsenergie genau zu berechnen ist dagegen außerordentlich mühsam, weil man mindestens 10 Terme mitnehmen muß, um sie auf 1 kcal/mol genau zu erhalten.

5. Die ‚Beimischung' von $(1\sigma_u)^2$ zu $(1\sigma_g)^2$ sorgt für die sog. Links-Rechts-Korrelation, also dafür, daß die Elektronen einander derart ausweichen, daß das eine wahrscheinlicher rechts ist, wenn das andere links ist. Die ‚Beimischung' von $(1\pi_u)^2$ bewirkt dementsprechend, daß die Winkel φ_1 und φ_2 der beiden Teilchen in einem Zylinder-Koordinatensystem (Kernverbindungslinie = z-Achse) sich soweit wie möglich unterscheiden (sog. Winkelkorrelation). Entsprechend kann man die anderen Beiträge zur Elektronenkorrelation anschaulich interpretieren, was wir aber nicht im einzelnen tun wollen.
Rechnungen der letzten Jahre an größeren Molekülen mit vergleichbarer Genauigkeit haben die beschriebenen Erfahrungen mit H_2 im wesentlichen bestätigt. Insbesondere gilt, daß gute MO-Rechnungen (über LCAO hinausgehend) erstaunlich gute Aussagen über die Gleichgewichtsgeometrie von Molekülen erlauben – offenbar, weil die Korrelationsenergie in der Nähe der Gleichgewichtsgeometrie von der Geometrie nahezu unabhängig ist.

Als Grundlage für ein qualitatives Verständnis der chemischen Bindung eignen sich genaue MO- Rechnungen (Hartree-Fock-Rechnungen für Moleküle, wie sie in den letzten zehn Jahren möglich wurden) verhältnismäßig schlecht, aber man kann den wesentlichen Mechanismus des Zustandekommens einer chemischen Bindung auch anhand der MO-LCAO-Näherung erläutern, wie wir das im Fall des H_2^+ und des H_2 taten und auch im folgenden tun werden. Es ist dabei aber gelegentlich erforderlich, eine Deformation der AO's vor der Molekülbildung in Betracht zu ziehen, vor allem die Kontraktion, die sich in einem Exponentialfaktor > 1 bemerkbar macht und die für die richtige Bilanz von kinetischer und potentieller Energie wichtig ist.

Zum Schluß noch eine Bemerkung zu Zwei-Konfigurations-Funktionen des H_2. Diese beanspruchen deshalb besonderes Interesse, weil sie das richtige asymptotische Verhalten zeigen und beim Gleichgewichtsabstand etwa die Hälfte der Korrelationsenergie erfassen.

Die Funktion

$$\Psi(1,2) = c_1\,\chi_1(1)\,\chi_1(2) - c_2\,\chi_2(1)\,\chi_2(2) \tag{4.5–2}$$

(wobei wir $-c_2$ schreiben, um anzudeuten, daß die beiden Koeffizienten verschiedene Vorzeichen haben) läßt sich in folgender Weise umschreiben

$$\Psi(1,2) = N\{u(1)\,v(2) + v(1)\,u(2)\} \tag{4.5–3}$$

wobei

$$u = \sqrt{\frac{c_1}{c_1 + c_2}}\, \chi_1 + \sqrt{\frac{c_2}{c_1 + c_2}}\, \chi_2$$

$$v = \sqrt{\frac{c_1}{c_1 + c_2}}\, \chi_1 - \sqrt{\frac{c_2}{c_1 + c_2}}\, \chi_2 \qquad (4.5-4)$$

Die beiden Orbitale u und v dieser (u, v)-Form sind nicht orthogonal, sondern ihre Überlappung ist

$$S = (u, v) = \frac{c_1 - c_2}{c_1 + c_2} \qquad (4.5-5)$$

entsprechend ist der Normierungsfaktor N gegeben durch

$$N = \frac{1}{\sqrt{2(1 + S^2)}} = \frac{c_1 + c_2}{2} \qquad (4.5-6)$$

Diese (u, v)-Form (4.5–3) erinnert formal an den Heitler-Londonschen Ansatz, zumal auch u und v bei Spiegelung am Molekülmittelpunkt ineinander übergeführt werden. Im Falle des H_2-Grundzustandes ist

$$c_1 = 0.995\ ;\ c_2 = 0.101\ ;\ S = 0.816\ ;\ N = 0.548$$

$$u = 0.953\, \chi_1 + 0.303\, \chi_2$$

$$v = 0.953\, \chi_1 - 0.303\, \chi_2$$

Auf Abb. 17 sind χ_1, χ_2, u und v graphisch dargestellt. Man kann u und v – die man als Valenz-AO's des H_2 bezeichnen kann – durchaus als deformierte AO's auffassen, man beachte aber ihre starke Überlappung und die Tatsache, daß man sie nur nachträglich aus der Wellenfunktion berechnen kann. Trotzdem haben diese Orbitale eine begrifflich interessante Bedeutung, da man mit ihrer Hilfe den Atomen in einem Molekül unabhängig von einer LCAO-Näherung eine individuelle Existenz zuschreiben kann. Es ist nämlich in der Tat eines der Hauptprobleme einer strengen Theorie der chemischen Bindung, Atome in einem Molekül ‚wiederzuerkennen', sofern man nicht die einschränkende Näherung macht, MO's aus AO's aufzubauen.

4.6. Angeregte Zustände des H_2

Im Zusammenhang mit der Heitler-Londonschen Beschreibung des H_2-Grundzustandes haben wir auch die Funktion

$$\Psi(1, 2) = \frac{1}{\sqrt{2(1 - S^2)}}\, [a(1)\, b(2) - b(1)\, a(2)] \qquad (4.6-1)$$

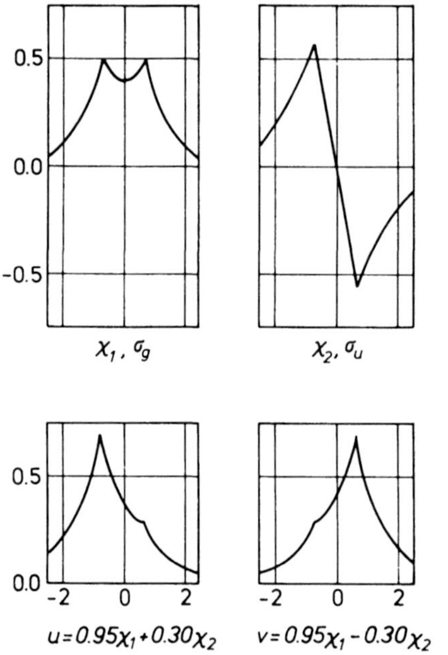

Abb. 17. Die ersten beiden natürlichen Orbitale (NO's) und die besten Orbitale der (u, v)-Form für den H_2-Grundzustand.

kennengelernt, die antisymmetrisch in den Ortskoordinaten ist, folglich einem Triplettzustand $^3\Sigma_u^+$ entspricht. Die Potentialkurve dieses Zustandes ist im gesamten Abstandsbereich abstoßend (wenn man von einem außerordentlich schwachen sog. van-der-Waals-Minimum von 0.00002 a.u. bei $r_e = 8\,a_0$ absieht, das man aber mit der obigen Wellenfunktion nicht erfaßt). Man überzeugt sich leicht davon, daß eine äquivalente Schreibweise der Funktion (4.6–1) die folgende ist:

$$\Psi(1, 2) = \frac{1}{\sqrt{2}}\,[1\sigma_g(1)\,1\sigma_u(2) - 1\sigma_u(1)\,1\sigma_g(2)] \qquad (4.6\text{–}2)$$

wobei $1\sigma_g$ und $1\sigma_u$ durch (4.1–1) und (4.1–2) definiert sind. Es handelt sich also um den Triplett-Term zur Konfiguration $1\sigma_g 1\sigma_u$. Zu dieser gleichen Konfiguration muß es aber auch einen Singulett-Term $^1\Sigma_u^+$ geben mit der Wellenfunktion

$$\Psi(1, 2) = \frac{1}{\sqrt{2}}\,[1\sigma_g(1)\,1\sigma_u(2) + 1\sigma_u(1)\,1\sigma_g(2)] \qquad (4.6\text{–}3)$$

Nach der Hundschen Regel liegt dieser Zustand energetisch höher als der entsprechende Triplettzustand.

Man beachte, daß die Termaufspaltung einer MO-Konfiguration analog wie bei Atomen ist. Die Funktionen (4.6–2) und (4.6–3) entsprechen formal vollkommen den ^3S und ^1S Funktionen der $1s2s$-Konfiguration des He-Atoms, wenn wir $1\sigma_g$ mit $1s$ und $1\sigma_u$ mit $2s$ identifizieren. Die zugehörigen Energien sind

$$E(^3\Sigma_u^+) = (1\sigma_g, \mathbf{h}\, 1\sigma_g) + (1\sigma_u, \mathbf{h}\, 1\sigma_u) + (1\sigma_g 1\sigma_g | 1\sigma_u 1\sigma_u) - (1\sigma_g 1\sigma_u | 1\sigma_u 1\sigma_g) + \frac{1}{R}$$

$$E(^1\Sigma_u^+) = (1\sigma_g, \mathbf{h}\, 1\sigma_g) + (1\sigma_u, \mathbf{h}\, 1\sigma_u) + (1\sigma_g 1\sigma_g | 1\sigma_u 1\sigma_u) + (1\sigma_g 1\sigma_u | 1\sigma_u 1\sigma_g) + \frac{1}{R} \qquad (4.6\text{—}4)$$

Sie unterscheiden sich um 2-mal ein echtes Austauschintegral über MO's, nämlich $(1\sigma_g 1\sigma_u | 1\sigma_u 1\sigma_g)$, und dieses ist positiv, wie für ein echtes Austauschintegral nicht anders zu erwarten. Man kann die Energieausdrücke (4.6—4), wenn man will, auf Integrale über AO's umrechnen, indem man für $1\sigma_g$ und $1\sigma_u$ die Ausdrücke (4.1—1) und (4.1—2) einsetzt, das ist aber in diesem Zusammenhang nicht von Interesse.

Daß die Funktionen (4.6—2) und (4.6—3) vollkommen analog zu denen für ^3S und ^1S der $1s2s$-Konfiguration des He-Atoms sind, die formal genau gleich aussehenden Funktionen (4.2—7) und (4.6—1) dagegen nicht, liegt ganz einfach daran, daß $1\sigma_g$ und $1\sigma_u$ orthogonal zueinander sind, a und b dagegen nicht.

Die Energie des tiefsten $^1\Sigma_u^+$-Zustandes zur Wellenfunktion (4.6—3) geht für große R nicht gegen die Summe der Energien zweier H-Atome im Grundzustand (so verhalten sich nur die tiefsten $^1\Sigma_g^+$- und $^3\Sigma_u^+$-Zustände), sondern gegen die Energie eines H-Atoms im Grundzustand und eines anderen im ersten angeregten Zustand.

Genau genommen ist die Situation folgendermaßen: Wenn die MO's $1\sigma_g$ und $1\sigma_u$ in (4.6—3) von der LCAO-Form (4.1—1/2) sind, läßt sich (4.6—3) auch schreiben

$$\Psi(1,2) = \frac{1}{\sqrt{2(1-S^2)}}\,[a(1)\,a(2) - b(1)\,b(2)] \qquad (4.6\text{—}3a)$$

das heißt aber, die zu dieser Funktion gehörende Energie geht für große Abstände gegen die Energie eines H^+ plus der eines H^-. Bei großen Abständen liegen aber andere $^1\Sigma_u^+$-Zustände tiefer als dieser ‚rein ionogene' Zustand, z.B.

$$\Psi(1,2) = \frac{1}{2}\,\{a'(1)\,b(2) + a'(2)\,b(1) - a(1)\,b'(2) - a(2)\,b'(1)\} \qquad (4.6\text{—}5)$$

wobei a' (bzw. b') ein angeregtes AO ist. Die Energie zu (4.6–5)
ist bei großen R gleich der eines H-Atoms im Grundzustand plus der eines anderen im angeregten ($2s$)-Zustand. Die wirkliche Wellenfunktion des tiefsten $^1\Sigma_u^+$-Zustands ist also (zumindest) eine Linearkombination von (4.6—3) und (4.6—5), wobei für kleine Abstände (4.6—3) = (4.6—3a) ein größeres Gewicht, bei großen Abständen (4.6—5) ein größeres Gewicht hat.

Die Potentialkurve hat ein Minimum bei ca. 2 a_0. Weitere Potentialkurven angeregter Zustände sind auf Abb. 18 dargestellt. Auffällig ist die Potentialkurve des 1. angeregten Zustandes der Symmetrie $^1\Sigma_g^+$, da dieser zwei Minima und ein Zwischenmaximum besitzt*). Dieses merkwürdige Verhalten kann man so verstehen, daß dieser $^1\Sigma_g^+$-Zustand bei kleinen und bei großen Abständen zu verschiedenen Elektronenkonfigurationen gehört. Bei kleinen Abständen ist die ‚führende' Konfiguration $1\sigma_g\ 2\sigma_g$ bei großen Abständen $ab' + a'b$. Jede der ‚reinen' Konfigurationen würde nur ein Minimum haben.

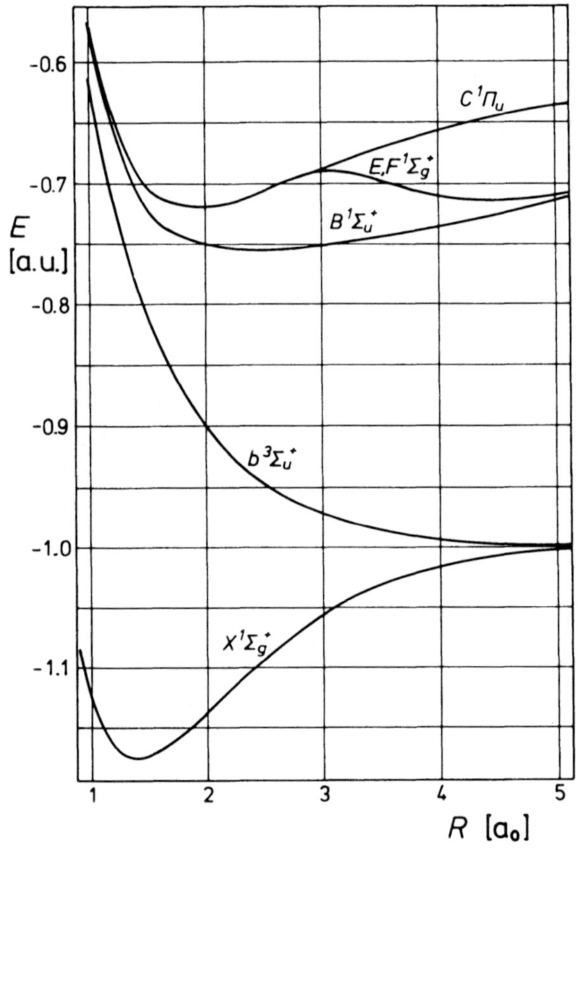

Abb. 18. Potentialkurven für Grundzustand und angeregte Zustände des H_2-Moleküls nach Rechnungen von Kołos und Wolniewicz [J. Chem. Phys. *43*, 2429 (1965), *45*, 509 (1966), *50*, 3228 (1969)].

* E.R. Davidson, J. Chem. Phys. *33*, 1577 (1960).

5. Der quantenchemische Ausdruck für die Bindungsenergie eines beliebigen Moleküls in der MO-LCAO-Näherung und seine physikalische Interpretation

5.1. Überblick

Wir haben in Kap. 3 beim H_2^+ und in Kap. 4 beim H_2 gesehen, daß wir die chemische Bindung in ihren wesentlichen Zügen anhand der MO-LCAO-Näherung verstehen können. Wir wollen jetzt diese gleiche Beschreibung auf beliebige Moleküle übertragen. Zu diesem Zweck haben wir zunächst den Energieausdruck eines beliebigen Moleküls in der LCAO-Näherung zu formulieren. Die Wellenfunktion in dieser Näherung ist eine Slater-Determinante, gebildet aus Spin-MO's. Wir beschränken uns auf Zustände mit abgeschlossenen Schalen, was keine erhebliche Einschränkung ist, da die Grundzustände der meisten chemisch wichtigen Moleküle tatsächlich aus abgeschlossenen Schalen bestehen. Jedes MO ist dann doppelt besetzt, je mit α- und β-Spin, und wir können den aus der Theorie der Atome bekannten Ausdruck (I. 9.2.3) für die Energie einer Slater-Determinante leicht hinschreiben (5.2–3). Wir müssen dann die MO's als Linearkombinationen der AO's schreiben (5.2–4) und die Energie durch Integrale über AO's formulieren (5.2–5).

Wir teilen, ähnlich wie beim H_2^+ und beim H_2, die Energie in einen quasiklassischen Anteil und einen Interferenzbeitrag auf. Würde die sog. Mulliken-Näherung (5.3–1,2) sowohl für Einelektronen- als auch für Zweielektronen-Matrixelemente gelten, wäre die gesamte Energie quasiklassisch. Die Interferenzbeiträge zur Energie rühren demgemäß von den Korrekturen zur Mulliken-Näherung her, im wesentlichen aber – wie schon beim H_2 – von den Korrekturen zur Einelektronenenergie.

Im Energieausdruck treten gewisse, nur von den LCAO-Koeffizienten und den Überlappungsintegralen abhängige Größen auf (5.3–5,9), die man als Ladungs- bzw. Bindungsordnungen bezeichnen kann und die sich für die weitere Diskussion als sehr nützlich erweisen.

Mathematisch gesehen stellen unsere AO's eine nicht orthogonale Basis in einem Vektorraum dar und man kann jeden Vektor entweder durch seine ‚kovarianten' oder seine ‚kontravarianten' Komponenten darstellen. Der mit diesen Begriffen nicht vertraute Leser sei auf I.A. 1.4 verwiesen. Dieser Formalismus erleichtert uns später, zu einem Energieausdruck zu gelangen, der *formal* dem in einer orthogonalen Basis entspricht, ohne daß wir explizit eine orthogonale Basis einzuführen haben. Das ist wichtig für die Rechtfertigung der sog. ‚Vernachlässigung der Überlappung'. Ähnlich wie beim H_2 und H_2^+ können wir nämlich zeigen, daß eine näherungsweise Vereinfachung des Energieausdrucks möglich ist, wenn wir gleichzeitig die Überlappungsintegrale zwischen verschiedenen AO's gleich null setzen und die Resonanzintegrale $\gamma_{\mu s,\nu t}$ durch die reduzierten Resonanzintegrale $\beta_{\mu s,\nu t}$ ersetzen.

Nach diesen Umformungen, bei denen gewisse Korrekturterme zur Mullikenschen Näherung vernachlässigt werden, erhalten wir einen Energieausdruck E, der sich in eine Summe von Einzentrenbeiträgen W_μ und Zweizentrenbeiträgen $W_{\mu\nu}$ zerlegen läßt. Wir vergleichen die Einzentrenbeiträge W_μ mit den Energien E_μ^0 der entsprechenden isolierten Atome und interpretieren W_μ als die Energie des μ-ten Atoms in seinem MO-theoretischen ‚Valenzzustand' und $W_\mu - E_\mu^0$ als die zugehörige ‚Promotionsenergie'.

Die ‚Promotion' kostet Energie, chemische Bindung ist möglich, wenn die Summe der Zweizentrenbeiträge $W_{\mu\nu}$ genügend negativ ist.

Den umgeformten Energieausdruck der MO-LCAO-Näherung benutzen wir dann als Ausgangspunkt für zwei verschiedene Überlegungen. Bei der einen (Abschn. 6.3) versuchen wir, den Energieausdruck weiter umzuformen, so daß er formal dem für eine orthogonale Basis von AO's entspricht. Wir zeigen, unter welchen zusätzlichen Voraussetzungen das möglich ist, und kommen damit zur sog. Popleschen Näherung für die MO-LCAO-Theorie.

Bei der anderen Überlegung (Abschn. 5.7, 6.1 und 6.2) gehen wir davon aus, daß ähnlich wie beim H_2 die Energie der MO-LCAO-Näherung das falsche asymptotische Verhalten für große Abstände hat und daß wir dieses Verhalten zu korrigieren haben, wenn wir die MO-LCAO-Näherung zur Grundlage einer allgemeinen Theorie der chemischen Bindung machen wollen. Das geschieht, in Anlehnung an unsere Überlegungen beim H_2, in Abschn. 5.7.

Der korrigierte Energieausdruck mit dem richtigen asymptotischen Verhalten, der allerdings nicht mehr streng dem Variationsprinzip gehorcht, gestattet eine Zerlegung sämtlicher Zweizentrenbeiträge $E_{\mu\nu}$ in je einen ‚Interferenzbeitrag' $E_{\mu\nu}^{\mathrm{IF}}$ (5.7–15) und einen ‚quasiklassischen' Beitrag $E_{\mu\nu}^{\mathrm{QK}}$ (5.7–16). Für große Abstände gehen beide gegen Null. Die Interferenzbeiträge $E_{\mu\nu}^{\mathrm{IF}}$ hängen exponentiell vom Abstand ab, sind also von *kurzer* Reichweite und nur zwischen nächsten Nachbarn wichtig. Die quasiklassischen Beiträge $E_{\mu\nu}^{\mathrm{QK}}$ sind dann vernachlässigbar klein, wenn alle Atome die gleiche effektive Ladung haben, sie sind bei polaren Molekülen für große R im wesentlichen gleich $\dfrac{Q_\mu Q_\nu}{R_{\mu\nu}}$, wobei Q_μ die effektive Ladung des μ-ten Atoms ist, sie sind also von *großer* Reichweite und nicht nur zwischen unmittelbar gebundenen Atomen wichtig.

Für Moleküle mit unpolaren Bindungen können wir eine Einelektronentheorie der chemischen Bindung begründen (Abschn. 6.1), d.h. eine solche, in der nur die Interferenzbeiträge $E_{\mu\nu}^{\mathrm{IF}}$ berücksichtigt werden, und aus dieser Einelektronentheorie können wir unter bestimmten Voraussetzungen bzw. Zusatzannahmen die sog. Hückelsche Näherung ableiten (Abschn. 6.2).

Natürlich darf man bei diesen Überlegungen nicht vergessen, daß der MO-LCAO-Ansatz, von dem wir ausgingen, nur eine Näherung (und nicht immer eine gute Näherung) darstellt. Eine gewisse Verbesserung ist möglich und auch empfehlenswert, indem man im Molekül nicht die AO's der isolierten Atome nimmt, sondern deformierte AO's, etwa so wie wir beim H_2 ein variables η im Exponenten einführten, das nach dem Variationsprinzip optimal bestimmt wurde. Der Formalismus ändert sich dadurch nicht; die Valenzzustände der Atome unterscheiden sich durch diese Deformation der AO's noch mehr von den isolierten Atomen. Leider ist es mit unserem interpretierenden Formalismus nicht verträglich, z.B. verschiedene η's in den Exponenten der gleichen AO's in verschiedenen MO's zuzulassen. Bei expliziten Rechnungen an Molekülen kann man das sehr wohl mit Erfolg tun. Es geht uns hier aber nicht um gute Rechnungen, sondern um ein qualitatives Verständnis.

Obwohl die Vernachlässigung der Links-Rechts-Korrelation ein Hauptfehler des MO-LCAO-Ansatzes ist, gibt es noch andere Korrelationseffekte, die evtl. als Korrekturen zu berücksichtigen sind. Wir werden darauf, wenn nötig, hinweisen.

Der Leser, der davor zurückschreckt, die Einzelheiten der zwar trivialen, aber recht mühsamen Umformungen nachzuvollziehen, kann die folgenden Abschnitte dieses Kapitels überschlagen und sich evtl. mit diesem mehr qualitativen Überblick begnügen und in Abschn. 5.8 weiterlesen.

5.2. Die Energie eines Moleküls in der MO-LCAO-Näherung

Wir wollen im folgenden vom Energieausdruck der MO-LCAO-Näherung für ein nur aus abgeschlossenen Schalen bestehendes Molekül ausgehen.

Der Hamilton-Operator unseres Moleküls sei

$$\mathbf{H} = \sum_k \mathbf{h}(k) + \sum_{k<l} \frac{1}{r_{kl}} + \sum_{\mu<\nu} \frac{Z_\mu Z_\nu}{R_{\mu\nu}} \tag{5.2-1}$$

wobei r_{kl} $(k, l = 1, 2 \ldots n)$ den Abstand zwischen k-tem und l-tem Elektron bedeutet, $R_{\mu\nu}$ $(\mu, \nu = 1, 2 \ldots N)$ den Abstand zwischen μ-tem und ν-tem Kern und wobei der Einelektronen-Hamilton-Operator $\mathbf{h}(k)$ gegeben ist durch

$$\mathbf{h}(k) = -\frac{1}{2}\Delta_k - \sum_\mu \frac{Z_\mu}{r_{\mu k}} \tag{5.2-2}$$

Beschreiben wir den Grundzustand des Moleküls durch eine Slater-Determinante, aufgebaut aus den $\frac{n}{2}$ doppelt besetzten, orthonormalen MO's φ_i, so ergibt sich für die Gesamtenergie (vgl. I. 9.2.3) (in diesem Kapitel wollen wir Energiegrößen im Zusammenhang mit einer Eindeterminantennäherung als W, solche, in denen die Links-Rechts-Korrelation streng oder näherungsweise berücksichtigt wurde, mit E bezeichnen)

$$W = 2\sum_i h_{ii} + \sum_{i,j} \{2(ii|jj) - (ij|ji)\} + \sum_{\mu<\nu} \frac{Z_\mu Z_\nu}{R_{\mu\nu}} \tag{5.2-3}$$

wobei die Einelektronen-Matrixelemente $h_{ii} = (\varphi_i, \mathbf{h}\,\varphi_i)$ und die Zweielektronen-Integrale (in Mullikenscher Schreibweise s. I. 9.2.3) mit den MO's berechnet sind. Die Summen über i (bzw. j) gehen wie im folgenden immer über alle doppelt besetzten Orbitale, d.h. von 1 bis $\frac{n}{2}$, wenn n die (gerade) Zahl der Elektronen ist, während μ und ν die Kerne zählen.

Stellen wir jetzt die MO's φ_i als Linearkombinationen der AO's $\chi_{\nu p}$ dar, wobei ν das Atom angibt, zu dem das AO $\chi_{\nu p}$ gehört, und p die zum gleichen Atom gehörigen AO's zählt. (Alle AO's und MO's seien reell gewählt.)

$$\varphi_i = \sum_{\nu, p} c^i_{\nu p} \chi_{\nu p} \tag{5.2–4}$$

Für die Energie ergibt sich dann (ein Strich am Summenzeichen bedeutet $\mu \neq \nu$)

$$W = 2 \sum_i \sum_{\mu,s} \sum_{\nu,t} c^i_{\mu s} h_{\mu s, \nu t} c^i_{\nu t} + \frac{1}{2} \sum_{\mu,\nu}{}' \frac{Z_\mu Z_\nu}{R_{\mu\nu}} \tag{5.2–5}$$

$$+ \sum_{i,j} \sum_{\mu,s} \sum_{\nu,t} \sum_{\kappa,u} \sum_{\rho,v} c^i_{\mu s} c^i_{\nu t} c^j_{\kappa u} c^j_{\rho v} \{2(\mu_s \nu_t | \kappa_u \rho_v) - (\mu_s \rho_v | \kappa_u \nu_t)\}$$

wobei jetzt die Einelektronen-Matrixelemente und die Zweielektronenintegrale mit AO's gebildet sind.

Der Energieausdruck (5.2–5) besteht aus drei Anteilen, einem Einelektronenanteil

$$W^{(1)} = 2 \sum_i \sum_{\mu,s} \sum_{\nu,t} c^i_{\mu s} h_{\mu s, \nu t} c^i_{\nu t} \tag{5.2–6}$$

in den nur Einelektronen-Matrixelemente eingehen, einem Zweielektronenanteil

$$W^{(2)} = \sum_{i,j} \sum_{\mu,s} \sum_{\nu,t} \sum_{\kappa,u} \sum_{\rho,v} c^i_{\mu s} c^i_{\nu t} c^j_{\kappa u} c^j_{\rho v} \{2(\mu_s \nu_t | \kappa_u \rho_v) - (\mu_s \rho_v | \kappa_u \nu_t)\}$$

sowie einem von den Elektronen unabhängigen Anteil der Kernabstoßung

$$W^{(0)} = \frac{1}{2} \sum_{\mu,\nu}{}' \frac{Z_\mu Z_\nu}{R_{\mu\nu}} \tag{5.2–8}$$

5.3. Trennung von quasiklassischen und Interferenzbeiträgen zur chemischen Bindung

Wir haben uns am Beispiel des H_2 einerseits klar gemacht, welche Bedeutung quasiklassische und Interferenzbeiträge für die Bindungsenergie haben, andererseits haben wir auch erkannt, daß die MO-LCAO-Energie einen entscheidenden Fehler hat, der damit zusammenhängt, daß die MO-LCAO-Näherung die Links-Rechts-Korrelation nicht berücksichtigt. Auf eine näherungsweise Korrektur dieses Fehlers kommen wir in Abschn. 5.7. Zunächst wollen wir die MO-LCAO-Energie eines beliebigen Moleküls ähnlich wie beim H_2 in quasiklassische und Interferenzbeiträge aufteilen. Der entscheidende Schritt ist dabei der folgende. Würde für alle Matrixelemente, insbesondere für Einelektronen-Matrixelemente $(\chi_{\mu s}, \mathbf{A}\, \chi_{\nu t})$ eines beliebigen Operators sowie für Zweielektronen-Matrixelemente $(\mu_s \nu_t | \kappa_u \rho_v)$, die Mullikensche Näherung (5.3–1) bzw. (5.3–2) gelten, so gäbe es keine Interferenzbeiträge, und die gesamte Energie wäre quasiklassisch.

Mulliken-Näherung:

$$(\chi_{\mu s}, \mathbf{A}\, \chi_{\nu t}) \approx \frac{1}{2} S_{\mu s, \nu t} \, [(\chi_{\mu s}, \mathbf{A}\, \chi_{\mu s}) + (\chi_{\nu t}, \mathbf{A}\, \chi_{\nu t})] \tag{5.3-1}$$

$$(\mu_s \nu_t | \kappa_u \rho_v) \approx \frac{1}{4} S_{\mu s, \nu t} \, S_{\kappa u, \rho v} \, \{(\mu_s \mu_s | \kappa_u \kappa_u) + (\nu_t \nu_t | \kappa_u \kappa_u)$$

$$+ (\mu_s \mu_s \,|\, \rho_v \rho_v) + (\nu_t \nu_t |\, \rho_v \rho_v)\} \tag{5.3-2}$$

wobei $S_{\mu s, \nu t} = (\chi_{\mu s}, \chi_{\nu t})$ das Überlappungsintegral zwischen den AO's $\chi_{\mu s}$ und $\chi_{\nu t}$ ist.

Machen wir uns das zunächst für die Einelektronenbeiträge (5.2–6) klar. Bei Gültigkeit von (5.3–1) erhalten wir statt $W^{(1)}$ nach (5.2–6) jetzt

$$W^{(1)}_{\mathrm{QK}} = \sum_i \sum_{\mu, s} \sum_{\nu, t} c^i_{\mu s} \, S_{\mu s, \nu t} \, c^i_{\nu t} \, [h_{\mu s, \mu s} + h_{\nu t, \nu t}] \tag{5.3-3}$$

Definieren wir

$$d^i_{\mu s} = \sum_{\nu, t} S_{\mu s, \nu t} \, c^i_{\nu t} \tag{5.3-4}$$

$$q_{\mu s} = 2 \sum_i c^i_{\mu s} \, d^i_{\mu s} \tag{5.3-5}$$

so sind die $d^i_{\mu s}$ die den kontravarianten MO-Koeffizienten $c^i_{\mu s}$ entsprechenden kovarianten Koeffizienten (vgl. I.A. 1.4), $q_{\mu s}$ bezeichnen wir als die Ladungsordnung des AO's $\chi_{\mu s}$*). Mit den Definitionen (5.3–4, 5) wird aus (5.3–3):

$$W^{(1)}_{\mathrm{QK}} = \sum_{\mu, s} q_{\mu s} \, h_{\mu s, \mu s} \tag{5.3-6}$$

Für das Beispiel des H_2 ist

$$c^1_{11} = \frac{1}{\sqrt{2(1+S)}} = c^1_{21} \, ; \quad d^1_{11} = \sqrt{\frac{1+S}{2}} = d^1_{21}$$

$$q_{11} = 2 c^1_{11} d^1_{11} = 1 = q_{21}$$

$$W^{(1)}_{\mathrm{QK}} = \sum_{\mu, s} q_{\mu s} \, h_{\mu s, \mu s} = h_{11,11} + h_{21,21} = 2 h_{11,11} = 2 H_{aa} \tag{5.3-7}$$

wobei H_{aa} durch (3.2–3) definiert ist. Dieser Energieausdruck ist in der Tat rein quasiklassisch. In einer ähnlich elementaren Weise kann man zeigen, daß bei Gültig-

* Vgl. z.B. H. Chirgwin, C.A. Coulson, Proc. Roy. Soc. *A, 201*, 196 (1950) sowie K. Ruedenberg, J. Chem. Phys. *34*, 1861 (1961).

keit von (5.3–2) die Zweielektronenenergie $W^{(2)}$ (5.2–7) sich umformen läßt zu (5.3–10), wenn wir in Analogie zu den Ladungsordnungen (5.3–5) noch die Bindungsordnungen $p_{\mu s,\nu t}$ durch (5.3–9) definieren, wobei zur Definition der $p_{\mu s,\nu t}$ die durch (5.3–8) definierten Hilfsgrößen benutzt werden.

$$p^{(1)}_{\mu s,\nu t} = 2\sum_i c^i_{\mu s}\, d^i_{\nu t}$$

$$p^{(2)}_{\mu s,\nu t} = 2\sum_i c^i_{\mu s}\, c^i_{\nu t}$$

$$p^{(3)}_{\mu s,\nu t} = 2\sum_i d^i_{\mu s}\, d^i_{\nu t} \qquad (5.3\text{–}8)$$

$$p_{\mu s,\nu t} = \sqrt{\frac{1}{2}\left(p^{(1)}_{\mu s,\nu t}\, p^{(1)}_{\nu t,\mu s} + p^{(2)}_{\mu s,\nu t}\, p^{(3)}_{\nu t,\mu s}\right)} \qquad (5.3\text{–}9)$$

$$W^{(2)}_{\text{QK}} = \sum_{\mu,s}\sum_{\nu,t}\left[\frac{1}{2}\, q_{\mu s}\, q_{\nu t} - \frac{1}{4}\, p^2_{\mu s,\nu t}\right](\mu_s\mu_s|\nu_t\nu_t) \qquad (5.3\text{–}10)$$

Sieht man vom zweiten Term in der eckigen Klammer ab, so repräsentiert (5.3–10) die quasiklassische Coulombsche Abstoßung der atomaren Elektronenverteilungen $|\chi_{\mu s}|^2$ mit den Besetzungszahlen $q_{\mu s}$.

Bei Gültigkeit der Mulliken-Näherung sowohl für die Einelektronen- als die Zweielektronen-Matrixelemente (5.3–1, 2) wird aus dem LCAO-MO-Energieausdruck (5.2–5) die quasiklassische Energie

$$W_{\text{QK}} = W^{(1)}_{\text{QK}} + W^{(0)} + W^{(2)}_{\text{QK}} = \sum_{\mu,s} q_{\mu s}\, h_{\mu s,\mu s} + \frac{1}{2}\sum_{\mu,\nu}{}' \frac{Z_\mu Z_\nu}{R_{\mu\nu}} +$$

$$+ \sum_{\mu,s}\sum_{\nu,t}\left[\frac{1}{2}\, q_{\mu s} q_{\nu t} - \frac{1}{4}\, p^2_{\mu s,\nu t}\right](\mu_s\mu_s|\nu_t\nu_t) \qquad (5.3\text{–}11)$$

Wir wissen, daß bei Vorliegen nur quasiklassischer Wechselwirkungen i.allg. keine chemische Bindung auftritt, daß vielmehr die Interferenzbeiträge entscheidend sind. Daraus können wir nur schließen, daß die Näherungen (5.3–1, 2) nicht gültig sein können.

Beim H_2-Molekül hat sich nun gezeigt, daß die Mulliken-Näherung (5.3–2) für die Zweielektronenintegrale eine sehr gute Näherung darstellt, während die Näherung (5.3-1) für die Einelektronen-Matrixelemente (die Mulliken übrigens auch nie empfohlen hat) sehr schlecht ist, nicht so schlecht für den Anteil der potentiellen Energie (im Feld der Kerne), besonders schlecht aber für die kinetische Energie. Die Tatsache, daß (5.3–1) für die kinetische Energie ganz und gar nicht gilt, ist die wesentliche Ursache für das Zustandekommen der chemischen Bindung. Man kann vermuten, daß das am H_2 gewonnene Ergebnis sich übertragen läßt, d.h. daß die Mullikensche Näherung für die Zweielektronenbeiträge recht gut gilt, so daß die Interferenz nur zur Einelektronen-, nicht aber zur Zweielektronenenergie beiträgt, man also die Elektronenwechselwirkung quasiklassisch behandeln kann.

Diese Erwartung hat sich nicht voll bestätigt. Außer für das H_2 gilt (5.3–2) eigentlich nur für die π-AO's in konjugierten organischen Systemen recht gut, Interferenzbeiträge zur Zweielektronenenergie sind also nicht grundsätzlich zu vernachlässigen.

Wir müssen deshalb nachträglich den Fehler der Mulliken-Näherung wieder in Ordnung bringen. Anders gesagt, wir benutzen die Mullikensche Näherung gar nicht als eine Näherung, sondern als einen Schlüssel zur Aufteilung der Energie in einen quasiklassischen und einen Interferenzbeitrag.

Was die Einelektronen-Matrixelemente betrifft, so machen wir nicht die Annahme (5.3–1), sondern wir setzen

$$(\chi_{\mu s}, \mathbf{A}\chi_{\nu t}) = \frac{1}{2} S_{\mu s,\nu t}\,[(\chi_{\mu s}, \mathbf{A}\chi_{\mu s}) + (\chi_{\nu t}, \mathbf{A}\chi_{\nu t})] + \widetilde{A}_{\mu s,\nu t} \qquad (5.3-12)$$

wobei der Korrekturterm $\widetilde{A}_{\mu s,\nu t}$ eben gerade durch (5.3–12) definiert ist. Speziell für $\mathbf{A} = \mathbf{h}$ bezeichnen wir diesen Korrekturterm als $\beta_{\mu s,\nu t}$ und nennen ihn das reduzierte Resonanzintegral zwischen den AO's $\chi_{\mu s}$ und $\chi_{\nu t}$

$$\beta_{\mu s,\nu t} = h_{\mu s,\nu t} - \frac{1}{2} S_{\mu s,\nu t}\,[h_{\mu s,\mu s} + h_{\nu t,\nu t}] \qquad (5.3-13)$$

Mit dieser Definition schreibt sich $W^{(1)}$ nach (5.2–6) korrekt umgeformt auch als

$$W^{(1)} = \sum_{\mu,s} q_{\mu s}\, h_{\mu s,\mu s} + 2\sum_i \sum_{(\mu,s)\,\neq\,(\nu,t)} \sum c^i_{\mu s}\, \beta_{\mu s,\nu t}\, c^i_{\nu t} = \mathrm{W}^{(1)}_{\mathrm{QK}} + \mathrm{W}^{(1)}_{\mathrm{IF}} \qquad (5.3-14)$$

Analog werden wir die genäherte Beziehung (5.3–2) durch die korrekte Beziehung (5.3–15) ersetzen, die gleichzeitig als Definitionsgleichung für die Abweichung $[\mu_s\nu_t|\kappa_u\rho_v]$ des Integrals $(\mu_s\nu_t|\kappa_u\rho_v)$ vom Wert der Mulliken-Näherung dient

$$(\mu_s\nu_t|\kappa_u\rho_v) = \frac{1}{4} S_{\mu s,\nu t}\cdot S_{\kappa u,\rho v}\,\{(\mu_s\mu_s|\kappa_u\kappa_u) + (\mu_s\mu_s|\rho_v\rho_v) +$$

$$+ (\nu_t\nu_t|\kappa_u\kappa_u) + (\nu_t\nu_t|\rho_v\rho_v)\} + [\mu_s\nu_t|\kappa_u\rho_v] \qquad (5.3-15)$$

Damit wird aus $W^{(2)}$ nach (5.2–7)

$$W^{(2)} = W^{(2)}_{\mathrm{QK}} + W^{(2)}_{\mathrm{IF}}$$

$$W^{(2)}_{\mathrm{IF}} = \sum_{i,j} \sum_{\mu,s} \sum_{\nu,t} \sum_{\kappa,u} \sum_{\rho,v} c^i_{\mu s}\, c^i_{\nu t}\, c^j_{\kappa u}\, c^j_{\rho v}\;\{2[\mu_s\nu_t|\kappa_u\rho_v] - [\mu_s\rho_v|\kappa_u\nu_t]\} \qquad (5.3-16)$$

Auf folgendes ist noch im Zusammenhang mit der Mulliken-Näherung hinzuweisen, auch wenn wir sie eigentlich nicht als Näherung benutzen. Ersetzt man die AO-Basis $\{\chi_{\mu s}\}$ des μ-ten Atoms durch eine andere Basis $\{\chi'_{\mu s}\}$, die aus $\{\chi_{\mu s}\}$ durch eine unitäre Transformation hervorgegangen ist (z.B. Hybridisierung, vgl. Abschn. 10.6), so kann sich die LCAO-Energie (5.2–5) nicht ändern, vorausgesetzt, daß auch die Koeffizienten $c^i_{\mu s}$ entsprechend transformiert wurden. Wendet man auf die beiden gleichen Energieausdrücke jetzt die Mulliken-Näherung an, so ist das Ergebnis durchaus nicht mehr gleich. Die Mulliken-Näherung ist, wie man sagt, nicht invariant bez. einer Transformation der AO-Basis. Für unsere Überlegungen bedeutet das zumindest, daß die Aufteilung der Energie in einen quasiklassischen und einen Interferenzanteil abhängig von der Wahl der AO-Basis ist. Wir müssen deshalb noch irgendwelche Kriterien zur Wahl der ‚günstigsten' AO-Basis heranziehen, wir wollen diesen Aspekt aber nicht weiter vertiefen.

Im folgenden wollen wir die Einelektronenenergie $W^{(1)}$ streng behandeln, bei der Zweielektronenenergie aber gewisse Korrekturen zur Mulliken-Näherung vernachlässigen. Das betrifft vor allem die Korrekturen $[\mu_s \nu_t | \kappa_u \rho_v]$ (μ, ν, κ, ρ alle verschieden) zu den Vierzentrenintegralen, die in der Tat vernachlässigbar klein sind*), ferner die Korrekturen zu den Dreizentrenbeiträgen, die man näherungsweise weglassen kann, wenn man auch gewisse Dreizentren-Kernanziehungsintegrale nach Mulliken annähert**). Beibehalten muß man die Korrekturen zu den Zweizentrenintegralen, die wir insgesamt pauschal als

$$\sum_{\mu<\nu} W'_{\mu\nu} \tag{5.3–17}$$

bezeichnen und zunächst nicht weiter diskutieren wollen, sowie die Korrekturen $[\mu_s \mu_t | \mu_u \mu_v]$ zu den Einzentrenintegralen $(\mu_s \mu_t | \mu_u \mu_v)$, zu denen wir jetzt ein paar Worte sagen wollen. Man wählt i.allg. die AO's eines Zentrums orthogonal, d.h.

$$(\chi_{\mu s}, \chi_{\mu t}) = S_{\mu s, \mu t} = \delta_{st} \tag{5.3–18}$$

In diesem Fall verschwindet aber der Beitrag der Mulliken-Näherung zu einem Integral $(\mu_s \mu_t | \mu_u \mu_v)$ außer wenn $s = t$ und $u = v$, d.h. wenn ein sog. Coulomb-Integral zwischen den Ladungsverteilungen $|\mu_s|^2$ und $|\mu_u|^2$ vorliegt. Für $s \neq t$ oder $u \neq v$ (oder beides) verschwindet das Integral $(\mu_s \mu_t | \mu_u \mu_v)$ i.allg. nicht und die Korrektur zur Mulliken-Näherung ist gleich dem Integral selbst. Die Summe dieser Einzentrenkorrekturen ist

$$\sum_{\mu} W'_{\mu} \tag{5.3–19}$$

* F. Driessler und W. Kutzelnigg, Theoret. Chim. Acta *43*, 1(1976). Auf Einzelheiten kann hier nicht eingegangen werden.

** Der Beitrag der Dreizentren- und Vierzentrenintegrale, die nach Abtrennung der quasiklassischen Anteile noch verbleiben, zur Energie ist zwar nicht vollständig zu vernachlässigen, aber doch erstaunlich klein, so daß wir ihn bei qualitativen Überlegungen nicht zu berücksichtigen brauchen. Es muß aber gesagt werden, daß es auch bei Fehlen von Mehrzentrenintegralen durchaus Mehrzentrenwechselwirkungen geben kann, auf die wir in Kap. 9 eingehen werden.

mit

$$W'_\mu = \sum_{i,j} \sum_{\substack{s,t \\ (s \neq t \text{ oder } u \neq v)}} \sum_{u,v} \left[2c^i_{\mu s} c^i_{\mu t} c^j_{\mu u} c^j_{\mu v} - c^i_{\mu s} c^i_{\mu v} c^j_{\mu u} c^j_{\mu t}\right] (\mu_s \mu_t | \mu_u \mu_v) \tag{5.3–20}$$

Die gesamte Zweielektronenenergie $W^{(2)}$ nach (5.2–7) bzw. (5.3–10) und (5.3–16) wird damit zu

$$W^{(2)} = \sum_{\mu,s} \sum_{\nu,t} \left[\frac{1}{2} q_{\mu s} q_{\nu t} - \frac{1}{4} p^2_{\mu s, \nu t}\right] (\mu_s \mu_s | \nu_t \nu_t) + \sum_\mu W'_\mu + \frac{1}{2} \sum_{\mu,\nu}{}' W'_{\mu\nu} \tag{5.3–21}$$

5.4. Einführung der Einelektronen-Matrixelemente α, γ, β

Ein Einelektronen-Matrixelement

$$h_{\mu s,\mu s} = <\chi_{\mu s} | \mathbf{h} | \chi_{\mu s}> = -\frac{1}{2} <\chi_{\mu s} | \Delta | \chi_{\mu s}> - \sum_\kappa <\chi_{\mu s} | \frac{Z_\kappa}{r_\kappa} | \chi_{\mu s}> \tag{5.4–1}$$

mit

$$r_\kappa = |\vec{r} - \vec{R}_\kappa| \tag{5.4–2}$$

wobei $\vec{R}_\kappa$ den Positionsvektor des κ-ten Kerns bedeutet, stellt die Energie des AO's $\chi_{\mu s}$ im Feld seines eigenen Kerns ($\kappa = \mu$) sowie dem der übrigen Kerne dar. Wir wollen die Abkürzungen wählen (vgl. 4.1–12)

$$(\kappa : \mu_s, \mu_s) = <\chi_{\mu s} | \frac{1}{r_\kappa} | \chi_{\mu s}> \tag{5.4–3}$$

$$\alpha_{\mu s} = -\frac{1}{2} <\chi_{\mu s} | \Delta | \chi_{\mu s}> - Z_\mu \, (\mu : \mu_s, \mu_s) \tag{5.4–4}$$

Dann ist

$$h_{\mu s,\mu s} = \alpha_{\mu s} - \sum_{\kappa (\neq \mu)} Z_\kappa \, (\kappa : \mu_s, \mu_s) \tag{5.4–5}$$

Offenbar ist $\alpha_{\mu s}$ eine *lokale* Größe, d.h. es hängt nur vom Atom μ ab, zu dem das AO $\chi_{\mu s}$ gehört. Dagegen hängt $h_{\mu s,\mu s}$ sehr stark vom Rest des Moleküls ab, da jedes $(\kappa : \mu_s, \mu_s)$ für große Abstände $R_{\kappa\mu} = |\vec{R}_\kappa - \vec{R}_\mu|$ proportional zu $\frac{1}{R_{\kappa\mu}}$ ist.

Analog zu $\alpha_{\mu s}$ nach (5.4–4) wollen wir ein $\gamma_{\mu s, \nu t}$ definieren, das im Gegensatz zu $h_{\mu s, \nu t}$ in guter Näherung nur von den Atomen μ und ν abhängt, nicht aber vom Rest des Moleküls

$$\gamma_{\mu s,\nu t} = -\frac{1}{2} \langle\chi_{\mu s}|\Delta|\chi_{\nu t}\rangle - \sum_{\kappa} Z_\kappa (\kappa : \mu_s,\nu_t) +$$

$$+\frac{1}{2} S_{\mu s,\nu t} \Big\{\sum_{\substack{\kappa \\ (\neq\mu)}} Z_\kappa\, (\kappa : \mu_s,\mu_s) + \sum_{\substack{\kappa \\ (\neq\nu)}} Z_\kappa\, (\kappa : \nu_t,\nu_t)\Big\} \tag{5.4–6}$$

Man sieht diesem Ausdruck zunächst nicht an, daß er vom Rest des Moleküls unabhängig sein soll. Wenn allerdings $\kappa \neq \mu$, $\kappa \neq \nu$, so gilt auch für die Integrale $(\kappa : \mu_s,\nu_t)$ eine Mullikensche Näherung, zumindest im Grenzfall großer Abstände, d.h.

$$(\kappa : \mu_s,\nu_t) \approx \frac{1}{2} S_{\mu s,\nu t}\ \{(\kappa : \mu_s,\mu_s) + (\kappa : \nu_t,\nu_t)\} \tag{5.4–7}$$

so daß

$$\gamma_{\mu s,\nu t} \approx -\frac{1}{2} \langle\chi_{\mu s}|\Delta|\chi_{\nu t}\rangle - Z_\mu\, (\mu : \mu_s,\nu_t) - Z_\nu\, (\nu : \mu_s,\nu_t) +$$

$$+\frac{1}{2} S_{\mu s,\nu t}\ \{Z_\nu\, (\nu : \mu_s,\mu_s) + Z_\mu\, (\mu : \nu_t,\nu_t)\} \tag{5.4–8}$$

Das bedeutet, daß $\gamma_{\mu s,\nu t}$ in der Tat in guter Näherung eine lokale Größe ist, d.h. daß es im wesentlichen nur von den Atomen μ und ν abhängt. Allerdings ist das Verhalten von $\gamma_{\mu s,\nu t}$ gegenüber Basis-Transformationen nicht mehr so einfach wie dasjenige von z.B. $h_{\mu s,\nu t}$.

Der Zusammenhang zwischen $\gamma_{\mu s,\nu t}$ und $h_{\mu s,\nu t}$ ist gegeben durch

$$h_{\mu s,\nu t} = \gamma_{\mu s,\nu t} - \frac{1}{2} S_{\mu s,\nu t} \Big\{\sum_{\substack{\kappa \\ (\neq\mu)}} Z_\kappa\, (\kappa : \mu_s,\mu_s) + \sum_{\substack{\kappa \\ (\neq\nu)}} Z_\kappa\, (\kappa : \nu_t,\nu_t)\Big\} \tag{5.4–9}$$

Hierbei kann auch $\mu = \nu$ (dann aber $s \neq t$) sein.

Das γ nach (5.4–6) wird auch als ‚Resonanzintegral' bezeichnet. Das ‚reduzierte Resonanzintegral' β haben wir bereits durch Gl. (5.3–13) definiert. Es hängt mit γ und α zusammen gemäß

$$\beta_{\mu s,\nu t} = \gamma_{\mu s,\nu t} - \frac{1}{2} S_{\mu s,\nu t}\, [\alpha_{\mu s} + \alpha_{\nu t}] \tag{5.4–10}$$

Im Ausdruck (5.2–6) für die Einelektronenenergie $W^{(1)}$ ersetzen wir die $h_{\mu s,\nu t}$ nach (5.4–5) und (5.4–9) durch die $\alpha_{\mu s}$ und $\gamma_{\mu s,\nu t}$. Wir erhalten dann nach leichter Umformung unter Benutzung der Definition (5.3–5) der $q_{\nu t}$ und nach Hinzufügen von $W^{(0)}$ nach (5.2–8) und $W^{(2)}$ nach (5.3–21) folgenden Ausdruck für die gesamte MO-LCAO-Energie.

$$W = \sum_{\mu} \left[2 \sum_i \sum_s |c_{\mu s}^i|^2 \alpha_{\mu s} + W'_\mu \right] +$$

$$+ 2 \sum_{(\mu, s) \neq (\nu, t)} \sum_i \sum c_{\mu s}^i \gamma_{\mu s, \nu t} c_{\nu t}^i +$$

$$+ \frac{1}{2} \sum_{\mu, s} \sum_{\nu, t} \left[q_{\mu s} q_{\nu t} - \frac{1}{2} p_{\mu s, \nu t}^2 \right] (\mu_s \mu_s | \nu_t \nu_t) + \tag{5.4–11}$$

$$+ \frac{1}{2} \sum_{\mu, \nu}' \left\{ \frac{Z_\mu \cdot Z_\nu}{R_{\mu\nu}} - Z_\mu \sum_t q_{\nu t} (\mu : \nu_t \nu_t) - Z_\nu \sum_s q_{\mu s} (\nu : \mu_s \mu_s) + W'_{\mu\nu} \right\}$$

Damit haben wir bereits eine Form, die für eine anschauliche Diskussion der Beiträge zur Energie geeignet ist. In vielen Fällen empfiehlt es sich, statt der γ's die β's gemäß (5.4–10) einzuführen. Wenn wir das tun, erhalten wir wiederum unter Benutzung von (5.3–5) einen Ausdruck, der sich von (5.4–11) nur in den ersten beiden Summen unterscheidet.

$$W = \sum_{\mu} \left[\sum_s q_{\mu s} \alpha_{\mu s} + W'_\mu \right] + 2 \sum_i \sum_{(\mu, s) \neq (\nu, t)} \sum c_{\mu s}^i \beta_{\mu s, \nu t} c_{\nu t}^i +$$

$$+ \frac{1}{2} \sum_{\mu, s} \sum_{\nu, t} \left[q_{\mu s} q_{\nu t} - \frac{1}{2} p_{\mu s, \nu t}^2 \right] (\mu_s \mu_s | \nu_t \nu_t) + \tag{5.4–12}$$

$$+ \frac{1}{2} \sum_{\mu, \nu}' \left\{ \frac{Z_\mu Z_\nu}{R_{\mu\nu}} - Z_\mu \sum_t q_{\nu t} (\mu : \nu_t \nu_t) - Z_\nu \sum_s q_{\mu s} (\nu : \mu_s \mu_s) + W'_{\mu\nu} \right\}$$

Für die folgenden Überlegungen werden wir zumeist von (5.4–12), gelegentlich aber auch von (5.4–11) ausgehen.

5.5. Vorläufige Aufteilung der Energie in intra- und interatomare Beiträge

Die Energie W nach (5.4–12) läßt sich zerlegen in Einzentrenbeiträge (intraatomare Beiträge) W_μ und Zweizentrenbeiträge $W_{\mu\nu}$ gemäß

$$W = \sum_{\mu} W_\mu + \sum_{\mu < \nu} \sum W_{\mu\nu} \tag{5.5–1}$$

Die Beiträge sind im einzelnen

$$W_\mu = \sum_s q_{\mu s} \alpha_{\mu s} + 2 \sum_i \sum_{s, t}' c_{\mu s}^i \beta_{\mu s, \mu t} c_{\mu t}^i +$$

$$+ \frac{1}{2} \sum_{s, t} \left[q_{\mu s} q_{\mu t} - \frac{1}{2} p_{\mu s, \mu t}^2 \right] (\mu_s \mu_s | \mu_t \mu_t) + W'_\mu \tag{5.5–2}$$

$$W_{\mu\nu} = 4\sum_i \sum_{s,t} c^i_{\mu s}\, \beta_{\mu s,\nu t}\, c^i_{\nu t} + W'_{\mu\nu} +$$

$$+ \sum_{s,t} \left[q_{\mu s} q_{\nu t} - \frac{1}{2} p^2_{\mu s,\nu t} \right] (\mu_s\mu_s|\nu_t\nu_t) +$$

$$+ \left\{ \frac{Z_\mu Z_\nu}{R_{\mu\nu}} - Z_\mu \sum_t q_{\nu t}\, (\mu : \nu_t\nu_t) - Z_\nu \sum_s q_{\mu s}\, (\nu : \mu_s\mu_s) \right\} \qquad (5.5\text{–}3)$$

Auch die intraatomaren Beiträge W_μ sind nicht in aller Strenge nur von einem Atom abhängig, da in $q_{\mu s}$ bzw. $c^i_{\mu s}$ die Ladungsverteilung im Molekül auftritt, aber unsere Bezeichnungsweise ist wohl trotzdem gerechtfertigt.

Wenn das isolierte μ-te Atom im Grundzustand die Energie E^0_μ habe, so ergibt sich für die Bindungsenergie ΔW des Moleküls folgendes

$$\Delta W = W - \sum_\mu E^0_\mu = \sum_\mu (W_\mu - E^0_\mu) + \sum_{\mu<\nu} W_{\mu\nu}$$

Die Bindungsenergie der MO-Näherung setzt sich also aus intraatomaren Beiträgen $W_\mu - E^0_\mu$ und interatomaren Beiträgen $W_{\mu\nu}$ zusammen.

Wir diskutieren jetzt zunächst die intraatomaren Beiträge zur Bindungsenergie, was uns zum Begriff des Valenzzustandes der MO-Näherung führt. Wir werden dann aber sehen, daß vor einer endgültigen Interpretation sowohl der intraatomaren als der interatomaren Beiträge am Energieausdruck der MO-LCAO-Näherung eine Korrektur für die Links-Rechts-Korrelation der Elektronen angebracht werden muß.

5.6. Der MO-theoretische Valenzzustand

Das W_μ nach (5.5–2) stellt gewissermaßen die Energie des μ-ten Atoms ‚im Molekül' dar, wir wollen sagen, W_μ ist die Energie des μ-ten Atoms in seinem MO-theoretischen ‚Valenzzustand'. Die Energie eines isolierten Atoms in seinem Grundzustand oder einem angeregten spektroskopischen Zustand ist in Hartree-Fock-Näherung bzw. genauer in der Einkonfigurationsnäherung gegeben durch (vgl. I. 9.2–2).

$$E^0_\mu = \sum_s n_{\mu s}\, \alpha_{\mu s} + \frac{1}{2}\sum_s (n^2_{\mu s} - n_{\mu s})\, (\mu_s\mu_s|\mu_s\mu_s) +$$

$$+ \frac{1}{2} \sum_{s,t}{}' n_{\mu s}\, n_{\mu t}\, (\mu_s\mu_s|\mu_t\mu_t) + E^{0\prime}_\mu \qquad (5.6\text{–}1)$$

wobei $n_{\mu s}$ die Besetzungszahl des AO's $\chi_{\mu s}$ ist, die die Werte $n_{\mu s} = 0,1$ oder 2 annehmen kann und wobei $E^{0\prime}_\mu$ eine Summe von Austauschintegralen mit Koeffizienten ist, deren exakte Form von der Kopplung der Spins der AO's zu einem Gesamtspin und der Drehimpulse der AO's zu einem Gesamtdrehimpuls abhängt.

Vergleichen wir (5.6–1) mit (5.5–2) und wollen wir W_μ nach (5.5–2) als Energie eines Atoms interpretieren (des Atoms in seinem Valenzzustand), so sehen wir zunächst, daß $q_{\mu s}$ in (5.5–2) offenbar die Rolle des $n_{\mu s}$ in (5.6–1) spielt, d.h. daß $q_{\mu s}$ als die Besetzungszahl des AO's $\chi_{\mu s}$ in seinem Valenzzustand aufzufassen ist. Während die $n_{\mu s}$ in (5.6–1) ganzzahlig sind, besteht kein Grund dafür, daß die $q_{\mu s}$ auch ganzzahlig sind. Ferner gilt für das isolierte Atom natürlich (sofern es neutral ist)

$$n_\mu = \sum_s n_{\mu s} = Z_\mu \tag{5.6–2}$$

Im Valenzzustand muß aber durchaus *nicht* gelten, daß die Ladungsdichte q_μ des μ-ten Atoms gleich seiner Kernladung Z_μ ist.

$$q_\mu = \sum_s q_{\mu s} \tag{5.6–3}$$

Wenn z.B. $q_\mu = Z_\mu - 1$, so würden wir sagen, daß μ-te Atom liegt im Molekül nicht neutral, sondern als positives Ion vor, allerdings wird q_μ in der Regel nicht einmal ganzzahlig sein.

Der Energieausdruck (5.5–2) des Atoms in seinem Valenzzustand unterscheidet sich noch in dreierlei Weise von einem echten Energieausdruck eines Atoms (5.6–1).

Zum einen sind in (5.5–2) die Nichtdiagonal-Einelektronen-Matrixelemente $\beta_{\mu s, \mu t}$ $(s \neq t)$ nicht notwendigerweise gleich null. Man kann sie allerdings eventuell durch eine unitäre Transformation der AO's des betreffenden Atoms (d .h. durch einen Übergang zu Linearkombinationen der ursprünglich gewählten AO's) eliminieren. Wir wollen unterstellen, daß wir unsere AO-Basis von vornherein so gewählt haben, daß die $\beta_{\mu s, \mu t}$ verschwinden bzw. zu vernachlässigen sind.

Zum zweiten enthält W_μ (5.5–2) u.U. eine sog. ‚Selbstwechselwirkung' eines Elektrons. Im Energieausdruck (5.6–1) eines wirklichen Atoms kann $n_{\mu s}$ gleich 0, 1 oder 2 sein. Für $n_{\mu s} = 0$ oder $n_{\mu s} = 1$ ist $\frac{1}{2}(n_{\mu s}^2 - n_{\mu s}) = 0$ und $(\mu_s\mu_s|\mu_s\mu_s)$ kommt in (5.6–1) nicht vor, für $n_{\mu s} = 2$ ist $\frac{1}{2}(n_{\mu s}^2 - n_{\mu s}) = 1$. Das heißt, nur wenn das Orbital $\chi_{\mu s}$ doppelt besetzt ist $(n_{\mu s} = 2)$ tritt das Wechselwirkungsintegral $(\mu_s\mu_s|\mu_s\mu_s)$ auf, es entspricht der Abstoßung der beiden Elektronen, die $\chi_{\mu s}$ (mit entgegengesetzten Spin) besetzen. Im Ausdruck (5.5–2) ist für $q_{\mu s} = 2$ zwar $p_{\mu s, \mu s}^2 \approx 4$ und folglich $\frac{1}{2}[q_{\mu s}^2 - \frac{1}{2} p_{\mu s, \mu s}^2] \approx 1$, dagegen ist für $q_{\mu s} = 1$ auch $p_{\mu s, \mu s}^2 \approx 1$, so daß $\frac{1}{2}[q_{\mu s}^2 - \frac{1}{2} p_{\mu s, \mu s}^2] \approx \frac{1}{4}$ statt 0, wie man erwarten würde. Wenn das AO $\chi_{\mu s}$ im Valenzzustand einfach besetzt ist, tritt im Energieausdruck für diesen Valenzzustand der ‚Selbstwechselwirkungsbeitrag' $\frac{1}{4}(\mu_s\mu_s|\mu_s\mu_s)$ auf, während ein solcher Beitrag in einem echten atomaren Zustand nicht vorkommen darf. Dies ist zwar noch kein notwendiger Grund, um diese Selbstwechselwirkung als ‚unphysikalisch' zu empfinden, denn schließlich haben wir es mit einem Molekül und nicht mit isolierten Atomen zu tun. Wir werden allerdings noch sehen, daß das Auftreten der ‚Selbstwechselwirkung' unmittelbar mit dem falschen asymptotischen Verhalten der MO-Energie für große Kernabstände zusammenhängt. Bei großen Abständen ist der Energieausdruck der MO-Näherung und damit auch die Selbstwechselwirkung sicher unphysikalisch. Wenn wir das falsche asymptotische Verhalten für große Kernabstände näherungsweise korrigieren, was wir im folgenden Abschnitt tun wollen, so verschwindet auch diese ‚Selbstwechselwirkung'. Wir werden dann die in diesem Abschnitt auftretenden Größen W_μ und $W_{\mu\nu}$ durch etwas anders definierte Größen E_μ und $E_{\mu\nu}$ zu ersetzen haben.

Der dritte Unterschied zwischen einem echten atomaren Zustand und einem Valenzzustand liegt schließlich in folgendem: Ein atomarer Zustand wird bekanntlich in erster Näherung durch seine Konfiguration bestimmt (d.h. durch die Angabe der $n_{\mu s}$ bzw. der $q_{\mu s}$), in zweiter Näherung durch die Angabe des Terms, d.h. durch eine Aussage darüber, wie Spins und Drehimpulse der Elektronen zu Gesamtspin bzw. Gesamtdrehimpuls gekoppelt sind. Explizit wird durch die Angabe des Terms festgelegt, was für eine Linearkombination von Austauschintegralen das $E_\mu^{0\prime}$ in (5.6–1) ist. Beim Valenzzustand (5.5–2) müssen wir umgekehrt vorgehen. Wir kennen die Linearkombination der Austauschintegrale, die als W'_μ bezeichnet wurde, und wir fragen jetzt, was für ein Term hierzugehört. Es ist nicht verwunderlich, daß es i. allg. überhaupt keinen atomaren Term gibt, dessen Erwartungswert genau durch (5.5–2) gegeben ist, selbst wenn das Problem der ‚Selbstwechselwirkung' eliminiert ist.

Historisch trat der Begriff ‚Valenzzustand'*) zuerst im Zusammenhang mit den Methoden der Valenzstruktur -(VB) bzw. der Spinvalenz-(Heitler-Rumer-)Methode auf. Am geläufigsten ist seine Definition durch Moffitt**). Die von uns hier gegebene Definition weicht formal vom traditionellen Begriff ab, sie ist aber im Einklang mit der Ruedenbergschen Definition, auf MO-Wellenfunktionen spezifiziert. Nach Ruedenberg***) werden Valenzzustände im herkömmlichen Sinn besser als ‚Promotionszustände' bezeichnet. S. hierzu den folgenden Abschnitt.

5.7. Näherungsweise Berücksichtigung der Links-Rechts-Korrelation

Wir wissen bereits von der MO-LCAO-Näherung, daß sie sich für sehr kleine sowie für sehr große Abstände falsch verhält (vgl. Abschn. 3.4 und 4.2). Das Verhalten bei kleinen Abständen kann man, ähnlich wie beim H_2, dadurch in Ordnung bringen, daß man die MO's nicht als Linearkombinationen der AO's der getrennten Atome, sondern modifizierter AO's ansetzt. Im einfachsten Fall enthalten die modifizierten AO's einen variablen Exponentialfaktor. Man kann z.B. für jedes AO einen noch von der Geometrie abhängigen Exponentialfaktor einführen, der aber dann in sämtlichen MO's der gleiche ist. Die Argumentation ändert sich dann nur unwesentlich. Raffinierter und auch besser ist es, für ein AO verschiedene Exponentialfaktoren zu nehmen, je nachdem, in welchem MO es auftritt. Wir wollen das in Abschn. 8.4 ex-

---

* J.H. van Vleck, J. Chem. Phys. *2*, 20 (1934); R.S. Mulliken, J. Chem. Phys. *2*, 782 (1934).
** W. Moffitt, Rept. Progr. Phys. *17*, 173 (1954).
*** K. Ruedenberg, l.c.

plizit beim System He_2 besprechen. Hier wollen wir auf diese Möglichkeit verzichten, weil wir dann den bisher verwendeten Formalismus aufzugeben hätten. Jedenfalls macht es aber keine grundsätzlichen Schwierigkeiten, den MO-LCAO-Ansatz so zu verbessern, daß er sich für kleine Abstände richtig verhält.

Problematischer ist das Verhalten bei großen Abständen. Gehen wir aus vom Energieausdruck (5.5–1), und überlegen wir uns, was aus den Zweizentrenbeiträgen $W_{\mu\nu}$ nach (5.5–3) für $R_{\mu\nu} \to \infty$ wird. In diesem Grenzfall können wir alle Beiträge weglassen, die exponentiell gegen Null gehen, d.h. wir können sämtliche $\beta_{\mu s,\nu t}$ vernachlässigen und die $(\mu_s\mu_s|\nu_t\nu_t)$ sowie $(\mu : \nu_t\nu_t)$ durch ihren asymptotischen Ausdruck $\frac{1}{R_{\mu\nu}}$ ersetzen. Ebenso vernachlässigen wir die Korrekturen zur Mulliken-Näherung. Es verbleibt dann

$$\lim_{R_{\mu\nu}\to\infty} W_{\mu\nu} = \frac{(Z_\mu - q_\mu)(Z_\nu - q_\nu)}{R_{\mu\nu}} - \frac{1}{2}\frac{1}{R_{\mu\nu}}\sum_{s,t} p^2_{\mu s,\nu t} \tag{5.7–1}$$

bzw. wenn wir die effektiven Ladungen Q_μ definieren

$$Q_\mu = Z_\mu - q_\mu \tag{5.7–2}$$

$$\lim_{R_{\mu\nu}\to\infty} W_{\mu\nu} = \frac{Q_\mu \cdot Q_\nu}{R_{\mu\nu}} - \frac{1}{2}\frac{1}{R_{\mu\nu}}\sum_{s,t} p^2_{\mu s,\nu t} \tag{5.7–3}$$

Der erste Term in (5.7–3) stellt offensichtlich die Coulomb-Wechselwirkung zwischen den effektiven Ladungen $Q_\mu = Z_\mu - q_\mu$ der Atome dar. Der zweite Term ist dagegen unphysikalisch, was man u.a. sieht, wenn man ein unpolares Molekül betrachtet, in dem $Z_\mu = q_\mu$ und also $Q_\mu = 0$ für alle μ. Dann darf überhaupt keine Wechselwirkung von großer Reichweite ($\sim \frac{1}{R_{\mu\nu}}$) auftreten, $W_{\mu\nu}$ nach Gl. (5.7–3) enthält aber einen solchen Term. Was dieser tatsächlich bedeutet, sehen wir, wenn wir uns den allgemeinen Energieausdruck (5.4.–12) für das Beispiel des H_2-Moleküls ansehen.

Beim H_2 gehört zu jedem Atom nur ein AO (1*s*), insgesamt ist nur ein MO doppelt besetzt, damit erübrigen sich die Indizes *i, s, t,* und es verbleiben nur μ und ν. Aus den Koeffizienten

$$c_1 = c_2 = \frac{1}{\sqrt{2(1+S)}} \tag{5.7–4}$$

und der Überlappungsmatrix

$$S = \begin{pmatrix} 1 & S \\ S & 1 \end{pmatrix} \tag{5.7–5}$$

errechnet man leicht q_μ und $p_{\mu\nu}$ zu

$$q_1 = q_2 = p_{11} = p_{12} = p_{21} = p_{22} = 1 \tag{5.7–6}$$

und man erhält (mit $\alpha = \alpha_1 = \alpha_2$; $\beta = \beta_{12}$) nach Einsetzen in (5.4–12), da $E'_\mu = 0$

$$W = 2\alpha + \frac{2\beta}{1+S} + \frac{1}{2}\,[(11|11) + (11|22)] + \frac{1}{R} - 2\,(1:22) \tag{5.7–7}$$

Dies ist der uns wohlbekannte Energieausdruck der MO-LCAO-Näherung, wenn wir noch a statt 1 und b statt 2 schreiben.

Wir wissen von diesem Ausdruck, daß er für $R \to \infty$ das falsche asymptotische Verhalten zeigt (Abschn. 4.2 und 4.4). Das richtige Verhalten erreichen wir, wenn wir statt einer einzelnen Slater-Determinante eine Linearkombination von solchen verwenden. Das würde aber zu einem viel zu komplizierten Energieausdruck führen. Deshalb wollen wir die Links-Rechts-Korrelation – denn genau deren Vernachlässigung führt zum falschen asymptotischen Verhalten – in einer einfachen Weise genähert berücksichtigen, nämlich, wie wir bereits in Abschn. 4.4 diskutierten, indem wir im Energieausdruck (5.7–7) einfach $\frac{1}{2}$ [(11|11) + (11|22)] durch (11|22) ersetzen und gleichzeitig die Verkleinerung von $|\beta|$, die eine Folge der Links-Rechts-Korrelation ist, berücksichtigen.

Wie läßt sich das beim H_2 erfolgreiche Rezept zur Erfassung der Links-Rechts-Korrelation auf beliebige Moleküle verallgemeinern? Wir schlagen vor, im Energieausdruck (5.4–12) den Term

$$-\frac{1}{2}\,p^2_{\mu s,\nu t}\,(\mu_s\mu_s|\nu_t\nu_t) \tag{5.7–8}$$

zu ersetzen durch

$$-\frac{1}{4}\,p^2_{\mu s,\nu t}\,[(\mu_s\mu_s|\mu_s\mu_s) + (\nu_t\nu_t|\nu_t\nu_t)] \tag{5.7–9}$$

und gleichzeitig $\beta_{\mu s}$ in einer Weise zu modifizieren, die wir jetzt nicht im einzelnen erläutern wollen.*)

Die Gesamtenergie E (die allerdings nicht mehr mit der Gesamtenergie der MO-Näherung identisch ist) ist dann nach wie vor eine Summe von intraatomaren und interatomaren Beiträgen

$$E = \sum_\mu E_\mu + \sum_{\mu<\nu} E_{\mu\nu} \tag{5.7–10}$$

Wir zerlegen sowohl E_μ als auch $E_{\mu\nu}$ in je zwei Anteile

$$E_\mu = E^{(1)}_\mu + E^{(2)}_\mu \tag{5.7–11}$$

---

* F. Driessler und W. Kutzelnigg l.c.

$$E_{\mu\nu} = E_{\mu\nu}^{\mathrm{IF}} + E_{\mu\nu}^{\mathrm{QK}} \tag{5.7-12}$$

Dabei bezieht sich (1) bzw. (2) auf Ein- bzw. Zweielektronenbeiträge, während IF Interferenz und QK quasiklassisch bedeuten.

$$E_{\mu}^{(1)} = \sum_{s} q_{\mu s}\alpha_{\mu s} + 2\sum_{i}\sum_{s,t} c_{\mu s}^{i}\, \beta_{\mu s,\mu t}\, c_{\mu t}^{i} \tag{5.7-13}$$

$$E_{\mu}^{(2)} = \frac{1}{2}\sum_{s} \left[(q_{\mu s})^2 - \frac{1}{2}\sum_{\substack{\nu \\ (\neq \mu)}}\sum_{t} p_{\mu s,\nu t}^{2} - \frac{1}{2} p_{\mu s,\mu s}^{2} \right] (\mu_s\mu_s|\mu_s\mu_s) +$$

$$+ \frac{1}{2}\sum_{s,t}' \left[q_{\mu s}q_{\mu t} - \frac{1}{2} p_{\mu s,\mu t}^{2} \right] (\mu_s\mu_s|\mu_t\mu_t) + W'_{\mu} \tag{5.7-14}$$

$$E_{\mu\nu}^{\mathrm{IF}} = 4\sum_{i}\sum_{s,t} c_{\mu s}^{i}\, \beta_{\mu s,\nu t}\, c_{\nu t}^{i} + W'_{\mu\nu} \tag{5.7-15}$$

$$E_{\mu\nu}^{\mathrm{QK}} = \sum_{s,t} q_{\mu s}q_{\nu t}\,(\mu_s\mu_s|\nu_t\nu_t) + \frac{Z_\mu Z_\nu}{R_{\mu\nu}} -$$

$$- Z_\mu \sum_{t} q_{\nu t}\,(\mu : \nu_t\nu_t) - Z_\nu \sum_{s} q_{\mu s}\,(\nu : \mu_s\mu_s) \tag{5.7-16}$$

Jetzt hat $E_{\mu\nu}$ das richtige asymptotische Verhalten für großes $R_{\mu\nu}$:

$$\lim_{R_{\mu\nu}\to\infty} E_{\mu\nu} = \lim_{R_{\mu\nu}\to\infty} E_{\mu\nu}^{\mathrm{QK}} = \frac{(Z_\mu - q_\mu)\,(Z_\nu - q_\nu)}{R_{\mu\nu}} = \frac{Q_\mu \cdot Q_\nu}{R_{\mu\nu}} \tag{5.7-17}$$

Beim Übergang von (5.5–1) nach (5.7–10) wird nicht nur $W_{\mu\nu}$ durch $E_{\mu\nu}$ ersetzt, sondern auch W_μ durch E_μ. Sehen wir uns den Energieausdruck (5.7–11, 13, 14) für E_μ an, so erkennen wir, daß er dem eines echten atomaren Zustandes (vgl. E_μ^0 nach 5.6–1) näher ist als W_μ. In der Tat enthält E_μ i.allg. keine ‚Selbstwechselwirkung'.

Betrachten wir z.B. den Fall, daß $\chi_{\mu s}$ einfach besetzt ist, d.h. $q_{\mu s} = 1$, daß $\chi_{\mu s}$ ein Zweizentren-MO mit $\chi_{\kappa v}$ bildet und daß (wie beim H_2) $p_{\mu s,\kappa v} = 1$ und daß alle anderen $p_{\mu s,\nu t} = 0$ für $(\kappa v) \neq (\nu t)$ oder $(\nu t) \neq (\mu s)$. Dann ist der Koeffizient von $(\mu_s\mu_s|\mu_s\mu_s)$ in (5.7–14) gegeben durch

$$(q_{\mu s})^2 - \frac{1}{2}\sum_{\substack{\nu \\ (\neq \mu)}}\sum_{t} p_{\mu s,\nu t}^{2} - \frac{1}{2} p_{\mu s,\mu s}^{2} = (q_{\mu s})^2 - \frac{1}{2} p_{\mu s,\kappa v}^{2} - \frac{1}{2} p_{\mu s,\mu s}^{2}$$

$$= 1 - \frac{1}{2} - \frac{1}{2} = 0 \tag{5.7-18}$$

d.h. es tritt keine Selbstwechselwirkung auf.

Den durch E_μ gekennzeichneten Zustand sollte man nach Ruedenberg*) als ‚Promotionszustand', im Gegensatz zum ‚Valenzzustand' mit der Energie W_μ, bezeichnen, andererseits entspricht E_μ mehr als W_μ dem, was man herkömmlicherweise als Valenzzustand bezeichnet. Wir werden im folgenden E_μ als Energie des Valenzzustands schlechthin bezeichnen und W_μ die Bezeichnung MO-theoretische Valenzzustandsenergie vorbehalten. Zu diesen Begriffen sowie auch zur Korrelationskorrektur sind noch einige Bemerkungen zu machen.

1. Wir haben gleichzeitig damit, daß wir das Verhalten der MO-Energie für große R korrigierten, die gesamte ‚Selbstwechselwirkungsenergie' eliminiert (zumindest im Fall, den wir soeben genauer ansahen). Das ist auf den ersten Blick zufriedenstellend, weil uns die ‚Selbstwechselwirkung' unphysikalisch erschien. Allerdings zeigt eine genauere Analyse*)**), daß im Bereich der Gleichgewichtsabstände eine ‚Selbstwechselwirkung' als Folge des ‚sharing penetration' (der erhöhten Anwesenheit zweier Elektronen im gleichen AO als Folge der Interferenz) durchaus auftritt, freilich in geringerem Maße, als man nach der MO-Theorie erwarten sollte. Diese überschätzt das ‚sharing penetration' gewaltig. Indem wir das ‚sharing penetration' ganz eliminieren, vernachlässigen wir im Falle positiver, d.h. bindender Interferenz einen positiven Energiebeitrag, die Energie wird etwas zu tief. Die qualitative Argumentation wird dadurch nicht entscheidend beeinträchtigt, außer in Sonderfällen wie beim Li_2 (Abschn. 8.5).

2. Weder dem W_μ noch dem E_μ entspricht ein realisierbarer atomarer Zustand, numerische Rechnungen**) haben allerdings gezeigt, daß E_μ nicht allzuweit von der Grundzustandsenergie E_μ^0 (5.6–1) entfernt ist (einige eV), im Gegensatz zu W_μ, das eine Interpretation als promovierter atomarer Zustand nicht zuläßt. Man kann versuchen, den zu E_μ gehörenden Valenzzustand zu rationalisieren, vor allem dann, wenn ein Zusammenhang zwischen Valenzzustand und Verbindungstyp zu erkennen ist. Hierzu wird man erstens die $q_{\mu s}$ auf ganzzahlige Werte auf- bzw. abrunden, so daß man eine Konfiguration des rationalisierten Valenzzustands angeben kann, z.B. $1s^2 2s2p^3$ für das C-Atom in den meisten seiner Verbindungen. Was die Kopplung des Spins und der Drehimpulse anbetrifft, so ist es plausibel, diese nicht zu einem Gesamtspin und Gesamtbahndrehimpuls zu koppeln, sondern man postuliert, daß die Spins aller einfach besetzten AO's statistisch verteilt sind, so daß alle AO's unabhängig voneinander zur Bindung befähigt sind. Einem solchen Zustand entspricht zwar keine Wellenfunktion, aber man kann für ihn einen Energieausdruck angeben, und dieser ist E_μ so ähnlich, wie es ein isolierter atomarer Zustand überhaupt sein kann.

Die Energie eines rationalisierten Valenzzustandes kann man entweder durch eine modifizierte Hartree-Fock-Rechnung erhalten***) oder aber – was praktischer ist – durch die Energien spektroskopischer Zustände des gleichen Atoms ausdrücken und aus experimentellen Termenergien berechnen[1].

---

* K. Ruedenberg, l.c.

** F. Driessler und W. Kutzelnigg l.c.

*** E. Kochanski, G. Berthier, in ‚Colloques Internationaux du CNRS, No 164. La Structure Hyperfine Magnetique des Atomes et des Molecules'. Paris, Editions du CNRS (1967).

1 C. Pilcher, H.A. Skinner, J. Inorg. Nucl. Chem. *24*, 937 (1962); J. Hinze, H.H. Jaffe, J. Chem. Phys. *38*, 1834 (1963).

Eine praktische Bedeutung haben solche Valenzzustandsenergien dann, wenn man die Gesamtenergie eines Moleküls nicht explizit ausrechnen will, sondern wenn man die Bindungsenergie in Analogie zu Gl. (5.5–4) aus Beiträgen $(E_\mu - E_\mu^0)$ und $E_{\mu\nu}$ zusammensetzen will. Weiß man aufgrund von heuristischen Überlegungen, welches der rationalisierte Valenzzustand ist und daß dieser dem wahren Valenzzustand nahekommt, so kann man $(E_\mu - E_\mu^0)$, die sog. ‚Promotionsenergie' eines Atoms aus seinem Grundzustand in seinen Valenzzustand, relativ leicht angeben und braucht dann nur noch die Mehrzentrenbeiträge $E_{\mu\nu}$ zur Bindungsenergie zu berechnen.

3. Da E_μ^0 die Energie des Grundzustandes des μ-ten Atoms ist, d.h. die tiefste Energie, die das μ-te Atom überhaupt einnehmen kann, liegt die Valenzzustandsenergie höher, d.h.

$$E_\mu - E_\mu^0 > 0 \tag{5.7–19}$$

Die ‚Promotion' kostet Energie. Damit insgesamt Bindung auftritt, müssen die Mehrzentrenbeiträge $E_{\mu\nu}$ mehr Energiegewinn bringen als für die Promotion aufzuwenden ist.

4. Die Promotionsenergie besteht aus einem Einelektronenbeitrag

$$E_\mu^{(1)} - E_\mu^{0(1)} = \sum_s (q_{\mu s} - n_{\mu s})\alpha_{\mu s} + 2\sum_i \sum_{s,t}{}' c_{\mu s}^i \, \beta_{\mu s,\mu t} \, c_{\mu t}^i \tag{5.7–20}$$

und einem Zweielektronenbeitrag

$$E_\mu^{(2)} - E_\mu^{0(2)} = \frac{1}{2}\sum_s \Big(q_{\mu s}^2 - n_{\mu s}^2 + n_{\mu s} - \frac{1}{2}\sum_{\substack{\nu \\ (\neq\mu)}} \sum_t p_{\mu s,\nu t}^2 - \frac{1}{2} p_{\mu s,\mu s}^2 \Big)(\mu_s\mu_s|\mu_s\mu_s) + \\ + \frac{1}{2}\sum_{s,t}{}' \left[q_{\mu s}q_{\mu t} - n_{\mu s}n_{\mu t} - \frac{1}{2} p_{\mu s,\mu t}^2 \right] (\mu_s\mu_s|\mu_t\mu_t) + W_\mu' - E_\mu^{0\prime} \tag{5.7–21}$$

5. Es sei noch einmal betont, daß gleichzeitig mit der genäherten Korrektur für die Links-Rechts-Korrelation auch der Interferenzterm korrigiert werden muß, ähnlich wie wir beim H_2 den Interferenzterm der MO-Näherung durch den der VB-Näherung zu ersetzen hatten. Ferner gilt der hier verwendete Ausdruck für die Links-Rechts-Korrelation nur für Neutralmoleküle (nicht z.B. H_3^+ oder H_3^-) und auch nur für abgeschlossenschalige Zustände.

Es sei auch noch daran erinnert, daß wir nicht bestrebt waren, einen möglichst genauen, sondern einen möglichst einfachen und leicht interpretierbaren Energieausdruck zu erhalten.

Zum Schluß zwei Beispiele. Wenn wir am MO-LCAO-Ausdruck (5.7–7) des H_2 die Korrektur für die Links-Rechts-Korrelation anbringen, erhalten wir

$$E = 2\alpha + \frac{2\beta}{1+S} + (11|22) + \frac{1}{R} - 2\,(1:22) \tag{5.7–22}$$

Das ist nicht verwunderlich, da wir zum Ersatz von (5.7–8) durch (5.7–9) durch unsere früheren Überlegungen am H_2 angeregt wurden.

Beim He_2-Grundzustand ist (es gibt wiederum nur ein α und ein β und wir brauchen nur die Indizes i, μ, ν, nicht aber s, t)

$$c_1^1 = c_2^1 = \frac{1}{\sqrt{2(1+S)}} \; ; \qquad d_1^1 = d_2^1 = \sqrt{\frac{1+S}{2}}$$

$$c_1^2 = -c_2^2 = \frac{1}{\sqrt{2(1-S)}} \; ; \qquad d_1^2 = -d_2^2 = \sqrt{\frac{1-S}{2}}$$

$$q_1 = q_2 = 2 \; ; \; p_{12}^{(1)} = 0 \; ; \; p_{12}^{(2)} = \frac{-2S}{1-S^2} \; ; \; p_{12}^{(3)} = 2S$$

$$p_{12}^2 = \frac{-2S^2}{1-S^2} \; ; \; p_{11}^2 = 4 + \frac{2S^2}{1-S^2} \qquad (5.7\text{–}23)$$

und der MO-LCAO-Energieausdruck nach Gl. (5.4–12)

$$W = 4\alpha - \frac{4\beta S}{1-S^2} + \left[2 - \frac{S^2}{1-S^2}\right](11|11) + \left[4 + \frac{S^2}{1-S^2}\right](11|22) + \frac{4}{R} - 8\,(1:22) \qquad (5.7\text{–}24)$$

hat für $R \to \infty$ bereits das richtige asymptotische Verhalten, d.h.

$$\lim_{R\to\infty} W = 4\,\alpha + 2(11|11) = 2\,E(\mathrm{He}) \qquad (5.7\text{–}25)$$

Für großes R geht die MO-LCAO-Energie des He_2 gegen die Summe der Energien zweier He-Atome. Das hängt damit zusammen, daß $q_1 = q_2 = 2$. Nur wenn $q_{\mu s} = 1$, d.h. wenn ein Orbital im Valenzzustand einfach besetzt ist, treten gleichzeitig das falsche Verhalten für $R \to \infty$ sowie die sog. ‚Selbstwechselwirkung' eines AO's auf. Im Grunde brauchten wir also den Energieausdruck für das He_2 gar nicht zu korrigieren. Wir wollen aber möglichst alle Systeme in gleicher Weise behandeln, und wir sehen uns deshalb an, was für die korrigierte MO-LCAO-Energie nach (5.7–11 bis 16) herauskommt.

$$E = 4\alpha - \frac{4\beta S}{1-S^2} + 2\,(11|11) + 4\,(11|22) + \frac{4}{R} - 8\,(1:22) \qquad (5.7\text{–}26)$$

Die Differenz der Energien nach (5.7–24) und (5.7–26) beträgt

$$-\frac{S^2}{1-S^2}[(11|11) - (11|22)] \qquad (5.7\text{–}27)$$

Diese Differenz stellt tatsächlich den Beitrag des ‚sharing penetration' (das hier in der MO-Näherung richtig erfaßt wird) zur Energie dar. Da hier die negative (abstoßende) Interferenz überwiegt, ist das ‚sharing penetration' negativ, d.h. die Wahrscheinlichkeit, zwei Elektronen am gleichen Atom anzutreffen, ist im Molekül kleiner als in den getrennten Atomen. Der Energiebeitrag (5.7–27) ist folglich negativ, erniedrigend. Wenn wir ihn vernachlässigen, erhalten wir eine zu hohe (zu stark abstoßende) Energie. Wie man anhand von Abb. 19 sieht, ist der Beitrag (5.7–27) aber klein, und es ist gerechtfertigt, für qualitative Argumentationen (5.7–27) wegzulassen, d.h. (5.7–26) zu benutzen.

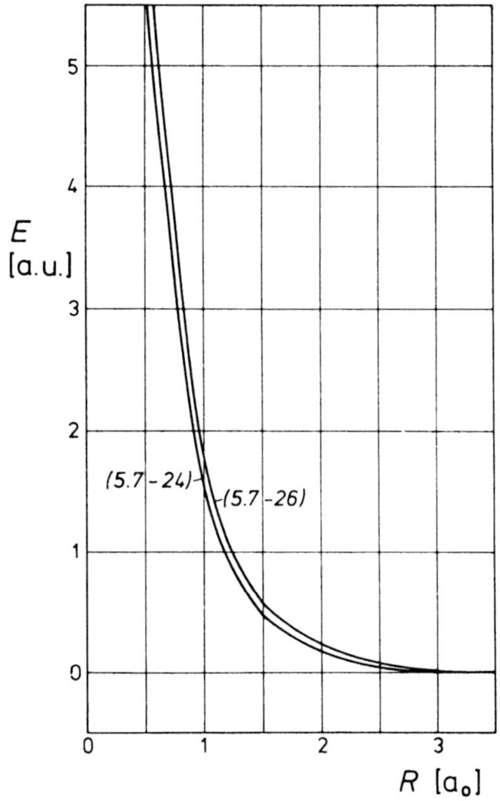

Abb. 19. Die Abstoßung zweier He-Atome nach zwei verschiedenen Näherungsformeln Gl. (5.7–24) bzw. (5.7–26).

5.8. Abschließende Diskussion des Energieausdrucks

Wir sind vom Energieausdruck (5.2–3) der MO-LCAO-Näherung, d.h. vom Energieerwartungswert einer Slater-Determinante ausgegangen, wobei die Molekülorbitale als Linearkombination von Atomorbitalen angesetzt wurden. Wir haben diesen Ausdruck unter Benutzung der Mullikenschen Näherung sowie der Korrekturen zu dieser

Näherung (5.3–12, 15) und unter Einführung der sog. Ladungs- und Bindungsordnungen $q_{\mu s}$ (5.3–5) und $p_{\mu s,\nu t}$ (5.3–9) sowie der Einelektronen-Matrixelemente $\alpha_{\mu s}$ (5.4–4), $\gamma_{\mu s,\nu t}$ (5.4–6) und $\beta_{\mu s,\nu t}$ (5.4–10) und der abgekürzten Schreibweise (5.4–3) für Kern-Elektronen-Wechselwirkungsintegrale schließlich auf die alternativen Formen (5.4–11) bzw. (5.4–12) gebracht. Wir haben dann gezeigt, daß man den Ausdruck (5.4–12) im Sinne der Gleichung (5.5–1) in intraatomare W_μ und interatomare Beiträge $W_{\mu\nu}$ aufteilen kann. Bis zu dieser Stelle wurden außer den Näherungsannahmen, die im MO-LCAO-Ansatz und in der Vernachlässigung der 3- und 4-Zentrenkorrekturen zur Mullikenschen Näherung stecken, keine zusätzlichen Vereinfachungen gemacht.

Den Hauptfehler des MO-LCAO-Ansatzes, der das falsche asymptotische Verhalten der Energie für große Abstände betrifft, haben wir dann in einer stark vereinfachenden Weise korrigiert, was uns zum modifizierten Energieausdruck

$$E = \sum_\mu (E_\mu^{(1)} + E_\mu^{(2)}) + \sum_{\mu<\nu} [E_{\mu\nu}^{\mathrm{IF}} + E_{\mu\nu}^{\mathrm{QK}}] \qquad (5.8\text{–}1)$$

führte, wobei die Einzelbeiträge durch (5.7–13 bis 16) gegeben sind.

Dieser endgültige Energieausdruck ist als Grundlage für qualitative Diskussionen der chemischen Bindung geeignet, und wir wollen die einzelnen Beiträge noch einmal anschaulich erklären.

$E_\mu = E_\mu^{(1)} + E_\mu^{(2)}$ läßt sich als Energie des μ-ten Atoms in seinem Valenzzustand interpretieren, wobei $E_\mu^{(1)}$ die Einelektronenenergie und $E_\mu^{(2)}$ die Elektronenwechselwirkungsenergie ist. Die Tatsache, daß $E_\mu > E_\mu^0$, wobei E_μ^0 die Energie des μ-ten Atoms in seinem Grundzustand ist, bedeutet, daß die ‚Überführung' eines Atoms in seinen Valenzzustand Energie kostet. Der Begriff Valenzzustand ist dabei nicht so zu verstehen, als gäbe es einen solchen Zustand auch für das isolierte Atom, und auch innerhalb eines Moleküls ist der Valenzzustand nur im Rahmen eines bestimmten Näherungsansatzes definiert.

Die Promotionsenergie $\sum_\mu (E_\mu - E_\mu^0)$ besteht aus zwei Teilen, einem Einelektronenanteil $\sum_\mu [E_\mu^{(1)} - E_\mu^{0\,(1)}]$ und einem Zweielektronenanteil $\sum_\mu [E_\mu^{(2)} - E_\mu^{0\,(2)}]$. Ersterer hat mit der Änderung der Konfiguration zu tun (Kohlenstoff hat im Grundzustand die Konfiguration $1s^2\,2s^2\,2p^2$, im Valenzzustand in den meisten Verbindungen näherungsweise $1s^2\,2s\,2p^3$), letzterer mit der Änderung der Elektronenwechselwirkung. Der erste Beitrag macht in der Regel mehr aus.

Die interatomaren Beiträge $E_{\mu\nu}^{\mathrm{IF}}$ und $E_{\mu\nu}^{\mathrm{QK}}$ sind für das Zustandekommen der Bindung entscheidend. Und zwar hängt der Interferenzbeitrag

$$E_{\mu\nu}^{\mathrm{IF}} = 4 \sum_i \sum_{s,t} c_{\mu s}^i \, \beta_{\mu s,\nu t} \, c_{\nu t}^i + W'_{\mu\nu} \qquad (5.8\text{–}2)$$

unmittelbar mit der Überlappung (Interferenz) der AO's zusammen. Die entscheidenden Größen sind die reduzierten Resonanzintegrale $\beta_{\mu s,\nu t}$ zwischen den AO's $\chi_{\mu s}$ und $\chi_{\nu t}$. Die β's hängen für große Abstände exponentiell vom Abstand ab, sie beschreiben Wechselwirkungen von kurzer Reichweite. Das bedeutet, in der Regel sind vor allem die Beiträge zwischen nächsten Nachbarn entscheidend, während die β's zwischen weiter von einander entfernten Atomen i.allg. zu vernachlässigen sind. (Der Zweielektroneninterferenzbeitrag $W'_{\mu\nu}$ ist für quantitative, nicht so sehr für qualitative Betrachtungen wichtig.)

Im Gegensatz dazu sind die Beiträge der quasiklassischen Coulomb-Wechselwirkung

$$\begin{aligned} E_{\mu\nu}^{\mathrm{QK}} &= \sum_{s,t} q_{\mu s}\, q_{\nu t}\, (\mu_s\mu_s|\nu_t\nu_t) + \frac{Z_\mu Z_\nu}{R_{\mu\nu}} - \\ &- Z_\mu \sum_t q_{\nu t}\, (\mu : \nu_t\nu_t) - Z_\nu \sum_s q_{\mu s}\, (\nu : \mu_s\mu_s) \end{aligned} \tag{5.8–3}$$

i. allg. von großer Reichweite, denn für $R_{\mu\nu} \to \infty$ sind sowohl die Elektronenabstoßungsintegrale $(\mu_s\mu_s|\nu_t\nu_t)$ sowie die Kern-Elektronen-Anziehungsintegrale $(\nu : \mu_s\mu_s)$ gleich $\frac{1}{R_{\mu\nu}}$, so daß

$$\lim_{R_{\mu\nu}\to\infty} E_{\mu\nu}^{\mathrm{QK}} = \frac{Q_\mu Q_\nu}{R_{\mu\nu}} \tag{5.8–4}$$

wobei $Q_\mu = Z_\mu - q_\mu$ die effektive Ladung des μ-ten Atoms ist. Beiträge, die proportional zu $\frac{1}{R}$ sind, spielen auch noch zwischen weit entfernten Atomen eine Rolle. Bei Molekülen mit unpolaren Bindungen, bei denen $Q_\mu = 0$ für alle μ, verschwindet allerdings $E_{\mu\nu}^{\mathrm{QK}}$ bei großen Abständen. Dann gibt es nur Kräfte kurzer Reichweite im Molekül.

Ein interatomarer quasiklassischer Term $E_{\mu\nu}^{\mathrm{QK}}$ besteht aus drei Anteilen, dem der Elektronenabstoßung

$$E_{\mu\nu}^{\mathrm{ee}} = \sum_{s,t} q_{\mu s}\, q_{\nu t}\, (\mu_s\mu_s|\nu_t\nu_t) \tag{5.8–5}$$

dem der Kernabstoßung

$$E_{\mu\nu}^{\mathrm{kk}} = \frac{Z_\mu \cdot Z_\nu}{R_{\mu\nu}} \tag{5.8–6}$$

und dem der Kern-Elektronen-Anziehung $E_{\mu\nu}^{\mathrm{ek}} + E_{\nu\mu}^{\mathrm{ek}}$ mit

$$E_{\mu\nu}^{\mathrm{ek}} = -Z_\nu \sum_s q_{\mu s}\, (\nu : \mu_s\mu_s) \tag{5.8–7}$$

Alle diese Ausdrücke haben genau die Form, die man erwarten würde, wenn ein Molekül quasiklassisch zu beschreiben wäre, d.h. wenn die Ladungsdichte im Molekül einfach gleich der Summe der Ladungsdichten der Atome in den Valenzzuständen wäre, also keine Änderung der Ladungsdichte durch Interferenz aufträte. Wir wissen allerdings, daß eine solche Änderung stattfindet und daß diese entscheidend für das Zustandekommen von $E_{\mu\nu}^{\mathrm{IF}}$, d.h. für den Interferenzbeitrag zur chemischen Bindung, ist und daß sie auch für $W'_{\mu\nu}$ verantwortlich ist, das von den Korrekturtermen zur Mulliken-Näherung herrührt.

Wir dürfen natürlich nicht vergessen, daß unser Energieausdruck nicht streng richtig ist. In Einzelfällen müssen wir Energiebeiträge berücksichtigen, die hier vernachlässigt wurden, aber wir haben zumindest die in erster Näherung wichtigen Effekte erfaßt.

5.9. Ergänzungen 1993

Eine etwas vereinfachte und anschauliche Darstellung des Stoffs dieses Kapitels findet man in einem Übersichtsartikel *Was ist chemische Bindung*[*]. Zu neueren Erkenntnissen sei auf ein Kapitel *The physical origin of the chemical bond* in einem Handbuch verwiesen[**].

Die Überlegungen dieses Kapitels sind Grundlagen der Herleitung und Rechtfertigung gewisser semiempirischer Rechenmethoden in Kap. 6.
Eine alternative Begründung derartiger Methoden auf der Grundlage des Konzepts effektiver Hamiltonoperatoren ist von K. Freed vorgeschlagen worden[***].

Eine interessante Alternative zu den semiempirischen Verfahren, die auch auf dem Konzept effektiver Hamiltonoperatoren beruht, ist die Theorie des Heisenberg-Hamiltonoperators von Malrieu et al.[1]

Liest man neuere Übersichtsartikel zu semiempirischen Methoden[2,3], so stellt man fest, daß der Zusammenhang mit der strengen Theorie nur mehr wenig interessiert, sondern daß man diese Methoden bewußt als Interpolationsverfahren ansieht. Dementsprechend verwendet man kaum noch aus Atomdaten stammende Parameter, sondern paßt alles an Moleküldaten an.

---

* W. Kutzelnigg, Angew. Chem. *85*, 551 (1973), Angew. Chem. Int. Ed. *12*, 46 (1973).

** W. Kutzelnigg, in: *The Concept of the Chemical Bond,* Z. B. Maksic ed., Springer, Berlin 1990.

*** K. F. Freed, in: *Semiempirical methods of electronic structure calculations*, Part A, G. A. Segal ed., Plenum New York 1977.

1 J. P. Malrieu, D. Maynau, J. Am. Chem. Soc. *104*, 3021 (1982).

2 J. J. P. Stewart, in *Reviews in Computational Chemistry I*, K. B. Lipkowitz, D. B. Boyd ed. VCH, Weinheim 1990.

3 M. C. Zerner, in *Reviews in Computational Chemistry II*, K. B. Lipkowitz, D. B. Boyd ed., VCH, Weinheim 1991.

6. Ableitung einiger quantenmechanischer Näherungsmethoden

6.1. Begründung einer Einelektronentheorie (mit Überlappung) für unpolare Moleküle*)

Wir gehen aus vom Ausdruck (5.7–10 bis 16) für die Energie E eines Moleküls und subtrahieren davon die Energie $\sum_\mu E_\mu^0$ (5.6–1) der getrennten Atome. Dann erhalten wir für die Bindungsenergie

$$\Delta E = E - \sum_\mu E_\mu^0 = \sum_{\mu,s} q_{\mu s}\alpha_{\mu s} + 2\sum_i \sum_{(\mu,s)\neq(\nu,t)} c_{\mu s}^i \, \beta_{\mu s,\nu t}\, c_{\nu t}^i -$$

$$- \sum_{\mu,s} n_{\mu s}\alpha_{\mu s} + \sum_\mu (E_\mu^{(2)} - E_\mu^{0(2)}) + \sum_{\mu<\nu} (E_{\mu\nu}^{\mathrm{QK}} + W'_{\mu\nu}) \qquad (6.1-1)$$

Wir sollen uns jetzt überlegen, daß man diesen Ausdruck unter bestimmten Voraussetzungen in guter Näherung noch weiter vereinfachen kann. Und zwar wollen wir voraussetzen, daß wir es mit einem Molekül zu tun haben, in dem alle Bindungen nahezu unpolar sind, d.h. für das gilt $q_\mu \approx Z_\mu$ (für alle μ), was gleichbedeutend damit ist, daß die effektiven Ladungen $Q_\mu = q_\mu - Z_\mu$ nahezu verschwinden. Wir wissen, daß unter der Voraussetzung $Q_\mu = 0$ (alle μ) die quasiklassischen Beiträge E^{QK} für große Abstände beliebig klein werden, weil

$$\lim_{R_{\mu\nu}\to\infty} E_{\mu\nu}^{\mathrm{QK}} = \frac{Q_\mu \cdot Q_\nu}{R_{\mu\nu}} \qquad (6.1-2)$$

Man kann nun plausibel machen, daß $E_{\mu\nu}^{\mathrm{QK}}$ auch für mittlere bis kleine Abstände hinreichend klein ist.

$E_{\mu\nu}^{\mathrm{QK}}$ stellt die gesamte quasiklassische Coulomb-Wechselwirkung im Molekül dar, nämlich die Summe der Elektronenabstoßung $E_{\mu\nu}^{\mathrm{ee}}$, der Kernabstoßung $E_{\mu\nu}^{\mathrm{kk}}$, und der Kern-Elektronen-Anziehung $-E_{\mu\nu}^{\mathrm{ek}} - E_{\nu\mu}^{\mathrm{ek}}$

$$E_{\mu\nu}^{\mathrm{QK}} = E_{\mu\nu}^{\mathrm{ee}} + E_{\mu\nu}^{\mathrm{ek}} + E_{\nu\mu}^{\mathrm{ek}} + E_{\mu\nu}^{\mathrm{kk}} \qquad (6.1-3)$$

Bei kleinen Abständen gilt in der Regel

$$|E_{\mu\nu}^{\mathrm{kk}}| > |E_{\mu\nu}^{\mathrm{ek}}| > |E_{\mu\nu}^{\mathrm{ee}}| \qquad (6.1-4)$$

Beim H_2-Molekül ist z.B. in der einfachen LCAO-Näherung am Gleichgewichtsabstand (R=1.4 a_0, alle Energien in a.u.):

---

* Man bezeichnet diese auch als die tight-binding-Näherung [vgl. hierzu K. Ruedenberg J.Chem. Phys. *34*, 1861, 1884 (1961)].

$E_{12}^{kk} = 0.71429$ $\qquad E_{12}^{kk} - E_{12}^{ee} = 0.21076$

$E_{12}^{ee} = 0.50352$ $\qquad E_{12}^{kk} - E_{12}^{ek} = 0.10425$

$E_{12}^{ek} = 0.61004$ $\qquad E_{12}^{ek} - E_{12}^{ee} = 0.10652$

$E_{12}^{QK} = 0.00227$

Wäre

$$E_{12}^{kk} + E_{12}^{ek} = -E_{12}^{ek} - E_{12}^{ee} \tag{6.1–5}$$

so würde $E_{\mu\nu}^{QK}$ tatsächlich verschwinden. Jedenfalls ist die Chance, daß unser $E_{\mu\nu}^{QK}$ vernachlässigbar klein ist, wesentlich größer, als daß die Differenz $E_{12}^{kk} - E_{12}^{ee}$, die bei einer anderen Aufteilung der Energie auftritt (vgl. Abschn. 6.4), zu vernachlässigen ist.

Die quasiklassische Wechselwirkung ist beim H_2^+ sowie beim H_2 außerordentlich klein. Bei größeren Molekülen ist sie aber von der gleichen Größenordnung wie die gesamte Wechselwirkung. Dennoch ist die starke quasiklassische Wechselwirkung nicht Ursache der chemischen Bindung, sondern ein sekundärer Effekt*).

Als nächstes können wir plausibel machen, daß die Beiträge $E_\mu^{(2)} - E_\mu^{0(2)}$ der Elektronenwechselwirkungsenergie zur Promotionsenergie ebenfalls näherungsweise zu vernachlässigen sind, sofern $q_\mu \approx Z_\mu$, denn dann ist auch $n_\mu \approx q_\mu$, und $E_\mu^{(2)}$unterscheidet sich von $E_\mu^{0(2)}$ im wesentlichen nur um Differenzen von Einzentren-Austauschintegralen.

Nicht zu vernachlässigen sind in der Regel die Interferenzbeiträge $W'_{\mu\nu}$ zur Elektronenwechselwirkung. Es empfiehlt sich, diese auf die Einelektroneninterferenzbeiträge aufzuteilen (was allerdings nicht ganz willkürfrei möglich ist), was schließlich dazu führt, daß wir die $\beta_{\mu s,\nu t}$ durch gewisse $\beta'_{\mu s,\nu t}$ ersetzen, die noch Zweielektroneninterferenzbeiträge enthalten*).

Wir erhalten dann schließlich folgenden genäherten Ausdruck für die Bindungsenergie eines Moleküls mit unpolaren Bindungen:

$$\Delta E = \sum_{\mu,s} q_{\mu s}\alpha_{\mu s} + 2\sum_i \sum_{(\mu,s)\neq(\nu,t)} c_{\mu s}^i \beta'_{\mu s,\nu t} c_{\nu t}^i - \sum_{\mu,s} n_{\mu s}\alpha_{\mu s} \tag{6.1–6}$$

Bei der Begründung des genäherten Ausdrucks (6.1–6) für die Bindungsenergie setzten wir voraus, daß die Koeffizienten $c_{\mu s}^i$ bzw. die Ladungsordnungen $q_{\mu s}$ bekannt sind. Wollen wir den Ausdruck (6.1–6) als Grundlage für eine Berechnung der $c_{\mu s}^i$ wählen, indem wir diese durch die Forderung bestimmen, daß sie (6.1–6) stationär machen, so müssen wir uns vorher davon überzeugen, daß die vernachlässigten Terme nicht nur klein, sondern auch von einer Variation der $c_{\mu s}^i$ in guter Näherung unabhängig sind. Das ist für die $E_{\mu\nu}^{QK}$ halbwegs erfüllt, nicht dagegen für $E_\mu^{(2)} - E_\mu^{0(2)}$,

* W. Kutzelnigg 1990, l. c.

denn $E_\mu^{0(2)}$ ist von den $c_{\mu s}^i$ völlig unabhängig und die Variation von $E_\mu^{(2)} - E_\mu^{0(2)}$ als Funktion der $c_{\mu s}^i$ ist gleich der entsprechenden Variation von $E_\mu^{(2)}$.

Wir müssen deshalb im Ausdruck, durch dessen Minimierung wir die $c_{\mu s}^i$ bestimmen wollen, die $E_\mu^{(2)}$ stehen lassen, so daß wir (zumal auch die $n_{\mu s}\alpha_{\mu s}$ von den $c_{\mu s}^i$ unabhängig sind) folgende Energie nach den $c_{\mu s}^i$ zu minimieren haben

$$\sum_{\mu,s} q_{\mu s}\alpha_{\mu s} + 2\sum_i \sum_{(\mu,s)\neq(\nu,t)} c_{\mu s}^i \beta'_{\mu s,\nu t} c_{\nu t}^i + \sum_\mu E_\mu^{(2)} \tag{6.1-7}$$

Wenn wir jetzt das durch (5.7–14) gegebene $E_\mu^{(2)}$ dadurch vereinfachen, daß wir $p_{\mu s,\nu t}^2$ immer durch $p_{\mu s,\nu t}^{(1)} \cdot p_{\nu t,\mu s}^{(1)}$ ersetzen, so erhalten wir für $\frac{\partial E_\mu^{(2)}}{\partial c_{\mu s}^i}$ einen kompakten, aber etwas länglichen Ausdruck. Nach etwas Manipulation sieht man, daß dieser Ausdruck näherungsweise gegeben ist durch

$$\frac{\partial E_\mu^{(2)}}{\partial c_{\mu s}^i} \approx 4 \left\{ C_{\mu s} c_{\mu s}^i + \sum_{\substack{\rho,v \\ (\neq \mu,s)}} C_{\mu s} S_{\mu s,\rho v} c_{\rho v}^i \right\} \tag{6.1-8}$$

wobei $C_{\mu s}$ definiert ist als

$$C_{\mu s} = \frac{1}{2} \left[q_{\mu s} - \frac{1}{2} \sum_{\substack{\nu,t \\ (\neq \mu)}} p_{\mu s,\nu t} S_{\nu t,\mu s} \right] (\mu_s\mu_s|\mu_s\mu_s) + \frac{\partial W'_\mu}{\partial c_{\mu s}^i} +$$

$$+ \sum_{\substack{t \\ (\neq s)}} \left[q_{\mu t} - \frac{1}{2} p_{\mu s,\mu t} S_{\mu t,\mu s} \right] (\mu_s\mu_s|\mu_t\mu_t) \tag{6.1-9}$$

und wobei

$$\alpha'_{\mu s} = \alpha_{\mu s} + C_{\mu s} = \langle \chi_{\mu s} | \mathbf{F}_\mu | \chi_{\mu s} \rangle \tag{6.1-10}$$

interpretiert werden kann als das Diagonalelement des Hartree-Fock-Operators des Atoms μ in seinem Valenzzustand. Wir wollen nicht weiter diskutieren, wie gut die Näherung ist, die zu (6.1–8) führt. Es genügt die anschauliche Argumentation, daß $E_\mu^{(2)}$ so etwas wie eine Einzentren-Elektronenwechselwirkungsenergie ist, und daß die Variation nach den AO-Koeffizienten ähnlich wie bei einem atomaren Hartree-Fock-Operator zu einem Operator des effektiven Feldes der übrigen Elektronen führt.

Unter der genäherten Berücksichtigung der Variation der $E_\mu^{(2)}$ erhalten wir als Bedingung für die Stationarität von (6.1–7) schließlich

$$(\alpha_{\mu s} + C_{\mu s}) c_{\mu s}^i + \sum_{\substack{\nu,t \\ (\neq \mu,s)}} \left[\beta'_{\mu s,\nu t} + \frac{1}{2} (\alpha_{\mu s} + \alpha_{\nu t} + C_{\mu s} + C_{\nu t}) S_{\mu s,\nu t} \right] c_{\nu t}^i$$

$$= e_i \sum_{\nu,t} S_{\mu s,\nu t} c_{\nu t}^i \tag{6.1-11}$$

wobei der Lagrange-Multiplikator e_i die Bedeutung einer Molekülorbital-Energie hat.

Es liegt jetzt nahe, eine Matrix H^0 zu definieren mit den Matrixelementen

$$H^0_{\mu s,\mu s} = \alpha'_{\mu s} = \alpha_{\mu s} + C_{\mu s} \tag{6.1–12}$$

$$H^0_{\mu s,\nu t} = \gamma'_{\mu s,\nu t} = \beta'_{\mu s,\nu t} + \frac{1}{2}\,(\alpha_{\mu s}+\alpha_{\nu t}+C_{\mu s}+C_{\nu t})\,S_{\mu s,\nu t}$$

$$= \beta'_{\mu s,\nu t} + \frac{1}{2}\,(\alpha'_{\mu s} + \alpha'_{\nu t})\,S_{\mu s,\nu t} \tag{6.1–13}$$

Dann kann man die Stationaritätsbedingung (6.1–11) auch schreiben als

$$\sum_{\nu,t} (H^0_{\mu s,\nu t} - e_i\,S_{\mu s,\nu t})\,c^i_{\nu t} = 0 \tag{6.1–14}$$

oder in Matrixform

$$(H^0 - e_i\,\boldsymbol{S})\,\vec{c}_i = 0 \tag{6.1–15}$$

wobei wir die Koeffizienten $(c^i_{\mu s})$ zu einem Vektor $\vec{c}_i$ zusammengefaßt haben. Wenn wir jetzt (6.1–14) bzw. (6.1–11) von links skalar mit $c^i_{\mu s}$ multiplizieren und über μ, s sowie nach Multiplizieren mit der MO-Besetzungszahl n_i über i summieren, so erhalten wir

$$\sum_i n_i \sum_{\nu,t} \sum_{\mu,s} c^i_{\mu s}\,H^0_{\nu t}\,c^i_{\nu t} = \sum_i n_i\,e_i$$

$$= \sum_{\mu,s} q_{\mu s}\alpha_{\mu s} + \sum_i n_i \sum_{(\mu,s)\neq(\nu,t)} \sum c^i_{\mu s}\,\beta'_{\mu s,\nu t}\,c^i_{\nu t} + \sum_{\mu,s} q_{\mu s}\,C_{\mu s} \tag{6.1–16}$$

Ein Vergleich mit dem genäherten Ausdruck (6.1–6) für die Bindungsenergie*) zeigt, daß

$$\Delta E = \sum_i n_i e_i - \sum_{\mu,s} n_{\mu s}\,\alpha_{\mu s} - \sum_{\mu,s} q_{\mu s}\,C_{\mu s} \tag{6.1–17}$$

Nun ist aber, wie wir bereits überlegt haben, $\alpha'_{\mu s} = \alpha_{\mu s} + C_{\mu s}$ die Energie des AO's $\chi_{\mu s}$ in seinem Valenzzustand. Da zudem vorausgesetzt wurde, daß $q_{\mu s} \approx n_{\mu s}$, können wir statt (6.1–17) genähert auch schreiben

$$\Delta E = \sum_i n_i\,e_i - \sum_{\mu,s} n_{\mu s}\,\alpha'_{\mu s} \tag{6.1–18}$$

---

* In (6.1–6) war vorausgesetzt, daß $n_i = 0$ oder $= 2$. Wir wollen die Einschränkung jetzt aufgeben. Dann ist übrigens $q_{\mu s} = \sum_i n_i c^i_{\mu s} d^i_{\mu s}$.

Die Bindungsenergie ΔE ist in dieser Näherung gleich der Differenz der Summe der MO-Energien e_i und der Summe der AO-Energien $\alpha'_{\mu s}$, wobei jede Einelektronenenergie mit der Besetzungszahl des entsprechenden Orbitals zu multiplizieren ist.

Es sei betont, daß sich nur die Bindungsenergie ΔE auf Einelektronenenergien zurückführen läßt, nicht die Gesamtenergie E des Moleküls, denn diese enthält zumindest noch die intraatomaren Elektronenwechselwirkungsbeiträge $E_\mu^{(2)}$. Folglich ist $\sum_i n_i e_i$ *nicht* gleich der Energie des Moleküls, wie gelegentlich behauptet wird.

Die atomaren Einelektronenenergien $\alpha'_{\mu s}$ werden näherungsweise dem Betrage nach gleich den entsprechenden Ionisierungspotentialen in einem rationalisierten Valenzzustand sein. Sie sind damit aus empirischen Daten der Atome zugänglich.

Im Spezialfall, daß sich nur ein AO des Atoms μ an der Bindung beteiligt, ist α_μ die Energie dieses AO's im Feld des Rumpfes (der als an der Bindung unbeteiligt angesehen wird; vgl. hierzu Abschn. 6.5).

Die Gleichungen (6.1–14 und 18) sind die Grundlage der sog. erweiterten Hückel-Näherung, wie sie zuerst von Mulliken*) vorgeschlagen wurde und wie sie vor allem von Wolfsberg und Helmholtz**) zu numerischen Rechnungen benutzt wurde. Diese Autoren berechneten allerdings nicht $\gamma'_{\mu s,\nu t}$ nach Gl. (6.1–13), sondern sie verwendeten eine sog. semiempirische Formel

$$\gamma'_{\mu s,\nu t} = k\, S_{\mu s,\nu t} \tag{6.1–19}$$

oder

$$\gamma'_{\mu s,\nu t} = \frac{1}{2} k'\, S_{\mu s,\nu t}\, (\alpha'_{\mu s} + \alpha'_{\nu t}) \tag{6.1–20}$$

wobei k bzw. k' empirisch (d.h. durch Vergleich mit experimentellen Größen) anzupassende Parameter sind. Durch die semiempirische Anpassung werden manche Fehler der Näherung kompensiert.

Allerdings ist die Annahme, daß $\gamma'_{\mu s,\nu t}$ zu $S_{\mu s,\nu t}$ proportional ist, nicht unproblematisch; beim H_2, wo S sein Maximum für $R = 0$ einnimmt, führt (6.1–19) oder (6.1–20) unweigerlich zu dem unsinnigen Ergebnis, daß der Gleichgewichtsabstand $R_e = 0$ ist. Bindungen zwischen Hybrid-AO's (vgl. Abschn. 10.6) zeigen diese Schwierigkeiten nicht.

Eine Untersuchung, in der die Parameter $\alpha'_{\mu s}$ und $\gamma'_{\mu s,\nu t}$ nicht empirisch angepaßt, sondern, wie in diesem Abschnitt angedeutet, quantenchemisch berechnet wurden, zeigte, daß die extended-Hückel-Näherung recht gut ist, sofern $q_\mu \approx n_\mu$ und sofern nur Einfachbindungen unter Beteiligung von Hybrid-AO's vorliegen***).

Daß diese Näherung, wie vor allem R. Hoffmann[1] zeigen konnte, für neutrale Kohlenwasserstoffe ganz brauchbare Ergebnisse liefert, überrascht nicht zu sehr, vor allem, weil diese Verbindungen recht unpolar sind.

---

* R.S. Mulliken, J. Phys. Chem. *56*, 295 (1952).
** M. Wolfsberg, L. Helmholz, J. Chem. Phys. *20*, 837 (1952).
*** F. Driessler und W. Kutzelnigg, Theoret. Chim. Acta *43*, 307 (1977).
1 R. Hoffmann, J. Chem. Phys. *39*, 1397 (1963).

Zur Warnung vor dieser Näherung sei darauf hingewiesen, daß sie nicht nur für den Gleichgewichtsabstand R_e von H_2 $R_e = 0$, sondern auch z.B. für den Gleichgewichtswinkel α_e von H_2O $\alpha_e = 180°$ ergibt.

Die Mängel von Rechnungen nach der erweiterten Hückel-Methode liegen z.T. daran, daß die Voraussetzungen für ihre Gültigkeit nicht erfüllt sind, insbesondere, daß $q_{\mu s} \neq n_{\mu s}$. Zum anderen liegen sie aber an der Unzulässigkeit von (6.1–19) bzw. (6.1–20). Zu einer Kritik an diesen Näherungen vgl. *).

Die Mängel einer *quantitativen* Einelektronentheorie der chemischen Bindung beeinträchtigen aber nicht allzusehr den Wert einer Einelektronentheorie für qualitative Argumentationen, solange man sich über ihre Voraussetzungen und ihre Grenzen klar ist.

6.2. Die Hückelsche Näherung

6.2.1. Ableitung aus der Einelektronentheorie mit Überlappung

Wir gehen wieder von den Voraussetzungen aus, unter denen eine Einelektronennäherung für die chemische Bindung gerechtfertigt ist, d.h. im wesentlichen Ladungsneutralität an jedem Atom ($q_\mu \approx Z_\mu$) und keine wesentliche Änderung der intraatomaren Elektronenwechselwirkung, d.h. $E_\mu^{(2)} \approx E_\mu^{0(2)}$. Wir gehen gleich vom Ausdruck (6.1–16, 6.1–18) für die Bindungsenergie aus

$$\Delta E = \sum_{\mu,s} (q_{\mu s} - n_{\mu s})\, \alpha'_{\mu s} + \sum_i n_i \sum_{(\mu,s) \neq (\nu,t)} \sum c^i_{\mu s}\, \beta'_{\mu s,\nu t}\, c^i_{\nu t} \qquad (6.2\text{–}1)$$

Die $c^i_{\mu s}$ werden aus der Forderung bestimmt, daß ΔE stationär ist.

Wir machen jetzt noch zwei zusätzliche Voraussetzungen, erstens, daß die Überlappungsintegrale $S_{\mu s,\nu t}$ so klein sind, daß man jeweils S^2 gegenüber S vernachlässigen kann, und zweitens, daß die Vektoren $\vec{c}_i = (c^i_{\mu s})$, außer daß sie ΔE stationär machen, auch Eigenvektoren der Überlappungsmatrix sind, d.h. daß gilt**)

$$\sum_{\nu,t} S_{\mu s,\nu t}\, c^i_{\nu t} = s_i \cdot c^i_{\mu s} \quad \text{für alle } \mu, s \qquad (6.2\text{–}2)$$

[Hier ist zu beachten, daß der Index i, der die MO-Vektoren $\vec{c}_i$ zählt, sich auf die Reihenfolge der besetzten MO's bezieht und nicht etwa auf die Reihenfolge der nach irgendeinem Kriterium geordneten Eigenwerte s_i von (6.2–2).]

Diese Voraussetzung scheint auf den ersten Blick sehr einschränkend zu sein, wir werden uns aber davon überzeugen, daß sie für die Fälle, die uns vor allem interessieren, sehr gut erfüllt ist.

Wenn (6.2–2) erfüllt ist, wird aus der Orthogonalitätsrelation der MO's folgender Ausdruck

$$(\varphi_i, \varphi_j) = \sum_{\mu,s} \sum_{\nu,t} c^i_{\mu s}\, S_{\mu s,\nu t}\, c^j_{\nu t} = \sum_{\mu,s} c^i_{\mu s}\, s_j\, c^j_{\mu s} = \delta_{ij} \qquad (6.2\text{–}3)$$

---

* G. Berthier, G. Del Re, A. Veillard, Nuovo Cimento Ser X, *44*, 315 (1966).

** Vgl. K. Ruedenberg, J. Chem. Phys. *22*, 1874 (1954); *34*, 1861 (1961).

Es liegt nahe, neue Koeffizienten $f^i_{\mu s}$ zu definieren*) gemäß

$$f^i_{\mu s} = c^i_{\mu s} \cdot \sqrt{s_i} \qquad (6.2-4)$$

Dann wird nämlich aus (6.2–3)

$$\sum_{\mu,s} f^i_{\mu s} f^j_{\mu s} = \delta_{ij} \qquad (6.2-5)$$

Jedes MO ist jetzt durch einen Vektor $\vec{f}_i$ mit den Komponenten $f^i_{\mu s}$ repräsentiert, wobei die $\vec{f}_i$ orthogonal zueinander sind. Man beachte, daß die Entwicklungskoeffizienten eines MO's nach den AO's im Sinne von

$$\varphi_i = \sum_{\mu,s} c^i_{\mu s} \chi_{\mu s} \qquad (6.2-6)$$

nach wie vor die $c^i_{\mu s}$ und nicht die $f^i_{\mu s}$ sind.
Für die Ladungsordnung definiert durch (5.3–8) ergibt sich

$$q_{\mu s} = \sum_i n_i \sum_{\nu,t} c^i_{\mu s} S_{\mu s,\nu t} c^i_{\nu t} = \sum_i n_i c^i_{\mu s} s_i c^i_{\mu s} = \sum_i n_i f^i_{\mu s} f^i_{\mu s} \qquad (6.2-7)$$

so daß aus (6.2–1) jetzt wird

$$\Delta E = \sum_i n_i \sum_{\mu,s} f^i_{\mu s} \alpha'_{\mu s} f^i_{\mu s} + \sum_i n_i \sum_{(\mu,s)} \sum_{\neq(\nu,t)} f^i_{\mu s} \frac{1}{s_i} \beta'_{\mu s,\nu t} f^i_{\nu t}$$

$$- \sum_{\mu,s} n_{\mu s} \alpha'_{\mu s} \qquad (6.2-8)$$

Bevor wir diesen Ausdruck weiter vereinfachen, sehen wir uns (6.2–8) für den Spezialfall des H_2-Moleküls an. Hierbei ist

$$s_1 = 1 + S \; ; \; s_2 = 1 - S \; ; \; f^1_1 = f^1_2 = \frac{1}{\sqrt{2}} \; ; \; \alpha' = \alpha \; ; \; \beta' = \beta \; ; \; n_1 = 2 \, ,$$

und es ergibt sich

$$\Delta E = 2\alpha + \frac{2\beta}{1+S} - 2\,\alpha = \frac{2\beta}{1+S} \qquad (6.2-9)$$

der uns aus Abschn. 4.1 bekannte Ausdruck. Wir hatten uns früher schon überlegt, daß man näherungsweise $\frac{\beta}{1+S} \approx \beta$ setzen kann, wobei man einen Fehler der Größen-

* K. Ruedenberg l.c.

ordnung $S\beta$ macht, der also von der zweiten Ordnung in der Überlappung ist. Die Verallgemeinerung dieser Vereinfachung läuft darauf hinaus, in der zweiten Summe in (6.2–8) s_i gleich 1 zu setzen, d.h. zu wählen

$$\Delta E = 2\sum_i n_i \sum_{\mu,s} \sum_{\nu,t} f^i_{\mu s} H_{\mu s,\nu t} f^i_{\nu t} - \sum_{\mu,s} n_{\mu s} \cdot \alpha'_{\mu s} \qquad (6.2\text{–}10)$$

wobei die Matrix $\boldsymbol{H}$ mit den Elementen

$$H_{\mu s,\mu s} = \alpha'_{\mu s}$$

$$H_{\mu s,\nu t} = \beta'_{\mu s,\nu t} \qquad \text{für } \mu s \neq \nu t \qquad (6.2\text{–}11)$$

als Hückel-Matrix bezeichnet wird.

Minimieren von ΔE nach den $f^i_{\mu s}$ führt zu dem Eigenwertproblem ‚ohne Überlappung' als Bedingung für die $f^i_{\mu s}$

$$\sum_{\nu,t} H_{\mu s,\nu t} f^i_{\nu t} = e_i f^i_{\mu s} \qquad (6.2\text{–}12)$$

Weil in (6.2–10) und (6.2–12) die Überlappung nicht mehr explizit auftritt, wird oft fälschlich behauptet, es würde in der Hückel-Näherung die Überlappung zwischen verschiedenen AO's vernachlässigt. In Wirklichkeit steckt die Überlappung natürlich einmal in den $f^i_{\mu s}$, zum anderen – und das ist ganz wesentlich – in den $\beta'_{\mu s,\nu t}$, die mit den $\gamma'_{\mu s,\nu t}$ der erweiterten Hückel-Näherung (Abschn. 6.1) zusammenhängen gemäß

$$\beta'_{\mu s,\nu t} = \gamma'_{\mu s,\nu t} - \frac{\alpha'_{\mu s} + \alpha'_{\nu t}}{2} S_{\mu s,\nu t} \qquad (6.2\text{–}13)$$

Im Eigenwertproblem (6.1–15), in dem die Überlappung noch explizit auftritt, steht deshalb auch γ an der Stelle von β. Dieser Unterschied, auf den Mulliken*) als erster hingewiesen hat, wird oft übersehen, wenn man β nicht wirklich berechnet, sondern als Parameter in der Rechnung stehen läßt.

Multipliziert man (6.2–12) von links mit $n_i f^i_{\mu s}$, und summiert man über μ, s und i so erhält man

$$\sum_i n_i \sum_{\mu s} \sum_{\nu t} f^i_{\mu s} H_{\mu s,\nu t} f^i_{\nu t} = \sum_i n_i e_i \qquad (6.2\text{–}14)$$

bzw. nach Einsetzen in (6.2–10)

$$\Delta E = \sum_i n_i e_i - \sum_{\mu,s} n_{\mu s} \alpha'_{\mu s} \qquad (6.2\text{–}15)$$

in völliger Analogie zu (6.1–18).

---

* R.S. Mulliken, J. Chem. Phys. *3*, 573 (1935); R.S. Mulliken, C.A. Rieke, J. Am. Chem. Soc. *63*, 44, 1770 (1941).

Man bezeichnet vielfach $\sum_i n_i e_i = E_{Hü}$ als die Hückel-Energie des Moleküls und $\sum_s n_{\mu s} \alpha'_{\mu s}$ als die entsprechende Energie des μ-ten Atoms. Man muß sich aber darüber im klaren sein, daß die wirkliche Energie sich hiervon zumindest um den Betrag der intraatomaren Elektronenwechselwirkung unterscheidet.

6.2.2. Die Hückel-Näherung für Moleküle einer Atomsorte mit einem AO pro Atom. Die topologische Matrix oder Strukturmatrix

Die Hückelsche Näherung ist besonders gut geeignet zur Beschreibung von Molekülen, die nur aus einer Atomsorte aufgebaut sind und bei denen jedes Atom nur ein Valenzelektron beisteuert*). (Statt der Indizes μs brauchen wir dann nur μ zu nehmen.) Dann ist es i. allg. keine schlechte Näherung, alle α'_μ gleich zu setzen. Von den $\beta'_{\mu\nu}$ wissen wir, daß sie von kurzer Reichweite sind. Das bedeutet, daß nur die β's zwischen direkt gebundenen Atomen, sog. nächsten Nachbarn, von Null wesentlich verschieden sind. Diese Beschränkung auf nur nächste Nachbarn ist i. allg. eine recht unproblematische Näherung. Sind außerdem alle Bindungsabstände gleich und die AO's nach allen Richtungen (in denen Bindungen auftreten) gleichermaßen zur Überlappung fähig (isotrop), so liegt es nahe, alle β's zwischen nächsten Nachbarn gleich zu setzen, so daß im Ausdruck für die Bindungsenergie nur zwei verschiedene theoretische Größen, nämlich α und β auftreten.

Zur Erläuterung wollen wir die Hückel-Matrix für drei Systeme angeben, nämlich für das H_2 sowie für das H_3 in linearer und in gleichseitig dreieckiger Anordnung.

H_2
$$H = \begin{pmatrix} \alpha & \beta \\ \beta & \alpha \end{pmatrix}$$

H_3 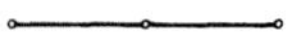
$$H = \begin{pmatrix} \alpha & \beta & 0 \\ \beta & \alpha & \beta \\ 0 & \beta & \alpha \end{pmatrix}$$

H_3 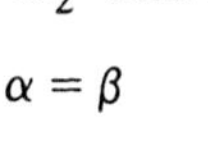
$$H = \begin{pmatrix} \alpha & \beta & \beta \\ \beta & \alpha & \beta \\ \beta & \beta & \alpha \end{pmatrix}$$

Für eine ganz grobe Diskussion der Bindungsverhältnisse in diesen Systemen genügt es, ΔE durch α und β auszudrücken und anzunehmen, daß diese in verwandten Systemen ähnliche Werte haben. Beispielsweise erhalten wir in der Hückel-Näherung für die Bindungsenergie des H_2^+ und des H_2

$$\Delta E\,(H_2^+) = \alpha + \beta - \alpha = \beta$$

$$\Delta E\,(H_2) = 2\,\alpha + 2\,\beta - 2\,\alpha = 2\,\beta$$

* In diesem Fall ist α'_μ gleich der Energie des AO's χ_μ im Feld seines Rumpfes. Wir wollen jetzt bei α' und β' den Strich weglassen und nur von α und β sprechen, dürfen dabei aber nicht vergessen, daß die durch (6.1–10) und (6.2–13) definierten Größen gemeint sind.

Legen wir das β so fest, daß das experimentelle $\Delta E(H_2)$ von -0.174 a.u. richtig wiedergegeben wird, d.h. $\beta = -0.087$ a.u., dann ergibt sich $\Delta E(H_2^+)$ zu -0.087 a.u., was verglichen mit dem tatsächlichen Wert von -0.102 a.u., nicht besonders gut, aber doch akzeptabel ist.

Für Systeme, deren Hückel-Matrix sich durch je ein α und ein β beschreiben läßt, ist noch eine weitere Vereinfachung möglich. Sei Gl. (6.2–12) in Matrix-Form geschrieben

$$H\vec{f_i} = e_i \vec{f_i} \tag{6.2–16}$$

Offenbar läßt sich H als Summe von zwei Matrizen darstellen, wie wir am Beispiel des linearen H_3 sehen wollen.

$$\begin{pmatrix} \alpha & \beta & 0 \\ \beta & \alpha & \beta \\ 0 & \beta & \alpha \end{pmatrix} = \begin{pmatrix} \alpha & 0 & 0 \\ 0 & \alpha & 0 \\ 0 & 0 & \alpha \end{pmatrix} + \begin{pmatrix} 0 & \beta & 0 \\ \beta & 0 & \beta \\ 0 & \beta & 0 \end{pmatrix}$$

$$= \alpha \begin{pmatrix} 1 & 0 & 0 \\ 0 & 1 & 0 \\ 0 & 0 & 1 \end{pmatrix} + \beta \begin{pmatrix} 0 & 1 & 0 \\ 1 & 0 & 1 \\ 0 & 1 & 0 \end{pmatrix} \tag{6.2–17}$$

Allgemein sieht die Zerlegung so aus

$$H = \alpha \mathit{1} + \beta M \tag{6.2–18}$$

wobei $\mathit{1}$ die Einheitsmatrix bedeutet und M die sog. Strukturmatrix oder topologische Matrix*) ist, deren μ-ν-tes Element gleich 1 ist, wenn die Atome μ und ν direkt gebunden (nächste Nachbarn) sind, und sonst gleich 0. Einsetzen von (6.2–18) in (6.2–16) ergibt

$$(\alpha \mathit{1} + \beta M)\vec{f_i} = \alpha \vec{f_i} + \beta M \vec{f_i} = e_i \vec{f_i} \tag{6.2–19}$$

$$M\vec{f_i} = \frac{e_i - \alpha}{\beta} \vec{f_i} = m_i \vec{f_i} \tag{6.2–20}$$

d.h. $\vec{f_i}$ ist auch Eigenvektor von M. Es empfiehlt sich, zuerst die Eigenvektoren $\vec{f_i}$ und Eigenwerte m_i von M zu berechnen – dazu sind überhaupt keine Informationen oder Annahmen über die Werte von α und β nötig – und erst anschließend e_i durch m_i auszudrücken gemäß

$$e_i = \alpha + \beta m_i \tag{6.2–21}$$

Für Moleküle des betrachteten Typs erfaßt also die Hückelsche Näherung diejenigen Eigenschaften des Moleküls, die durch die Nachbarschaftsverhältnisse der Atome, d.h.

* K. Ruedenberg, J. Chem. Phys. *34*, 1884 (1961).

die Topologie, bestimmt werden. Die wirkliche Geometrie des Moleküls geht nicht ein, was man beim Vergleich der beiden isomeren Formen des hypothetischen Moleküls

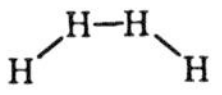
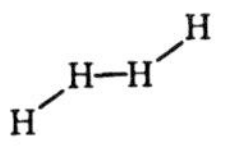

sieht, die beide die gleiche Topologie, aber verschiedene Geometrie haben.

Andere hypothetische Strukturen wie

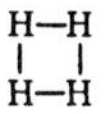
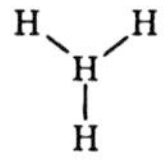

unterscheiden sich untereinander und von den beiden vorherigen aber bereits durch ihre Topologie.

Für Moleküle, deren Hückel-Matrix $\boldsymbol{H}$ nach (6.2–18) durch die topologische Matrix $\boldsymbol{M}$ bestimmt wird, können wir nachträglich zeigen, daß (6.2–2) erfüllt ist, d.h. daß es zumindest nicht widersprüchlich ist, davon auszugehen, daß (6.2–2) erfüllt ist. Wenn $\beta_{\mu\nu}$ nur zwischen nächsten Nachbarn von Null wesentlich verschieden ist und wenn alle β's zwischen nächsten Nachbarn gleich sind, so kann man auch alle $S_{\mu\nu}$ zwischen nächsten Nachbarn als gleich ansehen und die $S_{\mu\nu}$ zwischen nicht-nächsten Nachbarn gleich Null setzen, d.h. wir können die Überlappungsmatrix schreiben

$$\boldsymbol{S} = \boldsymbol{1} + S \cdot \boldsymbol{M} \tag{6.2–22}$$

wobei S das (gleiche) Überlappungsintegral zwischen AO's nächster Nachbarn ist.

Die Eigenvektoren von $\boldsymbol{S}$ sind jetzt die gleichen wie die von $\boldsymbol{M}$ und damit die gleichen wie die von $\boldsymbol{H}$, also unsere $\vec{f}_i$. Es gilt

$$\boldsymbol{S}\vec{f}_i = \vec{f}_i + S\,\boldsymbol{M}\vec{f}_i = (1 + S\, m_i)\vec{f}_i = s_i \vec{f}_i \tag{6.2–23}$$

Die Eigenwerte s_i von $\boldsymbol{S}$ hängen also mit den Eigenwerten m_i von $\boldsymbol{M}$ zusammen gemäß

$$s_i = 1 + S \cdot m_i \tag{6.2–24}$$

Da nach (6.2–4) $\vec{f}_i$ und $\vec{c}_i$ sich nur um einen konstanten Faktor unterscheiden, sind auch die $\vec{c}_i$ Eigenvektoren von $\boldsymbol{S}$ und Gl. (6.2–2) deren Gültigkeit wir zu Beginn voraussetzten, ist in der Tat erfüllt.

Wir können diese Information ausnützen, um die s_i, die in Gl. (6.2–8) auftreten, nicht einfach wegzulassen, wie wir das beim Übergang von (6.2–8) nach Gl. (6.2–10) taten, sondern durch (6.2–24) auszudrücken. Die Eigenvektoren der so veränderten Hückel-Matrix ändern sich dabei nicht, aber aus den Eigenwerten wird jetzt

$$\tilde{e}_i = \alpha + \frac{m_i}{1 + m_i S}\beta \tag{6.2–25}$$

Die Näherung, bei der die $\tilde{e}_i$ nach (6.2–25) als Orbitalenergien angesehen werden, geht auf Wheland*) zurück.

6.2.3. Berücksichtigung der Überlappung in höherer Ordnung

Wenn man statt der e_i nach (6.2–21) die $\tilde{e}_i$ nach (6.2–25) verwendet, hat man – jedenfalls für Systeme, für die (6.2–18) und (6.2–22) gelten, für die also insbesondere H und S kommutieren – die Überlappung explizit und vollständig berücksichtigt. Die Whelandsche Näherung ist unter den gegebenen Voraussetzungen völlig gleichwertig der Einelektronentheorie mit Überlappung von Abschn. 6.1, während die Hückelsche Näherung nur bis zur ersten Ordnung in der Überlappung ‚richtig' ist. Das erkennt man, wenn man den Nenner in (6.2–25) entwickelt. Der Term niedrigster Ordnung in S (bzw. β), um den sich e_i und $\tilde{e}_i$ unterscheiden, ist $m_i S\beta$, d.h. in der Tat ein Term 2. Ordnung. Wir haben schon darauf hingewiesen, daß die Vernachlässigung derartiger Terme um so eher gerechtfertigt ist, je kleiner die Überlappung ist. Besonders klein sind die Überlappungsintegrale zwischen π-AO's in der Theorie der π-Elektronensysteme (auf die wir in Kap. 11 ausführlich zu sprechen kommen werden).

Wenn S klein ist, ist es vielfach sogar besser, die e_i statt der an sich richtigeren $\tilde{e}_i$ zu verwenden. Warum das so ist, wollen wir uns am Beispiel des H_2^+ klar machen (bei dem allerdings S durchaus nicht klein ist).

Hier ist

$$e_1 = \alpha + \beta \qquad \tilde{e}_1 = \alpha + \frac{\beta}{1+S}$$

$$e_2 = \alpha - \beta \qquad \tilde{e}_2 = \alpha - \frac{\beta}{1-S} \tag{6.2–26}$$

Während die Niveaus e_1 und e_2, die dem $1\sigma_g$- und dem $1\sigma_u$-Zustand des H_2^+ entsprechen, symmetrisch zu α liegen, liegt $\tilde{e}_2$ wesentlich weiter oberhalb α als $\tilde{e}_1$ unterhalb liegt. Das ist auf Abb. 20 dargestellt.

Nun haben wir früher schon gesehen, daß die einfache LCAO-Näherung wesentlich verbessert wird, wenn wir im Exponenten der AO's einen variablen Faktor η ein-

* G.W. Wheland, J. Am. Chem. Soc. *63*, 2025 (1941).

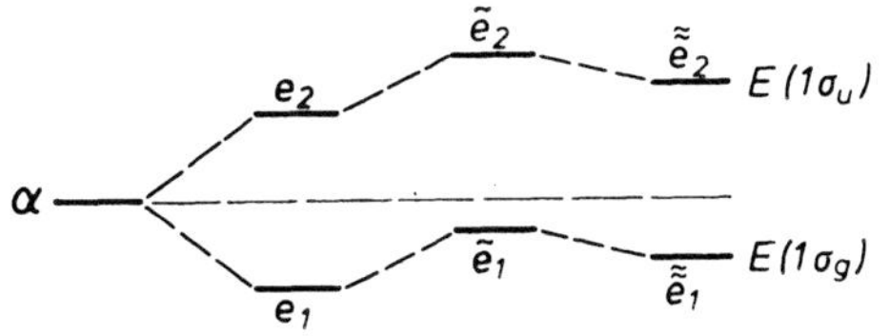

Abb. 20. MO-Niveaus des H_2^+ mit und ohne Überlappung sowie mit ‚scaling'.

führen und diesen für den $1\sigma_g$- und den $1\sigma_u$-Zustand verschieden wählen. Dadurch werden sowohl $\tilde{e}_1$ als $\tilde{e}_2$ gesenkt, so daß die neuen Energien $\tilde{\tilde{e}}_1$ und $\tilde{\tilde{e}}_2$ viel weniger unsymmetrisch zu α liegen.

Ganz allgemein verkleinert der Faktor $\frac{1}{1+m_i S}$ die Energie der bindenden Orbitale $(m_i > 0)$ dem Betrage nach und vergrößert die der antibindenden $(m_i < 0)$, er verschiebt also alle Niveaus nach oben. Indem wir den Faktor $\frac{1}{1+m_i S}$ gleich 1 setzen, simulieren wir gewissermaßen die Verschiebung der Niveaus nach unten, die man durch die Wahl verschiedener η's für die verschiedenen MO's in den Exponenten der AO's erreichen würde.

Allerdings sollte man sich auf einen derartigen Fehlerausgleich nicht zu sehr verlassen. Insbesondere in den Fällen, wo die Überlappungsintegrale sehr groß sind und die Eigenwerte der Überlappungsmartix stark von 1 abweichen, wird die Anhebung der e_i zu den $\tilde{e}_i$ nur zu einem kleinen Teil durch die Erniedrigung zu den $\tilde{\tilde{e}}_i$ kompensiert, so daß die $\tilde{e}_i$ wesentlich bessere Näherungen für die $\tilde{\tilde{e}}_i$ darstellen als die e_i. Wir werden auf diese Überlegung bei der Besprechung der Bindungsverhältnisse in H_3^+, H_3 und H_3^- zurückkommen.

Es sei noch daran erinnert, daß in den Fällen, wo die Voraussetzung, daß H und S kommutieren, nur schlecht erfüllt ist, auch die Whelandsche Näherung nicht weiter hilft und man besser die erweiterte Hückel-Näherung mit expliziter Berücksichtigung der Überlappung benutzt.

6.2.4. Störungstheorie im Rahmen der Hückel-Näherung

In Abschn. 6.2.1 haben wir bereits die Ladungsordnungen $q_{\mu s}$ im Rahmen der Hückel-Näherung definiert, wir wollen jetzt noch die Definition der Bindungsordnungen*) anschließen (zur Ableitung aus unserer früheren Definition s. Abschn. 6.3), und diejenigen der Ladungsordnungen noch einmal angeben.

$$q_{\mu s} = \sum_i n_i \, |f^i_{\mu s}|^2 \tag{6.2–27}$$

$$p_{\mu s, \nu t} = \sum_i n_i \, f^i_{\mu s} \, f^i_{\nu t} \tag{6.2–28}$$

* C.A. Coulson, Proc. Roy. Soc. *A 169*, 413 (1939).

Manchmal interessiert man sich dafür, wie die Bindungsenergie (6.2–10) und die Ladungs- und Bindungsordnungen sich in erster Ordnung ändern, wenn man irgendein Element $H_{\mu s, \nu t}$ um einen kleinen Betrag ändert. Man hat also z.B. zu bilden*)

$$\frac{\partial \Delta E}{\partial H_{\mu s, \nu t}}$$

Schreiben wir**) zunächst ΔE nach (6.2–10) unter Benutzung der $q_{\mu s}$ und $p_{\mu s, \nu t}$

$$\Delta E = \sum_{\mu, s} q_{\mu s} \alpha_{\mu s} + \sum_{(\mu, s) \neq (\nu, t)} \sum p_{\mu s, \nu t} \beta_{\mu s, \nu t} - \sum_{\mu, s} n_{\mu s} \alpha_{\mu s} \tag{6.2–29}$$

so glaubt man ohne weiteres zu sehen, daß

$$\frac{\partial \Delta E}{\partial \alpha_{\mu s}} = q_{\mu s} - n_{\mu s}; \quad \frac{\partial \Delta E}{\partial \beta_{\mu s, \nu t}} = 2 p_{\mu s, \nu t} \tag{6.2–30}$$

Diese Ableitung von (6.2–30) ist allerdings inkorrekt, obwohl sie in Lehrbüchern oft in dieser Weise gegeben wird. Man muß nämlich bei der Ableitung von ΔE nach $\alpha_{\mu s}$ oder nach $\beta_{\mu s, \nu t}$ auch berücksichtigen, daß die $q_{\mu s}$ und die $p_{\mu s, \nu t}$ von $\alpha_{\mu s}$ und $\beta_{\mu s, \nu t}$ abhängen, so daß man eigentlich zu bilden hat

$$\frac{\partial \Delta E}{\partial \alpha_{\mu s}} = q_{\mu s} - n_{\mu s} + \sum_{\rho, u} \frac{\partial q_{\rho u}}{\partial \alpha_{\mu s}} \alpha_{\rho u} + \sum_{(\rho, u) \neq (\nu, t)} \sum \frac{\partial p_{\rho u, \nu t}}{\partial \alpha_{\mu s}} \beta_{\rho u, \nu t} \tag{6.2–31}$$

sowie einen analogen Ausdruck für $\frac{\partial \Delta E}{\partial \beta_{\mu s, \nu t}}$. Daß trotzdem die Gleichungen (6.2–30) richtig sind, daß also die beiden Summen in (6.2–31) zusammen Null geben, ist keineswegs trivial.

Zur korrekten Berechnung von $\frac{\partial \Delta E}{\partial \alpha_{\mu s}}$ etc. greifen wir auf die Störungstheorie (I.6.5) zurück. Zur Vereinfachung der Schreibweise benutzen wir statt z.B. μs nur einen Index μ.

Sei $\boldsymbol{H}_0$ mit den Diagonal-Matrixelementen α_μ^0 und den Nichtdiagonalelementen $\beta_{\mu\nu}^0$ die ‚ungestörte' Hückel-Matrix und sei $\boldsymbol{H}_\mu$ eine andere Hückel-Matrix, die sich von $\boldsymbol{H}_0$ dadurch unterscheidet, daß das μ-te Diagonalelement den Wert α_μ statt α_μ^0 hat. Definieren wir ferner die Matrix $\boldsymbol{A}$, deren Matrixelemente alle gleich Null sind, nur das μ-te Diagonalelement sei gleich Eins. Dann ist

$$\boldsymbol{H}_\mu = \boldsymbol{H}_0 + (\alpha_\mu - \alpha_\mu^0) \boldsymbol{A}_\mu = \boldsymbol{H}_0 + \kappa \boldsymbol{A}_\mu \tag{6.2–32}$$

* C.A. Coulson, H.C. Longuet-Higgins, Proc. Roy. Soc. *A 191*, 39 (1947); *192*, 16 (1947); *193*. *193*, 447, 456 (1948).

** Wir lassen jetzt die Striche an α und β weg.

und wir können H_μ als einen von einem Parameter $\kappa = (\alpha_\mu - \alpha_\mu^0)$ abhängigen Operator ansehen. Für die Eigenwerte λ_i von H gilt dann (vgl. I.6)

$$e_i = e_i^{(0)} + \kappa e_i^{(1)} + \kappa^2 e_i^{(2)} + 0(\kappa^3) \tag{6.2-33}$$

wobei $e_i^{(0)}$ Eigenwert von H_0 und $e_i^{(1)}$ der Erwartungswert des Störoperators A_μ gebildet mit dem ungestörten Vektor $\vec{f}_i^{(0)}$ ist.

$$H_0 \vec{f}_i^{(0)} = e_i^{(0)} \vec{f}_i^{(0)} \tag{6.2-34}$$

$$e_i^{(1)} = (\vec{f}_i^{(0)}, A_\mu \vec{f}_i^{(0)}) = |f_\mu^{i\,(0)}|^2 \tag{6.2-35}$$

dabei ist $f_\mu^{i(0)}$ die μ-te Komponente des i-ten ungestörten Vektors $\vec{f}_i^{(0)}$

Die Störungsenergie 2. Ordnung $e_i^{(2)}$ ergibt sich zu (n sei die Zahl der AO's und damit der MO's besetzt und unbesetzt)

$$e_i^{(2)} = \sum_{\substack{k=1 \\ (\neq i)}}^{n} \frac{|(\vec{f}_i^{(0)}, A_\mu \vec{f}_k^{0})|^2}{e_k^{(0)} - e_i^{(0)}} = \sum_{\substack{k=1 \\ (\neq i)}}^{n} \frac{|f_\mu^{i(0)} f_\mu^{k\,(0)}|^2}{e_k^{(0)} - e_i^{(0)}} \tag{6.2-36}$$

Differenzieren von (6.2–33) nach $\alpha_\mu = \kappa + \alpha_\mu^0$ führt, da $\alpha_\mu^0, e_i^{(0)}, e_i^{(1)}$ und $e_i^{(2)}$ nicht von α_μ abhängen, zu

$$\left(\frac{\partial e_i}{\partial \alpha_\mu}\right)_{\alpha_\mu = \alpha_\mu^0} = e_i^{(1)} = |f_\mu^{i\,(0)}|^2 \tag{6.2-37}$$

$$\left(\frac{\partial^2 e_i}{\partial \alpha_\mu^2}\right)_{\alpha_\mu = \alpha_\mu^0} = 2e_i^{(2)} = 2 \sum_{\substack{k=1 \\ (\neq i)}}^{n} \frac{|f_\mu^{i(0)} f_\mu^{k\,(0)}|^2}{e_k^{(0)} - e_i^{(0)}} \tag{6.2-38}$$

Die Ableitungen (6.2–37) und (6.2–38) sind an der Stelle $\kappa = 0$, d.h. $\alpha_\mu = \alpha_\mu^0$, zu bilden. An dieser Stelle ist aber $f_\mu^{i(0)} = f_\mu^i$ und $e_k^{(0)} = e_k$, so daß wir statt (6.2–37, 38) auch schreiben können

$$\frac{\partial e_i}{\partial \alpha_\mu} = |f_\mu^i|^2 \tag{6.2-37a}$$

$$\frac{\partial^2 e_i}{\partial \alpha_\mu^2} = 2 \sum_{\substack{k=1 \\ (\neq i)}}^{n} \frac{|f_\mu^i f_\mu^k|^2}{e_k - e_i} \tag{6.2-38a}$$

In ganz analoger Weise berechnet man (für reelle f_μ^k)

$$\frac{\partial^2 e_i}{\partial\alpha_\mu \partial\alpha_\nu} = 2 \sum_{\substack{k=1\\(\neq i)}}^{n} \frac{f_\mu^k f_\mu^i f_\nu^k f_\nu^i}{e_k - e_i} \tag{6.2–39}$$

$$\frac{\partial e_i}{\partial\beta_{\mu\nu}} = 2 f_\mu^i f_\nu^i \tag{6.2–40}$$

$$\frac{\partial^2 e_i}{\partial\beta_{\mu\nu}\partial\alpha_\rho} = 2 \sum_{\substack{k=1\\(\neq i)}}^{n} \frac{(f_\mu^i f_\nu^k + f_\mu^k f_\nu^i) f_\rho^i f_\rho^k}{e_k - e_i} \tag{6.2–41}$$

$$\frac{\partial^2 e_i}{\partial\beta_{\mu\nu}\partial\beta_{\rho\sigma}} = 2 \sum_{\substack{k=1\\(\neq i)}}^{n} \frac{(f_\mu^i f_\nu^k + f_\mu^k f_\nu^i)(f_\rho^k f_\sigma^i + f_\sigma^k f_\rho^i)}{e_k - e_i} \tag{6.2–42}$$

Aus (6.2–37 bis 42) sowie (6.2–15) und (6.2–27, 28) folgt dann

$$\frac{\partial \Delta E}{\partial\alpha_\mu} = \sum_{i=1}^{n} n_i \frac{\partial e_i}{\partial\alpha_\mu} - n_\mu = q_\mu - n_\mu \tag{6.2–43}$$

$$\frac{\partial \Delta E}{\partial\beta_{\mu\nu}} = \sum_{i=1}^{n} n_i \frac{\partial e_i}{\partial\beta_{\mu\nu}} = 2 p_{\mu\nu} \tag{6.2–44}$$

sowie, wenn man die sogenannten Atom-Atom-Polarisierbarkeiten $\pi_{\mu\nu}$, die Bindungs-Atom-Polarisierbarkeiten $\pi_{\mu\nu,\rho}$ und die Bindungs-Bindungs-Polarisierbarkeiten $\pi_{\mu\nu,\rho\sigma}$ folgendermaßen definiert

$$\pi_{\mu\nu} = \frac{\partial^2 \Delta E}{\partial\alpha_{\mu\nu}\partial\alpha_\rho} = \frac{\partial q_\mu}{\partial\alpha_\nu} \tag{6.2–45}$$

$$\pi_{\mu\nu,\rho} = \frac{\partial^2 \Delta E}{\partial\beta_{\mu\nu}\partial\alpha_\rho} = 2 \frac{\partial p_{\mu\nu}}{\partial\alpha_\rho} = \frac{\partial q_\rho}{\partial\beta_{\mu\nu}} \tag{6.2–46}$$

$$\pi_{\mu\nu,\rho\sigma} = \frac{\partial^2 \Delta E}{\partial\beta_{\mu\nu}\partial\beta_{\rho\sigma}} = 2 \frac{\partial p_{\mu\nu}}{\partial\beta_{\rho\sigma}} \tag{6.2–47}$$

für diese Polarisierbarkeiten

$$\pi_{\mu\nu} = \sum_{i=1}^{n} n_i \frac{\partial^2 e_i}{\partial\alpha_\mu \partial\alpha_\nu} \tag{6.2–48}$$

$$\pi_{\mu\nu,\rho} = \sum_{i=1}^{n} n_i \frac{\partial^2 e_i}{\partial\beta_{\mu\nu}\partial\alpha_\rho} \tag{6.2–49}$$

$$\pi_{\mu\nu,\rho\sigma} = \sum_{i=1}^{n} n_i \frac{\partial^2 e_i}{\partial\beta_{\mu\nu}\partial\beta_{\rho\sigma}} \tag{6.2–50}$$

in denen man die 2. Ableitung der e_i nach (6.2–39, 41, 42) zu substituieren hat.

Wir haben, unter Benutzung der Störungstheorie, in einer etwas umständlichen Weise gezeigt, daß die Gleichungen (6.2–30) in der Tat richtig sind, und damit indirekt nachgewiesen, daß die beiden Summen in (6.2–31) insgesamt Null geben. Der Leser bevorzugt aber vielleicht eine einfach durchschaubare unmittelbare Begründung für das Verschwinden dieser Summen. Die Begründung kann man folgendermaßen geben:

Variiert man in (6.2–29) irgendwelche α's oder β's, so ändern sich die ‚richtigen' $\vec{f}$'s und damit die p's und q's ebenfalls. Berechnet man ΔE dagegen mit p's und q's, die aus ‚falschen' $\vec{f}$'s konstruiert sind, so liegt dieses ‚falsche' ΔE *über* dem ‚richtigen' ΔE, da ΔE nach (6.2–29) formal ein Erwartungswert ist, für den das Variationsprinzip gilt. Berechnen wir nun für eine Hückel-Matrix mit beliebigen α's und β's ΔE mit den $\vec{f}^{(0)}$'s zur ungestörten Hückel-Matrix (mit α^0 und β^0), so liegt dieses ‚falsche' ΔE überall über dem ‚richtigen' ΔE, außer dort, wo $\alpha = \alpha^0$, $\beta = \beta^0$, wo beide ΔE identisch sind. Auf Abb. 21 ist schematisch die Abhängigkeit der beiden Energien von der Variation eines α angedeutet. Da beide Kurven analytische Funktionen des betrachteten α sind, die eine immer über der anderen liegt, außer an einem gemeinsamen Punkt, müssen beide Kurven an der Stelle $\alpha = \alpha^0$ eine gemeinsame Tangente, d.h. die gleiche erste Ableitung haben.

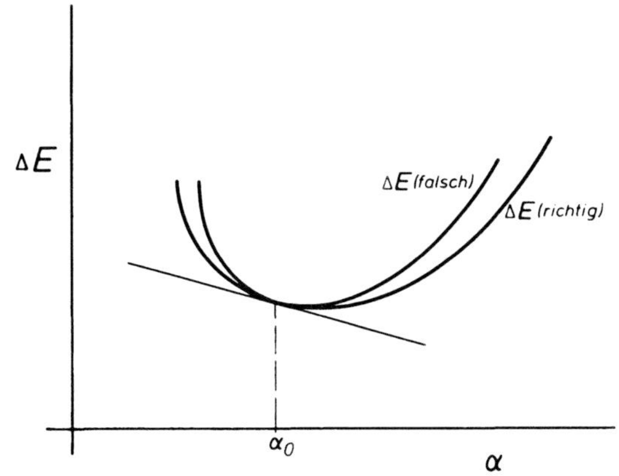

Abb. 21. Zur Störungstheorie in der Hückel-Näherung.

Das heißt $\left(\frac{\partial\Delta E}{\partial\alpha}\right)_{\alpha=\alpha_0}$ ist das gleiche, ob man es aus dem ‚richtigen' ΔE (mit richtigen p's und q's) oder aus den ‚falschen ΔE (mit p^0's und q^0's) berechnet.

Die Abhängigkeit der q's und p's von $\alpha_{\mu s}$ kann man in (6.2–31) daher unberücksichtigt lassen. Die zweiten Ableitungen sind bei beiden Kurven aber natürlich verschieden.

Das Hauptanwendungsgebiet der Hückelschen Näherung sind die π-Elektronen der sog. konjugierten und aromatischen Kohlenwasserstoffe, worauf wir in Kap. 11 zurückkommen. Für diese Molekülklasse hat Hückel seine Näherung auch entwickelt*).

6.3. Die Poplesche Näherung

Ähnlich wie bei der Ableitung der Hückelschen Näherung wollen wir davon ausgehen, daß die Überlappungsintegrale $S_{\mu s,\nu t}$ so klein sind, daß Beiträge, die von zweiter Ordnung in der Überlappung sind, weggelassen werden können, und wiederum wollen wir voraussetzen, daß

$$\sum_{\nu,t} S_{\mu s,\nu t}\, c_{\nu t}^{i} = s_i\, c_{\mu s}^{i} \tag{6.3–1}$$

Wir wollen dagegen nicht annehmen, daß die interatomaren Coulomb-Wechselwirkungen zu vernachlässigen sind, und uns insbesondere nicht auf unpolare Moleküle beschränken. Auch auf die ungefähre Gleichheit von intraatomarer Elektronenabstoßung im Valenzzustand und im isolierten Atom wollen wir uns nicht verlassen. Die Elektronenwechselwirkungsterme sollen also explizit berücksichtigt werden.

Während wir bei der Ableitung der Einelektronennäherung von einem Energieausdruck ausgingen, der eine Korrektur für die Links-Rechts-Korrelation enthielt, wollen wir jetzt einen Energieausdruck benutzen, der dem Energieerwartungswert einer Slater-Determinante so nah wie möglich ist. Wir müssen uns dann aber vorbehalten, für das richtige asymptotische Verhalten durch eine anschließende Konfigurationswechselwirkung zu sorgen (und evtl. auch $\sum_{\mu} W_{\mu}'$ nach (5.3–19) und $\sum_{\mu<\nu} W_{\mu\nu}'$ nach (5.3–17) zu berücksichtigen).

Ausgangspunkt unserer Überlegungen ist also der Energieausdruck (5.4–12) unter Vernachlässigung der W_{μ}' und $W_{\mu\nu}'$. Genau wie im vorigen Abschnitt definieren wir $f_{\mu s}^{i}$ durch Gl. (6.2–4). Den Einelektronenteil der Bindungsenergie können wir aus (6.2–10) übernehmen, der gleichen Argumentation wie dort folgend. Damit wird unser Energieausdruck zu (die n_i können jetzt nur gleich 2 oder 0 gewählt werden; die Summe über i geht jetzt über die doppelt besetzten MO's)

$$W = 2 \sum_{i} \sum_{\mu,s} \sum_{\nu,t} f_{\mu s}^{i}\, \widetilde{H}_{\mu s,\nu t}\, f_{\nu t}^{i} + $$

$$+\frac{1}{2} \sum_{\mu,s} \sum_{\nu,t} [q_{\mu s} q_{\nu t} - \frac{1}{2} p_{\mu s,\nu t}^{2}]\, (\mu_s \mu_s | \nu_t \nu_t)$$

* E. Hückel, Z. Physik *70*, 204 (1931); *72*, 310 (1931); *76*, 628 (1932); Z. Elektrochem. *43*, 752, 827 (1937).

$$+\frac{1}{2}\sum_{\mu,\nu}{}' \left\{\frac{Z_\mu Z_\nu}{R_{\mu\nu}} - Z_\mu \sum_t q_{\nu t}(\mu : \nu_t\nu_t) - \right.$$

$$\left. - Z_\nu \sum_s q_{\mu s}(\nu : \mu_s\mu_s)\right\} \qquad (6.3\text{–}2)$$

dabei ist $\widetilde{H}_{\mu s, \nu t}$ die Matrix mit den Elementen

$$\widetilde{H}_{\mu s, \mu s} = \alpha_{\mu s}$$

$$\widetilde{H}_{\mu s, \nu t} = \beta_{\mu s, \nu t} \qquad (6.3\text{–}3)$$

und nach (6.2–7) ist

$$q_{\mu s} = 2 \sum_i |f^i_{\mu s}|^2$$

(Wir setzen ja voraus, daß ein MO entweder doppelt besetzt oder unbesetzt ist.)
Wir müssen jetzt noch $p^2_{\mu s, \nu t}$ durch die $f^i_{\mu s}$ ausdrücken. Dazu gehen wir zurück auf die ursprüngliche Definition (5.3–10) von $p^2_{\mu s, \nu t}$ und benutzen die Eigenwertgleichung (6.3–1). Zunächst ist

$$d^i_{\mu s} = s_i \cdot c^i_{\mu s} = \sqrt{s_i} \cdot f^i_{\mu s} \qquad (6.3\text{–}4)$$

damit

$$p^{(1)}_{\mu s, \nu t} = 2 \sum_i f^i_{\mu s} f^i_{\nu t} \qquad (6.3\text{–}5)$$

$$p^{(2)}_{\mu s, \nu t} = 2 \sum_i \frac{1}{s_i} f^i_{\mu s} f^i_{\nu t} \qquad (6.3\text{–}6)$$

$$p^{(3)}_{\mu s, \nu t} = 2 \sum_i s_i f^i_{\mu s} f^i_{\nu t} \qquad (6.3\text{–}7)$$

$$p^2_{\mu s, \nu t} = \frac{1}{2}\left\{\left(2 \sum_i f^i_{\mu s} f^i_{\nu t}\right)^2 + \right.$$

$$\left. + 4 \sum_{i,j} \frac{s_j}{s_i} \left(f^i_{\mu s} f^i_{\nu t}\right)\left(f^j_{\mu s} f^j_{\nu t}\right)\right\} \qquad (6.3\text{–}8)$$

Wenn die Überlappungsintegrale genügend klein sind, sind die Eigenwerte s_i nicht sehr von 1 verschieden, und die Faktoren s_j/s_i unterscheiden sich ebenfalls wenig von 1, so daß in guter Näherung gilt*) (vgl. 6.2–28)

---

* Die s_i zu besetzten MO's sind i.allg. $\geqslant 1$, diejenigen zu den unbesetzten $\leqslant 1$, die in (6.3–8) auftretenden Quotienten betreffen beide besetzte MO's, so daß die Quotienten dichter an 1 liegen als die s_i selbst.

$$p^2_{\mu s,\nu t} \approx (p^{(1)}_{\mu s,\nu t})^2 = (2 \sum_i f^i_{\mu s} f^i_{\nu t})^2 \tag{6.3–9}$$

Jetzt können wir das Minimum von E als Funktion der $f^i_{\mu s}$ suchen (unter Berücksichtigung ihrer Orthogonalität). Das führt zu folgenden Gleichungssystem, dem die $f^i_{\mu s}$ zu gehorchen haben

$$\sum_{\nu,t} F_{\mu s,\nu t} f^i_{\nu t} = \epsilon_i f^i_{\mu s} \tag{6.3–10}$$

Die Pople-Matrix $F_{\mu s,\nu t}$ ist dabei gegeben durch

$$F_{\mu s,\mu s} = \alpha_{\mu s} + \frac{1}{2} q_{\mu s} (\mu_s\mu_s \mid \mu_s\mu_s) + \sum_{\substack{\nu,t \\ (\neq \mu,s)}} q_{\nu t} (\mu_s\mu_s \mid \nu_t\nu_t) - \\ - \sum_{\substack{\nu \\ (\neq \mu)}} Z_\nu (\nu\colon \mu_s\mu_s) \tag{6.3–11}$$

$$F_{\mu s,\nu t} = \beta_{\mu s,\nu t} - \frac{1}{2} p_{\mu s,\nu t} (\mu_s\mu_s \mid \nu_t\nu_t) \quad \text{für} \quad (\mu s) \neq (\nu t) - \tag{6.3–12}$$

Die Pople-Matrix $F_{\mu s,\nu t}$ unterscheidet sich durch drei Beiträge von der Einelektronen-Matrix $\widetilde{H}_{\mu s,\nu t}$.

1. In den Diagonalelementen $F_{\mu s,\mu s}$ tritt die Summe

$$\sum_{\substack{\nu \\ (\neq \mu)}} \left\{ \sum_t q_{\nu t} (\mu_s\mu_s \mid \nu_t\nu_t) - Z_\nu (\nu\colon \mu_s\mu_s) \right\} \tag{6.3–13}$$

auf, die die Differenz der Abstoßung durch die Elektronen der anderen Atome und der Anziehung durch die anderen Kerne darstellt. In unpolaren Molekülen sollte diese Differenz sehr klein sein.

2. Die Diagonalelemente $F_{\mu s,\mu s}$ enthalten außerdem die Abstoßung durch die Elektronen am gleichen Atom

$$\sum_t q_{\mu t} (\mu_s\mu_s \mid \mu_t\mu_t) - \frac{1}{2} q_{\mu s} (\mu_s\mu_s \mid \mu_s\mu_s) \tag{6.3–14}$$

Hiervon ist der Beitrag desselben Orbitals $\chi_{\mu s}$ gegeben durch

$$\frac{1}{2} q_{\mu s} (\mu_s\mu_s \mid \mu_s\mu_s) \tag{6.3–15}$$

Dieser Beitrag ist physikalisch sinnvoll, wenn $\chi_{\mu s}$ doppelt besetzt ist, d.h. wenn $q_{\mu s} = 2$ und $\frac{1}{2} q_{\mu s} = 1$, dann stellt (6.3–15) genau die Abstoßung durch das andere Elektron im selben Orbital dar. Für z.B. $q_{\mu s} = 1$ bedeutet (6.3–15) eine ‚Selbstwechselwirkung', die ein Artefakt der MO-Näherung ist.

3. In den Nichtdiagonalelementen $F_{\mu s, \nu t}$ treten zusätzlich noch Terme auf

$$-\frac{1}{2}\, p_{\mu s, \nu t}\, (\mu_s \mu_s \mid \nu_t \nu_t) \tag{6.3–16}$$

die ebenfalls ein Artefakt der MO-Näherung sind und mit deren falschem asymptotischen Verhalten für große Abstände zusammenhängen (vgl. Abschn. 5.7).

Abgesehen von den soeben besprochenen ‚unphysikalischen' Termen unterscheidet sich $F_{\mu s, \nu t}$ von $\widetilde{H}_{\mu s, \nu t}$ bei *unpolaren* Molekülen wesentlich nur dadurch, daß in den Diagonalelementen die Abstoßung durch die anderen Elektronen am gleichen Atom enthalten ist.

Die durch (6.2–11) definierte Hückel-Matrix H unterscheidet sich von $\widetilde{H}$ ebenfalls in erster Linie dadurch, daß in den Diagonalelementen die Abstoßung durch die anderen Elektronen am gleichen Atom berücksichtigt ist. Der wesentliche Unterschied zwischen der Pople-Matrix F und der Hückel-Matrix liegt also darin, daß letztere die ‚unphysikalischen' Terme nicht enthält. (In Abschn. 6.4 werden wir den Unterschied zwischen F und H noch detaillierter diskutieren.)

Wir machen hier die Feststellung, die als Folge unserer Ableitung geradezu trivial ist, die aber überrascht, wenn man die Ableitung nicht kennt bzw. wenn man die Hückel-Näherung aus der Pople-Näherung abzuleiten versucht*), daß nämlich in der Hückel-Näherung die Links-Rechts-Korrelation zumindest genähert berücksichtigt wird, in der Pople-Näherung dagegen nicht.

Man könnte evtl. die Pople-Näherung so modifizieren, daß der Links-Rechts-Korrelation genähert Rechnung getragen wird, aber das ist bisher nicht versucht worden.

Multiplizieren wir (6.3–10) von links mit $f^i_{\mu s}$ und summieren wir über μ, s, so erhalten wir wegen der Normierung (6.2–5) der $f^i_{\mu s}$:

$$\epsilon_i = \sum_{\mu, s} \sum_{\nu, t} f^i_{\mu s}\, F_{\mu s, \nu t}\, f^i_{\nu t} \tag{6.3–17}$$

Summieren über i ergibt dann

$$2 \sum_i \epsilon_i = \sum_{\mu, s} q_{\mu s}\, F_{\mu s, \mu s} + \sum_{(\mu, s)} \sum_{\neq (\nu, t)} p_{\mu s, \nu t}\, F_{\mu s, \nu t} \tag{6.3–18}$$

$$= W + \frac{1}{2} \sum_{\mu, s} \sum_{\nu, t} [q_{\mu s}\, q_{\nu t} - \frac{1}{2} p^2_{\mu s, \nu t}]\, (\mu_s \mu_s \mid \nu_t \nu_t) - \frac{1}{2} \sum_{\mu, \nu}{}' \frac{Z_\mu \cdot Z_\nu}{R_{\mu\nu}}$$

wobei die Gesamtenergie W diejenige der Gl. (6.3–2) ist.

Die Summe über Orbitalenergien ϵ_i mal Besetzungszahlen (2) ist also, wie das bei Hartree-Fock-artigen Theorien allgemein gilt, nicht gleich der Gesamtenergie, sondern man zählt bei dieser Summierung die Elektronenwechselwirkungsenergie doppelt, und man läßt die Kernabstoßung unberücksichtigt.

---

* s.z.B. *M.J.S. Dewar*: The Molecular Orbital Theory of Organic Chemistry. McGraw Hill, New York 1969.

In der Praxis wird die Poplesche Näherung nicht in der hier abgeleiteten ‚ab-initio' Form verwendet, vielmehr werden bestimmte in ihr auftretende Integrale nicht berechnet, sondern als semiempirisch anpaßbare Parameter aufgefaßt.

Die semiempirische Parametrisierung der Pople-Gleichung soll uns aber nicht weiter interessieren*).

Die Näherung, die wir hier als Pople-Näherung bezeichnen, wurde zuerst von J.A. Pople**) für den Spezialfall von π-Elektronensystemen angegeben und als eine Verallgemeinerung der Hückel-Näherung verstanden. Das wichtigste Element dieser Näherung, die sog. Vernachlässigung der differentiellen Überlappung, geht aber wohl auf Pariser und Parr***) zurück, so daß man i.allg. von der sog. Pariser-Parr-Pople- oder *PPP*-Näherung spricht. Bei der Bezeichnung *PPP* denkt man allerdings ausschließlich an eine Methode zur Berechnung der UV-Spektren von π-Elektronensystemen, die eine Kombination der Ansätze von Pariser-Parr und von Pople darstellt. Der gleiche Gedanke wurde später von verschiedenen Autoren auch auf eine Behandlung sämtlicher Valenzelektronen erweitert[1]. Große Verbreitung fand diese jetzt nicht mehr auf π-Elektronen beschränkte Näherung vor allem im Anschluß an die Arbeiten von Pople, Santry und Segal[2], die die Bezeichnung *CNDO* (complete neglect of differential overlap) für ihre Methode vorschlugen.

Seither sind eine ganze Reihe von Varianten vorgeschlagen worden. In einigen davon wurden z.B. die Einzentrenintegrale W'_μ des Typs (5.3–20) zumindest teilweise berücksichtigt. Alle diese Varianten sind semiempirisch, d.h. die in der Pople-Matrix auftretenden Größen werden nicht berechnet, sondern als Parameter angesehen, denen man solche Werte gibt, daß für einige ‚Eich'-Moleküle die experimentellen Ergebnisse für gewisse physikalische Daten (z.B. Bindungsenergien, Bindungslängen, spektrale Übergangsenergien etc.) richtig herauskommen. Für verschiedene Meßgrößen muß man in der Regel verschieden parametrisieren, ebenso für verschiedene Verbindungsklassen.

Die Bezeichnung ‚Vernachlässigung der differentiellen Überlappung'[3] ist unglücklich gewählt. Zwar wurden ursprünglich in der Tat alle Zweielektronenintegrale bis auf die sog. Coulombintegrale $(\mu_s\mu_s|\nu_t\nu_t)$ einfach weglassen, aber man sah bald ein, daß so etwas nicht ohne weiteres zulässig ist und einer Rechtfertigung bedarf. Diese Rechtfertigung fand man[4] auf dem Umweg über die sog. Löwdin-orthogonalisierten Or-

* Einzelheiten darüber kann man z.B. finden in R.G. Parr: Quantum Theory of Molecular Electronic Structure. Benjamin, New York 1964 oder J.A. Pople, D.L. Beveridge: Approximate Molecular Orbital Theory. McGraw Hill, New York 1970.

** J.A. Pople, Trans. Fard. Soc. *49*, 1375 (1953).

*** R.G. Pariser, R.G. Parr, J. Chem. Phys. *21*, 466, 767 (1953).

1 z.B. M. Jungen, H. Labhart, G. Wagniere: Theoret. Chim. Acta *4*, 305 (1966).

2 J.A. Pople, D.P. Santry: Mol. Phys. 7, 269 (1963); J.A. Pople, D.P. Santry, G.A. Segal: J. Chem. Phys. *43*, S 129 (1965); J.A. Pople, G.A. Segal: J. Chem. Phys. *44*, 3289 (1966).

3 R.G. Pariser, R.G. Parr, l.c.

4 F.G. Fumi, R.G. Parr, J. Chem. Phys. *21*, 1864 (1953).
P.O. Löwdin, J. Chem. Phys. *18*, 365 (1950).
F. Peradejordi, C. r. acad. sci. *243*, 276 (1956).
I. Fischer-Hjalmars, J. Chem. Phys. *42*, 1962 (1965).

bitale, indem man plausibel machen konnte, daß die AO's der PPP-Näherung als Approximation für die Löwdin-orthogonalisierten AO's und nicht für die wirklichen AO's aufzufassen seien, wobei die nicht-Coulomb-artigen Zweielektronenintegrale über Löwdin-AO's in der Tat sehr klein sind, sofern für die Integrale über die ursprünglichen AO's die Mullikensche Näherung zulässig ist. Wir haben hier gezeigt, daß man zur Rechtfertigung der sog. Vernachlässigung der differentiellen Überlappung unter den gleichen Voraussetzungen auch ohne Löwdin-Orbitale auskommt. Ruedenberg*) hat wohl als erster darauf hingewiesen, daß notwendige Voraussetzung für die Ableitung der Pople-Näherung (auch bei Verwendung der Löwdin-orthogonalisierten Orbitale) ist, daß die Vektoren $\vec{c}_i$ der LCAO-Koeffizienten der MO's Eigenvektoren der Überlappungsmatrix sind. Anders gesagt bedeutet diese Bedingung, daß die Überlappungsmatrix und die Pople-Matrix kommutieren. Wenn das nicht der Fall ist, wird die Pople-Näherung besonders problematisch.

Die Verdienste von J. A. Pople um die semiempirische Quantenchemie sind unbestreitbar. Dennoch würde Pople seine Beiträge zur ab-initio-Quantenchemie (vgl. Anhang A3) sicher und zu recht höher einschätzen, so daß die Wahl des Ausdrucks *Pople-Näherung* im semiempirischen Kontext vielleicht nicht glücklich ist.

6.4. Über die zwei Arten von Einelektronenenergien

Zur Ableitung einer Einelektronentheorie der chemischen Bindung, sei es ‚mit', sei es ‚ohne' Überlappung (Abschn. 6.1 bzw. 6.2), gingen wir aus vom genäherten MO-LCAO-Energieausdruck mit der Korrektur für die Links-Rechts-Korrelation, wobei wir weiter unterstellten, daß die Ladungsverschiebungen im Molekül nur geringfügig sind und daß folglich die quasiklassischen Beiträge zur Bindungsenergie zu vernachlässigen sind. Unter dieser Voraussetzung erhielten wir zur Bestimmung der optimalen LCAO-Koeffizienten ein Matrixeigenwertproblem ‚mit' bzw. ‚ohne' Überlappung und einen Näherungsausdruck für die Bindungsenergie der Form

$$\Delta E = \sum_i n_i e_i - \sum_{\mu, s} n_{\mu s} \alpha'_{\mu s} \qquad (6.4\text{--}1)$$

wobei e_i die Energie des MO's φ_i und $\alpha'_{\mu s}$ die Energie des AO's $\chi_{\mu s}$ ist und wobei n_i bzw. $n_{\mu s}$ Besetzungszahlen bedeuten.

Die Summe der MO-Energien e_i stellt dabei zwar nicht die Gesamtenergie des Moleküls dar, aber sie ist nach (6.4–1) ein unmittelbares Maß für die Bindungsenergie.

Hier tritt nun die Frage auf, ob die Orbitalenergien e_i der Einelektronentheorien etwas zu tun haben mit den Orbitalenergien ϵ_i des Hartree-Fock-Verfahrens bzw. deren genäherter Version, der LCAO-MO-SCF-Methode. Die Antwort muß lauten, ein unmittelbarer Zusammenhang der e_i und der ϵ_i kann nicht bestehen. Das sieht man ein, wenn man bedenkt, daß die Summe der Hartree-Fock-Orbitalenergien (mal Besetzungszahlen) eines Atoms oder Moleküls nicht gleich dessen Gesamtenergie ist (vgl. hierzu I. 9.3). Vielmehr gilt

---

* K. Ruedenberg, J. Chem. Phys. *34*, 1861 (1961).

** J.A. Pople, J. Am. Chem. Soc. *97*, 5306 (1975).

$$\sum_i n_i \epsilon_i = W + I - \sum_{\nu<\mu} \frac{Z_\nu Z_\mu}{r_{\mu\nu}}$$
$$I = \sum_\mu W_\mu + \sum_{\mu<\nu} W_{\mu\nu} \qquad (6.4\text{–}2)$$

wobei W die Gesamtenergie, I die gesamte Elektronenwechselwirkung ist. Wenn man die Hartree-Fock-Orbitalenergien summiert, zählt man die Elektronenwechselwirkung doppelt und vernachlässigt man die Kernabstoßungsenergie. Anschaulich ist dieses Ergebnis einleuchtend, denn ϵ_i ist die Energie eines Elektrons im MO φ_i im Feld der Kerne und der übrigen Elektronen. Die Wechselwirkung zwischen φ_i und φ_j ist deshalb sowohl in ϵ_i als in ϵ_j ganz enthalten, sie wird also insgesamt doppelt gezählt, während die kinetische Energie jedes Elektrons sowie seine potentielle Energie im Feld der Kerne genau richtig gezählt wird, die Abstoßung der Kerne in den ϵ_i dagegen überhaupt nicht vorkommt.

Bildet man die Differenz der Summe (6.4–2) für Molekül und getrennte Atome

$$\sum_i n_i \epsilon_i - \sum_{\mu,s} n_{\mu s} \alpha'_{\mu s} = W_{\text{Mol}} - \sum_\mu E_\mu^0 + I_{\text{Mol}} - \sum_\mu E_\mu^{0(2)} - \sum_{\nu<\mu} \frac{Z_\mu Z_\nu}{r_{\mu\nu}}$$
$$= \Delta E_{\text{HF}} + I_{\text{Mol}} - \sum_\mu E_\mu^{0(2)} - \sum_{\nu<\mu} \frac{Z_\mu Z_\nu}{r_{\mu\nu}} \qquad (6.4\text{–}3)$$

so sieht man, daß diese nicht gleich der Bindungsenergie ΔE ist. Der Unterschied zwischen ΔE und der rechten Seite von (6.4–3) liegt im folgenden:

1. $\Delta E_{\text{HF}} = W_{\text{Mol}} - \sum_\mu E_\mu^{(0)}$, d.h. die Differenz zwischen der Hartree-Fock-Energie des Moleküls und der getrennten Atome ist nicht gleich der wirklichen Bindungsenergie, weil ΔE_{HF} die Korrelationsbeiträge zur Bindungsenergie, insbesondere den Beitrag der Links-Rechts-Korrelation, nicht enthält.

2. Wäre $I_{\text{Mol}} = \sum_\mu E_\mu^{(2)} + \sum_{\mu<\nu} E_{\mu\nu}^{\text{ee}}$, was aber nicht für die Wechselwirkungsenergie der Hartree-Fock-Näherung, sondern für die korrelationskorrigierte Wechselwirkungsenergie gilt, dann könnte man statt der rechten Seite von (6.4–3) auch schreiben

$$\Delta E_{\text{HF}} + \sum_{\mu<\nu} E_{\mu\nu}^{\text{ee}} + \sum_\mu (E_\mu^{(2)} - E_\mu^{0(2)}) - \sum_{\mu<\nu} \frac{Z_\mu Z_\nu}{r_{\mu\nu}} \qquad (6.4\text{–}4)$$

Unter den Voraussetzungen, unter denen (6.4–1) gerechtfertigt ist, ist sicher $\sum_\mu (E_\mu^{(2)} - E_\mu^{0(2)}) \approx 0$, so daß die Differenz zwischen der rechten Seite von (6.4–3) und ΔE_{HF} im wesentlichen durch

$$\sum_{\mu<\nu} E_{\mu\nu}^{\text{ee}} - \sum_{\mu<\nu} \frac{Z_\mu Z_\nu}{r_{\mu\nu}} \qquad (6.4\text{–}5)$$

d.h. die Differenz zwischen Kernabstoßung und interatomarer Elektronenabstoßung, gegeben ist. Da die Kernabstoßung bei mittleren Abständen dem Betrage nach viel größer ist als die Elektronenabstoßung, ist der Beitrag (6.4–5) stark negativ und wesentlich dafür verantwortlich, daß die linke Seite von (6.4–3) viel negativer (dem Betrage nach größer) als ΔE ist. Die Tatsache, daß die Elektronenwechselwirkungsenergie der Hartree-Fock-Näherung I_{Mol} größer (positiver) als die korrelationskorrigierte Wechselwirkungsenergie $\sum\limits_{\mu} E_{\mu}^{(2)} + \sum\limits_{\mu<\nu} E_{\mu\nu}^{ee}$ ist, wirkt in der entgegengesetzten Richtung, ebenso die Vernachlässigung des Korrelationsbeitrags in ΔE_{HF}, diese beiden Effekte machen aber weniger aus.

Insgesamt würde man also die Bindungsenergie beträchtlich überschätzen, wenn man sie nach Gl. (6.4–1), aber mit den ϵ_i statt den e_i berechnet.

Nun haben die Hartree-Fock-Eigenwerte ϵ_i durchaus eine anschauliche Bedeutung, sie hängen nach dem Koopmansschen Theorem (I, 9.3) unmittelbar mit den Ionisationspotentialen zusammen. Oft ist man daran interessiert, aus einer genäherten Einelektronentheorie nicht die e_i und damit die Bindungsenergie ΔE, sondern die ϵ_i und damit die Ionisationspotentiale und evtl. UV-Absorptionsfrequenzen zu berechnen. Dann darf man natürlich nicht die in Abschn. 6.1 und 6.2 hergeleiteten Einelektronentheorien verwenden, sondern man muß anders argumentieren, wobei man schließlich auch wieder zu einem einfachen Matrixeigenwertproblem geführt wird, nur mit etwas anders definierten Matrixelementen. Wir wollen das nicht im einzelnen durchführen*).

Wie schon gesagt, werden i.allg. die Matrixelemente der Einelektronennäherungen nicht quantenchemisch berechnet, sondern semiempirisch angepaßt. Tut man das, so muß man für Bindungsenergien und für Ionisationspotentiale oder Spektren andere Parametersätze wählen.

Damit erklärt sich der bekannte Befund, daß das β der Hückel-Theorie für π-Elektronensysteme als etwa 1 eV zu wählen ist, wenn man Bindungsenergien berechnen will, dagegen etwa gleich 4 eV, wenn man Ionisationspotentiale oder spektrale Anregungsenergien erfassen will. In beiden Fällen paßt man physikalisch verschieden definierte Matrixelemente semiempirisch an.

6.5. Beschränkung auf Valenzelektronen

Es ist durch Rechnungen erhärtet, daß sich die Orbitale der inneren Schalen und die entsprechenden Elektronen an der Bindung praktisch nicht beteiligen. Der Gedanke, die inneren Elektronen bei Molekülberechnungen einfach wegzulassen, liegt zu nahe, als daß er nicht schon in der Frühzeit der Quantenchemie aufgetaucht wäre. Das Weglassen der inneren Schalen erwies sich aber als viel problematischer, als man zuerst dachte, so daß van Vleck und Sherman in ihrem Übersichtsartikel**) sogar von einem ‚Alptraum der inneren Schalen' sprachen.

---

* F. Driessler, W. Kutzelnigg, Theoret. Chim. Acta *43*, 307 (1977).

** J.H. van Vleck, A. Sherman, Rev. Mod. Phys. 7, 167 (1935).

Zunächst würde man denken, daß die inneren Elektronen für die äußeren Elektronen die Kernladung teilweise abschirmen und daß man deshalb für die Valenzelektronen, wenn man die inneren Elektronen wegläßt, nicht die volle Kernladungszahl, sondern eine effektive Kernladungszahl zu nehmen hat. Dabei kann man sich fragen, ob man im Li-Atom $Z_{eff} = 1$ zu wählen hat, entsprechend vollständiger Abschirmung durch die beiden ls-Elektronen, oder $Z_{eff} = 1.3$, entsprechend der durch die Slaterschen Regeln gegebenen Abschirmung. Oder sollte Z_{eff} gar eine Funktion von r sein? Dann wäre für große r $Z_{eff} = 1$, für sehr kleine r $Z_{eff} = 3$.

Welche Hauptschwierigkeit auftritt, sieht man am besten, wenn man versucht, den Grundzustand des Li-Atoms, beschränkt auf das Valenzelektron, durch Lösen der entsprechenden Schrödinger-Gleichung bzw. über das äquivalente Variationsprinzip zu berechnen. Für Z_{eff}, das nicht von r abhängt, ist die Energie des Grundzustandes einfach gleich

$$E = -\frac{Z_{eff}^2}{2} \qquad (6.5\text{–}1)$$

insbesondere für $Z_{eff} = 1$ erhält man $E = -\frac{1}{2}$ a.u., die Energie des H-Grundzustands. Das tatsächliche Ionisationspotential des Li-Atoms, das man mit der negativen Energie des Valenzelektrons im Feld des Rumpfs identifizieren kann, beträgt aber nur ≈ 0.2 a.u. Offensichtlich darf man nicht einfach die tiefste Lösung der Schrödinger-Gleichung ohne Einschränkung suchen, sondern man muß gewissermaßen dazu sagen, daß man etwas Ähnliches wie ein 2*s*-Orbital sucht, allerdings auch nicht dasjenige des H-Atoms (denn das würde die Energie −0.125 a.u. haben), sondern dasjenige Orbital mit der tiefsten Energie, das zum 1*s*-Orbital des Li-Rumpfs orthogonal ist. Mit dieser Einschränkung erhält man dann tatsächlich das richtige Ionisationspotential. Übrigens besteht für das tiefste *p*-Orbital des Li-Valenzelektrons keine Orthogonalitätsforderung, da ein *p*-Orbital zu einem *s*-Orbital automatisch orthogonal ist. Entsprechend ist auch das Ionisationspotential des tiefsten *p*-Zustands des Li-Atoms mit 0.130 a.u. sehr ähnlich dem entsprechenden des H-Atoms (0.125 a.u.).

Als erste erkannten wahrscheinlich Hellmann*⁾ und unabhängig von ihm Gombas**⁾, daß man diese Forderung der Orthogonalität zu den Rumpforbitalen in guter Näherung durch ein sog. Pseudopotential berücksichtigen kann. Und zwar entspricht diese Orthogonalitätsforderung, die man auch als ein ‚Besetzungsverbot' interpretieren kann, näherungsweise einem abstoßenden Potential, das dafür sorgt, daß das Valenzelektron nicht in den Rumpf eindringen kann. Bez. Einzelheiten sei auf zwei Übersichtsartikel verwiesen, die auch ausführlich auf frühere Veröffentlichungen eingehen***⁾.

Als besonders günstig hat sich folgende sog. semilokale Form des gesamten effektiven Potentials (d. h. abgeschirmten Coulomb-Potentials + Pseudopotentials) erwiesen.

---

* H. Hellmann, J. Chem. Phys. *3*, 61 (1935); Acta Physico Chim. URSS *1*, 913 (1935); *4*, 225 (1936).

** P. Gombas: Pseudopotentiale. Springer, Wien 1967. Dort Hinweise auf frühere Arbeiten des Autors.

*** M. Krauss, W. J. Stevens, Ann. Rev. Phys. Chem. *35*, 357 (1984); J. N. Bardsley. Case Studies in Atomic Physics *4*, 299 (1974).

$$\mathbf{V}(r, \vartheta, \varphi) = \sum_{l=0}^{\infty} V_l(r)\,\mathbf{P}_l \tag{6.5–2}$$

wobei $\mathbf{P}_l$ ein Projektionsoperator ist, der aus einer beliebigen Wellenfunktion die Komponente herausprojiziert, die proportional zu einer Linearkombination der Kugelfunktionen $Y_l^m(\vartheta, \varphi)$ mit $m = l, l-1, \ldots -l$ ist, und wo $V_l(r)$ z.B. von der Form ist

$$V_l(r) = \begin{cases} \dfrac{Z_{\text{eff}}}{r} & \text{für } r \geqslant r_l \\[2ex] a_l + b_l r & \text{für } r < r_l \end{cases} \tag{6.5–3}$$

wobei r_l, a_l und b_l Konstanten sind.

Im Rahmen einer solchen Pseudopotentialnäherung wird z.B. die Verwandtschaft der Atome der gleichen Gruppe des Periodensystems deutlich. Die unterschiedlichen Eigenschaften der Alkaliatome kann man einfach durch die verschiedenen Werte von r_l, a_l und b_l charakterisieren, Z_{eff} wird bei ihnen allen gleich 1 gesetzt.

Bei allen semiempirischen Methoden, in denen nur die Valenzelektronen berücksichtigt werden, enthalten alle Integrale ‚im Feld des Rumpfs' implizit ein Pseudopotential.

Betrachten wir jetzt noch einmal den Energieausdruck für ein Molekül in einem abgeschlossenschaligen Zustand, spezifiziert für den Fall, daß von jedem Atom genau ein Valenz-AO beteiligt ist. Wir gehen aus vom Ausdruck (6.1–1). Wie beim Übergang zu (6.1–6) absorbieren wir die $W'_{\mu\nu}$ in die β, die damit zu β' werden. Die α interpretieren wir als die Energien im Feld der Rumpfelektronen (vgl. die α' aus Gl. 6.1–17, 19). Ähnlich wie in (6.2–11) fassen wir die α' und β' zu einer Hückel-Matrix $\boldsymbol{H}$ zusammen. Unterstellen wir ferner wie in Abschn. 6.2., daß die $c^i_{\mu s}$ Eigenfunktionen der Überlappungsmatrix sind, so können wir die durch (6.2–4) definierten $f^i_{\mu s}$ einführen, so daß sich schließlich ergibt

$$\Delta E = E - \sum_{\mu} E^0_{\mu} = \sum_i \sum_{\mu, s} \sum_{\nu, t} f^i_{\mu s} H_{\mu s, \nu t} f^i_{\nu t} - \sum_{\mu, s} n_{\mu s} \alpha_{\mu s} +$$

$$+ \sum_{\mu} [E^{(2)}_{\mu} - E^{0(2)}_{\mu}] + \sum_{\mu < \nu} E^{\text{QK}}_{\mu\nu} \tag{6.5–4}$$

Ohne die beiden letzten Summen ist das gerade der Energieausdruck der Hückel-Näherung (6.2–10), von dem wir gesagt haben, daß er eine brauchbare Näherung darstellt, wenn die Bindungen unpolar und die Überlappungsintegrale klein sind. Gl. (6.5–4) enthält zusätzlich die wichtigsten Korrekturterme für den Fall, daß Ladungsverschiebungen im Molekül auftreten, die im wesentlichen auf der quasiklassischen Wechselwirkung der effektiven Ladungen beruhen. Die erforderlichen weiteren Korrekturterme für den Fall, daß die Überlappungsintegrale groß sind, haben wir in Abschn. 6.2.3 diskutiert.

6.6. Schlußbemerkung zu Kapitel 6

Uns lag weniger daran, zur Zeit gängige semi-empirische Rechenmethoden der Quantenchemie vorzustellen, als den quantenmechanischen Ausdruck für die Bindungsenergie in physikalisch interpretierbare Beiträge zu zerlegen und die Voraussetzungen aufzuzeigen, unter denen gewisse Beiträge vernachlässigt werden können. Wir werden im folgenden die Ergebnisse dieses Kapitels nur zu qualitativen Argumentationen und zum Formulieren funktionaler Zusammenhänge benutzen. Bez. quantitativer Aussagen wollen wir uns i.allg. auf zuverlässige quantenchemische Rechnungen berufen.

Die besprochenen Näherungsmethoden sind aber ein interessantes Nebenergebnis, so daß es sich lohnt, noch einige Bemerkungen zu machen, die für sie alle gelten.

Ausgangspunkt aller Ableitungen war der Energieausdruck der MO-LCAO-Näherung. Da alle im folgenden abgeleiteten Näherungsverfahren durch Vereinfachungen aus der MO-LCAO-Näherung hervorgingen, können sie kaum besser als diese und allenfalls imstande sein, deren Ergebnisse zu reproduzieren. Nun wissen wir aber, daß die LCAO-Näherung sehr verbessert werden kann, und zwar einmal im Rahmen der MO-Theorie durch Erweiterung der Basis oder zumindest durch Veränderung der AO's im Molekül gegenüber denen der isolierten Atome, zum anderen durch explizite Berücksichtigung der Elektronenkorrelation, etwa im Rahmen eines Konfigurations-Wechselwirkungsansatzes.

Bei der Ableitung der Hückel-Näherung haben wir an zwei Stellen Fehler der LCAO-Näherung teilweise korrigiert, zum einen das falsche Verhalten für große Abstände, und zum anderen haben wir den Effekt einer Deformation der AO's in etwa dadurch simuliert, daß wir die Eigenwerte der Überlappungsmatrix im Energieausdruck durch Faktoren 1 ersetzt haben. Dadurch hat die Hückel-Näherung eine kleine Chance, in Einzelfällen z.B. für gewisse Klassen von Molekülen möglicherweise sogar besser als die MO-LCAO-Näherung zu sein.

Nun sind die Fehler in den Bindungsenergien, die in der einfachen MO-LCAO-Näherung berechnet wurden, so beträchtlich, daß diese Näherung für quantitative Aussagen völlig wertlos ist. Die vereinfachten Versionen dieser Theorie können überhaupt nur einen Sinn haben, wenn sie entscheidende Fehler der MO-LCAO-Näherung nachträglich und indirekt korrigieren. Das geschieht durch die sog. semiempirische Parametrisierung. Man behält zwar die vorgegebene Struktur der Gleichung bei, kümmert sich aber nicht darum, wie man die Matrixelemente $\alpha_{\mu s}$, $\beta_{\mu s, \nu t}$, evtl. sogar $(\mu_s \mu_s | \nu_t \nu_t)$ etc. theoretisch berechnen kann, sondern benutzt das gewählte Verfahren als ein Interpolationsschema, um zwischen gegebenen experimentellen Daten zu interpolieren, und wählt die Parameter $\alpha_{\mu s}$, $\beta_{\mu s, \nu t}$ so, daß die Interpolation besonders gut wird.

Man muß sich darüber im klaren sein, daß eine Interpolation selten große Schwierigkeiten macht, fast immer aber eine Extrapolation. Im Klartext heißt das, eine für eine bestimmte Verbindungsklasse (oder eine bestimmte Eigenschaft) parametrisierte Methode kann für eine andere Verbindungsklasse (oder eine andere Eigenschaft) völlig falsche Ergebnisse liefern.

7. Polarität einer Bindung. Die Grenzfälle kovalenter und ionogener Bindung

Nach der Diskussion der Moleküle H_2^+ und H_2 könnte man als nächstkompliziertere Beispiele Moleküle wie HeH^{2+} und HeH^+ behandeln, die 1- bzw. 2-Elektronensysteme darstellen, aber mit verschiedenen Kernen, was u.a. zur Folge hat, daß die LCAO-MO's nicht schon durch die Symmetrie bestimmt sind, so daß wir deren Koeffizienten zunächst zu ermitteln hätten. Weder HeH^{2+} noch HeH^+ beanspruchen besonderes chemisches Interesse, und das einfachste chemisch interessante heteronukleare Molekül, das LiH, ist bereits ein 4-Elektronensystem, das sich allerdings auf ein 2-Elektronensystem reduzieren läßt, wenn man sich auf die Valenzelektronen beschränkt*).

Wir wollen jetzt an kein bestimmtes Molekül denken, sondern ein beliebiges zweiatomiges heteronukleares Molekül mit 2 Elektronen oder auch 2 Valenzelektronen betrachten. Dies sei durch die üblichen Integrale der MO-LCAO-Näherung, d.h.

$$\alpha_1, \alpha_2, \beta, (11|11), (11|22), (22|22), (1{:}22), (2{:}11)$$

charakterisiert.

Als erstes wollen wir auf unser Beispiel die Hückel-Näherung anwenden, obwohl wir wissen, daß diese nur gerechtfertigt ist, wenn keine interatomare Ladungsverschiebung auftritt.

7.1. Polarität einer Bindung im Rahmen der Hückelschen Näherung

Wir gehen aus von der Hückel-Matrix

$$\boldsymbol{H} = \begin{pmatrix} H_{11} & H_{12} \\ H_{12} & H_{22} \end{pmatrix} = \begin{pmatrix} \alpha_1 & \beta \\ \beta & \alpha_2 \end{pmatrix} = \begin{pmatrix} \alpha + \delta & \beta \\ \beta & \alpha - \delta \end{pmatrix} \tag{7.1–1}$$

Ihre Eigenwerte und Eigenvektoren werden im wesentlichen durch das Nichtdiagonalelement β und die Differenz 2δ der beiden Diagonalelemente bestimmt. Wir wollen voraussetzen, daß $H_{22} \leq H_{11}$, d.h. daß $\delta \geq 0$. Dagegen ist (vgl. Abschn. 3.2) $\beta < 0$. Die Eigenwerte der Matrix $\boldsymbol{H}$ (vgl. I.A. 7.5) sind

$$\begin{aligned} e_1 &= \alpha - \sqrt{\delta^2 + \beta^2} \\ e_2 &= \alpha + \sqrt{\delta^2 + \beta^2} \end{aligned} \tag{7.1–2}$$

und die Eigenvektoren (vgl. I.A. 7.5)

---

* Eine Analyse der heteropolaren Einelektronenbindung, auf die wir nicht eingehen können, gaben M.J. Feinberg u. K. Ruedenberg in J. Chem. Phys. 55, 5804 (1971).

$$\vec{f}_1 = \frac{1}{\sqrt{2}} (\sqrt{1-a};\ \sqrt{1+a})$$

$$\vec{f}_2 = \frac{1}{\sqrt{2}} (\sqrt{1+a};\ -\sqrt{1-a}) \qquad (7.1-3)$$

mit

$$a = \frac{\delta}{\sqrt{\delta^2 + \beta^2}} \qquad (7.1-4)$$

Das MO φ_1 hat offenbar die niedrigere Energie. Besetzen wir es mit zwei Elektronen, so erhalten wir folgende Ergebnisse für die Ladungsordnungen q_1 und q_2, die Bindungsordnung p_{12}, die Ladungsverschiebung Δq und die Bindungsenergie ΔE

$$q_1 = 1 - a;\ q_2 = 1 + a$$

$$\Delta q = \frac{1}{2}(q_2 - q_1) = a = \frac{\delta}{\sqrt{\delta^2 + \beta^2}}$$

$$p_{12} = \frac{|\beta|}{\sqrt{\delta^2 + \beta^2}}$$

$$\Delta E = 2e_1 - (\alpha - \delta) - (\alpha + \delta) = -2\sqrt{\delta^2 + \beta^2} \qquad (7.1-5)$$

Wir betrachten zunächst zwei Grenzfälle:

1. Rein kovalente Bindung

Bedingung: $\delta = 0$, d.h. $H_{11} = H_{22}$ wie in H_2^+ bzw. H_2

In Übereinstimmung mit den Ergebnissen aus Kap. 4 erhalten wir

$$e_1 = \alpha + \beta;\ e_2 = \alpha - \beta$$

(Man beachte, daß $\beta < 0$, aber $\sqrt{\beta^2} > 0$)

$$\vec{f}_1 = \frac{1}{\sqrt{2}} (1,1)$$

$$\vec{f}_2 = \frac{1}{\sqrt{2}} (1,-1)$$

$$q_1 = 1;\ q_2 = 1;\ \Delta q = 0;\ p_{12} = 1;\ \Delta E = 2\beta$$

2. Rein ionogene Bindung

Bedingung: $\beta = 0$, d.h. verschwindendes Nichtdiagonalelement. Folgerungen:

$$e_1 = \alpha - \delta = H_{22};\ e_2 = \alpha + \delta = H_{11}$$

$$\vec{f}_1 = (0,1)$$

$$\vec{f}_2 = (1,0)$$

Das MO mit der tieferen Energie φ_1 ist im wesentlichen gleich dem AO χ_2. Besetzen wir dieses AO doppelt, so bedeutet das – sofern jedes Atom ein Elektron zur Bindung besteuert –, daß ein Elektron vom ersten auf das zweite Atom übertragen wird. Demgemäß ergibt sich

$$q_1 = 0;\ q_2 = 2;\ \Delta q = 1;\ p_{12} = 0;\ \Delta E = -2\delta$$

In Wirklichkeit tritt natürlich selten einer der beiden Grenzfälle rein auf, sondern wir haben es mit Zwischensituationen zu tun. Andererseits wissen wir, daß die Hückelsche Näherung nur für unpolare bzw. schwach polare Bindungen gerechtfertigt ist. Wir wollen uns deshalb den Fall, daß δ zwar nicht verschwindet, aber doch klein gegen $|\beta|$ ist, nun noch etwas genauer ansehen.

3. Weitgehend kovalente Bindung

Bedingung: $\delta << |\beta|$

Wir können ausgehen von der allgemeinen Lösung (7.1–2) bzw. (7.1–5), in $\sqrt{\delta^2 + \beta^2}$ jeweils β^2 ausklammern und $\sqrt{1 + \frac{\delta^2}{\beta^2}}$ in eine Taylor-Reihe entwickeln

$$\sqrt{1 + \frac{\delta^2}{\beta^2}} = 1 + \frac{\delta^2}{2\beta^2} + O\left(\frac{\delta^4}{\beta^4}\right)$$

Dann erhalten wir, wenn wir nach der ersten nicht-verschwindenden Potenz von $\frac{\delta^2}{\beta^2}$ abbrechen (man bedenke dabei, daß $\beta = -\sqrt{\beta^2}$)

$$e_1 = \alpha + \beta\left(1 + \frac{\delta^2}{2\beta^2}\right) = \alpha + \beta + \frac{\delta^2}{2\beta}$$

$$e_2 = \alpha - \beta\left(1 + \frac{\delta^2}{2\beta^2}\right) = \alpha - \beta - \frac{\delta^2}{2\beta}$$

$$q_1 = 1 - \frac{\delta}{|\beta|}\left(1 - \frac{\delta^2}{2\beta^2}\right) = 1 - \frac{\delta}{|\beta|} + O\left(\left[\frac{\delta}{\beta}\right]^3\right)$$

$$q_2 = 1 + \frac{\delta}{|\beta|}\left(1 - \frac{\delta^2}{2\beta^2}\right) = 1 + \frac{\delta}{|\beta|} - O\left(\left[\frac{\delta}{\beta}\right]^3\right)$$

$$\Delta q = \frac{\delta}{|\beta|}$$

$$p_{12} = 1 - \frac{\delta^2}{2\beta^2}$$

$$\Delta E = 2\beta\left(1 + \frac{\delta^2}{2\beta^2}\right) = 2\beta + \frac{\delta^2}{\beta}$$

Wir sehen, daß $\delta/|\beta|$ linear in die Ladungsordnungen q_1, q_2 und die Ladungsverschiebung Δq eingeht, dagegen hängen die Bindungsordnung p_{12} und die Bindungsenergie ΔE nur quadratisch von $\delta/|\beta|$ ab. Wenn also $\delta/|\beta|$ genügend klein ist, ist der Einfluß von δ auf p_{12} und ΔE zu vernachlässigen, der Einfluß auf Δq dagegen zu berücksichtigen. Wenn H_{11} und H_{22} sich geringfügig unterscheiden, so hat dieser Unterschied eine deutliche Ladungsverschiebung zur Folge, dagegen praktisch keinen Einfluß auf die Bindungsordnung und die Bindungsenergie. Dieses Ergebnis ist wichtig im Zusammenhang mit den sog. Isosteriebeziehungen (vgl. Abschn. 8.8). Man kann sich überlegen, daß die Beiträge zur Bindungsenergie, die man in der Hückelschen Näherung vernachlässigt, proportional zu $(\Delta q)^2$ und damit ebenfalls zu vernachlässigen sind, wenn man Terme in $(\delta/\beta)^2$ vernachlässigen darf.

7.2. Die Ionenbindung. Ionisationspotential und Elektronenaffinität

Wenn Δq groß ist (≈ 1) – und das ist bei der ionogenen Bindung der Fall –, dann ist die Verwendung der Hückelschen Näherung nicht mehr gerechtfertigt, sondern wir müssen zum Ausdruck (6.5-4) für die Bindungsenergie übergehen.

$$\Delta E = 2 \sum_i \sum_{\mu,s} \sum_{\nu,t} f^i_{\mu s}\, H_{\mu s,\nu t}\, f^i_{\nu t} - \sum_{\mu,s} n_{\mu s}\, \alpha_{\mu s} + \sum_{\mu} [E^{(2)}_{\mu} - E^{0(2)}_{\mu}] + \sum_{\mu<\nu} E^{\mathrm{QK}}_{\mu\nu} \qquad (7.2\text{–}1)$$

Wir müssen also zumindest zwei zusätzliche Beiträge zur Bindungsenergie der Hückelschen Näherung (6.4-2), von der wir ausgingen, berücksichtigen, erstens die Änderung der intraatomaren Elektronenwechselwirkung, zweitens die quasiklassische Wechselwirkung der effektiven Ladungen.

Die Diagonalelemente α_1 und α_2 der Hückel-Matrix aus Abschn. 7.1 stellen die Energie je eines Elektrons im Felde seines Atomrumpfes dar – wir betrachten nur je ein Valenzelektron. Wir können also die α's mit den negativen Ionisationspotentialen $-I_1$ und $-I_2$ der beiden Partner (in ihren Valenzzuständen) identifizieren. (Das Ionisationspotential I ist die Energie, die aufzuwenden ist, um ein Elektron aus dem Atom zu entfernen.)

Der Beitrag der ersten beiden Summen von Gl. (7.2-1), d.h. das Ergebnis der Hückelschen Näherung, ist also im Falle einer rein ionogenen Bindung gegeben durch

$$\Delta E_{\text{Hü}} = -2\delta = \alpha_2 - \alpha_1 = I_1 - I_2 \qquad (7.2\text{–}2)$$

Wenn wir ein Elektron vom Atom 1 auf das Atom 2 übertragen, müssen wir aber in Wirklichkeit zwar das Ionisationspotential I_1 des Atoms 1 aufwenden, wir gewinnen aber nicht das Ionisationspotential I_2 des zweiten Atoms, sondern nur seine Elektronenaffinität A_2 – das ist die Energie, die bei Anlagerung eines Elektrons an ein neutrales Atom frei wird. Die Energiebilanz ist damit

$$\Delta E_{\infty} = I_1 - A_2 \qquad (7.2\text{–}3)$$

wobei der Index ∞ andeutet, daß dies der Energiegewinn ist, der bei Übertragung eines Elektrons bei unendlichem Abstand der Atome erzielt wird. Denn bei unendlichem Abstand verschwindet der Beitrag $\sum\limits_{\mu<\nu} E_{\mu\nu}^{\text{QK}}$, den wir bisher noch nicht betrachtet haben.

Die Elektronenaffinität A_2 ist dem Betrage nach viel kleiner als das Ionisationspotential I_2, da ein Neutralatom ein zusätzliches Elektron viel schwächer bindet als ein positives Ion. Typische Werte von Ionisationspotentialen liegen bei 10 eV, von Elektronenaffinitäten bei 1 eV.

Die Differenz zwischen $\Delta E_{\text{Hü}}$ und ΔE_{∞} beruht auf einer Änderung der intraatomaren Elektronenwechselwirkung als Folge der Elektronenübertragung vom Atom 1 auf das Atom 2. Folglich können wir näherungsweise folgende Identifikation treffen:

$$\Delta E_{\infty} - \Delta E_{\text{Hü}} = \sum_{\mu=1}^{2} [E_{\mu}^{(2)} - E_{\mu}^{0(2)}] = I_2 - A_2 \qquad (7.2\text{–}4)$$

Zur Erläuterung von Gl. (7.2–4) überlegen wir zunächst, daß Atom 1 vorher ein (Valenz-) Elektron, nachher kein Elektron hat – weder vorher noch nachher tritt eine Elektronenwechselwirkung auf, d.h.

$$E_1^{(2)} = E_1^{0(2)} = 0 \qquad (7.2\text{–}5)$$

Das Atom 2 hat dagegen vorher ein Elektron, nachher zwei, d.h. es kommt nach der Elektronenübertragung der Beitrag der Elektronenabstoßung am Atom 2 hinzu

$$E_2^{0(2)} = 0; \; E_2^{(2)} = (22|22) \qquad (7.2\text{–}6)$$

$$\sum_{\mu=1}^{2} [E_{\mu}^{(2)} - E_{\mu}^{0(2)}] = (22|22) = I_2 - A_2 \qquad (7.2\text{–}7)$$

Im Sinne dieser Überlegung unterscheiden sich Ionisierungsenergie I_2 und Elektronenaffinität A_2 um den Betrag der Einzentrenelektronenabstoßung (22|22). Daß (7.2–7) nicht streng, sondern nur näherungsweise gilt, liegt daran, daß unsere Überlegungen nur im Rahmen der MO-LCAO-Näherung richtig sind. Bei einer genaueren theoretischen Behandlung der Elektronenübertragung muß man einerseits berücksichtigen, daß das AO χ_2 vor und nach der Elektronenübertragung nicht dasselbe ist (z.B. ist das AO des H-Atoms bis auf einen Normierungsfaktor gleich e^{-r}, das Hartree Fock-AO des H^- ungefähr gleich $e^{-0.69r}$), andererseits, daß die intraatomare Korrelationsenergie (die wir in der MO-LCAO-Näherung gar nicht erfassen) sich ändert (bei der Anlagerung eines Elektrons an das H-Atom um ca. 0.04 a.u. $\approx$ 1.0 eV).

Ein gut untersuchtes Beispiel einer Elektronenübertragung ist diejenige zwischen zwei Kohlenstoffatomen in ihren Valenzzuständen in einem π-Elektronensystem vom π-AO des einen in das π-AO des anderen Atoms. Identifiziert man die für die fiktive Reaktion

$$C + C \rightarrow C^+ + C^- \qquad (7.2\text{–}8)$$

notwendige Energie im Sinne von (7.2–7) mit dem Einzentrenelektronenwechselwirkungsintegral $(\pi\pi|\pi\pi)$ und berechnet man dieses mit einem nach den Slaterschen Regeln bestimmten AO, so erhält man $I_\pi - A_\pi \approx 17$ eV. Berechnet man $(\pi\pi|\pi\pi)$ mit einem Hartree-Fock-AO, so ergibt sich $I_\pi - A_\pi \approx 14$ eV. Berücksichtigt man, daß das π–AO verschieden ist, je nachdem, ob es mit einem oder zwei Elektronen besetzt ist, ändert sich der Wert zu $I_\pi - A_\pi \approx 12$ eV. Die Änderung der Korrelationsenergie reduziert diesen Wert schließlich auf ≈ 11 eV.

Schätzt man die Energiebilanz der Reaktion (7.2–8) aus den ‚experimentellen' Werten für die Elektronenaffinität und das Ionisationspotential des Kohlenstoffs in seinem Valenzzustand (die man aus den Werten für die spektroskopischen Zustände interpolieren kann) ab, so erhält man ebenfalls etwa 11 eV.

Dieses Beispiel zeigt, daß bei starker Ladungsverschiebung, d.h. für weitgehend ionogene Verbindungen, nicht nur die Hückelsche Näherung, sondern die MO-LCAO-Näherung allgemein überfordert ist und daß man besser auf empirische Werte von Ionisationspotential und Elektronenaffinität der Atome (im Valenzzustand) zurückgreift, wenn man nicht eine sehr aufwendige Rechnung treiben will.

Für die Bindungsenergie bei endlichen Abständen müssen wir zu ΔE_∞ noch $\sum_{\mu<\nu} E_{\mu\nu}^{QK}$, d.h. bei zweiatomigen Molekülen E_{12}^{QK}, hinzuzählen, um die Bindungsenergie des ionogenen Moleküls zu erhalten:

$$\Delta E = \Delta E_\infty + E_{12}^{QK} = I_1 - A_2 + E_{12}^{QK} \qquad (7.2\text{–}9)$$

Für genügend große Abstände R ist

$$E_{12}^{\mathrm{QK}} = \frac{Q_1 Q_2}{R} \approx -\frac{1}{R} \tag{7.2–10}$$

wenn wir im Sinne einer reinen ionogenen Bindung voraussetzen, daß $Q_1 = 1$, $Q_2 = -1$. Somit ist die Bindungsenergie eines ionogenen zweiatomigen Moleküls für genügend große Abstände R gegeben durch

$$\Delta E = I_1 - A_2 - \frac{1}{R} \tag{7.2–11}$$

Wäre $I_1 - A_2$ allein schon negativ, d.h. wäre die Elektronenaffinität des Atoms 2 größer als das Ionisationspotential des Atoms 1, wäre schon ein Elektronenübergang bei $R = \infty$ mit einem Energiegewinn verbunden. Es ist aber kein Paar von Atomen bekannt, für das das der Fall wäre, obwohl man lange glaubte, diese Bedingung wäre bei CsF verwirklicht. Damit eine ionogene Bindung zustandekommt, ist der Term $\frac{1}{R}$ ganz wesentlich.

Für $R \to 0$ ginge ΔE nach Gl. (7.2–11) gegen $-\infty$, was nicht sinnvoll ist, zumal es maximaler (und sogar unendlicher) Bindungsfestigkeit bei $R = 0$ entsprechen würde. Natürlich ist der Ausdruck $\frac{Q_1 Q_2}{R}$ für die quasiklassische Coulomb-Wechselwirkung nur im Grenzfall großer Abstände richtig. Bei kleineren Abständen ist im Rahmen der MO-LCAO-Näherung

$$E_{\mu\nu}^{\mathrm{QK}} = \frac{Z_\mu Z_\nu}{R_{\mu\nu}} + \sum_{s,t} (\mu_s\mu_s | \nu_t\nu_t)\, q_{\mu s}\, q_{\nu t} - \sum_t Z_\mu q_{\nu t}\, (\mu\colon \nu_t\nu_t) - Z_\nu \sum_s q_{\mu s}\, (\nu\colon \mu_s\mu_s) \tag{7.2–12}$$

In diesem Ausdruck gehen alle Terme für $R \to 0$ gegen konstante Werte, außer dem der Kernabstoßung $\frac{Z_\mu Z_\nu}{R_{\mu\nu}}$, der gegen $+\infty$ geht. Die quasiklassische Wechselwirkung wird also für kleine R immer abstoßend, auch wenn sie für große R anziehend ist. Folglich geht $E_{12}^{(2)}$ und damit auch ΔE bei endlichem Abstand durch ein Minimum. Diese quasiklassische Abstoßung der Atome (bzw. Ionen) auf Grund gegenseitiger Durchdringung der Elektronenwolken ist bei kovalenten Bindungen deshalb weniger wichtig (und kann bei diesen im Rahmen der Hückel-Näherung unberücksichtigt gelassen werden), weil die für die Bindung verantwortlichen β-Integrale bereits selbst ein Minimum bei endlichen R haben, und zwar bei Abständen, wo die quasiklassischen Terme praktisch noch nicht abstoßend sind. Vgl. dazu den Verlauf von H_{aa} (der den quasiklassischen Beitrag enthält) und β beim H_2^+ in Abschn. 3.2.

7.3. Bindungen mittlerer Polarität

Rein ionogene Bindungen treten offenbar nur auf, wenn der eine Partner (2) eine große Elektronenaffinität A_2, der andere (1) ein kleines Ionisationspotential I_1 hat, so daß

$$\Delta E_\infty = I_1 - A_2 \qquad (7.3-1)$$

das immer positiv ist, möglichst klein ist und durch den Term $-1/R$ in (7.2–11) überkompensiert werden kann. Das ist z.B. der Fall, wenn das Atom 1 ein Alkaliatom und das Atom 2 ein Halogenatom ist. In anderen Fällen wird $I_1 - A_2$ so groß sein, daß die vollständige Übertragung eines Elektrons energetisch nicht möglich, d.h. mit keinem Energiegewinn verbunden ist. Für solche Zwischenfälle einer teilweise ionogenen Bindungen ist die theoretische Behandlung nicht so einfach.

Wir stellen zunächst fest, daß eine Berechnung nach der Hückelschen Methode die Ladungsverschiebung überschätzt. Sobald $\delta \gg |\beta|$, sagt die Hückelsche Näherung vollständige Ladungsübertragung und eine Bindungsenergie von -2δ voraus. Wir wissen aber, daß nicht

$$-2\delta = I_1 - I_2 \qquad (7.3-2)$$

sondern $I_1 - A_2$ entscheidet, ob Ladungsübertragung stattfindet.

Wir würden also bei einer rein ionogenen Verbindung die richtige Energie ΔE_∞ für die Ladungsübertragung erhalten, wenn wir in der Hückel-Matrix *nicht*

$$H_{11} = -I_1$$

$$H_{22} = -I_2 \qquad (7.3-3)$$

sondern

$$H_{11} = -I_1$$

$$H_{22} = -A_2 \qquad (7.3-4)$$

setzen. Wenn die Bindung aber nicht rein ionogen ist, so ist für die Diagonalelemente der Hückel-Matrix eine zwischen (7.3–3) und (7.3–4) liegende Parametrisierung zu wählen, wobei (7.3–3) für den Grenzfall rein kovalenter Bindung und (7.3–4) für den Grenzfall rein ionogener Bindung gilt. Man wird also erwarten, daß die zu verwendenden Diagonalelemente der Hückel-Matrix Funktionen der Ladungsordnungen q_1 und q_2 im Molekül sind, etwa im Sinne einer linearen Interpolation

$$H_{\mu\mu} = -2\,I_\mu + A_\mu + q_\mu\,(I_\mu - A_\mu) \qquad (7.3-5)$$

Dann ist zumindest

$$H_{\mu\mu} = -I_\mu \quad \text{für} \quad q_\mu = 1$$

$$H_{\mu\mu} = -A_\mu \quad \text{für} \quad q_\mu = 2 \qquad (7.3\text{–}6)$$

Zwar ist

$$H_{\mu\mu} = -2\,I_\mu + A_\mu \quad \text{für} \quad q_\mu = 0 \qquad (7.3\text{–}7)$$

aber das spielt keine Rolle, weil für $q_\mu = 0$ das AO unbesetzt ist. Ohne auf Einzelheiten einzugehen, wollen wir erwähnen, daß statt (7.3–5) gelegentlich vorgeschlagen wurde, zu setzen

$$H_{\mu\mu} = \alpha_\mu + q_\mu \cdot \omega_\mu \qquad (7.3\text{–}8)$$

wobei sowohl α_μ als ω_μ semiempirisch angepaßt wurden*) **).

Verwenden wir den Ausdruck (7.3–5) für die Diagonalelemente der Hückel-Matrix, so ist die hieraus berechnete ‚Bindungsenergie' mit ΔE_∞ zu identifizieren, nicht mit der wirklichen Bindungsenergie. Diese erhält man, wenn man noch den Beitrag

$$\frac{Q_1 \cdot Q_2}{R} = -\frac{(\Delta q)^2}{R} \qquad (7.3\text{–}9)$$

(den C.K. Jörgensen***) als Madelung-Energie bezeichnet) berücksichtigt. Dieser Beitrag ist sehr wesentlich, da ΔE_∞ praktisch immer positiv ist, also gar nicht zur Bindung führt. Der Ansatz (7.3–5) bzw. (7.3–8) ist deshalb sehr problematisch, weil er nur *eine* Korrektur zur Hückel-Energie berücksichtigt, nämlich die Änderung der intraatomaren Elektronenwechselwirkung, nicht die andere Korrektur, die für große R durch (7.3–9) gegeben ist. Wesentlich ist jedenfalls, daß wir qualitativ verstehen, daß beide Korrekturen wichtig sind und welche Rolle sie spielen.

7.4. Die Elektronegativität

Die Überlegungen des folgenden Abschnittes sind grob schematisch und sollen nicht zu wörtlich genommen werden.

Betrachten wir zwei Atome 1 und 2, dann ist die Bindungsenergie für eine (hypothetische) rein ionogene Bindung $1^+\,2^-$ gegeben durch

$$\Delta E\,(1^+\,2^-) = I_1 - A_2 - \frac{1}{R} \qquad (7.4\text{–}1)$$

---

* G.H. Wheland, D.E. Mann, J.Chem.Phys. *17*, 264 (1949).

** A. Streitwieser: Molecular Orbital Theory for Organic Chemists. Wiley, New York 1961.

*** C.K. Jörgensen et al., Int.J.Quant.Chem. *1*, 191 (1967); J.Chim.Phys. *64*, 245 (1967), s.z.B. auch P. Schuster, Monasth.Chem. *100*, 1033 (1969).

diejenige für die ionogene Bindung $1^- 2^+$ durch

$$\Delta E\,(1^- 2^+) = I_2 - A_1 - \frac{1}{R} \tag{7.4–2}$$

Wenn beide Ausdrücke gleich groß sind, wird man erwarten, daß die Bindung des wirklichen Moleküls 12 unpolar ist, d.h. daß genauso viel Ladung von 1 nach 2 übertragen wird wie umgekehrt. Bedingung für Unpolarität ist nach dieser sehr vereinfachenden Überlegung also, daß

$$I_1 - A_2 - \frac{1}{R} = I_2 - A_1 - \frac{1}{R} \tag{7.4–3}$$

oder

$$I_1 + A_1 = I_2 + A_2 \tag{7.4–4}$$

Die halbe Summe von Ionisationspotential und Elektronenaffinität eines Atoms (in seinem Valenzzustand) bezeichnet man nach Mulliken*) als die Elektronegativität dieses Atoms

$$\tilde{\chi}_\mu = \frac{1}{2}\,(I_\mu + A_\mu) \tag{7.4–5}$$

Haben die beiden Atome eine verschiedene Elektronegativität, wird in der Bindung 12 Elektronenladung zum elektronegativeren Partner verschoben.

Wir wollen jetzt die Bindungsenergie eines Moleküls 12 mit der Bindungsenergie der entsprechenden Moleküle 11 und 22 vergleichen.

Wenn die Bindung nicht ausgesprochen ionogen ist, können wir die Bindungsenergie des Moleküls nach der Hückelschen Näherung berechnen. Die Diagonalelemente der Hückel-Matrix wählen wir jetzt so, daß $\delta = 0$, wenn beide Partner die gleiche Elektronegativität besitzen, d.h. wir setzen

$$H_{\mu\mu} = -\tilde{\chi}_\mu \tag{7.4–6}$$

Die Bindungsenergie des Moleküls 12 ergibt sich nach dieser Annahme [vgl. (7.1–5)]

$$\Delta E_{12} = -\sqrt{(\tilde{\chi}_1 - \tilde{\chi}_2)^2 + 4\beta_{12}^2} \tag{7.4–7}$$

In der gleichen Näherung ergibt sich für die homonuklearen Moleküle 11 und 22

$$\Delta E_{11} = 2\,\beta_{11}$$

$$\Delta E_{22} = 2\,\beta_{22} \tag{7.4–8}$$

---

* R.S. Mulliken, J.Chem.Phys. *2*, 782 (1934); *3*, 573 (1935).

Wir wollen jetzt annehmen, daß der Betrag des reduzierten Resonanzintegrals β_{12} für das Molekül 12 gleich dem geometrischen Mittel der reduzierten Resonanzintegrale β_{11} und β_{22} der Moleküle 11 und 22 ist. (Man könnte auch das arithmetische Mittel nehmen, dabei würde sich nichts wesentliches ändern.)

$$\beta_{12} = -\sqrt{\beta_{11} \cdot \beta_{22}} = -\frac{1}{2}\sqrt{\Delta E_{11} \cdot \Delta E_{22}} \tag{7.4–9}$$

Setzen wir (7.4–9) in (7.4–7) ein, und klammern wir $\sqrt{\Delta E_{11} \cdot \Delta E_{22}}$ aus:

$$\Delta E_{12} = -\sqrt{\Delta E_{11} \cdot \Delta E_{22}} \cdot \sqrt{1 + \frac{(\tilde{\chi}_1 - \tilde{\chi}_2)^2}{\Delta E_{11} \cdot \Delta E_{22}}} \tag{7.4–10}$$

Wenn $(\tilde{\chi}_1 - \tilde{\chi}_2)^2 \ll \Delta E_{11} \cdot \Delta E_{22}$, können wir die Wurzel entwickeln und nach dem ersten Glied abbrechen, so daß sich ergibt

$$\Delta E_{12} \approx -\sqrt{\Delta E_{11} \cdot \Delta E_{22}} - \frac{(\tilde{\chi}_1 - \tilde{\chi}_2)^2}{2\sqrt{\Delta E_{11} \cdot \Delta E_{22}}}$$

$$\approx -\sqrt{\Delta E_{11} \cdot \Delta E_{22}} - a\,(\chi_1 - \chi_2)^2 \tag{7.4–11}$$

wobei*)

$$\chi_\mu = \frac{\tilde{\chi}_\mu}{\sqrt{2a}\,\sqrt[4]{\Delta E_{11} \cdot \Delta E_{22}}} \tag{7.4–12}$$

Die Bindungsenergie ΔE_{12} des Moleküls 12 ist dem Betrage nach größer als das geometrische Mittel von ΔE_{11} und ΔE_{22}, und der Betrag, um den das Molekül 12 fester gebunden ist, ist näherungsweise von der Form $(\chi_1 - \chi_2)^2$, wobei χ_μ im wesentlichen proportional zur (Mullikenschen) Elektronegativität $\tilde{\chi}_\mu$ des μ-ten Atoms ist. Der Proportionalitätsfaktor $\frac{1}{\sqrt{2}}(\Delta E_{11} \cdot \Delta E_{22})^{\frac{1}{4}}$ ist zwar für verschiedene Moleküle etwas verschieden. Aber selbst, wenn $\Delta E_{11} \cdot \Delta E_{22}$ für zwei verschiedene Moleküle sich um einen Faktor 2 unterscheidet, unterscheidet sich die 4. Wurzel hieraus nur um einen Faktor ≈ 1.2. Folglich sind χ_μ und $\tilde{\chi}_\mu$ nicht streng proportional zueinander, aber sie können angesichts der gemachten Näherungen und der Fehlergrenzen als proportional an-

* Wir benutzen den Buchstaben χ sonst zur Bezeichnung von Atomorbitalen. Hier bedeutet er aber die Elektronegativität im Sinne von Pauling (χ) bzw. Mulliken ($\tilde{\chi}$).
Der Proportionalitätsfaktor a in (7.4–11) hat nur historische Bedeutung. Gibt man a die Dimension einer Energie, so werden die χ_μ dimensionslos. Wählt man zudem a = 30 kcal/mol, so haben die χ_μ etwa die gleichen Werte wie die aus der älteren Formel $\Delta E_{12} = \frac{1}{2}(\Delta E_{11} + \Delta E_{22}) - (\chi_1 - \chi_2)^2$ empirisch bestimmten χ_i, wenn Energien in eV angegeben werden.

gesehen werden. Die Definition der Paulingschen Elektronegativitäten χ_μ *) erfolgte übrigens historisch früher als die der Mullikenschen Elektronegativitäten $\tilde{\chi}_\mu$, obwohl wir hier nicht die ursprüngliche, sondern eine spätere Definition Paulings**) verwenden.
Bez. Einzelheiten und Verfeinerungen zum Begriff der Elektronegativität sowie seiner allgemeinen Problematik sei der Leser auf Hinzes Übersichtsartikel verwiesen***), bez. Anwendungen z.B. auf ein Buch von Orville-Thomas[1)].

Ein direktes Maß für die Polarität einer Bindung ist ihr Dipolmoment. Dieses ist allerdings nur dann unmittelbar zu messen, wenn nur ein einziges Elektronenpaar vorliegt. Aus ab-initio-Rechnungen kann man heute schon recht gut die Beiträge einzelner Orbitale zum Dipolmoment und auch Bindungsmomente berechnen. Im Rahmen der Hückel-Methode ist das Dipolmoment einer Bindung in einem zweiatomigen Molekül einfach durch $R \cdot \Delta q$ gegeben, wo R der Gleichgewichtsabstand ist. Da Δq für eine kleine Elektronegativitätsdifferenz proportional zu dieser ist (für konstantes β), ist es nicht allzu überraschend, daß vielfach eine lineare Beziehung zwischen Dipolmoment und Elektronegativitätsdifferenz herauskommt. Noch weniger überraschend ist allerdings, daß viele Moleküle sich dieser rein empirischen linearen Beziehung nicht fügen.

7.5. Potentialkurven kovalenter und ionogener Moleküle – Die Nichtüberkreuzungsregel

Die Bindungsenergie eines kovalenten (homöopolaren) Moleküls wird im wesentlichen durch das reduzierte Resonanzintegral β bestimmt. Dieses geht für große R exponentiell, d.h. sehr schnell, gegen Null. Entsprechend geht die Potentialkurve, d.h. die Energie als Funktion des Abstandes, nach Durchlaufen des Minimums relativ schnell gegen den Grenzwert für $R \to \infty$, die Summe der Energien der getrennten Atome. Bei einer ionogenen (heteropolaren) Bindung wird das Verhalten der Potentialkurve bei großen Abständen dagegen durch den Term $-\frac{1}{R}$ bestimmt, der für große R langsam gegen Null geht. Entsprechend nähert sich die Energie sehr langsam ihrem Grenzwert, der Summe der Energien der getrennten Ionen. Typische Potentialkurven für die beiden Arten von Bindung sind auf Abb. 22 dargestellt.

Bei ionogenen Bindungen muß man aber noch folgendes beachten: In allen bekannten Fällen solcher Bindungen, z.B. bei den Alkalihalogeniden, liegt bei großen Abständen die Summe der Energien $E_1 + E_2$ der Neutralatome tiefer als die Summe der Energien der Ionen $E_1^+ + E_2^-$. Schematisch ist auf Abb. 23 einerseits die Energie des Ionenpaares als Funktion des Abstandes sowie eine Potentialkurve angegeben, die gegen die Energien der Neutralmoleküle geht. Die zweite, ‚kovalente' Potentialkurve hat i.allg. nur ein sehr schwaches oder gar kein Minimum. Sie entspricht bei

* L. Pauling, J.Am.Chem.Soc. *54*, 3570 (1932).

** L. Pauling, J. Sherman, J.Am.Chem.Soc. *59*, 1450 (1937).

*** J. Hinze, Fortschr.Chem.Forsch. *9*, 448 (1968).

1 W.J. Orville-Thomas: The Structure of Small Molecules. Elsevier, Amsterdam 1966.

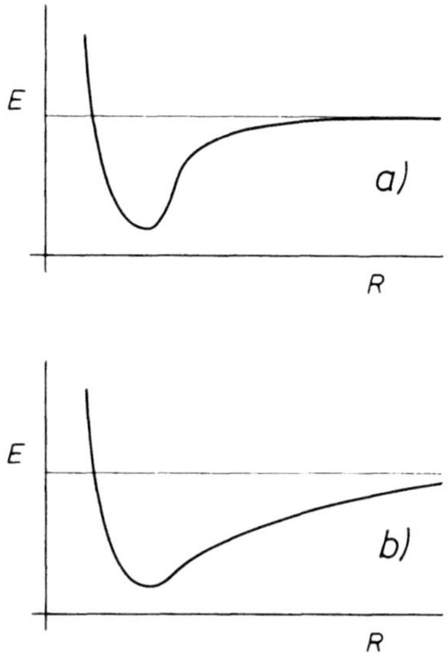

Abb. 22. Typische Potentialkurven vor kovalente (a) und ionogene Bindungen (b).

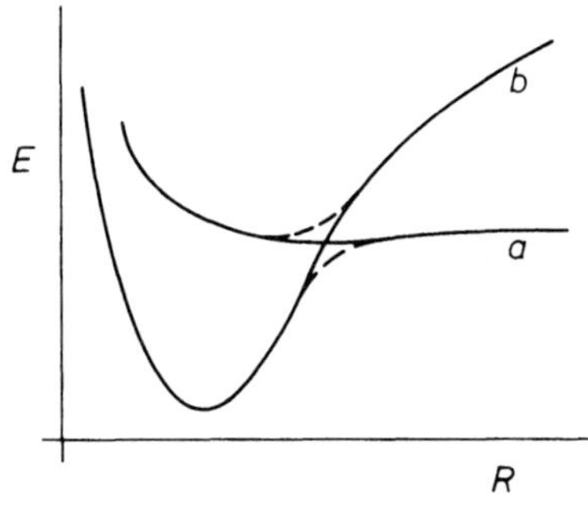

Abb. 23. Zur Erläuterung der Nicht-Überkreuzungs-Regel (a kovalente, b ionogene Kurve).

kleinen Abständen einem angeregten Zustand des Moleküls, bei großen Abständen seinem Grundzustand. Für die ‚ionogene' Potentialkurve ist es umgekehrt. Bei einem bestimmten R schneiden sich die beiden Kurven. Im Falle des CsCl liegt dieser Schnittpunkt bei einem extrem großen Abstand, ca. 100 a_0. Bei den anderen Alkalihalogeniden findet sich der Schnittpunkt bei kleineren Abständen.

Nun muß man aber mit Aussagen wie der, daß sich zwei Potentialkurven schneiden, vorsichtig sein. Es gibt nämlich die sog. Nichtüberkreuzungsregel, die besagt, daß Potentialkurven der gleichen Symmetrierasse (wie $^1\Sigma_g^+$ etc. bei zweiatomigen Molekülen) sich nicht schneiden dürfen. Im Falle der Alkalihalogenide gehört aber sowohl die ionogene als auch die kovalente Potentialkurve zur Symmetrierasse $^1\Sigma^+$.

Zur Begründung der Nichtüberkreuzungsregel kann man wie folgt argumentieren. Die Wellenfunktionen, die wir anschaulich einem ionogenen und einem kovalenten Zustand zuschreiben, sind keine exakten, sondern nur Näherungsfunktionen. Wenn zwei Näherungsfunktionen φ_1 und φ_2 die gleiche bzw. nahezu die gleiche Energie haben, was am ‚Überkreuzungspunkt' der Fall ist, dann ergibt eine Linearkombination der beiden eine bessere Näherungsfunktion. Da es beliebig unwahrscheinlich ist, daß das Matrixelement $(\varphi_1, \mathbf{H}\varphi_2)$ exakt verschwindet – außer natürlich, wenn es aus Symmetriegründen gleich Null ist – haben wir ein (2 x 2)-Säkularproblem zu lösen, und es ergibt sich eine Aufspaltung der vorher gleichen Energie. Schematisch ist das auf Abb. 23 angegeben. Der wirkliche Verlauf der Potentialkurven entspricht den gestrichelten Linien.

Obwohl sich die beiden Potentialkurven nicht schneiden, ändert sich in der Nähe des vermiedenen Schnittpunktes die Wellenfunktion wesentlich. Für das Beispiel eines Alkalihalogenides geht die Potentialkurve des Grundzustandes für große R gegen die Summe der Energien der Neutralatome, die Wellenfunktion ist für große R deshalb kovalent, aber in der Nähe des vermiedenen Überkreuzungspunktes wird die Wellenfunktion ionogen, weil bei kleinen Abständen der Grundzustand ionogen ist.

Die Nichtüberkreuzungsregel gilt nur bei statischen Überlegungen. Wenn die Atome sich sehr schnell bewegen, ist eine plötzliche Änderung der Elektronenstruktur in der Nähe des Überkreuzungspunktes nicht möglich, und das System kann entlang der ausgezogenen Linie, der sog. Diabate, über den Kreuzungspunkt hinweg auf die andere Potentialkurve springen.

Einzelheiten zu diesem dynamischen Problem, das mit der Theorie der chemischen Bindung im Grunde nicht viel zu tun hat, würden hier zu weit führen. Es sei aber darauf hingewiesen, daß die hierbei auftretenden Fragen mit der Gültigkeit bzw. Ungültigkeit der Born-Oppenheimer-Näherung zusammenhängen.

Anschaulich liegt der Born-Oppenheimer-Näherung die Vorstellung zugrunde, daß die Elektronen sich viel schneller bewegen als die Kerne und daß die Elektronen sich der veränderten Kernlage unverzögert anpassen. Wenn nun aber bei einer kleinen Änderung der Kernlage – etwa in der Nähe des vermiedenen Überkreuzungspunktes – die Gleichgewichtslage der Elektronen sich sehr stark ändert, so ist eine Einstellung dieses Gleichgewichts nur möglich, wenn die Kerne sich sehr langsam (adiabatisch) bewegen. Bei schneller Bewegung der Kerne verhält sich das System so, als würden sich die Potentialkurven doch überkreuzen.

In einer mehr quantitativen Weise kann man sagen, daß im Rahmen der Born-Oppenheimer-Näherung die Gesamtwellenfunktion (für Elektronen und Kerne) von der Form ist (vgl. Abschn. 2.2)

$$\Psi(\vec{R}, \vec{r}) = \psi_R(\vec{r}) \cdot \chi(\vec{R}) \qquad (7.5\text{–}1)$$

wobei die Elektronenwellenfunktion $\psi_R(\vec{r})$ noch von der Kernlage abhängt, während $\chi(\vec{R})$ die Wellenfunktion für die Kernbewegung ist. Wenn es nun zwei Funktionen Ψ_1 und Ψ_2 gibt, die beide etwa die gleiche Energie haben, muß man statt (7.5–1) den Ansatz

$$\Psi(\vec{R}, \vec{r}) = c_1 \Psi_1 + c_2 \Psi_2 = c_1 \psi_1(\vec{r})\chi_1(\vec{R}) + c_2 \psi_2(\vec{r})\chi_2(\vec{R}) \qquad (7.5\text{–}2)$$

für die Gesamtwellenfunktion machen. An der Gesamtwellenfunktion ist nicht nur eine elektronische Wellenfunktion und damit eine Potentialkurve, sondern es sind zwei elektronische Wellenfunktionen und zwei Potentialkurven beteiligt.

7.6. Die chemische Bindung in polaren Molekülen

Bei Molekülen mit unpolaren Bindungen, insbesondere bei homonuklearen Molekülen, haben wir die folgenden für das Zustandekommen der chemischen Bindung wichtigen Effekte kennengelernt, von denen der erste entscheidend ist, während die anderen nur Korrekturen darstellen:

1. Interferenz durch Überlappung, damit Ladungsanhäufung in der Bindung und Erniedrigung der interatomaren kinetischen Energie.

2. Kontraktion der Atomorbitale. Diese verstärkt die Interferenz und ändert die Bilanz der intraatomaren kinetischen und potentiellen Energie. Sie führt i.allg. zu einer geringfügigen Verkürzung der Bindungsabstände, vgl. mit dem unter 1 genannten Effekt allein, und sie sorgt für das richtige asymptotische Verhalten für $R \to 0$.

3. Beitrag der quasiklassischen (Coulombschen) Wechselwirkung der Atome zur Energie. Dieser ist bei großen Abständen und auch noch in der Nähe des Gleichgewichtsabstands in der Regel – d.h. insbesondere bei Einfachbindungen – sehr klein, er wird bei kleinen Abständen abstoßend (Durchdringung der Elektronenwolken und damit unvollständige Abschirmung der Kerne).

4. Links-Rechts-Korrelation. Diese sorgt für das richtige Verhalten bei großen Abständen. Sie hält die beiden Elektronen einer Elektronenpaarbindung auseinander, verkleinert aber gleichzeitig den Interferenzterm, vgl. mit einer Einelektronenbindung.

Bei polaren Molekülen kommen zwei zusätzliche Effekte hinzu:

5. Ladungsübertragung (charge-transfer), d.h. Übergang eines Elektrons unter Ausbildung eines Kations und eines Anions. Das ist i.allg. nicht mit einer Erniedrigung der Energie verbunden, sondern kostet Energie, wird aber ermöglicht durch

6. Coulomb-Anziehung der effektiven positiven und negativen Ladungen an den Atomen.

Während bei unpolaren Bindungen alle Terme von kurzer Reichweite sind, treten in polaren Bindungen auch Kräfte großer Reichweite auf, die wie $1/R$ gehen.

Ähnlich wie die Effekte 1 und 4 miteinander konkurrieren, gilt das auch für 1,4 und 5,6. Je größer die Ladungsübertragung, eine um so geringere Rolle spielt die Interferenz und umgekehrt. Außerdem wird bei ausgeprägter Ladungsübertragung (Grenzfall einer ionogenen Bindung) die Links-Rechts-Korrelation unwesentlich, und eine Einkonfigurations-MO-Funktion hat bereits das richtige asymptotische Verhalten für $R \to \infty$.

Abschließend wäre noch darauf hinzuweisen, daß eine Wellenfunktion vom Heitler-London-Typ für polare Verbindungen problematisch wird. Für eine unpolare Verbindung kann man bekanntlich den Ansatz machen

$$\Psi(1,2) = N\{a(1)\, b(2) + b(1)\, a(2)\} \qquad (7.6\text{–}1)$$

während für eine rein ionogene Verbindung das richtige asymptotische Verhalten sicher nur dann erreicht wird, wenn wir ansetzen:

$$\Psi(1,2) = b(1)\,b(2) \tag{7.6–2}$$

oder

$$\Psi(1,2) = a(1)\,a(2) \tag{7.6–3}$$

je nachdem ob das AO b oder a doppelt besetzt ist. Bei polaren, aber nicht rein ionogenen Bindungen muß man sich entscheiden, was sicher nicht ohne Willkür geht, welchem der drei Ansätze man den Vorzug gibt, sofern man nicht von vornherein eine Linearkombination aller drei nimmt, was aber natürlich den Aufwand erhöht und außerdem äquivalent einer MO-Beschreibung mit Konfigurationswechselwirkung ist, also keine Alternative zur MO-Theorie darstellt.

Bez. einer ausführlichen Diskussion des Begriffs Polarität einer Bindung sei der Leser auf einen Übersichtsartikel hingewiesen*).

Zur ionogenen Bindung ist noch folgende Ergänzung zu machen. Wie wir schon gesehen haben, ist für einen Energiegewinn bei ionogener Bindung die Coulomb-Anziehung der gebildeten Ionen entscheidend. Diese ist umso größer, je näher sich die Ionen kommen können, d. h. je kleiner die Summe der Ionenradien ist. Sobald sich die Ionen zu überlappen beginnen, setzt die zwischen abgeschlossenen Schalen typische Pauli-Abstoßung ein. Besonders kleine Ionenradien erreicht man, wenn die gebildeten Ionen Edelgaskonfigurationen haben, wie z. B. in NaCl oder MgO. Die Ausbildung hochgeladener positiver Ionen, wie z. B. Al^{3+}, kostet eine sehr hohe Ionisationsenergie, die aber aufgewendet werden kann, weil auch die Madelung-Energie zwischen hochgeladenen Ionen groß ist. Höher negativ geladene Ionen wie O^{2-} oder N^{3-} sind in freiem Zustand nicht stabil, werden aber vielfach in der kristallinen Umgebung stabilisiert.**)

* M. Klessinger, Angew. Chem. *82*, 534 (1970).

** K. Schwarz, H. Schulz, Acta Cryst. A *34*, 994 (1978)
J. Redinger, K. Schwarz, Z. Phys. B *40*, 269 (1981).

8. Zweiatomige Moleküle mit mehr als zwei Elektronen

8.1. MO-Konfigurationen der homonuklearen zweiatomigen Moleküle der Atome der zweiten Periode

Im Sinne der MO-LCAO-Näherung haben wir beim H_2 die MO's $1\sigma_g$ und $1\sigma_u$ als Linearkombination der AO's $1s_a$ und $1s_b$ dargestellt. Bei den Atomen Li bis Ne werden wir als AO's $2s$, $2p\sigma$, $2p\pi$ und $2p\bar{\pi}$ für jedes der beiden Atome hinzunehmen. Während bei freien Atomen die Unterscheidung zwischen $2p\sigma$, $2p\pi$ und $2p\bar{\pi}$ etwas willkürlich war, da sie eine ausgezeichnete Achse voraussetzt, ist in linearen Molekülen als ausgezeichnete Achse natürlich die Molekülachse zu nehmen, und σ-Orbitale sind rotationssymmetrisch um diese. Es ist üblich, zwischen bindenden, nichtbindenden und antibindenden (lockernden) MO's zu unterscheiden, obwohl diese Unterscheidung nicht immer eindeutig ist. Bei homonuklearen Molekülen kommt man mit den Begriffen ‚bindende' und ‚antibindende MO's' aus (vgl. Abschn. 8.3).

Wir bezeichnen ein durch Linearkombination von AO's gebildetes MO als (zwischen zwei Atomen) *bindend*, wenn es neben den Knotenflächen der beteiligten AO's zwischen den betreffenden Atomen keine zusätzliche Knotenfläche hat, und als *antibindend*, wenn es eine solche zusätzliche Knotenfläche hat. Wir wollen bei zweiatomigen Molekülen einem einfach besetzten bindenden MO den *Bindungsgrad* 1/2 und entsprechend einem antibindenden den Bindungsgrad − 1/2 zuweisen und diese Bindungsgrade über alle besetzten MO's zu einem Gesamtbindungsgrad summieren*).

Aus Symmetriegründen müssen unsere MO's gerade oder ungerade sein, so daß sich in erster Näherung folgende MO's ergeben (ohne Normierungsfaktoren).

$1\sigma_g$: $1s_a + 1s_b$	⊕	⊕		$1\pi_u$: $2p\pi_a + 2p\pi_b$	⊕/⊖	⊕/⊖
$1\sigma_u$: $1s_a - 1s_b$	⊕	⊖		$1\bar{\pi}_u$: $2p\bar{\pi}_a + 2p\bar{\pi}_b$		
$2\sigma_g$: $2s_a + 2s_b$	(⊖(⊕))	(⊖(⊕))		$1\pi_g$: $2p\pi_a - 2p\pi_b$	⊕/⊖	⊖/⊕
$2\sigma_u$: $2s_a - 2s_b$	(⊖(⊕))	(⊕(⊖))		$1\bar{\pi}_g$: $2p\bar{\pi}_a - 2p\bar{\pi}_b$		
$3\sigma_g$: $2p\sigma_a - 2p\sigma_b$	⊕⊖	⊖⊕				
$3\sigma_u$: $2p\sigma_a + 2p\sigma_b$	⊕⊖	⊕⊖				(8.1−1)

Man beachte, daß im bindenden MO $3\sigma_g$ die beiden AO's $2p\sigma_a$ und $2p\sigma_b$ entgegengesetzes Vorzeichen haben müssen (es sei denn, man wählt an beiden Atomzentren ver-

---

* Der so definierte Bindungsgrad unterscheidet sich von der in Abschn. 5.3 definierten Bindungsordnung p_{12}. Eine Bindungsordnung ist zwischen zwei AO's definiert, und um sie angeben zu können, muß man die AO-Koeffizienten der MO's explizit kennen. Im Gegensatz dazu ist der Bindungsgrad einem MO bzw. einer Anzahl besetzter MO's zugeordnet und immer ganz- oder halbzahlig. Wären die MO's von der einfachen Form (8.1−1), wären Bindungsgrad und Bindungsordnung identisch.

schiedene Koordinatensysteme, so daß die z-Achsen aufeinander weisen, anstatt parallel zu sein), sowie ferner, daß π_u bindende und π_g antibindende MO's sind.

In Wirklichkeit sind die MO's etwas komplizierter als soeben angegeben, bei genauerer Durchführung der LCAO-Näherung sind die σ_g-MO's Linearkombinationen der 3 hier aufgeführten „einfachen" σ_g-Orbitale, allerdings ist $1\sigma_g$ recht gut durch einen Beitrag von nur $1s_a$ und $1s_b$ zu beschreiben, während $2\sigma_g$ und $3\sigma_g$ genauer lauten müssen:

$$2\sigma_g \;:\; c_{11}\,(2s_a + 2s_b) + c_{12}\,(2p\sigma_a - 2p\sigma_b)$$

$$3\sigma_g \;:\; c_{21}\,(2s_a + 2s_b) + c_{22}\,(2p\sigma_a - 2p\sigma_b) \qquad (8.1-2)$$

Analoges gilt für σ_u. Nur MO's der gleichen Symmetrie können in diesem Sinne „mischen". Die „Mischungskoeffizienten" berechnet man im Prinzip aus einer Säkulargleichung.

Die Energieniveaus dieser MO's ersehen wir aus Abb. 24.

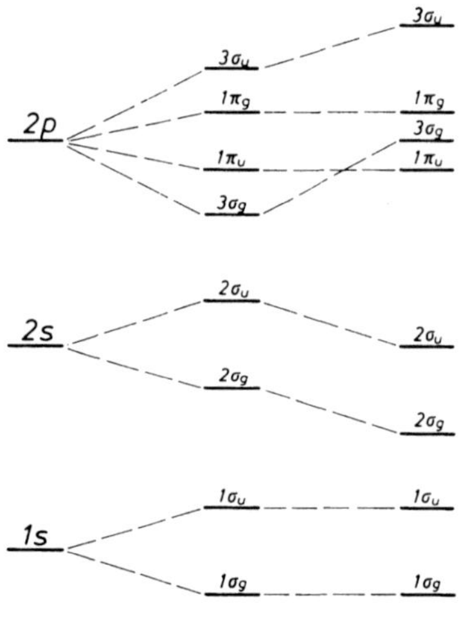

Abb. 24. MO-Energie-Niveaus in zweiatomigen homonuklearen Molekülen.

Auf Abb. 24 sind links schematisch (und nicht maßstabsgerecht) die Energien der AO's (die für homonukleare Moleküle bei beiden Atomen die gleichen sind) aufgetragen. In der Mitte findet man die Energien der ‚einfachen' MO's nach (8.1−1), die Linearkombinationen je *eines* AO's der Partner sind, und ganz rechts die verbesserten MO's im Sinne von Gl. (8.1−2), die gewissermaßen Linearkombinationen von ‚einfachen' MO's der gleichen Symmetrie sind. Die Wechselwirkung der AO's führt zu einer Aufspaltung der Energieniveaus, die weitere Wechselwirkung der ‚einfachen' MO's zu einem Auseinanderrücken der betreffenden Niveaus. Es ist etwas künstlich, den Weg von den AO's zu den MO's in dieser Weise in zwei Schritte zu zerlegen. Man versteht so aber am besten, wieso das $1\pi_u$-Niveau vielfach unter dem $3\sigma_g$-Niveau liegt.

Bei den *p*-Funktionen ist für die ‚einfachen' MO's zunächst die Aufspaltung für eine σ-Bindung deutlich größer als für eine π-Bindung. Schließlich ergibt sich aber die folgende Reihenfolge der Energieniveaus

$1\sigma_g, 1\sigma_u, 2\sigma_g, 2\sigma_u, 1\pi_u, 3\sigma_g, 1\pi_g, 3\sigma_u,$

die offenbar für alle zweiatomigen Moleküle von Atomen der zweiten Periode in der Nähe des Gleichgewichtsabstands gilt. (Entgegen früheren Vermutungen scheint auch bei O_2 und F_2 keine Ausnahme von dieser Reihenfolge vorzuliegen. Aber selbst, wenn die Reihenfolge von $1\pi_u$ und $3\sigma_g$ vertauscht wäre, hätte das auf die MO-Konfigurationen von O_2 und F_2 keinen Einfluß, da beide MO's voll besetzt sind.)

Die MO's besetzen wir im Sinne des Pauli-Prinzips mit Elektronen, wobei wir berücksichtigen, daß π-Niveaus zweifach entartet sind.

In Tab. 4 sind die MO-Konfigurationen der Moleküle H_2 bis F_2 sowie einiger Ionen wie H_2^+, O_2^+ und einiger nicht gebundener Systeme wie He_2 und Ne_2 angegeben.

Tab. 4. Konfigurationen, Terme, Bindungsgrade (p), Gleichgewichtsabstände (r_e) und Bindungsenergien (D_0^0 = experimentell, sowie D_e in Hartree-Fock-Näherung) homonuklearer zweiatomiger Moleküle im Grundzustand.

Konfiguration	Term	N_{bind}	N_{ant}	p	r_e (Å) exp	D_0^0 (eV) exp	D_e(eV) Hartree-Fock
$H_2^+\ 1\sigma_g$	$^2\Sigma_g^+$	1	–	0.5	1.052	2.651	
$H_2\,(1\sigma_g)^2$	$^1\Sigma_g^+$	2	–	1	0.741	4.478	
$He_2^+(1\sigma_g)^2\,1\sigma_u$	$^2\Sigma_u^+$	2	1	0.5	1.081	2.365	
$He_2\,(1\sigma_g)^2(1\sigma_u)^2$	$(^1\Sigma_g^+)$	2	2	0	2.97	0.001	
$Li_2^+[He_2]2\sigma_g$	$^2\Sigma_g^+$	3	2	0.5	–	1.44	
$Li_2\,[He_2](2\sigma_g)^2$	$^1\Sigma_g^+$	4	2	1	2.673	1.046	0.17
$Be_2\,[He_2](2\sigma_g)^2(2\sigma_u)^2$	$(^1\Sigma_g^+)$	4	4	0	2.45	0.1	–
$B_2[Be_2](1\pi_u)^2$	$^3\Sigma_g^-$	6	4	1	1.590	3.02	0.89
$C_2[Be_2](1\pi_u)^4$	$^1\Sigma_g^+$	8	4	2	1.243	6.21	0.79
$N_2^+[Be_2](1\pi_u)^4\,3\sigma_g$	$^2\Sigma_g^+$	9	4	2.5	1.116	8.713	3.13
$N_2[Be_2](1\pi_u)^4(3\sigma_g)^2$	$^1\Sigma_g^+$	10	4	3	1.098	9.759	5.18
$O_2^+[Be_2](1\pi_u)^4(3\sigma_g)^2\,1\pi_g$	$^2\Pi_g$	10	5	2.5	1.116	6.663	3
$O_2[Be_2](1\pi_u)^4(3\sigma_g)^2(1\pi_g)^2$	$^3\Sigma_g^-$	10	6	2	1.208	5.116	+ 1.28
$F_2[Be_2](1\pi_u)^4(3\sigma_g)^2(1\pi_g)^4$	$^1\Sigma_g^+$	10	8	1	1.412	1.602	– 1.37
$Ne_2[Be_2](1\pi_u)^4(3\sigma_g)^2(1\pi_g)^4(3\sigma_u)^2$	$(^1\Sigma_g^+)$	10	10	0	3.15	0.002	–

Die experimentellen Werte stammen von K.-P. Huber und G. Herzberg *Constants of Diatomic Molecules*, van Nostrand, Reinhold, New York 1979, die Werte für Be_2 von V. E. Bondybey und J. H. English, J. Chem. Phys. *80*, 568 (1984). Zu den SCF-Werten s. P. E. Cade, K. D. Sales, A. C. Wahl, J. Chem. Phys. *44*, 1973 (1966), sowie B. I. Dunlap, J. W. D. Conolly, J. R. Sabin, J. Chem. Phys. *71*, 4993 (1979).

In dieser Tabelle bedeutet N_{bind} die Zahl der Elektronen in bindenden und N_{ant} entsprechend in antibindenden MO's. Dabei wurde $1\sigma_g$ als bindend und $1\sigma_u$ als antibindend gezählt. Spätestens von B_2 an ist aber die Überlappung der 1*s*-AO's und die damit verbundene Aufspaltung ihrer Energieniveaus so klein*), daß man sie besser als *nichtbindend* (an der Bindung unbeteiligt) ansieht. Entsprechend hätte man N_{bind} und N_{ant} jeweils um 2 Einheiten zu erniedrigen, was aber auf den Bindungsgrad $p = \frac{1}{2} \cdot (N_{bind} - N_{ant})$ keinen Einfluß hat.

Offenbar hat der Bindungsgrad sein Maximum beim N_2, bei dem im Einklang mit der herkömmlichen Vorstellung eine Dreifachbindung vorliegt. Eine Dreifachbindung setzt sich aus einer σ- und zwei π-Bindungen zusammen. Vierfachbindungen sind offenbar nicht möglich. Einfachbindungen sind in der Regel σ-Bindungen, eine Ausnahme bildet das B_2 mit seiner π-Bindung. Doppelbindungen bestehen in der Regel (z.B. beim O_2) aus einer σ- und einer π-Bindung. Eine Ausnahme ist das C_2 mit zwei π-Bindungen.

B_2 und C_2 sind ‚untypische Moleküle', im Einklang damit, daß sie valenzmäßig ‚nicht abgesättigt' sind.

He_2 und Ne_2 sind chemisch nicht gebunden, es liegt aber eine schwache van-der-Waals-Bindung vor (s. hierzu Kap. 9). Be_2 ist dagegen schwach chemisch gebunden. Diese Bindung richtig zu erfassen, erfordert sehr aufwendige quantenchemische Rechnungen**).

8.2. Verschiedene Terme zur gleichen MO-Konfiguration

Eine wichtige Konsequenz des Aufbauprinzips für Moleküle besteht darin, daß O_2 einen Triplett-Grundzustand hat. Dieser kommt dadurch zustande, daß das entartete $1\pi_g$-Orbital, in dem für vier Elektronen Platz ist, nur mit zwei Elektronen besetzt ist. Nach der Hundschen Regel ordnen sich diese im Grundzustand mit parallelem Spin an. Das soll jetzt im einzelnen erläutert werden.

Typisch für Konfigurationen mit nicht abgeschlossenen Schalen ist, wie wir schon bei Atomen kennenlernten, daß es zu einer Konfiguration mehrere Zustände gibt, die man durch verschiedene Termsymbole charakterisieren kann. Während bei Atomen Terme durch den Gesamtspin S und den Gesamtdrehimpuls L charakterisiert werden, kommt bei linearen Molekülen nur S und die Komponente M_L von L in Richtung der Molekülachse infrage. Entsprechend benutzt man Symbole

$$^1\Sigma, \; ^3\Sigma, \; ^2\Pi \text{ etc.}$$

Hinzu kommen noch das Verhalten der Gesamtwellenfunktion bez. Inversion am Symmetriezentrum (nur bei Molekülen, die ein solches besitzen), gekennzeichnet durch einen Index g oder u, sowie das Verhalten gegenüber Spiegelung an einer Ebene, die die Molekülachse enthält, gekennzeichnet durch einen oberen Index + oder − (letzteren gibt man nur bei Σ-Zuständen an, weil Π, Δ etc. Zustände immer eine + und eine − Komponente haben.)

---

* Zumindest in der Nähe des Gleichgewichtsabstands und für größere Abstände (vgl. Abschn. 8.3).

** Vgl. hierzu J. Noga, W. Kutzelnigg, W. Klopper, Chem. Phys. Lett. *199*, 497 (1992). Bzgl einer qualitativen Erklärung s. W. Kutzelnigg, 1990, zitiert auf S. 86.

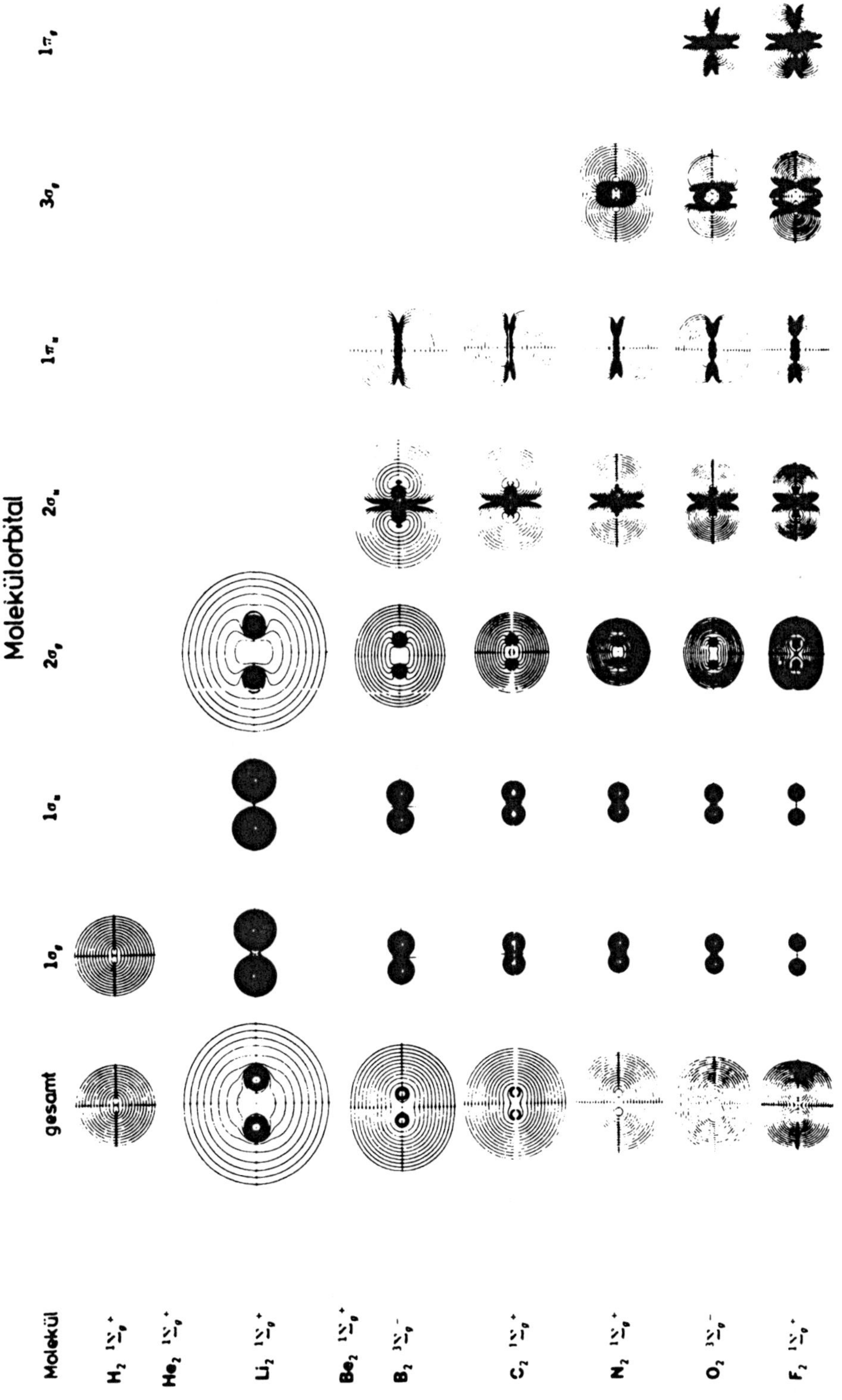

Abb. 25. Konturliniendiagramme der Hartree-Fock-MO's der homonuclearen Moleküle der 1. Periode (nach A.C. Wahl: Atomic and Molecular Structure: A Pictorial Approach. McGraw-Hill, New York, 1970).

Abgeschlossene Schalen haben immer die Konfiguration $^1\Sigma_g^+$ (bzw. $^1\Sigma^+$ bei heteronuklearen Molekülen).

Zur O_2-Grundkonfiguration

$$(1\sigma_g)^2\,(1\sigma_u)^2\,(2\sigma_g)^2\,(2\sigma_u)^2\,(1\pi_u)^4\,(3\sigma_g)^2\,(1\pi_g)^2 \tag{8.2–1}$$

gehören die Terme

$$^3\Sigma_g^-,\ ^1\Delta_g,\ ^1\Sigma_g^+$$

von denen $^3\Sigma_g^-$ der Grundzustand ist. Der Zustand $^1\Delta_g$ liegt aber nur ca. 8 000 cm^{-1} über dem Grundzustand. ($^1\Sigma_g^+$ liegt ca. 13 000 cm^{-1} über $^3\Sigma_g^-$)

Es ist nicht besonders schwierig, $^1\Delta_g$Sauerstoff-Moleküle herzustellen. Diese reagieren chemisch völlig anders als ‚normale' Sauerstoffmoleküle, eine Tatsache, die man in der letzten Zeit auszunutzen gelernt hat*).

Spektrale Übergänge zwischen den drei tiefsten Zuständen des O_2 sind streng verboten**). Im flüssigen Zustand werden aufgrund zwischenmolekularer Wechselwirkungen diese Auswahlregeln z.T. verletzt. Die blaue Farbe des flüssigen Zustandes beruht auf einer gleichzeitigen Lichtabsorption von zwei Molekülen

$$2 \cdot {}^3\Sigma_g^- \longrightarrow 2 \cdot {}^1\Delta_g$$

Die Absorption bei $2 \times 7\,918\ cm^{-1} = 15\,836\ cm^{-1}$ entspricht einer Wellenlänge von 6 300 Å = 630 nm, liegt also im gelben Spektralbereich, man sieht die Komplementärfarbe blau. Der erste ‚erlaubte' Übergang

$$^3\Sigma_g^- \longrightarrow {}^3\Sigma_u^-$$

liegt bei 49 800 cm^{-1} (entspr. 2 008 Å) im kurzwelligen UV (Schumann-Runge-Banden).

---

* S. z.B. D.R. Kearns, Chem. Rev. *71*, 395 (1971).

** Damit der Übergang zwischen zwei elektronischen Zuständen durch Absorption bzw. Emission eines Lichtquants möglich ist (‚erlaubt' ist), muß das Matrixelement des Dipoloperators $e\sum_i \vec{r}_i$ von Null verschieden sein. Viele Matrixelemente verschwinden aus Symmetriegründen, und allgemeine Aussagen, basierend auf Symmetrieüberlegungen, darüber, welche Übergänge erlaubt und welche verboten sind, bezeichnet man als Auswahlregeln. Insbesondere sind Übergänge zwischen Zuständen verschiedener Spin-Multiplizität verboten (sog. Interkombinationsverbot). Die Auswahlregeln gelten i.allg. nicht streng, d.h. ‚verbotene' Übergänge können doch auftreten, wenn auch mit i.allg. sehr geringer Intensität. Das hat zweierlei Gründe. 1. Die üblichen Auswahlregeln gelten nur für elektrische Dipolübergänge; magnetische Dipolübergänge sowie elektrische Quadrupolübergänge, die mit wesentlich geringerer Intensität auftreten, haben andere Auswahlregeln. 2. Die Auswahlregeln gelten für idealisierte Hamilton-Operatoren, z.B. ohne Spin-Bahn-Wechselwirkung oder für starre (nichtschwingende Moleküle). Zusatzterme im Hamilton-Operator können zu einer Verletzung der Auswahlregeln führen.

Die Wellenfunktionen und die Energieausdrücke zu einem Term eines zweiatomigen Moleküls lassen sich leichter finden als die zu den analogen Termen in Atomen. Das liegt daran, daß wir die Eigenfunktionen von $\mathbf{H}$ nur als Eigenfunktionen von $\mathbf{L}_z$, $\mathbf{S}_z$ und $\mathbf{S}^2$, nicht aber von $\mathbf{L}^2$ zu wählen haben. Jede Slater-Determinante ist aber automatisch Eigenfunktion von $\mathbf{L}_z$ und $\mathbf{S}_z$ (mit Eigenwerten M_L und M_S), wenn die einzelnen Orbitale φ_i Eigenfunktionen von ℓ_z und $\mathbf{s}_z$ sind (mit Eigenwerten m_{li} und m_{si}), wobei gilt

$$
\begin{aligned}
M_L &= \sum_i m_{li} \\
M_S &= \sum_i m_{si}
\end{aligned}
\qquad (8.2\text{–}2)
$$

Eine einzelne Slater-Determinante ist aber in vielen Fällen nicht Eigenfunktion von $\mathbf{S}^2$, und man muß eine Linearkombination von Slater-Determinanten wählen, um das richtige Verhalten in Bezug auf $\mathbf{S}^2$ zu erreichen.

Im Falle der Grundkonfiguration des O_2-Moleküls (8.2–1) brauchen wir, um abzuleiten, welche Terme es zu dieser Konfiguration gibt, nur die offene Schale $(1\pi_g)^2$ zu berücksichtigen, denn alle anderen besetzten Orbitale befinden sich in abgeschlossenen Schalen, so daß ihr Beitrag zu M_L und M_S gleich 0 ist. Abgeschlossene Schalen sind außerdem gerade (g) bez. Inversion am Molekülmittelpunkt und symmetrisch (+) bez. einer Symmetrieebene durch die Molekülachse.

Zur Konfiguration $(1\pi_g)^2$ gibt es folgende Slater-Determinanten

$$
\begin{aligned}
\psi_1 &= |\pi_g\alpha\pi_g\beta| \,; \quad & \psi_2 &= |\pi_g\alpha\bar{\pi}_g\alpha| \,; \quad & \psi_3 &= |\pi_g\alpha\bar{\pi}_g\beta| \\
\psi_4 &= |\bar{\pi}_g\alpha\pi_g\beta| \,; \quad & \psi_5 &= |\pi_g\beta\bar{\pi}_g\beta| \,; \quad & \psi_6 &= |\bar{\pi}_g\alpha\bar{\pi}_g\beta|
\end{aligned}
\qquad (8.2\text{–}3)
$$

die folgende Eigenwerte von $\mathbf{L}_z$ und $\mathbf{S}_z$ haben:

	ψ_1	ψ_2	ψ_3	ψ_4	ψ_5	ψ_6
M_L	2	0	0	0	0	−2
M_S	0	1	0	0	−1	0

Alle diese Determinanten sind symmetrisch bez. einer Inversion am Molekül-Zentrum (gerade), da beide Orbitale gerade sind. Da $M_S = 1$ und $M_S = -1$ nur je einmal vorkommen, kann man sofort schließen, daß nur *ein* Triplett ($S = 1$) vorliegt. Von seinen drei Komponenten sind zwei (mit $M_S = 1$ und $M_S = -1$) bereits durch die Funktionen ψ_2 und ψ_5 gegeben, während die Komponente mit $M_S = 0$ offenbar eine Linearkombination von ψ_1, ψ_3, ψ_4 und ψ_6 ist. Die Funktionen ψ_2 und ψ_5 haben $M_L = 0$. Der fragliche Zustand ist folglich ein $^3\Sigma_g$. Wir werden gleich sehen, daß sowohl ψ_2 wie ψ_5 antisymmetrisch (Σ^-) bez. Spiegelung an einer beliebigen Ebene durch die Molekülachse sind, daß also ein $^3\Sigma_g^-$-Zustand vorliegt.

Da nämlich

$$\pi_g(1) = f(r_1, \vartheta_1)\, e^{i\varphi_1}$$

$$\bar{\pi}_g(1) = f(r_1, \vartheta_1)\, e^{-i\varphi_1}, \tag{8.2–4}$$

gilt, folgt

$$\psi_2 = \frac{1}{\sqrt{2}} \{\pi_g(1)\, \bar{\pi}_g(2) - \bar{\pi}_g(1)\, \pi_g(2)\}\, \alpha(1)\, \alpha(2)$$

$$= \frac{1}{\sqrt{2}} f(r_1, \vartheta_1)\, f(r_2, \vartheta_2)\, \{e^{i(\varphi_1 - \varphi_2)} - e^{-i(\varphi_1 - \varphi_2)}\}\, \alpha(1)\, \alpha(2)$$

$$= i \cdot \sqrt{2} \cdot f(r_1, \vartheta_1) f(r_2, \vartheta_2) \cdot \sin(\varphi_1 - \varphi_2) \cdot \alpha(1)\, \alpha(2) \tag{8.2–5}$$

Spiegelung an einer Ebene durch die Molekülachse kehrt das Vorzeichen von $\varphi_1 - \varphi_2$ und damit von $\sin(\varphi_1 - \varphi_2)$ um und läßt alle anderen Faktoren in ψ_2 invariant, so daß ψ_2 insgesamt antisymmetrisch in Bezug auf eine solche Spiegelung ist.

Es gibt nur je eine Funktion mit den Eigenwerten $M_L = 2$ und $M_L = -2$. Diese müssen also bereits auch Eigenfunktionen von $\mathbf{S}^2$ sein, und zwar können sie nur Singuletts sein, denn sonst müßte $M_L = 2$ oder $M_L = -2$ mehrmals vorkommen. Also entsprechen ψ_1 und ψ_6 einem $^1\Delta_g$-Zustand.

In den noch verbleibenden Slater-Determinanten ψ_3 und ψ_4 steckt die fehlende ($M_S = 0$)-Komponente des $^3\Sigma_g^-$-Zustandes sowie eine weitere Funktion, die, da sie nicht entartet ist, nur ein $^1\Sigma_g$ sein kann.

Die entsprechende Funktion ist

$$\psi = \frac{1}{\sqrt{2}} (\psi_3 + \psi_4) = \frac{1}{2} \{\pi_g\alpha(1)\, \bar{\pi}_g\beta(2) - \bar{\pi}_g\beta(1)\, \pi_g\alpha(2) +$$

$$+ \bar{\pi}_g\alpha(1)\, \pi_g\beta(2) - \pi_g\beta(1)\, \bar{\pi}_g\alpha(2)\}$$

$$= \frac{1}{2} [\alpha(1)\, \beta(2) - \beta(1)\, \alpha(2)]\, [\pi_g(1)\, \bar{\pi}_g(2) + \bar{\pi}_g(1)\, \pi_g(2)]$$

$$= \frac{1}{2} [\alpha(1)\, \beta(2) - \beta(1)\, \alpha(2)]\, f(r_1, \vartheta_1) f(r_2, \vartheta_2)\, [e^{i(\varphi_1 - \varphi_2)} +$$

$$+ e^{-i(\varphi_1 - \varphi_2)}]$$

$$= [\alpha(1)\, \beta(2) - \beta(1)\, \alpha(2)]\, f(r_1, \vartheta_1)\, f(r_2, \vartheta_2) \cos(\varphi_1 - \varphi_2) \tag{8.2–6}$$

Bei Spiegelung an einer Ebene durch die Molekülachse, d.h. bei Ersetzen von $\varphi_1 - \varphi_2$ durch $\varphi_2 - \varphi_1$, ändert sich $\cos(\varphi_1 - \varphi_2)$ und damit ψ nicht. Der Zustand ist also $^1\Sigma_g^+$.

Von den 6 Slater-Determinanten sind also 4 bereits Eigenfunktionen von $\mathbf{S}^2$, während zwei andere Eigenfunktionen von $\mathbf{S}^2$ sich als Linearkombinationen der beiden Determinanten ψ_3 und ψ_4 ergeben.

Die Energieausdrücke zu $^3\Sigma_g^-$ und $^1\Delta_g$ kann man sofort hinschreiben, wenn man den Erwartungswert für eine Slater-Determinante (I.9.2.2) kennt. Die Energie des $^1\Sigma_g^+$-Zustandes erhält man am einfachsten unter Benutzung des Diagonalsummensatzes (I.10.5). Es ergibt sich

$$E(^3\Sigma_g^-) = E_0 + (\pi_g\pi_g|\bar{\pi}_g\bar{\pi}_g) - (\pi_g\bar{\pi}_g|\bar{\pi}_g\pi_g)$$

$$E(^1\Sigma_g^+) = E_0 + (\pi_g\pi_g|\bar{\pi}_g\bar{\pi}_g) + (\pi_g\bar{\pi}_g|\bar{\pi}_g\pi_g)$$

$$E(^1\Delta_g) = E_0 + (\pi_g\pi_g|\pi_g\pi_g), \tag{8.2-7}$$

wobei E_0 ein allen drei Zuständen gemeinsamer Ausdruck ist und wo die Symbole $(ab|cd)$ Elektronenwechselwirkungsintegrale in der Mullikenschen Schreibweise bedeuten. Analog wie bei Atomen werden die Energieunterschiede zwischen Termen zur gleichen Konfiguration durch Austauschintegrale $(\pi_g\bar{\pi}_g|\bar{\pi}_g\pi_g)$ sowie durch den kleinen Unterschied der Coulomb-Integrale $(\pi_g\pi_g|\bar{\pi}_g\bar{\pi}_g)$ und $(\pi_g\pi_g|\pi_g\pi_g)$ bestimmt. Es handelt sich hier aber um Coulomb- bzw. Austauschintegrale über MO's und nicht über AO's.

8.3. Korrelationsdiagramme

In der Geschichte der MO-Theorie hatten die sog. Korrelationsdiagramme, zuerst vorgeschlagen von F. Hund*) und vervollkommnet von R.S. Mulliken**), eine hervorragende Bedeutung, weil sie gestatteten, ohne Rechnung recht genaue Aussagen über MO-Konfigurationen und Bindung im Grundzustand und in angeregten Zuständen zweiatomiger Moleküle zu machen. Es wurde sogar behauptet***), das in Abb. 26 wiedergegebene Korrelationsdiagramm verdiene einen Platz in jedem chemischen Institut an der Seite des Periodensystems der Elemente.

Heute haben die Korrelationsdiagramme viel an Bedeutung verloren, zum einen, weil zuverlässige Rechnungen an zweiatomigen Molekülen keine großen Schwierigkeiten machen, zum anderen, weil die Konzeption der Korrelationsdiagramme stillschweigend voraussetzt, daß die Energie oder zumindest die Bindungsenergie eines Moleküls als Summe von Einelektronenenergien dargestellt werden kann. Gerade die Problematik der Einelektronennäherung ist aber in neuerer Zeit deutlich geworden (vgl. hierzu Abschn. 6.1., 6.4 und 9.3.5).

---

* F. Hund, Z.Phys. *51*, 759 (1927); *52*, 601 (1927).

** R.S. Mulliken, Phys.Rev. *32*, 186, 761 (1928); Rev.Mod.Phys. *4*, 1 (1932).

*** J.H. van Vleck, A. Sherman, Rev.Mod.Phys. 7, 168 (1935).

C.A. Coulson: R.S. Mulliken – His Work and Influence on Quantum Chemistry, in 'Molecular Orbitals in Chemistry, Physics, and Biology' (B. Pullman, P.O. Löwdin, ed.) Acad. Press, New York 1964.

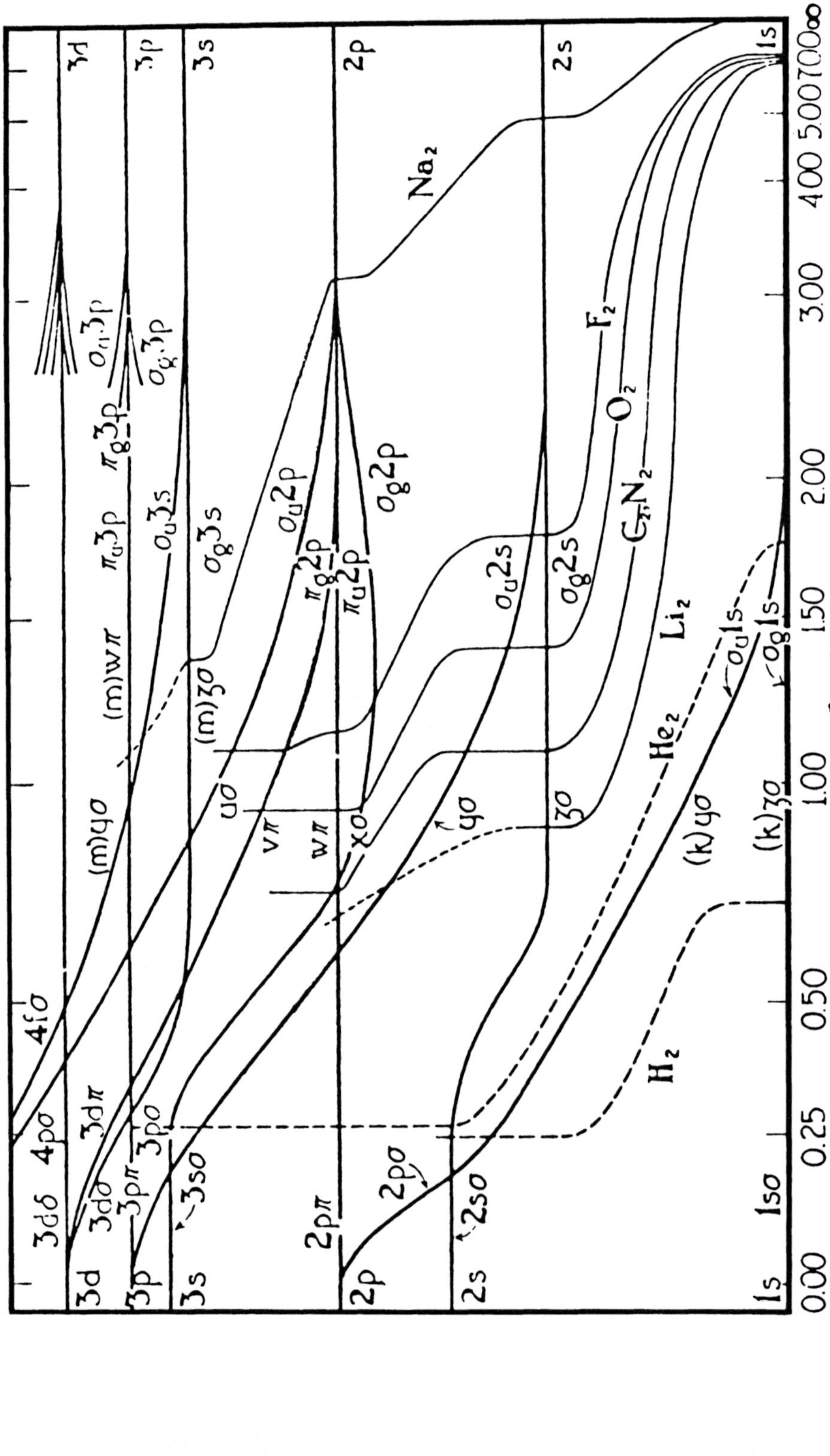

Abb. 26. Korrelationsdiagramme nach R.S. Mulliken [Rev. Mod. Phys. 4, 40 (1932)].

Trotzdem ist eine kurze Besprechung der Korrelationsdiagramme angezeigt, weil sich diese zur Zeit in einem anderen Zusammenhang einer ausgesprochenen Beliebtheit erfreuen, nämlich zur Diskussion gewisser organisch-chemischer Reaktionen*).

Den Korrelationsdiagrammen liegt der Gedanke zugrunde, daß man die Elektronenzustände eines Moleküls zwischen denen des ‚vereinigten Atoms' und der getrennten Atome ‚interpoliert'. Man könnte diese Interpolation für die Gesamtzustände durchführen und würde so die Schwierigkeiten der Einelektronennäherung vermeiden. Die klassischen Korrelationsdiagramme beziehen sich aber auf Einelektronenenergien. Wir haben bereits beim H_2^+ (Abschn. 3.1) gesehen, daß eine Interpolation der Zustände des H_2^+ aus denen des He^+ und des H möglich ist. Man geht so vor, daß man zunächst die Zustände des He^+ und des H nach Symmetrierassen des H_2^+ klassifiziert. Nur solche Zustände können bei Änderung des Abstandes (von 0 auf ∞) ineinander übergehen, die zur gleichen Symmetrierasse, bezogen auf das Molekül, gehören. Nach der Nichtüberkreuzungsregel (die streng eigentlich nur für Gesamtzustände, nicht für Einelektronenniveaus gilt) kann für jede Symmetrierasse des Moleküls der tiefste Zustand des vereinigten Atoms nur in den tiefsten Zustand der gleichen Symmetrierasse der getrennten Atome übergehen usf. Natürlich verlaufen die Orbitalenergien nicht monoton als Funktion von R, aber eine monotone Interpolation ist wohl qualitativ zulässig.

Im Sinne der Korrelationsdiagramme kann man der Klassifikation der MO's in bindende und antibindende eine neue Interpretation geben.

Beim Übergang vom vereinigten Atom zu den getrennten Atomen ändert sich die Gesamtzahl der Knotenflächen eines MO's nicht.

Da die Hauptquantenzahl (n) eines AO's gleich der Zahl der Knotenflächen +1 ist, kann man in der Sprache der Korrelationsdiagramme sagen, daß bindende MO's solche sind, deren Hauptquantenzahl beim vereinigten Atom gleich der Summe der Hauptquantenzahlen für die getrennten Atome ist, antibindende MO's dagegen diejenigen, bei denen die Hauptquantenzahl für das vereinigte Atom um 1 größer als diese Summe ist.

Nichtbindende Molekülorbitale, die in der Nähe des Gleichgewichtsabstands nur deshalb nichtbindend sind (etwa solche der inneren Schalen), weil die Überlappungen zu klein sind, werden bei genügend kleinen Abständen entweder bindend oder antibindend. Im Sinne der Korrelationsdiagramme gibt es deshalb für homonukleare Moleküle keine nichtbindenden Orbitale. Von den beiden MO's gebildet aus $1s_a$ und $1s_b$ ist eines bindend, es geht in $1s$ ($n = 1$) des vereinigten Atoms über, das andere antibindend, es geht in $2p\sigma$ ($n = 2$) des vereinigten Atoms über, erhöht also die Hauptquantenzahl um 1.

Der Abszissenmaßstab auf Abb. 26 entspricht etwa dem tatsächlichen Abstand R geteilt durch den Bohrschen Radius des beteiligten AO's. Das bedeutet, daß zum gleichen R für kleine Quantenzahlen ein großes und für große Quantenzahlen ein kleines ξ gehört, womit die krummen Linien für jeweils ein Molekül zu erklären sind.

---

* R.B. Woodward, R. Hoffmann: Die Erhaltung der Orbitalsymmetrie. Verlag Chemie, Weinheim 1970.
N.T. Anh: Die Woodward-Hoffmann-Regeln und ihre Anwendungen. Verlag Chemie, Weinheim 1972.

Dem Diagramm kann man u.a. z.B. folgende Information entnehmen: Beim F_2 spalten $2\sigma_g$ und $2\sigma_u$ kaum auf, das AO $2s$ ist also in guter Näherung ebenso wie $1s$ an der Bindung nicht beteiligt, die Bindung im F_2 ist nahezu eine reine $p\sigma$-Bindung. Anders ist das im N_2, wo offensichtlich auch die $2s$-Elektronen an der Bindung beteiligt sind.

Im Sinne des Aufbauprinzips für Atome bzw. Moleküle besetzt man im Grundzustand der Reihe nach die tiefsten Niveaus mit so vielen Elektronen, wie in ihnen Platz haben. Wie wir früher gesehen haben, ist eine Beschreibung durch eine einzige Slater-Determinante nur dann eine akzeptable erste Näherung, wenn ausschließlich vollbesetzte Schalen vorkommen. Bei offenen Schalen gehören i.allg. zu einer Konfiguration mehrere Terme, und die Wellenfunktion ist als Linearkombination von Slater-Determinanten zur gleichen Konfiguration zu schreiben. Bisher haben wir nur den Fall in Betracht gezogen, daß ein Einelektronenniveau aus Symmetriegründen entartet ist. Ein Blick auf das Korrelationsdiagramm lehrt uns jedoch, daß noch andere Entartungen möglich sind, nämlich immer dann, wenn zwei Niveaus zu verschiedener Symmetrie sich schneiden (für diese gibt es kein Überkreuzungsverbot). Fast-Entartung liegt noch in der näheren Umgebung der Überkreuzungsstellen vor, ferner an den Grenzen $R \to 0$ und $R \to \infty$, wo verschiedene Niveaus zusammenlaufen. In solchen Fällen von Fast-Entartung ist ähnlich wie bei vollständiger Entartung eine Beschreibung des Moleküls nur durch eine Linearkombination von Slater-Determinanten, jetzt aber von solchen zu verschiedenen Konfigurationen, möglich. Man spricht hier von ‚Konfigurationswechselwirkung' (configuration interaction, CI).

Genau wie bei der Theorie der Atome (vgl. I.12) spricht man von Elektronenkorrelation, um die Effekte zu bezeichnen, die man in einer Eindeterminanten-Näherung nicht erfaßt. Konfigurationswechselwirkung, d.h. die Verwendung einer Mehrdeterminanten-Wellenfunktion ist das Standardverfahren, um die Elektronenkorrelation z.T. zu erfassen. Es sei an dieser Stelle nachdrücklich darauf hingewiesen, daß das Wort ‚Korrelation' in der Zusammensetzung ‚Korrelationsdiagramm' etwas anderes bedeutet als im Zusammenhang mit der Elektronenkorrelation – abgesehen davon, daß in beiden Fällen etwas korreliert wird, im einen Falle Einelektronenenergieniveaus, im anderen die statistische Verteilung der Elektronen.

Grundsätzlich ist eine Eindeterminanten-Wellenfunktion für ein Mehrelektronensystem immer nur eine – mehr oder weniger gute – Näherung, die durch Konfigurationswechselwirkung (CI) zu verbessern ist. Man muß aber zwei Situationen unterscheiden:

1. Zwei (oder mehr) verschiedene Eindeterminanten-Wellenfunktionen sind entartet oder fast-entartet. Dann treten in der CI-Wellenfunktion beide mit vergleichbaren Koeffizienten auf. Die CI hat einen großen Einfluß auf alle Eigenschaften des Systems, eine Eindeterminanten-Wellenfunktion ist eine besonders schlechte Näherung. Man spricht hier von nichtdynamischer Korrelation. Ein Beispiel hierfür haben wir beim H_2-Grundzustand bei großem Kernabstand R kennengelernt, wo die Konfigurationen $1\sigma_g^2$ und $1\sigma_u^2$ fast-entartet sind.

2. Es gibt keine andere Eindeterminanten-Wellenfunktion, die mit der, die wir betrachten, fast-entartet ist. In der CI-Wellenfunktion tritt eine Slater-Determinante mit (dem Betrage nach) großen, alle anderen mit kleinen Koeffizienten auf. Die CI hat auf manche Eigenschaften nur einen geringen Einfluß. Man spricht von dynamischer

Korrelation. Ein Beispiel hierfür ist der H_2-Grundzustand in der Nähe des Gleichgewichtsabstands (Abschn. 4.5).

8.4. Die Abstoßung von abgeschlossenen Schalen am Beispiel des He_2

Aus dem MO-Schema (Abschn. 8.1) für das He_2 ergibt sich, daß die MO's $1\sigma_g$ und $1\sigma_u$ je doppelt besetzt sind. Im Rahmen der Hückel-Näherung ist $1\sigma_g$ genauso stark bindend, wie $1\sigma_u$ antibindend ist, so daß sich insgesamt $\Delta E = 0$, d.h. weder Bindung noch Abstoßung, ergeben sollte. Bei expliziter Berücksichtigung der Überlappung ist $1\sigma_u$ stärker antibindend, als $1\sigma_g$ bindend ist, und es resultiert in der Einelektronentheorie mit Überlappung folgender Ausdruck für die Wechselwirkungsenergie:

$$\Delta E = \frac{2\beta}{1+S} - \frac{2\beta}{1-S} = -4\beta \frac{S}{1-S^2} \approx -4\beta S \qquad (8.4\text{–}1)$$

ΔE ist positiv, da β negativ ist. Dieses Ergebnis steht nicht im Widerspruch zu dem der Hückel-Theorie, da wir in dieser bewußt Terme weggelassen haben, die von zweiter Ordnung in der Überlappung sind.

Zumindest ist die Änderung der Einelektronenenergie in diesem Beispiel so klein, daß aus ihr allein keine Schlüsse bezüglich Bindung oder Abstoßung möglich sind und man unbedingt die Änderung der Elektronenwechselwirkung und die Kernabstoßung mitberücksichtigen muß.

Für den Grundzustand eines Systems aus 2 He-Atomen lauten Hamilton-Operator und genäherte Wellenfunktion:

$$\mathbf{H}(1,2,3,4) = -\frac{1}{2}\sum_{i=1}^{4}\Delta_i - \sum_{i=1}^{4}\frac{2}{r_{a_i}} - \sum_{i=1}^{4}\frac{2}{r_{b_i}} + \sum_{i<j=1}^{4}\frac{1}{r_{ij}} + \frac{4}{R} \qquad (8.4\text{–}2)$$

$$\psi(1,2,3,4) = |\sigma_g\alpha(1)\,\sigma_g\beta(2)\,\sigma_u\alpha(3)\,\sigma_u\beta(4)| \qquad (8.4\text{–}3)$$

mit

$$\sigma_g = \frac{1}{\sqrt{2(1+S)}}(\chi_1 + \chi_2)$$

$$\sigma_u = \frac{1}{\sqrt{2(1-S)}}(\chi_1 - \chi_2) \qquad (8.4\text{–}4)$$

wobei χ_1 und χ_2 die 1*s*-AO's der beiden Atome sind.

Den Energieerwartungswert, umgeformt unter Benutzung der Mullikenschen Näherung für die Zweielektronenintegrale (die für 1*s*-AO's sehr gut erfüllt ist), haben wir schon in Abschn. 5.7 kennengelernt (Gl. 5.7–24).

$$E = 4\alpha - \frac{4\beta S}{1-S^2} + [\, 2 - \frac{S^2}{1-S^2}\,]\ (11|11) +$$

$$+ [\, 4 + \frac{S^2}{1-S^2}\,]\ (11|22) + \frac{4}{R} - 8\,(1:22) \qquad (8.4\text{–}5)$$

Wir haben dort auch bereits darauf hingewiesen, daß E als Funktion von R für große R gegen die Summe der Energien zweier He-Atome geht, anders als beim H_2, wo die MO-LCAO-Energie für große R das falsche Verhalten hat. Der Grund für diesen Unterschied zwischen H_2 und He_2 liegt darin, daß für große R die Grundkonfiguration $1\sigma_g^2$ des H_2 mit $1\sigma_u^2$ fast-entartet ist, so daß Konfigurationswechselwirkung 1. Ordnung erforderlich ist, während es zur Grundkonfiguration $1\sigma_g^2\,1\sigma_u^2$ des He_2 keine damit fast-entartete Konfiguration gibt. H_2 ist bei großen Abständen praktisch offenschalig, He_2 abgeschlossen-schalig*).

Wir wollen jetzt von der Gesamtenergie (8.4–5) die Summe der Energien zweier He-Atome abziehen,

$$E\,(\mathrm{He}) = 2\alpha + (11|11) \qquad (8.4\text{–}6)$$

und die ‚Bindungsenergie' ΔE (in Wirklichkeit handelt es sich um eine Abstoßungsenergie, besser ist deshalb wohl die Bezeichnung Wechselwirkungsenergie) in einer Weise aufteilen, die im Prinzip der Energieanalyse aus Kap. 5 entspricht, sich aber von dieser insofern unterscheidet, als wir unmittelbar vom MO-LCAO-Ausdruck (8.4–5) ausgehen, der das richtige asymptotische Verhalten für $R \to \infty$ hat, so daß sich eine Korrektur für die Links-Rechts-Korrelation erübrigt.

$$\Delta E = E - 2E\,(\mathrm{He}) = E_{12}^{(1)} + E_{12}^{(2)} + E_{12}^{(3)} \qquad (8.4\text{–}7)$$

$$E_{12}^{(1)} = -4\,\frac{\beta S}{1-S^2}$$

$$E_{12}^{(2)} = 4\,(11|22) + \frac{4}{R} - 8\,(1:22)$$

$$E_{12}^{(3)} = \frac{S^2}{1-S^2}\,[(11|22) - (11|11)] \qquad (8.4\text{–}8)$$

Hierbei ist offensichtlich $E_{12}^{(1)}$ der Einelektroneninterferenzbeitrag, $E_{12}^{(2)}$ die quasiklassische Wechselwirkung und $E_{12}^{(3)}$ der Beitrag des ‚sharing penetration' zur Wechselwirkungsenergie (vgl. Abschn 5.7). Alle drei Beiträge sind von der Ordnung S^2, d.h. sie gehen für große R wie $e^{-2\eta R}$ gegen Null, wenn $\chi_1 \sim e^{-\eta r}$. Von den drei Termen ist $E_{12}^{(1)}$ immer positiv, d.h. abstoßend, $E_{12}^{(2)}$ ist bei kleinen R abstoßend, bei

* vgl. hierzu W. Kutzelnigg, V.H. Smith jr., Int.J.Quantum Chem. *2*, 531 (1968); V.H. Smith jr., W. Kutzelnigg, Int.J. Quantum Chem. *2*, 553 (1968).

mittleren R aber schwach negativ (anziehend), während $E_{12}^{(3)}$ immer negativ (anziehend) ist. Die drei Beiträge sind in ihrer Abhängigkeit von R auf Abb. 27 dargestellt.

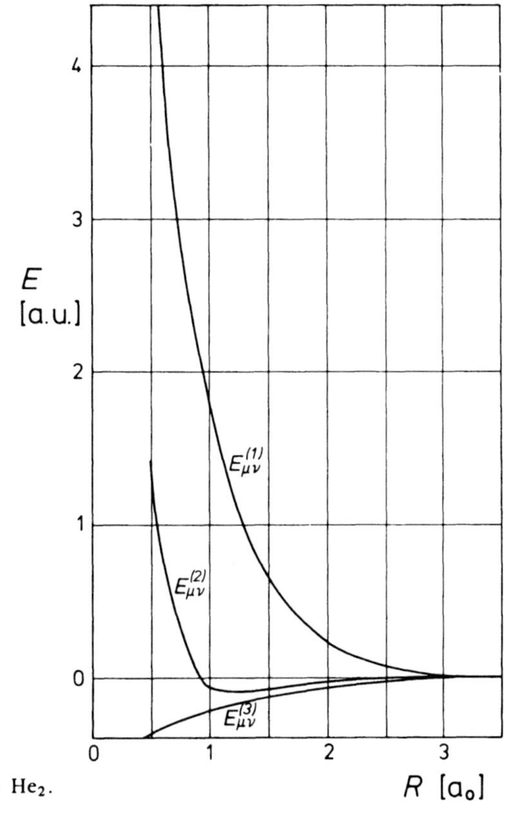

Abb. 27. Beiträge zur Abstoßungsenergie im He_2.

Wie wir uns bereits in Abschn. 5.7 überlegt haben, stellt $E_{12}^{(3)}$ nur eine kleine Korrektur dar. Für die Abstoßung bei mittleren Abständen ist der Einelektroneninterferenzbeitrag $E_{12}^{(1)}$ verantwortlich, während $E_{12}^{(2)}$ bei sehr kleinen Abständen maßgeblich wird.

Die Abstoßung der beiden He-Atome ist also hauptsächlich eine Folge des Überwiegens der destruktiven Interferenz, d.h. der Tatsache, daß das $1\sigma_u$-MO stärker antibindend als das $1\sigma_g$-MO bindend ist.

Bei dieser einfachen Argumentation im Rahmen der MO-LCAO-Näherung überschätzt man allerdings die Abstoßung etwas. Man kann nämlich die Energie des Systems He_2 im Sinne des Variationsprinzips absenken, wenn man einen variablen Faktor η im Exponenten des 1*s*-AO's einführt, bzw., was noch viel wirkungsvoller ist, wenn man im $1\sigma_g$-MO und im $1\sigma_u$-MO ein verschiedenes η verwendet. Dadurch wird das ‚Einsetzen' der Abstoßung zu kürzeren Abständen verschoben, gleichzeitig wird das richtige Verhalten für $R \to 0$ gewährleistet (wozu man allerdings noch 2*s*-Anteile in $1\sigma_u$ beimischen muß), denn für $R \to 0$ muß $1\sigma_g$ in ein 1*s*-AO des Be (vereinigtes Atom) und $1\sigma_u$ in ein $2p\sigma$-AO des Be übergehen. Die entsprechenden η-Werte sind im Grenzfall $R \to 0 \approx 3.7$ für $1s$ und ≈ 0.98 für $2p\sigma$, während für $R \to \infty$ in beiden MO's $\eta \approx 1.7$ sein muß. Die Potentialkurve des He_2 in verschiedenen Näherungen ist auf Abb. 28 dargestellt.

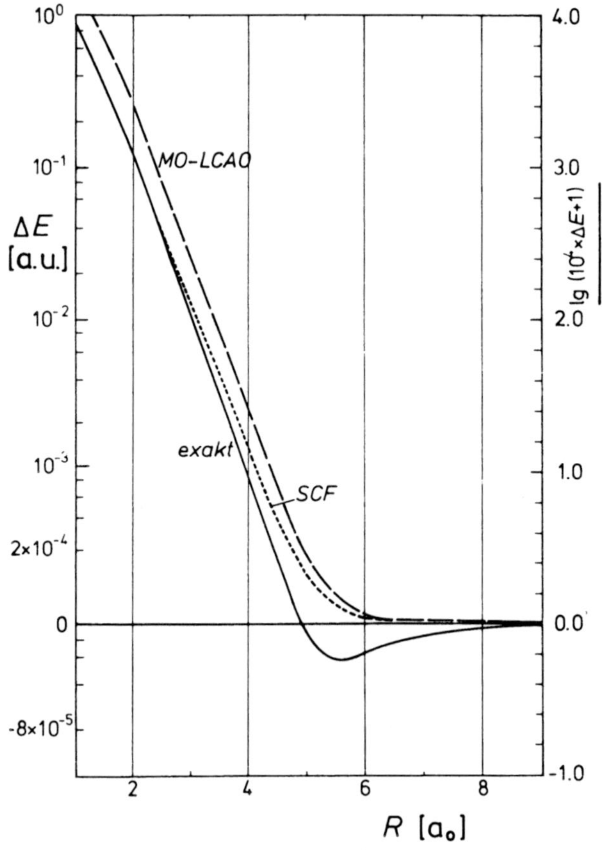

Abb. 28. Die Wechselwirkungsenergie zweier He-Atome in verschiedenen Näherungen (MO-LCAO = minimale Basis).

Die Überlegungen zur Wechselwirkung zweier He-Atome lassen sich auf beliebige Atome in abgeschlossenschaligen Zuständen übertragen, z.B. auf Be/Be oder Ne/Ne, ferner auf die Wechselwirkung der inneren Schalen anderer Atome, bei diesen allerdings nur für sehr kleine Abstände. In Molekülen wie Li_2 oder F_2 ist in der Nähe der Gleichgewichtsabstände die Überlappung der $1s$-Orbitale so klein, daß diese praktisch überhaupt nicht wechselwirken.

Es sei noch erwähnt, daß auch für das Paar He/He sowie für beliebige andere Paare bei großen Abständen eine schwache Anziehung und entsprechend ein Minimum der Energie vorliegt. Beim He_2-System liegt es bei $5.6\ a_0$, und es hat eine Tiefe von 0.022 kcal/mol*). Der Mechanismus dieser sog. van-der-Waals-Bindung ist von dem der chemischen Bindung grundsätzlich verschieden, weshalb wir erst in Kap. 15 darauf eingehen wollen.

* J.M. Farrar, Y.T. Lee, J. Chem. Phys. *56*, 5801 (1972).

8.5. Die Alkali-Moleküle und ihre Ionen

Man würde zunächst erwarten, daß die zweiatomigen Alkali-Moleküle Li_2, Na_2, K_2 etc. dem H_2 ähnlich sind, tatsächlich unterscheiden sie sich aber beträchtlich vom H_2, ja die Bindung in den Alkali-Molekülen ist in mehrfacher Hinsicht von ‚normalen' kovalenten Zweielektronenbindungen verschieden. Den Unterschied zum H_2 erkennt man an einem Vergleich der Bindungsenergien (ca. 20 – 30 kcal/mol vgl. mit ca. 100 kcal/mol beim H_2) und der Gleichgewichtsabstände (3 – 5 Å vgl. mit 0.74 Å beim H_2).

Die auffallendste Besonderheit der Alkali-Moleküle besteht darin, daß ihre Kationen fester gebunden sind als die Neutralmoleküle. Auf Tab. 4 erkennt man, daß Li_2 eine Dissoziationsenergie (bezogen auf 2 Li-Atome) von 1.05 eV, Li_2^+ aber eine solche von 1.3 eV (bezogen auf Li + Li^+) hat. Dieser Befund widerspricht deutlich jeder Art von Einelektronentheorie. Denn im Rahmen einer solchen müßte die *2s* Orbitalenergie des Li-Atoms aufspalten in die eines bindenden und eines antibindenden MO's (Abb. 24). Das bindende Niveau wird im Li_2^+ einfach, im Li_2 doppelt besetzt, folglich sollte das Li_2 etwa eine doppelt so große Bindungsenergie wie das Li_2^+ haben. Nun stimmt zwar schon nicht, daß H_2 die doppelte Bindungsenergie des H_2^+ hat, die Abweichung von dieser Voraussage ist aber nicht zu groß.

Die Beiträge zur Bindungsenergie im Li_2^+ und Li_2 verhalten sich in mehrfacher Hinsicht anders als im H_2^+ und H_2. Bzgl. Einzelheiten s. den Artikel des Verfassers *The Physical Nature of the Chemical Bond**), dessen Kapitel über Li_2^+ und Li_2 weitgehend auf unpublizierten Ergebnissen von W. H. E. Schwarz und Th. Bitter basiert. Der wesentliche Unterschied zu H_2^+ und H_2 liegt im Vorliegen eines besetzten Rumpfes, der u. a. bewirkt, daß die Aufenthaltswahrscheinlichkeit des Valenzelektrons in Kernnähe (anders als beim H_2) sehr gering ist und daß der Aufenthalt des Elektrons in Nähe der Bindungsmitte zu einer (wenn auch schwachen) Erniedrigung der potentiellen Energie führt. Weitere Besonderheiten sind, daß das *2s*-Valenz-AO sehr diffus und deshalb schlecht zur Überlappung befähigt ist. Als Folge davon ist auch die quasiklassische Wechselwirkung ungewöhnlich abstoßend. Wichtig ist ferner die Fastentartung von *2s* und *2p*, die zu einem sehr starken Beitrag der Induktion (Polarisation der Valenz-AOs durch den anderen Rumpf) im Li_2^+ und auch zu einer starken Dispersionswechselwirkung (zur Definition s. Abschn. 15.4) im Li_2 führt.

Die erhöhte Festigkeit der Bindung im Li_2^+ vgl. mit dem Li_2 hat im wesentlichen zwei Ursachen. Die eine hängt damit zusammen, daß man für die Einelektronenbindung im Li_2^+ den Interferenzterm (4.4-3) der MO-Theorie benutzen kann, während im Li_2 mit seiner 2-Elektronenbindung der Interferenzterm der VB-Näherung zu nehmen wäre. Beide unterscheiden sich um einen Faktor $S(1+S)/(1+S^2)$. Dieser ist beim H_2^+ und H_2, wo S recht groß ist ($S \approx 0.75$ vgl. S. 54), nicht sehr von 1 verschieden (ca. *0.84*). Bei Li_2^+ und Li_2, wo S deutlich kleiner ist ($S \approx 0.6$) ist auch dieser Faktor deutlich kleiner als 1 (ca. *0.7*). Während nach dieser einfachen Argumentation die Bindungsenergie im H_2 etwa 1.68 (2×0.84) mal stärker

* W. Kutzelnigg in: *The Concept of the Chemical Bond*, Z. B. Maksic ed., Springer, Berlin, 1990.

als im H_2^+ sein sollte, wäre sie für das Li_2 nur noch ca. 1.4 mal stärker als für das Li_2. Dies gilt für den auf Interferenz zurückzuführenden Beitrag zur Bindung. Im Li_2^+ beruhen aber am Gleichgewichtsabstand ca. 60 % der Bindungsenergie auf Induktion (bei H_2^+ nur etwa 10 %). Im Li_2 gibt es keinen Induktionsbeitrag, der entsprechende Dispersionsbeitrag ist wesentlich kleiner, vielleicht 10 %.

Beim Übergang von Li_2^+ zu Li_2 verliert man folglich die 60 % Induktionsenergie, während die verbleibende Interferenzenergie von 40 % nur mit einem Faktor von ca. 1.4 zu multiplizieren ist, so daß wir auch bei Berücksichtigung der Dispersionsenergie noch unter 100 % der Bindungsenergie des Li_2^+ liegen. Bei einer genaueren Diskussion müßte man u. a. noch berücksichtigen, daß die Gleichgewichtsabstände von Li_2^+ und Li_2 unterschiedlich sind.

Es sei aber darauf hingewiesen, daß dieser Effekt in diesem Ausmaß nur für die Alkali-Moleküle gilt und sonst atypisch ist. Ein Blick auf Tab. 4 zeigt, daß z.B. der Übergang von einer Einelektronen-Bindung beim N_2^+ zu einer Zweielektronen-Bindung beim N_2 durchaus zu einer – wenn auch nicht sehr großen – Bindungsverstärkung führt (weil die Bindungsabstände wesentlich kleiner sind).

Nach dem Koopmansschen Theorem ist die Orbitalenergie des bindenden MO's des Li_2 dem Betrage nach näherungsweise gleich dem Ionisationspotential des Li_2. Letzteres ist aber dem Betrage nach kleiner als dasjenige des Li-Atoms, da das (höher liegende) Li_2^+ eine tiefere Potentialmulde hat. Dieser Zusammenhang ist auf Abb. 29 illustriert. Die Orbitalenergie des bindenden MO's im Li_2 liegt folglich höher (−0.182 a.u.)*) als die des entsprechenden AO's im Li (−0.196 a.u)**) im Gegensatz zu dem, was man nach Abb. 24 erwarten sollte. Die anderen 2-atomigen Moleküle zeigen aber qualitativ das richtige Aufspaltungsschema, d.h. die Orbitalenergien der bindenden MO's liegen tiefer als die der entsprechenden AO's.

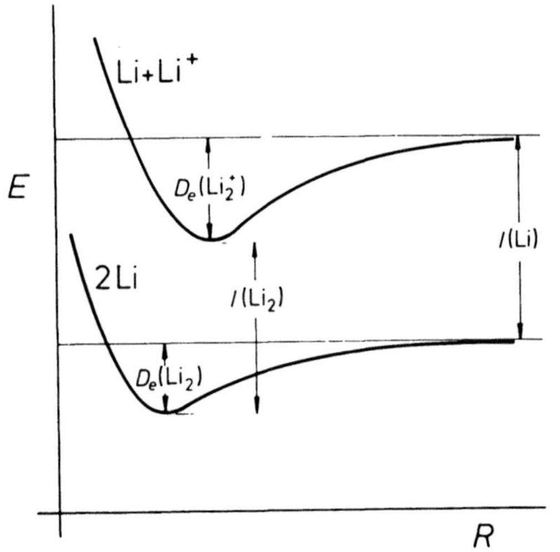

Abb. 29. Zur Erläuterung der Ionisationspotentiale von Li_2 und Li_2^+.

* W. Kutzelnigg, M. Gelus, unpubliziertes Ergebnis; vgl. auch B.J. Ransil, Rev.Mod.Phys. *32*, 239 (1960).

** E. Clementi: Suppl. zu IBM-J. res. dev. *9*, 2 (1965).

Noch eine Besonderheit des Li_2 (und der anderen Alkali-Moleküle) ist zu erwähnen. Angesichts des großen Bindungsabstandes und der geringen Bindungsenergie ist der Energieunterschied der Valenzelektronen-Konfigurationen $1\sigma_g^2$ und $1\sigma_u^2$ gering, und der Koeffizient von $1\sigma_u^2$ im Grundzustand ist mit -0.13 beträchtlich, wenn auch nicht entscheidend größer (-0.10) als im H_2. Ähnlich groß sind aber auch die Koeffizienten von $1\pi_u^2$ (-0.26) und $2\sigma_g^2$ ($-.12$)*), d.h. außer der Links-Rechts-Korrelation sind auch die angulare Korrelation und die Innen-Außen-Korrelation ausgeprägt.

Unter Links-Rechts-Korrelation in einem zweiatomigen Molekül versteht man bekanntlich (s. Abschn. 5.7), daß sich ein (beliebig herausgegriffenes) Elektron bevorzugt in der Nähe des ‚rechten' Kerns aufhält, wenn sich ein anderes in der Nähe des ‚linken' Kerns befindet und umgekehrt. In der Wellenfunktion wird dies durch ‚Beimischen' der $1\sigma_u^2$-Konfiguration zur $1\sigma_g^2$-Grundkonfiguration beschrieben. Analog hierzu spricht man von angularer Korrelation, um auszudrücken, daß zwei Elektronen sich möglichst auf diametralen Seiten der Molekülachse aufhalten. Dies wird durch Beimischen von $1\pi_u^2$ beschrieben. Die Innen-Außen-Korrelation, entsprechend einer Beimischung von $2\sigma_g^2$, bedeutet, daß ein Elektron bevorzugt von einem Kern entfernt ist, wenn das andere in Kernnähe ist.

Üblicherweise vergrößert die Links-Rechts-Korrelation den Gleichgewichtsabstand vgl. mit einer Hartree-Fock-Rechnung, während die angulare Korrelation ihn verkürzt. Vielfach kompensieren sich die beiden Effekte weitgehend, so daß in der Hartree-Fock-Näherung berechnete Bindungsabstände oft recht gut mit den experimentellen Abständen übereinstimmen. Weil beim Li_2 die angulare Korrelation besonders groß ist, ergibt hier eine Hartree-Fock-Rechnung einen viel zu großen Gleichgewichtsabstand, nämlich 2.78 Å anstelle von 2.67 Å (s. Tab. 4).

8.6. Die Rolle der Elektronenkorrelation für die Bindung zweiatomiger Moleküle

Beim H_2-Grundzustand ist der Beitrag der Hartree-Fock-Näherung zur Bindungsenergie (D_e) $-$ 3.65 eV, der Korrelationsbeitrag $-$ 1.09 eV, so daß insgesamt $\Delta E = -4.74$ eV ist. In diesem Fall kann man sagen, daß die Hartree-Fock-Näherung den Hauptanteil an der Bindungsenergie gibt und daß die Änderung der Korrelationsenergie nur eine Korrektur darstellt.

Beim He_2 ist die Hartree-Fock-Potentialkurve abstoßend, während man bei Berücksichtigung der Korrelation ein schwaches sog. van-der-Waals-Minimum bei $R = 5.6\ a_0$ und $\Delta E = -1$ meV erhält. Die van-der-Waals-Bindung ist ein reiner Korrelationseffekt.

Für die Bindungsenergie des Li_2 erhält man in Hartree-Fock-Näherung $-$ 0.17 eV, die Änderung der Korrelationsenergie bei der Molekülbildung beträgt $-$ 0.86 eV, woraus insgesamt $\Delta E = -1.03$ eV resultiert*). Zwar ist das Li_2 in der Hartree-Fock-Näherung, wenn auch schwach, gebunden, die Änderung der Korrelationsenergie ist indessen für die Bindung viel wichtiger. Dazu ist allerdings zu sagen, daß ein wichtiger Beitrag zur

---

* G. Das, J. Chem. Phys. *46*, 1568 (1967)

Korrelationsenergie (ca. 0.2 eV) der Links-Rechts-Korrelation entspricht und also mit dem falschen asymptotischen Verhalten des MO-Ansatzes zu tun hat.

Da der unseren qualitativen Überlegungen zugrundeliegende Energieausdruck eine Korrektur für diese Links-Rechts-Korrelation enthält, spielt dieser Beitrag nur dann eine wichtige Rolle, wenn wir uns explizit auf Hartree-Fock-Rechnungen beziehen. Beim Li_2 ergibt sich aus einer Zwei-Konfigurationenrechnung, die die Links-Rechts-Korrelation korrekt erfaßt, eine Bindungsenergie von immerhin -0.38 eV vgl. mit dem Hartree-Fock-Ergebnis von -0.17 eV und dem exakten Wert von -1.03 eV. Der Beitrag der angularen Korrelationsenergie ist beim Li_2 untypisch groß.

Besonders deutlich wird die Bedeutung der Korrelationsenergie bei den Molekülen F_2, O_2 und N_2.

Die Hartree-Fock-Energie des F_2-Moleküls liegt um 1.37 eV *über* der Summe der Hartree-Fock-Energien zweier F-Atome, das F_2 ist also in der Hartree-Fock-Näherung nicht stabil. Die Änderung der Korrelationsenergie bei der Molekülbildung beträgt 3.05 eV, so daß sich bei Berücksichtigung der Korrelation eine Bindungsenergie des F_2-Moleküls von $-(3.05 - 1.37) = -1.68$ eV ergibt. Von den 3.05 eV Korrelationsenergie gehen ca. 1.3 eV auf das Konto der Links-Rechts-Korrelation.

Auch beim O_2 ist, wie man auf Tab. 4 sieht, die Änderung der Korrelationsenergie ca. 4 eV. O_2 ist in Hartree-Fock-Näherung zwar gebunden, aber nur mit ca. 25 % der tatsächlichen Bindungsenergie.

Die Bindungsenergie des N_2 ist in Hartree-Fock-Näherung -0.191 a.u. ≈ -5.2 eV, der richtige Wert ist -9.9 eV, der Beitrag der Korrelationsenergie zur Bindungsenergie beträgt 4.7 eV.

Die Änderung der Korrelationsenergie bei der Bildung der Moleküle N_2, O_2 und F_2 ist nicht so leicht zu verstehen wie beim H_2, wo der Hauptbeitrag auf der Links-Rechts-Korrelation der beiden Bindungselektronen beruht.

Zur Erläuterung der Rolle, die die Elektronenkorrelation bei Molekülen wie N_2, O_2 und F_2 spielt, wollen wir vorwegnehmen (was in Kap. 10 genauer begründet wird), daß eine MO-Beschreibung eines Moleküls nicht nur durch die bisher besprochenen sog. kanonischen Orbitale, sondern auch – damit gleichwertig – durch lokalisierte Molekül-Orbitale möglich ist. Die lokalisierten MO's entsprechen beim F_2 anschaulich einem Zweizentren-MO der F–F-Bindung, zwei MO's der beiden *K*-Schalen und sechs MO's der 2 x 3 ‚freien Elektronenpaare'. In der Hartree-Fock-Näherung wird die Elektronenwechselwirkung durch die Coulomb-Abstoßung der den MO's entsprechenden Ladungsverteilungen approximiert. Die wirkliche Elektronenabstoßung ist kleiner, weil die Elektronen in Wirklichkeit einander ausweichen (weil ihre Bewegung korreliert ist), was in der Hartree-Fock-Näherung nicht berücksichtigt wird. Die Energieerniedrigung durch Korrelation ist vor allem wichtig zwischen Elektronen, die sich nahe kommen, nämlich einerseits zwischen den beiden Elektronen im gleichen lokalisierten MO, andererseits zwischen zwei Elektronen in benachbarten lokalisierten MO's, also etwa zwischen einem Elektron im MO der F–F-Bindung und einem anderen Elektron in einem freien Elektronenpaar.

Auf die Bindungsenergie wirken sich nur diejenigen Korrelationsbeiträge aus, die im Molekül zusätzlich zu den bereits in den getrennten Atomen vorhandenen hinzukommen, d.h. insbesondere die Korrelation innerhalb einer Bindung (die wir schon vom H_2 und Li_2 kennen), diejenige zwischen Elektronen in verschiedenen Bindungsorbitalen (bei Mehrfachbindungen wie N_2) sowie die Korrelation zwischen Elektronen in Bindungsorbitalen mit solchen in freien Elektronenpaaren.

Beim F_2 überschätzt man in der Hartree-Fock-Näherung neben der Abstoßung der Bindungselektronen untereinander vor allem die Abstoßung der Elektronen in den freien Elektronenpaaren zwischen verschiedenen Atomen (die einander ja sehr nahe kommen) und erhält dadurch für das F_2 eine Energie, die über der für 2F liegt. Beim N_2 sind dagegen hauptsächlich die Intra- und Inter-Bindungs-Korrelation der drei N–N-Bindungen für das schlechte Hartree-Fock-Ergebnis verantwortlich*).

8.7. Die Einelektronenenergien in zweiatomigen Molekülen

Es liegt nahe, bei den gut untersuchten homonuklearen zweiatomigen Molekülen zu testen, wieweit sie sich durch eine Einelektronentheorie beschreiben lassen, d.h. wie gut man die Bindungsenergien darstellen kann als eine Summe von Einelektronenenergien e_i bzw. ϵ_i des Moleküls minus Einelektronenenergien $\alpha'_{\mu s}$ der Atome – jeweils multipliziert mit den zugehörigen Besetzungszahlen n_i bzw. $n_{\mu s}$ –, etwa im Sinne von (vgl. Abschn. 6.1 und 6.4)

$$\Delta E \approx \sum_i n_i e_i - \sum_{\mu, s} n_{\mu s} \alpha'_{\mu s} \tag{8.7-1}$$

oder

$$\Delta E \approx \sum_i n_i \epsilon_i - \sum_{\mu, s} n_{\mu s} \alpha'_{\mu s} \tag{8.7-2}$$

Wir haben uns in Kap. 6 klar gemacht, wie die für eine Einelektronentheorie optimalen Orbitalenergien e_i und $\alpha'_{\mu s}$ im Sinne von 8.7–1 zu definieren wären. Leider sind diese Größen bei den zur Verfügung stehenden Hartree-Fock-Rechnungen nicht berechnet oder zumindest nicht publiziert worden, so daß wir nicht (8.7–1), sondern nur (8.7–2) testen können. Was jedoch die Zulässigkeit von (8.7–2) betrifft, so ist das Ergebnis mehr als entmutigend.

Auf Tab. 5 sind z.B. u.a. die Hartree-Fock-Eigenwerte $\alpha'_{\mu s}$ für ein F-Atom sowie die ϵ_i für das F_2-Molekül angegeben. Zunächst sollte man meinen, daß die Aufspaltung der Orbitalenergien vom Atom zum Molekül eine perfekte quantitative Illustration zu Abb. 24 darstellt. Bildet man jedoch ΔE nach (8.7–2), so erhält man

$$\sum_i n_i \epsilon_i - \sum_{\mu, s} n_{\mu s} \alpha'_{\mu s} = -0.4381 \text{ a.u.} \tag{8.7-3}$$

Die tatsächliche Bindungsenergie des F_2 ist dagegen –0.0617 a.u., Gl. (8.7–2) ergibt also eine um einen Faktor 7 falsche (dem Betrag nach zu große) Bindungsenergie. Das

* Eine detaillierte Diskussion der Beiträge zur Korrelationsenergie im N_2 und F_2 findet man in R. Ahlrichs, H. Lischka, B. Zurawski, W. Kutzelnigg, J.Chem.Phys. *63*, 4685 (1975).

Tab. 5. Orbitalenergien*) sowie Gesamtenergien und Energiebeiträge (in a.u.) für F und F_2 ($r = 2.68\ a_0$).

	2 x F		F$_2$		
	$\epsilon_{\mu s}$	n_i		ϵ_i	n_i
1s	− 26.38265	2 x 2	$1\sigma_g$	− 26.42269	2
			$1\sigma_u$	− 26.42244	2
2s	− 1.57245	2 x 2	$2\sigma_g$	− 1.75654	2
			$2\sigma_u$	− 1.49499	2
2p	− 0.72994	5 x 2	$1\pi_u$	− 0.80523	4
			$3\sigma_g$	− 0.74604	2
			$1\pi_g$	− 0.66290	4
$\sum_i n_i\epsilon_i$	− 119.11980			− 119.55792	
W_{ee}	79.69886			109.43421	
W_{kk}	−			30.22388	
$W_{kk} - W_{ee}$	− 79.69886			− 79.21033	
E_{HF}	− 198.81866			− 198.76825	
E_{corr}**)	− 0.6440			− 0.7561	
	Änderung von $\sum_i n_i\epsilon_i$			− 0.43812	
	Änderung von $W_{kk} - W_{ee}$			+ 0.48853	
	Änderung von E_{HF}			+ 0.05041	
	Änderung von E_{corr}			− 0.1121	
	Änderung von E			− 0.0617	

* Nach A.C. Wahl, J. Chem. Phys. *41*, 2600 (1969).
** F. Sasaki, M. Yoshimine, Phys. Rev. *A9*, 17 (1974).

liegt offenbar, wie in Abschn. 6.4 allgemein erläutert, daran, daß man bei Benutzung von (8.7−2) die interatomare Elektronenabstoßung doppelt zählt und die Kernabstoßung nicht berücksichtigt. Offensichtlich ist die Kernabstoßung größer als die Elektronenabstoßung, so daß man in (8.7−3) einen zu kleinen abstoßenden Beitrag berücksichtigt hat. Wenn man allerdings jetzt die in Hartree-Fock-Näherung berechnete Differenz von Kernabstoßung und interatomarer Elektronenabstoßung (+ 0.48853 a.u.) zu (8.7−3) hinzuzählt, erhält man die Bindungsenergie in Hartree-Fock-Näherung, und diese (+ 0.0504 a.u.) ist *positiv*, sie entspricht Abstoßung und nicht Bindung. Erst bei Berücksichtigung der Elektronenkorrelation, d.h. wenn man den Elektronen die Möglichkeit gibt, einander auszuweichen, erhält man die tatsächliche Bindungsenergie von −0.0617 a.u. .

Daß insgesamt die interatomare Elektronenabstoßung kleiner ist als die Kernabstoßung, kann man sich anschaulich klar machen, wenn man bedenkt, daß (vgl. Abschn. 8.5) von den 18 Elektronen des F_2 12 sich in einsamen Elektronenpaaren befinden, deren Schwerpunkte weiter voneinander entfernt sind als die Kerne. Nun kommen sich aber bei der Molekülbildung Elektronen, die früher verschiedenen Atomen angehörten, recht nahe; gibt man ihnen Gelegenheit, einander auszuweichen, d.h. berücksichtigt man die Elektronenkorrelation, so reduziert man die Gesamtenergie des Moleküls beträchtlich und ermöglicht so erst, daß F_2 ein stabiles Molekül ist.

Andererseits hatten wir uns bei der Herleitung einer Einelektronentheorie der chemischen Bindung (Kap. 5) klargemacht, daß diese in einer gewissen (natürlich grob genäherten) Weise der Links-Rechts-Korrelation Rechnung trägt. Wir dürfen deshalb die Bindungsenergie der Einelektronentheorie nicht mit der der Hartree-Fock-Näherung, sondern sollten sie mit der experimentellen Energie vergleichen. Für F_2 sollten wir deshalb durchaus Bindung erwarten, allerdings nicht eine um eine Größenordnung zu große Bindungsenergie wie die nach (8.7–3). Wir schließen, daß eine Einelektronentheorie, sofern eine solche überhaupt zu rechtfertigen ist, sicher nicht auf Gl. (8.7–2) aufbauen darf.

Qualitativ ist die Situation beim N_2 ähnlich*). ΔE nach (8.7–2) ist -1.2531 a.u. Die Differenz von Kernabstoßung und interatomarer Elektronenabstoßung ist 1.0621 a.u., entsprechend ist die Hartree-Fock-Bindungsenergie -0.1910 a.u.. Wiederum ist die Einelektronenbindungsenergie nach Gl. (8.7–2) viel zu groß.

An dieser Stelle können wir die Schlußfolgerung aus Abschn. 6.4 wiederholen, daß sich eine Einelektronentheorie der chemischen Bindung sicher nicht auf der Grundlage der Hartree-Fock-Eigenwerte ϵ_i bzw. $\alpha'_{\mu s}$ aufbauen läßt, anders gesagt, daß, wenn die Orbitalenergien eines Einelektronenschemas für die chemische Bindung überhaupt einen Sinn haben sollen, sie sicher *nicht* die Hartree-Fock-Eigenwerte bedeuten. Da man letztere dem Betrage nach näherungsweise mit Ionisierungsenergien identifizieren kann, ist auch deutlich, daß die Einelektronenenergien, die man im Sinne von (8.7–1) oder (8.7–2) als Beiträge zur chemischen Bindung definieren möchte, sicher nicht die Ionisierungsenergien sein können.

Eine interessante Alternative zu den Orbitalenergien ϵ_i der Hartree-Fock-Näherung haben Stenkamp und Davidson**) vorgeschlagen. Sie konnten Orbitalenergien $\tilde{\epsilon}_i$ definieren, die sich als Eigenwerte eines modifizierten Hartree-Fock-Operators berechnen lassen und deren Summe gleich der gesamten Hartree-Fock-Energie ist. Auf das hier diskutierte Problem der Bindung in zweiatomigen Molekülen wurde dieses Verfahren offenbar noch nicht angewandt.

Im übrigen ist in Bezug auf diese für eine qualitative Diskussion der chemischen Bindung außerordentlich wichtige Frage noch nicht das letzte Wort gesprochen.

8.8. Heteronukleare zweiatomige Moleküle – Das Isosterieprinzip

Auch heteronukleare Moleküle kann man zunächst nach einem einfachen MO-LCAO-Schema oder nach einem Korrelationsdiagramm diskutieren. Wesentliche Unterschiede sind jetzt, daß die AO-Energien nicht mehr bei beiden Partnern gleich sind und daß

---

* Die Werte basieren auf Rechnungen von P.E. Cade, K.D. Sales, A.C. Wahl, J.Chem.Phys. *44*, 1973 (1966).

** L.Z. Stenkamp, E.R. Davidson, Theoret. Chim. Acta *30*, 283 (1973).

für die AO-Koeffizienten in den MO's nicht mehr gilt, daß sie entweder gleich oder entgegengesetzt gleich sind. Es gibt auch MO's, an denen nur die AO's eines Atoms beteiligt sind, z.B. hat LiH die Konfiguration $(1\sigma)^2$ $(2\sigma)^2$, wobei 1σ im wesentlichen gleich einem 1*s*-AO des Li ist und 2σ eine Linearkombination aus hauptsächlich 2*s* des Li und 1*s* des H mit einem überwiegenden Anteil des letzteren.

MO's, die nur an einem Atom lokalisiert sind, können offenbar weder bindend noch antibindend sein. Man bezeichnet sie als *nichtbindend.* Man muß aber bedenken, daß bei heteronuklearen, anders als bei homonuklearen Molekülen die Abgrenzung zwischen ‚bindend', ‚nichtbindend' und ‚antibindend' nicht scharf ist.

Unterscheiden sich die beiden Atome nur wenig, z.B. N und O, so kann man näherungsweise das für symmetrische Moleküle gültige MO-Schema benutzen und schließen, daß zweiatomige Moleküle mit der gleichen Gesamtelektronenzahl sehr ähnliche Elektronenkonfigurationen haben müssen. Man nennt solche Verbindungen, z.B. O_2 und NO^- oder N_2, NO^+ und CN^- isoelektronisch. Sind außerdem die Summen der Kernladungen gleich, d.h. haben die Moleküle die gleiche Gesamtladung, so bezeichnet man sie als isoster. Das klassische Beispiel von Isosterie ist für das Paar N_2 und CO verwirklicht. (Isoster mit beiden ist übrigens auch noch BF, aber in diesem ist der Unterschied der Elektronegativität der Partner schon sehr deutlich.)

Isostere Moleküle haben oft sehr ähnliche physikalische Eigenschaften, bei CO und N_2 ist das besonders ausgeprägt, wie der Vergleich ihrer physikalischen Eigenschaften in Tab. 6 zeigt.

Tab. 6. Vergleich der physikalischen Eigenschaften von N_2 und CO*).

		CO	N_2
Schmelzpunkt	(K)	74	63
Siedepunkt	(K)	82	78
krit. Temp.	(K)	133	127
krit. Druck	(atm)	35	33
Dichte (fl.)	(g/cm^3)	0.793	0.808
Kernabstand r_e	(Å)	1.15	1.10
Polarisierbarkeit	(Å^3) $\perp$	2.5	2.38
	$\parallel$	1.7	1.45
Bindungsenergie D_0	(eV)	11.1	9.8

* Die meisten Daten sind aus ‚Handbook of Chemistry and Physics' (R.C. Weast ed.) 52nd ed.. The Chemical Rubber, Cleveland, 1971.

N_2 und CO sind die beiden (neutralen) Moleküle mit den festesten in der Natur vorkommenden Bindungen. Während im N_2 jedes N-Atom drei Valenzelektronen für die Bindung zur Verfügung stellt, kommen im CO vier vom O und zwei vom C. Wären alle sechs Bindungselektronen gleichmäßig auf O und C verteilt, wäre der Sauerstoff effektiv an Elektronen verarmt und somit positiv. In Wirklichkeit hat aber der Sauerstoff (im Einklang mit seiner höheren Elektronegativität) an allen MO's einen höheren Anteil, so daß insgesamt das CO nahezu unpolar ist. Das Dipolmoment des CO ist so klein (≈ 0.1 Debye), daß sein Vorzeichen lange Zeit umstritten war. Heute scheint festzustehen*), daß das negative Ende des Dipols am Kohlenstoff liegt. Das gilt für den Gleichgewichtsabstand; bei einer kleinen Änderung des Abstands kehrt sich das Vorzeichen aber bereits um.

Auch die Spektren von N_2 und CO, die beide gut untersucht sind, sind einander recht ähnlich. Man erkennt das anhand der Energieterme in Tab. 7.

Tab. 7. Vergleich der spektralen Übergänge im N_2 und CO*). (Übergangsenergien in eV).

	N_2		CO	
$\pi - \pi^*$	$^3\Sigma_u^-$	8.76	$^3\Sigma^-$	8.11
	$^3\Delta_u$	7.47	$^3\Delta$	7.22
	$^3\Sigma_u^+$	6.17	$^3\Sigma^+$	6.92
$\sigma - \pi^*$	$^1\Pi_g$	8.75	$^1\Pi$	8.07
	$^3\Pi_g$	7.35	$^3\Pi$	6.04
Grund-zustand	$^1\Sigma_g^+$	0	$^1\Sigma^+$	0

* Nach R.S. Mulliken, Canad. J. Chem. *36*, 10 (1958).

Eine Klassifikation von Molekülen nach der Gesamtzahl der Valenzelektronen ist vor allem für die Spektroskopie, aber auch für Fragen der Geometrie (Walshsche Regeln) außerordentlich nützlich, nicht nur für zweiatomige Moleküle.

Im Gegensatz zu den physikalischen Eigenschaften sind die chemischen Eigenschaften isosterer Moleküle natürlich oft sehr verschieden, was für das Beispiel N_2/CO wohl nicht besonders erläutert zu werden braucht. Ein berühmtes Beispiel für Isosterie bei größeren Molekülen ist das Paar Benzol/Borazol. Bez. einer allgemeinen Diskussion der Isosterie sei der Leser auf einen Übersichtsartikel verwiesen**).

8.9. Schlußbemerkungen zu zweiatomigen Molekülen

Besonders gut theoretisch untersucht sind die Monohydride LiH, BeH, BH, CH, NH, OH, FH***). Da diese aber – mit Ausnahme des LiH und des FH – den Chemiker wenig interessieren (auch das LiH-Molekül ist im Grunde weniger interessant als der LiH-Kristall), wollen wir darauf nicht weiter eingehen. Erwähnt werden soll nur, daß das LiH praktisch aus Li^+- und H^--Ionen aufgebaut ist, ferner, daß der Gleichgewichtsab-

* C.A. Burrus, J.Chem.Phys. *28*, 427 (1958); F. Grimaldi, A. Lecourt, C. Moser Int.J. Quantum Chem. *15*, 153 (1967); S. Green, J.Chem.Phys. *54*, 827 (1971).

** H. Schmidbaur, Forts.Chem.Forsch. *13*, 167 (1969).

*** P.E. Cade, W.M. Huo, J.Chem.Phys. *47*, 614 (1967); C.F. Bender, E.R. Davidson, Phys.Rev. *183*, 23 (1969); W. Meyer, P. Rosmus, J.Chem.Phys. *63*, 2356 (1975).

stand Li–H im Molekül (3.02 a_0) sich von dem im Kristall (2.16 a_0) ganz wesentlich unterscheidet.

Weniger bekannt ist die Elektronenstruktur derjenigen Moleküle, die aus Atomen der höheren Perioden aufgebaut sind. Allerdings verhalten sich z.B. die Alkaliatome Na, K, Rb, Cs durchaus analog dem Li. Bestehende Unterschiede kann man auf die verschiedenen Ionisationspotentiale der Valenzelektronen zurückführen. Entsprechend hängen die Unterschiede der Halogene mit der unterschiedlichen Elektronenaffinität, aber auch mit der von F zu J steigenden Polarisierbarkeit zusammen. Weniger deutlich ist die Analogie zwischen O und S bzw. zwischen N und P. Zwar sind die Moleküle P_2 und S_2 bekannt und haben Dissoziationsenergien von 5 bzw. 4.4 eV*), die mit denen von N_2 (9.9 eV) und O_2 (5.1 eV) durchaus vergleichbar sind. Im Gegensatz zu N und O sind bei P und S aber Aggregate aus mehr als zwei Atomen wesentlich stabiler, insbesondere P_4 und S_8. Man gibt zur Erklärung dieses Befundes vielfach an, daß Verbindungen der höheren Perioden in geringerem Maße zur Ausbildung von Doppelbindungen befähigt sind, d.h. daß π-Bindungen bei ihnen schwächer sind, und daß eine Betätigung aller Valenzen in σ-Bindungen bevorzugt wird.

Inzwischen läßt sich sagen**), daß die Elemente der ersten Langperiode sich von den höheren Hauptgruppenelementen vor allem dadurch unterscheiden, daß bei ersteren *2s*- und *2p*-AO nahezu im gleichen räumlichen Bereich lokalisiert und damit zur Hybridisierung (vgl. Kap. 10) befähigt sind, während bei letzteren die höchsten *ns*-AOs soweit innen sind, daß sie sich nahezu wie Rumpf-AOs verhalten, so daß – von Ausnahmen abgesehen – die Bindung im wesentlichen von den *np*-AOs vermittelt wird. Die besondere relative Stärke von π-Bindungen, vgl. mit σ-Bindungen, bei den Atomen der ersten Langperiode ist eine unmittelbare Folge davon.

Daß es vielfach so aussieht, als wäre das einsame Elektronenpaar nicht *ns*-artig und an der Bindung unbeteiligt, sondern *hybridartig* und *stereochemisch aktiv* steht mit diesen Befunden nur scheinbar im Widerspruch***). Nehmen wir z. B. an, daß in P_2 nur die *3p*-AOs an der P–P-Bindung beteiligt sind, während die *3s*-AOs beider P-Atome rumpfartig sphärisch symmetrisch und doppelt besetzt sind. Das aus 3p σ-AOs gebildete bindende MO hat dann natürlich Elektronendichte außerhalb des Moleküls (von den *nicht benötigten* Lappen der 3p σ-AOs), die so aussieht, als gäbe es sp-Hybrid-artige lone-pairs.

* A. G. Gaydon, *Dissociation Energies and Spectra of Diatomic Molecules*, Chapman, London 1968.

** W. Kutzelnigg, Angew. Chem. *96*, 262 (1984), Angew. Chem. Int. Ed. *23*, 272 (1984).

*** W. Kutzelnigg, J. Mol. Struct. Theochem. *168*, 403 (1988)
W. Kutzelnigg u. F. Schmitz, in: *Unkonventionelle Wechselwirkungen in der Chemie metallischer Elemente*, B. Krebs ed., VCH, Weinheim 1991.

9. Beschreibung mehratomiger Moleküle durch Mehrzentrenorbitale

9.1. Mehrzentrenbindungen – Das H_3^+

Das einfachste mehratomige Molekül ist das H_3^+, bestehend aus 3 Protonen und 2 Elektronen. Versuchen wir zunächst, seine Bindungsenergie nach der Hückel-Näherung zu berechnen und zwar in a) einer linearen, b) einer gleichseitig dreieckigen Anordnung. Die entsprechenden Hückel-Matrizen sind

$$\text{a)} \quad \begin{pmatrix} \alpha & \beta & 0 \\ \beta & \alpha & \beta \\ 0 & \beta & \alpha \end{pmatrix} \qquad\qquad \text{b)} \quad \begin{pmatrix} \alpha & \beta & \beta \\ \beta & \alpha & \beta \\ \beta & \beta & \alpha \end{pmatrix}$$

und die zugehörigen Eigenwerte (vgl. I A 7)

$$\text{a)} \quad \begin{aligned} e_1 &= \alpha + \sqrt{2}\,\beta \\ e_2 &= \alpha \\ e_3 &= \alpha - \sqrt{2}\,\beta \end{aligned} \qquad\qquad \text{b)} \quad \begin{aligned} e_1 &= \alpha + 2\,\beta \\ e_2 &= \alpha - \beta \\ e_3 &= \alpha - \beta \end{aligned}$$

Besetzen wir in beiden Fällen das tiefste MO φ_1 doppelt, so erhalten wir

$$\text{a)} \quad \Delta E = 2e_1 - 2\alpha = 2 \cdot \sqrt{2}\,\beta \qquad\qquad \text{b)} \quad \Delta E = 2e_1 - 2\alpha = 4\,\beta$$

Vergleichen wir das Ergebnis mit der Bindungsenergie des H_2-Moleküls, die in der gleichen Näherung gegeben ist zu $\Delta E = 2\,\beta$, so sehen wir, daß die Bindungsenergie im gleichseitig dreieckigen H_3^+, bezogen auf $2H + H^+$, etwa doppelt so groß $(4\,\beta)$ ist wie die im H_2, bezogen auf $H + H\,(2\,\beta)$. Anders gesagt, hat H_3^+ eine Bindungsenergie von $2\,\beta$ in Bezug auf $H_2 + H^+$, d.h. H_2 hat eine Protonenaffinität, die der Bindungsenergie des H_2 entsprechen, also ca. 100 kcal/mol betragen sollte.

Wählen wir β so, daß $2\,\beta$ gleich der experimentellen Bindungsenergie des H_2 ist, d.h. $\beta = -\,0.087$ a.u., so erhalten wir für das H_3^+

$$\text{a)} \quad \Delta E = -\,0.246 \text{ a.u.} \qquad\qquad \text{b)} \quad \Delta E = -\,0.348 \text{ a.u.}$$

Die „exakten" Werte*) unterscheiden sich von diesen erstaunlich wenig.

$$\text{a)} \quad \Delta E_{\text{exakt}} = -\,0.279 \text{ a.u.} \qquad\qquad \text{b)} \quad \Delta E_{\text{exakt}} = -\,0.344 \text{ a.u.}$$

Daß die Übereinstimmung so gut ist, ist überraschend, zumal u.a. die Gleichgewichtsabstände im H_2 sowie den beiden Konfigurationen des H_3^+ deutlich verschieden sind (H_2: 1.40 a_0, H_3^+ linear: 1.54 a_0, H_3^+ gleichseitig dreieckig: 1.66 a_0), die Verwendung des gleichen β also gar nicht gerechtfertigt sein sollte. Immerhin erkennen wir aber,

---

* R. Röhse, W. Klopper u. W. Kutzelnigg, J. Chem. Phys. im Druck (1993).

daß die größere Bindungsenergie der Dreizentrenbindung, denn eine solche liegt offenbar vor, auf einer Erhöhung des Beitrags der Interferenz beruht. Eine gleichzeitige Verschiebung von Ladung in alle 3 (bzw. 2) Bindungen ist eben mit einer stärkeren Energieerniedrigung verbunden, als wenn das nur in einer Bindung geschieht. Die Gleichgewichtskonfiguration des H_3^+ ist das gleichseitige Dreieck, und die lineare Anordnung entspricht nicht einem Minimum, sondern nur einem Sattelpunkt der Potentialhyperfläche.

Interessanterweise kann man mit der HMO-Methode noch weitere sinnvolle Aussagen machen. Berechnet man nämlich Bindungs- und Ladungsordnungen, so erhält man:

a) $q_1 = q_3 = \frac{1}{2};\ q_2 = 1$ b) $q_1 = q_2 = q_3 = \frac{2}{3} = 0.667$

$p_{12} = p_{23} = \frac{\sqrt{2}}{2} = 0.707$ $p_{12} = p_{23} = p_{31} = \frac{2}{3} = 0.667,$

während beim H_2 $q_1 = q_2 = 1;\ p_{12} = 1$ (und beim H_2^+ $q_1 = q_2 = 1/2;\ p_{12} = 1/2$) ist. Jede der Bindungen im gleichseitig dreieckigen H_3^+ sollte also ca. 2/3 mal so stark wie die im H_2 sein. Ein Maß für die Bindungsstärke ist der Bindungsabstand. Tragen wir die Hückelschen Bindungsordnungen für H_2, H_2^+ und die ‚beiden' H_3^+ gegen die Bindungsabstände auf, so ergibt sich, wie man auf Abb. 30 sieht, eine sehr gute Korrelation. Selbst wenn wir die Punkte für H_2^+ und H_2 durch eine Gerade verbunden und aus den Bindungsordnungen für H_3^+ auf die Gleichgewichtsabstände geschlossen hätten, wären die Ergebnisse schon recht gut gewesen.

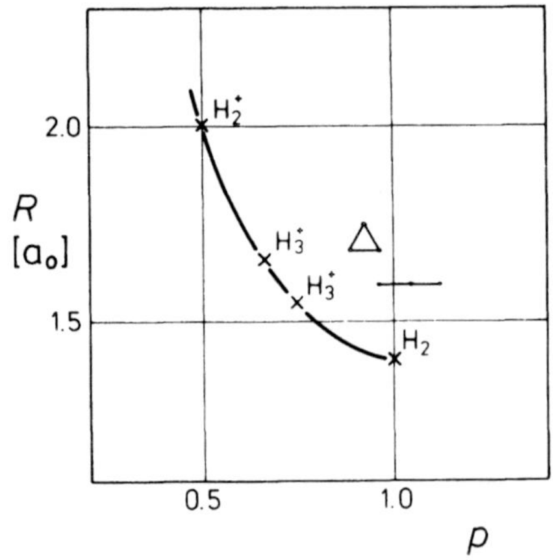

Abb. 30. Zusammenhang zwischen Bindungsordnung p und Bindungsabstand R bei H_2^+, H_2 und H_3^+.

Während die effektive Ladung $Q_\mu = Z_\mu - q_\mu$ im gleichseitig dreieckigen H_3^+ gleichmäßig auf die drei Atome verteilt ist ($Q_1 = Q_2 = Q_3 = 1/3$), partizipieren im linearen H_3^+ nur die beiden äußeren Atome an der positiven Ladung, während das mittlere ungeladen ist ($Q_1 = Q_3 = 1/2;\ Q_2 = 0$).

Man sollte sich über die guten Ergebnisse der HMO-Näherung beim H_3^+ nicht zu früh freuen, denn bereits bei den Systemen H_3 und H_3^-, die sich vom H_3^+ nur durch ein bzw.

zwei zusätzliche Elektronen unterscheiden, versagt die Hückelsche Näherung. Nach der HMO-Näherung sind die ‚Gesamtenergien' und Bindungsenergien ΔE des H_3 bzw. des H_3^- in linearer (a) bzw. gleichseitig dreieckiger Anordnung (b)

$$
\begin{aligned}
H_3 \quad \text{a)} \quad E &= 2e_1 + e_2 = 3\alpha + 2\sqrt{2}\beta \\
\Delta E &= E - 3\alpha = 2\sqrt{2}\beta \\
\text{b)} \quad E &= 2e_1 + e_2 = 3\alpha + 3\beta \\
\Delta E &= E - 3\alpha = 3\beta
\end{aligned}
$$

$$
\begin{aligned}
H_3^- \quad \text{a)} \quad E &= 2e_1 + 2e_2 = 4\alpha + 2\sqrt{2}\beta \\
\Delta E &= E - 4\alpha = 2\sqrt{2}\beta \\
\text{b)} \quad E &= 2e_1 + 2e_2 = 4\alpha + 2\beta \\
\Delta E &= E - 4\alpha = 2\beta\,.
\end{aligned}
$$

Danach sollen die Bindungsenergien des H_3 und des H_3^- (bezogen auf 3H bzw. $2H+H^-$) in der linearen Anordnung (a) die gleichen sein wie die des H_3^+ (bezogen auf $2H+H^+$), da das MO φ_2, in dessen Besetzung sich H_3^+, H_3 und H_3^- unterscheiden, nichtbindend, mit der Energie α, ist. Man würde weiter erwarten, daß sich für H_3 die beiden Geometrien energetisch nur geringfügig unterscheiden (2.83 β vgl. mit 3 β), während H_3^- eindeutig die lineare Konfiguration vorziehen sollte. Die Bindungsenergie des linearen H_3 bzw. H_3^- bez. H_2+H bzw. H_2+H^- sollte 0.83 β, d.h. ca. 45 kcal/mol, betragen.

Tatsächlich ist aber weder H_3 bez. H_2+H noch H_3^- bez. H_2+H^- gebunden. Solange man nicht versteht, warum die HMO-Näherung beim H_3^+ so gut stimmt, beim H_3 und beim H_3^- dagegen völlig versagt, wird man diese Näherung kaum würdigen und kritisch anwenden können. Es wäre sicher unfair, nur das H_3^+ zu behandeln und das H_3 sowie das H_3^- zu verschweigen.

Sehen wir uns deshalb zunächst das H_3^+ etwas sorgfältiger an!

Man könnte vielleicht zunächst vermuten, daß die quasiklassische Coulomb-Wechselwirkung eine wichtige Rolle spielt und daß es nicht gerechtfertigt ist, sie zu vernachlässigen, wie man das bei der Ableitung der Hückelschen Näherung tut. Das wird dadurch nahegelegt, daß im H_3^+ (auch im H_3^-) die Atome effektive Ladungen tragen, die zu Abstoßungsbeiträgen $\frac{Q_1 Q_2}{R_{12}}$ etc. führen sollten. Eine genauere Analyse (wir haben in Kap. 5 und 6 immer vorausgesetzt, daß wir es mit neutralen abgeschlossenschaligen Systemen zu tun haben, und die dort gezogenen Schlußfolgerungen gelten streng nur für solche Systeme) zeigt indessen, daß weder im H_3^+ noch im H_3^- (ebensowenig wie übrigens im H_2^+, vgl. Kap. 3) eine langreichweitige quasiklassische Wechselwirkung auftritt. Detaillierte Rechnungen zeigen, daß in der Tat die quasiklassische Wechselwirkung ähnlich klein wie im H_2 bzw. H_2^+ ist*).

---

* F. Driessler, unveröffentlicht.

Bei einer Analyse des MO-LCAO-Ausdrucks von positiven Ionen wie H_3^+ in der Weise, wie wir das allgemein in Kap. 5 durchführten, erkennt man, daß zur Eliminierung der ‚unphysikalischen Selbstwechselwirkung' nicht der gleiche Korrekturterm wie beim H_2 zu nehmen ist, sondern daß die entsprechende Korrektur für die Links-Rechts-Korrelation wesentlich kleiner ist. Entsprechend ist auch die sog. Interferenzkorrektur, d.h. die Verkleinerung des Betrags des Interferenzterms (beim H_2 etwa von $\frac{\beta}{1+S}$ nach $\frac{\beta S}{1+S^2}$, vgl. Abschn. 4.4), beim H_3^+ geringfügiger. Ferner macht ein variables η im Exponenten des 1*s*-AO's beim H_3^+ noch mehr aus als beim H_2, das optimale η, das beim H_2 1.19 beträgt, ist beim H_3^+ etwa 1.3 (linear) bzw. 1.4 (dreieckig). Außer diesen beiden Effekten, die den Interferenzbeitrag dem Betrag nach größer als beim H_2 machen, schwächen zwei andere Beiträge den Interferenzterm. Der eine die Bindung schwächende Beitrag hat mit dem größeren Gleichgewichtsabstand im H_3^+ zu tun, mit dem anderen Beitrag müssen wir uns etwas genauer beschäftigen.

Wir hatten in Abschn. 6.2 gesehen, daß man die Terme, die von 2. Ordnung in der Überlappung sind, nur dann vernachlässigen darf, wenn die Überlappung klein ist. Bei den Molekülen wie H_2, H_3^+ etc. sind die Überlappungsintegrale aber ausgesprochen groß. Man darf deshalb die Hückel-β nicht mit den β' nach Gl. (6.2–13) identifizieren, sondern eher im Sinn der Whelandschen Näherung (Abschn. 6.2.3) mit $\frac{\beta'}{1+m_i S}$. Im H_2 und H_2^+ ist $\frac{1}{1+m_i S}$ für das bindende MO ≈ 0.55, im gleichseitig dreieckigen H_3^+, H_3 und H_3^- für das bindende MO ≈ 0.45, für das antibindende MO dagegen ≈ 2.5.

Bringt man die Whelandsche Korrektur an den HMO-Energien an, erkennt man, daß das im Rahmen der HMO-Näherung nur schwach antibindende MO in Wirklichkeit sehr stark antibindend ist, so daß ein Elektron in φ_2 ausreicht, um die Bindungsenergie durch zwei Elektronen in φ_1 zunichte zu machen.

Damit haben wir allerdings noch nicht erklärt, warum lineares H_3^- und H_3 nicht gebunden sind, denn hier ist das MO φ_2 *nicht*bindend, und die Wheland-Korrektur kann hieran nichts ändern. Tatsächlich ist aber auch im linearen Fall φ_2 deutlich antibindend und nicht etwa nichtbindend. Das liegt daran, daß das Nichtdiagonalelement β_{13} zwischen den beiden Endatomen nicht verschwindet, wie wir zu Beginn dieses Abschnitts unterstellt haben, sondern etwa 50 % des Wertes der β zwischen nächsten Nachbarn hat. Dies reicht tatsächlich aus, das MO φ_2 so stark antibindend zu machen, daß H_3 und H_3^- nicht gebunden sind.

Das Versagen der HMO-Näherung für H_3 und H_3^- hängt offensichtlich mit der sehr starken Überlappung der 1*s*-AO's zusammen. Im Falle des Allyl-Kations, -Anions und -Radikals (Abschn. 11.3), der starke Analogien zum H_3^+ aufweist, sind die Überlappungsintegrale der π-AO's so klein, daß die HMO-Näherung auf alle drei Systeme anwendbar ist.

Eine schöne Erklärung, warum H_3 im Rahmen einer EHT-Rechnung mit Berücksichtigung aller Überlappungen nicht gebunden ist, gibt Calzaferri*).

* G. Calzaferri, Chem. Phys. Lett. *87*, 443 (1982).

Nun zur VB-Näherung für das H_3^+. Während ein MO eine Linearkombination von beliebig vielen AO's sein kann, läßt sich eine Elektronenpaarfunktion im Sinne von Heitler und London nur aus zwei AO's aufbauen. Es gibt beim H_3^+ drei Möglichkeiten für kovalente Bindungen

$$\psi_1 = N\{a(1)\,b(2) + b(1)\,a(2)\}$$
$$\psi_2 = N\{b(1)\,c(2) + c(1)\,b(2)\}$$
$$\psi_3 = N\{c(1)\,a(2) + a(1)\,c(2)\}$$

Keine davon ist für sich allein geeignet, das Molekül H_3^+ zu beschreiben, sondern wir können uns nur so helfen, daß wir H_3^+ durch eine Linearkombination

$$\psi = c_1\psi_1 + c_2\psi_2 + c_3\psi_3$$

darstellen. Dieser Ansatz hat zu der Vorstellung geführt, das H_3^+ sei eine Überlagerung („Resonanzhybrid') von 3 ‚Strukturen', gekennzeichnet durch je eine Bindung zwischen 2 Atomen und ein ungebundenes Atom (Proton) etwa

$$
\begin{array}{ccc}
H^\oplus & H & H \\
 & \diagup & \diagdown \\
H - H & H \quad H^\oplus & H^\oplus \quad H \\
\psi_1 & \psi_2 & \psi_3
\end{array}
$$

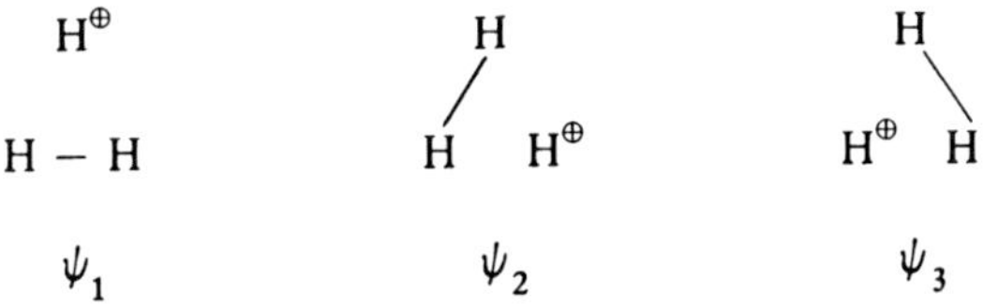

Diese Vorstellung ist überaus künstlich und zudem schwerfällig, auch wenn man der Versuchung widersteht, den drei ‚Grenzstrukturen' fälschlicherweise eine physikalische Realität zuzuschreiben. Die moderne Theorie der chemischen Bindung verzichtet auf die Valenzstrukturen völlig, denen man übrigens noch weitere, sog. ionische Strukturen zugesellen sollte, wie

$$
\begin{array}{ccc}
H^\oplus & H^\ominus & H^\oplus \\
H^\oplus \quad H^\ominus & H^\oplus \quad H^\oplus & H^\ominus \quad H^\oplus
\end{array}
$$

9.2. MO-Theorie und Symmetrie in AB_n-Molekülen

9.2.1. Symmetrie-AO's am Beispiel des H_2O

Ähnlich wie in zweiatomigen Molekülen kann man auch in mehratomigen Molekülen wichtige Informationen über die MO's aus Überlegungen zur Symmetrie des Moleküls sowie zur Symmetrie der an der Bindung beteiligten AO's erhalten.

Wir wollen das zunächst an einem Beispiel, dem H_2O-Molekül, erläutern. Wir nehmen als gegeben an, daß seine Struktur gewinkelt ist, mit zwei gleichen HO-Abständen. (Auf die Frage nach der optimalen Geometrie kommen wir in Abschn. 9.3 zurück.) Die Symmetriegruppe des Moleküls ist C_{2v}. Wir wissen (vgl. Anhang A2), daß die MO's des

H_2O symmetrieadaptiert sein müssen, d.h. sich wie die irreduziblen Darstellungen der Symmetriegruppe C_{2v} transformieren. Diese irreduziblen Darstellungen sind bei C_{2v} alle eindimensional; die Zahlen + 1 oder −1 in der Charaktertafel*) für C_{2v}

C_{2v}	E	C_2	$\sigma_v(xz)$	$\sigma_v(yz)$
A_1	1	1	1	1
A_2	1	1	−1	−1
B_1	1	−1	1	−1
B_2	1	−1	−1	1

geben also an, ob ein MO symmetrisch oder antisymmetrisch in Bezug auf die Symmetrieoperation der entsprechenden Spalte ist. Ein MO der Symmetrie a_2 (wir verwenden Kleinbuchstaben wie a_2 für Einelektronenzustände, d.h. Orbitale, und Großbuchstaben wie A_2 für Mehrelektronenzustände des Gesamtmoleküls) ist also z.B. symmetrisch bez. der Identitätsoperation (E) und bez. einer 2-zähligen Drehung (C_2) um die z-Achse (wenn eine ausgezeichnete Achse vorliegt, wird diese immer als z-Achse gewählt) und antisymmetrisch bez. Spiegelung an der xz-Ebene und an der yz-Ebene. Das Kerngerüst des Moleküls ist invariant gegenüber allen 4 Symmetrieoperationen.

Wir haben dabei noch die Freiheit, die beiden H-Atome in die xz- oder die yz-Ebene zu legen. Wir wählen die letztere Möglichkeit, was offenbar die übliche Konvention ist.

Näherungsweise sind unsere MO's Linearkombinationen aus AO's. Will man die Symmetrie des Problems ausnützen, so konstruiert man zuerst aus den AO's einer Sorte symmetrieadaptierte Linearkombinationen, sog. Symmetrie-AO's.

Beim H_2O sind, wie man anhand von Abb. 31 sieht, die an der Bindung beteiligten AO's die beiden 1s-AO's h_1 und h_2 der beiden H-Atome und die AO's 1s, 2s, 2p_x, 2p_y, 2p_z des O-Atoms. Es zeigt sich, daß das 1s-AO des O für sich allein in guter Näherung ein MO bildet. Wir wollen deshalb jetzt wie auch später die AO's der inneren Schalen weglassen und uns auf die Valenz-AO's beschränken. Dann können wir in 2s etc. die 2 weglassen und die AO's des Sauerstoffs als s, p_x, p_y, p_z klassifizieren.

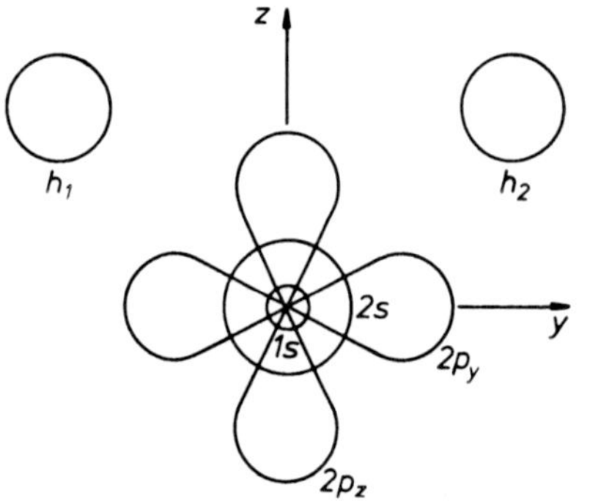

Abb. 31. AO's im H_2O-Molekül.

* Die Charaktertafeln anderer wichtiger Symmetriegruppen befinden sich im Anhang A2.

In Bezug auf C_{2v} sind, wie man sich anhand der Charaktertafel leicht klarmacht, die AO's des O bereits symmetrieadaptiert, und zwar gehören die einzelnen AO's zu folgenden irreduziblen Darstellungen von C_{2v}

AO	s	p_x	p_y	p_z
irred. Darst.	a_1	b_1	b_2	a_1

Die AO's h_1 und h_2 sind dagegen nicht symmetrieadaptiert, weil C_2 oder $\sigma(xz)$ h_1 in h_2 überführt oder umgekehrt. Man sieht aber sofort, daß die Linearkombinationen

$$h_s = \frac{1}{\sqrt{2}} (h_1 + h_2) \qquad (a_1)$$

$$h_a = \frac{1}{\sqrt{2}} (h_1 - h_2) \qquad (b_2)$$

symmetrieadaptiert sind, und zwar gehört, wie in Klammern angegeben, h_s zu a_1 und h_a zu b_2.

Aus den 6 Symmetrie-AO's $s, p_x, p_y, p_z, h_s, h_a$ lassen sich ebenso viele MO's bilden, wobei aber das Prinzip gilt, daß nur AO's der gleichen Darstellung (man sagt auch der gleichen Symmetrie) linearkombinieren (man sagt auch miteinander ‚mischen').

Da b_1 nur einmal vorkommt, muß das einzige MO zur Darstellung b_1 identisch mit dem AO zu dieser Darstellung, d.h. mit p_x, sein. Zu a_1 gibt es *drei* MO's, die Linearkombinationen von s, p_z und h_s sind, und zu b_2 zwei MO's als Linearkombinationen von p_y und h_a. Die Valenz-MO's sind also

$$1a_1 = c_{11}s + c_{12}p_z + c_{13}h_s$$

$$2a_1 = c_{21}s + c_{22}p_z + c_{23}h_s$$

$$3a_1 = c_{31}s + c_{32}p_z + c_{33}h_s$$

$$1b_1 = p_x$$

$$1b_2 = c_{44}p_y + c_{45}h_a$$

$$2b_2 = c_{54}p_y + c_{55}h_a$$

Über die Koeffizienten c_{ik} wissen wir zwar zunächst noch nichts. Offensichtlich ist aber z.B., daß in einem der beiden b_2-MO's die Koeffizienten gleiches Vorzeichen haben (nennen wir dieses $1b_2$) und im anderen entgegengesetztes Vorzeichen (nennen wir dieses $2b_2$), denn die MO's müssen zueinander orthogonal sein. Diese MO's sehen schematisch so aus (schraffiert bedeutet +Vorzeichen, nicht schraffiert −Vorzeichen), wie auf Abb. 32 dargestellt.

Das eine der beiden MO's (hier $1b_2$) ist also bindend, das andere (hier $2b_2$) dagegen antibindend. Allgemein gilt in AB_n-Molekülen, daß dann, wenn zu einer irreduziblen Darstellung sowohl genau ein Symmetrie-AO von A als auch eines der n -Atome (d.h.

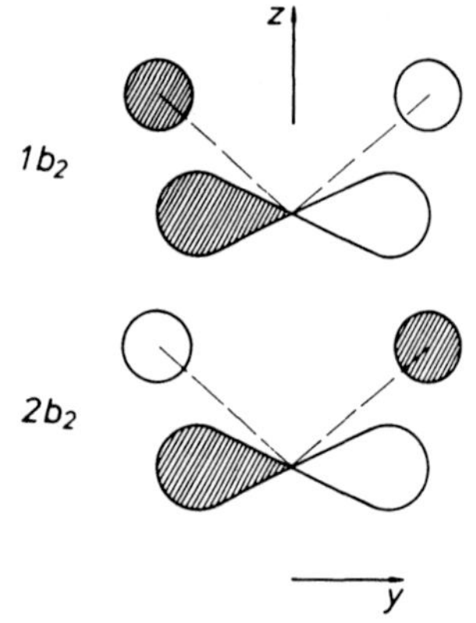

Abb. 32. Schematische Darstellung des $1b_2$- und des $2b_2$-MO's in H_2O.

von B_n) gehört, genau ein bindendes und ein antibindendes MO zu dieser Symmetrierasse existiert. Kommt eine Symmetrierasse nur entweder bei A oder nur bei B_n vor (wie hier b_1 bei O), so ist das MO ein AO von A oder ein Symmetrie-AO von B_n und in beiden Fällen zwischen A und B_n *nicht*bindend (nicht an der Bindung beteiligt).

Sind zu einer irreduziblen Darstellung (hier zu a_1) mehrere Symmetrie-AO's von A oder von B_n vorhanden, so gilt grob, daß je ein Paar von AO's der beiden ‚Partner', A und B_n, eine bindende und eine antibindende Linearkombination bilden und daß verbleibende, ‚überzählige' MO's nichtbindend sind.

Von unseren sechs MO's sind also zwei bindend, nämlich

$$1a_1 \quad \text{und} \quad 1b_2,$$

zwei sind nichtbindend (beide am O)

$$2a_1 \quad \text{und} \quad 1b_1,$$

zwei sind antibindend

$$3a_1 \quad \text{und} \quad 2b_2.$$

Nach dieser Klassifikation der MO's besetzen wir jetzt die energetisch tiefsten MO's im Sinne des Aufbauprinzips. Im H_2O sind 8 Valenzelektronen unterzubringen. Diese reichen gerade aus, um die beiden bindenden MO's ($1a_1$ und $1b_2$) und die beiden nichtbindenden MO's ($2a_1$ und $1b_1$) zu besetzen. Die antibindenden MO's bleiben unbesetzt.

Wir haben die MO-Konfiguration des H_2O-Grundzustands hergeleitet, ohne uns detaillierte Gedanken über die energetische Reihenfolge der MO's gemacht zu haben. Offenbar ist für diese Reihenfolge zweierlei wichtig.

1. Die energetische Reihenfolge der beteiligten AO's,
2. die energetische Aufspaltung als Folge der Bindung.

Man stellt das oft in einem Schema der Art dar, wie es auf Abb. 33 angegeben ist.

Solche Schemata sollte man aber nicht zu ernst nehmen, schon deshalb nicht, weil nicht ganz klar ist, wie man die Energie der AO's definieren soll. Wir halten uns deshalb besser an die Faustregel, daß bindende und nichtbindende MO's praktisch immer tiefer liegen als antibindende MO's, so daß jene zuerst besetzt werden.

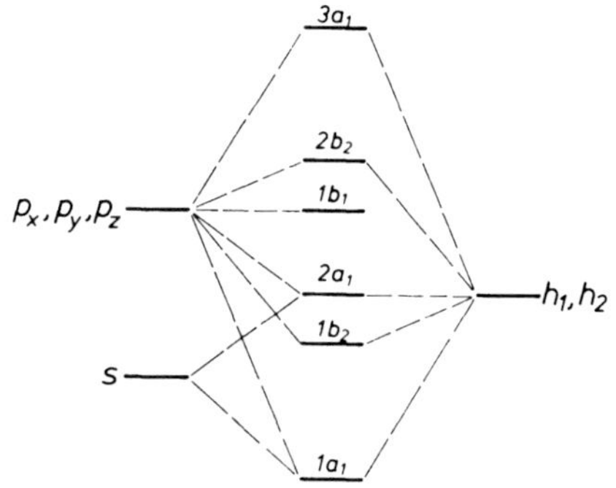

Abb. 33. Qualitatives Schema der Valenz-MO-Energien im H_2O.

Hätten wir im H_2O statt 8 Elektronen deren 12 unterzubringen, so müßten wir auch die antibindenden MO's besetzen. Dann wären gleichviel bindende wie antibindende MO's besetzt, und es gäbe bestimmt kein stabiles Molekül. In der Regel ist ein Molekül dann stabil (gebunden), wenn die Differenz zwischen der Zahl der doppelt besetzten bindenden und der doppelt besetzten antibindenden MO's größer als oder gleich der Zahl der Bindungen ist.

Bei Überlegungen der Art, wie wir sie soeben anstellten, ist noch zu bedenken, wie weit das betrachtete Molekül kovalent oder ionogen ist. Läge z.B. das AO h_1 bzw. h_2 energetisch sehr hoch über s und p, so würden die bindenden MO's $1a_1$ und $1b_2$ praktisch von der Form

$$1a_1 \approx c_{11}s + c_{12}p_z$$

$$1b_2 \approx p_y$$

sein, sie wären also nichtbindend und am O-Atom lokalisiert. Besetzen wir jetzt $1a_1$, $1b_2$, $2a_1$ und $1b_1$, so erhalten wir ein O^{2-}, und die beiden H-Atome haben ihre Elektronen verloren. Beliebig viele Elektronen lassen sich wegen der Elektronenabstoßung nicht übertragen, in einem MO-Schema der verwendeten Art merkt man das aber nicht (vgl. Abschn. 7.2). In Fällen starker Ladungsübertragung von A nach B_n oder umgekehrt kann man sich durch eine naive Betrachtung der MO-Diagramme leicht irreführen lassen.

Im Grunde genügt zum Verstehen der MO-Konfiguration des H_2O und anderer Moleküle mit C_{2v}-Symmetrie folgende Tabelle, wie sie zuerst von Kimball*) aufgestellt wurde.

* G.E. Kimball, J.Chem.Phys. *8*, 188 (1940).

Kimball-Tabelle für AB_2-Moleküle mit C_{2v}-Symmetrie*).

	C_{2v}	a_1	a_2	b_1	b_2
	s	1	0	0	0
A	p	1	0	1	1
	d	2	1	1	1
B_2	σ	1	0	0	1
	π	1	1	1	1

(Dabei liegen die B-Atome in der yz-Ebene)

In dieser Tabelle ist bei A angegeben, in welche irreduziblen Darstellungen (Symmetrierassen) bez. C_{2v} die AO's von A übergehen bzw. aufspalten, bei B_n findet man, zu welchen irreduziblen Darstellungen die Symmetrie-AO's gehören, die man aus σ-AO's bzw. π-AO's der B-Atome konstruieren kann. Die Bezeichnungen σ und π beziehen sich dabei auf die jeweilige AB-Verbindungslinie. AO's, die rotationssymmetrisch um diese AB-Achse sind, gelten als σ-AO's, solche, die eine Knotenebene in dieser Achse haben, heißen π-AO's. (Wir benutzen die Bezeichnung π, obwohl die AO's reell gewählt wurden.)

Die Anwendung der Kimball-Tabelle auf das H_2O besteht jetzt darin, daß man sich auf s, p und σ beschränkt und feststellt, daß zu a_1 zwei AO's von A und ein AO von B_2 gehören (also die MO's $1a_1$ [bindend], $2a_1$ [nichtbindend], $3a_1$ [antibindend]), zu a_2 kein AO (also kein MO), zu b_1 ein AO von A ($1b_1$ [nichtbindend]), zu b_2 je ein AO von A und B_2 (folglich $1b_2$ [bindend], $2b_2$ [antibindend]).

Vielfach kennzeichnet man antibindende MO's auch mit einem Stern, z.B. b_2^* statt $2b_2$.

9.2.2. AB_2-Moleküle vom Typ des OF_2 und des O_3

Andere Beispiele mit C_{2v}-Symmetrie wären das OF_2 oder das iso-valenzelektronische SF_2. Wir wollen zusätzlich zu den AO's der inneren Schalen zunächst die π-AO's des F unberücksichtigt lassen, d.h. als an der Bindung unbeteiligt ansehen, entsprechend natürlich auch die Elektronen, die diese AO's besetzen. Von O bzw. S sind also wieder s und p beteiligt, von F_2 aber je zwei σ-AO's (nämlich $2s$ und $2p\sigma$). Die gleiche Argumentation wie beim H_2O ergibt folgende MO's (wir wählen die Abkürzungen *b.*, *n.*, *a.* für bindend, nicht bindend, antibindend).

$1a_1$ (*b.*), $2a_1$ (*b.*), $3a_1$ (*a.*), $4a_1$ (*a.*)

$1b_1$ (*n.*)

$1b_2$ (*b.*), $2b_2$ (*n.*), $3b_2$ (*a.*).

In diesen MO's sind 12 Elektronen unterzubringen (6 von O bzw. S und je 3 von jedem der F-Atome). Zur Verfügung stehen drei bindende und zwei nichtbindende MO's, in denen 10 Elektronen Platz haben, die zwei übrigen Elektronen müssen also in ein antibindendes MO, und zwar dasjenige, das am tiefsten liegt (am schwächsten antibindend ist), und dieses ist offenbar $3a_1$. Da $2a_1$ und $3a_1$ einander gewissermaßen kompensieren, sind ‚effektiv' nur zwei bindende MO's besetzt.

* Die Kimball-Tabellen für andere AB_n-Moleküle sind in Tabelle 8 zusammengestellt.

Tab. 8. Irreduzible Darstellungen von AO's des Zentralatoms und der Liganden für AB_n- und AB_nC_m-Moleküle nach Kimball*).

1. AB_2 linear

	$D_{\infty h}$	σ_g	σ_u	π_g	π_u	δ_g	δ_u
A	s	1	0	0	0	0	0
	p	0	1	0	1	0	0
	d	1	0	1	0	1	0
B_2	σ	1	1	0	0	0	0
	π	0	0	1	1	0	0

2. AB_2 gewinkelt (B-Atome in der y-z-Ebene, A auf der z-Achse)

	C_{2v}	a_1	a_2	b_1	b_2
A	s	1	0	0	0
	p	1	0	1	1
	d	2	1	1	1
B_2	σ	1	0	0	1
	π	1	1	1	1

3. AB_3 planar, symmetrisch

	D_{3h}	a_1'	a_1''	a_2'	a_2''	e'	e''
A	s	1	0	0	0	0	0
	p	0	0	0	1	1	0
	d	1	0	0	0	1	1
B_3	σ	1	0	0	0	1	0
	π	0	0	1	1	1	1

4. AB_3 pyramidal

	C_{3v}	a_1	a_2	e
A	s	1	0	0
	p	1	0	1
	d	1	0	2
B_3	σ	1	0	1
	π	1	1	2

5. AB_4 tetraedrisch

	T_d	a_1	a_2	e	t_1	t_2
A	s	1	0	0	0	0
	p	0	0	0	0	1
	d	0	0	1	0	1

* G.E. Kimball, J. Chem. Phys. *8*, 188 (1940). Einige Fehler in den Originaltabellen sind hier berichtigt.

Tab. 8. (Fortsetzung)

5. AB_4 tetraedrisch

	T_d	a_1	a_2	e	t_1	t_2
B_4	σ	1	0	0	0	1
	π	0	0	1	1	1

6. AB_4 eben tetragonal

	D_{4h}	a_{1g}	a_{1u}	a_{2g}	a_{2u}	b_{1g}	b_{1u}	b_{2g}	b_{2u}	e_g	e_u
	s	1	0	0	0	0	0	0	0	0	0
A	p	0	0	0	1	0	0	0	0	0	1
	d	1	0	0	0	1	0	1	0	1	0
B_4	σ	1	0	0	0	0	0	1	0	0	1
	π	0	0	1	1	1	1	0	0	1	1

7. AB_6 oktedrisch

	O_h	a_{1g}	a_{1u}	a_{2g}	a_{2u}	e_g	e_u	t_{1g}	t_{1u}	t_{2g}	t_{2u}
	s	1	0	0	0	0	0	0	0	0	0
A	p	0	0	0	0	0	0	0	1	0	0
	d	0	0	0	0	1	0	0	0	1	0
B_6	σ	1	0	0	0	1	0	0	1	0	0
	π	0	0	0	0	0	0	1	1	1	1

8. AB_8 würfelförmig

	O_h	a_{1g}	a_{1u}	a_{2g}	a_{2u}	e_g	e_u	t_{1g}	t_{1u}	t_{2g}	t_{2u}
	s	1	0	0	0	0	0	0	0	0	0
A	p	0	0	0	0	0	0	0	1	0	0
	d	0	0	0	0	1	0	0	0	1	0
	f	0	0	0	1	0	0	0	1	0	1
B_8	σ	1	0	0	1	0	0	0	1	1	0
	π	0	0	0	0	1	1	1	1	1	1

9. AB_8 tetragonal antiprismatisch

	D_{4d}	a_1	a_2	b_1	b_2	e_1	e_2	e_3
	s	1	0	0	0	0	0	0
A	p	0	0	0	1	1	0	0
	d	1	0	0	0	0	1	1
B_8	σ	1	0	0	1	1	1	1
	π	1	1	1	1	2	2	2

Tab. 8. (Fortsetzung)

10. AB_8 dodekaedrisch

	D_{2d}	a_1	a_2	b_1	b_2	e
	s	1	0	0	0	0
A	p	0	0	0	1	1
	d	1	0	1	1	1
B_8	σ	2	0	0	2	2
	π	2	2	2	2	4

11. AB_{12} ikosaedrisch

	I_h	a_g	a_u	t_{1g}	t_{1u}	t_{2g}	t_{2u}	u_g	u_u	v_g	v_u
	s	1	0	0	0	0	0	0	0	0	0
A	p	0	0	0	1	0	0	0	0	0	0
	d	0	0	0	0	0	0	0	0	1	0
B_{12}	σ	1	0	0	1	0	1	0	0	1	0
	π	0	0	1	1	0	0	1	1	1	1

12. AB_2C_2 diedrisch (B-Atome in der *y*-*z*-Ebene, C-Atome in der *x*-*z*-Ebene, A auf der *z*-Achse)

	C_{2v}	a_1	a_2	b_1	b_2
	s	1	0	0	0
A	p	1	0	1	1
	d	2	1	1	1
B_2	σ	1	0	0	1
	π	1	1	1	1
C_2	σ	1	0	1	0
	π	1	1	1	1

13. AB_4C tetragonal pyramidal

	C_{4v}	a_1	a_2	b_1	b_2	e
	s	1	0	0	0	0
A	p	1	0	0	0	1
	d	1	0	1	1	1
B_4	σ	1	0	0	1	1
	π	1	1	1	1	2
C	σ	1	0	0	0	0
	π	0	0	0	0	1

Tab. 8. (Fortsetzung)

14. AB_3C_2 trigonal bipyramidal	D_{3h}	a_1'	a_1''	a_2'	a_2''	e'	e''
	s	1	0	0	0	0	0
A	p	0	0	0	1	1	0
	d	1	0	0	0	1	1
B_3	σ	1	0	0	0	1	0
	π	0	0	1	1	1	1
C_2	σ	1	0	0	1	0	0
	π	0	0	0	0	1	1

Ergänzen wir jetzt diese Überlegung durch Mitberücksichtigung der π-AO's! In der gleichen schematischen Weise findet man:

$1a_1$ (*b.*), $2a_1$ (*b.*), $3a_1$ (*n.*), $4a_1$ (*a.*), $5a_1$ (*a.*)

$1a_2$ (*n.*)

$1b_1$ (*b.*), $2b_1$ (*a.*)

$1b_2$ (*b.*), $2b_2$ (*b.*), $3b_2$ (*a.*), $4b_2$ (*a.*).

Jetzt sind 5 MO's bindend und 2 nichtbindend. Diese haben Platz für 14 Elektronen, es sind aber 20 Valenzelektronen unterzubringen (6 von O bzw. S und je 7 von F), so daß 6 Elektronen 3 antibindende MO's besetzen müssen, nämlich $4a_1$, $2b_1$ und $3b_2$. 5 bindende minus 3 antibindende MO's ergibt (effektiv) wieder 2 bindende MO's, genauso wie ohne Berücksichtigung der π-AO's. Von den MO's, an denen π-AO's des F beteiligt sind (genauer: die bei Mitberücksichtigung der π-AO's hinzukommen), sind bindende und antibindende MO's gleichermaßen besetzt, so daß die π-AO's der F-Atome effektiv an der Bindung nicht beteiligt sind.

Wir machen uns leicht klar, daß das soeben benutzte MO-Schema auch für O_3 bzw. SO_2 gilt. Die äußeren O-Atome unterscheiden sich von den F-Atomen nur dadurch, daß sie je ein Elektron weniger beisteuern. Die Gesamt-Valenzelektronenzahl ist jetzt also 18 statt 20. Folglich ist ein antibindendes MO weniger zu besetzen (nämlich $2b_1$), so daß im O_3 bzw. SO_2 effektiv 3 MO's bindend sind. Die Bindung sollte also fester sein als im OF_2 bzw. SF_2.

Es ist üblich, ähnlich wie bei den zweiatomigen Molekülen, auch in AB_n-Molekülen zwischen σ- und π-MO's*) zu unterscheiden und als σ-MO's (bzw. π-MO's) solche zu bezeichnen, an denen σ-AO's (bzw. π-AO's) von B_n beteiligt sind. Eine Schwierigkeit bei dieser Klassifikation besteht allerdings darin, daß nur bei bestimmten Symmetrie-

* Es sei hier schon darauf hingewiesen, daß die Bezeichnungen σ und π bei den sog. π-Elektronensystemen (Kap. 11) eine etwas andere Bedeutung haben.

gruppen eine strenge *σ—π-Trennung* besteht, in dem Sinne, daß sich an einem MO entweder nur σ-AO's oder nur π-AO's von B_n beteiligen. Wie man anhand von Tab. 8 sieht, gilt die σ—π-Trennung in aller Strenge für $D_{\infty h}$, d.h. lineare AB_2-Moleküle. In der Symmetriegruppe D_{3h}, bei planaren AB_3-Molekülen, sind MO's der Symmetrierasse a_1' reine σ-MO's, solche der Symmetrierassen a_2', a_2'', e'' reine π-MO's, während in der Darstellung e' σ- und π-AO's von B_3 miteinander ‚mischen'.

Ähnlich ‚gemischt' sind bei gewinkelten AB_2-Molekülen (C_{2v}) die a_1- und b_2-MO's. Die a_2 und b_1-MO's sind dagegen reine π-MO's.

Kommen wir noch einmal auf das Beispiel O_3 bzw. SO_2 zurück! Wenn wir wissen, daß das bindende MO $1b_1$ doppelt besetzt, das antibindende MO $2b_1$ dagegen unbesetzt ist, so können wir mit einigem Recht sagen, daß von den (effektiv) drei bindenden MO's eines ein π-MO ist. Erst eine quantitative Analyse zeigt, daß die beiden anderen bindenden MO's vorwiegend σ-Charakter haben, so daß im O_3 bzw. SO_2 näherungsweise zwei σ-Bindungen und eine π-Bindung vorliegen. Im OF_2 bzw. SF_2 ist außer $1b_1$ auch das antibindende π-MO $2b_1$ doppelt besetzt, so daß insgesamt keine π-Bindung, sondern näherungsweise zwei σ-Bindungen resultieren – wie man schon daraus schließen kann, daß die Mitberücksichtigung der π-AO's in diesem Molekül in Bezug auf die effektive Zahl der bindenden MO's nichts geändert hat.

9.2.3. Allgemeine AB_n und AB_mC_n-Strukturen

Auf Tab. 8 haben wir die Kimball-Tabellen für die wichtigsten AB_n-Strukturen mit geometrisch äquivalenten B-Atomen zusammengestellt, nämlich AB_2 linear ($D_{\infty h}$), AB_2 gewinkelt (C_{2v}), AB_3 planar (D_{3h}), AB_3 pyramidal (C_{3v}), AB_4 eben quadratisch (D_{4h}), AB_4 tetraedrisch (T_d), AB_6 oktaedrisch (O_h), AB_8 würfelförmig (O_h), AB_8 antiprismatisch (D_{4d}), AB_8 dodekaedrisch (D_{2d}), AB_{12} ikosaedrisch (I_h). Nicht berücksichtigt haben wir AB_4 rechteckig (D_{2h}), AB_4 pyramidal (C_{4v}), AB_4 diedrisch (D_{2d}), AB_6 trigonal prismatisch (D_{3h}), weil diese Strukturen allenfalls ausnahmsweise vorkommen. Für AB_5, AB_7 etc. gibt es keine Strukturen mit äquivalenten B-Atomen, außer solchen, bei denen die B-Atome ein ebenes regelmäßiges Polygon bilden, was ebenfalls nicht oder allenfalls ausnahmsweise*) beobachtet wurde. In AB_5-Molekülen gibt es also (mindestens) zwei Klassen von B-Atomen, wobei nur diejenigen der gleichen Klasse untereinander geometrisch äquivalent sind, so daß man diese besser als AB_mC_n-Moleküle formuliert.

Für die wichtigsten AB_mC_n-Strukturen sind in Tab. 8 die Kimball-Tabellen ebenfalls angegeben, nämlich AB_2C_2 diedrisch (C_{2v}), AB_4C tetragonal pyramidal und AB_3C_2 trigonal bipyramidal.

Bei der Benutzung der Kimball-Tabellen muß man noch berücksichtigen, daß e-Darstellungen zweifach und t-Darstellungen dreifach entartet sind (die vierfach entarteten u- und die fünffach entarteten v-Darstellungen kommen nur bei AB_{12} in der Ikosaedergruppe I_h vor) und daß eine 1 bei einer e-Darstellung zwei entartete AO's bzw. bei einer t-Darstellung drei entartete AO's bedeutet.

---

* B.F. Hoskins, C.D. Pannan, J.C.S. Chem. Commun. *1975*, 408.

Bei vielen Punkt-Symmetriegruppen ist die Orientierung des Moleküls in Bezug auf die Symmetrieelemente nicht eindeutig. Dies gilt z.B. für C_{2v}, D_2, D_{2h}, bei denen man am besten ein cartesisches Koordinatensystem festlegt, dann wie bei den Charaktertafeln im Anhang die Symmetrieelemente in diesem Koordinatensystem klassifiziert und auch die Lage der B- bzw. C-Atome in diesem Koordinatensystem festlegt. Um Mißverständnisse zu vermeiden, muß man diese Wahl explizit angeben.

Es ist eigentlich erstaunlich, wie viel Information man über die MO's und über die Bindung in einem AB_n-Molekül, ohne zu rechnen, rein aus Symmetrieüberlegungen gewinnen kann. Allerdings muß man wissen, welche AO's zur Bindung ‚beitragen', und das ‚Beitragen' oder ‚Nichtbeitragen' betrifft in Wirklichkeit nie eine ja-nein-Entscheidung, sondern es gibt gleitende Übergänge zwischen ‚Beitragen' und ‚Nichtbeitragen', vor allem bez. der *d*-AO's der Atome Si, P, S, Cl etc. Viel Verwirrung rührte daher, daß man sich gezwungen glaubte, in Bezug auf die *d*-AO's eine ja-nein-Entscheidung fällen zu müssen (vgl. hierzu Kap. 13).

Bei schwacher Beteiligung eines AO's (d.h. wenn es energetisch hoch liegt oder schlecht überlappt) sind MO's, die bei ‚Beteiligung' bindend wären und bei ‚Nicht-Beteiligung' nichtbindend, wahrscheinlich schwach bindend.

Die ‚wirklichen' MO's sind zwar nicht mit den MO's der LCAO-Näherung identisch, aber sie haben in allen bekannten Fällen, ähnlich wie wir das schon bei den zweiatomigen Molekülen sahen, das gleiche Symmetrieverhalten. Die mit Hilfe der Kimball-Tabellen gewonnene Klassifikation der MO's nach Symmetrierassen ist von allgemeinerer Gültigkeit als die LCAO-Näherung, die ihrer Ableitung zugrunde gelegt wurde.

Wir wollen hier bewußt auf quantitative Argumentationen über die ‚Aufspaltung' der AO-Energien und die Reihenfolge der MO-Niveaus verzichten, weil diese doch recht problematisch sind und weil wir das in sich konsistente Schema der Symmetrieüberlegungen nicht durch so umstrittene Dinge wie Einelektronennäherung und Näherungen über Matrixelemente ‚verunreinigen' wollen. Es sei bemerkt, daß wir uns nur auf das Aufbauprinzip berufen haben (wonach die MO's tiefster Energie der Reihe

Tab. 9 Symmetrieverhalten von AO's des Zentralatoms in Umgebungen verschiedener Symmetrie.

	$D_{\infty h}$	C_{2v}	D_{3h}	C_{3v}	D_{4h}	C_{4v}	T_d	O_h	I_h
s	σ_g	a_1	a_1'	a_1	a_{1g}	a_1	a_1	a_{1g}	a_g
p_x	π_u	b_1	e'	e	e_u	e	t_2	t_{1u}	t_{1u}
p_y	π_u	b_2	e'	e	e_u	e	t_2	t_{1u}	t_{1u}
p_z	σ_u	a_1	a_2''	a_1	a_{2u}	a_1	t_2	t_{1u}	t_{1u}
d_{xy}	δ_g	a_2	e'	e	b_{1g}	b_1	t_2	t_{2g}	v_g
d_{yz}	π_g	b_2	e''	e	e_g	e	t_2	t_{2g}	v_g
d_{xz}	π_g	b_1	e''	e	e_g	e	t_2	t_{2g}	v_g
d_{z^2}	σ_g	a_1	a_1'	a_1	a_{1g}	a_1	e	e_g	v_g
$d_{x^2-y^2}$	δ_g	a_1	e'	e	b_{2g}	b_2	e	e_g	v_g

nach besetzt werden), nicht aber darauf, daß die Gesamtenergie die Summe von Orbitalenergien ist.

Bei der Verwendung der Kimball-Tabellen machen wir davon Gebrauch, zu welchen irreduziblen Darstellungen die symmetrieadaptierten Linearkombinationen der A- bzw. B_n-AO's gehören, nicht aber, wie diese Linearkombinationen explizit aussehen. In Tab. 10 auf S. 205 ff haben wir für einige ausgewählte Strukturen diese Linearkombinationen angegeben, die man natürlich kennen muß, wenn man die MO's genähert berechnen will.

In diesem Abschnitt haben wir für ein gegebenes Molekül auch seine Struktur als gegeben angesehen und nicht danach gefragt, warum das Molekül gerade diese und nicht eine andere Struktur hat. Mit einigen Aspekten dieser Frage werden wir uns im kommenden Abschnitt beschäftigen. Wir wollen aber bereits hier ein Beispiel dafür geben, daß die Kimball-Tabellen gelegentlich auch die Frage nach der stabilsten Geometrie beantworten helfen können. Wir fragen zum Beispiel: ist für das CH_4 das ebene Quadrat (D_{4h}) oder das Tetraeder (T_d) energetisch günstiger? Im ersten Fall (D_{4h}) sind die Valenz-MO's:

$1a_{1g}$ (*b.*), $2a_{1g}$ (*a.*)

$1a_{2u}$ (*n.*)

$1b_{2g}$ (*n.*)

$1e_u$ (*b.*), $2e_u$ (*a.*);

von diesen sind drei bindend (e_u zählt doppelt), zwei nichtbindend und drei antibindend. Im Fall T_d sind dagegen die MO's:

$1a_1$ (*b.*), $2a_1$ (*a.*)

$1t_2$ (*b.*), $2t_2$ (*a.*),

d.h. vier sind bindend (t_2 zählt dreifach) und vier antibindend.

Nun sind acht Elektronen unterzubringen, die im Tetraeder vier bindende MO's, im Quadrat aber drei bindende und ein nichtbindendes MO besetzen. Das spricht für größere Bindungsfestigkeit im Tetraeder.

9.3. Die Walshschen Regeln und die Geometrie von Molekülen

9.3.1. Einleitung und AH_2-Moleküle

Mulliken*) hat als erster gezeigt, wie man für Moleküle im Grundzustand und in verschiedenen angeregten Zuständen auf die Gleichgewichtsgeometrie schließen kann, wenn man die Abhängigkeit der Orbitalenergien von der Geometrie diskutiert. Abb. 34 zeigt das Originaldiagramm Mullikens für AB_2-Moleküle, Abb. 35 dasjenige von Walsh**) für AH_2-Moleküle. Wir wollen im folgenden, wie allgemein üblich, von den Walshschen

* R.S. Mulliken, Rev.Mod.Phys. *14*, 204 (1942), Canad.J.Chem. *36*, 10 (1958).

**) A.D. Walsh, J.Chem.Soc. *1953*, 2260, 2266, 2288, 2296, 2301, 2306; s. auch Ann. repts. Chem. Soc. *63*, 44 (1966).

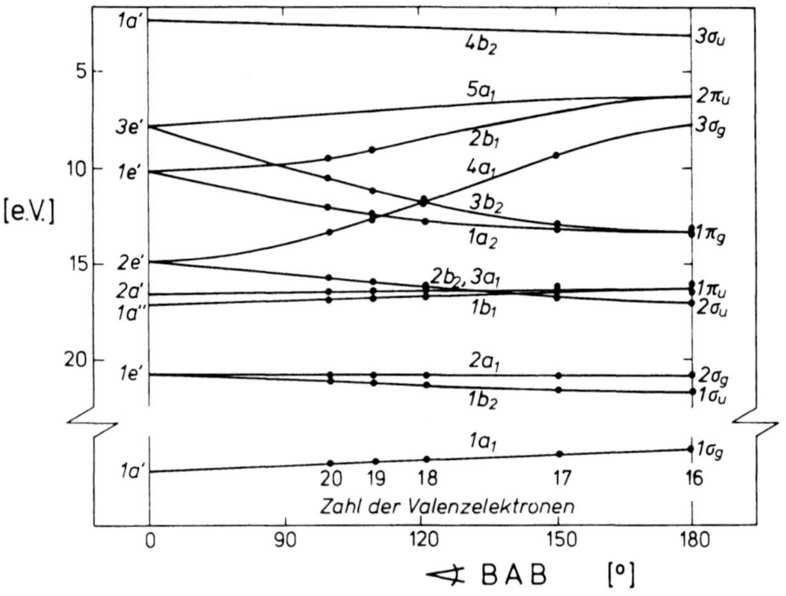

Abb. 34. ‚Walsh'-Diagramm für AB_2-Moleküle nach Mulliken [Rev. Mod. Phys. *14*, 204 (1942)].

Regeln und Walshschen Diagrammen sprechen, vor allem um Verwechselungen mit anderen, auch auf Mulliken zurückgehenden Regeln zu vermeiden. Ehe wir uns mit der theoretischen Fundierung dieser Regeln beschäftigen, wollen wir den Gedankengang der Autoren am Beispiel des AH_2-Moleküls erläutern.

Auf Abb. 35 sind, nicht maßstabgetreu, Orbitalenergien als Funktion des Valenzwinkels für beliebige AH_2-Moleküle aufgetragen (die beiden AH-Abstände sind als gleich angenommen). Die MO's, die aus AO's der *K*-Schale (bzw. bei Atomen der höheren Perioden der inneren Schalen allgemein) gebildet sind, wurden bewußt weggelassen, es werden also nur die Valenz-MO's betrachtet. Die auf Abb. 35 dargestellte Abhängigkeit der Orbitalenergien vom Valenzwinkel stammt, das muß deutlich gesagt werden, nicht aus quantenchemischen Rechnungen, sondern aus allgemeinen, mehr qualitativen Überlegungen.

Auf Abb. 36 ist angegeben, wie die MO's qualitativ aussehen, d.h. aus welchen AO's sie aufgebaut sind. Zur Klassifizierung der MO's benutzen wir wie in Abschn. 9.2 gruppentheoretische Symbole, die das Symmetrieverhalten der MO's angeben, wie a_1, b_2 etc., bzw. speziell für lineare Moleküle die Symbole σ_g, σ_u etc. MO's des gleichen Symmetrietyps werden durch eine Zahl vor dem Symbol gezählt, z.B. $1b_1$, $2b_1$ etc.*). Im Anhang wird eine Zusammenfassung der Gruppendarstellungstheorie

* Es wird dabei entweder die Zählung bei den Valenz-MO's begonnen oder die MO's der inneren Schalen werden mitgezählt. Beide Konventionen sind üblich und werden auch in diesem Buch fallweise benutzt. Mißverständnisse sind wohl kaum zu befürchten.

gegeben und dort werden auch die hier verwendeten Symbole genauer erläutert. Tatsächlich nützen wir aber jetzt nur aus, daß eine Klassifikation nach Symmetrietypen möglich ist, sowie daß bei Symmetrieerniedrigung (z. B. Abknicken eines linearen Moleküls) eine Entartung von Orbitalen aufgehoben werden kann.

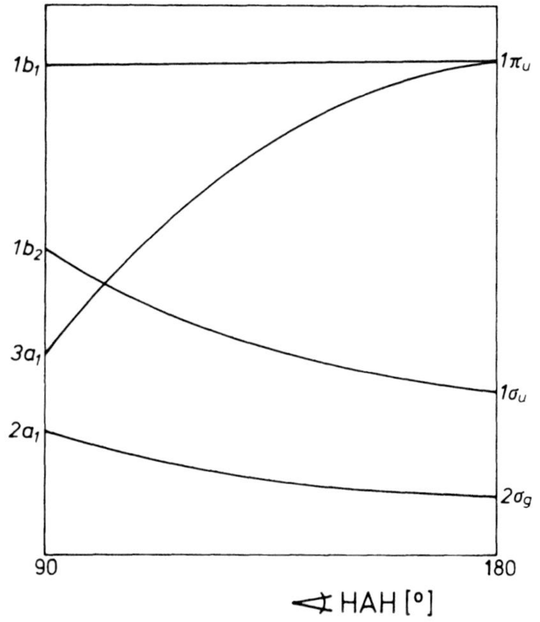

Abb. 35. Walsh-Diagramm für AH_2-Moleküle.

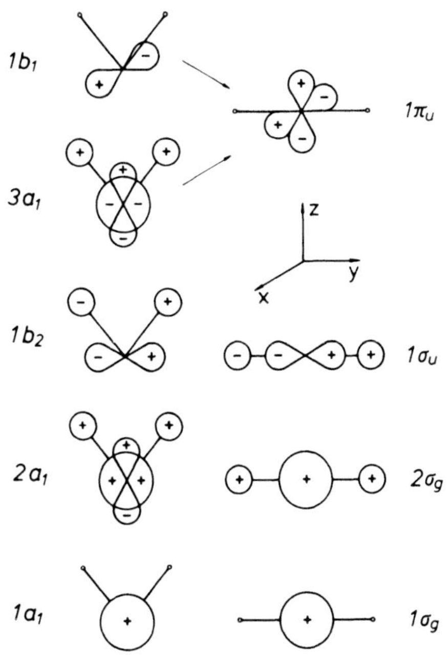

Abb. 36. Schematische Darstellung der MO's in AH_2-Molekülen.

Die energetische Reihenfolge der MO's wird durch die energetische Reihenfolge der beteiligten AO's und dadurch, wieweit sie bindend oder antibindend sind, bestimmt.

Was ändert sich nun, wenn man das Molekül abknickt? Das im linearen Fall entartete π_u-Orbital spaltet jetzt in zwei Komponenten auf, eine hat eine Knotenebene in der Molekülebene, die andere senkrecht zu dieser Ebene. Die Energie der zur Molekülebene antisymmetrischen Komponente ($1b_1$) – es handelt sich im wesentlichen um ein p-AO des Zentralatoms, also ein nichtbindendes MO – wird von der Deformation des Moleküls weitgehend unabhängig sein, während die andere Komponente ($3a_1$) bei Verkleinerung des Winkels bindend wird, so daß ihre Orbitalenergie absinkt.

Das liegt daran (vgl. die schematische Darstellung der MO's auf Abb. 36), daß im linearen Molekül die Überlappung des AO's $2p_z$ von A mit den $1s$-AO's der H-Atome verschwindet, daß die Überlappung und damit die Ausbildung einer Dreizentrenbindung aber um so günstiger wird, je kleiner der Bindungswinkel ist. Andererseits wird das im linearen Fall stark bindende MO $1\sigma_u$ bei Verbiegung ($1b_2$) schwächer bindend, weil das $2p_y$-Orbital im linearen Fall stärker mit den AO's der H-Atome wechselwirken kann. Walsh hat nicht richtig gesehen, daß die Energie des tiefsten Valenz-MO's $2\sigma_g$ ($2a_1$) sinkt, wenn man das Molekül abknickt. Dreizentrenbindungen zwischen drei s-AO's sind, wie wir von H_3^+ oder auch von LiH_2^+ wissen, gewinkelt stabiler als linear. Für H_3^+ ist der optimale Winkel 60°, für LiH_2^+ immerhin 21.1°*).

Haben wir jetzt 1 oder 2 Valenzelektronen zur Verfügung, so besetzen diese das $2\sigma_g$- bzw. $2a_1$-Orbital. Dieses Orbital ist stabiler (wenn auch nicht im Walshschen Original) bei einem Winkel < 180°, das Molekül ist also gewinkelt:

Beispiele für	n	= 1 oder 2:
H_3^+	α	= 60°
LiH_2^+	α	= 21.1° **)

Das nächste Elektron kommt in $1\sigma_u$ ($1b_2$), dieses bevorzugt lineare Anordnung. Diese Tendenz setzt sich bei 3 Elektronen noch nicht, wohl aber bei 4 Elektronen durch:

Beispiele für	n	= 3 oder 4
BeH_2^+		= 20° bzw. 73°
BeH_2		= 180° ***)
BH_2^+		= 180° 1)

Das BeH_2^+ (n = 3) bedarf einer etwas eingehenderen Kommentierung[2]. Es ist zwar experimentell nicht beobachtet worden (ebensowenig wie das BeH_2), aber es existieren recht zuverlässige Rechnungen. Gehen wir davon aus, daß (im Gegensatz zum Walshschen Original) die Energie des $2a_1$-MO bei Abknickung sinkt, während (in Übereinstimmung mit dem Original) die von $1b_2$ steigt und sich in der Nähe von 90°

* Auf den Fehler der Walshschen Argumentation beim $2a_1$-MO hat übrigens bereits Mulliken (J.Am.Chem.Soc. 77, 887 (1955)) hingewiesen.

** W. Kutzelnigg, V. Staemmler, C. Hoheisel, Chem. Phys. 1, 27 (1972).

*** R. Ahlrichs, W. Kutzelnigg, Theoret.Chim.Acta *10,* 377 (1968).

1 M. Jungen, Chem.Phys.Letters *5,* 241 (1970).

2 R.D. Poshusta, D.W. Klint, A. Liberles, J.Chem.Phys. *55,* 252 (1971).

mit der von $3a_1$ überkreuzt. Das bedeutet nicht nur, daß wir eine abgeknickte Struktur erwarten, sondern auch, daß die Grundkonfiguration bei größeren und kleineren Winkeln verschieden ist.

große Winkel:	$(2a_1)^2 1b_2$	entspr.	$^2B_2$
kleine Winkel:	$(2a_1)^2 3a_1$	entspr.	$^2A_1$

Zwei Zustände verschiedener Gesamtsymmetrien ($^2B_2$ und $^2A_1$) konkurrieren also miteinander. Zu beiden Zuständen gehören voneinander unabhängige Potentialhyperflächen, die beide ein Minimum besitzen, und zwar ergeben SCF-Rechnungen folgende Gleichgewichtsgeometrien:

	$^2A_1$	$^2B_2$
∡ HBeH	20°	73°
r Be-H	4.43 a_0	2.63 a_0
r H–H	1.52 a_0	3.14 a_0

Im $^2B_2$-Zustand liegt eine echte chemische Dreizentrenbindung vor (das Molekül ist grob gesagt ein etwa gleichseitiges Dreieck), die Energie dieses Moleküls liegt aber um etwa 35 kcal/mol über der Summe der Energien von Be^+ ($1s^2$ $2s$) und H_2. Allerdings dissoziiert das $^2B_2$-Molekül adiabatisch in Be^+ ($1s^2$ $2p$) und H_2 ($1\sigma_g^2$), und gegenüber dieser Dissoziation ist es stabil (mit einer Bindungsenergie von etwa 70 kcal/mol). In diesem $^2B_2$-Molekül reicht gewissermaßen der Energiegewinn durch Bindung nicht aus, die Promotionsenergie vom Be^+-Grundzustand in seinen Valenzzustand aufzubringen. Trotzdem ist eigentlich dieser Zustand des Moleküls mit den anderen AH_2-Molekülen im Sinne der Walshschen Regeln zu vergleichen. Der $^2A_1$-Grundzustand entspricht, wie man aus seiner Gleichgewichtsgeometrie zwanglos entnehmen kann, eigentlich nicht einem BeH_2^+-Molekül, sondern einem losen Komplex zwischen Be^+ und H_2.

Das neutrale BeH_2 ist, wie nach den Walshschen Regeln zu erwarten, im Grundzustand linear symmetrisch und hat einen Be–H Abstand von 2.53 a_0. Es hat die Grundkonfiguration $1\sigma_g^2\ 2\sigma_g^2\ 1\sigma_u^2$. Die Tatsache, daß jetzt 4 Elektronen in bindenden MO's sind ($2\sigma_g$ und $1\sigma_u$) vgl. mit nur 3 Elektronen im BeH_2^+, führt zu einer erhöhten Stabilität, und in der Tat ist BeH_2 mit ca. 150 kcal/mol gegenüber Be + 2H gebunden und liegt auch energetisch ca. 40 kcal/mol tiefer als Be + H_2 in ihren Grundzuständen*). Daß BeH_2 dennoch experimentell nicht beobachtet wurde, liegt an seiner Fähigkeit, sich über Elektronenmangel-Wasserstoffbrücken zu polymerisieren (vgl. Abschn. 12.3).

BeH_2 und das isoelektronische BH_2^+ haben vier Valenzelektronen. In Molekülen wie BH_2 oder CH_2 mit fünf bzw. sechs Valenzelektronen besetzen das fünfte und sechste Valenzelektron im Sinne der Walshschen Diagramme das $3a_1$-Orbital, das gewinkelte Anordnung bevorzugt. In der Tat sind Moleküle mit fünf oder sechs Valenzelektronen gewinkelt.

---

* R. Ahlrichs, W. Kutzelnigg, l.c.; R. Ahlrichs, F. Driessler, H. Lischka, V. Staemmler, W. Kutzelnigg, J. Chem. Phys. *62*, 1235 (1975).

Beispiele für $n = 5$ oder 6:

BH_2*) $\alpha = 131°$

CH_2 (Singulett)**) $\alpha = 102°$

CH_2 (Triplett)**) $\alpha = 136°$

Ein siebentes oder achtes Elektron besetzt das Orbital $1b_1$. Diesem ist es gewissermaßen gleich, welchen Winkel das Molekül einnimmt, so daß auch Moleküle mit sieben oder acht Valenzelektronen gewinkelt sind.

Beispiele für $n = 7$ oder 8:

NH_2 $\alpha = 103.4°$

OH_2 $\alpha = 104.5°$

Das CH_2 ist ein besonderer Fall. In der linearen Anordnung ist das Orbital $1\pi_u$ doppelt besetzt, es hat aber Platz für vier Elektronen. Also liegt eine offenschalige Konfiguration vor, zu der mehrere Terme gehören (genau wie bei der O_2-Grundkonfiguration), und zwar $^3\Sigma_g^-$, $^1\Delta_g$, $^1\Sigma_g^+$. Nach der Hundschen Regel ist das Triplett $^3\Sigma_g^-$ am tiefsten. Wenn wir das Molekül etwas abknicken, ändern sich die Terme: $^3\Sigma_g^-$ geht in $^3B_1$ über, $^1\Delta_g$ spaltet in zwei Terme auf, nämlich $^1A_1$ und $^1B_1$, während $^1\Sigma_g^+$ in $^1A_1$ übergeht. Bei Winkeln nahe 180° liegt also sicher $^3B_1$ im Sinne der Hundschen Regel am tiefsten. Dies ist solange schlüssig, wie die Termaufspaltung als Folge der Elektronenwechselwirkung größer ist als die Aufspaltung des $1\pi_u$-Niveaus als Folge der Symmetrieerniedrigung. Bei kleinen Winkeln, wo diese Aufspaltung des $1\pi_u$-Niveaus, d.h. der Abstand zwischen $3a_1$ und $1b_1$, größer ist als die Energie der Termaufspaltung, muß man anders argumentieren. Jetzt gilt zunächst das Aufbauprinzip. Man hat sechs Elektronen zur Verfügung und wird diese auf die MO's $2a_1$, $1b_2$, $3a_1$ verteilen. Da nur abgeschlossene Schalen vorliegen, ergibt sich ein totalsymmetrischer Zustand, d.h. ein $^1A_1$-Term. Ob nun tatsächlich der durch die Hundsche Regel bevorzugte $^3B_1$-Term (bei seinem günstigsten Winkel) oder der vom Aufbauprinzip geforderte $^1A_1$-Term (bei seinem günstigsten Winkel) energetisch tiefer liegt, d.h. der Grundzustand des CH_2 ist, läßt sich durch eine qualitative Argumentation nicht entscheiden. Der Energieunterschied zwischen beiden ist recht klein, und zwar ist $^3B_1$ der Grundzustand***).

Aus dem Walsh-Diagramm kann man aber entnehmen, daß der $^3B_1$-Zustand mit der (offenschaligen) Konfiguration $2a_1^2\ 1b_2^2\ 3a_1\ 1b_1$ sicher einen größeren Gleichgewichtswinkel (nahe an 180°) als der $^1A_1$-Zustand mit der Konfiguration $2a_1^2\ 1b_2^2\ 3a_1^2$ haben wird, weil die Besetzung von $1b_1$ statt $3a_1$ lineare Anordnung bevorzugt. Genauere Rechnungen ergeben die oben angeführten Gleichgewichtswinkel für $^3B_1$ und für $^1A_1$. Die Potentialkurven der beiden tiefsten Zustände von CH_2 sind auf Abb. 37 dargestellt.

---

* V. Staemmler, M. Jungen, Chem.Phys. Letters *16*, 187 (1972).

** V. Staemmler, Theoret.Chim.Acta *31*, 49 (1973).

*** P. F. Zittel, G. B. Ellison, S. V. O'Neil, E. Herbst, W. C. Lineberger, W. P. Reinhardt, J. Am. Chem. Soc. *98*, 3731 (1976) fanden aus electron-detachment-Experimenten am CH_2^- einen Energieunterschied von ca. 20 kcal/mol, während die besten ab-initio Werte bei 10 kcal/mol und darunter lagen. Inzwischen weiß man, daß der Linebergersche Wert auf einer Fehlinterpretation der Spektren beruhte. Theorie und Experiment sind jetzt in gutem Einklang, s. z. B. D. C. Comeau, I. Shavitt, P. Jensen, P. R. Bunker, J. Chem. Phys. *90*, 6491 (1989).

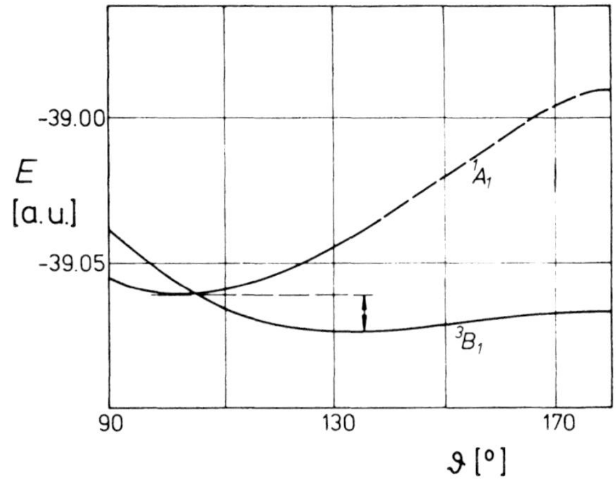

Abb. 37. Potentialkurven der tiefsten Zustände des CH_2, nach V. Staemmler [Theoret. Chim. Acta *31*, 49 (1973)].

Zusammengefaßt lauten die Walshschen Regeln (mit der Korrektur für $n < 4$ für AH_2-Moleküle) für die Geometrie der Grundzustände von AH_2-Molekülen:

1 – 3	Valenzelektronen:	gewinkelt
4	Valenzelektronen:	linear
5	Valenzelektronen:	schwach gewinkelt
6 – 8	Valenzelektronen:	gewinkelt
9	Valenzelektronen:	schwach gewinkelt
10 – 12	Valenzelektronen:	linear.

Die Fälle 9 – 12 Valenzelektronen sind dabei nur von theoretischem Interesse, weil es dafür keine Beispiele gibt. Das hypothetische NeH_2 hätte 10 Valenzelektronen.

9.3.2. AH_3-Moleküle

Ähnlich, wie bei AH_2-Molekülen ein Walsh-Diagramm die Abhängigkeit der MO-Energien vom HAH-Winkel wiedergibt, kann man für AH_3-Moleküle unter der Voraussetzung, daß die C_{3v}-Symmetrie erhalten bleibt, ein Walsh-Diagramm für die Abhängigkeit der MO-Energien von einem der drei äquivalenten HAH-Winkel konstruieren (s. Abb. 38). Ein Winkel von 120° bedeutet dann ebene Anordnung und D_{3h}-Symmetrie, ein Winkel kleiner als 120° pyramidale Anordnung und C_{3v}-Symmetrie.

Mit einer analogen Argumentation wie bei den AH_2-Molekülen findet man dann für die Geometrie des Grundzustandes in Abhängigkeit von der Zahl der Valenzelektronen:

1 – 4	Valenzelektronen:	planar
5 – 6	Valenzelektronen:	planar
7 – 9	Valenzelektronen:	pyramidal
10 – 14	Valenzelektronen:	planar

Für AH_3-Moleküle mit 1 – 4 Valenzelektronen sind kaum Beispiele bekannt. Man kennt allenfalls das BeH_3^+ mit vier Valenzelektronen von quantenchemischen Rech-

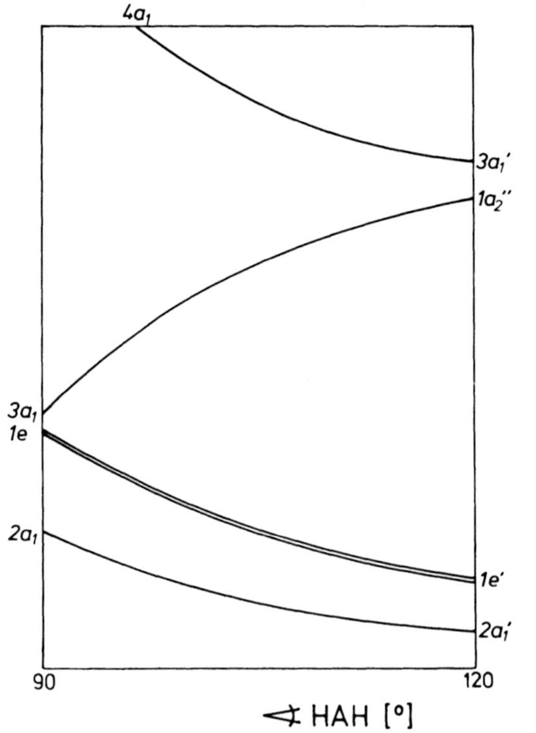

Abb. 38. Walsh-Diagramm für AH_3-Moleküle.

nungen*). Dieses ist im Grundzustand offenbar planar, es hat aber nicht D_{3h}-, sondern C_{2v}-Symmetrie**), etwa gemäß

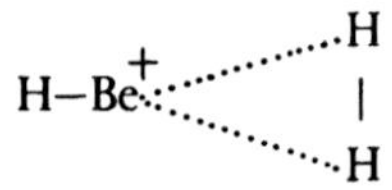

Dieses Molekül ist in erster Näherung als ein loser Komplex zwischen BeH^+ und H_2 aufzufassen.

Das BH_3^+ mit fünf Valenzelektronen scheint nicht näher bekannt zu sein. Hingegen ist das BH_3***) mit sechs Valenzelektronen ebenso wie das isoelektronische CH_3^+ im Grundzustand planar mit D_{3h}-Symmetrie.

---

* M. Jungen, R. Ahlrichs, Mol.Phys. *28*, 367 (1974).

** Man könnte an eine Erweiterung der Walshschen Regeln denken, bei denen man die Verzerrung der dreizähligen Symmetrie als zweiten Freiheitsgrad betrachtet. Bei einer solchen Verzerrung werden die entarteten MO's $1e$ und $2e$ (bzw. $1e'$ und $2e'$) aufgespalten. Als Folge davon sollten Moleküle, in denen $1e'$ oder $2e'$ *teilweise* besetzt sind, in der verzerrten Struktur stabiler sein. Das ist der Fall bei 3 – 5 Valenzelektronen bzw. 11 – 13 Valenzelektronen (bzw. 9 – 11 Elektronen, sofern $2e'$ tiefer liegt als $3a_1'$). Das BeH_3^+ mit 4 Valenzelektronen paßt hierher.

*** M. Gelus, W. Kutzelnigg, Theoret.Chim. Acta, *28*, 103 (1973).

Das CH_3 mit sieben Valenzelektronen ist ebenfalls planar, aber das Minimum ist extrem flach*). Hingegen sind die Acht-Valenzelektronen-Systeme CH_3^-, NH_3 und OH_3^+ deutlich pyramidal**). Neun Valenzelektronen hat das neuerdings diskutierte OH_3, das auch pyramidal sein sollte, während AH_3-Moleküle mit zehn und mehr Valenzelektronen unbekannt sind.

In einem gewissen Kontrast zur scheinbaren Einfachheit der Walshschen Regeln steht die Tatsache, daß zuverlässige quantenchemische Berechnungen der Gleichgewichts-Geometrien von AH_3-Molekülen recht aufwendig sind. Neben der Gleichgewichtsgeometrie interessiert man sich i.allg. für die sog. Inverionsbarriere E_I, das ist der Energieunterschied zwischen der Gleichgewichtsanordnung und der energetisch tiefsten ebenen Anordnung. Es gibt nämlich die Möglichkeit eines ‚Umklappens' der Pyramide

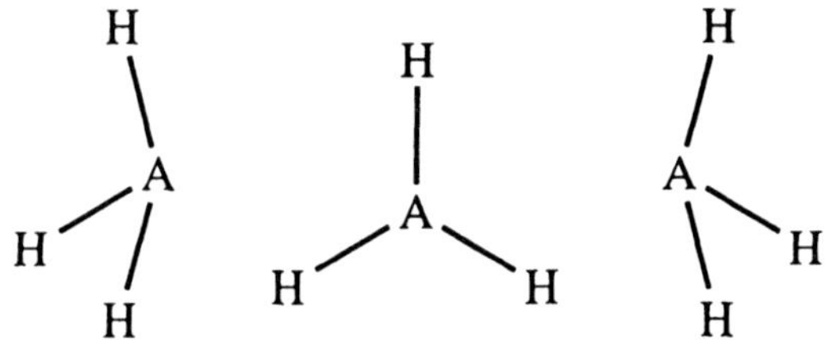

die über die ebene Anordnung als Zwischenstufe läuft.

Die Häufigkeit des Umklappens hängt davon ab, wie groß die mittlere thermische Energie vgl. mit der Inversionsbarriere ist, die Umklapphäufigkeit ist folglich temperaturabhängig.

Versucht man, Gleichgewichtsgeometrien und Inversionsbarrieren von AH_3-Molekülen zu berechnen, so führen SCF-Rechnungen mit LCAO-Basen zu sehr schlechten Ergebnissen, man muß vielmehr sog. Polarisationsfunktionen zur Variationsbasis hinzufügen, insbesondere *d*-artige Funktionen am Atom A und *p*-artige Funktionen an den H-Atomen, vgl. hierzu Anhang A 3.2. Im Falle des NH_3 ergibt z.B. eine Rechnung ohne Polarisationsfunktionen $\alpha = 120°$ (d.h. die ebene Struktur ist stabiler als die pyramidale), eine SCF-Rechnung mit Polarisationsfunktionen $\alpha = 107°$, $E_I = 5.2$ kcal/mol, während die experimentellen Werte $\alpha = 106° 7'$, $E_I = 5.8$ kcal/mol sind. Ohne Polarisationsfunktionen wird die ebene Anordnung unrealistisch bevorzugt, und man erhält zu kleine Inversionsbarrieren, bzw. die ebene Anordnung kommt stabiler heraus. Der Einfluß der Korrelationsenergie auf die Inversionsbarrieren ist dagegen überraschend gering**).

Auffällig ist, daß die dem NH_3 isoelektronischen Ionen CH_3^- und OH_3^+ deutlich verschiedene Gleichgewichtsgeometrien und Inversionsbarrieren haben. Letztere sind sowohl beim CH_3^- wie beim OH_3^+ von der Größenordnung 1 kcal/mol. Im Gegensatz dazu liegt die Inversionsbarriere des PH_3 bei 35 kcal/mol***).

---

* F. Driessler, R. Ahlrichs, V. Staemmler, W. Kutzelnigg, Theoret.Chim. Acta *30*, 315 (1973) (dort auch Hinweise auf frühere Arbeiten).

** R. Ahlrichs, F. Driessler, H. Lischka, V. Staemmler, W. Kutzelnigg, l.c.

*** R. Ahlrichs, F. Keil, H. Lischka, W. Kutzelnigg, V. Staemmler, J. Chem. Phys. *63*, 455 (1975).

Komplizierter wird die Situation bei AH_4-Molekülen, deren Geometrie man schlecht durch einen einzigen Parameter beschreiben kann. AH_2-Moleküle haben nur einen winkelartigen Freiheitsgrad, AH_3-Moleküle deren drei und AH_4-Moleküle sogar fünf. Man hätte also ein Walsh-Diagramm in sechs Dimensionen zu betrachten. Die Konzeption der Walsh-Diagramme ist hier doch etwas überfordert (vgl. jedoch Abschn. 13.6).

9.3.3. AB_2-Moleküle

Das Walsh-Diagramm für AB_2-Moleküle ist auf Abb. 39 angegeben. Mit kleinen Änderungen gilt es auch für ABC-Moleküle. Aufgrund der Winkelabhängigkeit der Orbitalenergien erwartet man für AB_2- bzw. ABC-Moleküle in Abhängigkeit von der Elektronenzahl folgende Geometrien.

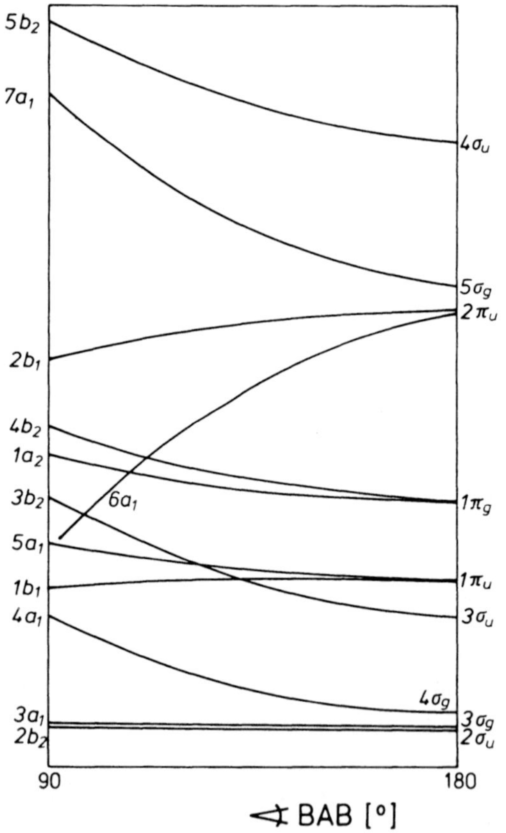

Abb. 39. Walsh-Diagramm für AB_2-Moleküle.

2 – 16 Valenzelektronen: linear
17 – 20 Valenzelektronen: gewinkelt
21 – 24 Valenzelektronen: linear

Es sind eine Reihe von Molekülen mit 12 – 16 Valenzelektronen bekannt, die sämtlich im Grundzustand linear sind, nämlich u.a. (wir benutzen die Klassifikation für $D_{\infty h}$, auch wenn die Moleküle nur $C_{\infty v}$-Symmetrie haben)

N_V	Molekül	Grundkonfiguration	Terme zur Grundkonfiguration
12	C_3	$\ldots 3\sigma_g^2\, 2\sigma_u^2\, 4\sigma_g^2\, 3\sigma_u^2\, 1\pi_u^4$	$^1\Sigma_g^+$
13	CNC, CCN	wie C_3, sowie $1\pi_g$	$^2\Pi_g$
14	NCN, NNC	wie C_3, sowie $1\pi_g^2$	$^3\Sigma_g^-$, $^1\Delta_g$, $^1\Sigma_g^+$
15	BO_2, CO_2^+, N_3, NCO	wie C_3, sowie $1\pi_g^3$	$^2\Pi_g$
16	CO_2, N_2O, N_3^-		
	und viele andere,	wie C_3, sowie $1\pi_g^4$	$^1\Sigma_g^+$

Die AB_2- bzw. ABC-Moleküle mit 16 Valenzelektronen haben eine abgeschlossenschalige Konfiguration, bei der alle bindenden bzw. nichtbindenden MO's doppelt besetzt, alle antibindenden unbesetzt sind. Sie zeichnen sich durch besondere Bindungsfestigkeit und Stabilität aus. Das formal nichtbindende MO $1\pi_g$ ist offenbar schwach bindend, vgl. hierzu auch Abschn. 11.14.

Moleküle mit 17 – 20 Valenzelektronen sind weniger fest gebunden, da z.T. antibindende MO's besetzt werden. Wie von den Walshschen Regeln vorhergesagt, sind diese Moleküle gewinkelt, z.B.

N_V	Molekül	Grundkonfiguration	Terme zur Grundkonfiguration
17	NO_2, BF_2	$..\ 3a_1^2\, 2b_2^2\, 4a_1^2\, 3b_2^2\, 1b_1^2\, 5a_1^2\, 1a_2^2\, 4b_2^2\, 6a_1$	$^2A_1$
18	CF_2, O_3, NO_2^-	wie NO_2, aber $6a_1^2$ statt $6a_1$	$^1A_1$
19	NF_2	wie CF_2, aber $2b_1^2\, 4b_2$ statt $4b_2^2$	$^2B_2$
20	OF_2	wie CF_2, sowie $2b_1^2$	$^1A_1$

Interessanterweise sind – in Übereinstimmung mit den Walshschen Regeln – die bekannten AB_2-Moleküle mit 22 Valenzelektronen wieder linear, nämlich z.B.

JF_2^-, XeF_2,

die einen $^1\Sigma_g^+$-Grundzustand haben. Wir kommen auf diese Moleküle in Abschn. 13.3 zurück.

Quantenchemische Rechnungen*) am Ozon lassen erkennen, daß die Potentialhyperfläche des O_3-Grundzustandes noch ein zweites lokales Minimum aufweist, das einer etwa gleichseitig-dreieckigen Struktur entspricht. Die Energie dieses Nebenminimums, das im wesentlichen einer doppelt-angeregten Konfiguration der gleichen Symmetrie wie der Grundzustand entspricht (deshalb ‚vermiedene Überkreuzung', vgl. Abschn. 7.5), liegt nach den erwähnten Rechnungen ca. 16 kcal/mol über dem tiefsten (lange bekannten) Minimum. Beide Minima sind durch eine Potentialschwelle von ca. 34 kcal/mol (bezogen auf das tiefere Minimum) getrennt. Es ist durchaus möglich, daß derartige zusätzliche Minima auch bei anderen AB_2-Molekülen auftreten.

---
* S. Shih, R.J. Buenker, S.D. Peyerimhoff, Chem.Phys.Letters *28*, 463 (1974).

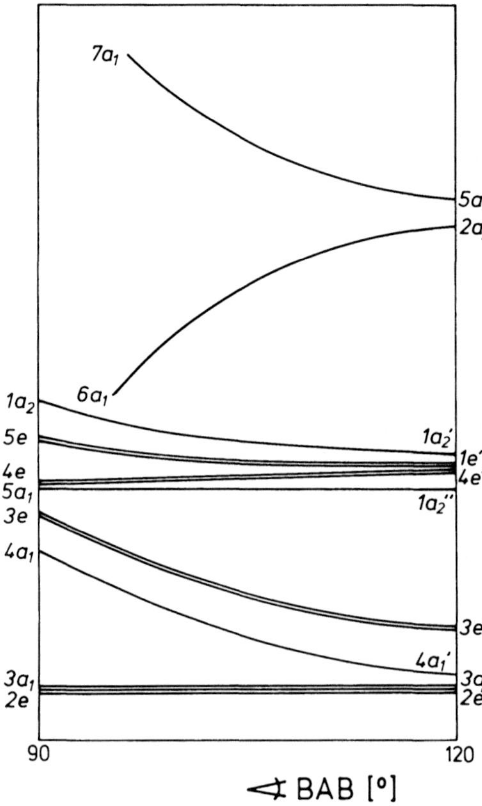

Abb. 40. Walsh-Diagramm für AB_3-Moleküle.

9.3.4. AB_3-Moleküle

Analog zu den bisher besprochenen Walsh-Diagrammen lassen sich auch solche für AB_3-Moleküle ableiten (s. hierzu Abb. 40). Wir beschränken uns darauf, die zu erwartende Geometrie in Abhängigkeit von der Elektronenzahl anzugeben.

2 – 24 Valenzelektronen: eben
25 – 27 Valenzelektronen: pyramidal
28 – 30 Valenzelektronen: eben

Beispiele für ebene Moleküle mit 24 Valenzelektronen sind

BF_3, CO_3^{2-}, NO_3^-, SO_3,

während die folgenden Moleküle mit 25 bzw. 26 Valenzelektronen pyramidal sind

CF_3 *); NF_3, SO_3^{2-}, PF_3 .

* D.E. Milligan, M.E. Jacox, J.Chem.Phys. *48*, 2265 (1968).

Das JF_3 mit 28 Valenzelektronen ist zwar eben, hat aber keine dreizählige Symmetrie (D_{3h}), sondern nur die Symmetriegruppe C_{2v}. Diese Möglichkeit ist im Walsh-Diagramm für AB_3-Moleküle sozusagen ‚nicht vorgesehen'. Man müßte, um diese Geometrie mit zu erfassen, gewissermaßen ein ‚dreidimensionales' Walsh-Diagramm verwenden, bei dem die Verzerrung der dreizähligen Symmetrie als zweite unabhängige Variable fungiert (vgl. Fußnote ** auf S. 180).

Für AB_4-Moleküle gilt im wesentlichen das, was zu den AH_4-Molekülen am Schluß von Abschn. 9.3.2 gesagt wurde.

9.3.5. Zur quantenmechanischen Rechtfertigung der Walshschen Regeln

Die Walshschen Regeln, die für jeden Molekültyp aus Walsh-Diagrammen gewonnen wurden, erlauben, wie gesagt, Aussagen über die Geometrie einfach aus der Elektronenzahl. Im Einklang damit haben isoelektronische Moleküle im wesentlichen die gleiche Geometrie, jedenfalls die gleiche Symmetriegruppe.

Die Walshschen Regeln haben eine große praktische Bedeutung für die Interpretation der Spektren kleiner mehratomiger Moleküle*), vor allem, weil sie auch Aussagen über die Geometrie angeregter Zustände gestatten. Regen wir z.B. im BeH_2, das im Grundzustand linear ist, ein Elektron aus dem Orbital $1\sigma_u$ in das Orbital $1\pi_u$ an, das als $3a_1$ gewinkelte Anordnung bevorzugt, so ist der entsprechende angeregte Zustand im Gleichgewicht sicher gewinkelt.

Angesichts der Erfolge dieser einfachen Regeln muß man immerhin feststellen, daß ihre quantenchemische Fundierung aus zwei Gründen problematisch ist, einmal weil nicht recht definiert ist, was die Orbitalenergien eigentlich bedeuten sollen, zum anderen weil man bei der Ableitung dieser Regeln stillschweigend voraussetzt, daß die Gesamtenergien sich additiv aus Orbitalbeiträgen zusammensetzen. Über beide Fragen gab es im Zusammenhang mit den Walshschen Regeln in der Literatur eine ausgiebige Diskussion**).

Einen guten Übersichtsartikel über die Geschichte des Problems geben R. J. Buenker und S. D. Peyerimhoff***). Sie stellen dabei vor allem ihre eigenen Beiträge zu diesem Problem heraus und bringen eine Reihe von Argumenten, die ihren Standpunkt bekräftigen, daß die von Mulliken bzw. Walsh ‚gemeinten' Orbitalenergien die

* S. hierzu z.B. G. Herzberg: Molecular Spectra and Molecular Structure III. Electronic Spectra and Electronic Structure of Polyatomic Molecules. van Nostrand, Princeton 1967.

** H.H. Schmidtke, H. Preuss, Z. Naturforsch. *16a*, 790 (1961);
C.A. Coulson, A.H. Nielson, Disc. Farad. Soc. *35*, 71 (1963);
M. Krauss, J. Res. Nat. Bur. Stand A *68*, 635 (1964);
W.A. Bingel, in 'Molecular Orbitals in Chemistry, Physics and Biology' (B. Pullman, P.O. Löwdin, ed.). Acad. Press, New York 1964;
F.P. Boer, M.D. Newton, W.N. Lipscomb, Proc. Natl. Acad. Sci. U. S. *52*, 890 (1964);
J.C. Leclerc, I.C. Lorquet, Theoret. Chim. Acta *6*, 91 (1966);
D. Peters, Trans. Farad. Soc. *62*, 1353 (1966);
L.C. Allen, J.D. Russel, J. Chem. Phys. *46*, 1029 (1967);
L.C. Allen, Theoret. Chim. Acta *24*, 117 (1972).

*** Chem. Rev. *74*, 127 (1974).

Eigenwerte des Hartree-Fock-Operators seien. Die wichtigsten Argumente für diesen Standpunkt sind wohl:

1. Trägt man die Eigenwerte ϵ_i des Hartree-Fock-Operators z.B. eines AH_2-Moleküls als Funktion des Bindungswinkels auf, so erhält man ein Diagramm, das qualitativ dem ursprünglichen Walsh-Diagramm sehr ähnlich ist.

2. Über das Koopmanssche Theorem (s. S. 249) lassen sich Änderungen der Geometrie bei Ionisation oder spektraler Anregung auf die Geometrieabhängigkeit einzelner ε_i zurückführen.

3. Alle anderen in der Literatur vorgeschlagenen Einelektronenenergien erwiesen sich als noch weniger geeignet als die Hartree-Fock-Orbital-Energien ϵ_i.

Diese letzte Feststellung trifft nicht auf die sog. IC-SCF-(internally consistent self-consistent-field) Orbitalenergien von Stenkamp und Davidson*) zu, die allerdings erst nach Einreichen des erwähnten Übersichtsartikels in einer Publikation dokumentiert wurden.

Das Hauptargument gegen die Eigenwerte ϵ_i des Hartree-Fock-Operators ist die Tatsache, daß ihre Summe $\sum_i n_i \epsilon_i$ nicht gleich der Gesamtenergie E ist, sondern sich von ihr beträchtlich unterscheidet, ja daß $\sum_i n_i \epsilon_i$ und E in der Regel auch in unterschiedlicher Weise von der Geometrie abhängen. Es wäre sicher zufriedenstellender, wenn die Summe der Einelektronenenergien der Walsh-Diagramme unmittelbar ein Maß für die Gesamtenergie oder zumindest die Bindungsenergie darstellen würde, etwa wie die e_i aus Abschn. 6.1; andererseits wissen wir bereits, daß Einelektronentheorien sich nur unter bestimmten Voraussetzungen rechtfertigen lassen, insbesondere für Moleküle mit weitgehend unpolaren Bindungen. Interessanterweise scheinen die Walshschen Regeln gerade bei solchen Molekülen zu versagen, für die sich auch eine Einelektronentheorie nicht rechtfertigen läßt. Die Problematik der Walshschen Regeln hängt deshalb offenbar mit der Problematik von Einelektronentheorien überhaupt zusammen.

Übrigens hat die bereits erwähnte IC–SCF-Methode die Eigenschaft, daß die Summe der Orbitalenergien $\tilde{\epsilon}_i$ gleich der gesamten Hartree-Fock-Energie ist. Ehe wir hierauf eingehen, wollen wir uns einige der von Buenker und Peyerimhoff ‚berechneten' Walshschen Diagramme**) ansehen, in denen die Einelektronenenergien ϵ_i Eigenwerte des Hartree-Fock-Operators sind.

Vergleichen wir zunächst die ‚berechneten' Walsh-Diagramme für die AH_2-Moleküle NH_2^+, BH_2^-, BH_2^+ und BeH_2 (Abb. 41) mit dem Walshschen Original für AH_2-Moleküle, Abb. 35, so ist die qualitative Ähnlichkeit doch deutlich (bez. des falschen Verhaltens von $2a_1$ bei Walsh s. Abschn. 9.1). Quantitativ unterscheiden sich die vier Moleküle dagegen nicht unbeträchtlich. Zunächst muß man allerdings bedenken, daß die Hartree-Fock-Orbitalenergien ϵ_i nur für besetzte MO's, nicht aber für unbesetzte MO's definiert

---

* L.Z. Stenkamp, E.R. Davidson, Theoret.Chim.Acta *30*, 283 (1973).

** S.D. Peyerimhoff, R.J. Buenker, L.C. Allen, J.Chem.Phys. *45*, 734 (1966);
R.J. Buenker, S.D. Peyerimhoff, J.Chem.Phys. *45*, 3682 (1966);
S.D. Peyerimhoff, R.J. Buenker, J.L. Whitten, J.Chem.Phys. *46*, 1107 (1967).

sind*). Daß im linearen NH_2^+ und im BH_2^- die beiden $1\pi_u$-Orbitalenergien nicht identisch ‚herauskommen', liegt gerade daran, daß eine der beiden Orbitale besetzt, das andere unbesetzt ist. Letzteres hat sicher keine physikalische Bedeutung, ebenso unphysikalisch sind aber auch die Energien des völlig unbesetzten $1\pi_u$-MO's im BH_2^+ bzw. BeH_2.

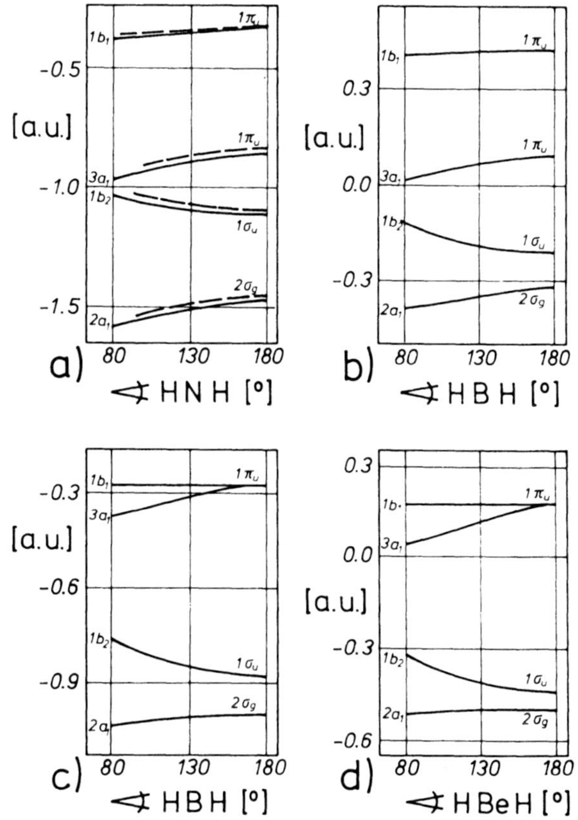

Abb. 41. ‚Berechnete' Walsh-Diagramme für NH_2^+ (a), BH_2^- (b), BH_2^+ (c) und BeH_2 (d) nach S.D. Peyerimhoff, R.J. Buenker und L.C. Allen [(J. Chem. Phys. *45*, 734 (1966)].

‚Berechnete' Walsh-Diagramme der erwähnten Art gelten jeweils nur für ein Molekül, während die ursprünglichen Walsh-Diagramme jeweils für eine ganze Klasse von Molekülen gelten sollten. Von diesem Unterschied einmal abgesehen, stimmen die Walsh-Diagramme für berechnete MO-Energien auch bei AH_3-, AB_2- etc. Molekülen qualitativ gut mit den ursprünglichen Walsh-Diagrammen überein (bez. einer kritischen vergleichenden Diskussion der berechneten AH_2- und AH_3-Walsh-Diagramme s. das Ende dieses Abschnitts).

---

* Daß man überhaupt Orbitalenergien für unbesetzte (virtuelle) MO's erhält, liegt daran, daß man mit einer endlichen AO-Basis arbeitet. Die ϵ_i der virtuellen Orbitale sind außerordentlich von der gewählten Basis abhängig (die ϵ_i der besetzten MO's hängen viel weniger von der Basis ab). Bei Verwendung einer vollständigen Basis gibt es i.allg. nur zu den besetzten MO's diskrete Energieniveaus, während die unbesetzten MO's ein Kontinuum bilden.

Das legte den Schluß nahe, Walsh und Mulliken hätten bei der Aufstellung ihrer Diagramme die MO-Energien ϵ_i ‚gemeint'. Nun ist aber die Summe der MO-Energien

$$\sum \epsilon_{\text{val}} = \sum_{i\,(\text{val})} n_i \epsilon_i \,,$$

wobei die Summe über alle Valenz-MO's geht und n_i die Besetzungszahl des i-ten MO's ist, nicht gleich der Gesamtenergie E_{ges} des Moleküls. Vielmehr gilt (vgl. Abschn. 6.4)

$$E_{\text{ges}} = \sum_{i\,(\text{val})} n_i \epsilon_i + \sum_{i\,(\text{inner})} n_i \epsilon_i - I + E_{\text{kk}} + E_{\text{corr}} \,,$$

wobei i (inner) die Summe der den inneren Schalen entsprechenden MO's bedeutet, I die gesamte Elektronenwechselwirkung, E_{kk} die Kernabstoßungsenergie und E_{corr} die Korrelationsenergie ist. Dafür, bei welcher Geometrie das Minimum der Energie liegt, ist allein E_{ges} verantwortlich, nicht jedoch, bzw. nicht ohne weiteres $\Sigma\, \epsilon_{\text{val}}$.

Für ein Beispiel, nämlich das BH_2^-, ist auf Abb. 42 sowohl $\Sigma\, \epsilon_{\text{val}}$ als auch $E_{\text{HF}} = E_{\text{ges}} - E_{\text{corr}}$ als Funktion des HBH-Winkels angegeben. Der Ordinatenmaßstab

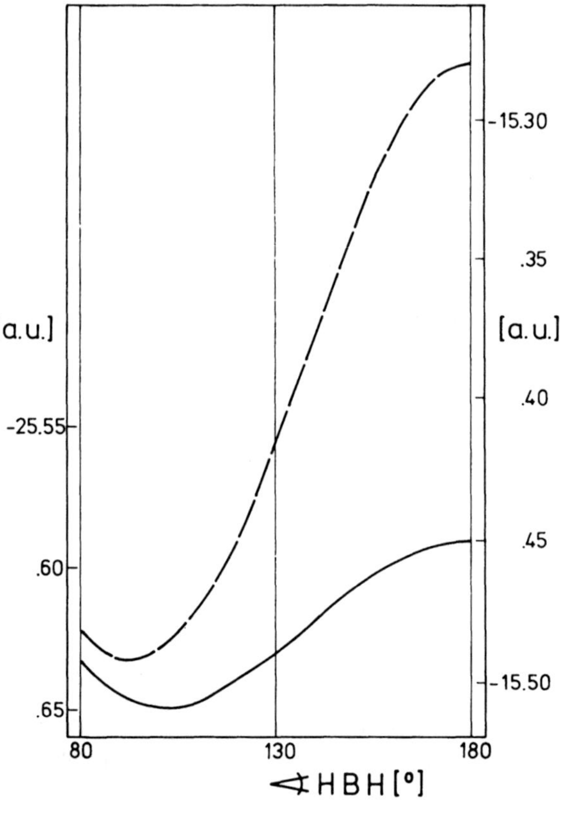

Abb. 42. Analyse der Energiebeiträge für das BH_2^- (—— linke Skala, gesamte SCF-Energie, – – – rechte Skala, Summe der Valenz-Orbitalenergien)

ist, von einer Parallelverschiebung um rund 10 a.u. abgesehen, der gleiche. Man sieht, daß in der Tat $\Sigma\,\epsilon_{val}$ und E_{HF}, obwohl in ihrer Größe sehr verschieden, bei etwa dem gleichen Winkel (90 – 100°) ihr Minimum haben. Es ist nicht zu erwarten, daß in diesem Fall der Vergleich wesentlich anders ausfällt, wenn man statt E_{HF} vielmehr E_{ges} aufgetragen, d.h. E_{corr} mitberücksichtigt hätte. Erfahrungsgemäß ändert sich die Korrelationsenergie i.allg. nicht sehr stark mit der Geometrie, es gibt aber auch Fälle, wo das anders ist (vgl. z.B. das CH_2).

Im Falle des BH_2^- haben $\Sigma\,\epsilon_{val}$ und E_{HF} bei etwa dem gleichen Winkel ihr Minimum, dies liegt aber weder daran, daß die Differenz $E_{HF} - \Sigma\,\epsilon_{val}$ zu vernachlässigen wäre (ganz im Gegenteil), und auch nicht daran, daß diese Differenz vom Winkel in erster Näherung unabhängig wäre; tatsächlich ändert sie sich stärker mit dem Winkel als $\Sigma\,\epsilon_{val}$. Dort wo $\Sigma\,\epsilon_{val}$ sein Minimum hat, hat $E_{HF} - \Sigma\,\epsilon_{val}$ ein Maximum, das aber etwas weniger ausgeprägt ist, als das Minimum von $\Sigma\,\epsilon_{val}$, so daß E_{HF} insgesamt doch ein Minimum hat.

Recht aufschlußreich ist der Vergleich der Systeme F_2O und Li_2O. Das ‚berechnete' Walsh-Diagramm für F_2O (Abb. 43) entspricht ganz grob, wenn auch keineswegs in allen Einzelheiten, dem allgemeinen Diagramm in Abb. 39. Grundverschieden ist jedoch

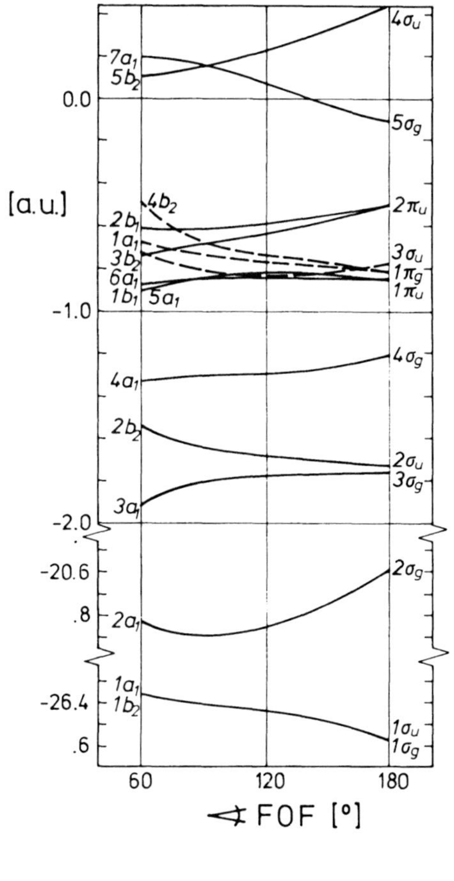

Abb. 43. ‚Berechnetes' Walsh-Diagramm für F_2O nach R.J. Buenker u. S.D. Peyerimhoff [J. Chem. Phys. *45*, 3682 (1966)].

das ‚berechnete' Walsh-Diagramm für Li_2O (Abb. 44). An diesem fällt auf, daß die Hartree-Fock-Orbitalenergien vom LiOLi-Winkel nahezu völlig unabhängig sind. Dieser Befund ist im Grunde aber nicht überraschend, wenn man bedenkt, daß Li_2O ein weitgehend ionogenes Molekül ist, dessen MO's entweder AO's des Li^+ oder des O^{2-} sind.

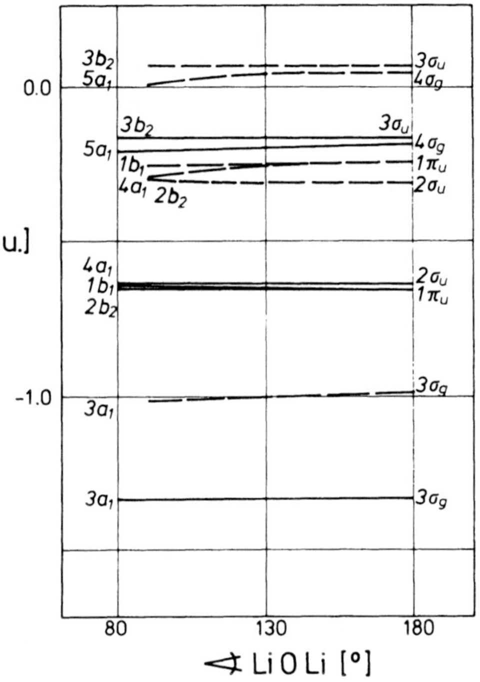

Abb. 44. ‚Berechnetes' Walsh-Diagramm für Li_2O nach R.J. Buenker u. S.D. Peyerimhoff [J. Chem. Phys. *45*, 3682 (1966)].

Vergleicht man nun $\Sigma\,\epsilon_{val}$ und E_{HF} bei dem weitgehend kovalenten F_2O (Abb. 45) als Funktion des FOF-Winkels, so erhält man zwei praktisch parallele Kurven mit dem Minimum an der gleichen Stelle. Der entsprechende Vergleich beim Li_2O (Abb. 46) zeigt dagegen, daß E_{HF} sein Minimum bei 180° hat, während $\Sigma\,\epsilon_{val}$ bei 180° ein Maximum hat und kein Minimum bei Winkeln größer als 90° erkennen läßt.

Anders als beim F_2O ist beim Li_2O die Summe der Valenz-MO-Energien sicher *nicht* bestimmend für die Gleichgewichtsgeometrie. In der Tat sollte Li_2O (mit 8 Valenzelektronen, isovalenzelektronisch mit H_2O) nach den Walshschen Regeln gewinkelt sein, es ist aber linear.

Der Vergleich F_2O / Li_2O macht deutlich, daß die Walshschen Regeln wohl nur für weitgehend kovalente Moleküle gelten, d.h. für solche, deren Bindungsenergie im wesentlichen eine Folge der Interferenz von Atomorbitalen und damit eine *Einelektronengröße* ist. Wir hatten uns schon früher klar gemacht, daß eine Einelektronentheorie, wenn überhaupt, dann nur für weitgehend ladungsneutrale Moleküle anwendbar ist. In stark polaren oder sogar ionogenen Molekülen sind andere Beiträge (Differenz von Ionisationspotential des einen und Elektronenaffinität des anderen Partners, sowie Coulomb-Wechselwirkung der effektiven Ladungen) für die Bindung verantwortlich. Beim Li_2O ist offenbar vom Standpunkt der *Coulomb-Wechselwirkung* diejenige Anordnung energetisch am günstigsten, bei der die beiden Li^+-Ionen so weit wie möglich voneinander entfernt sind, also die lineare Anordnung. Wir erkennen an dieser

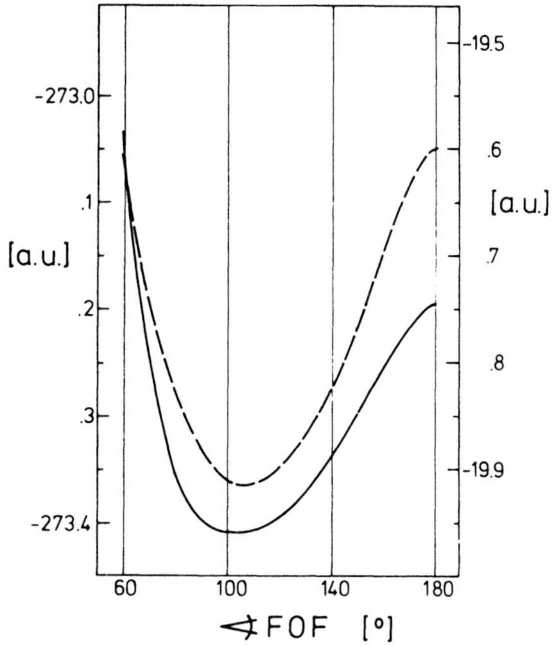

Abb. 45. Analyse der Energiebeiträge für F_2O (—— linke Skala: gesamte SCF-Energie, – – – rechte Skala: Summe der Valenz-Orbitalenergien).

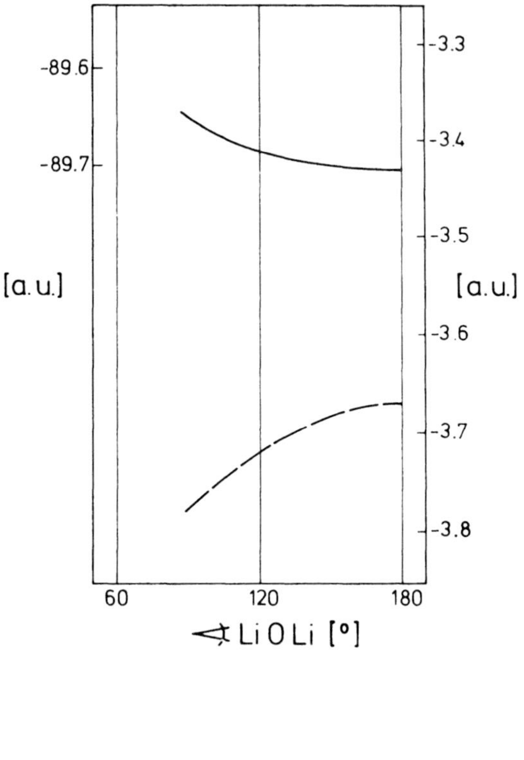

Abb. 46. Analyse der Energiebeiträge für Li_2O (—— linke Skala, gesamte SCF-Energie, – – – rechte Skala, Summe der Valenz-Orbitalenergien).

Stelle, daß eine strenge Rechtfertigung der Walshschen Regeln gar nicht möglich sein kann, da sie offenbar nur unter bestimmten Voraussetzungen (unpolare Bindungen) gelten. Die Frage nach der optimalen Definition der Orbitalenergien ist deshalb vielleicht nicht so wichtig, wie es zunächst schien.

Etwas störend an den Walsh-Diagrammen mit Benutzung der Hartree-Fock-Orbitalenergien ϵ_i ist, daß auch diejenigen ϵ_i, die zu den inneren Schalen gehören, eine deutliche, ja absolut gesehen, eine ähnlich starke Abhängigkeit von der Geometrie zeigen wie die ϵ_i der eigentlichen Valenz-MO's, während im Sinne einer qualitativen Argumentation die Energien der inneren Schalen von der Geometrie unabhängig sein sollten – weshalb Mulliken und Walsh sie ja auch weggelassen haben. (Bei der Suche nach einer strengen Definition der Orbitalenergien, die Mulliken bzw. Walsh ‚gemeint' haben, sollte man wahrscheinlich auch Wert darauf legen, daß die Energien von MO's der inneren Schalen von der Geometrie unabhängig sein sollen.)

Daß die Hartree-Fock-Orbitalenergien der kanonischen MO's, die inneren Schalen entsprechen, von der Geometrie abhängen müssen, ist leicht einzusehen:

Nehmen wir der Einfachheit halber an, ein MO φ_i der inneren Schalen sei an einem Atom μ lokalisiert, d.h. gleich $\chi_{\mu s}$. (Das ist immer der Fall, wenn eine Atomsorte nur einmal vertreten ist, gilt also z.B. für das 1s-Orbital des O im H_2O). Dann unterscheidet sich die Hartree-Fock-Energie ϵ_i von $\alpha_{\mu s}$ (das von der Geometrie unabhängig ist) um folgende zusätzliche Beiträge (vgl. Abschn. 6.1 und 6.4):

1. Die Anziehung $-\sum\limits_{(\neq\mu)} Z_\nu (\nu{:}\ \mu_s\mu_s)$ des MO's (= AO's) durch die übrigen Kerne.
2. Die Abstoßung $\approx \sum\limits_{(\neq\mu)} q_\nu (\nu_t\nu_t | \mu_s\mu_s)$ durch die Elektronen der anderen Atome.
3. Gewisse Anteile der Elektronenabstoßung, die mit evtl. vorhandener ‚Selbstwechselwirkung' und dem falschen asymptotischen Verhalten der MO-Näherung für große Abstände zusammenhängen (vgl. Abschn. 5.7). Sie spielen aber bei den nichtbindenden MO's der inneren Schalen keine Rolle.

Der dritte Beitrag braucht bei MO's der inneren Schalen nicht berücksichtigt zu werden. Die beiden ersten Beiträge hängen deutlich von der Geometrie ab; sie haben zwar entgegengesetztes Vorzeichen, der erste Term ist aber dem Betrage nach in der Regel größer, so daß er vom zweiten nur z.T. kompensiert wird und somit eine Abhängigkeit der ϵ_i der inneren Schalen von der Geometrie resultiert. (Diese Abhängigkeit hat rein elektrostatische Ursachen und nichts mit Interferenz zu tun.)

Nun wissen wir aber, daß $\sum\limits_i n_i \epsilon_i$ sich um den Betrag von Elektronenabstoßung minus Kernabstoßung von der Hartree-Fock-Energie E_{HF} unterscheidet.

In der Summe $\sum\limits_{i\,(\mathrm{val})} n_i \epsilon_i$, wo ϵ_i nur über die Valenzelektronen geht, zählt man einen Teil der Elektronenabstoßung nicht doppelt, sondern nur einfach, nämlich denjenigen, der der Abstoßung zwischen Valenz-MO's und MO's der inneren Schalen entspricht. Dafür läßt man die Abstoßung zwischen MO's der inneren Schalen ganz weg, ebenso die Anziehung zwischen Kernen und Elektronen der inneren Schalen. Beide Terme entsprechen in guter Näherung der Wechselwirkung von Punktladungen. Das läuft darauf hinaus, daß $\sum\limits_{i\,(\mathrm{val})} n_i \epsilon_i$ sich von E_{HF} im wesentlichen um die folgende Differenz unterscheidet: (Elektronenabstoßung der Elektronen in Valenz-MO's minus Abstoßung der durch die inneren Elektronen abgeschirmten Kerne minus intraatomare Abstoßung der inneren Orbitale). Es ist deshalb beim Unterschied zwischen $\sum_{i\,(\text{val})} \epsilon_i$ und E_{HF} weniger Kompensation von Termen nötig als beim Unterschied $\sum_i \epsilon_i$ und E, so daß es gerechtfertigt erscheint, bei den Walshschen Regeln auch bei Verwendung der ϵ_i die MO's der inneren Schalen nicht zu berücksichtigen.

Es soll erwähnt werden, daß man recht gute Gleichgewichtswinkel aus Hückel-artigen Einelektronenrechnungen genau in den Fällen erhält, in denen die Walshschen Regeln, ausgehend von SCF-MO-Energien, stimmen, d.h. bei unpolaren oder wenig polaren Molekülen*).

Während man Gleichgewichts*winkel* vielfach allein aus einer Diskussion von Einelektronenenergien (im Sinne von Hartree-Fock-Eigenwerten) erhält, ist ein analoges Vorgehen bei Gleichgewichts*abständen* i.allg. nicht erfolgreich. Normalerweise zeigen E und $\sum_i n_i \epsilon_i$ nicht beim gleichen oder einem vergleichbaren Abstand ihr Minimum.

Das ist für die symmetrische Streckung des CO_2 in Abb. 47 dargestellt. In diesem Fall zeigt $\sum_{i\,(\text{val})} n_i \epsilon_i$ im betrachteten Bereich gar kein Minimum.

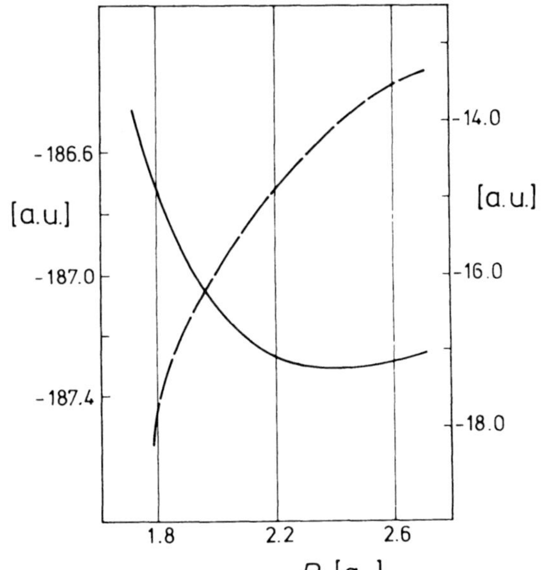

Abb. 47. $\sum_{i\,(\text{val})} \epsilon_i$ (– – – rechte Skala) und E (——, linke Skala) bei CO_2 als Funktion des Abstandes für symmetrische Streckung, nach S.D. Peyerimhoff, R.J. Buenker, J.L. Whitten [J. Chem. Phys. *46*, 1707 (1967)].

Immerhin kann man den Orbitalenergiediagrammen als Funktion des *Abstands* folgendes entnehmen. Bekanntlich ist das Koopmanssche Theorem recht gut erfüllt, welches besagt, daß die Hartree-Fock-Orbitalenergien ϵ_i dem Betrage nach gleich den Ionisationspotentialen I_i des entsprechenden Moleküls sind. Die Abhängigkeit eines ϵ_i von R

* L.C. Allen, Theoret.Chim. Acta *24*, 117 (1972).

gibt also unmittelbar Auskunft über die Änderung des Ionisationspotentials I_i als Funktion von R. Wenn in einem Neutralmolekül ein Elektron aus einem Orbital φ_i ionisiert wird, dessen Energie bei kleinen R tiefer liegt (das fester gebunden ist) als bei großen R, so ist das Neutralmolekül bei kleinen R schwerer zu ionisieren als bei großen R, die Energie des Ions liegt also bei kleinen R mehr über der des Neutralmoleküls als bei großen R (s. Abb. 48). Das bedeutet, das Ion hat einen größeren Gleichgewichtsabstand, die Bindung wird bei der Ionisation geschwächt.

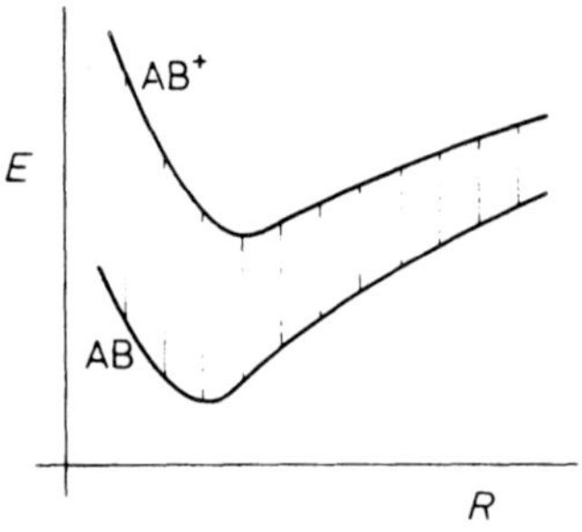

Abb. 48. Erläuterung des bindenden bzw. antibindenden Charakters eines MO's über das Koopmanssche Theorem.

Entfernung eines Elektrons aus einem Orbital, das bei kleinen R fester gebunden ist, schwächt also die Bindung – wir können deshalb das Orbital als bindend ansehen. Entsprechend können wir ein Orbital als antibindend bezeichnen, wenn es bei kleinen R energetisch höher liegt als bei großen R. Entfernung eines Elektrons aus einem solchen Orbital festigt die Bindung, d.h. im entsprechenden Ion wird der Gleichgewichtsabstand kleiner sein. Diese Definition von bindend und antibindend ist mit den früher gegebenen nicht unbedingt identisch, aber sie läuft de facto i.allg. auf das gleiche hinaus.

Zum Abschluß der Diskussion der Rechtfertigung der Walshschen Diagramme müssen wir noch ein paar Worte zur IC–SCF-Methode*) und ihren Anwendungen**) sagen.

Zur Ableitung der Hartree-Fock-Näherung geht man üblicherweise davon aus, daß der gesamte Hamilton-Operator die Form

$$\mathbf{H}(1,2\ldots n) = \sum_{i=1}^{n} \mathbf{h}(i) + \sum_{i<j=1}^{n} \mathbf{g}(i,j) \qquad (9.3\text{–}1)$$

hat, und man macht den Erwartungswert $\langle\Phi|\mathbf{H}|\Phi\rangle$ bez. einer Slater-Determinante Φ stationär, was zu Hartree-Fock-Gleichungen

$$\mathbf{F}\varphi_i = \epsilon_i \varphi_i \qquad (9.3\text{–}2)$$

führt, wobei $\mathbf{F}$ ein effektiver Einelektronenoperator ist. Nun kann man offensichtlich $\mathbf{H}$ statt nach (9.3–1) auch nach (9.3–3,4) zerlegen, wobei $\alpha(i)$ ein willkürlicher Einelektronenoperator ist

* E.R. Davidson, J. Chem.Phys. 57, 1999 (1972).

** L.Z. Stenkamp, E.R. Davidson, l.c.

$$\mathbf{H}(1,2\ldots n) = \sum_{i=1}^{n} \tilde{\mathbf{h}}(i) + \sum_{i<j=1}^{n} \tilde{\mathbf{g}}(i,j) \qquad (9.3\text{–}3)$$

$$\tilde{\mathbf{h}}(i) = \mathbf{h}(i) + (n-1)\,\boldsymbol{\alpha}(i)$$

$$\tilde{\mathbf{g}}(i,j) = \mathbf{g}(i,j) - \boldsymbol{\alpha}(i) - \boldsymbol{\alpha}(j)\,. \qquad (9.3\text{–}4)$$

Der effektive Operator $\tilde{\mathbf{F}}$, entsprechend dem $\mathbf{F}$ in (9.3–2), ist dann i.allg. nicht mit $\mathbf{F}$ identisch, sondern hängt von $\boldsymbol{\alpha}$ ab. Die besetzten Orbitale $\tilde{\varphi}_i$

$$\tilde{\mathbf{F}}\,\tilde{\varphi}_i = \tilde{\epsilon}_i\,\tilde{\varphi}_i \qquad (9.3\text{–}5)$$

unterscheiden sich von den besetzten φ_i durch eine unitäre Transformation, die aus den φ_i oder den $\tilde{\varphi}_i$ konstruierten Slater-Determinanten Φ bzw. $\tilde{\Phi}$ sind deshalb (bis evtl. auf einen Phasenfaktor) identisch (vgl. Abschn. 10.2.1).

Eine Möglichkeit zur Wahl von $\boldsymbol{\alpha}$ ist dadurch festgelegt, daß man verlangt, daß

$$\tilde{\mathbf{F}} = \tilde{\mathbf{h}} = \mathbf{h} + (n-1)\,\boldsymbol{\alpha}\,. \qquad (9.3\text{–}6)$$

Davidson bezeichnete die durch (9.3–6) festgelegte Variante des Hartree-Fock-Verfahrens als internally consistent SCF (IC–SCF). Eine wichtige Eigenschaft der IC–SCF-Energien $\tilde{\epsilon}_i$ besteht darin, daß ihre Summe (gewichtet mit den Besetzungszahlen) gleich der Hartree-Fock-Gesamtenergie ist

$$\sum_i n_i\,\tilde{\epsilon}_i = E_{\mathrm{HF}} \qquad (9.3\text{–}7)$$

Die $\tilde{\epsilon}_i$ haben folglich eine wichtige Eigenschaft, die man von den MO-Energien der Walsh-Diagramme eigentlich fordern sollte. Es zeigt sich weiter, daß ‚berechnete Walsh-Diagramme' qualitativ den ursprünglichen Walsh-Diagrammen i.allg. sehr ähnlich sind (vielleicht noch etwas besser als die mit den ϵ_i gebildeten Diagramme). Ferner hängen die $\tilde{\epsilon}_i$ der inneren Schalen in viel geringerem Maße von der Geometrie ab als die entsprechenden ϵ_i. Diese drei Eigenschaften sind eine gewisse Rechtfertigung für die Annahme, daß Walsh und Mulliken die IC–SCF-Orbitalenergien $\tilde{\epsilon}_i$ ‚gemeint' haben könnten. Wir können uns trotzdem nicht zu dieser Schlußfolgerung entschließen, und zwar aus folgenden Gründen:

Wegen der Eigenschaft (9.3–7) gibt die Summe $\sum_i n_i\,\tilde{\epsilon}_i$ immer dann die richtige Geometrie, wenn E_{HF} das tut, und das ist zumindest in guter Näherung die Regel. Bei Anwendung der Walshschen Regeln betrachtet man nur die Summe über die Valenzelektronen, folglich stimmt $\sum_{i\,(\mathrm{val})} n_i\,\tilde{\epsilon}_i$ immer dann trivialerweise nicht, wenn die entsprechende Summe über die Rumpfelektronen sich stark und falsch mit der Geometrie ändert. Dies ist aber nur selten der Fall, so daß $\sum_{i\,(\mathrm{val})} n_i \tilde{\epsilon}_i$ auch in solchen Fällen die richtige Geometrie ergibt, wo die Walshschen Regeln eigentlich gar nicht stimmen dürfen, etwa beim Li_2O. Bei Verwendung der $\tilde{\varepsilon}_i$ begeben wir uns der Möglichkeit, so zu argumentieren, daß zwei Effekte für die optimale Geometrie verantwortlich sind, nämlich Einelektronenenergien (Überlappung, Interferenz) und Elektronenwechselwirkung, und daß die Walshschen Regeln dann gelten, wenn die Einelektroneneffekte dominieren.

Stenkamp und Davidson haben außer den IC–SCF-Walsh-Diagrammen ($\tilde{\epsilon}_i$) auch Walsh-Diagramme im Sinne von Peyerimhoff und Buenker (ϵ_i) analysiert. Die Schlußfolgerungen, die sie anhand von 25 AH_2-Molekülen erhielten, sind recht interessant:

a) In allen Fällen stimmen die auf der Gesamtenergie E_{SCF} basierenden Geometrievorhersagen mit den qualitativen Aussagen der Walshschen Regeln überein (6 Valenzelektronen: linear, 7 – 10 Valenzelektronen: gewinkelt).

b) Die aus E_{HF} berechneten Bindungswinkel unterscheiden sich um weniger als 10° von den experimentellen Gleichgewichtswinkeln.

c) Außer für NH_2, CH_2^- und H_2O^+ entspricht die Reihenfolge der ϵ_i der Reihenfolge im Original-Walsh-Diagramm.

d) Die Summe $\sum_{i\,(\mathrm{val})} n_i \epsilon_i$ führte in nur 8 von 25 Fällen zu einer zufriedenstellenden Geometrie. In 3 Fällen ergaben sich Moleküle als linear, die in Wirklichkeit (und nach E_{HF}) gewinkelt sind. In 14 Fällen wurde ein deutlich (teilweise um 90° und mehr) zu kleiner Winkel vorhergesagt, und zwar in solchen AH_n-Molekülen, z.B. H_2O (wo $\sum_{i\,(\mathrm{val})} n_i \epsilon_i$ $\alpha < 45°$ ergibt), in denen die H-Atome eine positive Überschußladung tragen.

Die Differenz von Kernabstoßung und Elektronenabstoßung, die man in $\sum_i n_i \epsilon_i$ vernachlässigt, bevorzugt hier eine Vergrößerung des Bindungswinkels. In den wenigen Fällen, wo $\Sigma_i\, n_i \epsilon_i$ einen zu großen Winkel erwarten läßt, tragen die H-Atome entsprechend eine effektive negative Ladung.

Während die ‚berechneten' Walsh-Diagramme für AH_2-Moleküle noch halbwegs akzeptable Geometrievorhersagen ermöglichen, werden bei den AH_3-Molekülen z.B. für CH_3^+, CH_3, die sicher planar sind, oder auch NH_3 bzw. OH_3^+, die nur wenig abgeknickt sind, Valenzwinkel von weniger als 90° vorhergesagt.

Abschließend können wir folgendes festhalten:

1. Die Walshschen Regeln, basierend auf dem ursprünglichen Walsh-Diagramm (mit den in Abschn. 9.3.1 erwähnten Korrekturen), sind überaus nützlich für eine qualitative Voraussage der Gleichgewichtsgeometrie im Grundzustand oder einem angeregten Zustand.

2, Die Walshschen Regeln sind in den Fällen anwendbar, in denen Einelektroneneffekte (Interferenz) entscheidend sind, nicht jedoch quasiklassische Coulomb-Wechselwirkung.

3. Die Frage, wie man die in den Walsh-Diagrammen auftretenden Orbitalenergien mit quantenmechanisch streng definierten Größen identifizieren soll, kann nicht als völlig geklärt gelten. Mögliche Anwärter für diese Identifizierung sind die kanonischen Hartree-Fock-Orbitalenergien ϵ_i oder die IC–SCF-Energien $\tilde{\epsilon}_i$, vielleicht auch die Einelektronenenergien e_i der ‚extended-Hückel-Näherung'. Qualitativ stimmen die verschiedenen ‚berechneten' Walsh-Diagramme, die jeweils nur für ein Molekül in einem Zustand gelten, mit dem (im Prinzip) allgemeingültigen Original-Walsh-Diagramm i.allg. recht gut überein. Die Summe $\sum_{i\,(\mathrm{val})} n_i \epsilon_i$ aus berechneten Walsh-Diagrammen erlaubt keine zuverlässige Vorhersage von Gleichgewichtsgeometrien ($\sum_{i\,(\mathrm{val})} n_i \tilde{\epsilon}_i$ ist in der Hinsicht etwas besser).

4. Vorhersagen bez. Bindungslängen sind mit einer Walsh-artigen Argumentation überhaupt nicht möglich, wohl aber Voraussagen bez. der Änderung von Bindungslängen als Folge einer Ionisation oder spektroskopischen Anregung.

9.4. Ergänzungen 1993

Das H_3^+-Ion war als einfachstes mehratomiges Molekül mit nur zwei Elektronen immer schon eine Herausforderung an die Theoretiker, insbesondere im Hinblick auf sehr genaue Rechnungen. Inzwischen ist eine Genauigkeit im Mikrohartree-Bereich erzielt worden*), und es ist auch eine recht genaue Potentialhyperfläche bekannt. Die auf S. 157 erwähnte lineare Konfiguration des H_3^+ ist ein Sattelpunkt auf der Potentialhyperfläche des tiefsten Singulettzustandes.

Würden die Walshschen Regeln streng gelten, so sollten isovalenzelektronische Moleküle im wesentlichen die gleiche Struktur haben. Eine eklatante Abweichung von dieser Vorhersage findet man bei den Dihalogeniden der Erdalkalimetalle. Während BeF_2 und MgF_2 z. B. linear sind, wie man es für diese weitgehend ionogenen Moleküle nach den Gesetzen der Elektrostatik erwarten sollte, ist CaF_2 schwach gewinkelt und BaF_2 stark gewinkelt**). Die Vermutung, daß dies an einer zunehmenden Beteiligung von d-AOs bei Ca und Ba liegen könnte, wurde durch quantenchemische Rechnungen***) nur teilweise bestätigt. Der entscheidende Effekt scheint darin zu bestehen, daß von Be zu Ba die Polarisierbarkeit des Rumpfes erheblich zunimmt und damit auch die Wechselwirkung zwischen der Ladung der Anionen und dem im Kation induzierten Dipolmoment. Diese Wechselwirkung ist am günstigsten bei gewinkelter Anordnung (im linearen Fall verschwindet das induzierte Dipolmoment), während die unmittelbare elektrostatische Wechselwirkung lineare Geometrie bevorzugt. Ähnliche Effekte findet man auch in anderen Fällen.

* R. Röhse, W. Klopper u. W. Kutzelnigg, J. Chem. Phys. im Druck (1993).
** A. F. Wells, *Structural Inorganic Chemistry,* Clarendon, Oxford 1975.
*** M. Kaupp, P. v. R. Schleyer, H. Stoll, H. Preuss, J. Chem. Phys. *94*, 1360 (1991).

10. Lokalisierte Zweizentrenbindungen

10.1. Vorbemerkung

Im Grunde ermöglicht die Verwendung delokalisierter Mehrzentrenorbitale, wie wir sie in Kap. 9 besprachen, eine konsistente und vollständige Beschreibung der chemischen Bindung in beliebigen Molekülen. Unbefriedigend ist dabei allerdings, daß der Zusammenhang zu den Valenzstrichformeln der Chemie nicht deutlich wird.

Nun hat aber bereits F. Hund*) gezeigt, daß bei vielen kovalent gebundenen Molekülen eine Beschreibung durch lokalisierte MO's möglich ist, die völlig gleichwertig der uns bereits bekannten durch Mehrzentren-MO's ist. Allerdings gelingt eine Lokalisierung der MO's nicht immer, sondern nur unter einer bestimmten Voraussetzung, die wir als die ‚Hundsche Lokalisierungsbedingung' bezeichnen wollen und die im wesentlichen darin besteht, daß für jedes Atom im Molekül die Zahl seiner Nachbarn gleich der Zahl der an der Bindung *beteiligten* AO's und gleich der Zahl der für die Bindung zur Verfügung gestellten Valenzelektronen ist. Die genauere Formulierung dieser Bedingung, auch bei Vorliegen von Mehrfachbindungen, von freien Elektronenpaaren und sog. semipolaren Bindungen, wollen wir in Abschn. 10.2.3 (s. auch 10.4) geben. Die Frage, welche AO's sich an der Bindung *beteiligen* können, hängt u.a. von der (evtl. lokalen) Symmetrie des Moleküls ab. Der Zusammenhang zwischen Symmetrie und Lokalisierbarkeit wurde vor allem von Kimball**) formuliert. Die von Kimball hierzu aufgestellten Tabellen (Tab. 8) haben wir bereits in einem anderen Zusammenhang benutzt. (Kap. 9).

Der Übergang von den (bisher betrachteten) ‚kanonischen' zu lokalisierten MO's gelingt deshalb, weil eine Wellenfunktion in der Form einer Slater-Determinante invariant bez. einer unitären Transformation der besetzten MO's ist. Man kann in der Tat die *gleiche* Wellenfunktion aus verschiedenen Sätzen von MO's aufbauen; es sind nämlich nicht die MO's als solche eindeutig festgelegt, sondern nur der Raum, den sie aufspannen.

Die Hundsche Lokalisierungsbedingung für kovalent gebundene Moleküle ist *notwendig*, aber nicht hinreichend. Das bedeutet, wir können bei Nichterfüllung dieser Bedingung sicher sagen, daß eine Transformation auf lokalisierte Orbitale nicht gelingt, daß also *nur* eine Beschreibung durch delokalisierte Orbitale angemessen ist. Die Bedeutung der Lokalisierung liegt paradoxerweise gerade darin, daß sie nicht immer möglich ist. Ganz grob gilt, daß die Bindung in solchen Molekülen lokalisierbar ist, die man üblicherweise durch eine einzige Valenzstrichformel kennzeichnet, während in den Fällen, in denen man oft von Resonanz oder Mesomerie zwischen mehreren Valenzstrichformeln spricht, Lokalisierung nicht möglich ist.

Wie gesagt, ist die Hundsche Lokalisierungsbedingung nur eine notwendige Bedingung für eine Transformation auf lokalisierte Orbitale. Im Grunde ist es überhaupt problematisch, von lokalisierten Orbitalen zu sprechen. Selbst die Eigenfunktionen des H-Atoms erstrecken sich ja bis ins Unendliche, wenn sie auch für große r sehr rasch gegen

---

* F. Hund, Z.Phys. *73*, 565 (1931), *74*, 1(1932).

** G.E. Kimball, J.Chem.Phys. *8*, 188 (1940).

Null gehen. Eine Lokalisierung zu verlangen, derart, daß das betreffende Orbital in einem bestimmten räumlichen Bereich von Null verschieden ist, aber sonst überall verschwindet, wäre deshalb unphysikalisch. Lokalisierte MO's sollen nur ‚im wesentlichen' in einer Bindung oder an einem Atom konzentriert sein, sie dürfen sich aber durchaus – natürlich genügend rasch abfallend – über das ganze Molekül erstrecken.

Wir werden im Rahmen der Hückel-Näherung (HMO) eine Bedingung formulieren, die zusammen mit der Hundschen Lokalisierungsbedingung auch hinreichend für die Lokalisierbarkeit ist. In diesem Zusammenhang werden wir zwanglos auf den Begriff Hybrid-AO stoßen, der einen gewissen heuristischen Wert hat. Wir werden allerdings zeigen, daß die Bedingung für die Beschreibbarkeit eines Moleküls (innerhalb der HMO-Näherung) durch lokalisierte, aus Hybrid-AO's gebildete Bindungen schwächer ist, als vielfach in der Literatur angegeben und daß vor allem nicht notwendig ist, daß die Hückel-Matrix in der Basis der Hybrid-AO's faktorisiert. Hiermit hängt zusammen, daß diejenigen Orbitalenergien, die im Zusammenhang mit Ionisationspotentialen oder Spektren eine Rolle spielen, nicht identisch mit den Energien der lokalisierten MO's sind.

10.2. Äquivalente Molekülorbitale

10.2.1. Invarianz einer Slater-Determinante bez. unitärer Transformation der besetzten Orbitale

Die n-Elektronen-Wellenfunktion Φ eines Moleküls habe die Form einer Slater-Determinante, d.h. sie sei – bis auf einen Normierungsfaktor – die Determinante der Matrix $\boldsymbol{A}$ mit den Elementen $A_{ik} = \varphi_i(k)$.

$$\Phi = |A| = |A_{ik}| = |\varphi_i(k)| \tag{10.2–1}$$

Bilden wir jetzt aus den Spinorbitalen φ_i irgendwelche Linearkombinationen

$$\psi_i = \sum_{l=1}^{n} B_{il}\varphi_l \tag{10.2–2}$$

wobei die Skalare B_{il} eine Matrix $\boldsymbol{B}$ bilden, und betrachten wir die aus den ψ_i aufgebaute Slater-Determinante

$$\tilde{\Phi} = |C| = |\psi_i(k)| \tag{10.2–3}$$

Das i–k-te Element der Matrix $\boldsymbol{C}$ ist nach (10.2–2) und (10.2–1) gleich

$$C_{ik} = \sum_{l=1}^{n} B_{il}\varphi_l(k) = \sum_{l} B_{il}A_{lk} \tag{10.2–4}$$

d.h.

$$\boldsymbol{C} = \boldsymbol{B}\cdot\boldsymbol{A} \tag{10.2–5}$$

Die Matrix $\boldsymbol{C}$ ist das Produkt der Matrizen $\boldsymbol{B}$ und $\boldsymbol{A}$. Die Determinante eines Produkts von Matrizen ist aber gleich dem Produkt der Determinanten:

$$\widetilde{\Phi} = |C| = |B| \cdot |A| = |B| \cdot \Phi \qquad (10.2\text{–}6)$$

Da B eine Matrix ist, deren Elemente einfache Zahlen sind, ist $|B|$ auch eine Zahl, folglich unterscheiden sich Φ und $\widetilde{\Phi}$ nur um einen Zahlenfaktor.

Im allgemeinen wählt man die φ_i als orthonormal (was ja keinen Verlust an Allgemeinheit darstellt, vgl. I.9.2). Sollen auch die ψ_i orthonormal sein, so muß B eine unitäre Matrix sein. Die Determinante einer unitären Matrix hat aber den Betrag 1. Also sind bei unitärem B Φ und $\widetilde{\Phi}$ bis auf einen Phasenfaktor vom Betrag 1 (der physikalisch belanglos ist) identisch*).

Eine Slater-Determinante bleibt also unverändert, wenn man die besetzten Spinorbitale φ_i durch andere Spinorbitale ψ_i ersetzt, die aus den φ_i durch eine unitäre Transformation hervorgehen.

Es sei aber auf folgendes hingewiesen: I.allg. bestimmt man die sog. ‚kanonischen' MO's als Eigenfunktionen des Hartree-Fock-Operators (I.9.3). Konstruiert man aus diesen MO's durch eine unitäre Transformation neue MO's, ändert sich zwar Φ nicht, aber die neuen MO's sind in der Regel *nicht* mehr Eigenfunktionen des Hartree-Fock-Operators.

10.2.2. Äquivalente MO's beim BeH_2-Molekül

Zur Illustration des in Abschn. 10.2.1 abgeleiteten wichtigen Satzes betrachten wir das BeH_2-Molekül, mit dessen (sog. kanonischen) MO's wir uns bereits in Abschn. 9.3 beschäftigt haben.

Das BeH_2-Molekül ist in der Gleichgewichtsanordnung linear und symmetrisch (vgl. Abschn. 9.3.1), seine MO's lassen sich demgemäß als σ_g, σ_u, π_u etc. klassifizieren. Die drei tiefstliegenden MO's $1\sigma_g$, $2\sigma_g$, $1\sigma_u$ sind insgesamt mit sechs Elektronen besetzt. In der LCAO-Näherung haben die MO's die Gestalt

$$\begin{aligned} 1\sigma_g&: \varphi_1 = 1s_{Be} \\ 2\sigma_g&: \varphi_2 = c_{21}h_1 + c_{22}2s_{Be} + c_{21}h_2 \\ 1\sigma_u&: \varphi_3 = c_{31}h_1 + c_{32}2p_{Be} - c_{31}h_2 \end{aligned} \qquad (10.2\text{–}7)$$

wobei uns die numerischen Werte der Koeffizienten zunächst nicht interessieren. Konturliniendiagramme der MO's des BeH_2, wie sie sich aus einer Hartree-Fock-Rechnung ergeben**), sind auf Abb. 49 graphisch dargestellt. Das MO φ_1 ist im wesentlichen gleich dem 1s-AO des Be, wie wir in Gl. (10.2–7) unterstellt haben, was aber bei der Rechnung auch in guter Näherung herauskommt. Die MO's φ_2 und φ_3 erstrecken sich über das ganze Molekül, und zwar ist $2\sigma_g$ symmetrisch zum Molekülmittelpunkt, $1\sigma_u$ antisymmetrisch. Konstruieren wir jetzt mittels einer unitären Transformation die Orbitale

* V. Fock, Z. Phys. *61*, 126 (1930).

** R. Ahlrichs, W. Kutzelnigg, Theoret.Chim. Acta *10*, 377 (1968)
R. Ahlrichs, Theoret.Chim. Acta *17*, 348 (1970).

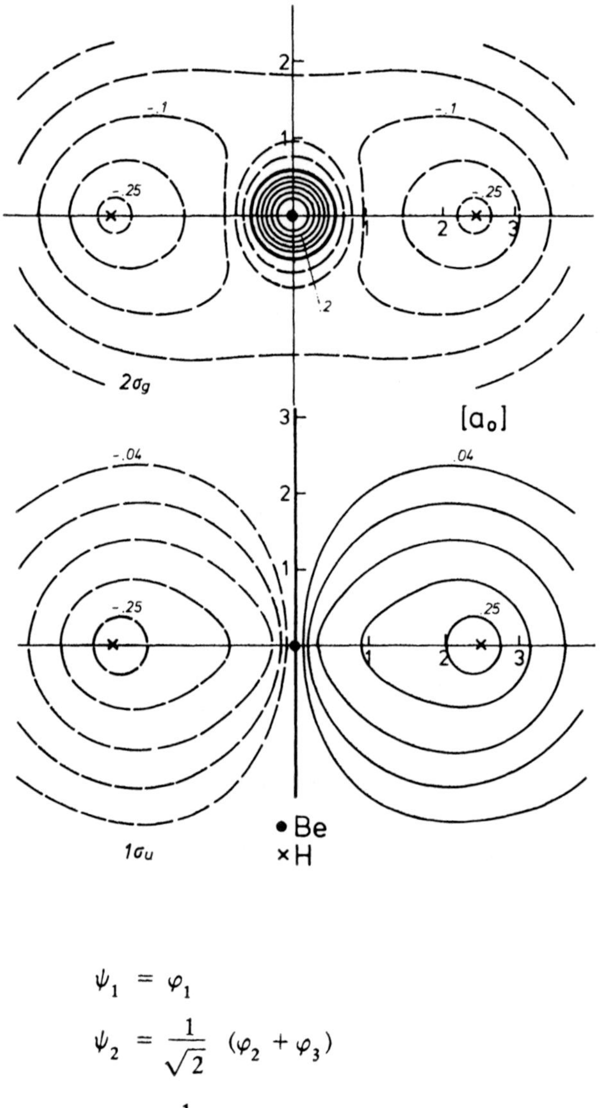

Abb. 49. Konturliniendiagramm der kanonischen (delokalisierten) MO's des BeH_2 (nach R. Ahlrichs, Privatmitteilung).

$$\psi_1 = \varphi_1$$

$$\psi_2 = \frac{1}{\sqrt{2}} (\varphi_2 + \varphi_3)$$

$$\psi_3 = \frac{1}{\sqrt{2}} (\varphi_2 - \varphi_3) \qquad (10.2\text{–}8)$$

(das MO φ_1, das der *K*-Schale des Be entspricht, lassen wir also unverändert, wir transformieren nur die ‚Valenz-MO's'), so sind offenbar die beiden Slater-Determinanten

$$\Phi = |\varphi_1(1)\,\bar{\varphi}_1(2)\,\varphi_2(3)\,\bar{\varphi}_2(4)\,\varphi_3(5)\,\bar{\varphi}_3(6)|$$

$$\tilde{\Phi} = |\psi_1(1)\,\bar{\psi}_1(2)\,\psi_2(3)\,\bar{\psi}_2(4)\,\psi_3(5)\,\bar{\psi}_3(6)| \qquad (10.2\text{–}9)$$

miteinander identisch. (Man beachte, daß φ und ψ jetzt Orbitale und nicht Spinorbitale bedeuten und daß ein Strich β-Spin, Fehlen eines Strichs α-Spin bedeutet.)

Während die MO's φ_1, φ_2 und φ_3 symmetrieadaptiert sind, d.h. (da sie nicht entartet sind) daß sie bei Anwendung einer Symmetrieoperation, die das Molekül invariant läßt, entweder in sich selbst oder in ihr Negatives übergeführt werden, gehen die MO's ψ_2 und ψ_3 bei Spiegelung am Molekülmittelpunkt *ineinander* über. Wir wollen Orbitale, die bei Anwendung von Symmetrieoperationen untereinander permutiert werden, als *äquivalente Orbitale* bezeichnen*). Konturliniendiagramme dieser äquivalenten MO's des BeH_2 sind in Abb. 50 zu sehen. Es fällt dabei auf, daß tatsächlich ψ_2 weitgehend in der linken, ψ_3 in der rechten BeH-Bindung konzentriert ist, daß man also die äquivalenten MO's auch als (weitgehend) lokalisierte MO's ansprechen kann. Ebenso wie φ_2 und φ_3 sind auch ψ_2 und ψ_3 orthogonal zueinander (die beiden Sätze gehen durch eine unitäre Transformation auseinander hervor). Das bedeutet, daß ψ_2 und ψ_3 Knotenflächen haben müssen, denn knotenfreie Orbitale können nicht zueinander orthogonal sein.

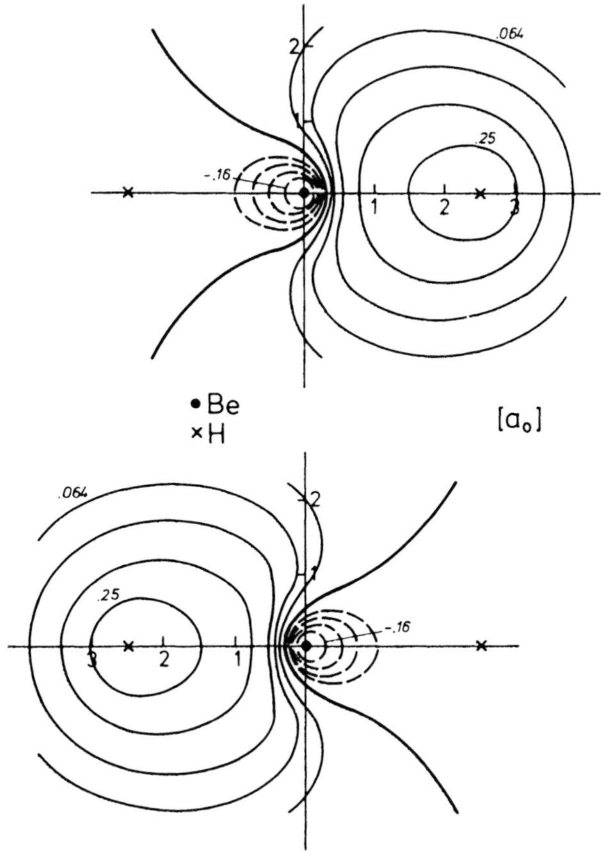

Abb. 50. Konturliniendiagramm der äquivalenten (lokalisierten) MO's des BeH_2 (nach R. Ahlrichs, Privatmitteilung).

* J.E. Lennard-Jones et al., Proc.Roy.Soc. *198*, 1, 14 (1949); *202*, 166 (1950).

10.2.3. Gruppentheoretische Definition der äquivalenten Orbitale und Formulierung der Hundschen Lokalisierungsbedingung für AB_n-Moleküle

Wir betrachten ein AB_n-Molekül oder ein AB_nC_m-Molekül, dessen Symmetriegruppe G sei, derart, daß das Atom A invariant gegenüber Operationen $\mathbf{R} \in G$ sei*) und daß B bzw. C je einen Satz bez. G äquivalenter Atome bilden, d.h. daß Anwendung von **R** auf ein B zu einem anderen B führt. Beispiele sind BeH_2 ($G = D_{\infty h}$), CH_4 ($G = T_d$), SF_6($G = O_h$) oder PF_5($G = D_{3h}$). Beim Beispiel PF_5, das als PF_2F_3 zu schreiben wäre, bilden die beiden axialen F-Atome und die drei äquatorialen F-Atome je für sich einen Satz äquivalenter Atome.

Die sechs 2*s*-AO's der F-Atome im SF_6 bilden zusammen einen Satz von äquivalenten AO's, die sechs $2p\sigma$-AO's ebenfalls, wenn wir (wie das üblich ist) die AO's des F bez. der SF-Verbindungslinien als σ- oder π-AO's kennzeichnen. Auch sechs *s*-AO's zentiert in der Mitte der sechs SF-Verbindungslinien würden einen äquivalenten Satz von Orbitalen bilden.

Nun weiß man aus der Gruppentheorie (vgl. Anhang A2. 3), daß die Gesamtheit gleichartiger AO's eines äquivalenten Satzes von Atomen eine Basis einer Darstellung der Symmetriegruppe bildet, wobei diese Darstellung i.allg. *reduzibel* ist. Ein äquivalenter Satz von Orbitalen ist also Basis einer i.allg. reduziblen Darstellung.

Bezeichnen wir die äquivalenten AO's eines Satzes als χ_i ($i = 1, 2, \ldots, n$). Die reduzible Darstellung, die von den χ_i aufgespannt wird, enthält die irreduziblen Darstellungen Γ_ν mit $\nu = 1, 2, \ldots, N$, wobei Γ_ν d_ν-fach entartet ist**). Dann ist

$$n = \sum_{\nu=1}^{N} d_\nu \qquad (10.2\text{–}10)$$

und es gibt n Linearkombinationen φ_k der χ_i

$$\varphi_k = \sum_i T_{ki}\,\chi_i \qquad (10.2\text{–}11)$$

derart, daß die ersten d_1 der φ_k eine Basis von Γ_1, die nächsten d_2 eine Basis von Γ_2 bilden etc.**). Die Matrix T mit den Elementen T_{ki} besorgt also die Transformation von den äquivalenten auf die symmetrieadaptierten Orbitale. Umgekehrt gilt aber auch (da T unitär ist)

$$\chi_i = \sum_k T^{\dagger}_{ik}\,\varphi_k = \sum_k T^{*}_{ki}\,\varphi_k \qquad (10.2\text{–}12)$$

* Die Schreibweise $\mathbf{R} \in G$ bedeutet: der Symmetrieoperator **R** aus der Symmetriegruppe G oder ‚**R** ist ein Element der Gruppe G'! Die Symmetrieoperationen und Symmetriegruppen von Molekülen sind im Anhang A2 erläutert.

** Der Index ν in Γ_ν soll hier nicht (wie das gelegentlich üblich ist) einer bestimmten Klassifikation der möglichen irreduziblen Darstellungen entsprechen, sondern eine willkürliche Zählung bedeuten. Eine bestimmte Darstellung kann hier durchaus mehrfach und dann mit verschiedenen ν auftreten.

Die Transformation (10.2–11) von äquivalenten auf symmetrieadaptierte Orbitale und ihre Umkehrung (10.2–12) sind nicht nur auf den Fall anwendbar, daß die χ_i AO's und die φ_k Linearkombinationen aus AO's sind. Beide können z.B. auch MO's sein. Gehen wir z.B. von einem Satz von MO's $\tilde{\varphi}_k$ aus, die genau dieselben irreduziblen Darstellungen aufspannen, die bei der Reduktion (10.2–10) der durch die AO-Basis χ_i gegebenen reduziblen Darstellung auftreten, so sind die analog zu (10.2–12) gebildeten MO's

$$\tilde{\chi}_i = \sum_k T^{\dagger}_{ik} \, \tilde{\varphi}_k \qquad (10.2\text{–}13)$$

äquivalente MO's. Sie werden bei der Anwendung einer Symmetrieoperation genauso ineinander übergeführt wie die AO's χ_i.

Illustrieren wir diesen etwas abstrakten Zusammenhang am Beispiel des BeH_2! Die beiden ($n = 2$) äquivalenten AO's sind die 1s-AO's der beiden H-Atome, $\chi_1 = h_1$ und $\chi_2 = h_2$. Diese spannen (vgl. Tab. 8) die beiden ($N = 2$) nicht entarteten irreduziblen Darstellungen $\Gamma_1 = \sigma_g$ und $\Gamma_2 = \sigma_u$ auf, mit $d_1 = 1$, $d_2 = 1$. Die symmetrieadaptierten Linearkombinationen, entsprechend (10.2–11) (vgl. Tab. 10) sind

Tab. 10 Symmetrieadaptierte Linearkombinationen von AO's der Außenatome in AB_n-Molekülen. (Klassifikation σ/π bez. AB-Achse in A → B-Richtung.)

1. AB_2 linear ($D_{\infty h}$) und gewinkelt (C_{2v}), Molekülebene xz

	$D_{\infty h}$	C_{2v}
$\frac{1}{\sqrt{2}} (\sigma_1 + \sigma_2)$	σ_g	a_1
$\frac{1}{\sqrt{2}} (\sigma_1 - \sigma_2)$	σ_u	b_2
$\frac{1}{\sqrt{2}} (\bar{\pi}_1 - \bar{\pi}_2)$	π_g	a_1
$\frac{1}{\sqrt{2}} (\bar{\pi}_1 + \bar{\pi}_2)$	π_u	b_2
$\frac{1}{\sqrt{2}} (\pi_1 - \pi_2)$	π_g	a_2
$\frac{1}{\sqrt{2}} (\pi_1 + \pi_2)$	π_u	b_1

(π senkrecht zur Molekülebene, $\bar{\pi}$ in der Molekülebene, sofern Molekülebene definiert, d.h. bei C_{2v})

Tab. 10. (Fortsetzung)

2. AB_3 planar (D_{3h}) und gewinkelt (C_{3v})

		D_{3h}	C_{3v}
$\frac{1}{\sqrt{3}}$	$(\sigma_1 + \sigma_2 + \sigma_3)$	a_1	a_1
$\frac{1}{\sqrt{2}}$	$(\sigma_1 - \sigma_2)$	e'	e
$\frac{1}{\sqrt{6}}$	$(\sigma_1 + \sigma_2 - 2\sigma_3)$	e'	e
$\frac{1}{\sqrt{3}}$	$(\bar{\pi}_1 + \bar{\pi}_2 + \bar{\pi}_3)$	a_2'	a_2
$\frac{1}{\sqrt{3}}$	$(\pi_1 + \pi_2 + \pi_3)$	a_2''	a_1
$\frac{1}{\sqrt{2}}$	$(\bar{\pi}_1 - \bar{\pi}_2)$	e'	e
$\frac{1}{\sqrt{6}}$	$(\bar{\pi}_1 + \bar{\pi}_2 - 2\bar{\pi}_3)$	e'	e
$\frac{1}{\sqrt{2}}$	$(\pi_1 - \pi_2)$	e''	e
$\frac{1}{\sqrt{6}}$	$(\pi_1 + \pi_2 - 2\pi_3)$	e''	e

(π senkrecht zur Molekülebene, $\bar{\pi}$ in Molekülebene)

3. AB_4 tetraedrisch

$\frac{1}{2}$	$(\sigma_1 + \sigma_2 + \sigma_3 + \sigma_4)$	a_1
$\frac{1}{2}$	$(\sigma_1 - \sigma_2 + \sigma_2 - \sigma_4)$	t_2
$\frac{1}{2}$	$(\sigma_1 + \sigma_2 - \sigma_3 - \sigma_4)$	t_2
$\frac{1}{2}$	$(\sigma_1 - \sigma_2 - \sigma_3 + \sigma_4)$	t_2

Hier und im folgenden Beispiel sind nur die σ-MO's angegeben, die π-MO's findet man z.B. in C.J. Ballhausen, H.B. Gray: Molecular Orbital Theory. W.A. Benjamin, New York 1965.

Tab. 10. (Fortsetzung)

4. AB_6 oktaedrisch	(Zur Numerierung der Atome s. Abb. 95 auf S. 440)	
$\frac{1}{\sqrt{6}}$	$(\sigma_1 + \sigma_2 + \sigma_3 + \sigma_4 + \sigma_5 + \sigma_6)$	a_{1g}
$\frac{1}{2}$	$(\sigma_1 - \sigma_2 + \sigma_3 - \sigma_4)$	e_g
$\frac{1}{2\sqrt{3}}$	$(\sigma_1 + \sigma_2 + \sigma_3 + \sigma_4 - 2\sigma_5 - 2\sigma_6)$	e_g
$\frac{1}{\sqrt{2}}$	$(\sigma_1 - \sigma_3)$	t_{1u}
$\frac{1}{\sqrt{2}}$	$(\sigma_2 - \sigma_4)$	t_{1u}
$\frac{1}{\sqrt{2}}$	$(\sigma_3 - \sigma_6)$	t_{1u}

$$\varphi_1 = h_g = \frac{1}{\sqrt{2}} [h_1 + h_2]$$

$$\varphi_2 = h_u = \frac{1}{\sqrt{2}} [h_1 - h_2] \qquad (10.2\text{–}14)$$

wobei h_g eine Basis von σ_g, h_u eine Basis von σ_u bildet. Die unitäre Transformationsmatrix T ist hier

$$T = \frac{1}{\sqrt{2}} \begin{pmatrix} 1 & 1 \\ 1 & -1 \end{pmatrix} \qquad (10.2\text{–}15)$$

Da T nicht nur unitär, sondern auch reell und symmetrisch ist, ist $T^\dagger = T$, und die Rücktransformation von den φ_k auf die χ_i, entsprechend (10.2–12), sieht einfach so aus:

$$\chi_1 = h_1 = \frac{1}{\sqrt{2}} [h_g + h_u]$$

$$\chi_2 = h_2 = \frac{1}{\sqrt{2}} [h_g - h_u] \qquad (10.2\text{–}16)$$

Setzen wir jetzt in (10.2–16) statt h_g und h_u beliebige andere Orbitale φ_g und φ_u ein, die Basen von σ_g bzw. σ_u sind, so sind

$$\tilde{\chi}_1 = \frac{1}{\sqrt{2}} [\varphi_g + \varphi_u]$$

$$\tilde{\chi}_2 = \frac{1}{\sqrt{2}} [\varphi_g - \varphi_u] \qquad (10.2\text{–}17)$$

auch äquivalente Orbitale, d.h. sie transformieren sich wie $\chi_1 = h_1$ und $\chi_2 = h_2$. Inversion am Molekülmittelpunkt überführt h_1 in h_2 und $\tilde{\chi}_1$ in $\tilde{\chi}_2$. Sind φ_g und φ_u insbesondere die MO's φ_2 und φ_3 des BeH_2, so sind $\tilde{\chi}_1$ und $\tilde{\chi}_2$ die äquivalenten MO's dieses Moleküls, d.h. sie sind identisch mit ψ_2 und ψ_3 nach (10.2–8).

Ein etwas weniger triviales Beispiel (weil hier auch eine dreidimensionale irreduzible Darstellung vorkommt) ist das CH_4.

Hier sind die 1s-AO's der vier H-Atome h_1, h_2, h_3, h_4 Basis einer 4-dimensionalen reduziblen Darstellung, die reduziert werden kann (vgl. Tab. 8) in die 1-dimensionale irreduzible Darstellung a_1 und die 3-dimensionale irreduzible Darstellung t_2. Die Transformationsmatrix $\boldsymbol{T}$ von der äquivalenten Basis h_1, h_2, h_3, h_4 auf die symmetrie-adaptierte Basis $a_1, t_2^{(1)}, t_2^{(2)}, t_2^{(3)}$ ist*)

$$\boldsymbol{T} = \frac{1}{2}\begin{pmatrix} 1 & 1 & 1 & 1 \\ 1 & 1 & -1 & -1 \\ 1 & -1 & 1 & -1 \\ 1 & -1 & -1 & 1 \end{pmatrix} = \boldsymbol{T}^\dagger \qquad (10.2\text{–}18)$$

Ausführlich geschrieben bedeutet das, daß die Linearkombination

$$h_a = \frac{1}{2}(h_1 + h_2 + h_3 + h_4) \qquad (10.2\text{–}19)$$

Basis der Darstellung a_1 ist und daß die drei Funktionen

$$h_t^{(1)} = \frac{1}{2}(h_1 + h_2 - h_3 - h_4)$$

$$h_t^{(2)} = \frac{1}{2}(h_1 - h_2 + h_3 - h_4)$$

$$h_t^{(3)} = \frac{1}{2}(h_1 - h_2 - h_3 + h_4) \qquad (10.2\text{–}20)$$

eine Basis der Darstellung t_2 bilden.

---

* Genauer gesagt, ist dies eine mögliche Form von $\boldsymbol{T}$, denn bei mehrdimensionalen Darstellungen hat man die Freiheit, die Basis dieser Darstellung (hier t_2) einer beliebigen unitären Transformation zu unterwerfen.

AO's gleichen Typs des Zentralatoms (hier des Kohlenstoffs) bilden ebenfalls eine Basis einer Darstellung der Symmetriegruppe. Diese sind in unserem Spezialfall bereits irreduzibel, und zwar gehört (vgl. Tab. 8)

$$s \quad \text{zu} \quad a_1$$

$$p_x, p_y, p_z \quad \text{zu} \quad t_2$$

Die Basisfunktionen $h_t^{(i)}$ sind ‚gleich orientiert' wie p_x, p_y, p_z wenn (vgl. Abb. 51) die H-Atome an den Ecken eines Tetraeders liegen und die x, y, z-Achsen des cartesischen Koordinatensystems durch die Mittelpunkte der Tetraederkanten gehen.

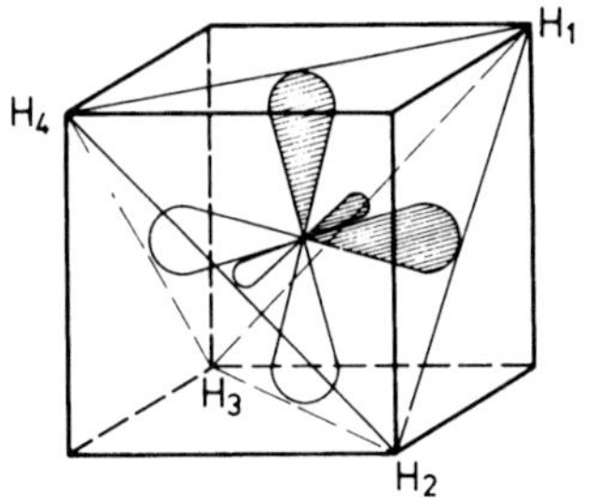

Abb. 51. Günstige Anordnung eines AH_4-Tetraedermoleküls in einem cartesischen Koordinatensystem.

Betrachten wir jetzt die Funktionen s, p_x, p_y, p_z als die $\tilde{\varphi}_k$, so sind die folgenden $\tilde{\chi}_i$ äquivalente AO's des C-Atoms

$$\tilde{\chi}_1 = te_1 = \frac{1}{2}(s + p_x + p_y + p_z)$$

$$\tilde{\chi}_2 = te_2 = \frac{1}{2}(s + p_x - p_y - p_z)$$

$$\tilde{\chi}_3 = te_3 = \frac{1}{2}(s - p_x + p_y - p_z)$$

$$\tilde{\chi}_4 = te_4 = \frac{1}{2}(s - p_x - p_y + p_z) \qquad (10.2-21)$$

die wir als ‚tetraedrische' oder sp^3-Hybrid-AO's bezeichnen. Wir werden auf den Begriff der Hybrid-AO's in Abschn. 10.5 und 10.6 zurückkommen.

Wir erkennen am Beispiel des CH_4, ähnlich wie vorher an demjenigen des BeH_2, daß die Valenz-AO's des Zentralatoms (s, p_x, p_y, p_z) und diejenigen der H-Atome (h_1, h_2, h_3, h_4) ‚symmetriemäßig zueinander passen', da beide Sätze Basen genau der gleichen irreduziblen Darstellungen, nämlich je einmal a_1 und t_2, der Symmetriegruppe des Moleküls sind. Wie wir uns in Abschn. 9.2 überlegt haben, folgt daraus, daß es zu a_1 und t_2 bindende und antibindende MO's gibt, wobei die insgesamt acht Valenzelektronen (vier von C, je eines von H) genau in den bindenden MO's

$$\begin{aligned}
\varphi_a &= c_{a1}\, s &&+ c_{a2}\, h_a \\
\varphi_t^{(1)} &= c_{t1}\, p_x &&+ c_{t2}\, h_t^{(1)} \\
\varphi_t^{(2)} &= c_{t1}\, p_y &&+ c_{t2}\, h_t^{(2)} \\
\varphi_t^{(3)} &= c_{t1}\, p_z &&+ c_{t2}\, h_t^{(3)}
\end{aligned} \tag{10.2–22}$$

Platz haben.

Ebenso wie wir die in (10.2–22) rechts stehenden symmetrieadaptierten AO's auf äquivalente AO's h_k bzw. $\widetilde{\chi}_k$ (k = 1, 2, 3, 4) transformieren können, lassen sich auch die links in (10.2–22) stehenden MO's durch dieselbe unitäre Transformation auf äquivalente MO's $\widetilde{\varphi}_k$ transformieren

$$\begin{aligned}
\widetilde{\varphi}_1 &= \frac{1}{2}\,(\varphi_a + \varphi_t^{(1)} + \varphi_t^{(2)} + \varphi_t^{(3)}), \\
\widetilde{\varphi}_2 &= \frac{1}{2}\,(\varphi_a + \varphi_t^{(1)} - \varphi_t^{(2)} - \varphi_t^{(3)}), \\
\widetilde{\varphi}_3 &= \frac{1}{2}\,(\varphi_a - \varphi_t^{(1)} + \varphi_t^{(2)} - \varphi_t^{(3)}), \\
\widetilde{\varphi}_4 &= \frac{1}{2}\,(\varphi_a - \varphi_t^{(1)} - \varphi_t^{(2)} + \varphi_t^{(3)}).
\end{aligned} \tag{10.2–23}$$

Für die Transformierbarkeit zu äquivalenten MO's sind offenbar folgende Voraussetzungen wesentlich:

1. Die bindenden MO's spannen die gleichen irreduziblen Darstellungen auf, nämlich a_1 und t_2, wie die 1s-AO's der vier Außenatome (die ja von vornherein äquivalent sind).

2. Die bindenden MO's sind genau mit je zwei Elektronen besetzt. Außer diesen bindenden MO's können auch nichtbindende MO's, wie hier das 1s-AO des C, nicht aber antibindende MO's besetzt sein.

Voraussetzung 1 ist deshalb erfüllt, weil sich vom Zentralatom (hier C) genausoviele Valenz-AO's an der Bindung beteiligen (hier 2s, 2p_x, 2p_y, p_z), wie das Atom Bindungen eingeht (hier 4).

Damit Voraussetzung 2 erfüllt ist, muß die Zahl der Valenzelektronen (hier 8) doppelt so groß wie die Zahl der Bindungen (hier 4) sein. Bei einer normalen kovalenten Bindung steuern beide Partner je ein Valenzelektron bei, dann muß zur Erfüllung von Voraussetzung 2 das Zentralatom genausoviele Valenzelektronen zur Verfügung stellen, wie es Bindungen eingeht.

Wir können jetzt die Hundsche*) Lokalisierungsbedingung wie folgt formulieren. Eine Beschreibung eines AB_n-Moleküls durch lokalisierten AB-Bindungen entsprechende äquivalente MO's ist möglich, wenn die Zahlen

* F. Hund, l.c.

N_A der AO's des Zentralatoms, die an der Bindung beteiligt sind

N_N der Nachbarn (Bindungen)

N_V der Valenzelektronen, die dem Zentralatom für die Bindung zur Verfügung stehen

gleich sind.

Bevor wir beliebige (d.h. nicht nur AB_n) Moleküle betrachten, müssen wir zu dieser scheinbar so einfachen Hundschen Lokalisierungsbedingung noch einige Anmerkungen machen.

a) Wenn Mehrfachbindungen ausgebildet werden, sind für N_N zwei- bzw. dreifach gebundene Außenatome B zwei- bzw. dreifach zu zählen. Im Formaldehyd H_2CO ist z.B. für C $N_N = 4$.

b) Die Elektronen, die die bindenden MO's besetzen, müssen nicht zu gleichen Anteilen von beiden Partnern stammen. Im CO kommen z.B. von den sechs Bindungselektronen zwei vom C und vier vom O. In solchen Fällen kann man aber immer die Ausbildung der Bindung in zwei Schritte zerlegen, eine formale Elektronenübertragung ($C+O \rightarrow C^- + O^+$) und anschließend eine normale kovalente Bindung. Man muß bei solchen sog. semipolaren Bindungen die Hundsche Bedingung so interpretieren, daß sie zumindest für *eine* mögliche Aufteilung der Elektronen auf die Atome gilt.

c) Ein ausgesprochen kritischer Begriff ist der des ‚an einer Bindung beteiligten' AO's. Ob ein AO an einer Bindung beteiligt ist, hängt im wesentlichen von dreierlei ab, von seiner Orbitalenergie, seiner räumlichen Ausdehnung und von der Symmetrie des Moleküls.

Die Bedeutung der Geometrie erkennt man z.B., wenn man das CH_4 (oder ein anderes AB_4-Molekül) in ebener quadratischer statt tetraedrischer Anordnung betrachtet. Wie man aus der Kimball-Tabelle (Tab. 8) sieht, paßt zwar s zur a_{1g}-Komponente von σ, die a_{2u}-Komponente von $p\,(p_z)$ paßt dagegen zu keinem σ-AO von B_4, nur die e_u-Komponente von $p\,(p_x, p_y)$ kann sich an der Bindung beteiligen, so daß insgesamt $N_A = 3$. Da $N_N = 4$ und $N_V = 4$ ist, ist eine Beschreibung durch lokalisierte Bindungen offenbar nicht möglich (es sei denn, ein d-AO des Zentralatoms ‚beteilige' sich ebenfalls an der Bindung).

Im ebenen BH_3 (in der x–y-Ebene) beteiligen sich vom B nur s, p_x und p_y, man hat also $N_A = 3$. Knickt man das BH_3 jedoch ab, so daß es pyramidal wird, können sich s, p_x, p_y und p_z beteiligen, so daß die Hundsche Bedingung scheinbar nicht mehr erfüllt ist. In Wirklichkeit ist es aber so, daß nur 3 Linearkombinationen der 4 AO's s, p_x, p_y und p_z an der Bindung beteiligt sind, so daß auch im (hypothetischen) pyramidalen BH_3 $N_A = 3$ ist.

Damit AO's von A und von B_n zu bindenden MO's kombinieren, müssen sie nicht nur symmetriemäßig zueinander passen (was man anhand von Tab. 8 prüfen kann), sondern ihre Orbitalenergien müssen genügend dicht liegen, und sie müssen sich hinreichend überlappen. Ferner darf ein AO nicht bereits im freien Atom (genauer: in dessen Valenzzustand) doppelt besetzt sein, es sei denn, es hat ein unbesetztes AO als Partner (wie bei der Bindung zwischen H_3N und BH_3 zu H_3NBH_3). AO's der inneren Schalen erfüllen die genannten Voraussetzungen nicht und sind deshalb an der Bindung nicht beteiligt. Als Valenz-AO's kommen sowohl die AO's der äußeren Schale in Betracht, die im freien Atom besetzt sind (z.B. 2*s* beim Be), als auch diejenigen der gleichen Schale, die im freien Atom unbesetzt sind (z.B. 2*p* beim Be), vorausgesetzt, daß die Promotionsenergie, die erforderlich ist, um diese AO's im Valenzzustand teilweise zu besetzen, nicht zu groß ist. Die Promotionsenergie darf natürlich nicht größer sein als der Gewinn an Bindungsenergie.

Die Frage, ob ein bestimmtes AO an der Bindung beteiligt ist, läßt sich in den seltensten Fällen mit ja oder nein beantworten, nämlich dann, wenn das betreffende AO im Valenzzustand des Atoms im Molekül eine Besetzungszahl nahe an 1 oder nahe an 0 hat. Hinzu kommt, daß die LCAO-Näherung, wie wir sie für die qualitativen Überlegungen dieses Abschnitts zugrunde legten, für eine quantitative Erfassung der chemischen Bindung nicht ausreicht. Im Rahmen aufwendiger quantenchemischer Rechnungen verliert die Frage der Beteiligung von AO's der freien Atome weitgehend ihren Sinn, man kann nur mehr die Beteiligung gewisser Basisfunktionen diskutieren, und das ist auch nicht unproblematisch (vgl. Anhang A 3.7).

Wir können nur sagen, daß in den Fällen, wo sich eindeutig entscheiden läßt, welche AO's (im Rahmen der LCAO-Näherung) an der Bindung beteiligt sind, die Hundsche Lokalisierungsbedingung notwendige und hinreichende Bedingung für die Transformierbarkeit der kanonischen MO's zu äquivalenten MO's und damit notwendige Bedingung für die Lokalisierbarkeit der Bindungen ist. Darüber, ob die äquivalenten MO's wirklich in jeweils einer Bindung lokalisiert sind, sagt die Hundsche Bedingung noch nichts.

Es muß auch noch betont werden, daß die Hundsche Bedingung nur für kovalente Bindungen gilt. In ionogen gebundenen Molekülen ist eine Transformation zu lokalisierten MO's immer möglich, allerdings sind die lokalisierten MO's an den Ionen und nicht in den Bindungen lokalisiert.

10.2.4. Erweiterung des Begriffs der äquivalenten MO's auf Fälle, wo sie durch die Symmetrie nicht eindeutig bestimmt sind

Die Verwendung äquivalenter MO's, wie sie von Lennard-Jones und Mitarbeitern eingeführt wurden, setzt voraus, daß die betrachteten Moleküle eine gewisse Symmetrie besitzen und daß die äquivalenten MO's durch die Symmetrien des Problems eindeutig bestimmt sind. Im Normalfall hat man es indessen mit Molekülen zu tun, die eine so geringe Symmetrie aufweisen, daß die äquivalenten Orbitale in der ursprünglichen Definition uns nicht wirklich weiterhelfen. Es ist deshalb wichtig, daß man eine Verallgemeinerung der äquivalenten Orbitale definieren kann, die von der Symmetrie unabhängig ist, die aber im Spezialfall, in dem die äquivalenten Orbitale vollständig durch die Symmetrie gegeben sind, genau auf die äquivalenten Orbitale im engeren Sinn führt.

Es gibt mehrere Möglichkeiten, verallgemeinerte äquivalente Orbitale zu definieren. Die beiden wichtigsten Definitionen sind diejenigen von Boys[*] und von Edmiston und Ruedenberg[**].

---

* J.M. Foster, S.F. Boys, Rev.Mod.Phys. *32*, 296 (1960); S.F. Boys, in 'Quantum Theory of Atoms, Molecules and the Solid State' (P.O. Löwdin, ed.) Interscience, New York 1967, S. 253.

** C. Edmiston, K. Ruedenberg, Rev.Mod.Phys. *35*, 457 (1963); J.Chem.Phys. *43*, 597 (1965).

Nach Boys sind diejenigen unitären Linearkombinationen der kanonischen MO's am besten lokalisiert, und somit eine geeignete Verallgemeinerung der äquivalenten Orbitale, für die

$$\sum_{i<j} \int |\varphi_i(1)|^2 \, (\vec{r}_1 - \vec{r}_2)^2 |\varphi_j(2)|^2 \, d\tau_1 \, d\tau_2 = \max! \qquad (10.2\text{–}24)$$

Anschaulich bedeutet dieses Boyssche Kriterium, daß die Summe der Quadrate der Abstände zwischen den Ladungsschwerpunkten verschiedener Orbitale so groß wie möglich ist, daß also die Orbitale so weit wie möglich voneinander entfernt sind.

Das Edmiston-Ruedenbergsche Kriterium für optimale Lokalisierung lautet dagegen:

$$\sum_{i<j} \int |\varphi_i(1)|^2 \, \frac{1}{r_{12}} \, |\varphi_j(2)|^2 \, d\tau_1 \, d\tau_2 = \min! \qquad (10.2\text{–}25)$$

Es verlangt, daß die Summe der Coulombschen Abstoßungen zwischen verschiedenen Orbitalen so klein wie möglich ist. Die beiden Kriterien geben i.allg. qualitativ ähnliche Ergebnisse, identische nur dann, wenn die optimal lokalisierten Orbitale die durch die Symmetrie bestimmen äquivalenten Orbitale sind.

Wir wollen auf Einzelheiten nicht eingehen, z.B. auf verschiedene Umformungen der beiden Kriterien, und auch nicht darauf, daß in manchen Fällen die optimal lokalisierten MO's im Sinne eines Kriteriums nicht eindeutig festgelegt sind. Es sei erwähnt, daß das Boyssche Kriterium für die praktische Anwendung geeigneter ist, weil es weniger Rechenaufwand erfordert.

Ein großer Vorteil der Transformation zu lokalisierten Orbitalen besteht darin, daß diese sich in guter Näherung als für eine bestimmte Bindung charakteristisch und vom Rest des Moleküls weitgehend unabhängig erweisen, daß lokalisierte Bindungen gewissermaßen von einem Molekül auf ein anderes übertragbar sind. Das gilt insbesondere für die Orbitale, die CH-Bindungen beschreiben*).

10.3. Beispiele für Moleküle mit lokalisierbaren und mit nicht lokalisierbaren Bindungen

Die einfachsten AH_n-Moleküle, die die Hundsche Lokalisierungsbedingung erfüllen, sind

LiH	$N_A = N_N = N_V = 1$
$BeH_2(D_{\infty h})$	$N_A = N_N = N_V = 2$
$BH_3(D_{3h})$	$N_A = N_N = N_V = 3$
$CH_4(T_d)$	$N_A = N_N = N_V = 4$

* S. Rothenberg, J.Am.Chem.Soc. *93*, 68 (1970).

Durch Veränderung von N_A, N_N oder N_V kann man leicht aus einem dieser Moleküle eines machen, für das die Hundsche Bedingung nicht erfüllt ist.

Ein Beispiel wäre das BeH_2^+-Ion mit $N_A = N_N = 2$, $N_V = 1$. Unter der Voraussetzung, daß es die gleiche Geometrie wie das neutrale BeH_2 hat, besitzt es die Konfiguration $K^2\sigma_g^2\sigma_u$. Da σ_g doppelt und σ_u nur einfach besetzt ist, können wir allenfalls ein σ_g und ein σ_u durch die äquivalenten MO's a und b ersetzen, d.h. die Konfiguration als $K^2ab\sigma_g$ formulieren. Zumindest ein MO (σ_g) ist sicher delokalisiert und kann mit keinerlei Kunstgriff lokalisiert werden. Das BeH_2^+ ist durch lokalisierte Bindungen nicht beschreibbar*).

Um die Hundsche Lokalisierungsbedingung sinngemäß auf andere als AB_n-Moleküle anzuwenden, muß man fordern, daß die Bedingung $N_A = N_N = N_V$ für *sämtliche* beteiligten Atome gilt. Für die H-Atome in den bisher betrachteten AH_n-Molekülen ist $N_A = N_N = N_V = 1$, das heißt wir haben bei diesen nur zu untersuchen, ob für das Zentralatom die Hundsche Bedingung erfüllt ist.

Beispiele für andere als AH_4-Moleküle wären etwa:

1. Das C_2H_6. Hier ist für jedes der beiden C-Atome $N_A = N_N = N_V = 4$, also ist die Lokalisierungsbedingung erfüllt.

2. Das H_3BNH_3. Dieses muß man formal aus B^- und N^+ aufbauen, dann ist Lokalisierung möglich.

3. H_3^+ in seiner gleichseitig dreieckigen Gleichgewichtsgeometrie. Für jedes H-Atom gilt $N_A = 1$, $N_N = 2$, $N_V = \frac{2}{3}$. Offensichtlich ist eine Beschreibung durch lokalisierte 2-Zentrenbindungen nicht möglich.

4. B_2H_6. Für jedes B-Atom ist $N_A = 4$, $N_N = 4$, $N_V = 3$, für jedes Brücken-H-Atom $N_A = 1$, $N_N = 2$, $N_V = 1$. Offenbar gibt es keine Formulierung der Bindung in diesem Molekül nur durch 2-Zentren-Bindungen (bez. Einzelheiten s. Kap. 12).

Wir haben bisher nur lokalisierte σ-Bindungen betrachtet, die in der LCAO-Näherung aus einem σ-AO des Außenatoms und einem geeigneten Hybrid-AO des Zentralatoms aufzubauen sind. Genau wie in zweiatomigen Molekülen gibt es, wie wir in Abschn. 9.2 darlegten, auch in mehratomigen Molekülen π-Bindungen. Diese sind aber nur in den seltensten Fällen lokalisierbar, so daß eine Erweiterung des Begriffs der äquivalenten Orbitale, die auch π-Bindungen einzuschließen ermöglicht, nicht so unbedingt wichtig ist. Wir wollen uns um diese Erweiterung im Allgemeinfall auch nicht bemühen. Wir erinnern auch daran, daß es nur in Ausnahmefällen reine σ- bzw. π-MO's gibt (jedenfalls in der ursprünglichen Definition. S. auch Kap. 11 bez. einer Neudefinition von σ

---

* Diese Feststellung gilt für BeH_2^+ in einer symmetrischen linearen Anordnung im $^2\Sigma_u^+$-Zustand, wie es bei ‚vertikaler' Ionisation des BeH_2 entstehen würde.
Wir haben aber bereits in Abschn. 9.3 besprochen, daß für AH_2-Moleküle mit 3 Valenzelektronen die stabile Gleichgewichtsgeometrie einem gewinkelten Molekül entspricht. Beim Abknicken des BeH_2^+ wird – ohne daß sich an der Nichtlokalisierbarkeit etwas ändert – aus der Konfiguration $K^2\sigma_g^2\sigma_u$ die Konfiguration $K^2a_1^2b_2$, die allerdings nicht die Grundkonfiguration des BeH_2^+ ist (vgl. Abschn. 9.3). In dieser ($K^2 2a_1^2 3a_1$) bilden Be^+ und H_2 einen losen Komplex und die MO's sind lokalisiert.

und π für planare Moleküle). Nur bei linearen Molekülen, insbesondere bei AB_2 Molekülen, sind σ- und π-Bindungen klar getrennt (vgl. Abschn. 9.2).

Ein Beispiel für ein Molekül mit einer lokalisierten π-Bindung wäre das $H_2C{=}O$ oder das $H_2C{=}CH_2$, eine Dreizentren-π-Bindung liegt z.B. im O_3 vor. Bei der Lokalisierung der MO's in einem Molekül mit σ- und π-Bindungen nach dem Kriterium von Boys oder von Edmiston-Ruedenberg ist eine gewisse Vorsicht geboten. Wendet man dieses Kriterium nämlich ‚blindlings' an, so erhält man z.B. beim Äthylen lokalisierte Orbitale, die zwei ‚Bananenbindungen' im Sinne von Abb. 52 entsprechen.

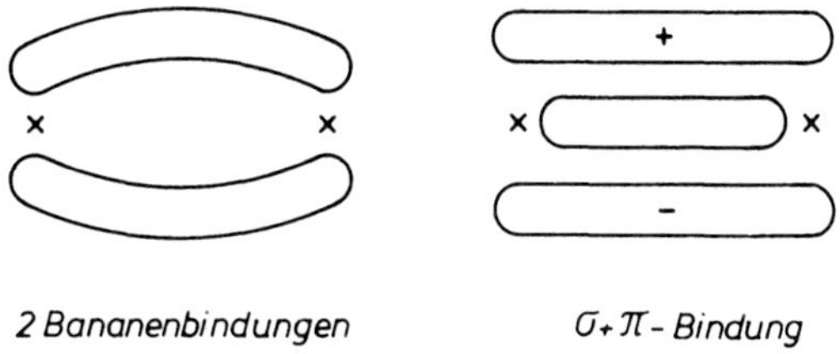

Abb. 52. σ- und π- bzw. ‚Bananenbindungen' im Äthylen.

Um ein σ- und ein π-AO für die Doppelbindung zu erhalten, muß man das π-AO für sich lassen und nicht an der unitären Transformation beteiligen. Auf Einzelheiten zu diesen beiden Möglichkeiten können wir hier nicht eingehen*).

Verbindungen mit (weitgehend) lokalisierten σ-Bindungen und delokalisierten π-Bindungen mit planarer Struktur spielen in der Chemie eine große Rolle, und wir werden uns in Kap. 11 mit ihnen ausführlicher beschäftigen.

In Molekülen mit σ- und π-Bindungen kann man (sofern eine σ—π-Trennung streng oder näherungsweise möglich ist) die Hundsche Lokalisierungsbedingung für σ- und π-Bindungen getrennt betrachten. Im Falle des BF_3 stellt das Bor drei Elektronen und drei Valenz-AO's für die σ-Bindung zur Verfügung. Für diese ist also die Hundsche Bedingung erfüllt. Für die π-Bindung stellt das Bor zwar ein AO, aber kein Elektron zur Verfügung, die Zahl der π-gebundenen Nachbarn ist 3. Offensichtlich ist für die π-Bindung die Hundsche Bedingung nicht erfüllt.

Um die Hundsche Bedingung für die Gesamtheit der Bindungen anzuwenden, muß man Nachbarn, die σ- und π-gebunden sind, doppelt zählen. Ein C-Atom im Benzol hat demnach effektiv 5 Nachbarn, da es aber nur 4 Valenzelektronen und 4 AO's zur Verfügung hat, ist die Hundsche Lokalisierungsbedingung offenbar nicht erfüllt. Im rechteckigen Cyclobutadien ist jedes C-Atom nur an einen Nachbarn π-gebunden, es hat also effektiv 4 Nachbarn und eine Lokalisierung ist möglich. In Systemen mit lokalisierten Bindungen setzen sich viele globale Eigenschaften (zumindest in 1. Näherung) additiv aus Beiträgen der einzelnen Bindungen zusammen, und viele lokale Eigenschaften hängen nur von den betroffenen Bindungen ab. Für lokalisierte σ-Bindungen erwartet man sog. freie Drehbarkeit, d.h. man erwartet z.B. für das Äthan C_2H_6, sofern die C—C-Bindung streng lokalisiert ist, daß die beiden Konformeren

* vgl. etwa W. Kutzelnigg, G. Del Re, G. Berthier, 'σ- and π-Electrons in Theoretical Organic Chemistry', Fortschr. Chem. Forsch. *22* (1971).

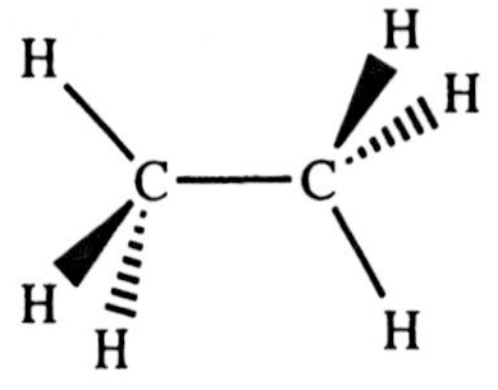

I 'staggered'

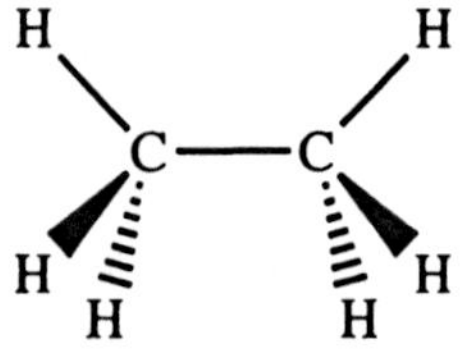

II 'eclipsed'

sich in ihrer Energie nicht unterscheiden. Tatsächlich ist Struktur I um ca. 3 kcal/mol stabiler. Es liegt, wie man sagt, eine Rotationsbarriere von ca. 3 kcal/mol vor*). Man erklärt diese heute als eine Folge der Tatsache, daß die äquivalenten MO's nicht streng lokalisiert sind, sondern daß sog. Lokalisierungsdefekte vorliegen, die sich aber auf andere Eigenschaften kaum auswirken**). Eine quantitative Theorie der Rotationsbarriere ist überaus mühsam***). Wesentlich höhere Rotationsbarrieren haben Systeme mit Doppelbindungen wie das Äthylen $H_2C = CH_2$ (65 kcal/mol[1]), Doppelbindungen sieht man auch in erster Näherung nicht als frei drehbar an (vgl. Abschn. 11.1).

Außerordentlich klein (Größenordnung einige cal/mol) ist dagegen z.B. die Rotationsbarriere um die exocyclische Bindung im Toluol 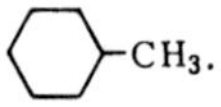. Im Gegensatz zur Barriere im C_2H_6, die dreizählig ist (Periodizität 120°), ist diejenige im Toluol sechszählig, d.h. Drehung um 60° bringt das Molekül in eine äquivalente Lage. Je höherzählig eine innere Drehachse ist, um so geringer ist i.allg. die mit dieser Drehung verbundene Barriere.

10.4. Wertigkeit – Oktettregel – Elektronenmangel und Elektronenüberschuß – Freie Elektronenpaare

Unter der ‚Wertigkeit' eines Atoms wollen wir die Maximalzahl *lokalisierter* kovalenter Bindungen verstehen, die es gleichzeitig einzugehen imstande ist. Aus den Überlegungen dieses Kapitels wissen wir, daß die Zahl lokalisierter AB-Bindungen in einem AB_n-Molekül gleich der Zahl der bindenden kanonischen MO's ist, an denen A beteiligt ist, diese Zahl ist aber i.allg. gleich der Zahl der AO's des Atoms A, die an der Bindung beteiligt sind. Die maximale Wertigkeit ist offenbar so groß wie die Zahl der Valenz-AO's, die das Atom A zur Verfügung stellen kann. Beim H-Atom, das nur 1*s* zur Ver-

* S. Weiss, G.E. Leroi, J.Chem.Phys. *48*, 962 (1968).

** O.J. Sovers, C.W. Kern, R.H. Pitzer, M. Karplus, J.Chem.Phys. *49*, 2592 (1968); J.P. Malrieu in 'Localization and Delocalization in Quantum Chemistry', Vol. I (O. Chalvet et al. ed.) p. 335, D. Reidel, Dordrecht-Holland 1975.

*** R. Ahlrichs, H. Lischka, B. Zurawski, W. Kutzelnigg, J.Chem.Phys. *63*, 4685 (1975).

1 J.E. Douglas, B.S. Rabinovitch, F.S. Looney, J.Chem.Phys. *23*, 315 (1955); A. Lifschitz, S.H. Bauer, E.L. Resler jr., J.Chem.Phys. *38*, 2056 (1963); R.J. Buenker, S.D. Peyerimhoff, H.L. Hsu, Chem.Phys. Letters *11*, 65 (1971, M.H. Wood, Chem.Phys. Letters *24*, 239 (1974).

fügung stellt, ist die Wertigkeit 1, bei den Atomen der zweiten Periode, Li bis F, die 2*s* und drei 2*p*-AO's ‚anbieten', ist die Wertigkeit maximal gleich 4. Diese Atome können maximal von 4 Elektronenpaaren oder acht Elektronen umgeben sein. Dies ist die bekannte Oktettregel. Ob diese auch für die Atome der höheren Perioden gilt, was gelegentlich angezweifelt wurde, wollen wir erst später untersuchen (Kap. 13). Wir wollen an dieser Stelle aber bereits darauf hinweisen, daß die ‚Bindigkeit', d.h. die Zahl der (unmittelbar gebundenen) Nachbarn, durchaus größer als die Wertigkeit sein kann. So ist z.B. H im H_3^+ zweibindig, Bor in manchen Verbindungen (s. Kap. 12) 4-, 5- oder gar 6-bindig, C im CH_5^+ fünfbindig etc. In allen diesen Fällen liegen nichtlokalisierte Bindungen vor, bei lokalisierten 2-Zentren-Bindungen kann die Bindigkeit nicht größer als die Wertigkeit sein. Besonders ausgezeichnet ist der Kohlenstoff mit $N_A = N_V = 4$, der vierwertig und zur Ausbildung dreidimensional vernetzter Strukturen mit lokalisierten C–C-Bindungen befähigt ist.

Den Fall $N_A = N_V$ kann man als den der ‚normalen' Valenz bezeichnen, während die Situation $N_V < N_A$ als ‚Elektronenmangel', $N_V > N_A$ als ‚Elektronenüberschuß' zu bezeichnen ist. Im Fall von Elektronenmangel ist die Wertigkeit (nicht die Bindigkeit) durch N_V, d.h. die Zahl der Valenzelektronen, beschränkt. So ist Be (maximal) zweiwertig, B dreiwertig, B^- aber vierwertig. Auch Elektronenüberschuß hat eine Erniedrigung der Wertigkeit gegenüber N_A, der Zahl der verfügbaren Valenz-AO's, zur Folge. Betrachten wir etwa das hypothetische OH_4 in Tetraeder-Struktur! Während im CH_4 oder im OH_4^{2+} die bindenden MO's a_1 und t_2 gerade voll besetzt sind, müßte man im OH_4 die beiden ‚überzähligen' Elektronen in das nächste antibindende MO (t_2) packen. Acht Elektronen in bindenden MO's und zwei in einem antibindenden MO ist etwa gleichbedeutend mit $8 - 2 = 6$ Elektronen in bindenden MO's, eher etwas weniger, da antibindende MO's i.allg. stärker antibindend als bindende bindend sind. Im OH_4 sind für 4 OH-Bindungen nur etwa 3 bindende Elektronenpaare da, die Bindungen sind also sicher schwach. Um zu vermeiden, daß Elektronen antibindende MO's besetzen, muß man die Zahl der Nachbarn auf 2 erniedrigen (im ebenfalls hypothetischen OH_3 muß noch *ein* Elektron ein antibindendes MO besetzen).

Im H_2O sind zwei bindende MO's und zwei nichtbindende je doppelt besetzt. Um das (doppelt-) Besetzen eines antibindenden MO's zu vermeiden, werden zwei nichtbindende MO's (je doppelt) besetzt. Im Sinne der zu Beginn dieses Abschnitts gegebenen Definition der Wertigkeit ist O zweiwertig, denn im OH_3 oder OH_4 (sofern diese ‚als Moleküle im Weltraum' existieren, was nicht ausgeschlossen ist) ist eine Lokalisierung der Bindungen nicht möglich. Wir haben das MO-Schema des H_2O in Abschn. 9.2 bereits abgeleitet.

Diskutieren wir die Bindungsverhältnisse im H_2O mit Hilfe der Kimball-Tabellen, so sehen wir, daß die AO's des O zu den Darstellungen $2 \times a_1$, b_1 und b_2 gehören, diejenigen der beiden H's zu a_1 und b_2. Folglich etwarten wir in der Darstellung a_1 ein bindendes, ein antibindendes und ein nichtbindendes MO, in b_1 nur ein nichtbindendes und in b_2 ein bindendes und ein antibindendes MO. Die 8 Valenzelektronen werden auf die zwei bindenden und die zwei nichtbindenden MO's verteilt, so daß in der Tat kein antibindendes MO besetzt ist. Es lassen sich zwei Sätze von je zwei äquivalenten MO's konstruieren, einmal aus den bindenden a_1- und b_2-MO's je ein bindendes 2-Zentren-MO, das eine OH-Bindung beschreibt, sowie andererseits aus den beiden nichtbindenden MO's der Symmetrierassen a_1 und b_1 zwei am O-Atom lokalisierte MO's. Schematisch sind diese äquivalenten MO's auf Abb. 53 dargestellt.

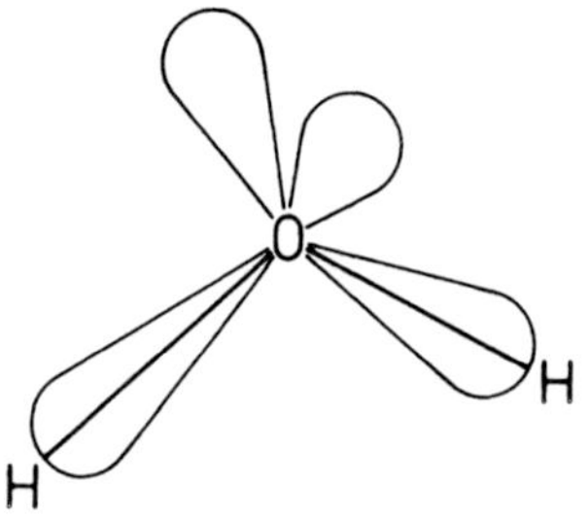

Abb. 53. Äquivalente MO's im H_2O, schematisch.

Doppelt besetzte äquivalente MO's, die nicht in einer Bindung, sondern an einem einzelnen Atom lokalisiert sind, bezeichnet man als ‚einsame' oder ‚freie Elektronenpaare'. Solche findet man offenbar dann, wenn die Zahl der Valenzelektronen des betreffenden Atoms größer als die Zahl der potentiellen Valenz-AO's ist. Durch das Besetzen von freien Elektronenpaaren wird das Besetzen von antibindenden MO's vermieden (wie es z.B. im H_4O nötig wäre), gleichzeitig erniedrigt sich aber die Wertigkeit, weil je freies Elektronenpaar ein Valenz-AO weniger zur Verfügung steht. So ist am Stickstoff normalerweise ein freies Elektronenpaar besetzt und die Wertigkeit ist 3, Sauerstoff mit zwei freien Elektronenpaaren ist zweiwertig, und Fluor mit drei freien Elektronenpaaren ist einwertig.

In Molekülen wie NH_3, H_2O, HF ist Lokalisierung der Bindungen möglich. Zur Anwendung der Hundschen Bedingung müssen wir bedenken, daß bei Vorliegen von N_F freien Elektronenpaaren die Zahl der Valenz-AO's durch $N_A = N_A^{pot} - N_F$ und die Zahl der Valenzelektronen durch $N_V = N_V^{pot} - 2N_F$ gegeben ist, wobei N_A^{pot} und N_V^{pot} die potentiellen Zahlen von Valenz-AO's und Valenzelektronen sind.

Im Falle von Lokalisierbarkeit ist u.a. $N_A = N_V = N_A^{pot} - N_F = N_V^{pot} - 2N_F$ oder $N_F = N_V^{pot} - N_A^{pot}$, d.h. die Zahl der freien Elektronenpaare ist gleich der Zahl der ‚überschüssigen Elektronen', entspricht also der Differenz zwischen der Zahl von potentiellen Valenzelektronen und Valenz-AO's (sofern $N_V^{pot} > N_A^{pot}$). Dann ist auch $N_A = N_V = 2N_A^{pot} - N_V^{pot}$.

Zusammenfassend kann man über die Wertigkeit eines Atoms sagen, daß sie nach oben beschränkt ist durch drei Größen

1. N_A^{pot}, die Zahl der potentiell zur Bindung befähigten Valenz-AO's.
2. N_V^{pot}, die Zahl der potentiell verfügbaren Valenzelektronen.
3. $N_A = N_V = 2N_A^{pot} - N_V^{pot}$, die Zahl der für die Bindung verfügbaren AO's (und gleichzeitig Valenzelektronen).

Bei den Atomen der zweiten Periode ist $N_A = 4$, so daß wir das bekannte Ergebnis erhalten: Wertigkeit $= \min(4, N_V^{pot}, 8 - N_V^{pot}) = \min(N_V^{pot}, 8 - N_V^{pot})$

Es ist zu erwähnen, daß es vielfach üblich war, zwischen der Wertigkeit gegenüber Wasserstoff und derjenigen gegenüber Sauerstoff (oder Fluor) zu unterscheiden. Der Begriff der Wertigkeit, den wir oben benutzt haben, wäre dann mit der ‚Wertigkeit gegenüber Wasserstoff' zu identifizieren, während die ‚Wertigkeit gegenüber Sauerstoff' sich auf weitgehend ionogene Bindungen bezieht, für die im Grunde keine Oktettregel gilt, sondern für die nur die Zahl der verfügbaren Valenzelektronen maßgeblich ist*). Wenn wir z.B. ein Molekül wie PF_5 oder VF_5 als ionogen gebunden im Sinne von $P^{5+}(F^-)_5$ auffassen dürfen (bez. einer sorgfältigen Diskussion vgl. Kap. 13), so ist die Frage nach der Zahl der Valenz-AO's am P bzw. V nicht relevant. In Wirklichkeit ist die Situation komplizierter, und die Tatsache, daß Unterschiede in den Wertigkeiten gegenüber Wasserstoff und Sauerstoff nur bei den Atomen der höheren Perioden auftreten, ist ein Hinweis, daß das hier angeschnittene Problem allgemein mit der Frage nach der Gültigkeit der Oktettregel für die Elemente der höheren Perioden zu tun hat. Ein NF_5 ist nicht bekannt, und das bekannte NF_3O läßt sich befriedigend als $O^-N^+F_3$ mit vierwertigem N^+ und einwertigem O^- verstehen.

10.5. Lokalisierte Bindungen im Rahmen der HMO-Näherung

10.5.1. Vorbemerkung

Wenn die Hundsche Lokalisierungsbedingung erfüllt ist und damit eine Transformation der bindenden kanonischen MO's auf äquivalente MO's möglich ist, wissen wir a priori trotzdem nichts darüber, wie gut die äquivalenten MO's tatsächlich als 2-Zentren-MO's anzusprechen sind und somit wirklich lokalisierten Bindungen entsprechen. Die Hundsche Bedingung ist, wie gesagt, nur notwendig, aber nicht hinreichend für eine Lokalisierung. Wir wollen jetzt nach einer Bedingung suchen, die – gemeinsam mit der Hundschen Bedingung – auch hinreichend ist. Wir wollen diese neue Bedingung, die wir als Hybridisierungsbedingung bezeichnen, aber nicht in aller Allgemeinheit formulieren – was wahrscheinlich gar nicht möglich ist –, sondern nur im Rahmen der Hückelschen Näherung (HMO-Näherung). Die Hückel-Näherung ist in diesem Zusammenhang keine besonders gute Näherung, aber sie ist zur Diskussion gewisser formaler Zusammenhänge vor allem ihrer Einfachheit wegen geeignet.

Wir wollen zu diesem Zweck zunächst die kanonischen Hückel-MO's und ihre Energien für AH_2-, AH_3- und AH_4-Moleküle berechnen und anschließend diese MO's auf äquivalente MO's transformieren und untersuchen, unter welchen Bedingungen diese äquivalenten MO's echte 2-Zentren-MO's sind.

Wir brauchen zum Vergleich die Ergebnisse für AH-Moleküle mit 2 Valenzelektronen, die wir in Kap. 7 ausführlich behandelten und die wir jetzt kurz ins Gedächtnis zurückrufen.

Für eine Bindung zwischen einem s-AO des Atoms A (charakterisiert durch den Index s) und einem $1s$-AO des H-Atoms (Index h) ist die Hückel-Matrix (die AO's der inneren Schalen sehen wir, wie üblich, als an der Bindung unbeteiligt an):

---

* L. Pauling, J.Am.Chem.Soc. *53*, 1367 (1937).

$$H = \begin{pmatrix} \alpha_s & \beta_{sh} \\ \beta_{sh} & \alpha_h \end{pmatrix} \qquad (10.5\text{–}1)$$

Die Orbitalenergien sind (vgl. I.A.7.5)*)

$$\epsilon_{2,1} = \frac{\alpha_s + \alpha_h}{2} \pm \sqrt{\left(\frac{\alpha_s - \alpha_h}{2}\right)^2 + \beta_{sh}^2} \qquad (10.5\text{–}2)$$

Unter der Voraussetzung, daß in den getrennten Atomen die AO's s und h je einfach besetzt sind und daß im Molekül das MO mit der niedrigeren Energie (– Vorzeichen) doppelt besetzt ist, erhalten wir für die Bindungsenergie

$$\Delta E = 2\epsilon_1 - \alpha_s - \alpha_h = -\sqrt{(\alpha_s - \alpha_h)^2 + 4\,\beta_{sh}^2} \qquad (10.5\text{–}3)$$

Vielfach muß man allerdings berücksichtigen, daß sich sowohl ein s-AO als auch ein $p\sigma$-AO des Atoms A an der Bindung beteiligen kann. Es liegt dann ein 3-AO-Problem vor, das dem Dreizentrenproblem analog ist. Wir wollen diesen Fall zunächst zurückstellen.

10.5.2. Die HMO-Näherung für ein lineares AH_2-Molekül mit 4 Valenzelektronen

Für ein Molekül vom Typ des BeH_2 ist die Hückel-Matrix für die Valenzelektronen in der Basis der 4 AO's

$$s, p = p\sigma \text{ (von A)}, \quad h_1, h_2 \qquad (10.5\text{–}4)$$

$$H = \begin{pmatrix} \alpha_s & 0 & \beta_{sh} & \beta_{sh} \\ 0 & \alpha_p & \beta_{ph} & -\beta_{ph} \\ \beta_{sh} & \beta_{ph} & \alpha_h & 0 \\ \beta_{sh} & -\beta_{ph} & 0 & \alpha_h \end{pmatrix} \qquad (10.5\text{–}5)$$

Das AO $p = p\sigma$ ist antisymmetrisch bez. Inversion am Molekülmittelpunkt, deshalb hat β_{ph} für beide H-Atome entgegengesetztes Vorzeichen.

Da wir wissen, daß die MO's symmetrieadaptiert sein müssen, d.h. entweder zur Darstellung σ_g oder σ_u gehören, führen wir die symmetrieadaptierten Linearkombinationen

$$h_g = \frac{1}{\sqrt{2}}(h_1 + h_2) \qquad (\text{zu } \sigma_g)$$

---

* Wir benutzen von jetzt ab die Bezeichnung ϵ für die HMO-Energien in der Bedeutung des bisher verwendeten e.

$$h_u = \frac{1}{\sqrt{2}}(h_1 - h_2) \qquad (\text{zu } \sigma_u) \tag{10.5–6}$$

ein und drücken jetzt H in der Basis der 4 AO's

$$s, h_g, p, h_u \tag{10.5–7}$$

aus. Wenn die Matrix U mit den Elementen $U_{\nu i}$ die Ausgangs-AO's χ_ν (10.5–4) auf die Symmetrie-AO's $\tilde{\chi}_i$ (10.5–7) transformiert,

$$\tilde{\chi}_i = \sum_\nu U_{\nu i}\chi_\nu \tag{10.5–8}$$

so ist H in der neuen Basis gegeben als $\tilde{H} = U^\dagger H U$.

In unserem Beispiel ist

$$U = \begin{pmatrix} 1 & 0 & 0 & 0 \\ 0 & 0 & 1 & 0 \\ 0 & \frac{1}{\sqrt{2}} & 0 & \frac{1}{\sqrt{2}} \\ 0 & \frac{1}{\sqrt{2}} & 0 & -\frac{1}{\sqrt{2}} \end{pmatrix} \tag{10.5–9}$$

$$\tilde{H} = U^\dagger H U \left(\begin{array}{cc|cc} \alpha_s & \sqrt{2}\beta_{sh} & & \\ \sqrt{2}\beta_{sh} & \alpha_h & & \\ \hline & & \alpha_p & \sqrt{2}\beta_{ph} \\ & & \sqrt{2}\beta_{ph} & \alpha_h \end{array}\right) \tag{10.5–10}$$

Wie zu erwarten, ist $\tilde{H}$ in zwei 2 x 2-Blöcke faktorisiert. Eigenwerte und Eigenvektoren des ersten Blocks ergeben Energien und Koeffizienten der σ_g-MO's, die des zweiten Blocks entsprechend die der σ_u-MO's.

Kennzeichnen wir die MO's φ und ihre Energien ϵ durch die Indizes g1, g2, u1, u2, wobei ϵ_{g1} und ϵ_{u1} die tiefsten Energien, also φ_{g1} und φ_{u1} die im Grundzustand doppelt besetzten MO's sein sollen! Nach der allgemeinen Formel (I.A. 7.5) für das Eigenwertproblem einer 2x2-Matrix erhalten wir:

$$\epsilon_{g1} = \frac{\alpha_s + \alpha_h}{2} - \frac{1}{2}\cdot\sqrt{(\alpha_s - \alpha_h)^2 + 8\beta_{sh}^2}$$

$$\epsilon_{u1} = \frac{\alpha_p + \alpha_h}{2} - \frac{1}{2}\cdot\sqrt{(\alpha_p - \alpha_h)^2 + 8\beta_{ph}^2}$$

$$\epsilon_{g2} = \frac{\alpha_s + \alpha_h}{2} + \frac{1}{2} \cdot \sqrt{(\alpha_s - \alpha_h)^2 + 8\beta_{sh}^2}$$

$$\epsilon_{u2} = \frac{\alpha_p + \alpha_h}{2} + \frac{1}{2} \cdot \sqrt{(\alpha_p - \alpha_h)^2 + 8\beta_{ph}^2} \qquad (10.5\text{–}11)$$

$$\varphi_{g1} = c_{g1} \cdot s + c_{g2} \cdot h_g$$

$$\varphi_{u1} = c_{u1} \cdot p + c_{u2} \cdot h_u$$

$$\varphi_{g2} = c_{g2} \cdot s - c_{g1} \cdot h_g$$

$$\varphi_{u2} = c_{u2} \cdot p - c_{u1} \cdot h_u \qquad (10.5\text{–}12)$$

mit

$$2c_{g1}^2 = 1 - \frac{\alpha_s - \alpha_h}{\sqrt{(\alpha_s - \alpha_h)^2 + 8\beta_{sh}^2}} = 2 - 2c_{g2}^2$$

$$2c_{u1}^2 = 1 - \frac{\alpha_p - \alpha_h}{\sqrt{(\alpha_p - \alpha_h)^2 + 8\beta_{ph}^2}} = 2 - 2c_{u2}^2 \qquad (10.5\text{–}13)$$

Im Grundzustand der Konfiguration $\varphi_{g1}^2 \varphi_{u1}^2$ ist die Summe der Orbitalenergien

$$2\epsilon_{g1} + 2\epsilon_{u1} = \alpha_s + \alpha_p + 2\alpha_h - \sqrt{(\alpha_s - \alpha_h)^2 + 8\beta_{sh}^2} - \sqrt{(\alpha_p - \alpha_h)^2 + 8\beta_{ph}^2} \qquad (10.5\text{–}14)$$

und die Bindungsenergie (bezogen auf A im Grundzustand s^2 und zwei H-Atome im Grundzustand)

$$\Delta E = 2\epsilon_{g1} + 2\epsilon_{u1} - 2\alpha_s - 2\alpha_h$$

$$= \alpha_p - \alpha_s - \sqrt{(\alpha_s - \alpha_h)^2 + 8\beta_{sh}^2} - \sqrt{(\alpha_p - \alpha_h)^2 + 8\beta_{ph}^2} \qquad (10.5\text{–}15)$$

Die Ladungsordnungen im Molekül sind

$$q_s = 2c_{g1}^2 = 1 - \frac{\alpha_s - \alpha_h}{\sqrt{(\alpha_s - \alpha_h)^2 + 8\beta_{sh}^2}}$$

$$q_p = 2c_{u1}^2 = 1 - \frac{\alpha_p - \alpha_h}{\sqrt{(\alpha_p - \alpha_h)^2 + 8\beta_{ph}^2}}$$

$$q_h = c_{g2}^2 + c_{u2}^2 = 2 - \frac{1}{2}(q_s + q_p) \qquad (10.5\text{--}16)$$

Im Ausdruck (10.5–15) tritt die Differenz $\alpha_p - \alpha_s$ auf, die man als die Promotionsenergie des Atoms von der Grundkonfiguration s^2 in die Valenzkonfiguration sp interpretieren könnte. Diese Interpretation wäre aber voreilig, denn die Valenzkonfiguration sp ist möglicherweise gar nicht realisiert. Das ist nämlich nur dann der Fall, wenn $q_s = q_p = 1$, die soeben abgeleiteten Formeln gelten aber nicht nur für diesen Spezialfall.

Ähnlich wie wir in Abschn. 7.1 bei zweiatomigen Molekülen gewisse Grenzfälle betrachteten, je nachdem, ob die Differenz der Diagonalelemente der Hückel-Matrix dem Betrage nach größer oder kleiner als das Nichtdiagonalelement ist, empfiehlt es sich, die analogen Grenzfälle auch hier zu diskutieren, allerdings haben wir jetzt mehrere solche Fälle, weil drei Diagonalelemente $(\alpha_s, \alpha_p, \alpha_h)$ und zwei Nichtdiagonalelemente (β_{sh}, β_{ph}) vorkommen.

Fall a), gekennzeichnet durch

$$|\beta_{sh}| \ll |\alpha_s - \alpha_h|$$
$$|\beta_{ph}| \ll |\alpha_p - \alpha_h|$$
$$\alpha_s > \alpha_h, \qquad \alpha_p > \alpha_h$$

Man sieht leicht aus (10.5–16) und (10.5–15), daß

$$q_s \approx 1 - 1 \approx 0$$
$$q_p \approx 1 - 1 \approx 0$$
$$q_h \approx 2$$
$$\epsilon_{g1} \approx \alpha_h$$
$$\epsilon_{u1} \approx \alpha_h$$
$$\Delta E \approx \alpha_p - \alpha_s - (\alpha_s - \alpha_h) - (\alpha_p - \alpha_h) = 2\alpha_h - 2\alpha_s$$

Es liegt offenbar ionogene Bindung gemäß $A^{2+} + 2H^-$ vor.

Die Konfiguration ist $h_1^2\, h_2^2$.

Wir erinnern uns an dieser Stelle daran, daß die HMO-Näherung zur Beschreibung einer ionogenen Bindung nicht sehr geeignet ist.

Fall a') wie Fall a, nur

$$\alpha_s < \alpha_h, \qquad \alpha_p < \alpha_h$$

Hier ist

$$
\begin{aligned}
q_s &\approx 1+1 \approx 2\\
q_p &\approx 1+1 \approx 2\\
q_h &\approx 0\\
\epsilon_{\text{gl}} &\approx \alpha_s\\
\epsilon_{\text{ul}} &\approx \alpha_p\\
\Delta E &\approx \alpha_p - \alpha_s + (\alpha_s - \alpha_h) + (\alpha_p - \alpha_h) = 2\alpha_p - 2\alpha_h
\end{aligned}
$$

Wir haben jetzt ionogene Bindung gemäß $A^{2-} + 2H^+$ mit der Konfiguration s^2p^2.

Fall a'') wie Fall a, aber

$$\alpha_s < \alpha_h, \qquad \alpha_p > \alpha_h$$

Hier liegt also α_h genau zwischen α_s und α_p; daß $\alpha_s < \alpha_p$, soll in allen Fällen gelten. Jetzt ist

$$
\begin{aligned}
q_s &\approx 1+1 \approx 2\\
q_p &\approx 1-1 \approx 0\\
q_h &\approx 1\\
\epsilon_{\text{gl}} &\approx \alpha_s\\
\epsilon_{\text{ul}} &\approx \alpha_h\\
\Delta E &\approx \alpha_p - \alpha_s + (\alpha_s - \alpha_h) - (\alpha_p - \alpha_h) = 0
\end{aligned}
$$

Es kommt gar keine Bindung zustande, da die tiefstliegenden MO's mit den Energien α_s und α_h bereits in den getrennten Systemen voll besetzt sind, Elektronenübertragung also keinen Gewinn bringen kann.

Fall b

$$
\begin{aligned}
|\beta_{sh}| &\gg |\alpha_s - \alpha_h|\\
|\beta_{ph}| &\ll |\alpha_p - \alpha_h|\\
&\alpha_p > \alpha_h
\end{aligned}
$$

Hier liegt gewissermaßen für die σ_g-Bindung die Bedingung für kovalente Bindung, für die σ_u-Bindung die Bedingung für ionogene Bindung mit Elektronenübertragung auf die H-Atome vor (vgl. Fall a).

In der Tat ist

$$
\begin{aligned}
q_s &\approx 1 \\
q_p &\approx 0 \\
q_h &\approx \frac{3}{2} \\
\epsilon_{g1} &\approx \frac{\alpha_s + \alpha_h}{2} + \sqrt{2}\ \beta_{sh} \\
\epsilon_{u1} &\approx \alpha_h \\
\Delta E &\approx \alpha_p - \alpha_s + 2\sqrt{2}\ \beta_{sh} - (\alpha_p - \alpha_h) \\
&\approx \alpha_h - \alpha_s + 2\sqrt{2}\ \beta_{sh}
\end{aligned}
$$

Offenbar wird hier ein Elektron vom Atom A je zur Hälfte auf die beiden H-Atome übertragen. Das MO φ_{g1} ist bindend, analog dem in H_3^+ (vgl. Abschn. 9.1), während das MO φ_{u1} nichtbindend, nur auf den H-Atomen lokalisiert ist.

Das Atom A befindet sich im einfach ionisierten Valenzzustand $s\,(A^+)$, die H-Atome in der Konfiguration $h_1^{\frac{3}{2}}\ h_2^{\frac{3}{2}}$.

Die Bindungsenergie besteht aus einem ionogenen Anteil $\alpha_h - \alpha_s$, der der Übertragung eines Elektrons vom AO s in ein AO h entspricht, sowie einem kovalenten Anteil $2\sqrt{2}\,\beta_{sh}$. Dieser Fall (b) wird auch als 4-Elektronen-3-Zentren-Bindung (oder besser 4-Elektronen-3-AO-Bindung bezeichnet). Das AO p beteiligt sich offensichtlich nicht an der Bindung. Die Bindung ist halb kovalent und halb ionogen. Wir werden auf diesen wichtigen Bindungstyp in Kap. 12 zurückkommen. Zunächst interessiert uns aber die vollständig kovalente Bindung mehr.

Fall c

$$
\begin{aligned}
|\beta_{sh}| &\gg |\alpha_s - \alpha_h| \\
|\beta_{ph}| &\gg |\alpha_p - \alpha_h|
\end{aligned}
$$

Das ist offenbar der kovalente Grenzfall für sowohl das σ_g- als auch das σ_u-MO, Hier ergibt sich

$$
\begin{aligned}
q_s &\approx 1 \\
q_p &\approx 1 \\
q_h &\approx 1 \\
\Delta E &\approx \alpha_p - \alpha_s + 2\sqrt{2}\cdot\beta_{sh} + 2\sqrt{2}\,\beta_{ph}
\end{aligned}
$$

Die Konfiguration ist sph_1h_2, der Valenzzustand ist offensichtlich sp.

Im Ausdruck für die Bindungsenergie erkennt man deutlich 3 Anteile:

1. die Promotionsenergie $\alpha_p - \alpha_s$ (von s^2 nach sp)
2. die Bindungsenergie $2\sqrt{2}\,\beta_{sh}$ der σ_g-Bindung
3. die Bindungsenergie $2\sqrt{2}\,\beta_{ph}$ der σ_u-Bindung.

Ein Vergleich mit der entsprechenden Bindungsenergie einer 2-Zentren-AH-Bindung (10.5–3) läßt erkennen, daß *jede* der beiden 3-Zentren-Bindungen um einen Faktor $\sqrt{2}$ stärker als eine 2-Zentren-Bindung ist.

10.5.3. Hybridisierungsbedingung und Lokalisierung

Für ein lineares AH_2-Molekül mit 4 Valenzelektronen ist offensichtlich die Hundsche Lokalisierungsbedingung erfüllt – vorausgesetzt, daß das s- und das p-AO des Atoms A an der Bindung ‚beteiligt' sind. Wir wollen jetzt – allerdings nur im Rahmen der HMO-Näherung – dieses ‚Beteiligtsein' quantitativ zu erfassen versuchen. Und zwar wollen wir versuchsweise verlangen, daß das s- und das p-AO in gleicher Weise an der Bindung beteiligt seien, in dem Sinne, daß

$$q_s = q_p \tag{10.5–17}$$

Bedingung dafür, daß (10.5–17) erfüllt ist, oder daß – wie wir sagen wollen – ‚s–p-Hybridisierung' vorliegt, ist offenbar, daß folgende Beziehung zwischen den Elementen der Hückel-Matrix besteht.

$$\frac{\beta_{ph}}{\alpha_p - \alpha_h} = \frac{\beta_{sh}}{\alpha_s - \alpha_h} \tag{10.5–18}$$

Diese Bedingung, die notwendig und hinreichend für die Erfüllung von (10.5–17) ist, folgt unmittelbar aus (10.5–17), wenn man die expliziten Ausdrücke (10.5–16) in (10.5–17) einsetzt und in trivialer Weise umformt.

Wenn die ‚Hybridisierungsbedingung' (10.5–18) (genauer: die Bedingung für s–p-Hybridisierung) erfüllt ist, hat das eine Reihe interessanter Konsequenzen. Betrachten wir zunächst die als Linearkombinationen von φ_{g1} und φ_{u1} gebildeten äquivalenten MO's. Unter Berücksichtigung von (10.5–12) und (10.5–6) erhalten wir für diese

$$\psi_1 = \frac{1}{\sqrt{2}}(\varphi_{g1} + \varphi_{u1}) = \frac{c_{g1}}{\sqrt{2}}\,s + \frac{c_{u1}}{\sqrt{2}}\,p + \frac{c_{g2} + c_{u2}}{2}\,h_1 + \frac{c_{g2} - c_{u2}}{2}\,h_2$$

$$\psi_2 = \frac{1}{\sqrt{2}}(\varphi_{g1} - \varphi_{u1}) = \frac{c_{g1}}{\sqrt{2}}\,s - \frac{c_{u1}}{\sqrt{2}}\,p + \frac{c_{g2} - c_{u2}}{2}\,h_1 + \frac{c_{g2} + c_{u2}}{2}\,h_2 \tag{10.5–19}$$

Wenn nun (10.5–18) gilt und damit auch (10.5–17), ist wegen (10.5–16) und (10.5–13) auch

$$|c_{g1}| = |c_{u1}|$$
$$|c_{g2}| = |c_{u2}| \qquad (10.5-20)$$

Setzt man (10.5–20) in (10.5–19) ein und definiert man noch die sog. digonalen oder *sp*-Hybrid-AO's (s. Abb. 54)

$$di_1 = \frac{1}{\sqrt{2}}\,(s+p)$$
$$di_2 = \frac{1}{\sqrt{2}}\,(s-p) \qquad (10.5-21)$$

so erhält man für die äquivalenten MO's

$$\psi_1 = c_{g1}\cdot di_1 + c_{g2}\cdot h_1$$
$$\psi_2 = c_{g1}\cdot di_2 + c_{g2}\cdot h_2 \qquad (10.5-22)$$

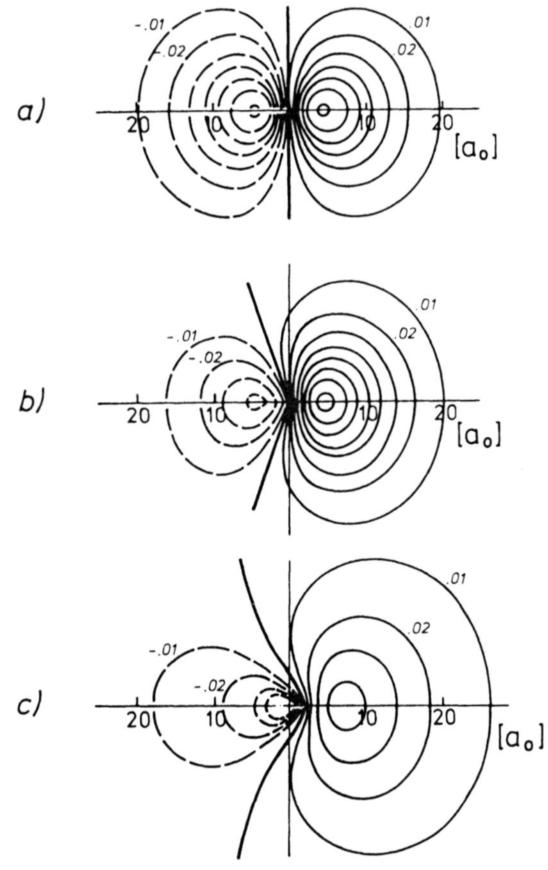

Abb. 54. Konturliniendiagramm von Hybrid-AO's [a) p, b) sp^3, c) sp].

Wenn die Hybridisierungsbedingung erfüllt ist, sind also die äquivalenten MO's echte 2-Zentren-MO's, gebildet aus je einem Hybrid-AO des Atoms A und einem *s*-AO eines H-Atoms.

Damit haben wir den gesuchten Zusammenhang zu den beiden Valenzstrichen im H—A—H gefunden. Es ist auch anschaulich einzusehen, daß die Hybrid-AO's für Bindungen speziell in einer Richtung gewissermaßen vorgebildet sind.

Unter Berücksichtigung von (10.5—18) kann man auch den Ausdruck (10.5—15) für die Bindungsenergie wie folgt umformen

$$\Delta E = \alpha_p - \alpha_s - 2\sqrt{\left(\frac{\alpha_s + \alpha_p}{2} - \alpha_h\right)^2 + 8\left(\frac{\beta_{sh} + \beta_{ph}}{2}\right)^2} \qquad (10.5-23)$$

Dieser Ausdruck gestattet eine einfache Interpretation, auf die wir in Abschn. 10.5.4 kommen werden.

Da die Erfüllung der Hybridisierungsbedingung (10.5—18) interessante Konsequenzen hat, lohnt es sich vielleicht, noch etwas auf sie einzugehen. Da grundsätzlich $\alpha_p > \alpha_s$, gilt allgemein

$$\alpha_p - \alpha_h > \alpha_s - \alpha_h$$

Da andererseits sowohl β_{ph} als β_{sh} negativ sind, müssen $\alpha_p - \alpha_h$ und $\alpha_s - \alpha_h$ zumindest das gleiche Vorzeichen haben, wenn (10.5—18) erfüllt sein soll. Es sind also nur die beiden Möglichkeiten zulässig:

1. $\alpha_p > \alpha_s > \alpha_h$
2. $\alpha_h > \alpha_p > \alpha_s$

Die dritte Möglichkeit, daß α_h zwischen α_s und α_p liegt, ist nicht mit (10.5—18) verträglich. Im Fall 1 (das H-Atom ist elektronegativer als das Atom A) ist

$$|\alpha_p - \alpha_h| > |\alpha_s - \alpha_h|$$

d.h. (10.5—18) ist nur zu erfüllen, wenn auch

$$|\beta_{ph}| > |\beta_{sh}|$$

d.h. wenn das reduzierte Resonanzintegral eines 1*s*-AO's des H mit einem *p*-AO des Atoms A dem Betrag nach größer ist als das mit einem *s*-AO. Das ist durchaus realistisch (vgl. Abschn. 10.6).

Im Fall 2 (das Atom A ist der elektronegativere Partner) ist dagegen

$$|\alpha_p - \alpha_h| < |\alpha_s - \alpha_h|$$

und folglich muß gelten

$$|\beta_{ph}| < |\beta_{sh}|$$

In den typischen AH_2-Molekülen mit vier Valenzelektronen wie BeH_2, MgH_2 ist das H-Atom elektronegativer als das Zentralatom.

10.5.4. Die Hückel-Matrix in der Basis von Hybridorbitalen

Der Weg, auf dem wir von der Hückel-Matrix (10.5–5) in der Basis der AO's s, p, h_1 und h_2 zu den zwei Zweizentren-MO's (10.5–22) gekommen sind, mutet vielleicht als ein Umweg an. Wir sind ja zunächst von der ursprünglichen AO-Basis, die sowohl symmetrieadaptierte (s, p) als auch äquivalente AO's (h_1, h_2) enthält, zu einer vollständig symmetrieadaptierten Basis (s, h_g, p, h_u) übergegangen, haben dann die symmetrieadaptierten (kanonischen) MO's φ_{g1} und φ_{u1} konstruiert und schließlich diese auf äquivalente MO's transformiert. Man könnte denken, daß es einfacher ist, von einer äquivalenten AO-Basis (di_1, h_1, di_2, h_2) auszugehen und anschließend gleich die äquivalenten MO's zu berechnen.

Dieses naheliegende Verfahren führt allerdings nicht unmittelbar – jedenfalls nicht unter Umgehung der symmetrieadaptierten MO's – zum Ziel.

Wir erhalten die Hückel-Matrix in der Basis (di_1, h_1, di_2, h_2), wenn wir die Hückel-Matrix $\boldsymbol{H}$ (10.5–5) in der Basis (s, p, h_1, h_2) mit der Matrix

$$V = \begin{pmatrix} \frac{1}{\sqrt{2}} & 0 & \frac{1}{\sqrt{2}} & 0 \\ \frac{1}{\sqrt{2}} & 0 & -\frac{1}{\sqrt{2}} & 0 \\ 0 & 1 & 0 & 0 \\ 0 & 0 & 0 & 1 \end{pmatrix} \tag{10.5–24}$$

transformieren, d.h. $\tilde{\tilde{H}} = V^\dagger H V$ bilden. Die transformierte Hückel-Matrix hat die Form

$$\tilde{\tilde{H}} = \begin{pmatrix} A & B \\ B & A \end{pmatrix} \tag{10.5–25}$$

wobei $\boldsymbol{A}$ und $\boldsymbol{B}$ 2x2-Matrizen sind*)

* Da $\alpha_{di_1} = \alpha_{di_2}$, schreiben wir dafür α_{di}, ebenso wählen wir die Abkürzung $\beta_{di,h}$ für β_{di_1,h_1}.

$$A = \begin{pmatrix} \alpha_{di} & \beta_{di,h} \\ \beta_{di,h} & \alpha_h \end{pmatrix} = \begin{pmatrix} \frac{\alpha_s + \alpha_p}{2} & \frac{\beta_{sh} + \beta_{ph}}{\sqrt{2}} \\ \frac{\beta_{sh} + \beta_{ph}}{\sqrt{2}} & \alpha_h \end{pmatrix}$$

$$B = \begin{pmatrix} \beta_{di_1, di_2} & \beta_{di_1, h_2} \\ \beta_{di_1, h_2} & 0 \end{pmatrix} = \begin{pmatrix} \frac{\alpha_s - \alpha_p}{2} & \frac{\beta_{sh} - \beta_{ph}}{\sqrt{2}} \\ \frac{\beta_{sh} - \beta_{ph}}{\sqrt{2}} & 0 \end{pmatrix} \qquad (10.5\text{–}26)$$

Es ist zunächst enttäuschend, daß die Matrix $\tilde{\tilde{H}}$ nicht faktorisiert ist, auch dann nicht, wenn die Hybridisierungsbedingung (10.5–18) erfüllt ist. Nur wenn $\boldsymbol{B}$ verschwindet, d.h. wenn

$$\alpha_s = \alpha_p \quad \text{und} \quad \beta_{sh} = \beta_{ph} \qquad (10.5\text{–}27)$$

ist $\tilde{\tilde{H}}$ faktorisiert. Die gleichzeitige, auch nur näherungsweise Erfüllung der beiden Bedingungen (10.5–27) ist aber eine völlig unrealistische Forderung, so daß wir die Gültigkeit von (10.5–27) keineswegs unterstellen wollen. Wir wollen aber trotzdem versuchsweise so tun, als könnten wir $\boldsymbol{B}$ vernachlässigen. In diesem Fall sind die Eigenwerte von A*)

$$\epsilon_{2,1} = \frac{\alpha_{di} + \alpha_h}{2} \pm \frac{1}{2}\sqrt{(\alpha_{di} - \alpha_h)^2 + 4\beta_{di,h}^2} \qquad (10.5\text{–}28)$$

gleichzeitig Eigenwerte von $\tilde{\tilde{H}}$, und sowohl ϵ_1 als ϵ_2 ist zweifach entartet. Im Grundzustand ist ϵ_1 mit vier Elektronen besetzt, und man erhält für die Bindungsenergie

$$\begin{aligned} \Delta E &= 2(\alpha_{di} + \alpha_h - \alpha_s - \alpha_h) - 2\sqrt{\left(\alpha_{di} - \alpha_h\right)^2 + 4\beta_{di,h}^2} \\ &= \alpha_p - \alpha_s - 2\sqrt{\left(\frac{\alpha_s + \alpha_p}{2} - \alpha_h\right)^2 + 8\left(\frac{\beta_{sh} + \beta_{ph}}{2}\right)^2} \end{aligned} \qquad (10.5\text{–}29)$$

Dieses ΔE ist aber identisch mit dem von (10.5–23), zu dessen Ableitung wir nur die Hybridisierungsbedingung vorausgesetzt haben.

Die Frage, wieso man unter der unzulässigen Vernachlässigung von $\boldsymbol{B}$ trotzdem den richtigen Ausdruck für die Bindungsenergie erhält, ist einer näheren Untersuchung wert.

---

* s. I.A7.5

Zunächst stellen wir fest, daß die 2-Zentren-MO's (10.5–22) offenbar nicht Eigenvektoren der Hückel-Matrix und damit kanonische MO's darstellen – das wäre nur der Fall, wenn $\boldsymbol{B}$ identisch verschwände –, sondern äquivalente MO's. Die Eigenvektoren der Hückel-Matrix (bzw. die Eigenfunktionen irgendeines totalsymmetrischen Einteilchenoperators) sind notwendigerweise symmetrieadaptiert, *außer* wenn Eigenvektoren zu verschiedenen irreduziblen Darstellungen (hier σ_g und σ_u) untereinander entartet sind (den gleichen Eigenwert haben). Dann und nur dann sind nämlich beliebige Linearkombinationen von σ_g und σ_u, u.a. auch äquivalente MO's, Eigenvektoren von $\boldsymbol{H}$.

Wir kennen aber die Eigenvektoren (10.5–12) und deren Eigenwerte (10.5–11) und sehen diesen sofort an, daß Entartung von ϵ_{g1} und ϵ_{u1} genau dann vorliegt, wenn $\alpha_p = \alpha_s$ und $\beta_{sh} = \beta_{ph}$, d.h. wenn (10.5–27) erfüllt ist. Gerade das wollen wir aber nicht voraussetzen.

Die Tatsache, daß eine Beschreibung eines Moleküls entweder durch die kanonischen MO's φ_{g1} und φ_{u1} oder durch die äquivalenten MO's ψ_1 und ψ_2 *gleichwertig* ist, bedeutet *nicht*, daß die Einelektronenenergien bei beiden Beschreibungen gleich sind, sondern nur, daß die Gesamtwellenfunktion und die Gesamtenergie bzw. die Bindungsenergie gleich sind.

Versuchen wir jetzt, die Eigenvektoren von $\tilde{\tilde{H}}$ in der Basis (di_1, h_1, di_2, h_2) zu formulieren!

Einen Eigenvektor $\vec{x}$ zerlegen wir hierzu in zwei 2-dimensionale Vektoren $\vec{a}$ und $\vec{b}$

$$\vec{x} = \begin{pmatrix} \vec{a} \\ \vec{b} \end{pmatrix} \tag{10.5–30}$$

Dann lautet die Eigenwertgleichung:

$$\tilde{\tilde{H}}\vec{x} = \begin{pmatrix} A & B \\ B & A \end{pmatrix} \begin{pmatrix} \vec{a} \\ \vec{b} \end{pmatrix} = \begin{pmatrix} A\vec{a} + B\vec{b} \\ B\vec{a} + A\vec{b} \end{pmatrix} = \epsilon\vec{x} = \epsilon \begin{pmatrix} \vec{a} \\ \vec{b} \end{pmatrix} \tag{10.5–31}$$

Aus der Symmetrie des Problems folgt, daß ein Eigenvektor entweder gerade oder ungerade sein muß, das bedeutet

$$\vec{a} = \pm \vec{b} \tag{10.5–32}$$

weil bei Inversion am Ursprung $\vec{a}$ mit $\vec{b}$ vertauscht wird. Setzen wir das ein, so erhalten wir

$$\begin{aligned} A\vec{a} \pm B\vec{a} &= +\epsilon\vec{a} \\ B\vec{a} \pm A\vec{a} &= \pm\epsilon\vec{a} \end{aligned} \tag{10.5–33}$$

oder

$$(A \pm B)\vec{a} = \epsilon\vec{a} \tag{10.5–34}$$

d.h. $\vec{a}$ ist Eigenvektor von $\boldsymbol{A} + \boldsymbol{B}$, wenn $\vec{x}$ gerade sein soll, bzw. $\vec{a}$ ist Eigenvektor von $\boldsymbol{A} - \boldsymbol{B}$, wenn $\vec{x}$ ungerade sein soll.

Unter welchen Voraussetzungen ist nun $\vec{a}$ einfach gleich dem Eigenvektor des A-Blocks? Das ist offenbar dann der Fall, wenn die Eigenfunktionen von $\boldsymbol{A}$ gleichzeitig Eigenfunktionen von $\boldsymbol{B}$ sind, also wenn $\boldsymbol{A}$ und $\boldsymbol{B}$ vertauschen, d.h. wenn gilt

$$\boldsymbol{A} \cdot \boldsymbol{B} = \boldsymbol{B} \cdot \boldsymbol{A} \qquad (10.5\text{–}35)$$

bzw. in Komponenten

$$\begin{aligned}
A_{11}B_{11} + A_{12}B_{21} &= B_{11}A_{11} + B_{12}A_{21} \\
A_{11}B_{12} + A_{12}B_{22} &= B_{11}A_{12} + B_{12}A_{22} \\
A_{21}B_{11} + A_{22}B_{21} &= B_{21}A_{11} + B_{22}A_{21} \\
A_{21}B_{12} + A_{22}B_{22} &= B_{21}A_{12} + B_{22}A_{22}
\end{aligned} \qquad (10.5\text{–}36)$$

Berücksichtigt man, daß $A_{ij} = A_{ji}$ und $B_{ij} = B_{ji}$, so sind die erste und vierte Gleichung in (10.5–36) trivialerweise erfüllt. Beachten wir ferner, daß $B_{22} = 0$, so reduzieren sich die zweite und die dritte Gleichung auf eine einzige Bedingung

$$\frac{A_{12}}{B_{12}} = \frac{A_{11} - A_{22}}{B_{11}} \qquad (10.5\text{–}37)$$

bzw. nach Einsetzen der Matrixelemente

$$\frac{\beta_{sh} + \beta_{ph}}{\beta_{sh} + \beta_{ph}} = \frac{\alpha_s + \alpha_p - 2\alpha_h}{\alpha_s - \alpha_p} \qquad (10.5\text{–}38)$$

das ist aber, wie man nach Ausmultiplizieren und Umordnen sieht, nichts anderes als unsere Hybridisierungsbedingung (10.5–18).

Wir halten also folgendes fest: Wenn die Hybridisierungsbedingung (10.5–18) erfüllt ist, so vertauschen die 2×2 Untermatrizen $\boldsymbol{A}$ und $\boldsymbol{B}$ der Hückel-Matrix $\tilde{\tilde{\boldsymbol{H}}}$ in der Basis der Hybrid-AO's. Dann sind die Eigenvektoren $\vec{a}_1$ bzw. $\vec{a}_2$ des Diagonalblocks $\boldsymbol{A}$ mit den Eigenwerten α_1 und α_2 gleichzeitig Eigenvektoren des Nichtdiagonalblocks $\boldsymbol{B}$ mit irgendwelchen Eigenwerten β_1 und β_2 und auch Eigenvektoren von $\boldsymbol{A} + \boldsymbol{B}$ bzw. von $\boldsymbol{A} - \boldsymbol{B}$. Hieraus folgt weiter, daß die geraden Eigenvektoren von $\tilde{\tilde{\boldsymbol{H}}}$ und die zugehörigen Eigenwerte von der Form sind

$$\vec{x}_{g1} = \begin{pmatrix} \vec{a}_1 \\ \vec{a}_1 \end{pmatrix} \quad ; \qquad \vec{x}_{g2} = \begin{pmatrix} \vec{a}_2 \\ \vec{a}_2 \end{pmatrix}$$

$$\epsilon_{g1} = \alpha_1 + \beta_1 \qquad \epsilon_{g2} = \alpha_2 + \beta_2 \qquad (10.5\text{–}39)$$

und die ungeraden Eigenvektoren und ihre Eigenwerte

$$\vec{x}_{u1} = \begin{pmatrix} \vec{a}_1 \\ -\vec{a}_1 \end{pmatrix} \quad ; \qquad \vec{x}_{u2} = \begin{pmatrix} \vec{a}_2 \\ -\vec{a}_2 \end{pmatrix}$$

$$\epsilon_{u1} = \alpha_1 - \beta_1 \; ; \qquad \epsilon_{u2} = \alpha_2 - \beta_2 \qquad (10.5\text{–}40)$$

Wenn sowohl φ_{g1} als auch φ_{u1} je doppelt besetzt sind, ist die Bindungsenergie

$$\Delta E = 2\epsilon_{g1} + 2\epsilon_{u1} - 2\alpha_s - 2\alpha_h = 2(\alpha_1 + \beta_1) + 2(\alpha_1 - \beta_1) - 2\alpha_s - 2\alpha_h$$

$$= 4\alpha_1 - 2\alpha_s - 2\alpha_h \qquad (10.5\text{–}41)$$

In ΔE tritt im Gegensatz zu ϵ_{g1} und ϵ_{u1} nur mehr α_1, nicht jedoch β_1 auf. Wenn also die Hybridisierungsbedingung (10.5–18) erfüllt ist, so erhält man – obwohl die Hückel-Matrix in der Basis der Hybrid-AO's nicht faktorisiert ist – die (im Rahmen der HMO-Näherung) richtige Bindungsenergie ΔE, wenn man so tut, als könne man die Nichtdiagonalblocks $\boldsymbol{B}$ einfach vernachlässigen.

Die Tatsache, daß die Energien der kanonischen MO's auch bei Erfüllung der Hybridisierungsbedingung von den Energien der äquivalenten (2-Zentren)-MO's verschieden sind, wird oft übersehen, weil fälschlich unterstellt wird, daß Erfüllung von (10.5–27) Voraussetzung für eine Beschreibung eines Moleküls durch 2-Zentren-MO's ist. Wir kommen auf diese unterschiedlichen MO-Energien bei gleicher Gesamtenergie in Abschn. 10.7 noch einmal aus etwas anderer Sicht zurück.

10.5.5. Lokalisierung und Hybridisierung bei trigonalen ebenen AH_3-Molekülen mit 6 Valenzelektronen

Wir wollen jetzt bei AH_3-Molekülen vom Typ des BH_3 die angemessene Hybridisierungsbedingung formulieren und lokalisierte Zweizentren-MO's konstruieren.

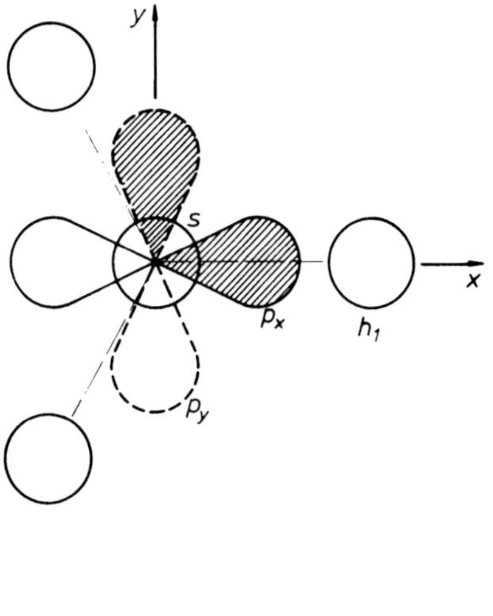

Abb. 55. AO's eines planaren AH_3-Moleküls.

Der Gedankengang ist dabei im wesentlichen der gleiche wie in Abschn. 10.5.2 – 10.5.4 für AH_2-Moleküle, so daß wir uns recht kurz fassen können. Die einzige zusätzliche Schwierigkeit im Vergleich zu AH_2-Molekülen besteht jetzt im Auftreten von mehrdimensionalen irreduziblen Darstellungen. Für ein ebenes symmetrisches AH_3-Molekül (Symmetriegruppe D_{3h}) sind an der Bindung die drei AO's s, p_x und p_y des Atoms A und die drei AO's h_1, h_2, h_3 der drei H-Atome beteiligt. Die p-Orbitale p_x und p_y seien, wie auf Abb. 55 angedeutet, zu den H-Atomen orientiert.

Die Hückel-Matrix in der Basis $(s, p_x, p_y, h_1, h_2, h_3)$ lautet:

$$\begin{pmatrix} \alpha_s & 0 & 0 & \beta_{sh} & \beta_{sh} & \beta_{sh} \\ 0 & \alpha_p & 0 & \beta_{ph} & \frac{-\beta_{ph}}{2} & \frac{-\beta_{ph}}{2} \\ 0 & 0 & \alpha_p & 0 & \frac{-\beta_{ph}}{2}\sqrt{3} & \frac{\beta_{ph}}{2}\sqrt{3} \\ \beta_{sh} & \beta_{ph} & 0 & \alpha_h & 0 & 0 \\ \beta_{sh} & \frac{-\beta_{ph}}{2} & \frac{-\beta_{ph}}{2}\sqrt{3} & 0 & \alpha_h & 0 \\ \beta_{sh} & \frac{-\beta_{ph}}{2} & \frac{\beta_{ph}}{2}\sqrt{3} & 0 & 0 & \alpha_h \end{pmatrix} \qquad (10.5\text{–}42)$$

Alle drei s-Orbitale der H-Atome haben mit dem s-Orbital des Zentralatoms das gleiche Matrixelement β_{sh} Dagegen zeigt nur ein p-Orbital, nämlich p_x, unmittelbar auf ein H-Atom, nämlich H_1, so daß zwischen p_x und H_1 das Matrixelement den Wert β_{ph} hat. Das Matrixelement zwischen p_x und H_2 oder H_3 ist erstens negativ, zum anderen trägt nur die Komponente von p_x in der Richtung AH_2 (bzw. AH_3) bei, d.h. $-\beta_{ph} \cdot \cos 60° = -\frac{\beta_{ph}}{2}$. Entsprechend kann man die anderen Matrixelemente durch β_{ph} und den Cosinus des betreffenden Winkels ausdrücken. H_1 kann mit p_y aus Symmetriegründen kein von Null verschiedenes Matrixelement haben.

Wir führen jetzt die symmetrieadaptierten Linearkombinationen der AO's der drei H-Atome ein. Diese gehören zu den irreduziblen Darstellungen a′ (eindimensional) und e′ (zweidimensional). Die beiden Komponenten zu e′ sind dabei so gewählt, daß sie zu p_x und p_y ‚passen'.

$$h_a = \frac{1}{\sqrt{3}}(h_1 + h_2 + h_3) \qquad a'$$

$$\left.\begin{aligned} h_{ex} &= \frac{1}{\sqrt{6}}\,(2h_1 - h_2 - h_3) \\ h_{ey} &= \frac{1}{\sqrt{2}}\,(h_2 - h_3) \end{aligned}\right\}\; e' \tag{10.5–43}$$

Die Hückel-Matrix in der Basis $(s, h_a, p_x, h_{ex}, p_y, h_{ey})$ besteht aus drei 2x2-Diagonalblöcken, einem zur irreduziblen Darstellung a′, nämlich

$$\begin{pmatrix} \alpha_s & \sqrt{3}\,\beta_{sh} \\ \sqrt{3}\,\beta_{sh} & \alpha_h \end{pmatrix} \tag{10.5–44}$$

und zwei identischen zur Darstellung e′,

$$\begin{pmatrix} \alpha_p & \sqrt{\frac{3}{2}}\,\beta_{ph} \\ \sqrt{\frac{3}{2}}\,\beta_{ph} & \alpha_h \end{pmatrix} \tag{10.5–45}$$

Die doppelt besetzten AO's und die entsprechenden Orbitalenergien sind

$$\varphi_{a1} = c_{a1} \cdot s + c_{a2} \cdot h_a;$$

$$\epsilon_{a1} = \frac{\alpha_s + \alpha_h}{2} - \frac{1}{2}\sqrt{(\alpha_s - \alpha_h)^2 + 12\,\beta_{sh}^2}$$

$$\left.\begin{aligned} \varphi_{ex1} &= c_{e1} \cdot p_x + c_{e2} \cdot h_{ex} \\ \varphi_{ey1} &= c_{e1} \cdot p_y + c_{e2} \cdot h_{ey} \end{aligned}\right\}\; \epsilon_{e1} = \frac{\alpha_p + \alpha_h}{2} - \frac{1}{2}\sqrt{(\alpha_p - \alpha_h)^2 + 6\beta_{ph}^2} \tag{10.5–46}$$

mit

$$2c_{a1}^2 = 1 - \frac{\alpha_s - \alpha_h}{\sqrt{(\alpha_s - \alpha_h)^2 + 12\beta_{sh}^2}}$$

$$2c_{e1}^2 = 1 - \frac{\alpha_p - \alpha_h}{\sqrt{(\alpha_p - \alpha_h)^2 + 6\,\beta_{ph}^2}} \tag{10.5–47}$$

und die Bindungsenergie bezogen auf das Zentralatom in der Konfiguration s^2p ist

$$\begin{aligned} \Delta E &= 2\epsilon_{a1} + 4\epsilon_{e1} - 2\alpha_s - \alpha_p - 3\alpha_h = \\ &= \alpha_p - \alpha_s - \sqrt{(\alpha_s - \alpha_h)^2 + 12\,\beta_{sh}^2} - 2\sqrt{(\alpha_p - \alpha_h)^2 + 6\,\beta_{ph}^2} \end{aligned} \tag{10.5–48}$$

Die s-Bindung ist stärker als bei einem AH_2-Molekül, eine einzelne p-Bindung schwächer. Die angemessene Hybridisierungsbedingung ist jetzt

$$q_s = 2c_{a1}^2 = q_{px} = q_{py} = 2c_{e1}^2 \tag{10.5–49}$$

bzw. nach Einsetzen von (10.5–47) und Umformen

$$\frac{\beta_{ph}}{\alpha_p - \alpha_h} = \sqrt{2}\,\frac{\beta_{sh}}{\alpha_s - \alpha_h} \tag{10.5–50}$$

Diese Bedingung für sp^2-Hybridisierung unterscheidet sich von derjenigen (10.5–18) für sp-Hybridisierung um den Faktor $\sqrt{2}$ auf der rechten Seite.
Wenn (10.5–50) erfüllt ist, sind die äquivalenten MO's

$$\begin{aligned}
\psi_1 &= \frac{1}{\sqrt{3}}\varphi_{a1} + \frac{2}{\sqrt{6}}\varphi_{ex1}\\
\psi_2 &= \frac{1}{\sqrt{3}}\varphi_{a1} - \frac{1}{\sqrt{6}}\varphi_{ex1} - \frac{1}{\sqrt{2}}\varphi_{ey1}\\
\psi_3 &= \frac{1}{\sqrt{3}}\varphi_{a1} - \frac{1}{\sqrt{6}}\varphi_{ex1} + \frac{1}{\sqrt{2}}\varphi_{ey1}
\end{aligned} \tag{10.5–51}$$

Zweizentren MO's, gebildet aus je einem sp^2-(oder trigonalen) Hybrid-AO von A und einem AO des entsprechenden H

$$\begin{aligned}
\psi_1 &= c_{a1}\,tr_1 + c_{a2}h_1\\
\psi_2 &= c_{a1}\,tr_2 + c_{a2}h_2\\
\psi_3 &= c_{a1}\,tr_3 + c_{a2}h_3
\end{aligned} \tag{10.5–52}$$

wobei die Hybrid-AO's tr_1, tr_2, tr_3 definiert sind als

$$\begin{aligned}
tr_1 &= \frac{1}{\sqrt{3}}s + \frac{2}{\sqrt{6}}p_x\\
tr_2 &= \frac{1}{\sqrt{3}}s - \frac{1}{\sqrt{6}}p_x - \frac{1}{\sqrt{2}}p_y\\
tr_3 &= \frac{1}{\sqrt{3}}s - \frac{1}{\sqrt{6}}p_x + \frac{1}{\sqrt{2}}p_y
\end{aligned} \tag{10.5–53}$$

Bei Gültigkeit von (10.5–50) läßt sich der Ausdruck für die Bindungsenergie umformen zu

$$\Delta E = \alpha_p - \alpha_s - 3\sqrt{\left(\frac{\alpha_s + 2\alpha_p}{3} - \alpha_h\right)^2 + \frac{4}{3}\left(\beta_{sh} + \sqrt{2}\,\beta_{ph}\right)^2} \tag{10.5–54}$$

10.5.6. Lokalisierung und Hybridisierung bei tetraedrischen AH_4-Molekülen mit 8 Valenzelektronen

Bei tetraedrischen AH_4-Molekülen wie dem CH_4 wählen wir unser Koordinatensystem so, daß die vier H-Atome sich auf vier der acht Ecken eines Würfels befinden und die p_x, p_y, p_z-Orbitale parallel zu den Kanten des Würfels, so wie auf Abb. 51 angegeben. Die Hückel-Matrix ist dann in der AO-Basis $s, p_x, p_y, p_z, h_1, h_2, h_3, h_4$ (mit $\overline{\beta}_{ph} = \frac{1}{\sqrt{3}}\beta_{ph}$)

$$\begin{pmatrix} \alpha_s & 0 & 0 & 0 & \beta_{sh} & \beta_{sh} & \beta_{sh} & \beta_{sh} \\ 0 & \alpha_p & 0 & 0 & \overline{\beta}_{ph} & \overline{\beta}_{ph} & -\overline{\beta}_{ph} & -\overline{\beta}_{ph} \\ 0 & 0 & \alpha_p & 0 & \overline{\beta}_{ph} & -\overline{\beta}_{ph} & \overline{\beta}_{ph} & -\overline{\beta}_{ph} \\ 0 & 0 & 0 & \alpha_p & \overline{\beta}_{ph} & -\overline{\beta}_{ph} & -\overline{\beta}_{ph} & \overline{\beta}_{ph} \\ \beta_{sh} & \overline{\beta}_{ph} & \overline{\beta}_{ph} & \overline{\beta}_{ph} & \alpha_h & 0 & 0 & 0 \\ \beta_{sh} & \overline{\beta}_{ph} & -\overline{\beta}_{ph} & -\overline{\beta}_{ph} & 0 & \alpha_h & 0 & 0 \\ \beta_{sh} & -\overline{\beta}_{ph} & \overline{\beta}_{ph} & -\overline{\beta}_{ph} & 0 & 0 & \alpha_h & 0 \\ \beta_{sh} & -\overline{\beta}_{ph} & -\overline{\beta}_{ph} & \overline{\beta}_{ph} & 0 & 0 & 0 & \alpha_h \end{pmatrix} \qquad (10.5-55)$$

Folgende Linearkombinationen der AO's der H-Atome sind der Symmetriegruppe T_d angepaßt

$$\left.\begin{aligned} h_a &= \frac{1}{2}(h_1 + h_2 + h_3 + h_4) && a_1 \\ h_{tx} &= \frac{1}{2}(h_1 + h_2 - h_3 - h_4) \\ h_{ty} &= \frac{1}{2}(h_1 - h_2 + h_3 - h_4) \\ h_{tz} &= \frac{1}{2}(h_1 - h_2 - h_3 + h_4) \end{aligned}\right\} t_2 \qquad (10.5-56)$$

während das s-Orbital des Zentralatoms bereits zur eindimensionalen Darstellung a_1 und p_x, p_y und p_z zur dreidimensionalen Darstellung t_2 gehören. In der Basis der Symmetrieorbitale $s, h_a, p_x, h_{tx}, p_y, h_{ty}, p_z, h_{tz}$ faktorisiert die Hückel-Matrix in vier 2x2-Blöcke, von denen die letzten drei identisch sind.

Der erste Block zu a_1:

$$\begin{pmatrix} \alpha_s & 2\beta_{sh} \\ 2\beta_{sh} & \alpha_h \end{pmatrix} \qquad (10.5-57)$$

hat die Eigenwerte

$$\epsilon_{a1} = \frac{\alpha_s + \alpha_h}{2} - \frac{1}{2}\sqrt{(\alpha_s - \alpha_h)^2 + 16\,\beta_{sh}^2}$$

$$\epsilon_{a2} = \frac{\alpha_s + \alpha_h}{2} + \frac{1}{2}\sqrt{(\alpha_s - \alpha_h)^2 + 16\,\beta_{sh}^2} \qquad (10.5\text{–}58)$$

die anderen drei Blöcke

$$\begin{pmatrix} \alpha_p & \dfrac{2\beta_{ph}}{\sqrt{3}} \\ \dfrac{2\beta_{ph}}{\sqrt{3}} & \alpha_h \end{pmatrix} \qquad (10.5\text{–}59)$$

haben die Eigenwerte

$$\epsilon_{t1} = \frac{\alpha_p + \alpha_h}{2} - \frac{1}{2}\sqrt{(\alpha_p - \alpha_h)^2 + \frac{16}{3}\,\beta_{ph}^2}$$

$$\epsilon_{t2} = \frac{\alpha_p + \alpha_h}{2} + \frac{1}{2}\sqrt{(\alpha_p - \alpha_h)^2 + \frac{16}{3}\,\beta_{ph}^2} \qquad (10.5\text{–}60)$$

Die Bindungsenergie (bezogen auf das Zentralatom in der Konfiguration $2s^2\,2p^2$) ist dann

$$\Delta E = \alpha_p - \alpha_s + \sqrt{(\alpha_s - \alpha_h)^2 + 16\beta_{sh}^2} + 3\sqrt{(\alpha_p - \alpha_h)^2 + \tfrac{16}{3}\beta_{ph}^2} \qquad (10.5\text{–}61)$$

Als Bedingung für sp^3-Hybridisierung erhält man

$$\frac{\beta_{ph}}{\alpha_p - \alpha_h} = \sqrt{3}\,\frac{\beta_{sh}}{\alpha_s - \alpha_h} \qquad (10.5\text{–}62)$$

die sich von (10.5–18) um einen Faktor $\sqrt{3}$ unterscheidet.

Wenn diese Bedingung erfüllt ist, vereinfacht sich der Energieausdruck zu

$$\Delta E = \alpha_p - \alpha_s + 4\sqrt{\left(\frac{\alpha_s + 3\,\alpha_p}{4} - \alpha_h\right)^2 + \left(\beta_{sh} + \sqrt{3}\cdot\beta_{ph}\right)^2} \qquad (10.5\text{–}63)$$

und die äquivalenten Orbitale $\psi_1, \psi_2, \psi_3, \psi_4$ lassen sich schreiben als Linearkombinationen des AO's jeweils eines H-Atoms und des zugehörigen Hybridorbitals.

$$\begin{aligned}\psi_1 &= c_{a1} te_1 + c_{a2} h_1 \\ \psi_2 &= c_{a1} te_2 + c_{a2} h_2 \\ \psi_3 &= c_{a1} te_3 + c_{a2} h_3 \\ \psi_4 &= c_{a1} te_4 + c_{a2} h_4\end{aligned} \qquad (10.5\text{–}64)$$

mit

$$\begin{aligned}te_1 &= \frac{1}{2}(s + p_x + p_y + p_z) \\ te_2 &= \frac{1}{2}(s + p_x - p_y - p_z) \\ te_3 &= \frac{1}{2}(s - p_x + p_y - p_z) \\ te_4 &= \frac{1}{2}(s - p_x - p_y + p_z)\end{aligned} \qquad (10.5\text{–}65)$$

und

$$(c_{a1}, c_{a2}) = \text{Eigenvektor von (10.5–57) zum Eigenwert } \epsilon_{a1} .$$

10.6. Beschreibung von Bindungen durch MO's, gebildet aus Hybrid-AO's

10.6.1. Bindungsenergien zwischen Hybrid-AO's in der HMO-Näherung – Das Prinzip der maximalen Überlappung

In Abschn. 10.5.4 haben wir gezeigt, daß man die Bindungsenergien eines AH_2-Moleküls, für das die entsprechende Hybridisierungsbedingung gilt, in der HMO-Näherung richtig erhält, wenn man von der Hückel-Matrix in der Basis äquivalenter AO's, d.h. von Hybrid-AO's des Atoms A und ursprünglichen AO's der H-Atome, ausgeht und wenn man die Matrixelemente zwischen den Hybrid-AO's untereinander und zwischen einem Hybrid-AO und dem von ihm ‚abgekehrten' AO des H-Atoms, z.B. zwischen di_1 und h_2, einfach vernachlässigt.

Wir haben ausführlich begründet, daß man auf diese Weise *nicht* die Energien der MO's des Systems erhält, wohl aber die *Summe* der Orbitalenergien sämtlicher besetzten MO's. In den Ausdruck für die Bindungsenergie geht aber nur diese Summe ein.

Man sieht leicht, daß es bei den soeben besprochenen AH_3- und AH_4-Molekülen (Abschn. 10.5.5 und 10.5.6) ganz analog ist.

Der 2 x 2-Diagonal-Block der Hückel-Matrix für das AH_3-System ist z.B.

$$\begin{pmatrix}\alpha_{tr} & \beta_{tr,h} \\ \beta_{tr,h} & \alpha_h\end{pmatrix} = \begin{pmatrix}\dfrac{\alpha_s + 2\alpha_p}{3} & \dfrac{1}{\sqrt{3}}(\beta_{sh} + \sqrt{2}\,\beta_{ph}) \\ \dfrac{1}{\sqrt{3}}(\beta_{sh} + \sqrt{2}\,\beta_{ph}) & \alpha_h\end{pmatrix} \qquad (10.6\text{–}1)$$

Hieraus erhält man für die Bindungsenergie einer Bindung zwischen einem trigonalen (oder sp^2)-Hybrid und einem s-AO des H-Atoms den Ausdruck

$$\sqrt{(\alpha_{tr} - \alpha_h)^2 + 4\beta_{tr,h}^2} =$$

$$= \sqrt{\left(\frac{\alpha_s + 2\alpha_p}{3} - \alpha_h\right)^2 + \frac{4}{3}(\beta_{sh} + \sqrt{2}\beta_{ph})^2} \qquad (10.6\text{–}2)$$

in Einklang mit (10.5–54), wenn wir die gesamte Bindungsenergie aus den Energien der drei Bindungen und der Promotionsenergie $\alpha_p - \alpha_s$ zusammensetzen.

Betrachten wir jetzt die Bindung zwischen einem H-Atom und einem beliebigen sp^n-Hybrid-AO, das auf das H-Atom weist, wobei die Bindung in z-Richtung liegt

$$hy = \frac{1}{\sqrt{n+1}}(s + \sqrt{n}\, p_z) \qquad (10.6\text{–}3)$$

Die 2 x 2-Hückel-Matrix

$$\begin{pmatrix} \alpha_{hy} & \beta_{hy,h} \\ \beta_{hy,h} & \alpha_h \end{pmatrix} \qquad (10.6\text{–}4)$$

hat die Matrixelemente

$$\alpha_{hy} = \frac{\alpha_s + n \cdot \alpha_p}{n+1} \qquad (10.6\text{–}5)$$

$$\beta_{hy,h} = \frac{\beta_{sh} + \sqrt{n} \cdot \beta_{ph}}{\sqrt{n+1}} \qquad (10.6\text{–}6)$$

Hieraus erhält man für den Beitrag dieser Bindung zur gesamten Bindungsenergie

$$E_{\text{bind}} = \sqrt{\left(\frac{\alpha_s + n \cdot \alpha_p}{n+1} - \alpha_h\right)^2 + \frac{4}{n+1}(\beta_{sh} + \sqrt{n} \cdot \beta_{ph})^2} \qquad (10.6\text{–}7)$$

Für die Spezialfälle $n = 0, 1, 2, 3$ erhalten wir die uns bereits bekannten Ausdrücke für die Energie der AH-Bindung in Molekülen des Typs AH, AH_2, AH_3, AH_4

Molekül	Hybrid	Energie einer Bindung
AH	s	$\sqrt{(\alpha_s - \alpha_h)^2 + 4\beta_{sh}^2}$
AH_2	sp	$\sqrt{\left(\frac{\alpha_s + \alpha_p}{2} - \alpha_h\right)^2 + 2(\beta_{sh} + \beta_{ph})^2}$

$$AH_3 \qquad sp^2 \qquad \sqrt{\left(\frac{\alpha_s + 2\alpha_p}{3} - \alpha_h\right)^2 + \frac{4}{3}\,(\beta_{sh} + \beta_{ph}\sqrt{2})^2}$$

$$AH_4 \qquad sp^3 \qquad \sqrt{\left(\frac{\alpha_s + 3\alpha_p}{4} - \alpha_h\right)^2 + (\beta_{sh} + \beta_{ph}\sqrt{3})^2} \qquad (10.6\text{–}8)$$

Diese Ausdrücke gelten im Rahmen der Hückelschen MO-Näherung, wenn die jeweilige Hybridisierungsbedingung erfüllt ist, sie gelten näherungsweise, wenn die Hybridisierungsbedingung nur näherungsweise erfüllt ist. Ihre Gültigkeit setzt jedoch nicht voraus, daß die Hückel-Matrix nach der Transformation zu Hybrid-AO's faktorisiert.

Analog kann man – unter der Voraussetzung, daß die Hybridisierungsbedingung erfüllt ist – die Matrixelemente der Hückel-Matrix zwischen Hybrid-AO's verschiedener Atome direkt ausrechnen. Wir wollen das nur für den Fall aufeinanderweisender Hybride tun. Die gemeinsame Achse sei die z-Achse. Die beiden Hybride seien

$$sp^n = \frac{1}{\sqrt{n+1}} \cdot s + \sqrt{\frac{n}{n+1}} \cdot p_z$$

$$s'p'^m = \frac{1}{\sqrt{m+1}} \cdot s' - \sqrt{\frac{m}{m+1}} \cdot p'_z \qquad (10.6\text{–}9)$$

wobei s und p an einem und s' und p' am anderen Atom definiert seien und die Koordinatensysteme an beiden Zentren so gewählt seien, daß die z-Achsen aufeinanderweisen. Dann ist*)

$$\beta(sp^n/s'p'^m) = \frac{\beta(s,s') + \beta(s,p'_z)\sqrt{m} + \beta(s',p_z)\sqrt{n} + \beta(p_z,p'_z)\sqrt{n\cdot m}}{\sqrt{(n+1)\,(m+1)}} \qquad (10.6\text{–}10)$$

Für den Spezialfall $n = m$ ergibt sich

$$\beta(sp^n/s'p'^n) = \frac{\beta(s,s') + \beta(s,p'_z)\sqrt{n} + \beta(s',p_z)\sqrt{n} + n\cdot\beta(p_z,p'_z)}{n+1} \qquad (10.6\text{–}11)$$

Für die Bindungsenergie gilt allgemein

$$E_{\text{bind}}(sp^n, s'p'^m) = \sqrt{[\alpha(sp^n) - \alpha(s'p'^m)]^2 - 4\beta(sp^n/s'p'^m)^2} \qquad (10.6\text{–}12)$$

und im Spezialfall gleicher Atome und $n = m$

$$E_{\text{bind}} = 2\cdot\beta(sp^n/s'p'^n) = \frac{2}{n+1}\{\beta(s,s') + 2\beta(s,p'_z)\sqrt{n} + n\cdot\beta(p_z,p'_z)\} \qquad (10.6\text{–}13)$$

* Die Schreibweise $\beta(s,s')$ bedeutet dasselbe wie $\beta_{s,s'}$.

Wir können jetzt versuchen, ausgehend von (10.6–7) für Bindungen zwischen einem Hybrid-AO und einem H-Atom und von (10.6–12) bzw. (10.6–13) für Bindungen zwischen zwei Hybrid-AO's, einen einfachen Zusammenhang zwischen der Energie einer Bindung E_{bind} (‚Bindungsstärke') und dem Hybridisierungsgrad n zu formulieren. Da E_{bind} aber nicht nur von n, sondern außerdem über (10.6–7, 10.6–11) noch von den α's und β's für die ursprünglichen AO's abhängt, müssen wir die Abhängigkeit von diesen Parametern in irgendeiner Weise eliminieren. Wir machen dazu folgende Näherungsannahmen:

1. Die Differenz der Diagonalterme (Elektronegativitäten) $[\alpha(sp^n) - \alpha(s'p'^m)]^2$ in (10.6–12) bzw. α_{hy} und α_h in (10.6–7) sei klein gegenüber den entsprechenden β's so daß sie in erster Näherung vernachlässigt werden kann. (Für Bindungen zwischen gleichartigen Hybriden gleicher Atome ist diese Annahme streng erfüllt und keine Näherung.)

2. Zwischen $\beta(s,s')$, $\beta(s,p_z')$ und $\beta(p_z,p_z')$ bestehen bei gegebenem Abstand konstante Verhältnisse, die wir der Einfachheit halber gleich 1 setzen, desgleichen zwischen β_{sh} und β_{ph}. (Andere Faktoren würden das folgende Ergebnis nur geringfügig verändern.)

Mit diesen Annahmen erhalten wir für die Energie einer Bindung zwischen einem sp^n-Hybrid und einem 1*s*-AO eines H-Atoms:

$$E_{\text{bind}}(sp^n, h) \approx \frac{2(1+\sqrt{n})}{\sqrt{n+1}}\,\beta_{sh} \qquad (10.6\text{–}14)$$

und für die Bindung zwischen zwei aufeinanderweisenden sp^n-Hybriden

$$E_{\text{bind}}(sp^n, s'p'^n) \approx \frac{2(1+\sqrt{n})^2}{n+1}\,\beta_{ss'} \qquad (10.6\text{–}15)$$

Für $n = 0, 1, 2, 3, \infty$ ist dieses Ergebnis in Tab. 11 zusammengestellt.

Die Abhängigkeit der Bindungsfestigkeit vom Hybridisierungsgrad (bzw. vom prozentuellen *p*-Anteil der Hybride) wird oft graphisch dargestellt (Abb. 56).

Daß wir für reine *s*- und reine *p*-Bindungen die gleiche Bindungsenergie erhielten, ist natürlich eine Folge unserer Annahme über die Gleichheit von $\beta_{ss'}$, $\beta_{sp'}$ und $\beta_{pp'}$. Die Tatsache, daß diese i.allg. nicht gleich sind, führt zu unterschiedlichen Werten für reine *s*- und *p*-Bindungen (wobei nicht ohne weiteres, d.h. nicht ohne Zusatzannahmen, zu erkennen ist, welcher der beiden Bindungstypen ‚fester' ist). Berücksichtigt man dies, so verzerrt sich die Kurve auf Abb. 56 etwas. Das wesentliche Ergebnis bleibt davon aber unberührt. Dieses lautet:

a) Die Bindungsfestigkeit hat ihr Maximum bei einem *p*-Anteil des betrachteten Hybrids von ca. 50 %, d.h. in der Nähe der *sp*-Hybridisierung.

b) Die Bindungsfestigkeiten für Bindungen von *sp*, sp^2 oder sp^3-Hybriden unterscheiden sich nur geringfügig voneinander. Sie sind allesamt stärker als reine *s*- oder reine *p*-Bindungen.

Tab. 11. Zusammenhang zwischen Bindungsfestigkeit und Hybridisierungsgrad.

n	Partner	E_{bind}	% p
0	s, h	$2\beta = 2.000\,\beta$	0
1	di, h	$2\sqrt{2}\beta = 2.828\,\beta$	50
2	tr, h	$\frac{2}{3}(\sqrt{3}+\sqrt{6}) = 2.788\,\beta$	67
3	te, h	$(1+\sqrt{3})\,\beta = 2.732\,\beta$	75
∞	p, h	$2\beta = 2.000\,\beta$	100
0	s, s'	$2\beta = 2.000\,\beta$	0
1	di, di'	$2\beta = 4.000\,\beta$	50
2	tr, tr'	$(2+\frac{4}{3}\sqrt{2})\,\beta = 3.886\,\beta$	67
3	te, te'	$(2+\sqrt{3})\,\beta = 3.732\,\beta$	75
∞	p, p'	$2\beta = 2.000\,\beta$	100

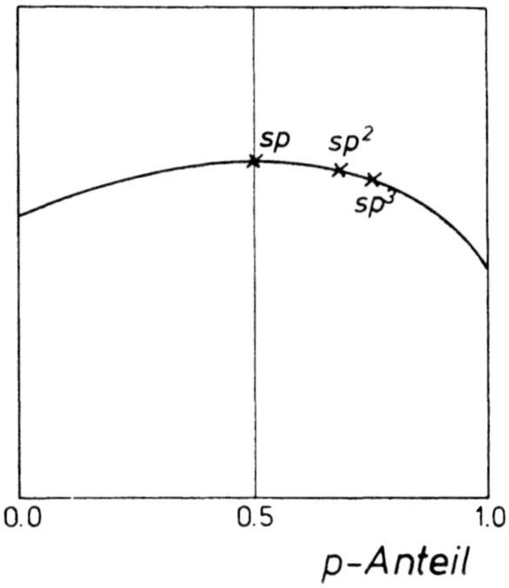

Abb. 56. Abhängigkeit der Bindungsfestigkeit vom Hybridisierungsgrad.

Diese Aussagen gelten natürlich nur unter den Voraussetzungen, unter denen eine Beschreibung durch lokalisierte Bindungen im Rahmen der LCAO-Näherung zulässig ist.

An dieser Stelle ist eine historische Anmerkung angebracht.
Slater*) und Pauling**) führten um 1931 das sog. Kriterium der maximalen Überlappung ein. Zum Zustandekommen der chemischen Bindung zwischen zwei ungepaarten Elektronen formulierte u.a. Slater*) ‚There will be attraction which will proceed until the two functions overlap as much as possible'. Pauling**) postulierte als Maß

* J.C. Slater, Phys.Rev. *37*, 481 (1931).
** L. Pauling, J.Am.Chem.Soc. *53*, 1367 (1931).

für die Fähigkeit eines AO's zur Überlappung den Betrag des AO's in Richtung der Bindung bei einem Vergleichsabstand. ‚Of two eigenfunctions with the same dependence on r, the one with the larger value in the bond direction will give rise to the stronger bond, and for a given eigenfunction the bond will tend to be formed in the direction with the largest value of the eigenfunction'.

Unterstellt man mit Pauling, daß 2*s* und 2*p*-AO's die gleiche r-Abhängigkeit haben, d.h. daß

$$s = f(r)$$

$$p_z = \sqrt{3}\,\frac{z}{r}\,f(r) = \sqrt{3}\cos\vartheta\, f(r) \qquad (10.6\text{–}16)$$

etc.

(wobei der Faktor $\sqrt{3}$ dafür sorgt, daß p_z ebenso wie s auf 1 normiert ist), so erkennt man, daß für gleiches r in der z-Richtung ($\cos\vartheta = 1$) p_z einen um den Faktor $\sqrt{3}$ größeren Wert hat als s. Sei der Vergleichswert für die ‚Bindungsfähigkeit' von s gleich 1, so ist derjenige von p_z gleich 1.732. Betrachten wir jetzt z.B. ein *sp*-Hybrid-AO

$$di = \frac{1}{\sqrt{2}}(s + p_z) = \left(\frac{1}{\sqrt{2}} + \frac{\sqrt{3}}{\sqrt{2}}\cos\vartheta\right) f(r)$$

so ist dessen Bindungsfähigkeit in z-Richtung gleich $\frac{1+\sqrt{3}}{\sqrt{2}} = 1.932$.

Pauling findet folgende Bindungsfähigkeiten als Funktion des Hybridisierungsgrads

s	1.000
sp	1.932
sp^2	1.992
sp^3	2.000
p	1.732

und kommt zu dem Schluß, daß tetraedrische oder sp^3-Hybrid-AO's grundsätzlich zur Bindung am besten befähigt sind, obwohl er zugeben muß, daß sp^3-, sp^2- und sp-Hybride sich nur unwesentlich in ihrer Bindungsfähigkeit unterscheiden.

Für dieses mehr heuristische Prinzip der maximalen Überlappung wurde lange keine rechte quantenmechanische Begründung gegeben. Um diese bemühte sich erst 1950 Mulliken*). Wie wir sahen, ist das reduzierte Resonanzintegral $\beta_{hy,\,hy'}$ ein Maß für die Bindungsstärke zwischen Hybrid-AO's. Wie Mulliken zeigen konnte, ist β aber in vielen Fällen im interessierenden Abstandsbereich proportional zum Überlappungsintegral S. Diese Beziehung haben wir schon im Fall des H_2-Moleküls erwähnt, wo sie nicht

* R.S. Mulliken, J.Phys.Chem. *72*, 4493 (1950).

sehr gut stimmt. Für die Überlappung von zwei s-Orbitalen gilt aber diese Mullikensche Beziehung viel weniger gut als für p-Orbitale oder sp^n-Hybride. Das hängt damit zusammen, daß zwischen zwei s-Orbitalen für $R \rightarrow 0$ S gegen 1, β aber gegen 0 geht, β durchläuft ein Extremum (in der Nähe des Gleichgewichtsabstandes), S aber nicht. Die Überlappungsintegrale verschiedener AO's (bei gleichem Hybridisierungsgrad) als Funktion von R sind auf Abb. 57 aufgetragen. Für σ-artige p-Orbitale oder Hybride geht auch S durch ein Extremum, und zwar recht gut in der Nähe des Gleichgewichtsabstandes. Das kann man sich anhand von Abb. 58 klar machen.

Die an sich physikalisch falsche Vorstellung, daß die Größe des Überlappungsintegrals unmittelbar ein Maß für die Bindung darstellt, erweist sich für die Bindung zwischen Hybrid-AO's doch als brauchbar. Legt man nur Wert darauf, daß die AO's sich maximal überlappen, so erreicht man bereits (anders als bei der Bindung zwischen s-AO's), daß die Atome einander nicht beliebig nahe kommen, und die Vernachlässigung der abstoßenden Terme erweist sich als nicht so schwerwiegend.

Im Sinne dieses Mullikenschen Überlappungskriteriums sind Bindungen zwischen sp-Hybriden stärker als solche zwischen sp^2-Hybriden und diese wiederum stärker als solche zwischen sp^3-Hybriden, und dann kommen erst Bindungen zwischen reinen s, reinen $p\sigma$ oder reinen $p\pi$-AO's (Abb. 57), wobei es bei den drei letzten vom Abstand abhängt, welche besser miteinander überlappen. Für Bindungen zwischen einem sp^n-Hybrid und einer s-Funktion gilt die Reihenfolge sp, sp^2, sp^3, und mit großem Abstand dazu s und p. Dieses Ergebnis entspricht dem, das wir oben abgeleitet haben.

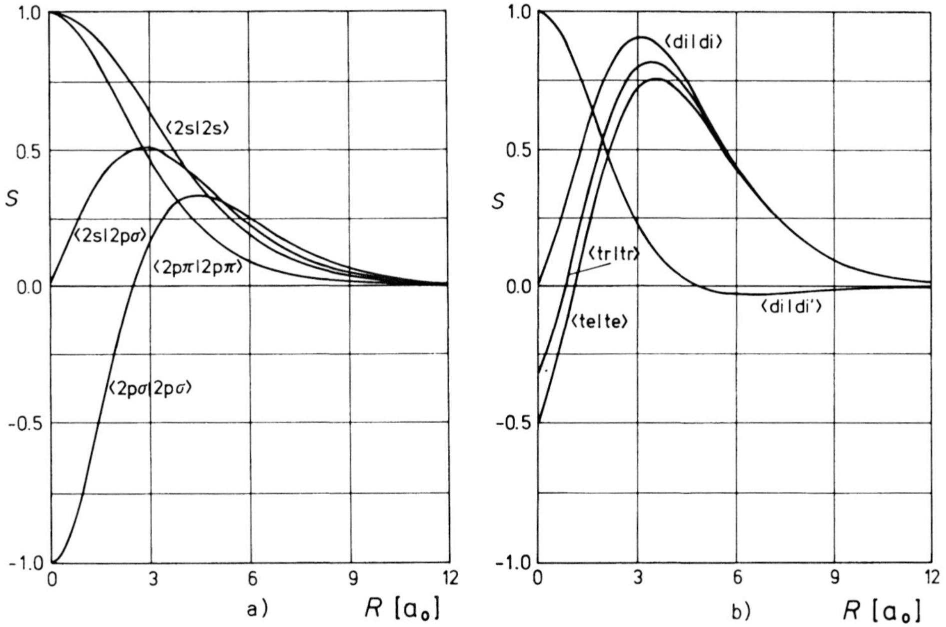

Abb. 57. Überlappungsintegrale verschiedener AO's als Funktion des Abstands a) reine $2s$- bzw. $2p$-AO's, b) Hybrid-AO's.

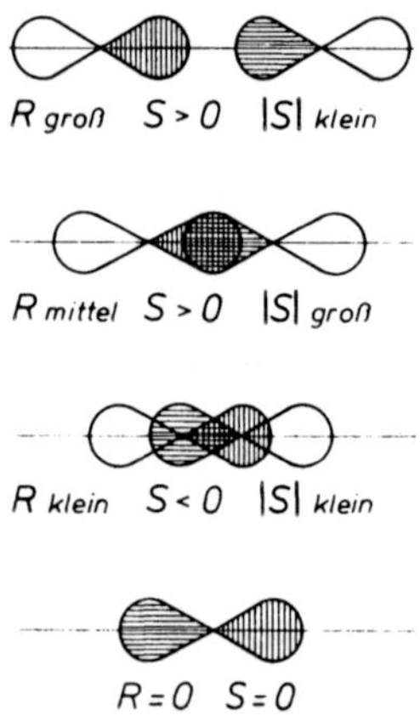

Abb. 58. Zur Erläuterung der Überlappung von p-AO's.

10.6.2. Hybridisierung und Geometrie

Unter Benutzung des Begriffs der Hybridisierung und des Prinzips der maximalen Überlappung kann man bei Molekülen, die sich durch lokalisierbare Bindungen beschreiben lassen,Fragen von Valenzwinkeln und Geometrien diskutieren. Die Hybrid-AO's eines Atoms bilden feste Winkel miteinander, sind ‚gerichtet', und die Bindungsenergie ist am größten, wenn die Bindungsrichtungen mit den Richtungen der Hybride zusammenfallen. Der Winkel zwischen zwei Hybrid-AO's ist definiert als der Winkel zwischen den Richtungen maximaler Ladungsdichten, und diese Richtungen sind gleich den Richtungen der p-Anteile (da s-Anteile von der Richtung unabhängig sind). Seien zwei Hybride (die normiert und zueinander orthogonal sind) des gleichen Atoms:

$$h_1 = a_{11}s + a_{12}p_x + a_{13}p_y + a_{14}p_z$$

$$h_2 = a_{21}s + a_{22}p_x + a_{23}p_y + a_{24}p_z \qquad (10.6\text{–}17)$$

so ist der Winkel zwischen ihnen gegeben durch

$$\cos\vartheta = \frac{a_{12}a_{22} + a_{13}a_{23} + a_{14}a_{24}}{\sqrt{a_{12}^2 + a_{13}^2 + a_{14}^2}\cdot\sqrt{a_{22}^2 + a_{23}^2 + a_{23}^2}}$$

$$= \frac{0 - a_{11}a_{21}}{\sqrt{1-a_{11}^2}\,\sqrt{1-a_{21}^2}} \qquad (10.6\text{–}18)$$

Zwei Hybride sind äquivalent, d.h. vom gleichen Typ, wenn sie den gleichen s-Anteil enthalten. In diesem Fall ist $a_{11} = a_{21}$, d.h.

$$\cos\vartheta = -\frac{a_{11}^2}{1-a_{11}^2} \qquad (10.6\text{–}19)$$

Setzen wir für *sp*-, sp^2-, sp^3-Hybride die Werte $a_{11} = \frac{1}{\sqrt{2}}, \frac{1}{\sqrt{3}}, \frac{1}{2}$ ein, so erhalten wir genau $\cos\vartheta = -1, -\frac{1}{2}, -\frac{1}{3}$, entsprechend $\vartheta = 180°, 120°, 109°\ 28'$.
Nichtganzzahlige Werte von n entsprechen Zwischenwerten von ϑ.

Nach (10.6–19) ist $\cos\vartheta \leqslant 0$ und damit $\vartheta \geqslant 90°$. Der kleinstmögliche Wert $\vartheta = 90°$ entspricht $a_{11} = 0$, d.h. reinen *p*-AO's.

Zur Diskussion der optimalen Geometrien von einigen AH_n-Molekülen wollen wir voraussetzen, daß die Hybride für alle AH-Bindungen äquivalent sind, d.h. den gleichen *s*-Anteil haben. Machen wir diese Annahme nicht, so sind auch unsymmetrische Strukturen möglich. Es gibt durchaus kein Naturgesetz, das vorschreibt, daß Moleküle möglichst symmetrisch sein sollen, insbesondere, daß alle AH-Bindungen äquivalent sind. Beispiele, wo das anders ist, werden wir in Kap. 13 kennenlernen. Hier können wir uns nur darauf berufen, daß genaue Rechnungen zeigten, daß in der Tat die AH-Bindungen der hier besprochenen Moleküle äquivalent sind, d.h. daß Strukturen mit äquivalenten AH-Bindungen energetisch günstiger sind.

Betrachten wir jetzt noch einmal das BeH_2. Lineare Anordnung ($\vartheta = 180°$) entspricht *sp*-Hybridisierung, einem gewinkelten Molekül ($\vartheta < 180°$) wären sp^n-Hybride mit $n > 1$ angemessen. Nun wissen wir, daß das Maximum der Bindungsfestigkeit für *sp*-Hybride auftritt, von diesem Gesichtspunkt aus ist $\vartheta = 180°$ am günstigsten. Die Bindungsenergie des Moleküls hängt aber außerdem noch von der Promotionsenergie von s^2 nach $(sp^n)^{\frac{2}{n+1}}$ ab. Diese ist am kleinsten für den kleinstmöglichen *p*-Anteil*), d.h. für $n = 1$. Beide Effekte wirken in der gleichen Richtung, also werden wir erwarten, daß BeH_2 linear ist.

Analog können wir erwarten, daß BH_3 planar ist (sp^2 entsprechend $\vartheta = 120°$). Kleinere Winkel entsprechend sp^n-Hybridisierung mit $n > 2$ sind ungünstig sowohl für die Bindungsfestigkeit als auch für die Promotionsenergie. Für das CH_4 ist die einzige Struktur mit äquivalenten Hybriden (nämlich sp^3) die des Tetraeders.

Im NH_3 hat N die Grundkonfiguration $1s^2 2s^2 2p^3$, es ist also auch ohne Hybridisierung zur Ausbildung von 3 Bindungen befähigt (im Gegensatz zu B mit $1s^2\ 2s^2\ 2p$, das ohne Hybridisierung nur *eine* Bindung ausbilden kann). Drei reinen *p*-Bindungen würden Bindungswinkel von 90° entsprechen. Reine *p*-Bindungen sind allerdings schwach, verglichen mit Hybridbindungen.

Aus dieser Sicht ist es für die Bindungsfestigkeit also günstiger, von $1s^2\ 2s^2\ 2p^3$ in $1s^2 2s^{2-x} 2p^{3+x}$ zu promovieren, während es vom Standpunkt der Promotionsenergie am günstigsten ist, gar nicht zu promovieren, d.h. drei *p*-Bindungen und ein s^2-einsames Elektronenpaar auszubilden. Der Wert von x ergibt sich als ein Kompromiß, die Bin-

* Ein kleinerer *p*-Anteil als 50 %, entsprechend $n = 1$ bzw. $a_{11} = 1/\sqrt{2}$ und $\cos\vartheta = -1$, $\vartheta = 180°$, ist für zwei äquivalente Hybride nicht möglich, weil mit $a_{11} > 1/2$ die Orthogonalität der Hybride nicht zu erreichen ist. Entsprechend ist für drei (bzw. vier) äquivalente Hybride das kleinste n gleich 2 (bzw. 3).

dungen haben etwas *s*-Anteil und das einsame Elektronenpaar etwas *p*-Anteil*). Aus dem tatsächlich beobachteten Valenzwinkel kann man schließen, daß die Bindungshybride zwischen reinem *p* und sp^3 liegen. Eine ebene Anordnung mit sp^2-Hybridisierung würde zuviel Promotionsenergie kosten (ebene Anordnungen am Stickstoff können aber durch π-Bindungen stabilisiert werden, vgl. Kap. 11). Das Gleichgewicht zwischen den diskutierten Effekten stellt sich bei den mit den NH_3 isoelektronischen Ionen CH_3^- und H_3O^+ nicht bei dem gleichen x und damit dem gleichen Winkel ein.

Analog wie im NH_3 läßt sich verstehen, daß im H_2O der Valenzwinkel zwischen dem für reine *p*-Bindungen und dem für sp^3-Hybride liegt. Daß in PH_3 und H_2S Valenzwinkel nahe an 90° vorliegen, hat bereits Pauling plausibel gemacht, indem er darauf hinwies, daß innerhalb einer Gruppe des Periodensystems die Promotionsenergien etwa konstant bleiben, die Bindungsenergie einer X—H-Bindung dagegen mit steigender Ordnungszahl abnimmt. Bei geringer Bindungsenergie wird die Promotion gewissermaßen zu kostspielig**)

Im allgemeinen werden die Winkel zwischen den Hybriden mit denen zwischen den Bindungen übereinstimmen, es gibt aber Situationen, wo das nicht möglich ist und wo der Weg entlang größter Elektronendichte nicht mit der Verbindungslinie zwischen den Atomen zusammenfällt, z.B. im Cyclopropan oder Cyclobutan. Man spricht dann von gekrümmten Bindungen. Die Bindungsfestigkeit ist bei solchen gekrümmten Bindungen geringer, was für die sog. Ringspannung bei kleinen Ringen verantwortlich ist.

Es wurde schon gesagt, daß der kleinste Winkel zwischen äquivalenten sp^n-Hybriden 90° beträgt. Bei Mitbeteiligung von *d*- oder *f*-AO's lassen sich im Prinzip auch kleinere Winkel zwischen Hybriden realisieren. Entscheidend ist allerdings, daß Einschränkungen der möglichen Valenzwinkel nur für lokalisierte Zweizentren-Bindungen bestehen. Bei delokalisierten (nicht lokalisierbaren) Bindungen sind beliebige Valenzwinkel möglich. Ein klassisches Beispiel ist das H_3^+ in seiner gleichseitig-dreieckigen Gleichgewichtsgeometrie. Auch bei den Walshschen Regeln (Abschn. 9.3), die Aussagen über die Geometrie ohne Annahmen über die Lokalisierung gestatten, stellen Bindungswinkel von 90° in keiner Weise eine Grenze dar.

---

* Mulliken (l.c.) schlug für diese Art der Hybridisierung, die die Zahl der ungepaarten Elektronen im Valenzzustand nicht verändert, die Bezeichnung ‚isovalente Hybridisierung' vor.

**Wahrscheinlich ist die Situation noch etwas komplizierter. Auch die Abstoßung der Elektronenpaare und die Tatsache, daß ein einsames Elektronenpaar mehr Platz braucht, sowie daß insgesamt um P bzw. S mehr Platz ist als um N oder O, spielt eine Rolle (vgl. Abschn. 13.7). Rechnungen zeigen, daß das freie Elektronenpaar im H_2S oder PH_3 kein reines 3*s*-AO ist. Quantenchemische ab-initio-SCF-Rechnungen unter Einschluß von *d*-Funktionen mit anschließender Populationsanalyse nach Mulliken (H. Wallmeier, Diplomarbeit, Bochum 1976) ergaben für das einsame Elektronenpaar im NH_3 35 % *s*- und 65 % *p*-Charakter, während in den N—H-Bindungen vom Stickstoff 23 % *s* und 77 % *p* (0.2 % *d*) beteiligt sind. Die entsprechenden Werte im PH_3 sind 54 % *s* und 46 % *p* für das einsame Elektronenpaar sowie 21 % *s*, 76 % *p* und 3 % *d* für die P—H-Bindungen. Man sieht, daß das einsame Elektronenpaar im PH_3 wesentlich mehr *s*-Anteil als im NH_3 hat, es ist aber weit davon entfernt, ein reines *s*-AO zu sein. Der Abstand zwischen dem Schwerpunkt der Ladung des einsamen Elektronenpaars und N bzw. P beträgt 0.33 Å im NH_3 und 0.56 Å im PH_3. Man vergleiche dies mit dem N—H-Abstand von 1.00 Å und dem P—H-Abstand von 1.48 Å.

Es ist noch darauf hinzuweisen, daß Hybrid-AO's ursprünglich im Zusammenhang mit der Valence-Bond (VB)-Methode eingeführt wurden. Das erwies sich als unbedingt erforderlich, weil man im Rahmen der VB-Methode nur Zweizentren-Bindungen, aufgebaut aus AO's der beteiligten Atome beschreiben kann, es sei denn, man läßt eine Überlagerung mehrerer Strukturen zu. Wir haben Hybride im Rahmen der MO-Methode benutzt, wo ihre Einführung nicht unbedingt notwendig und auch im Rahmen einer strengen Theorie nicht sinnvoll ist. Für eine qualitative Beschreibung der chemischen Bindung sind aber Hybride auch im Rahmen der MO-Theorie überaus nützlich.

10.7. Ionisationspotentiale von Verbindungen mit lokalisierten Bindungen

Eine ganze Reihe von Eigenschaften von Verbindungen mit lokalisierbaren Bindungen läßt sich, zumindest in erster Näherung, auf die Eigenschaften nur dieser Bindungen zurückführen. Hierzu gehören z.B. Bindungslängen, Kraftkonstanten, Beiträge zur Bindungsenergie etc. Nicht dazu gehören jedoch u.a. die Ionisationspotentiale, weil die Ionen, die aus Verbindungen mit lokalisierbaren Bindungen durch Entfernen eines Elektrons entstehen, in der Regel nicht mehr durch lokalisierbare Bindungen beschreibbar sind. Wir haben das in Abschn. 10.3 am Beispiel des BeH_2^+ erläutert, es gilt aber genauso gut für das CH_4^+ oder irgendein anderes Radikal-Ion. Wenn man ein Elektron aus dem CH_4 entfernt, stammt dieses nicht aus einer einzelnen C–H-Bindung, sondern aus dem gesamten Molekül.

Zur Berechnung von Ionisationspotentialen müßte man eigentlich die Energie des neutralen Moleküls (z.B. CH_4) und die des Ions (CH_4^+) getrennt berechnen und die Differenz bilden, wobei man noch zwei Möglichkeiten zu unterscheiden hat:
1. Man berechnet das Neutralmolekül und das Ion, beide für die Gleichgewichtsgeometrie des ersteren. Das entspricht dem Fall der sog. ‚vertikalen' Ionisation.
2. Man berechnet Neutralmolekül und Ion, jedes für seine Gleichgewichtsgeometrie. Dann erfaßt man die sog. ‚adiabatische' Ionisation.

Experimentelle Bestimmungen von Ionisationspotentialen ergeben je nach Methode vertikale oder adiabatische Ionisationspotentiale.

Obwohl zu einer genauen Berechnung von Ionisationspotentialen gar nichts anderes übrig bleibt, als eine genaue Rechnung von Neutralmolekül und Ion getrennt durchzuführen*) oder eine äquivalente Methode zu verwenden, bei der die Energiedifferenz direkt berechnet wird, erweist sich für eine genäherte Berechnung von Ionisationspotentialen in vielen Fällen die Anwendung des sog. Koopmansschen Theorems**) als überaus erfolgreich. Nach diesem Theorem ist die (vertikale) Ionisierungsenergie dem Betrag nach näherungsweise gegeben durch die Orbitalenergie des höchsten besetzten MO's.

Zur Ableitung des Koopmansschen Theorems geht man aus vom Energieausdruck für eine Slater-Determinante Φ_i in der die φ_i ($i = 1, 2 \ldots n/2$) mit α- und β-Spin besetzt sind:

$$E = 2 \sum_i h_{ii} + \sum_{i,j} [2(ii \mid jj) - (ij \mid ji)] \tag{10.7–1}$$

* s. z.B. W. Meyer, Int. J. Quant.Chem. *5* S, 341 (1971).

** T.A. Koopmans, Physica *1*, 104 (1934).

Die Energie E_k eines Ions, beschrieben durch eine Slater-Determinante Φ_k, in der das Orbital φ_k nur einfach besetzt ist, ist (vgl. Bd. 1, Abschn. 9.2.2)

$$\begin{aligned} E_k &= 2 \sum_{\substack{i \\ (\neq k)}} h_{ii} + h_{kk} + \sum_{\substack{i,j \\ (\neq k)}} [2\,(ii\,|\,jj) - (ij\,|\,ji)] + \\ &\quad + \sum_i [2\,(ii\,|\,kk) - (ik\,|\,ki)] \\ &= E - h_{kk} - \sum_i [2\,(ii\,|\,kk) - (ik\,|\,ki)] \\ &= E - F_{kk} \end{aligned} \qquad (10.7\text{–}2).$$

wobei wir den Hartree-Fock-Operator **F** mit den Matrixelementen

$$F_{kl} = h_{kl} + \sum_i [2\,(ii\,|\,kl) - (il\,|\,ki)] \qquad (10.7-3)$$

eingeführt haben. Aus (10.7–3) und (10.7–2) erhält man für die Ionisierungsenergie $E - E_k$ genau das Diagonalelement F_{kk} des Hartree-Fock-Operators **F**, bzw. wenn φ_k Eigenfunktion von **F** ist, den entsprechenden Eigenwert ϵ_k.

Diese Ableitung des Koopmansschen Theorems beruht offenbar auf zwei Voraussetzungen.

1. Daß die MO's im Ion die gleichen wie im Neutralmolekül sind, abgesehen davon, daß das ‚ionisierte' MO im Ion nur einfach besetzt ist, wenn es im Neutralmolekül doppelt besetzt war.

2. Daß die Korrelationsenergie, d.h. der Fehler, den man macht, wenn man Neutralmolekül und Ion jeweils durch eine einzige MO–Konfiguration beschreibt, in den beiden Fällen gleich ist.

Mulliken*) hat darauf hingewiesen, daß die beiden Fehler, nämlich Vernachlässigung der sog. ‚Umordnungsenergie' (daß die MO's im Ion etwas anders als im Neutralmolekül sind, man also eine zu hohe Energie für das Ion erhält, wenn man die MO's des Neutralmoleküls verwendet) und die Änderung der Korrelationsenergie (das Ion hat weniger Elektronen, deshalb eine dem Betrage nach kleinere Korrelationsenergie) sich in der Regel ziemlich gut kompensieren, wodurch die überraschende Gültigkeit des Koopmansschen Theorems, zumindest für Ionisation aus den äußeren MO's, verständlich wird.

Wir haben bisher keine Annahmen bez. der Wahl der φ_k gemacht. In Φ können ja die φ_i z.B. als kanonische oder äquivalente Orbitale oder noch anders gewählt sein, ohne daß Φ sich ändert. Wenn wir jedoch ein Orbital aus Φ entfernen, macht es sehr wohl einen Unterschied, ob dieses entfernte Orbital kanonisch oder delokalisiert war. Wir wollen deshalb fragen, welche φ_k die besten ‚Koopmans-Orbitale' sind, d.h. welche am geeignetsten zur Beschreibung der Ionisation sind.

---

* R.S. Mulliken, J.Chim.Phys. *46*, 497, 675 (1949).

Zu diesem Zweck wollen wir den Grundzustand (oder einen anderen Zustand) des Ions nicht durch eine einzelne Slater-Determinante Φ_k, sondern eine Linearkombination der Φ_k (in denen jeweils ein anderes φ_k fehlt) approximieren, was im Sinne des Variationsprinzips sicher eine Verbesserung ist,

$$\Psi_{\text{Ion}} = \sum_k c_k \Phi_k \tag{10.7–4}$$

und die c_k nach dem Variationsprinzip optimal bestimmen. Dazu müssen wir die CI-Matrix mit den Elementen

$$H_{kl} = (\Phi_k, \mathbf{H}\,\Phi_l) \tag{10.7–5}$$

berechnen. Die Diagonalelemente $H_{kk} = E_k$ sind durch (10.7–2) gegeben, und für die Nichtdiagonalelemente erhält man

$$H_{kl} = -F_{kl} \tag{10.7–6}$$

das bedeutet, daß

$$\begin{aligned}(\Psi_{\text{Ion}}, \mathbf{H}\,\Psi_{\text{Ion}}) &= \sum_{k,l} c_k c_l H_{kl} = \sum_k c_k^2\, E_k - \sum_{k,l}{}' c_k\, c_l F_{kl} \\ &= E - \sum_{k,l} c_k c_l F_{kl}\end{aligned} \tag{10.7–7}$$

Der Erwartungswert (10.7–7) nimmt sein Minimum an, wenn $\sum_{k,l} c_k c_l F_{kl}$ sein Maximum annimmt. Dies ist aber dann der Fall, wenn die Funktion

$$\psi = \sum_k c_k \varphi_k \tag{10.7–8}$$

Eigenfunktion des Fock-Operators $\mathbf{F}$ zum größten Eigenwert ϵ ist, bzw. wenn der Vektor $\vec{c}$ Eigenvektor der Matrix F zum Eigenwert ϵ ist

$$\begin{aligned}\mathbf{F}\,\psi &= \epsilon\,\psi \\ F\vec{c} &= \epsilon\,\vec{c}\end{aligned} \tag{10.7–9}$$

In diesem Fall ist

$$(\Psi_{\text{Ion}}, \mathbf{H}\Psi_{\text{Ion}}) = E - \epsilon \tag{10.7–10}$$

Sind die φ_i von vornherein als Eigenfunktionen von $\mathbf{F}$ gewählt, so verschwinden die F_{kl} für $k \neq l$ und Ψ_{Ion} ist eine einzige Slater-Determinante, wobei jede dieser Slater-Determinanten einen anderen Zustand des Ions darstellt.

Die besten Orbitale zur Beschreibung der Ionisation sind also genau die Eigenfunktionen des Hartree-Fock-Operators d.h. die *kanonischen* Orbitale.

In bezug auf die Ionisationspotentiale unterscheiden sich Moleküle mit lokalisierbaren und solche mit nicht-lokalisierbaren Bindungen auf den ersten Blick nicht, und Forschern, die sich mit Ionisationspotentialen (z.B. in Photoelektronenspektren) beschäftigen, ist der Begriff ‚lokalisierte Bindung' oft ausgesprochen fremd.

Trotzdem ist eine Theorie der Ionisationspotentiale von Verbindungen mit lokalisierbaren Bindungen, ausgehend vom Konzept der Lokalisierung, durchaus möglich, wie insbesondere G.G. Hall[*] gezeigt hat.

Interpretieren wir die MO's ψ_l der lokalisierten Bindungen als äquivalente MO's (im verallgemeinerten Sinn), so hängen sie mit den kanonischen MO's φ_k über eine unitäre Transformation zusammen

$$\varphi_k = \sum_{l=1}^{n} B_{kl} \psi_l \tag{10.7–11}$$

Der Operator **F** soll jetzt in der Basis der lokalisierten MO's ψ_k ausgedrückt werden. Es ist plausibel, anzunehmen, daß die Diagonalelemente

$$F_{kk} = (\psi_k, \mathbf{F}\, \psi_k) \tag{10.7–12}$$

für gleichwertige Bindungen, z.B. für alle C—H-Bindungen in gesättigten Kohlenwasserstoffen, in guter Näherung gleich sind und daß die Nichtdiagonalelemente

$$F_{kl} = (\psi_k, \mathbf{F}\, \psi_l) \tag{10.7–13}$$

nur zwischen Bindungen mit einem gemeinsamen Atom von Null verschieden sind und daß diese F_{kl} dann nur vom Typ der durch ψ_k und ψ_l repräsentierten Bindungen abhängen. In einem gesättigten Kohlenwasserstoff hätten wir es also nur mit folgenden Matrixelementen zu tun (wenn wir uns auf Valenz-MO's beschränken)

Diagonalelemente:

$$F_{\mathrm{CH,CH}}; \quad F_{\mathrm{CC',CC'}} \tag{10.7–14}$$

Nichtdiagonalelemente:

$$F_{\mathrm{CH,CH'}}; \quad F_{\mathrm{CH,CC'}}; \quad F_{\mathrm{CC',CC''}} \tag{10.7–15}$$

Um Näherungen für die Ionisationspotentiale zu erhalten, muß man jetzt die Eigenwerte von F berechnen. In der ursprünglichen Version dieser LCBO-Methode (Linear Combination of Bond Orbitals) von G.G. Hall wurden die Matrixelemente als semi-

* G.G. Hall, Proc.Roy.Soc. *A 205*, 541 (1951).

empirische Parameter aufgefaßt. Man braucht die Ionisationspotentiale einiger einfacher Kohlenwasserstoffe zum Eichen der Parameter, und kann dann die Ionisationspotentiale beliebiger anderer Kohlenwasserstoffe berechnen. Die Übereinstimmung zwischen Theorie und Experiment ist recht gut. Sie beweist, daß man das Konzept der lokalisierten Bindungen auch mit Erfolg als Grundlage für eine Beschreibung nichtlokaler Eigenschaften benutzen kann. Jedenfalls ist die offensichtliche Delokalisierung der Ionisation kein Argument gegen eine lokalisierte Beschreibung bestimmter Neutralmoleküle.

Da die φ_k sich von den ψ_l nur durch eine unitäre Transformation unterscheiden, ist die Summe der Diagonalelemente von H die gleiche, unabhängig davon, welche der beiden Basen wir benutzen. Die Summe der Orbitalenergien der im Neutralmolekül besetzten Orbitale ist in dieser Näherung folglich gleich der Summe der Energien der lokalisierten Orbitale (vgl. Abschn. 10.5.4).

Eine Alternative zur semiempirischen Wahl der Parameter (10.7–14) und (10.7–15) besteht darin, von ab-initio-Hartree-Fock-Rechnungen auszugehen, anschließend die F-Matrix auf äquivalente MO's zu transformieren und mit Hilfe eines Ausgleichsverfahrens die optimalen Werte für die Parameter (10.7–14) und (10.7.15) zu berechnen. Diese erweisen sich als außerordentlich gut übertragbar von einem Kohlenwasserstoff*) zum anderen.

Die obigen Überlegungen beziehen sich vor allem auf Ionisationen aus der Valenzschale, wie sie heute mit der sog. Photoelektronenspektroskopie (PE) untersucht werden. Etwas anders ist die Situation bei Anregungen aus inneren Schalen, für die experimentell die sog. ESCA-(XPE-)Methode zuständig ist. Aus Gründen, die wir hier nicht im einzelnen erläutern können und die mit der Elektronenkorrelation zu tun haben, sind Ionisationen aus inneren Schalen meist lokalisiert. Im O_2^+-Ion, das aus dem O_2 entsteht, wenn man ein Elektron aus der K-Schale entfernt, kann man das ‚Loch' in der K-Schale in guter Näherung an einem der beiden O-Kerne lokalisieren**). Die Energieerniedrigung durch Bildung von Linearkombinationen im Sinne von Gl. (10.7–4) ist hier geringer als diejenige durch Polarisierung der übrigen Elektronen durch die effektive positive Ladung an einem der beiden O-Atome.

10.8. Lokalisierung und Elektronenkorrelation***)

Bisher haben wir die Lokalisierung im Rahmen der Hartree-Fock-Näherung bzw. der LCAO-SCF-Näherung betrachtet. Eine Beschreibung von Molekülen durch lokalisierte Bindungen – sofern eine solche möglich ist – erwies sich als vorteilhaft zum Zwecke einer besseren Interpretation der Bindungsverhältnisse, vor allem, um einen Zusammenhang zu den herkömmlichen Valenzstrichformeln und zur Vorstellung der Hybridisierung herzustellen. Für quantenchemische Rechnungen ist der Gedanke verlockend,

---

* P.H. Degand, G. Leroy, D. Peeters, Theoret.Chim. Acta *30*, 243 (1973); G. Leroy, D. Peeters, Theoret. Chim. Acta *36*, 11 (1974).

** P.S. Bagus, H.F. Schaefer III, J. Chem. Phys. *56*, 224 (1972).

*** Bez. einer detaillierten Diskussion dieses Problems s. W. Kutzelnigg in 'Localization and Delocalization in Quantum Chemistry' I (O. Chalvet et.al.ed.) D. Reidel, Dordrecht-Holland 1975.

daß bestimmte lokalisierte MO's von einem Molekül auf ein anderes übertragbar sind – mit der Anwendbarkeit dieses Gedankens zur Vereinfachung von Rechnungen hat man bisher jedoch nicht viel Erfahrung. Trotz dieser Vorteile einer lokalisierten Beschreibung besteht aber im Rahmen der Hartree-Fock-Näherung oder einer ihrer vereinfachten Versionen vollständige Äquivalenz zwischen einer lokalisierten und einer delokalisierten Beschreibung. Beiden Beschreibungen entsprechen zwar verschiedene Orbitale, aber exakt die gleiche Wellenfunktion, nämlich eine Slater-Determinante, die invariant ist gegenüber unitären Transformationen der besetzten Orbitale.

Diese Äquivalenz gilt allerdings nicht mehr ohne weiteres, wenn man versucht, über die Hartree-Fock-Näherung hinauszugehen und der Elektronenkorrelation, zumindest genähert, Rechnung zu tragen.

Eine Reihe von Rechnungen der letzten Jahre hat gezeigt, daß

1. die Erfassung der Elektronenkorrelation in Systemen mit lokalisierbaren Elektronenpaaren in wesentlich einfacherer Weise möglich ist, als in nicht-lokalisierbaren Systemen – vorausgesetzt, daß man sich dieser Lokalisierbarkeit bewußt bedient,

2. die Beiträge gleichartiger Bindungen in verschiedenen Molekülen zur Korrelationsenergie nahezu invariant und damit übertragbar von einem Molekül auf ein anderes sind.

Eine der z.Zt. erfolgreichsten Methoden zur genäherten Berechnung der Korrelationsenergie eines Moleküls ist die sog. CEPA-PNO-Näherung*) (Coupled electron pair approximation with pair natural orbitals). Im Rahmen dieser Methode ergibt sich die gesamte Korrelationsenergie als eine Summe von Paarbeiträgen ϵ_μ und von Paar-Kopplungstermen $\Delta\epsilon_{\mu\nu}$. Der Index μ zählt dabei die Paare von (in der Hartree-Fock-Näherung) besetzten Orbitalen. Die Summe der Paar-Kopplungsterme $\Delta\epsilon_{\mu\nu}$ ist, wenn man von lokalisierten Orbitalen ausgeht, in der Regel positiv und liegt größenordnungsmäßig zwischen 0 und 20 % der gesamten Korrelationsenergie. Für eine quantitative Theorie sind die Kopplungsterme unerläßlich, aber bei einer qualitativen oder semiquantitativen Diskussion kann man sie vielfach ignorieren, immer vorausgesetzt, man geht von lokalisierten Orbitalen aus. In einer delokalisierten (kanonischen) Beschreibung – wie sie in Molekülen mit nichtlokalisierbaren Bindungen erforderlich ist – kann man auf die Kopplungssysteme grundsätzlich nicht verzichten, zumal Vorzeichen und ihre Größenordnung in sehr unübersichtlicher Weise von Molekül zu Molekül schwanken.

Die Paarbeiträge ϵ_μ lassen sich weiter klassifizieren nach dem Typ der Paare als

1. Intraorbitalpaare, z.B. ϵ_{1s1s} (im Be-Atom)
2. Singulettinterorbitalpaare z.B. ${}^1\epsilon_{1s2s}$ (im Be-Atom)
3. Triplettinterorbitalpaare z.B. ${}^3\epsilon_{1s2s}$ (im Be-Atom).

In einer lokalisierten Beschreibung sind vor allem die Intraorbitalbeiträge sowie die Interorbitalbeiträge zwischen benachbarten Bindungen (solche, die ein Atom gemeinsam haben) bzw. einsamen Elektronenpaaren wichtig, während die zwischen entfernten Paaren in der Regel vernachlässigbar klein sind.

---

* W. Meyer, Int.J.Quant.Chem., S. *5*, 59 (1971), J.Chem.Phys. *58*, 1017 (1973); R. Ahlrichs, H. Lischka, V. Staemmler, W. Kutzelnigg, J.Chem.Phys. *62*, 1225 (1975).

In Tab. 12a sind die berechneten Paarbeiträge zur Korrelationsenergie der Hydride LiH, BeH_2, BH_3, CH_4, NH_3, H_2O, HF und Ne zusammengestellt.

Es fällt folgendes auf:

1. Die Intraorbital-Paarbeiträge ϵ_b für eine X–H-Bindung sinken dem Betrage nach in der Reihe LiH, BeH_2, BH_3, CH_4. Dies ist ein Effekt, den man gut versteht und der mit der unterschiedlichen Verfügbarkeit unbesetzter *p*-Orbitale für die Korrelation zusammenhängt.

Tab. 12. Beiträge der XH-Bindungen zur Korrelationsenergie
a) Intra- und Interpaarbeiträge der XH-Bindungen (*b*) und der einsamen Elektronenpaare (*n*) zur Korrelationsenergie*).

	BeH	BH	BH_3	CH_4	NH_3(plan)	NH_3(pyr)	H_2O	HF	Ne
ϵ_b	0.0353	0.0365	0.0340	0.0330	0.0313	0.0326	0.0326	0.0333	
ϵ_n		0.0483			0.0268	0.0291	0.0275	0.0263	0.0263
$^1\epsilon_{bb'}$	0.0025		0.0050	0.0069	0.0070	0.0088	0.0110		
$^3\epsilon_{bb'}$	0.0033		0.0075	0.0112	0.0112	0.0139	0.0169		
$^1\epsilon_{bn}$		0.0118			0.0147	0.0116	0.0125	0.0133	
$^3\epsilon_{bn}$		0.0101			0.0201	0.0170	0.0185	0.0198	
$^1\epsilon_{nn'}$							0.0148	0.0142	0.0139
$^3\epsilon_{nn'}$							0.0198	0.0197	0.0196

* Nach R. Ahlrichs, F. Driessler, H. Lischka, V. Staemmler, W. Kutzelnigg, J.Chem.Phys. *62*, 1235 (1975).

b) Paar-Korrelationsbeiträge in einfachen Kohlenwasserstoffen*)**)***)

	C_2H_2	C_2H_4	C_2H_6 (staggered)	C_2H_6 (eclipsed)	CH_4
ϵ_c	0.02536	0.02511	0.02448	0.02463	
ϵ_h	0.02986	0.03006	0.02982	0.02982	0.02980
$^1\epsilon_{cc'}$	0.01550	0.01510			
$^3\epsilon_{cc'}$	0.02069	0.01932			
$^1\epsilon_{ch}$	0.00513	0.00527	0.00511	0.00512	
$^3\epsilon_{ch}$	0.00813	0.00865	0.00864	0.00855	
$^1\epsilon_{hh'}$		0.00540	0.00564	0.00568	0.00599
$^3\epsilon_{hh'}$		0.00898	0.00971	0.00974	0.00955
$^1\epsilon_{h_1h_2}$	0.00044	0.00047	0.00026	0.00034	
$^3\epsilon_{h_1h_2}$	0.00075	0.00091	0.00072	0.00081	
$^1\epsilon_{h_1h_2'}$		0.00047	0.00024	0.00023	
$^3\epsilon_{h_1h_2'}$		0.00101	0.00069	0.00061	

* Die Bezeichnungsweise c bezieht sich auf eine CC-Bindung (im C_2H_2 und C_2H_4 vom Bananen-Typ), h auf eine CH-Bindung; hh' bezieht sich auf zwei CH-Bindungen mit einem gemeinsamen c-Atom, h_1h_2 auf CH-Bindungen ohne gemeinsames C-Atom,

** Nach R. Ahlrichs, H. Lischka, B. Zurawski, W. Kutzelnigg, J.Chem.Phys. *63*, 4685 (1975).

*** Die Basissätze sind hier etwas kleiner als für die Werte aus Tab. 12a.

2. Ein Interorbital-Paarbeitrag zwischen zwei X–H-Bindungen ist um so größer, je kleiner der Valenzwinkel ist, d.h. je näher die Elektronen der beiden Bindungen einander im Mittel kommen. Da in der Reihe von LiH zum CH_4 auch die Zahl der Paare von Bindungen wächst (0 bei LiH, 1 bei BeH_2, 3 bei BH_3, 6 bei CH_4), nimmt die gesamte Interorbitalkorrelation von LiH zu CH_4 außerordentlich zu.

3. Einsame Elektronenpaare haben Korrelationsbeiträge von gleicher Größenordnung wie X–H-Bindungen, die Intraorbital-Paarbeiträge sind etwas kleiner als bei X–H-Bindungen, die Interorbital-Paarbeiträge sind größer.

4. Als Beispiel für die Übertragbarkeit der Paarkorrelationsbeiträge von einem Molekül zum anderen sind in Tab. 12b die mit der gleichen Basis berechneten Werte für CH_4, C_2H_2, C_2H_4 und C_2H_6 zusammengestellt*). Die lokalisierten C–C-Bindungen beim C_2H_2 und C_2H_4 sind hierbei sog. Bananenbindungen.

10.9. Abschließende Bemerkung zur Lokalisierung von Bindungen und zur Hybridisierung

Abschließend wollen wir folgendes festhalten:

1. Die Existenz lokalisierter Bindungen folgt nicht zwingend aus quantenmechanischen Prinzipien, sie hängt von bestimmten Bedingungen ab, die in manchen Fällen recht gut, in anderen gar nicht erfüllt sind.

2. Wenn wir von der Existenz lokalisierter Bindungen sprechen, kann das nur bedeuten, daß eine unitäre Transformation der Molekülorbitale auf äquivalente Orbitale, die jeweils weitgehend in einer Bindung lokalisiert sind, möglich ist. In gewissen Fällen sind die lokalisierten Orbitale durch die Symmetrie des Moleküls eindeutig bestimmt. Eine Lokalisierung läßt sich aber auch unabhängig von Symmetrieüberlegungen durchführen, sofern sie überhaupt möglich ist.

3. Bei einer quantenmechanischen Beschreibung eines Moleküls im Rahmen der Eindeterminantennäherung ändert sich die Wellenfunktion bei einer Lokalisierung der Orbitale nicht. Es besteht daher keine Verpflichtung, von der Möglichkeit der Lokalisierung Gebrauch zu machen.

4. Die Bedeutung der Lokalisierung liegt paradoxerweise darin, daß sie nicht immer möglich ist und daß es auf die Eigenschaften eines Moleküls von Einfluß ist, ob eine Lokalisierung möglich ist oder nicht. Wir sagen: ‚Bindungen sind lokalisiert‘, wenn eine Lokalisierung möglich ist.

5. Lokalisierte MO's lassen sich i.allg. näherungsweise aus Hybrid-AO's aufbauen. Die lokalisierten MO's haben dabei mehr Realität als die Hybrid-AO's, zumal eine LCAO-Darstellung eines MO's immer nur eine Näherung ist.

6. Bei qualitativen Überlegungen ist es oft praktisch, von Hybrid-AO's auszugehen. Bei quantenmechanischen ab-initio-Rechnungen auf der Grundlage der MO-Theorie und ihrer Erweiterungen besteht dazu aber kein Anlaß, und man kann völlig ohne den Begriff der Hybridisierung auskommen. Das gleiche gilt für den Begriff des Valenzzu-

---

* R. Ahlrichs, H. Lischka, B. Zurawski, W. Kutzelnigg, J.Chem.Phys. *63*, 4685 (1975).

standes. Beide Begriffe hatten in einer jetzt abgeschlossenen Phase der Quantenchemie eine wesentlich größere Bedeutung. Die Methode der Valenzstrukturen (VB-Methode), die eine Zeitlang viel verwendet wurde, geht nämlich von der Vorstellung lokalisierter Bindungen aus und berücksichtigt eine mögliche Delokalisierung erst in einem weiteren Näherungsschritt. Zur Konstruktion einer VB-Funktion muß man daher (im Gegensatz zu einer MO-Funktion) von ad-hoc-Annahmen über die Hybridisierung ausgehen, vor allem dann, wenn man im Sinne der sog. ‚perfect-pairing'-Näherung nur eine einzige ‚Valenzstruktur' verwendet.

7. Die Wertigkeit der Atome der ersten Periode wird durch die sog. Oktettregel bestimmt, soweit lokalisierte Bindungen vorliegen, d.h. es gelten folgende Wertigkeiten Li : 1; Be : 2; B, C^+: 3; B^-, C, N^+: 4; C^-, N, O^+: 3; N^-, O : 2; O^-, F : 1 . Doppelbindungen, bestehend aus einer σ- und einer π-Bindung, nehmen zwei ‚Wertigkeiten' in Anspruch. Entsprechendes gilt für Dreifachbindungen. Vierfachbindungen gibt es nicht. Die formalen Ladungen in sog. semipolaren Verbindungen z. B. $^-|C \equiv O|^+$ oder $H_3B^- - NH_3^+$ haben mit den tatsächlichen Ladungen i.allg. sehr wenig zu tun.

8. Auch wenn in einem Molekül eine Transformation auf lokalisierte MO's möglich ist, gibt es Eigenschaften dieses Moleküls, die man nur mit delokalisierten (kanonischen) MO's richtig beschreiben kann. Die Tatsache, daß Ionisationspotentiale näherungsweise gleich den Energien der kanonischen und nicht denen der lokalisierten Orbitale sind, ist aber kein Argument gegen die Zulässigkeit einer lokalisierten Beschreibung für das Neutralmolekül.

9. In der rechnerischen Quantenchemie haben die lokalisierten MO's in zweierlei Hinsicht eine besondere Bedeutung. Zum einen sind lokalisierte MO's für bestimmte Bindungen (z.B. C–H-Bindungen in gesättigten Kohlenwasserstoffen) in guter Näherung von einem Molekül auf ein anderes übertragbar. Zum anderen ist die Erfassung der Elektronenkorrelation in einer lokalisierten Beschreibung besonders einfach und durchsichtig.

10.10. Ergänzungen zu lokalisierten MOs und Hybrid-AOs

Den äquivalenten Molekülorbitalen entsprechen in der Festkörpertheorie die sog. Wannier-Funktionen*), während das Gegenstück zu den kanonischen MOs die Bloch-Funktionen sind (s. auch Kap. 12).

Der Zusammenhang zwischen Hybridisierungsgrad und Geometrie, wie er hier formuliert wurde (Abschn. 10.6.2)**), gilt nur für Elemente der ersten Langperiode***,1), weil nur bei diesen die Voraussetzungen dafür gegeben sind, daß sich s- und p-AOs etwa gleichmäßig an der Bindung beteiligen. Bei den

---

* G. H. Wannier, Phys. Rev. *52*, 191 (1937).
** S. hierzu auch W. A. Bingel u. W. Lüttke, Angew. Chem. *20*, 899 (1981).
*** W. Kutzelnigg, Angew. Chem. *96*, 262 (1984), Angew. Chem. Int. Ed. *23*, 2726 (1984)
W. Kutzelnigg, J. Mol. Struct. Theochem *169*, 403 (1988).
[1] E. Magnusson, J. A. Chem. Soc. *106*, 1177, 1185 (1984).

Elementen der höheren Perioden ist ein Hybridisierungskonzept immer noch möglich, aber man muß zulassen, daß die Hybrid-AOs nichtorthogonal sind[*].

Bei den heute gängigen Methoden zur Berechnung der Elektronenkorrelation (s. Angang A3) geht man meist von kanonischen (delokalisierten) Orbitalen aus, obwohl schon früh erkannt wurde[**],[***], daß eine lokalisierte Darstellung – vor allem bei großen Molekülen – schon deshalb günstiger ist, weil nur Elektronen in nahe benachbarten lokalisierten Orbitalen korrelieren und damit der Rechenaufwand in einer lokalisierten Darstellung viel geringer ist. In jüngster Zeit gewinnen Methoden in einer lokalisierten Darstellung wieder deutlich an Boden[1],[2].

---

* W. Kutzelnigg e.c.

** R. K. Nesbet, Adv. Chem. Phys. *14*, 237 (1969).

*** W. Kutzelnigg, in: *Localization and Delocalization in Quantum Chemistry*, O. Chalvet et al. ed., Reidel, Dordrecht, 1975.

1 S. Szabø u. P. Pulay, J. Chem. Phys. *86*, 914 (1987), *88*, 1884 (1988).

2 C. Hampel, K. Peterson, H.-J. Werner, Chem. Phys. Lett. *190*, 1 (1992).

11. π-Elektronensysteme

11.1. Einführung in den Begriff π-Elektronensysteme

Wir wollen zunächst eine heuristische Definition der π-Elektronensysteme geben. Unter π-Elektronensystemen wollen wir mehratomige Moleküle mit lokalisierten σ- und lokalisierten oder delokalisierten π-Bindungen verstehen. Wir wollen dabei die Einschränkung machen, daß die beteiligten Atome die Oktettregel erfüllen. Ausnahmen von dieser Einschränkung sind evtl. zulässig, ausschließen wollen wir aber Systeme wie SO_4^{2-}, $(SiO_2)_n$ etc., wo auch partielle π-Bindungen auftreten, an denen aber *d*-AO's des S bzw. Si beteiligt sind. Wenn die Oktettregel erfüllt sein soll und die σ-Bindungen lokalisiert sein sollen, können die an den π-Bindungen beteiligten Atome nur 1, 2 oder 3, nicht aber 4 σ-gebundene Nachbarn haben, weil in diesem Fall weder AO's noch Elektronen für eine weitere Bindung zur Verfügung stehen würden.

In der Sprache der Hybridisierung kommen für die σ-Bindungen folgende Möglichkeiten infrage

a) sp^2, 3 σ-Bindungen, 1 π-AO steht zur Verfügung

b) sp, 2 σ-Bindungen, 2 π-AO's stehen zur Verfügung.

Die σ-Bindungen können dabei z.T. durch einsame Elektronenpaare vom σ-Typ ersetzt werden. Nun bedeutet sp^2-Hybridisierung aber planare Konfiguration am betrachteten Atom, *sp*-Hybridisierung lineare Anordnung. Es ist sinnvoll, die beiden Fälle getrennt zu behandeln. Wir wollen uns zunächst auf sp^2- und ein π-AO beschränken und erst in Abschn. 11.14 auf *sp*- und zwei π-AO's kommen.

Wir erwarten also, daß π-Elektronensysteme *lokal* planar sind. Es stellt sich allerdings heraus, daß sie in der Regel sogar vollständig planar sind, jedenfalls soweit es die an π-Bindungen beteiligten und die unmittelbar an diese gebundenen Atome betrifft.

Betrachten wir als einfaches Beispiel das Äthylen:

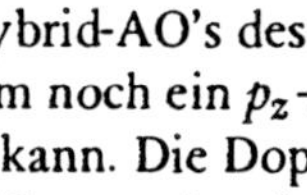

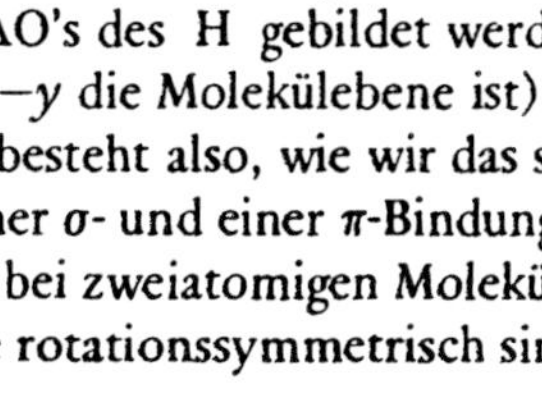

Wenn wir annahmen, daß die vier CH—σ-Bindungen und auch die CC—σ-Bindung aus sp^2-Hybrid-AO's des C und 1*s*-AO's des H gebildet werden, verbleibt an jedem C-Atom noch ein p_z-AO (wenn x—y die Molekülebene ist), das eine π-Bindung eingehen kann. Die Doppelbindung besteht also, wie wir das schon bei zweiatomigen Molekülen gesehen haben, aus einer σ- und einer π-Bindung. Es gibt allerdings einen Unterschied zu den π-Bindungen bei zweiatomigen Molekülen, der damit zusammenhängt, daß zweiatomige Moleküle rotationssymmetrisch sind, das Äthylen aber nicht.

Was die Geometrie des Äthylens anbetrifft, so erwarten wir wegen der Hybridisierung zunächst nur, daß je eine CH_2-Gruppe und das andere C-Atom in einer Ebene liegen.

Eine Verdrillung der CH_2-Gruppe erscheint also zunächst durchaus möglich. Gegen eine solche Verdrillung und für eine vollkommen planare Anordnung entscheidet aber die zusätzliche π-Bindung. Das β-Integral für diese Bindung ist nämlich proportional zur Projektion der ‚Achse' des einen π-AO's auf diejenige des anderen π-AO's, d.h. proportional zum Cosinus des Winkels zwischen diesen beiden Achsen. Für parallele Achsen und damit koplanare CH_2-Gruppen hat $|\beta|$ offenbar den maximalen Wert.

Daß die koplanare Anordnung tatsächlich eine Folge der π-Bindung ist, wird deutlich, wenn wir den ersten angeregten sog. NV-Zustand des Äthylens betrachten, in dem das bindende und das antibindende π-MO je einfach besetzt sind, so daß insgesamt keine π-Bindung auftritt und deshalb auch keine ebene Anordnung erzwungen wird. Tatsächlich sind in diesem Zustand die beiden CH_2-Gruppen gegeneinander verdreht, was offenbar aus Gründen der Elektronenwechselwirkung günstig ist.

Daß Äthylen planar ist, versteht man offenbar aufgrund der π-Bindung. Wie ist es aber beim 1,3-Butadien?

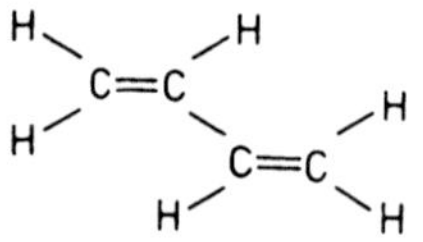

Wir erwarten sicher eine ebene Anordnung in der unmittelbaren Nachbarschaft jeder der beiden Doppelbindungen. Um die mittlere C—C-‚Einfachbindung' wäre zunächst freie Drehbarkeit zu erwarten. Daß tatsächlich auch das 1,3-Butadien vollständig planar ist, hängt mit der Delokalisierung der π-Bindungen zusammen. Die mit dieser Delokalisierung verbundene energetische Stabilisierung (die wir noch genauer kennenlernen werden) ist bei ebener Anordnung am günstigsten.

Wir haben bisher die Begriffe σ- und π-Bindung in der Weise benutzt, wie wir sie in Abschn. 9.2 allgemein für mehratomige Moleküle definiert haben. Wir verstehen dabei unter σ-AO's solche, die in Bezug auf die betrachtete Bindungsachse rotationssymmetrisch sind, und unter (reellen) π-AO's solche, die eine Knotenebene in der Bindungsachse haben. Entsprechend sind σ-MO's Linearkombinationen aus σ-AO's und π-MO's Linearkombinationen aus π-AO's. Diese Definition für beliebige Moleküle ist nicht ganz befriedigend, weil sie nur im Rahmen der LCAO-Näherung sinnvoll ist, und zum anderen, weil nur bei ganz speziellen Geometrien eine σ—π-Trennung gegeben ist, derart, daß aus Symmetriegründen ein MO entweder reines σ- oder reines π-MO ist. Diese Schwierigkeiten können wir bei den in diesem Kapitel behandelten ‚π-Elektronensystemen' vermeiden, indem wir die Tatsache ihrer Planarität ausnützen, um die Begriffe σ- und π-Orbitale in einer strengen Weise neu zu definieren. Wir wollen in diesem Kapitel σ- und π-Orbitale im Sinne folgender Definition verstehen:

Ein Orbital, das symmetrisch zur Molekülebene ist, heißt σ-Orbital, eines das antisymmetrisch ist, heißt π-Orbital. Sei die Molekülebene die x—y-Ebene, so gilt also

$$\psi(x, y, z) = \psi(x, y, -z) \qquad \text{für ein } \sigma\text{-Orbital}$$
$$\psi(x, y, z) = -\psi(x, y, -z) \qquad \text{für ein } \pi\text{-Orbital}$$

Es zeigt sich, daß die spezifischen Eigenschaften von π-Elektronensystemen nur von den π-Bindungen und insbesondere von deren Delokalisierung abhängen, so daß man das ‚σ-Gerüst' mit seinen recht gut lokalisierten Bindungen weitgehend unberücksichtigt lassen kann. Es sorgt gewissermaßen nur für ein effektives Feld, in dem sich die ‚π-Elektronen' bewegen*).

Zur Planarität ist natürlich zu bemerken, daß sie nur das π-Elektronensystem im eigentlichen Sinn betrifft. So ist z.B. die Methylgruppe im Toluol $H_3C-C_6H_5$ nicht planar, aber sie trägt auch kein π-AO bei**).

Es gibt auch Verbindungen mit mehreren unabhängigen π-Systemen. So sind z.B. im Diphenylmethan $C_6H_5CH_2C_6H_5$ die beiden Phenylsysteme durch ein ‚gesättigtes Atom' getrennt, und sie sind nicht koplanar zueinander. Unabhängig in diesem Sinn sind auch die zwei ‚zueinander senkrechten' π-Bindungen im Allen $H_2C = C = CH_2$, das folglich auch nicht planar ist.

11.2. Die Hückelsche Näherung für die π-Elektronensysteme

E. Hückel hat die nach ihm benannte HMO-Näherung ursprünglich zur Beschreibung von π-Elektronensystemen eingeführt. In der Tat hat diese Näherung hier ihren legitimsten Anwendungsbereich. Die HMO-Näherung der π-Elektronensysteme ist vielleicht überhaupt das am besten ausgebaute Teilgebiet der Theoretischen Chemie. Entsprechend gibt es ein reiches Angebot an Lehrbüchern über dieses Spezialgebiet***), insbesondere im Hinblick auf Anwendungen in der Organischen Chemie. Wir können uns deshalb hier auf das Grundsätzliche beschränken sowie auf Aspekte eingehen, die in den Lehrbüchern der MO-Theorie meist nicht behandelt werden. Was detaillierte Anwendungen betrifft, so müssen wir auf die vorhandene Literatur verweisen***).

Wir wollen hier bewußt nur die HMO-Näherung verwenden.
Es gibt eine Reihe von mehr oder weniger raffinierten Erweiterungen[1]), die u.a. auch in einigen Lehrbüchern beschrieben sind***).

---

* Bez. einer detaillierten Analyse der σ–π-Trennung und einer kritischen Würdigung der Theorien, die sich nur auf die π-MO's beschränken, vgl. W. Kutzelnigg, G. Del Re, G. Berthier, Fortschr. Chem. Forsch. *22*, 1 (1971). Wir können auf diesen Fragenkomplex hier nicht eingehen.

** Wenn man von der sog. Hyperkonjugation absieht (vgl. Abschn. 11.12).

*** Das Buch von A. Streitwieser: Molecular Orbital Theory for Organic Chemists. (Wiley, New York 1961) stellt eine ausgesprochene Pionierleistung auf diesem Gebiet dar, ohne die die meisten anderen Bücher zu diesem Thema kaum denkbar sind. Durch eine besondere Bemühung um die Didaktik zeichnet sich das Buch von E. Heilbronner und H. Bock: Das HMO-Modell und seine Anwendung, (Verlag Chemie, Weinheim 1970) aus. Auf die Anwendung verfeinerter Methoden, über die HMO-Näherung hinaus, geht insbesondere M.J.S. Dewar in: The Molecular Orbital Theory of Organic Chemistry. (Mc Graw-Hill, New York 1969) ein. Weitere Lehrbücher sind: K. Higasi, H. Baba, A. Rembaum: Quantum Organic Chemistry. Wiley, New York 1965), L. Salem: The Molecular Orbital Theory of Conjugated Systems. (W.A. Benjamin, New York 1966), J.A. Pople, D.L. Beveridge: Approximate Molecular Orbital Theory. (Mc Graw-Hill, New York 1970), R. Daudel, R. Lefebvre, C. Moser: Quantum Chemistry (Interscience, London 1959), R.G. Parr: Quantum Theory of Molecular Electronic Structure. (Benjamin, New York 1964).

[1]) M. Goeppert-Mayer, A. Sklar, J.Chem.Phys. *6* 645 (1938), R. Pariser, R.G. Parr, J.Chem.Phys. *21*, 466, 767 (1953), J.A. Pople, Trans.Farad.Soc. *49*, 1375 (1953), A. Julg, J.Chim.Phys. *55*, 413 (1958), *56*, 235 (1959), G. Berthier, J. Baudet, M. Suard, Tetrahedron *19*, Suppl. 2, 1 (1963).

Zum π-Bindungssystem tragen nur p_z-AO's der beteiligten Atome bei (wenn x–y die Molekülebene ist). Das bedeutet, wir haben je Atom nur ein AO zu betrachten, was die Zahl der Indizes erniedrigt. Die AO's seien χ_ν ($\nu = 1, 2 \ldots n$) und die MO's

$$\varphi_i = \sum_{\nu=1}^{n} c_\nu^i \chi_\nu \qquad (11.2\text{–}1)$$

Wir normieren, wie früher (Abschn. 6.2) ausgeführt*), die MO's, so, daß

$$\sum_\nu |c_\nu^i|^2 = 1 \qquad (11.2\text{–}2)$$

Das π-Elektronensystem ist durch eine Hückel-Matrix H der Dimension n (n = Zahl der π-AO's) mit den Matrixelementen

$$H_{\mu\nu} = (\chi_\mu, \mathbf{h}_{\text{eff}}, \chi_\nu) \qquad (11.2\text{–}3)$$

charakterisiert. Wie in der HMO-Näherung üblich, sind nur Nichtdiagonalelemente $H_{\mu\nu}$ zwischen nächsten Nachbarn als von Null verschieden anzusehen.

Die Situation wird dann besonders einfach, wenn wir unterstellen, daß alle Atome im π-Systeme gleichartig sind, z.B. C-Atome, so daß die Diagonalelemente $H_{\mu\mu}$ alle gleich gesetzt werden können.

$$H_{\mu\mu} = \alpha \quad (\mu = 1, 2 \ldots n) \qquad (11.2\text{–}4)$$

sowie daß alle Bindungen gleich lang sind, was die Wahl des gleichen Wertes für alle $H_{\mu\nu}$ zwischen nächsten Nachbarn rechtfertigt

$$H_{\mu\nu} = \begin{cases} \beta & \text{für } \mu \text{ und } \nu \text{ nächste Nachbarn} \\ 0 & \text{sonst} \end{cases} \qquad (11.2\text{–}5)$$

Diese Annahme ‚idealisierter Geometrie', d.h. gleicher Bindungslängen, ist nicht immer realistisch, und wir werden sie gelegentlich in Frage zu stellen haben. Ebenso wollen wir uns vorbehalten, später π-Systeme aus verschiedenartigen Atomen (außer C z.B. N, O etc.) zu behandeln, wobei sicher verschiedene $H_{\mu\mu}$ zu nehmen sind.

Vorerst wollen wir aber bewußt nur solche Hückel-Matrizen betrachten, in denen nur je ein α und ein β auftritt. Die Hückel-Matrix für das 1.3-Butadien mit der Numerierung der C-Atome

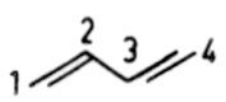

* Wir haben in Abschn. 6.2 zwischen den eigentlichen Entwicklungskoeffizienten c_ν^i und den ihnen proportionalen f_ν^i, für die (11.2–2) gilt, unterschieden. Wir wollen in diesem Kapitel, der in der Theorie der π-Elektronensysteme üblichen Konvention folgend, die in Abschn. 6.2 als f_ν^i eingeführten Größen jetzt als c_ν^i bezeichnen. Die Vektoren $\vec{c}_i$ sind folglich orthogonal. Da wir im wesentlichen nur diese Vektoren benutzen und nicht die MO's $\varphi_i = \sum_\nu c_\nu^i \chi_\nu$, sind hier kaum Mißverständnisse möglich. Im Ausdruck für die φ_i müßten ja die c_ν^i und nicht die f_ν^i aus Abschn. 6.2 stehen.

ist dann z. B.

$$H = \begin{pmatrix} \alpha & \beta & 0 & 0 \\ \beta & \alpha & \beta & 0 \\ 0 & \beta & \alpha & \beta \\ 0 & 0 & \beta & \alpha \end{pmatrix} \qquad (11.2\text{–}6)$$

Zur Vereinfachung des Formalismus empfiehlt es sich jetzt, wie bereits in Abschn. 6.2 erläutert, eine neue Matrix einzuführen, die man als Strukturmatrix oder topologische Matrix M bezeichnet. Sie ist definiert durch die Matrixelemente

$$M_{\mu\nu} = \begin{cases} 1 \text{ wenn } \mu \text{ und } \nu \text{ nächste Nachbarn} \\ 0 \text{ sonst} \end{cases} \qquad (11.2\text{–}7)$$

z. B. für das 1.3-Butadien

$$M = \begin{pmatrix} 0 & 1 & 0 & 0 \\ 1 & 0 & 1 & 0 \\ 0 & 1 & 0 & 1 \\ 0 & 0 & 1 & 0 \end{pmatrix} \qquad (11.2\text{–}8)$$

Es gilt allgemein

$$H = \alpha \mathbf{1} + \beta \cdot M \qquad (11.2\text{–}9)$$

wobei $\mathbf{1}$ die Einheitsmatrix ist, in unserem Beispiel des 1.3-Butadiens

$$\mathbf{1} = \begin{pmatrix} 1 & 0 & 0 & 0 \\ 0 & 1 & 0 & 0 \\ 0 & 0 & 1 & 0 \\ 0 & 0 & 0 & 1 \end{pmatrix} \qquad (11.2\text{–}10)$$

Man überzeugt sich leicht davon, daß H und M die gleichen Eigenvektoren haben. Sei $\vec{c}_i$ ein Eigenvektor von M zum Eigenwert λ_i

$$M \vec{c}_i = \lambda_i \vec{c}_i \qquad (11.2\text{–}11)$$

Natürlich ist $\vec{c}_i$ auch Eigenvektor von $\mathbf{1}$ (zum Eigenwert 1), so daß

$$H \vec{c}_i = \alpha \vec{c}_i + \beta \lambda_i \vec{c}_i = (\alpha + \beta \lambda_i) \vec{c}_i = \epsilon_i \vec{c}_i \qquad (11.2\text{–}12)$$

folglich ist $\vec{c}_i$ auch Eigenvektor von H, und zwar zum Eigenwert $\epsilon_i = \alpha + \beta \cdot \lambda_i$. Die Eigenvektoren $\vec{c}_i$ von H hängen also von den speziellen Werten von α und β überhaupt nicht und die Eigenwerte in einer sehr einfachen Weise ab. Man wird also zunächst die Eigenwerte und Eigenvektoren von M bestimmen, und hat so bereits die Information über die Eigenschaften, die durch H richtig erfaßt werden. Es handelt sich dabei offenbar um diejenigen Eigenschaften, die nur von der Topologie, d.h. den Nachbarschaftsverhältnissen, abhängen (denn nur diese gehen in M ein).

Man darf die Topologie nicht mit der Geometrie verwechseln. Die π-Elektronensysteme folgender Moleküle haben die gleiche Topologie (und damit gleiches $\boldsymbol{M}$), aber verschiedene Geometrie*) (d.h. verschiedene Anordnung im Raum).

Gesättigte Endgruppen machen im Rahmen der Hückel-Näherung auch keinen Unterschied zu H-Atomen. Um Unterschiede zwischen den hier angegebenen Molekülen zu erfassen, muß man offenbar über die Hückel-Näherung hinausgehen.

11.3. Einfache Beispiele

Das einfachste π-Elektronensystem wäre das CH_3-Radikal (in seiner ebenen Gleichgewichtsgeometrie). Das π-MO ist gleich dem $2p\pi$-AO des C-Atoms, seine Hückel-Energie ist gleich α. Diese Energie entspricht dem Ionisationspotential des CH_3, daraus schließen wir, daß

$$\alpha \approx -10\,\text{eV}$$

Das einfachste nichttriviale Beispiel ist das *Äthylen* C_2H_4. Seine Strukturmatrix ist

$$M = \begin{pmatrix} 0 & 1 \\ 1 & 0 \end{pmatrix} \tag{11.3–1}$$

Die Eigenwerte von M erhält man, indem man die Determinante der Matrix $M - \lambda \mathbf{1}$ bildet und diejenigen Werte von λ sucht, für die diese Determinante verschwindet

$$|M - \lambda \mathbf{1}| = \begin{vmatrix} -\lambda & 1 \\ 1 & -\lambda \end{vmatrix} = \lambda^2 - 1 = 0$$

$$\lambda^2 = 1\,; \qquad \lambda = \pm 1$$

$$\lambda_1 = 1 \qquad \epsilon_1 = \alpha + \beta \qquad \vec{c}_1 = \left(\frac{1}{\sqrt{2}}, \frac{1}{\sqrt{2}}\right)$$

$$\lambda_2 = -1 \qquad \epsilon_2 = \alpha - \beta \qquad \vec{c}_2 = \left(\frac{1}{\sqrt{2}}, -\frac{1}{\sqrt{2}}\right) \tag{11.3–2}$$

Da $\beta < 0$ ist ϵ_1 die tiefste Orbitalenergie.
Im Grundzustand des Äthylens ist deshalb φ_1 doppelt besetzt. Die Gesamt-π-Elektronenenergie**) ist dann n

$$E_\pi = 2\epsilon_1 = 2\alpha + 2\beta \tag{11.3–3}$$

---

* Unter der Topologie eines π-Elektronensystems wollen wir im Sinne Ruedenbergs [J.Chem.Phys. *34*, 1884 (1961)] die Information darüber verstehen, welche der Atome, die ein π-AO beisteuern, nächste Nachbarn zueinander sind.

** Eigentlich müßte man von der ‚Summe der Orbitalenergien' sprechen, aber die Bezeichnungsweise Gesamt-π-Elektronenenergie ist allgemein üblich.

und die π-Bindungsenergie

$$\Delta E_{\pi} = 2\epsilon_1 - 2\alpha = 2\beta \qquad (11.3\text{–}4)$$

Ein π-AO und ein Hybrid-σ-AO unterscheiden sich in ihrer Fähigkeit, Bindungen einzugehen, offenbar im wesentlichen darin, daß die π-AO's nicht zu gerichteten Bindungen prädestiniert, sondern nach allen Richtungen gleichermaßen zur Bindung befähigt sind. Sie gleichen darin den reinen s-AO's. In der Tat bestehen auffallende Analogien zwischen Mehrzentren-*s*- und Mehrzentren-π-Bindungen, etwa zwischen H_2 und Äthylen, ferner zwischen H_3^+ (linear bzw. gleichseitig dreieckig) und dem Allyl-Kation bzw. dem Cyclopropenyl-Kation*).

Die Strukturmatrix des linearen H_3^+ sowie des *Allyl-Kations***) ist

$$M = \begin{pmatrix} 0 & 1 & 0 \\ 1 & 0 & 1 \\ 0 & 1 & 0 \end{pmatrix} \qquad (11.3\text{–}5)$$

Aus der Säkulargleichung

$$|M - \lambda \mathbf{1}| = \begin{vmatrix} -\lambda & 1 & 0 \\ 1 & -\lambda & 1 \\ 0 & 1 & -\lambda \end{vmatrix} = -\lambda^3 + 2\lambda = -\lambda(\lambda^2 - 2) = 0 \qquad (11.3\text{–}6)$$

erhält man die Eigenwerte

$$\begin{aligned} \lambda_1 &= \sqrt{2} & \epsilon_1 &= \alpha + \sqrt{2}\,\beta \\ \lambda_2 &= 0 & \epsilon_2 &= \alpha \\ \lambda_3 &= -\sqrt{2} & \epsilon_3 &= \alpha - \sqrt{2}\,\beta \end{aligned} \qquad (11.3\text{–}7)$$

Im Grundzustand ist φ_1 doppelt besetzt

$$\begin{aligned} E_{\pi} &= 2\alpha + 2\sqrt{2}\,\beta \\ \Delta E_{\pi} &= 2\sqrt{2}\,\beta \approx 2{,}83\,\beta \end{aligned} \qquad (11.3\text{–}8)$$

Also ist das Allyl-Kation fester gebunden als das Äthylen (obwohl es auch nur $2\,\pi$-Elektronen hat).

---

* Die im Rahmen der HMO-Näherung bestehende Analogie ist in Wirklichkeit nicht vollkommen. Das liegt vor allem daran (vgl. Abschn. 9.1), daß beim H_3^+, H_3 und H_3^- die Überlappungsintegrale so groß sind, daß die Vernachlässigung von Termen in zweiter Ordnung der Überlappung (die man bei der Ableitung der HMO-Näherung machen muß) beim H_3-System nicht, beim Allyl-System dagegen recht gut gerechtfertigt ist. Das hat zur Folge, daß zwar (wie in Abschn. 9.1 im einzelnen erläutert) die HMO-Näherung für das H_3^+ scheinbar gut funktioniert, für das H_3 und das H_3^- aber versagt, sie dagegen gleichermaßen für Allyl-Kation, Allyl-Radikal und Allyl-Anion anzuwenden ist.

** Das Allyl-Radikal und das Allyl-Anion haben natürlich die gleiche Strukturmatrix.

Den Energiegewinn von ca. $\approx 0.83\,\beta$ bezeichnet man als Resonanz- bzw. Delokalisierungsenergie*).

Die MO's sind

$$\varphi_1 = \frac{1}{2}\chi_1 + \frac{\sqrt{2}}{2}\chi_2 + \frac{1}{2}\chi_3$$

$$\varphi_2 = \frac{1}{\sqrt{2}}\chi_1 - \frac{1}{\sqrt{2}}\chi_3$$

$$\varphi_3 = \frac{1}{2}\chi_1 - \frac{\sqrt{2}}{2}\chi_2 + \frac{1}{2}\chi_3$$

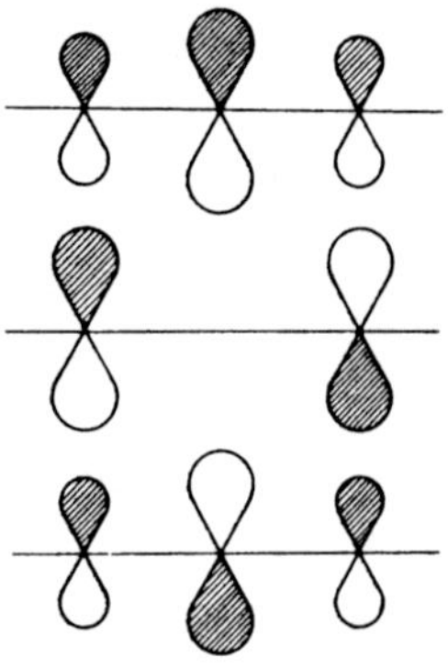

(11.3–9)

Das erste Orbital ist bindend, das zweite nichtbindend, das dritte antibindend.

Das Allyl-Radikal hat in dieser Näherung die gleiche π-Elektronenenergie wie das Allyl-Kation, da das dritte Elektron in ein nichtbindendes Orbital geht.

Entsprechend ergibt sich für das *Cyclopropenyl-Kation*

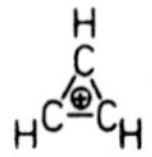

$$M = \begin{pmatrix} 0 & 1 & 1 \\ 1 & 0 & 1 \\ 1 & 1 & 0 \end{pmatrix} \qquad (11.3\text{–}10)$$

$$|M - \lambda 1| = \begin{vmatrix} -\lambda & 1 & 1 \\ 1 & -\lambda & 1 \\ 1 & 1 & -\lambda \end{vmatrix} = -\lambda^3 + 3\lambda + 2 = 0 \qquad (11.3\text{–}11)$$

$$\begin{aligned} \lambda_1 &= 2 & \epsilon_1 &= \alpha + 2\beta \\ \lambda_2 &= -1 & \epsilon_2 &= \alpha - \beta \\ \lambda_3 &= -1 & \epsilon_3 &= \alpha - \beta \end{aligned} \qquad (11.3\text{–}12)$$

Im Grundzustand ist φ_1 doppelt besetzt

$$\begin{aligned} E_\pi &= 2\alpha + 4\beta \\ \Delta E_\pi &= 4\beta \end{aligned} \qquad (11.3\text{–}13)$$

* Wir wollen unter dieser ‚Resonanz- oder Delokalisierungsenergie eine reine Rechengröße der HMO-Näherung verstehen, die etwas über das Ausmaß der Delokalisierung sagt. Wir wollen sie bewußt *nicht* mit experimentell abgeschätzten Werten einer ‚Resonanzenergie' identifizieren.

Die Resonanzenergie ($4\,\beta - 2\,\beta = 2\,\beta$) ist noch wesentlich größer als im Allyl-Kation. Stabilitätsvermindernd wirkt sich die Ringspannung aus, über die allerdings die HMO-Näherung keine Aussage macht*). Das Kation konnte experimentell beobachtet werden**).

11.4. Bindungs- und Ladungsordnungen

Im Sinne Coulsons empfehlen sich folgende Definitionen (vgl. Abschn. 6.2)

$$q_\mu = \sum_i n_i \, |c_\mu^i|^2$$ π-Ladungsordnung des μ-ten Atoms (11.4–1)

$$p_{\mu\nu} = \sum_i n_i \, c_\mu^i \, c_\nu^i$$ π-Bindungsordnung zwischen μ-tem und ν-tem Atom (11.4–2)

(Nur die $p_{\mu\nu}$ zwischen nächsten Nachbarn haben eine unmittelbare physikalische Bedeutung.)
Zum Beispiel erhält man für das Äthylen (analog zum H_2)

$$q_1 = 2\left(\frac{1}{\sqrt{2}}\right)^2 = 1 = q_2$$

$$p_{12} = 2 \cdot \frac{1}{\sqrt{2}} \cdot \frac{1}{\sqrt{2}} = 1$$

Das Ergebnis läßt sich auch in einem sog. Molekulardiagramm darstellen

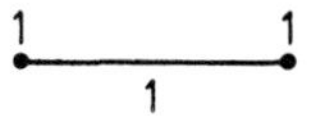

Für das Allyl-Kation (analog zum H_3^+ linear) findet man

$$q_1 = 2 \cdot \left(\frac{1}{2}\right)^2 = \frac{1}{2} = q_3$$

$$q_2 = 2 \cdot \left(\frac{1}{\sqrt{2}}\right)^2 = 1$$

$$p_{12} = 2 \cdot \frac{1}{2} \cdot \frac{1}{\sqrt{2}} = \frac{1}{\sqrt{2}} \approx 0.7$$

---

* Die Ringspannung betrifft die σ-Bindungen. Für diese ist wegen der sp^2-Hybridisierung ein Valenzwinkel von 120° am günstigsten. Kleinere Bindungswinkel verringern die Überlappung und damit die Bindungsenergie.

** R. Breslow, J.T. Groves, G. Ryan, J.Am.Chem.Soc. *89*, 5048 (1967), D.G. Farnum, G. Menta, R.G. Silberman, J.Am.Chem.Soc. *89*, 5058 (1967).

Molekulardiagramm:

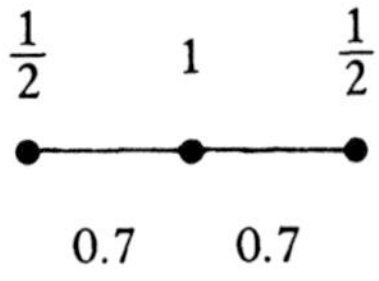

Allyl-Radikal:

$$q_1 = 2 \cdot \left(\frac{1}{2}\right)^2 + 1 \cdot \left(\frac{1}{\sqrt{2}}\right)^2 = 1 = q_3$$

$$q_2 = 2 \cdot \left(\frac{1}{\sqrt{2}}\right)^2 + 0 = 1$$

$$p_{12} = 2 \cdot \frac{1}{2} \cdot \frac{1}{\sqrt{2}} + 0 = \frac{1}{\sqrt{2}} \approx 0.7$$

Molekulardiagramm:

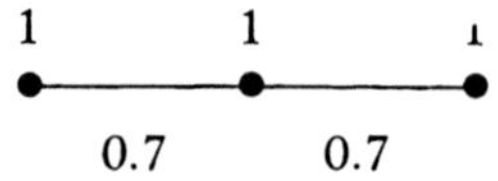

(Besetzte nichtbindende Orbitale haben keinen Einfluß auf die Bindungsordnungen.)

Cyclopropenyl-Kation

$$q_1 = 2 \cdot \left(\frac{1}{\sqrt{3}}\right)^2 = \frac{2}{3} = q_2 = q_3$$

$$p_{12} = 2 \cdot \frac{1}{\sqrt{3}} \cdot \frac{1}{\sqrt{3}} = \frac{2}{3} = p_{23} = p_{31}$$

Molekulardiagramm

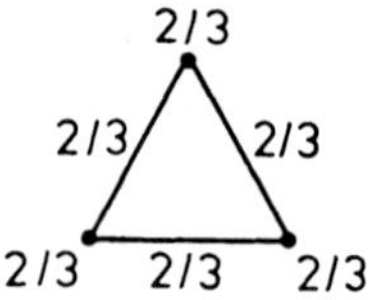

Oft gibt man statt der π-Ladungsordnung q_μ die Gesamtladungsordnung Q_μ an

$$Q_\mu = n_\mu - q_\mu$$

(n_μ = Zahl der zur Verfügung gestellten π-Elektronen, $n_\mu = 1$ bei Kohlenwasserstoffen, $n_\mu = 2$ bei pyridinartigem Stickstoff.)

Ferner zählt man zu den Bindungsordnungen noch den Wert 1 für die σ-Bindungen hinzu.

Das führt zu einer zweiten Art von Molekulardiagrammen

Äthylen 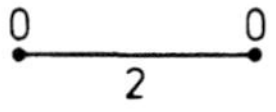

Allyl-Kation 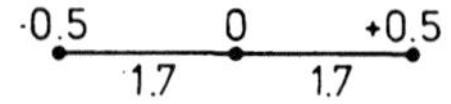

Allyl-Radikal 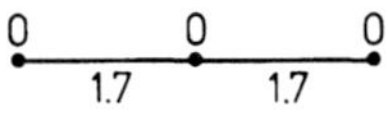

Cyclopropenyl-Kation 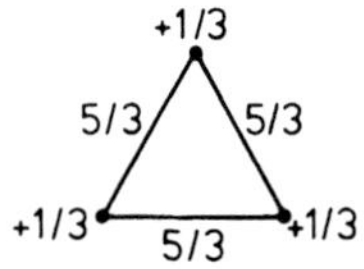

Bemerkenswert ist, daß beim Allyl-Kation die positive Ladung auf den Außenatomen lokalisiert ist, beim Cyclopropenyl-Kation gleichmäßig auf die drei C-Atome verteilt ist. Das ist z.B. wichtig für das jeweilige Verhalten gegenüber nucleophilen Reagenzien.

11.5. Die Hückel-MO's linearer Polyene und Polymethine

11.5.1. Ableitung der Orbitalenergien

Kettenförmige Moleküle der Summenformel C_nH_{n+2} bezeichnet man als Polyene, wenn n gerade, und als Polymethine, wenn n ungerade ist. Für diese beiden Verbindungsklassen lassen sich Eigenwerte und Eigenvektoren der Strukturmatrix in geschlossener Form berechnen*), was die allgemeine Diskussion sehr erleichtert. Unter der Annahme idealisierter Geometrie sieht die Strukturmatrix so aus:

$$M = \begin{pmatrix} 0 & 1 & & & & & \\ 1 & 0 & 1 & & & & \\ & 1 & 0 & 1 & & & \\ & & 1 & 0 & & & \\ & & & & \ddots & & \\ & & & & & 0 & 1 \\ & & & & & 1 & 0 \end{pmatrix} \qquad (11.5\text{–}1)$$

(das erste und das letzte Atom hat nur einen Nachbar, alle übrigen haben zwei Nachbarn). Die Säkulardeterminante ist

* J.E. Lennard-Jones, Proc.Roy.Soc. *A 158*, 280 (1937).

$$D_n = |M - \lambda\, 1| = \begin{vmatrix} -\lambda & 1 & & & & & \\ 1 & -\lambda & 1 & & & & \\ & 1 & -\lambda & 1 & & & \\ & & 1 & -\lambda & & & \\ & & & & \ddots & & \\ & & & & & -\lambda & 1 \\ & & & & & 1 & -\lambda \end{vmatrix} = 0$$

(11.5–2)

Kennen wir D_{k-2} und D_{k-1} für ein bestimmtes k, so erhalten wir D_k aus der Rekursionsbeziehung, die einfach aus dem Entwicklungssatz (vgl. IA 7.2) für Determinanten folgt

$$D_k = -D_{k-1} \cdot \lambda - D_{k-2} \qquad (11.5\text{–}3)$$

Da $D_1 = -\lambda$ und $D_2 = \lambda^2 - 1$, können wir alle D_k aus der Rekursionsbeziehung (11.5–3) konstruieren.

Man kann zeigen (s. IA 7.5), daß bei unverzweigten Kohlenwasserstoffen

$$|\lambda| \leq 2 \qquad (11.5\text{–}4)$$

Für Eigenwerte a_i einer Matrix A gilt nämlich allgemein

$$|a_i| \leq \max_k \sum_l |A_{lk}|, \text{ hier ist aber speziell } \max_k \sum_l |A_{lk}| = 2\,. \qquad (11.5\text{–}5)$$

Wir können deshalb setzen

$$\lambda = 2 \cos y \qquad (11.5\text{–}6)$$

und haben

$$D_1 = -2\cos y = -\frac{2 \sin y \cdot \cos y}{\sin y} - \frac{\sin 2y}{\sin y} \qquad (11.5\text{–}7)$$

$$D_2 = 4\cos^2 y - 1 = 3\cos^2 y - \sin^2 y$$

$$= 2\cos^2 y + \cos 2y = \frac{\sin 3y}{\sin y} \qquad (11.5\text{–}8)$$

Allgemein gilt

$$D_k = (-1)^k \frac{\sin[(k+1)\cdot y]}{\sin y} \qquad (11.5\text{–}9)$$

wie man durch Einsetzen in (11.5–3) und explizite Prüfung für $k = 1$ und $k = 2$ bestätigen kann (Beweis durch vollständige Induktion).

Wir suchen die Nullstellen von D_n

$$D_n = 0 \longrightarrow \sin[(n+1)y] = 0$$

$$\longrightarrow (n+1)y = j \cdot \pi ; \quad j \text{ beliebig ganzzahlig}$$

$$\longrightarrow y_j = \frac{j \cdot \pi}{n+1} ; \quad j \text{ beliebig ganzzahlig}$$

$$\longrightarrow \lambda_j = 2\cos y_j = 2\cos\frac{j\cdot\pi}{n+1} \tag{11.5–10}$$

Gl. (11.5–10) gibt uns genau n verschiedene λ_j ($j = 1, 2, \ldots, n$), die offenbar die n Eigenwerte von M sind. Die Energien der MO's sind also

$$\epsilon_j = \alpha + 2\beta\cos\frac{j\pi}{n+1} ; \quad j = 1, 2, \ldots, n \tag{11.5–11}$$

11.5.2. Gesamt-π-Elektronenenergien und Resonanzenergien

Von den n verschiedenen MO-Energien sind für n *gerade* genau die Hälfte $>\alpha$ und die Hälfte $<\alpha$, da

$$\cos\frac{j\pi}{n+1} > 0 \quad \text{für} \quad j \le \frac{n}{2} \quad \text{und}$$

$$\cos\frac{j\pi}{n+1} < 0 \quad \text{für} \quad j > \frac{n}{2} \tag{11.5–12}$$

Im Grundzustand des neutralen Moleküls sind folglich die MO's $j = 1, 2, \ldots, \frac{n}{2}$ je doppelt besetzt. Daraus folgt für die Gesamt-π-Elektronenenergie und die Resonanzenergie

$$E_\pi = n\alpha + 4\beta\sum_{j=1}^{\frac{n}{2}}\cos\frac{j\pi}{n+1} = n\alpha + 2\beta\left[\operatorname{cosec}\frac{\pi}{2(n+1)} - 1\right] \tag{11.5–13}$$

$$E_{\text{res}} = \beta\left[2\operatorname{cosec}\frac{\pi}{2(n+1)} - n - 2\right]$$

(Es sei daran erinnert, daß $\operatorname{cosec} x = \frac{1}{\sin x}$; $\sec x = \frac{1}{\cos x}$. (11.5–14)

Die Summe über $\cos\frac{j\pi}{n+1}$ läßt sich geschlossen ausführen, wenn man $2\cos x = \exp(ix) + \exp(-ix)$ setzt und die Summenformel für eine geometrische Reihe benutzt.)

Im Grenzfall $n \longrightarrow \infty$ erhält man

$$\lim_{n\to\infty}\frac{E_{\text{res}}}{n} = \left(\frac{4}{\pi} - 1\right)\beta = 0.2732\,\beta \tag{11.5–15}$$

Für Polymethine, d.h. für n *ungerade*, erhält man für die Gesamt-π-Elektronenenergie und die Resonanzenergie (ganz gleich ob für das Radikal, das Anion oder das Kation, da das im Radikal höchste besetzte MO die Orbitalenergie $\epsilon_{\frac{n-1}{2}} = \alpha$ hat):

$$E_\pi = n\alpha + 4\beta \sum_{j=1}^{\frac{n-1}{2}} \cos\frac{j\pi}{n+1} = n\alpha + 2\beta\left[\operatorname{ctg}\frac{\pi}{2(n+1)} - 1\right]$$

$$E_{res} = \beta\left[2\operatorname{ctg}\frac{\pi}{2(n+1)} - n - 1\right] \qquad (11.5\text{–}16)$$

Im Grenzfall $n \to \infty$ ist das Ergebnis das gleiche (11.5–15) wie für n gerade.

Die Resonanzenergien der ersten Vertreter der Polyene und der Polymethine sind in Tab. 13 zusammengestellt.

Tab. 13. HMO-Resonanzenergien der ersten Polyene, Polymethine, der Hückelschen und der anti-Hückelschen Ringkohlenwasserstoffe.

n	Name	$E_{res}[\beta]$	$\frac{E_{res}}{n}$
2	Äthylen	0	0
4	Butadien	0.472	0.118
6	Hexatrien	0.988	0.165
8	Octatretraen	1.518	0.190
10	Decapentaen	2.053	0.205
12	[12]-Polyen	2.592	0.216
14	[14]-Polyen	3.133	0.224
16	[16]-Polyen	3.676	0.230
18	[18]-Polyen	4.219	0.234
3	Allyl	0.828	0.276
5	Pentadienyl	1.469	0.293
7	Heptatrienyl	2.055	0.294
9	Nonatretrenyl	2.628	0.292
11	[11]-Polymethin	3.192	0.290
13	[13]-Polymethin	3.750	0.288
15	[15]-Polymethin	4.306	0.287
17	[17]-Polymethin	4.860	0.286
6	Benzol	2.000	0.333
10	[10]-Annulen	2.944	0.294
14	[14]-Annulen	3.976	0.284
18	[18]-Annulen	5.035	0.280
4	Cyclobutadien	0	0
8	Cyclooctatetraen	1.657	0.207
12	[12]-Annulen	2.928	0.244
16	[16]-Annulen	4.109	0.257
∞	Grenzwert	$(\frac{4}{\pi} - 1)\,n$	0.273

11.5.3. AO-Koeffizienten der MO's

Die Eigenvektoren $\vec{c}_j$ mit den Komponenten c^j_μ ($\mu = 1, 2 \ldots n$) erhalten wir aus dem linearen Gleichungssystem

$$(M - \lambda_j 1)\, \vec{c}_j = 0$$

$$\begin{array}{ll} \text{1-te Zeile:} & -\lambda_j c^j_1 + c^j_2 = 0 \\ \mu\text{-te Zeile:} & c^j_{\mu-1} - \lambda_j c^j_\mu + c^j_{\mu+1} = 0 \quad (1 < \mu < n) \\ n\text{-te Zeile:} & c^j_{n-1} - \lambda_j c^j_n = 0 \end{array} \qquad (11.5-17)$$

Einsetzen von (11.5–10) ergibt die Rekursionsbeziehung:

$$c^j_2 = 2 \cos \frac{j\pi}{n+1}\, c^j_1$$

$$c^j_{\mu+1} = -c^j_{\mu-1} + 2 \cdot \cos \frac{j\pi}{n+1}\, c^j_\mu \qquad (11.5-18)$$

Man überzeugt sich durch Einsetzen, daß

$$c^j_\mu = \sin \frac{j\mu\pi}{n+1} \qquad (11.5-19)$$

diese Rekursionsbeziehung erfüllt. Damit der Vektor $\vec{c}_j = (c^j_1, c^j_2, \ldots, c^j_n)$ auf 1 normiert ist, muß gelten

$$c^j_\mu = \sqrt{\frac{2}{n+1}}\, \sin \frac{j\mu\pi}{n+1} \qquad (11.5-20)$$

11.5.4. Einige Beispiele

$n = 2$ Äthylen $\quad \lambda_1 = 2 \cos \frac{\pi}{3} = +1; \; \vec{c}_1 = \sqrt{\frac{2}{3}} \left(\sin \frac{\pi}{3}, \sin \frac{2\pi}{3}\right) = \frac{1}{\sqrt{2}} (1, 1)$

$\lambda_2 = 2 \cos \frac{2\pi}{3} = -1; \; \vec{c}_2 = \sqrt{\frac{2}{3}} \left(\sin \frac{2\pi}{3}, \sin \frac{4\pi}{3}\right) = \frac{1}{\sqrt{2}} (1, -1)$

$n = 3$ Allyl $\quad \lambda_1 = 2 \cos \frac{\pi}{4} = \sqrt{2}; \; \vec{c}_1 = \left(\frac{1}{2}, \frac{\sqrt{2}}{2}, \frac{1}{2}\right)$

$\lambda_2 = 2 \cos \frac{\pi}{2} = 0; \; \vec{c}_2 = \left(\frac{1}{\sqrt{2}}, 0, -\frac{1}{\sqrt{2}}\right)$

$\lambda_3 = 2 \cos \frac{3\pi}{4} = -\sqrt{2}; \; \vec{c}_3 = \left(\frac{1}{2}, -\frac{\sqrt{2}}{2}, \frac{1}{2}\right)$

$n = 4$ 1,3-Butadien

$$\lambda_1 = 2\cos\frac{\pi}{5} = 2\cos 36° = 1.618$$

$$\lambda_2 = 2\cos\frac{2\pi}{5} = 2\cos 72° = 0.618$$

$$\lambda_3 = 2\cos\frac{3\pi}{5} = -2\cos 72° = -0.618$$

$$\lambda_4 = 2\cos\frac{4\pi}{5} = -2\cos 36° = -1.618$$

$$\vec{c}_1 = \begin{pmatrix} 0.3717 \\ 0.6015 \\ 0.6015 \\ 0.3717 \end{pmatrix} \quad \vec{c}_2 = \begin{pmatrix} 0.6015 \\ 0.3717 \\ -0.3717 \\ -0.6015 \end{pmatrix} \quad \vec{c}_3 = \begin{pmatrix} 0.6015 \\ -0.3717 \\ -0.3717 \\ 0.6015 \end{pmatrix} \quad \vec{c}_4 = \begin{pmatrix} 0.3717 \\ -0.6015 \\ 0.6015 \\ -0.3717 \end{pmatrix}$$

Schematische Darstellung der MO's

1 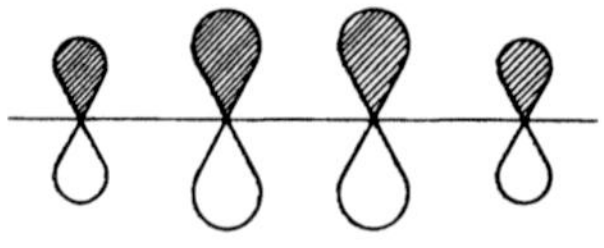 überall bindend

2 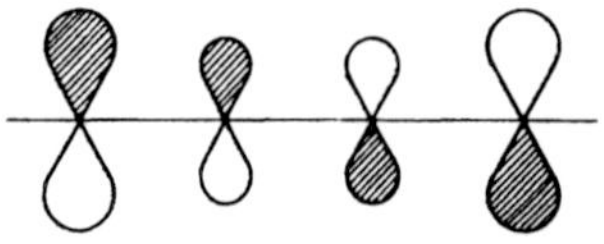 1–2; 3–4-bindend
2–3 antibindend

3 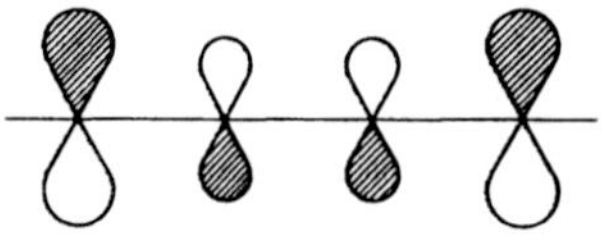 1–2, 3–4 antibindend
2–3 bindend

4 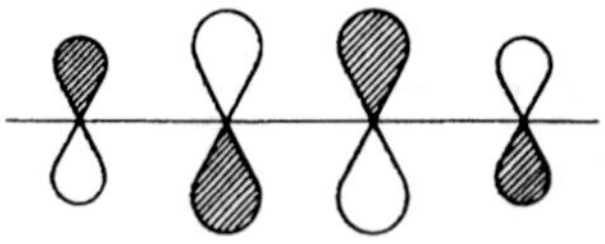 überall antibindend

Für die Ladungs- und Bindungsordnungen des π-Systems im 1,3-Butadien ergibt sich:

$$q_1 = q_2 = q_3 = q_4 = 1$$

$$p_{12} = p_{34} = 0.8944 \qquad p_{23} = 0.4472$$

Für die Delokalisierungsenergie des 1,3-Butadiens erhält man $2(\lambda_1 + \lambda_2) - 4\beta = 0.472\beta$, sie ist wesentlich kleiner als im Allyl-Kation oder im Allyl-Radikal, die zusätzliche Stabilisierung durch Delokalisation der π-Bindungen ist also deutlich geringer als im Allyl-

System*). Man sieht deutlich einen Unterschied zwischen z.B. Allyl-Kation und 1,3-Butadien. Im ersteren haben beide Bindungen den gleichen Bindungsgrad und die gleiche Bindungslänge. Im 1,3-Butadien hat dagegen die mittlere Bindung eine wesentlich kleinere Bindungsordnung, und – wie wir wissen – auch einen größeren Bindungsabstand. Der ‚Bindungsausgleich' ist nicht sehr ausgeprägt. Wir kommen hierauf in Abschn. 11.11 zurück.

Wie schon angedeutet, kann man *cis*- und *trans*-1,3-Butadien im Rahmen der HMO-Methode nicht unterscheiden. Das liegt daran, daß die HMO-Methode nur Kräfte kurzer Reichweite berücksichtigt, womit nur die von der Topologie (den Nachbarschaftsbeziehungen), nicht die von der Geometrie**) (der räumlichen Anordnung) abhängigen Effekte erfaßt werden. Die ausgesprochen geringen Unterschiede zwischen den beiden isomeren Formen des 1,3-Butadiens kann man nur erfassen, wenn man Matrixelemente für die Wechselwirkung zwischen entfernteren Atomen explizit berücksichtigt.

Den ersten angeregten Zustand des Butadiens erhält man, wenn man φ_1 doppelt und φ_2 und φ_3 je einfach besetzt. Für die Bindungs- und Ladungsordnungen ergibt sich dabei:

$$q_1 = q_2 = q_3 = q_4 = 1$$

$$p_{12} = p_{34} = 0.4472; \quad p_{23} = 0.7236$$

Auch der erste angeregte Zustand ist unpolar. Die Bindungsordnungen haben sich aber geändert, und man kann sagen, daß jetzt in der Mitte eine Doppelbindung ist. Damit hängt eine unterschiedliche Reaktionsfähigkeit des Moleküls im angeregten Zustand – wie man ihn z.B. bei Lichteinstrahlung erhalten kann – zusammen.

11.5.5. Graphische Darstellung der MO-Energien

Es gibt ein einfaches Rezept***), die MO-Energien von linearen Polyenen bzw. Polymethinen graphisch zu konstruieren. Man teile einen durch die y-Achse begrenzten Halbkreis mit dem Radius 2 in $n + 1$ gleiche Sektoren. Auf Abb. 59 ist das für die Fälle $n = 2, 3, 4, 5$ dargestellt. Die Projektionen der Eckpunkte der Radiusvektoren auf die y-Achse sind dann die MO-Energien.

11.5.6. Die Frequenz des längstwelligen Elektronenübergangs

Die Energiedifferenz zwischen höchstem besetzten und niedrigstem unbesetzten MO entspricht im Rahmen der MO-Näherung der Frequenz der langwelligsten Absorptionsbande.

---

* Dabei überschätzt man die Delokalisierungsenergie des Butadiens noch stark, wenn man, wie hier, für die β_{12} und β_{23} den gleichen Wert nimmt, vgl. hierzu Abschn. 11.11.

** vgl. Fußnote auf S. 264

*** A.A. Frost, B. Musulin, J.Chem.Phys. *21*, 572 (1953).

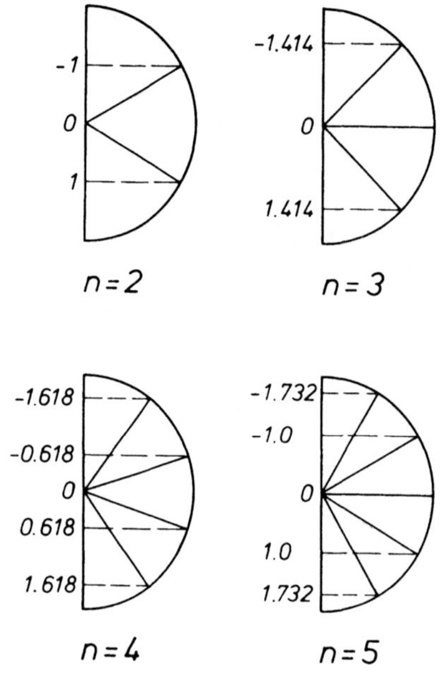

Abb. 59. Graphische Darstellung der MO-Energien der Polyene und Polymethine.

Wir betrachten zunächst geradzahliges n, d.h. Polyene. Die n ‚π-Elektronen' haben in den ersten $n/2$ MO's Platz. Das höchste besetzte MO ist also $\varphi_{\frac{n}{2}}$, das tiefste unbesetzte $\varphi_{\frac{n}{2}+1}$

$$\lambda_{\frac{n}{2}} = 2\cos\frac{\frac{n}{2}\cdot\pi}{n+1} = 2\cos\frac{n\cdot\pi}{2n+2} = 2\sin\frac{\pi}{2n+2}$$

$$\lambda_{\frac{n}{2}+1} = 2\cos\frac{(\frac{n}{2}+1)\pi}{n+1} = 2\cos\frac{(n+2)\pi}{2n+2} = -2\sin\frac{\pi}{2n+2} \quad (11.5\text{–}21)$$

$$h\nu = \beta\,\Delta\lambda = \beta\,[\lambda_{\frac{n}{2}+1} - \lambda_{\frac{n}{2}}] = -4\beta\,\sin\frac{\pi}{2n+2} \quad (11.5\text{–}22)$$

Im Grenzfall $n \to \infty$ gilt

$$\sin\frac{\pi}{2n+2} \approx \frac{\pi}{2n+2} \quad (11.5\text{–}23)$$

folglich

$$\lim_{n\to\infty} h\nu = \frac{-2\beta\pi}{n+1} \quad (11.5\text{–}24)$$

Für ungeradzahlige n, d.h. Polymethine, sind die ersten $\frac{n-1}{2}$ MO's doppelt besetzt, das $(\frac{n+1}{2})$-te ist einfach besetzt, und die übrigen sind unbesetzt. Aus (11.5–10) folgt:

$$\lambda_{\frac{n-1}{2}} = 2\cos\frac{\frac{n-1}{2}\cdot\pi}{n+1} = 2\sin\frac{\pi}{n+1}$$

$$\lambda_{\frac{n+1}{2}} = 0 \qquad (11.5\text{–}25)$$

$$h\nu = \beta\,\Delta\lambda = -2\beta\sin\frac{\pi}{n+1}$$

$$\lim_{n\to\infty} h\nu = \frac{-2\beta\pi}{n+1} \qquad (11.5\text{–}26)$$

(Wir haben hier den Fall betrachtet, daß ein Elektron aus dem höchsten doppelt besetzten in das einfach besetzte angehoben wird. Für die Anhebung des Elektrons aus dem einfach besetzten in das tiefste leere MO erhält man das gleiche Ergebnis für $h\nu$.)

Für große n sollte die Absorptionsfrequenz sowohl für Polyene als auch Polymethine proportional zu $\frac{1}{n+1}$ sein. Das wurde für Polymethine in der Tat beobachtet, nicht aber für Polyene.

Der Grund liegt darin, daß zwar für Polymethine, nicht aber für Polyene die Annahme gleicher Bindungslänge gerechtfertigt ist.

Wir werden darauf in Abschn. 11.11 zurückkommen.

11.6. Die Hückel-MO's ringförmiger Polyene (Annulene) und die Hückelsche $(4N+2)$-Regel

11.6.1. Ableitung der Eigenvektoren und Eigenwerte der Strukturmatrix

Auch für ringförmige Polyene der Formel C_nH_n gibt es geschlossene Ausdrücke für die MO's und deren Energien. Die Strukturmatrix des Benzols ist z.B.

$$M = \begin{pmatrix} 0 & 1 & 0 & 0 & 0 & 1 \\ 1 & 0 & 1 & 0 & 0 & 0 \\ 0 & 1 & 0 & 1 & 0 & 0 \\ 0 & 0 & 1 & 0 & 1 & 0 \\ 0 & 0 & 0 & 1 & 0 & 1 \\ 1 & 0 & 0 & 0 & 1 & 0 \end{pmatrix} \qquad (11.6\text{–}1)$$

Definieren wir den Operator **T**, der das Molekül um 60° dreht, d.h. der das erste Atom in das zweite, das zweite in das dritte, usf., schließlich das sechste in das erste überführt.

Als Matrix geschrieben ist

$$T = \begin{pmatrix} 0 & 1 & 0 & 0 & 0 & 0 \\ 0 & 0 & 1 & 0 & 0 & 0 \\ 0 & 0 & 0 & 1 & 0 & 0 \\ 0 & 0 & 0 & 0 & 1 & 0 \\ 0 & 0 & 0 & 0 & 0 & 1 \\ 1 & 0 & 0 & 0 & 0 & 0 \end{pmatrix} \qquad (11.6\text{–}2)$$

Wenden wir T auf den Vektor mit den Komponenten c_i an, so erhalten wir

$$T \begin{pmatrix} c_1 \\ \vdots \\ c_i \\ \vdots \\ c_n \end{pmatrix} = \begin{pmatrix} c_2 \\ \vdots \\ c_{i+1} \\ \vdots \\ c_1 \end{pmatrix} \qquad (11.6\text{–}3)$$

was in der Tat eine Drehung um 60° bedeutet.

Entsprechend gilt für die gestürzte Matrix

$$T' = \begin{pmatrix} 0 & 0 & 0 & 0 & 0 & 1 \\ 1 & 0 & 0 & 0 & 0 & 0 \\ 0 & 1 & 0 & 0 & 0 & 0 \\ 0 & 0 & 1 & 0 & 0 & 0 \\ 0 & 0 & 0 & 1 & 0 & 0 \\ 0 & 0 & 0 & 0 & 1 & 0 \end{pmatrix} \qquad (11.6\text{–}4)$$

$$T' \begin{pmatrix} c_1 \\ \vdots \\ c_i \\ \vdots \\ c_n \end{pmatrix} = \begin{pmatrix} c_n \\ \vdots \\ c_{i-1} \\ \vdots \\ c_{n-1} \end{pmatrix} \qquad (11.6\text{–}5)$$

Das bedeutet eine Drehung im entgegengesetzten Sinn, und man überzeugt sich sofort davon, daß $T \cdot T' = 1$, d.h. daß $T^{-1} = T'$.

Ferner sieht man, daß

$$M = T + T' . \qquad (11.6\text{–}6)$$

Bevor wir die Eigenwerte und Eigenfunktionen von M bestimmen, suchen wir zunächst diejenigen von T, die wir sehr einfach finden.

T hat die Eigenschaft, daß

$$T^n = 1 \qquad (11.6\text{–}7)$$

(6-malige Drehung um 60°, allgemein n-malige Drehung um $\frac{2\pi}{n}$, führt alle Atome in ihre ursprüngliche Position zurück.)

Die Einheitsmatrix $\mathbf{1}$ hat n Eigenwerte gleich 1. Da, wenn $\mathbf{A}$ die Eigenwerte a_i hat, allgemein $\mathbf{A}^n$ die Eigenwerte a_i^n hat (vgl. IA 7.6), müssen die Eigenwerte μ_k von $\mathbf{T}$ die Eigenschaft haben, daß $(\mu_k)^n = 1$. Also muß gelten

$$\mu_k = \cos\frac{2\pi k}{n} + \mathrm{i}\sin\frac{2\pi k}{n} \qquad k = 1, 2, \ldots, n \tag{11.6–8}$$

d.h. die μ_k müssen gleich den komplexen Einheitswurzeln sein (vgl. Anhang A1).

Jetzt können wir bei Kenntnis der Eigenwerte die Eigenvektoren von $\mathbf{T}$ berechnen aus

$$(\mathbf{T} - \mu_k \mathbf{1})\,\vec{c}_k = 0 \tag{11.6.–9}$$

bzw. explizit am Beispiel des Benzols

$$\begin{pmatrix} -\mu_k & 1 & 0 & 0 & 0 & 0 \\ 0 & -\mu_k & 1 & 0 & 0 & 0 \\ 0 & 0 & -\mu_k & 1 & 0 & 0 \\ 0 & 0 & 0 & -\mu_k & 1 & 0 \\ 0 & 0 & 0 & 0 & -\mu_k & 1 \\ 1 & 0 & 0 & 0 & 0 & -\mu_k \end{pmatrix} \begin{pmatrix} c_1^k \\ c_2^k \\ c_3^k \\ c_4^k \\ c_5^k \\ c_6^k \end{pmatrix} = \vec{0} \tag{11.6–10}$$

oder ausgeschrieben

$$-\mu_k \cdot c_\nu^k + c_{\nu+1}^k \qquad \begin{matrix} \nu = 1, 2, \ldots, 6 \\ \nu + 1 \text{ ist modulo 6 zu verstehen} \end{matrix}$$

bzw.

$$c_{\nu+1}^k = \mu_k \cdot c_\nu^k \tag{11.6–11}$$

Da $|\mu_k| = 1$, erhalten wir, wenn wir $\vec{c}_k$ auf 1 normieren,

$$\vec{c}_k = \frac{1}{\sqrt{n}}(1, \mu_k, \mu_k^2, \mu_k^3 \cdots \mu_k^{n-1}) \tag{11.6–12}$$

Damit haben wir also die Eigenvektoren von $\mathbf{T}$, diese sind aber gleichzeitig Eigenvektoren von $\mathbf{T}' = \mathbf{T}^{-1}$, denn

$$\begin{aligned} \mathbf{T}'\,\vec{c}_k &= \frac{1}{\sqrt{n}}(\mu_k^{n-1}, \ 1, \mu_k \cdots \mu_k^{n-2}) \\ &= \mu_k^{-1} \cdot \vec{c}_k = \mu_k^{*} \cdot \vec{c}_k \end{aligned} \tag{11.6–13}$$

Wenn $\vec{c}_k$ Eigenvektor von T zum Eigenwert μ_k ist, so ist $\vec{c}_k$ Eigenvektor von T' zum Eigenwert $\mu_k^{-1} = \mu_k^*$

$$\left(\begin{aligned} \text{Zur Erinnerung: } \mu_k \cdot \mu_k^* &= \left(\cos \frac{2\pi k}{n} + \mathrm{i} \sin \frac{2\pi k}{n}\right) \\ &\quad \left(\cos \frac{2\pi k}{n} - \mathrm{i} \sin \frac{2\pi k}{n}\right) \\ &= \cos^2 \frac{2\pi k}{n} + \sin^2 \frac{2\pi k}{n} = 1 \, . \end{aligned} \right)$$

Folglich gilt aber auch

$$M\vec{c}_k = (T + T')\,\vec{c}_k = (\mu_k + \mu_k^*)\,\vec{c}_k = 2 \cos \frac{2\pi k}{n} \cdot \vec{c}_k \qquad (11.6\text{–}14)$$

Also ist $\vec{c}_k$ auch Eigenvektor von M, und zwar zum Eigenwert

$$\lambda_k = 2 \cos \frac{2\pi k}{n} \, . \qquad (11.6\text{–}15)$$

Damit haben wir die Eigenwerte von M gefunden und kennen also auch die MO-Energien der Ringpolyene. Anders als bei den Polyenen sind jetzt die λ_k *nicht* in der Reihenfolge steigender MO-Energien geordnet. Man kann sie, wenn man will so umnumerieren, daß $\lambda_{k+1} \leqslant \lambda_k$. Wir wollen das aber nicht tun.

Man sieht, daß $\mu_k^* = \mu_{n-k}$ und daß folglich $\lambda_k = \lambda_{n-k}$, d.h. alle Eigenwerte λ_k von M sind zweifach entartet, außer wenn $k = n - k$. Letzteres ist der Fall für $k = n$ (da die Gleichung modulo n zu verstehen ist), außerdem für $k = n/2$, sofern n gerade ist.

11.6.2. Graphische Darstellung der MO-Energien und Beispiele

Es gibt wieder eine einfache graphische Methode zur Konstruktion der Eigenwerte*) (s. Abb. 60).

Man trägt das cyclische Polyen als regelmäßiges Polygon in einen Kreis mit Radius 2 ein. (Eine Ecke des Polygons liege unten.) Die Projektionen der Eckpunkte (rechts und links) auf die senkrechte Achse geben dann die MO-Energien (einschließlich Entartungsgrad).

Beispiele:

$n = 3$ Cyclopropenyl

$$\lambda_1 = 2 \cos \frac{2\pi}{3} = -1$$

$$\lambda_2 = 2 \cos \frac{4\pi}{3} = -1$$

$$\lambda_3 = 2 \cos 2\pi = 2$$

* A.A. Frost, B. Musulin, l.c.

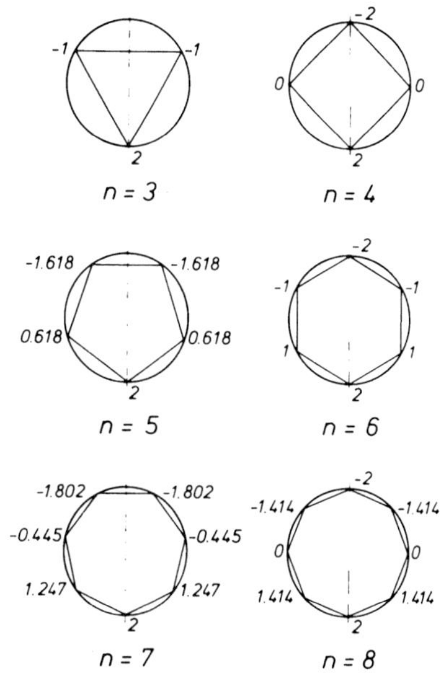

Abb. 60. Graphische Darstellung der MO-Energien der Ringpolyene (Annulene).

$n = 4$ Cyclobutadien

$$\lambda_1 = 2\cos\frac{2\pi}{4} = 0$$

$$\lambda_2 = 2\cos\pi = -2$$

$$\lambda_3 = 2\cos\frac{6\pi}{4} = 0$$

$$\lambda_4 = 2\cos 2\pi = 2$$

$n = 5$ Cyclopentadienyl

$$\lambda_1 = 2\cos\frac{2\pi}{5} = 0.618$$

$$\lambda_2 = 2\cos\frac{4\pi}{5} = -1.618$$

$$\lambda_3 = 2\cos\frac{6\pi}{5} = -1.618$$

$$\lambda_4 = 2\cos\frac{8\pi}{5} = 0.618$$

$$\lambda_5 = 2\cos 2\pi = 2$$

$n = 6$ Benzol

$$\lambda_1 = 2\cos\frac{2\pi}{6} = 1$$

$$\lambda_2 = 2\cos\frac{4\pi}{6} = -1$$

$$\lambda_3 = 2\cos\frac{6\pi}{6} = -2$$

$$\lambda_4 = 2\cos\frac{8\pi}{6} = -1$$

$$\lambda_5 = 2\cos\frac{10\pi}{6} = 1$$

$$\lambda_6 = 2\cos 2\pi = 2$$

$n = 7$ Cycloheptatrienyl

$$\lambda_1 = 2\cos\frac{2\pi}{7} = 1.247$$

$$\lambda_2 = 2\cos\frac{4\pi}{7} = -0.445$$

$$\lambda_3 = 2\cos\frac{6\pi}{7} = -1.802$$

$$\lambda_4 = 2\cos\frac{8\pi}{7} = -1.802$$

$$\lambda_5 = 2\cos\frac{10\pi}{7} = -0.445$$

$$\lambda_6 = 2\cos\frac{12\pi}{7} = 1.247$$

$$\lambda_7 = 2\cos 2\pi = 2$$

Allgemein gilt für Ringpolyene, daß das λ zur tiefsten Energie immer gleich $\lambda_n = 2$ und *nicht*entartet ist. Für geradzahliges n ist auch das höchste MO nicht entartet mit $\lambda_{\frac{n}{2}} = -2$. Alle übrigen Energieniveaus sind je zweifach entartet. Für geradzahliges n existiert zu jedem λ auch das entsprechende $-\lambda$ als Eigenwert. Schematisch sieht das so aus, wie auf Abb. 61 angegeben.

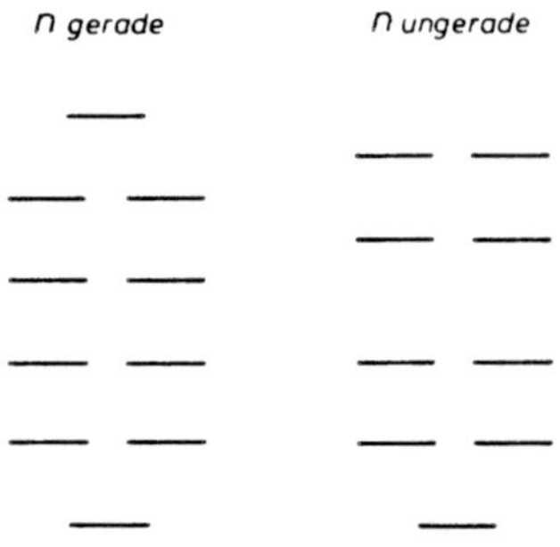

Abb. 61. HMO-Energien für geradzahlige und ungeradzahlige Ringpolyene.

11.6.3. Hückelsche und Anti-Hückelsche Ringpolyene

Aus dem allgemeinen Schema der Energieniveaus bei den Ringpolyenen folgt, daß abgeschlossen-schalige Zustände immer dann vorliegen, wenn 2, 6, 10 etc., allgemein $4N+2$ ($N = 0, 1, 2, \ldots$) Elektronen im π-System unterzubringen sind. Bei neutralen Molekülen ist das genau dann der Fall, wenn auch die Zahl der ein π-AO beisteuernden C-Atome gleich $4N+2$ ist. Die besondere Stabilität der ($4N+2$)-Systeme wurde bereits von Hückel erkannt, weshalb man von der Hückelschen Regel oder auch der Hückelschen ($4N+2$)-Regel spricht. Ringkohlenwasserstoffe, die dieser Regel gehorchen, nennt man auch Hückelsche Systeme.

Ihre Stabilität manifestiert sich u.a. darin, daß das λ für das höchste besetzte MO positiv und dem Betrage nach relativ groß ist ($\lambda = 1$ bei Benzol, $\lambda = 0.618$ beim $C_5H_5^-$ oder $\lambda = 1.247$ bei $C_7H_7^+$ vgl. mit $\lambda = 0.445$ beim nichtringförmigen Hexatrien). Anschaulich bedeutet ein großes λ für das höchste besetzte MO, daß das Elektron fest sitzt und schwer zu ionisieren ist.

Im Gegensatz dazu ist bei den Ring-Molekülen mit $n = 4N$ ($N = 1, 2, \ldots$), die man auch als Anti-Hückelsche Systeme bezeichnet, für das höchste besetzte MO $\lambda = 0$. In diesem nichtbindenden MO haben vier Elektronen Platz, es wird aber nur mit zwei Elektronen besetzt. Man erwartet zunächst, daß die beiden Elektronen sich im Sinne der Hundschen Regel mit parallelen Spins anordnen und daß der Grundzustand bei solchen Anti-Hückel-Systemen ein Triplett ist. Wir werden später sehen (Abschn. 11.11), daß die Entartung des nichtbindenden MO's aufgehoben wird und insgesamt eine Stabilisierung auftritt, wenn man Bindungsalternierung, d.h. abwechselnd kurze und lange Bindungen, zuläßt, und daß z.B. der Grundzustand des Cyclobutadiens C_4H_4 wahrscheinlich doch ein Singulett, aber mit rechteckiger statt mit quadratischer Konfiguration ist*). Auch das Cyclooctatetraen hat im Grundzustand abwechselnd kurze und lange Bindungen. Es ist zudem nicht eben, sondern gewellt, weil die Resonanzenergie offenbar nicht ausreicht, die Ringspannung wettzumachen. In ebener Anordnung müßten die CCC-Winkel 135° betragen statt 120°, wie es für sp^2-hybridisierten Kohlenstoff natürlich ist.

Die Resonanzenergien pro Zahl der C-Atome unterscheiden sich bei den Hückelschen und den Anti-Hückelschen Ringpolyenen deutlich. Für die Gesamt-π-Elektronenenergie sowie die Resonanzenergie eines ($4N+2$)-Systems erhält man:

$$E_\pi = n\alpha + 4\beta + 8\beta \sum_{k=1}^{\frac{n-2}{4}} \cos\frac{2\pi k}{n} = \frac{4\beta}{\sin\frac{\pi}{n}}$$

$$E_{\text{res}} = \beta\left\{\frac{4}{\sin\frac{\pi}{n}} - n\right\} \qquad (11.6\text{–}16)$$

---

* Eigenartigerweise (s. R.J. Buenker, S.D. Peyerimhoff, J.Chem.Phys. *48*, 354 (1968) sowie H. Kollmar, V. Staemmler, J. Amer. Chem. Soc. *99*, 3583 (1977)) liegt auch im quadratischen Fall der Singulett-Zustand des Cyclobutadiens tiefer. Hier liegt offenbar einer der seltenen Fälle vor, wo die Hundsche Regel nicht gilt. Man spricht von dynamischer Spinpolarisation, die den Singulettzustand stabilisiert.

während sich für 4*N*-Systeme ergibt:

$$E_\pi = n\alpha + 4\beta + 8\beta \sum_{k=1}^{\frac{n-4}{4}} \cos\frac{2\pi k}{n} = 4\beta \operatorname{ctg}\frac{\pi}{n}$$

$$E_{res} = \beta\left\{4 \operatorname{ctg}\frac{\pi}{n} - n\right\} \qquad (11.6\text{–}17)$$

Im Grenzfall $n \to \infty$ ist E_{res}/n aber in beiden Fällen gleich, und zwar ebenso groß wie bei den linearen Polyenen (Abschn. 11.5.2).

$$\lim_{n\to\infty} \frac{E_{res}}{n} = \beta\left(\frac{4}{\pi} - 1\right) = 0.2732\,\beta \qquad (11.6\text{–}18)$$

Zahlenwerte von $\frac{E_{res}}{n}$ sind in Tab. 13 (S. 272) zusammengestellt.

Der Befund, daß für große n der Unterschied zwischen Hückelschen und Anti-Hückelschen Systemen immer geringer wird, ist ein Hinweis darauf, daß besonders ausgeprägtes Hückelsches bzw. Anti-Hückelsches Verhalten bei den jeweils kleinsten Vertretern zu erwarten ist. Mit $E_{res}/n = 0.333$ ist das Benzol sicher der Ringkohlenwasserstoff mit der höchsten relativen Resonanzenergie, andererseits haben C_4H_4 und C_8H_8 mit 0 bzw. 0.2071 die beiden kleinsten relativen Resonanzenergien. Nun sind allerdings C_4H_4 und C_8H_8 gegenüber dem C_6H_6 noch zusätzlich energetisch benachteiligt, weil sie (bei ebener Anordnung) die ‚unnatürlichen' Valenzwinkel von 90° bzw. 135° statt 120° ausbilden müssen. Deshalb fallen beide Moleküle etwas aus dem Rahmen. Bei größeren Ringen ist die Anordnung mit Valenzwinkeln von 120° wieder möglich, z.B.

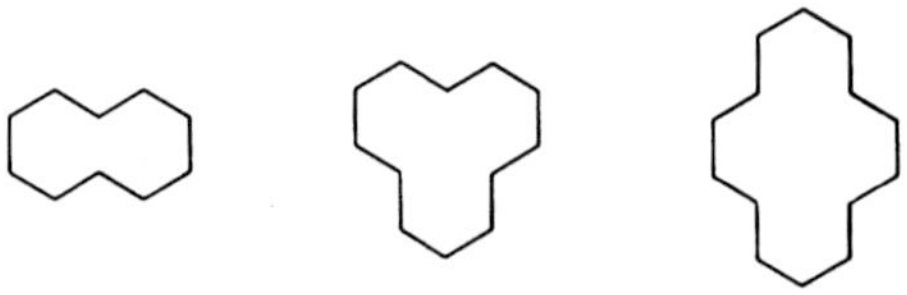

n=10 n=12 n=14

Es konnte in der Tat experimentell bestätigt werden*), daß die dargestellten (4*N* + 2)-Annulene, $C_{14}H_{14}$, $C_{18}H_{18}$, $C_{22}H_{22}$, und $C_{26}H_{26}$, die Eigenschaften haben, die man von einem Hückelschen System erwartet, während die 4*N*-Systeme, ähnlich wie das C_8H_8, Strukturen mit abwechselnd kurzen und langen Bindungen aufweisen. Wir kommen auf das Problem der Bindungsalternierung insbesondere für große *N* in Abschn. 11.11 zurück und wollen deshalb nicht vorgreifen. Das C_{10}-Annulen ist, wie man an Kalottenmodellen erkennt, nicht eben, da die H-Atome an den beiden einander dicht gegenüberstehenden C-Atome sich sterisch behindern.

* F. Sondheimer, Acc.Chem.Res. *5*, 81 (1972), Chimia *28*, 163 (1974).

Überbrückt man dagegen*) die C-Atome durch eine CH_2-Gruppe, so ist eine nahezu ebene Anordnung, die Voraussetzung für die Resonanz ist, möglich.

Die Hückelschen Ringkohlenwasserstoffe haben ihre wichtigsten physikalischen und chemischen Eigenschaften, vor allem die hohe Stabilität, die leichte Beweglichkeit der Elektronen, die zu Ringströmen in Magnetfeldern Anlaß gibt, sowie die Bevorzugung von Substitutions- gegenüber Additionsreaktionen (weil letztere das konjugierte System zerstören würden), gemeinsam mit den kondensierten Aromaten wie Naphthalin, Anthracen, Phenanthren usw. Das ist nicht so sehr verwunderlich, da man z.B. Naphthalin (vgl. Abschn. 11.10) als ein gestörtes C_{10}-Annulen auffassen kann.

Die den Hückelschen Ringkohlenwasserstoffen und den kondensierten Aromaten gemeinsamen Eigenschaften bezeichnet man vielfach als ‚aromatisch'. In jüngerer Zeit wird dieser Begriff mit großer Zurückhaltung verwendet**).

Wir haben bisher nur die Fälle $n = 4N + 2$ und $n = 4N$, d.h. gerades n, genauer betrachtet. Es gibt aber natürlich auch cyclische Polyene mit $n = 4N + 1$ und $n = 4N + 3$. Zu $n = 4N + 1$ gehört z.B. das C_5H_5, zu $n = 4N + 3$ das C_7H_7. An ihren MO-Diagrammen sieht man leicht, daß das C_5H_5 bestrebt sein sollte, ein Elektron in das höchste bindende MO aufzunehmen und so die Schale aufzufüllen, und daß das C_7H_7 gerne das überzählige Elektron im tiefsten antibindenden MO abgeben sollte.

Die bekanntlich sehr stabilen Ionen $C_5H_5^-$ und $C_7H_7^+$ gehorchen, bezogen auf die Elektronenzahl, durchaus der Hückelschen Regel und sind als Hückelsche Ionen anzusprechen. Auch das $C_3H_3^+$ ist ein Hückelsches Ion. Dagegen sind $C_3H_3^-$, $C_5H_5^+$ oder $C_7H_7^-$ Anti-Hückelsche Ionen und wir erwarten, daß sie sehr instabil sind, sofern sie überhaupt existieren. Das $C_5H_5^+$ soll, ganz im Sinne der Hundschen Regel, einen Triplett-Grundzustand haben***). Möglicherweise ist die stabilste Konfiguration des $C_5H_5^+$ im Singulett-Zustand nicht ringförmig, sondern eine quadratische Pyramide[1]. Auch doppelt positive und negative Hückelsche Ionen von Anti-Hückelschen $4N$-Ringen sind beschrieben worden, z.B. das $(CH_3)_4C_4^{2+}$ [2] oder das $C_{12}H_{12}^{2-}$ [3].

11.6.4. Komplexe und reelle Eigenvektoren

Bei unserer Ableitung ergaben sich die Eigenvektoren von M (und damit von H) komplex. Es ist aber für reelle symmetrische Matrizen (und solche liegen ja vor) immer möglich, reelle Eigenvektoren zu wählen (die Eigenwerte sind sowieso *reell*). Nur

* E. Vogel, Spec.Publ.Nr. 21, The Chemical Society London 1967, S. 113 und Chimia *22*, 21 (1968); dort findet man auch Hinweise auf frühere Arbeiten.

** M.J.S. Dewar, G.J. Gleicher, J.Am.Chem.Soc. *87*, 685 (1965).

*** M. Saunders et al., J.Am.Chem.Soc. *95*, 3017 (1973).

1) W.D. Stohrer, R. Hoffmann, J.Am.Chem.Soc. *94*, 1661 (1972);
H. Kollmar, H.O. Smith, P.v.R. Schleyer, J.Am.Chem.Soc. *95*, 5834 (1973).

2) G. Olah, et.al. J.Am.Chem.Soc. *91*, 3667 (1969).

3) J.F.H. Oth, G. Schröder, J.Chem.Soc. *B 1971*, 904.

scheinbar liegt hier ein Widerspruch vor, er hängt damit zusammen, daß gewisse Eigenwerte zweifach entartet sind. Die Eigenvektoren zu *nicht*-entarteten Eigenwerten sind automatisch reell, zu den zweifach entarteten Eigenwerten lassen sich immer reelle Linearkombinationen der beiden linear unabhängigen komplexen Eigenvektoren konstruieren.

Zu

$$\lambda_k = 2\cos\frac{2\pi k}{n} = 2\cos\frac{2\pi(n-k)}{n} = \lambda_{n-k} \qquad (11.6\text{–}19)$$

gehören die Eigenvektoren

$$\vec{c}_k = \frac{1}{\sqrt{n}}(1, \mu_k, \mu_k^2 \ldots \mu_k^{n-1})$$

$$\vec{c}_{n-k} = \frac{1}{\sqrt{n}}(1, \mu_{n-k}, \mu_{n-k}^2 \ldots \mu_{n-k}^{n-1}) = \frac{1}{\sqrt{n}}(1, \mu_k^*, \mu_k^{*2} \ldots \mu_k^{*n-1}) = \vec{c}_k^{\,*} \qquad (11.6\text{–}20)$$

offenbar sind

$$\vec{a}_k = \frac{1}{\sqrt{2}}(\vec{c}_k + \vec{c}_k^{\,*}) = \frac{\sqrt{2}}{\sqrt{n}}\left(1, \cos\frac{2\pi k}{n}, \cos\frac{4\pi k}{n}, \ldots \cos\frac{2(n-1)\pi k}{n}\right)$$

$$\vec{b}_k = \frac{1}{\mathrm{i}\sqrt{2}}(\vec{c}_k - \vec{c}_k^{\,*}) = \frac{\sqrt{2}}{\sqrt{n}}\left(0, \sin\frac{2\pi k}{n}, \sin\frac{4\pi k}{n}, \ldots \sin\frac{2(n-1)\pi k}{n}\right) \qquad (11.6\text{–}21)$$

reell und orthogonal zueinander und auch auf 1 normiert.

Für das Beispiel des Benzols ist

$$\mu_k = \cos\frac{2\pi k}{6} + \mathrm{i}\sin\frac{2\pi k}{6} \qquad (11.6\text{–}22)$$

Mit der Abkürzung

$$\omega = \frac{1}{2} + \frac{\mathrm{i}}{2}\sqrt{3} \qquad (11.6\text{–}23)$$

hat man

$$\mu_1 = \omega,\ \mu_2 = -\omega^*,\ \mu_3 = -1,\ \mu_4 = -\omega,\ \mu_5 = \omega^*,\ \mu_6 = 1 \qquad (11.6\text{–}24)$$

$$\vec{c}_1 = \frac{1}{\sqrt{6}}(1, \omega, -\omega^*, -1, -\omega, \omega^*)$$

$$\vec{c}_2 = \frac{1}{\sqrt{6}}(1, -\omega^*, -\omega, 1, -\omega^*, -\omega)$$

$$\vec{c}_3 = \frac{1}{\sqrt{6}}(1, -1, 1, -1, 1, -1)$$

$$\vec{c}_4 = \frac{1}{\sqrt{6}}(1, -\omega, -\omega^*, 1, -\omega, -\omega^*)$$

$$\vec{c}_5 = \frac{1}{\sqrt{6}}(1, \omega^*, -\omega, -1, -\omega^*, \omega)$$

$$\vec{c}_6 = \frac{1}{\sqrt{6}}(1, 1, 1, 1, 1, 1) \tag{11.6–25}$$

$$\vec{a}_6 = \vec{c}_6 \qquad \vec{a}_3 = \vec{c}_3$$

$$\vec{a}_2 = \frac{1}{\sqrt{2}}(\vec{c}_2 + \vec{c}_4) = \frac{1}{\sqrt{12}}[2, -1, -1, 2, -1, -1]$$

$$\vec{b}_2 = \frac{1}{i\sqrt{2}}(\vec{c}_2 - \vec{c}_4) = \frac{1}{\sqrt{12}}[0, \sqrt{3}, -\sqrt{3}, 0, \sqrt{3}, -\sqrt{3}] = \frac{1}{2}[0, 1, -1, 0, 1, -1]$$

$$\vec{a}_1 = \frac{1}{\sqrt{2}}(\vec{c}_1 + \vec{c}_5) = \frac{1}{\sqrt{12}}[2, 1, -1, -2, -1, 1]$$

$$\vec{b}_1 = \frac{1}{i\sqrt{2}}(\vec{c}_1 - \vec{c}_5) = \frac{1}{\sqrt{12}}[0, \sqrt{3}, \sqrt{3}, 0, -\sqrt{3}, -\sqrt{3}] = \frac{1}{2}[0, 1, 1, 0, -1, -1]$$

(11.6–26)

Wenn die MO-Vektoren komplex sind, ist der Ausdruck für die Ladungs- und Bindungsordnungen etwas zu modifizieren, nämlich in

$$q_\mu = \sum_i n_i c_\mu^{i*} \cdot c_\mu^i$$

$$p_{\mu\nu} = \frac{1}{2} \sum_i n_i [c_\mu^{i*} \cdot c_\nu^i + c_\mu^i \cdot c_\nu^{i*}] \tag{11.6–27}$$

Diese Ausdrücke gewährleisten, daß q_μ und $p_{\mu\nu}$ reell sind und daß $p_{\mu\nu} = p_{\nu\mu}$.
Für reelle c_μ^i reduzieren sie sich auf die bereits gegebenen Ausdrücke.
Für cyclische Polyene mit $n = 4N + 2$ Elektronen und der gleichen Zahl von Atomen ist

$$q_\mu = 2\, c_\mu^n \cdot c_\mu^{n*} + 4 \sum_{k=1}^{N} c_\mu^{k*}\, c_\mu^k = \frac{2}{n} + \frac{4}{n} \cdot N = 1 \tag{11.6–28}$$

$$p_{\mu,\mu+1} = 2 \cdot c_\mu^n \cdot c_{\mu+1}^n + 2 \sum_{k=1}^{N} [c_\mu^{k*} c_{\mu+1}^k + \text{konj. kompl.}]$$

$$= \frac{2}{n} + \frac{1}{n} \sum_{k=1}^{N} [\exp(\frac{2\pi k}{n} \cdot i) + \exp(-\frac{2\pi k}{n} \cdot i)] = \frac{2}{n \cdot \sin\frac{\pi}{n}} \tag{11.6–29}$$

Im Grenzfall $n \to \infty$ folgt

$$\lim_{n \to \infty} p_{\mu,\mu+1} = \frac{2}{\pi} \approx 0.6366 \tag{11.6–30}$$

11.6.5. Möbiussche Kohlenwasserstoffe

In den cyclischen konjugierten Kohlenwasserstoffen (Annulenen) C_nH_n, die wir uns der Einfachheit halber als regelmäßige n-Ecke vorstellen wollen, liegen alle Atome in der Ebene der C-Atome. Wir können für jedes C-Atom ein lokales Koordinatensystem definieren, derart, daß die x-Achsen radial von den C-Atomen zu den H-Atomen weisen, die y-Achsen tangential und die z-Achsen senkrecht zur Molekülebene sind. Die Achsen der p_z-AO's sind mit den lokalen z-Achsen identisch, und die π-MO's sind Linearkombinationen dieser p_z-AO's. Durch die lokalen z-Achsen kann man ein geschlossenes ringförmiges Band legen (Abb. 62).

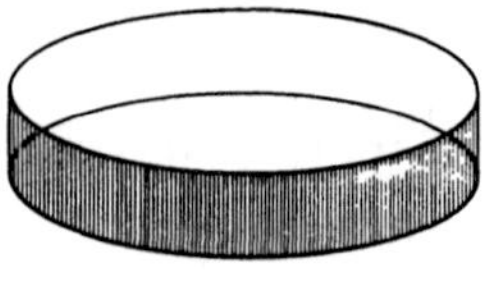

normales Band

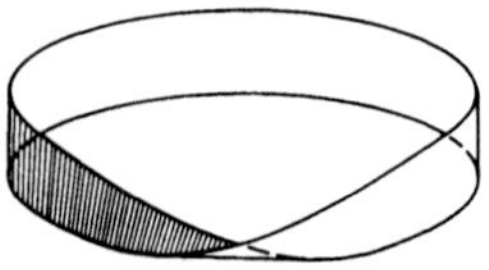

Möbiussches Band

Abb. 62. Normales und Möbiussches Band.

Wir können nun eine hypothetische alternative Klasse von ringförmigen Kohlenwasserstoffen erhalten, wenn wir das lokale Koordinatensystem des n-ten Atoms um die lokale y-Achse um den Winkel π/n verdrehen und damit gleichzeitig die C—C-Bindungen und die π-AO's um den Winkel π/n verdrehen. Das Band, das sich durch die lokalen z-Achsen legen läßt, wurde dann genau einmal um seine Längsachse gedreht, ehe es sich wieder schließt (Abb. 62). Man nennt so etwas bekanntlich ein Möbiussches Band, und wir wollen im Anschluß an Heilbronner*) diese Klasse von hypothetischen Ringkohlenwasserstoffen als Möbiussche Kohlenwasserstoffe bezeichnen. Versuchen wir, diese Systeme in der HMO-Näherung zu behandeln, so stellen wir zunächst fest, daß die Überlappungsintegrale zwischen π-AO's nächster Nachbarn gleich $S \cos \pi/n$ sind, wenn S das entsprechende Überlappungsintegral in einem Annulen ist, ähnlich sind die β-Integrale um einen Faktor $\cos \pi/n$ reduziert. Das Überlappungsintegral und das reduzierte Resonanzintegral zwischen dem n-ten und dem ersten π-AO sind dagegen gleich $-S \cos \pi/n$ und $-\beta \cos \pi/n$, weil eine Drehung des lokalen Koordinatensystems um π die Richtung der z-Achse umkehrt, d.h. z in $-z$ und p_z in $-p_z$ überführt. Die Strukturmatrix eines Möbius-Kohlenwasserstoffs ist

* E. Heilbronner, Tetrahedron Letters *1964*, 1923.

$$M = \begin{pmatrix} 0 & 1 & & & & & & -1 \\ 1 & 0 & 1 & & & & & \\ & 1 & 0 & 1 & & & & \\ & & 1 & 0 & \cdot & & & \\ & & & \cdot & \cdot & \cdot & & \\ & & & & \cdot & \cdot & \cdot & \\ & & & & & \cdot & \cdot & \cdot \\ & & & & & \cdot & 0 & 1 \\ & & & & & 1 & 0 & 1 \\ -1 & & & & & & 1 & 0 \end{pmatrix}$$

Die Eigenwerte und Eigenvektoren erhält man in Analogie zu Abschn. 11.6.1, indem man zunächst $M = T + T^+$ setzt, wobei

$$T = \begin{pmatrix} 0 & 1 & & & & \\ & 0 & 1 & & & \\ & & 0 & \cdot & & \\ & & & \cdot & \cdot & \\ & & & & \cdot & \cdot \\ & & & & \cdot & 1 \\ -1 & & & & & 0 \end{pmatrix}$$

und sich dann davon überzeugt, daß $T^n = -1 = e^{\pi i}$, so daß die Eigenwerte von T von Form $t_k = e^{\frac{i}{n}(2k-1)}$, $k = 1, 2, \ldots$ sein müssen, Man stellt dann fest, daß zu t_k der Eigenvektor

$$\vec{c}_k = \frac{1}{n}\left(e^{\frac{\pi i}{n}(2k-1)}, \ldots, e^{\frac{j \cdot \pi i}{n}(2k-1)}, \ldots, e^{\frac{n \cdot \pi i}{n}(2k-1)}\right) \qquad (11.6\text{–}29)$$

gehört. Da T und $T' = -T^{-1}$ vertauschen, haben sie gemeinsame Eigenvektoren

$$T\vec{c}_k = t_k \vec{c}_k$$

$$T'\vec{c}_k = t_k^* \vec{c}_k \qquad (11.6\text{–}30)$$

woraus sofort folgt, daß

$$M\vec{c}_k = (T + T')\vec{c}_k = \{e^{\frac{\pi i}{n}(2k-1)} + e^{-\frac{\pi i}{n}(2k-1)}\}\vec{c}_k$$

$$= 2\cos\frac{\pi}{n}(2k-1) \cdot \vec{c}_k \qquad (11.6\text{–}31)$$

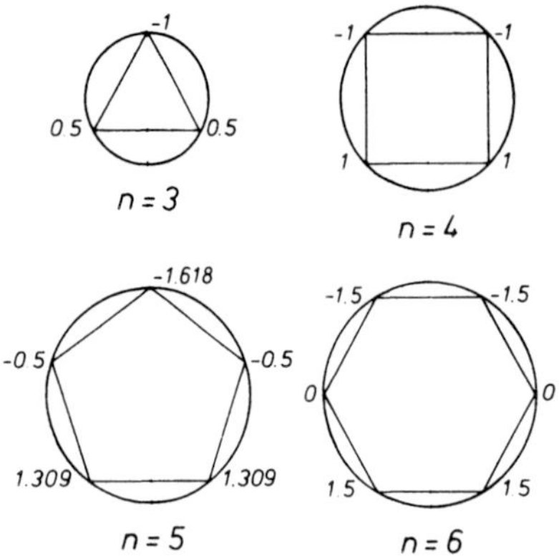

Abb. 63. HMO-Energien für Möbiussche Ringe.

Man kann die MO-Energien leicht graphisch darstellen*), wie das auf Abb. 63 zu sehen ist. Während bei den normalen Ringpolyenen das Polygon mit der Spitze nach unten in einen Kreis eingezeichnet wird, zeigt jetzt eine Seite nach unten. Das tiefste Niveau ($\lambda > 0$) ist immer doppelt entartet, dasselbe gilt für alle übrigen Niveaus bis auf das höchste, sofern n ungerade ist. Abgeschlossene Schalen liegen vor, wenn $4N$ Elektronen unterzubringen sind. Es gilt also die $4N$-Möbius-Regel im Gegensatz zur $(4N+2)$-Hückel-Regel. Betrachten wir die Fälle $n=4$ und $n=6$ etwas genauer

$$n=4: \lambda_1 = 2\cos\frac{\pi}{4} = \sqrt{2}; \quad \lambda_2 = 2\cos\frac{3\pi}{4} = -\sqrt{2}$$

$$\lambda_3 = 2\cos\frac{5\pi}{4} = -\sqrt{2}; \quad \lambda_4 = 2\cos\frac{7\pi}{4} = \sqrt{2}$$

Im Grundzustand sind die Niveaus zu λ_1 und λ_4 je doppelt besetzt.
Da $\beta_{\mathrm{Mö}} = \cos\frac{\pi}{n}\,\beta_{\mathrm{Hü}} = \frac{1}{2}\sqrt{2}\,\beta_{\mathrm{Hü}}$, gilt

$$E_\pi = E_\pi - 4\alpha = 2(\lambda_1 + \lambda_4)\beta_{\mathrm{Mö}} = 4\sqrt{2}\,\beta_{\mathrm{Mö}} = 4\,\beta_{\mathrm{Hü}}$$

$$E_{\mathrm{res}} = 4\,\beta_{\mathrm{Hü}} - 4\,\beta_{\mathrm{Hü}} = 0$$

$$n=6: \lambda_1 = 2\cos\frac{\pi}{6} = \sqrt{3}; \quad \lambda_2 = 2\cos\frac{3\pi}{6} = 0$$

$$\lambda_3 = 2\cos\frac{5\pi}{6} = -\sqrt{3}; \quad \lambda_4 = 2\cos\frac{7\pi}{6} = -\sqrt{3}$$

$$\lambda_5 = 2\cos\frac{9\pi}{6} = 0; \quad \lambda_6 = 2\cos\frac{11\pi}{6} = \sqrt{3}$$

* E. Heilbronner, l.c.

Im Grundzustand sind die Niveaus zu λ_1, λ_2 (oder λ_5), λ_6 je doppelt besetzt. Ferner ist $\beta_{Mö} = \frac{1}{2}\sqrt{3}\ \beta_{Hü}$

$$E_\pi - 6\alpha = 2(\lambda_1 + \lambda_2 + \lambda_5) = 4\sqrt{3}\,\beta_{Hü}$$

$$E_{res} = 6\,\beta_{Hü} - 6\,\beta_{Hü} = 0$$

In beiden Fällen verschwindet die Resonanzenergie. Für Benzol ist der Möbiussche Ring sicher ungünstiger als der unverdrehte Ring, beim Cyclobutadien wären aber beide Ringe konkurrenzfähig, da sie die gleiche π-Elektronenenergie haben.

Die Möbiusschen Systeme schneiden natürlich wesentlich besser ab, wenn man $\beta_{Mö} = \beta_{Hü}$ statt $\beta_{Mö} = \cos \pi/n\ \beta_{Hü}$ setzt. Unter dieser Annahme sollten $4N$-Systeme Möbiussche Ringe bevorzugen.

Das Interesse an den Möbiusschen Ringen liegt vor allem daran, daß sich die Übergangszustände elektrocyclischer Reaktionen im disrotatorischen Fall als normale quasi-Ringsysteme, im conrotatorischen Fall als quasi-Möbius-Systeme formulieren lassen.

Je nach Elektronenzahl ($4N$ oder $4N$+2) ist entweder der eine oder der andere Übergangszustand energetisch günstiger. Dieses Konzept liefert eine (von mehreren möglichen) Erklärung*) für die sog. Woodwar-Hoffmann-Regeln**).

11.7. Polyacene und Radialene

Für die Eigenwerte und Eigenvektoren der Strukturmatrizen lassen sich noch bei anderen Verbindungsklassen geschlossene Ausdrücke ableiten. Eine gewisse Bedeutung haben die beiden folgenden:

Polyacene (linear annellierte Aromaten)

Die Ableitung wollen wir hier nicht im einzelnen geben. Man hat so vorzugehen, daß man die Symmetrieebene senkrecht zum Molekül in Richtung der langen Molekülachse ausnützt und die Strukturmatrix auf Symmetrie-AO's bez. dieser Symmetrieebene transformiert. Die Säkulardeterminanten der beiden Blöcke lassen sich dann, genau wie bei den Polyenen, rekursiv berechnen. Man erhält schließlich***):

$$\lambda_0^{(s)} = 1\,; \qquad \lambda_0^{(a)} = -1$$

* H. Zimmerman, J. Am. Chem. Soc. *88*, 1564, 1566 (1966).

** Einzelheiten findet man in N. T. Anh: ‚Die Woodward-Hoffmann-Regeln und ihre Anwendung, S. 183 ff. Verlag Chemie, Weinheim 1972.

*** C. A. Coulson, A. Streitwieser: Dictionary of π-Electron Calculations. Pergamon, New York 1965.

$$\lambda_{j\pm}^{(s)} = +\frac{1}{2}\left\{1 \pm \sqrt{9 + 8\cos\frac{j\cdot\pi}{m+1}}\right\};\quad j = 1, 2, \ldots, m$$

$$\lambda_{j\pm}^{(a)} = -\frac{1}{2}\left\{1 \pm \sqrt{9 + 8\cos\frac{j\pi}{m+1}}\right\};\quad j = 1, 2, \ldots, m \qquad (11.7\text{–}1)$$

dabei bedeutet $\lambda_j^{(s)}$ einen Eigenwert, der zu einem symmetrischen MO, $\lambda_j^{(a)}$ einen, der zu einem antisymmetrischen MO gehört (bezogen auf die oben erwähnte Symmetrieebene), m ist die Zahl der Ringe.

Die einfachsten Beispiele sind Benzol ($m = 1$), Naphthalin ($m = 2$) und Anthracen ($m = 3$).

Benzol

$$-\lambda_0^{(a)} = \lambda_0^{(s)} = 1$$

$$-\lambda_{1+}^{(a)} = \lambda_{1+}^{(s)} = \frac{1}{2}\left\{1 + \sqrt{9 + 8\cos\frac{\pi}{2}}\right\} = \frac{1}{2}\{1 + 3\} = 2$$

$$-\lambda_{1-}^{(a)} = \lambda_{1-}^{(s)} = \frac{1}{2}\left\{1 - \sqrt{9 + 8\cos\frac{\pi}{2}}\right\} = \frac{1}{2}\{1 - 3\} = -1$$

Naphthalin

$$-\lambda_0^{(a)} = \lambda_0^{(s)} = 1$$

$$-\lambda_{1+}^{(a)} = \lambda_{1+}^{(s)} = \frac{1}{2}\left\{1 + \sqrt{9 + 8\cos\frac{\pi}{3}}\right\} = \frac{1}{2}\{1 + \sqrt{13}\} = 2.30278$$

$$-\lambda_{1-}^{(a)} = \lambda_{1-}^{(s)} = \frac{1}{2}\left\{1 - \sqrt{9 + 8\cos\frac{\pi}{3}}\right\} = \frac{1}{2}\{1 - \sqrt{13}\} = -1.30278$$

$$-\lambda_{2+}^{(a)} = \lambda_{2+}^{(s)} = \frac{1}{2}\left\{1 + \sqrt{9 + 8\cos\frac{2\pi}{3}}\right\} = \frac{1}{2}\{1 + \sqrt{5}\} = 1.61803$$

$$-\lambda_{2-}^{(a)} = \lambda_{2-}^{(s)} = \frac{1}{2}\left\{1 - \sqrt{9 + 8\cos\frac{2\pi}{3}}\right\} = \frac{1}{2}\{1 - \sqrt{5}\} = -0.61803$$

Anthracen

$$-\lambda_0^{(a)} = \lambda_0^{(s)} = 1$$

$$-\lambda_{1\pm}^{(a)} = \lambda_{1\pm}^{(s)} = \frac{1}{2}\left\{1 \pm \sqrt{9 + 8\cos\frac{\pi}{4}}\right\} = \frac{1}{2}\{1 \pm \sqrt{9 + 4\sqrt{2}}\} = \begin{cases} 2.4142 \\ -1.4142 \end{cases}$$

$$-\lambda_{2\pm}^{(a)} = \lambda_{2\pm}^{(s)} = \frac{1}{2}\left\{1 \pm \sqrt{9 + 8\cos\frac{\pi}{2}}\right\} = \frac{1}{2}\{1 \pm 3\} = \begin{cases} 2 \\ -1 \end{cases}$$

$$-\lambda_{3\pm}^{(a)} = \lambda_{3\pm}^{(s)} = \frac{1}{2}\left\{1 \pm \sqrt{9 + 8\cos\frac{3\pi}{4}}\right\} = \frac{1}{2}\{1 \pm \sqrt{9 - 4\sqrt{2}}\} = \begin{cases} 1.4142 \\ -0.4142 \end{cases}$$

Für die Resonanzenergie pro Zahl der C-Atome erhält man bei den Polyacenen im Grenzfall $n \to \infty$ (die Auswertung, bisher wohl unpubliziert, führt auf ein elliptisches Integral)

$$\lim_{n \to \infty} \frac{E_{res}}{n} = \beta \left\{ \frac{1}{2\pi} \int_0^{\pi} \sqrt{1 + 16 \cos^2 y}\, dy - 1 \right\} = 0.403\, \beta \qquad (11.7-2)$$

England und Ruedenberg*) schätzten diesen Grenzwert zu 0.455 β ab. Die explizit berechneten relativen HMO-Resonanzenergien sind 0.33 β für das Benzol, 0.37 β für das Naphthalin, während diejenigen für Anthracen bis Octacen zwischen 0.38 β und 0.40 β liegen. Deutlich größer dem Betrage nach sind die relativen Resonanzenergien für zweidimensional verknüpfte kondensierte Aromaten, z.B. Coronen 0.44 β, Ovalen 0.45 β. Der Grenzfall dieser Klasse von Verbindungen ist offenbar beim Graphit verwirklicht**) mit 0.575 β. Aber auch das Ovalen ist offenbar noch wenig ‚graphit-ähnlich', denn von seinen 32 C-Atomen sind nur 10 ‚innen', d.h. von drei Nachbarn umgeben.

Betrachtet man das Benzol als ein Glied in der Reihe der Annulene, so hat es eine ausgesprochen große Resonanzenergie, während es in der Reihe der Polyacene die kleinste relative Resonanzenergie aufweist. Aus der Sicht der Resonanzenergie sind die Hückelschen Annulene schwächer, die kondensierten Aromaten stärker aromatisch als das Benzol, wobei die zweidimensional kondensierten Aromaten stärker aromatisch als die linear kondensierten sind.

Radialene

$n = 3$

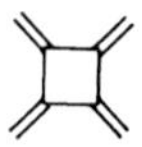

$n = 4$

$$\lambda_{j\pm} = \cos \frac{2\pi j}{n} \pm \sqrt{\cos^2 \frac{2\pi j}{n} + 1}$$

$$= \cos \frac{2\pi j}{n} \left(1 \pm \sqrt{2 + \mathrm{tg}^2 \frac{2\pi j}{n}} \right) \qquad j = 1, 2, \ldots, n \qquad (11.7-3)$$

Diese Ausdrücke erhält man, wenn man davon ausgeht, daß die Radialene eine n-zählige Symmetrieachse haben, und wenn man die Strukturmatrix auf Symmetrieorbitale transformiert. Diese faktorisiert dann in n 2x2-Blöcke, deren Eigenwerte (und Eigenfunktionen) man in der uns bekannten Weise berechnen kann.

Gl. (11.7–3) ist nach Wissen des Autors bisher noch nicht publiziert worden. Wir wollen deshalb noch eine Verallgemeinerung angeben für verschiedene α's für cyclische und exocyclische C-Atome (letztere können auch z.B. durch O-Atome ersetzt sein) sowie verschiedene β's für cyclische und exocyclische Bindungen.

$$\alpha_{ex} = \alpha_{cyc} + \delta \cdot \beta$$

$$\beta_{ex} = \eta \cdot \beta$$

* W. England, K. Ruedenberg, J.Am.Chem. Soc. *95*, 8769 (1973).

** J. Barriol, J. Metzger, J. chim. Phys. *47*, 433 (1950).

$$\beta_{cyc} = \beta$$

$$\lambda_{j\pm} = \cos\frac{2\pi j}{n} + \frac{\delta}{2} \pm \sqrt{\left(\cos\frac{2\pi j}{n} - \frac{\delta}{2}\right)^2 + \eta^2} \qquad (11.7\text{–}4)$$

Noch einige Bemerkungen zu den $\lambda_{j\pm}$ nach (11.7–2). Man sieht, daß ohne Rücksicht auf das Vorzeichen von $\cos\frac{2\pi j}{n}$ immer gelten muß

$$\lambda_{j+} > 0\,; \qquad \lambda_{j-} < 0$$

In einem neutralen Radialen mit $2n$ Elektronen sind also gerade die zu den λ_{j+} gehörenden MO's doppelt besetzt. Das tiefste MO hat, unabhängig von n, immer den Eigenwert der Strukturmatrix

$$\lambda_{n+} = \cos 2\pi + \sqrt{\cos^2 2\pi + 1} = 1 + \sqrt{2} = 2.4142\ldots$$

Ebenso ist die Energie des tiefsten unbesetzten MO's von n unabhängig

$$\lambda_{n-} = \cos 2\pi - \sqrt{\cos^2 2\pi + 1} = 1 - \sqrt{2} = -0.4142\ldots$$

Das λ des höchsten besetzten MO's ist dagegen verschieden, je nachdem ob n gerade oder ungerade ist

$$n \text{ gerade:} \quad \lambda_{\frac{n}{2}+} = \cos\pi + \sqrt{\cos^2\pi + 1} = -1 + \sqrt{2} = 0.4142$$

$$n \text{ ungerade:} \quad \lambda_{\frac{n-1}{2}+} = \lambda_{\frac{n+1}{2}+} = \cos\frac{n-1}{n}\pi + \sqrt{\cos^2\frac{n-1}{n}\pi + 1}$$

$$= -\cos\frac{\pi}{n} + \sqrt{\cos^2\frac{\pi}{n} + 1}$$

Im Grenzfall $n \to \infty$ ergibt sich auch für ungerade n der Wert von $-1 + \sqrt{2}$. Die Energiedifferenz zwischen höchstem besetzten und tiefstem unbesetzten MO ist demgemäß $-2(1 - \sqrt{2})\,\beta \approx 0.83\,\beta$. Es liegt (anders als z.B. bei den Polymethinen oder Polyacenen) eine ‚Energielücke' vor.

Die MO's mit λ_{j+} und $\lambda_{(n-j)+}$ (entsprechend λ_{j-} und $\lambda_{(n-j)-}$) sind jeweils miteinander entartet. Nicht entartet sind nur die MO's für $j = n$ sowie diejenigen, für die $j = n-j$. Letzteres ist nur möglich für n gerade und $j = n/2$. Für n ungerade sind zwei MO's nicht-entartet (das tiefste besetzte und das tiefste unbesetzte), für n gerade sind es vier (auch das höchste besetzte und das höchste unbesetzte).

Beispiele

$$n = 3: \quad \lambda_{2\pm} = \lambda_{1\pm} = \cos\frac{2\pi}{3} \pm \sqrt{\cos^2\frac{2\pi}{3} + 1} = -\frac{1}{2} \pm \sqrt{\frac{5}{4}}$$

$$\lambda_{3\pm} = \cos 2\pi \pm \sqrt{\cos^2 2\pi + 1} = 1 \pm \sqrt{2}$$

$$n = 4: \quad \lambda_{3\pm} = \lambda_{1\pm} = \cos\frac{2\pi}{4} \pm \sqrt{\cos^2\frac{2\pi}{4} + 1} = \pm 1$$

$$\lambda_{2\pm} = \cos\pi \pm \sqrt{\cos^2\pi + 1} = -1 \pm \sqrt{2}$$

$$\lambda_{4\pm} = \cos 2\pi \pm \sqrt{\cos^2 2\pi + 1} = 1 \pm \sqrt{2}$$

11.8. Alternierende und nicht-alternierende Kohlenwasserstoffe

Wir nennen einen Kohlenwasserstoff alternierend, wenn wir die am π-Elektronensystem beteiligten Atome in zwei Klassen (‚gesternte' und ‚ungesternte' Atome) einteilen können, derart, daß ein Atom der einen Klasse nur Atome der anderen Klasse als nächste Nachbarn hat und umgekehrt*).

Beispiele für alternierende Kohlenwasserstoffe:

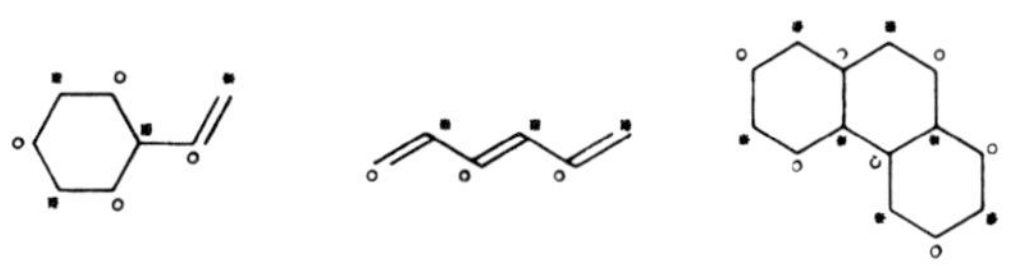

Beispiele für nicht-alternierende Kohlenwasserstoffe:

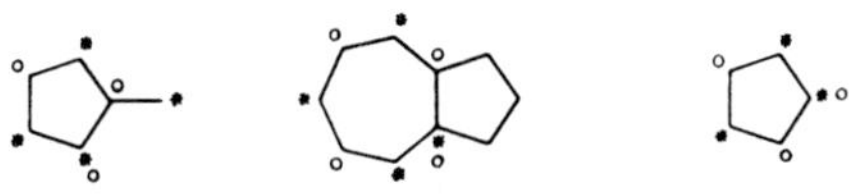

In der Regel sind offenkettige konjugierte Systeme sowie aus Sechsringen aufgebaute Aromaten alternierend, während Systeme mit ungeradzahligen Ringen nicht-alternierend sind. Man beachte, daß gesättigte C-Atome nicht mitzählen. So ist Cyclopentadien

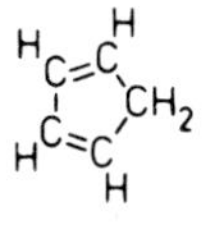

alternierend, das Cyclopentadienyl-Anion

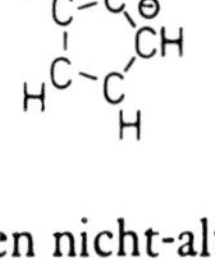

dagegen nicht-alternierend.

* C.A. Coulson, G.S. Rushbrooke, Proc. Cambridge Phil. Soc. *36*, 193 (1940).

Alternierende Kohlenwasserstoffe haben im Rahmen der Hückel-Näherung eine Reihe interessanter Eigenschaften. Zu deren Ableitung gehen wir von der Strukturmatrix $\boldsymbol{M}$ aus und numerieren die Atome so um, daß in der Strukturmatrix zuerst alle gesternten (*) und dann die ungesternten Atome (∘) vorkommen. Dann hat $\boldsymbol{M}$ die Gestalt:

$$M = \begin{array}{c|c|c|} & * & \circ \\ \hline * & & /\!/\!/ \\ \hline \circ & /\!/\!/ & \\ \hline \end{array} = \left(\begin{array}{c|c} 0 & A \\ \hline A' & 0 \end{array}\right)$$

wobei nur die $*\circ$- und $\circ *$-Blöcke, nicht aber $**$ und $\circ\circ$ von 0 verschiedene Elemente haben.

Sei $\vec{c} = \begin{pmatrix} \vec{a} \\ \vec{b} \end{pmatrix}$ ein Eigenvektor von $\boldsymbol{M}$, d.h.

$$\boldsymbol{M}\vec{c} = \begin{pmatrix} 0 & A \\ A' & 0 \end{pmatrix} \begin{pmatrix} \vec{a} \\ \vec{b} \end{pmatrix} = \begin{pmatrix} A\,\vec{b} \\ A'\,\vec{a} \end{pmatrix} = \lambda\,\vec{c} = \lambda \begin{pmatrix} \vec{a} \\ \vec{b} \end{pmatrix} \qquad (11.8\text{–}2)$$

Betrachten wir jetzt den Vektor $\vec{d} = \begin{pmatrix} \vec{a} \\ -\vec{b} \end{pmatrix}$, der mit $\vec{c}$ identisch ist, abgesehen davon, daß die ungesternten AO's umgekehrte Vorzeichen haben. Anwendung von $\boldsymbol{M}$ auf $\vec{d}$ ergibt:

$$\boldsymbol{M}\vec{d} = \begin{pmatrix} 0 & A \\ A' & 0 \end{pmatrix} \begin{pmatrix} \vec{a} \\ -\vec{b} \end{pmatrix} = \begin{pmatrix} -A\,\vec{b} \\ A'\,\vec{a} \end{pmatrix} = \lambda \begin{pmatrix} -\vec{a} \\ \vec{b} \end{pmatrix} = -\lambda\,\vec{d}$$

$$(11.8\text{–}3)$$

Das heißt: wenn $\vec{c} = \begin{pmatrix} \vec{a} \\ \vec{b} \end{pmatrix}$ Eigenvektor von $\boldsymbol{M}$ zum Eigenwert λ ist, dann ist auch $\vec{d} = \begin{pmatrix} \vec{a} \\ -\vec{b} \end{pmatrix}$ Eigenvektor von $\boldsymbol{M}$, und zwar zum Eigenwert $-\lambda$. Man nennt das die ‚Paarungsbeziehung' der MO's. Die MO-Energien sind symmetrisch zum Nullniveau angeordnet. Zu jedem Eigenwert $\lambda \neq 0$ gibt es also auch den Eigenwert $-\lambda$. Wenn $\lambda = 0$ ein *nicht*-entarteter Eigenwert ist, so muß entweder $\vec{a} = \vec{0}$ oder $\vec{b} = \vec{0}$ sein, d.h. $\vec{c}$ hat dann nur an den gesternten oder ungesternten AO's von Null verschiedene Koeffizienten. Solche MO's (mit $\lambda = 0$) heißen ‚alternierend'.

Im Grundzustand sind die ersten $n/2$ Orbitale (d.h. die mit $\lambda > 0$) doppelt besetzt (wenn n gerade ist und kein $\lambda = 0$). Es gilt für die Ladungsordnung an einem beliebigen Atom:

$$q_\mu = 2 \sum_{i=1}^{\frac{n}{2}} |c_\mu^i|^2 \qquad (11.8\text{–}4)$$

Nun verlangen die Paarungsbeziehungen, daß

$$\sum_{i \,(\text{unbes.})} |c_\mu^i|^2 = \sum_{i \,(\text{bes.})} |c_\mu^i|^2 \qquad (11.8\text{–}5)$$

und die Orthogonalitätsrelation der Koeffizienten, daß

$$\sum_{i \,(\text{alle MO's})} |c_\mu^i|^2 = 1 \qquad (11.8\text{–}6)$$

also muß gelten

$$q_\mu = 2 \sum_{i \,(\text{bes.})} |c_\mu^i|^2 = 1 \qquad (11.8\text{–}7)$$

Wir haben damit gezeigt, daß in einem alternierenden Kohlenwasserstoff im Grundzustand sämtliche Atome die π-Ladungsordnung $q_\mu = 1$ bzw. die effektive Ladung $Q_\mu = 0$ haben. Alternierende Kohlenwasserstoffe sind ladungsneutral und unpolar*).

Das gilt auch noch für alle die angeregten Zustände, bei denen ein MO durch das mit ihm gepaarte ersetzt wird.

Für ungeradzahlige alternierende Kohlenwasserstoffe mit der gleichen Zahl von Elektronen wie π-AO's gilt ebenfalls $q_\mu = 1$ für alle μ, sofern das einfach besetzte nichtbindende MO nicht-entartet ist. Der Beweis ist ganz analog wie bei den geradzahligen alternierenden Kohlenwasserstoffen.

Wenn zum Eigenwert $\lambda = 0$ mehrere linear unabhängige Eigenvektoren gehören, so gilt $q_\mu = 1$ für alle μ nur unter der Voraussetzung, daß jedes der linear unabhängigen MO's je einfach besetzt ist.

Die Tatsache, daß in alternierenden Kohlenwasserstoffen keine interatomare Ladungsverschiebung auftritt, bedeutet eine nachträgliche Rechtfertigung für die Anwendung der Hückel-Näherung auf diese Verbindungsklasse. Wir sind bei der Ableitung der Hückelschen Näherung (Abschn. 6.2) davon ausgegangen, daß die Wechselwirkung zwischen den effektiven Ladungen an verschiedenen Atomen zu vernachlässigen ist.

Da bei nicht-alternierenden Kohlenwasserstoffen die effektiven Ladungen der verschiedenen Atome nicht notwendigerweise gleich sind, ist die Anwendung der Hückel-Näherung bei derartigen Verbindungen viel problematischer.

Die Hückel-Näherung ergibt z.B. für das nicht-alternierende Fulven die Ladungsverteilung (a) auf Abb. 64.

---

* C.A. Coulson, G.S. Rushbrooke, l.c.

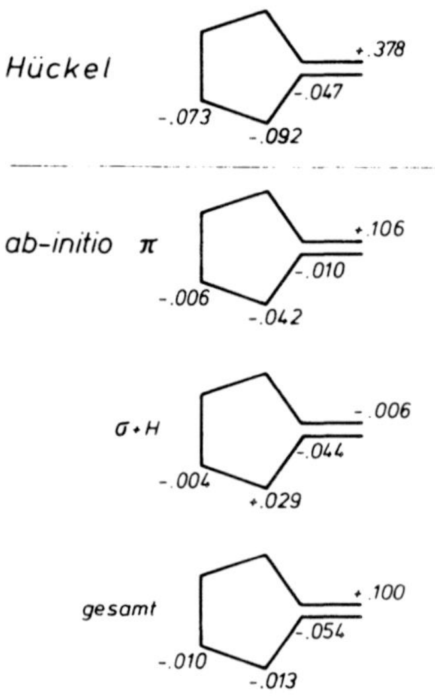

Abb. 64. Ladungsordnungen des Fulvens in verschiedenen Näherungen.

Man überschätzt dabei allerdings die wirkliche Ladungsverschiebung, wie ein Vergleich mit genaueren Rechnungen zeigt. Immerhin hat aber Fulven ein beträchtliches Dipolmoment, während Styrol 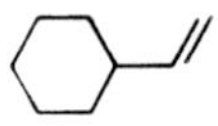 praktisch kein Dipolmoment besitzt.

Die Ergebnisse einer ab-initio-Rechnung*) für das Fulven (aufgeschlüsselt nach σ-Ladungen und Ladungen der H-Atome, π-Ladungen, Gesamtladungen) sind ebenfalls auf Abb. 64 angegeben.

11.9. Ungeradzahlige alternierende Kohlenwasserstoffe. Die Methode von Longuet-Higgins

Die Beziehung (11.8–7) über die Ladungsneutralität gilt für alle neutralen alternierenden Kohlenwasserstoffe, unabhängig davon, ob die Zahl *n* der ungesättigten C-Atome gerade oder ungerade ist. Im Fall daß *n* ungerade ist, liegt ein sog. freies Radikal mit einem ungepaarten Elektron vor, z.B. das Allyl-Radikal

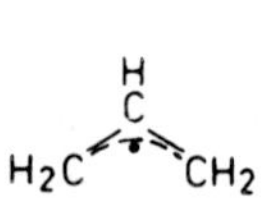

oder das Benzyl-Radikal

* L. Preaud, P. Millié, G. Berthier, Theoret.Chim. Acta *11*, 169 (1968).

oder das Triphenylmethyl-Radikal 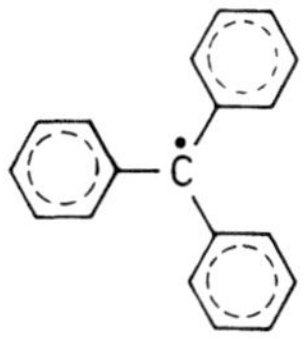

Nehmen wir das Benzyl-Radikal als Beispiel. Es hat 7 ungesättigte C-Atome und entsprechend 7 MO's, die im Sinn des Coulson-Rushbrooke-Theorems gepaart sind, wie auf Abb. 65 angegeben.

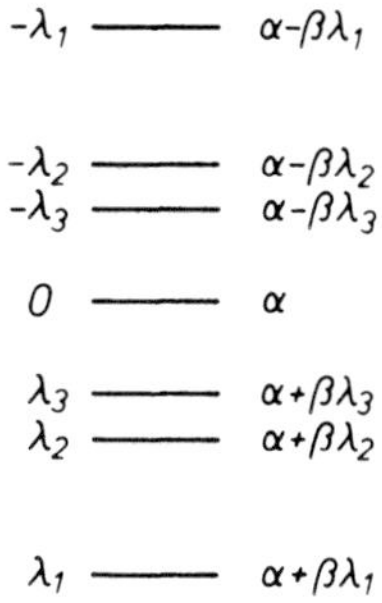

Abb. 65. HMO-Energie-Schema eines ungeradzahligen alternierenden Kohlenwasserstoffs.

Weil n ungerade ist, muß ein MO mit sich selbst gepaart sein, d.h. es muß $\lambda = 0$ bzw. $\epsilon = \alpha$ haben. Dieses Orbital ist also nichtbindend oder ‚alternierend'.

Die AO-Koeffizienten c_μ eines solchen alternierenden Orbitals kann man nun leicht ohne Rechnung bestimmen*). Für die Koeffizienten dieses MO's gilt nämlich

$$\sum_\nu M_{\mu\nu} c_\nu = \lambda c_\mu = 0 \qquad (11.9\text{–}1)$$

d.h.

$$\sum_\nu c_\nu = 0 \qquad \text{für jedes } \mu \qquad (11.9\text{–}2)$$

(nächste Nachbarn zu μ)

Man greife ein Atom μ heraus und bilde die Summe über alle c_ν, für die ν's, mit denen μ unmittelbar gebunden ist. Diese Summe muß gleich 0 sein.

Beispiele:

Allyl-Radikal:

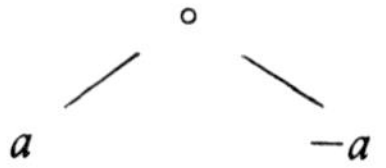

Wählen wir als μ das mittlere Atom; an das linke schreiben wir den Koeffizienten a, das rechte muß dann wegen (11.9–2) den Koeffizienten $-a$ haben. Jetzt wählen wir als μ das linke Atom. Dieses hat nur einen Nachbarn, also muß dessen Koeffizient verschwinden.

* H.C. Longuet-Higgins, J. Chem. Phys. *18*, 275 (1950).

Die Normierung $a^2 + a^2 = 1$ führt zu $a = \frac{1}{\sqrt{2}}$. Damit sind die Koeffizienten des alternierenden (nichtbindenden) MO's für das Allyl-Radikal: $\frac{1}{\sqrt{2}}, 0, -\frac{1}{\sqrt{2}}$,

Benzyl-Radikal 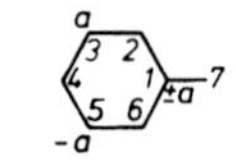

Wir wählen zuerst $\mu = 4$ und setzen $c_3 = a$, dann muß $c_5 = -a$ sein. Mit der Wahl $\mu = 2$ folgt $c_1 = -a$, mit der Wahl $\mu = 6$ folgt $c_1 = +a$. Das ist nur möglich, wenn $a = 0$ ist. Wir wählen jetzt $\mu = 3$ und setzen $c_4 = b$

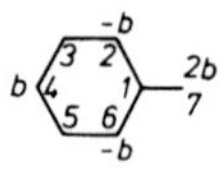

Mit $\mu = 3$ folgt $c_2 = -b$, mit $\mu = 5$ $c_6 = -b$. Aus der Bedingung für die Nachbarn des Atoms $\mu = 1$ folgt, daß $c_7 = 2b$.

Normierung: $b^2 + b^2 + b^2 + (2b)^2 = 7b^2 = 1$;

$$b = \frac{1}{\sqrt{7}}, \quad \vec{c} = (0, -\frac{1}{\sqrt{7}}, 0, \frac{1}{\sqrt{7}}, 0, -\frac{1}{\sqrt{7}}, 0, \frac{2}{\sqrt{7}}).$$

Die Anwendung des gleichen Verfahrens auf einige andere ungeradzahlige Kohlenwasserstoffe ist auf Abb. 66 dargestellt.

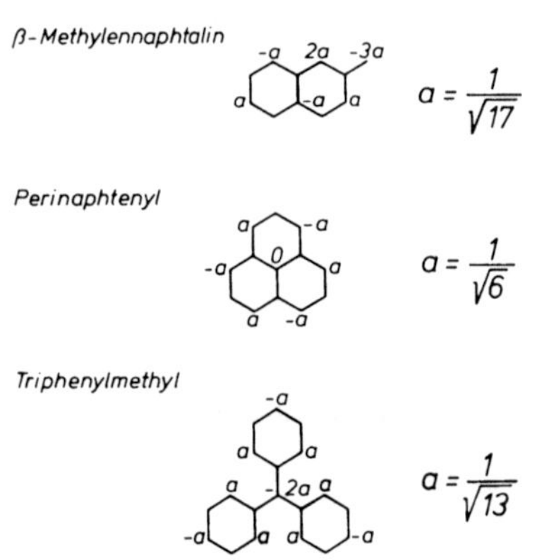

Abb. 66. Koeffizienten des nichtbindenden MO's in einigen ungeradzahligen alternierenden Kohlenwasserstoffen.

Die Zahl der (linear unabhängigen) nichtbindenden (alternierenden) MO's ist *mindestens* gleich der Differenz zwischen der Zahl gesternter und ungesternter Atome. Bei den obigen Beispielen ist $|n_* - n_\circ| = 1$. Anders ist das beim Trimethylenmethyl-System.

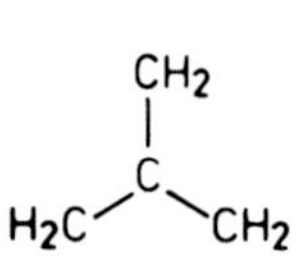

Hier ist $n_* - n_\circ = 2$, und es gibt zwei nichtbindende MO's

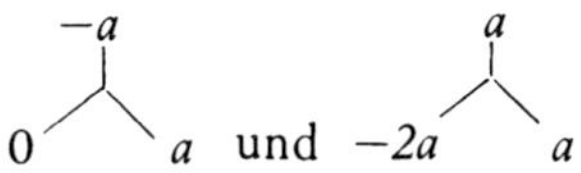

Es kann aber auch nichtbindende MO's geben, wenn $n_* - n_\circ = 0$, z.B. beim Cyclobutadien

Ungeradzahlige Kohlenwasserstoffe sind Radikale und haben ein ungepaartes Elektron, das sich im nichtbindenden MO befindet. Den Wert $|c_\mu|^2$, der ein Maß für die Wahrscheinlichkeit darstellt, das ungepaarte Elektron im AO χ_μ zu finden, bezeichnet man auch als die Spindichte an diesem Atom.

Auf Einzelheiten zu diesem im Zusammenhang mit der Elektronenspinresonanz wichtigen Begriff können wir hier nicht eingehen*).

Von der Longuet-Higginsschen Methode zur Bestimmung der alternierenden Orbitale ohne Rechnung läßt sich ein Zusammenhang zur qualitativen Resonanztheorie herstellen. Der Faktor, der an den verschiedenen Atomen vor dem a steht, ist nämlich dem Betrage nach identisch mit der Zahl der sog. kanonischen Resonanzstrukturen, die man für ein ungepaartes Elektron am Atom μ schreiben kann.

Dazu zwei Beispiele:

Benzyl-Radikal

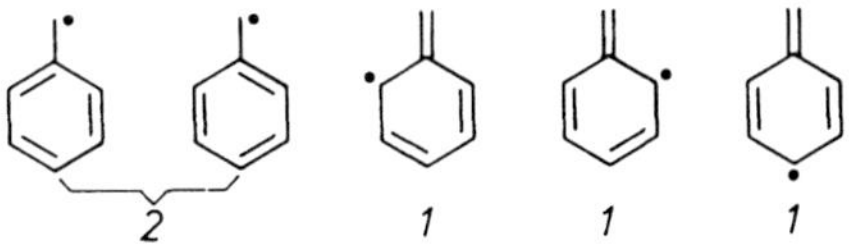

α-*Methylennaphthalin*

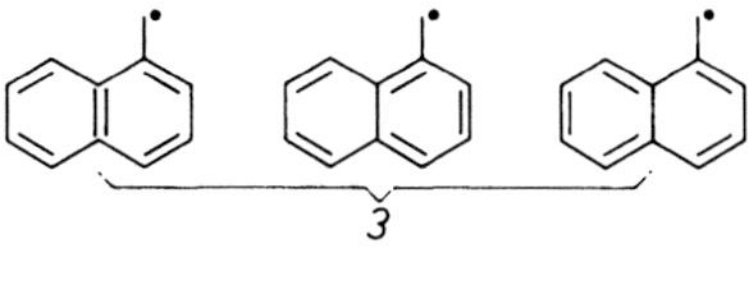

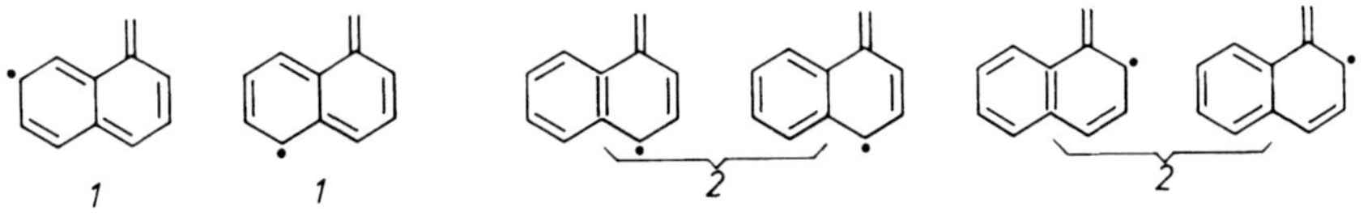

* S. z.B. R. McWeeny: Spins in Chemistry. Academic Press, New York 1970.

Wie für neutrale alternierende Kohlenwasserstoffe allgemein, gilt auch für ungeradzahlige, daß im Rahmen der HMO-Näherung alle Ladungsordnungen $q_\mu = 1$, bzw. $Q_\mu = 0$ sind. Entfernt man ein Elektron aus dem (im Neutralmolekül einfach besetzten) nichtbindenden Orbital oder fügt man ein weiteres Elektron in dieses Orbital, so erhält man ein Kation bzw. Anion, in denen die q_μ nicht alle gleich 1 sind, sondern

$$q_\mu = 1 \pm |c_\mu|^2 ; \quad Q_\mu = \pm |c_\mu|^2$$

wenn c_μ der μ-te AO-Koeffizient des nichtbindenden Orbitals ist. Damit ergibt sich für das α-Methylennaphthalin-Anion folgende Ladungsverteilung

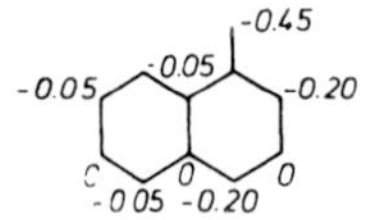

Dieses Anion hat zwar keine große praktische Bedeutung, aber es ist isoelektronisch mit dem α-Naphthylamin. Nimmt man an, daß wir beim Ersetzen von C^- durch N das gleiche α lassen können (was natürlich nicht ganz richtig ist), erhalten wir in ersten Näherung folgende Ladungsverteilung im α-Naphthylamin

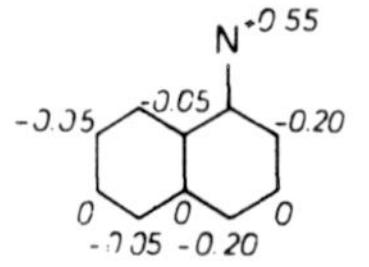

Elektrophile Substitution findet bevorzugt dort statt, wo eine hohe negative Ladung auftritt, d.h. in *ortho-* und *para*-Position zur NH_2-Gruppe.

11.10. Heteroatome – Störungstheorie

11.10.1. Heteroatomparameter

Viele Heteroaromaten leiten sich von aromatischen Kohlenwasserstoffen ab, indem man CH_2 durch NH bzw. O (auch S) bzw. CH durch N, NH^+, O^+ ersetzt. Will man Heteroatome im Rahmen der Hückel-Näherung mit berücksichtigen, muß man ihnen ein anderes α zuweisen als den Kohlenstoffatomen, und zwar α_N negativer als α_C, und α_O noch negativer als α_N. Das quantitativ durchzuführen ist etwas schwierig, zumal die Gültigkeit der Hückel-Näherung für Moleküle mit Heteroatomen deshalb problematisch wird, weil in diesen Molekülen stärkere Ladungsverschiebungen auftreten. Immerhin haben sich gewisse empirisch gefundene Werte für die sog. Heteroatomparameter*) bewährt, z.B.

* S.z.B. B. Pullman, A. Pullman: Results of quantum mechanical calculations of the electronic structure of biochemicals. Institut de Biologie physicochimique, Paris 1960.

$\alpha_{(-N=)} = \alpha_C + 0.5\ \beta_{CC}$ Typ Pyridin

$\alpha_{(-\underset{|}{N}-)} = \alpha_C + \ \beta_{CC}$ Typ Pyrrol

$\alpha_{(-\underset{|}{\overset{+}{N}}=)} = \alpha_C + 2\ \beta_{CC}$ Typ Pyridinium

$\alpha_{(=O)} = \alpha_C + 1.2\ \beta_{CC}$ Typ Keton

$\alpha_{(-O)} = \alpha_C + 2\ \beta_{CC}$ Typ Phenol

Man beachte, daß man ein verschiedenes α z.B. für einen Pyridin- oder einen Pyrrol-Typ-Stickstoff zu nehmen hat. Das hängt damit zusammen, daß der Pyridin-Stickstoff (ähnlich wie der Keton-Sauerstoff) ein Elektron für das π-System zur Verfügung stellt, der Pyrrol-Stickstoff oder der Phenol-Sauerstoff dagegen zwei Elektronen. Im ersten Fall ist die Elektronendichte im Molekül größer als im freien Atom ($Q_\mu < 0$), im zweiten Fall ist sie kleiner ($Q_\mu > 0$), das ändert die effektive Elektronegativität des Heteroatoms.

Zur Problematik der Heteroatome kommt hinzu, daß auch die σ-Bindungen polarisiert sind, also die effektiven Felder sich nicht einfach aus denen der getrennten Atome zusammensetzen.

Man vermeidet manche Schwierigkeiten bei Verbindungen mit Heteroatomen, wenn man gar nicht erst versucht, die Hückel-MO's und Energien explizit auszurechnen, sondern sich auf die Frage beschränkt, was sich qualitativ bei einer Heteroatomsubstitution ändert, etwa in welcher Hinsicht sich Pyridin von Benzol oder Anilin vom Benzyl-Anion unterscheidet etc. Solche Aussagen erhält man verhältnismäßig einfach mit Hilfe der Störungstheorie.

Die Störungstheorie gibt aber nicht nur Antwort auf die Frage, wie eine Änderung von α sich auswirkt, sondern auch eine Änderung von β. Das ist nützlich im Zusammenhang mit dem Problem der Bindungsalternierung.

11.10.2. Erste und zweite Ableitung der Orbitalenergien und der Gesamtenergie nach den α's und β's

Wir haben in Abschn. 6.2 den Formalismus der Störungstheorie im Rahmen der HMO-Näherung entwickelt. Wir rekapitulieren hier noch einmal die wichtigsten Vorschriften.

Ändert man die Matrixelemente $\alpha_\mu = H_{\mu\mu}$ um $\delta\alpha_\mu$ bzw. $\beta_{\mu\nu} = H_{\mu\nu}$ um $\delta\beta_{\mu\nu}$ und sei A irgendeine mit der HMO-Methode berechnete Größe für das veränderte System, verglichen mit A_0 für das ursprüngliche System, so ist

$$A = A_0 + \frac{\partial A}{\partial \alpha_\mu} \cdot \delta\alpha_\mu + \frac{1}{2}\frac{\partial^2 A}{\partial \alpha_\mu^2}(\delta\alpha_\mu)^2 + \ldots \qquad (11.10\text{–}1)$$

bzw.

$$A = A_0 + \frac{\partial A}{\partial \beta_{\mu\nu}}\ \delta\beta_{\mu\nu} + \frac{1}{2}\frac{\partial^2 A}{\partial \beta_{\mu\nu}^2}(\delta\beta_{\mu\nu})^2 + \ldots \qquad (11.10\text{–}2)$$

vorausgesetzt, daß $|\delta\alpha_\mu|$ bzw. $|\delta\beta_{\mu\nu}|$ klein genug ist, damit die Potenzreihe konvergiert. Man beschränkt sich üblicherweise auf die sog. Störungstheorie 1. Ordnung, d.h. man bricht nach dem linearen Term in (11.10–1) bzw. (11.10–2) ab. Als A kommen in Frage z.B. die Orbitalenergien ϵ_i, die Gesamt-π-Elektronenenergie E_π, die Ladungs- und Bindungsordnungen q_μ bzw. $p_{\mu\nu}$. Die Ableitungen der ϵ_i sowie von E_π nach α_μ bzw. $\beta_{\mu\nu}$ sind gegeben durch

$$\frac{\partial \epsilon_i}{\partial \alpha_\mu} = |c_\mu^i|^2 \qquad \frac{\partial \epsilon_i}{\partial \beta_{\mu\nu}} = 2c_\mu^i \cdot c_\nu^i \tag{11.10–3}$$

$$\frac{\partial E_\pi}{\partial \alpha_\mu} = q_\mu \qquad \frac{\partial E_\pi}{\partial \beta_{\mu\nu}} = 2\,p_{\mu\nu} \tag{11.10–4}$$

Die ersten Ableitungen der q_μ bzw. $p_{\mu\nu}$ nach den β's bzw. α's entsprechen zweiten Ableitungen von E_π, sie ergeben sich deshalb formal nach der Störungstheorie 2. Ordnung und sind etwas komplizierte Ausdrücke. Man bezeichnet die Ableitungen als Polarisierbarkeiten und kürzt sie als $\pi_{\mu,\nu}$ etc. ab.

$$\pi_{\mu,\nu} = \frac{\partial q_\mu}{\partial \alpha_\nu} = \frac{\partial^2 E}{\partial\alpha_\mu \partial\alpha_\nu} = \pi_{\nu,\mu}$$

$$\pi_{\mu\nu,\rho} = \frac{\partial p_{\mu\nu}}{\partial \alpha_\rho} = \frac{1}{2}\,\frac{\partial^2 E}{\partial\beta_{\mu\nu}\cdot\partial\alpha_\rho}$$

$$\pi_{\rho,\mu\nu} = \frac{\partial q_\rho}{\partial \beta_{\mu\nu}} = \frac{\partial^2 E}{\partial\alpha_\rho\cdot\partial\beta_{\mu\nu}} = 2\,\pi_{\mu\nu,\rho}$$

$$\pi_{\mu\nu,\rho\sigma} = \frac{\partial p_{\mu\nu}}{\partial \beta_{\rho\sigma}} = \frac{1}{2}\,\frac{\partial^2 E}{\partial\beta_{\mu\nu}\partial\beta_{\rho\sigma}} = \pi_{\rho\sigma,\mu\nu} \tag{11.10–5}$$

Die expliziten Ausdrücke haben wir in Abschn. 6.2 angegeben, und wir wollen sie hier nicht wiederholen. Für viele π-Elektronensysteme liegen berechnete Werte der Polarisierbarkeiten in Tabellenform vor*).

11.10.3. Pyridin als ‚gestörtes' Benzol

Versuchen wir jetzt, z.B. das Pyridin störungstheoretisch aus dem Benzol abzuleiten, und zwar betrachten wir zuerst die Änderung des Moleküldiagramms! (Nur die Ladungsordnungen.) Die Atom-Atom-Polarisierbarkeiten sind (wobei wir solche, die aus Symmetriegründen gleich sind, nur einmal angeben)

---

* E. Heilbronner, H. Straub: Hückel Molecular Orbitals. Springer, Berlin 1966. E. Heilbronner, H. Bock: Das HMO-Modell und seine Anwendung. Bd. III, Tabellen berechneter und experimenteller Größen. Verlag Chemie, Weinheim 1970.

$\pi_{1,1} = 0.398$ $\pi_{1,2} = -0.157$

$\pi_{1,3} = 0.009$ $\pi_{1,4} = -0.104$

Auf Abb. 67 sind die Ladungsordnungen des Pyridins in störungstheoretischer Näherung der HMO-Methode mit denjenigen aus einer vollständigen HMO-Rechnung sowie aus einer ab-initio-Rechnung*) verglichen.

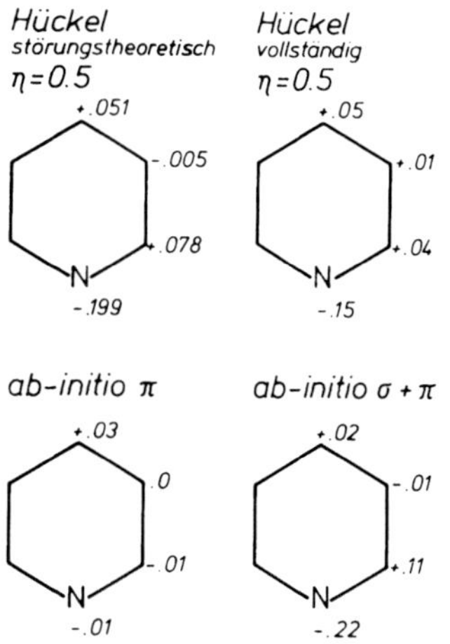

Abb. 67. Ladungsordnungen des Pyridins in verschiedenen Näherungen.

Die störungstheoretische Näherung erfaßt die HMO-Ladungsverteilung qualitativ durchaus richtig. Der Stickstoff trägt eine partielle negative Ladung, während die *ortho*- und die *para*-Position partiell positiv geladen sind und die *meta*-Position nahezu ladungsneutral ist. Ähnlich gut erfaßt man mit der Störungstheorie auch in anderen Fällen den richtigen Trend, vor allem wenn man Substitutionen in verschiedenen Positionen, etwa α- und β-Chinolin vergleicht.

Der Vergleich mit dem Ergebnis von ab-initio-Rechnungen, bei denen sowohl das ‚σ-Gerüst' als das π-Elektronensystem explizit behandelt wurden, ist dagegen etwas überraschend. Die Ladungsverteilung nach Hückel entspricht nämlich recht gut der Gesamtladungsverteilung von σ- und π-Ladungen. Nur scheint in Wirklichkeit die Ladungsverteilung eine Folge der Polarität der σ-Bindungen zu sein, während das π-System nahezu unpolar ist.

Wollen wir die Orbitalenergien des Pyridins störungstheoretisch aus denen des Benzols berechnen, müssen wir berücksichtigen, daß Pyridin eine niedrigere Symmetrie (C_{2v}) als Benzol (D_{6h}) hat. Symmetrieerniedrigung führt vielfach, wie auch hier, zu einer Aufhebung von Entartung. In diesem Fall dürfen wir den Formalismus der Störungstheorie nicht blindlings anwenden, sondern wir müssen bei entarteten Orbitalen zunächst die der Störung ‚angepaßten' Linearkombinationen suchen (vgl. Anhang A 2.7). Substituieren wir den Stickstoff in der Position 1, so sind die durch (11.6–26) gegebenen reellen Orbitale der Symmetrie C_{2v} angepaßt. Wir erhalten dann (mit $\delta\alpha_1 = 0.5\,\beta$):

---

* E. Clementi, J. Chem. Phys. *46*, 4731 (1967).

$$\epsilon_1 = \epsilon_1^{(0)} + \delta a_1 \cdot |a_1^1|^2 = \alpha + \beta + \frac{4}{12}\ \delta\alpha_1 = \alpha + \frac{7}{6}\beta$$

$$\epsilon_2 = \epsilon_2^{(0)} + \delta\alpha_1 \cdot |a_1^2|^2 = \alpha - \beta + \frac{4}{12}\ \delta\alpha_1 = \alpha - \frac{5}{6}\beta$$

$$\epsilon_3 = \epsilon_3^{(0)} + \delta\alpha_1 \cdot |c_1^3|^2 = \alpha - 2\beta + \frac{1}{6}\ \delta\alpha_1 = \alpha - \frac{23}{12}\beta$$

$$\epsilon_4 = \epsilon_4^{(0)} + \delta\alpha_1 \cdot |b_1^2|^2 = \alpha - \beta + 0 \qquad = \alpha - \beta$$

$$\epsilon_5 = \epsilon_5^{(0)} + \delta\alpha_1 \cdot |b_1^1|^2 = \alpha + \beta + 0 \qquad = \alpha + \beta$$

$$\epsilon_6 = \epsilon_6^{(0)} + \delta\alpha_1 \cdot |c_1^6|^2 = \alpha + 2\beta + \frac{1}{6}\ \delta\alpha_1 = \alpha + \frac{25}{12}\beta$$

Während beim Benzol ϵ_1 mit ϵ_5 und ϵ_2 mit ϵ_4 entartet ist, wird diese Entartung beim Pyridin aufgehoben. Die Energien ϵ_4 und ϵ_5 des Pyridins sind in erster störungstheoretischer Näherung die gleichen wie beim Benzol, weil die entsprechenden MO's Knotenflächen durch die Position des störenden Atoms haben.

Es sei noch bemerkt, daß die Überlegung zur Symmetrieanpassung der MO's nur erforderlich ist, wenn wir die MO's als solche betrachten. Gesamtenergien sowie Bindungs- und Ladungsordnungen bleiben davon unberührt, sofern beide entarteten Komponenten je doppelt besetzt sind.

11.10.4. Störungstheoretische Behandlung einer zusätzlichen π-Bindung

Man kann mit Hilfe der Störungstheorie so, wie wir es soeben erläuterten, den Übergang von einem aromatischen Kohlenwasserstoff zu einem Heteroaromaten beschreiben, man kann ferner, wie wir das in Abschn. 11.11 zeigen werden, mit ihrer Hilfe den Einfluß von Abweichungen von der idealisierten Geometrie, d.h. die Alternierung von Bindungslängen erfassen. Die Störungstheorie ist aber sogar geeignet, so gewaltsame Veränderungen eines π-Elektronensystems zu beschreiben, wie etwa die Einführung neuer Bindungen.

Als Beispiel hierfür wollen wir uns das Bicyclohexatrien aus dem Benzol entstanden denken, indem wir zwischen den Atomen 1 und 4 eine neue π-Bindung einführen. Wir haben also zu untersuchen, wie sich ein $\delta\beta_{14} = \beta$ z.B. auf die MO-Energien auswirkt. Die Symmetrieerniedrigung ist in diesem Fall D_{6h} nach D_{2h}. Die symmetrieangepaßten MO's sind aber die gleichen wie im Beispiel des Pyridins, so daß wir erhalten

$$\epsilon_1 = \epsilon_1^{(0)} + 2\,\delta\beta_{14} \cdot a_1^1\, a_4^1 = \alpha + \beta \quad - 2\,\frac{4}{12}\beta = \alpha + \frac{1}{3}\beta$$

$$\epsilon_2 = \epsilon_2^{(0)} + 2\,\delta\beta_{14} \cdot a_1^2\, a_4^2 = \alpha - \beta \quad + 2\,\frac{4}{12}\beta = \alpha - \frac{1}{3}\beta$$

$$\epsilon_3 = \epsilon_3^{(0)} + 2\,\delta\beta_{14} \cdot c_1^3\, c_4^3 = \alpha - 2\beta - 2\,\frac{1}{6}\beta \quad = \alpha - \frac{7}{3}\beta$$

$$\epsilon_4 = \epsilon_4^{(0)} + 2\,\delta\beta_{14} \cdot b_1^2\, b_4^2 = \alpha - \beta + 0 \qquad = \alpha - \beta$$

$$\epsilon_5 = \epsilon_5^{(0)} + 2\,\delta\beta_{14} \cdot b_1^1\, b_4^1 = \alpha + \beta + 0 \qquad = \alpha + \beta$$

$$\epsilon_6 = \epsilon_6^{(0)} + 2\,\delta\beta_{14} \cdot c_1^6\, c_4^6 = \alpha + 2\beta + 2\,\frac{1}{6}\beta \quad = \alpha + \frac{7}{3}\beta$$

Bei dieser Störung bleibt die Paarungsbeziehung bestehen, die MO's sind nach wie vor symmetrisch um die Nullinie. Eine exakte HMO-Behandlung des Bicyclohexatriens ergibt die Eigenwerte der Strukturmatrix ± 2.414, ± 1.0, ± 0.414, was mit den störungstheoretisch berechneten Werten ± 2.333, ± 1.0, ± 0.333 nicht allzu schlecht übereinstimmt, wenn man bedenkt, eine wie grobe Störung die Einführung einer zusätzlichen Bindung ist.

Ein anderes Beispiel für die Knüpfung einer neuen Bindung wäre die Konstruktion des Butadiens aus zwei Äthylen-Einheiten. Solange die mittlere Bindung nicht eingeführt ist, sind die symmetrieadaptierten ungestörten MO's zur Energie $(\alpha + \beta)$ (bindend zwischen 1 und 2, sowie 3 und 4):

$$\varphi_1 = \frac{1}{2}(\chi_1 + \chi_2 + \chi_3 + \chi_4)$$ ○——○ ○——○

$$\varphi_2 = \frac{1}{2}(\chi_1 + \chi_2 - \chi_3 - \chi_4)$$ ○——○ ●——●

und diejenigen zur Energie $(\alpha - \beta)$ (antibindend):

$$\varphi_4 = \frac{1}{2}(\chi_1 - \chi_2 - \chi_3 + \chi_4)$$ ○——● ●——○

$$\varphi_3 = \frac{1}{2}(\chi_1 - \chi_2 + \chi_3 - \chi_4)$$ ○——● ○——●

Mit der Störung $\delta\beta_{23} = \beta$ ergibt sich

$$\epsilon_1 = \alpha + \beta + 2 \cdot \frac{1}{2} \cdot \frac{1}{2} \cdot \beta = \alpha + 1.5\,\beta$$

$$\epsilon_2 = \alpha + \beta - 2 \cdot \frac{1}{2} \cdot \frac{1}{2} \cdot \beta = \alpha + 0.5\,\beta$$

$$\epsilon_3 = \alpha - \beta + 2 \cdot \frac{1}{2} \cdot \frac{1}{2} \cdot \beta = \alpha - 0.5\,\beta$$

$$\epsilon_4 = \alpha - \beta - 2 \cdot \frac{1}{2} \cdot \frac{1}{2} \cdot \beta = \alpha - 1.5\,\beta$$

die entsprechenden exakten Werte sind bekanntlich $\alpha \pm 1.618\,\beta$ und $\alpha \pm 0.618\,\beta$

Nehmen wir an, daß das β_{23} für die mittlere Bindung nur gleich $\frac{1}{2}\beta$ ist, so erhalten wir

$$\epsilon_1 = \alpha + 1.25\,\beta \qquad \epsilon_2 = \alpha + 0.75\,\beta$$

$$\epsilon_3 = \alpha - 0.75\,\beta \qquad \epsilon_4 = \alpha - 1.25\,\beta$$

Als letztes Beispiel betrachten wir die Konstruktion von Naphthalin bzw. Azulen aus dem $C_{10}H_{10}$-Ringpolyen durch Einführung einer zusätzlichen Bindung, entweder zwischen den Atomen 1 und 6 oder zwischen 9 und 3.

Die störungstheoretisch berechneten Eigenwerte λ_j der Strukturmatrix sind mit den exakten in Tab. 14 verglichen.

Tab. 14. Störungstheoretisch berechnete und exakte Eigenwerte der Strukturmatrizen von Naphthalin und Azulen.

	Perimeter	Naphthalin		Azulen	
	C 10	Störungstheorie	„exakt"	Störungstheorie	„exakt"
1	2.000	2.200	2.303	2.000	2.310
2	1.618	1.618	1.618	1.256	1.356
3	1.618	1.218	1.303	1.656	1.652
4	0.618	1.018	1.000	0.880	0.887
5	0.618	0.618	0.618	0.480	0.477
6	−0.618	−0.618	−0.618	−0.756	−0.738
7	−0.618	−1.018	−1.000	−0.356	−0.400
8	−1.618	−1.218	−1.303	−1.580	−1.579
9	−1.618	−1.618	−1.618	−1.980	−2.095
10	−2.000	−2.200	−2.303	−1.800	−1.869

Die Ähnlichkeit des Eigenwertspektrums des Naphthalins mit dem seines ‚C_{10}-Perimeters' ist immerhin auffällig. Man beachte ferner, daß Naphthalin alternierend, Azulen aber nicht-alternierend ist. Die Differenz zwischen der Energie des höchsten besetzten und niedrigsten unbesetzten MO's, die ein Maß für die Frequenz des langwelligsten spektralen Übergangs darstellt, beträgt 1.236 β beim C_{10}-Annulen sowie beim Naphthalin, sie ist nur 0.877 β beim Azulen. Dieses absorbiert wesentlich langwelliger, worauf seine blaue Farbe beruht.

11.11. Bindungsalternierung

Wir sind bisher bei der Anwendung der HMO-Näherung auf π-Elektronensysteme immer davon ausgegangen, daß alle C–C-Bindungen gleich lang sind und daß deshalb die Verwendung des gleichen β für sämtliche Bindungen gerechtfertigt ist. Diese Voraussetzung ist aber durchaus nicht immer gegeben, man weiß z.B., daß in den Polyenen abwechselnd kurze und lange Bindungen vorliegen. In der Tat ist das Abwechseln kurzer und langer Bindungen, die sog. ‚Bindungsalternierung', die wichtigste Abweichung von der bisher ausschließlich betrachteten idealisierten Geometrie.

Wir wollen jetzt eine mögliche Bindungsalternierung dadurch berücksichtigen, daß wir den kurzen und den langen Bindungen ein verschiedenes β, nämlich β_1 und β_2 zuweisen. Wir können dann auch

$$\beta = \frac{1}{2}(\beta_1 + \beta_2) \tag{11.11–1}$$

als mittleres β und

$$\delta = \frac{1}{2}(\beta_1 - \beta_2) \tag{11.11–2}$$

als Maß der Bindungsalternierung einführen.

Definieren wir jetzt außer der Strukturmatrix $\boldsymbol{M}$ noch eine Alternierungsmatrix A, die die folgenden Matrixelemente hat*):

$$A_{\mu\nu} = \begin{cases} 1 & \text{wenn zwischen } \chi_\mu \text{ und } \chi_\nu \text{ eine kurze Bindung ist} \\ -1 & \text{wenn zwischen } \chi_\mu \text{ und } \chi_\nu \text{ eine lange Bindung ist} \\ 0 & \text{sonst} \end{cases}$$

Für das 1,3-Butadien ist z.B.

$$\boldsymbol{M} = \begin{pmatrix} 0 & 1 & 0 & 0 \\ 1 & 0 & 1 & 0 \\ 0 & 1 & 0 & 1 \\ 0 & 0 & 1 & 0 \end{pmatrix} \qquad A = \begin{pmatrix} 0 & 1 & 0 & 0 \\ 1 & 0 & -1 & 0 \\ 0 & -1 & 0 & 1 \\ 0 & 0 & 1 & 0 \end{pmatrix} \qquad (11.11.-3)$$

Die Hückel-Matrix läßt sich dann schreiben als

$$\boldsymbol{H} = \alpha \boldsymbol{1} + \beta \boldsymbol{M} + \delta \boldsymbol{A}\,, \qquad (11.11-4)$$

z.B. für das Butadien

$$\boldsymbol{H} = \begin{pmatrix} \alpha & \beta_1 & 0 & 0 \\ \beta_1 & \alpha & \beta_2 & 0 \\ 0 & \beta_2 & \alpha & \beta_1 \\ 0 & 0 & \beta_1 & \alpha \end{pmatrix} = \begin{pmatrix} \alpha & 0 & 0 & 0 \\ 0 & \alpha & 0 & 0 \\ 0 & 0 & \alpha & 0 \\ 0 & 0 & 0 & \alpha \end{pmatrix} +$$

$$+ \begin{pmatrix} 0 & \beta & 0 & 0 \\ \beta & 0 & \beta & 0 \\ 0 & \beta & 0 & \beta \\ 0 & 0 & \beta & 0 \end{pmatrix} + \begin{pmatrix} 0 & \delta & 0 & 0 \\ \delta & 0 & -\delta & 0 \\ 0 & -\delta & 0 & \delta \\ 0 & 0 & \delta & 0 \end{pmatrix} \qquad (11.11-5)$$

Diese Zerlegung von $\boldsymbol{H}$ legt nahe, die Bindungsalternierung störungstheoretisch zu behandeln.

Wir betrachten

$$\boldsymbol{H}_0 = \alpha \boldsymbol{1} + \beta \boldsymbol{M} \qquad (11.11-6)$$

d.h. die Hückel-Matrix für idealisierte Geometrie, als ungestörte Matrix und $\boldsymbol{A}$ als Störmatrix mit δ als Störparameter

$$\boldsymbol{H} = \boldsymbol{H}_0 + \delta \boldsymbol{A} \qquad (11.11-7)$$

---

* W. Kutzelnigg, Theoret.Chim. Acta, *4*, 417 (1966).

Als erstes fragen wir uns, wie groß die Störung 1. Ordnung der Gesamt-π-Elektronenenergie ist. Wenn eine Energieerniedrigung auftritt, so erwarten wir, daß die Struktur mit alternierenden Bindungen stabiler ist.

Wir setzen dabei voraus, daß die Störung das mittlere β nicht verändert. Nach (11.10–4) ist die Energieänderung 1. Ordnung als Folge der Änderung von $\beta_{\mu\nu}$ gegeben durch

$$\Delta E^{(1)} = 2 p_{\mu\nu} \Delta\beta_{\mu\nu} \qquad (11.11\text{–}8)$$

Hieraus folgt unmittelbar, daß die Energieänderung 1. Ordnung als Folge der Bindungsalternierung gleich

$$\Delta E^{(1)} = 2\,\delta \sum_{\mu<\nu} A_{\mu\nu} p_{\mu\nu} \qquad (11.11\text{–}9)$$

ist, wobei die Summe über alle Bindungen geht (zwischen nicht-gebundenen Atomen ist $A_{\mu\nu} = 0$). Beim Butadien ist

$$p_{12} = p_{34} = 0.8944$$

$$p_{23} = 0.4472$$

$$p_{13} = 0$$

$$\Delta E^{(1)} = 2\,(2 \cdot 0.8944 - 0.4472)\,\delta = -2.6832\,\delta \qquad (11.11\text{–}10)$$

Wählen wir also δ negativ, d.h. $\beta_1 < \beta_2$ bzw. $|\beta_1| > |\beta_2|$, entsprechend einer kurzen Bindung zwischen 1 und 2 sowie 3 und 4 und einer langen Bindung zwischen 2 und 3, so erniedrigt sich die Energie proportional zu δ, und wir können erwarten, daß eine Struktur mit alternierenden Bindungen, entsprechend der Formel

```
      H   H
H2C=C—C=CH2
```

stabiler als eine Struktur mit völligem Bindungsausgleich ist.

Daß die Energieerniedrigung proportional zu δ ist, darf man natürlich nicht zu wörtlich nehmen. Zum einen gilt dieses Ergebnis ja nur in 1. störungstheoretischer Näherung, zum anderen ändert sich bei einer derartigen Bindungsalternierung nicht nur die π-Elektronenenergie, sondern auch die Energie der σ-Bindungen. Offensichtlich wird abwechselnd eine σ-Bindung gestaucht und eine gedehnt. Auf den Einfluß dieses σ-Beitrags zur Energieänderung werden wir noch genauer zu sprechen kommen. Ferner ändert sich bei einer realistischen Bindungsalternierung auch das mittlere β.

An dieser Stelle genügt die Feststellung, daß die in unserer störungstheoretischen Überlegung vernachlässigten Terme dafür sorgen, daß der Unterschied in den Bindungslängen und damit in den β's nicht beliebig groß wird, sondern daß sich ein optimales δ einstellt.

Jedenfalls erwarten wir aufgrund von Gl. (11.11–9), daß bei den Polyenen, wo die Bindungsordnungen abwechselnd groß und klein sind – wie beim 1,3-Butadien– Bindungsalternierung zu einer Stabilisierung führen sollte, in Einklang mit der Erfahrung. Andererseits erwarten wir bei den Polymethinen, gleich ob als Kation, Radikal oder Anion, daß $\Delta E^{(1)}$ nach (11.11–9) verschwindet, weil die Bindungsordnungen symmetrisch zum C-Atom in der Mitte sind und weil folglich zu jedem Beitrag $A_{\mu\nu}$ auch der entsprechende Beitrag mit entgegengesetzten Vorzeichen existiert.

Polymethine sollten, wie das auch beobachtet wurde, keine Bindungsalternierung aufweisen, sondern Bindungsausgleich. Zwischen Kation, Radikal und Anion besteht in dieser Hinsicht kein Unterschied, da der Beitrag des nichtbindenden MO's zur Bindungsordnung verschwindet.

In Ringpolyenen, die der Hückelschen Regel gehorchen ($n = 4N+2$), sind alle Bindungsordnungen gleich, und zwar*) gleich $2/n$ cosec π/n. Da von den nicht-verschwindenden Elementen der Alternierungsmatrix A genausoviele +1 wie −1 sind, ergibt sich insgesamt $\Delta E^{(1)} = 0$. Tatsächlich weisen die Hückelschen Ringpolyene keine Bindungsalternierung auf. Insbesondere sind im Benzol alle Bindungen gleich lang.

Auf den ersten Blick würde man für die anti-Hückelschen Kohlenwasserstoffe ($n = 4N$) das gleiche Verhalten erwarten, denn auch bei diesen sind doch wohl im Grundzustand alle Bindungsordnungen gleich. Letzteres ist allerdings nur dann der Fall, wenn von den beiden entarteten nichtbindenden MO's (vgl. Abschn. 11.6) jedes einfach besetzt ist, nicht aber, wenn eines davon doppelt besetzt ist. Offenbar sind im ungestörten System drei mögliche Konfigurationen entartet, nämlich z.B. für das Cyclobutadien (vgl. Abschn. 11.6) die Konfigurationen

$$\varphi_4^2\,\varphi_1\,\varphi_3,\ \varphi_4^2\,\varphi_1^2,\ \varphi_4^2\,\varphi_3^2$$

aufgebaut aus den MO's (11.6–13 bzw. 11.6–21)

$$\begin{aligned}\varphi_4 &= \frac{1}{2}\,(\chi_1 + \chi_2 + \chi_3 + \chi_4)\\ \varphi_1 &= \frac{1}{\sqrt{2}}(\chi_1 - \chi_3)\\ \varphi_3 &= \frac{1}{\sqrt{2}}(\chi_2 - \chi_4)\end{aligned} \qquad (11.11\text{–}11)$$

(In Wirklichkeit sind sogar vier und nicht drei Zustände miteinander entartet, weil φ_1 mit φ_3 entweder zu einem Singulett oder einem Triplett gekoppelt sein kann. In der Hückel-Näherung kann man aber Singulett und Triplett nicht unterscheiden, so daß wir diesen Unterschied vorerst übersehen.)

Die Bindungsalternierung als Störung hebt jetzt die Entartung auf. Wir müssen deshalb den störungstheoretischen Formalismus für entartete Zustände benutzen (I.6.6). Hier hilft uns aber die Tatsache, daß die Störung die Symmetrie erniedrigt (beim Cyclobutadien von D_{4h} nach D_{2h}) und daß die der Störung angepaßten MO's sich wie irre-

* C.A. Coulson, A. Streitwieser l.c.

duzible Darstellungen der Gruppe der erniedrigten Symmetrie transformieren müssen. Diese MO's ψ_1 und ψ_2 hängen im Falle des Cyclobutadien mit den φ_1 und φ_3 nach (11.11–11) zusammen gemäß

$$\psi_1 = \frac{1}{\sqrt{2}} (\varphi_1 + \varphi_3) = \frac{1}{2} (\chi_1 + \chi_2 - \chi_3 - \chi_4)$$

$$\psi_2 = \frac{1}{\sqrt{2}} (\varphi_1 - \varphi_3) = \frac{1}{2} (\chi_1 - \chi_2 - \chi_3 + \chi_4) \qquad (11.11\text{–}12)$$

Die Bindungsordnungen sind jetzt für die drei betrachteten Konfigurationen

$$\varphi_4^2\, \psi_1\, \psi_2: \quad p_{12} = p_{23} = p_{34} = p_{14} = \frac{1}{2}$$

$$\varphi_4^2\, \psi_1^2: \quad p_{12} = p_{34} = 1 \qquad p_{23} = p_{14} = 0$$

$$\varphi_4^2\, \psi_2^2: \quad p_{12} = p_{34} = 0 \qquad p_{23} = p_{14} = 1 \qquad (11.11\text{–}13)$$

Wählen wir die Alternierung so, daß $A_{12} = A_{34} = 1$, $A_{23} = A_{41} = -1$, so folgt aus (11.11–9), daß die Konfiguration $\varphi_4^2\, \psi_1^2$ um $4\,\delta$ stabilisiert wird, daß $\varphi_4^2\, \psi_1\, \psi_2$ durch die Alternierung nicht geändert wird und daß die Konfiguration $\varphi_4^2\, \psi_2^2$ um $4\,\delta$ destabilisiert wird (bei umgekehrter Alternierung mit $A_{12} = A_{34} = -1$, $A_{23} = A_{41} = 1$ sind die Rollen von $\varphi_4^2\, \psi_2^2$ und $\varphi_4^2\, \psi_1^2$ natürlich vertauscht). Cyclobutadien bevorzugt offenbar eine der beiden rechteckigen Strukturen

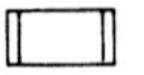 oder 

und für die übrigen anti-Hückel-Systeme ist es ähnlich. Offensichtlich ist sowohl die Konfiguration $\varphi_4^2\, \psi_1^2$ als auch $\varphi_4^2\, \psi_2^2$ abgeschlossenschalig, während im symmetrischen Fall die Grundkonfiguration offenschalig ist. Man kann deshalb die Stabilisierung durch Symmetrieerniedrigung (und Bindungsalternierung) als ein Bestreben zur Erreichung abgeschlossenschaliger Zustände interpretieren.
Nicht durch die Bindungsalternierung beeinflußt wird die Konfiguration $\varphi_4^2\, \psi_1\, \psi_2$ – zumindest in 1. Näherung. Wir deuteten bereits an, daß es zu dieser Konfiguration einen Singulett- ($^1B_{1g}$) und einen Triplett-Zustand ($^3A_{2g}$) gibt*). Nach der Hundschen Regel sollte der Triplett-Zustand energetisch tiefer liegen und für das quadratische Cyclobutadien der tiefste von allen 4 Zuständen sein, und zwar aufgrund eines Elektronenwechselwirkungsterms (Austauschintegrals), den man in der Hückel-Näherung nicht erfaßt.

Die Situation beim Cyclobutadien ist aus zwei Gründen noch etwas komplizierter als soeben erläutert. Zum einen sind die beiden Funktionen $\varphi_4^2\, \psi_1^2$ und $\varphi_4^2\, \psi_2^2$ im quadratischen Fall nur im Rahmen einer Einelektronennäherung entartet. Bereits die Elektronenwechselwirkung führt zu einer Aufspaltung in die beiden Zustände $^1B_{2g}$ und $^1A_{1g}$. (Diese Aufhebung der Entartung ist eine Besonderheit der Symmetriegruppe D_{4h}, sie

* Die Symmetrieklassifikation bezieht sich auf die Gruppe D_{4h}. Bei Deformation zu D_{2h} reduzieren sich die Darstellungen wie folgt: $A_{1g} \rightarrow A_g$, $A_{2g} \rightarrow B_{1g}$, $B_{1g} \rightarrow B_{1g}$, $B_{2g} \rightarrow A_g$.

würde z.B. nicht beim anti-Hückel-System $C_3H_3^-$ auftreten.) Es ist deshalb nicht zwingend, daß die Symmetrieerniedrigung durch Bindungsalternierung zu einer Stabilisierung führt. Die Stabilisierung eines elektronisch entarteten Zustands durch Symmetrieerniedrigung bezeichnet man als Jahn-Teller-Effekt[*)], im Falle des Cyclobutadiens, dessen tiefster Singulett-Zustand (bei Berücksichtigung der Elektronenwechselwirkung) nicht entartet ist, ist deshalb nur ein sog. Pseudo-Jahn-Teller-Effekt möglich.

Eine zweite Besonderheit des Cyclobutadiens besteht darin, daß (als Folge einer sog. dynamischen Spin-Polarisation[**)]) der tiefste quadratische Singulett-Zustand – im Gegensatz zur Hundschen Regel – unter dem tiefsten Triplett liegt[***)]. Diese beiden Besonderheiten erschweren verbindliche theoretische Vorhersagen über den Grundzustand dieses Moleküls, das sich wegen seiner Kurzlebigkeit auch experimenteller Beobachtung weitgehend entzieht. Von gewissen Derivaten des Cyclobutadiens weiß man inzwischen, daß sie einen rechteckigen Singulett-Grundzustand haben[1)], während Multiplizität und Geometrie des Grundzustandes des unsubstituierten Cyclobutadiens noch immer umstritten sind. Wir können hier nicht auf Einzelheiten eingehen[2)] Verlassen wir jetzt wieder den Sonderfall des Cyclobutadiens und wenden wir uns wieder dem allgemeinen Problem der Bindungsalternierung zu!

Die Unterscheidung zwischen Molekülen, die Bindungsalternierung, und solchen, die Bindungsausgleich aufweisen, hätte man z.T. auch ohne MO-Theorie mit Hilfe der qualitativen Resonanztheorie erhalten können. Läßt man einmal die anti-Hückelschen Ringe beiseite, so zeigen diejenigen Systeme Bindungsausgleich, für die man zwei (oder mehr) *äquivalente* ‚kanonische' Resonanzstrukturen schreiben kann, z.B.

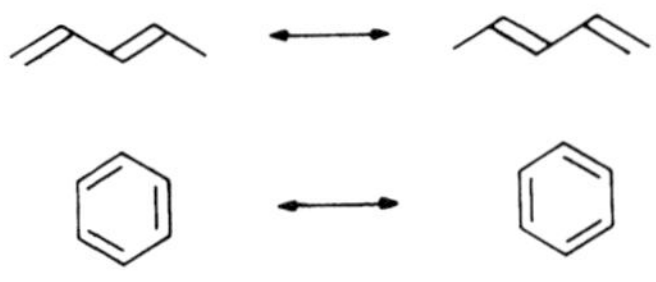

während Bindungsalternierung dann auftritt, wenn nur eine einzige kanonische Struktur existiert (d.h. wo andere mögliche Resonanzstrukturen eine geringere Zahl von Doppelbindungen haben) z.B.

Mit dieser Vorstellung erfaßt man aber keineswegs den Unterschied zwischen Hückelschen und anti-Hückelschen Ringen. Es ist mit einer resonanz-theoretischen Argumentation nämlich nicht einzusehen, weshalb die Resonanz zwischen den beiden kanonischen Strukturen des Cyclobutadiens

* H.A. Jahn, E. Teller, Proc. Roy. Soc. *A161*, 220 (1937); *A164*, 117 (1938);

** H. Kollmar, V. Staemmler, l.c.

*** R.J. Buenker, S. Peyerimhoff, l.c.

1 H. Irngartinger, H. Rodewald, Angew. Chem. *86*, 783 (1974).

2 vgl. z.B. G. Maier, Angew. Chem. *86*, 481 (1974).

weniger stabilisierend wirken sollte als die entsprechende Resonanz im Benzol. An diesem Beispiel zeigt sich deutlich die Überlegenheit der MO-Theorie, die den Unterschied zwischen Cyclobutadien und Benzol zwanglos erklärt.

Für die energetische Stabilisierung durch Bindungsalternierung in 1. störungstheoretischer Ordnung in δ erhält man übrigens für alle $4N$-Ringe unabhängig von N den Wert $4\,\delta$. Die tatsächliche Stabilisierungsenergie muß aber mit dem Beitrag 1. Ordnung nicht viel zu tun haben, dieser gibt nur die 1. Ableitung von E_π nach δ an der Stelle $\delta = 0$ für konstantes β richtig wieder.

Wir haben jetzt die vier Haupttypen konjugierter Verbindungen, zwei offenkettige und zwei ringförmige Klassen, getrennt auf mögliche Bindungsalternierung untersucht, andererseits wissen wir von einer Reihe von Eigenschaften der vier Molekülklassen, daß die Unterschiede zwischen diesen Klassen beliebig klein werden, wenn die Zahl n der π-Elektronen gegen ∞ geht. Deshalb ist die Frage von Interesse, ob im Grenzfall $n \to \infty$ Bindungsalternierung vorliegt oder nicht, und zwar sollte die Antwort für die vier Klassen von Verbindungen gleich sein.

Diese Frage wurde bereits 1937 von Lennard-Jones[*)] für die Polyene und 1938 von Coulson[**)] für die Polymethine gestellt und in dem Sinne beantwortet, daß in beiden Fällen für $n \to \infty$ Bindungsausgleich vorliegt, also *keine* Bindungsalternierung auftritt. Dieses Ergebnis wurde etwa 20 Jahre später von verschiedenen Autoren – weitgehend unabhängig voneinander – in Frage gestellt[***)]. Der wesentliche Inhalt dieser z.T. mathematisch aufwendigen Arbeiten besteht in der Korrektur eines – im Grunde trivialen – Fehlers in der Arbeit von Lennard-Jones.

Um zu verstehen, worum es geht, müssen wir zunächst außer der π-Elektronenenergie E_π auch die σ-Elektronenenergie E_σ, genauer, deren Abhängigkeit vom Bindungsalternierungsparameter δ, betrachten. Man nimmt an, daß die σ-Bindungen lokalisiert sind, d.h. daß E_σ eine Summe über sämtliche Bindungen ist. Für ein Ringsystem aus n C-Atomen (n sei gerade) ist (die C–H-Bindungen lassen wir unberücksichtigt)

$$E_\sigma = \sum_{\nu=1}^{n} f(r_\nu) \qquad (11.11\text{–}14)$$

wobei r_ν der Abstand zwischen dem ν-ten und $(\nu+1)$-ten C-Atom ist. Für idealisierte Geometrie ($\delta = 0$) sind alle $r_\nu = r_0$ und damit alle $f(r_\nu) = f_0$ gleich. Bei Bindungsalternierung gibt es zwei verschiedene r_ν und zwei verschiedene $f(r_\nu)$, und zwar[1)] von beiden genau gleich viele. Entwickeln wir r_ν nach Potenzen von δ

$$r_\nu = r_0 + \delta\left(\frac{d r_0}{d\delta}\right) + \ldots \qquad (11.11\text{–}15)$$

---

* J.E. Lennard-Jones, Proc. Roy.Soc. *A 158*, 280 (1937).

** C.A. Coulson, Proc. Roy. Soc. *A 164*, 383 (1938).

*** Y. Ooshika, J. Phys. Soc. Japan *12*, 1238, 1246 (1957); H. Labhart, J.Chem. Phys. *27*, 947 (1957); H.C. Longuet-Higgins, L. Salem, Proc. Roy. Soc. *A 251*, 172 (1959); M. Tsui, S. Huzinaga, T. Hasino, Rev. Mod. Phys. *32*, 425 (1960).

1) Das gilt bei Polymethinen und Ringen mit n gerade immer, bei Polyenen zumindest im Grenzfall $n \to \infty$.

so können wir auch $f(r_\nu)$ nach Potenzen von δ entwickeln:

$$f(r_\nu) = f(r_0) + \delta \left(\frac{\mathrm{d}f}{\mathrm{d}\,\delta}\right)_{r_0} + \frac{1}{2}\delta^2 \left(\frac{\mathrm{d}^2 f}{\mathrm{d}\delta^2}\right)_{r_0} + \ldots \qquad (11.11\text{–}16)$$

In der Summe kommen gleich viele positive und negative Beiträge, die linear in δ sind, vor, so daß insgesamt

$$E_\sigma = \sum_{\nu=1}^{n} f(r_0) + \frac{1}{2}\delta^2 \sum_{\nu=1}^{n} \left(\frac{\mathrm{d}^2 f}{\mathrm{d}\delta^2}\right)_{r_0} + \ldots \qquad (11.11\text{–}17)$$

In erster störungstheoretischer Ordnung, d.h. linear in δ, hängt also nach dieser einfachen Betrachtung die σ-Elektronenenergie nicht von der Alternierung ab. In erster störungstheoretischer Näherung war es also gerechtfertigt, E_σ unberücksichtigt zu lassen.

Unsere zu Beginn dieses Abschnitts gemachten Überlegungen zur Bindungsalternierung bei Polyenen und anti-Hückelschen Ringen sind offenbar (im Rahmen der gewählten Näherung) richtig, denn das Ergebnis, daß $\left(\frac{\mathrm{d}\,E_\pi}{\mathrm{d}\,\delta}\right)_{\delta=0} < 0$, wird durch die Mitnahme von E_σ nicht verändert und besagt, daß Bindungsalternierung die Energie erniedrigt.

Noch nicht endgültig ist dagegen unsere Behauptung zu den Polymethinen und den Hückelschen Ringen. Hier haben wir nämlich gefunden, daß E_π linear nicht von δ abhängt, d.h. daß $\left(\frac{\mathrm{d}\,E_\pi}{\mathrm{d}\delta}\right)_{\delta=0} = 0$. Es war voreilig (und das ist der erwähnte triviale Fehler) daraus zu schließen, daß $E(\delta)$ für $\delta = 0$ ein Minimum hat, es könnte z.B. auch ein Maximum sein. Betrachten wir jetzt die zweite Ableitung

$$\frac{\mathrm{d}^2 E}{\mathrm{d}\,\delta^2} = \frac{\mathrm{d}^2 E_\pi}{\mathrm{d}\,\delta^2} + \frac{\mathrm{d}^2 E_\sigma}{\mathrm{d}\,\delta^2} \qquad (11.11\text{–}18)$$

so stellen wir fest, daß $\frac{\mathrm{d}^2 E_\sigma}{\mathrm{d}\delta^2}$ zwar positiv, $\frac{\mathrm{d}^2 E_\pi}{\mathrm{d}\delta^2}$ dagegen überraschenderweise negativ ist.

Daß $\frac{\mathrm{d}^2 E_\sigma}{\mathrm{d}\delta^2} > 0$ erkennt man leicht, wenn man bedenkt, daß jedes $f(r_\nu)$ als Funktion von r_ν und damit auch von δ bei einem bestimmten Wert $\tilde{r}$ von r_ν (der i.a. etwas größer als r_0) ist, ein Minimum hat, denn $f(r_\nu)$ stellt ja die Potentialkurve einer 2-Zentren-σ-Bindung dar. Die gleichzeitige Anwesenheit der π-Bindung reduziert den mittleren Gleichgewichtszustand etwas von $\tilde{r}$ zu r_0. Da $f(r_\nu)$ in der Nähe von $\delta = 0$ ein Minimum hat, ist dort $\frac{\mathrm{d}^2 f(r_\nu)}{\mathrm{d}\delta^2} > 0$, und damit nach (11.11–14) auch

$\frac{d^2 E_\sigma}{d\delta^2} > 0$. Um zu sehen, welches Vorzeichen $\frac{d^2 E_\pi}{d\delta^2}$ hat, gehen wir vom geschlossenen Ausdruck von E_π bei Vorliegen von Bindungsalternierung aus.*)
(wir beschränken uns jetzt auf Hückelsche Systeme mit $n = 4N+2$)

$$E_\pi = n\alpha - 2 \sum_{k=-N}^{N} \sqrt{\beta_1^2 + \beta_2^2 + 2\beta_1\beta_2 \cos\frac{4\pi k}{n}} \qquad (11.11\text{–}19)$$

Diesen Ausdruck kann man umformen und dann gliedweise in eine Taylor-Reihe nach Potenzen von δ entwickeln

$$\begin{aligned} E_\pi &= n\alpha + 2\beta \sum_{k=-N}^{N} \cos\frac{2\pi k}{n} \sqrt{1 + \left(\frac{\delta}{\beta}\right)^2 \operatorname{tg}^2 \frac{2\pi k}{n}} \\ &= n\alpha + 2\beta \sum_{k=-N}^{N} \cos\frac{2\pi k}{n} \left(1 + \frac{1}{2}\left(\frac{\delta}{\beta}\right)^2 \operatorname{tg}^2\frac{2\pi k}{n}\right) + 0(\delta^3) \\ &= n\alpha + 2\beta \sum_{k=-N}^{N} \cos\frac{2\pi k}{n} + \frac{\delta^2}{\beta} \sum_{k=-N}^{N} \sin\frac{2\pi k}{n} \operatorname{tg}\frac{2\pi k}{n} + 0(\delta^3) \end{aligned} \qquad (11.11\text{–}20)$$

Die ersten beiden (von δ unabhängigen) Terme stellen offenbar die ungestörte π-Elektronenenergie dar. Ein in δ linearer Term liegt nicht vor, und $\left(\frac{d^2 E_\pi}{d\delta^2}\right)$ ist gegeben durch

$$\left(\frac{d^2 E_\pi}{d\delta^2}\right)_{\delta=0} = \frac{2}{\beta} \sum_{k=-N}^{N} \sin\frac{2\pi k}{n} \operatorname{tg}\frac{2\pi k}{n} \qquad (11.11\text{–}21)$$

Zwischen $-\frac{\pi}{2}$ und $\frac{\pi}{2}$ haben $\sin\varphi$ und $\operatorname{tg}\varphi$ das gleiche Vorzeichen, das Vorzeichen von $\left(\frac{d^2 E_\pi}{d\delta^2}\right)_{\delta=0}$ ist also gleich dem von β, und β ist negativ.

Als nächstes interessiert uns, wie $\frac{\partial^2 E_\pi}{\partial\delta^2}$ von n abhängt, $\frac{\partial^2 E_\sigma}{\partial\delta^2}$ besteht offensichtlich aus n unabhängigen gleichen Beiträgen, ist also proportional zu n. Für große n (bzw. N) können wir die Summe in (11.11–21) durch ein Integral approximieren**)

---

* J. Lennard-Jones, J. Turkevich, Proc. Roy. Soc. *A 158*, 297 (1937).

** Eine Summe $\sum_{k=n}^{m} f(k)$ läßt sich, wenn die Zahl der Glieder genügend groß ist und sich f nicht zu stark mit k ändert, durch ein Integral approximieren. Man wählt dazu $dk = 1$ als Integrationselement und erhält

$$\sum_{k=n}^{m} f(k) \approx \int_n^m f(k)\, dk$$

Im Falle von Gl. (11.11–22) wird zur Integration eine Variablensubstitution von k nach $\alpha = \frac{2\pi k}{n}$ durchgeführt. Die Stammfunktion von $\sin\alpha \operatorname{tg}\alpha$ ist gleich $-\sin\alpha + \ln\operatorname{tg}\left(\frac{\pi}{4} + \frac{\alpha}{2}\right)$, wovon man sich durch Differenzieren überzeugen kann.

$$\left(\frac{d^2 E_\pi}{d\delta^2}\right)_{\delta=0} = \frac{2}{\beta} \sum_{k=-N}^{N} \sin\frac{2\pi k}{n} \operatorname{tg}\frac{2\pi k}{n} \approx \frac{n}{\pi\beta} \int_{-\frac{\pi}{2}+\frac{\pi}{n}}^{\frac{\pi}{2}-\frac{\pi}{n}} \sin\alpha \operatorname{tg}\alpha \, d\alpha$$

$$= \frac{n}{\pi\beta} \{-\sin\alpha + \ln \operatorname{tg}(\frac{\pi}{4}+\frac{\alpha}{2})\} \Big|_{-\frac{\pi}{2}+\frac{\pi}{n}}^{\frac{\pi}{2}-\frac{\pi}{n}}$$

$$= \frac{n}{\pi\beta} \{-2\cos\frac{\pi}{n} + \ln \operatorname{ctg}\frac{\pi}{2n} - \ln \operatorname{tg}\frac{\pi}{2n}\}$$

$$\approx \frac{n}{\pi\beta} \{-2 + 2\ln\frac{2n}{\pi}\} \qquad (11.11\text{–}22)$$

Dabei haben wir in der letzten Zeile benutzt, daß für kleine α $\cos\alpha \approx 1$ und $\operatorname{ctg}\alpha \approx \frac{1}{\alpha}$
Der asymptotischen Näherung (11.11–22) für (11.11–21) sieht man unmittelbar an, daß $\frac{\partial^2 E_\pi}{\partial\delta^2}$ für große n wie $n \cdot \ln n$ geht. Da $\frac{\partial^2 E_\sigma}{\partial\delta^2}$ nur wie n geht, muß es ein kritisches n_{krit} geben, derart, daß

$$\left|\frac{\partial^2 E_\pi}{\partial\delta^2}\right| \geqslant \left|\frac{\partial^2 E_\sigma}{\partial\delta^2}\right| \quad \text{für } n > n_{krit}$$

Das bedeutet aber, daß

$$\frac{\partial^2 E}{\partial\delta^2} < 0 \quad \text{für } n > n_{krit}$$

Andererseits wissen wir, daß für kleine Hückelsche Ringe, z.B. das Benzol

$$\frac{\partial^2 E}{\partial\delta^2} > 0$$

daß hier also der Beitrag von E_σ überwiegt. Um für n_{krit} einen Zahlenwert abschätzen zu können, muß man für $f(r)$ sowie $\delta(r)$ bzw. $r(\delta)$ einen expliziten Ansatz machen. Das erhaltene n_{krit} erweist sich als sehr stark von den Parametern dieses Ansatzes abhängig, so daß zuverlässige Schätzungen kaum möglich sind. Man nimmt an, daß die Größenordnung von n_{krit} etwa 20 bis 30 ist. Wenn $n > n_{krit}$ hat die Gesamtenergie ihr Minimum nicht für $\delta = 0$ (da hat sie ein Maximum), sie muß also für $\delta \neq 0$, d.h. für Bindungsalternierung, ihr Minimum haben.

Im Gegensatz zur Bindungsalternierung erster Ordnung, wie sie bei den Polyenen und den anti-Hückelschen Ringkohlenwasserstoffen auftritt, ist die für Hückelsche Kohlenwasserstoffe großer Ringgröße vorhergesagte Bindungsalternierung von zweiter Ordnung. Da für das Auftreten dieser Bindungsalternierung zweiter Ordnung eindeutige experimentelle Beweise noch fehlen (der größte synthetisierte Hückelsche Kohlenwasserstoff $C_{22}H_{22}$ zeigt offenbar keine Bindungsalternierung*)), ist die Frage nicht ganz abwegig, ob diese spezielle Art von Bindungsalternierung nicht ein Artefakt des gewählten Modells ist.

So einleuchtend der hier gegebene Mechanismus für das Zustandekommen der Bindungsalternierung (analog der sog. Peierls-Instabilität in Festkörpern) ist, so gibt es auch Gründe für die Annahme, daß Effekte der Elektronenwechselwirkung eine möglicherweise wichtigere Rolle spielen**).

Die Schlußfolgerungen dieses Abschnitts stehen in einem eigentümlichen Gegensatz zur Vorstellung der Stabilisierung von π-Elektronensystemen durch Delokalisierung, wie sie in der sog. Resonanzenergie zum Ausdruck kommt. Der Befund, daß Bindungsalternierung stabilisierend wirkt, ist schlecht damit in Einklang zu bringen, daß zu optimaler Delokalisierung gerade Bindungsausgleich erforderlich ist.

Man soll sich hierdurch aber nicht verwirren lassen, denn tatsächlich liegen der Energieerniedrigung durch Delokalisierung und derjenigen durch Bindungsalternierung unterschiedliche Modellvorstellungen zugrunde.

In Abschn. 11.3 haben wir die ‚Resonanz'- oder ‚Delokalisierungsenergie' definiert als die Differenz zwischen der tatsächlichen π-Elektronenenergie bei idealisierter Geometrie in der Hückelschen Näherung und der π-Elektronenenergie eines hypothetischen Moleküls mit lokalisierten Bindungen, indem wir das *gleiche* β ansetzten. Bei der Diskussion der Bindungsalternierung in diesem Abschnitt haben wir vorausgesetzt, daß bei einer Lokalisierung der π-Bindungen abwechselnd ein β dem Betrage nach *größer* und das andere *kleiner* wird. Würden wir in diesem Sinne für das Vergleichssystem zur Definition der Resonanzenergie z.B. abwechselnd ein β gleich $2\,\beta_0$ und das andere gleich 0 setzen (wenn β_0 das β bei idealisierter Geometrie wäre), so würde sich auch das Benzol nicht mehr als resonanzstabilisiert erweisen. Dies macht noch einmal deutlich, daß die Resonanzenergie aus Abschn. 11.3 wirklich nicht mehr als eine reine Rechengröße im Rahmen der HMO-Näherung ist. Will man quantitativ etwas über die Stabilisierung durch Delokalisierung sagen, muß man sicher zumindest im Vergleichssystem ein anderes β als im delokalisierten System ansetzen sowie auch die Änderung der σ-Bindungsenergie mit berücksichtigen. Um eine in diesem Sinne ‚realistischere' Definition der Resonanzenergie hat sich insbesondere Dewar***) bemüht. Wir wollen darauf aber nicht weiter eingehen.

11.12. Spektren von π-Elektronensystemen im sichtbaren und ultravioletten Spektralbereich

π-Elektronensysteme zeichnen sich durch charakteristische Spektren im nahen Ultraviolett bzw. im sichtbaren Spektralbereich aus, insbesondere sind viele π-Elektronensysteme intensiv farbig. Viele Ansätze zu einem Verständnis der Farbigkeit scheiterten,

---

* F. Sondheimer, Acc. Chem. Res. *5*, 81 (1972); Chimia *28*, 163 (1974).

** G. König, G. Stollhoff, J. Chem. Phys. *91*, 2993 (1989).

*** M.J.S. Dewar, Spec. Publ. No. 21, The Chemical Society, London 1967, S. 177; M.J.S. Dewar, G.J. Gleicher, J. Am. Chem. Soc. *87*, 685, 892 (1965).

bis die MO-Theorie eine zwanglose und i.allg. befriedigende Deutung bieten konnte. Im Rahmen der HMO-Näherung hängt die Frequenz des längstwelligen Elektronenübergangs mit der Differenz $\Delta\epsilon$ zwischen höchstem besetzten und tiefstem unbesetzten MO zusammen gemäß

$$h\nu = \Delta\epsilon = |\beta|\,\Delta\lambda \tag{11.12–1}$$

In vorangegangenen Abschnitten haben wir uns dieser Beziehung bereits bedient. Es ist eigentlich erstaunlich, wie gut (11.12–1) stimmt, vorausgesetzt, daß man den Wert von β geeignet anpaßt. Wir verzichten hier darauf, experimentelle Frequenzen mit nach der HMO-Methode berechneten zu vergleichen, wir weisen aber insbesondere auf die Brauchbarkeit störungstheoretischer Überlegungen hin. Substituiert man in einem π-Elektronensystem z.B. ein H-Atom durch eine Alkylgruppe oder ersetzt man ein C-Atom durch ein Heteroatom, so beobachtet man charakteristische Verschiebungen der Absorptionsfrequenzen (man nennt eine Verschiebung zu kleineren Frequenzen ‚bathochrom', zu größeren Frequenzen ‚hypsochrom'). Im Sinne der MO-Theorie kommt eine bathochrome Verschiebung zustande, wenn entweder die Energie des höchsten besetzten MO's angehoben oder die des tiefsten unbesetzten MO's gesenkt wird. Berücksichtigt man eine

Substitution durch ein geändertes α, so kann man die Änderung der Orbitalenergien leicht auf die Änderung der α's zurückführen. Man muß dazu nur die MO-Koeffizienten des ungestörten Systems kennen (vgl. Abschn. 11.10). Einzelheiten hierzu findet man in Standardlehrbüchern*).

Wir wollen uns jetzt vor allem solchen Aspekten der Spektren zuwenden, die man im Rahmen der einfachen HMO-Näherung nicht ohne weiteres versteht. Es geht dabei vor allem um zweierlei:

1. Den Einfluß der Bindungsalternierung auf die Spektren.
2. Die Konsequenzen der Fast-Entartung der beiden höchsten besetzten sowie der beiden tiefsten unbesetzten MO's bei kondensierten Aromaten.

Zur Diskussion des Einflusses der Bindungsalternierung bleiben wir im Rahmen der HMO-Näherung, aber wir machen nicht die Annahme idealisierter Geometrie, genauer gesagt, wir betrachten die Situation mit idealisierter Geometrie als ungestörtes Problem und die Bindungsalternierung als Störung, wie in Abschn. 11.11 diskutiert.

Was die Polyene betrifft, so haben wir die ‚ungestörte' Übergangsfrequenz ν^0 (entsprechend idealisierter Geometrie, d.h. gleichen Bindungslängen) bereits in Abschn. 11.5.6 abgeleitet.

$$h\nu^0 = (\lambda_{\frac{n}{2}+1} - \lambda_{\frac{n}{2}}) = 4|\beta|\sin\frac{\pi}{2n+2} \tag{11.12–2}$$

$$\lim_{n\to\infty} h\nu^0 = \frac{2|\beta|\pi}{n+1} \tag{11.12–3}$$

---

* z.B. Heilbronner-Bock, l.c.

Den Störungsbeitrag erster Ordnung erhält man als

$$h\Delta\nu^1 = \delta \sum_{\mu=1}^{n} \sum_{\nu=1}^{n} \{ c_\mu^{\frac{n}{2}+1} A_{\mu\nu} c_\nu^{\frac{n}{2}+1} - c_\mu^{\frac{n}{2}} A_{\mu\nu} c_\nu^{\frac{n}{2}} \} \qquad (11.12\text{–}4)$$

was mit den nach (11.5–19) gegebenen c_μ^j nach etwas Umrechnung zum folgenden Ergebnis führt:

$$h\Delta\nu^1 = \frac{4|\delta|}{n+1} \cos\frac{\pi}{2n+2} \operatorname{ctg}\frac{\pi}{2n+2} \qquad (11.12\text{–}5)$$

und im Grenzfall $n \to \infty$

$$\lim_{n\to\infty} h\Delta\nu^1 = \frac{4|\delta|}{n+1} \cdot \frac{2n+2}{\pi} = \frac{8|\delta|}{\pi} \qquad (11.12\text{–}6)$$

Für genügend große n ist der Beitrag $h\,\Delta\nu^1$ von n unabhängig.

Insgesamt erhalten wir unter Beschränkung auf die ersten beiden störungstheoretischen Ordnungen

$$h\nu = 4|\beta| \sin\frac{\pi}{2n+2} + \frac{4|\delta|}{n+1} \cos\frac{\pi}{2n+2} \operatorname{ctg}\frac{\pi}{2n+2} \qquad (11.12\text{–}7)$$

$$\lim_{n\to\infty} h\nu = \frac{2|\beta|\pi}{n+1} + \frac{8|\delta|}{\pi} \qquad (11.12\text{–}8)$$

Während bei idealisierter Geometrie ($\delta = 0$) für $n \to \infty$ $h\nu$ gegen Null (und damit $\lambda = \frac{c}{\nu}$ gegen ∞) geht, geht im Falle von Alternierung $h\nu$ für $n \to \infty$ gegen einen festen Grenzwert $\frac{8|\delta|}{\pi}$. Es gibt eine Energielücke zwischen dem höchsten besetzten und dem tiefsten unbesetzten MO als Folge der Bindungsalternierung.

Eine Beziehung

$$\nu = \frac{a}{n} + b \qquad (11.12\text{–}9)$$

wurde auch empirisch zur Beschreibung der n-Abhängigkeit von $h\nu$ in Polyenen gefunden. Die beste Übereinstimmung zwischen (11.12–7) und dem Experiment erhält man, wenn man $\beta_1 = -4.0$ eV, $\beta_2 = -2.6$ eV setzt (vgl. Tab. 15).

Das Auftreten einer ‚Energielücke' als Folge der Bindungsalternierung auch im Grenzfall $n \to \infty$ bei den Polyenen wurde wahrscheinlich zuerst von Kuhn*) erkannt. In der Festkörperphysik sind Isolatoren durch eine solche Energielücke gekennzeichnet, während Systeme ohne Energielücke zwischen besetzten und unbesetzten MO's metal-

* H. Kuhn, J.Chem. Phys. *17*, 1198 (1949).

Tab. 15. In erster störungstheoretischer Ordnung berechnete Absorptionswellenlängen (in nm) der Polyene, verglichen mit den experimentellen Werten*).

n	λ_1	λ_1'	exp.
2	155	143	163
4	217	209	217
6	267	261	268
8	308	303	302
10	341	338	334
12	370	367	364
14	394	392	390
16	415	413	410
18	433	431	439
20	449	448	448
22	463	462	462
24	476	475	475
26	487	486	495
28	497	496	500
30	507	506	504
38	536	536	531

n ist die Zahl der C-Atome des Polyensystems, d.h. gleich der doppelten Zahl der konjugierten Doppelbindungen.
λ_1 ist das Reziproke der Frequenz berechnet nach Gl. (11.2–7).
λ_1' ist das Reziproke der Frequenz berechnet nach Gl. (11.2–8).
In beiden Fällen wurde $\beta_1 = -4.0$ eV; $\beta_2 = -2.6$ eV verwendet. Die experimentellen Daten stammen von Braude**) sowie Karrer und Eugster***), z.T. beziehen sie sich nicht auf einfache Polyene, sondern auf Naturstoffe, die ein Polyen-System enthalten.

* Nach W. Kutzelnigg, Theoret. Chim. Acta *4*, 417 (1966).
** E.A. Braude, Ann. Rep. Chem. Soc. *42*, 111 (1945).
*** P. Karrer, C.H. Eugster, Helv. Chim. Acta *34*, 1805 (1951).

lische Leiter darstellen. Kettenförmige π-Systeme ohne Bindungsalternierung wären gewissermaßen eindimensionale metallische Leiter.

Zu den Spektren der Polyene ist noch eine Bemerkung zu machen. Wie wir beim 1,3-Butadien sahen, haben im Grundzustand zwar die beiden äußeren Bindungen eine wesentlich höhere Bindungsordnung als die mittlere, im ersten angeregten Zustand hat aber die mittlere Bindung die höhere Bindungsordnung. Dementsprechend ist im ersten angeregten Zustand die Bindungsalternierung genau umgekehrt zu der im Grundzustand

Grundzustand 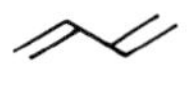

1. angeregter Zustand 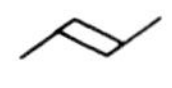

Analog ist es bei den anderen Polyenen. Die Bindungen, die im Grundzustand kurz sind, sind im ersten angeregten Zustand lang und umgekehrt. Wenn der angeregte Zustand eine andere Geometrie als der Grundzustand hat, ist die Elektronenanregung in besonderem Maße mit einer gleichzeitigen Schwingungsanregung verbunden. Das liegt am sog. Franck-Condon-Prinzip. Da die Theorie der Spektren nicht eigentlich Gegenstand dieses Buches ist, wollen wir uns hier mit einer qualitativen Argumentation begnügen. Auf Abb. 68 sind für ein eindimensionales Problem die Potentialkurven des Grundzustands und des ersten angeregten Zustands angegeben. Die Gleichgewichtsabstände in beiden Zuständen sind verschieden. In beiden Potentialkurven sind auch noch die ersten Schwingungsniveaus eingezeichnet.

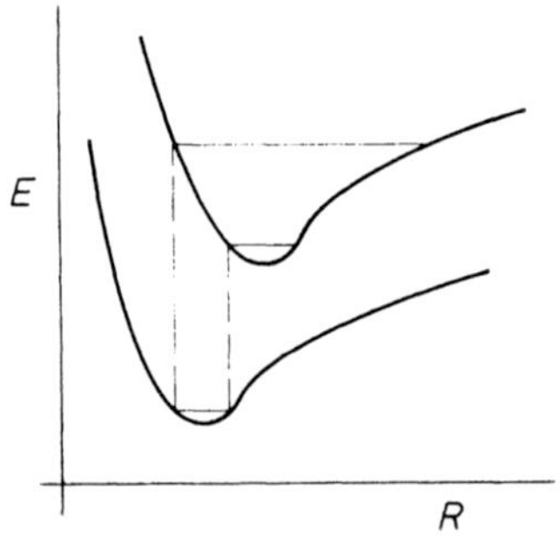

Abb. 68. Zur Erläuterung des Franck-Condon-Prinzips.

Für die Übergangswahrscheinlichkeit zwischen verschiedenen vibronischen Niveaus der beiden elektronischen Zustände ist das Überlapp-Matrixelement der Schwingungswellenfunktion zuständig. Liegen die Minima der beiden Potentialkurven übereinander, so ist dieses Matrixelement besonders groß zwischen den Schwingungsgrundzuständen beider Potentiale und klein zwischen verschiedenen Schwingungszuständen. Liegen die Minima unterschiedlich, wie auf Abb. 68, so überlappt die Schwingungswellenfunktion des Grundzustands auf der unteren Potentialfläche vergleichbar gut mit mehreren angeregten Schwingungsfunktionen der oberen Potentialfläche, besonders gut mit der anschaulich einer vertikalen Anregung entsprechenden Schwingungsfunktion. Das Bild der *vertikalen Anregung* darf man dabei nicht zu wörtlich nehmen.

Demgemäß hat die Bande der elektronischen Anregung eine ausgeprägte Schwingungsstruktur. Eine solche findet man tatsächlich bei den Polyenen, was ein weiterer deutlicher Hinweis auf die Bindungsalternierung ist.

Sehen wir uns jetzt $(CH)_n$-Moleküle (bzw. deren Ionen) mit n ungerade, d.h. *Polymethine* an! Wir haben in Abschn. 11.11 darauf hingewiesen, daß für kleine ungerade n die Polymethine keine Bindungsalternierung zeigen sollten, daß aber für große n (evtl. $n > 30$) Bindungsalternierung vorhergesagt wurde.

Die Frequenz des langwelligsten Übergangs für Polymethine mit idealisierter Geometrie haben wir abgeleitet (Abschn. 11.5.6) zu

$$h\nu^{(0)} = \lambda_{\frac{n+1}{2}} - \lambda_{\frac{n-1}{2}} = \lambda_{\frac{n+3}{2}} - \lambda_{\frac{n+1}{2}} = 2\,|\beta|\,\sin\frac{\pi}{n+1} \qquad (11.12\text{–}10)$$

* J. Franck, Trans. Farad. Soc. *21*, 536 (1926); E. U. Condon, Phys. Rev. *32*, 858 (1928); S. E. Schwartz, J. Chem. Educ. *50*, 608 (1973).

$$\lim_{n \to \infty} h\nu^{(0)} = \frac{2|\beta|\pi}{n+1} \qquad (11.12\text{–}11)$$

Der Störungsbeitrag 1. Ordnung bei Vorliegen von Bindungsalternierung, berechnet analog zu (11.12–5), verschwindet

$$h\Delta\nu^1 = 0$$

so daß, unabhängig davon, ob Bindungsalternierung auftritt oder nicht, bei den Polymethinen $h\nu$ etwa proportional zu $1/n$ und dementsprechend die Wellenlänge der langwelligsten Absorption etwa proportional zu n sein sollte. Bei Polymethinen ist – jedenfalls im Rahmen der Störungstheorie 1. Ordnung – keine Energielücke zu erwarten.

Die Polymethine selbst sind einer unmittelbaren experimentellen Beobachtung nicht zugänglich, wohl aber Systeme, die sich aus den Polymethin-Anionen $C_nH_{n+1}^-$ ableiten, wenn man die CH_2-Gruppen an den Enden durch NR_2^+ ersetzt, etwa*)

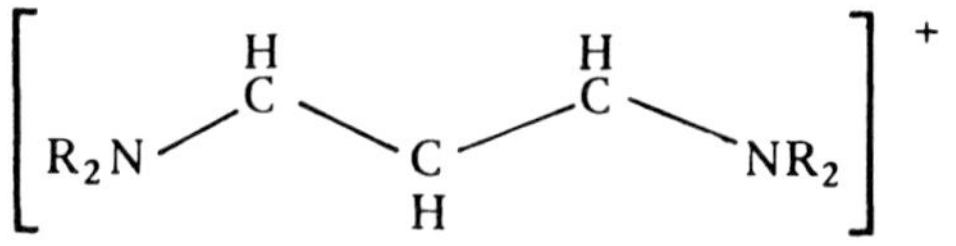

Derartige Verbindungen sind als Polymethinfarbstoffe bekannt. Ihr langwelligster Übergang gehorcht in der Tat der Beziehung (11.12–11), die man bei Fehlen von Bindungsalternierung erwarten soll. Mit $\beta = 4\text{eV}$ (gleich dem Wert, den wir bei den Polyenen für die kurzen Bindungen nahmen) erhalten wir z.B.

n	λ nach (11.12–10)	λ nach (11.12–11)	λ_{exp} (alle λ in nm)
5	310	300	309
7	408	400	409
9	500	500	509

Ähnliche Beziehungen erhält man für die Cyaninfarbstoffe des Typs

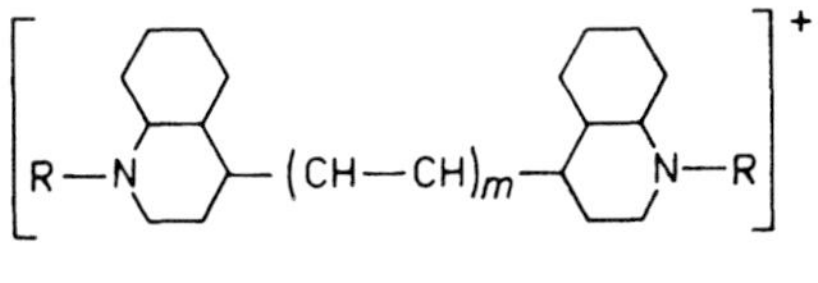

Es muß aber jetzt darauf hingewiesen werden, daß wir uns bisher nur der allerprimitivsten Näherung für die Übergangsfrequenz bedient haben, indem wir $h\nu$ mit der Energiedifferenz zwischen dem höchsten besetzten und dem tiefsten unbesetzten MO identifizierten. In Wirklichkeit ändert sich bei einer optischen Anregung nicht nur die Orbitalenergie, sondern auch die Elektronenwechselwirkungsenergie. Der

---

* W.T. Simpson, J. Chem. Phys. *16*, 1124 (1948).

angeregte Zustand kann ferner sowohl ein Singulett als auch ein Triplett-Zustand sein. Beide unterscheiden sich durch den Beitrag der Elektronenwechselwirkung.

Im Rahmen der Hartree-Fock-Eindeterminanten-Näherung für den Grundzustand erhält man

$$E(S_{j\to k}) - E(G) = \epsilon_k - \epsilon_j - (kk\,|\,jj) + 2\,(kj\,|\,jk) \qquad (11.12-12)$$

$$E(T_{j\to k}) - E(G) = \epsilon_k - \epsilon_j - (kk\,|\,jj) \qquad (11.12-13)$$

wobei $S_{j\to k}$ bzw. $T_{j\to k}$ denjenigen Singulett- bzw. Triplett-Zustand bezeichnet, der aus dem Grundzustand G entsteht, wenn man eines der beiden in G doppelt besetzten MO's φ_j durch das in G unbesetzte MO φ_k ersetzt. Die ϵ_k und ϵ_j sind die entsprechenden Eigenwerte des Hartree-Fock-Operators des Grundzustandes, $(kk\,|\,jj)$ bzw. $(kj\,|\,jk)$ ist ein Coulomb- bzw. ein Austauschintegral. Experimentell beobachtet wird i.allg. nur der Übergang von G nach $S_{j\to k}$.

Auch die Beziehungen (11.12–12, 13) gelten nicht streng, da bei ihrer Ableitung vorausgesetzt wurde, daß die an der Anregung nicht beteiligten MO's (d.h. φ_i mit $i \neq j$, $i \neq k$) in $G, S_{j\to k}$ und $T_{j\to k}$ die gleichen sind.

In Wirklichkeit ändern sich die unbeteiligten MO's auch etwas, da sich das effektive Feld ändert, in dem sie sich bewegen. Diese Änderung der φ_i ist mit einer Energieerniedrigung der angeregten Zustände verbunden, der sog. ‚Umordnungsenergie'. Diese kompensiert sich aber z.T. mit der bei der Ableitung von (11.12–12, 13) ebenfalls vernachlässigten Änderung der Korrelationsenergie (vgl. Abschn. 10.8).

Die ϵ_k und ϵ_j in (11.12–12, 13) sind Eigenwerte des Hartree-Fock-Operators und deshalb nicht ohne weiteres mit den Hückel-Energien zu identifizieren (s. Abschn. 6.4), obwohl es in der Regel möglich ist, die Parameter der Hückel-Näherung so zu wählen, daß die Spektren gut wiedergegeben werden.

In einigen Fällen ist es allerdings unbedingt erforderlich, einen Schritt über die Hückel-Näherung hinaus zu gehen, und zwar dann, wenn es zur gleichen Übergangsenergie (in 1. Näherung) zwei (oder mehr) verschiedene angeregte Zustände gibt. Betrachten wir als Beispiel die sog. katakondensierten Aromaten (das sind solche, bei denen sich alle C-Atome am äußersten Rand des Moleküls befinden). Solche Moleküle kann man formal aus Annulenen ableiten, indem man gewisse C-Atome mit Bindungen überbrückt – so wie wir in Abschn. 11.10 das Naphthalin aus dem C_{10}-Annulen ableiteten. Die nahe Verwandtschaft zu den Annulenen bedeutet eine ähnliche Struktur der Eigenwertspektren.

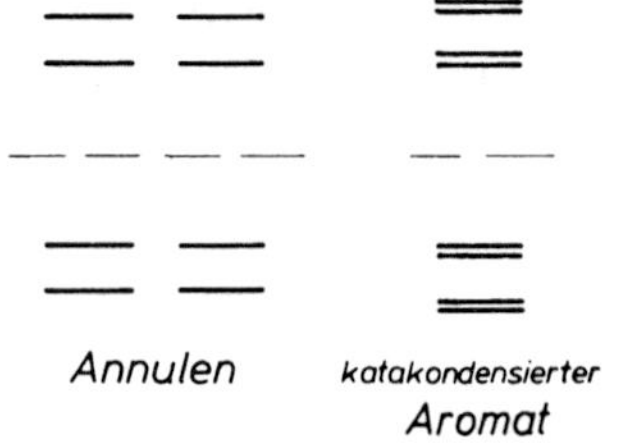

Abb. 69. HMO-Energie-Schema von Annulenen und katakondensierten Aromaten.

Die bei den Annulenen entarteten Niveaus sind allerdings, wenn auch schwach, aufgespalten, etwa wie auf Abb. 69, wo wir nur die höchsten besetzten und die tiefsten unbesetzten MO's betrachten.

Bezeichnen wir jetzt*) die beiden höchsten besetzten MO's mit e, f und die beiden tiefsten unbesetzten mit $g, h,$ so liegen die vier Übergänge $e \to g, e \to h, f \to g, f \to h$ energetisch dicht beisammen.

Außerdem ist

$$\epsilon_h - \epsilon_f = \epsilon_g - \epsilon_e \tag{11.12–14}$$

wegen der für alternierende Kohlenwasserstoffe geltenden Paarungsbeziehungen. Deshalb haben die beiden Singulett-Funktionen (die Tripletts betrachten wir nicht) $S_{f\to h}$ und $S_{e\to g}$ in der Einelektronennäherung die gleiche Energie

$$E(S_{f\to h}) = E(S_{e\to g}) . \tag{11.12–15}$$

Allerdings ist weder $S_{f\to h}$ noch $S_{e\to g}$ Eigenfunktion des Hamilton-Operators $\mathbf{H}$ Das Matrixelement von $\mathbf{H}$ zwischen den beiden Funktionen verschwindet nicht, deshalb sind die beiden Linearkombinationen

$$\frac{1}{\sqrt{2}}(S_{f\to h} \pm S_{e\to g}) \tag{11.12–16}$$

mit den Energien

$$E(S_{f\to h}) \pm (S_{f\to h}|\mathbf{H}|S_{e\to g}) \tag{11.12–17}$$

bessere Näherungen für die physikalischen angeregten Zustände. Schematisch sieht die energetische Anordnung der Gesamtzustände etwa so aus, wie auf Abb. 70 angegeben.

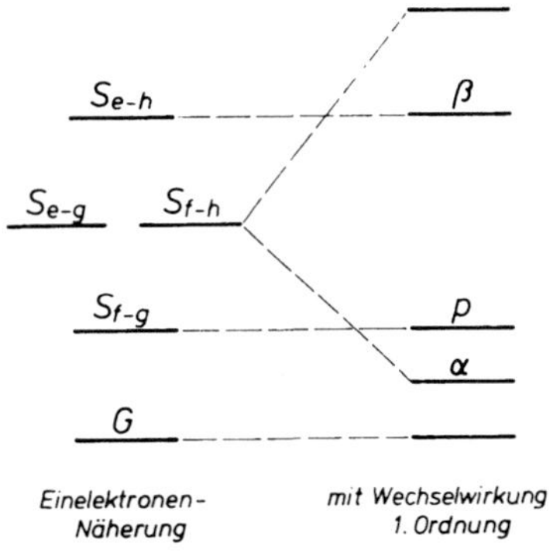

Abb. 70. Zustandekommen der α-, p- und β-Banden bei katakondensierten Aromaten.

---

* J.R. Platt, J.Chem.Phys. *17*, 484 (1949).

Wir haben die Abbildung absichtlich so gezeichnet – denn dieser Fall kommt vor –, daß durch die Aufspaltung des in erster Näherung zweifach entarteten Zustands (der im Einelektronenbild der 2. und 3. Anregung entspricht) dessen eine Komponente unter die Energie der im Einelektronenbild 1. Anregung gelangt. Die drei charakteristischen Banden in den Spektren von Aromaten (s. Abb. 71 a), die von Clar*) als α-,

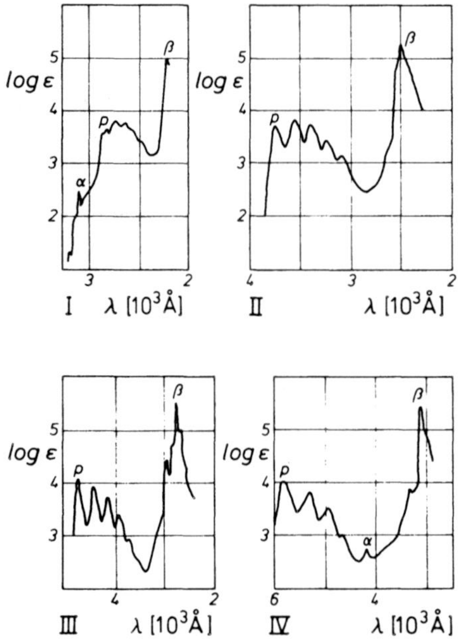

Abb. 71a). UV-Spektren von Benzol (I), Naphthalin (II), Anthracen (III) und Tetracen (IV).

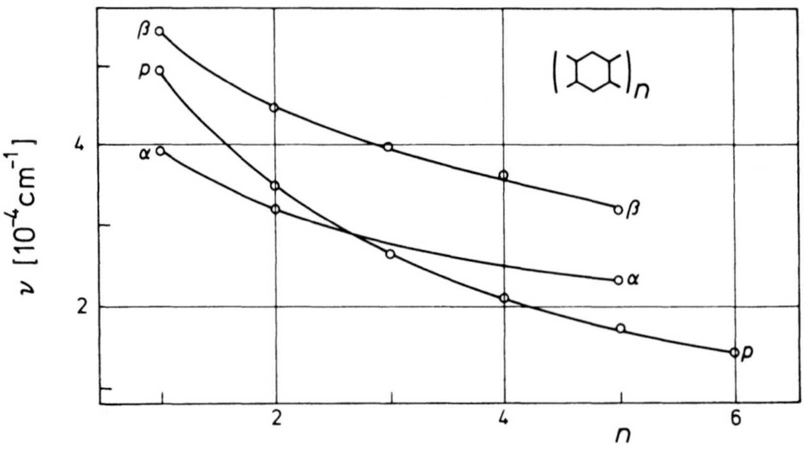

Abb. 71b). Die Frequenz der α-, β- und p-Banden von Polyacenen als Funktion der Zahl der Ringe.

* E. Clar: Aromatische Kohlenwasserstoffe. Springer, Berlin 1952.

β- und p-Bande (und später von Platt*) als L_b -, L_a - und B_a-Banden) bezeichnet wurden, kommen auf diese Weise zustande. Auf Abb. 71 b ist die Abhängigkeit der Frequenz der drei Banden von der Zahl der Ringe in der Reihe der Polyacene angegeben.

Nur für große n liegt die p-Bande bei der kleinsten Frequenz, wie man es nach dem Einelektronenbild erwarten sollte.

Die drei Banden unterscheiden sich u.a. in ihrer Intensität. Der der $\alpha\,(L_b)$-Bande entsprechende Übergang ist verboten und wird nur durch eine Wechselwirkung mit der Schwingungsanregung etwas erlaubt, so daß die entsprechende Bande sehr schwach ist.

Die p-, α- und β-Banden kann man auch an ihrer Polarisationsrichtung unterscheiden. Betrachten wir, stellvertretend für die Polyacene, jetzt einmal das Anthracen**), und geben wir für dieses jetzt nur die Vorzeichen der MO's φ_e, φ_f, φ_g und φ_h

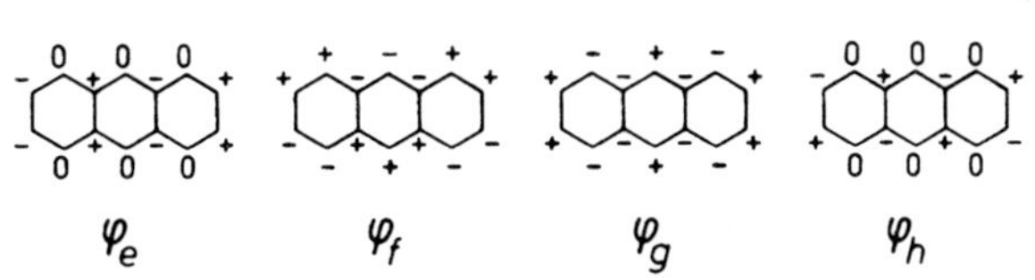

Für die Polarisationsrichtung einer Absorption entscheidend ist das Übergangselement des Dipoloperators zwischen den beiden beteiligten MO's φ_i und φ_k. Dieses ist im Rahmen der HMO-Näherung gleich dem Dipolmoment der Ladungsverteilung $\varphi_i\,\varphi_k$. Nun ist z.B. die Ladungsverteilung $\varphi_f\,\varphi_g$ so, daß diese wegen der Paarungsbeziehungen an den gesternten Atomen positiv, an den ungesternten negativ ist (oder umgekehrt), d.h.

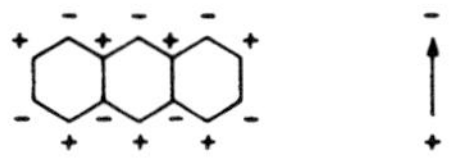

Folglich ist der f–g-Übergang, d.h. die p-Bande, senkrecht zur Längsachse des Moleküls polarisiert, das gleiche gilt für den e–h-Übergang. Im Gegensatz dazu sind die e–g- und f–h-Übergänge (und damit die α- und β-Banden) in Richtung der Längsachse polarisiert.

Bei Molekülen, die nach Art des Phenanthrens kondensiert sind, ist es umgekehrt.

Hier gilt für die Ladungsverteilung $\varphi_f\,\varphi_g$

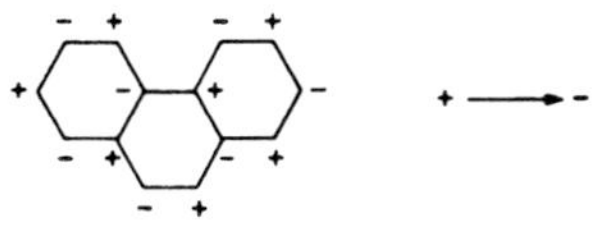

---

* J.R. Platt, Ann. Rev. Phys. Chem. *10*, 354 (1959).

** Das Anthracen ist vielleicht kein typisches Beispiel, weil das Niveau sowohl zu φ_e als auch zu φ_h entartet ist. Man kann jeweils eine der beiden Komponenten wählen, muß aber dann Sorge tragen, daß man zwei zueinander gepaarte Komponenten wählt, das wurde hier getan.

Für eine quantitative Beschreibung der Spektren von π-Elektronensystemen hat sich die semiempirische Methode von Pariser-Parr[*] und Pople[**] (vgl. Abschn. 6.3 und 11.2) bewährt. Wir können auf die umfangreiche Literatur hierzu nicht eingehen[***].

11.13. Konjugation und Hyperkonjugation

An einem π-Elektronensystem können sich beteiligen einerseits z.B. C-Atome, die über sp^2-Hybrid-AO's mit drei Nachbarn durch σ-Bindungen verbunden sind und ein π-Elektron zur Verfügung stellen, andererseits auch Atome wie z.B. N im Pyrrol (oder Anilin), das seine Wertigkeit eigentlich mit drei σ-Bindungen abgesättigt hat, aber ein π-artiges freies Elektronenpaar hat und dieses für das π-Elektronensystem zur Verfügung stellt.

Solche Atome mit freien Elektronenpaaren sind notwendigerweise π-Elektronendonoren, auch wenn sie elektronegativer sind als die Atome, an die sie gebunden sind. Die π-Elektronendichte an einem solchen Donoratom wird durch die Beteiligung an π-Systemen erniedrigt.

Man kann sich nun fragen, ob analog zu den Elektronenpaardonoren H_2N- oder HO- sich auch z.B. CH_3-Gruppen an π-Elektronensystemen beteiligen können. Dagegen scheint zunächst zu sprechen, daß die CH_3-Gruppe (im Gegensatz zu NH_2 oder OH) kein freies Elektronenpaar hat. Grundsätzlich können aber die bindenden MO's der CH-Bindungen die Rolle spielen, die in NH_2 oder OH den freien Elektronenpaaren zukommt, zumal wenn man bedenkt[1], daß man aus den äquivalenten MO's der drei CH-Bindungen Linearkombinationen bilden kann, von denen eine antisymmetrisch (die beiden anderen symmetrisch) zur Molekülebene ist (vgl. Abb. 72).

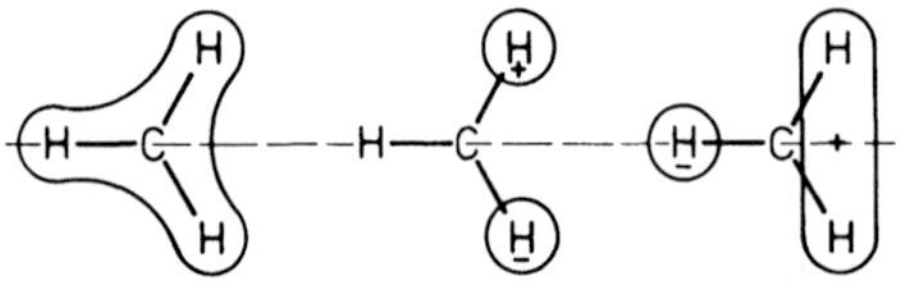

Abb. 72. Zur Erläuterung der Hyperkonjugation.

Die π-artige Linearkombination der drei CH-Bindungs-MO's kann sich formal am π-System beteiligen, dem damit ein zusätzliches AO und zwei Elektronen zur Verfügung gestellt werden.

Die soeben benutzte Argumentation mag etwas künstlich anmuten. Ursprünglich (vgl. Kap. 10) gingen wir von den delokalisierten (kanonischen) MO's aus, dann begründeten wir, daß für die σ-Bindungen eine Transformation auf lokalisierte MO's möglich ist, und jetzt bilden wir wieder eine Linearkombination der lokalisierten MO's zu delokalisierten

* R. Pariser, R.G. Parr, J. Chem. Phys. *21*, 466, 767 (1953).

** J.A. Pople, Trans. Farad. Soc. *49*, 1375 (1953).

*** Ein geeignetes Lehrbuch ist J.N. Murrell: Elektronenspektren organischer Moleküle. BI-Taschenbuch 250/250a (1967) oder H.H. Jaffé, M. Orchin: Theory and Application of Ultraviolet Spectroscopy. Wiley, New York 1966.

1) R.S. Mulliken, C.A. Rieke, W.G. Brown, J. Am. Chem. Soc. *63*, 41 (1941);

MO's. In der Tat ist es nur dann sinnvoll, von einer ‚Hyperkonjugation' zwischen den CH-Bindungen und dem eigentlichen π-System zu sprechen, wenn eine strenge Lokalisierung in den CH-Bindungen nicht möglich ist, anderenfalls würde die Konstruktion delokalisierter Linearkombinationen weder an der Gesamtenergie noch an der Wellenfunktion etwas ändern.

Wenn wir also sagen, es liegt Hyperkonjugation vor, so bedeutet das, daß anders (oder in wesentlich geringerem Maße) als in gesättigten Kohlenwasserstoffen, die CH-Bindungen der an ein π-System gebundenen CH_3-Gruppen sich nicht streng durch lokalisierte Bindungen beschreiben lassen.

Um zu verstehen, welche Rolle die Hyperkonjugation spielt, empfiehlt es sich, zwei Situationen zu unterscheiden.

1. Die Stabilisierung eines Carbonium-Ions (oder evtl. auch Radikals) durch Hyperkonjugation.
2. Die Hyperkonjugation zwischen einer Alkylgruppe und einer Doppelbindung oder einem neutralen π-Elektronensystem.

Für die Situation 1 gibt es Beispiele, die hinreichend verstanden werden, u.a. deshalb, weil man hierzu schlüssige quantenchemische Rechnungen machen kann*).

Vergleichen wir z.B. das ‚klassische' Äthyl-Kation I mit dem Methyl-Kation II sowie dem Äthan III

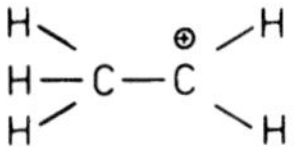
I

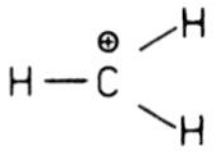
II

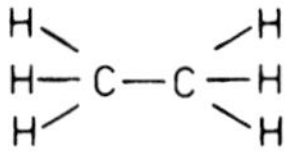
III

Man findet u.a., daß die C—C-Bindung in I fester, d.h. kürzer, als in III ist (um ca. 0.10 Å), ferner, daß die positive Ladung in I nicht vollständig in der CH_2-Gruppe lokalisiert ist, sondern daß an ihr auch partiell die CH_3-Gruppe beteiligt ist (anders gesagt, daß etwas Elektronenladung von der CH_3-Gruppe zum positiven Zentrum übertragen wird).

Daß die erwähnten Effekte tatsächlich auf der Hyperkonjugation beruhen, kann man dadurch beweisen, daß man – was in der Rechnung möglich ist – die Hyperkonjugation künstlich ausschaltet, indem man am positiven Zentrum kein π-AO zur Verfügung stellt. Dadurch steigt die Energie des Ions um ca. 11 kcal/mol und der C—C-Abstand vergrößert sich von 1.44 Å auf 1.54 Å.

Die Situation 2 wäre etwa gekennzeichnet durch einen Vergleich von Äthylen IV und Propen V

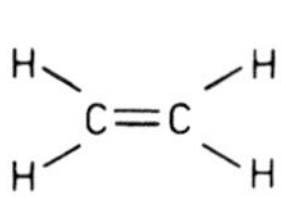
IV

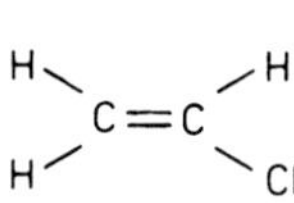
V

---

* B. Zurawski, R. Ahlrichs, W. Kutzelnigg, Chem. Phys. Letters *21*, 309 (1973).

Eine hyperkonjugative Wechselwirkung zwischen der Methylgruppe und der Doppelbindung sollte u.a. zu einer Verkürzung der C–C-Einfachbindung und einer Verlängerung der C=C-Doppelbindung führen. Die C–C-Einfachbindung ist in V in der Tat kürzer als z.B. im Äthan III, aber diese Verkürzung läßt sich, wie wir gleich sehen werden, auf andere Weise zwangloser erklären. Anders als beim oben diskutierten Beispiel gibt es für V keine geeignete Möglichkeit, bei einer quantenchemischen Rechnung die Hyperkonjugation ‚auszuschalten', so daß man über ihre Rolle nur schwer etwas sagen kann.

Bevor wir abschließend zur Hyperkonjugation Stellung nehmen, wollen wir die beiden Situationen für die Hyperkonjugation mit ihren Entsprechungen bei ‚echter Konjugation' vergleichen. Ersetzen wir hierzu in I und V die CH_3-Gruppe durch eine Doppelbindung, d.h. eine $H_2C{=}CH$-Gruppe. Aus der Situation 1 wird dann

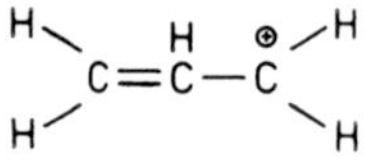
Ia

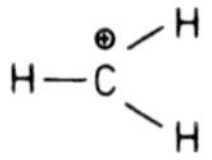
II

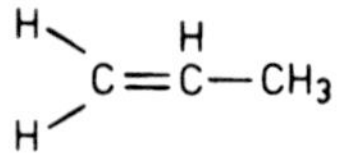
IIIa

aus der Situation 2 wird

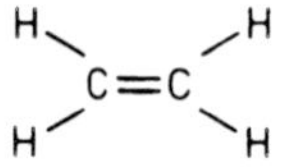
IV

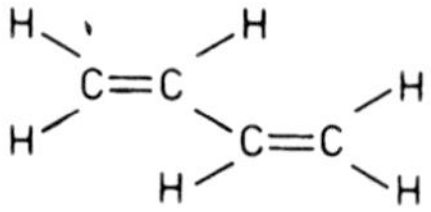
Va

Im ersten Fall haben wir es offensichtlich mit dem Allyl-Kation Ia zu tun, von dem wir wissen, daß eine starke konjugative Wechselwirkung auftritt, ja sogar vollständiger Bindungsausgleich zwischen Einfach- und Doppelbindung und Ladungsausgleich zwischen den äußeren C-Atomen. Im zweiten Fall liegt das Butadien V a vor, von dem wir wissen, daß die konjugative Wechselwirkung außerordentlich gering ist. Der Schluß liegt doch sehr nahe, daß die hyperkonjugative Wechselwirkung in V erst recht klein ist.

Die Hyperkonjugation gehört (ähnlich wie die Beteiligung von *d*-AO's an der Bindung) zu den Effekten, von denen wir qualitativ verstehen, daß sie grundsätzlich auftreten können, von denen wir aber noch zu wenig wissen, welche Rolle sie quantitativ spielen. Beim heutigen Stand der Forschung sieht es aber so aus, als sei die Bedeutung der Hyperkonjugation (jedenfalls in der Situation 2) lange maßlos überschätzt worden.*).

Viele experimentelle Befunde, zu deren Erklärung die Hyperkonjugation herangezogen wurde, lassen sich nämlich zumindest teilweise auch anders erklären. Auf das Vorliegen von Hyperkonjugation wurde u.a. aus der Verkürzung von Bindungslängen, verglichen mit deren ‚Normalwert', andererseits aus Dipolmomenten in alkylsubstituierten π-Elektronensystemen geschlossen.

Nun kann man, auch ohne Hyperkonjugation, nicht die gleiche Bindungslänge für eine CC-Einfachbindung im $H_3C{-}CH_3$ und im $H_3C{-}CH{=}CH_2$ erwarten, denn im ersten

* Vgl. hierzu insbesondere M.J.S. Dewar: Hyperconjugation. Roland, New York, 1962.

Fall ist es eine Bindung zwischen zwei sp^3 Hybriden, im zweiten Fall zwischen einem sp^3- und einem sp^2-Hybrid. Da 2*s*-AO's des Kohlenstoffs fester gebunden sind als die entsprechenden 2*p* AO's, d.h. eine tiefere Orbitalenergie haben, und stärker in Kernnähe konzentriert sind, ist zu erwarten, daß Hybrid-AO's um so elektronegativer sind und das Maximum ihrer Ladungsverteilung um so näher am Kern haben, je größer der *s*-Anteil ist. Das bedeutet automatisch, daß eine (sp^3-sp^2)-Bindung kürzer sein sollte als eine (sp^3-sp^3)-Bindung und außerdem, daß die Einfachbindung im Propylen (V) polar ist, mit der positiven Ladung auf der CH_3-Gruppe*) **).

Eine ‚normale' C–C-Einfachbindung in gesättigten Kohlenwasserstoffen hat eine Länge von 1.534 Å, die Einfachbindung im Propen ist 1.510 Å, diejenige im 1,3-Butadien (sp^2-sp^2) 1.483 Å, einen ähnlichen Wert von 1.460 Å findet man im Methylacetylen (sp^3-sp). Die Länge der Einfachbindungen im Cyclooctatetraen, wo die π-Bindungen sicher lokalisiert sind, beträgt 1.460 Å.

Interessant ist, daß beim Isopropyl-Kation eine unsymmetrische (chirale) Struktur durch Hyperkonjugation stabilisiert wird[1]. Außer CH_3-Gruppen sind auch CR_3-Gruppen, z. B. $C(CH_3)_3$, zur Hyperkonjugation befähigt[2].

11.14. π-Elektronensysteme der Anorganischen Chemie

Die meisten Lehrbücher über die MO-Theorie von π-Elektronensystemen legen das Schwergewicht auf Anwendungen in der Organischen Chemie. Verbindungen mit lokalisierten σ- und delokalisierten π-Bindungen sind aber auch in der Anorganischen Chemie nicht selten. Ein einfaches Beispiel ist das BF_3-Molekül sowie die mit ihm isoelektronischen Ionen.

Diese Moleküle sind alle planar 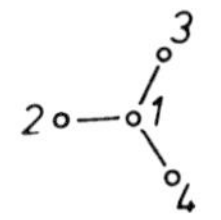

* A.D. Walsh, J. Chem. Soc. *1948*, 398, Trans Farad. Soc. *42*, 56 (1946), *43*, 60, 158 (1947); C.A. Coulson, Proc. Roy. Soc. *A 207*, 91 (1951); M.J.S. Dewar, l.c.

** Die CH_3-Gruppe ist ein, wenn auch schwacher, Elektronendonor, und zwar tragen zu dieser Donoreigenschaft zwei Effekte bei, der soeben erläuterte induktive (sog. +I-Effekt, Folge der unterschiedlichen Elektronegativität von sp^2- und sp^3-Kohlenstoff) sowie der weiter oben erläuterte mesomere und hyperkonjugative (+M-) Effekt. Der +I-Effekt ist wahrscheinlich wichtiger. Nur in Carbonium-Ionen ist der +M-Effekt von entscheidender Bedeutung.

*** Im Zusammenhang mit der Erklärung der experimentellen Befunde von J.W. Baker, W.S. Nathan, J.Chem. Soc. *1935*, 1844.

1 P. v. R. Schleyer, W. Koch, B. Liu, U. Fleischer, J. Chem. Soc, Chem. Comm. *1989*, 1098.

2 L. Radom, J. A. Pople, V. Buss, P. v. R. Schleyer, J. Am. Chem. Soc. *92*, 6380 (1970).

Die Hückel-Matrix hat die Form

$$\begin{pmatrix} \alpha_1 & \beta & \beta & \beta \\ \beta & \alpha_2 & 0 & 0 \\ \beta & 0 & \alpha_2 & 0 \\ \beta & 0 & 0 & \alpha_2 \end{pmatrix} \qquad (11.14\text{–}1)$$

wenn wir voraussetzen, daß die drei Außenatome gleich sind. Setzen wir $\alpha_1 = \alpha$; $\alpha_2 = \alpha + \eta\beta$, dann ergibt sich für die HMO-Energien und die MO's (vgl. Abschn. 10.5.5)

$$\epsilon_1 = \alpha + \frac{\eta}{2} \cdot \beta + \frac{\beta}{2}\sqrt{\eta^2 + 12} \qquad \varphi_1 = a\chi_1 + \frac{b}{\sqrt{3}}(\chi_2 + \chi_3 + \chi_4)$$

$$\epsilon_2 = \alpha + \eta\beta = \alpha_2 \qquad \varphi_2 = \frac{1}{\sqrt{2}}(\chi_2 - \chi_3)$$

$$\epsilon_3 = \alpha + \eta\beta = \alpha_2 \qquad \varphi_3 = \frac{1}{\sqrt{6}}(\chi_2 + \chi_3 - 2\chi_4)$$

$$\epsilon_4 = \alpha + \frac{\eta}{2}\beta - \frac{\beta}{2}\sqrt{\eta^2 + 12} \qquad \varphi_4 = b \cdot \chi_1 - \frac{a}{\sqrt{3}}(\chi_2 + \chi_3 + \chi_4)$$

$$a = \sqrt{\frac{1}{2} + \frac{\eta}{2\sqrt{\eta^2 + 12}}} \qquad b = \sqrt{\frac{1}{2} - \frac{\eta}{2\sqrt{\eta^2 + 12}}}$$

(11.14–2)

Die drei Valenzelektronen des B im BF_3 sind für σ-Bindungen in Anspruch genommen, jedes F-Atom stellt ein Elektron für σ-Bindungen zur Verfügung. Da am Zentralatom ein unbesetztes π-Orbital ist, können diejenigen Elektronen der F-Atome, die sich in π-Orbitalen befinden, das sind $3 \cdot 2 = 6$, sich auf das gesamte π-System verteilen. Von den oben angegebenen MO's sind also die ersten drei je doppelt besetzt. Das ergibt für die π-Bindungsenergie (bezogen auf B + 3F)

$$\Delta E = 2(\epsilon_1 + \epsilon_2 + \epsilon_3) - 6\alpha_2 = \beta[\sqrt{\eta^2 + 12} - \eta] \qquad (11.14\text{–}3)$$

Zwei Grenzfälle sind zu diskutieren

1. $\eta = 0$; $\Delta E = 2\beta \cdot \sqrt{3}$

2. η groß; $\Delta E = \frac{6\beta}{\eta^2} + 0\left(\frac{\beta}{\eta^4}\right)$ (11.14–4)

Offenbar bringt also die Delokalisierung der π-Elektronen eine zusätzliche Bindungsenergie, die um so größer ist, je kleiner $|\eta|$ ist, d.h. je weniger sich Zentral- und Außenatome in ihrer Elektronegativität unterscheiden.

Für die Ladungs- und Bindungsordnungen erhält man:

$$q_1 = 2a^2 = 1 + \frac{\eta}{\sqrt{\eta^2+12}} \; ; \; q_2 = q_3 = q_4 = \frac{2}{3} b^2 + \frac{2}{3} = 1 - \frac{\eta}{3\sqrt{\eta^2+12}}$$

$$p_{12} = p_{13} = p_{14} = \frac{2ab}{\sqrt{3}} = \frac{2}{\sqrt{\eta^2+12}} \qquad (11.14\text{–}5)$$

Die soeben skizzierten Überlegungen gelten für die mit den BF_3 isoelektronischen Verbindungen, insbesondere

BeF_3^-, CF_3^+, BO_3^{3-}, CO_3^{2-}, NO_3^-,

ferner für solche Moleküle und Ionen, in denen F bzw. O^- durch OH, NH^- oder NH_2 ersetzt ist, wie

$B(OH)_3$, $C(OH)_3^+$, $C(NH)_3^{2-}$, $C(NH_2)_3^+$

Die Bindungsenergie (11.14–3) gilt für das BF_3 bezogen auf B + 3F, entsprechend für das CO_3^{2-} in bezug auf $C^+ + 3\,O^-$ etc. Beim CO_3^{2-} würde man aber als Vergleichssituation eher ein Ion mit einer lokalisierten Doppelbindung gemäß

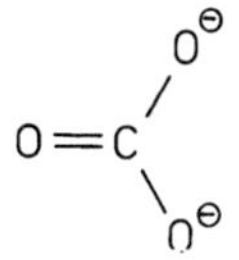

betrachten. Die ‚Resonanzenergie' als Folge der Delokalisierung dieser Bindung ist dann

$$\beta\,[\sqrt{\eta^2+12} - \sqrt{\eta^2+4}\,] \qquad (11.14\text{–}6)$$

Näherungsweise gelten unsere Überlegungen auch für Verbindungen, bei denen nicht alle Außenatome gleich sind, wie z.B.

$H_2NCO_2^-$, $(H_2N)_2CO$, $(H_2N)\,NO_2$, $HONO_2$, $HOCO_2^-$

Alle diese Verbindungen haben ein 6-Elektronen-4-Zentren-π-System. Ein besetztes MO ist bindend, zwei MO's sind nichtbindend, d.h. deren MO-Energie ist die gleiche wie für ein am Außenatom lokalisiertes π-Elektron.

Man versteht ohne Mühe, warum auch ein neutrales CO_3 existiert, das man, ausgehend vom CO_3^{2-} erhält, indem man zwei Elektronen aus nichtbindenden AO's nimmt.

Ersetzt man ein oder mehrere F- bzw. O^--Atome durch CH_3, so stellt dieses keine π-Elektronen mehr zu Verfügung, wenn man von der Hyperkonjugation absieht. Entsprechend liegen in folgenden Molekülen bzw. Ionen nurmehr 4-Elektronen-3-Zentren-π-Systeme vor:

$H_3C-CO_2^-$, $H_3C-C{<}^{O}_{OH}$, $H_3C-C{<}^{NH_2}_{O}$, und folgende Moleküle haben schließlich nur noch eine lokalisierte Doppelbindung

$$(H_3C)_2C=O\,, \qquad (H_3C)_2C=NH\,.$$

11.15. Verbindungen mit zwei zueinander senkrechten π-Elektronensystemen

In Molekülen mit Dreifachbindungen wie N_2 oder HC≡CH liegen jeweils eine σ-Bindung und zwei zueinander senkrechte π-Bindungen vor. Verbindungen mit zwei zueinander senkrechten π-Elektronensystemen sind auch sonst nicht selten.

Ein Beispiel ist das Allen

$$H_2C=C=CH_2$$

Man kann sich fragen, welche Geometrie energetisch günstiger ist, diejenige mit koplanaren oder mit zueinander senkrechten CH_2-Gruppen. Im ersten Fall hätten wir ein Dreizentren-π-Elektronensystem mit vier Elektronen, im zweiten Fall zwei unabhängige Zweizentrensysteme mit je zwei Elektronen. Nach der HMO-Methode (vgl. das Allyl-Radikal) ist die Bindungsenergie im ersten Fall gleich $2\sqrt{2}\,\beta$ (2 Elektronen sind in einem bindenden MO der Energie $\alpha+\sqrt{2}\beta$, die zwei anderen in einem nichtbindenden MO), im zweiten Fall $4\,\beta$ (entsprechend zwei unabhängigen Äthylen-Einheiten). Dieser Fall ist also energetisch günstiger.

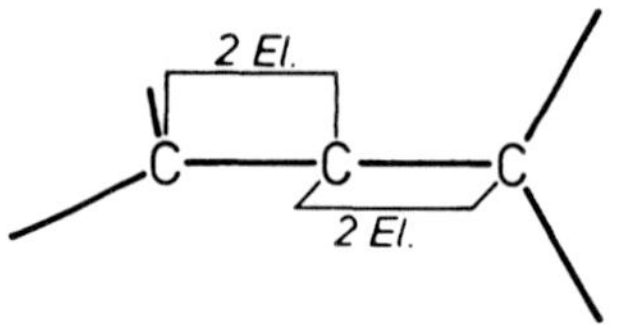

Etwas anders ist die Situation im CO_2-Molekül. Hier haben wir zwei unabhängige Dreizentren-π-Systeme mit jeweils vier Elektronen. Unter der vereinfachten Annahme, daß $\alpha_C=\alpha_O$, ergibt sich $\Delta E = 4\sqrt{2}\,\beta \approx 5.6\,\beta$ verglichen mit $4\,\beta$ für zwei Doppelbindungen und zwei nichtbindende, an den O-Atomen lokalisierte Elektronenpaare.

Entsprechend sind die Bindungsordnungen gleich $\frac{1}{2}\sqrt{2}$ für jede π-Bindung, insgesamt, einschl. σ-Anteil, ergibt sich $1+\sqrt{2}\approx 2.4$, bei Berücksichtigung der unterschiedlichen α's noch ein größerer Wert. Nach diesen Überlegungen wäre es falsch, das CO_2 – analog zum Allen – durch zwei Doppelbindungen zu beschreiben, sondern folgende symbolische Formel wird dem tatsächlichen Verhalten gerechter

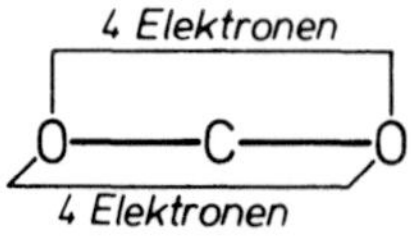

Jede Bindung ist deutlich stärker als eine Doppelbindung. CO_2 ist eines der stabilsten Moleküle überhaupt.

Isoster mit dem CO_2 ist das N_2O

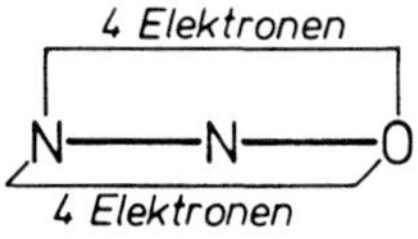

Daß CO_2 und N_2O sehr ähnliche physikalische Eigenschaften haben, ist schon lange bekannt und aufgrund der gleichen Elektronenkonfiguration leicht zu verstehen. Herkömmliche Valenzstrichformeln etwa

$$O=C=O \qquad\qquad N\equiv N=O$$

oder

$$\langle O=C=O \rangle \qquad\qquad |N\equiv\overset{\oplus}{N}-\overset{\ominus}{\underline{\overline{O}}}|$$

werden den wirklichen Bindungsverhältnissen nicht gerecht. Die π-Bindungen im CO_2 und verwandten Verbindungen haben eine gewisse Analogie zu den Elektronenüberschuß-π-Bindungen z.B. im XeF_2 (vgl. Abschn. 13.3). Sie sind mit einer Ladungsübertragung auf die Außenatome verbunden. Als Folge der effektiven positiven Ladung am Zentralatom ist eine gewisse Stabilisierung des formal nichtbindenden MO's durch *d*-AO-Beteiligung am Zentralatom möglich.

Isoelektronisch mit CO_2 und N_2O sind noch Moleküle wie BeF_2, OBF, NCF, CNF, sowie eine Reihe interessanter und wichtiger Ionen, nämlich

$$[OBO]^-,\ [ONO]^+,\ [NCO]^-,\ [CNO]^-,\ [CON]^-,\ [NCN]^{2-},\ [NNN]^-$$

deren Stabilität im Rahmen der Kekuleschen Valenztheorie recht unverständlich war. Alle diese Ionen sind linear. (Dies im Einklang mit den Walshschen Regeln, da sie 16 Valenzelektronen haben (vgl. Abschn. 9.3.3)).

Zwischen dem Allen-Typ und dem CO_2-Typ liegen Verbindungen wie das Keten H_2CCO, das eine 4-Elektronen-3-Zentren- und eine 2-Elektronen-2-Zentren-Bindung aufweist. Analoges gilt für das mit dem Keten isoelektronische Diazomethan H_2CNN,

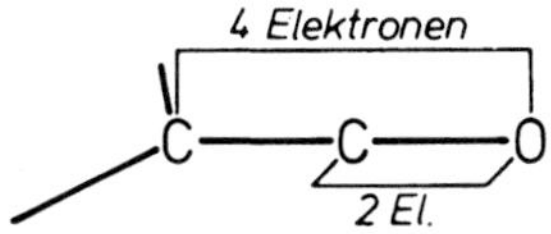

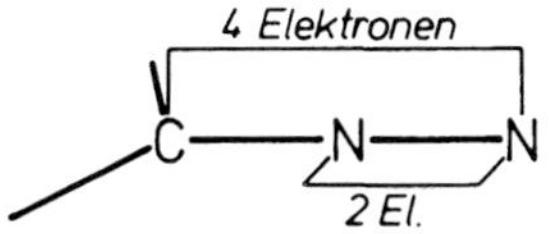

ferner für die zu den oben angegebenen Anionen gehörigen Säuren wie

HN$_3^-$, HNCO, HCNO, HOCN

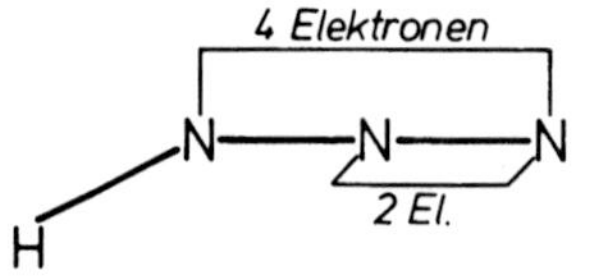

Die Acidität dieser Säuren beruht nicht unwesentlich darauf, daß die Anionen mit zwei Dreizentrenbindungen eine höhere π-Bindungsenergie haben.

Unter den langkettigen Molekülen mit zwei π-Elektronensystemen sind zu nennen die Polyacetylene

$$H-C\equiv C-C\equiv C-C\equiv C-H$$

und die Kumulene

$$\begin{array}{c}H\\H\end{array}\!\!\!>C=C=C=C=C=C<\!\!\!\begin{array}{c}H\\H\end{array}$$

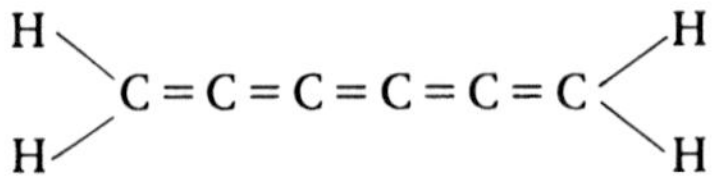

In Bezug auf die Bindungsalternierung verhalten sich die Polyacetylene wie die Polyene (starke Bindungsalternierung), die Kumulene wie die Polymethine (Bindungsausgleich).
Formal verwandt den Kumulenen sind das Kohlensuboxid und seine Homologen

$$O=C=C=C=O \qquad O=C=C=C=C=C=O$$

Entsprechende Verbindungen mit einer geraden Anzahl von C-Atomen, vor allem das $O=C=C=O$, sind anscheinend nicht bekannt. Nach der MO-Theorie sollten sie auch nicht sonderlich stabil sein. In $O=C=C=O$ wären zehn π-Elektronen unterzubringen (je drei von O und zwei von C). In jeder π-Richtung sind zwei MO's bindend und zwei antibindend. Zwei Elektronen müssen in antibindende MO's, und zwar nach der Hundschen Regel mit parallelem Spin. In C_3O_2 haben dagegen die 12 π-Elektronen genau in den 2×2 bindenden + 2 nichtbindenden MO's Platz.

12. Elektronenmangelverbindungen*)

12.1. Einleitung

In Molekülen mit lokalisierbaren Zweizentrenbindungen ist die Zahl der in bindenden MO's befindlichen Valenzelektronenpaare gleich der Zahl der Bindungen, d.h. der Paare von unmittelbar miteinander verbundenen (benachbarten) Atomen (wobei Doppelbindungen doppelt zu zählen sind etc.). Es gibt aber sehr wohl Moleküle, in denen die Zahl der ‚Bindungen' größer ist als die der bindenden MO's. Bezeichnet man Moleküle, in denen jedes Atom der Hundschen Lokalisierungsbedingung genügt, als ‚normalvalent', so kann man Moleküle mit mehr Bindungen als bindenden MO's, d.h. in denen zumindest für ein Atom die Zahl der Nachbarn N_N größer als die Zahl der Valenz-AO's N_A ist, als ‚hypervalent'**) bezeichnen.

$$N_N = N_A: \text{ Normalvalent}$$

$$N_N > N_A: \text{ Hypervalent} \qquad (12.1-1)$$

In hypervalenten Molekülen ist, sozusagen per definitionem, eine Beschreibung durch lokalisierte Zweizentren-MO's nicht möglich. Wir müssen natürlich zwischen lokalisierten (d.h. äquivalenten) MO's schlechthin und speziell Zweizentren-MO's unterscheiden. In Molekülen wie B_2H_6, CH_5^+ etc. entsprechen einige der äquivalenten MO's Zweizentren-, andere Dreizentrenbindungen***).

Je nachdem ob die Zahl der an der Bindung beteiligten Elektronenpaare (N_V) größer oder kleiner als die Zahl der bindenden Valenz-AO's ist, unterscheidet man sinnvollerweise zwischen Elektronenüberschuß- und Elektronenmangelverbindungen.

Für die beteiligten Atome gilt also

$$N_N > N_A \quad \text{und} \quad N_V \leqslant N_A: \text{ Elektronenmangelverbindungen} \qquad (12.1-2a)$$

$$N_N > N_A \quad \text{und} \quad N_V > N_A: \text{ Elektronenüberschußverbindungen} \qquad (12.1-2b)$$

Sowohl Elektronenmangel- als auch Elektronenüberschußverbindungen sind also ‚hypervalent', in ihnen gibt es mehr Bindungen, als nach der klassischen Valenztheorie erlaubt sind.

---

* Zu diesem Begriff (englisch: ‚electron deficient compounds') s. R.E. Rundle, J. Phys. Chem. *61*, 45 (1957), vgl. auch W.N. Lipscomb, J. Phys. Chem. *61*, 23 (1957).

** Diese Bezeichnungsweise wurde bisher anscheinend nur für den Spezialfall von Elektronenüberschußverbindungen verwendet, s. J.I. Musher, Angew. Chem. *81*, 68 (1969), aber es ist sinnvoll, sie zu verallgemeinern.

*** In gewissen Elektronenüberschußverbindungen sind lokalisierte MO's, die scheinbar Zweizentrenbindungen entsprechen, in Wirklichkeit Einzentren-MO's. Wir werden auf die Lokalisierung bei Elektronenüberschußverbindungen in Kap. 13 eingehen.

In gewissem Sinne kann man die π-Elektronensysteme zu den Elektronenmangelverbindungen rechnen. Wenn wir nämlich unserer Vereinbarung gemäß z.B. im Benzol die Zahl N_N der Nachbarn für jedes C-Atom als 5 ansehen, so ist (12.1–1) und (12.1–2a) in der Tat erfüllt. Es ist aber üblich, diese Verbindungsklasse mit Elektronenmangel-π-Bindungen gesondert zu betrachten, wie wir das auch in Kap. 11 getan haben, und sie von den Verbindungen mit Elektronenmangel-σ-Bindungen oder Elektronenmangelbindungen im eigentlichen Sinn zu unterscheiden.

12.2. Das B_2H_6-Molekül

Das klassische Beispiel für eine Elektronenmangelverbindung liegt im B_2H_6-Molekül vor. Das BH_3 ist zwar ein ‚normales', durch lokalisierte Zweizentrenbindungen beschreibbares Molekül, aber das nur deshalb, weil sich nur drei AO's des Zentralatoms ($2s$, $2p_x$, $2p_y$) an der Bindung beteiligen. Das Boratom könnte noch ein weiteres AO ($2p_z$) zur Verfügung stellen, aber dieses kann sich aus Symmetriegründen nicht an der Bindung beteiligen*). Wenn ein verfügbares Valenz-AO nicht an der Bindung beteiligt ist, spricht man von einer ‚Oktettlücke'. Die Bereitschaft, diese Oktettlücke aufzufüllen, falls ein zusätzlicher Bindungspartner Elektronen hierzu zur Verfügung stellt, ist von Molekülen wie $H_3B{-}NR_3$ bekannt. Im BF_3 wird die Oktettlücke des Bor z.T. mit π-Elektronen der Fluoratome aufgefüllt (s. Abschn. 11.13).

Bemerkenswert ist nun, daß auch zwei Moleküle mit Oktettlücken sich zusammentun können, um diese Oktettlücke gemeinsam aufzufüllen. Zwei BH_3-Moleküle dimerisieren zu einem B_2H_6-Molekül. Das B_2H_6 ist, verglichen mit dem BH_3, sogar so

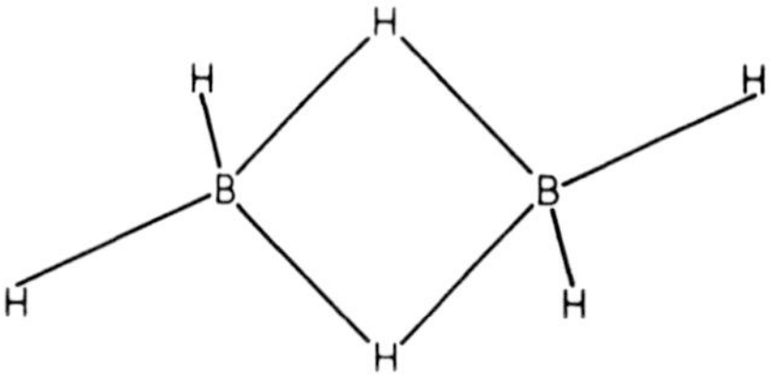

Abb. 73. Struktur des B_2H_6.

stabil, daß isolierte BH_3-Moleküle bisher noch nicht beobachtet werden konnten, sondern daß auf ihre kurzzeitige Existenz nur indirekt geschlossen wurde. Es ist nicht schwierig, die Bindung im B_2H_6 mit Hilfe einer qualitativen Einelektronen-MO-Theorie zu beschreiben**). Nehmen wir die Struktur des Moleküls als gegeben an (vgl. Abb. 73), so hat das B_2H_6 die Symmetriegruppe D_{2h}, und im Rahmen der MO-LCAO-Näherung wird man zunächst die symmetrieadaptierten Linearkombinationen der AO's der beteiligten Atome konstruieren. Man findet, daß die von äquivalenten AO's aufgespannten reduziblen Darstellungen folgende irreduziblen Darstellungen enthalten (wobei h sich auf die Endatome, h' auf die Brücken-H-Atome, s, p_x, p_y, p_z auf die B-Atome beziehen):

* Bez. des abgeknickten BH_3 s. Kap. 10.

** M.C. Longuet-Higgins, R.P. Bell, J. Chem. Soc. *1943*, 250.

B	s	:	a_g, b_{3u}
	p_x	:	a_g, b_{3u}
	p_y	:	b_{1g}, b_{2u}
	p_z	:	b_{1u}, b_{2g}
H	h	:	a_g, b_{1g}, b_{2u}, b_{3u}
	h'	:	a_g, b_{1u}

Symmetriemäßig ‚passen' von B und H zueinander: $2 \times a_g, b_{1g}, b_{1u}, b_{2u}, b_{3u}$, so daß es zu diesen Symmetrierassen je ein bindendes und ein antibindendes MO gibt. Ohne ‚Partner' ist das b_{2g}-AO des B, ebenso verbleibt von den beiden b_{3u}-AO's eine Linearkombination ‚partnerlos', so daß je ein b_{2g}- und ein b_{3u}-MO nichtbindend sind. Insgesamt sind sechs MO's bindend, in diese passen genau die 12 vorhandenen Valenzelektronen (je drei von B, je eines von H). Hiermit wird auch die etwas eigentümliche Struktur des B_2H_6 verständlich, (in einer Äthan-ähnlichen Geometrie wären nämlich sieben und nicht sechs MO's bindend*)).

Einblick in die Elektronenstruktur des B_2H_6 erhält man, wenn man die kanonischen (symmetrieadaptierten) MO's auf äquivalente MO's transformiert. Diese erweisen sich, wie Rechnungen zeigten**), in der Tat als lokalisiert, und zwar sind von den sechs äquivalenten MO's vier in je einer ‚terminalen' B–H-Bindung lokalisiert, während die beiden anderen jeweils genau einer Dreizentren-BHB-Bindung entsprechen. Konturliniendiagramme der lokalisierten MO's des B_2H_6 sind auf Abb. 74a und entsprechende Diagramme für das Be_2H_4 auf Abb. 74b dargestellt.

Die Zahl der Valenzelektronen im B_2H_6 ist 12, aber acht Paare von Atomen sind je miteinander verbunden. Das ist dadurch möglich, daß acht Elektronen für vier lokalisierte Zweizentrenbindungen und die restlichen vier Valenzelektronen für zwei Dreizentrenbindungen verwendet werden.

In zwei BH_3-Molekülen haben wir insgesamt sechs Zweizentrenbindungen, im B_2H_6 vier Zweizentren- und zwei Dreizentrenbindungen. Da, wie wir vom H_3^+ wissen, eine Dreizentrenbindung eine größere Bindungsenergie als eine Zweizentrenbindung hat, wird die höhere Bindungsenergie des B_2H_6 verständlich. Allerdings müssen wir berücksichtigen, daß im B_2H_6 die Elektronen der beiden BH_3-Bruchstücke sich so nahe kommen, daß sicher eine Zunahme der Elektronenabstoßung auftritt, die der Bindung entgegenwirkt. Außerdem ist eine gewisse Promotionsenergie notwendig, da das B in BH_3 den Valenzzustand sp^2, im B_2H_6 aber sp^3 hat.

Im Rahmen einer Hückel-artigen Einelektronennäherung erfaßt man nur den Energiegewinn durch die Ausbildung der beiden Dreizentrenbindungen, man überschätzt deshalb die Bindungsenergie stark. Mit der Extended-Hückel-Methode erhält man die

---

* Bez. eines MO-theoretischen Vergleichs der beiden Strukturen s. S. Peyerimhoff, R.J. Buenker, J. Chem. Phys. *45*, 2835 (1966).

** E. Switkes, R.M. Stevens, W.N. Lipscomb, J. Chem. Phys. *51*, 2085 (1969).

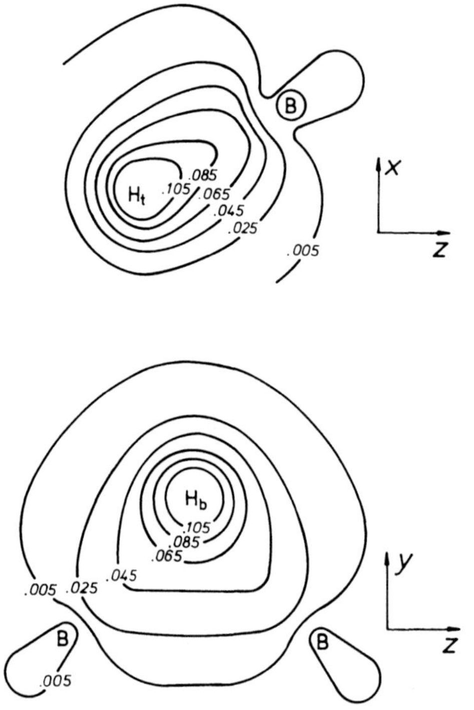

Abb. 74a. Konturliniendiagramme der lokalisierten MO's des B_2H_6 nach E. Switkes, R.M. Stevens, W.N. Lipscomb, M.D. Newton [J. Chem. Phys. *51*, 2085 (1969)].

Bindungsenergie um ca. einen Faktor 10 zu groß. Bei einer Hartree-Fock-Rechnung trägt man auch der Änderung der Elektronenabstoßung Rechnung, allerdings überschätzt man die Elektronenabstoßung, weil man das Ausweichen der Elektronen (die Elektronenkorrelation, vgl. Abschn. 10.8) nicht berücksichtigt. Deshalb erhält man bei Hartree-Fock-Rechnungen eine zu kleine Dimerisierungsenergie. Die beste Hartree-Fock-Dimerisierungsenergie beträgt 20 kcal/mol*),**) (pro B_2H_6 – Formeleinheit), während sich mit Korrelation 35 kcal/mol***),**) ergeben, in Übereinstimmung mit einem Teil der verschiedenen vorgeschlagenen experimentellen Werte[4]. In der Regel ändert sich zwar die Korrelationsenergie nur wenig, wenn die Zahl der bindenden Elektronenpaare sich nicht ändert. Dies gilt für die Dimerisierung des BH_3 zum B_2H_6 deshalb nicht, weil sich bei dieser Dimerisierung [im Gegensatz etwa zu der von $2\,H_2O$ zu $(H_2O)_2$] die elektronische Umgebung und die Nachbarschaftsverhältnisse der Bindungen deutlich ändern. An dieser starken Änderung der elektronischen Umgebung liegt auch das völlige Versagen der Extended-Hückel-Näherung für das B_2H_6. Dieses Versagen läßt nachträglich die zu Beginn dieses Abschnitts gegebene Argumentation mit einem Einelektronen-MO-Schema doch als sehr problematisch erscheinen.

* J.H. Hall, D.S. Marynick, W.N. Lipscomb, Inorg. Chem. *11*, 3126 (1972).
** R. Ahlrichs, Theoret. Chim. Acta *35*, 59 (1974).
*** M. Gelus, R. Ahlrichs, V. Staemmler, W. Kutzelnigg, Chem. Phys. Letters 7, 503 (1970).
4 H.D. Johnson II, S.G. Shore, Fortschr. Chem. Forsch. *15*, 87 (1970).

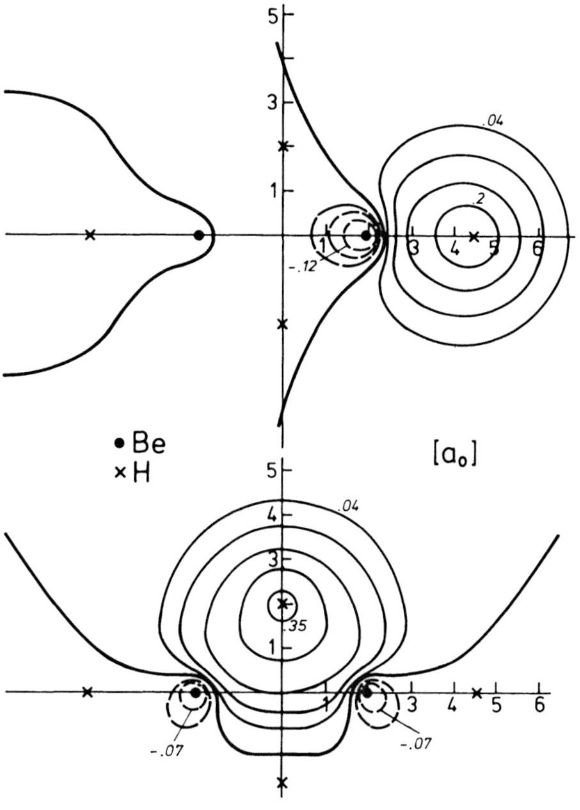

Abb. 74b. Konturliniendiagramme der lokalisierten MO's des Be_2H_4 nach R. Ahlrichs [Theoret. Chim. Acta *17*, 348 (1970)].

In der Literatur findet man immer wieder Diskussionen darüber, ob die beiden Bor-Atome im B_2H_6 entweder (wie wir das soeben erläuterten) rein über H-Brücken verbunden sind, oder ob auch eine unmittelbare kovalente B—B-Bindung vorliegt. In Wirklichkeit zeugt es nur von mangelndem Verständnis der Dreizentrenbindung, wenn man diese Frage stellt. Im Dreizentrenorbital haben die AO's aller drei beteiligten Atome, der beiden B-Atome und des H, das gleiche Vorzeichen. Das Orbital ist also (man vergleiche das H_3^+) bindend sowohl zwischen B und H als auch zwischen B und B. Anhand von Abb. 74a sieht man das anschaulich ohne weiteres. Folgt man der maximalen Elektronendichte zwischen beiden B-Atomen, so ist dieser Weg allerdings gekrümmt, während er bei einer echten B—B-Zweizentrenbindung entlang der BB-Achse gehen würde.

12.3. Die Oligomeren und Polymeren des BeH_2

Ähnlich wie das BH_3 ist das BeH_2 ein ‚normales', durch lokalisierte Zweizentrenbindungen beschreibbares Molekül. Während das BH_3 nur eine ‚Oktettlücke' hat, besitzt das BeH_2 gewissermaßen zwei solcher Lücken, sowohl p_y als p_z sind nicht an der Bindung beteiligt. Analog dem BH_3 kann sich auch das BeH_2 dimerisieren. Das Dimere

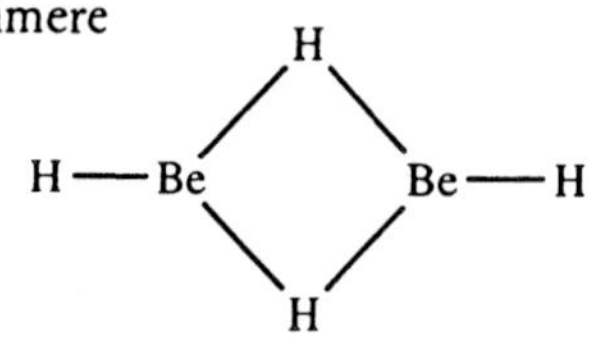

ist experimentell nicht beobachtet worden, aber aus quantenchemischen Rechnungen gut bekannt*). Die Dimerisierungsenergie des BeH_2 ist zufällig nahezu gleich der des BH_3, nämlich ca. 35 kcal/mol.

Das Be_2H_4 läßt sich durch zwei lokalisierte Zweizentrenbindungen in den äußeren Be–H-Bindungen und zwei Dreizentrenbindungen in den Brücken beschreiben. Konturliniendiagramme der lokalisierten MO's sind auf Abb. 74b dargestellt. Auffallend ist die Ähnlichkeit der lokalisierten Orbitale der terminalen Bindungen im Be_2H_4 mit denen im BeH_2, vgl. Abb. 50 (oder im BeH).

Im Gegensatz zum Bor im B_2H_6 hat das Beryllium im Be_2H_4 immer noch eine Oktettlücke. Diese kann z.B. durch Elektronendonoren wie NR_3 aufgefüllt werden. Verbindungen wie

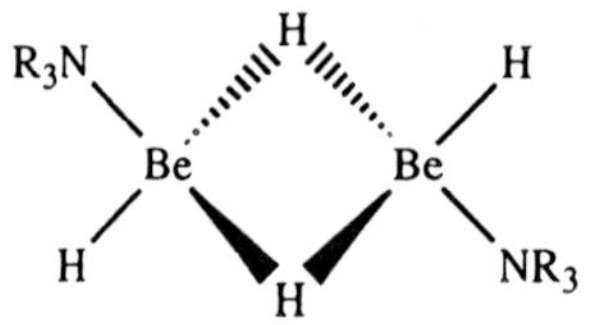

wurden beschrieben. Bei Abwesenheit von Elektronendonoren kann das BeH_2 höhere Oligomere oder schließlich Polymere bilden. Im Trimeren

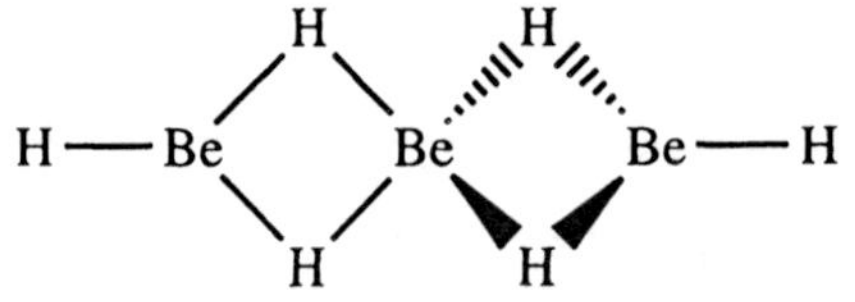

hat zumindest das mittlere Be-Atom keine Oktettlücke mehr. Der Energiegewinn beim Anlagern von BeH_2 an Be_2H_4 ist deutlich größer (ca. 45 kcal/mol) als die Dimerisierungsenergie des BeH_2, was verständlich macht, daß hochpolymere Aggregate besonders stabil sein sollten. Die Sublimationsenergie des festen $(BeH_2)_n$, d.h. die Polymerisationsenergie des BeH_2, liegt in der Größenordnung von 50 kcal/mol.

* R. Ahlrichs, W. Kutzelnigg, Theoret. Chim. Acta *10*, 377 (1968); R. Ahlrichs, Theoret. Chim. Acta *17*, 348 (1970).

Festes BeH_2 existiert vermutlich in mehreren Modifikationen (ähnlich wie SiO_2), über die wenig bekannt ist*).

Auch ein ‚gemischtes' Oligomeres von BeH_2 und BH_3 ist bekannt, das sog. Berryl-liumboranat. Die Struktur dieses Moleküls war lange Zeit umstritten. Wir können heute aber aufgrund von quantenchemischen Rechnungen**) mit Sicherheit sagen, daß das freie Molekül eine der beiden folgenden linearen Strukturen hat, die sich energetisch nur wenig unterscheiden.

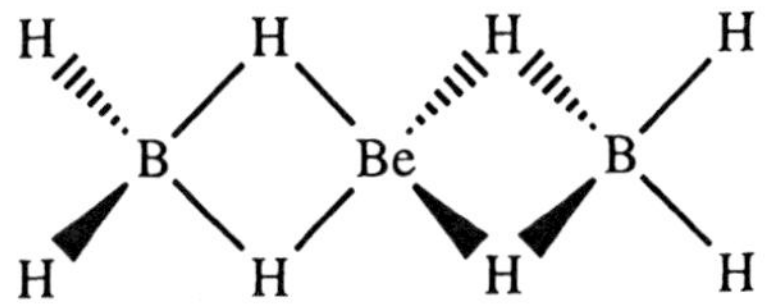

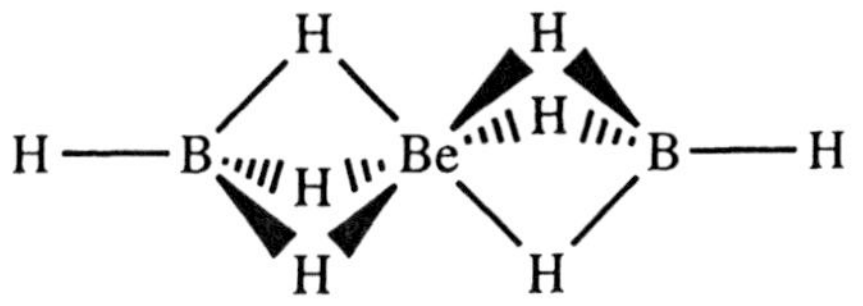

Eine neuere aufwendige Untersuchung des BeB_2H_8-Moleküls***) bestätigte weitgehend das hier gesagte. Insbesondere ist es nicht gelungen, das experimentell beobachtete Dipolmoment zu erklären. Es sei noch darauf hingewiesen, daß im festen BeB_2H_8 keine isolierten BeB_2H_8-Moleküle vorliegen, sondern eine hochpolymere Struktur[1] mit sechsfach koordiniertem Be.

12.4. Die polyedrischen Borhydride

Es gibt eine außerordentliche Vielfalt von Molekülen der Zusammensetzung B_nH_m, die Borhydride oder Borane. Diese Verbindungen kann man deutlich in zwei Klassen einteilen.

Zur ersten Klasse gehören das bereits besprochene Diboran B_2H_6 sowie eine Reihe anderer wasserstoffreicher Verbindungen wie z.B. B_4H_{10}, B_5H_9, B_5H_{11}, B_6H_{10}, B_9H_{15}, $B_{10}H_{14}$, $B_{18}H_{22}$ etc. Diese Verbindungen sind sehr empfindlich gegenüber

---

* Das liegt z.T. an den Geheimhaltungsvorschriften der diesbezüglichen Untersuchungen in den USA im Zusammenhang mit einer möglichen Verwendung von BeH_2 als Raketentreibstoff (vgl. hierzu auch H.W. Kühler; Feststoffraketenantriebe. W. Giradet, Essen 1972).

** R. Ahlrichs, Chem. Phys. Letters *19*, 174 (1973).

*** J.F. Stanton, W.N. Lipscomb, R.J. Barlett, J. Chem. Phys. *88*, 5726 (1988).

1 D.S. Marynick u. W.N. Lipscomb, J. Am. Chem. Soc. *93*, 2322 (1971).

Feuchtigkeit und Sauerstoff, an der Luft selbstentzündlich und nicht leicht zu handhaben, im Gegensatz zu den Verbindungen der zweiten Klasse, die salzartig sind (mit Anionen der allgemeinen Form $B_nH_n^{2-}$) und die sich durch außerordentliche Stabilität gegenüber vielen Reagenzien – z.B. sogar heißer Schwefelsäure – auszeichnen. Die Borhydride der ersten Klasse sind im Prinzip vom B_2H_6 abzuleiten, sie enthalten z.T. außer H-Brücken-Bindungen auch direkte B—B-Bindungen. Auf Abb. 75 sind als zwei Beispiele die Strukturen von B_4H_{10} und B_5H_{11} dargestellt. Der interessierte Leser sei auf Spezialliteratur verwiesen*).

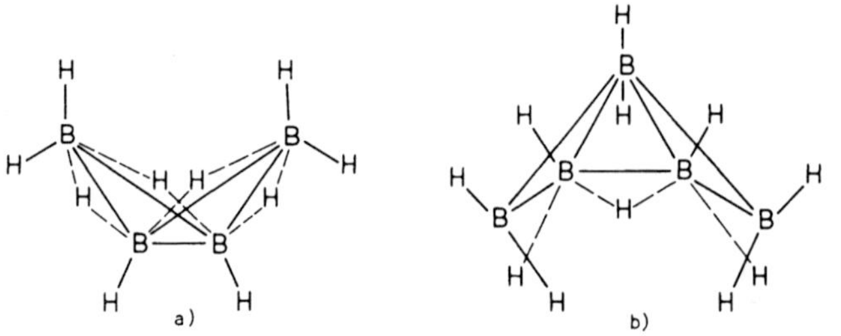

Abb. 75. Struktur von a) B_4H_{10} und b) B_5H_{11}

Die Borhydride der zweiten Klasse sind dagegen valenztheoretisch von solcher Bedeutung, daß wir uns mit ihnen etwas ausführlicher beschäftigen müssen. Sie haben sämtlich die gleiche Anzahl von Bor- und Wasserstoffatomen, wobei das Gerüst der Boratome ein Polyeder bildet und wobei von jedem Boratom ein H-Atom nach außen steht. Der einfachste Vertreter, das B_4H_4, ist noch unbekannt, aber man kennt das analoge tetraedrische B_4Cl_4, und quantenchemische Rechnungen**) am B_4H_4 machen plausibel, daß es auch existieren sollte. Moleküle von so hoher Symmetrie kann man im Rahmen der MO-Methode fast ohne Rechnung diskutieren, da die MO's im wesentlichen durch die Symmetrie bestimmt werden***).

Im Falle des tetraederförmigen B_4H_4 gehen wir wieder von den irreduziblen Darstellungen aus, die in der AO-Basis enthalten sind. Wir können dazu die Kimball-Tabelle (Tab. 8) für AB_4-Moleküle verwenden, indem wir einfach das Zentralatom A weglassen und berücksichtigen, daß B sowohl σ-(s und $p\sigma$) als π-AO's, H aber nur s-AO's beisteuert

B	s :	a_1, t_2
	$p\sigma$:	a_1, t_2
	$p\pi$:	e, t_1, t_2
H	h :	a_1, t_2

* Z.B. W.N. Lipscomb: Boron Hydrides. Benjamin, New York 1963. K. Wade: Electron deficient compounds. Th. Nelson, London 1971.

** W.E. Palke, W.N. Lipscomb, J. Chem. Phys. *45*, 3945 (1966).

*** Die im Zusammenhang mit den B_2H_6 erörterten Bedenken gegenüber der MO-Theorie gelten natürlich auch hier.

Man würde jetzt z.B. die Hückel-Matrix auf eine symmetrieadaptierte Basis transformieren. Die transformierte Matrix wäre dann in Block-Form. Sie enthält einen (3x3)-Block zur Darstellung a_1 (da a_1 bei den AO's dreimal vorkommt), zwei gleiche (1x1)-Blöcke zur Darstellung e (da e einmal vorkommt, aber natürlich zweifach entartet ist) etc. Als Eigenvektoren der jeweiligen Blöcke erhält man dann die MO's. Welche von diesen bindend, nichtbindend bzw. antibindend sind, ist qualitativ nicht ganz einfach zu erkennen. Immerhin sieht man, daß a_1 und t_2 von h mit a_1 und t_2 von s bzw. $p\sigma$ ‚zusammenpassen', so daß je ein B—H-bindendes MO der Rasse a_1 und t_2 zu erwarten ist. Von den weiteren MO's ist je eines der Rasse a_1 und t_2 BB-bindend. Alle übrigen MO's erweisen sich als näherungsweise nichtbindend (e) bzw. antibindend (t_1) (a_1, 2 x t_2)*). Wegen der dreifachen Entartung von t_2 sind also je vier MO's BH- und BB-bindend. Insgesamt sind acht MO's bindend, das B_4H_4 hat 16 Valenzelektronen, die gerade in den bindenden MO's Platz haben.

Es leuchtet ein, daß eine Beschreibung dieses Moleküls durch lokalisierte Bindungen nicht möglich ist. Es liegen sechs B—B- und vier B—H-Bindungen vor, insgesamt stehen aber nur acht Elektronenpaare zur Verfügung. Gehen wir davon aus, was vermutlich richtig ist**), daß man die B—H-Bindungen in guter Näherung als lokalisiert betrachten kann, so verbleiben vier Elektronenpaare für die sechs B—B-Bindungen im BB-Tetraeder.

Deutlich sieht man folgendes: Versucht man, dem Elektronenmangel abzuhelfen, indem man mehr Elektronen zur Verfügung stellt, kann man die Bindung insgesamt nur schwächen, denn diese weiteren Elektronen müßte man in antibindenden (oder allenfalls nichtbindenden Orbitalen) unterbringen. Die polyedrischen Borhydride sind nicht trotz, sondern wegen des Elektronenmangels besonders stabile Verbindungen, und die Besonderheiten der Chemie des Bors beruhen wesentlich auf seiner Fähigkeit zur Ausbildung von Elektronenmangelbindungen, für die die Kekuléschen Valenzregeln nicht gelten.

Betrachten wir jetzt das oktaedrische B_6H_6!
Wir entnehmen der Kimball-Tabelle für AB_6-Moleküle die Symmetrierassen der Valenz-AO's.

B	s :	a_{1g}, e_g, t_{1u}
	$p\sigma$:	a_{1g}, e_g, t_{1u}
	$p\pi$:	t_{1g}, t_{1u}, t_{2g}, t_{2u}
H	h :	a_{1g}, e_g, t_{1u}

Wir schließen analog wie beim B_4H_4, daß je ein MO der Rasse a_{1g}, e_g, t_{1u} B—H-bindend ist. Als B—B-bindend erweisen sich**) je ein MO der Rasse a_{1g}, t_{1u}, t_{2g}.

* W.F. Palke, W.N. Lipscomb, l.c.
** R. Hoffmann, W.N. Lipscomb, J. Chem. Phys. *36*, 2179 (1962).
*** H.C. Longuet-Higgins, M. de V. Roberts, Proc. Roy. Soc. *224A*, 336 (1954).

Insgesamt sind also 13 MO's bindend. In diesen 13 bindenden Orbitalen haben 26 Elektronen Platz, das B_6H_6 stellt aber nur 24 Valenzelektronen zur Verfügung. Um die Konfiguration einer abgeschlossenen Schale zu erreichen, muß man also noch zwei Elektronen hinzufügen, und in der Tat beobachtet man nicht das neutrale B_6H_6, sondern das Anion $B_6H_6^{2-}$, etwa in Salzen wie $K_2B_6H_6$.

Gehen wir davon aus, daß eine teilweise Lokalisierung der MO's durch eine unitäre Transformation möglich ist, nämlich in den B–H-Bindungen, dann verbleiben für die B–B-Bindungen 14 Elektronen, d.h. es stehen 7 Elektronenpaare zur Verfügung, es liegen aber 12 B–B-Bindungen vor. Nach Abtrennung der B–H-Bindungen lassen sich die 7 bindenden MO's des B_6-Skeletts klassifizieren nach

$$a_{1g},\ t_{1u},\ t_{2g}$$

B_6-Oktaeder liegen auch in anderen Verbindungen des Bor vor, z.B. im CaB_6, das man sich aufgebaut denken muß aus Ca^{2+}-Ionen und einem Gitter aus B_6^{2-}-Oktaedern, die in sich durch besetzte a_{1g}-, t_{1u}- und t_{2g}-MO's und untereinander durch lokalisierte B–B-Bindungen (analog den B–H-Bindungen im $B_6H_6^{2-}$) verbunden sind.

Valenztheoretisch besonders interessant ist das $B_{12}H_{12}^{2-}$, in dem die 12 Bor-Atome ein Ikosaeder bilden (Abb. 76), das Polyeder mit der höchsten möglichen Punktsymmetrie. Die irreduziblen Darstellungen der Ikosaeder-Symmetriegruppe können ein-, drei-, vier- und fünfdimensional sein. In der LCAO-Näherung lassen sich 60 MO's konstruieren, von denen 25 bindend sind.

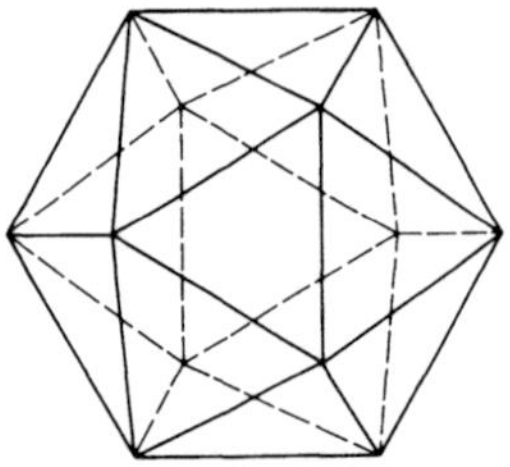

Abb. 76. Das Ikosaeder.

Die MO's gehören zu folgenden irreduziblen Darstellungen:

$$3 \times a_g,\ t_{1g},\ 4 \times t_{1u},\ 3 \times t_{2u},\ u_g,\ u_u,\ 4 \times v_g,\ v_u$$

wobei t dreifach, u vierfach und v fünffach entartet ist. Davon sind folgende MO's bindend:

$$2 \times a_g,\ 2 \times t_{1u},\ t_{2u},\ u_u,\ 2 \times v_g$$

wobei ein a_g, ein t_{1u}, t_{2u} und ein v_g hauptsächlich B–H-bindend, ein a_g, ein t_{1u}, ein v_g und u_u B–B-bindend sind. Die übrigen Orbitale sind antibindend. In den bindenden Orbitalen kann man $2 \times 25 = 50$ Elektronen unterbringen, das neutrale $B_{12}H_{12}$ hat nur 48 Elektronen, folglich bildet sich das Ion $B_{12}H_{12}^{2-}$. Dessen Existenz wurde theoretisch vorhergesagt, bevor es synthetisiert wurde*).

* H.C. Longuet-Higgins, M. de V. Roberts, Roc. Roy. Soc. *230A*, 110 (1955).

B_{12}-Oktaeder liegen z.B. auch im Borcarbid B_4C vor, das man eigentlich $(C_3B_{12})_n$ schreiben müßte. Ferner kann man viele nicht-polyedrische Borhydride, d.h. solche der Klasse 1, als am Rand hydrierte Ausschnitte aus dem $B_{12}H_{12}^{2-}$ verstehen. Isoelektronisch mit dem $B_{12}H_{12}^{2-}$ ist das $C_2B_{10}H_{12}$, ein sog. Carboran, das ein Neutralmolekül ist.

Außer $B_6H_6^{2-}$ und $B_{12}H_{12}^{2-}$ wurden inzwischen auch alle anderen polyedrischen Borhydride $B_nH_n^{2-}$ mit $6 \leqslant n \leqslant 12$ dargestellt*). Am stabilsten scheint das $B_{12}H_{12}^{2-}$ zu sein. Es fällt auf, daß man bei derartigen Elektronenmangelbindungen nicht von gerichteten Valenzen sprechen kann; anders als bei ‚normalen' Verbindungen mit lokalisierbaren Bindungen gibt es keine festen bevorzugten Valenzwinkel.

Die Bindigkeit des Bors ist 4 im B_4H_4 (jedes B hat drei andere B und ein H als Nachbarn), sie ist 5 im $B_6H_6^{2-}$ und 6 in $B_{12}H_{12}^{2-}$. Allgemein kann die Bindigkeit eines Atoms in Elektronenmangelbindungen sehr viel höher sein als seine Wertigkeit. In den polyedrischen Borhydriden versagt eine Beschreibung durch lokalisierte Bindungen, auch unter Einbeziehung von Dreizentrenbindungen, völlig. Die Bindung ist über das ganze Molekül delokalisiert. Insofern besteht eine gewisse Analogie zu den aromatischen Verbindungen. Gemeinsam mit diesen sind auch ein relativ großer Abstand zwischen höchstem besetzten und tiefstem unbesetzten MO und die besondere Stabilität von Strukturen mit abgeschlossenen Schalen.

Zur Ausbildung von Elektronenmangelverbindungen sind vor allem solche Atome befähigt, die weniger Elektronen als Valenz-MO's haben, d.h. insbesondere B, Be, Al, ferner die Alkaliatome etc. Wie wir sehen werden, ist die metallische Bindung ein Spezialfall der Elektronenmangelbindung. Das Bor nimmt insofern eine Sonderstellung ein, als es besser als andere Atome Moleküle mit Elektronenmangelbindungen bildet. Atome mit stärkerem Elektronenmangel, wie z.B. Be, bevorzugen unendliche Vernetzung, d.h. kristalline Strukturen, in denen keine isolierten Moleküle mehr auftreten.

12.5. Nichtklassische Carbonium-Ionen

Die Fähigkeit des Bors zur Ausbildung von ‚Elektronenmangel'-Mehrzentrenbindungen beruht darauf, daß es weniger Valenzelektronen (N_V) als Valenzatomorbitale (N_A) hat, während Kohlenstoff mit $N_V = N_A$ bevorzugt normale Bindungen ausbildet. Nun ist aber C^+ mit B isoelektronisch, und das läßt Analogien zwischen Borhydriden und Carbonium-Ionen vermuten, allerdings sind Grenzen dadurch gesetzt, daß man kaum mehr als ein C^+ in einem Kohlenwasserstoff haben kann.

Carbonium-Ionen, in denen ein C-Atom formal an mehr als vier Nachbarn gebunden ist (ohne daß wir π Bindungen doppelt zählen), bezeichnet man als nicht-klassische Carbonium-Ionen. Ein vieldiskutierter Vertreter ist das Norbornyl-Kation.

Bei diesem Ion war es lange umstritten, ob es zwei gleichwertige, aber verschiedene Strukturen hat, gemäß

---

* E.L. Mutterties, W.H. Knoth: Polyhedral Boranes. Marcel Dekker, New York 1968.

zwischen denen eine rasche Valenzisomerisierung vor sich geht (wie H.C. Brown vorschlug), oder eine einzige symmetrische Struktur mit einer Dreizentrenbindung

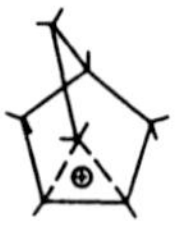

entsprechend dem Vorschlag von S. Winstein.

Bez. der Geschichte dieses Problems sei der Leser auf einen Übersichtsartikel verwiesen*). Die Interpretation des ESCA-Spektrums**), die als endgültiger Beweis für die nicht-klassische Struktur mit einer Dreizentrenbindung angesehen wurde, ist inzwischen umstritten***). Als gesichert kann zumindest gelten, daß der Unterschied zwischen beiden Strukturen sehr gering (in der Größenordnung von wenigen kcal/mol) ist.

Tab. 16. Energie des CH_5^+ in verschiedenen Geometrien*).

Struktur	I	II	III	IV
Symmetrie	D_{3h}	C_{4v}	C_s	C_{2v}
SCF-Energie	40.3837	40.3957	40.4101	40.4012
IEPA-Energie	40.6044	40.6115	40.6216	40.6213
geschätzte exakte Energie	40.703	40.710	40.720	40.720

* Nach V. Dyczmons, W. Kutzelnigg, Theoret. Chim. Acta *33*, 239 (1974). Alle Energien sind in a.u. (1a.u. ≈ 628 kcal/mol) und negativ zu nehmen. Die Strukturen sind auf Abb. 77 schematisch dargestellt. Die IEPA-Energien enthalten die Korrelationsenergie der Valenzschale. Zur IEPA-Näherung s. Abschn. 10.8.

Der einfachste Vertreter dieser Verbindungsklasse ist allerdings das CH_5^+-Ion. Es wurde zuerst massenspektrometrisch beobachtet[4] und in jüngerer Zeit auch als Zwischenprodukt bei der Reaktion von CH_4 mit sog. ‚magischer Säure' postuliert[5]. Über seine Struktur sowie seine Bindungsenergie (d.h. die Protonenaffinität des CH_4) wissen wir aus quantenchemischen Rechnungen gut Bescheid[6] (Tab. 16). Das

* D. Sargent, in ‚Carbonium Ions' (G. Olah, P.v.R. Schleyer ed.) Vol. III, p. 965. Wiley, New York, 1972.

** G.A. Olah, et al. J. Am. Chem. Soc. *92*, 4627 (1970).

*** M.J.S. Dewar, R.C. Haddon, A. Komornicki, H. Rzepa, J.Am. Chem. Soc. *99*, 377 (1977).

4 V.L. Talrose, A.K. Lubimova, Dokl. Akad. Nauk SSSR *86*, 909 (1952).

5 G.A. Olah, R.H. Schlosberg, J. Am. Chem. Soc. *98*, 2726 (1968).

6 H. Kollmar, H.O. Smith, Chem. Phys. Letters *5*, 7 (1970); V. Dyczmons, V. Staemmler, W. Kutzelnigg, Chem. Phys. Letters *5*, 361 (1970); V. Dyczmons, W. Kutzelnigg, Theoret. Chim. Acta, *33*, 239 (1974) (dort auch Hinweise auf frühere Literatur).

CH_5^+ hat in seiner Gleichgewichtsanordnung eine auffallend niedrige Symmetrie, nämlich die Symmetriegruppe C_s mit nur einer Symmetrieebene (s. Abb. 77). Anschaulich kann man die Bindungsverhältnisse so verstehen, wie durch eine Transformation zu lokalisierten Orbitalen nahegelegt wird, daß drei CH-Bindungen im wesentlichen die gleichen wie im CH_4 sind, während ein sp^3-Hybrid-AO des C mit zwei ls-Orbitalen der beiden übrigen H-Atome eine Dreizentren-Zweielektronen-Bindung ausbildet, analog der im H_3^+. Der Energiegewinn beim Ausbilden seiner Dreizentrenbindung ist außerordentlich groß, nämlich ca. 120 kcal/mol, und durchaus von der gleichen Größenordnung wie bei der Anlagerung eines Protons an das H_2 (ca. 100 kcal/mol). Daß Methan dennoch nur ein relativ schwacher Protonenakzeptor ist, liegt daran, daß bei der Anlagerung eines Protons an ein Molekül mit einem einsamen Elektronenpaar (H_2O, NH_3) wesentlich mehr Energie gewonnen wird (die Protonenaffinität eines isolierten H_2O-Moleküls beträgt wahrscheinlich ca. 160 kcal/mol, die des flüssigen Wassers ca. 250 kcal/mol).

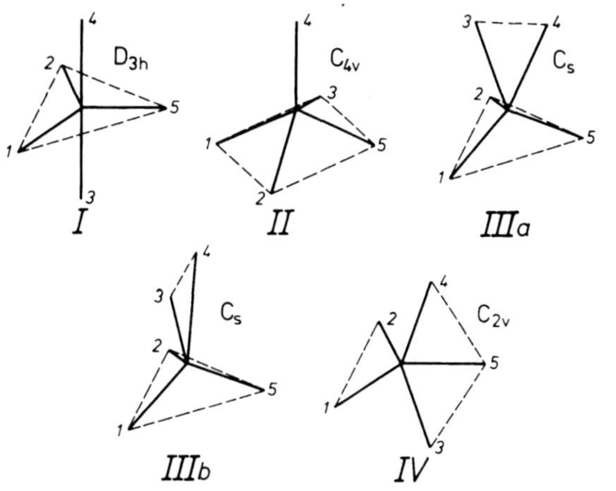

Abb. 77. Mögliche Geometrien für das CH_5^+.

Es ist beim CH_5^+ immerhin auffällig, daß eine alternative Struktur mit C_{2v}-Symmetrie (Abb. 77) energetisch nur ganz wenig (allenfalls einige kcal/mol) höher als die Gleichgewichtsstruktur mit C_s-Symmetrie liegt. Diese C_{2v}-Struktur ist wichtig als ‚Übergangszustand' für die Isomerisierung zwischen zwei äquivalenten C_s-Strukturen. Die geringe Energieschwelle ist ein Hinweis auf rasche Isomerisierung. Vergleichen wir die Bindungsverhältnisse in der C_s und der C_{2v}-Struktur und lassen wir die beiden unbeteiligten CH-Bindungen weg, so bilden in der C_s-Struktur ein sp^3-Hybrid-AO des C und zwei AO's der H-Atome eine Dreizentren- (genauer Dreiorbital-) Bindung, die mit zwei Elektronen besetzt ist. Ein zweites Hybrid-AO bildet mit dem AO des dritten H-Atoms eine Zweizentren-Zweielektronen-Bindung. In der C_{2v}-Struktur sind aber die H-Atome 1 und 3 gleichwertig,

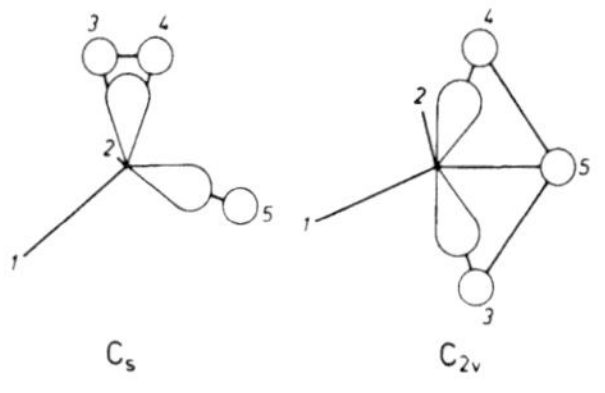

es liegt eine 5-AO-4-Zentren-4-Elektronen-Bindung vor. Diese ist aber, obwohl sie einer symmetrischen Anordnung entspricht, energetisch weniger günstig als eine 3-AO-2-Elektronen- plus eine 2-AO-2-Elektronen-Bindung, wenn auch der Energieunterschied sehr klein ist.

Eine vergleichbare Konkurrenz der beiden Bindungstypen liegt vor im H_5^+, wo die unsymmetrische Struktur I nur knapp 1 kcal/mol weniger stabil ist als die symmetrische Struktur II*)

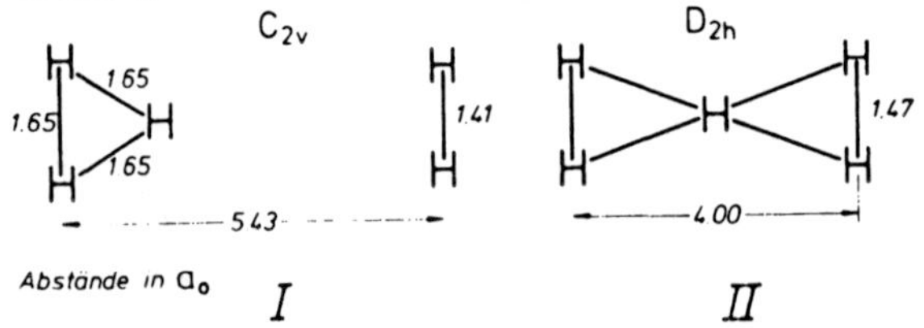

Ein bekanntes Beispiel für die Bevorzugung einer Dreizentren-2-Elektronen- plus einer Zweizentren-2-Elektronen-Bindung gegenüber einer 5-Zentren-4-Elektronen-Bindung stellt das Norbonadienyl-Ion dar

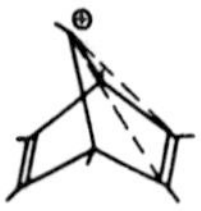

Daraus, daß am C-Atom, das formal die positive Ladung trägt, die Konfiguration nicht planar ist, muß man schließen, daß ein sp^3-artiges AO am positiv geladenen C-Atom mit den π-AO's einer der beiden Doppelbindungen eine Dreizentrenbindung bildet und nicht mit beiden Doppelbindungen eine 5-Zentrenbindung. Aber auch hier ist der Energieunterschied und damit die Isomerisierungsschwelle sehr klein.

Bei den Kationen $C_2H_3^+$, $C_2H_5^+$ und $C_2H_7^+$ war die Frage, ob diese klassische oder nichtklassische Strukturen haben, lange Zeit umstritten. Beim Vinyl-Kation $C_2H_3^+$ wurden die beiden möglichen Strukturen

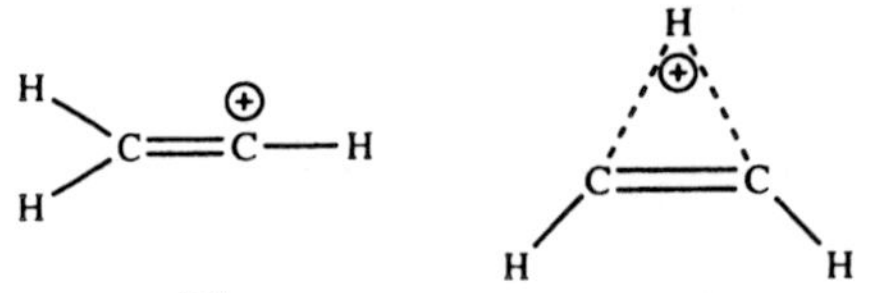

(I) (II)

diskutiert, beim Äthyl-Kation $C_2H_5^+$ entsprechend die Geometrien

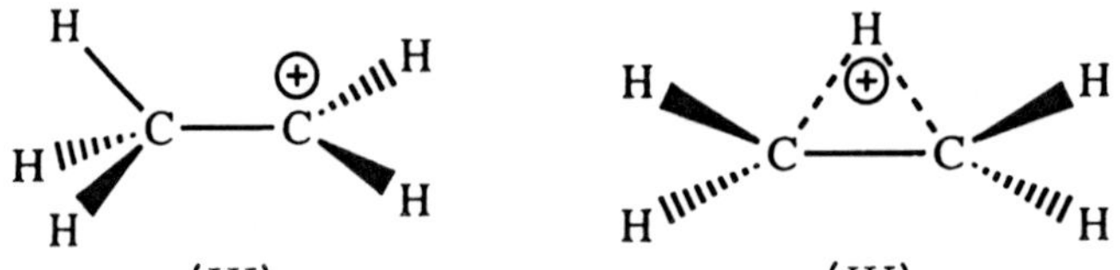

(III) (IV)

* R. Ahlrichs, Theoret. Chim. Acta *39*, 149 (1975).

Inzwischen ist durch quantenchemische Rechnungen unter Einschluß sog. Polarisationsfunktionen und mit Berücksichtigung der Elektronenkorrelation*) so gut wie gesichert, daß die nichtklassischen Strukturen II bzw. IV energetisch tiefer liegen als die entsprechenden klassischen Strukturen I und III, daß aber die Energieunterschiede außerordentlich klein sind und nur wenige kcal/mol. betragen. Immer dann, wenn nur sehr kleine Energieunterschiede zwischen konkurrierenden Strukturen bestehen, sind sehr aufwendige quantenchemische Rechnungen nötig, um zu entscheiden, welche Struktur stabiler ist. ‚Billige' Rechnungen können dann leicht zu einem falschen Ergebnis führen.

Zumindest stellen die nichtklassischen Ionen II und IV schöne Beispiele für Dreizentrenbindungen in der Organischen Chemie dar, auch wenn diese Ionen so kurzlebig sind, daß sie einer unmittelbaren experimentellen Beobachtung nicht zugänglich sind.

12.6. Andere Elektronenmangelverbindungen

Elektronenmangelbindungen sind nicht auf Verbindungen von Be, B, C^+ und H beschränkt. Der Wasserstoff, der in vielen Elektronenmangelverbindungen an Dreizentrenbrücken-Bindungen beteiligt ist, kann z.B. durch eine CH_3-Gruppe ersetzt werden, wie im

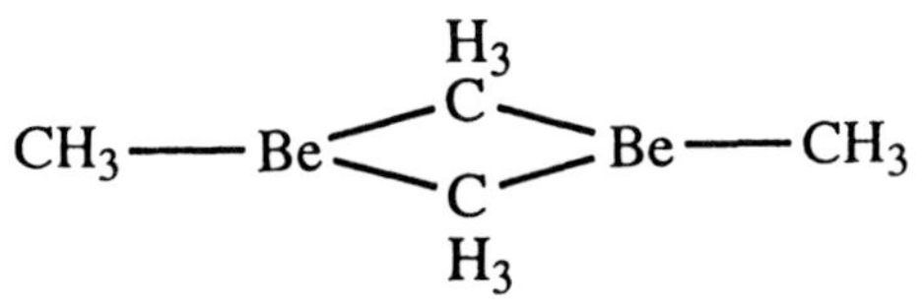

das dem dimeren BeH_2 analog aufgebaut ist, oder durch ein Halogen wie im

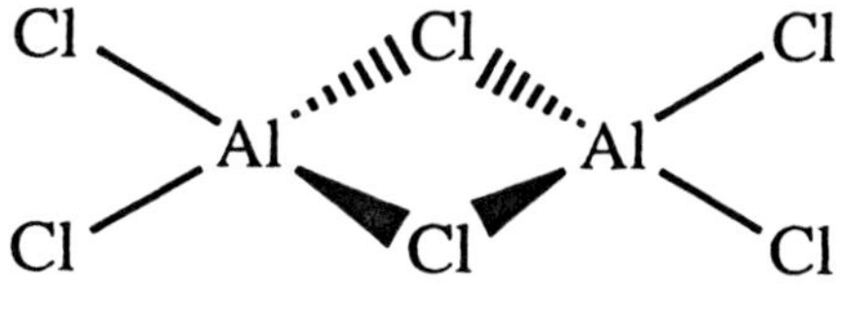

Ähnlich wie Be und B bilden auch Mg und Al Elektronenmangelbindungen aus, dabei ist aber zu bedenken, daß Mg und Al elektropositiver als Be und B sind und daß z.B. ihre Hydride deutlich salzartig sind. D.h. im MgH_2 bzw. AlH_3 sind die Valenzelektronen im wesentlichen, wenn auch noch nicht völlig, auf den H-Atomen lokalisiert. Bei Grenzfällen zwischen kovalenter Mehrzentrenbindung und ionogener Bindung ist die Koordinationszahl des elektropositiven Atoms ein Maß für den

* B. Zurawski, R. Ahlrichs, W. Kutzelnigg, Chem. Phys. Letters *21*, 309 (1973).
s. auch J. Weber, M. Yoshimine, A.D. McLean, J. Chem. Phys. *64*, 4159 (1976).

Ionencharakter der Bindung. Diese ist 4 im BeH_2, 6 im MgH_2 und 8 im ausgesprochen salzartigen CaH_2. Während B in B_2H_6 von vier H-Atomen umgeben ist, hat jedes Al im hochpolymeren AlH_3 sechs H-Atome als Nachbarn.

12.7. Die metallische Bindung

Ein Extremfall der Elektronenmangelbindung ist die metallische Bindung. Betrachten wir z.B. metallisches Li oder Na, so stellt jedes Atom ein Valenzelektron zur Verfügung, kann aber vier Valenz-AO's an der Bindung beteiligen. Jedes Atom hat 8 nächste Nachbarn. Weiter kann man von den Bedingungen für normale (d.h. lokalisierte) Bindungen kaum entfernt sein. F. Bloch*) hat als erster die MO-Theorie auf die metallische Bindung angewandt. Alle MO's erstrecken sich über den ganzen Kristall und sind nicht durch eine unitäre Transformation auf lokalisierte Orbitale zu transformieren. Ähnlich wie bei Molekülen hoher Symmetrie empfiehlt es sich, bei Kristallen die Raumgruppensymmetrie auszunutzen und aus den AO's zuerst diejenigen Linearkombinationen zu bilden, die sich wie irreduzible Darstellungen der Raumgruppe transformieren. Diese sind, wenn alle Atome symmetriemäßig äquivalent sind und jedes Atom nur ein AO beisteuert, bereits gleich den MO's des Kristalls.

Wir haben in den Polyenen bzw. Polymethinen (ohne Bindungsalternierung) bereits Beispiele für ein eindimensionales Metall und im Graphit ein zweidimensionales Metall kennengelernt, wobei die MO's der ‚metallischen' Elektronen Linearkombinationen von π-AO's sind. Bei den eigentlichen Metallen haben wir es mit Linearkombinationen von im wesentlichen s-AO's zu tun. Wie wir aber bereits beim Vergleich von H_3^+ und Allyl-Kation bzw. Cyclopropenyl-Kation sahen, ist der Formalismus für Bindungen zwischen s-AO's und π-AO's im Rahmen der Hückel-Näherung der gleiche. Ein Unterschied besteht darin, daß π-AO's nur zweidimensionale, s-AO's aber dreidimensionale Strukturen ausbilden können. Im übrigen lassen sich die Ergebnisse aus Abschn. 11.5 und 11.7 unmittelbar auf (hypothetische) eindimensionale bzw. zweidimensionale Metalle übertragen.

Bevor wir die HMO-Näherung auf ein dreidimensionales Metall anwenden, erinnern wir uns daran, daß es im Grenzfall $n \to \infty$ keinen Unterschied macht, ob wir eine gerad- oder ungeradzahlige Kette wählen, ja nicht einmal, ob wir ein lineares oder ein ringförmiges Polyen betrachten. Der Unterschied zwischen Ketten und Ringen liegt darin, daß letztere ein nichtverschwindendes Element $M_{1n} = M_{n1}$ der Strukturmatrix haben. Dessen Anwesenheit oder Abwesenheit macht im Grenzfall $n \to \infty$ keinen Unterschied. In der Tat ist (vgl. Tab. 13) die Energie pro Atom in allen Fällen gleich. Für die Rechnung ist es aber einfacher, wenn man annimmt, daß M_{n1} gleich den übrigen $M_{\mu\nu}$ zwischen nächsten Nachbarn ist, weil dann der Hamilton-Operator invariant gegenüber Translation um eine Bindungslänge ist (wobei die Translation modulo n zu verstehen ist). Wir wollen eine solche cyclische Randbedingung in allen drei Dimensionen annehmen und die erwähnte Invarianz bez. der Translationssymmetrie bewußt ausnützen.

* F. Bloch, Z. Phys. *52*, 555 (1928). Wie betrachten nur Valenz-MOs.

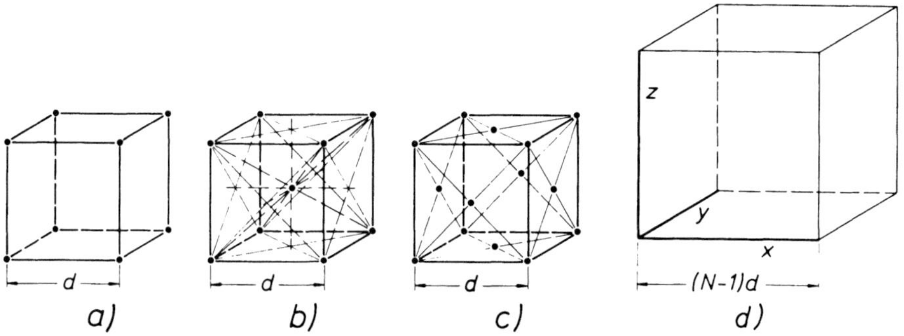

Abb. 78. Elementarzellen des einfach-kubischen (a) des kubisch-raumzentrierten (b) und des kubisch-flächenzentrierten Gitters (c) sowie Skizze zur Erläuterung der MO-theoretischen Behandlung eines Kristalls (d).

Wir betrachten jetzt ein primitiv kubisches Gitter, dessen Elementarzelle in Abb. 78a angegeben ist. Der Kristall (Abb. 78d) sei würfelförmig und sei so in ein cartesisches Koordinatensystem gestellt, daß eine Ecke der Koordinatenursprung ist und drei Kanten mit den Achsen (x, y, z) zusammenfallen; der Abstand zwischen nächsten Nachbarn (die Gitterkonstante) sei d, und entlang einer Achse seien N Atome. Die Gesamtzahl der Atome ist dann N^3. Jedes dieser Atome ist durch einen Koordinatenvektor $\vec{R} = \vec{n}d$ zu beschreiben, wobei die Komponenten des Vektors $\vec{n}$ die positiven ganzen Zahlen $0, 1, 2 \ldots N-1$ sein können. Der Vektor $\vec{n}$ zählt also die Atome. Zu jedem Atom gehört ein AO $\chi_{\vec{n}}(\vec{r}) = \chi(\vec{r}-\vec{R}) = \chi(\vec{r}-\vec{n}d)$ (wir setzen voraus, daß jedes Atom nur ein Valenz-AO zur Verfügung stellt). Wir suchen jetzt die Symmetrie-AO's, d.h. die Linearkombinationen der $\chi_{\vec{n}}$, die Eigenfunktionen der Translationsoperatoren sind, die $\vec{n} = (n_x, n_y, n_z)$ in $(n_x + 1, n_y, n_z)$ bzw. $(n_x, n_y + 1, n_z)$ bzw. $(n_x, n_y, n_z + 1)$ überführen. Ganz analog wie bei den cyclischen Kohlenwasserstoffen (Abschn. 11.6) ergibt sich für die Symmetrie-AO's

$$\varphi_{\vec{j}} = \sum_{\vec{n}} e^{\frac{2\pi i}{N}\vec{j}\vec{n}} \chi(\vec{r} - d\vec{n}) \qquad (12.7\text{–}1)$$

dabei ist $\vec{j}$ ein Vektor mit ganzzahligen Komponenten, die man von 0 bis $N-1$, oder auch, was wir vorziehen wollen, von $-\frac{N}{2}+1$ bis $\frac{N}{2}$ zählen kann (sie sind ja nur modulo N festgelegt). Der Vektor $\vec{j}$ zählt die irreduziblen Darstellungen der Raumgruppe des primitiven kubischen Gitters. Da die verschiedenen $\varphi_{\vec{j}}$ zu verschiedenen irreduziblen Darstellungen gehören, sind die $\varphi_{\vec{j}}$ automatisch MO's (jedenfalls im Rahmen der Näherung, bei der jedes Atom nur ein AO beisteuert). Ähnlich wie bei den cyclischen Kohlenwasserstoffen findet man leicht, daß zu $\varphi_{\vec{j}}$ die HMO-Energie (unter Annahme von nur-Nachbar-Wechselwirkungen)

$$\epsilon_{\vec{j}} = \alpha + 2\beta\left[\cos\frac{2\pi j_x}{N} + \cos\frac{2\pi j_y}{N} + \cos\frac{2\pi j_z}{N}\right] \qquad (12.7\text{–}2)$$

gehört.

Vielfach ersetzt man den Vektor $\vec{j}$, der die irreduziblen Darstellungen zählt, durch einen zu $\vec{j}$ proportionalen Vektor $\vec{k}$, den man als Wellenvektor bezeichnet

$$\vec{k} = \frac{2\pi}{Nd}\vec{j} \tag{12.7–3}$$

Zählt man die Komponenten von $\vec{j}$ von $-\frac{N}{2}+1$ bis $\frac{N}{2}$, so rangieren diejenigen von $\vec{k}$ (für große N) von $-\frac{\pi}{d}$ bis $\frac{\pi}{d}$. Unter Benutzung von $\vec{k}$ statt $\vec{j}$ und $\vec{R} = d\vec{n}$ (dem Koordinaten-Vektor der Atome) kann man statt (12.7–1) und (12.7–2) etwas kompakter schreiben

$$\varphi_{\vec{k}} = \sum_{\vec{R}} e^{i\vec{k}\vec{R}}\,\chi(\vec{r}-\vec{R}) \tag{12.7–4}$$

$$\epsilon_{\vec{k}} = \alpha + 2\beta\,[\cos dk_x + \cos dk_y + \cos dk_z] \tag{12.7–5}$$

Man sieht, daß Energien zwischen $\alpha + 6\beta$ (für $k_x = k_y = k_z = 0$) und $\alpha - 6\beta$ (für $k_x = k_y = k_z = \frac{\pi}{d}$) möglich sind. Im Grenzfall $N \to \infty$ sind alle Energien in diesem Bereich kontinuierlich möglich. Man spricht von einem ‚Energieband'. Die ‚Breite' des Bandes hängt in dieser Näherung von der Größe des reduzierten Resonanzintegrals β ab. Jedes der N^3 verschiedenen MO's $\varphi_{\vec{k}}$ (wir betrachten jetzt N wieder als endlich) kann maximal von zwei Elektronen besetzt werden (mit α- und β-Spin). Stellt jedes der N^3 Atome je ein Valenzelektron zur Verfügung (wie in den Alkalimetallen, die allerdings eine andere Kristallstruktur haben, s. später), so ist das Band halb besetzt, und zwar sind genau die MO's mit $\epsilon_{\vec{k}} < \alpha$ besetzt, es tritt Bindung auf, die metallische Bindung. Bei zwei Elektronen pro Atom ist das Band voll besetzt, insgesamt ist $\sum_{\vec{j}} \epsilon_{\vec{j}} = N^3\alpha$, so daß keine Bindung auftritt. Das wäre der Fall bei einem Kristall aus He-Atomen (zur van-der-Waals-Bindung in Edelgaskristallen vgl. jedoch Kap. 15).

Ein halb besetztes (bzw. allgemein: teilweise besetztes) Band ist Voraussetzung für die typisch metallischen Eigenschaften, wie metallische Leitfähigkeit, starke Absorption im sichtbaren Spektralgebiet etc. Über die Theorie des metallischen Zustands sind viele Bücher geschrieben worden*), z.T. von viel größerem Umfang als dieser Band. Wir können hierauf nicht eingehen, uns interessiert nur die metallische Bindung als eine mögliche Form der chemischen Bindung.

Die Hückelsche Näherung, die in der Festkörperphysik meist als ‚tight-binding'-Näherung bezeichnet wird, läßt sich auch auf andere Kristallstrukturen anwenden. Im oben besprochenen primitiv kubischen Gitter hat jedes Atom sechs nächste Nachbarn. Für das raumzentrierte kubische Gitter (Abb. 78b) mit acht nächsten Nachbarn findet man

* Gut lesbar ist z.B. C. Kittel: Introduction to solid state physics. Wiley, New York 1971.

$$\epsilon_{\vec{k}} = \alpha + 8\beta \cos\frac{1}{2}\, dk_x \cos\frac{1}{2}\, dk_y \cos\frac{1}{2}\, dk_z \qquad (12.7\text{–}6)$$

und für das flächenzentrierte kubische Gitter (in dem die meisten Metalle kristallisieren) mit 12 nächsten Nachbarn (Abb. 78c)

$$\epsilon_{\vec{k}} = \alpha + 4\beta \left\{ \cos\frac{1}{2}\, dk_y \cos\frac{1}{2}\, dk_z + \cos\frac{1}{2}\, dk_z \cos\frac{1}{2}\, dk_x + \right.$$

$$\left. + \cos\frac{1}{2}\, dk_x \cos\frac{1}{2}\, dk_y \right\} \qquad (12.7\text{–}7)$$

In einem Kristall etwa von Na kann man außer von den *s*-AO's auch von den *p*-AO's Bloch-Funktionen konstruieren. Zu jedem $\vec{k}$ gehören dann ein *s*-artiges und ein *p*-artiges Bloch-Orbital, und die wirklichen MO's des Kristalls werden (genähert) Linearkombinationen von *s*- und *p*-Orbitalen sein.

Unter bestimmten Voraussetzungen können sich das *s*- und *p*-Band überlagern, so daß insgesamt ein breiteres Energieband entsteht. Im Falle des Na würde das *s*-Band im Prinzip allein schon für das Zustandekommen der metallischen Bindung ausreichen, ein Kristall aus Be-Atomen könnte aber sicher kein Metall sein, wenn das *s*-Band vom *p*-Band getrennt wäre. Denn dann wäre das *s*-Band voll besetzt (wie im He) und es träte gar keine Bindung auf. Da aber die wirklichen Kristall-MO's Mischungen von *s* und *p* sind und ein gemeinsames *s*/*p*-Band haben, ist es möglich, dieses nur teilweise zu besetzen, was eine wichtige Voraussetzung für metallische Bindung ist.

Bei einem Kristall aus C-Atomen haben wir im Falle des Diamantgitters zwar ein gemeinsames *s*- und *p*-Band, aber dieses besteht aus einem Teilband bindender Orbitale und einem Teilband antibindender Orbitale, die durch eine ausgeprägte Energielücke (nicht möglicher Energiewerte) getrennt sind. Nur das bindende Band ist besetzt. Es liegt kovalente (lokalisierbare) Bindung vor, und der Kristall ist ein ausgesprochener Isolator. Ähnlich sind die Verhältnisse im festen Si, nur ist der Abstand zwischen besetztem und leerem Band wesentlich kleiner als beim Diamanten. Verbindungen mit einer kleinen Energielücke zwischen besetzten und leeren Bändern bezeichnet man als Halbleiter. Auf den Mechanismus der elektrischen Leitfähigkeit in Metallen bzw. Halbleitern ebenso wie auf die bei tiefen Temperaturen mögliche Supraleitung können wir hier nicht eingehen. Im Graphitgitter bewirken die σ-Elektronen voll besetzte Bänder mit Energielücken, kovalenten Bindungen entsprechend, während die π-Elektronen ein halb besetztes Band bilden, was metallische Bindung in Richtung der konjugierten Schichten bedeutet.

Die Vorbehalte, die man allgemein gegenüber der HMO-Näherung machen muß, gelten selbstverständlich auch für ihre Anwendung auf die metallische Bindung. Auch die Beschränkung auf die Valenzelektronen ist nicht unproblematisch, obwohl sich hier z.B. Pseudopotentialansätze (vgl. Abschn. 6.5) bewährt haben. Einen wesentlichen Fortschritt in der Quantenchemie der Festkörper stellen sicher Hartree-Fock-Rechnungen dar, die inzwischen möglich sind*), die aber keineswegs die Popularität erreicht haben, derer sich die Hartree-Fock-Näherung bei der Theorie der Moleküle erfreut. Ein Grund dafür ist, daß die Hartree-Fock-Näherung nur bei Festkörpern mit vollgefüllten Bändern (Isolatoren und evtl. Halbleitern) hinreichend gut ist, während sie bei metallischen Leitern versagt (Stichwort: falsche Zustandsdichte an der Fermi-Kante). Hinzu kommt, daß die aus Hartree-Fock-Rechnungen gut zugänglichen Informationen (z. B. Geometrien) in der Festkörperphysik weniger interessieren als andere Eigenschaften, die in der Hartree-Fock-Näherung nicht so gut beschrieben werden.

Die meistverwendete Näherung in der Theorie der Metalle – das sog. Elektronengasmodell, bei dem der ganze Festkörper durch einen Kasten mit konstantem Potential ersetzt wird, in dem sich die Elektronen bewegen – befindet sich noch eine Näherungsstufe unterhalb der Hückel-Näherung. Man legt periodische Randbedingungen zugrunde, die den cyclischen Randbedingungen bei der HMO-Näherung entsprechen. Das bedeutet, daß die MO's Eigenfunktionen des Impulsoperators $\vec{\mathbf{p}} = \frac{\hbar}{i}\nabla$ sind

$$\varphi_{\vec{k}} = \frac{1}{\sqrt{A^3}}\, e^{i\vec{k}\vec{r}} \; ; \; \vec{\mathbf{p}}\,\varphi_{\vec{k}} = \hbar\vec{k}\,\varphi_{\vec{k}} \tag{12.7–8}$$

wobei A die Kantenlänge des ganzen Kastens ist. Die möglichen Werte von $\vec{k}$ sind eingeschränkt durch die periodische Randbedingung

$$e^{i\vec{k}\vec{r}} = e^{i\vec{k}[\vec{r}+(A,0,0)]} = e^{i\vec{k}\vec{r}}\, e^{i\vec{k}(A,0,0)} \quad \text{etc.}$$

$$A k_x = j_x 2\pi \; ; \; k_x = \frac{j_x 2\pi}{A} \; ; \; k_y = \frac{j_y 2\pi}{A} \; ; \; k_z = \frac{j_z 2\pi}{A} \tag{12.7–9}$$

mit ganzzahligen j_x, j_j, j_z, die zwischen $-\frac{1}{2}$A und $+\frac{1}{2}$A liegen können.

Im Grenzfall $A \to \infty$ (bei konstanter Teilchendichte) wird die Verteilung der $\vec{k}$-Werte kontinuierlich. Die Energie ist in dieser Näherung einfach gleich der kinetischen Energie

$$\epsilon_k = \frac{p^2}{2m} = \frac{\hbar^2 k^2}{2m} \tag{12.7–10}$$

Sie hängt nur vom Betrag $k = |\vec{k}|$ von $\vec{k}$ ab, nicht aber von den speziellen Werten von k_x, k_y, k_z. Die vorhandenen Elektronen werden auf die Niveaus mit der tiefsten Energie verteilt. Die Energie des höchsten besetzten Niveaus wird als Fermi-Energie ϵ_F bezeichnet, das zugehörige $\hbar k_F$ als der ‚Fermi-Impuls'. Zu jedem MO gehört ein Wert

* S. z. B. C. Pisani, R. Dovesi, C. Roetti, *Hartree-Fock Ab Initio Treatment of Crystalline Systems*, Lecture Notes in Chemistry, Vol. 48, Springer, Berlin 1988.

von $\vec{k}$, man kann deshalb jedem MO einen Punkt im $\vec{k}$-Raum zuordnen. Alle doppelt besetzten MO's entsprechenden Punkte haben gemeinsam, daß $|\vec{k}| < k_F$, d.h. sie befinden sich in einer Kugel mit dem Radius k_F. Die Summe über diese Punkte (d.h. die Zahl der doppelt besetzten MO's) läßt sich durch ein Integral approximieren (was um so besser ist je größer A). Aus (12.7–9) folgt, daß die Elektronen im $\vec{k}$-Raum ein primitiv kubisches Gitter der Gitterkonstante $\frac{2\pi}{A}$ bilden. Jedes Elektron beansprucht deshalb den Raum $\left(\frac{2\pi}{A}\right)^3$. Die Gesamtzahl der Elektronen ist gleich 2 mal (wegen α- und β-Spin) dem Volumen der Fermi-Kugel geteilt durch $\left(\frac{2\pi}{A}\right)^3$.

$$n = 2 \int_{|\vec{k}| \leqslant k_F} d\tau \cdot \left(\frac{A}{2\pi}\right)^3 = \frac{8\pi}{3} k_F^3 \cdot \frac{A^3}{8\pi^3} = \frac{A^3 k_F^3}{3\pi^2} \tag{12.7–11}$$

woraus sich für k_F ergibt, wenn man noch die Elektronendichte

$$\rho = \frac{n}{A^3} \tag{12.7–12}$$

einführt

$$k_F = \frac{(3\pi^2 n)^{\frac{1}{3}}}{A} = (3\pi^2 \rho)^{\frac{1}{3}} \tag{12.7–13}$$

Die Fermi-Energie, d.h. die Energie der höchsten besetzten MO's, ist dann

$$\epsilon_F = \frac{\hbar^2 k_F^2}{2m} = \frac{\hbar^2}{2m}(3\pi^2\rho)^{\frac{2}{3}} \tag{12.7–14}$$

Und die Gesamtenergie ist

$$E = 2 \int_{k \leqslant k_F} \frac{\hbar^2 k^2}{2m} d\tau \left(\frac{A}{2\pi}\right)^3 = 8\pi \frac{\hbar^2}{2m} \frac{A^3}{8\pi^3} \cdot \int_0^{k_F} k^4 dk$$

$$= \frac{\hbar^2 A^3}{2m\pi^2} \cdot \frac{k_F^5}{5} = \frac{\hbar^2 (3\pi^2 n)^{\frac{5}{3}}}{10 m \pi^2 A^2} \tag{12.7–15}$$

woraus sich für die mittlere Energie pro Teilchen ergibt

$$\bar{\epsilon} = \frac{E}{n} = \frac{\hbar^2 (3\pi^2)^{\frac{5}{3}}}{10 m\pi^2} \rho^{\frac{2}{3}} = \frac{3\hbar^2}{10m}(3\pi^2\rho)^{\frac{2}{3}} = \frac{3}{5}\epsilon_F \tag{12.7–16}$$

Interessant ist, daß sowohl ϵ_F als auch $\bar{\epsilon}$ proportional zu $\rho^{\frac{2}{3}}$ ist.

Mit diesem einfachen Elektronengasmodell gelingt es erstaunlicherweise, eine Reihe von Eigenschaften des metallischen Zustandes zumindest qualitativ richtig zu beschreiben. In einer Hinsicht ist dieses Modell aber deutlich der HMO-Näherung unterlegen. Es kann keine Erscheinungen beschreiben, die mit der Periodizität des Gitters zu tun haben, denn dieses ging in den Ansatz nicht ein. Damit hängt zusammen, daß das Elektronengasmodell ein unendlich breites Energieband vorhersagt. Es würde deshalb auch für einen Kristall aus He-Atomen metallische Eigenschaften vorhersagen. Das Elektronengasmodell wird deshalb erst dann halbwegs realistisch, wenn man auch die Periodizität des Gitters berücksichtigt. Der einfachste Ansatz in diese Richtung basiert auf einer Anwendung der Störungstheorie 1. Ordnung für entartete Zustände.

Der ungestörte Einelektronen-Hamilton-Operator sei derjenige der kinetischen Energie mit cyclischen Randbedingungen wie beim einfachen Elektronengasmodell. Die Störung sei das Potential $\mathbf{V}$. Da dieses die Periodizität d hat (bei einem primitiv kubischen Gitter in x-, y- und z-Richtung) läßt sich $\mathbf{V}$ als Fourier-Reihe entwickeln, wobei die erste Komponente, auf die wir uns beschränken wollen, die Form hat

$$\mathbf{V} = V_0 \left[\cos \frac{2\pi}{d} x + \cos \frac{2\pi}{d} y + \cos \frac{2\pi}{d} z \right] \qquad (12.7\text{–}17)$$

Da die MO's des Elektronengasmodells von der Form (12.7–8) sind, ist

$$\rho_{\vec{k}} = \varphi^*_{\vec{k}} \cdot \varphi_{\vec{k}} = \frac{1}{A^3} \, e^{-i\vec{k}\vec{r}} e^{i\vec{k}\vec{r}} = \frac{1}{A^3} \qquad (12.7\text{–}18)$$

Die Elektronendichte zu jedem MO ist konstant, und folglich verschwinden auch die Matrixelemente

$$V_{\vec{k}\vec{k}} = (\varphi_{\vec{k}} | \mathbf{V} | \varphi_{\vec{k}}) = 0 \qquad (12.7\text{–}19)$$

für alle MO's. In erster störungstheoretischer Ordnung sollte sich also nichts ändern. Wir müssen allerdings berücksichtigen, daß die MO's zu gleichem $|\vec{k}|$ miteinander entartet sind, und untersuchen, ob diese Entartung nicht etwa durch die Störung aufgehoben wird. Das ist dann der Fall, wenn Nichtdiagonalelemente von $\mathbf{V}$ zwischen MO's zum gleichen $|\vec{k}|$ nicht verschwinden. Betrachten wir insbesondere

$$V_{\vec{k},-\vec{k}} = \frac{1}{A^3} \int e^{-i\vec{k}\vec{r}} \, \mathbf{V} \, e^{-i\vec{k}\vec{r}} \, d\tau$$

$$= \frac{1}{A^3} \int [\cos 2\vec{k}\vec{r} - 2i \sin 2\vec{k}\vec{r}] \, \mathbf{V} \, d\tau$$

$$V_{-\vec{k},\vec{k}} = V^*_{\vec{k},-\vec{k}} \qquad (12.7\text{–}20)$$

Ein solches Matrixelement ist von Null verschieden, wenn

$$2k_x = \frac{2\pi}{d} \text{ bzw. } 2k_y = \frac{2\pi}{d} \text{ oder } 2k_z = \frac{2\pi}{d} \qquad (12.7\text{–}21)$$

d.h. wenn die Periode von k gleich der halben Periode des Gitters ist. Die der Störung angepaßten Linearkombinationen von $\varphi_{\vec{k}}$ und $\varphi_{-\vec{k}}$ sind

$$\varphi^c_{\vec{k}} = \frac{1}{\sqrt{2}}(\varphi_{\vec{k}} + \varphi_{-\vec{k}}) = \sqrt{\frac{2}{A^3}} \cos \vec{k}\vec{r}$$

$$\varphi^s_{\vec{k}} = \frac{1}{i\sqrt{2}}(\varphi_{\vec{k}} - \varphi_{-\vec{k}}) = \sqrt{\frac{2}{A^3}} \sin \vec{k}\vec{r} \qquad (12.7\text{–}22)$$

mit den Energien

$$\epsilon^c_k = \epsilon_k - |V_{\vec{k},-\vec{k}}|$$

$$k = \frac{\pi}{d}$$

$$\epsilon^s_k = \epsilon_k + |V_{\vec{k},-\vec{k}}| \qquad (12.7\text{–}23)$$

Die Energie ϵ_k mit $k = \frac{\pi}{d}$ wird also aufgespalten. Die Funktion $\varphi^c_{\vec{k}}$ hat Bäuche an den Stellen der Atome und Knoten zwischen ihnen, während $\varphi^s_{\vec{k}}$ die Knoten gerade an den Stellen der Atome hat. In der MO-LCAO-Sprache ist $\varphi^s_{\vec{k}}$ eine Linearkombination von p-artigen AO's und gehört deshalb zu einem anderen Band.

Eine genauere Diskussion der MO's in der Nähe von $k = \frac{\pi}{d}$ zeigt, daß diese auch aufgespalten werden (störungstheoretisch in höherer Ordnung) und daß in der Tat eine ‚Energielücke' zwischen ϵ^c_k und ϵ^s_k nach (12.7–23) auftritt. Damit ergibt sich genau wie bei der HMO-Näherung, daß ein Band dann voll besetzt ist, wenn jedes Atom zwei Elektronen zur Verfügung stellt.

Eine exakte MO-Theorie der Kristalle ist im Prinzip möglich, wenn man die Kristall-MO's als Linearkombination der Elektronengas-MO's darstellt und die optimalen Koeffizienten sowie die MO-Energien über das Variationsprinzip aus einer Säkulargleichung erhält. In dieser Basis ist die Matrix der kinetischen Energie diagonal. Die Matrix der potentiellen Energie im Feld der Kerne hat dagegen nicht-verschwindende Nichtdiagonalelemente, nämlich wenn das Produkt $\overset{*}{\varphi}_{\vec{k}}\,\varphi_{\vec{k}'}$ eine Fourier-Komponente der Periodizität $\frac{\pi}{d}$ enthält. Ob diese ‚Entwicklung nach ebenen Wellen' besser oder schlechter ist als eine Entwicklung nach AO's, läßt sich wahrscheinlich nicht eindeutig entscheiden. Zweifellos ist für die MO's der inneren Schalen die LCAO-Entwicklung besser, während für die Valenzelektronen die ebenen Wellen möglicherweise

Vorteile haben. Kombiniert man beide Basissätze, muß man zuerst die ebenen Wellen zu den AO's der inneren Schalen orthogonalisieren (sog. OPW-Methode)*).

Die Standard-ab-initio-Methode der Festkörpertheorie ist die Dichtefunktionaltheorie (s. hierzu Anhang A.3.8), die Hartree-Fock-ähnlich ist, aber Korrelationseffekte implizit mitberücksichtigt**). Unter den Methoden, bei denen die Elektronenkorrelation explizit berücksichtigt wird, ist der sog. lokale Ansatz***) zu nennen.

12.8. Ergänzungen zu den Elektronenmangelverbindungen

Während der auf S. 344 erwähnte Grundkörper des B_4H_4 vom Experiment her noch nicht bekannt ist, kennt man das tetra-*tert*-butyl substituierte Derivat B_4 (*t*-but)$_4$. B_4H_4 und seine Alkylderivate werden nur durch eine Mehrkonfigurationswellenfunktion gut beschrieben. Insbesondere ist eine Mehrkonfigurationsbeschreibung, die bei Boranen sonst nicht erforderlich ist, zur richtigen Beschreibung der ungewöhnlichen chemischen Verschiebung des B-Atoms erforderlich[1)].

Die Struktur des 2-Norbornylkations (S. 348) kann als gesichert gelten. Für die klassische Struktur spricht das Tieftemperatur-NMR-Spektrum[2)], vor allem der sog. sekundäre Isotopeneffekt[3)], sowie die gute Übereinstimmung von Experiment und IGLO-Rechnungen der chemischen Verschiebung[4)].

Neuere Rechnungen am CH_5^+ bestätigen weitgehend das auf S. 349 Gesagte[5,6)].

Das mit dem CH_5^+ isoelektronische BH_5 ist ein schwach gebundener Komplex zwischen BH_3 und H_2[7),8)].

Bei den Carboniumionen $C_2H_3^+$ und $C_2H_5^+$ (S. 350) hat sich qualitativ nicht viel geändert, aber in bezug auf die Genauigkeit der Energiedifferenzen wurden Fortschritte erzielt[4,9),10)].

---

* C. Herring, Phys. Rev. *57*, 1169 (1940); s. auch J.C. Slater, Adv. Quant. Chem. *1*, 35 (1964).

** V.L. Muruzzi, J.F. Janek, A.R. Williams *Calculated Electronic Properties of Metals*, Pergamon New York 1978
A. Neckel Int. J. Quantum Chem. *23*, 1313 (1983).

*** P. Fulde, *Electron Correlation in Molecules and Solids*, Springer, Berlin 1991.

1 Ch. van Wüllen u. W. Kutzelnigg, Chem. Phys. Lett. *205*, 563 (1993).
2 G.A. Olah, G.K.S. Prakash, M. Arvanaghi, F.A.L. Anet, J. Am. Chem. Soc. *109*, 7105 (1982).
3 M. Saunders, M.R. Kates, J. Am. Chem. Soc. *105*, 3571 (1983).
4 M. Schindler, J. Am. Chem. Soc. *109*, 1020 (1987).
5 W. Klopper u. W. Kutzelnigg, J. Phys. Chem. *94*, 5625 (1990).
6 P.R. Schreiner, S.-J. Kim, H.F. Schaefer III, P. v. R. Schleyer, J. Chem. Phys. im Druck.(1993).
7 C. Hoheisel u. W. Kutzelnigg, J. Am. Chem. Soc. *97*, 6970 (1975).
8 J.F. Stanton, W.N. Lipscomb u. R.J. Bartlett, J. Am. Chem. Soc. *111*, 5173 (1989).
9 C. Liang, T.P. Hamilton, H.F. Schaefer III, J. Chem. Phys. *92*, 3653 (1990).
10 R. Lindh, J.E. Rice, T.J. Lee, J. Chem. Phys. *94*, 808 (1991).

13. Elektronenüberschußverbindungen und das Problem der Oktettaufweitung bei Hauptgruppenelementen

13.1. 4-Elektronen-3-Zentren-Bindungen

Wir haben bereits in Abschn. 12.1 definiert, was man unter Elektronenüberschußverbindungen verstehen soll, nämlich Verbindungen, in denen – zumindest für eines seiner Atome – sowohl die Zahl der an der Bindung beteiligten Valenzelektronen als auch die der formalen Bindungen größer ist als die der bindenden Orbitale.

In der Theorie der Elektronenmangelverbindungen spielt die 2-Elektronen-3-Zentren-Bindung eine zentrale Rolle. Für die Elektronenüberschußverbindungen ist die 4-Elektronen-3-Zentren-Bindung von ähnlich grundsätzlicher Bedeutung. Anders als bei den 2-Elektronen-3-Zentren-Bindungen, für die im H_3^+ ein besonders übersichtlicher Prototyp vorliegt, gibt es keinen so einfachen Prototyp einer 4-Elektronen-3-Zentren-Bindung. Wir wollen deshalb zunächst nicht ein bestimmtes Molekül betrachten, sondern eine mehr modellmäßige Überlegung anstellen. Wir können hierzu an Abschn. 10.5.2 anschließen, wo wir lineare neutrale AH_2-Moleküle mit vier Valenzelektronen im Rahmen der HMO-Näherung diskutierten. Und zwar geht uns insbesondere der dortige Grenzfall b) an, der gekennzeichnet ist durch

$$\alpha_p \gg \alpha_s \qquad \alpha_p > \alpha_h \qquad |\beta_{sh}| \gg |\alpha_s - \alpha_h| \qquad |\beta_{ph}| \ll |\alpha_p - \alpha_h|$$

d.h. das p-AO des Zentralatoms liegt energetisch so hoch, daß es sich praktisch an der Bindung nicht beteiligt. Für diesen Fall einer 4-Elektronen-3-Zentren-Bindung sind im Rahmen der HMO-Näherung die Bindungsenergie ΔE sowie die Ladungsordnungen q_μ bzw. die effektiven Ladungen Q_μ gegeben zu (vgl. Abschn. 10.5.2)

$$\Delta E = \alpha_h - \alpha_s + 2\sqrt{2}\,\beta_{sh} \qquad (13.1-1)$$

$$q_s = 1\,; \quad q_h = 1.5$$

$$Q_s = +1\,; \quad Q_h = -0.5 \qquad (13.1-2)$$

Es ist deutlich, daß die Bindung partiell ionogen ist, es wird eine ganze Elektronenladung vom Zentralatom A auf die H-Atome übertragen, entsprechend tritt die mit dieser Elektronenübertragung verbundene Energie $\alpha_h - \alpha_s$ auch im Ausdruck der Bindungsenergie auf. Wir wissen von polaren Bindungen (Kap. 7), daß bei diesen die HMO-Näherung überfordert ist, aber daß man Gl. (13.1–1) in erster Näherung retten kann, wenn man $\alpha_h - \alpha_s$ durch $-A_h + I_s$, d.h. die Differenz von Elektronenaffinität des H-Atoms und Ionisationspotential des Zentralatoms, ersetzt und einen Beitrag für die quasiklassische Wechselwirkung der effektiven Ladungen hinzufügt.

Wir stellen zunächst fest, daß starke Polarität ein unverwechselbares Kennzeichen von Elektronenüberschußverbindungen ist. Diese Polarität kommt dadurch zustande, daß das bindende MO φ_1 zwar über die drei Atome halbwegs gleichmäßig verteilt ist, am nichtbindenden MO dagegen nur die Außenatome beteiligt sind, so daß diese insgesamt mehr Anteil an der Elektronenladung haben, als sie zu ihr beisteuerten.

Bei der soeben skizzierten Überlegung wurde nicht explizit davon Gebrauch gemacht, daß die Außenatome H-Atome sind. Es können irgendwelche Atome oder Reste B sein, die je ein AO für die Bindung zur Verfügung stellen (wir wollen trotzdem weiterhin α_h schreiben). Wir müssen auch nicht unbedingt voraussetzen, daß das AB_2-Molekül neutral ist. Es kann etwa auch ein Ion sein. (Dann sind aber nur die q_μ in (13.1–2), nicht aber die Q_μ richtig.)

Ausgehend von Gl. (13.1–1) und vom im Anschluß daran gegebenen Kommentar würde man schließen, daß immer dann Bindung auftritt, wenn die Elektronenübertragung vom Zentralatom auf die Außenatome weniger Energie kostet als durch den Interferenzterm $2\sqrt{2}\,\beta_{sh}$ sowie durch die quasiklassische Wechselwirkung der effektiven Ladungen gewonnen wird.

Nun genügt es zur Stabilisierung von BAB aber nicht, daß BAB bez. A + 2B gebunden ist, sondern es muß auch gegenüber z.B. $BA^+ + B^-$ stabil sein. Im Rahmen der HMO-Näherung ist die Bindungsenergie von $BA^+ + B^-$, verglichen mit A + 2B, gegeben durch

$$\Delta E = \alpha_h - \alpha_s + 2\beta_{sh} \tag{13.1–3}$$

Offenbar ist (13.1–1) um den Betrag $2(\sqrt{2}-1)\beta_{sh}$ tiefer als (13.1–3), so daß man erwarten sollte, daß BAB immer stabil ist gegenüber $BA^+ + B^-$, jedenfalls unter den Voraussetzungen, daß eine Argumentation im Rahmen der HMO-Näherung zulässig ist und daß in den Systemen BAB bzw. $BA^+ + B^-$ das gleiche β zu verwenden ist.

Nun wird sicher das β im BAB in der Regel dem Betrage nach etwas kleiner als im BA^+ sein, schon weil der B–A-Abstand in BAB größer sein wird. Dieser Effekt reduziert die Differenz zwischen (13.1–3) und (13.1–1) und kann evtl. zu einer Vorzeichenumkehr führen. Behandelt man den Vergleich von BAB und $BA^+ + B^-$ etwa nach dem Formalismus, den wir bei der Diskussion der Bindungsalternierung in π-Elektronensystemen (Abschn. 11.11) verwendet haben, indem man $\beta_1 = \beta + \delta$, $\beta_2 = \beta - \delta$ setzt, wo $\delta = 0$ dem symmetrischen BAB und $\delta = \beta$ dem Grenzfall $BA^+ + B^-$ entspricht, dann sollte immer die unsymmetrische Bindung stabiler sein. In diesem Formalismus überschätzt man allerdings den Unterschied zwischen dem mittleren β in BAB und dem β im BA^+, während man ihn unterschätzt, wenn man das mittlere β im BAB gleich dem β im BA^+ setzt. Die Wahrheit liegt irgendwo in der Mitte, was bedeutet, daß – jedenfalls im Rahmen der Hückel-Näherung – von Fall zu Fall entweder BAB oder $BA^+ + B^-$ stabiler sein kann.

Ähnlich wie man in (13.1–1) eigentlich $\alpha_h - \alpha_s$ durch $A_h - I_s$ ersetzen sollte, wäre die gleiche Ersetzung in (13.1–3) vorzunehmen, so daß diese Korrektur auf den Energieunterschied zwischen BAB und $BA^+ + B^-$ keinen maßgeblichen Einfluß hat. Die quasiklassische Coulomb-Wechselwirkung, die man in (13.1–1) sowie (13.1–3) auch noch zu berücksichtigen hätte, begünstigt dagegen eine symmetrische Struktur.

Natürlich kann man auch i.allg. nicht davon ausgehen, daß der Grenzfall b) aus Abschnitt 10.5.2 verwirklicht ist. Ist z.B. $|\beta_{sh}|$ von gleicher Größenordnung wie $|\alpha_s - \alpha_h|$, so liegt eine Situation zwischen den Grenzfällen a) und b) vor, demgemäß liegt z.B. q_s zwischen 0 und 1 und q_h zwischen 1.5 und 2.0. Im Grenzfall a) ist $q_s = 0$ und $q_h = 2$, und das Molekül ist rein ionogen gebunden gemäß $B^-A^{2+}B^-$. In diesem Grenzfall ist nur die elektrostatische Wechselwirkung für die Geometrie verantwortlich, und man sollte eine symmetrische Struktur erwarten. Ebenfalls sollte eine symmetrische Struktur begünstigt werden, wenn $|\beta_{ph}|$ von der gleichen Größenordnung wie $\alpha_p - \alpha_h$ ist, wenn also eine Situation zwischen den Grenzfällen b) und c) gegeben ist. Der Grenzfall c) entspricht zwei äquivalenten lokalisierten A—B-Bindungen.

Sehr weitgehende Schlüsse kann man aus den soeben gemachten Überlegungen nicht ziehen. Wir können nur folgendes feststellen:

1. Eine wichtige Voraussetzung für das Auftreten einer stabilen 4-Elektronen-3-Zentren-Bindung BAB besteht darin, daß A ein genügend kleines Ionisationspotential hat und B genügend elektronegativ ist. Die gleiche Voraussetzung ist aber auch für die Stabilität der Systeme $BA^+ + B^-$ notwendig. Sie sagt deshalb nichts darüber aus, ob die Bindung in BAB symmetrisch ist oder nicht.

2. Der Idealfall einer 4-Elektronen-3-Zentren-Bindung gemäß dem Grenzfall b) aus Abschn. 10.5.2 mit einem kovalent bindenden MO φ_1 und einem nichtbindenden — und damit eine ionogene Bindung vermittelnden — φ_2 wird selten verwirklicht sein. Vielfach wird auch die durch φ_1 beschriebene Bindung polar sein oder das MO φ_2 etwas bindend sein (durch Mitbeteiligung des p-AO's) oder beides gleichzeitig. Jeder dieser Effekte sollte eine symmetrische BAB-Struktur stabilisieren.

Wie schwierig allgemeine Aussagen über 4-Elektronen-3-Zentren-Bindungen sind, erkennt man auch, wenn man sich an das H_3^- erinnert, das wir in Abschn. 9.1 besprachen. Bekanntlich sollte das H_3^- im Rahmen der HMO-Näherung bez. $H_2 + H^-$ um den Betrag $2(\sqrt{2} - 1)\beta$ stabil sein, in Wirklichkeit ist es aber nicht stabil gegenüber $H_2 + H^-$. Wir haben als Erklärung dafür angegeben, daß das in der HMO-Näherung nichtbindende MO φ_2 in Wirklichkeit erheblich antibindend ist, hauptsächlich deshalb, weil das β zwischen den Außenatomen nicht verschwindet und weil als Folge der großen Überlappungsintegrale die Whelandsche Korrektur zu den HMO-Energien wesentlich wird. Wie man das Ergebnis der Analyse des H_3^- auf den Allgemeinfall der 4-Elektronen-3-Zentren-Bindung übertragen soll, ist nicht so ohne weiteres zu sehen. Man kann allenfalls vermuten, daß sowohl Überlappungseffekte höherer Ordnung als auch Interferenzeffekte zwischen nicht-nächsten Nachbarn eine Rolle spielen und daß eine allgemeine Theorie der Elektronenüberschußbindungen schwieriger als eine Theorie der Elektronenmangelbindungen ist.

Die übersichtlichsten Beispiele für Elektronenüberschußbindungen liegen bei den sog. Wasserstoffbrücken-Bindungen vor, so daß wir uns mit diesen zunächst befassen wollen, auch wenn hier die BAB-Bindungen i.allg. extrem unsymmetrisch sind (Abschn. 13.2).

Wir werden einen deutlichen Zusammenhang zwischen den Wasserstoffbrücken-Bindungen und den Ladungs-Übertragungs(charge-transfer)-Bindungen sehen, der uns veranlaßt, diese auch im Zusammenhang mit den Elektronenüberschußbindungen zu besprechen (Abschn. 13.3).

Wir wollen dann auf Verbindungen wie das XeF_2 oder JF_2^- eingehen – in denen offensichtlich symmetrische 4-Elektronen-3-Zentren-Bindungen vorliegen – nachdem wir zuvor schon symmetrische Wasserstoffbrücken-Bindungen wie in FHF^- kennengelernt haben.

Viele Elektronenüberschußverbindungen lassen sich ausschließlich durch 4-Elektronen-3-Zentren-Bindungen beschreiben, wie z.B. XeF_2 und XeF_4; erstere durch eine, letztere durch zwei solcher Bindungen. Daneben findet man Moleküle, in denen sowohl normale 2-Zentrenbindungen als auch 4-Elektronen-3-Zentren-Bindungen vorliegen, etwa im SF_4, das man sich aufgebaut denken kann aus dem normalvalenten SF_2 und einer Dreizentrenbindung mit SF_2 als ‚Zentralatom'. Mit beiden Typen von Verbindungen werden wir uns in Abschn. 13.4 befassen.

Wir gehen dann auf die Elektronenüberschußverbindungen mit formal zweiwertigen Außenatomen wie Sauerstoff ein. Hierzu gehören die Edelgasoxide ebenso wie so klassische Verbindungen wie SO_2, SO_3 etc. Die ‚semipolaren' Bindungen, die hier vorliegen, zeigen gewissen Analogien, aber auch Unterschiede zu den 4-Elektronen-3-Zentren-Bindungen (Abschn. 13.5).

Es gibt auch Elektronenüberschußverbindungen, die sich nicht durch 4-Elektronen-3-Zentren-MO's, sondern nur durch über das gesamte Molekül delokalisierte Orbitale beschreiben lassen. Etwas Analoges gibt es ja auch bei den Elektronenmangelverbindungen. Wir kommen auf diesen allgemeineren Fall von Elektronenüberschußverbindungen in Abschn. 13.6 zurück.

13.2. Wasserstoffbrücken-Bindungen

Die Wasserstoffbrücken (H-Brücken) werden oft zu den zwischenmolekularen Wechselwirkungen und nicht zur chemischen Bindung im eigentlichen Sinn gerechnet*). Das ist aber nur mit Einschränkungen gerechtfertigt, da die H-Brücken eine Reihe wichtiger Eigenschaften eher mit den echten chemischen Bindungen teilen als mit typischen zwischenmolekularen Kräften. Dazu gehört ihre starke Richtungsabhängigkeit (‚gerichtete Kräfte'), ihre nicht unerhebliche Bindungsenergie [einige kcal/mol bis ca. 45 kcal/mol, während z.B. Dispersionswechselwirkungen (vgl. Kap. 15) in der

* Der Standpunkt, die Wasserstoffbrücken-Bindungen zu den zwischenmolekularen Kräften zu rechnen, ist in der Literatur durchaus der üblichere. Z.B. nimmt P. Schuster in seinem sehr lesenswerten Artikel ‚Energy Surfaces for Hydrogen Bonded Systems' in ‚The Hydrogen Bond. Recent Developments in Theory and Experiment' (P. Schuster et al. ed., North-Holland Amsterdam 1976) diesen Standpunkt ein. Rechnet man die Wasserstoffbrücken-Bindung zu den zwischenmolekularen Kräften, so erscheinen die ‚schwachen' H-Brücken, etwa in $(H_2O)_2$ als die ‚natürlichen' Vertreter dieses Typs von Wechselwirkungen, während die ‚starken' H-Brücken wie etwa in $(FHF)^-$ als ungewöhnlich erscheinen. Vom Standpunkt aus, den wir hier einnehmen, ist es genau umgekehrt. Es erübrigt sich fast, darauf hinzuweisen, daß die ‚Wahrheit' irgendwo zwischen beiden extremen Standpunkten liegt, von denen von Fall zu Fall der eine oder der andere angemessen ist.

Regel kleiner als 1 kcal/mol sind], damit zusammenhängend die doch recht kleinen Bindungsabstände (van-der-Waals-Abstand zwischen zwei O-Atomen: 3.2 Å, O—O-Abstand in einer OHO-Brücke von flüssigem Wasser: 2.8 Å, in sog. anomalen Ionen: 2.4 Å). In manchen Fällen führen H-Brücken zu ausgesprochener Molekülbildung – z.B. in der dimeren Essigsäure

$$H_3C-C\begin{matrix}O\cdots HO\\\\OH\cdots O\end{matrix}C-CH_3$$

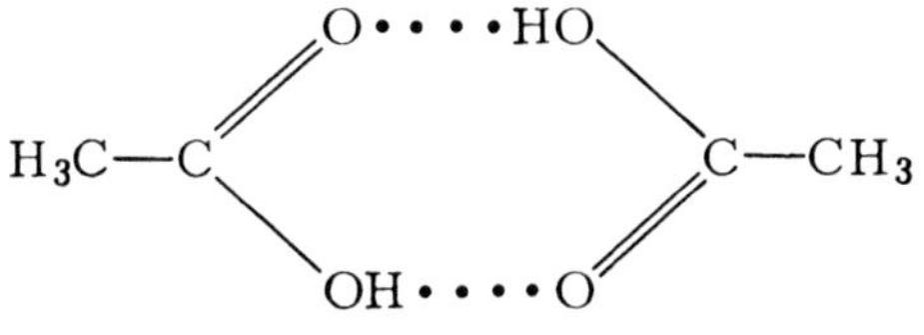

in anderen Fällen – z.B. in flüssigem Wasser – behalten die Einzelmoleküle noch weitgehend ihre Individualität. Mit zwischenmolekularen Kräften teilen die H-Brücken-Bindungen die große Reichweite, die bei echten kovalenten chemischen Bindungen nicht vorhanden ist.

Das hängt mit folgendem zusammen:

Zur Ausbildung von H-Brücken befähigte Moleküle haben i.allg. beträchtliche Dipolmomente. Zwischen solchen gibt es eine elektrostatische Wechselwirkungsenergie, die proportional zu R^{-3} ist, wobei R der intermolekulare Abstand ist (sie ist natürlich auch abhängig von der relativen Orientierung der Moleküle, vgl. hierzu Kap. 15). Sind zwei Moleküle ‚richtig' zueinander orientiert, so ist diese Wechselwirkung anziehend und von großer Reichweite. Manche Eigenschaften von H-Brücken-gebundenen Systemen kann man, zumindest qualitativ, bereits auf der Grundlage dieser klassisch-elektrostatischen Wechselwirkung verstehen, so daß vielfach geleugnet wurde, daß zur Beschreibung der H-Brücken-Bindung die Quantenchemie vonnöten sei.

Die Quantenchemie ist aber sehr wohl zuständig für die H-Brücken-Bindungen bei kleinen und mittleren Abständen, und zwar insbesondere im Bereich der Gleichgewichtsabstände. Zwei quantenchemische Beiträge sind wesentlich, erstens die Abstoßung, die bei kleinen Abständen immer auftritt, und zweitens die Ausbildung einer 4-Elektronen-3-Zentren-Bindung. Wäre der zweite Beitrag nicht vorhanden, würden sich über H-Brücken verbundene Atome nicht so nahe kommen, wie es tatsächlich der Fall ist, die quantenmechanischen Abstoßungsterme würden schon bei wesentlich größeren Abständen den Ausschlag geben. In der Nähe des Gleichgewichtsabstandes sind Dipol-Dipol-Anziehung, durch Durchdringung und Überlappung bestimmte Abstoßung und kovalente Bindungsenergien etwa von der gleichen Größenordnung.

Diesen kovalenten Bindungsanteil kann man gut anhand des folgenden Modells verstehen, das insbesondere von Bratož[*] formuliert wurde.

---

[*] S. Bratož, Adv. Quant. Chem. *3*, 209 (1967). Dort findet man auch Hinweise auf ältere Literatur zum Thema Wasserstoffbrücken. Bezüglich neuerer Arbeiten zur Theorie der Wasserstoffbrücken-Bindung sei der Leser auf den erwähnten Übersichtsartikel von P. Schuster verwiesen. Es ist durchaus möglich, und gewisse neuere Rechnungen weisen darauf hin, daß das Bratožsche Modell den charge-transfer-Beitrag zu den Wasserstoffbrücken überschätzt. Es vernachlässigt zudem den durchaus wichtigen Induktions-(Polarisations-)Beitrag (s. Abschn. 15.4) und den weniger wichtigen der Dispersion (Abschn. 15.5). Qualitativ bleibt dieses Modell dennoch überzeugend.

Betrachten wir ein System AH und ein System B, und beschränken wir uns auf die Elektronen der AH-Bindung und des einsamen Elektronenpaars am Atom B, d.h. reduzieren wir die H-Brücke auf ein 4-Elektronen-3-Zentren-Problem! Das bindende Orbital der AH-Bindung sei φ_{AH}, und das Orbital des freien Elektronenpaares an B sei φ_B. Dann ist die Wellenfunktion des Gesamtsystems in erster Näherung

$$\Phi_1(1,2,3,4) = \mathscr{A}\left\{\varphi_{AH}(1)\,\bar{\varphi}_{AH}(2)\,\varphi_B(3)\,\bar{\varphi}_B(4)\right\} \qquad (13.2\text{–}1)$$

Wenn, wie das hier der Fall ist, die getrennten Teilsysteme AH und B aus abgeschlossenen Schalen bestehen, geht die zu (13.2–1) gehörende Energie für großen Abstand zwischen AH und B gegen die Summe der Energien der Teilsysteme (vgl. Abschn. 8.4). Dieser Ansatz stellt deshalb für große Abstände eine akzeptable Näherung dar, mit ihm erfaßt man sicher alle elektrostatischen Wechselwirkungen zwischen den Teilsystemen, und wir erhalten mit ihm bei kleineren Abständen die übliche Abstoßung zwischen abgeschlossenschaligen Systemen.

Bei Benutzung dieses Ansatzes sind die besetzten MO's Linearkombinationen von φ_{AH} und φ_B. Deshalb ist dieser Ansatz weniger allgemein, als wenn wir von vornherein zugelassen hätten, daß die MO's Linearkombinationen von φ_A, φ_H und φ_B sind. Um diese gleiche Allgemeinheit zu erhalten, kann man die MO's auch als Linearkombinationen von φ_{AH}, φ_B und φ^*_{AH} darstellen, wobei φ^*_{AH} das (im isolierten AH unbesetzte) antibindende MO der AH-Bindung darstellt. Die „Beimischung" von φ^*_{AH} kann man bei unserem Ansatz dadurch berücksichtigen, daß man ihn erweitert zu

$$\Psi(1,2,3,4) = C_1\Phi_1(1,2,3,4) + C_2\Phi_2(1,2,3,4) \qquad (13.2\text{–}2)$$

mit

$$\begin{aligned}\Phi_2 = \mathscr{A}\Big\{&\Big[\varphi_{AH}(1)\,\bar{\varphi}_{AH}(2)\,\varphi_B(3)\,\bar{\varphi}^*_{AH}(4)\Big] + \\ &+ \Big[\varphi_{AH}(1)\,\bar{\varphi}_{AH}(2)\,\varphi^*_{AH}(3)\,\bar{\varphi}_B(4)\Big]\Big\}\end{aligned} \qquad (13.2\text{–}3)$$

d.h., daß man eine Konfigurationswechselwirkung mit der „einfach substituierten" Konfiguration Φ_2 (evtl. zusätzlich auch mit zweifach substituierten Konfigurationen) zuläßt. Eine solche Konfigurationswechselwirkung führt zu einer Erniedrigung der Energie, wobei es aber sehr vom speziellen Fall abhängt, wie stark diese Erniedrigung ist. Sei $\mathbf{H}$ der effektive Hamilton-Operator für die vier herausgegriffenen Elektronen mit den Matrixelementen H_{ik}, und seien die Überlappungsintegrale wie üblich mit S_{ik} bezeichnet

$$\begin{aligned}H_{ik} &= (\Phi_i, \mathbf{H}\Phi_k)\\ S_{ik} &= (\Phi_i, \Phi_k)\end{aligned} \qquad (13.2\text{–}4)$$

und unterstellt man, daß die Beimischung von Φ_2 zu Φ_1 klein ist, so erhält man für die zu Ψ nach (13.2–2) gehörende Energie in 2. störungstheoretischer Näherung

$$E = H_{11} - \frac{(H_{12} - S_{12}H_{11})^2}{H_{22} - H_{11}} \tag{13.2–5}$$

Das Diagonalelement H_{11} entspricht der Energie des Gesamtsystems, wenn keine ‚Ladungsübertragung', also keine ‚Beimischung' von Φ_2 auftritt. Diese Energie H_{11} setzt sich zusammen aus

1. der Energie $E(\mathrm{AH}) + E(\mathrm{B})$ der getrennten Systeme ohne Wechselwirkung,

2. der elektrostatischen Wechselwirkung zwischen AH (das einen elektrischen Dipol darstellt) und B (das i.allg. negativ geladen ist).

Repräsentieren wir den Dipol AH durch entgegengesetzte Punktladungen am A und H sowie B durch eine Punktladung, so können wir diese Wechselwirkung einfach schreiben

$$\frac{Q_\mathrm{B} Q_\mathrm{H}}{R_\mathrm{BH}} + \frac{Q_\mathrm{B} Q_\mathrm{A}}{R_\mathrm{AB}} \tag{13.2–6}$$

wenn Q_ν die Ladung des Atoms ν (einschließlich Vorzeichen) und $R_{\mu\nu}$ den Abstand der Atome μ und ν bedeutet.

3. einer abstoßenden Wechselwirkung, die mit Überlappung und Eindringen zusammenhängt. Wir wissen, daß diese in guter Näherung exponentiell vom Abstand abhängt. Wir schreiben sie deshalb

$$k \cdot \mathrm{e}^{-bR_\mathrm{AB}} \tag{13.2–7}$$

wobei k und b zunächst noch unbekannte Konstanten sind.

Das Diagonalelement H_{22} stellt die Energie der einfach ‚angeregten' (Singulett-) Konfiguration $\varphi_\mathrm{AH}^2\, \varphi_\mathrm{AH}^*\, \varphi_\mathrm{B}$ dar. Diese Energie unterscheidet sich von H_{11}:

1. um die Differenz $I_\mathrm{B} - A_\mathrm{AH}$ des Ionisationspotentials von B und der Elektronenaffinität von AH, d.h. die unmittelbar mit der Ladungsübertragung verknüpfte Energie.

2. um die Änderung der Elektronenwechselwirkung als Folge der Ladungsübertragung. Wir wollen diesen Beitrag als $C_\mathrm{AH,B}$ bezeichnen.

Drücken wir H_{11} und H_{22} in der angegebenen Weise aus und setzen wir das in (13.2–5) ein, so erhalten wir

$$\Delta E = E - E(\mathrm{AH}) - E(\mathrm{B})$$

$$= \frac{Q_\mathrm{B} Q_\mathrm{H}}{R_\mathrm{BH}} + \frac{Q_\mathrm{B} Q_\mathrm{A}}{R_\mathrm{AB}} + k \cdot e^{-bR_\mathrm{AB}} - \frac{(H_{12} - S_{12}H_{11})^2}{I_\mathrm{B} - A_\mathrm{AH} - C_\mathrm{AH,B}} \tag{13.2–8}$$

Die Bindungsenergie ΔE der Wasserstoffbrücken-Bindung setzt sich in dieser Näherung aus drei Typen von Beiträgen zusammen

1. der elektrostatischen Anziehung + Abstoßung der effektiven Ladungen,
2. der typischen Abstoßung abgeschlossenschaliger Systeme bei kleinen Abständen,
3. einem Beitrag als Folge der Ladungsübertragung, der um so größer ist, je größer $H_{12} - S_{12} \cdot H_{11}$ (gewissermaßen das effektive reduzierte ‚Resonanzintegral' zwischen Φ_1 und Φ_2, das im wesentlichen von der Überlappung zwischen φ_{AH} und φ_B abhängt) ist und je weniger Energie die Ladungsübertragung kostet. Für die Energie der H-Brücken-Bindung zwischen den H_2O-Molekülen im Gleichgewichtsabstand im Eis wurde abgeschätzt*), daß die Beiträge der drei Effekte etwa folgende Werte haben:

Elektrostatische Anziehung	− 6 kcal/mol
Überlappungsbedingte Abstoßung	+ 5.4 kcal/mol
Ladungsübertragung	− 8 kcal/mol

Die Summe von −8.6 kcal/mol wäre mit dem experimentellen Wert von −6.1 kcal/mol zu vergleichen. Daß der elektrostatische Term allein schon nahezu das richtige Ergebnis liefert, ist ein Zufall, hat aber in ähnlichen Fällen die falsche Vorstellung ermutigt, daß die Betrachtung des elektrostatischen Effekts allein ausreiche.

Welchen Einfluß hat die besprochene Beimischung von Φ_2 auf die Elektronenverteilung?

Zum einen wird φ_{AH}^* teilweise besetzt. Da dieses Orbital antibindend ist, bedeutet das, daß die A–H-Bindung etwas geschwächt wird. Zum anderen sinkt die Besetzungszahl von φ_B, und das bedeutet, daß etwas Ladung vom System B auf das System AH übertragen wird. Man bezeichnet eine solche Ladungsübertragung (wie sie durch „Beimischung" der Konfiguration Φ_2 zustande kommt) meist mit dem englischen Ausdruck ‚charge transfer'. Sie ist mit einer anziehenden (bindenden) Wechselwirkung verbunden. Auf die Bedeutung der charge-transfer-Wechselwirkung hat als erster Mulliken hingewiesen**). In der Sprache der VB-Methode stellt man den gleichen Sachverhalt manchmal dadurch dar, daß man das Gesamtsystem durch eine Überlagerung von zwei Valenzstrukturen beschreibt

---

* C.A. Coulson in ‚Hydrogen Bonding' (D. Hadzi u. H.W. Thompson eds). Pergamon, New York, 1959. M.J.T. Bowers und R.M. Pitzer [J. Chem. Phys. *59*, 163 (1973)] fanden aus einer ab-initio-Rechnung für das $(H_2O)_2$ folgende Beiträge

Elektrostatische Anziehung	− 9.1 kcal/mol
Überlappungsbedingte Abstoßung	+ 9.0 kcal/mol
Induktion	− 0.7 kcal/mol
Ladungsübertragung	− 7.4 kcal/mol
	− 8.2 kcal/mol

Trotz des beträchtlichen Beitrags der Ladungsübertragung (charge transfer) zur Energie ist die tatsächliche Ladungsübertragung recht klein, und zwar nur 0.07 bis 0.08 Elektronen. In Rechnungen anderer Autoren an anderen Systemen werden noch kleinere Ladungsverschiebungen erhalten (s.P. Schuster l.c.)

** R.S. Mulliken, J. Am. Chem. Soc. *74*, 811 (1952).

$$\mathrm{A{-\!\!-}H} \qquad \mathrm{B}$$

$$\mathrm{A}^{(-)} \quad \mathrm{H{-\!\!-\!\!-}B}^{(+)} ,$$

von denen die erste das größere Gewicht hat. Als Folge des charge transfer wird zwar die A–H-Bindung geschwächt, gleichzeitig entsteht aber eine bindende Wechselwirkung zwischen H und B.

Im Grunde ist eine Beschreibung der H-Brücken-Bindung durch einen charge-transfer-Mechanismus gleichwertig einer MO-LCAO-Beschreibung, bei der man von den AO's der getrennten Atome A und B ausgeht. (Bei der MO-LCAO-Beschreibung wählt man als Basis die AO's φ_A, φ_B, φ_H, wir haben hier die aus der LCAO-Basis durch eine unitäre Transformation hervorgegangene Basis φ_{AH}, φ^*_{AH}, φ_B verwendet.)

Die hier gegebene Beschreibung hat aber den Vorteil, daß sie zwangloser der Tatsache gerecht wird, daß auch in der Nähe des Energieminimums in der Regel eine starke, d.h. kurze AH-Bindung und eine schwache, d.h. lange HB-Bindung vorliegt, anders gesagt, daß Wasserstoffbrücken-Bindungen in der Regel unsymmetrisch sind.

Den grundsätzlichen Unterschied zwischen Elektronenmangel- und Elektronenüberschußverbindungen, was ihre Bindungsfestigkeit anbetrifft, kann man sich jetzt auch folgendermaßen klarmachen. Sei AH ein Molekül mit einer normalen 2-Elektronen-2-Zentren-Bindung. Es soll jetzt einmal mit B^+, das ein unbesetztes AOφ_B hat, andererseits mit B^-, in dem φ_B doppelt besetzt ist, wechselwirken. Wir betrachten dazu Abb. 79.

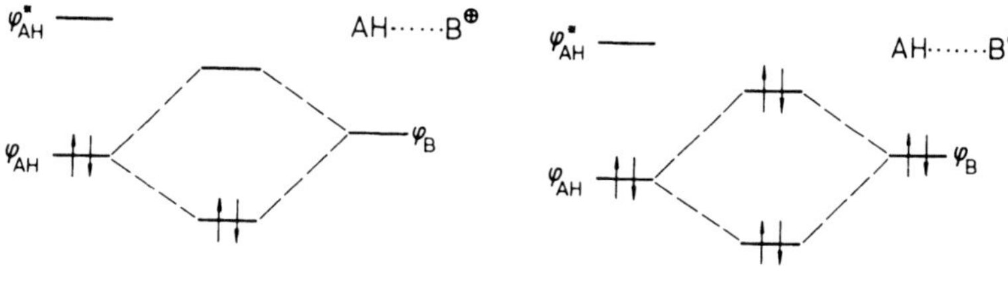

Abb. 79. Erläuterung für das Zustandekommen einer Wasserstoffbrücke.

In AH . . . B^+ liegt eine 2-Elektronen-3-Zentren-Bindung (Elektronenmangelbindung) vor. Sie kommt durch die Wechselwirkung des doppelt besetzten φ_{AH} und des unbesetzten φ_B zustande, die bereits in erster Näherung sehr groß ist. Im AH . . . . B^- haben wir dagegen die Wechselwirkung zwischen zwei doppelt besetzten MO's φ_{AH} und φ_B. In erster Näherung tritt keine Bindung, sondern nur Abstoßung bei kleinen Abständen auf. Erst die Mitbeteiligung von φ^*_{AH}, d.h. ein Effekt höherer Ordnung (wie wir ihn vorher diskutierten), kann zu einer chemischen Bindung führen. Weil die Bindungsenergie von AHB^- verglichen mit $AH + B^-$ nur klein ist, reicht sie in den meisten Fällen nicht aus, eine symmetrische Struktur zu erzwingen, weil eine zu starke Annäherung von B an H am Abstoßungsterm scheitert. Die Energie als Funktion der Annäherung von B^- und H (und synchron damit der entsprechenden Dehnung der AH-Bindung) sieht, für A und B identisch, etwa wie auf Abb. 80 aus.

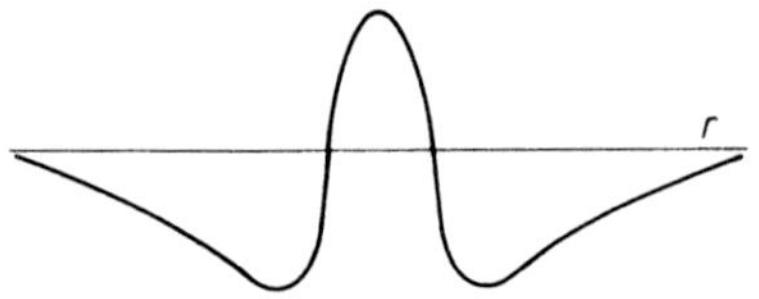

Abb. 80. Typische Potentialkurve für eine unsymmetrische H-Brücke zwischen gleichen Partnern.

Bei einem solchen Verlauf der Energie liegt die symmetrische Konfiguration A . . . H . . . A energetisch höher als die beiden äquivalenten unsymmetrischen Konfigurationen A . . . . H–A oder A–H . . . . . A. Zur Isomerisierung einer der beiden äquivalenten Gleichgewichtskonfigurationen in die andere ist eine Potentialbarriere zu überwinden.

Es gibt aber auch symmetrische Elektronenüberschuß-H-Brücken, bei denen sich das H-Atom in der Mitte zwischen den Partnern A und B befindet. Beispiele sind:

$[F - H - F]^{-}$ *) und $[H_2O{-}H{-}OH_2]^{+}$ **)

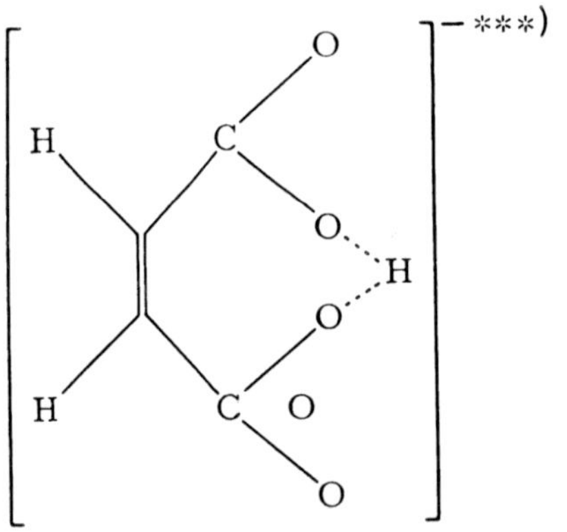

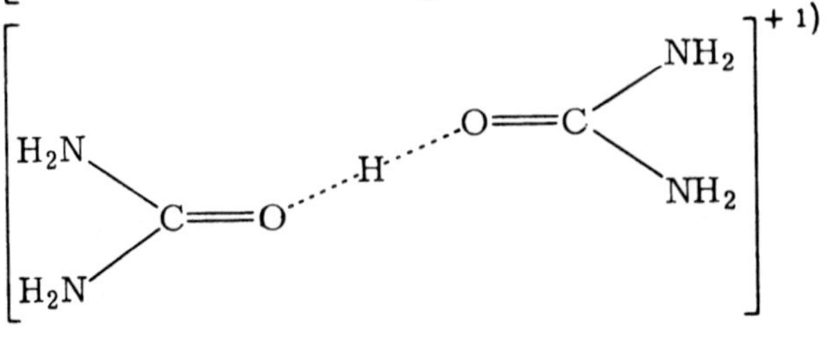

* F. Keil, R. Ahlrichs, J. Am. Chem. Soc. *98*, 4787 (1976).

** W. Meyer, W. Jakubetz, P. Schuster, Chem. Phys. Letters *21*, 97 (1973).

*** H.M.E. Cardwell, J.D. Dunitz, L.E. Orgel, J. Chem. Soc. *1953*, 3740.

1) W. Kutzelnigg, R. Mecke, Chem. Ber. *94*, 1714 (1961).

Alle bekannten Beispiele von Systemen mit symmetrischen Wasserstoffbrücken sind vom Typ AHA^+ oder AHA^-, bei denen ein Proton zwei identische Untereinheiten A (bzw. A^-) miteinander verbindet*). Dagegen sind H-Brücken AHB zwischen verschiedenen Partnern immer unsymmetrisch, z.B.

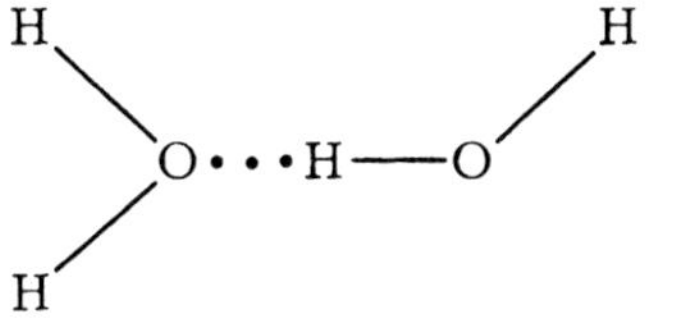

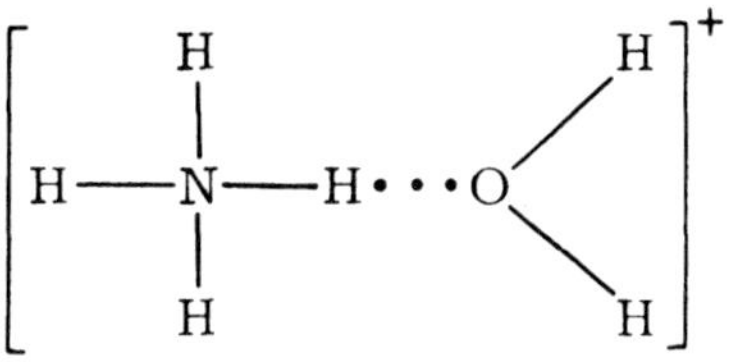

Aber auch bei AHA-Systemen können die Brücken unsymmetrisch sein, z.B. bei der dimeren Essigsäure

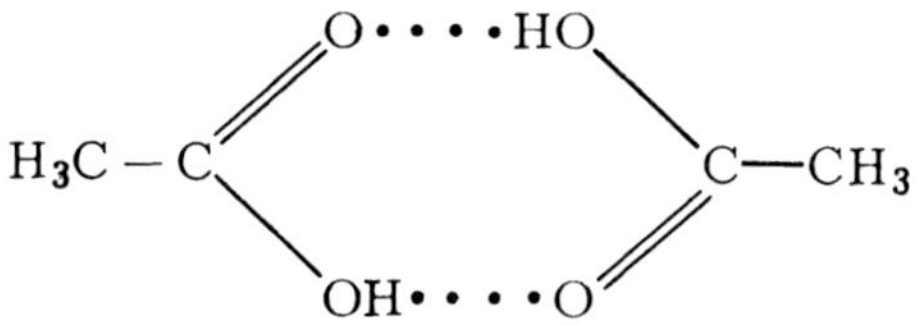

bei der ja auch eine Struktur mit zwei symmetrischen OHO-Brücken denkbar wäre.

Es hat lange Zeit darüber eine Diskussion gegeben, ob die Potentialkurven für unsymmetrische Wasserstoffbrücken zwei Minima haben, etwa entsprechend Strukturen der Art (I auf Abb. 81)

a) A – H .... B

b) $A^{(-)}$ .... $H - B^{(+)}$

wobei a) einer Wasserstoffbrücke zwischen weitgehend getrennten Teilsystemen AH und B, und b) entsprechend zwischen A und $BH^{(+)}$ zuzuordnen wäre. (Man beachte den Unterschied zu den sog. mesomeren Grenzstrukturen, die beide die gleiche Geometrie haben.) An die Existenz solcher zwei Potentialminima wurden Spekulationen im Zusammenhang mit der Desoxyribonucleinsäure (DNA) geknüpft**). Neuere ab-initio-Rechnungen***) lassen keine Doppelminima (I in Abb. 81) erkennen, sondern nur stark anharmonische Potentiale mit einem einzigen Minimum (II), entsprechend einer unsymmetrischen Struktur.

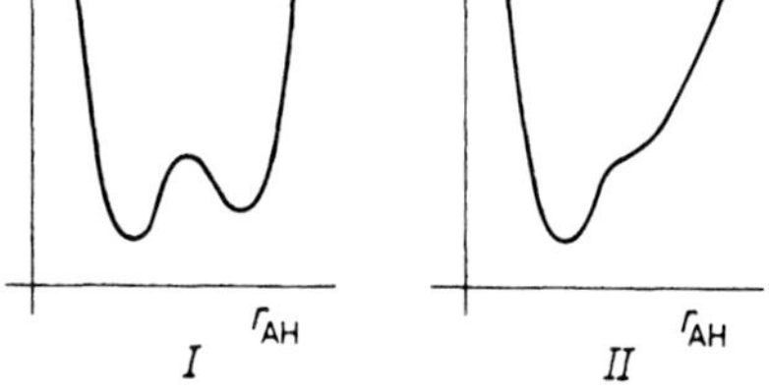

Abb. 81. Doppel- und Einfach-Minimum.

* Das FHF^- gehört zum BAB-Typ (mit $A=H^-$), den wir in Abschn. 13.1 qualitativ besprochen haben. Das konkurrierende BA^+-B^--Paar wäre hier $FH + F^-$.

** P.O. Löwdin, Rev.Mod.Phys. *35*, 724 (1963).

*** E. Clementi, J. Mehl, W. v. Niessen, J. Chem.Phys. *54*, 508 (1971).

Das letzte Wort ist wohl noch nicht gesprochen, aber die Existenz eines Doppelminimums in einer einzigen Potentialkurve ist wohl sehr unwahrscheinlich. Hiervon wohl zu unterscheiden sind die doppelten oder mehrfachen Minima der gesamten Potentialhyperflächen, vor allem für geometrisch äquivalente Strukturen. Z.B. müssen in der dimeren Essigsäure die beiden Strukturen

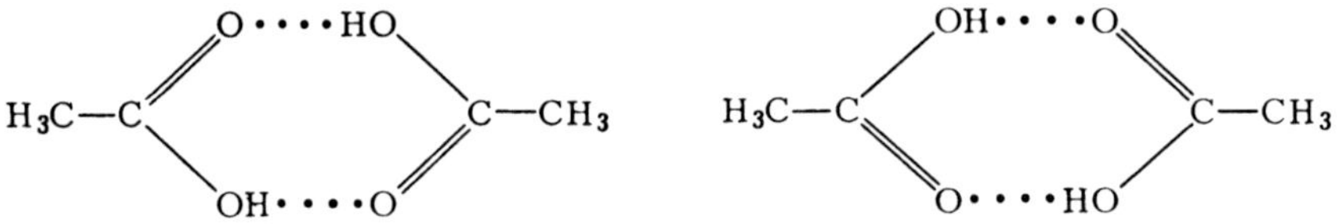

die gleiche Energie haben. Da jede der Strukturen ein Minimum der Gesamtenergie darstellt, hat die Energie sicher zwei Minima. Man kann aber von einem zum anderen Minimum nur kommen, wenn man beide Brücken-H-Atome bewegt.

In Bezug auf die Bewegung eines einzelnen Protons gibt es aber offenbar nur ein Minimum. Die Existenz mehrerer Minima der Energie in Bezug auf kollektive Bewegung der Kerne in Wasserstoffbrücken-gebundenen Systemen, z.B. im flüssigen Wasser, ist natürlich für die physikalischen Eigenschaften von Bedeutung.

Bei einem System wie dem FHF^- sind die beiden Situationen

$$FH\ldots F^- \qquad\qquad F^-\ldots HF$$

aus Symmetriegründen äquivalent. Wäre die Brücke unsymmetrisch, müßte sie deshalb zwei Minima haben. A priori könnte man sich die drei in Abb. 82 angegebenen Fälle vorstellen, wobei die Energie als Funktion der Lage des Protons aufgetragen ist.

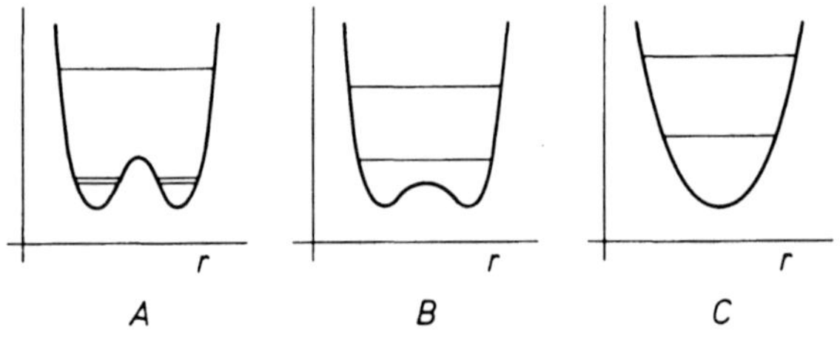

Abb. 82. Drei Möglichkeiten für eine symmetrische H-Brücke.

Die waagerechten Striche in Abb. 82 sollen Schwingungsniveaus bedeuten. Im Fall *A* gäbe es zwei verschiedene, aber gleichwertige Anordnungen der Brücke, im Fall *B* liegt das Niveau der Nullpunktschwingung über der Barriere, das Proton befindet sich im Mittel in der Mitte der Bindung, es gibt nur eine Struktur, während *C* einer echten symmetrischen Brücke entspricht. Experimentell kann man zwischen *B* und *C* meist nicht unterscheiden, beide Möglichkeiten entsprechen effektiv einer symmetrischen Brücke.

13.3. Donor – Akzeptor – Komplexe

Bei der Besprechung der Wasserstoffbrücke A–H . . . B haben wir gesehen, daß wir diese, jedenfalls solange sie unsymmetrisch ist, in guter Näherung als einen ‚charge-transfer'-Komplex beschreiben können, wobei die Bindung außer auf einem elektrostatischen Anteil darauf beruht, daß etwas Ladung vom Atom B in das antibindende MO φ^*_{AH} der AH-Bindung übertragen wird. Die Bindung zwischen AH und B ist dabei mit einer Schwächung der AH-Bindung verbunden. Die ‚charge-transfer-Bindung' tritt zwischen abgeschlossenschaligen Systemen auf, und sie ist um so fester, je geringer die Differenz von Ionisationspotential des einen Partners (B) und Elektronenaffinität des anderen Partners (AH) ist. Es leuchtet ein, daß diese Art der Bindung nicht auf AH . . . B-Systeme beschränkt ist, sondern immer dann auftreten kann, wenn ein Molekül D mit einem (dem Betrag nach) kleinen Ionisationspotential I_D und ein Molekül A mit einer (dem Betrag nach) großen Elektronenaffinität A_A wechselwirken. Wir bezeichnen dann D als einen (Elektronen-)Donor und A als einen (Elektronen-)Akzeptor.

Die enge Verwandtschaft zwischen einer Donor-Akzeptor-Bindung und einer Elektronenüberschußbindung rechtfertigt, jene hier und nicht erst im Zusammenhang mit den zwischenmolekularen Kräften zu besprechen.

Der Komplex zwischen Pyridin und J_2

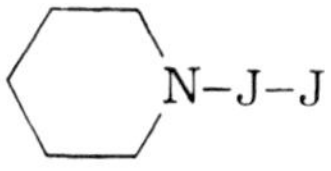

kann z.B. genausogut durch eine 4-Elektronen-3-Zentren-N–J–J-Bindung wie als Donor-Akzeptor-Komplex mit Pyridin als Donor und J_2 als Akzeptor beschrieben werden. Pyridin-J_2 ist ein σ-Komplex, weil das an der Komplexbindung beteiligte Orbital des Pyridin ein σ-Orbital ist, im Gegensatz dazu liegt im Benzol-Jod-Komplex

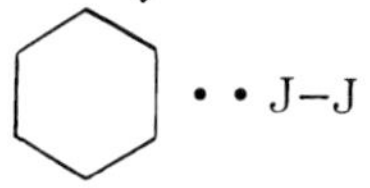

ein π-Komplex vor. Offenbar ist Benzol ein guter π-Donor. Noch bessere Donoren sind höher annellierte Aromaten wie Naphthalin, Anthracen etc., weil deren höchste besetzte π-MO's noch höher liegen, d.h. noch leichter zu ionisieren sind. Gute π-Akzeptoren sind dagegen z.B. Pikrinsäure oder Tetracyanoäthylen

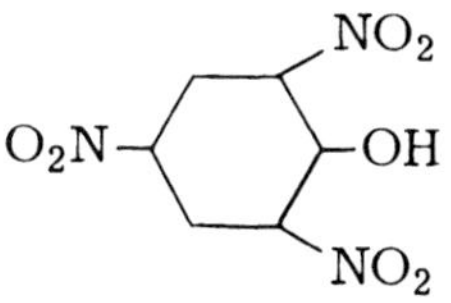

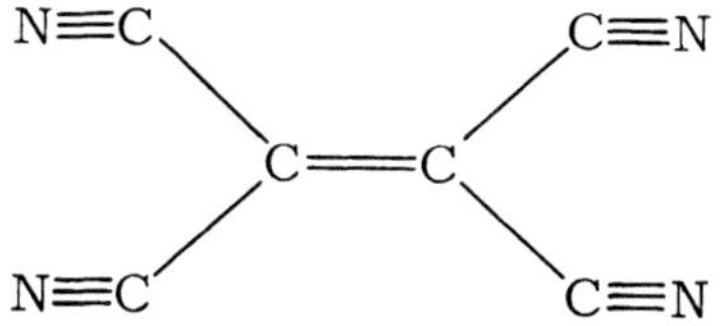

die tiefliegende antibindende π-Orbitale und folglich eine hohe Elektronenaffinität haben. Auch Chinone sind gute Elektronenakzeptoren.

Die Donor-Akzeptor-Molekülverbindungen zeigen im sichtbaren Spektrum oft auffällige langwellige Absorptionsbanden, die in den isolierten Partnern nicht auftreten, und sind deshalb intensiv farbig. Diese sog. ‚charge-transfer-Banden' kann man folgendermaßen verstehen:

Ohne charge-transfer-Wechselwirkung hätte ein System AD die Wellenfunktion (für das effektive 4-Elektronensystem) vgl. (13.2–1)

$$\Phi_1 = \mathcal{A} \left\{ \varphi_A(1)\,\bar{\varphi}_A(2)\,\varphi_D(3)\,\bar{\varphi}_D(4) \right\} \qquad (13.3\text{–}1)$$

Als Folge der charge-transfer-Wechselwirkung wird etwas von der ‚charge-transfer-Konfiguration', vgl. (13.2–3)

$$\Phi_2 = \frac{1}{\sqrt{2}}\,\mathcal{A} \left\{ \varphi_A(1)\,\bar{\varphi}_A(2)\,\varphi_A^*(3)\,\bar{\varphi}_D(4) \right\}$$

$$+ \frac{1}{\sqrt{2}}\,\mathcal{A} \left\{ \varphi_A(1)\,\bar{\varphi}_A(2)\,\varphi_D(3)\,\bar{\varphi}_A^*(4) \right\} \qquad (13.3\text{–}2)$$

zu Φ_1 beigemischt. Der Grundzustand des Komplexes hat also die Wellenfunktion

$$\Psi = c_1\,\Phi_1 + c_2\,\Phi_2 \qquad (13.3\text{–}3)$$

wobei die Koeffizienten aus einem (2 x 2)-Säkularproblem zu bestimmen sind. Das Säkularproblem hat aber zwei Lösungen, außer Ψ auch noch

$$\Psi' = c_1\,\Phi_2 - c_2\,\Phi_1 \qquad (13.3\text{–}4)$$

Normalerweise ist $c_1 \approx 1$ und $|c_2|$ sehr klein, folglich ist $\Psi \approx \Phi_1$ und $\Psi' \approx \Phi_2$. Der Energieunterschied der zu Ψ und Ψ' gehörenden Energien ist also in guter Näherung gleich dem Unterschied der Diagonalelemente

$$h\nu \approx H_{11} - H_{22} = -I_D + A_A - C_{A,D} \qquad (13.3\text{–}5)$$

wobei $C_{A,D}$ die Änderung der Elektronenwechselwirkung als Folge des ‚charge-transfers' ist. Wenn $C_{A,D}$ klein ist, ist also die zur ‚charge-transfer'-Bande gehörende Energie gleich der Differenz von I_D und A_A.

Der Grundzustand des Komplexes ist durch ein wenig Ladungsübertragung stabilisiert. Strahlt man Licht geeigneter Wellenlänge ein, so bewirkt man einen Übergang in einen angeregten Zustand, in dem nahezu eine vollständige Elektronenladung von D auf A übertragen wurde, der also gewissermaßen die Formel D^+A^- hat.

13.4. Edelgasfluoride und verwandte Verbindungen

13.4.1. Beschreibung des XeF_2 und des KrF_2 durch eine 4-Elektronen-3-Zentren-Bindung

Das einfachste Edelgasfluorid ist das XeF_2 (oder das iso-valenzelektronische KrF_2). Die LCAO-MO's, die die Bindung beschreiben*), sind auf Abb. 83 schematisch dargestellt, zusammen mit den analogen MO's des $[FHF]^-$. Ein gewisser, aber nicht grundsätzlicher Unterschied zwischen $[FHF]^-$ und FXeF besteht darin, daß das an der Dreizentrenbindung beteiligte AO des Zentralatoms bei $[FHF]^-$ ein *s*-AO, bei XeF_2 ein *p*-AO ist.

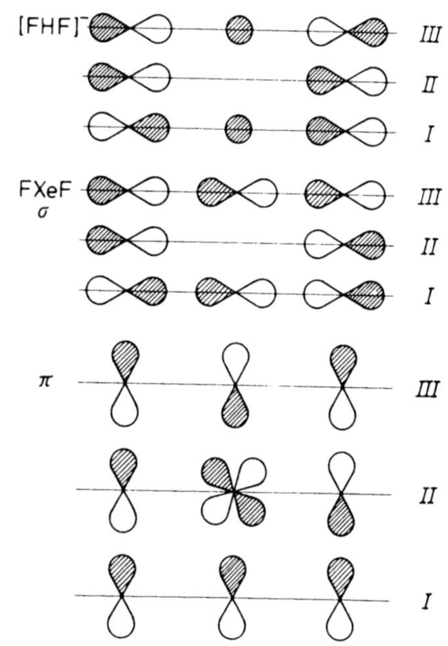

Abb. 83. LCAO-MO's für XeF_2 bzw. KrF_2 und zum Vergleich FHF^-.

Sowohl im $[FHF]^-$ als im FXeF sind das bindende MO (I) und das nichtbindende MO (II) mit je zwei Elektronen besetzt. Es sollte also eine 4-Elektronen-3-Zentren-Bindung vorliegen, wie wir sie ganz allgemein in Abschn. 13.1 diskutiert haben.

Will man die MO-Beschreibung entsprechend Abb. 83 in die Sprache der Resonanztheorie übersetzen, so wird die Resonanz zweier hypothetischer Strukturen

$$F{-}Xe^+\ F^- \longleftrightarrow F^-\ Xe^+{-}F$$

der Situation einer solchen 4-Elektronen-3-Zentren-Bindung am ehesten gerecht.

---

* R.E. Rundle, J. Am. Chem. Soc. *85*, 112 (1963); J.H. Waters, H.B. Gray, J. Am. Chem. Soc. *85*, 825 (1963); J. Jortner, S.A. Rice, E.G. Wilson, J. Chem. Phys. *38*, 2302 (1963); C.A. Coulson, J. Chem. Soc. *1964*, 1442.

Im Grenzfall einer ‚reinen' Bindung dieses Typs sollte (vgl. Abschn. 13.1) das Zentralatom die effektive Ladung +1 und jedes der Außenatome die Ladung − 1/2 haben.

Sowohl in $[FHF]^-$ als auch im FXeF ist lineare Anordnung am günstigsten, weil sich so die AO's am besten überlappen und die negativ geladenen Außenatome möglichst weit voneinander entfernt sind. Außerdem ist in beiden Molekülen die Anordnung symmetrisch (mit gleichlangen XeF- bzw. HF-Bindungen), ein experimentell gesicherter Befund, dessen theoretisch zwingende Erklärung nicht so einfach ist (vgl. Abschn. 13.1), zumal es auch 4-Elektronen-3-Zentren-Bindungen mit nicht-symmetrischer Anordnung gibt.

13.4.2. Die Rolle der *d*-AO's

Bei der Diskussion der Bindungsverhältnisse in Edelgashalogeniden und analogen Verbindungen hat die Frage immer wieder eine große Rolle gespielt, in welchem Maße *d*-AO's (5*d*-AO's des Xe bzw. 4*d*-AO's des Kr) an der Bindung beteiligt sind. Aus Symmetriegründen ist es möglich, das nichtbindende MO (II) aus Abb. 83 im Falle des $[FHF]^-$ zu einem bindenden MO zu machen, wenn man ein $2p\sigma$-AO des H an der Bindung beteiligt. Analog läßt sich das nichtbindende MO (II) des XeF_2 durch Beteiligung eines 7*s*- oder eines 5*d*-AO's ‚stabilisieren'. Im Grenzfall ‚gleicher' Beteiligung von 1*s* und 2*p* (vgl. Kap. 10) könnte man im $[FHF]^-$ die Bindung durch zwei Zweizentrenbindungen, gebildet aus je einem *sp*-Hybrid des H und einem *p*-AO des F, beschreiben. Wir wissen, daß die *p*-Beteiligung im $[FHF]^-$ ausgesprochen klein ist (die Besetzungszahl des 2*p* ist von der Größenordnung 0.01), daß man sie zwar nicht vernachlässigen darf, wenn man quantitative Ergebnisse erhalten will, daß sie aber bei qualitativen Überlegungen durchaus vergessen werden kann. Es gibt Hinweise (s. später), daß die 5*d*-Beteiligung beim XeF_2 größer ist, obwohl nichts dafür spricht, daß sie so groß ist, daß eine Beschreibung durch Zweizentren-MO's gebildet aus 6*p*5*d*-Hybriden, angemessen wäre.

Man wird der Rolle der *d*-AO's des Xe nicht gerecht, wenn man nur berücksichtigt, daß sie das nichtbindende MO der Dreizentrenbindung (dieses ist ein σ-MO) stabilisieren. Die F-Atome haben noch weitere (doppelt besetzte) nichtbindende Orbitale, unter anderem auch $2p\pi$-AO's, die in erster Näherung die gleiche Orbitalenergie wie die $2p\sigma$-AO's haben sollten, die an der Dreizentrenbindung beteiligt sind. Wenn ein leeres $d\pi$-AO am Xe zur Verfügung steht, so kann dieses mit den $p\pi$-AO's der F-Atome eine Dreizentren-π-Bindung ausbilden. Abgesehen davon, daß diese zusätzliche Bindung insgesamt das Molekül stabilisiert, führt sie auch zu einem Ladungsausgleich, da in der π-Bindung Ladung von den F-Atomen zum Xe übertragen wird, in umgekehrter Richtung wie in der σ-Bindung. Das Zustandekommen dieser ‚Rückbindung' ist auch auf Abb. 83 erläutert.

Für das KrF_2 liegt eine recht sorgfältige und aufwendige ab-initio-Rechnung von Liu, Bagus und Schaefer*) vor, die interessante Aufschlüsse über die Bindungsver-

* B. Liu, P.S. Bagus, H.F. Schaefer III, unveröffentlicht, zitiert in H.F. Schaefer: The Electronic Structure of Atoms and Molecules. A survey of rigorous quantum mechanical results. Eddison-Wesley, Reading (Mass.) 1972. Inzwischen ist eine vergleichbare Rechnung am XeF_2 erschienen: P.S. Bagus, B. Liu, D.H. Liskow, H.F. Schaefer III, J. Am. Chem. Soc. *97*, 7216 (1975).

hältnisse ermöglicht. Die Rechnung führte in Hartree-Fock-Näherung zwar zu einem Minimum der Potentialkurve (bei 1.81 Å, d.h. in der Nähe des experimentellen KrF-Abstandes von 1.88 Å), dieses Minimum lag aber um ca. 70 kcal/mol oberhalb der Summe der Hartree-Fock-Energien von Kr + 2F. Berücksichtigt man die Elektronenkorrelation teilweise im Rahmen eines CI-Ansatzes, so erweist sich das Molekül als gebunden mit ca. 9 kcal/mol bez. Kr + 2F, während die experimentelle Bindungsenergie 23 kcal/mol beträgt. Durch eine weitere Erhöhung des Rechenaufwandes ist aller Wahrscheinlichkeit nach Übereinstimmung zwischen Experiment und Theorie zu erzielen. KrF_2 ist nur sehr schwach gebunden. Es ist nicht stabil gegenüber $Kr + F_2$.
Die Reaktion $KrF_2 \rightarrow Kr + F_2$ verläuft offenbar über eine genügend hohe Barriere, so daß KrF_2 zumindest metastabil ist. Interessanterweise hat die Potentialkurve als Funktion der symmetrischen Streckung nach der erwähnten Rechnung noch ein Maximum bei einem Kr—F-Abstand von 2.4 Å. In dieser Rechnung wurden u.a. $4d$- und $4f$-AO's am Kr und $3d$- und $4f$-AO's am F berücksichtigt.

Der Beitrag aller dieser ‚Polarisationsfunktionen' zur Bindungsenergie beträgt ca. 60 kcal/mol, die d-AO's am Kr sind etwa für die Hälfte dieses Beitrags verantwortlich, die d-AO's an den F-Atomen aber auch für etwa ein Drittel dieses Gesamtbeitrags. Man sieht deutlich, daß KrF_2 ohne eine Beteiligung der d-AO's am Kr nicht stabil wäre, daß aber auch die anderen Polarisationsfunktionen sowie die Elektronenkorrelation kaum weniger wichtig sind. Populationen der d-AO's wurden nicht angegeben, aber man kann in Analogie zu anderen Rechnungen erwarten, daß die Population des $4d$ am Kr in der Größenordnung von 0.5 liegt und daß etwa die Hälfte davon für die Stabilisierung des nichtbindenden σ-MO's und die andere Hälfte für die Rückbindung sorgt.

Offenbar ist das Zustandekommen der Bindung in Edelgasverbindungen nicht ganz so einfach zu verstehen, wie man das nach den Überlegungen zu Beginn dieses Abschnitts vielleicht erwartete. Dennoch hat sich gezeigt, daß man qualitativ die Elektronenstruktur und die Gleichgewichtsgeometrien richtig erfaßt, wenn man von der MO-LCAO-Näherung nur unter Benutzung der s- und p-Valenz-AO's ausgeht. Es zeigt sich ferner, daß man in vielen Fällen, wie z.B. beim soeben diskutierten KrF_2 und XeF_2, die s-AO's aus der Valenzschale ($6s$ bei Xe) als an der Bindung unbeteiligt ansehen kann. Sie sind weniger zur Überlappung mit den Partnern befähigt und schwerer zu ionisieren, so daß sie gewissermaßen zum Rumpf zu rechnen sind. Es gibt aber auch Elektronenüberschußverbindungen, bei denen die s-AO's der äußersten Schale sich offenbar an der Bindung beteiligen (s. Abschn. 13.6).

13.4.3. Die Bedeutung des Ionisationspotentials des Zentralatoms

Die allgemeinen Überlegungen aus Abschn. 13.1 gelten mutandis mutatis auch für das XeF_2 und das KrF_2. Insbesondere unterliegt es keinem Zweifel, daß die Bindung einen beträchtlichen ionogenen Anteil hat und daß die Differenz zwischen dem Ionisationspotential des Edelgases und der Elektronenaffinität des Fluors unmittelbar in den Näherungsausdruck für die Bindungsenergie eingeht.

Für die Beantwortung der Frage, warum nur Xe und in geringerem Maße Kr zur Ausbildung von Verbindungen in der Lage sind, nicht aber die leichteren Edelgase

He, Ne, Ar, spielt sicher die Tatsache eine Rolle, daß Kr und Xe dem Betrage nach deutlich kleinere Ionisationspotentiale haben*). In Tab. 17 sind die Ionisationspotentiale der Edelgase und der Halogene zusammengestellt, und gleichzeitig sind wichtige bekannte Fluoride angegeben. Das Ionisationspotential des Kr von 14 eV scheint etwa die Grenze darzustellen, die die Bildung von Elektronenüberschußfluoriden gerade noch ermöglicht.

Tab. 17. Ionisationspotentiale von Edelgasen und Halogenen zusammen mit bekannten Fluoriden*).

	I (eV)	bekannte Fluoride (1963)
J	10.44	JF, JF_5, JF_7
Br	11.84	BrF, BrF_3, BrF_5
Xe	12.13	XeF_2, XeF_4, XeF_6
Cl	13.01	ClF, ClF_3
Kr	14.00	...

* Nach K.S. Pitzer, Science *139*, 414 (1963).

13.4.4. Höhere Fluoride der Edelgase und anderer Elemente

Verbindungen wie XeF_4 oder XeF_6 kann man offenbar durch zwei bzw. drei voneinander unabhängige Dreizentrenbindungen von der gleichen Art wie im XeF_2 beschreiben, dasselbe gilt für die Polyhalogenid-Anionen wie JF_4^-. Im Einklang mit dieser Beschreibung ist, daß XeF_2 linear, XeF_4 eben quadratisch und XeF_6 oktaedrisch**) ist, denn an jeder dieser Dreizentrenbindungen ist ein p-Orbital des Zentralatoms beteiligt. Diese sind senkrecht zueinander orientiert (entsprechend p_x, p_y, p_z), und jede der Dreizentrenbindungen ist linear.

Eine ab-initio-Rechnung von Basch et al.***) an XeF_2, XeF_4, XeF_6 mit einer minimalen Basis, u.a. ohne $5d$-AO's des Xe, die sicher nur als erste Orientierung anzusehen ist, bestätigte weitgehend das Bild zweier bzw. dreier unabhängiger 4-Elektronen-3-Zentren-Bindungen im XeF_4 bzw. XeF_6. Die Gesamtladung eines Fluoratoms ergab sich dabei zu -0.65 in XeF_2, -0.61 in XeF_4, -0.58 in XeF_6, entsprechend einer Ladung von $+1.30$, $+2.45$, $+3.46$ am Xe. Bei Verwendung einer größeren Basis, insbesondere bei Berücksichtigung von $5d$-AO's des Xe, verringert sich bestimmt die Polarität der Bindungen entscheidend, insbesondere ist auch zu erwarten, daß die d-Population am Xe mit zunehmender formaler Ladung stark ansteigt.

Eine Reihe von Verbindungen hoher Wertigkeitsstufen von Hauptgruppenelementen kann man so verstehen, daß man sie aus einer ‚normalen' Verbindung mit Edelgaskonfiguration am Zentralatom aufbaut und daß man diese ‚normale' Verbindung

* K.S. Pitzer, Science *139*, 414 (1963).

** daß es offenbar ein verzerrtes Oktaeder ist, tut in diesem Zusammengang nichts zur Sache (s. auch Abschn. 13.6.1).

*** H. Basch, J.W. Moskowitz, C. Hollister, D. Hankin, J. Chem. Phys. *55*, 1922 (1971).

für die Ausbildung der weiteren Bindungen formal wie das Xe in XeF_2 bzw. XeF_4 behandelt.

Ein Beispiel für ein normales Molekül im Sinne dieser Überlegungen ist das SF_2, das man durch zwei zueinander nahezu senkrechte Zweizentren-S—F-Bindungen (gebildet von je einem p-Orbital des S) beschreiben kann. Nennen wir die bereits für normale Zweizentrenbindungen beanspruchten p-Orbitale p_x und p_y, so steht das doppelt besetzte p_z für eine Vierelektronen-Dreizentren-Bindung wie im XeF_2 zur Verfügung. Folglich hat SF_4 die Struktur, die in Abb. 84 dargestellt ist.

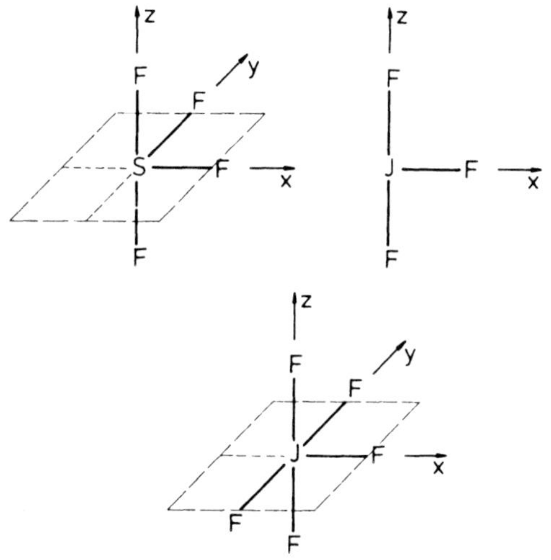

Abb. 84. Struktur von SF_4, JF_3, JF_5.

Mit dieser einfachen Überlegung versteht man einerseits, warum die axialen S--F-Bindungen schwächer und damit länger sind als die äquatorialen, denn letztere entsprechen Zweizentren-, erstere Dreizentrenbindungen. Andererseits ist auch verständlich, warum bei gemischten Halogeniden die elektronegativeren Atome axiale Positionen einnehmen. Denn eine der Bedingungen für stabile 4-Elektronen-3-Zentren-Bindungen war ja gerade, daß die Außenatome möglichst elektronegativ sind. Bei den Zweizentrenbindungen kommt es dagegen auf die Elektronegativität nicht so sehr an.

Andere Beispiele sind das ‚normale' Molekül JF und die entsprechenden Elektronenüberschußmoleküle JF_3, JF_5 (Abb. 84).

Das JF_5 ist eine quadratische Pyramide, wobei vier der F-Atome und das J nahezu in einer Ebene liegen und das fünfte F-Atom die Spitze der Pyramide bildet. Analoge Strukturen haben die isoelektronischen Ionen

$$XeF_5^+ \text{ und } Sb\,F_5^{2-}$$

Recht eingehend theoretisch untersucht sind gewisse hypervalente Verbindungen des Phosphors, insbesondere das PH_3F_2*) und das PF_5**). Man wird den Bindungs-

* F. Keil, W. Kutzelnigg, J. Am. Chem. Soc. *97*, 3623 (1975).

** A. Strich, A. Veillard, J. Am. Chem. Soc. *95*, 5662 (1973).

verhältnissen im PH_3F_2 durchaus gerecht, wenn man es sich aufgebaut denkt aus einem planaren PH_3 mit lokalisierten 2-Zentren-P—H-Bindungen, gebildet aus sp^2-Hybrid-AO's des P, dessen einsames p_z-artiges Elektronenpaar mit den p_z-AO's der beiden F-Atome eine 4-Elektronen-3-Zentren-Bindung ausbildet, die durch *d*-AO's stabilisiert wird. Damit ist PH_3F_2 gewissermaßen auch ein Modellsystem für die Edelgasdifluoride. Da das planare PH_3 ein Ionisationspotential von nur 7.8 eV hat (z. Vgl. NH_3 planar: 10.3 eV, Xe: 12.8 eV, Kr: 14 eV), ist die 4-Elektronen-3-Zentren-Bindung besonders stabil. Die Bindungsenergie bez. $PH_3 + 2F$ beträgt mindestens 170 kcal/mol, der Beitrag der 3*d*-AO's des P ist etwa 40 kcal/mol, das ist nicht unerheblich, aber dennoch nicht für das Zustandekommen der Bindung entscheidend. [Im KrF_2 (vgl. S. 377) ist der Beitrag von 5*d* ähnlich groß, dort ist er aber für das Zustandekommen der Bindung entscheidend.] Die Population des d_{z^2}-AO's am P ist 0.22. Wäre das sp^3d-Hybridisierungsmodell gültig, sollte die Population gleich 1 sein. Die d_{xz}- und d_{yz}-AO's des P haben eine Population von 0.08 und vermitteln demgemäß etwas Rückbindung. Der Beitrag der Rückbindung zur Bindungsenergie beträgt immerhin 15 kcal/mol. Die effektive Ladung am P ist +1.5 (+1.6 ohne *d* am P), am F −0.55 (−0.65 ohne *d* am P). Derartige Angaben über Populationen sollten natürlich nicht zu wörtlich genommen werden (vgl. Anhang A 3.7)

Die Bindungsverhältnisse im PF_5 sind ähnlich, nur besteht ein gewisser Bindungsausgleich zwischen axialen und äquatorialen Bindungen. Insgesamt ist die *d*-Population deutlich höher als im PH_3F_2 (PF_5 : 0.68, PH_3F_2 : 0.34), der Beitrag von d_{z^2} ist aber kaum höher (PF_5 : 0.24, PH_3F_2 : 0.22), erhöht sind die Anteile der anderen vier *d*-Komponenten, die für die Rückbindung verantwortlich sind, aber auch die äquatorialen PF-Bindungen stabilisieren. Die formale Ladung des P im PF_5 beträgt +2.1 (+2.7 ohne *d* am P), diejenige der axialen F-Atome −0.46, der äquatorialen −0.40 (ohne *d* am P −0.57 bzw. −0.51). Wir kommen in Abschn. 13.6.2 noch einmal auf eine qualitative Diskussion der MO's im PF_5.

Rechnungen am PH_5 *) zeigten, daß dieses Molekül zwar energetisch um ca. 40 kcal/mol höher liegt als $PH_3 + H_2$, daß aber bei der Reaktion $PH_5 \rightarrow PH_3 + H_2$ eine Schwelle von ca. 35 kcal/mol zu überwinden ist, so daß PH_5 zumindest metastabil sein sollte. PH_5 wäre damit das erste Beispiel für ein Molekül mit einer 4-Elektronen-3-Zentren-Bindung, bei dem die Außenatome Wasserstoffe sind.

13.4.5. Polyhalogenid-Anionen

Analog zu XeF_2 und KrF_2 ist z.B. das $[JF_2]^-$ strukturiert. Ähnliches gilt für das $[J_3]^-$, bei dem aber bemerkenswert ist, daß es (ähnlich wie bei Wasserstoffbrückenbindungen) nicht in allen Salzen symmetrisch gebaut ist**). Beim J_3^- ist also offenbar der Energiegewinn gegenüber $J_2 + J^-$ nicht so groß (evtl. weil J_2 kein Dipolmoment hat), daß er ausreicht, eine symmetrische Struktur zu erzwingen, bzw. daß die kleine-

---

* W. Kutzelnigg, J. Wasilewski, J. Am. Chem. Soc. *104*, 953 (1982); s. auch J. Breidung, W. Thiel, A. Komornicki, J. Phys. Chem. *92*, 5603 (1988).

** R. C. L. Mooney, Z. Krist, *90*, 143 (1955); H. A. Tasmin, K. H. Boswigh, Acta Cryst. *8*, 59 (1955).

ren Unterschiede bedingt durch Gegenionen bzw. Kristallstruktur die relative Stabilität von symmetrischer und asymmetrischer Struktur entscheidend beeinflussen.

Die Polyhalogenid-Anionen, ebenso aber die neutralen Polyhalogenide JF_3 oder Polyhalogenid-Kationen wie J_3^+ sind viel länger bekannt als die Edelgashalogenide. Das Verständnis der Bindung in diesen Verbindungen machte lange Zeit große Schwierigkeiten. Nachdem die MO-theoretische Beschreibung der Polyhalogenide richtig formuliert worden war*), hätte eigentlich die Vorhersage der Existenz der Edelgashalogenide nahegelegen,die merkwürdigerweise unterblieb.

Bei den Polyhalogeniden sind vielfach Isomere möglich, etwa könnte man das J_5^- u.a. in folgenden verschiedenen Weisen formulieren

```
J–J–J    J–J–J     J      J–J–J–J–J    J–J–J–J    J–J–J–J
    J      J     J–J–J                      J            J
    J      J       J

 (a)      (b)     (c)        (d)          (e)         (f)
```

Die Energieunterschiede dieser verschiedenen Konfigurationen kann man*) mit Hilfe der einfachen HMO-Näherung verstehen. Betrachten wir zunächst als einfaches Beispiel das J_3^- sowie das J_3^+, die beide a priori in den beiden Strukturen

```
J–J–J        J–J
               J

 (I)         (II)
```

denkbar sind. Wir wollen jetzt die Energien der Hückel-MO's ausrechnen, dabei aber die an der Bindung nicht beteiligten AO's und Elektronen weglassen. In (I) sind an der Bindung beteiligt die drei p_x-AO's der drei J-Atome und vier Elektronen im Falle J_3^-, zwei Elektronen im Fall J_3^+ (die vollbesetzten $2s$-, $2p_y$- und $2p_z$-AO's der drei J-Atome zählen wir gewissermaßen nicht mit). In (II) sind vier AO's beteiligt, nämlich p_x vom ersten und zweiten J-Atom, p_y vom zweiten und dritten. Die Zahl der an der Bindung beteiligten Elektronen ist jetzt 6 im J_3^- (je eines von den äußeren J-Atomen, drei vom mittleren und eins wegen der negativen Ladung) und 4 im J_3^+.

Die MO-Energien sind

(I)	(II)
$\epsilon_1 = \alpha + \sqrt{2} \cdot \beta$	$\epsilon_1 = \alpha + \beta$
$\epsilon_2 = \alpha$	$\epsilon_1' = \alpha + \beta$

* E.E. Havinga u. E.H. Wiebenga, Rec. Trav. Chim. Pays-Bas, *78*, 724 (1959); vgl. auch G.C. Pimentel, J. Chem. Phys. *19*, 446 (1951); P.J. Huch u. R.E. Rundle, J. Am. Chem. Soc. *73*, 4321 (1951).

(I)	(II)
$\epsilon_3 = \alpha - \sqrt{2} \cdot \beta$	$\epsilon_2 = \alpha - \beta$
	$\epsilon_2' = \alpha - \beta$

Die Bindungsenergien für verschiedene Elektronenzahlen sind (wenn man der Reihe nach die MO's tiefster Energie besetzt und die Energien der AO's abzieht)

Zahl der Elektronen	(I)	(II)
2	2.828 β	2 β
4	2.828 β	4 β
6	0	2 β
8		0

Zu J_3^+ gehören im Fall (I) zwei Elektronen und $\Delta E = 2.828\,\beta$ und im Fall (II) vier Elektronen und $\Delta E = 4\beta$, also hat J_3^+ die Struktur (II). Zu J_3^- gehören im Fall (I) vier Elektronen und $\Delta E = 2.828\,\beta$ im Fall (II) sechs Elektronen und $\Delta E = 2\,\beta$, folglich hat J_3^- die Struktur (I). Im Grunde ist diese Überlegung nur ein Spezialfall zu den Walshschen Regeln für AB_2-Moleküle (vgl. Abschn. 9.3).

Im J_3^+ haben wir zwei unabhängige 2-Elektronen-2-Zentren-Bindungen, im J_3^- eine 4-Elektronen-3-Zentren-Bindung.

Im J_5^- liegen in den Strukturen (a), (b), (c) je zwei Dreizentrenbindungen, in (d) eine 5-Zentrenbindung und in (e) und (f) je eine 4- und eine 2-Zentrenbindung vor.

Die Zahl der an der Bindung beteiligten Elektronen ist

	J_5^+	J_5^-
(a), (b), (c), (e), (f)	6	8
(d)	4	6

Für (a), (b), (c) sind die HMO-Energien und die Bindungsenergien der beiden 3-Zentren-Systeme

$\epsilon_1 = \alpha + \sqrt{2}\,\beta$	$\Delta E(6\,\text{El.}) = 4\sqrt{2}\,\beta = 5.656\,\beta$
$\epsilon_1' = \alpha + \sqrt{2}\,\beta$	$\Delta E(8\,\text{El.}) = 4\sqrt{2}\,\beta = 5.656\,\beta$
$\epsilon_2 = \alpha$	
$\epsilon_2' = \alpha$	

$$\epsilon_3 = \alpha - \sqrt{2}\,\beta$$

$$\epsilon'_3 = \alpha - \sqrt{2}\,\beta$$

Für (d) sind die MO-Energien [analog zu den Polyenen gilt $\epsilon_j = 2\cos\frac{j\pi}{n+1}$, (vgl. (Abschn. 11.5))]

$$\epsilon_1 = \alpha + \sqrt{3}\,\beta$$

$$\epsilon_2 = \alpha + \beta \qquad \Delta E(4\,\text{El.}) = 2(\sqrt{3}+1)\,\beta = 5.464\,\beta$$

$$\epsilon_3 = \alpha \qquad \Delta E(6\,\text{El.}) = 2(\sqrt{3}+1)\,\beta = 5.464\,\beta$$

$$\epsilon_4 = \alpha - \beta$$

$$\epsilon_5 = \alpha - \sqrt{3}\,\beta$$

Für (e) und (f) sind die Energien (ϵ_j) des 4-Zentren-Systems und diejenigen (ϵ'_j) des 2-Zentren-Systems, nach steigender Energie geordnet:

$$\epsilon_1 = \alpha + 1.618\,\beta$$

$$\epsilon'_1 = \alpha + \beta$$

$$\epsilon_2 = \alpha + 0.618\,\beta \qquad \Delta E(6\,\text{El.}) = 6.472\,\beta$$

$$\epsilon_3 = \alpha - 0.618\,\beta \qquad \Delta E(8\,\text{El.}) = 5.236\,\beta$$

$$\epsilon'_2 = \alpha - \beta$$

$$\epsilon_4 = \alpha - 1.618\,\beta$$

Das J_5^+ bevorzugt offensichtlich eine der Strukturen (e) oder (f), im J_5^- liegen dagegen (a), (b) und (c), die in dieser Näherung noch gleichwertig sind, energetisch am tiefsten. In einem nächsten Näherungsschritt kann man berücksichtigen, daß die effektiven β's als Funktionen der effektiven Ladung am entsprechenden Atom angesetzt werden können (ω-Methode, vgl. Abschn. 7.3). Berücksichtigt man das, so erweist sich in Übereinstimmung mit dem Experiment Struktur (a) als noch etwas stabiler als (b) und (c).

13.4.6. Schlußbemerkungen zu den durch 4-Elektronen-3-Zentren-Bindungen beschreibbaren Verbindungen

4-Elektronen-3-Zentren-Bindungen liegen auch im festen $NJ_3 \cdot NH_3$ vor*), in dem NJ_4-Tetraeder mit gemeinsamen Ecken zu Ketten verknüpft sind, etwa in der Weise, wie in Abb. 85 angegeben ist. In den $(NJ_3)_n$-Ketten findet man 2-Elektronen-2-Zen-

* H. Hartl, H. Bärnighausen, J. Jander, Z. anorg. allgem. Chem. *357*, 225 (1968).

tren-NJ-Bindungen mit einem N–J-Abstand von 2.14 Å und symmetrische lineare 4-Elektronen-3-Zentren-NJN-Bindungen mit einem N–J-Abstand von 2.30 Å. Den gleichen N–J-Abstand (2.30 Å) findet man z.B. auch im $(CH_3)_3$ N–J–Cl und im

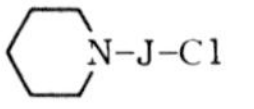

, in denen auch 4-Elektronen-3-Zentren-Bindungen vorliegen. Man bedenke, daß N (ebenso wie Cl) elektronegativer als J ist und deshalb die Rolle des Außenatoms spielt.

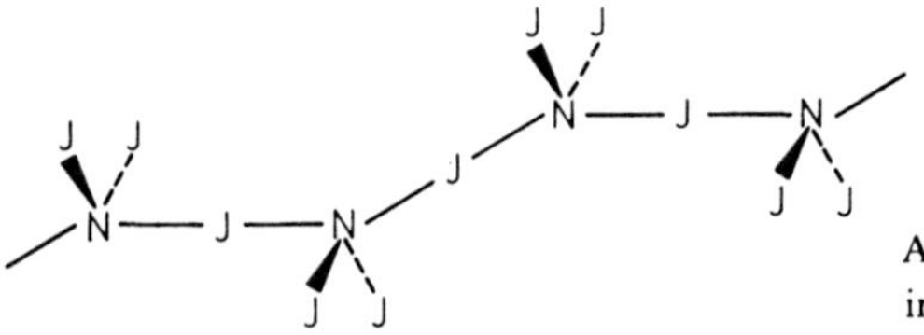

Abb. 85. Struktur (schematisch) der NJ_3-Ketten in $(NH_3 \cdot NJ_3)_n$.

Die in diesem Abschnitt besprochenen Verbindungen lassen sich durch 2-Zentren- und 3-Zentren-Bindungen beschreiben. Eine besondere Eigenart der Verbindungen ist, daß es zwei nicht-gleichwertige Klassen von Positionen für die Außenatome geben kann und daß die Geometrie nicht notwendigerweise besonders symmetrisch ist.

Musher*) schlug vor, diese Verbindungen als hypervalente**) Verbindungen 1. Art zu bezeichnen, im Gegensatz zu den hypervalenten Verbindungen 2. Art wie SF_6 oder XeO_4, bei denen eine Mitbeteiligung der *s*-Elektronen an den Bindungen möglich ist und ein gewisser Bindungsausgleich auftritt (s. Abschn. 13.6). Im Rahmen der hier gegebenen Diskussionen sind Mushers hypervalente Verbindungen 2. Art diejenigen Elektronenüberschußverbindungen, bei denen eine Beschreibung auch durch Dreizentrenbindungen nicht möglich ist, sondern nur durch völlig delokalisierte MO's. Das Mushersche Modell*), nach dem je ein *p*-AO (oder eine Komponente eines nicht orthogonalen Hybrids) je zwei quasi-lokalisierte Bindungen eingehen kann, erscheint uns dagegen nicht akzeptabel. Wir wollen es deshalb auch nicht näher erläutern.

13.5. Edelgasoxide und verwandte Verbindungen

13.5.1. Semipolare Bindungen und ihre Stabilisierung durch Rückbindung

Diskutieren wir zunächst das hypothetische XeO im Rahmen der MO-LCAO-Näherung. Die Molekülachse sei die *z*-Achse des Koordinatensystems.

Aus dem $p\sigma$-AO des Xe(σ_{Xe}) und dem $p\sigma$-AO des O (σ_O) kann man zwei MO's konstruieren

---

* J.I. Musher, Angew. Chem. *81*, 68 (1969); s. hierzu auch z.B. R.F. Hudson, Angew. Chem. *79*, 756 (1967).

** Wir benutzen im Gegensatz zu Musher den Begriff hypervalent nicht auf Elektronenüberschußverbindungen beschränkt (vgl. Abschn. 10.2).

$$\varphi_1 = c_{11}\,\sigma_{\mathrm{Xe}} + c_{12}\,\sigma_{\mathrm{O}}$$

$$\varphi_2 = c_{21}\,\sigma_{\mathrm{Xe}} + c_{22}\,\sigma_{\mathrm{O}} \qquad (13.5\text{–}1)$$

von denen φ_1 bindend, φ_2 antibindend ist.

Für die Bindung stehen zwei Elektronen zur Verfügung, die beide vom Xenon kommen. Die Bindung ist also von dem Typ, den man als semipolar bezeichnet und der uns von Verbindungen wie $H_3N^{\oplus}$–$O^{\ominus}$, $H_3N^{\oplus}$–$B^{\ominus}H_3$ etc. bekannt ist, und sie wäre als $Xe^{\oplus}$–$O^{\ominus}$ oder Xe→O zu formulieren.

Es besteht eine gewisse Analogie zwischen der semipolaren Bindung im Xe^+–O^- und der 4-Elektronen-3-Zentren-Bindung im FXeF, die vor allem deutlich wird, wenn wir für das FXeF eine seiner ‚Grenzstrukturen' F–Xe^+F^- schreiben. In beiden Verbindungen liegt gewissermaßen eine kovalente sowie eine ionogene Bindung vor, der Unterschied ist, daß im XeO beide Bindungen zwischen einem Paar von Atomen bestehen, in XeF_2 je zur Hälfte zwischen zwei verschiedenen Paaren. Ähnlich wie in normalen kovalenten Bindungen kann man auch in diesen halb ionogenen Bindungen ein O-Atom durch zwei F-Atome ‚ersetzen'*).

Ein Unterschied besteht offenbar darin, daß eine semipolare Bindung leichter auszubilden ist als eine 4-Elektronen-3-Zentren-Bindung, denn bekanntlich sind Aminoxide R_3N^+–O^- stabil, die entsprechenden Fluorverbindungen R_3NF_2 existieren dagegen nicht. Erst, wenn man N durch P ersetzt, werden sowohl Phosphinoxide R_3PO wie Phosphorane R_3PF_2 möglich. Da die NO-Bindung bzw. PO-Bindung nach dieser Modellvorstellung in den Aminoxiden bzw. Phosphinoxiden aus einer ganzen kovalenten und ganzen ionogenen Bindung besteht, ist sie offenbar fester als die nur aus einer je halben kovalenten und ionogenen Bindung aufgebaute NF- bzw. PF-Bindung. (Vermutlich sind für die Nichtexistenz von NR_3F_2 auch sterische Gründe entscheidend**).)

Die Analogie zwischen den beiden Bindungstypen wird auch deutlich, wenn man die Beteiligung von *d*-AO's an der Bindung diskutiert. Im XeO können aus den doppelt besetzten nichtbindenden $2p\pi$-AO's am Sauerstoff bindende MO's werden, wenn unbesetzte $d\pi$-AO's am Xe zur Verfügung stehen. Diese Rückbindung entspricht genau derjenigen beim XeF_2; anders als im XeF_2 liegt im XeO aber kein nichtbindendes σ-MO vor, das durch Beteiligung des $d\sigma$-AO stabilisiert werden könnte. Die Rückbindung ist mit Ladungsübertragung vom O zum Xe verbunden, sie kompensiert deshalb etwas die anders gerichtete Polarität der σ-Bindung in XeO.

Im hypothetischen Grenzfall, daß $5p$ und $5d$ ‚gleichermaßen' an der Bindung beteiligt sind (vgl. Abschn. 13.4.3), liegen im XeF_2 zwei lokalisierte 2-Zentren-XeF-Bindungen vor, gebildet aus *pd*-Hybriden des Xe. Im analogen Grenzfall wäre das

---

* Musher (l.c.) hat versucht, diese Analogie dadurch deutlich zu machen, daß er auch die Bindung im XeO als eine 4-Elektronen-3-AO-Bindung auffaßte, indem er als AO's des Xe ein p_x und ein p_y nahm und als Bindungsrichtung die Winkelhalbierende zwischen x- und y-Achse wählte. Dieser Ansatz ist aber wenig glücklich, vor allem weil die beiden zur Bindungsachse senkrechten π-AO's nicht gleichberechtigt behandelt werden.

** H. Wallmeier, W. Kutzelnigg, J. Am. Chem. Soc. *101*, 2804 (1979); s. auch die Fußnote auf der folgenden Seite!

XeO durch eine σ-Bindung, gebildet aus einem $5p$-AO des Xe, und eine π-Bindung unter Beteiligung eines $5d$-AO des Xe zu beschreiben, d.h. durch eine Doppelbindung im üblichen Sinn. In beiden Fällen hätte der Valenzzustand des Xe die Konfiguration $5s^2\,5p^5\,5d$. Allerdings darf man nicht vergessen, daß es zwei gleichberechtigte π-MO's gibt (π_x und π_y, wenn z die Bindungsrichtung ist), so daß eine Doppelbindung aus einer σ-Bindung und zwei halben π-Bindungen bestehen würde, anders als etwa diejenige in H_2CO, wo die beiden π-Richtungen nicht gleichwertig sind und die Doppelbindung aus einer σ- und einer π-Bindung besteht.

Wenn man bei semipolaren Oxiden wie XeO oder H_3PO von einem partiellen Doppelbindungscharakter (als Folge von Rückbindung) spricht, wäre es eigentlich richtiger, von einem partiellen Dreifachbindungscharakter zu sprechen.

Es sprechen gewisse Erfahrungen dafür, daß in allen Bindungen, die man formal semipolar formuliert, immer dann deutliche ‚Rückbindung' auftritt, wenn das Elektronendonoratom einer höheren als der ersten Periode angehört. So ist im $(CH_3)_3NO$ die N–O-Bindung recht gut als semipolare Einfachbindung aufzufassen, während die entsprechende P–O-Bindung im $(CH_3)_3PO$ schon etwas Mehrfachbindungscharakter hat*).

Interessant ist in diesem Sinne etwa ein Vergleich von $(CH_3)_3PO$, $(C_6H_5)_3PO$, ... F_3PO. In dieser Reihe nimmt die effektive positive Ladung vom P zu. Je höher diese positive Ladung ist, um so mehr Tendenz besteht zur Rückbindung, was eine zunehmende Verfestigung der Bindung und damit verbundene Verkürzung der Bindungslänge zur Folge hat.

Ähnlich wie gesättigte normalvalente Moleküle zusätzliche 4-Elektronen-3-Zentren-Bindungen ausbilden können, was zu Elektronenüberschußverbindungen führt, können solche normalvalenten Moleküle auch über zusätzliche semipolare Bindungen O-Atome anlagern, z.B.

Ausgangsverbindung	Endverbindung
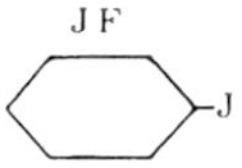	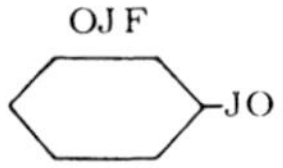
SF_2	OSF_2
O_2	O_3
SO	SO_2
PF_3	OPF_3

* Explizite ab-initio-Rechnungen zeigen, daß die einfachen Modellvorstellungen über die Bindungsverhältnisse in semipolaren Bindungen der Realität doch nicht ganz gerecht werden. So findet man (H. Wallmeier und W. Kutzelnigg, l. c.), daß im H_3NO nur etwa eine halbe Ladung von N nach O übertragen und nur etwa eine halbe Einfachbindung ausgebildet wird, derart, daß man eher von einem charge-transfer-Komplex zwischen H_3N und O sprechen sollte. Im H_3PO ist die P–O-Bindung zwar deutlich stärker als eine Einfachbindung – ganz im Sinne der Vorstellung, daß beträchtliche Rückbindung vorliegt –, die Polarität der PO-Bindung ist dagegen wesentlich größer als im H_3NO, es wird etwa eine ganze Ladung von P nach O übertragen.

Die Geometrie dieser Moleküle versteht man, wenn man die normalvalenten Moleküle zunächst durch Zweizentrenbindungen aus geeigneten Hybridorbitalen beschreibt und anschließend die O-Atome auf die freien Elektronenpaare ‚aufsetzt'. Folglich ist der OJF-Winkel im OJF nahe an 90°, ebenso ist im OSF_2 die SO-Bindung nahezu senkrecht zu den beiden SF-Bindungen. PF_3 ist pyramidal, also OPF_3 ungefähr tetraedrisch.

Isoelektronisch mit den semipolaren Oxiden sind die von Wittig entdeckten Ylide*), wie z.B. das dem $(CH_3)_3PO$ entsprechende

$$(CH_3)_3\overset{\oplus}{P}—\overset{\ominus}{C}H_2$$

Die Eigenschaften dieses Moleküls (Geometrie, Dipolmoment, Kernresonanzspektrum) sprechen durchaus für eine Einfachbindung und eine hohe Polarität der Bindung sowie für das gleichzeitige Vorliegen einer Phosphonium- und einer Carbanion-Struktur.

Wie Xe bis zu drei O-Atome binden kann – XeO_3 ist pyramidal gebaut mit zueinander nahezu senkrechten XeO-Bindungen – so können auch normalvalente Verbindungen mehr als einen weiteren Sauerstoff binden, z.B.

Ausgangsverbindung	Endverbindung
SF_2	O_2SF_2
SO	SO_3

13.5.2. Bindungsausgleich zwischen ‚echten' Doppelbindungen und semipolaren Bindungen

Wir müssen an dieser Stelle auf einen wesentlichen Unterschied zwischen den Fluoriden und den Oxiden hinweisen. Wie schon gesagt, liegen im SF_4 zwei verschiedene S–F-Bindungen vor, zwei ‚normale' Bindungen (wie im SF_2) und eine FSF-4-Elektronen-3-Zentren-Bindung (wie im XeF_2). Analog würde man im SO_2 eine ‚normale' Doppelbindung (wie im SO) und eine semipolare Bindung (wie im XeO) erwarten.

Tatsächlich sind aber beide SO-Bindungen im SO_2 äquivalent, und der Valenzwinkel ist auch nicht 90°, wie man es für nicht-äquivalente Bindungen erwarten sollte, sondern 119.5°.

Das liegt offenbar daran, daß der Unterschied etwa zwischen einer kovalenten SO-Doppelbindung und einer semipolaren SO-Bindung von vornherein geringer ist als zwischen einer normalen S–F-Bindung und einer F–S–F-Dreizentrenbindung. Beide Arten von SO-Bindungen haben einen σ-Bindungsanteil im wesentlichen des gleichen Typs. Zu einem Bindungsausgleich ist nur eine Delokalisierung des π-Systems nötig, während ein Bindungsausgleich im SF_4 eine völlige Änderung der Bindungsverhältnisse bedeuten würde (vgl. hierzu Abschn. 13.6.3).

* Für den Grundkörper, das Methylenphosphoran, hat H. Lischka (J. Amer. Chem. Soc. *99*, 353 (1977)) eine ab-initio-Rechnung in SCF-Näherung und mit Berücksichtigung der Elektronen-Korrelation durchgeführt.

Im Sinne der VB-Theorie wird das SO_2 durch eine Überlagerung zweier Valenzstrukturen beschrieben, die jede für sich einer Situation mit nicht gleichwertigen Bindungen entsprechen würde

Man kann die Struktur auflösen in zwei lokalisierte σ-Bindungen

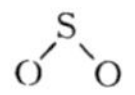

je zwei freie Elektronenpaare in der Molekülebene an jedem Sauerstoff und eines am Schwefel

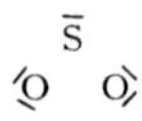

und eine 4-Elektronen-3-Zentren-π-Bindung, gebildet aus den zur Molekülebene senkrechten π-AO's von O, S und O'.

Diese 4-Elektronen-3-Zentren-π-Bindung wird durch Beteiligung von $d\pi$-AO's am S stabilisiert, ähnlich (vielleicht in stärkerem Maße) wie $d\pi$-AO's eine einfache semipolare Bindung durch Rückbindung stabilisieren.

Von verschiedenen Autoren*)**)***) wurden Ergebnisse von SCF-Rechnungen am SO_2 publiziert, die für das Verständnis der Bindungsverhältnisse in diesem Molekül von Interesse sind. Die Population der d-AO's des S ist etwa 0.5 (0.425*) bzw. 0.55**)), rund die Hälfte davon dient der Stabilisierung der σ- und der π-AO's (σ und π jetzt im Sinne der Theorie der π-Elektronensysteme, d.h. symmetrisch bzw. antisymmetrisch zur Molekülebene). Die $3d$-Population an den O-Atomen ist mit ≈ 0.07**) auch nicht zu vernachlässigen, das mittlere Atom im O_3 hat sogar eine $3d$-Population von ≈ 0.15*). Das S-Atom im H_2S hat dagegen nur eine $3d$-Population von 0.08.

Der Beitrag der $3d$-AO's (S und O) zur Bindungsenergie im SO_2 ist nach diesen Rechnungen etwa 150 kcal/mol, im Ozon aber immerhin etwa 60 kcal/mol.

Zu kommentieren wäre noch der Valenzwinkel im SO_2, der nahezu 120° beträgt und nicht etwa 90°, wie man erwarten würde, wenn die $3s$-AO's des S nicht an der Bindung beteiligt wären, wie das näherungsweise im H_2S oder auch im SF_2 der Fall ist. Verantwortlich für den größeren Valenzwinkel im SO_2 ist sicher einerseits, daß die 4-Elektronen-3-Zentren-Bindung einen großen Valenzwinkel bevorzugt (vgl.

* S. Rothenberg, H.F. Schaefer, J. Chem. Phys. *53*, 3014 (1970).

** B. Roos, P. Siegbahn, Theor. Chim. Acta *21*, 368 (1971).

*** M.F. Guest, I. Hillier, V.R. Saunders, J. Chem. Soc. (Faraday II) *68*, 114 (1972).

Abschn. 9.3 über die Walshschen Regeln), andererseits wird offenbar die für die ‚isovalente Hybridisierung' des S von der Grundkonfiguration s^2p^4 in Richtung auf die Valenzzustandskonfiguration tr^4p^2 ($tr = s^{\frac{1}{3}}p^{\frac{2}{3}}$) erforderliche ‚Promotionsenergie' durch eine erhöhte Festigkeit der Hybrid-Bindungen wettgemacht. Wir hatten früher so argumentiert (Abschn. 10.2), daß im H_2S im Gegensatz zum H_2O eine solche isovalente Hybridisierung nicht (oder nur in sehr geringem Maße) stattfindet, weil die Bindungsenergie im H_2S so klein ist, daß eine isovalente Hybridisierung zu ‚kostspielig' wäre. Im SO_2 ist die Bindungsenergie nun allerdings so groß (ca. 250 kcal/mol), daß die Promotionsenergie leicht aufgebracht werden kann. (Zusätzlich findet ja noch etwas Promotion nach $3d$ statt.) Ohne isovalente Hybridisierung wäre das einsame Elektronenpaar ein reines s-AO, bei vollständiger Hybridisierung nach tr^4p^2 wäre es ein sp^2-Hybrid. Die Rechnungen zeigen, daß es ungefähr ein $sp^{0.5}$-Hybrid ist.

Im Falle des SO_3, für das man zunächst (d.h. bei ungleichwertigen Bindungen) pyramidale Struktur erwarten sollte, erzwingt die π-Elektronendelokalisierung (ähnlich wie im isovalenzelektronischen CO_3^{2-} oder NO_3^-) eine ebene Anordnung. Das bedeutet aber automatisch eine isovalente Hybridisierung (ähnlich wie schon in etwas geringerem Maße beim SO_2), die σ-Bindungen werden nicht von $3p$-AO's des S sondern von sp^2-Hybrid-AO's vermittelt. Schreibt man das SO_3 im Sinne einer seiner Grenzstrukturen als $O{=}S^{2+}(O^-)_2$ mit zweifach positivem Schwefel (was der tatsächlichen effektiven Ladung des S wahrscheinlich nahe kommt), so hat S^{2+} die Grundkonfiguration s^2p^2 und es ist nur zweiwertig. Man muß also im S^{2+} echt hybridisieren (und nicht isovalent), um in der Valenzkonfiguration sp^3 drei σ-Bindungen und eine zusätzliche π-Bindung zu ermöglichen.

Offensichtlich beteiligen sich im SO_3 die $3s$-AO's in entscheidender Weise an der Bindung. Es liegt also im Sinne Mushers (vgl. Fußnote z. S. 384) eine ‚hypervalente Verbindung 2. Art' vor. In der Tat kommt man zur Beschreibung der Bindungsverhältnisse in diesem Molekül nicht mehr mit der Vorstellung aus, daß es aus Zweizentren- und Dreizentrenbindungen aufgebaut wird (s. Abschn. 13.6.3).

13.6. Nicht durch Dreizentrenbindungen beschreibbare Elektronenüberschußverbindungen

Wenn man die Bindungsverhältnisse in einem Molekül durch lokalisierte 2-Elektronen-2-Zentren-Bindungen beschreiben kann – und zwar in dem Sinne, wie es in Kap. 10 ausführlich erläutert wurde –, so wird man das mit Vorteil tun, obwohl es einem natürlich freisteht, die delokalisierten, kanonischen MO's zur Beschreibung heranzuziehen. Es gibt aber Fälle – und dafür haben wir früher schon genug Beispiele kennengelernt (z.B. $B_{12}H_{12}^{2-}$, C_6H_6) –, wo eine Transformation zu lokalisierten 2- und 3-Zentren-Bindungen nicht möglich ist und wo wir deshalb die MO's des Gesamtsystems auch für eine qualitative Diskussion heranziehen müssen.

Wir haben uns bisher auf solche Elektronenüberschußverbindungen beschränkt, die man durch Zweizentren- und Dreizentrenbindungen beschreiben kann. Für einen allgemeineren Überblick über die Elektronenüberschußverbindungen müssen wir jetzt einen MO-theoretischen Formalismus benutzen, in dem delokalisierte (symmetrieadaptierte) Orbitale verwendet werden.

Die Überlegungen, die wir dabei anstellen werden, sind vielfach von der Art, wie sie im Zusammenhang mit der Begründung der Walshschen Regeln verwendet werden. In Einzelfällen können wir auch auf ab-initio-Rechnungen Bezug nehmen.

13.6.1. AB_6-Moleküle

Ein Beispiel für AB_6-Moleküle mit 12 Valenzelektronen ist das SF_6. Alles im folgenden über das SF_6 gesagte gilt dabei für alle isovalenzelektronischen Verbindungen, z.B. PF_6^-, SbF_6^-, $SbCl_6^-$, aber auch für die SiO_6-Einheit in der Stishovit-Modifikation des SiO_2.

Nahezu alle bekannten AB_6-Moleküle nehmen im Gleichgewicht die Anordnung der höchsten Symmetrie, das Oktaeder, ein. Dieses ist sicher vom Standpunkt der elektrostatischen Abstoßung der effektiven Ladungen am günstigsten, aber auch die Einelektronenenergien begünstigen das Oktaeder, sofern abgeschlossenschalige Konfigurationen vorliegen. Bei nicht-abgeschlossenschaligen Elektronenkonfigurationen findet man gelegentlich verzerrte Oktaeder (vgl. Kap. 14).

Um uns klar zu machen, zu welchen Symmetrierassen die MO's in einem oktaederförmigen AB_6-Molekül gehören, können wir auf die entsprechende Kimball-Tabelle (Tab. 8 Nr. 7 auf S. 168) zurückgreifen.

Gehen wir davon aus, daß vom Zentralatom A nur s und p-AO's (z.B. $3s$ und $3p$ bei S) und von den Liganden B σ-AO's ($s^x p^{1-x}$-Hybride in Richtung auf das Zentralatom) beteiligt sind*), so sehen wir, daß die AO's von A die irreduziblen Darstellungen a_{1g} und t_{1u} und die von B_6 die Darstellungen a_{1g}, t_{1u}, e_g aufspannen. (Die entsprechenden symmetrieadaptierten Linearkombinationen der AO's sind in Tab. 10 Nr. 4 auf S. 207 angegeben). Aus den betrachteten AO's können wir je ein bindendes und ein antibindendes MO der Rassen a_{1g} und t_{1u} (zählt dreifach) konstruieren sowie ein nichtbindendes (an dem nur die AO's von B_6 beteiligt sind) zu e_g. Im SF_6 sind sechs Valenzelektronen vom S-Atom und je eines von den sechs F-Atomen beteiligt, insgesamt 12. Diese passen genau in die bindenden MO's a_{1g} (2 El.), t_{1u} (6 El.) und das nichtbindende MO e_g (4 El.).

Sehen wir jetzt auch die π-AO's der Liganden als Valenz-AO's an, so ändert sich unsere Argumentation nicht wesentlich. Diese 12 π-AO's spannen nämlich die Darstellungen t_{1g}, t_{1u}, t_{2g} und t_{2u} auf. Die Linearkombinationen zu t_{1g}, t_{2g} und t_{2u} sind von vornherein nichtbindend. Diejenigen zu t_{1u} können mit den p-AO's von A und den σ-AO's von B_6 zur gleichen Symmetrie wechselwirken. Insgesamt ergibt sich ein bindendes, ein in erster Näherung nichtbindendes und ein antibindendes MO zu t_{1u}. Also sind die MO's, auf die wir die π-Elektronen der F-Atome im SF_6 zu verteilen hätten, sämtlich nichtbindend, so daß wir sagen können, die Elektronen

---

* Ein Ligand B hat dann noch ein einsames Elektronenpaar vom Typ $s^{1-x}p^x$ sowie zwei einsame π-Elektronenpaare.

der F-Atome in den einsamen Elektronenpaaren vom π-Typ beteiligen sich nicht an der Bindung. Das gleiche gilt für die $s^{1-x}p^x$-Hybrid-AO's, die vom Zentralatom wegweisen.

Die Situation ändert sich etwas, wenn wir auch die d-AO's des Zentralatoms als Valenz-AO's mitberücksichtigen können. Diese spannen die Darstellungen e_g und t_{2g} auf. Die e_g-AO's können in bindende Wechselwirkung mit den bisher nichtbindenden e_g-Linearkombinationen der σ-AO's von B_6 treten, und in der Darstellung t_{2g} ist eine Bindung mit den π-AO's der B-Atome möglich.

Wie schon mehrfach gesagt, kann man bei qualitativen Diskussionen der Elektronenstruktur und der Geometrie die $3d$-AO's des S weglassen, obwohl sie für quantitative Aussagen sicher wichtig sind.

Offenbar bildet SF_6 eine abgeschlossenschalige Konfiguration. Wieso eine Beschreibung durch Dreizentrenbindungen nicht möglich ist, sehen wir an einem Vergleich mit dem XeF_6. Dieses hat 14 Valenzelektronen und damit 2 mehr als das SF_6. Für diese 2 zusätzlichen Elektronen steht aber weder ein bindendes noch ein nichtbindendes MO zur Verfügung, weil diese ja alle schon besetzt sind. Für die beiden überzähligen Elektronen bleibt also nur ein antibindendes MO übrig, von denen wahrscheinlich dasjenige der Symmetrie a_{1g} am tiefsten liegt. Jetzt liegt genau der Fall vor, den wir in Abschn. 13.3 durch drei 4-Elektronen-3-Zentren-Bindungen beschrieben haben. In der Tat bedeutet doppelte Besetzung sowohl des bindenden als auch des antibindenden MO's zu a_{1g}, daß keine Bindung zwischen dem s-AO des Xe und der a_{1g} Linearkombination der σ-AO's der F-Atome auftritt, m.a.W. daß sich in XeF_6 nur p-AO's des Xe an der Bindung beteiligen. Eine Transformation der MO's zu lokalisierten Dreizentren-MO's, an denen je ein p-AO von Xe und zwei σ-AO's der F-Atome beteiligt sind, macht dann keine Schwierigkeit. (Jedenfalls solange man die Beiträge von d- und π-AO's vernachlässigen kann.)

Im Sinne dieser Argumentation kann man den Unterschied zwischen SF_6 und XeF_6 darin sehen, daß im SF_6 auch die s-AO's des Zentralatoms an der Bindung beteiligt sind, im XeF_6 nicht; und zwar folgt hier die ‚Beteiligung‘ oder ‚Nichtbeteiligung‘ nahezu zwangsläufig aus Symmetrie und Elektronenzahl. Die Mitbeteiligung des s-AO's von S im SF_6 schließt eine Beschreibung durch Dreizentrenbindungen aus.

Eine auffallende Besonderheit des XeF_6 besteht darin, daß es im Grundzustand kein reguläres, sondern ein verzerrtes Oktaeder darstellt*). Die Vorstellung von drei unabhängigen 3-Zentren-4-Elektronenbindungen nur unter Beteiligung der 5p-AOs des Xe, während das 5s-AO an der Bindung unbeteiligt ist, ist also offenbar nicht ganz richtig. Vielmehr sieht es so aus, daß das *lone-pair* nicht rein 5s-artig ist, sondern 5p-Anteile hat, so daß es wie ein Hybrid-AO aussieht, das in der Ligandensphäre einen Platzbedarf hat. Eine wirklich befriedigende quantenchemische Erklärung für dieses eigenartige Phänomen ist bisher nicht gegeben worden, obwohl es sich nach dem Gillespie-Nyholm-Modell**) scheinbar zwanglos ergibt (wenn man nämlich voraussetzt, daß 5s ein Valenz-AO ist, was eigentlich erst zu erklären wäre), s. hierzu auch S. 405.

---

* K. S. Pitzer, L. S. Bernstein, J. Chem. Phys. *63*, 3852 (1975).

** R. J. Gillespie, *Molekülgeometrie*, VCH, Weinheim 1975.

Wir können uns jetzt noch überlegen, unter welcher Voraussetzung eine Beschreibung des SF_6 durch sechs lokalisierte Zweizentrenbindungen möglich ist. Das ist offenbar der Fall (vgl. Kap. 10), wenn die Bedingung für sp^3d^2-Hybridisierung erfüllt ist, d.h. wenn $3s$-, $3p$- und die beiden $3d$-AO's des S zu e_g (d_{z^2} und $d_{x^2-y^2}$) sich gleichermaßen an der Bindung beteiligen. Nach allem, was wir über die Bindung in diesen Verbindungen wissen, ist die Beteiligung der d-AO's an der Bindung wahrscheinlich nicht so groß, daß eine Beschreibung des SF_6 durch Bindungen mit sp^3d^2-Hybrid-AO's den Tatsachen gerecht wird.

Andere AB_6-Strukturen als das Oktaeder (evtl. leicht verzerrt) treten offenbar nicht auf, wenn man von 6-er Koordinationen in Festkörpern absieht, die auch komplizierter sein können. Die einzige wirkliche Alternative zum Oktaeder wäre das trigonale Prisma. Bei Beteiligung von s, p und σ gibt es bindende und antibindende MO's zu a_1', a_2'' und e' sowie ein nichtbindendes MO zu e'' (an dem sich nur die Liganden beteiligen). In den bindenden und nichtbindenden MO's ist genauso wie beim Oktaeder Platz für zwölf Elektronen. Daß trotzdem das Oktaeder stabiler ist und von allen bekannten AB_6-Molekülen bevorzugt wird, liegt offenbar an den besseren Überlappungsverhältnissen (im Oktaeder zeigen die reellen p-AO's genau auf die Liganden, im trigonalen Prisma nicht) und auch daran, daß die Abstoßung der Liganden beim Oktaeder am geringsten ist.

13.6.2. AB_5-Moleküle

Wir betrachten zunächst Moleküle mit 10 σ-Valenzelektronen wie das PF_5. Bei AB_5-Molekülen können Strukturen mit D_{5h} bzw. C_{5v}-Symmetrie, bei denen die B-Atome ein regelmäßiges Fünfeck bilden, als unphysikalisch ausgeschlossen werden (außer wenn unmittelbare Bindungen zwischen B-Atomen bestehen). Außer diesen gibt es aber keine Anordnung, bei der die fünf B-Atome geometrisch gleichwertig sind. Unter den physikalisch realistischen Strukturen sind diejenigen höchster Symmetrie die trigonale Bipyramide (I) mit der Symmetriegruppe D_{3h} und die quadratische Pyramide (II) mit der Symmetriegruppe C_{4v}, s. Abb. 86. Nach den Kimball-Tabellen (Tab. 8 Nr. 3 und 14) spannen bei (I) die s- und p-AO's von A die Darstellungen a_1', a_2'' und e' auf, die σ-AO's der Liganden $2 \times a_1'$, a_2'' und e'. Daraus erhalten wir bindende und antibindende MO's zu a_1', a_2'' und e' sowie ein nichtbindendes zu a_1'.

Im PF_5 haben wir z.B. 10 Elektronen unterzubringen, die genau in die bindenden sowie das nichtbindende MO passen. In der Struktur (II) spannen die s- und p-AO's von A die Darstellungen $2 \times a_1$ und e, die σ-AO's von B $2 \times a_1, b_2$ und e auf. Somit

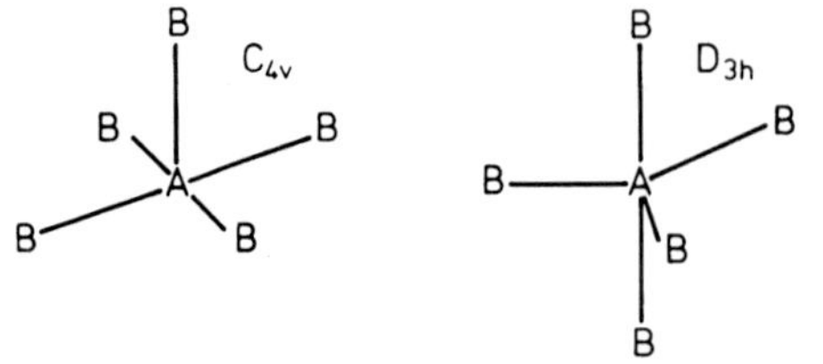

II I

Abb. 86. Die beiden wichtigsten AB_5-Strukturen.

gibt es bindende und antibindende MO's zu $2 \times a_1$ und e sowie ein nichtbindendes zu b_2. Auch hier haben in bindenden plus nichtbindenden MO's genau 10 Elektronen Platz. Damit sind beide Strukturen konkurrenzfähig, da auch die sterischen Verhältnisse vergleichbar sind. Offenbar bestehen bei (I) aber bessere Überlappungsmöglichkeiten, zumal ein *p*-AO in (I) unmittelbar auf zwei Liganden weist. Tatsächlich haben nahezu alle AB_5-Verbindungen mit 10 Valenzelektronen die Struktur (I), aber auch die Struktur (II) scheint in einem Fall [$Sb(C_6H_5)_5$ im Kristall*)] belegt zu sein, und es gibt Hinweise darauf, daß der Energieunterschied zwischen (I) und (II) nur klein ist. Experimentelle Untersuchungen über die Pseudorotation (vgl. später in diesem Abschnitt) weisen darauf hin, daß die C_{4v}-Struktur i. allg. nur wenige kcal/mol über der D_{3h}-Struktur liegt.

Man erkennt anhand von Tab. 8 Nr. 14, daß die bindenden Orbitale a_1' und e' im wesentlichen die drei äquatorialen PF-Bindungen beschreiben – wobei, da wir genausoviel doppelt besetzte Orbitale wie Bindungen haben, Transformation zu lokalisierten 2-Zentren-MO's möglich ist. Das nichtbindende a_1'-MO und das bindende MO a_2'' beschreiben dagegen im wesentlichen die Dreizentrenbindung mit den beiden axialen F-Atomen. Das macht die Nichtgleichwertigkeit der PF-Bindungen deutlich und läßt erkennen, daß man sich das PF_5 aufgebaut denken kann aus einem planaren PF_3 mit lokalisierten Bindungen und Edelgaskonfiguration und einer zusätzlichen FPF-Dreizentrenbindung (vgl. Abschn. 13.4.3). Das isolierte PF_3 ist allerdings nicht planar, und man muß deshalb bei der Bildung von PF_5 aus PF_3 und F_2 Energie aufwenden, um das PF_3 in eine planare Anordnung zu bringen.

Als nächstes kann man danach fragen, in welchem Maße Stabilisierung durch eine Mitbeteiligung von *d*-AO's möglich ist. Im wesentlichen wird durch Beteiligung des d_{z^2} das vorher nichtbindende a_1' auch bindend. Ähnlich stabilisierend wirkt sich aber auch ein zweites *s*-AO, d.h. ein 4*s*-AO des P, aus. Würde sich das d_{z^2} gleichermaßen wie *s* und *p* an der Bindung beteiligen, so könnte man das Molekül aus Zweizentrenbindungen, gebildet mit sp^3d-Hybriden des P, aufbauen.

Man sieht weiter, daß ein *d*-AO am P auch das bindende e'-MO etwas stabilisieren kann.

Berücksichtigt man jetzt auch die π-AO's, die ohne *d*-Beteiligung am P nichtbindend sind, so erkennt man, daß bei *d*-Beteiligung Linearkombinationen von π-AO's der F-Atome zu e′ und e″ bindend werden können. An e′ sind die π-AO's der axialen F-Atome beteiligt, und die Linearkombination dieser AO's mit einem *d*-AO des P vermittelt die Rückbindung, wie wir sie in Abschn. 13.4.2 bereits kennengelernt haben. Zur Symmetrie e″ gehören dagegen Linearkombinationen der zur ‚Äquatorebene' antisymmetrischen *p*-AO's der äquatorialen F-Atome. Diese e″ Linearkombinationen werden bindend, wenn auch d_{xz} und d_{yz} des Zentralatoms sich beteiligen können. Wenn das der Fall ist, wird Ladung von den äquatorialen F-Atomen auf das P-Atom übertragen, was energetisch nicht ungünstig ist, da das P-Atom formal positiv ist als Folge der Dreizentrenbindung mit den axialen F-Atomen. In dieser FPF-Dreizentrenbindung wird Ladung von P auf die F-Atome übertragen. Insge-

* P.J. Wheatly u. G. Wittig, Proc. Chem. Soc. (London) *1962*, 251; J. Chem. Soc. (London) *1964*, 2206.

samt tritt also eine Ladungsverschiebung von den äquatorialen auf die axialen F-Atome auf.

Aber auch, wenn die sp^3d-Hybridisierungsbedingung erfüllt ist, sind die fünf Bindungen nicht gleichwertig, weil an den äquatorialen Bindungen sp^2-Hybride und an den axialen *pd*-Hybride beteiligt sind. Der Unterschied der Länge axialer und äquatorialer Bindungen, für den man in Tab. 18 einige Beispiele findet, ist also zunächst kein Beweis weder für das Vorliegen von Zwei- und Dreizentrenbindungen noch für die Mitbeteiligung von *d*-AO's.

Tab. 18. Bindungslängen in Verbindungen des dreibindigen und fünfbindigen Phosphors*).

	PF_3	PCl_3	$P(C_6H_5)_3$
r(P–X) (Å)	1.54	2.04	
	PF_5	PCl_5	$P(C_6H_5)_5$
r(P–X) achsial (Å)	1.55	2.19	1.99
r(P–X) äquatorial (Å)	1.50	2.04	1.85

* Nach I.R. Beatty, Quart. Rev. *17*, 382 (1963).

In AB_5-Verbindungen mit der Struktur (I) gibt es offenbar zwei Arten von jeweils gleichwertigen Positionen. Es ist jedoch durch eine geringfügige Bewegung (Abb. 87) von vier der fünf B-Atome über eine Zwischenstufe mit Struktur (II) möglich, eine äquivalente Struktur (I) zu erhalten, in der Atome, die vorher äquatorial waren, axial sind und umgekehrt. Diese Isomerisierung des Moleküls in eine äquivalente Konfiguration wird meist als ‚Pseudorotation'*) bezeichnet. Sie ist ein Spezialfall der Valenzisomerisierung. Zu ihrer Untersuchung eignet sich besonders die Kernresonanzspektroskopie, die gleiche Atome in nicht-äquivalenten Positionen als äquivalent ansieht, wenn die Isomerisierung weniger Zeit benötigt als die für den Meßvorgang charakteristische Zeit von größenordnungsmäßig 1s. Durch Temperaturänderung kann man die Geschwindigkeit der Isomerisierung beschleunigen oder verzögern, und aus der Temperaturabhängigkeit des Kernresonanzspektrums lassen sich die ‚Aktivierungsbarrieren' für die Isomerisierung abschätzen. Beim $(C_2H_5)_2N\,PF_4$ wurde z.B. eine Isomerisierungsbarriere von 13 kcal/mol gefunden**). (Diese ent-

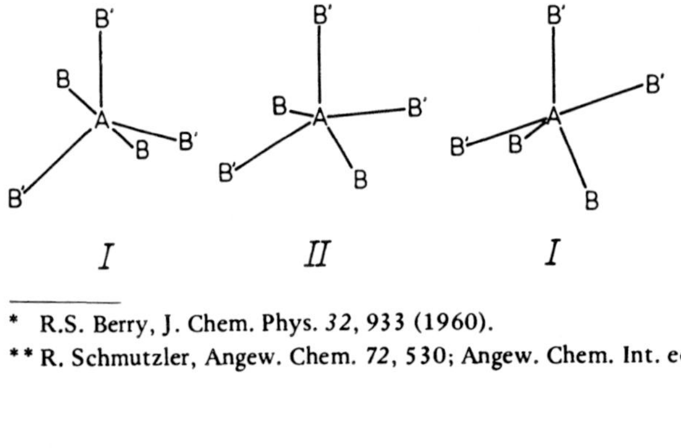

Abb. 87. Zur Erläuterung der Pseudorotation.

* R.S. Berry, J. Chem. Phys. *32*, 933 (1960).

** R. Schmutzler, Angew. Chem. *72*, 530; Angew. Chem. Int. ed. *4*, 496 (1963).

spricht unter Vorbehalt*) dem Energieunterschied zwischen C_{4v}- und D_{3h}-Struktur.) Sie ist klein genug, daß bei Zimmertemperatur die vier F-Atome im Kernresonanzspektrum als äquivalent erscheinen, obwohl zwei von ihnen axiale und zwei äquatoriale Positionen einnehmen.

Besonders klein, nämlich nur 2.5 kcal/mol, ist die Schwelle für Pseudorotation in PH_5, das allerdings bisher nur aus Rechnungen **) und nicht vom Experiment her bekannt ist.

Außer bei Verbindungen von Elementen der fünften Gruppe des Periodensystems findet man 5er-Koordination in trigonal bipyramidaler Anordnung z.B. auch bei Elementen der vierten Gruppe. Im $(CH_3)_3SnCl \cdot$ Pyridin besetzen z.B. Cl und Pyridin die beiden axialen Positionen.

Der Energieunterschied zwischen AB_5 mit einer 4-Elektronen-3-Zentren-Bindung und $AB_4^+ + B^-$ nur mit normaler Zweizentrenbindung ist oft gering. So ist im $(CH_3)_4P\,(OCH_3)$ der Phosphor offenbar fünffach koordiniert, die Verbindung $(CH_3)_4P\,(OC_6H_5)$ liegt dagegen als Salz mit dem Kation $(CH_3)_4P^+$ und dem Anion $OC_6H_5^-$ vor***). Auch auf den Befund, daß PCl_5 in der kristallinen Form aus PCl_4^+-Tetraedern und PCl_6^--Oktaedern besteht, ist hier hinzuweisen.

4-Elektronen-3-Zentren-Bindungen sind, wie wir von den Wasserstoffbrücken her wissen, durchaus nicht immer symmetrisch gebaut. Eine unsymmetrische fünffach koordinierte Verbindung ist wahrscheinlich das $CH_3F_2^-$-Anion, das allerdings nur von quantenchemischen Rechnungen her bekannt ist[1]) und wahrscheinlich die Gleichgewichtsstruktur (A) bzw. (C) hat

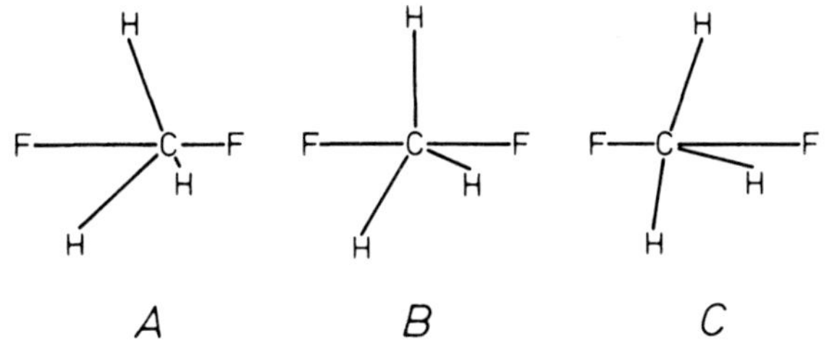

Die Energie der symmetrischen D_{3h}-Konfiguration (B) liegt wahrscheinlich ca. 6 kcal/mol über der Energie von $CH_3F + F^-$ bei unendlichem Abstand und um ca. 20 kcal/mol über der der Gleichgewichtsstruktur. So hoch ist offenbar auch die Schwelle für eine Isomerisierung von (A) nach (C), die der Prototyp der sog. Waldenschen Umkehrung ist. Nukleophile Substitutionsreaktionen an Verbindungen mit vierbindigem Phosphor unterscheiden sich deutlich von den entsprechenden Reaktionen am Kohlenstoff, weil bei P eine symmetrische Anordnung mit fünf Liganden stabil ist, bei C nicht.

* S. hierzu P. Russegger, J. Brickmann, J. Chem. Phys. *66*, 1 (1977).
** F. Keil, W. Kutzelnigg, J. Am. Chem. Soc. *97*, 3623 (1975). W. Kutzelnigg, J. Wasilewski, l. c.
*** H. Schmidbaur, H. Stuhler, W. Buchner, Chem. Ber. *106*, 1238 (1973).
1) A. Dedieu, A. Veillard, J. Am. Chem. Soc. *94*, 6730 (1972), s. auch F. Keil, R. Ahlrichs, l.c.

Die optimale Geometrie hängt entscheidend auch von der Zahl der Valenzelektronen ab. Im JF_5 sind z.B. 12 σ-Valenzelektronen auf die MO's zu verteilen. Das bedeutet, daß sowohl in (I) als in (II) 2 Elektronen ein antibindendes MO a_1' bzw. a_1 besetzen müssen. In Struktur (I) ist in a_1' vom Zentralatom nur das *s*-AO beteiligt. Sind bindende, antibindende und nichtbindende MO's zur Rasse a_1' vollbesetzt, so bedeutet das, daß das *s*-AO sich insgesamt an der Bindung überhaupt nicht beteiligt, also ein freies Elektronenpaar bildet, und daß nur die *p*-AO's Bindungen eingehen. Ähnlich, aber nicht ganz gleich ist es in Struktur (II), bei der das antibindende a_1-MO zu besetzen ist. Hier sind aber an a_1 sowohl *s*- als auch *p*-AO's von A beteiligt, von vier möglichen a_1-MO's (zwei bindenden, zwei antibindenden) sind drei (zwei bindende, ein antibindendes) besetzt. Das läuft darauf hinaus, daß eine bestimmte Linearkombination von *s* und p_z (z sei die Achse der Pyramide) an der Bindung beteiligt ist, eine andere ein freies Elektronenpaar bildet. Da *sp*-Hybride besser binden als reine *p*-AO's und auch besser als andere $s^x p^{1-x}$-Hybride (vgl. Abschn. 10.6), ist eine Bindung über ein *sp*-Hybrid am günstigsten. Wenn das *s*-Valenz-AO sich an der Bindung beteiligen soll, ist dazu etwas Promotion (isovalente Hybridisierung) von *s* nach *p* erforderlich, die Energie kostet. Andererseits sinkt auch die Elektronenabstoßungsenergie, wenn das freie Elektronenpaar ein Hybrid, und nicht ein reines *s*-AO ist. Die Konkurrenz der verschiedenen Effekte für bzw. gegen eine Beteiligung der *s*-AO's an der Bindung ist qualitativ schwer zu übersehen. Jedenfalls besteht in Struktur (II) die Möglichkeit, die Bindung durch einen optimalen Kompromiß dieser Effekte zu stabilisieren, in Struktur (I) besteht diese Möglichkeit nicht. Das läßt erwarten, daß AB_5-Moleküle mit 12 Valenzelektronen Struktur (II) mit dem Atom A nahezu in der Grundfläche bevorzugen. Das ist bei Verbindungen wie JF_5 auch der Fall, und zwar liegt das J-Atom nahezu in der Grundfläche der Pyramide. Wir haben in Abschn. 13.3 bereits in einer anderen, einfacheren Weise diese Struktur plausibel gemacht und werden in Abschn. 13.7 noch eine weitere Begründung für diese Struktur diskutieren.

In AB_5-Molekülen mit nur acht σ-Valenzelektronen*) sollten sowohl die trigonale Bipyramide (I) als auch die quadratische Pyramide (II) günstige Strukturen sein, da bei beiden dann genau die bindenden MO's besetzt sind. Beispiele wie etwa SiF_5^+ oder AlF_5 scheinen aber nicht bekannt zu sein. Das CH_5^+, dessen Existenz unbestritten ist und das wir bereits in Abschn. 12.5 erwähnten, hat allerdings eine andere, sehr unsymmetrische Struktur mit einer (geschlossenen) H–C–H-Zweielektronen-Dreizentren-Bindung. Offenbar ist eine geschlossene Dreizentrenbindung fester als eine offene HCH-Dreizentrenbindung, wie sie bei Vorliegen von Struktur (I) für das CH_5^+ auftreten müßte. Das gleiche gilt auch für das H_3^+ oder das LiH_2^+. Das mit dem CH_5^+ isoelektronische BH_5**) ist nur ein loser Komplex aus H_2 und leicht pyramidal deformiertem BH_3.

13.6.3. AB_4- und AB_3-Moleküle

Für AB_4-Moleküle ist die Struktur höchster Symmetrie zweifelsohne das Tetraeder (*a*) mit der Symmetriegruppe T_d; hochsymmetrisch ist auch die ebene quadratische

* Hier liegen allerdings Elektronenmangel- und nicht Elektronenüberschußverbindungen vor.
** C. Hoheisel, W. Kutzelnigg, J. Am. Chem. Soc. *97*, 6970 (1975).

Anordnung (*b*) mit der Symmetriegruppe D_{4h}. Wir müssen außerdem noch eine Struktur der Symmetrie C_{2v} betrachten, die man aus dem Tetraeder ableiten kann, indem man den Winkel zwischen zwei Bindungen verkleinert und den zwischen zwei anderen vergrößert.

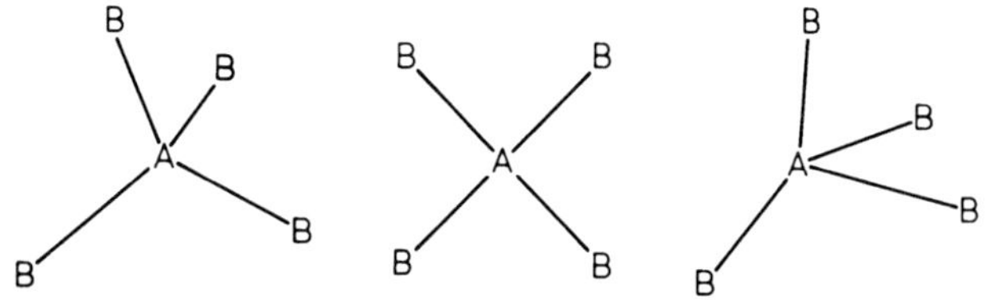

a *b* *c*

Der Phantasie sind natürlich keine Grenzen gesetzt, es wären auch Verzerrungen des Tetraeders nach S_4 oder nach C_{3v}, eine Verzerrung des Quadrats in ein Rechteck oder Strukturen niedriger Symmetrie denkbar. Sie würden aber für die folgende Betrachtung keine entscheidenden neuen Aspekte bringen.

Im Tetraeder (*a*) gehören *s*- und *p*-AO's von A zu a_1 und t_2, ebenso die σ-AO's von B, so daß, wie uns lange geläufig ist, bindende und antibindende MO's zu a_1 und t_2 vorliegen.

Mit acht Valenzelektronen sind genau die bindenden MO's besetzt. Für diese Elektronenzahl (sie entspricht normalvalenten Verbindungen) ist das Tetraeder offenbar die optimale Konfiguration. Ein Beispiel wäre das SiF_4.

In der C_{2v}-Struktur (*c*) ist die Situation qualitativ ähnlich wie im Tetraeder. MO's der Symmetrierassen $2 \times a_1$, b_1 und b_2 sind jeweils bindend und antibindend, so daß in den bindenden MO's genau acht Elektronen Platz haben. Daß trotzdem die höher symmetrische Tetraederkonfiguration energetisch günstiger ist, ist nicht unplausibel und soll uns nicht weiter beschäftigen.

Wenn wir jetzt in Struktur (*a*) 10 Elektronen zu verteilen haben, ist ein antibindendes a_1^*-MO zu besetzen (so daß effektiv nur drei MO's bindend sind). Bei 12 Elektronen müssen zwei Elektronen in das antibindende t_2^* (so daß effektiv nur zwei MO's bindend sind). In Struktur (*c*) trägt zu a_1 nicht nur *s*, sondern auch *p* bei, und folglich ist es in der Struktur (*c*) im Gegensatz zu (*a*) möglich, ein Hybrid aus *s*- und *p*-AO's als freies Elektronenpaar und folglich etwas *s*-Beteiligung in den Bindungen zu haben. Diese Möglichkeit macht die C_{2v}-Struktur mit zwei ungleichen Paaren von AB-Bindungen energetisch stabiler als die höher symmetrische Tetraederstruktur. Daß z.B. das SF_4 tatsächlich C_{2v}-Symmetrie hat, haben wir uns bereits in Abschn. 13.4 auf andere Weise klargemacht.

Im ebenen Quadrat [D_{4h}, Struktur (*b*)] spannen *s*- und *p*-AO's von A die irreduziblen Darstellungen a_{1g}, a_{2u} und e_u auf, die σ-AO's von B a_{1g}, b_{2g} und e_u. Also gibt es bindende und antibindende MO's zu a_{1g} und e_u, sowie nichtbindende zu a_{2u} (nur A ist beteiligt) und b_{2g} (nur B ist beteiligt). Hier passen sechs Valenzelektronen in bindende MO's. Bei acht Valenzelektronen müssen zwei in nichtbindende MO's (a_{2u} oder b_{2g}), bei 10 Valenzelektronen sind gerade bindende und nichtbindende MO's voll besetzt. Diese Struktur wäre also etwa für SF_4 mit Struktur (*c*) konkurrenzfähig. Das freie Elektronenpaar von A wäre jetzt ein reines p_z-AO (a_{2u}), was aber offenbar weniger günstig ist als ein Hybrid-AO wie in Struktur (*c*). Pyramidale Deformation nach C_{4v} [Struktur (*b'*)] führt aber auch zu einer Stabilisierung. Beim SH_4 führten ältere Rechnungen verschiedener Autoren*)**) zur Vorhersage entweder von Struktur (*b'*)**) oder (*c*)*), ein Hinweis darauf, daß die Effekte, die eine Struktur bestimmen, nicht leicht zu erfassen sind. Nach einer neueren Rechnung***) liegt eine nahezu planare C_{4v}-Struktur vor mit r(SH) = 1.38 Å und ∠ HSH = 87.7°.

Mit 12 Valenzelektronen ist in Struktur (*b*) außerdem noch ein antibindendes a_{1g}-MO zu besetzen. Jetzt sind sechs Elektronen in bindenden, vier in nichtbindenden und zwei in antibindenden MO's, während in Struktur (*a*) und (*c*) acht Elektronen in bindenden und vier in antibindenden MO's sind. Effektiv sind in allen drei Strukturen vier Elektronen in bindenden MO's. Da es aber offenbar günstiger ist, vier Elektronen in nichtbindenden MO's als zwei in bindenden und zwei in antibindenden zu haben, ist für AB_4-Moleküle mit 12 Valenzelektronen die eben quadratische Struktur anscheinend am günstigsten.

Daß XeF_4 z.B. eben quadratisch ist, hatten wir in Abschnitt 13.4 in einer anderen und etwas anschaulicheren Weise begründet.

Die soeben angestellten Überlegungen kann man natürlich noch verfeinern, wenn man *d*- und π-Beteiligung diskutiert und die Überlappungsverhältnisse genauer betrachtet. Es ging uns aber nur darum zu zeigen, daß man mit einer einfachen gruppentheoretischen MO-Betrachtung durchaus verstehen kann, warum AB_4-Moleküle mit 8, 10 und 12 Valenzelektronen verschiedene Strukturen haben, und vor allem, daß die höchstsymmetrische Struktur (Tetraeder) nicht notwendigerweise die tiefste Energie haben muß.

Für AB_3-Moleküle kann man in gleicher Weise argumentieren (vgl. Abschn. 9.3.4), daß für sechs Valenzelektronen die ebene Anordnung mit 3-zähliger Symmetrie (D_{3h}, Beispiel BF_3), für sieben oder acht Valenzelektronen pyramidale Anordnung (C_{3v}, z.B. CF_3, NF_3), für zehn Valenzelektronen (Beispiel JF_3) eine T-förmige ebene Anordnung energetisch am günstigsten ist.
AB_2-Moleküle haben wir schon im Kapitel über die Walshschen Regeln ausführlich diskutiert, und auf AB_7-Moleküle (zu denen in erster Linie das JF_7 gehört) wollen wir nicht eingehen.

Wir haben aber noch einige Oxoverbindungen zu besprechen, vor allem das SO_3 (vgl. Abschn. 13.5.2) und das SO_4^{2-}, bei denen zusätzlich zu σ-Bindungen offenbar π-Bindungen eine Rolle spielen.

Versucht man, das SO_3 durch lokalisierte Zweizentrenbindungen zu beschreiben, so gibt es nur die Möglichkeit, eine normale kovalente SO-Doppelbindung und zwei semipolare SO-Bindungen anzunehmen, etwa gemäß

---

* G.M. Schwenzer, H.F. Schaefer III, J. Am. Chem. Soc. *97*, 1393 (1975).

** R. Gleiter, A. Veillard, Chem. Phys. Letters. *37*, 33 (1976).

*** C. S. Ewig u. J. R. Wazer, J. Am. Chem. Soc. *111*, 1556 (1989).

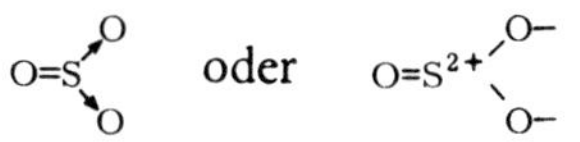

Ähnlich wie beim SO_2 (vgl. Abschn. 13.5.2) macht das Molekül jedoch von einem Valenzausgleich Gebrauch, der in Chemiebüchern oft durch eine Resonanz zwischen verschiedenen gleichartigen Valenzstrukturen angedeutet wird.

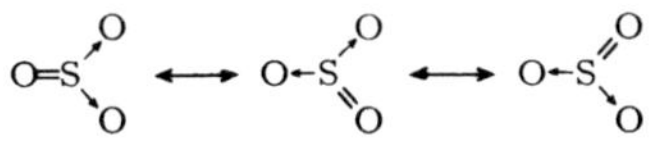

Für diesen Valenzausgleich ist geometrische Gleichwertigkeit der drei S—O-Bindungen und möglichst ebene Anordnung erforderlich, die zum Erzielen dieser Geometrie notwendige Energie wird aber durch den Gewinn der Delokalisationsenergie mühelos aufgebracht. Hier wird also die höher symmetrische Struktur mit geometrisch gleichwertigen Bindungen energetisch bevorzugt, im Gegensatz zu SF_4 oder JF_3, wo Strukturen mit ungleichwertigen Bindungen energetisch günstiger sind.

Das SO_3 ist mit dem CO_3^{2-} isovalenzelektronisch, d.h. wir können die MO's des CO_3^{2-} aus Abschn. 11.14 hierher übertragen. Wir können die MO's qualitativ aber auch an Hand von Tab. 8 Nr. 3 diskutieren. Beschränken wir uns auf *s*- und *p*-Orbitale des Zentralatoms und σ- sowie p_z-Orbitale der Liganden, so finden wir jeweils bindende und antibindende MO's der Symmetrieen a_1', a_2'' und e' sowie ein nichtbindendes MO der Symmetrie e''. Dabei sind a_2'' und $e''\pi$-MO's (antisymmetrisch zur Molekülebene) und die Konfiguration $(a_2'')^2\,(e'')^4$ entspricht einer 4-Zentren-6-Elektronenbindung.

Das S-Atom steuert 6 Elektronen, jedes der O-Atome 2 Elektronen bei, diese 12 Elektronen haben genau in a_1', a_2'', e' und e'' Platz. Bei Mitbeteiligung von *d*-AO's des Zentralatoms wird e' zusätzlich stabilisiert und e'', das nichtbindend war, wird bindend.

Es wurde gelegentlich die Frage gestellt, ob man das SO_3 mit drei Doppelbindungen formulieren dürfe, gemäß

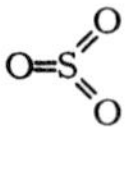

wie es vor der ‚Entdeckung‘ der Oktettregel üblich war. Diese Schreibweise setzt eigentlich voraus, daß eine Beschreibung durch lokalisierte Zweizentrenbindungen möglich ist, ausgehend von sp^3d^2-Hybrid-AO's des S. Der Beitrag der *d*-AO's ist aber wahrscheinlich nicht groß genug, um eine solche Beschreibung zuzulassen. Deshalb ist es nach wie vor angebrachter, eine delokalisierte 4-Zentren-6-Elektronen-π-Bindung anzunehmen, die durch die Überlagerung der Grenzstrukturen offenbar noch am besten erfaßt wird.

Fügt man dem SO_3 zwei Elektronen hinzu, erhält man das SO_3^{2-}. Für die beiden zusätzlichen Elektronen steht weder ein bindendes noch ein nichtbindendes MO zur Verfügung, es kommt deshalb für sie in erster Linie das antibindende MO der Symmetrie a_1' in Frage. Wenn sowohl das bindende als das antibindende AO zur

Symmetrie a_1' besetzt ist, bedeutet das, daß das *s*-AO des S sich nicht an der Bindung beteiligt. Wenn aber nur die *p*-AO's des S binden, ist ebene Anordnung weniger günstig als pyramidale und das SO_3^{2-} ist pyramidal ähnlich wie das isovalenzelektronische XeO_3.

Trotz der nicht ungünstigen Elektronenkonfiguration findet man SO_3-Moleküle nur im Gaszustand bei höheren Temperaturen, während festes SO_3 hochpolymer ist, derart daß jedes S an vier O-Atome gebunden ist. Für das Bestreben des Schwefels, von vier Sauerstoffatomen umgeben zu werden, spricht auch die extreme Bereitschaft des SO_3, Wasser anzulagern (Hygroskopizität). Analog zu SO_3 verhalten sich in dieser Hinsicht die isoelektronischen Ionen PO_3^- und SiO_3^{2-}, die normalerweise hochpolymer sind, ganz im Gegensatz zu den monomeren Ionen NO_3^- und CO_3^{2-}. Bemerkenswert ist auch die hohe Stabilität des Monomeren CO_2, während SiO_2 nicht aus den CO_2 analogen SiO_2-Molekülen aufgebaut ist, sondern hochpolymer mit (in der Regel) vierfach koordiniertem Si. Dieser Unterschied zwischen Elementen der zweiten und dritten Periode wurde gelegentlich so formuliert, daß die Elemente der dritten Periode weniger Bereitschaft zur Ausbildung von Doppelbindungen zeigen und räumliche Strukturen nur mit Einfachbindungen vorziehen.

Zur Erklärung dieses Befundes gibt es hauptsächlich drei Möglichkeiten:

1. Die Bindungsenergie einer π-Bindung ist bei Atomen der dritten Periode in der Tat schwächer als die einer Einfachbindung, derart, daß auch der Energiegewinn durch Delokalisierung der π-Bindungen wie im CO_2 Strukturen mit Mehrfachbindungen nicht gegenüber solchen mit Einfachbindungen konkurrenzfähig macht*).

2. Die formalen Einfachbindungen etwa im SiO_4^{4-} sind nicht reine Einfachbindungen, sondern sie sind auch durch Elektronendelokalisation stabilisiert, etwa durch Rückbindung unter Mitbeteiligung von *d*-Orbitalen, was bei dem analogen, aber nicht existenten CO_4^{4-} nicht möglich ist. Dadurch ist ein SiO_2-Molekül mit vollständigen Doppelbindungen gegenüber dem $(SiO_2)_n$ mit partiellen Doppelbindungen energetisch weniger günstig.

3. Die Bindung im SiO_2 ist viel polarer als die im CO_2, weil Si viel elektropositiver ist als C. Im Grenzfall einer rein ionogenen Bindung wird ein AB_2-Kristall gegenüber einem AB_2-Molekül durch die Madelung-Energie stabilisiert.

Wahrscheinlich sind alle drei Effekte beteiligt. Warum CO_2 als Molekül stabiler ist als ein – etwa dem SiO_2 analoger – CO_2-Kristall kann man folgender Überlegung entnehmen**). Von Orthokohlensäureestern weiß man z.B., daß der Beitrag einer C–O-Einfachbindung zur Bindungsenergie ca. 96 kcal/mol ist, daraus würde man eine Bindungsenergie von 384 kcal/mol für ein festes hochpolymeres CO_2 ableiten. Der Energiebeitrag einer isolierten C=O-Doppelbindung, wie sie etwa in Ketonen

* Daß π-Bindungen bei Elementen der zweiten Periode in der Tat schwächer als bei denen der ersten Periode sind, wurde inzwischen durch Rechnungen von Zirz und Ahlrichs (J. Am. Chem. Soc., im Druck) am Beispiel des $H_2Si{=}CH_2$ belegt. Die π-Bindungsenergie beträgt hier nur etwa 45 kcal/mol, d.h. sie ist weniger als halb so groß wie die Energie einer Si–C–σ-Bindung. Das führt dazu, daß das ringförmige $(H_2Si{-}CH_2)_2$ mit 4 Si–C–σ-Bindungen trotz Ringspannung energetisch so viel tiefer liegt, daß $H_2Si{=}CH_2$ sich praktisch ohne Aktivierungsenergie dimerisiert.

** R.W. Howald, J. Chem. Educ. *45*, 163 (1968).

vorliegt, beträgt ca. 196 kcal/mol. Lägen im CO_2 zwei isolierte Doppelbindungen vor, so wäre eine Bindungsenergie von 392 kcal/mol zu erwarten, d.h. ein Wert, der sich nicht sehr von dem für polymeres CO_2 unterscheidet. $(CO_2)_n$ wäre mit CO_2 konkurrenzfähig. Die tatsächliche Bindungsenergie des CO_2 (bezogen auf C + 2 O-Atome) beträgt aber 434 kcal/mol. Der Energiegewinn durch Ausbildung von 3-Zentren-π-Bindungen (vgl. Kap. 11) ist also entscheidend für die höhere Stabilität des CO_2-Moleküls. Die Bindungsenergie des Quarz beträgt 476 kcal/mol, was einen Energiebetrag von 119 kcal/mol pro Si–O-Bindung bedeutet. Da man Werte für reine Si–O-Einfachbindungen oder Si=O-Doppelbindungen nicht kennt, kann man nur spekulieren und z.B. unterstellen, daß 119 kcal/mol für eine Einfachbindung ein sehr hoher Wert ist und hieraus und aus ähnlichen Beobachtungen über Kraftkonstanten und Bindungsabstände auf einen gewissen Mehrfachbindungscharakter im festen SiO_2 quasi vom Experiment her schließen. Die Bindungsenergie einer hypothetischen ‚echten' Si–O-Einfachbindung sollte vielleicht bei 80–90 kcal/mol liegen*).

Wegen der großen Bedeutung von Verbindungen dieses Typs wie $(SiO_2)_n$, SiO_4^{4-}, PO_4^{3-}, SO_4^{2-}, ClO_4^-, XeO_4 etc. wollen wir jetzt das SO_4^{2-} als repräsentatives Beispiel zunächst qualitativ vom Standpunkt der MO-Theorie diskutieren. Anschließend wollen wir auf ab-initio-Rechnungen dieses Moleküls eingehen.

Die Symmetriegruppe des Tetraeders ist T_d, und wie zu Beginn dieses Abschn. gesagt, lassen sich aus *s*, *p* und σ-AO's vier bindende MO's konstruieren, eines zur Symmetrierasse a_1, drei miteinander entartete zur Symmetrierasse t_2. Der Schwefel im SO_4^{2-} stellt sechs Elektronen zur Verfügung, die Sauerstoffe keine, zusammen mit den beiden zusätzlichen Elektronen der effektiven Ladung sind acht Elektronen unterzubringen, die genau in den vier bindenden MO's Platz haben. Durch eine Valenzstrichformel ausgedrückt heißt dies aber nichts anderes, als daß vier S–O-Einfachbindungen vorliegen. Wie man die formalen Ladungen zwischen S und O aufteilt und ob man von normalen oder semipolaren Bindungen spricht, ändert daran wenig, denn alle diese Beschreibungen sind äquivalent der Valenzstrukturformel

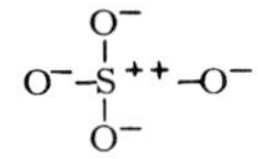

An dieser Beschreibung kann sich nur etwas ändern, wenn man dafür sorgt, daß die bisher nichtbindenden π-Orbitale der Liganden (d.h. diejenigen AO's, die senkrecht zu den jeweiligen S–O-Bindungen orientiert sind) sich auch an der Bindung beteiligen. Das ist möglich, wenn man die Beteiligung von *d*-Orbitalen (oder auch von höheren *p*-Orbitalen) des Zentralatoms zuläßt. Bei Mitbeteiligung der *d*-Orbitale stehen zusätzlich bindende *e*-MO's und t_2-MO's zur Verfügung. Diese können 10 der 16

* Diese Überlegung ist vor allem deshalb etwas problematisch, weil die Bindungen in $(SiO_2)_n$ stark polar sind, d.h. weil die Si- sowie die O-Atome starke effektive Ladungen tragen, die zu langreichweitigen elektrostatischen Beiträgen zur Bindung Anlaß geben (Stichwort: Madelung-Energie). Die Wechselwirkung zwischen nicht unmittelbar gebundenen Atomen kann sehr wohl dafür verantwortlich sein, daß die Bindungsenergie im Quarz deutlich größer ist als der Summe der Bindungsenergien von Einfachbindungen entspricht.

π-Elektronen aufnehmen. Die restlichen 6 π-Elektronen befinden sich dann auch weiterhin in den nichtbindenden MO's der Rasse t_1. Bei Mitbeteiligung von höheren p-AO's des S würden nur t_2-MO's stabilisiert. Die Beteiligung der π-AO's an Bindungen läßt sich auf keinen Fall durch lokalisierte Bindungen beschreiben. Das wäre nur der Fall, wenn auch die t_1-MO's bindend, und zwar in gleichem Maße wie die übrigen π-MO's wären. Während die Ausbildung der σ-MO's mit einer Ladungsverschiebung von S zu O verbunden ist, geht bei den π-MO's (vorausgesetzt, daß d-AO's beteiligt sind) deren Effekt genau in die entgegengesetzte Richtung. Diese ‚Rückbindung', die sicher vorhanden ist, über deren Ausmaß man nur wenig weiß, verstärkt die Bindung und verringert gleichzeitig deren Polarität.

Neuere ab-initio SCF-Rechnungen am SO_4^{2-} *)**) lassen folgendes erkennen. Berücksichtigt man keine d-AO's am S, so ergibt sich**) eine effektive Ladung von $+2.24$ am S und -1.06 an den O-Atomen, völlig im Einklang mit der Valenzstruktur ohne π-Bindungen. Bietet man d-AO's am S an, so verringern sich die effektiven Ladungen auf $+1.34$ am S und -0.84 an den O-Atomen. Die d-Population am S ist 0.95, und zwar 0.32 in e-MO's, 0.625 in t_2-MO's. Der Beitrag der d-AO's am S zur Bindungsenergie ist von der Größenordnung 150 kcal/mol, d.h. ca. 40 kcal/mol pro SO-Bindung. Der Doppelbindungsbeitrag im $(SiO_2)_n$ kann durchaus von der gleichen Größenordnung sein.

Es sei daran erinnert, daß die Begriffe σ- und π-Bindungen hier nicht ganz in der gleichen Bedeutung benutzt werden wie bei organischen π-Elektronensystemen. Letztere sind planar, und π-MO's sind MO's, die antisymmetrisch zur Molekülebene sind. Man bedenke, daß anders als bei den eigentlichen ‚π-Elektronensystemen' in AB_n-Molekülen π-AO's in den beiden zur Bindungsrichtung senkrechten Richtungen π-Bindungen eingehen können, so daß man eigentlich besser von einem partiellen Dreifachbindungs- als einem partiellen Doppelbindungscharakter sprechen sollte. Während bei den organischen π-Elektronensystemen die sog. σ-π-Trennung***) gilt, weil σ- und π-MO's automatisch zu verschiedenen Symmetrierassen gehören, ist eine analoge Trennung bei Verbindungen wie SO_4^{2-} nicht möglich. Tatsächlich gehören zu t_2 sowohl MO's der σ- als auch der π-Bindungen. Beide ‚mischen' folglich miteinander und es gibt keine MO's, die reinen σ- bzw. π-Bindungen entsprechen.

13.7. Lokalisierte Bindungen und Geometrie von Elektronenüberschußverbindungen

Bei der Einteilung der Moleküle in die drei Klassen ‚normalvalente', ‚Elektronenmangel'- und ‚Elektronenüberschuß'-Verbindungen spielte das Argument eine wichtige Rolle, daß nur bei den normalvalenten Verbindungen eine Beschreibung durch lokalisierte Zweizentrenorbitale (sowie natürlich Einzentrenorbitale der inneren Schalen und der einsamen Elektronenpaare) möglich ist, während sowohl bei Elek-

* I.H. Hillier, V.R. Saunders, Int. J. Quant. Chem. *4*, 203 (1970).

** V. Gelius, B. Roos, P. Siegbahn, Theoret. Chim. Acta *23*, 59 (1971).

*** Vgl. hierzu W. Kutzelnigg, G. Del Re, G. Berthier, Fortschr. Chem. Forsch. *22*, 1 (1971).

tronenmangel- als auch bei Elektronenüberschußverbindungen unter den optimal lokalisierten Orbitalen zumindest Dreizentrenorbitale sind. Diese letztere Feststellung ist sicher richtig, soweit sie die Elektronenmangelverbindungen betrifft. Versucht man dagegen, die MO's in Elektronenüberschußverbindungen nach irgendeinem Standardkriterium zu lokalisieren, so gelingt das meist erstaunlich gut, etwa derart, daß man im PF_5 u.a. fünf lokalisierte MO's erhält, die gut fünf PF-Bindungen entsprechen, und das, obwohl PF_5 offensichtlich nicht der Hundschen Lokalisierungsbedingung genügt*).

Der Grund für dieses unerwartete Verhalten liegt darin, daß die 4-Elektronen-3-Zentren-Bindungen partiell ionogen und damit stark polar sind, derart, daß in der FPF-Dreizentrenbindung die Koeffizienten der AO's des P dem Betrage nach klein, verglichen mit denen der AO's des Fluor sind. Sei etwa (ohne Beteiligung von $3d$)

$$\psi_1 = c_1 p_{F_1} + c_2 p_P + c_1 p_{F_2}$$

$$\psi_2 = c_3 p_{F_1} - c_3 p_{F_2}$$

so sind die äquivalenten Orbitale

$$\varphi_1 = \frac{1}{\sqrt{2}} (\psi_1 + \psi_2) = \frac{c_1 + c_3}{\sqrt{2}} p_{F_1} + \frac{c_2}{\sqrt{2}} p_P + \frac{c_1 - c_3}{\sqrt{2}} p_{F_2}$$

$$\varphi_2 = \frac{1}{\sqrt{2}} (\psi_1 - \psi_2) = \frac{c_1 - c_3}{\sqrt{2}} p_{F_1} + \frac{c_2}{\sqrt{2}} p_P + \frac{c_1 + c_3}{\sqrt{2}} p_{F_2}$$

Wenn nun, was in der Tat näherungsweise der Fall ist, $|c_2|$ sehr klein und damit auch $c_1 \approx c_3$ ist, sind die äquivalenten MO's gut lokalisiert, allerdings, genau genommen, nicht in der Bindung, sondern mehr an den F-Atomen. Die Lokalisierung ist um so besser, einerseits je polarer die Bindung ist, andererseits je größer die Beteiligung eines d-AO des Zentralatoms ist. Starke Polarität und etwas d-Beteiligung führen zu fast ähnlich guter Lokalisierung wie bei normalvalenten Bindungen.

Sieht man von den MO's der inneren Schalen und den freien Elektronenpaaren der Liganden (Außenatome) ab, so ist das Zentralatom in einer Elektronenüberschußverbindung von drei Arten von lokalisierten Elektronenpaaren umgeben, die alle drei z.B. beim SF_4 vorkommen.

1. Normalvalent bindende Elektronenpaare.
2. ‚Hälften' von 4-Elektronen-3-Zentren-Bindungen, d.h. mehr an den Außenatomen lokalisierte, aber näherungsweise doch bindende Elektronenpaare.
3. Freie (einsame) Elektronenpaare.

---

* Die Lokalisierbarkeit der Bindungen steht deshalb nicht im Widerspruch zur Hundschen Lokalisierungsbedingung, da letztere nur für typisch kovalente Bindungen gilt, die hier aber offenbar nicht vorliegen.

Es fällt nun auf, daß man sich die etwas eigenartigen Strukturen von z.B. SF_4, JF_3, JF_5 so plausibel machen kann, daß man, ohne die drei Arten von Elektronenpaaren zu unterscheiden, eine möglichst symmetrische Anordnung für diese Elektronenpaare wählt. So hat man im SF_6 oder im JF_5 insgesamt je 6 solcher Elektronenpaare, die man oktaederförmig anordnet, was beim JF_5 bedeutet, daß ein freies Elektronenpaar ebenso wie die 5 JF-Bindungen je eine Oktaederposition einnehmen. Analog sind im PF_5, SF_4 und JF_3 jeweils 5 Elektronenpaare unterzubringen, die etwa eine trigonale Bipyramide bilden, wobei die einsamen Elektronenpaare äquatoriale Positionen wählen. Danach ist das SF_4 deshalb kein Tetraeder, weil noch ‚Platz' für das freie Elektronenpaar sein muß. Im Sinne dieses Modells gilt noch, was empirisch gefunden wurde, daß freie Elektronenpaare mehr Platz brauchen als Bindungen und daß Abweichungen von der regelmäßigen Anordnung auf diesem erhöhten Platzbedarf beruhen.

Diese soeben gegebene ‚Erklärung' für die Geometrie von AX_n-Verbindungen wird vielfach mit dem sog. Modell von Gillespie*) begründet, wonach die Gleichgewichtsgeometrie diejenige sein soll, bei der sich die Elektronenpaare maximal abstoßen. Wenn dieses Modell vielfach richtige Aussagen macht, so tut es dies aber offenbar nicht aus den Gründen, die es selbst dafür in Anspruch nimmt. Die ursprüngliche Begründung für dieses Modell wurde rein elektrostatisch gegeben. Später war es Gillespie bei dieser Begründung selbst nicht wohl, und er bevorzugt jetzt den Hinweis auf das Pauli-Prinzip als tieferen Grund für sein Modell.

Die schwachen Punkte des Gillespie-Modells sind folgende:

1. Es wird als selbstverständlich vorausgesetzt, daß Moleküle durch lokalisierte Bindungen und freie Elektronenpaare beschreibbar sind. Dies ist aber keineswegs immer möglich.

2. Es wird von vornherein vollständige Hybridisierung unterstellt und maximale Äquivalenz der verschiedenen Arten von Elektronenpaaren. Es wird stillschweigend angenommen, daß sich alle AO's einer Valenzschale (s, p, d) gleichermaßen an der Bindung beteiligen. Im JF_5 sollten z.B. die JF-Bindungen alle aus sp^3d^2-Hybrid-AO's des J gebildet sein und das freie Elektronenpaar am J ebenfalls ein sp^3d^2-Hybrid sein. Würde man nämlich annehmen, daß das s-AO sich nicht an der Bindung beteiligt, d.h. daß das einsame Elektronenpaar in einem s-AO ist, würde das Modell des maximalen Ausweichens der Elektronenpaare eine trigonale Bipyramide für das JF_5 und ein Tetraeder für das SF_4 ergeben.

Bei der Anwendung des Gillespie-Modells berücksichtigt man zum einen keine Mehrzentreneffekte (z.B. daß eine 4-Elektronen-3-Zentren-Bindung lineare Anordnung bevorzugt), zum anderen vergißt man, daß eine isovalente Hybridisierung (d.h. im wesentlichen eine Mitbeteiligung von s-AO's an der Bindung, wenn p-AO's allein schon ausreichen würden) Promotionsenergie kostet, die nur dann aufgebracht werden kann, wenn mehr an Bindungsenergie gewonnen wird. In gewisser Hinsicht ist das Gillespie-Modell komplementär zur Geometrie-Vorhersage nach den Walshschen Regeln, bei denen die quasiklassischen elektrostatischen Effekte ja gerade vernach-

---

* R.J. Gillespie: Molekülgeometrie. Verlag Chemie, Weinheim 1975.

lässigt werden, die Mehrzentrenbeiträge und Hybridisierungseffekte aber gut erfaßt werden.

Eine Besonderheit des Gillespie-Modells liegt darin, daß freie Elektronenpaare in der Regel nicht durch sphärisch symmetrische *s*-AO's beschrieben werden, sondern durch Hybrid-AO's, die den Bindungs-AO's besser ausweichen können, daß also stillschweigend eine isovalente Hybridisierung angenommen wird. Daß ein einsames Elektronenpaar ‚Platz braucht' als ein Bindungselektronenpaar, ist deshalb verständlich, weil seine Orbitalenergie höher als die der Bindungselektronen ist (deren Energie ja als Folge der Bindung abgesenkt wurde) und weil ein Orbital um so ausgedehnter ist, je kleiner dem Betrage nach seine Orbitalenergie ist. (Es gilt ganz grob, daß der mittlere Radius $\bar{r}$ mit der Orbitalenergie ϵ zusammenhängt gemäß $\bar{r} \approx -\frac{1}{2\epsilon}$). Vielleicht kann man so argumentieren, daß die *p*-AO's, die im freien Atom in der Energie wesentlich höher liegen als die *s*-AO's und auch weiter außen lokalisiert sind als diese, durch das Eingehen einer Bindung in ihrer Energie abgesenkt und kontrahiert und damit in den räumlichen Bereich gedrängt werden, in dem auch die *s*-AO's sind. Diese werden dadurch gezwungen, etwas auszuweichen, was vielfach nur unter Symmetrieerniedrigung möglich ist. Dieser Effekt tritt wahrscheinlich vor allem dann auf, wenn sich die Elektronen in der Valenzschale drängen, d.h. in Elektronenüberschußverbindungen.

Wenn man auf diese Weise auch plausibel machen kann, wieso SF_4 kein Tetraeder bildet (die Erklärung, daß zwei 2-Zentren- und eine 4-Elektronen-3-Zentren-Bindung vorliegen, ist aber vielleicht doch befriedigender), so ist es doch fraglich, ob die Verzerrung des XeF_6-Oktaeders dadurch zustandekommt, daß das 6*s*-Elektronenpaar, das sich eigentlich nicht an der Bindung beteiligt, gewissermaßen an den Rand gedrängt wird. Gillespie-Anhänger würden hier einfach sagen, daß in der Valenzschale nicht sechs, sondern sieben Elektronenpaare unterzubringen sind und daß sechs von den sieben Elektronenpaaren kein Oktaeder bilden können.

13.8. Schlußbemerkung zu den Verbindungen der Hauptgruppenelemente

Die Besonderheiten der Chemie der höheren Hauptgruppenelemente, verglichen mit denen der ersten Langperiode, hängen damit zusammen*), daß bei letzteren 2*s*- und 2*p*-AOs in etwa dem gleichen räumlichen Bereich lokalisiert sind, während bei ersteren *ns* deutlich weiter innen liegt als *np*. Das bedingt eine geringere Tendenz zur Hybridisierung und zur Ausbildung von Doppelbindungen bei den höheren Hauptgruppenelementen.

Hier ist auch auf eine sorgfältige Analyse von Mehrfachbindungen bei höheren Hauptgruppenelementen hinzuweisen**).

---

* W. Kutzelnigg, Angew. Chem. *96*, 262 (1984), Angew. Chem. Int. Ed. *23*, 272 (1984).

** M. W. Schmidt, P. N. Truong, M. S. Gordon, J. Am. Chem. Soc. *101*, 5217 (1987).

Das Gillespie-Nyholmsche VSPE-Modell erfreut sich bei Experimentatoren einer ähnlich großen Beliebtheit, wie es bei Theoretikern auf Kritik stößt[*),**)]. Eine Schwäche dieses Modells ist z. B., daß es ideale Hybridisierung voraussetzt, die in der Regel nicht gegeben ist. Neuerdings findet dieses Modell aber auch Unterstützung von theoretischer Seite[***)], wenn auch nicht aus der *Mainstream*-Quantenchemie.

Wenn das Gillespie-Modell uneingeschränkt gelten würde, so wäre nicht zu verstehen, warum z. B. XeF_6 ein verzerrtes Oktaeder bildet (mit dem lone-pair als siebtem Elektronenpaar, das Platz für sich beansprucht), das isovalenzelektronische BrF_6^- dagegen ein reguläres Oktaeder[1),2)].

In diesem Zusammenhang ist von Interesse, daß quantenchemische Rechnungen[2)] in SCF-Näherung verzerrte Strukturen auch für ClF_6^- und BrF_6^- vorhersagen und daß erst die Berücksichtigung der Elektronenkorrelation (in MP2-Näherung, s. Anhang A3) die regulären Oktaeder stabilisiert. Beim XeF_6 verbleibt auch nach Berücksichtigung der Elektronenkorrelation eine Verzerrung.

Die Struktur der Oligomere S_n und P_n versteht man inzwischen recht gut, zum einen aufgrund von Dichtefunktionalrechnungen[3)], zum anderen von ab-initio-Untersuchungen[4)]. Interessanterweise ist die stabilste Struktur von P_8 (die immer noch höher als $2\times P_4$ liegt) nicht würfelförmig, sondern relativ unsymmetrisch.

Ein interessanter Beitrag zur Theorie hypervalenter Moleküle ist derjenige von Reid und Schleyer[5)], in dem gezeigt wird, daß wichtiger als die Stabilisierung durch d-AOs des Zentralatoms die sog. negative Hyperkonjugation ist, d. h. eine Delokalisierung in antibindende Orbitale der Liganden.

---

* G. C. Pimentel u. R. D. Spratley, *Chemical Bond Clarified through Quantum Mechanics*, Holden-Day, San Francisco, 1970.

** R. Ahlrichs, Chemie in unserer Zeit *14*, 18 (1980).

*** R. W. F. Bader, R. J. Gillespie, P. J. McDougall, J. Am. Chem. Soc. *106*, 1594 (1984), *110*, 7329 (1988).

1 A. R. Mahjoub, A. Hoser, J. Fuchs, K. Seppelt, Angew. Chem. *101*, 1528 (1989).

2 W. Kutzelnigg u. F. Schmitz, in *Unkonventionelle Wechselwirkungen in der Chemie metallischer Elemente*, B. Krebs ed., VCH, Weinheim 1991, sowie noch unpublizierte Ergebnisse.

3 R. O. Jones, D. Hohl, J. Chem. Phys. *92*, 6710 (1990).

4 M. Häser, U. Schneider u. R. Ahlrichs, J. Am. Chem. Soc. *114*, 9551 (1992).

5 A. Reid u. P. v. R. Schleyer, J. Am. Chem. Soc. *112*, 1434 (1990).

14. Verbindungen der Übergangselemente

14.1. Vorbemerkungen

Die Theorie der Komplexverbindungen der Übergangselemente ist ein relativ gut ausgebautes Teilgebiet der Theoretischen Chemie, das meist als Ligandenfeldtheorie bezeichnet wird und über das eine Reihe von ausführlichen Lehrbüchern existiert*). Wir wollen uns hier hauptsächlich auf Fragen der Bindungsverhältnisse beschränken und die Theorie der Absorptionsspektren (und damit der Farbigkeit) sowie der magnetischen Eigenschaften, die in Lehrbüchern der Ligandenfeldtheorie ausführlich behandelt werden, weitgehend ausklammern, ebenso Fragen zur Reaktionskinetik in Komplexen.

Seit ihrer Entdeckung durch A. Werner zu Beginn dieses Jahrhunderts gaben die sog. Komplexverbindungen eine Reihe valenztheoretischer Rätsel auf. Der erste geschlossene Ansatz zu einem Verständnis dieser Verbindungen stammt von L. Pauling**), der die Unterscheidung zwischen Anlagerungs- und Durchdringungskomplexen einführte, wobei er in ersteren im wesentlichen elektrostatische Wechselwirkung zwischen Zentral-Ion und Liganden annahm, während er die letzteren durch lokalisierte Zweizentrenbindungen zwischen Zentralatom und Liganden beschrieb. Hierzu hatte er die Annahme zu machen, daß an diesen Bindungen gewisse $d^l s^m p^n$-Hybride des Zentralatoms beteiligt sind. Bestechend an der Paulingschen Theorie war u.a., daß die Stabilität von ‚Durchdringungskomplexen' wie z.B. $[Fe(CN)_6]^{4-}$ darauf zurückgeführt wird, daß das Zentralatom (Fe) die Elektronenkonfiguration des nächsten Edelgases (Kr) annimmt. Ferner macht diese Theorie verständlich, daß z.B. $[Fe(CN)_6]^{4-}$ diamagnetisch ist, während das Fe^{2+} sowie ‚Anlagerungskomplexe' wie $[FeF_6]^{4-}$ paramagnetisch sind. Andererseits blieb aber undeutlich, welche Kriterien darüber entscheiden, ob sich ein Anlagerungs- oder ein Durchdringungskomplex bildet. Als unbefriedigend stellte sich auch heraus, daß bei einem Durchdringungskomplex die semipolaren Bindungen von den Liganden zum Zentralatom eine völlig unrealistische Anhäufung negativer Ladung am Zentralatom mit sich bringen, z.B. hätte im $[Fe(CN)_6]^{4-}$ das Fe formal die Ladung -4.

---

* Das unbestrittene Standardwerk ist nach wie vor: J.S. Griffith; The Theory of Transition-Metal Ions. Univ. Press, Cambridge, 1964, von anderen Lehrbüchern seien genannt: C.J. Ballhausen: Introduction to Ligand Field Theory. McGraw Hill, New York 1962, B.N. Figgis: Introduction to Ligand Fields. Interscience, New York 1966, H.L. Schläfer, G. Gliemann: Einführung in die Ligandenfeldtheorie. Akadem. Verl. Ges., Frankfurt/Main, 1967. Reich an Informationen, mehr für Fortgeschrittene sind die Bücher von C. K. Jörgensen, u. a.: Absorption Spectra and Chemical Bonding in Complexes. Pergamon, New York, 1962, Orbitals in Atoms and Molecules. Academic Press, New York, 1962, Oxidation Numbers and Oxidation States. Springer, Berlin, 1969; Modern Aspects of Ligand Field Theory. North-Holland, Amsterdam 1971. Etwas neuer ist C.J. Ballhausen, *Molecular Electronic Structure of Transition Metal Complexes*, McGraw Hill, New York 1979. Inzwischen findet man eine Einführung in die Ligandenfeldtheorie in allen Standard-Lehrbüchern der anorganischen Komplexchemie.

** L. Pauling, J. Am. Chem. Soc. *53*, 1367 (1931); *54*, 988 (1932).

Den Schlüssel zu einem wirklichen Verständnis der Komplexverbindungen lieferte H.A. Bethe*) in einer Arbeit über die Elektronenzustände von Ionen der Übergangselemente in Kristallfeldern verschiedener Symmetrie. Die Betheschen Überlegungen wurden später**) unmittelbar bzw. geeignet modifiziert auf Übergangsmetall-Ionen im Feld der komplexgebundenen Liganden mit Erfolg angewandt, wobei sich die Ligandenfeldtheorie im engeren Sinne, die vielfach auch als Kristallfeldtheorie der Komplexe bezeichnet wird, entwickelte.

Eine wichtige Ergänzung fand die Kristallfeldtheorie durch eine MO-theoretische Beschreibung der Komplexe, vor allem seit etwa 1955. Entgegen einer vielfach vertretenen Auffassung ist die MO-Theorie der Kristallfeldtheorie nicht grundsätzlich überlegen, jedenfalls dann nicht, wenn man unter der MO-Theorie nur eine Hückel-artige Einelektronentheorie (ohne Elektronenwechselwirkung) versteht.

Nur bei gewissen Komplexen, für die der Grenzfall des ‚starken Feldes' verwirklicht ist, ist eine MO-theoretische Beschreibung eine echte Alternative zur Kristallfeldtheorie. Man wird der MO-Theorie der Komplexe am ehesten gerecht, wenn man sie als eine Ergänzung der Kristallfeldtheorie auffaßt, die das Zustandekommen der sog. Ligandenfeldparameter halbquantitativ erklärt, wozu das elektrostatische Modell, das der ursprünglichen Kristallfeldtheorie zugrundeliegt, nicht geeignet ist.

Man sollte indessen keineswegs den Formalismus der Ligandenfeldtheorie, der im wesentlichen auf gruppentheoretischen Überlegungen beruht, mit dem elektrostatischen Modell der Kristallfeldtheorie identifizieren. Unter Ligandenfeldtheorie im weiteren Sinne versteht man heute eine Theorie, die den von Bethe eingeführten gruppentheoretischen Formalismus systematisch verwendet, ohne sich an das ebenfalls von Bethe eingeführte elektrostatische Modell gebunden zu fühlen.

14.2. Das elektrostatische Kristallfeldmodell und seine Anwendung auf d^1-Systeme

14.2.1. Der Grundgedanke des Kristallfeldmodells

Das Kristallfeldmodell ist eine systematische Erweiterung der Slaterschen Atomtheorie (I.10) für den Fall, daß das betrachtete Atom sich in einem äußeren Feld einer bestimmten Symmetrie befindet. Dieses äußere Feld kann von den übrigen Molekülen oder Ionen in einem Kristall oder von den Liganden in einem Komplex hervorgerufen werden. Es sei durch einen Einelektronenoperator (*i* zählt die Elektronen)

$$\mathbf{V} = \sum_{i=1}^{n} \mathbf{v}(\vec{r}_i) = \sum_{i=1}^{n} \mathbf{v}(r_i, \theta_i, \phi_i)$$

* H.A. Bethe, Ann. Phys. *5*, 133 (1929), Z. Phys. *60*, 218 (1930).

** J.H. van Vleck, Phys. Rev. *41*, 208 (1932), J. Chem. Phys. *3*, 807 (1935); R. Finkelstein, J.H. van Vleck, J. Chem. Phys. *8*, 790 (1940); F.E. Ilse, H. Hartmann, Z. Phys. Chem. *197*, 239 (1951), Z. Naturforsch. *6a*, 751 (1951); H. Hartmann, H.L. Schläfer, Z. Phys. Chem. *197*, 115 (1951); Y. Tanabe, S. Sugano, J. Phys. Soc. Japan *9*, 753 (1954), *9*, 766 (1954); L.E. Orgel, J. Chem. Phys. *23*, 1004 (1955).
Die Arbeiten aus dem Kreis um van Vleck befaßten sich hauptsächlich mit den magnetischen Eigenschaften von Komplexen, während die systematische Anwendung der Ligandenfeldtheorie, die bewußt elektrostatisch verstanden wurde, auf die Spektren der Komplexe von Hartmann und seiner Schule begründet wurde.

beschrieben. Der Gesamt-Hamilton-Operator $\mathbf{H}$ für die äußeren Elektronen, die sich in d-AO's befinden sollen, ist dann die Summe aus $\mathbf{H}_0$, dem Hamilton-Operator für die äußeren Elektronen im freien Atom bzw. Ion, und $\mathbf{V}$

$$\mathbf{H} = \mathbf{H}_0 + \mathbf{V}\ ;\quad \mathbf{H}_0 = \sum_{i=1}^{n} \mathbf{h}(i) + \sum_{i<j=1}^{n} \frac{1}{r_{ij}} + \sum_{i=1}^{n} \xi(r_i)\, \vec{\ell}(i)\, \mathbf{s}(\vec{i}) \tag{14.2-2}$$

Das effektive Potential, das die Rumpfelektronen hervorrufen, ist in $\mathbf{H}_0$ enthalten. Ebensowenig wie die Rumpfelektronen werden die Elektronen der Liganden explizit berücksichtigt. Sie spielen nur eine Rolle, insoweit sie, gemeinsam mit den Kernen der Liganden, für das Potential $\mathbf{V}$ verantwortlich sind.

Im Rahmen der Slaterschen Atomtheorie, die vielfach auch als ‚Zentralfeldnäherung' bezeichnet wird, nähert man die Wellenfunktionen der möglichen Terme zu einer d^n-Konfiguration als Linearkombinationen der $\binom{10}{n}$ verschiedenen Slater-Determinanten von n der 10 Spin-d-AO's an. Genau dasselbe tut man in der Ligandenfeldtheorie, mit dem Unterschied, daß der Hamilton-Operator noch das zusätzliche Potential $\mathbf{V}$ erhält.

Ähnlich wie in der Slaterschen Atomtheorie machen wir keine genauen und deshalb einschränkenden Annahmen über die Radialabhängigkeit der d-AO's, wir unterstellen nur (und das ist allerdings eine gewisse Einschränkung), daß alle d-AO's einer Schale (z.B. $3d$) die gleiche Radialabhängigkeit haben und folglich eine Darstellung der Kugeldrehgruppe $R^{\pm}(3)$ bilden. Es wäre falsch, zu sagen, wie man das gelegentlich liest, daß die Zentralfeldnäherung und die Ligandenfeldtheorie Anwendungen der Störungstheorie 1. Ordnung darstellen, derart, daß man den Einelektronenteil von $\mathbf{H}_0$, d.h. $\sum_{i=1}^{n} \mathbf{h}(i)$ als ungestörten Hamilton-Operator ansieht und die Elektronenwechselwirkung $\sum_{i<j=1}^{n} \frac{1}{r_{ij}}$, die Spin-Bahn-Wechselwirkung $\sum_{i=1}^{n} \xi(r_i)\, \vec{\ell}(i)\, \vec{\mathbf{s}}(i)$ sowie das äußere Potential als drei Störungen betrachtet. Das würde nämlich bedeuten, daß man die d-AO's als Eigenfunktionen von $\mathbf{h}$ berechnet. Hierzu besteht aber kein Anlaß, schon in der Atomtheorie nicht. Vielmehr führen wir eine Variationsrechnung in der Basis der betrachteten Slaterdeterminanten mit unspezifizierter Radialabhängigkeit der AO's durch.

Will man störungstheoretisch argumentieren, so muß man die mittlere Coulombsche Anziehung der äußeren Elektronen (ähnlich wie in der Hartree-Fock-Näherung), die in die Parameter F_0 bzw. A eingeht, in H_0 mit einbeziehen, so daß nur die Abweichung von der mittleren Elektronenwechselwirkung, die durch F_2 und F_4 bzw. B und C erfaßt wird, die Rolle einer Störung spielt. Diese Störung ist im wesentlichen eine Austausch-Wechselwirkung. Der Formalismus der Störungstheorie ist der für entartete Zustände (vgl. I.6.6).

In der Atomtheorie lassen sich die Energien der möglichen Terme durch die sog. Slater-Condon-Parameter (bei d^n-Konfigurationen durch F_0, F_2, F_4) ausdrücken, die gewisse Integrale über die Radialfaktoren der AO's darstellen und bei der Entwicklung des Elektronenwechselwirkungsoperators $1/r_{12}$ nach Kugelfunktionen auftreten, ferner durch die Matrixelemente H_{dd} von $\mathbf{h}$, die bei allen Termen einer Konfiguration den gleichen Beitrag geben und deshalb uninteressant sind, sowie durch den Spin-Bahn-Wechselwirkungsparameter ξ_d. Man kann sagen, daß in der Theorie nicht der Hamilton-Operator $\mathbf{H}_0$ explizit auftritt, sondern ein Modell-Hamilton-Operator, dessen Matrixelemente sich durch H_{dd}, F_0, F_2 und F_4 ausdrücken lassen, wobei man statt der Slater-Condon-Parameter F_0, F_2, F_4 i.allg. die äquivalenten Racah-Parameter A, B, C verwendet.

Ebenso werden wir in der Ligandenfeldtheorie nicht mit dem expliziten äußeren Potential $\mathbf{v}$ rechnen, sondern nur mit seinen Matrixelementen in der Basis unserer d-AO's. Wir definieren dann ein sog. ‚Ligandenfeldpotential' $\widetilde{\mathbf{v}}$, das die gleichen Matrixelemente wie $\mathbf{v}$ in unserer Basis hat, aber nur eine Minimalzahl von Parametern enthält. Dies Ligandenfeldpotential enthält einen kugelsymmetrischen Anteil $\mathbf{v}_0$, der relativ uninteressant ist, da er bei allen Termen den gleichen Beitrag liefert, sowie einen winkelabhängigen Teil $\mathbf{v}_W$. In Ligandenfeldern oktaedrischer Symmetrie lassen sich die Matrixelemente von $\mathbf{v}_W$ durch einen einzigen Parameter Δ ausdrücken, den wir ebenso wie B, C und ξ semiempirisch anpassen.

14.2.2. d^1-Systeme. Symmetrieangepaßte d-AO's. Aufspaltung in Feldern verschiedener Symmetrie

Betrachten wir jetzt ein d^1-System ohne Spin-Bahn-Wechselwirkung (letztere wollen wir zunächst grundsätzlich vernachlässigen, so ist

$$\mathbf{H}(1) = \mathbf{h}(1) + \mathbf{v}(1) \qquad (14.2\text{–}3)$$

Die Matrixdarstellung von $\mathbf{H}$ in der Basis der fünf d-AO's (ob α- oder β-Spin, spielt keine Rolle, deshalb können wir den Spin unberücksichtigt lassen) ist bekannt, wenn wir diejenige von $\mathbf{v}$ kennen, denn $\mathbf{h}$ hat Diagonalgestalt, mit allen Diagonalelementen gleich H_{dd}.

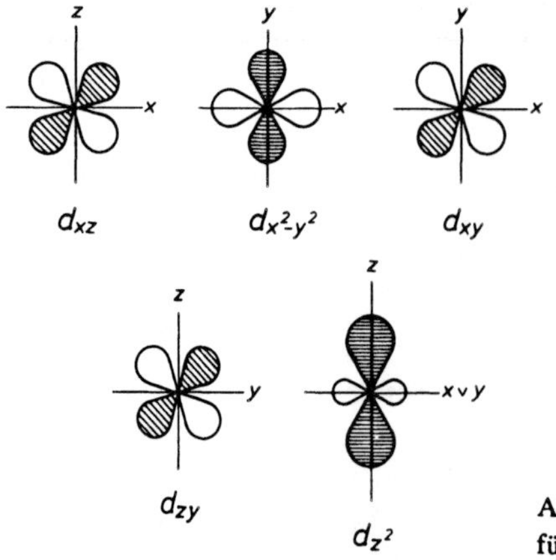

Abb. 88. Schematische Darstellung der fünf d-Funktionen.

Bevor wir uns genauer überlegen, wie die Matrixelemente von **v** aussehen, stellen wir eine Überlegung zur Symmetrie unseres Problems an. Zwar hat **h** Kugelsymmetrie, **v** und damit **H** aber nur die (niedrigere) Symmetrie des Ligandenfeldes. Die Eigenfunktionen von **H**(1) (auch in unserer Matrixdarstellung) müssen also der Symmetrie des Ligandenfelds ‚angepaßt' sein. Die fünf *d*-AO's (s. Abb. 88) bilden eine reduzible Darstellung der Symmetriegruppe des Ligandenfelds. In Anhang A.2 ist eine allgemeine Vorschrift angegeben, wie man ermittelt, in welche irreduziblen Darstellungen eine reduzible Darstellung zerfällt, und wie man Funktionen konstruiert, die sich wie diese irreduziblen Darstellungen transformieren (d.h. der Symmetrie angepaßt sind).

Im Fall von Oktaedersymmetrie (Gruppe O_h), die am wichtigsten ist, bilden die drei reellen *d*-Funktionen (die oft gemeinsam als d_ϵ abgekürzt werden)

$$d_{xy} = f(r) \cdot \frac{x \cdot y}{r^2}$$

$$d_{yz} = f(r) \cdot \frac{y \cdot z}{r^2}$$

$$d_{zx} = f(r) \cdot \frac{z \cdot x}{r^2} \qquad (14.2\text{–}4)$$

eine Basis der dreidimensionalen irreduziblen Darstellung t_{2g} von O_h, die beiden Funktionen (für die auch die gemeinsame Abkürzung d_γ üblich ist)

$$d_{x^2-y^2} = \frac{1}{2} f(r) \frac{x^2-y^2}{r^2}$$

$$d_{z^2} = \frac{1}{2\sqrt{6}} f(r) \frac{3z^2-r^2}{r^2} \qquad (14.2\text{–}5)$$

eine Basis der zweidimensionalen irreduziblen Darstellung e_g von O_h. Vorausgesetzt ist dabei, daß die Ecken des Oktaeders auf den drei Achsen x, y, z liegen.

Das im freien Ion fünffach entartete *d*-Niveau spaltet also in ein dreifach entartetes t_{2g}- und ein zweifach entartetes e_g-Niveau auf. Die Aufspaltung kann offenbar durch einen einzigen Parameter beschrieben werden, nämlich den Energieunterschied zwischen den beiden Ligandenfeldniveaus

$$\Delta = E(e_g) - E(t_{2g}) \qquad (14.2\text{–}6)$$

Diese Größe Δ, für die vielfach auch $10\,Dq$ geschrieben wird*), bezeichnet man als Ligandenfeldstärke.

* R. Schlapp, W.G. Penney, Phys. Rev. *42*, 666 (1932).

Es gilt natürlich nicht für Felder beliebiger Symmetrie, daß ein einziger Parameter zur Beschreibung der Aufspaltung ausreicht. Das ist aber immerhin auch für Tetraedersymmetrie, T_d, der Fall, wo die drei Funktionen (14.2–4) eine Basis von t_2 und die zwei Funktionen (14.2–5) eine Basis von e bilden, wo also auch nur eine Aufspaltung in zwei Niveaus auftritt.

In Tab. 19 ist angegeben, in welche irreduziblen Darstellungen AO's mit verschiedenem l in Feldern verschiedener Symmetrie aufspalten. Es fällt z.B. auf (vgl. hierzu Tab. 9 auf S. 172), daß O_h- oder T_d-Symmetrie nicht zur Aufspaltung von p-Niveaus führt und daß d-Niveaus in Ikosaeder-Symmetrie nicht aufspalten.

Ausgehend von Tab. 19 kann man leicht ausrechnen, wieviel Parameter zur Beschreibung der Aufspaltung in Feldern der verschiedenen Symmetrie erforderlich sind.

Tab. 19. Aufspaltung von AO's in irreduzible Darstellungen in Feldern verschiedener Symmetrie.

	O_h	T_d	D_{4h}
s	a_{1g}	a_1	a_{1g}
p	t_{1u}	t_2	$a_{2u}+e_u$
d	e_g+t_{2g}	$e+t_2$	$a_{1g}+b_{1g}+b_{2g}+e_g$
f	$a_{2u}+t_{1u}+t_{2u}$	$a_2+t_1+t_2$	$a_{2u}+b_{1u}+b_{2u}+2e_u$
g	$a_{1g}+e_g+t_{1g}+t_{2g}$	$a_1+e+t_1+t_2$	$2a_{1g}+a_{2g}+b_{1g}+b_{2g}+2e_g$
h	$e_u+2t_{1u}+t_{2u}$	$e+t_1+2t_2$	$a_{1u}+2a_{2u}+b_{1u}+b_{2u}+3e_u$
i	$a_{1g}+a_{2g}+e_g+t_{1g}+2t_{2g}$	$a_1+a_2+e+t_1+2t_2$	$2a_{1g}+a_{2g}+2b_{1g}+2b_{2g}+3e_g$

Im symmetrielosen Fall (Gruppe C_1) sind von den $5 \cdot 5 = 25$ Matrixelementen $V_{ik} = (d_i, vd_k)$ genau $\frac{(5+1)5}{2} = 15$ Elemente unabhängig, da $V_{ik} = V_{ki}$ und da die AO's immer reell gewählt werden können, so daß alle Matrixelemente reell sind. Von den 15 Parametern ist einer für die Verschiebung des Schwerpunkts verantwortlich, so daß 14 Parameter zur Beschreibung der Aufspaltung verbleiben.

Hat der Komplex eine gewisse Symmetrie, so wählen wir die d_i symmetrieadaptiert. In der durch die fünf d_i aufgespannten reduziblen Darstellung der Symmetriegruppe seien die irreduziblen Darstellungen Γ_λ genau n_λ mal enthalten. Die Matrixelemente V_{ik} verschwinden, wenn d_i und d_k zu verschiedenen irreduziblen Darstellungen gehören, ferner ist $V_{ii} = V_{kk}$ und $V_{ik} = 0$, sofern d_i und d_k (orthogonale) Basis der gleichen irreduziblen Darstellung sind. Die einzigen nicht-verschwindenden Nichtdiagonalelemente sind diejenigen H_{ik}, bei denen d_i und d_k sich wie die gleiche Zeile des gleichen Γ_λ transformieren, was möglich ist, wenn $n_\lambda > 1$. In diesem Falle gibt es $\frac{(n_\lambda+1)n_\lambda}{2}$ unabhängige Elemente (= 1, sofern $n_\lambda = 1$), so daß insgesamt

$$N = -1 + \frac{1}{2} \sum_\lambda n_\lambda(n_\lambda + 1) \qquad (14.2\text{–}7)$$

Parameter zur Beschreibung der Aufspaltung im Feld erforderlich sind. Für die Aufspaltung von *p*-, *d*- und *f*-AO's in Feldern verschiedener Symmetrie erhält man damit die in Tab. 20 angegebene Zahl von unabhängigen Parametern.

Tab. 20. Zahl der unabhängigen Aufspaltungsparameter in Felder verschiedener Symmetrie*).

	I	O, T_d	T, T_h	D_3, D_{3v}	D_4, D_{4h} C_{4v}	D_5, D_{5v}	C_3	C_4	C_1
p	0	0	0	1	1	1	1	1	5
d	0	1	1	3	3	2	4	4	14
f	1	2	3	6	5	4	9	7	27

* Nach J.S. Griffitt, l.c.

Wichtig für uns ist, daß man für ein *d*-AO in O_h bzw. T_d nur einen Parameter (Δ) braucht, für ein *d*-AO in D_{4h} drei Parameter, für ein *f*-AO in O_h oder T_d zwei Parameter. Bei Kenntnis der Parameter kennt man sowohl die Energieniveaus als auch die ihnen entsprechenden AO's als Linearkombination der ursprünglichen AO's.

Die Gruppentheorie vermochte uns zu sagen, wieviel Parameter zur Beschreibung der Aufspaltung der atomaren Energieniveaus im Ligandenfeld erforderlich sind. Sie ermöglicht aber keine Aussagen darüber, welchen Zahlenwert, ja nicht einmal welches Vorzeichen diese Parameter haben.

14.2.3. Das Ligandenfeldpotential und sein Aufbau aus Beiträgen der einzelnen Liganden

Nach diesen Überlegungen wollen wir das durch die Liganden hervorgerufene Störpotential (14.2–1) etwas genauer betrachten. Der folgende Abschnitt ist weniger wichtig als die übrigen, und er kann bei einer ersten Lektüre überschlagen werden.

Unterstellt man, daß $\mathbf{v}(\vec{r})$ ein rein elektrostatisches Potential ist, das von der gesamten Ladungsverteilung $\rho(\vec{R})$ der Liganden herrührt, und daß diese Ladungsverteilung ganz ‚außerhalb' des Raumes ist, wo sich ein ‚*d*-Elektron' des Zentralatoms aufhält (diese letztere Annahme ist natürlich streng nie erfüllt), so kann man das Potential

$$\mathbf{v}(\vec{r}) = \int \frac{\rho(\vec{R})}{|\vec{R} - \vec{r}|} \, d^3R \tag{14.2–8}$$

nach Kugelfunktionen entwickeln

$$\mathbf{v}(r, \vartheta, \varphi) = \sum_{l=0}^{\infty} \sum_{m=-l}^{l} A_{lm} r^l Y_l^m(\vartheta, \varphi) \tag{14.2–9}$$

wobei die A_{lm} gewisse Integrale über die Ladungsverteilung der Liganden sind, nämlich

$$A_{lm} = \frac{4\pi}{2l+1} \int \frac{\rho(R, \Theta, \phi)}{R^{l+1}} Y_l^{m*}(\Theta, \phi) \, d^3R \tag{14.2–10}$$

Auf (14.2–10) kommt man, ausgehend von (14.2–8), indem man für $|\vec{R}-\vec{r}|^{-1}$ die sog. Laplace-Entwicklung

$$|\vec{R}-\vec{r}|^{-1} = \sum_l \frac{4\pi}{2l+1} \frac{r_<^l}{r_>^{l+1}} \sum_{m=-l}^{l} Y_l^m(\vartheta,\varphi)\, Y_l^{m*}(\Theta,\phi) \qquad (14.2\text{–}11)$$

[mit $r_< = \min(r, R)$; $r_> = \max(r, R)$] einsetzt (vgl. 1.10.6) und sich auf den Fall $R > r$ beschränkt.

In den Gleichungen der Ligandenfeldtheorie tritt nie das Potential $\mathbf{v}$ selbst auf, sondern es kommen nur seine Matrixelemente

$$(d_i, \mathbf{v}\, d_k)$$

zwischen d-AO's vor. Wegen der Dreiecksungleichung (vgl. I.10.4) verschwinden alle Matrixelemente $(d_i, Y_l^m d_k)$ für $l > 4$, da d-AO's $l = 2$ haben, ferner verschwinden die Matrixelemente für ungerade l aus Symmetriegründen, so daß das folgende Potential (das wir als ‚Ligandenfeldpotential' bezeichnen wollen)

$$\tilde{\mathbf{v}}(r,\vartheta,\varphi) = A_{00} Y_0^0 + \sum_{m=-2}^{2} A_{2m} r^2 Y_2^m(\vartheta,\varphi) + \sum_{m=-4}^{4} A_{4m} r^4 Y_4^m(\vartheta,\varphi)$$

$$= \frac{1}{\sqrt{4\pi}} A_{00} + \mathbf{v}_W(r,\vartheta,\varphi) \qquad (14.2\text{–}12)$$

die gleichen Matrixelemente zwischen d-AO's wie $\mathbf{v}$ hat. Das Potential $\tilde{\mathbf{v}}$ enthält 15 Parameter A_{lm}, die im Allgemeinfall eines völlig unsymmetrischen Potentials alle voneinander unabhängig sind.

Von diesen 15 Parametern ist einer (nämlich A_{00}) für die Verschiebung des Schwerpunkts der Energieniveaus verantwortlich, die restlichen 14 im winkelabhängigen Teil $\mathbf{v}_W$ des Potentials sorgen für die Aufspaltung. In Kristallfeldern, die eine gewisse Symmetrie aufweisen, reduziert sich die Zahl der unabhängigen A_{lm}. So verschwinden z.B. in Feldern kubischer Symmetrie (T_d oder O_h) sämtliche A_{2m} sowie alle A_{4m} außer A_{44}, A_{40}, A_{4-4}, die sich alle durch A_{40} ausdrücken lassen, so daß nur ein einziger unabhängiger Parameter zur Kennzeichnung des winkelabhängigen Teils des Ligandenfeldpotentials und damit zur Beschreibung der Aufspaltung verbleibt.

Es ist kein Zufall, daß $\mathbf{v}_W$ genausoviele unabhängige Terme enthält, wie Gl. (14.2–7) angibt, denn die Matrixelemente von $\mathbf{v}_W$ lassen sich genau durch die A_{lm} sowie Integrale des Radialteils der d-Funktionen über r^2 bzw. r^4 ausdrücken.

Verfolgen wir die Vorstellung, daß das Ligandenfeld das von den Liganden erzeugte elektrostatische Feld sei, etwas weiter, so liegt es nahe, $\tilde{\mathbf{v}}$ additiv aus Beiträgen der einzelnen Liganden zusammenzusetzen. Die Ladungsverteilung $\rho_\nu(\vec{R})$ des ν-ten Liganden liefert zu jedem A_{lm} einen Beitrag $a_{lm}^{(\nu)}$

$$A_{lm} = \sum_{\nu} a_{lm}^{(\nu)} \tag{14.2–13}$$

$$a_{lm}^{(\nu)} = \frac{4\pi}{2l+1} \int \frac{\rho_\nu(R, \Theta, \phi)}{R^{l+1}} \, Y_l^{m\,*}(\Theta, \phi) \, d^3R \tag{14.2–14}$$

Es ist eine elementare Aufgabe der analytischen Geometrie, z.B. die Ligandenfelder für einen AB_6-Komplex mit oktaedrischer Anordnung der Liganden, einen AB_8-Komplex mit Würfel-Koordination und einen AB_4-Komplex mit Tetraeder-Koordination aus den Beiträgen a_{lm} für einen einzigen Liganden in gegebenem Abstand zusammenzusetzen: (Zur Geometrie bez. des cartesischen Koordinatensystems s. Abb. 89.)

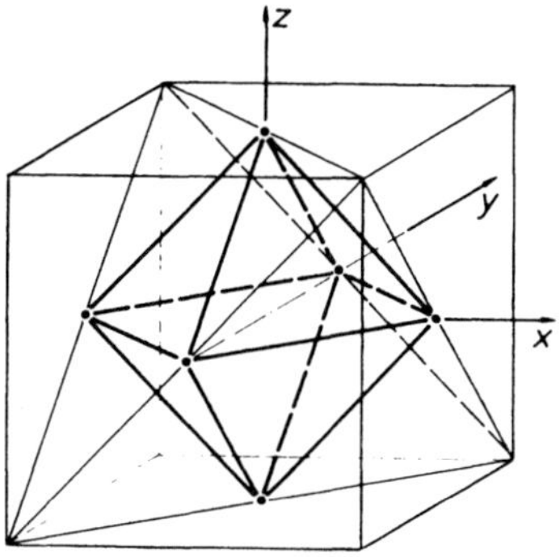

Abb. 89. Oktaeder, Würfel u. Tetraeder im cartesischen Koordinatensystem.

$$AB_6\text{, Oktaeder} \quad \tilde{v} = 6a_{00}Y_0^0 + a_{40}r^4 \left[\frac{7}{2}Y_4^0 + \frac{1}{4}\sqrt{70}\,(Y_4^4 + Y_4^{-4})\right]$$

$$AB_8\text{, Würfel} \quad \tilde{v} = 8a_{00}Y_0^0 - \frac{8}{9}a_{40}r^4 \left[\frac{7}{2}Y_4^0 + \frac{1}{4}\sqrt{70}\,(Y_4^4 + Y_4^{-4})\right]$$

$$AB_4\text{, Tetraeder} \quad \tilde{v} = 4a_{00}Y_0^0 - \frac{4}{9}a_{40}r^4 \left[\frac{7}{2}Y_4^0 + \frac{1}{4}\sqrt{70}\,(Y_4^4 + Y_4^{-4})\right] \tag{14.2–15}$$

Unter der Voraussetzung gleicher AB-Abstände unterscheiden sich, wie man (14.2–15) entnimmt, die winkelabhängigen Anteile des Ligandenfeldpotentials der drei Komplexe um einfache rationale Proportionalitätsfaktoren. Bei eben quadratischen oder symmetrisch linearen Komplexen treten auch die Terme in $Y_2^0(\vartheta, \varphi)$ auf. (Die z-Achse sei in beiden Fällen die ausgezeichnete Achse.)

$$AB_4\text{, Quadrat} \quad \tilde{v} = 4a_{00}Y_0^0 - 2a_{20}r^2Y_2^0 + {} + a_{40}r^4 \left[\frac{3}{2}Y_4^0 + \frac{\sqrt{35}}{2\sqrt{2}}\,(Y_4^4 + Y_4^{-4})\right]$$

$$AB_2\text{, } D_{\infty h} \quad \tilde{v} = 2a_{00}Y_0^0 + 2a_{20}r^2Y_2^0 + 2a_{40}r^4Y_4^0 \tag{14.2–16}$$

Wir wollen jetzt ausrechnen, wie das fünffach bahnentartete Energieniveau eines $3d^1$-Systems (etwa das des Ti^{3+} Ions) in einem Oktaederfeld (etwa im TiF_6^{3-}) in erster störungstheoretischer Näherung verändert wird.

Wir zerlegen dazu das Ligandenfeldpotential $\tilde{\mathbf{v}}$ im Sinne von Gl. (14.2–12) in einen totalsymmetrischen Teil $\frac{1}{\sqrt{4\pi}} A_{00}$ und einen winkelabhängigen Teil $\mathbf{v}_W$. Die der Störung angepaßten ungestörten Funktionen sind durch (14.2–4) und (14.2–5) gegeben. Für die Energieänderungen durch das Ligandenfeld erhält man dann

$$\Delta E(t_{2g}) = \langle t_{2g}^{(i)} | \frac{1}{\sqrt{4\pi}} A_{00} | t_{2g}^{(i)} \rangle + \langle t_{2g}^{(i)} | \mathbf{v}_W | t_{2g}^{(i)} \rangle$$

$$\Delta E(e_g) = \langle e_g^{(i)} | \frac{1}{\sqrt{4\pi}} A_{00} | e_g^{(i)} \rangle + \langle e_g^{(i)} | \mathbf{v}_W | e_g^{(i)} \rangle \qquad (14.2\text{–}17)$$

wobei $t_{2g}^{(i)}$ bzw. $e_g^{(i)}$ irgendeines der drei d-AO's zu t_{2g} bzw. e_g bedeuten und die Werte in (14.2–17) von i unabhängig sind. Da $\frac{1}{\sqrt{4\pi}} A_{00}$ eine Konstante ist und alle d-AO's auf 1 normiert sein sollen, ist

$$\langle t_{2g}^{(i)} | \frac{1}{\sqrt{4\pi}} A_{00} | t_{2g}^{(i)} \rangle = \langle e_g^{(i)} | \frac{1}{\sqrt{4\pi}} A_{00} | e_g^{(i)} \rangle = \frac{1}{\sqrt{4\pi}} A_{00} \qquad (14.2\text{–}18)$$

Ferner sieht man leicht, daß

$$\sum_{i=1}^{3} \langle t_{2g}^{(i)} | \mathbf{v}_W | t_{2g}^{(i)} \rangle + \sum_{i=1}^{2} \langle e_g^{(i)} | \mathbf{v}_W | e_g^{(i)} \rangle = \sum_{i=1}^{5} \langle d_i | \mathbf{v}_W | d_i \rangle = 0$$

$$(14.2\text{–}19)$$

Jedes Matrixelement in (14.2–19) ist ja nichts anderes als ein Integral über das Produkt der Ladungsverteilung eines d-AO's und des winkelabhängigen Teils $\mathbf{v}_W$ des Ligandenfeldpotentials, die Summe der Ladungsverteilungen aller fünf d-AO's ist aber kugelsymmetrisch, und da $\mathbf{v}_W$ keinen kugelsymmetrischen Anteil hat, ist die Summe in (14.2–19) ein Integral einer Funktion ohne kugelsymmetrischen Anteil über den ganzen Raum. Solche Integrale verschwinden aus Symmetriegründen. Eine Konsequenz von (14.2–19) ist, daß

$$3\,\Delta E\,(t_{2g}) + 2\,\Delta E\,(e_g) = \frac{5}{\sqrt{4\pi}} A_{00} \qquad (14.2\text{–}20)$$

d.h. daß A_{00} – wie das allgemein gilt – für die Verschiebung des Schwerpunkts des atomaren Niveaus verantwortlich ist. Andererseits folgt unmittelbar aus (14.2–17) daß

$$\Delta = E(t_{2g}) - E(e_g) = \Delta E(t_{2g}) - \Delta E(e_g) =$$

$$= \langle t_{2g}^{(i)} | \mathbf{v}_w | t_{2g}^{(i)} \rangle - \langle e_g^{(i)} | \mathbf{v}_w | e_g^{(i)} \rangle \qquad (14.2\text{–}21)$$

Damit haben wir für den Fall eines Oktaederfeldes den Zusammenhang zwischen dem winkelabhängigen Teil des Ligandenfeldpotentials und der Ligandenfeldstärke Δ hergestellt.

14.2.4. Plausibilitätsbetrachtung zur energetischen Reihenfolge des t_{2g}- und e_g-Niveaus im Oktaederfeld

Die Gruppentheorie sagt uns nur, *daß* die Energie eines *d*-AO's im Oktaederfeld (in ein t_{2g}- und ein e_g-Niveau) aufspalten wird, sie gibt keine Auskunft darüber, ob Δ positiv oder negativ ist, anders gesagt, ob t_{2g} oder e_g tiefer liegt und damit den Grundzustand im Komplex beschreibt. Zur Beantwortung dieser Frage müßten wir die Matrixelemente von $\mathbf{v}_W$ explizit ausrechnen. Es sei gleich vorweggenommen, daß eine solche Berechnung von Δ zwar nicht sonderlich schwierig ist – man muß hierzu nur eine plausible Annahme über die Ladungsverteilung in den Liganden machen –, daß aber die so berechneten Δ-Werte weit davon entfernt sind, die gemessenen Spektren zu reproduzieren (s. hierzu Abschn. 14.11). Dies ist ein Hinweis darauf, daß das elektrostatische Modell als solches doch wohl unrealistisch ist und daß man gut beraten ist, wenn man die Aussagen der Ligandenfeldtheorie, die unmittelbar aus der Gruppentheorie folgen, für wesentlicher ansieht als diejenigen, denen explizit ein elektrostatisches Potential zugrundeliegt.

In der Anfangszeit der Ligandenfeldtheorie war ihre soeben erwähnte Schwäche nicht deutlich, weil die gröbste Näherung, die man für das Ligandenfeld machen konnte, nämlich das sog. Punktladungsmodell, überraschend gute Werte für Δ lieferte.

Auf dem Punktladungsmodell beruht auch die folgende Plausibilitätsbetrachtung über die energetische Reihenfolge von t_{2g} und e_g, die aber wirklich als nicht mehr als eine Plausibilitätsbetrachtung angesehen werden darf. (Eine befriedigende Begründung für das Vorzeichen von Δ wird uns die MO-Theorie liefern.) Die Liganden sind in der Regel negativ geladen (z.B. Cl^-) oder sie zeigen mit der negativen Seite eines Dipols (z.B. H_2O) auf das Zentralatom, die Liganden sind also wahrscheinlich elektronenabstoßend. Betrachten wir jetzt ein t_{2g}- und ein e_g-AO im Oktaederfeld! In Abb. 90 sehen wir uns hierzu einen Schnitt durch die *xy*-Ebene an und wählen d_{xy} als t_{2g} und $d_{x^2-y^2}$ als e_g. Man sieht, daß das e_g-AO viel dichter an die Liganden herankommt, deshalb stärker abgestoßen und energetisch stärker angehoben wird. Tatsächlich liegt bei allen Oktaederkomplexen das t_{2g}-Niveau tiefer als das e_g-Niveau.

Eine ganz analoge Überlegung für Tetraederkomplexe ergibt, daß bei diesen e tiefer als t_2 liegt, auch dies in Einklang mit der Erfahrung.

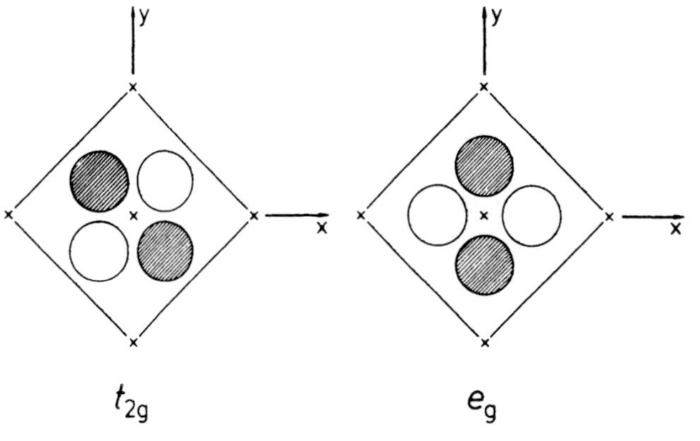

Abb. 90. t_{2g}- und e_g-AO's im Oktaederfeld (Schnitt).

14.2.5. Empirische Bestimmung der Ligandenfeldstärke

Im Grundzustand eines d^1-Komplexes im Oktaederfeld befindet sich das Elektron, wie gesagt, im Niveau t_{2g}, im ersten angeregten Zustand in e_g. Durch Lichtabsorption ist ein Übergang von t_{2g} nach e_g möglich, folglich gilt für den längstwelligen spektralen Übergang

$$h\nu = E(e_g) - E(t_{2g}) = \Delta = 10\,Dq \qquad (14.2\text{–}22)$$

In einem Komplex wie $[Ti(H_2O)_6]^{3+}$ ist also der Grundzustand $^2T_{2g}$ (weil alle anderen Elektronen in abgeschlossenen Schalen sind und das einsame d-Elektron allein die Symmetrierasse bestimmt). Der erste angeregte Zustand ist ^2E_g. Wir wollen ähnlich wie bei isolierten Atomen auch bei Komplexen Kleinbuchstaben für Einelektronenzustände, Großbuchstaben für Gesamtzustände verwenden.

Sehen wir uns jetzt das Spektrum des $[Ti(H_2O)_6]^{3+}$ an, so finden wir eine Absorptionsbande*) bei ≈ 4900 Å, entsprechend 20400 cm^{-1} ($\log \epsilon \approx 0.7$), die dem Übergang $^2T_{2g} \rightarrow {}^2E_g$ zuzuordnen ist. Unterstellen wir, daß sich bei der Anregung an der Anordnung der übrigen Elektronen nichts ändert, so ist die gemessene Absorptionsfrequenz (die für die blaßviolette Farbe von wäßrigen Ti^{3+}-Lösungen verantwortlich ist) mit der Größe Δ der Aufspaltung des 3-d-Niveaus im Oktaederfeld zu identifizieren:

$$\Delta = 10\,Dq = 20400\ cm^{-1}$$

14.2.6. Zusammenhang der Ligandenfeldstärke in Oktaeder-, Tetraeder- und Würfelkomplexen

Bei allen Vorbehalten gegenüber dem elektrostatischen Modell wollen wir fragen, wie sich die Ligandenfeldstärken in Oktaederkomplexen AB_6, in Tetraederkomplexen AB_4 und Würfelkomplexen AB_8 – bei gleichen A–B-Abständen – zuein-

* Tatsächlich ist die Bande aufgespalten, was eine Folge der sog. Jahn-Teller-Verzerrung des Oktaeders ist. Solche Verzerrungen treten immer in nicht totalsymmetrischen Gesamtzuständen auf (vgl. Abschn. 11.11). Wir wollen hierauf aber nicht eingehen.

ander verhalten sollten. Gl. (14.2–21) gilt in allen drei Fällen, abgesehen davon, daß beim Tetraeder t_2 und e statt t_{2g} und e_g zu schreiben ist, und natürlich daß $\mathbf{v}_W$ in allen drei Fällen verschieden ist. Nach (14.2–15) unterscheidet sich $\mathbf{v}_W$ für die drei Komplexe aber nur um einen Zahlenfaktor, derart daß

$$\mathbf{v}_W(AB_8) = -\frac{8}{9}\mathbf{v}_W(AB_6)$$

$$\mathbf{v}_W(AB_4) = -\frac{4}{9}\mathbf{v}_W(AB_6) \qquad (14.2\text{–}23)$$

folglich gilt auch

$$\Delta_{\text{Würfel}} = -\frac{8}{9}\,\Delta_{\text{Oktaeder}} = -\frac{8}{9}\,\Delta$$

$$\Delta_{\text{Tetraeder}} = -\frac{4}{9}\,\Delta_{\text{Oktaeder}} = -\frac{4}{9}\,\Delta \qquad (14.2\text{–}24)$$

wobei wir $\Delta_{\text{Oktaeder}} = \Delta$ setzen, weil die Oktaederkoordination am wichtigsten ist. Das negative Vorzeichen bei $-\frac{8}{9}$ bzw. $-\frac{4}{9}$ bedeutet, daß beim Würfel und beim Tetraeder die energetische Reihenfolge von e_g und t_{2g} (bzw. e und t_2 bei T_d) umgekehrt ist. In Tetraederkomplexen liegt das e-Niveau tiefer, und die Ligandenfeldaufspaltung ist, wo man Tetraeder- und Oktaederkomplexe mit gleichen Liganden vergleichen kann, in der Tat bei ersteren etwa halb so groß wie bei letzteren.

VCl_4 ist ein Beispiel für einen d^1-Tetraederkomplex (daß das Tetraeder verzerrt ist, soll uns jetzt nicht weiter kümmern). Man findet für die Ligandenfeldstärke

$$\Delta_{\text{Tetraeder}} \approx 9000\ \text{cm}^{-1}$$

(das entsprechende Δ_{Oktaeder} wäre bei $20000\ \text{cm}^{-1}$ zu erwarten).

Die bereits angedeuteten Bedenken gegen das Kristallfeldmodell veranlassen uns, uns von diesem Modell weitgehend zu lösen und nur mit gruppentheoretischen Begriffen sowie unmittelbar experimentell zugänglichen Größen wie Δ zu operieren. Die Theorie enthält dadurch ein semiempirisches Element ähnlich wie etwa die Slatersche Atomtheorie (I.10) oder die Hückelsche Theorie der π-Elektronensysteme.

14.3. d^9-Komplexe. Der Lückensatz

Wir haben bei der Theorie der Atome gelernt, daß die Konfiguration d^{10-n} die gleichen Terme hat wie d^n, daß sich also bez. einer abgeschlossenen Schale fehlende Elektronen (Löcher) analog verhalten wie Elektronen. Gilt das auch in Bezug auf die Aufspaltung im Feld? Wir betrachten hierzu Abb. 91.

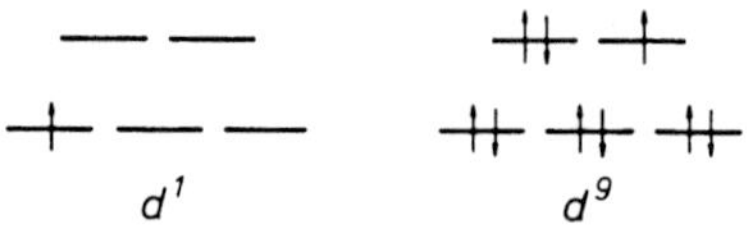

Abb. 91. d^1- und d^9-Konfiguration zur Erläuterung des Lückensatzes.

Bei der d^9-Konfiguration fehlt ein Elektron in e_g, der Grundzustand ist also ^2E_g und nicht $^2T_{2g}$ wie bei der d^1-Konfiguration. Der Energieunterschied zwischen Grundzustand (mit ‚e_g-Loch') und angeregtem Zustand (mit t_{2g}-Loch) ist aber offensichtlich dem Betrag nach gleich wie beim entsprechenden d^1-Komplex

$$h\nu = E(^2T_{2g}) - E(^2E_g) = -\Delta \qquad (14.3\text{–}1)$$

Das Minuszeichen in (14.3–1) weist auf die Umkehrung der energetischen Reihenfolge von $^2T_{2g}$ und ^2E_g hin.

Wir sehen an diesem Beispiel, daß eine d^n-Konfiguration im Ligandenfeld die gleichen Terme wie eine d^{10-n}-Konfiguration hat, daß man aber die Aufspaltung im Ligandenfeld so zu beschreiben hat, daß man Δ durch $-\Delta$ ersetzt. Ein Loch empfindet gewissermaßen das Ligandenfeld mit entgegengesetztem Vorzeichen, verglichen mit einem Elektron.

14.4. Die spektrochemische Reihe

Betrachten wir ein Zentral-Ion und verschiedene Liganden, und ordnen wir diese nach der Größe der Ligandenfeldstärke Δ an*). Es zeigt sich, daß die Reihenfolge (wenn auch nicht die numerischen Δ-Werte) weitgehend vom Zentralatom unabhängig ist, so daß man eine allgemeingültige sog. spektrochemische Reihe der Liganden aufstellen kann.

Vom J^-, das ein typisch ‚schwacher' Ligand ist, bis zum ‚starken' Liganden CN^- steigt die Ligandenfeldstärke etwa in folgender Reihenfolge an:

J^- $< Br^-$ $< Cl^-$ $\sim \underline{S}CN^-$ $< N_3^-$ $< F^-$

$\approx OC(NH_2)_2$ $\approx OH^-$ $< C_2O_4^{2-}$ $< H_2O$ $< SC\underline{N}^-$

$< NH_3$ $\approx C_5H_5N$ $< NH_2(CH_2)_2NH_2$ $< SO_3^{2-}$ $<$

2,2'-Dipyridyl $\approx$ 1,10-Phenanthrolin $< NO_2^-$ $< CN^-$

---

* Wir müssen dabei bedenken, daß nur für d^1- und d^9-Komplexe Δ unmittelbar aus den Spektren entnommen werden kann, für d^n-Komplexe mit $2 \leqslant n \leqslant 8$ erhält man Δ aus den Spektren (vgl. Abschn. 14.5 und 14.6), wenn man für die Racah-Parameter B und C Werte vorgibt, etwa die aus den freien Ionen. Das werde jetzt unterstellt. Man kann aber auch alle drei Werte Δ, B und C an die Spektren anpassen (vgl. Abschn. 14.7), wobei sich etwas (aber nicht grundsätzlich) andere Δ-Werte ergeben.

Wichtig ist, daß das Δ der Halogene relativ klein ist, daß H_2O etwa in der Mitte steht, NH_3 deutlich stärker als H_2O ist und daß einer der stärksten Liganden CN^- ist.

Die Δ-Werte für oktaedrische Komplexe des Cu^{2+} (das die Konfiguration d^9 besitzt) sind z.B. in Tab. 21 zusammengestellt, wo auch die Absorptionswellenlängen, die Farbe des absorbierten Lichts und die komplementäre Farbe, die man sieht, angegeben sind.

Tab. 21. Ligandenfeldstärke Δ und Absorptionswellenlänge λ für oktaedrische Komplexe des Cu^{2+} *).

Ligand	6 H_2O	6 NH_3	3 Äthylendiamin
Δ (cm^{-1})	12 600	15 100	16 400
λ (Å)	$\approx$ 8 000	$\approx$ 6 500	$\approx$ 6 000
Absorption	rot	gelb	grün
Farbe	schwach blau	tief blau	rot violett

* Nach C.K. Jørgensen: Absorption Spectra and Chemical Bonds in Complexes. Pergamon, New York 1962.

Liganden wie Cl^-, Br^-, die noch schwächer als H_2O sind, führen zu einer Absorption noch mehr am langwelligen Ende des Sichtbaren, so daß die Komplexe grün bis gelbgrün sind.

Die Δ-Werte für die Hexaquo-Komplexe einiger Ionen der ersten Übergangsmetallperiode sind in Tab. 22 zusammengestellt.

Tab. 22. Ligandenfeldstärken (in cm^{-1}) für einige Hexaquo-Komplexe von Ionen mit den Oxidationszahlen 2 und 3*).

	Ti	V	Cr	Mn	Fe	Co	Ni	Cu
2^+		12 400	13 900	8 500	10 400	9 300	8 500	12 600
3^+	20 300	18 400	17 400	21 000	14 300	18 100		

* Nach Jørgensen (l.c. in Tab. 21).

Es ist nicht ganz leicht, eine Systematik in den Δ-Werten zu erkennen, es fällt nur auf, daß die Ligandenfeldstärken in Komplexen von dreifach positiven Ionen deutlich größer als bei zweifach positiven Zentral-Ionen sind.

Immerhin läßt sich nach Jørgensen Δ in guter Näherung als ein Produkt aus zwei Faktoren f und g darstellen, wobei f nur von den Liganden, g nur von dem Zentral-Ion abhängt. Einige solche f- und g-Werte findet man in Tab. 23.

An dieser Stelle empfiehlt sich noch eine Bemerkung zu dem in der Ligandenfeldtheorie vielfach verwendeten Begriff der Oxidationszahl. Sie ist die formale Ladung des Zentral-Ions, wenn man von der Gesamtladung des Komplexes die üblichen La-

Tab. 23. Faktorisierung der Ligandenfeldstärke $\Delta \approx f \cdot g$*)

Einige g-Werte in cm^{-1}

Mn^{2+}	$(3d^5)$	8 000	Ag^{3+}	$(4d^8)$	20 400
Ni^{2+}	$(3d^8)$	8 700	Ni^{4+}	$(3d^6)$	22 000
Co^{2+}	$(3d^7)$	9 000	Mn^{4+}	$(3d^3)$	24 000
V^{2+}	$(3d^3)$	12 000	Mo^{3+}	$(4d^3)$	24 600
Fe^{3+}	$(3d^5)$	14 000	Rh^{3+}	$(4d^6)$	27 000
Cu^{3+}	$(3d^8)$	15 700	Pd^{4+}	$(4d^6)$	29 000
Cr^{3+}	$(3d^3)$	17 400	Tc^{4+}	$(4d^3)$	31 000
Co^{3+}	$(3d^6)$	18 200	Ir^{3+}	$(5d^6)$	32 000
Ru^{2+}	$(4d^6)$	20 000	Pt^{4+}	$(5d^6)$	36 000

Einige f-Werte

Br^-	0.72	$(NH_2)_2CS$	1.01
$(C_2H_5)_2PSe_2^-$	0.74	NCS^-	1.02
SCN^-	0.75	$NCSe^-$	1.03
Cl^-	0.78	CH_3NH_2	1.17
$(C_2H_5)_2PS_2^-$	0.78	$NH_2CH_2CO_2^-$	1.18
$(C_2H_5O)_2PSe_2^-$	0.8	$CH_3SCH_2CH_2SCH_3$	1.22
$POCl_3$	0.82	CH_3CN	1.22
NNN^-	0.83	C_5H_5N	1.23
$(C_2H_5O)_2PS_2^-$	0.83	NH_3	1.25
$(C_2H_5)_2NCSe_2^-$	0.85	NCSH	1.25
F^-	0.9	$NCSHg^+$	1.25
$(C_2H_5)_2NCS_2^-$	0.90	$NH_2CH_2CH_2NH_2$	1.28
$(CH_3)_2SO$	0.91	$NH(CH_2CH_2NH_2)_2$	1.29
$(CH_3)_2CO$	0.92	NH_2OH	1.30
CH_3COOH	0.94	SO_3^{2-}	1.3
C_2H_5OH	0.97	$C_6H_4(As(CH_3)_2)_2$	1.33
$(CH_3)_2NCHO$	0.98	2,2'-Dipyridyl	1.33
$C_2O_4^{2-}$	0.99	1,10-Phenanthrolin	1.34
H_2O	1.00	NO_2^-	1.4
$CH_2(CO_2)_2^{2-}$	1.00	CN^-	1.7

* Nach C.K. Jørgensen: Modern Aspects of Ligand Field Theory. North Holland, Amsterdam 1971.

dungen der Liganden subtrahiert, z.B. im $[Fe(CN)_6]^{4-}$ ist von -4 je -1 für die sechs CN^- abzuziehen, so daß Fe^{2+} verbleibt. Diese Aufteilung ist dann nicht eindeutig, wenn bestimmte Liganden auch in verschiedenen Oxidationszahlen vorkommen können, wie z.B. NO, das als NO^+, NO und NO^- vorliegen kann. In manchen Fällen kann man (besonders im Falle des schwachen Feldes) aufgrund physikalischer (besonders magnetischer) Messungen eine Aufteilung der Elektronen zwischen Liganden und Zentralatom vornehmen und damit eine Oxidationszahl festlegen. Mit der wirklichen Ladung am Zentralatom hat die Oxidationszahl so gut wie nichts zu tun.

14.5. d^2-Komplexe im ‚schwachen' Feld. Termwechselwirkung

In einem freien Ion gibt es zur Konfiguration d^2 die Terme (vgl. I.10)

$$^3F_g,\ ^3P_g,\ ^1G_g,\ ^1D_g,\ ^1S_g$$

von denen ^3F_g der Grundterm ist (Hundsche Regel).

Wir betrachten jetzt die Aufspaltung dieser Terme im Ligandenfeld (Oktaeder). Die Antwort, die die Gruppentheorie bez. der Aufspaltung liefert, kann Tab. 19 entnommen werden. Wir müssen in dieser Tabelle, die ursprünglich für Einelektronenzustände gilt, die Kleinbuchstaben durch Großbuchstaben ersetzen und bedenken, daß bei Mehrelektronenzuständen sowohl S_g als auch S_u, entsprechend P_g und P_u etc. möglich sind (bei Einelektronenzuständen nur $s = s_g$, $p = p_u$, $d = d_g$ etc.) sowie daß die Parität (g oder u) ebenso wie die Spinmultiplizität durch das Oktaederfeld nicht verändert wird.

$$\begin{array}{lllll} ^3F & ^3A_2, & ^3T_1, & ^3T_2 & \\ ^3P & ^3T_1 & & & \\ ^1G & ^1A_1, & ^1E, & ^1T_1, & ^1T_2 \\ ^1D & ^1E, & ^1T_2 & & \\ ^1S & ^1A_1 & & & \end{array} \tag{14.5-1}$$

Den Index g haben wir immer weggelassen, da er bei allen Ligandenfeldzuständen auftritt.

Außer ^3P und ^1S spalten alle Terme im Feld auf. Besonders interessiert uns der Grundterm ^3F.

Wir versuchen jetzt, die Energien der Ligandenfeldterme auszurechnen. Dazu muß man im Prinzip Wellenfunktionen zu diesen Termen konstruieren und Energieerwartungswerte mit dem effektiven Hamilton-Operator

$$\mathbf{H}(1,2) = \mathbf{h}(1) + \mathbf{h}(2) + \frac{1}{r_{12}} + \widetilde{\mathbf{v}}(1) + \widetilde{\mathbf{v}}(2) = \mathbf{H}_0(1,2) + \widetilde{\mathbf{v}}(1) + \widetilde{\mathbf{v}}(2) \tag{14.5-2}$$

bilden, wobei $\mathbf{h}(i)$ der Hamilton-Operator eines Elektrons im Feld des Atomrumpfs und $\widetilde{\mathbf{v}}(i)$ das Ligandenfeldpotential ist.

In der Näherung des schwachen Feldes nehmen wir an, daß die Wellenfunktion eines Ligandenfeldzustandes gleichzeitig Eigenfunktion des freien Ions im Rahmen der Slaterschen Theorie ist, daß das Ligandenfeld also nur zu einer (teilweisen) Aufhebung der Entartung führt.

Die Erwartungswerte von $\mathbf{H}_0$, gebildet mit den Ligandenfeld-Wellenfunktionen sind in der Näherung des schwachen Feldes die gleichen wie im freien Ion (vgl. I.10.7), insbesondere ist (vgl. I Tab. 9)

$$E(^3F) = A - 8B$$

$$E(^3P) = A + 7B \qquad (14.5\text{–}3)$$

wobei A und B die in I.10.7 definierten Racah-Parameter sind.

In der Atomtheorie ist es sinnvoll, mit komplexen AO's zu rechnen, also sind auch die Ligandenfeld-Wellenfunktionen Linearkombinationen von Slater-Determinanten, die aus komplexen d-AO's aufgebaut sind. Zur Berechnung der Matrixelemente von $\mathbf{v}(1) + \mathbf{v}(2)$ braucht man deshalb die Darstellung von $\mathbf{v}_W$ in der Basis der komplexen AO's, die man leicht aus der Darstellung in reellen AO's, wo $\mathbf{v}_W$ diagonal ist,

$$(t_{2g}|\mathbf{v}_w|t_{2g}) = -\frac{2}{5}\,\Delta = -4\,Dq$$

$$(e_g|\mathbf{v}_w|e_g) = \frac{3}{5}\,\Delta = 6\,Dq \qquad (14.5\text{–}4)$$

erhält zu

$$<d\pi|\mathbf{v}_w|d\pi> = <d\bar{\pi}|\mathbf{v}_w|d\bar{\pi}> = -\frac{2}{5}\,\Delta = -4\,Dq$$

$$<d\sigma|\mathbf{v}_w|d\sigma> = \frac{3}{5}\,\Delta = 6\,Dq$$

$$<d\delta|\mathbf{v}_w|d\delta> = <d\bar{\delta}|\mathbf{v}_w|d\bar{\delta}> = \frac{1}{10}\,\Delta = Dq$$

$$<d\delta|\mathbf{v}_w|d\bar{\delta}> = \frac{1}{2}\,\Delta = 5\,Dq \qquad (14.5\text{–}5)$$

(alle anderen Matrixelemente verschwinden).

Die weitere Rechnung wollen wir nicht explizit durchführen. Wir verweisen auf das Ergebnis in Tab. 24, wo die Energieerwartungswerte der Ligandenfeldkonfigurationen in der Näherung des schwachen Feldes zusammengestellt sind.

Tab. 24. Terme einer d^2-Konfiguration in der Näherung des schwachen Ligandenfeldes.

$^3T_{1g}$	(^3F)	$A-8B$	$-$	$6Dq$
$^3T_{2g}$	(^3F)	$A-8B$	$+$	$2Dq$
$^3A_{2g}$	(^3F)	$A-8B$	$+$	$12Dq$
$^3T_{1g}$	(^3P)	$A+7B$		
$^1T_{2g}$	(^1G)	$A+4B+2C$	$-$	$\frac{26}{7}\,Dq$
^1E_g	(^1G)	$A+4B+2C$	$+$	$\frac{4}{7}\,Dq$
$^1T_{1g}$	(^1G)	$A+4B+2C$	$+$	$2\,Dq$
$^1A_{1g}$	(^1G)	$A+4B+2C$	$+$	$4\,Dq$
$^1T_{2g}$	(^1D)	$A-3B+2C$	$-$	$\frac{16}{7}\,Dq$
^1E_g	(^1D)	$A-3B+2C$	$+$	$\frac{24}{7}\,Dq$
$^1A_{1g}$	(^1S)	$A+14B+7C$		

Matrixelemente für die Termwechselwirkung

$^3T_{1g}$	$(^3F/^3P)$	$4\,Dq$
$^1A_{1g}$	$(^1G/^1S)$	$4\sqrt{6}\,Dq$
^1E_g	$(^1G/^1D)$	$\frac{40\sqrt{3}}{7}\,Dq$
$^1T_{2g}$	$(^1G/^1D)$	$\frac{20\sqrt{3}}{7}\,Dq$

Wir entnehmen Tab. 24 u.a., daß von den drei aus ^3F hervorgegangenen Termen $^3T_{1g}$ mit der Energie

$$E[^3T_{1g}/^3F] = A - 8B - \frac{3}{5}\,\Delta \tag{14.5–6}$$

am tiefsten liegt, also der Grundterm ist.

Stellen wir an dieser Stelle gleich fest, daß auch der atomare Term ^3P im Oktaederfeld zur Symmetrierasse $^3T_{1g}$ gehört!

$$E[^3T_{1g}/^3P] = A + 7B \tag{14.5–7}$$

Wir wollen jetzt über die Näherung des schwachen Feldes hinausgehen und die im Rahmen des Ligandenfeldmodells exakten Energien ausrechnen. Hierzu erinnern wir uns daran, daß wir die Wellenfunktion zu einem Ligandenfeldzustand als Linearkombination von Slater-Determinanten zur d^2-Konfiguration des freien Ions darstellen wollen. Wir müßten dazu im Prinzip die Matrixelemente des Hamilton-Operators (14.5–2) in der Basis der $\frac{10 \cdot 9}{2} = 45$ Slater-Determinanten zur d^2-Konfiguration ausrechnen und anschließend diese Matrix diagonalisieren. Die Arbeit wird uns dadurch erleichtert, daß die Ligandenfeldzustände zu den in (14.5–1) angegebenen Symmetrierassen gehören müssen. Die durch die 45 Slater-Determinanten aufgespannte reduzible Darstellung läßt sich also in die folgenden irreduziblen Darstellungen zerlegen:

$$^3A_{2g},\ 2\times{}^3T_{1g},\ ^3T_{2g},\ 2\times{}^1A_{1g},\ 2\times{}^1E_{g},\ ^1T_{1g},\ 2\times{}^1T_{2g}$$

Bei den Darstellungen, die nur einmal vorkommen (z.B. $^3A_{2g}$, $^3T_{2g}$ etc.) haben wir die Aufgabe bereits gelöst, wenn wir die Energien dieser Zustände in der Näherung des schwachen Feldes berechnet haben, für diese Zustände ist der Formalismus des schwachen Feldes bereits ‚exakt'. Anders ist es bei den zweifach auftretenden irreduziblen Darstellungen, z.B. bei $^3T_{1g}$.

Man muß erwarten, daß Matrixelemente zwischen Funktionen zur gleichen Symmetrie i.allg. nicht verschwinden. Es läßt sich leicht ausrechnen, daß z.B. die beiden ‚Schwachfeld-Terme' $^3T_{1g}/^3F$ und $^3T_{1g}/^3P$ folgendes Matrixelement miteinander haben

$$<{}^3T_{1g}/^3F|\mathbf{H}|^3T_{1g}/^3P> \;=\; \frac{2}{5}\,\Delta \tag{14.5–8}$$

[im Grenzfall verschwindenden Ligandenfeldes ($\Delta \to 0$) verschwindet dieses Matrixelement natürlich, denn im freien Atom gehören beide Terme zu verschiedenen Symmetrierassen].

Die beiden auftretenden Terme $^3T^{(1)}_{1g}$ und $^3T^{(2)}_{1g}$ werden also Linearkombinationen von $^3T_{1g}/^3F$ und $^3T_{1g}/^3P$ sein, und die Energien $E_{1,2}$ erhält man aus der Säkulargleichung

$$\begin{vmatrix} -\frac{3}{5}\Delta + A - 8B - E & \frac{2}{5}\Delta \\ \frac{2}{5}\Delta & A + 7B - E \end{vmatrix} = 0 \tag{14.5–9}$$

zu

$$E_{1,2} = -\frac{3}{10}\Delta + A - \frac{1}{2}B \pm \sqrt{\left(-\frac{3}{10}\Delta - \frac{15}{2}B\right)^2 + \frac{4}{25}\Delta^2} \tag{14.5–10}$$

Wir haben also die – im Rahmen des Ligandenfeld-Modells – exakten Energien in zwei Schritten berechnet, indem wir zunächst die Ligandenfeldterme im ‚schwachen Feld' berechnet haben, die man unmittelbar aus je einem einzigen atomaren Term herleiten kann, und wir haben anschließend die Wechselwirkung zwischen ‚Schwachfeld-Termen' gleicher Symmetrie, die aus verschiedenen atomaren Termen hervorgingen, berücksichtigt.

Die Näherung des schwachen Feldes (ohne anschließende Termwechselwirkung) ist offenbar um so besser, je kleiner $|\Delta|$ verglichen mit B ist. Man sieht das z.B., wenn man in (14.5–10) $\frac{15}{2}B$ vor die Wurzel zieht und die Wurzel nach Potenzen von $\frac{\Delta}{B}$ entwickelt. Bricht man nach den Gliedern ab, die linear in $\frac{\Delta}{B}$ sind, so ergeben sich genau die Energien (14.5–6) und (14.5–7) der Schwachfeld-Terme. Die Fehler der Näherung des schwachen Feldes sind also quadratisch in $\frac{\Delta}{B}$.

In Abb. 92 ist E als Funktion von Dq im Rahmen der Näherung des schwachen Feldes und mit Termwechselwirkung graphisch dargestellt.

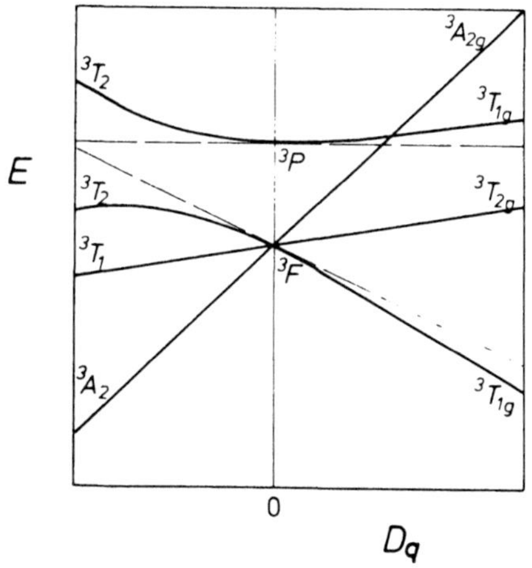

Abb. 92. Orgell-Diagramm für d^2-Komplexe.
(– – – Näherung des schwachen Feldes,
—— mit Termwechselwirkung)

14.6. Die Näherung des starken Feldes

Im letzten Abschnitt sind wir zu den ‚exakten' Ligandenfeldenergien gelangt, indem wir zuerst die Elektronenwechselwirkung und dann das Ligandenfeldpotential ‚einschalteten'. Wir wollen jetzt in umgekehrter Reihenfolge vorgehen. Das muß – vollständig durchgeführt – zum gleichen Endergebnis führen. Während wir im letzten Abschnitt ein einfaches Zwischenergebnis erhielten, das eine gute Näherung darstellt, sofern $\Delta \ll B$, erhalten wir jetzt als Zwischenergebnis eine gute Näherung für $\Delta \gg B$, d.h. für ‚starke' Felder.

Wir betrachten zunächst die Aufspaltung der Einelektronenniveaus und konstruieren daraus ‚Ligandenfeld-Unterkonfigurationen'

Die Grundkonfiguration ist offenbar t_{2g}^2, dann sind noch $t_{2g}e_g$ sowie e_g^2 zu betrachten.

Die Erwartungswerte von $\mathbf{V}_W = \mathbf{v}_W(1) + \mathbf{v}_W(2)$ zu diesen Funktionen kann man sofort angeben. Sie sind einfach die Summen der Beiträge der beiden Orbitale

$$
\begin{aligned}
t_{2g}^2 &: -\frac{2}{5}\Delta - \frac{2}{5}\Delta = -\frac{4}{5}\Delta \\
t_{2g}e_g &: -\frac{2}{5}\Delta + \frac{3}{5}\Delta = \frac{1}{5}\Delta \\
e_g^2 &: \frac{3}{5}\Delta + \frac{3}{5}\Delta = \frac{6}{5}\Delta
\end{aligned}
\tag{14.6–1}
$$

Zu jeder Ligandenfeld-Unterkonfiguration gibt es ähnlich wie zur Konfiguration eines Atoms mehrere Terme. Bedenken wir, daß z.B. die Produkte

$$t_{2g}^{(i)}(1) \cdot e_g^{(k)}(2)$$

eine reduzible Darstellung von O_h bilden, nämlich das direkte Produkt der irreduziblen Darstellungen t_{2g} und e_g. Dieses läßt sich zerlegen (vgl. Anhang A 2.8) in T_{1g} und T_{2g}. Die Zweielektronenfunktionen können sowohl symmetrisch als auch antisymmetrisch sein, so daß $^1T_{1g}$, $^3T_{1g}$, $^1T_{2g}$ und $^3T_{2g}$ vorkommen. Zur Kontrolle addieren wir die Dimensionen: $3 + 3 \cdot 3 + 3 + 3 \cdot 3 = 24$ = Zahl der Funktionen $= 6 \cdot 4$ = Zahl der Produkte von Spinorbitalen. Bei t_{2g}^2 und e_g^2 ist es nicht ganz so einfach. Die Zerlegung der direkten Produkte gibt:

$$
\begin{aligned}
t_{2g} \times t_{2g} &= A_{1g} + E_g + T_{1g} + T_{2g} \\
e_g \times e_g &= A_{1g} + A_{2g} + E_g
\end{aligned}
\tag{14.6–2}
$$

Bei gleichen Orbitalen treten nicht alle Komponenten der direkten Produkte als Singulett und Triplett, sondern einige als Singulett und einige als Triplett auf. Dies liegt am Pauli-Prinzip. Eine genauere Betrachtung analog zum Abzählschema für die atomare p^2-Konfiguration (vgl. 1.10.5) ergibt schließlich folgende Terme

$$
\begin{aligned}
t_{2g}^2 &: {}^3T_{1g},\ {}^1A_{1g},\ {}^1E_g,\ {}^1T_{2g} \\
t_{2g}e_g &: {}^1T_{1g},\ {}^3T_{1g},\ {}^1T_{2g},\ {}^3T_{2g} \\
e_g^2 &: {}^1A_{1g},\ {}^3A_{2g},\ {}^1E_g
\end{aligned}
$$

Die Grundkonfiguration ist t_{2g}^2. Wir suchen jetzt den Grundterm zu dieser Konfiguration. Er muß nach der Hundschen Regel derjenige höchster Spinmultiplizität sein, also $^3T_{1g}$. Den gleichen Grundterm erhielten wir auch in der Näherung des schwachen Feldes und in der strengen Behandlung. Um die Energien der Terme zu berechnen, müssen wir jetzt die Elektronenwechselwirkung erfassen. Dabei treten Integrale über die Funktionen t_{2g} etc. auf, z.B.

$$(t_{2g}\, t_{2g} | e_g\, e_g)$$

Diese kann man umrechnen auf Integrale über die ursprünglichen (komplexen) d-AO's und jene Integrale dann durch Slater-Condon- bzw. Racah-Parameter ausdrücken (vgl. I.10.6). Dann erhalten wir schließlich die Energien ausgedrückt durch A, B und C. Das Ergebnis ist in Tab. 25 zusammengestellt.

Tab. 25. Terme einer d^2-Konfiguration in der Näherung des starken Ligandenfeldes.

$^3T_{1g}$ (t_{2g}^2)	$A-5B$	$-8\,Dq$
$^1T_{2g}$ (t_{2g}^2)	$A+B+2C$	$-8\,Dq$
^1E_g (t_{2g}^2)	$A+B+2C$	$-8\,Dq$
$^1A_{1g}$ (t_{2g}^2)	$A+10B+5C$	$-8\,Dq$
$^3T_{1g}$ $(t_{2g}e_g)$	$A+4B$	$+2\,Dq$
$^3T_{2g}$ $(t_{2g}e_g)$	$A-8B$	$+2\,Dq$
$^1T_{1g}$ $(t_{2g}e_g)$	$A+4B+2C$	$+2\,Dq$
$^1T_{2g}$ $(t_{2g}e_g)$	$A+2C$	$+2\,Dq$
$^3A_{2g}$ (e_g^2)	$A-8B$	$+12\,Dq$
^1E_g (e_g^2)	$A+2C$	$+12\,Dq$
$^1A_{1g}$ (e_g^2)	$A+8B+4C$	$+12\,Dq$

Matrixelemente für die Konfigurationswechselwirkung

$^3T_{1g}$ $(t_{2g}^2/t_{2g}e_g)$	$-6\,B$
$^1A_{1g}$ (t_{2g}^2/e_g^2)	$\sqrt{6}\,(2B+C)$
^1E_g (t_{2g}^2/e_g^2)	$2\sqrt{3}\,B$
$^1T_{2g}$ $(t_{2g}^2/t_{2g}e_g)$	$-2\sqrt{3}\,B$

Der Vergleich von Tab. 24 (Energien in der Näherung des schwachen Feldes) und Tab. 25 (Näherung des starken Feldes) zeigt, daß für diejenigen Terme, die nur einmal auftreten ($^3A_{2g}$, $^3T_{2g}$ und $^1T_{1g}$), beide Näherungen das gleiche und damit bereits das ‚richtige' Ergebnis liefern. Bei mehrfach auftretenden Termen werden die Energieausdrücke erst dann gleich, wenn man ausgehend von der Näherung des schwachen Feldes die Termwechselwirkung, bzw. ausgehend von der Näherung des starken

Feldes die Konfigurationswechselwirkung berücksichtigt. Der $^3T_{1g}$-Term zur Konfiguration t_{2g}^2 ‚mischt' jetzt mit dem $^3T_{1g}$-Term zu $t_{2g}e_g$. Wir wollen diese Konfigurationswechselwirkung nicht explizit berücksichtigen, zumal wir dadurch kein neues Ergebnis erhalten, sondern genau den Energieausdruck (14.5–10). Offenbar ist die Näherung des starken Feldes dann eine gute Näherung, wenn die Ligandenfeldstärke Δ groß ist gegenüber der Termaufspaltung als Folge der Austauschwechselwirkung der Elektronen.

Im Grenzfall des schwachen Feldes kann man einen Term im Ligandenfeld kennzeichnen durch die Symmetrie im Ligandenfeld und den atomaren Term, aus dem er hervorgeht, etwa $^3T_{1g}/^3F$, im Grenzfall des starken Feldes durch die Symmetrie des Gesamtzustands und die Konfiguration im Ligandenfeld, etwa $^3T_{1g}(t_{2g}^2)$. In ‚mittleren' Feldern ist nur noch die Kennzeichnung als $^3T_{1g}$ gerechtfertigt.

Die Situation ist ähnlich wie in der Atomtheorie (I.11.3) bei der Behandlung der Spin-Bahn-Wechselwirkung, wo wir die Grenzfälle schwacher (Russell-Saunders- oder L-S-Kopplung) und starker Spin-Bahn-Wechselwirkung (j-j-Kopplung) unterschieden.

Wie schon angedeutet wurde, gibt es auch Terme, die sowohl im starken wie im schwachen Feld ‚richtig' sind, z.B.

$$^3A_{2g}/^3F = {}^3A_{2g}(e_g^2)$$

Bei d^8-Komplexen ist die Grundkonfiguration $t_{2g}^6 e_g^2$. Hierzu gehören nach dem Lückensatz die gleichen Terme wie zu e_g^2, nämlich $^3A_{2g}$, $^1A_{1g}$, ^1E_g, von denen $^3A_{2g}$ offensichtlich der Grundzustand ist. Er hat die Energie

$$A - 8B - \frac{6}{5}\Delta$$

sowohl in der Näherung des starken als auch der des schwachen Feldes. Diese angenehme Eigenschaft der Grundzustände von d^8-Komplexen, wie z.B. NiF_6^{4-}, macht diese zu bevorzugten Studienobjekten für jede Art von anspruchsvolleren Rechnungen (vgl. Abschn. 14.11).

14.7. Die nephelauxetische Reihe

In der Ligandenfeldtheorie von d^1- und d^9-Komplexen tritt als einziger Parameter die Ligandenfeldstärke Δ auf, in d^n-Komplexen mit $1 < n < 9$ spielen außerdem die Racah-Parameter B und C eine Rolle. (Der Racah-Parameter A geht in Energiedifferenzen von Zuständen einer Konfiguration nicht ein.) Im Prinzip könnte man B und C die Werte geben, die für die freien Ionen gelten. Es besteht aber kein Anlaß, in einem Komplex die gleichen Werte wie im freien Ion zu erwarten. Das Ligandenfeld deformiert sicher die AO's in irgendeiner Weise, die zu veränderten Werten von B und C führt. Im wesentlichen hat man mit zwei Effekten zu rechnen, die beide eine größere Ausdehnung der d-AO's und damit eine Verringerung von B und C zur Folge haben.

1. Elektronen von den Liganden werden partiell auf das Zentralatom überführt, dadurch wird dessen effektive Ladung erniedrigt. Folge: größere Ausdehnung der AO's.

2. Delokalisierung der *d*-AO's z.T. auf die Liganden.

Die Erniedrigung von B und C im Komplex vgl. mit den freien Ionen bezeichnet man als nephelauxetischen (Ladungswolken-vergrößernden) Effekt*).

Definiert man β als das Verhältnis B (komplexes Ion) zu B (freies Ion), so erhält man aus einer optimalen Anpassung der Spektren an die beiden Parameter Δ und β für β Werte < 1, und zwar nimmt β in folgender Reihenfolge ab:

$$F^- > H_2O > (NH_2)_2CO > NH_3 > C_2O_4^{2-} \approx NH_2(CH_2)_2NH_2 > \underline{N}CS^-$$

$$> Cl^- \sim CN^- > Br^- > (C_2H_5O)_2PS_2^- \approx S^{2-} \approx J^-$$

$$> (C_2H_5O)_2PSe_2^-$$

Wir erwähnen die etwas ungewöhnlichen Liganden Diäthyldithiophosphat und Diäthyldiselenophosphat, weil bei ihnen der nephelauxetische Effekt außerordentlich groß (d.h. β sehr klein) ist.

In Tab. 26 sind einige Werte von β zusammengestellt. Qualitativ kann man, ausgehend von der zu Beginn dieses Abschnitts erläuterten Erklärung des nephelauxetischen Effekts, sagen, daß ein kleines β einen stark kovalenten Anteil der Bindung bedeutet.

Tab. 26. Werte des nephelauxetischen Parameters β in Oktaederkomplexen*).

	F^-	H_2O	ur	NH_3	en	ox^{2-}	SCN^-	Cl^-	CN^-	Br^-
Mn^{2+}	–	0.93	–	–	0.88	–	–	–	–	–
Ni^{2+}	–	0.89	–	0.84	0.81	–	–	0.74	–	0.72
Fe^{3+}	0.79	0.76	0.72	–	–	0.69	–	–	–	–
Cr^{3+}	0.89	0.79	0.72	0.71	0.67	0.68	0.62	0.56	0.58	–
Co^{3+}	–	0.7	–	0.62	0.59	0.57	–	–	0.40	–
Rh^{3+}	–	0.73	–	0.60	0.59	–	–	0.49	–	0.40
Ir^{3+}	–	–	–	–	–	–	–	0.41	–	0.33

ur = Harnstoff, ox^{2-} = Oxalat, en = Äthylendiamin

Man erkennt, daß β um so kleiner ist, je kleiner die Elektronegativität der Liganden ist (vgl. Effekt 1).

Das Verhältnis C/B ändert man nicht, um nicht zu viel anpaßbare Parameter in der Theorie zu haben.

* C.E. Schäffer, C.K. Jørgensen, J. Inorg. Nucl. Chem. *8*, 143 (1958).

Vom Standpunkt der Theorie wäre zum nephelauxetischen Effekt noch folgendes zu sagen: Infolge des Einflusses der Liganden ist zu erwarten, daß e_g- und t_{2g}-Orbitale nicht einfach in gleicher Weise deformiert sind und daß sie nicht mehr die gleiche Radialabhängigkeit haben, so daß sie zusammen *nicht* eine d-Darstellung der Kugeldrehgruppe bilden. Berücksichtigen wir dies, verlassen wir allerdings den Boden des Ligandenfeldmodells. Dann lassen sich die Elektronenwechselwirkungsintegrale nicht mehr durch zwei Racah-Parameter B und C ausdrücken, sondern man braucht im Oktaederfeld 10 Parameter. Eine Theorie mit so vielen Parametern hat natürlich keinen Sinn, solange man diese Parameter nicht ab-initio berechnen kann, sondern sie durch Anpassung an experimentelle Daten gewinnen muß. Man muß deshalb mit zwei Parametern auszukommen versuchen, was in der Tat mit befriedigendem Erfolg gelingt.

14.8. Die Tanabe-Sugano-Diagramme. Komplexe mit hohem und niedrigem Spin

So wie bei den d^2-Komplexen und den aus diesen nach dem Lückensatz ableitbaren d^8-Komplexen kann man auch bei allen anderen d^n-Komplexen die möglichen Terme hinschreiben und ihre Energien in der Näherung des starken bzw. des schwachen Feldes sowie die im Rahmen der Ligandenfeldtheorie strengen Energien berechnen. Dies wurde für Oktaederkomplexe systematisch von Tanabe und Sugano*) durchgeführt, deren graphische Darstellungen der Energien in Einheiten von B als Funktion von $\frac{\Delta}{B}$ auf Abb. 93 wiedergegeben ist. In diesen Tanabe-Sugano-Diagrammen sind nicht die Energien selbst, sondern die Differenzen zur Energie des Grundzustands angegeben. Der Grundzustand entspricht also immer der x-Achse. Bei den d^4-, d^5-, d^6- und d^7-Komplexen tritt nun die eigenartige Erscheinung auf, daß bei einer bestimmten, ‚kritischen' Ligandenfeldstärke ein Zustand anderer Symmetrie der Grundzustand wird. Als Folge der Tanabe-Suganoschen Auftragung haben *scheinbar* an dieser Stelle die Energiekurven aller anderen Zustände einen Knick. Dieser ist aber, wie gesagt, nur scheinbar. Denn die Energien beziehen sich links und rechts von der kritischen Feldstärke auf einen anderen Term als Grundzustand.

Daß in den Grenzfällen des starken bzw. des schwachen Feldes tatsächlich verschiedene Grundzustände möglich sind, kann man sich anschaulich anhand von Abb. 94 klar machen. Besetzen wir einfach die fünf d-Niveaus – die im Ligandenfeld aufgespalten sind – der Reihe nach! Wenn die Aufspaltung sehr klein ist, verglichen mit der Austauschwechselwirkung der Elektronen (schwaches Feld), so wird der Grundzustand im wesentlichen durch die Hundsche Regel bestimmt, d.h. die ersten Elektronen ordnen sich parallel an, bis bei fünf Elektronen die maximale Spinmultiplizität $2 \cdot 5/2 + 1 = 6$ erreicht ist, erst dann werden bereits einfach besetzte Orbitale

---

* Y. Tanabe, S. Sugano, J. Phys. Soc. Japan *9*, 753 (1954). Die Fälle d^2 und d^3 wurden bereits von Hartmann u. Ilse (l.c.) bzw. Finkelstein u. van Vleck (l.c.) behandelt.

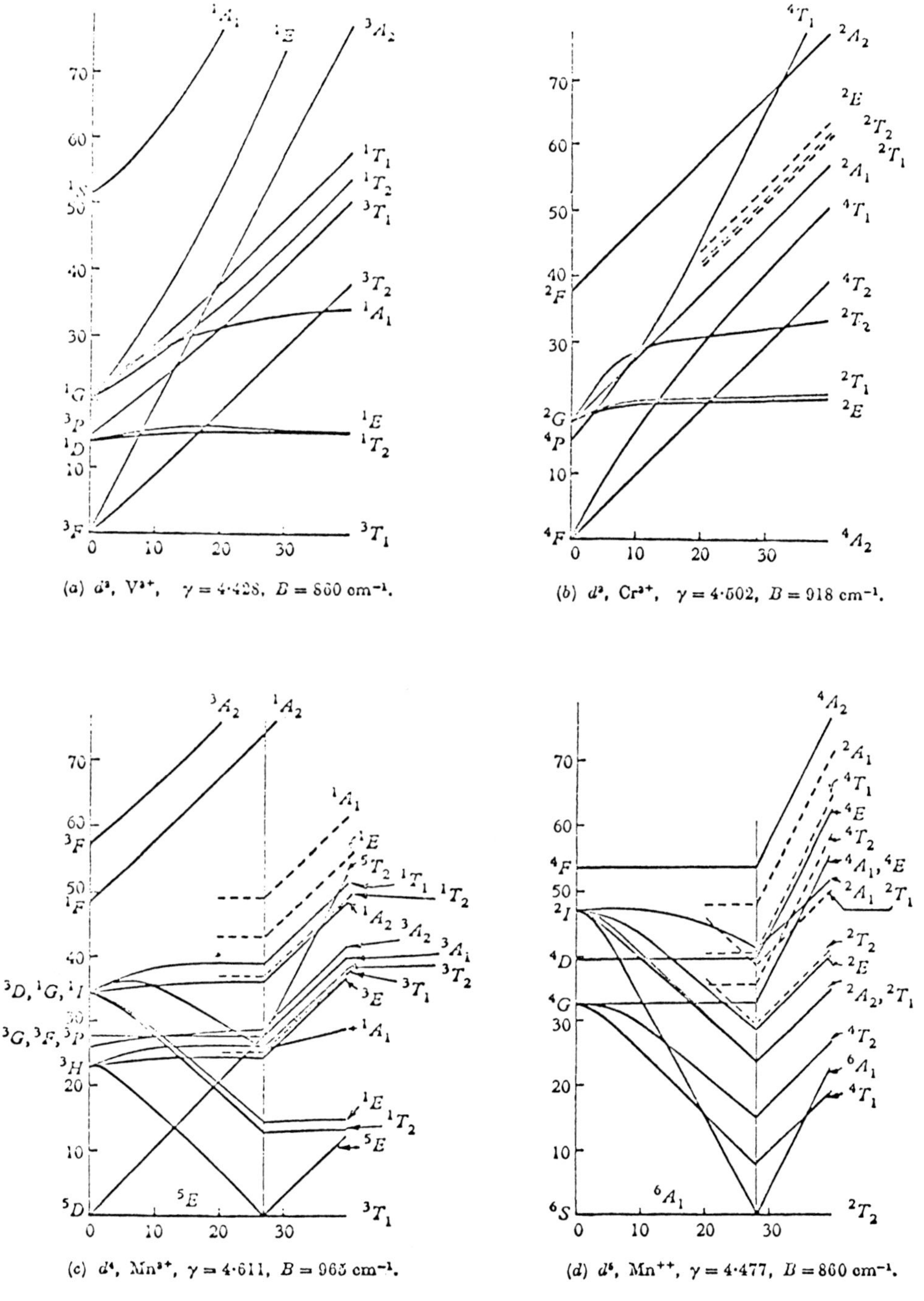

(a) d^2, V^{3+}, $\gamma = 4{\cdot}428$, $B = 860\ cm^{-1}$.

(b) d^3, Cr^{3+}, $\gamma = 4{\cdot}502$, $B = 918\ cm^{-1}$.

(c) d^4, Mn^{3+}, $\gamma = 4{\cdot}611$, $B = 965\ cm^{-1}$.

(d) d^5, Mn^{++}, $\gamma = 4{\cdot}477$, $B = 860\ cm^{-1}$.

Abb. 93. Tanabe-Sugano-Diagramme.

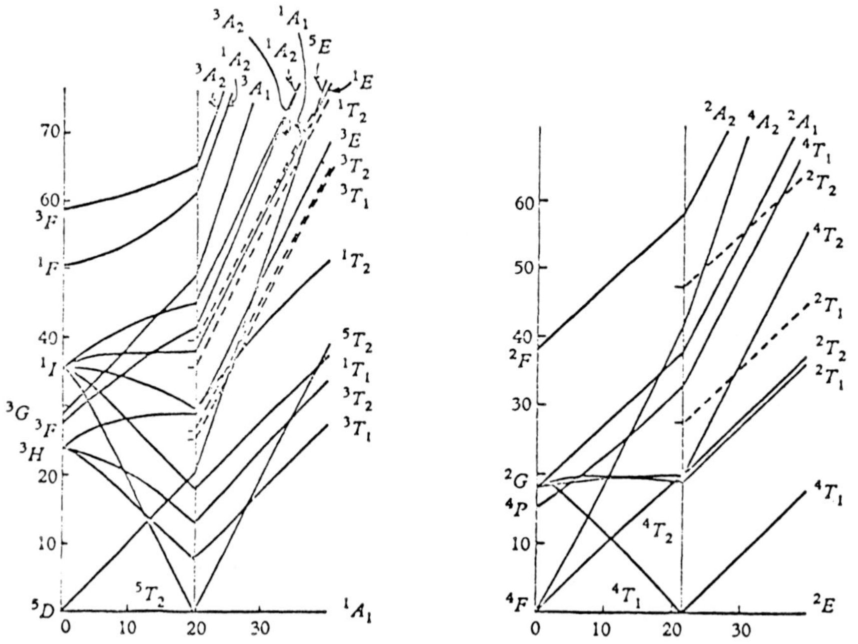

(e) d^6, Co^{3+}. $\gamma = 4{\cdot}808$, $B = 1{,}065\ cm^{-1}$.
(f) d^7, Co^{++}, $\gamma = 4{\cdot}633$, $B = 971\ cm^{-1}$.

Abb. 93. Tanabe-Sugano-Diagramme.

doppelt besetzt. Ist die Aufspaltung zwischen t_{2g} und e_g dagegen groß, verglichen mit der Austauschwechselwirkung der Elektronen, so ist das Aufbauprinzip maßgeblich, und es wird zuerst die t_{2g}-Schale voll besetzt, bevor ein e_g-Orbital in Anspruch genommen wird.

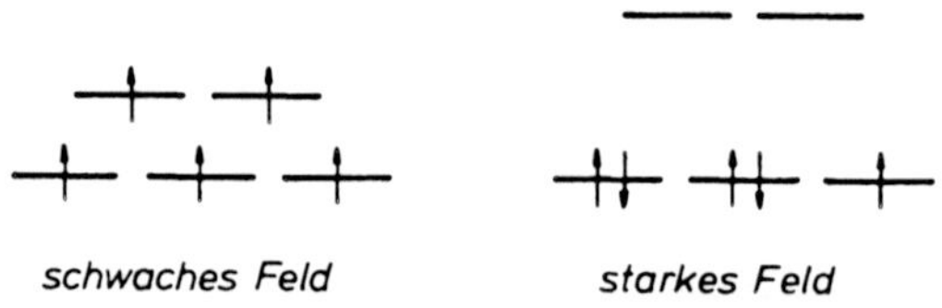

Abb. 94. Zur Erläuterung des Zustandekommens von low-spin- und high-spin-Komplexen.

Für d^1, d^2, d^3 führen beide ‚Besetzungsvorschriften' zum gleichen Ergebnis, ebenso für d^8 und d^9, nicht aber für d^4, d^5, d^6, d^7. Den Unterschied der Grundzustände im starken und schwachen Feld für d^4 bis d^7 erkennt man deutlich an der Gesamtspinquantenzahl S, die 2, 2.5, 2, 1.5 im schwachen Feld, dagegen 1, 0.5, 0, 0.5 im starken Feld ist. Deshalb bezeichnet man die entsprechenden Komplexe im schwachen Feld auch als Komplexe mit hohem Spin (high spin) und die im starken Feld als Komplexe mit niedrigem Spin (low spin). Der Gesamtspin S ist indirekt experimentell zugänglich, weil das magnetische Moment μ der Komplexe, das man messen kann, nach der sog. ‚spin-only' Formel

$$\mu = \sqrt{4S(S+1)}$$

mit dem Spin zusammenhängt. Die Theorie des magnetischen Moments von Komplexen ist recht kompliziert, da prinzipiell nicht nur der Spin, sondern auch der Bahndrehimpuls zum magnetischen Moment beiträgt (s. I.11.4). Infolge des Ligandenfeldes ist aber der Bahndrehimpuls nicht mehr frei einstellbar, so daß sein Beitrag zu μ praktisch vernachlässigt werden kann. Eine analoge Vorstellung ist auf die Komplexe der Seltenen Erden nicht anwendbar, wo das Ligandenfeld so schwach ist, daß praktisch die gleiche Formel für das magnetische Moment wie in isolierten Ionen gilt*). Der Unterschied zwischen dem Fall des schwachen und dem des starken Feldes ist besonders ausgeprägt bei d^6-Konfigurationen, die $S = 2$ gegenüber $S = 0$ bzw. $\mu \approx 5$ gegenüber $\mu = 0$ haben. (Ähnlich groß ist der Unterschied bei d^5). Nun bedeutet $\mu \neq 0$ Paramagnetismus und $\mu = 0$ Diamagnetismus.

Vom Experiment her war lange bekannt, daß es z.B. von Fe^{2+} oder Co^{3+} (beide d^6) sowohl diamagnetische als auch paramagnetische Komplexe gibt. An einer plausiblen Erklärung dafür fehlte es lange. Pauling führte den aus heutiger Sicht etwas künstlichen Unterschied zwischen Anlagerungs- und Durchdringungskomplexen ein. Er nahm rein elektrostatische Wechselwirkung bei ersteren und chemische Bindung (semipolarer Art mit geeigneten Hybriden des Zentralatoms, nämlich d^2sp^3 beim Oktaeder, dsp^2 beim Quadrat, sp^3 beim Tetraeder) bei letzteren an und konnte damit das Auftreten von high-spin und low-spin-Komplexen auf einen unterschiedlichen Bindungstyp zurückführen.

Im Rahmen der Ligandenfeldtheorie erklärt sich das Auftreten von magnetisch verschiedenartigen Komplexen ganz zwanglos.

Bei einer bestimmten ‚kritischen' Ligandenfeldstärke schneiden sich die Kurven der Energien der beiden konkurrierenden Zustände.

Beim Fe^{2+} (d^6) wissen wir z.B., daß $[FeF_6]^{4-}$ magnetisch ‚normal' ist ($^5T_{2g}$-Grundzustand), hier ist $\Delta = 13\,900\ \text{cm}^{-1}$, während z.B. $[Fe(CN)_6]^{4-}$ magnetisch ‚anomal' ist, weil $\Delta = 30\,000\ \text{cm}^{-1}$. Mit $B \approx 700\ \text{cm}^{-1}$ würde die kritische Feldstärke für Fe^{2+} (ähnlich Co^{3+}) bei etwa $14\,000\ \text{cm}^{-1}$ liegen, d.h. etwa beim Δ für NH_3. Für Co^{3+} sind wegen der wesentlich höheren Ligandenfeldstärke praktisch alle Komplexe vom low-spin-Typ. Auch die besondere Stabilität von Fe^{2+} bzw. Co^{3+} in low-spin-Komplexen (vgl. mit den entsprechenden high-spin-Komplexen des Fe^{3+} bzw. Co^{2+}) ist verständlich. Im starken Feld bilden d^6-Komplexe eine abgeschlossene Schale.

Die Tanabe-Sugano-Diagramme sind zwar für Oktaederkomplexe abgeleitet worden, aber man kann sie leicht auch auf Tetraederkomplexe anwenden. Hierzu muß man nur berücksichtigen, daß bei Tetraederkomplexen das Δ negativ ist und daß nach dem Lückensatz ein d^n-Komplex mit negativem Δ das gleiche Termschema wie ein d^{10-n}-Komplex mit positivem Δ hat. Das Termschema von Co^{2+}-Komplexen (d^7) im Tetraederfeld ist also gleich dem für d^3-Komplexe im Oktaederfeld.

Da die Ligandenfeldstärken bei Tetraederkomplexen dem Betrage nach nur etwa halb so groß wie bei Oktaederkomplexen sind, findet man praktisch nur high-spin-Tetraederkomplexe.

---

* F. Hund, Z. Phys. *33*, 855 (1925).

Bei der Betrachtung der Tanabe-Sugano-Diagramme für d^5-Komplexe fällt auf, daß alle Kurven an der Stelle $\Delta = 0$ eine horizontale Tangente haben. Dies ist nicht weiter verwunderlich, da nach dem Lückensatz die Energie eines d^5-Komplexes für $-\Delta$ die gleiche wie für Δ sein muß und die Energie eines Zustands eine stetige und differenzierte Funktion von Δ ist. Das bedeutet, daß im Grenzfall des schwachen Feldes bei d^5-Komplexen überhaupt keine Aufspaltung auftritt, sondern daß man diese erst durch Termwechselwirkung erfassen kann.

14.9. Der Modellcharakter der Ligandenfeldtheorie

Seit der grundlegenden Arbeit Bethes*) zur Kristallfeldtheorie spielen zwei Aspekte dieser Theorie eine Rolle

1. die Beschreibung des Einflusses der Liganden bzw. des Kristalls auf das betrachtete Übergangsmetall-Ion durch ein elektrostatisches Potential $\mathbf{v}(r)$: Elektrostatisches Kristallfeldmodell

2. die Zurückführung der Energiezustände des betrachteten Ions mittels der Gruppentheorie und der Slaterschen Atomtheorie (Zentralfeldnäherung) auf die Ligandenfeldparameter Δ (im Oktaederfeld) und die Racah-Parameter B, C (die im Komplex anders sein dürfen als im freien Ion): Formale Ligandenfeldtheorie.

Diese beiden Aspekte sind, wie nicht immer deutlich genug betont wird, völlig unabhängig voneinander. Während das elektrostatische Kristallfeldmodell nur historisches Interesse beanspruchen kann, ist die formale Ligandenfeldtheorie nach wie vor *die* Theorie zur Beschreibung der Übergangsmetallkomplexe. Gerade wegen der Bedeutung dieser Theorie müssen wir aber ihre Grenzen erkennen und zu verstehen versuchen, was sie eigentlich bedeutet. Die Ligandenfeldtheorie stellt nämlich ein in sich konsistentes Modell dar, ist aber keine Methode zur Lösung der Schrödinger-Gleichung für Übergangsmetallkomplexe.

Die Annahmen, die diesem Modell zugrunde liegen, sind im wesentlichen:

1. Bei den verschiedenen Zuständen eines Komplexes, die wir betrachten, können sowohl der ‚Rumpf' des Zentralatoms als auch die Liganden als unveränderlich angesehen werden, und man kann sich auf eine Diskussion der Elektronen beschränken, die im freien Ion d-AO's einnehmen würden bzw. im Komplex d-ähnliche AO's (t_{2g} und e_g im Oktaederfeld). Für diese n ‚d-Elektronen' einer d^n-Konfiguration existiert ein effektiver Hamilton-Operator (im Feld von Rumpf und Liganden)

$$\mathbf{H}(1, 2 \ldots, n) = \sum_{\nu=1}^{n} \mathbf{h}(\nu) + \sum_{\nu<\mu=1}^{n} \frac{1}{r_{\mu\nu}}$$

der aber nicht explizit gegeben ist, sondern nur in Form der Matrixelemente

$$h_{ij} = (d_i, \mathbf{h}\, d_j)$$

* H.A. Bethe, l.c.

des Einteilchenoperators, sowie der Racah-Parameter, A, B, C, auf die sich die Matrixelemente

$$(d_i d_j | d_k d_l)$$

zurückführen lassen. Da nicht Absolutenergien, sondern nur Energiedifferenzen interessieren, treten Beiträge, die allen h_{ii} bzw. allen $(d_i d_i | d_k d_k)$ gemeinsam sind, in der Theorie nicht auf und sind deshalb bedeutungslos, so daß nur die Matrixelemente des winkelabhängigen Teils von $\mathbf{h}(\nu)$ d.h.

$$V_{ij} = (d_i, \mathbf{v}_W \, d_j)$$

und von den Racah-Parametern nur B und C in der Theorie vorkommen. Von den V_{ij} sind nur so viele voneinander unabhängig, wie in Tab. 20 angegeben, so daß für d-Elektronen in O_h-Symmetrie ein Parameter zur Charakterisierung des Ligandenfeldes ausreicht.

2. Wie in der Rückführung der Zweielektronenintegrale auf drei Racah-Parameter bereits zum Ausdruck kommt, wird unterstellt, daß die betrachteten AO's ‚genügend' d-ähnlich sind, so daß alle $(d_i d_j | d_k d_l)$ durch drei Parameter A, B, C ausgedrückt werden können und nicht z.B. durch 10 unabhängige Parameter, wie es im Oktaederfall für beliebige e_g- und t_{2g}-Orbitale der Fall wäre.

3. Elektronenzustände unseres n-Elektronensystems (in einem effektiven Feld) werden durch eine einzige d^n-Konfiguration beschrieben. Konfigurationswechselwirkung wird nur zwischen Starkfeld-Unterkonfigurationen (etwa t_{2g}^2 und $t_{2g}e_g$) zugelassen. Es wird aber nicht z.B. die Wechselwirkung von $3d^3$ mit $3d^2 4s$ oder dgl. betrachtet. Dies ist eine ganz wesentliche Einschränkung, dennoch ist diese sinnvoll, weil sie völlig analog zur Slaterschen Atomtheorie ist, in der auch jeder Zustand durch eine einzige Konfiguration beschrieben wird und in der die erforderlichen Slater-Condon- bzw. Racah-Parameter empirisch so bestimmt werden, daß beste Übereinstimmung zwischen Theorie und Experiment besteht. Die Fehler, die in dieser Einkonfigurationsnäherung notwendigerweise stecken, werden z.T. (aber nur z.T.) durch die semiempirische Wahl der Elektronenwechselwirkungsparameter kompensiert. So gesehen, ist die Ligandenfeldtheorie eine logische Erweiterung der Slaterschen Atomtheorie, sie kann folglich kaum besser als letztere, vermutlich aber auch nicht viel schlechter sein.

Eine Erweiterung der Ligandenfeldtheorie auf f^n- oder gemischte $d^n f^m$-Konfigurationen bereitet keine grundsätzlichen Schwierigkeiten, ebensowenig die Einbeziehung der Spin-Bahn-Wechselwirkung. Letztere wird, ähnlich wie in der Atomtheorie (vgl. 1.11), durch einen Parameter ξ gekennzeichnet. Bei Berücksichtigung der Spin-Bahn-Wechselwirkung ist zur Kennzeichnung der möglichen Grenzfälle (starkes, schwaches Feld) die Relation von Δ, B und ξ zu betrachten. Bethe*) sprach ursprünglich vom schwachen Feld, wenn sowohl Δ als auch B klein gegenüber ξ ist, d.h. wenn das Termschema in erster Näherung durch die Spin-Bahn-

* H.A. Bethe, l.c.

Wechselwirkung bestimmt wird, während Δ und B für eine zusätzliche Struktur sorgen. Dieser Grenzfall ist zu erwarten, wenn für die freien Ionen die *j-j*-Kopplung gilt und Δ genügend klein ist. Tatsächlich ist dieser Grenzfall bei den Komplexen der Seltenen Erden und Aktiniden recht gut verwirklicht, weshalb man auch vom Kopplungsschema für Seltene Erden spricht. Was Bethe als den Grenzfall des ‚mittleren' Feldes bezeichnete, nämlich daß $B \gg \Delta \gg \xi$, nennt man heute meist den Grenzfall des schwachen Feldes. Wir folgen diesem Sprachgebrauch.

Die Grenzen der ‚formalen' Ligandenfeldtheorie liegen einmal an ihrem Modellcharakter, zum anderen darin, daß sie die Parameter Δ und B als gegeben nimmt, aber nichts über ihre Herkunft sagen kann. Das elektrostatische Kristallfeldmodell, das ursprünglich dazu eingeführt wurde, einen Zugang zu expliziten Werten von Δ zu ermöglichen, versagt, wie wir heute wissen, weitgehend. Zufällige Übereinstimmungen mit Punktladungsmodellen täuschten lange über den wahren Sachverhalt hinweg. Hier hilft im Prinzip die MO-Theorie weiter. Auch die Beschränkung auf die Terme einer einzigen d^n-Konfiguration ist eine Einschränkung, die im Rahmen der MO-Theorie überwunden werden kann. Die Spektren von Komplexen enthalten nämlich nicht nur Banden, die Übergängen innerhalb der d^n-Konfiguration zuzuordnen sind, sondern auch noch (meist bei kleineren Wellenlängen) sog. ‚charge-transfer'-Banden, die wesentlich intensiver sind, die aber im Rahmen der Ligendenfeldtheorie ‚nicht existieren'. Zu d^0-Komplexen wie MnO_4^- kann die Ligandenfeldtheorie überhaupt nichts sagen, weil bei diesen gar keine besetzten d-Niveaus vorliegen (s. Abschn. 14.17).

14.10. LCAO–MO's eines Oktaederkomplexes

Wir haben bisher noch nichts darüber gesagt, wie die Bindung in Komplexen zustandekommt, wir haben nur angedeutet, daß das elektrostatische Modell für quantitative Aussagen ungeeignet ist. Im Grunde ist ein Komplex als ein Molekül abzusehen, und es liegt eigentlich nahe, Komplexe mit dem gleichen Formalismus zu beschreiben, den wir auch sonst für Moleküle verwendet haben. Das heißt, man sollte auch Komplexe nach der MO-Theorie beschreiben. Wenn wir diesen naheliegenden Weg erst nach einer Besprechung der formalen Ligandenfeldtheorie begehen, so geschieht das, wie wir sehen werden, nicht ohne Grund. Die MO-Theorie der Komplexe erweist sich nämlich mehr als eine Ergänzung zur Ligandenfeldtheorie als eine eigenständige und in sich abgeschlossene Theorie der Komplexe.

Wie können wir die MO-Theorie auf Komplexe anwenden? Wir beziehen uns zunächst nicht auf die ab-initio-Version der MO-Theorie, bei der die Wellenfunktion als Slater-Determinante aus MO's aufgebaut wird, sondern wir benutzen die formal einfachste Variante der MO-Theorie, nämlich eine Einelektronentheorie etwa von der Art der Hückel-Näherung, bei der die Gesamtenergie als eine Summe von Einelektronenenergien dargestellt wird und bei der die MO's Linearkombinationen der AO's der beteiligten Atome sind.

Im Rahmen einer Einelektronen-MO-Theorie geht man bekanntlich davon aus, daß aus den AO-Energien α_1 und α_2 zweier sich überlappender AO's verschiedener Atome als Folge der Interferenz die MO-Energien ϵ_1 und ϵ_2 werden, etwa im Sinne des folgenden Schemas

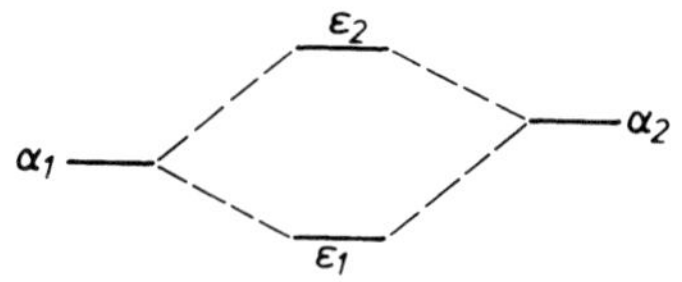

Im Falle einer ‚normalen' kovalenten Bindung steuert jeder der Partner ein Elektron bei, und diese beiden Elektronen besetzen das Energieniveau ϵ_1. Die Bindungsenergie in dieser Näherung ist

$$\Delta E = 2\epsilon_1 - \alpha_1 - \alpha_2$$

Bindung ist auch möglich, wenn ein Partner zwei, der andere kein Elektron zur Verfügung stellt. Man spricht dann von semipolarer Bindung, und die Bindungsenergie ist

$$\Delta E = 2\epsilon_1 - 2\alpha_2$$

wenn der Partner 2 die Elektronen zur Verfügung stellt, d.h. wenn vor der Bindung das AO mit der Energie α_2 doppelt besetzt, das mit der Energie α_1 unbesetzt war.

Wenn sowohl α_1 als auch α_2 doppelt besetzt sind, führt die Wechselwirkung der beiden AO's nicht zu einer Bindung, weil

$$\Delta E = 2\epsilon_1 + 2\epsilon_2 - 2\alpha_1 - 2\alpha_2 \approx 0$$

Eine genauere Diskussion der Wechselwirkungsenergie ergibt,daß sogar Abstoßung auftreten sollte. Ebenso tritt keine Bindung auf, wenn beide AO's unbesetzt sind.

Betrachten wir nun die Möglichkeiten für eine chemische Bindung zwischen AO's des Zentralatoms und AO's oder MO's der Liganden. Typische Liganden z.B. Cl^-, H_2O, CN^- befinden sich in abgeschlossen-schaligen Zuständen, d.h. ihre Elektronen befinden sich in doppelter Besetzung in tiefliegenden Niveaus. Es ist also nur eine semipolare Bindung mit den Liganden als Elektronendonoren möglich, durch Interferenz von (doppelt besetzten) MO's der einsamen Elektronenpaare der Liganden mit unbesetzten AO's des Zentralatoms. Als unbesetzte AO's des Zentralatoms kommen bei den Elementen der ersten Übergangsperiode vor allem unbesetzte $3d$-AO's in Frage, außerdem auch die energetisch ähnlich liegenden $4s$-AO's sowie die energetisch höherliegenden, aber recht gut überlappenden $4p$-AO's.

Bevor wir die Wechselwirkung zwischen besetzten MO's der Liganden und unbesetzten AO's des Zentralatoms formal diskutieren, konstruieren wir zunächst, analog zu Kap. 13, symmetrieadaptierte AO's des Zentralatoms sowie symmetrieadaptierte MO's der Liganden.

Wir beschränken uns zunächst auf solche AO's der Liganden, die σ-Symmetrie haben, d.h. die rotationssymmetrisch um die Verbindungslinie Zentralatom-Ligand sind. Die

Gesamtheit der σ-AO's der Liganden bildet eine reduzible Darstellung der Symmetriegruppe, und in Tab. 8 Nr. 7 (S. 168) ist angegeben, welche irreduziblen Darstellungen in dieser reduziblen Darstellung enthalten sind. Im Falle von Oktaeder-Koordination und O_h-Symmetrie sind die irreduziblen Darstellungen

$$a_{1g}, e_g, t_{1u}$$

d.h. man kann aus den σ-AO's solche Linearkombinationen bilden, die zu a_{1g}, e_g, t_{1u} gehören. Diese Linearkombinationen sind

$$a_{1g}: \frac{1}{\sqrt{6}} \{\sigma_1 + \sigma_2 + \sigma_3 + \sigma_4 + \sigma_5 + \sigma_6\}$$

$$e_g: \frac{1}{2}\{\sigma_1 - \sigma_2 + \sigma_3 - \sigma_4\}$$

$$\frac{1}{2\sqrt{3}} \{2\sigma_5 + 2\sigma_6 - \sigma_1 - \sigma_2 - \sigma_3 - \sigma_4\}$$

$$t_{1u}: \frac{1}{\sqrt{2}} \{\sigma_1 - \sigma_3\}$$

$$\frac{1}{\sqrt{2}} \{\sigma_2 - \sigma_4\}$$

$$\frac{1}{\sqrt{2}} \{\sigma_5 - \sigma_6\}$$

wobei vorausgesetzt wurde, daß die Liganden wie auf Abb. 95 numeriert sind.

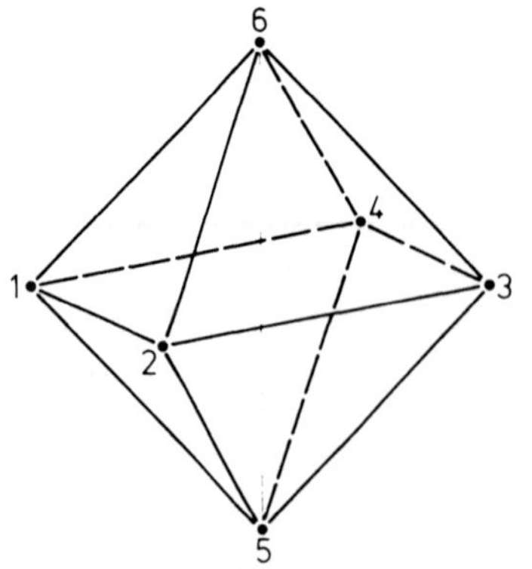

Abb. 95. Numerierung der Liganden in einem Oktaederkomplex.

Diese Symmetrie-AO's sind sämtlich doppelt besetzt. Wir suchen jetzt nach unbesetzten (oder teilweise besetzten) AO's der gleichen Symmetrie des Zentralatoms.

Tab. 19 sagt uns, daß das *d*-AO in e_g und t_{2g} aufspaltet. Offenbar kann nur e_g mit einem entsprechenden Symmetrie-AO der Liganden in Wechselwirkung treten, da t_{2g} bei den Liganden nicht vorkommt.

Ein *s*-AO des Zentralatoms transformiert sich wie a_{1g} und ein *p*-AO wie t_{1u}, beide können also mit den σ-AO's der Liganden wechselwirken. Weil aber die Energie der σ-AO's tiefer liegt als die der entsprechenden AO's des Zentralatoms, sind diese MO's im Komplex im wesentlichen an den Liganden lokalisiert.

Um etwa den Betrag, um den das e_g-Niveau der Liganden gesenkt wird, wird das e_g-Niveau zu 3*d* des Zentralatoms angehoben. Es ist im Komplex auch etwas delokalisiert, aber doch weitgehend noch als ein 3*d*-AO anzusprechen.

Wenn wir jetzt die zur Verfügung stehenden Elektronen auf die MO's des Komplexes verteilen, gehen die von den Liganden stammenden 12 Elektronen in die tiefsten MO's e_g, a_{1g}, t_{1u}, die auch im Komplex noch im wesentlichen an den Liganden lokalisiert sind. Die Elektronen aus den *d*-AO's des Zentralatoms besetzen auch im Komplex MO's, die im wesentlichen atomaren *d*-AO's entsprechen (t_{2g} und e_g).

Die Bindung im Komplex kommt in dieser Näherung dadurch zustande, daß die Energien der Liganden-AO's durch Delokalisierung auf das Zentralatom abgesenkt werden. Die Elektronen im t_{2g}-MO tragen zur Bindung nicht bei, und Elektronen im e_g-MO aus 3*d* schwächen die Bindung.

Bei Komplexen von Ionen der höheren Perioden ist natürlich sinngemäß 3*d*, 4*s*, 4*p* durch 4*d*, 5*s*, 5*p* etc. zu ersetzen.

Wichtig ist, daß die MO-Theorie eine Begründung dafür gibt, daß das t_{2g}-MO aus 3*d* tiefer liegt als das entsprechende e_g-Niveau und daß die Ligandenfeldstärke Δ, die Differenz zwischen 3*d*-artigen e_g- und t_{2g}-Niveaus, offenbar unmittelbar mit der Überlappung zwischen *d*-AO's und Liganden-AO's zusammenhängt.

Bei einer analogen MO-theoretischen Beschreibung von Tetraederkomplexen findet man bei diesen,daß *e* tiefer liegt als t_2. Auch die Beziehung $\Delta_{\text{Tetraeder}} = -\frac{4}{9}\,\Delta_{\text{Oktaeder}}$ läßt sich MO-theoretisch ableiten*).

14.11. Vergleich MO-Theorie der Komplexe – Ligandenfeldtheorie

Vielfach wurde die Frage diskutiert, ob die MO-Theorie oder die Ligandenfeldtheorie die bessere Theorie für die Komplexverbindungen der Übergangsmetallionen sei. Diese Frage ist eigentlich falsch gestellt, es sei denn, man interpretiert die Ligandenfeldtheorie im eingeschränkten Sinn des elektrostatischen Modells, d.h. als Kristallfeldtheorie. Dann lautet die Frage sinngemäß:
Ist die Ligandenfeldstärke Δ, d.h. die Aufspaltung zwischen t_{2g} und e_g-Orbital im Oktaederfeld, elektrostatisch zu erklären oder auf eine Überlappung der AO's von Zentral-Ion und Liganden zurückzuführen? Die Antwort muß zunächst lauten, daß das elektrostatische Modell sicher unzureichend ist.

Der erste Versuch zu einer elektrostatischen Berechnung von Δ, am Beispiel $[Cr(H_2O)_6]^{3+}$, stammt wahrscheinlich von van Vleck**). Er approximierte jedes H_2O durch einen punktförmigen Dipol (dessen negatives Ende auf das Cr zeigt)

* H.H. Schmidtke, Z. Naturforsch. *19a*, 1502 (1964).

** J.H. van Vleck, J. Chem. Phys. 7, 72 (1939) [s. auch D. Polder, Physica *9*, 709 (1942)].

und erhielt für Δ nicht nur das richtige Vorzeichen, sondern auch fast den experimentellen Wert. Kleiner*) verfeinerte die elektrostatische Rechnung, indem er mit einer realistischen Elektronendichteverteilung des H_2O statt einem Punktdipol rechnete. Dabei ergab sich ein Δ mit dem ,falschen' Vorzeichen. Philips**) zeigte dann, daß man wieder das richtige Vorzeichen und recht gute Übereinstimmung mit dem Experiment erhält, wenn man zusätzlich die 3*d*-AO's des Zentralatoms zu den MO's der Liganden orthogonalisiert.

Aber die Gültigkeit dieses Ergebnisses wurde durch Freeman und Watson***) in Frage gestellt, die zeigten, daß allen scheinbar erfolgreichen elektrostatischen Berechnungen der Ligandenfeldstärke unrealistische 3*d*-AO's zugrundeliegen und daß mit realistischen *d*-Funktionen alle Übereinstimmung verlorengeht.

Insgesamt besteht wohl heute kein Zweifel daran, daß gute Ergebnisse des elektrostatischen Modells nur zufälliger Natur sind. Nach dieser herben Kritik am elektrostatischen Modell muß man fairerweise sagen, daß auch die MO-Theorie nicht ohne große Mühe in der Lage ist, numerische Werte von Δ vorherzusagen. Geht man von einem Einelektronen-MO-Schema aus, wie wir es im vorigen Abschnitt verwendeten, und versucht man, dieses quantitativ zu formulieren, so ist man gezwungen, für die Nichtdiagonalelemente $H_{\mu\nu}$ des Einelektronen-Hamilton-Operators bestimmte Näherungsannahmen zu machen, z.B. die Wolfsberg-Helmholtz-Näherung (vgl. Abschnitt 6.1)

$$H_{\mu\nu} \approx k \cdot S_{\mu\nu} \cdot (H_{\mu\mu} + H_{\nu\nu})$$

Die Konstante k ist semiempirisch anzupassen, und man kann sie natürlich so wählen, daß Δ ,richtig' herauskommt. Darüber, wie gut die Einelektronen-MO-Näherung zur Beschreibung der Komplexe ist, gewinnt man so keine Auskunft. Immerhin wurden in jüngerer Zeit einige Versuche unternommen, die Ligandenfeldstärke Δ in bestimmten Fällen im Rahmen einer vollständigen ab-initio-MO-theoretischen Behandlung zu berechnen[1),2),3)], wobei als Beispiel vielfach das $[NiF_6]^{4-}$ diente. Eine gute Übereinstimmung zwischen Theorie und Experiment in der ersten derartigen Arbeit[1)] beruhte auf unzulässigen Näherungsannahmen, worauf vor allem Watson und Freeman hinweisen[2)].

---

* W.H. Kleiner, J. Chem. Phys. *20*, 1784 (1952).

** J.C. Philips, J. Phys. Chem. Solids *11*, 226 (1959)

*** A.J. Freeman, R.E. Watson, Phys. Rev. *120*, 1254 (1960).

1) S. Sugano, R.G. Shulman, Phys. Rev. *130*, 517 (1963).

2) R.E. Watson, A.J. Freeman, Phys. Rev. *134*, A 1526 (1964).

3) u.a. P.O. Offenhartz, J. Chem. Phys. *47*, 2951 (1967), J. Am. Chem. Soc. *91*, 5699 (1969), *92*, 2599 (1970); J.W. Richardson, D.M. Vaught, T.F. Soules, R.R. Powell, J.Chem. Phys. *50*, 3633 (1969); H.M. Gladney, A. Veillard, Phys. Rev. *180*, 385 (1969); C. Hollister, J.W. Moskowitz, H. Basch, Chem. Phys. Letters *3*, 185 (1969); J.W. Moskowitz, C. Hollister, C.J. Hornback, H. Basch, J. Chem. Phys. *53*, 2570 (1970); A.J.H. Wachters, W. Nieuwpoort, Int. J. Quant. Chem. *5*, 391 (1971); J. Demuynck, A. Veillard, U. Wahlgren, J. Am. Chem. Soc. *95*, 5563 (1973) und dort zitierte Arbeiten.

Spätere Untersuchungen verschiedener Autoren*) machten die Schwierigkeiten einer ab-initio-Berechnung eines Moleküls mit einer so großen Anzahl von Elektronen deutlich. Wir wollen diese Schwierigkeiten und Wege zu ihrer Überwindung hier nicht diskutieren. Für uns genügt die Feststellung, daß es im Prinzip möglich ist, aus einem ab-initio-Ansatz die Ligandenfeldstärke Δ zu berechnen. Derartige Untersuchungen sind nützlich, soweit sie in einer quantitativen Weise deutlich machen, welche Ursache die Aufspaltung der *d*-AO's im Ligandenfeld hat. Davon abgesehen ist eine Berechnung von Δ uninteressant, da man es viel einfacher aus den Spektren erhält. Die Fragestellung bei ab-initio-Rechnungen besteht sinnvoller darin, unmittelbar die Energien des Grundzustandes und verschiedener angeregter Zustände und damit die Spektren zu berechnen, vor allem dort, wo die Ligandenfeldtheorie versagt (z.B. bei den charge-transfer-Spektren (vgl. Abschn. 14.17)), als zu versuchen, die strenge Theorie in die Zwangsjacke des Ligandenfeld-Modells zu zwängen. Die heutige Tendenz geht in diese sinnvollere Richtung**).

Halten wir fest: solange wir die MO-Theorie (in ihrer vereinfachten semiempirischen oder in ihrer strengen ab-initio-Version) dazu benutzen, die Ligandenfeldstärke Δ auszurechnen, und für alles weitere den Formalismus der Ligandenfeldtheorie benutzen, ist die MO-Theorie eine Ergänzung und keine Alternative zur Ligandenfeldtheorie. Für den Formalismus, der wesentlich auf der Gruppentheorie und der Slaterschen Atomtheorie aufbaut, ist es im Grunde gleichgültig, wie Δ zustandegekommen ist. Hinzufügen muß man allerdings, daß die MO-Beschreibung anders als das elektrostatische Modell auch den nephelauxetischen Effekt, d.h. die Erniedrigung der Racah-Parameter B und C im Komplex, verglichen mit den isolierten Ionen, zumindest qualitativ verständlich macht. Daß man für eine MO-Konfiguration im Oktaederfeld streng genommen 10 statt 2 Racah-Parameter braucht, ist eine Schwierigkeit, die man umgehen muß, indem man so etwas wie zwei ‚effektive' Racah-Parameter einführt.

Soviel wäre zu sagen, wenn man die MO-Theorie sozusagen nur zur Erklärung der Ligandenfeldaufspaltung heranzieht. Etwas anders sieht die Situation aus, wenn man Komplexe rein im Rahmen der MO-Theorie, ohne Benutzung des Formalismus der Ligandenfeldtheorie beschreiben will.

Hier muß man zwei Schwierigkeiten deutlich sehen. Zum einen wissen wir, daß eine Einelektronentheorie nur für unpolare Moleküle bzw. unter der Voraussetzung, daß keine interatomaren Ladungsverschiebungen auftreten, zu rechtfertigen ist. In Komplexen ist nun die Bindung im wesentlichen semipolar und folglich mit einer deutlichen Ladungsverschiebung verbunden. Korrekterweise muß man auch noch die Änderung der intraatomaren Elektronenabstoßung und die Wechselwirkung der effektiven Ladungen berücksichtigen. Auf die Bedeutung dieser letzteren Wechselwirkung hat insbesondere Jørgensen***) hingewiesen, der sie als Madelung-Energie bezeichnete. Die Änderung der intraatomaren Elektronenabstoßung ist aber sicher

* ref. 3) von voriger Seite.

** S. z.B. A. Veillard: ‚Calculation of Transition Metal Compounds' in Modern Theoretical Chemistry (H.F. Schaefer III ed.). Plenum, New York 1977 und G. Berthier, Adv. Quant. Chem. *8*, 183 (1974).

*** C.K. Jørgensen, S.M. Horner, W.E. Hatfield, S.Y. Tyree jr., Int. J. Quant. Chem. *1*, 191 (1967).

nicht weniger wichtig. Während diese erste Schwierigkeit nur für eine Einelektronen-MO-Theorie gilt und bei einer ab-initio-MO-Rechnung nicht besteht, gilt die folgende zweite Bemerkung sowohl für eine strenge als auch eine genäherte MO-Theorie. Im Rahmen der MO-Theorie setzt man ja die Gültigkeit des Aufbauprinzips voraus, d.h. man unterstellt, daß man die Grundkonfiguration erhält, indem man der Reihe nach die tiefsten MO's mit Elektronen besetzt. Wie wir wissen, ist dies aber nur im Grenzfall des starken Feldes zulässig, wenn der Energieunterschied zwischen t_{2g} und e_g groß ist, verglichen mit der Austauschwechselwirkung der Elektronen. Die MO-Theorie ist offenbar nicht in der Lage, Komplexe im schwachen Feld zu beschreiben, außer natürlich für diejenigen Zustände, für die man in der Näherung des starken wie der des schwachen Feldes das gleiche Ergebnis erhält, etwa den $^3A_{2g}$-Grundzustand von Ni^{2+}.

In anderen Fällen von Termen im schwachen Feld muß man über die MO-Näherung, d.h. die Beschreibung durch eine einzige Slater-Determinante, hinausgehen und einen Konfigurationswechselwirkungsansatz wählen. Das sei am Beispiel eines d^6-Komplexes (z.B. $[FeF_6]^{2-}$) erläutert.

Die MO-Konfiguration des Grundzustandes im Sinne des Aufbauprinzips ist $1a_{1g}^2$ $1e_g{}^4$ $1t_{1u}^6$ $1t_{2g}^6$, und zu dieser Konfiguration gehört offensichtlich nur der Term $^1A_{1g}$. Nun sind aber die Konfigurationen $1a_{1g}^2$ $1e_g^4$ $1t_{1u}^6$ $1t_{2g}^{6-x}$ $2e_g^x$ in der Einelektronenenergie nicht sehr verschieden, da die Orbitalenergien von $1t_{2g}$ und $2e_g$ dicht beisammen liegen (sie sind ja im Grenzfall verschwindenden Feldes entartet). Das bedeutet aber, das Aufbauprinzip gilt nicht mehr uneingeschränkt, und die Konfiguration mit der niedrigsten Einelektronenenergie ist nicht notwendigerweise die Grundkonfiguration, weil bestimmte Terme (hier $^5T_{2g}$) zu einer formal angeregten Konfiguration (hier $1a_{1g}^2$ $1e_g^4$ $1t_{1u}^6$ $1t_{2g}^4$ $2e_g^2$) eine geringere Elektronenwechselwirkung haben. Man muß also im Prinzip sämtliche Konfigurationen ... $1t_{2g}^{6-x}$ $2e_g^x$ mit beliebigem ganzzahligen x in Betracht ziehen, hieraus die möglichen Energieterme konstruieren und die Wellenfunktion als Linearkombination aller möglichen Termfunktionen ansetzen, was überaus mühsam sein kann. Lediglich im Falle eines sehr starken Feldes, d.h. bei einem großen energetischen Abstand zwischen $1t_{2g}$ und $2e_g$, kann man damit rechnen, daß die im Sinne des Aufbauprinzips stabilste Konfiguration tatsächlich die Grundkonfiguration ist, und es kann dann evtl. eine Beschreibung des Zustandes durch eine Slater-Determinante eine brauchbare Näherung sein.

Heute ist es vielfach üblich, die alte, auf einem elektrostatischen Modell basierende Ligandenfeldtheorie als Kristallfeldtheorie zu bezeichnen und die Kombination des Formalismus der ‚Kristallfeldtheorie' mit dem der MO-Theorie als ‚Ligandenfeldtheorie'*). Nur im Fall sehr starker Wechselwirkung zwischen Liganden und d-Orbitalen des Zentralatoms ist eine Anwendung der MO-Theorie allein ausreichend. Mit Beispielen dafür werden wir im folgenden Abschnitt zu tun haben.

* Es gibt auch die Möglichkeit, einen Formalismus einzuführen, der der Ligandenfeldtheorie äquivalent ist, bei dem aber die Matrixelemente des Ligandenfeldpotentials auf Größen zurückgeführt werden, die mit der Überlappung der Radialfunktionen von Liganden und Zentralatom-AO zusammenhängen. Auf dieses sog. ‚Angular Overlap-Modell' können wir hier nicht eingehen [C.E. Schäffer, C.K. Jørgensen, Mol. Phys. *9*, 401 (1965)].

14.12. Zur Frage lokalisierter Metall-Ligand-Bindungen

In Kap. 10 haben wir ausführlich die Voraussetzungen diskutiert, unter denen eine Transformation der besetzten kanonischen MO's auf lokalisierte MO's möglich ist. Das dort Gesagte gilt im Grunde auch für Komplexe.

Im Falle eines oktaederförmigen AB_6-Komplexes ist eine Transformation zu sechs in den AB-Bindungen lokalisierten MO's möglich, wenn *3d*-, *4s*- und *4p*-Orbitale in gleichem Maße binden, d.h. wenn die Koeffizienten dieser drei AO's in den entsprechenden MO's $1e_g$, $1a_{1g}$, $1t_{1u}$ etwa gleich groß sind. Die lokalisierten MO's lassen sich dann als Linearkombinationen eines σ-AO's der betreffenden Liganden und eines d^2sp^3-Hybrid-AO's des Zentralatoms darstellen. (Man erkennt am Schema in Tab. 9, daß in der Tat nur zwei *d*-AO's, nämlich d_{z^2} und $d_{x^2-y^2}$, für die Bindung in Frage kommen.) Die an der Bindung nicht beteiligten *d*-Elektronen befinden sich im nichtbindenden Orbital t_{2g}, das praktisch ein ungestörtes *d*-AO des Zentralatoms ist. Der Zusammenhang zur Paulingschen Theorie der Durchdringungskomplexe wird hier deutlich. Der Unterschied besteht in zweierlei

1. Während Pauling die d^2sp^3-Hybridisierung ad-hoc postulieren mußte, ergibt sie sich bei der MO-Theorie unter bestimmten Voraussetzungen, aber nicht notwendigerweise, als ein Nebenprodukt.

2. Während bei Pauling die Bindungen als rein kovalent (unpolar) angesetzt wurden, können sie im Rahmen der MO-Theorie beliebige Polarität haben, und zwar werden i.allg. die Koeffizienten der Liganden-AO's in den MO's viel größer sein als die der Zentralatom-AO's. So wird nämlich eine übermäßige Ladungsverschiebung von den Liganden auf das Zentralatom vermieden.

Kimball hat in seiner schon mehrfach zitierten Arbeit*) über die gruppentheoretischen Kriterien für das Auftreten lokalisierter Bindungen insbesondere die Frage diskutiert, für welche Geometrien bei Komplexen lokalisierte Bindungen möglich sind. Wir werden hierauf in Abschn. 14.14 zurückkommen.

14.13. Komplexe mit besonders hoher Ligandenfeldstärke. ‚Rückbindung' und 18-Valenzelektronenregel. Die Metallcarbonyle

Die Bindungen in Komplexen sind, wie schon gesagt wurde, semipolar, wobei das Metall als Elektronenakzeptor, die Liganden als Elektronendonoren fungieren. In der Paulingschen Näherung werden in Oktaederkomplexen sechs Elektronen übertragen, in Wirklichkeit sind es etwas weniger, etwa halb soviel, so daß in ‚normalen' Komplexen, in denen das Zentral-Ion eine Oxidationszahl 2 oder 3 hat, dieses effektiv nahezu ungeladen ist. Die Bindung sollte um so stärker sein, je bessere Elektronendonoren die Liganden sind, allerdings gibt es hier eine Grenze als Folge der mäßigen Akzeptoreigenschaft der Zentral-Ionen. Eine Möglichkeit zur Ausbildung stärkerer Bindungen besteht bei Zentral-Ionen mit hoher Oxidationszahl, denn solche sind natürlich wesentlich bessere Elektronenakzeptoren. Darauf kommen wir in Abschn. 14.16 zurück.

*) G.E. Kimball, l.c.

Wir wollen zunächst einen anderen Mechanismus besprechen, der zu besonders festen Bindungen und damit zu einer großen Ligandenfeldstärke führt, und zwar hat dieser mit einer Mitbeteiligung der π-AO's der Liganden zu tun.

Wir haben bisher die π-AO's der Liganden unberücksichtigt gelassen. In einem Oktaederkomplex kann man aus ihnen (vgl. Tab. 8 Nr. 7) Symmetrie-AO's der Rassen t_{1g}, t_{1u}, t_{2g} und t_{2u} konstruieren. Die zu t_{2g} gehörenden Linearkombinationen können mit *d*-AO's der gleichen Symmetrie zu MO's kombinieren. Da die Liganden-MO's alle doppelt besetzt sind, kann eine Wechselwirkung mit den AO's des Zentralatoms nur zu einer weiteren Ladungsverschiebung von den Liganden zum Zentralatom führen. Das ist aber energetisch ungünstig und deshalb ohne Bedeutung. Anders ist es, wenn die Liganden tiefliegende *un*besetzte π-MO's haben. Wenn diese mit den *d*-AO's zu MO's kombinieren, besteht die Möglichkeit der Elektronenübertragung vom Zentralatom auf die Liganden. Das ist günstig, weil dann die Liganden gleichzeitig eine Elektronendonor-σ-Bindung und eine Elektronenakzeptor-π-Bindung zum Zentralatom ausbilden können, ohne daß insgesamt $(\sigma + \pi)$ eine nennenswerte Ladungsverschiebung auftritt.

Solche σ- und π-Bindungen entgegengesetzter Polarität verstärken einander, wie wir schon bei den Elektronenüberschußverbindungen gesehen haben. Man spricht hier vielfach von ‚Rückbindung'. Beispiele von zur Rückbindung geeigneten Liganden sind CO, CN^-, RNC, PF_3 u.a. Der wichtigste und interessanteste Vertreter ist aber zweifellos das CO. Wie wir bei der Besprechung der zweiatomigen Moleküle gesehen haben, besitzt CO in der Tat ein tiefliegendes unbesetztes LCAO-MO, nämlich das antibindende π^*-MO. Die t_{2g}-MO's des Komplexes sind jetzt zu schreiben als Linearkombinationen von *d*-AO's des Zentralatoms von t_{2g}-Symmetrie und von entsprechenden Symmetrie-AO's, gebildet aus den π^*-MO's der CO-Liganden. Das führt zu einer Stabilisierung des t_{2g}-Niveaus, das jetzt nicht mehr nichtbindend ist, sondern bindend wird. Die vom Zentralatom übertragene Ladung geht in die antibindenden MO's der CO-Liganden. Das bedeutet aber auch eine Schwächung der CO-Bindung, die man in der Tat beobachtet.

Typische Metallcarbonyle sind $Ni(CO)_4$, $Fe(CO)_5$, $Cr(CO)_6$. An diesen fällt unter anderem auf, daß sie der sog. 18-Valenzelektronenregel gehorchen. So hat z.B. Ni^0 10 Valenzelektronen, jede der vier CO-Gruppen steuert zwei Valenzelektronen bei, so daß sich insgesamt 18 ergibt. Das nächste Atom der entsprechenden Konfiguration ist das Edelgas Krypton, so daß es so aussieht, als gelte die Regel, daß jedes Atom bestrebt ist, die Elektronenkonfiguration des nächsten Edelgases einzunehmen, auch hier. Bezüglich dieser Edelgasregel oder 18-Valenzelektronenregel kann man allerdings die Komplexe in drei Klassen einteilen*).

1. Diejenigen, die der Regel überhaupt nicht gehorchen.

2. Diejenigen, bei denen 18 Valenzelektronen eine obere Schranke darstellen, die aber nicht erreicht werden muß.

3. Diejenigen, die der Regel streng gehorchen.

---

* S. z.B. P.R. Mitchell, R.V. Parish, J. Chem. Educ. *46*, 811 (1969). Es sei auch erwähnt, daß bei planaren Molekülen (wo p_z sich nicht beteiligt) aus der 18-Valenzelektronenregel eine 16-Valenzelektronenregel wird.

Zur ersten Klasse gehören vor allem die Komplexe mit schwachem Ligandenfeld, bei denen im Fall von Oktaederkoordination sowohl das $1t_{2g}$- als das $2e_g$-Niveau praktisch nichtbindend sind und bei denen es für die Bindungsfestigkeit keinen Unterschied macht, wieviel d-AO's besetzt sind.

Zur zweiten Klasse rechnen Komplexe mit großer Ligandenfeldstärke, aber ohne nennenswerte Rückbindung. Bei diesen (wieder im Oktaederfeld) ist das $2e_g$-Niveau deutlich antibindend. Es ist der Stabilität abträglich, wenn es besetzt wird, deshalb werden nicht mehr als sechs d-Elektronen benötigt, bzw. wenn mehr da sind, wird die Koordinationszahl und damit die Zahl der von den Liganden beigesteuerten Elektronen erniedrigt.

Zur dritten Klasse muß man schließlich die Komplexe mit starker Rückbindung rechnen. Bei diesen ist das $2t_{2g}$-Orbital deutlich bindend. Es ist jetzt der Stabilität abträglich, wenn es nicht voll, d.h. genau mit sechs Elektronen, besetzt wird. Das Cr^0 hat genau sechs Valenzelektronen, es ist deshalb in der ersten Periode von Übergangselementen das einzige, das genau sechs CO-Moleküle bindet. Beim Fe^0 mit acht Valenzelektronen muß die Koordinationszahl auf 5 erniedrigt werden.

Bei den Übergangsmetallkomplexen mit starker Rückbindung wird die Koordinationszahl und damit auch die Geometrie im wesentlichen durch die 18-Valenzelektronenregel bestimmt. Die Tendenz zur Befolgung dieser Regel ist bei den Carbonylen so stark, daß solche mit einer ungeraden Anzahl von d-Elektronen am Zentralatom, wie Co und Mn, dimerisieren. Wir kommen hierauf am Ende dieses Abschnitts zurück.

Auffällig ist, daß bei den Komplexen mit starker Rückbindung die Oxidationszahl des Zentralatoms i.allg. sehr klein ist, oft gleich 0 wie bei $Ni(CO)_4$ oder $[Ni(CN)_4]^{4-}$ oder gleich -1 wie im $[Co(CO)_4]^-$. Das ist nicht so überraschend, wenn man bedenkt, daß die Rückbindung mit einer Ladungsübertragung auf die Liganden verbunden ist und somit formal negative Ladungen am Zentralatom stabilisiert.

Die neutralen Carbonyle, wie $Ni(CO)_4$, sind meist farblose Flüssigkeiten. Farblos sind sie, weil die Ligandenfeldstärke so groß ist, daß der langwelligste Ligandenfeldübergang im ultravioletten Spektralbereich liegt. Daß sie Flüssigkeiten sind, weist darauf hin, daß es sich um nahezu kugelförmige Moleküle ohne ausgeprägte zwischenmolekulare Kräfte handelt.

In Chemielehrbüchern wird vielfach die Frage diskutiert, welche Strukturformel für die Carbonyle am angemessensten ist. Im Sinne der Vorstellung, daß die Bindungselektronen von den Liganden kommen, hat man die Strukturformel des Nickeltetracarbonyls (als Projektion in die Ebene, das Molekül hat ja Tetraederstruktur) lange Zeit so geschrieben:

$$\begin{array}{c} O \\ \parallel \\ C \\ \uparrow \\ O \equiv C \rightarrow Ni \leftarrow C \equiv O \\ \uparrow \\ C \\ \parallel \\ O \end{array}$$

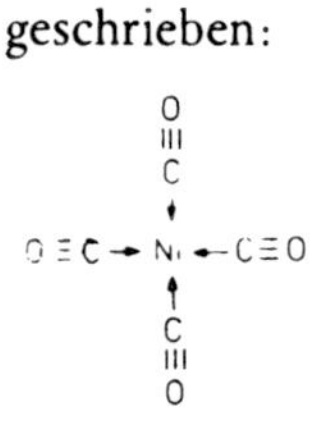

Bei dieser Formulierung wird natürlich die Rückbindung nicht ausgedrückt. Diese läßt sich aber, wie wir schon beim SO_4^{2-} sahen, nur schwer durch Valenzstriche symbolisieren. Das liegt daran, daß die MO's der Ni-C-π-Bindungen sich – im Gegensatz zu denen der σ-Bindungen – nicht auf äquivalente, je in einer Bindung lokalisierte Orbitale transformieren lassen.

Das wäre nur der Fall, wenn alle zwischen C und O antibindenden π^*-MO's der Liganden an der Bindung beteiligt wären, anders gesagt, wenn jeder symmetrieadaptierten Linearkombination der π^*-MO's der CO-Moleküle, nämlich e, t_2, t_1, ein AO der gleichen Symmetrie am Zentralatom entsprechen würde. Vom Zentralatom stehen aber nur e und t_2 zur Verfügung. Folglich befinden sich $2(2 + 3) = 10$ Elektronen in NiC π-bindenden MO's. 10 Elektronen auf 4 Bindungen aufgeteilt, ergibt 2.5 Elektronen je NiC Bindung. Wären die t_1-Orbitale auch bindend, hätten wir 16 π-Elektronen in bindenden Orbitalen, d. h. 4 π-Elektronen pro Bindung. Dann wäre jede NiC Bindung eine Dreifachbindung. Ähnlich wie bei den früher besprochenen Elektronenüberschußverbindungen mit Tetraederstruktur liegen hier partielle Dreifachbindungen vor. Eine Formulierung des Moleküls durch Doppelbindungen, wie sie in letzter Zeit wieder Mode wurde, etwa gemäß

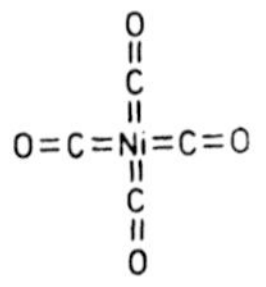

wird verschiedenerlei Tatsachen nicht gerecht, nämlich

1. daß an jeder Ni–C-Bindung nicht ein π-Orbital, sondern zwei zueinander senkrechte π-Orbitale beteiligt sind,

2. daß die Bindungen nicht lokalisierbar sind,

3. daß die CO-Bindung nur partiell geschwächt wird, aber immer noch näher einer Dreifach- als einer Doppelbindung ist.

Betrachten wir statt des $Ni(CO)_4$ das $Cr(CO)_6$, so ist die Argumentation analog. Den Liganden-π^*-MO's entsprechen die Symmetrie-AO's t_{1g}, t_{1u}, t_{2g}, t_{2u}. Vom Zentralatom stehen aber a priori nur t_{2g} und e_g zur Verfügung, davon wird e_g bereits für die σ-Bindungen gebraucht, so daß effektiv nur t_{2g} π-bindend ist. Also haben wir nur 6 Elektronen in π-bindenden MO's, pro Bindung macht das 1 Elektron, verglichen mit 2.5 bei Tetraederkomplexen. Eine Formulierung durch Cr–C-Doppelbindungen ist hier noch weniger gerechtfertigt. In Tetraederkomplexen ist die Rückbindung offenbar in stärkerem Maße möglich als in Oktaederkomplexen.

Ein CO-Molekül kann statt einer semipolaren Bindung mit einem Zentralatom zwei normale kovalente Bindungen mit zwei Metallatomen eingehen, etwa wie in den Ketonen R_2CO. Damit kann es als Brücke zwischen zwei Übergangsmetallatomen dienen und die Ausbildung mehrkerniger Komplexe ermöglichen. Es sind aber auch mehrkernige Komplexe mit direkten Metall-Metall-Bindungen möglich. Bei den drei zweikernigen Komplexen $Fe_2(CO)_9$, $Co_2(CO)_8$ und $Mn_2(CO)_{10}$ nimmt man folgende Strukturen an

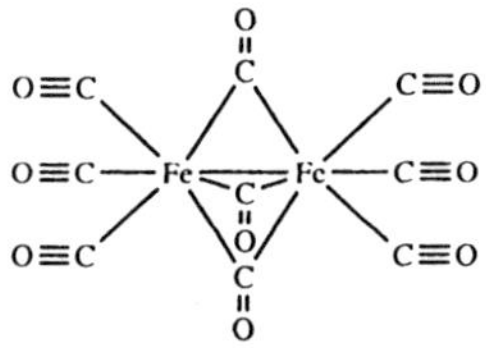

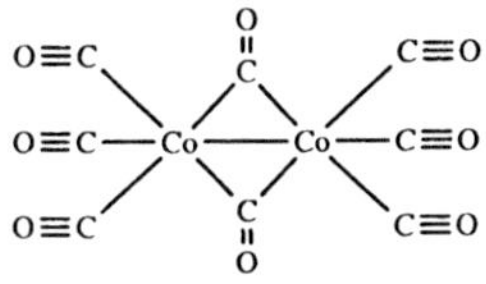

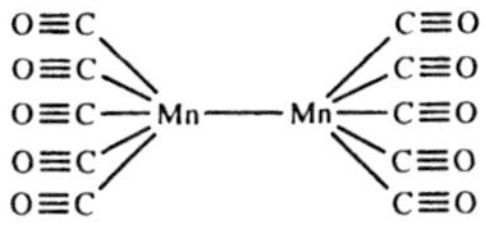

es ist also sowohl Bindung über CO-Brücken als auch über direkte Metallbindung und sogar beides gleichzeitig möglich. Da Brücken-CO-Moleküle nahezu reine C=O-Doppelbindungen haben, sind sie von den echten CO-Liganden mit nahezu Dreifachbindungen im IR-Spektrum zu unterscheiden.

Grundsätzlich könnte |C≡O| noch in einer anderen Weise als Ligand fungieren, indem nicht das einsame Elektronenpaar am C, sondern ein π-MO als Elektronendonor für die semipolare Metall-Ligand-Bindung fungiert. Das antibindende π^*-MO kommt auch bei dieser Art der ‚π-Komplexbindung' für die Rückbindung infrage.

σ-Komplex π-Komplex

Vom C≡O sind zwar keine einkernigen π-Komplexe bekannt, weil das einsame Elektronenpaar (*n*) am C ein besserer Donor (leichter zu ionisieren) ist und weil wahrscheinlich auch die Rückbindung beim σ-Komplex effektiver ist. Moleküle, die mit dem C≡O isoelektronisch sind, aber kein *n*-Elektronenpaar am C haben, wie R–C≡N oder R–C≡C–R, bilden mit Übergangsmetall-Ionen π-Komplexe.

Das mit dem C≡O isoelektronische N_2 ist in viel geringerem Maße bereit, als Ligand in Komplexen zu fungieren. Ein Grund für diese geringere Bereitschaft liegt wahrscheinlich in der geringeren Elektronendonoreigenschaft des *n*-Paares am N. (Während sich z.B. CO an BH_3 unter Bildung von $H_3B–C≡O$ anlagert, ist die entsprechende Verbindung $H_3B–N_2$ nicht bekannt.) (Nach Rechnungen von Peyerimhoff et al.*) beträgt die Protonenaffinität des CO ca. 145 kcal/mol (für Protonierung am C) diejenige des N_2 ca. 125 kcal/mol, demgemäß ist HCO^+ relativ zu CO stabiler als HN_2^+ relativ zu N_2.) In den Carbonylkomplexen wird Ladung vom *n*-Orbital des CO zum Zentralatom und Ladung vom Zentralatom in die π^*-MO's des CO übertragen, der ‚Valenzzustand' des CO in den Carbonylen liegt deshalb gewissermaßen zwischen dem Grundzustand und dem n-π-angeregten Zustand des CO. Die erste n-π^*-Anregungsenergie des CO ist ≈ 6 eV, diejenige des N_2 7.3 eV, während die erste π-π^*-Anregungsenergie, die ein Maß für die Bereitschaft zur Ausbildung von π-Komplexen darstellt, beim CO 7–8 eV und beim N_2 6–8 eV beträgt**). Man sollte also erwarten, daß N_2 weniger leicht als CO σ-Komplexe aber leichter π-Komplexe bildet. Tatsächlich finden sich unter den wenigen inzwischen bekannten N_2-Komplexen sowohl solche mit π- als mit σ-Bindung***).

Es sind auch Komplexe von NO und O_2 bekannt. NO hat ein Elektron mehr als CO, deshalb gehorcht das dem $[Co(CO)_4]^-$ isoelektronische $Co(CO)_3NO$ der 18-Valenzelektronenregel. O_2 ist noch weniger als N_2 zur Ausbildung von σ-Komplexen geeignet, zum einen wegen der größeren Elektronegativität von O und des höheren Ionisationpotentials für ein *n*-Elektron, zum anderen, weil die für die Rückbindung wichtigen π-MO's z.T. besetzt sind. Ein Beispiel für einen O_2-Komplex ist das $[Cr(O_2)_4]^{3-}$, in dem jedes O_2 geometrisch so angeordnet ist, wie man das für eine π-Bindung erwartet, d.h. beide O-Atome gleichweit von Cr entfernt.

Außer dem bereits erwähnten Acetylen bilden auch andere organische π-Elektronensysteme π-Komplexe mit Übergangsmetall-Ionen, wie Äthylen, Butadien, das Allylradikal und eine Reihe von cyclischen π-Systemen, wie Benzol und Cyclopentadienyl. Wir wollen uns mit diesen letzteren Liganden, die zu einem neuen Bindungstyp Anlaß geben, in Abschn. 14.16 befassen.

14.14. Koordinationszahlen und Geometrien von MX_m-Komplexen

Bisher haben wir als gegeben vorausgesetzt, daß ein Komplex MX_m eine bestimmte Geometrie hat, und wir haben nicht danach gefragt, wie diese Geometrie zustande kommt, warum sie gegenüber einer anderen Geometrie mit der gleichen Koordinationszahl oder einer anderen Koordinationszahl energetisch bevorzugt ist. Auf diese Frage können wir jedoch mit Hilfe der MO-Theorie eine recht allgemeine Antwort erhalten.

Wir gehen zunächst davon aus, daß ein Übergangsmetall-Ion maximal neun AO's für die Bindung zur Verfügung stellen kann, nämlich fünf *d*-AO's, ein *s*-AO und drei *p*-AO's. Ebensoviele, d.h. neun bindende MO's sind möglich. Wir unterstellen jetzt, daß die Bindung am günstigsten ist, wenn alle bindenden MO's doppelt besetzt sind und alle nichtbindenden oder antibindenden MO's unbesetzt sind. Jeder Ligand stellt zwei Elektronen für eine semipolare σ-Bindung zur Verfügung, das macht $2m$ Elek-

---

* K. Vasudevan, S.D. Peyerimhoff, R.J. Buenker, Chem. Phys. *5*, 149 (1974); P.J. Bruna, S.D. Peyerimhoff, R.J. Buenker, Chem. Phys. *10*, 323 (1975).

** L.E. Orgell, l.c.

*** S. z.B. J.E. Bercaw et al., J. Am. Chem. Soc. *96*, 612 (1974).

tronen, außerdem hat das Zentral-Ion mit einer d^n-Konfiguration n Elektronen, so daß insgesamt $2m + n$ Elektronen unterzubringen sind. (Wir sprechen jetzt auch von d^n, wenn die wirkliche Konfiguration des isolierten Zentralatoms z.B. $3d^{n-2}4s^2$ ist, denn es kommt nur auf die Zahl der Elektronen an.) Die größte Koordinationszahl, nämlich $m = 9$ ist bei d^0-Komplexen möglich, dann sind $2m = 18$ Elektronen in 9 bindenden MO's unterzubringen. In d^1- oder d^2-Komplexen steht ein d-AO, weil es besetzt ist, gewissermaßen nicht zur Verfügung, so daß die Maximalzahl bindender MO's nur mehr 8 ist, entsprechend ist die maximale Koordinationszahl m_{max} nur mehr 8. Entsprechend ist $m_{max} = 7$ bei d^3- oder d^4-Komplexen, bzw. allgemein gilt nach dieser Überlegung für MX_m-Komplexe mit d^n-Konfiguration des Zentral-Ions

$$m_{max} = 9 - \left[\frac{n}{2}\right]$$

$$\text{wobei} \qquad \left[\frac{n}{2}\right] = \begin{cases} \dfrac{n}{2} & \text{für } n \text{ gerade} \\[2ex] \dfrac{n+1}{2} & \text{für } n \text{ ungerade} \end{cases}$$

oder in Tabellenform

n	0	1,2	3,4	5,6	7,8	9,10
m_{max}	9	8	7	6	5	4

Zu dieser allgemeinen Aussage sind natürlich noch einige Bemerkungen zu machen.

1. Unsere Überlegung gilt nur, wenn die Bindung durch die einfache MO-Theorie beschrieben werden kann, d.h. wenn Überlappung und Interferenz von AO's wichtiger sind als elektrostatische Wechselwirkungen. Wir haben u.a. unterstellt, daß antibindende MO's nicht eingenommen werden, weil das energetisch ungünstig wäre.

Unter genau der gleichen Voraussetzung haben wir im vorigen Abschnitt die sog. 18-Valenzelektronenregel abgeleitet. Das bedeutet, daß für diejenigen Komplexe (hohe Ligandenfeldstärke, deutliche Rückbindung), für die die 18-Valenzelektronenregel streng gilt, auch unsere Beziehung zwischen n und m_{max} in der Weise gilt, daß m_{max} in der Tat eingenommen wird. Für Komplexe, bei denen die 18-Valenzelektronenregel nur eine obere Schranke darstellt (hohe Ligandenfeldstärke, aber keine nennenswerte Rückbindung), sollte m_{max} eine obere Grenze für die Koordinationszahl darstellen, die Koordinationszahl kann auch kleiner sein. Wo die 18-Valenzelektronenregel nicht gilt (d.h. bei kleiner Ligandenfeldstärke, weitgehend ionogenen Komplexen), kann m_{max} auch überschritten werden.

2. Die Koordinationszahl wird nicht nur durch die MO-Energien, sondern auch durch sterische Effekte beschränkt. Bei großen Liganden und kleinen Zentral-Ionen kann die maximale Koordinationszahl durch das Verhältnis der Ionenradien bestimmt

sein. Anders gesagt, können dann die Liganden nicht genügend nahe an das Zentral-Ion kommen, was für eine gute Überlappung nötig wäre, ohne gleichzeitig eine starke abstoßende Wechselwirkung mit den anderen Liganden zu haben.

Dieser sterische Effekt ist offenbar verantwortlich dafür, daß bei den Komplexen der ersten Übergangsmetallperiode (kleine Ionenradien) im Gegensatz zu denen der höheren Perioden Koordinationszahlen größer als 6 anscheinend nicht vorkommen.

Ferner kann man so vielleicht erklären, wieso Komplexe mit hoher Oxidationszahl des Zentralatoms (z.B. $KMnO_4$) oft erstaunlich niedrige Koordinationszahlen haben.

3. Die Tatsache, daß 9 bzw. $9 - \left.\frac{n}{2}\right]$ AO's des Zentralatoms für eine Bindung zur Verfügung stehen, bedeutet a priori nicht ohne weiteres, daß auch so viele bindende MO's konstruiert werden. Dies hängt sehr wohl von der Geometrie ab, z.B. kann man bei einem d^{10}-Komplex bei quadratischer Anordnung der Liganden nur 3 bindende MO's aus den zur Verfügung stehenden AO's von Zentralatom und Liganden aufbauen, bei tetraedrischer Koordination dagegen 4. Es ist aber offenbar für jedes n möglich, eine solche Geometrie zu finden (manchmal mehrere), bei der die Maximalzahl bindender MO's auch verwirklicht ist*).

Trotz dieser einschränkenden Bemerkungen ist unsere Aussage über den Zusammenhang zwischen n und m_{max} recht gut erfüllt.

Höhere Koordinationszahlen als 9 sind bei Übergangsmetallkomplexen bisher anscheinend nicht beobachtet worden, auch $m = 9$ ist selten und nur bei d^0-Komplexen verwirklicht. Eines der seltenen Beispiele ist das $[ReH_9]^{2-}$.

Die Koordinationszahl 8 ist häufiger und bei d^0, d^1 und d^2-Komplexen anzutreffen. Es überrascht auf den ersten Blick, daß die höchstsymmetrische Anordnung, nämlich die eines Würfels (Symmetriegruppe O_h), nicht vorkommt, sondern daß entweder das quadratische Antiprisma (D_{4d}) oder das Dodekaeder (D_{2d}) vorliegt (s. Abb. 96). Warum das so ist, hat Kimball*) bereits 1940 erklärt. Sowohl beim Antiprisma als auch beim Dodekaeder lassen sich acht bindende MO's konstruieren, beim Würfel dagegen nur sieben.

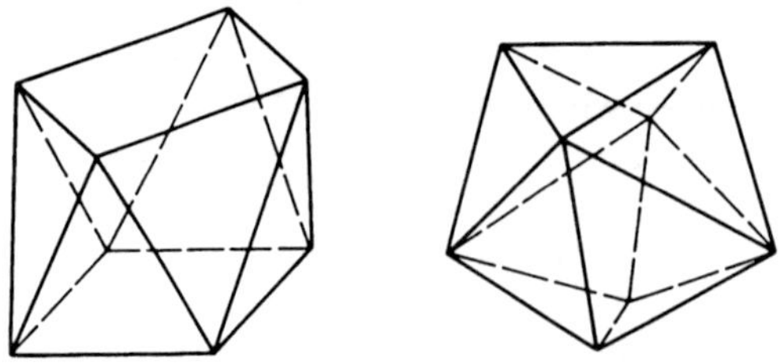

a) b)

Abb. 96. Antiprisma (a) und Dodekaeder (b).

Ein klassisches Beispiel eines MX_8-Komplexes mit Dodekaederstruktur ist das $Mo(CN)_8^{4-}$ (als K-Salz im Kristall) mit d^2-Konfiguration. Antiprismatische Struktur hat z.B. der d^1-Komplex $[ReF_8]^{2-}$ oder der d^0-Komplex $[TaF_8]^{3-}$.

* G.E. Kimball, l.c.

Komplexe mit der Koordinationszahl 7 sind ebenfalls nicht allzu selten, treten aber, wie erwartet, nur bei d^n-Komplexen mit $d \leqslant 4$ auf. Auf die möglichen Strukturen, von denen zumindest zwei konkurrieren, die notwendigerweise relativ unsymmetrisch sind, wollen wir nicht eingehen. Beispiele sind die d^0-Komplexe $[ZrF_7]^{3-}$ oder $[NbF_7]^{2-}$ oder der d^1-Komplex OsF_7.

Die Koordinationszahl 6 ist bei Komplexen der Übergangsmetalle bei weitem am häufigsten. Die einzige beobachtete Geometrie ist die des Oktaeders, mit der Einschränkung, daß gelegentlich Jahn-Teller-Verzerrungen des Oktaeders auftreten. Bei d^n-Komplexen mit $n > 6$ sollte die Oktaederanordnung nicht mehr stabil sein, weil das antibindende e_g-Niveau teilweise besetzt werden müßte. Man beobachtet zwar auch für $n > 6$ einige Oktaederkomplexe, aber nur solche, die zum Typ des schwachen Feldes gehören. In Starkfeldkomplexen wird die Koordinationszahl erniedrigt.

Für d^7- und d^8-Komplexe sollte man 5-er Koordination erwarten und zwar die Geometrie einer trigonalen Bipyramide, die für das $Fe(CO)_5$ mit d^8 auch verwirklicht ist. Die meisten anderen d^7- und d^8-Komplexe bevorzugen dagegen 4-er Koordination in ebener quadratischer Anordnung. Hierbei beteiligen sich ein d, ein s und zwei (statt drei) p-AO's des Zentral-Ions an der Bindung, vom dritten p-AO wird nicht Gebrauch gemacht. Die meisten Ni^{2+} (d^8)- und Pd^{2+} (d^8)-Komplexe haben eben-quadratische Koordination. Warum die eben-quadratische Anordnung gegenüber der trigonalen Bipyramide bevorzugt wird, ist nicht ganz klar.

Für d^{10}-Komplexe ist am häufigsten die Tetraederanordnung, wie bei den meisten Ni^0-, Cu^+- und Zn^{2+}-Komplexen, aber auch niedrigere Koordination wird beobachtet, z.B. lineare 2-er Koordination wie im $HgCl_2$.

Man mag an dieser Stelle einwenden, daß $HgCl_2$ normalerweise nicht zu den Komplexverbindungen, sondern zu den normalen kovalent gebundenen Molekülen gerechnet wird. Das ist zwar richtig, aber es gibt im Rahmen der MO-theoretischen Beschreibung keinen prinzipiellen Unterschied zwischen Molekülen im herkömmlichen Sinne und Komplexen. Man könnte allenfalls einen Unterschied machen zwischen Verbindungen, wie sie auch bei Hauptgruppenelementen vorkommen (diese haben wir nicht besonders betrachtet), und solchen, die auf Übergangselemente beschränkt sind. In diesem Sinn ist $HgCl_2$ (ähnlich wie $Hg(CH_3)_2$) ein Grenzfall, weil es mit den ebenfalls kovalenten Hauptgruppenverbindungen $SnCl_4$ oder $Pb(C_2H_5)_4$ vergleichbar ist, nicht aber mit den ionogenen Halogeniden der Erdalkalien.

Für Komplexe der Seltenen Erden oder der Aktiniden gilt weder die 18-Valenzelektronenregel, noch ist die maximale Koordinationszahl gleich 9. Vielmehr sollten ein s-, drei p-, fünf d- und sieben f-AO's 16 bindende MO's ermöglichen. Eine 16-er Koordination ist zwar nicht bekannt (sie sollte auch nur allenfalls für f^0-Komplexe möglich sein), immerhin wurde aber die 12-er Koordination beobachtet. Manche Komplexe der Seltenen Erden haben die Koordination verzerrter Ikosaeder, z.B. die Salze $Mg_3M_2(NO_3)_{12} \cdot 24\,H_2O$ (wobei M ein Element der Seltenen Erden ist*))

---

* B. Judd, Proc. Roy. Soc. *A241*, 122 (1957), s. auch S.P. Sinha, Structure and Bonding, *25*, 69 (1976). Dieser Autor weist darauf hin, daß die Komplexe der Seltenen Erden weitgehend ionogen sind und daß die 4f-AO's für die Bindung unwesentlich sind.

im Kristall. Bei Mitbeteiligung von *f*-Orbitalen an der Bindung wird auch eine 8-er Koordination mit würfelförmiger Anordnung der Liganden stabil. Ein Beispiel hierfür ist das $[U(NCS)_8]^{4-}$ als Tetraäthylammoniumsalz*).

14.15. Sandwich-Komplexe

Besonders interessant sind die Komplexe der Zusammensetzung $M(C_nH_n)_2$, in denen sich ein Metallatom M zwischen zwei parallelen (i. allg. planaren) cyclischen Kohlenwasserstoffen C_nH_n befindet. Dem englischen Sprachgebrauch folgend, spricht man von Sandwich-Komplexen**).

Wir wollen das Zustandekommen der Bindung in derartigen Komplexen am Beispiel des Dibenzolchroms $Cr(C_6H_6)_2$ erläutern. Der Komplex hat die Symmetriegruppe D_{6h}. Die σ-MO's des Benzols können unberücksichtigt bleiben. Bezeichnen wir die π-AO's der C-Atome des einen Benzolmoleküls***) als $\chi_1, \chi_2 \ldots \chi_6$ und die entsprechenden AO's des anderen Benzolmoleküls als $\chi'_1, \chi'_2 \ldots \chi'_6$, derart, daß jeweils χ_i und χ_{i+1} benachbart sind und χ_i durch Inversion am Symmetriezentrum des Komplexes in χ'_i übergeht. Die π-MO's***) einer Benzoleinheit sind (vgl. Abschn. 11.6.1).

$$\varphi_j = \frac{1}{\sqrt{6}} \sum_{\nu=1}^{6} e^{\frac{2\pi i}{6} j\nu} \chi_\nu ; \quad j = 0, 1, 2, 3, 4, 5 \qquad (14.15-1)$$

---

* P. Gans, J.W. Marriage, J. Chem. Soc. (Dalton) *1972*, 1738; R. Countryman, W.S. McDonald, J. inorg. nucl. Chem. *33*, 2213 (1971).

** Die Darstellung des ersten Sandwich-Komplexes, des Ferrocens $Fe(C_5H_5)_2$, durch T.J. Kealy und P.L. Paulsen [Nature *168*, 1039 (1951)] war eher ein Produkt des Zufalls, während die wesentlich später gelungene Synthese des Dibenzolchroms $Cr(C_6H_6)_2$ [E.O. Fischer, W. Hafner, Z. Naturforsch. *10b*, 665 (1955)] das Ergebnis einer von der Theorie nahegelegten gezielten Arbeit war. Schon kurz nach der Entdeckung des Ferrocens interessierten die Bindungsverhältnisse in diesem Komplex die Theoretiker. Die erste im Prinzip richtige Beschreibung (allerdings ohne Berücksichtigung der Rückbindung), basierend auf einem qualitativen Hybridisierungsmodell, stammt von E. Ruch und E.O. Fischer [Z. Naturforsch. *7b*, 667 (1952)], die erste MO-theoretische Behandlung von H.H. Jaffé [J. Chem. Phys. *21*, 156 (1953)]. W. Moffitt [J. Am. Chem. Soc. *76*, 3386 (1954)] verdanken wir eine sehr sorgfältige und gut lesbare MO-theoretische Untersuchung. E. Ruch hat sein Modell ausführlicher diskutiert in einigen weniger leicht zugänglichen Arbeiten [u.a. Sitzungsber. bayer. Akad. Wiss., math. nat. Kl. *20*, 347 (1954); Z. Physikal. Chem. *6*, 356 (1956); Rec. Trav. Chim. *35*, 633 (1956)]. Eine ausführliche Bibliographie gibt J.W. Richardson in ‚Organometallic Chemistry' (H. Zeiss, ed.). Reinhold, New York 1960. Einen mehr experimentell orientierten Übersichtsartikel über die Sandwich-Komplexe findet man auch in G.E. Coates et al.: Organometallic Compounds. Methuen, London 1968 sowie bei G. Wilkinson und F.A. Cotton, Prog. Inorg. Chem. *1*, 1 (1959) und E.O. Fischer, H.P. Fritz, Adv. Inorg. Rad. Chem. *1*, 56 (1959). Eine ab-initio-Rechnung des Ferrocens von M.M. Rohmer und A. Veillard [Chem. Phys. *11*, 349 (1975) sowie ein Übersichtsartikel von K.D. Warren [Structure and Bonding *27*, 45 (1976)] bringen wichtige Ergänzungen.

*** Man beachte, daß der Begriff π-AO (und MO) beim Benzol sich jetzt nicht auf das Symmetrieverhalten bez. einer Metall-Ligand-Achse bezieht, sondern in Bezug auf die Ebene eines Benzolmoleküls.

Bekanntlich (Abschn. 11.6.1) sind die MO's φ_0, φ_1 und φ_5 innerhalb des Benzols bindend, φ_2, φ_3 und φ_4 antibindend. φ_1 ist mit φ_5 und φ_2 mit φ_4 entartet. In Bezug auf ein einzelnes Benzolmolekül gehören die φ_i und φ_i' zwar zu irreduziblen Darstellungen (φ_0 : a_{2u}; φ_1, φ_5 : e_{1g}; φ_2, φ_4 : e_{2u}; φ_3 : b_{1g}); um Funktionen zu erhalten, die sich wie irreduzible Darstellungen des Komplexes transformieren, muß man jeweils die Linearkombination $\varphi_i \pm \varphi_i'$ bilden. Diese sind in Tab. 27 mit ihrer Symmetrieklassifikation angegeben. Ebenso ist das Symmetrieverhalten der AO's des Zentralatoms angegeben. Aus den symmetrieadaptierten Orbitalen von Zentralatom und Liganden konstruieren wir jetzt die MO's des Komplexes. Diese sind in Tab. 27 als *b*, *n* und *a* klassifiziert, je nachdem ob sie zwischen Benzol und Chrom bindend, antibindend oder nichtbindend sind, außerdem kennzeichnen wir die innerhalb einer Benzoleinheit antibindenden MO's mit einem Stern.

Tab. 27. Klassifikation der Valenz-AO's des Cr, der π-MO's des Benzols und des Komplexes im Dibenzolchrom nach D_{6h}.

	Cr	C_6H_6-π-MO's	Komplex-MO's	
a_{1g}	s, d_{z^2}	$\varphi_0 + \varphi_0'$	$\underline{b}$, n, a	
a_{1u}	—	—	—	
a_{2g}	—	—	—	
a_{2u}	p_z	$\varphi_0 - \varphi_0'$	$\underline{b}$, a	
e_{1g}	d_{xz}, d_{yz}	$\varphi_1 + \varphi_1', \varphi_5 + \varphi_5'$	$\underline{b}$, a	(× 2)
e_{1u}	p_x, p_y	$\varphi_1 - \varphi_1', \varphi_5 - \varphi_5'$	$\underline{b}$, a	(× 2)
e_{2g}	$d_{xy}, d_{x^2-y^2}$	$\varphi_2 + \varphi_2', \varphi_4 + \varphi_4'$	b^*, $\underline{a}^*$	(× 2)
e_{2u}		$\varphi_2 - \varphi_2', \varphi_4 - \varphi_4'$	$\underline{n}^*$	(× 2)
b_{1g}		$\varphi_3 + \varphi_3'$	$\underline{n}^*$	
b_{1u}		—	—	
b_{2g}		—	—	
b_{2u}		$\varphi_3 - \varphi_3'$	$\underline{n}^*$	

Man erkennt, daß sechs MO's vom Typ *b* (bindend zwischen Benzol und Chrom und innerhalb des Benzols) sind, nämlich zu den irreduziblen Darstellungen a_{1g}, a_{2u}, e_{1g}, e_{1u}.

Ein MO (zu a_{1g}) ist vom Typ *n* (im wesentlichen am Zentralatom lokalisiert) und eines (e_{2g}) vom Typ b^* (bindend zwischen Benzol und Chrom, aber antibindend innerhalb einer Benzoleinheit). Alle übrigen MO's sind antibindend zwischen Benzol und Chrom (a, a^*) oder nichtbindend zwischen Benzol und Chrom (am Benzol lokalisiert) und antibindend innerhalb des Benzols (n^*). Wir kennzeichnen die

Komplex-MO's noch weiterhin durch Unterstreichen, wenn sie im wesentlichen an den Benzoleinheiten lokalisiert sind. Die nicht unterstrichenen MO's sind folglich im wesentlichen am Chrom lokalisiert. In zwei isolierten Benzolmolekülen ohne Wechselwirkung mit dem Cr wären genau sechs *b* MO's je zweifach besetzt, diese MO's dehnen sich im Komplex etwas auf das Zentralatom aus. Es kommt zu einer semipolaren Bindung, bei der die Benzolmoleküle Elektronendonoren sind. Die sechs Valenzelektronen des Cr^0 befinden sich im Komplex im nichtbindenden MO *n* zu a_{1g}, sowie im b^*-MO der Rasse e_{2g}. Letzteres MO ist etwas auf die Liganden delokalisiert, weil es mit den im Benzol antibindenden MO's φ_2 und φ_4 kombiniert. Über die e_{2g}-MO's kommt also Rückbindung zustande, die den ungünstigen Effekt der Ladungsverschiebung Benzol → Cr z.T. kompensiert, aber zu einer Schwächung der Bindung innerhalb des Benzols führt.

In den MO's *b*, *n* und b^* haben genau 18 Elektronen Platz (Edelgasregel). Cr^0 stellt sechs und jedes Benzol ebenfalls sechs Elektronen zur Verfügung, so daß die Rechnung aufgeht. Die Bindung im Dibenzolchrom ist ähnlich der im Chromhexacarbonyl. In beiden Molekülen sind sechs bindende MO's, die im wesentlichen auf den Liganden lokalisiert sind, mit den 12 von den Liganden stammenden Elektronen besetzt, ist ein nichtbindendes AO des Zentralatoms und sind zwei im wesentlichen am Zentralatom lokalisierte rückbindende MO's mit den sechs vom Zentralatom stammenden Elektronen besetzt.

Wegen dieser Analogie ist es nicht weiter verwunderlich, daß man z.B. ein Benzol durch drei C≡O ersetzen kann, d.h. daß es gemischte Komplexe wie $C_6H_6Cr(CO)_3$ gibt.

Die Erklärung der Bindung im Ferrocen $Fe(C_5H_5)_2$ oder im $Ni(C_4H_4)_2$ ist analog. Beide Moleküle gehorchen der Edelgasregel. Unerwartet ist allerdings, daß an Cyclopentadienyl-Komplexen nicht nur $Fe(C_5H_5)_2$ und das isoelektronische $Co(C_5H_5)_2^+$ auftreten, sondern daß eine ganze Reihe von Komplexen des Typs $M^{x+}(C_5H_5^-)_2$ hergestellt wurden, die der Edelgasregel überhaupt nicht gehorchen, z.B. mit M^{x+} = Ti^{3+}, Ti^{2+}, V^{3+}, V^{2+}, Cr^{3+}, Cr^{2+}, Mn^{2+}, Fe^{2+}, Fe^{3+}, Co^{3+}, Co^{2+}, Ni^{2+}, bei denen die Gesamtzahl der Valenzelektronen zwischen 13 und 20 liegen kann. Nun muß man immerhin berücksichtigen, daß es auch z.B. das salzartige NaC_5H_5 gibt und daß sogar Mg^{2+} den Sandwich-Komplex $Mg(C_5H_5)_2$ bildet, in dem die *d*-AO's kaum eine entscheidende Rolle spielen können und der doch wohl im wesentlichen ionogen aufgebaut ist. Das Ion $C_5H_5^-$ bildet offenbar viel leichter Sandwich-Komplexe als die Neutralmoleküle C_6H_6, C_4H_4, C_8H_8 oder das Kation $C_7H_7^+$, bei deren Komplexen die 18-Valenzelektronenregel fast immer erfüllt ist.

Auch das Bis-π-Allyl-Nickel $Ni(C_3H_5)_2$ gehört zu den Sandwich-Komplexen*), obwohl das Allyl C_3H_5 nicht ringförmig ist. Da dieser Komplex nur die Symmetriegruppe C_{2h} hat, ist eine qualitative und auf Symmetrieargumenten basierende Diskussion etwas schwierig. Wir beschränken uns deshalb darauf, auf die ab-initio-Rechnungen an diesem Komplex von Vaillard et al.**) hinzuweisen.

---

* Zu dieser Verbindungsklasse s. z.B. R. Guy und B.L. Shaw, Adv. Inorg. Chem. Rad. Chem. *4*, 78 (1962).

** M.M. Rohmer, A. Veillard, J.C.S. Chem. Commun. *1973*, 250; M.M. Rohmer, J. Demuynck, A. Veillard, Theoret. Chim. Acta *36*, 93 (1974).

14.16. Komplexe mit hoher Oxidationszahl des Zentral-Ions

Wir haben gesehen, daß in *typischen* Komplexen semipolare σ-Bindungen zwischen Zentralatom und Liganden vorliegen, wobei die Liganden (die meist abgeschlossenschalig sind) als σ-Donatoren fungieren. Zusätzliche π-Bindungen entgegengesetzter Polarität sind möglich, wenn die Liganden (z. B. CO) tiefliegende unbesetzte π-MOs haben und als π-Akzeptoren wirken können. Zusätzliche π-Bindungen sind aber auch möglich, wenn das Zentralatom formal eine hohe positive Ladung aufweist und damit zur Ausbildung von σ- und π-Bindungen befähigt ist, wobei für beide die Elektronen von den Liganden kommen.

Einen Komplex wie das MnO_4^- kann man, zumindest formal als einen d^0-Komplex von Mn^{7+} mit vier O^{2-} als Liganden beschreiben. Ähnlich wäre dann CrF_6 als ein Komplex des Cr^{6+} mit sechs F^--Liganden aufzufassen. In gewisser Weise verläßt man hier den Zuständigkeitsbereich der Ligandenfeldtheorie, denn zu d^0-Komplexen (ähnlich wie d^{10}-Komplexen) hat sie keine Aussagen zu machen.

Im Sinne der MO-Theorie ist natürlich klar, daß an den MOs in MnO_4^- oder CrF_6 die d-AOs des Mn bzw. Cr sehr wohl beteiligt sind, und quantenchemische ab-initio-Rechnungen lassen erkennen, daß die Population der d-AOs des Mn im MnO_4^- bei etwa 5.5 liegt*). Ein d^0-Komplex im wörtlichen Sinne liegt also sicher nicht vor. Dennoch gibt es im MnO_4^- keine Ligandenfeld-Übergänge, da keine weitgehend nichtbindenden am Zentralatom lokalisierten d-artigen MOs vorhanden sind. Die tiefviolette Farbe des MnO_4^- beruht auf einem sog. Charge-transfer-Übergang (Ladungsübertragung von den Liganden auf das Zentralatom), der im Rahmen der Ligandenfeldtheorie gar nicht vorgesehen ist.

Es ist vielleicht lehrreich, das MnO_4^- mit dem ClO_4^- zu vergleichen. Formal können sowohl Mn als auch Cl je einen Satz s, p und d-AOs für die Bindung zur Verfügung stellen, die die irreduziblen Darstellungen a_1, e, $2\times t_2$ aufspannen. Aus den σ-MOs der O-Atome lassen sich a_1 und t_2 und aus den π-AOs der O-Atome e-, t_1- und t_2-Linearkombinationen bilden. Im Falle von Cl liegen 3s und 3p energetisch tief und bilden mit entsprechenden AOs von O σ-bindende a_1- und t_2-MOs, während die π-MOs von O etwas Rückbindung der Symmetrien e und t_2 unter Beteiligung der d-AOs des Cl ermöglichen.

Bei Annahme perfekter σ-Kovalenz und Vernachlässigung der Rückbindung bedeutet das 4 Valenzelektronen am Cl, entsprechend einer formalen Ladung Cl^{3+} (vgl. die Diskussion des analogen SO_4^{2-} auf S. 401, wo formal ein S^{2+} vorliegt).
Beim MnO_4^- liegt das 3d-AO des Mn am tiefsten, gefolgt von 4s, während 4p energetisch so hoch liegt, daß es sich an der Bindung praktisch nicht beteiligt. Die 3d-AOs können in der Darstellung t_2 eine σ-Bindung und in der Darstellung e eine π-Bindung mit den O-Atomen bilden, das 4s-AO bildet eine weitere (schwache) σ-Bindung. Die π-AO-Linearkombinationen der O-Atome vom Typ t_1 und t_2 bleiben ohne Partner und sind nichtbindend. In diesem einfachen Bild haben wir 4 σ-Bindungen und 2 π-Bindungen zwischen Mn und O. Bei Annahme idealer

---

* M. A. Buijse u. E. J. Baerends, J. Chem. Phys. *93*, 4129 (1990).

Kovalenz sind 6 Elektronen am Mn, davon 5 in d-AOs. Tiefliegende optische Anregungen sind möglich von bindenden in nichtbindende MOs.

Verständlicherweise war das MnO_4^--Ion ein beliebtes Studienobjekt für quantenchemische Rechnungen aller Näherungsstufen von Hückel-artigen Wolfsberg-Helmholz-Rechnungen bis zu ab-initio-Rechnungen unter Einschluß der Elektronenkorrelation. Bemerkenswert ist eine Untersuchung*), aus der deutlich wird, daß im Grundzustand des MnO_4^- starke nichtdynamische Korrelationseffekte auftreten, die bewirken, daß die Hartree-Fock-Näherung hier nicht sonderlich gut ist, obwohl formal ein abgeschlossenschaliger Zustand vorliegt.

Die Existenz tiefliegender angeregter Zustände manifestiert sich in der tiefvioletten Farbe des MnO_4^- Ions, aber auch darin, daß dieses Ion einen (temperaturunabhängigen) Van-Vleck-Paramagnetismus zeigt**) (ohne ein permanentes magnetisches Moment zu haben). Zum Van-Vleck-Paramagnetismus vgl. I Kap. 11.

14.17. Spektren von Komplexen

Obwohl die Theorie der Spektren von Komplexen nicht eigentlich Gegenstand dieses Buches ist, sollen doch einige grundsätzliche Bemerkungen zu diesem Thema gemacht werden. Betrachtet man das Absorptionspektrum eines Übergangsmetallkomplexes, so erkennt man etwa im sichtbaren Spektralbereich einige sehr schwache Banden [($\log \epsilon \approx 1-2$) bei Oktaederkomplexen, ($\log \epsilon \approx 3-4$) bei Tetraederkomplexen], die sich Übergängen zwischen Ligandenfeldzuständen zuordnen lassen, sowie im nahen UV eine sehr starke Absorption ($\log \epsilon \approx 5-6$), die offenbar nicht einem Übergang vom Grundzustand in einen anderen Ligandenfeldzustand entspricht.

Die Übergänge zwischen Ligandenfeldzuständen sind eigentlich verboten, da die Matrixelemente des Dipolmomentoperators zwischen zwei d-AO's aus Symmetriegründen verschwinden (ein d-AO ist gerade, das Dipolmoment ungerade, der Integrand $d_i \vec{r} d_k$ insgesamt ungerade, so daß das Integral $\int d_i \vec{r} d_k \, d\tau$ verschwindet). Die Auswahlregel, daß Übergänge zwischen g-Zuständen (oder zwischen u-Zuständen) verboten sind, bezeichnet man als Laporte-Regel. Sie gilt streng allerdings nur für Atome sowie für Moleküle, die ein Symmetriezentrum haben, z.B. für AB_6-Oktaederkomplexe in ihrer Gleichgewichtsgeometrie. In Tetraederkomplexen können die d-AO's zu t_2 etwas p-AO Charakter (p gehört auch zu t_2) beimischen und dadurch einen ungeraden Anteil bekommen, was zu einem nicht-verschwindenden Matrixelement des Dipoloperators führt. Tatsächlich sind Ligandenfeldübergänge in Tetraederkomplexen um etwa einen Faktor 100 intensiver als in Oktaederkomplexen.

Daß man auch im Oktaederfeld Übergänge zwischen Ligandenfeldtermen beobachtet, wenn auch mit geringer Intensität, liegt daran, daß die Komplexe auch Schwingungen durchführen, die die Symmetrie vorübergehend erniedrigen, und daß durch Kopp-

* M. A. Buijse u. E. J. Baerends, l. c.
** O. P. Singhal, Proc. Phys. Soc. *79*, 389 (1962);
P. W. Fowler u. E. Steiner, J. Chem. Phys. *97*, 4215 (1992).

lung von Elektronenübergang und Schwingungsübergang Übergänge erlaubt werden, die ohne diese Kopplung verboten sind.

Alles bisher Gesagte gilt für solche Übergänge, bei denen sich die Spinmultiplizität nicht ändert. Sog. Interkombinationsübergänge, die mit einer Änderung der Spinmultiplizität verbunden sind, z.B. von einem Singulett- zu einem Triplett-Zustand, sind noch ‚stärker verboten'. Sie werden nur dadurch ermöglicht, daß über den Mechanismus der Spin-Bahn-Wechselwirkung zu einem Zustand ein kleiner Anteil einer anderen Spinmultiplizität ‚beimischen' kann. Die Absorptionsintensität ist deshalb noch etwa um einen Faktor 100 kleiner als bei den ‚einfach verbotenen' Ligandenfeldübergängen. Daß solche Interkombinationsübergänge vielfach trotzdem beobachtet werden können, liegt daran, daß sie oft sehr scharf sind. Die Breite von Absorptionsbanden wird nämlich im wesentlichen durch das Franck-Condon-Prinzip bestimmt. Wenn sich die Gleichgewichtsgeometrie bei der Anregung nicht ändert, tritt im wesentlichen nur der 0–0-Übergang auf, und die Absorption ist scharf. Hat der angeregte Zustand dagegen eine andere Geometrie als der Grundzustand, so findet man Übergänge in verschiedene schwingungsangeregte Niveaus des elektronisch angeregten Zustands. Die Schwingungsstruktur der Banden führt zu einer Verbreiterung. In oktaedrischen Übergangsmetallkomplexen ist i.allg. das t_{2g}-Niveau nichtbindend, das e_g-Niveau antibindend, jedenfalls ist t_{2g} stärker bindend (bzw. weniger antibindend), so daß man um so kleinere Me–X-Abstände erwartet, je größer die Besetzung von t_{2g}, verglichen mit e_g, ist. Insbesondere ist bei Übergängen innerhalb einer Starkfeldkonfiguration $t_{2g}^x\ e_g^{n-x}$ keine Änderung der Geometrie zu erwarten. Viele Interkombinationsübergänge sind nun gerade Übergänge innerhalb einer Starkfeldkonfiguration und geben deshalb Anlaß zu scharfen Banden.

Ein Beispiel für ein Absorptionsspektrum, das nur aus Interkombinationsbanden besteht, ist dasjenige des $Mn[(H_2O)_6]^{2+}$ (Abb. 97). Der Grundzustand dieses d^5-Systems im schwachen Feld ist $^6A_{1g}$, dies ist aber der einzige Sextett-Zustand, der möglich ist. Im $[Mn(H_2O)_6]^{2+}$ beobachtet man acht sehr schwache Absorptionsbanden mit $\log \epsilon$ zwischen -1 und -2, die den ersten acht von neun möglichen Sextett-Quartett-Interkombinationsbanden zugeordnet werden können. $[Mn(H_2O)_6]^{2+}$ ist wie das isoelektronische $[Fe(H_2O)_6]^{3+}$ nur ganz schwach gefärbt.

Ein Beispiel, in dem sowohl ‚normale' Ligandenfeldbanden als auch Interkombinationsbanden auftreten, ist der d^3-Komplex $[Cr(H_2O)_6]^{3+}$, wie er etwa im Chromalaun vorkommt. Es stellt zugleich ein gutes Beispiel für die Leistungsfähigkeit der Ligandenfeldtheorie dar, was in Tab. 28 zu erkennen ist, wo berechnete und experimentelle Energiedifferenzen zusammengestellt sind. Die berechneten Werte sind dabei allerdings mit Werten von Δ und B berechnet, die an das Spektrum angepaßt sind. Immerhin kann man sechs Übergangsfrequenzen doch recht gut durch zwei Parameter beschreiben.

Schließlich noch ein Wort zu der starken Absorption, die man am kurzwelligen Ende des Spektrums fast immer beobachtet. Aufgrund der Intensität muß es sich um einen ‚erlaubten' Übergang handeln, d.h. in einem Oktaederkomplex den Übergang von einem geraden in einen ungeraden Zustand. Es kann sich nicht um einen Übergang innerhalb der d^n-Konfiguration des Zentralatoms handeln, denn zu dieser gehören nur gerade Terme. Es kann nur entweder ein sog. charge-transfer-Übergang vorliegen,

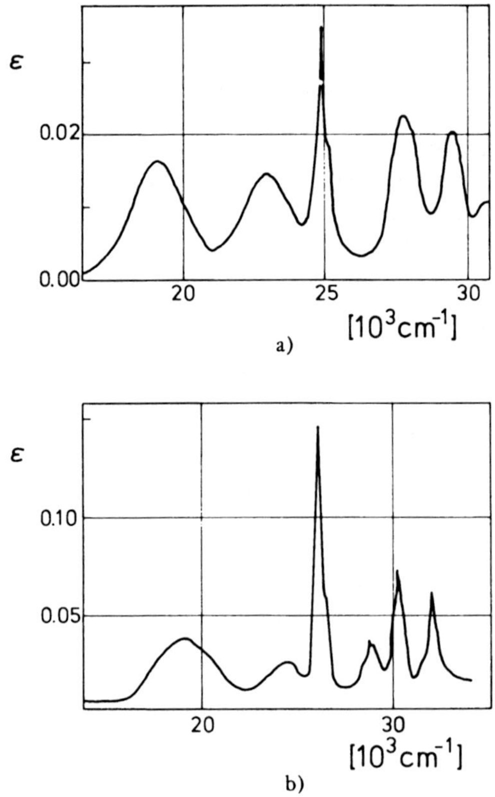

Abb. 97. Absorptionsspektren des $Mn(H_2O)_6$ (a) und des MnF_2-Kristalls (b), nach C.K. Jørgensen [Acta Chem. Scand. *8*, 1505 (1954) bzw. F. Stout, zitiert nach L.E. Orgell, 1.c.].

Tab. 28. Berechnete und gemessene Absorptionsfrequenzen (in 1000 cm^{-1}) des $[Cr(H_2O)_6]^{3+}$ (d^3) im Chromalaun (Δ/B wurde durch Anpassen an den tiefsten Übergang $^4A_{2g} \rightarrow {}^4T_{1g}$ festgelegt). Nach Schläfer-Gliemann, l.c. S. 78.

		ber.	exp.
$^4A_{2g}\,(t_{2g}^3)$	$\longrightarrow\ ^4T_{2g}\,(t_{2g}^2e_g)$	17.2	18.0
	$\longrightarrow\ ^4T_{1g}\,(t_{2g}^2e$	(24.6)	24.6
	$\longrightarrow\ ^4T_{1g}\,(t_{2g}e_g^2)$	38.2	36.6
	$\longrightarrow\ ^2E_g\,(t_{2g}^3)$	14.9	14.9
	$\longrightarrow\ ^2T_{1g}\,(t_{2g}^3)$	15.3	15.1
	$\longrightarrow\ ^2T_{2g}\,(t_{2g}^3)$	21.8	21.0

bei dem ein Elektron aus einem *d*-AO in ein antibindendes MO der Liganden oder aus einem besetzten Liganden-MO in ein unbesetztes *d*-AO übertragen wird, oder aber um eine interne Anregung der Liganden. Derartige Übergänge kann man zwar nicht mit der Ligandenfeldtheorie, wohl aber mit der MO-Theorie erklären. Bei d^0-

Komplexen wie MnO_4^- gibt es keine Ligandenfeldübergänge, die intensiv violette Farbe beruht auf einem charge-transfer-Übergang.

14.18. Spin-Bahn-Wechselwirkung in Komplexen

14.18.1. Rekapitulation der Spin-Bahn-Wechselwirkung in Atomen

Wir haben bisher die spinabhängigen Beiträge im Hamilton-Operator unberücksichtigt gelassen. Wir wollen jetzt untersuchen, was sich ändert, wenn wir den Spin-Bahn-Wechselwirkungsoperator

$$\begin{aligned} \mathbf{H}_{SB} &= \sum_i \mathbf{h}_{SB}(i) = \sum_i \xi(r_i)\, \vec{\ell}_i(i)\, \vec{s}_i(i) \\ &= \sum_i \xi(r_i)\, \{\ell_x(i)\, \mathbf{s}_x(i) + \ell_y(i)\, \mathbf{s}_y(i) + \ell_z(i)\, \mathbf{s}_z(i)\} \end{aligned} \qquad (14.18\text{–}1)$$

mitberücksichtigen. Bei Anwesenheit von $\mathbf{H}_{SB}$, aber Abwesenheit eines Ligandenfelds, haben wir es mit der Spin-Bahn-Wechselwirkung in Atomen zu tun, die in I.11 ausführlich behandelt wurde. Rekapitulieren wir kurz die wesentlichen Ergebnisse!

In einem Einelektronenatom vertauschen $\mathbf{j}^2$, $\mathbf{j}_z$, ℓ^2 und $\mathbf{s}^2$ untereinander und mit $\mathbf{h}$, so daß man die Eigenfunktionen nach den Quantenzahlen j, m_j, l und s klassifizieren kann. (Nicht nach m_j und m_s, da ℓ_z und $\mathbf{s}_z$ nicht mit $\mathbf{h}$ vertauschen).

Die möglichen Werte von j sind $l+\frac{1}{2}$ und $l-\frac{1}{2}$, außer für $l = 0$ (s-Zustand), wo nur $j = \frac{1}{2}$ möglich ist. Einelektronenzustände mit $l \neq 0$ spalten unter dem Einfluß der Spin-Bahn-Wechselwirkung in zwei Niveaus auf, die gegenüber der Energie ohne Spin-Bahn-Wechselwirkung um

$$\Delta E_{nlsj} = \xi_{nl} \cdot \frac{1}{2}[j(j+1) - l(l+1) - s(s+1)]$$

mit $s = \frac{1}{2}$ verschoben sind, wobei $\xi_{nl}(>0)$ der zu n und l gehörende Spin-Bahn-Wechselwirkungs-Parameter ist. Die Energie hängt nicht von m_j ab, jedes Niveau ist also noch $(2j+1)$-fach entartet.

Beispiel: Ein p-Elektron $\quad \Delta E = \begin{cases} \frac{1}{2}\xi_{np} & \text{für } j = \frac{3}{2} \\ -\xi_{np} & \text{für } j = \frac{1}{2} \end{cases}$

Das vorher 6-fach entartete Niveau wird aufgespalten in ein 4-fach entartetes mit $j = \frac{3}{2}$ und ein 2-fach entartetes mit $j = \frac{1}{2}$, das tiefer liegt.

Werte für ξ_{nl} : $2p(\mathrm{H}) \approx 0.24\ \mathrm{cm}^{-1}$, $3d(\mathrm{Fe}^{2+}) \approx 400\ \mathrm{cm}^{-1}$, $5d(\mathrm{Pt}^{2+}) \approx 4000\ \mathrm{cm}^{-1}$.

Bei Mehrelektronenatomen vertauschen nur $\mathbf{j}^2$ und $\mathbf{j}_z$ mit $\mathbf{H}$, streng genommen ist nur eine Klassifikation nach J und M_J möglich. Im Grenzfall, daß ξ klein ist vgl. mit den Slater-Condon-Parametern F^2, F^4, ist näherungsweise auch eine Klassifikation nach L und S möglich. Man spricht dann von Russel-Saunders-Kopplung.

Beispiel: p^2. Hierzu gibt es die Russel-Saunders-Terme $^3P_2$, $^3P_1$, $^3P_0$, $^1D_2$, $^1S_0$. Das J ist jeweils als Index angegeben.

Im Grenzfall der Russel-Saunders-(oder L-S-)Kopplung gilt für die energetische Verschiebung die sog. Landésche-Intervallregel

$$\Delta E_{NLSJ} = \lambda_N \cdot \frac{1}{2}\ \{J(J+1) - L(L+1) - S(S+1)\}$$

wobei die für die Aufspaltung entscheidende Größe λ_N (die für alle Terme der gleichen Konfiguration gleich ist) sich auf die ξ_{nl} der beteiligten AO's zurückführen läßt. (Bei einer np^2-Konfiguration ist $\lambda_N = \frac{1}{2}\xi_{np}$.)

Die Energien der fünf Russel-Saunders-Terme zu p^2 sind:

$$E(^3P_2) = 2H_{pp} + F^0 - \frac{1}{5}F^2 + \frac{1}{2}\xi_{2p}$$

$$E(^3P_1) = 2H_{pp} + F^0 - \frac{1}{5}F^2 - \frac{1}{2}\xi_{2p}$$

$$E(^3P_0) = 2H_{pp} + F^0 - \frac{1}{5}F^2 - \xi_{2p}$$

$$E(^1D_2) = 2H_{pp} + F^0 + \frac{1}{25}F^2$$

$$E(^1S_0) = 2H_{pp} + F^0 + \frac{2}{5}F^2$$

Wenn ξ_{np} nicht klein gegenüber F^2 ist, muß man berücksichtigen, daß die Russel-Saunders-Terme $^3P_2$ und $^1D_2$ (ähnlich $^3P_0$ und $^1S_0$) miteinander ‚mischen', weil das Matrixelement von $\mathbf{H}_{SB}$ zwischen ihnen nicht verschwindet.

Im Grenzfall starker Spin-Bahn-Wechselwirkung empfiehlt es sich, zunächst die AO's nach ihren j zu klassifizieren und dann innerhalb der Konfiguration Spinorbital-Unterkonfigurationen $[j_1, j_2, \ldots]$ zu betrachten, im Falle p^2 wären das $\left[\frac{1}{2}, \frac{1}{2}\right]$, $\left[\frac{1}{2}, \frac{3}{2}\right]$, $\left[\frac{3}{2}, \frac{3}{2}\right]$. Da $j = \frac{1}{2}$ tiefer liegt, sollte $\left[\frac{1}{2}, \frac{1}{2}\right]$ die Grundkonfiguration sein. Zu dieser gehört nur ein Term mit $J = 0$ ($m_{j1} = \frac{1}{2}$, $m_{j2} = -\frac{1}{2}$, $M_J = 0$, $J = 0$). Die Spin-Bahn-Wechselwirkungsenergie ist gleich zweimal der eines Elektrons mit $j = \frac{1}{2}$, also $E_{SB} = -2\,\xi_{2p}$. Zur Unterkonfiguration $\left[\frac{1}{2}, \frac{3}{2}\right]$ gehören Terme mit $J = 1$ und $J = 2$, zu $\left[\frac{3}{2}, \frac{3}{2}\right]$ schließlich Terme mit $J = 0$ und $J = 2$. Wenn die Beschränkung auf eine einzige Spin-Orbital-Unterkonfiguration eine gute Näherung darstellt, spricht man von *j-j*-Kopplung. Anderenfalls muß man in einem nächsten Schritt die Wechselwirkung zwischen Termen zu gleichen J berücksichtigen. Das Ergebnis ist dann das gleiche, als wäre man zunächst von der *L-S*-Kopplung ausgegangen.

14.18.2. Spin-Bahn-Wechselwirkung bei d^1-Systemen

In Einelektronensystemen im Ligandenfeld sind die Verhältnisse noch recht übersichtlich, da wir nur die Konkurrenz von zwei Effekten, charakterisiert durch ξ und Δ zu berücksichtigen haben und nicht auch noch die Elektronenwechselwirkung.

Wir wissen, daß wir in einem Atom ohne Spin-Bahn-Wechselwirkung die Zustände nach den Quantenzahlen L und M_L klassifizieren können, weil die Symmetriegruppe des Atoms die dreidimensionale Drehgruppe R(3)*) und die Wellenfunktionen ψ_{L,M_L} mit $M_L = L, L-1, ..-L$ Basis der irreduziblen Darstellung Γ_L von R(3) sind (vgl. Anhang A2.10). Bei Anwesenheit von Spin-Bahn-Wechselwirkung ist eine Klassifikation nach L und M_L nicht möglich, sondern nur nach J und M_J, und das bedeutet, daß der Hamilton-Operator offenbar nicht invariant gegenüber den Operationen von R(3) ist. Ohne $\mathbf{H}_{SB}$ ist $\mathbf{H}$ invariant gegenüber unabhängigen Drehungen im Orts- und im Spinraum (bez. einer Definition der Drehung im Spinraum vgl. Anhang A 2.10). Dagegen ist $\mathbf{H}_{SB}$ nur invariant bez. gleichzeitiger Drehung (um die gleiche Achse und den gleichen Winkel) im Orts- und Spinraum, weil sich $\mathbf{H}_{SB}$ wie das Skalarprodukt $\vec{\mathbf{L}} \cdot \vec{\mathbf{S}}$ transformiert. Die Gruppen der Drehungen im Ortsraum R(3) und im Spinraum SU(2) sind ähnlich, aber nicht identisch bzw. isomorph. Tatsächlich ist R(3) homomorph zu SU(2), aber jedem Element von R(3) entsprechen genau 2 Elemente von SU(2). Während in R(3) Drehungen um $2\pi = 360°$ (um eine beliebige Achse) jede Funktion in sich selbst überführen, wandelt in SU(2) eine Drehung um 360° jede Funktion in ihr Negatives um. Gleichzeitige Drehung im Orts- und Spinraum um 360° führt ein Spinorbital ψ offenbar auch in $-\psi$ über, deshalb ist die Gruppe der gleichzeitigen und gleichartigen Drehungen im Orts- und Spinraum isomorph zu SU(2). Die irreduziblen Darstellungen von SU(2) lassen sich durch J und M_J klassifizieren, wobei J die Werte $0, \frac{1}{2}, 1, \frac{3}{2}$ etc. haben kann und die uns bereits bekannte Bedeutung hat. (Bez. Einzelheiten s. Anhang A2.10.)

---

* Genau genommen ist die Symmetriegruppe nicht R(3), sondern $R^{\pm}(3)$, das direkte Produkt aus R(3) und der aus 1 und **i** bestehenden Symmetriegruppe, wobei 1 die Identität und **i** die Inversion bedeutet. Da die Spin-Bahn-Wechselwirkung die Parität, d.h. das Verhalten gegenüber **i**, nicht ändert, kann man dieser ganz unabhängig von der obigen Überlegung Rechnung tragen.

Wenn wir jetzt zu **H** noch ein Ligandenfeldpotential **V** hinzufügen, so ist bei Abwesenheit von $\mathbf{H}_{SB}$ **H** nur invariant bez. gewisser Drehungen aus R(3), nämlich denen der Symmetriegruppe G des Komplexes, wobei G eine Untergruppe von R(3) ist. $\mathbf{H}_{SB}$ und damit **H** ist aber nur invariant, wenn wir die Drehungen aus G gleichzeitig im Orts- und Spinraum durchführen.

Die G entsprechende Gruppe gewisser Drehungen im Spinraum wollen wir als G^* abkürzen und als die zu G gehörende Doppelgruppe bezeichnen. Offenbar ist G^* eine Untergruppe von SU(2). Ferner ist G homomorph zu G^* und zu jedem $R \in G$ gehören zwei Elemente R und $R' \in G^*$, so daß G^* doppelt so viele Elemente wie G enthält. Zwar ist G^* nicht anschaulich als Gruppe von Drehungen im normalen physikalischen Raum zu interpretieren, aber es ist eine wohldefinierte Gruppe, und man kann wie bei anderen Gruppen die irreduziblen Darstellungen ausrechnen.

Wegen der Homomorphie von G zu G^* sind die irreduziblen Darstellungen von G auch solche von G^*, zusätzlich hat G^* aber noch weitere irreduzible Darstellungen, die nicht Darstellungen von G sind.

Die Gruppe O hat z.B. die Ordnung 24 und die irreduziblen Darstellungen A_1, A_2, E, T_1, T_2, die Gruppe O^* (s. Tab. A1) hat diese gleichen irreduziblen Darstellungen und außerdem die Darstellungen E', E'', U', wobei U' eine vierdimensionale irreduzible Darstellung ist.

Eine irreduzible Darstellung von SU(2), die durch ein ganzzahliges J gekennzeichnet ist, zerfällt im Ligandenfeld nur in solche irreduziblen Darstellungen von G^*, die gleichzeitig irreduzible Darstellungen von G sind, während ein halbzahliges J nur zu einer solchen Darstellung von G^* führt, die nicht Darstellung von G ist.

Betrachten wir ein einzelnes *d*-Elektron in einem Oktaederfeld! Ohne **V** und $\mathbf{H}_{SB}$ ist das Niveau 10-fach entartet*), $\mathbf{H}_{SB}$ allein spaltet es in ein 6-fach entartetes Niveau mit $j = 2 + \frac{1}{2} = \frac{5}{2}$ und ein 4-fach entartetes Niveau mit $j = 2 - \frac{1}{2} = \frac{3}{2}$ auf, während **V** allein zu einer Aufspaltung in das 4-fach entartete e_g- und das 6-fach entartete t_{2g}-Niveau führt. Die Frage ist jetzt, was geschieht bei Anwesenheit von sowohl $\mathbf{H}_{SB}$ als auch **V**? Im Grunde braucht man nur die durch $j = \frac{5}{2}$ und $j = \frac{3}{2}$ gegebenen reduziblen Darstellungen von O^* nach irreduziblen Darstellungen von O^* auszureduzieren. Das geht nach dem Standard-Verfahren (Anhang A 2.6), aber man schlägt natürlich am besten in Tabellen nach. Das Ergebnis ist,

$$j = \frac{5}{2} \longrightarrow u' + e''$$

$$j = \frac{3}{2} \longrightarrow u'$$

* Wir müssen jetzt die spinbedingte Entartung natürlich explizit berücksichtigen.

Wir wissen also damit, daß das 10-fach entartete ^2D_g-Niveau aufspaltet in drei Niveaus, nämlich zwei je vierfach entartete u'-Niveaus und ein zweifach entartetes e''-Niveau.

Da nur eine Klassifikation nach O*, nicht aber nach SU(2), streng gültig ist, gibt es nicht ein $u'\left(\frac{5}{2}\right)$ und ein $u'\left(\frac{3}{2}\right)$, sondern beide mischen miteinander. Wenn allerdings, was selten vorkommt, der Spin-Bahn-Wechselwirkungs-Parameter groß gegenüber der Ligandenfeldstärke Δ ist, so ist j noch eine halbwegs gute Quantenzahl*). Realistischer ist i.allg. der andere Grenzfall, daß $\Delta \gg \xi$. Dann betrachtet man zunächst die Aufspaltung von ^2D_g durch Δ in $^2T_{2g}$ und ^2E_g. Um jetzt die Aufspaltung dieser beiden Terme durch die Spin-Bahn-Wechselwirkung herauszufinden, muß man bedenken, daß z.B. die drei Ortsfunktionen $t_{2g}^{(i)}$ zu T_{2g} und die zwei Dublett-Spinfunktionen α, β Darstellungen (und zwar irreduzible) zu O* bilden, nämlich t_2 und e', so daß die durch die sechs Funktionen zu $^2T_{2g}$ aufgespannte Darstellung die Produktdarstellung von t_2 und e' ist. Nach Standardverfahren erhält man, daß diese Produktdarstellung in die irreduziblen Darstellungen e'' und u' zerfällt, während die zu ^2E_g gehörende Produktdarstellung irreduzibel und gleich u' ist. Insgesamt ergibt sich ein Korrelationsdiagramm der Art

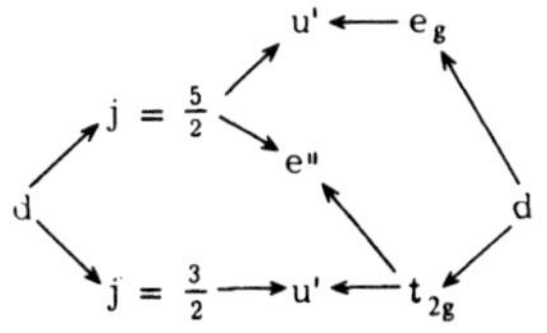

Im Grenzfall schwacher Spin-Bahn-Wechselwirkung (d.h. $\xi_{3d} \ll \Delta$) ist die Klassifikation nach e_g und t_{2g} noch in guter Näherung zulässig, d.h. man kann die Wechselwirkung von $u'(e_g)$ und $u'(t_{2g})$ vernachlässigen. Das bedeutet, nur t_{2g} spaltet unter dem Einfluß der Spin-Bahn-Wechselwirkung auf, während e_g nicht gestört wird. Die Energieverschiebungen sind dann

$$\Delta E[e''] = -\frac{2}{5}\Delta + \xi_{3d}$$

$$\Delta E[u'(t_{2g})] = -\frac{2}{5}\Delta - \frac{1}{2}\xi_{3d}$$

$$\Delta E[u'(e_g)] = \frac{3}{5}\Delta$$

* Unter einer „guten Quantenzahl" wollen wir eine Zahl verstehen, die die Eigenwerte eines Operators zählt, der exakt mit dem Hamilton-Operator kommutiert. Es ist deshalb hier gerechtfertigt, von einer „halbwegs guten Quantenzahl" zu sprechen.

Wenn $\xi \ll \Delta$ nicht gilt, muß man noch das Wechselwirkungselement

$$< u'(e_g)|\mathbf{H}_{SB}|\, u'(t_{2g}) > \; = \sqrt{\frac{3}{2}}\; \xi_{3d}$$

mitberücksichtigen.

14.18.3. Spin-Bahn-Wechselwirkung bei d^n-Systemen

Die vollständige Theorie ist recht unübersichtlich, deshalb wollen wir nur einige Grenzfälle betrachten.

Im Grenzfall des starken Feldes (und schwacher Spin-Bahn-Wechselwirkung) beschreiben wir einen Term zunächst durch seine Starkfeld-Konfiguration z.B. $e_g^2 t_{2g}$. Wie wir in Abschn. 14.18.2 sahen, gilt für genügend kleines ξ, daß t_{2g} in zwei Komponenten aufspaltet, während e_g ungeändert bleibt. Das bedeutet, daß nur Konfigurationen, die t_{2g}^a enthalten, eine Spin-Bahn-Aufspaltung zeigen, nicht aber reine e_g^b-Konfigurationen. Da auch t_{2g}^3 und t_{2g}^6 nicht aufspalten, kommt nur $a = 1, 2, 4, 5$ in Frage. Für die explizite Berechnung der Spin-Bahn-Wechselwirkung einer t_{2g}^n-Konfiguration hilft eine von Griffith gefundene Analogie zwischen t_{2g} in O_h und p in R(3). Jedem Term einer t_{2g}^n-Konfiguration läßt sich ein Term einer p^n-Konfiguration zuordnen.

Wir wollen das, ohne in Einzelheiten zu gehen, an einem Diagramm für t_{2g}^2 und p^2 erläutern.

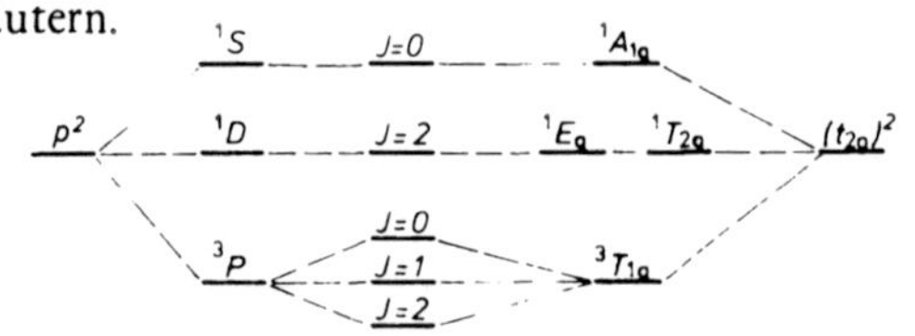

Von den Termen zu t_{2g}^2 spaltet also nur der $^3T_{1g}$-Term auf, und zwar in drei Komponenten.

Im Grenzfall des schwachen Feldes geht man von einem atomaren LS-Term (z.B. ^3F aus d^2) aus und betrachtet dann dessen Aufspaltung im Ligandenfeld (z.B. $^3F \rightarrow {}^3T_{1g}, \ldots\ldots.$) und schließlich die Aufspaltung eines Schwachfeld-Terms unter dem Einfluß von $\mathbf{H}_{SB}$. Dabei sieht man, daß von den Dublett-Termen nur T_{1g} und T_{2g}, von den Triplets auch die E_g-Terme, von den höheren Multipletts alle Terme aufspalten.

$$^2T_{1g} \longrightarrow E' + U' \qquad\qquad {}^3T_{1g} \longrightarrow A_1 + E + T_1 + T_2$$

$$^2T_{2g} \longrightarrow E'' + U' \qquad\qquad {}^3T_{2g} \longrightarrow A_2 + E + T_1 + T_2$$

$$^2E_g \longrightarrow U' \qquad\qquad {}^3E_g \longrightarrow T_1 + T_2$$

Wie bereits gesagt, hat Bethe diesen Grenzfall als den des mittleren Feldes bezeichnet.

Bethes Grenzfall des schwachen Feldes, der heute meist als Grenzfall (Kopplungsschema) der Seltenen Erden bezeichnet wird, ist dadurch gekennzeichnet, daß $\Delta \ll \xi$.

In diesem Fall berechnet man zunächst die atomaren Zustände (entweder in Russel-Saunders- oder *j-j*-Kopplung), die durch ein bestimmtes J gekennzeichnet sind. Eine Tabelle über den Zusammenhang zwischen J und den irreduziblen Darstellungen der Doppelgruppe gibt dann qualitativ an, zu welcher weiteren Aufspaltung das Ligandenfeld führt.

Die Theorie des magnetischen Verhaltens der Komplexe schließt sich der der Spin-Bahn-Wechselwirkung an. Es gilt allgemein, daß nur diejenigen Terme in erster Ordnung einen Bahndrehimpulsbeitrag zum Zeeman-Effekt und damit zum Paramagnetismus geben, die unter dem Einfluß der Spin-Bahn-Wechselwirkung eine Aufspaltung zusätzlich zu der durch den Spin bedingten zeigen, d.h. T_{1g}- und T_{2g}-Terme zu den Konfigurationen $e_g^y t_{2g}^x$ mit $x = 1, 2, 4, 5$. Alle anderen Terme, z.B. A_{1g}- oder E_g-Terme verhalten sich so, als gäbe es überhaupt keinen Drehimpuls, d.h. ihr magnetisches Verhalten wird ausschließlich durch den Spin bestimmt. Man sagt, die freie Einstellung des Drehimpulses im Magnetfeld wird durch das Ligandenfeld behindert.

14.18.4. Vergleich von $3d^n$-, $4d^n$-, $5d^n$-, $4f^n$- und $5f^n$-Komplexen

Die Ionen der zweiten und dritten Übergangsmetallreihe unterscheiden sich von denen der ersten Reihe u.a. durch die größeren Ionenradien und damit die Bereitschaft zu höher koordinierten Verbindungen, ferner durch geringere Elektronegativitäten und schließlich durch andere Verhältnisse der charakteristischen Parameter B, Δ und ξ. Diesen letzten Unterschied wollen wir etwas verdeutlichen.

Bei $3d$-Elektronen ist ξ von der Größenordnung $100 - 800\ \text{cm}^{-1}$, $B \approx 1000\ \text{cm}^{-1}$ und $\Delta \approx 10\,000 - 30\,000\ \text{cm}^{-1}$. Die atomare Energieaufspaltung wird etwa durch $10B$ bestimmt, so daß $10B$ und Δ von gleicher Größenordnung sind, ξ ist dagegen um fast zwei Größenordnungen kleiner. Das bedeutet, daß man die Spin-Bahn-Wechselwirkung fast immer vernachlässigen kann. Sie ergibt keine beobachtbaren Effekte, außer dem, daß sie für das Auftreten von Interkombinationsbanden verantwortlich ist (s. Abschn. 14.17). Die Konkurrenz von Δ und B führt sowohl zum Auftreten von Starkfeld- als auch von Schwachfeldkomplexen.

Bei $4d$-Elektronen ist B etwa um einen Faktor 2 kleiner und Δ etwa um einen Faktor 2 größer. Die Spin-Bahn-Wechselwirkung führt gelegentlich zu meßbaren Aufspaltungen. Da Δ i.allg. größer ist als bei $3d$, z.T. wegen der höheren Oxidationszahlen, ist meist der Fall des starken Feldes verwirklicht.

Bei den $5d$-Elektronen ist ξ bereits in der Größenordnung $1000\ \text{cm}^{-1} - 4000\ \text{cm}^{-1}$ und damit von etwa gleicher Größenordnung wie $10B$. Das Aufspaltungsschema wird recht kompliziert.

Wie schon angedeutet, läßt sich der Formalismus der Ligandenfeldtheorie auch auf die $4f$-Elektronen der Lanthaniden oder die $5f$-Elektronen der Aktiniden anwenden. Die $4f$-Elektronen der Lanthaniden (Seltenen Erden) sind so weit innen lokalisiert und so gut durch die $5s$-, $5p$- und $6s$-Elektronen nach außen hin abgeschirmt, daß das Ligandenfeldpotential kaum durchgreifen kann und die Ligandenfeldstärken deshalb extrem klein sind. Die Fälle, wo man Ligandenfeldaufspaltungen überhaupt beobachtet hat, sind so selten, daß man die Größenordnung der Ligandenfeldstärke nur abschätzen kann, sie dürfte bei $100\ \text{cm}^{-1}$ oder darunter liegen. Tatsächlich sind die Absorptionsbanden von Komplexen der Seltenen Erden fast so scharf wie bei isolierten Atomen, und man kann diese Spektren sehr gut mit der Slaterschen Atomtheorie unter völliger Vernachlässigung des Ligandenfelds beschreiben. Hund*) und später van Vleck**) haben z.B. die paramagnetische Suszeptibilität der dreifach positiven Ionen der Seltenen Erden berechnet, als lägen freie Ionen vor (vgl. I.11.4). Die Übereinstimmung mit dem Experiment war erstaunlich gut.

Der nephelauxetische Effekt spielt bei den Komplexen der Seltenen Erden eine gewisse Rolle, aber man nimmt ihn meist nicht explizit zur Kenntnis, weil man die Werte der Racah-Parameter E^1, E^2, E^3 für die freien Ionen i. allg. nicht kennt und sie an die Spektren der Komplexe anpaßt. Die Werte für den Parameter E^3, der eine ähnliche Rolle wie B bei den d^n-Komplexen spielt, liegen bei den Komplexen der Seltenen Erden alle in der Nähe von 500 cm^{-1}, wobei ein leichter Anstieg mit der Ordnungszahl zu beobachten ist. Die ξ_{4f}-Werte steigen deutlicher mit der Ordnungszahl, und sie liegen zwischen 730 cm^{-1} (Pr^{3+}) und 2940 cm^{-1} (Yb^{3+})***). Das Russel-Saunderssche Kopplungsschema ist halbwegs gültig.

Bei den Elementen mit teilweise besetzten $5f$-AO's (Aktiniden) sind die Verhältnisse etwas anders. Die $5f$-Elektronen sind weit weniger nach außen hin abgeschirmt als die $4f$-Elektronen, dementsprechend sind die Ligandenfeldstärken deutlich größer. Für die größeren Ligandenfeldstärken sind z.T. auch die höheren Oxidationszahlen verantwortlich. Wie groß Δ (bzw. genauer sein Analogon für f-AO's) wirklich ist, scheint in vielen Fällen noch umstritten zu sein, doch sind Werte in der Größenordnung 1000 cm^{-1} wahrscheinlich. Die E^3-Werte sind etwa um einen Faktor 0.5 bis 0.75 kleiner als bei den entsprechenden $4f$-Systemen, während ξ_{5f} etwa zwei- bis dreimal größer als ξ_{4f} ist. Das bedeutet, daß die Abweichungen vom Russel-Saunersschen Kopplungsschema wesentlich größer sind, aber auch, daß Aufspaltungen durch das Ligandenfeld eine Rolle spielen können.

In jüngerer Zeit haben ab-initio-Rechnungen an Übergangsmetallverbindungen sehr an Bedeutung gewonnen. Hinweise auf Übersichtsartikel und interessante Einzelarbeiten finden sich im Anhang A.3.8.

* F. Hund, Z. Phys. *33*, 855 (1925).

** J.H. van Vleck, A. Frank, Phys. Rev. *34*, 1494, 1625 (1929); J.H. van Vleck: The Theory of Electric and Magnetic Susceptibilities. Oxford Univ. Press 1932.

*** C.K. Jørgensen: Orbitals in Atoms and Molecules. Academic Press, London 1972.

15. Zwischenmolekulare Kräfte

15.1. Abgrenzung der zwischenmolekularen Kräfte gegenüber der chemischen Bindung

Beliebige Atome und Moleküle üben Kräfte großer Reichweite aufeinander aus, auch wenn keine chemische Bindung zwischen ihnen besteht. Diese Kräfte, die in der Regel anziehend sind, sind z.B. verantwortlich für die Abweichungen vom Verhalten idealer Gase, ferner dafür, daß selbst Edelgase bei tiefen Temperaturen kristallisieren etc. Rein phänomenologisch kann man die zwischenmolekularen Kräfte von den chemischen Kräften nach folgenden Kriterien unterscheiden.

1. Die Tiefe der Potentialmulde bei einer zwischen-molekularen (-atomaren) Wechselwirkung ist i.allg. wesentlich kleiner als bei einer chemischen Bindung. Ein Beispiel für die chemische Bindung ist das H_2 mit einer Bindungsenergie von 0.17 a.u.; eine typische zwischenatomare Wechselwirkung liegt im System He_2 vor, hier ist die Potentialmulde nur ca. $4 \cdot 10^{-5}$ a.u. tief. Es gibt allerdings auch ausgesprochen schwache chemische Bindungen, etwa Cs_2 mit einer Bindungsenergie von 0.02 a.u.. Andererseits sind die Potentialmulden bei Wasserstoffbrücken-Bindungen (vgl. Abschn. 13.2), die vielfach zu den zwischenmolekularen Kräften gerechnet werden, durchaus in der Größenordnung schwacher bis mittlerer chemischer Bindungen.

2. Die Gleichgewichtsabstände bei chemisch gebundenen Systemen sind deutlich kleiner als die bei durch zwischenmolekulare Kräfte zusammengehaltenen Teilsystemen. So ist der Gleichgewichtsabstand des H_2 1.4 a_0, der des He_2 5.6 a_0, allerdings ist auch der Gleichgewichtsabstand des Li_2 mit 5.05 a_0 relativ groß.

3. Auch wenn zwischenmolekulare Kräfte zu einem Minimum in der Potentialkurve zwischen zwei Atomen oder Molekülen führen, bedeutet das i.allg. nicht notwendigerweise, daß sie eine (wenn auch schwache) Bindung bewirken. Hierzu ist nämlich erforderlich, daß in der Potentialmulde zumindest ein Schwingungszustand ‚Platz hat'. So bildet He_2 kein van-der-Waals-Molekül, wohl aber Mg_2 (Tiefe der Potentialmulde ca. 1 kcal/mol)*) oder Hg_2. Einen van-der-Waals-Komplex He_3 gibt es aller Wahrscheinlichkeit nach.

4. Im Gegensatz zu den chemischen Kräften zeigen die zwischenmolekularen Kräfte keine ‚Sättigung', d.h. ein Molekül kann im Prinzip mit beliebig vielen Partnern gleichzeitig in Wechselwirkung treten, sofern das sterisch möglich ist. Die zwischenmolekularen Kräfte sind außerdem vielfach isotrop, d.h. richtungsunabhängig. Die Wechselwirkung zwischen Molekülen mit permanenten Dipolmomenten ist allerdings stark orientierungsabhängig und damit in gewisser Weise gerichtet. Feste Bindungswinkel bei van-der-Waals-Bindungen gibt es in der Regel aber nicht.

5. Zwischenmolekulare Kräfte gehorchen keinerlei Valenzregeln, die sich durch Valenzstriche symbolisieren lassen, aber auch viele echte chemische Bindungen (etwa im B_2H_6 oder in den Edelgasverbindungen) lassen sich bekanntlich im Rahmen der klassischen Valenztheorie nicht verstehen.

---

* W.J. Balfour, A.E. Douglas, Canad. J. Phys. *48*, 901 (1970).

Die Abgrenzung zwischen chemischer Bindung und zwischenmolekularen Kräften ist nach diesen phänomenologischen Kriterien nicht immer eindeutig, besser ist es, man beruft sich auf den unterschiedlichen physikalischen Mechanismus für das Zustandekommen der beiden Arten von Wechselwirkung. Wie wir sahen, hängt die chemische Bindung unmittelbar mit der Überlappung und Interferenz von Atomorbitalen zusammen, die Wechselwirkungsenergie hängt deshalb im wesentlichen exponentiell vom Abstand ab, sie ist also von kurzer Reichweite. Im Gegensatz dazu sind die zwischenmolekularen Kräfte von der Überlappung unabhängig, sie existieren auch bei Abwesenheit von Überlappung. Allerdings kann man die Überlappung trotzdem nicht einfach weglassen, sie beeinflußt die zwischenmolekularen Kräfte vor allem bei ‚mittleren' Abständen in einer nicht ganz durchsichtigen Weise. Zwischenmolekulare Kräfte beruhen im wesentlichen auf der elektrischen Wechselwirkung der Ladungsverteilungen der Teilsysteme, und zwar sowohl der direkten Coulomb-Wechselwirkung als auch der indirekten Wechselwirkung über gegenseitige Polarisation der Ladungsverteilungen. Entscheidend ist, daß die zwischenmolekularen Potentiale bei großen Abständen wie eine inverse Potenz des Abstands (i.allg. $\sim R^{-6}$) gehen und daß sie deshalb von großer Reichweite sind.

Im Sinne der Unterscheidung zwischen chemischen und zwischenmolekularen Kräften nach ihrem Zustandekommen ist es sinnvoll, beim gleichen System (z.B. H + H) je nach Abstandsbereich die auftretenden Kräfte verschieden zu klassifizieren. Die Potentialkurven des H_2-Grundzustands (der chemisch bindend ist) und des niedrigsten Triplett-Zustandes (der antibindend, abstoßend ist), fallen für $r > 12\ a_0$ praktisch zusammen. In diesem Bereich sind Überlappungseffekte zu vernachlässigen und die auftretenden attraktiven Kräfte sind eindeutig vom Typ der zwischenmolekularen (van-der-Waals) Kräfte. Die Singulett-Triplett-Aufspaltung bei kleineren Abständen sowie das Minimum der Singulett-Potentialkurve sind aber chemischer Natur, d.h. entscheidend durch die Überlappung bestimmt.

Der Verlauf der Potentialkurven bei großen Abständen gehört auch dann zur Theorie der zwischenmolekularen Kräfte, wenn bei kleinen Abständen chemische Bindung auftritt. Die eigentlichen chemischen Kräfte betreffen nur einen kleinen Abstandsbereich. Bei allen Potentialkurven ist für große Abstände die Theorie der zwischenmolekularen Kräfte, bei kleinen Abständen die Theorie der chemischen Bindung zuständig. Bei mittleren Abständen sind die Verhältnisse i.allg. nicht ganz übersichtlich.

15.2. Die klassisch-elektrostatische Wechselwirkung zwischen Molekülen. Die Multipolentwicklung

Wir wollen uns auf die Wechselwirkung zweier Teilsysteme A und B in der Born-Oppenheimer-Näherung beschränken. Die Verallgemeinerung auf beliebig viele wechselwirkende Teilsysteme ist elementar. Die beiden isolierten Teilsysteme haben die Hamilton-Operatoren

$$\mathsf{H}_A = \sum_{i=1}^{n_A} \mathsf{T}_i - \sum_{i=1}^{n_A} \sum_{\alpha=1}^{N_A} \frac{Z_\alpha}{r_{\alpha i}} + \sum_{i<j=1}^{n_A} \frac{1}{r_{ij}} + \sum_{\alpha<\beta=1}^{N_A} \frac{Z_\alpha Z_\beta}{r_{\alpha\beta}} \quad (15.2\text{–}1)$$

$$\mathbf{H}_B = \sum_{i=1}^{n_B} \mathbf{T}_i - \sum_{i=1}^{n_B} \sum_{\alpha=1}^{N_B} \frac{Z_\alpha}{r_{\alpha i}} + \sum_{i<j=1}^{n_B} \frac{1}{v_{ij}} + \sum_{\alpha<\beta=1}^{N_B} \frac{Z_\alpha Z_\beta}{r_{\alpha\beta}} \tag{15.2–2}$$

wobei n_A bzw. N_A die Zahl der Elektronen bzw. der Kerne des Teilsystems A bedeutet. Der Hamilton-Operator des aus A und B in endlichem Abstand bestehenden Gesamtsystems ist analog:

$$\mathbf{H}_{AB} = \sum_{i=1}^{n} \mathbf{T}_i - \sum_{i=1}^{n} \sum_{\alpha=1}^{N} \frac{Z_\alpha}{r_{\alpha\beta}} + \sum_{i<j=1}^{n} \frac{1}{r_{ij}} + \sum_{\alpha<\beta=1}^{N} \frac{Z_\alpha Z_\beta}{r_{\alpha\beta}} \tag{15.2–3}$$

mit

$$n = n_A + n_B \; ; \; N = N_A + N_B \tag{15.2–4}$$

Wir zerlegen $\mathbf{H}_{AB}$ in einen ungestörten Operator $\mathbf{H}_0$ und einen Störoperator $\mathbf{V}$

$$\mathbf{H}_{AB} = \mathbf{H}_0 + \mathbf{V} \; ; \; \mathbf{H}_0 = \mathbf{H}_A + \mathbf{H}_B \tag{15.2–5}$$

$$\mathbf{V} = \mathbf{V}_{\text{ke}} + \mathbf{V}_{\text{ek}} + \mathbf{V}_{\text{ee}} + \mathbf{V}_{\text{kk}} \tag{15.2–6}$$

mit

$$\mathbf{V}_{\text{ke}} = \sum_{\alpha=1}^{N_A} \sum_{i=n_A+1}^{n} \frac{Z_\alpha}{r_{\alpha i}}$$

$$\mathbf{V}_{\text{ek}} = \sum_{\alpha=n_A+1}^{N} \sum_{i=1}^{n_A} \frac{Z_\alpha}{r_{\alpha i}}$$

$$\mathbf{V}_{\text{ee}} = \sum_{i=1}^{n_A} \sum_{j=n_A+1}^{n} \frac{1}{r_{ij}}$$

$$\mathbf{V}_{\text{kk}} = \sum_{\alpha=1}^{N_A} \sum_{\beta=n_A+1}^{N} \frac{Z_\alpha Z_\beta}{r_{\alpha\beta}} \tag{15.2–7}$$

Offenbar stellt $\mathbf{V}$ die Coulombsche Wechselwirkung der Kerne und Elektronen des Systems A mit denen des Systems B dar.

Jetzt liegt eine störungstheoretische Behandlung der Wechselwirkung nahe. Seien $\Psi_A(1 \ldots n_A)$ und $\Psi_B(1 \ldots n_B)$ die Eigenfunktionen von $\mathbf{H}_A$ bzw. $\mathbf{H}_B$, so ist $\Psi_0 = \Psi_A \Psi_B$ Eigenfunktion von $\mathbf{H}_0$

$$\mathbf{H}_A \Psi_A = E_A \Psi_A \qquad (15.2\text{–}8)$$

$$\mathbf{H}_B \Psi_B = E_B \Psi_B \qquad (15.2\text{–}9)$$

$$(\mathbf{H}_A + \mathbf{H}_B)\Psi_A(1, 2 \,.\,.\, n_A)\Psi_B(n_A + 1, \ldots n) = (E_A + E_B)\Psi_A \Psi_B \qquad (15.2\text{–}10)$$

Die Störung 1. Ordnung der Energie ist (vgl. I.6.4) bekanntlich gegeben zu

$$E_1 = \langle \Psi_A \Psi_B | \mathbf{V} | \Psi_A \Psi_B \rangle \qquad (15.2\text{–}11)$$

Setzt man $\mathbf{V}$ nach (15.2–7) ein, und führt man die Integration explizit durch, so erhält man

$$E_1 = \sum_{\alpha=1}^{N_A} Z_\alpha \int \frac{\rho_B(1)}{r_{\alpha 1}} \mathrm{d}\tau_1 + \sum_{\alpha=N_A+1}^{N} Z_\alpha \int \frac{\rho_A(1)}{r_{\alpha 1}} \mathrm{d}\tau_1 +$$

$$+ \int \frac{\rho_A(1)\rho_B(2)}{r_{12}} \mathrm{d}\tau_1 \mathrm{d}\tau_2 + \sum_{\alpha=1}^{N_A} \sum_{\beta=N_A+1}^{N} \frac{Z_\alpha Z_\beta}{r_{\alpha\beta}} \qquad (15.2\text{–}12)$$

wobei ρ_A die Elektronendichte des Teilsystems A ist.

Die ersten beiden Terme in (15.2–12) entsprechen der Coulomb-Wechselwirkung der Kerne eines Teilsystems mit der ‚ungestörten' Elektronenverteilung des anderen Teilsystems, der dritte Term bedeutet die Wechselwirkung der ‚Elektronenwolken' der beiden Teilsysteme, und der letzte Term stellt die Kernwechselwirkung zwischen den Teilsystemen dar. Insgesamt ist E_1 also die elektrostatische Wechselwirkung der ungestörten Gesamtladungsverteilungen der beiden Teilsysteme.

Zu dieser Überlegung ist allerdings noch eine Anmerkung zu machen. Während der vollständige Hamilton-Operator $\mathbf{H}_{AB}$ invariant ist gegenüber beliebigen Vertauschungen der Elektronenkoordinaten (innerhalb eines Teilsystems und zwischen den Teilsystemen), hat $\mathbf{H}_0$ nicht diese (von der Quantenmechanik unbedingt geforderte) Invarianzeigenschaft, und ebenso ist die ungestörte Wellenfunktion Ψ_A (1, 2 .. n_A). $\Psi_B(n_A + 1, \ldots n)$ nur antisymmetrisch in bezug auf eine Vertauschung der Elektronen je eines Teilsystems, nicht zwischen den Teilsystemen. Eine Behebung dieses ‚Symmetrie-Dilemmas' der Störungstheorie der zwischenmolekularen Kräfte macht erstaunliche Schwierigkeiten (vgl. Abschn. 15.3). Wir brauchen uns aber, wie man zeigen kann, um dieses ‚Symmetrie-Dilemma' nicht zu kümmern, wenn wir uns nur für solche Abstände zwischen den Teilsystemen interessieren, bei denen Überlappungs- und Austauscheffekte gegenüber den elektrostatischen Wechselwirkungen zu vernachlässigen sind. In diesem Fall ist der nicht ganz korrekt abgeleitete Ausdruck (15.2–11, 12) für den Energiebeitrag E_1 in erster störungstheoretischer Ordnung in der Tat richtig. In diesem Abstandsbereich läßt sich aber noch eine andere Näherung machen, die den Ausdruck für E_1 besonders anschaulich interpretierbar macht, vor allem was eines asymptotische Abhängigkeit vom Abstand R der Teilsysteme betrifft.

Wir wählen zunächst in jedem der Teilsysteme ein eigenes Koordinatensystem mit Zentren A und B (deren Wahl im Grunde beliebig ist; die Achsen sollen aber parallel und die z-Achsen gemeinsam sein), auf das wir alle Koordinaten des betreffenden Teilsystems beziehen.

Der Abstand zwischen den beiden Zentren sei durch den Vektor $\vec{R}$ gegeben (vgl. Abb. 98). Wir definieren jetzt für jedes der Teilsysteme die sog. Multipolmomente (mit $l = 0, 1, 2 \ldots$; $m = l, l-1, \ldots -l$)

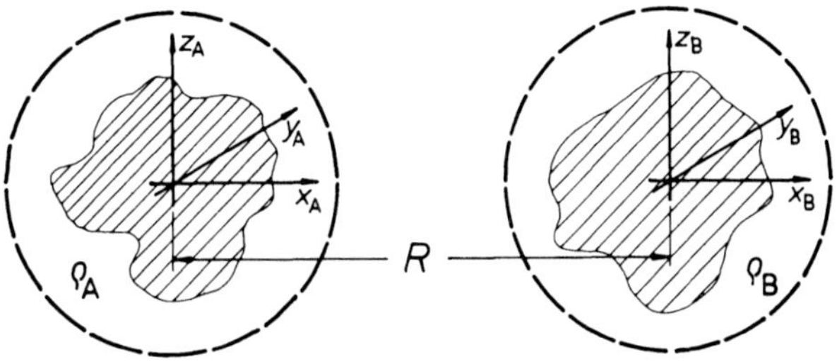

Abb. 98. Zur Erläuterung der Multipolentwicklung.

$$Q_A^{lm} = \sqrt{\frac{4\pi}{2l+1}} \left\{ - \int \rho_A(\vec{r}_A)\, r_A^l \, Y_l^m(\vartheta_A, \varphi_A)\, d\tau_A + \right.$$

$$\left. + \sum_{\alpha=1}^{N_A} Z_\alpha r_\alpha^l \, Y_l^m(\vartheta_\alpha, \varphi_\alpha) \right\} \qquad (15.2\text{–}13)$$

die jeweils aus einem Beitrag der Elektronenverteilung $\rho_A(\vec{r}_A)$ und einem Beitrag der Kerne bestehen. Die $Y_l^m(\vartheta, \varphi)$ sind die in 1.3.3 definierten Kugelfunktionen. Die einfachsten Multipolmomente mit $l = 0, 1, 2$ wollen wir uns genauer ansehen:

$$Q_A^{00} = \sqrt{4\pi} \left\{ - \int \rho_A(\vec{r}_A) \frac{1}{\sqrt{4\pi}}\, d\tau_A + \frac{1}{\sqrt{4\pi}} \sum_{\alpha=1}^{N_A} Z_\alpha \right\}$$

$$= - \int \rho_A(\vec{r}_A)\, d\tau_A + \sum_{\alpha=1}^{N_A} Z_\alpha \qquad (15.2\text{–}14)$$

Der erste Beitrag $- \int \rho_A(\vec{r}_A)\, d\tau_A$ zu Q_A^{00} ist offenbar die gesamte Elektronenladung, der zweite Beitrag ΣZ_α die gesamte Kernladung des Teilsystems A, also ist Q_A^{00} die gesamte Ladung des Teilsystems A. Von Null verschieden ist Q_A^{00} nur bei Ionen.

$$Q_A^{1,\pm 1} = \sqrt{\frac{4\pi}{3}} \Big[-\int r_A \rho_A(\vec{r}_A) \sqrt{\frac{3}{8\pi}} \sin\vartheta_A \, e^{\pm i\varphi_A} \, d\tau_A + $$

$$+ \sum_{\alpha=1}^{N_A} Z_\alpha r_\alpha \sqrt{\frac{3}{8\pi}} \sin\vartheta_\alpha \, e^{\pm i\varphi_\alpha}$$

$$= \frac{1}{\sqrt{2}} \Big[-\int (x_A \pm i y_A) \, \rho_A(\vec{r}_A) \, d\tau_A + \sum_{\alpha=1}^{N_A} Z_\alpha (x_\alpha \pm i y_\alpha) \Big]$$

$$Q_A^{1,0} = \sqrt{\frac{4\pi}{3}} \Big[-\int r_A \rho_A(\vec{r}_A) \sqrt{\frac{3}{4\pi}} \cos\vartheta_A \, d\tau_A + $$

$$+ \sum_{\alpha=1}^{N_A} Z_\alpha r_\alpha \sqrt{\frac{3}{4\pi}} \cos\vartheta_\alpha \Big]$$

$$= -\int z_A \rho_A(\vec{r}_A) \, d\tau_A + \sum_{\alpha=1}^{N_A} Z_\alpha z_\alpha \qquad (15.2\text{–}15)$$

Man sieht unmittelbar den Zusammenhang zum Dipolmomentvektor

$$\vec{m} = -\int \vec{r} \rho_A(\vec{r}_A) \, d\tau_A + \sum_{\alpha=1}^{N_A} Z_\alpha \vec{r}_\alpha \qquad (15.2\text{–}16)$$

Offensichtlich ist

$$Q_A^{1,0} = m_z^A \; ; \qquad Q_A^{1,\pm 1} = \frac{1}{\sqrt{2}} (m_x^A \pm i m_y^A) \qquad (15.2\text{–}17)$$

Also repräsentieren $Q_A^{1,0}$ und $Q_A^{1,\pm 1}$ das permanente Dipolmoment des Teilsystems A. Analog stellen die fünf Größen $Q_A^{2,0}$, $Q_A^{2,\pm 1}$, $Q_A^{2,\pm 2}$ das permanente Quadrupolmoment des Teilsystems A dar. Diese Q_A^{2m}, die wir nicht explizit hinschreiben wollen, sind komplexe Größen. Analog wie bei den fünf komplexen d-Funktionen des H-Atoms (I.4.5) kann man hieraus die fünf reellen Linearkombinationen Θ_{xy}, Θ_{yz}, Θ_{zx}, $\Theta_{x^2-y^2}$, Θ_{z^2} bilden. Oft führt man sechs Komponenten ein: Θ_{xy}, Θ_{yz}, Θ_{zx}, Θ_{xx}, Θ_{yy}, Θ_{zz}, die man als symmetrische Matrix zusammenfaßt

$$\Theta = \begin{pmatrix} \Theta_{xx} & \Theta_{xy} & \Theta_{zx} \\ \Theta_{xy} & \Theta_{yy} & \Theta_{yz} \\ \Theta_{zx} & \Theta_{yz} & \Theta_{zz} \end{pmatrix} \qquad (15.2\text{–}18)$$

mit der Nebenbedingung $\Theta_{xx} + \Theta_{yy} + \Theta_{zz} = 0$. Man nennt Θ auch den Quadrupolmomenttensor. Mögen die reellen Komponenten von Dipol- und Quadrupolmoment auch anschaulicher sein, man rechnet aber bequemer mit den komplexen Ausdrücken.

Es sei noch darauf hingewiesen, daß die Werte der Multipolmomente i.allg. von der Wahl des Ursprungs des Koordinatensystems abhängen, denn wir haben ja zur Definition der Q^{lm} ein Koordinatensystem im Teilsystem A festlegen müssen.

Einzig die Multipolmomente der ersten nichtverschwindenden Ordnung in l sind von der Wahl des Ursprungs unabhängig, d.h. in Ionen die Gesamtladung Q^{00}, in Neutralsystemen das Dipolmoment Q^{1m} bzw. $\vec{m}$, in Neutralmolekülen ohne permanentes Dipolmoment das Quadrupolmoment Q^{2m} bzw. Θ etc. In einem geladenen System ist z.B. das Dipolmoment ursprungsabhängig, die Angabe eines Dipolmoments ist dann nur sinnvoll, wenn man gleichzeitig den Bezugspunkt angibt.

Unter der Voraussetzung, daß die Ladungsverteilungen der Teilsysteme A und B sich vollständig in zwei verschiedenen , einander nicht berührenden Kugeln um die Zentren der jeweiligen Koordinatensysteme befinden (vgl. Abb. 98), läßt sich die gesamte elektrostatische Wechselwirkung als eine Summe über die Wechselwirkungen der jeweiligen Multipolmomente schreiben.

$$E_1 = \sum_{l_A=0}^{\infty} \sum_{l_B=0}^{\infty} \sum_{m=-l_<}^{l_<} \frac{(-1)^{l_B+m}\,(l_A+l_B)!}{\sqrt{(l_A+m)!\,(l_B+m)!\,(l_A-m)!\,(l_B-m)!}} \times \frac{Q_A^{l_A m}\, Q_B^{*\,l_B m}}{R^{l_A+l_B+1}} \qquad (15.2\text{–}19)$$

Hierbei bedeutet $l_<$ das kleinere von l_A und l_B.

Man erhält diesen Ausdruck, wenn man im Störoperator **V** (15.2–6, 7) für $\frac{1}{r_{ij}}$, $\frac{1}{r_{\alpha i}}$ und $\frac{1}{r_{\alpha\beta}}$ die sog. Bipolarentwicklung (15.3–1) [bzw. wenn ein Kern α im Ursprung A liegt, für $\frac{1}{r_{\alpha i}}$ die Laplace-Entwicklung (15.3–5)] einsetzt und voraussetzt, daß die Ladungen der beiden Teilsysteme sich vollständig in zwei einander nicht überlappenden Kugelschalen befinden. Wir wollen die Ableitung an dieser Stelle nicht durchführen*), wir werden aber auf die Bipolarentwicklung noch zu sprechen kommen.

Wenn R genügend groß ist, wird E_1 im wesentlichen durch den Beitrag der ersten nicht verschwindenden Potenz von $\frac{1}{R}$ bestimmt. Der Term in $\frac{1}{R^1}$ ist

$$\frac{Q_A^{00}\, Q_B^{00}}{R} \qquad (15.2\text{–}20)$$

---

* Bez. Einzelheiten s. J.O. Hirschfelder, C.F. Curtiss, R.B. Bird: The Molecular Theory of Gases and Liquids. Wiley, New York, 1967.

d.h. gleich der Coulomb-Wechselwirkung der freien Ladungen. Hat zumindest eines der Teilsysteme keine freie Ladung, so verschwindet dieser Term. Proportional zu $\frac{1}{R^2}$ ist

$$\frac{Q_A^{10}\,Q_B^{00}}{R^2} - \frac{Q_A^{00}\,Q_B^{10}}{R^2} \tag{15.2–21}$$

Das ist die Wechselwirkung zwischen der freien Ladung Q_B^{00} des einen Systems und der z-Komponente ($\vec{R}$ hat z-Richtung) des Dipolmoments des anderen Teilsystems. Dieser Beitrag verschwindet, wenn weder A noch B eine freie Ladung haben, der erste nichtverschwindende Term ist dann der der Dipol-Dipol-Wechselwirkung

$$-\frac{1}{R^3}\,[2Q_A^{10}\,Q_B^{10} - Q_B^{1-1} - Q_A^{1-1}\,Q_B^{11}\,]$$

$$= -\frac{1}{R^3}\,[2m_z^A\,m_z^B - m_x^A m_x^B - m_y^A\,m_y^B] \tag{15.2–22}$$

Allgemein gilt

freie Ladung	x	freie Ladung	$\Delta E \sim R^{-1}$
freie Ladung	x	Dipol	$\sim R^{-2}$
freie Ladung	x	Quadrupol	$\sim R^{-3}$
Dipol	x	Dipol	$\sim R^{-3}$
Dipol	x	Quadrupol	$\sim R^{-4}$
Quadrupol	x	Quadrupol	$\sim R^{-5}$

Zur Ableitung der Multipolentwicklung der Wechselwirkungsenergie muß man, wie gesagt, die Annahme machen, daß die beiden Ladungsverteilungen so voneinander getrennt sind, daß sie in zwei einander nicht durchdringenden Kugeln Platz haben (Abb. 98). Diese Voraussetzung ist bei Molekülen oder Atomen nicht streng gegeben, da ihre Wellenfunktionen sich bis ins Unendliche erstrecken, wenn sie auch exponentiell abfallen. Diese Tatsache hat zur Konsequenz, daß die Multipolentwicklung keine konvergente Potenzreihenentwicklung, wohl aber eine asymptotische Reihe darstellt*). (Zur Definition asymptotischer Entwicklungen s. Fußnote auf S. 16.) Das bedeutet, daß es i.allg. nur sinnvoll ist, die ersten Terme in der Multipolentwicklung zu betrachten. Außerdem ist die hier gegebene Entwicklung noch nicht end-

---

* R. Ahlrichs, Theoret. Chim. Acta. *41*, 7 (1976); J. D. Morgan u. B. Simon, Int. J. Quantum Chem. *17*, 1143 (1980).

gültig, weil wir das Wechselwirkungspotential formal nur in erster störungstheoretischer Näherung behandelt haben. Beiträge höherer Ordnung, mit denen wir uns in den folgenden Abschnitten befassen, erweisen sich als ähnlich wichtig.

15.3. Quantenmechanische Formulierung der zwischenmolekularen Kräfte

Wir haben im vorigen Abschnitt den gesamten Hamilton-Operator $\mathbf{H}_{AB}$ (15.2–3) in einen ungestörten Hamilton-Operator $\mathbf{H}_0 = \mathbf{H}_A + \mathbf{H}_B$ (15.2–5) und einen Störoperator (15.2–6, 7) zerlegt und haben anschließend die Störenergie erster Ordnung E_1 (15.2–11, 12) berechnet und gesehen, daß diese genau die elektrostatische Wechselwirkung der ungestörten Teilsysteme darstellt.

Es liegt nahe, auch die Störbeiträge höherer Ordnung im Rahmen des allgemeinen Formalismus (I. 6.4) zu berechnen, um, anschaulich gesprochen, auch diejenigen Effekte zu erfassen, die daher rühren, daß die Teilsysteme sich unter dem Einfluß der Wechselwirkung etwas verändern. Tatsächlich versagt hier aber die systematische Anwendung der Rayleigh-Schrödingerschen Störungsrechnung, und zwar offenbar deshalb, weil die ungestörte Wellenfunktion $\Psi_0 = \Psi_A \Psi_B$ nur antisymmetrisch in bezug auf die Elektronen je eines Teilsystems ist, die exakte Eigenfunktion von $\mathbf{H}_{AB} = \mathbf{H}_0 + \mathbf{V}$ aber antisymmetrisch in bezug auf eine Vertauschung sämtlicher Teilchen sein muß. Die Störfunktionen 1. 2. etc. Ordnung müssen deshalb u.a. dafür sorgen, daß die Funktion Ψ schließlich voll antisymmetrisch wird. Die Störung besteht nur zu einem geringen Teil in der Wechselwirkung, sie hat hauptsächlich mit einer Erhöhung der Symmetrie zu tun. Die Störung ist deshalb sicher nicht als klein anzusehen. Man kann sogar zeigen[*], daß, von der Wechselwirkung zweier Einelektronensysteme (etwa zweier H-Atome) abgesehen, die Störentwicklung, wenn sie überhaupt konvergiert, nicht gegen einen physikalisch zulässigen (d.h. voll antisymmetrischen) Zustand konvergiert.

Das ‚Symmetrie-Dilemma' der Störungstheorie der zwischenmolekularen Wechselwirkung, das eigentlich schon in der grundlegenden Arbeit von Eisenschitz und London[**] auftritt, hat in den 60er-Jahren die Gemüter sehr erregt[***]. Interessanterweise führt das Symmetrie-Dilemma aber nur dann zu Schwierigkeiten, wenn man für festen Abstand R (und feste Orientierung) die Wechselwirkungsenergie im Sinne der Störungstheorie ‚ohne natürlichen Störparameter' (I.6.7) nach Potenzen des Störpotentials $\mathbf{V}$ entwickeln will, nicht jedoch, wenn man sich für die asymptotische Entwicklung der Energie nach Potenzen von $\frac{1}{R}$ interessiert[1)]. Das hängt damit zusammen, daß diejenigen Effekte, die mit Überlappung und Austausch zu tun haben und die man nur erfaßt, wenn die Wellenfunktion richtig antisymmetrisch ist,

---

* P. Claverie, Int. J. Quant. Chem. *5*, 273 (1971).

** R.S. Eisenschitz, F. London, Z. Phys. *60*, 491 (1930).

*** Eine Übersicht über die verschiedenen Arbeiten zu diesem Thema geben u.a. J.O. Hirschfelder in Chem. Phys. Lett. *1*, 325, 363 (1967) sowie D.M. Chipman, J.D. Bowman, J.O. Hirschfelder, J. Chem. Phys. *59*, 2838 (1973).

1) Bez. der Definition einer asymptotischen Entwicklung s. Fußnote auf S. 16.

exponentiell vom Abstand abhängen und deshalb in das asymptotische Verhalten nicht eingehen (sämtliche Koeffizienten der asymptotischen Entwicklung nach Potenzen von $\frac{1}{R}$ verschwinden nämlich wie $e^{-\alpha R}$).

Wir haben im vorigen Abschnitt für den Spezialfall der elektrostatischen Wechselwirkung ungestörter Teilsysteme bereits die asymptotische Entwicklung nach Potenzen von $\frac{1}{R}$ diskutiert, nämlich die Multipolentwicklung (15.2–19). Zwar ist an dieser Entwicklung unbefriedigend, daß sie nicht konvergiert, sondern nur asymptotisch ist, dafür läßt sich aber der Ausdruck (15.2–19) so verallgemeinern, daß er bis zu einer beliebigen störungstheoretischen Ordnung richtig ist. Anders gesagt, läßt sich zwar nicht der geschlossene Ausdruck (15.2–12) für die Wechselwirkung so verbessern, daß die gegenseitige Beeinflussung der Teilsysteme berücksichtigt wird, wohl ist eine solche Verbesserung aber für den asymptotischen Ausdruck (15.2–19) möglich.

Beschränken wir uns darauf, die asymptotische Entwicklung der Energie nach Potenzen von $\frac{1}{R}$ zu berechnen, so können wir (wie sich streng zeigen läßt*)) so tun, als existiere das Symmetrie-Dilemma nicht, und wir können das Potential **V** durch seine Multipolentwicklung ersetzen. Wir haben in Abschn. 15.2 bereits die Multipolentwicklung des Erwartungswerts $\langle \Psi_A \Psi_B | \mathbf{V} | \Psi_A \Psi_B \rangle$ verwendet. Jetzt brauchen wir die entsprechende Entwicklung des Operators **V**.

Zu seiner Ableitung gehen wir davon aus, daß der reziproke Abstand zwischen zwei Teilchen der verschiedenen Teilsysteme, bezogen auf die jeweiligen Koordinatensysteme (vgl. Abb. 98), sich streng durch die sog. Bipolarentwicklung**) ausdrücken läßt.

$$\frac{1}{|\vec{r}_a - \vec{r}_b - \vec{R}|} = \sum_{l_a=0}^{\infty} \sum_{l_b=0}^{\infty} \sum_{m=-l_<}^{l_<} b_{l_a l_b}^m (r_a, r_b, R)\, Y_{l_a}^m\left(\frac{\vec{r}_a}{r_a}\right) Y_{l_b}^{-m}\left(\frac{\vec{r}_b}{r_b}\right) \tag{15.3–1}$$

Dies ist gewissermaßen eine Erweiterung der in I.10.6 besprochenen Laplace-Entwicklung. Die Funktionen b haben eine verschiedene Form je nach dem Größenverhältnis von r_a, r_b und R. Es gibt vier Bereiche, die gekennzeichnet sind durch

$$\begin{array}{ll} \text{I} & r_a + r_b < R \\ \text{II} & R + r_a < r_b \\ \text{III} & R + r_b < r_a \\ \text{IV} & r_a - r_b \leqslant R \leqslant r_a + r_b \end{array} \tag{15.3–2}$$

* R. Ahlrichs, l.c.

** Bez. Einzelheiten s. Hirschfelder, Curtiss, Bird, l.c.

Die expliziten Formeln für die $b^m_{l_a l_b}$ in den vier Bereichen, die z.T. recht länglich sind, sollen hier nicht angegeben werden*). Wir interessieren uns nämlich nur für den Bereich I (vgl. Abb. 98), in dem gilt:

$$b^m_{l_a l_b}(r_a, r_b, R) = d^m_{l_a l_b} \frac{r_a^{l_a} r_b^{l_b}}{R^{l_a+l_b+1}} \tag{15.3–3}$$

Die Faktoren d hängen dabei nicht von r_a, r_b und R ab, sondern nur von l_a, l_b und m gemäß

$$d^m_{l_a l_b} = \frac{4\pi}{(2l_a+1)(2l_b+1)} \frac{(l_a+l_b)!\,(-1)^{l_a+m}}{\sqrt{(l_a+m)!\,(l_a-m)!\,(l_b+m)!\,(l_b-m)!}} \tag{15.3–4}$$

Eine gewisse Komplikation ergibt sich dadurch, daß die Bipolarentwicklung nicht gilt, wenn r_a oder r_b gleich Null ist. Dann muß man die Laplace-Entwicklung (I.10.6) benutzen.

$$\frac{1}{|\vec{r}_a - \vec{R}|} = \sum_{k=0}^{\infty} \frac{r_a^k}{R^{k+1}} \sqrt{\frac{4\pi}{2k+1}}\; Y_k^0(\vartheta_a, \varphi_a) \tag{15.3–5}$$

Macht man für jeden Beitrag zu $\mathbf{V}$ (15.2–7) die Bipolarentwicklung (bzw. evtl. die Laplace-Entwicklung), und unterstellt man, daß man immer die Voraussetzungen für den Fall I machen kann, so ergibt sich jeder Beitrag formal als eine Potenzreihe in $\frac{1}{R}$. Wir fassen die Glieder zusammen, so daß insgesamt

$$\mathbf{V} \sim \sum_{k=1}^{\infty} \frac{\mathbf{V}_k}{R^k} \tag{15.3–6}$$

wobei wir die expliziten Ausdrücke für die $\mathbf{V}_k$ nicht hingeschrieben haben. Jetzt liegt es nahe, Störungstheorie mit $\frac{1}{R}$ als natürlichem Störparameter zu treiben (vgl. I.6.4), wobei man E und Ψ ebenfalls als Potenzreihen in $\frac{1}{R}$ erhält. Man nennt (15.3–6) die Multipolentwicklung des Wechselwirkungspotentials $\mathbf{V}$. Man erhält diese aus der exakt richtigen Bipolarentwicklung (bzw. Laplace-Entwicklung), wenn man auf die Fall-Unterscheidung (15.3–2) verzichtet und für alle Werte von r_a, r_b und R diejenigen Formeln nimmt, die nur für $r_a + r_b < R$ (Fall I) richtig sind. Die Multipolentwicklung (15.3–6) ist deshalb keine korrekte Entwicklung von $\mathbf{V}$, und wir haben deshalb kein Gleichheitszeichen geschrieben, sondern das Zeichen $\sim$ für

---

* Hirschfelder, Curtiss, Bird, l.c.

asymptotisch gleich benutzt. Entscheidend ist nun aber, daß wir uns ja auch nicht für eine strenge Entwicklung der Wechselwirkungsenergie nach irgendwelchen Störparametern interessieren, sondern für die asymptotische Entwicklung der Wechselwirkungsenergie nach Potenzen von $\frac{1}{R}$, und genau die Koeffizienten dieser Entwicklung (die im übrigen eindeutig ist) erhält man exakt*), wenn man $\mathbf{V}$ durch seine Multipolentwicklung (15.3–6) ersetzt und Störungstheorie mit $\frac{1}{R}$ als natürlichem Störparameter treibt.

Der Formalismus zur Berechnung der Koeffizienten einer asymptotischen Störentwicklung ist der gleiche wie für diejenigen einer konvergenten Störentwicklung.

Obwohl es naheliegt, die Störungstheorie systematisch mit $\frac{1}{R}$ als natürlichem Störparameter durchzuführen, wird vielfach ein anderer Weg gewählt, nämlich daß man $\mathbf{V}$ in seiner Multipolentwicklung, d.h. die rechte Seite von (15.3–6), als Störung auffaßt und Störungstheorie mit diesem gesamten $\mathbf{V}$ im Sinne der Störungstheorie ohne natürlichen Störparameter treibt. (Man könnte also statt $\mathbf{V}$ einfach $\lambda\mathbf{V}$ schreiben, nach Potenzen von λ entwickeln und zum Schluß $\lambda = 1$ setzen.) Diese Störungstheorie mit $\mathbf{V}$ als Störung hat den Vorteil, daß man für die Störungsenergie erster Ordnung E_1 genau den in Abschn. 15.2 diskutierten Ausdruck (15.2–19) erhält, der die Coulomb-Wechselwirkung der ungestörten Teilsysteme darstellt, während die Beiträge zur Energie, die auf einer Änderung der Wellenfunktion als Folge der Wechselwirkung beruhen, im wesentlichen in E_2 stecken.

Wenn weder A noch B irgendein permanentes Multipolmoment (freie Ladung, Dipolmoment etc.) besitzen, so verschwindet die Störenergie 1. Ordnung E_1 nach (15.2–19), und die Störenergie 2. Ordnung (im Sinne der Entwicklung nach $\lambda\mathbf{V}$) bestimmt im wesentlichen die Wechselwirkung. Da zwischen neutralen Teilsystemen der erste nicht-verschwindende Beitrag in der Multipolentwicklung von $\mathbf{V}$ derjenige der Dipol-Dipol-Wechselwirkung ist, der proportional zu $\frac{1}{R^3}$ ist (wir werden das in Abschn. 15.5 an einem Beispiel erläutern), beginnt E_2 (das ja von 2. Ordnung in $\mathbf{V}$ ist) mit einem Term proportional zu $\frac{1}{R^6}$, der als Dispersionsenergie bezeichnet wird und der der erste nicht-verschwindende Beitrag zwischen Atomen und Molekülen ohne permanente Ladungen, Dipolmomente und Quadrupolmomente ist. Hat ein Teilsystem eine freie Ladung, das andere aber keine niederen Multipolmomente, so ist der dominante Beitrag zur Energie die sog. Induktionsenergie $\sim \frac{1}{R^4}$. Sowohl Induktionsenergie als Dispersionsenergie, mit denen wir uns in den folgenden Abschnitten befassen werden, sind immer anziehend, während die Wechselwirkungen zwischen permanenten Multipolen je nach der relativen Orientierung anziehend oder abstoßend sein können, derart, daß bei Mittelung über alle Orientierungen (außer bei der Wechselwirkung zwischen zwei freien Ladungen) die Wechselwirkung verschwindet. In Wirklichkeit tritt indes keine Mittelung über alle Orientierungen auf,

* R. Ahlrichs, l.c.

weil die energetisch günstigeren Orientierungen etwas bevorzugt auftreten. Eine genauere Diskussion dieses Sachverhaltes gehört in die statistische Mechanik.

15.4. Induktion

Die sog. Induktionswechselwirkung tritt zwischen einem Teilsystem B mit einer freien Ladung und einem neutralen Teilsystem A auf. Hat das Teilsystem A weder ein permanentes Dipol- noch ein permanentes Quadrupolmoment, so ist der Induktionsbeitrag der erste Term in der $\frac{1}{R}$-Entwicklung der Energie. Wir wollen diese Wechselwirkung am Beispiel H-Atom + H^+-Ion explizit durchrechnen, aber vorher eine allgemeine, mehr anschauliche Überlegung zum Allgemeinfall anstellen.

Das geladene Teilsystem B (wir nehmen an, die Ladung sei + 1) erzeugt am Ort des Teilsystems A ein elektrisches Feld der Feldstärke $\mathcal{E} = \frac{1}{R^2}$ in z-Richtung (die beiden Koordinatensystemen gemeinsame Achse sei die z-Achse). Der Abstand R sei groß gegenüber den Dimensionen der Teilsysteme, so daß das Feld am Teilsystem A als homogen angesehen werden kann. Das Feld induziert ein Dipolmoment $\mu = \frac{\alpha}{2}\mathcal{E}$, wobei α die Polarisierbarkeit des Systems A ist. Die Wechselwirkungsenergie zwischen dem Feld und dem induzierten Dipol ist

$$\Delta E = -\mathcal{E}\cdot\mu = -\mathcal{E}^2\cdot\frac{\alpha}{2} = \frac{-\alpha}{2R^4} \tag{15.4–1}$$

Wir haben damit die Induktion auf das Verhalten eines Teilsystems in einem homogenen elektrischen Feld zurückgeführt. Sei $\mathbf{H}_0$ der ungestörte Operator dieses Teilsystems und $\mathbf{H}$ der Operator in einem homogenen elektrischen Feld der Feldstärke $\mathcal{E}$ in z-Richtung

$$\mathbf{H} = \mathbf{H}_0 + z\mathcal{E} \tag{15.4–2}$$

so ist die Polarisierbarkeit definiert als

$$\alpha = -\left(\frac{\partial^2 E}{\partial \mathcal{E}^2}\right)_{\mathcal{E}=0} \tag{15.4–3}$$

wobei E der betrachtete Eigenwert von $\mathbf{H}$ ist. Die Energie E werde nach Potenzen von $\mathcal{E}$ entwickelt

$$E = E_0 + E_1\cdot\mathcal{E} + E_2\mathcal{E}^2 + \ldots. \tag{15.4–4}$$

Die Störung 1. Ordnung E_1 ergibt sich (s. I. 6.4) als

$$E_1 = \langle\Psi_0|z|\Psi_0\rangle = m_z \tag{15.4–5}$$

wobei m_z die z-Komponente des Dipolmoments ist. Verschwindet m_z, so ist

$$E = E_0 - \frac{1}{2}\alpha\mathcal{E}^2 + \ldots\ldots ; \quad \alpha = -2E_2 \tag{15.4–6}$$

Zur Berechnung von E_2 und damit von α muß man die inhomogene Differentialgleichung

$$(\mathbf{H}_0 - E_0)\Psi_1 = -(z - E_1)\Psi_0 \tag{15.4–7}$$

lösen und kann dann E_2 aus Ψ_1 berechnen zu

$$E_2 = \langle\Psi_0|z|\Psi_1\rangle \tag{15.4–8}$$

Im Falle des H-Atoms mit $\mathbf{H}_0 = -\frac{1}{2}\Delta - \frac{1}{r}$; $E = -\frac{1}{2}$; $E_1 = 0$, $\Psi_0 = Ne^{-r}$ läßt sich die Differentialgleichung (15.4–7) geschlossen lösen

$$\left(-\frac{1}{2}\Delta - \frac{1}{r} + \frac{1}{2}\right)\Psi_1 = -Nze^{-r} \tag{15.4–9}$$

$$\Psi_1 = -N \cdot z \cdot e^{-r}\left(\frac{r}{2} - 1\right) \tag{15.4–10}$$

$$E_2 = -\frac{9}{4}\,\text{a.u.} \quad ; \quad \alpha = \frac{9}{2}\,\text{a.u.} \tag{15.4–11}$$

Folglich erhalten wir für die Induktionswechselwirkung zwischen einem Proton und einem H-Atom in atomaren Einheiten

$$E_{\text{ind}} = \frac{-\alpha}{2R^4} = -\frac{9}{4R^4} \tag{15.4–12}$$

Dieses Ergebnis erhält man auch, wenn man konsequent die Störungstheorie mit $\frac{1}{R}$ als natürlichem Störparameter anwendet. Der gesamte Hamilton-Operator ist (vgl. Abb. 14)

$$\mathbf{H}_{AB} = -\frac{1}{2}\Delta - \frac{1}{r_a} - \frac{1}{r_b} + \frac{1}{R} \tag{15.4–13}$$

Der ungestörte Operator ist (nur das Teilsystem A hat ein Elektron, folglich einen ungestörten Operator)

$$\mathbf{H}_0 = \mathbf{H}_A = -\frac{1}{2}\Delta - \frac{1}{r_a} \tag{15.4–14}$$

Daraus folgt für die Störung

$$\mathbf{V} = -\frac{1}{r_b} + \frac{1}{R} \tag{15.4–15}$$

Für $-\frac{1}{r_b}$ setzen wir die Laplace-Entwicklung (für den Fall $r_b < R$) ein

$$-\frac{1}{r_b} = -\sum_{k=0}^{\infty} \sqrt{\frac{4\pi}{(2k+1)}} \frac{r_b^k}{R^{k+1}} Y_k^0 (\vartheta, \varphi) \tag{15.4–16}$$

Der Beitrag mit $k = 0$ ist $\left(\text{wegen } Y_0^0 = \frac{1}{\sqrt{4\pi}}\right)$ genau gleich $-\frac{1}{R}$, er kompensiert sich also mit dem $\frac{1}{R}$ in (15.4–15), so daß wir für $\mathbf{V}$ die folgende $\frac{1}{R}$-Entwicklung erhalten

$$\mathbf{V} = -\sum_{k=1}^{\infty} \sqrt{\frac{4\pi}{2k+1}} \frac{r_b^k}{R^{k+1}} Y_k^0 (\vartheta, \varphi) = \sum_{l=2}^{\infty} \frac{\mathbf{V}_l}{R^l} \tag{15.4–17}$$

mit

$$\mathbf{V}_l = -\sqrt{\frac{4\pi}{2l-1}} r_b^{l-1} Y_{l-1}^0 (\vartheta, \varphi) \tag{15.4–18}$$

Der natürliche Störparameter ist $\frac{1}{R}$.

Wir schreiben jetzt ϕ_k und ϵ_k für die k-te Ordnung $(k > 0)$ der Wellenfunktion und Energie in der Entwicklung nach Potenzen von $\frac{1}{R}$, damit keine Verwechslung mit den entsprechenden Koeffizienten der Entwicklung nach Potenzen von $\mathcal{E}$ möglich ist. Da $\mathbf{V}_1$ verschwindet, ist auch $\epsilon_1 = \langle \Psi_0 | \mathbf{V}_1 | \Psi_0 \rangle = 0$, ferner verschwindet ϕ_1, da

$$(\mathbf{H}_0 - E_0)\phi_1 = -(\mathbf{V}_1 - \epsilon_1)\Psi_0 = 0 \tag{15.4–19}$$

(ϕ_1 ist orthogonal zu Ψ_0 und deshalb – sofern E_0 nicht entartet ist, was für den Grundzustand des H-Atoms zutrifft – sicher nicht Eigenfunktion von $\mathbf{H}_0$ zum Eigenwert E_0), und hieraus folgt auch, daß

$$\epsilon_2 = \langle \Psi_0 | \mathbf{V}_1 | \phi_1 \rangle = 0 \tag{15.4–20}$$

Das erste nichtverschwindende ϕ_k ist ϕ_2, und es genügt der Differentialgleichung

$$(\mathbf{H}_0 - E_0)\phi_2 = -(\mathbf{V}_2 - \epsilon_2)\Psi_0 = -\mathbf{V}_2\Psi_0 \tag{15.4–21}$$

Da

$$\mathbf{V}_2 = -\sqrt{\frac{4\pi}{3}}\, r Y_1^0(\vartheta, \varphi) = -r\cos\vartheta = -z \tag{15.4–22}$$

löst $-\phi_2$ die gleiche inhomogene Differentialgleichung (15.4–7) wie Ψ_1 (die Störfunktion 1. Ordnung in der Entwicklung nach Potenzen von $\mathcal{E}$). Also ist $\phi_2 = -\Psi_1$ und

$$\epsilon_4 = \langle \Psi_0 | \mathbf{V}_2 | \phi_2 \rangle = -\langle \Psi_0 | z | \phi_2 \rangle = \langle \Psi_0 | z | \Psi_1 \rangle = E_2 = -\frac{9}{4} \text{ a.u.} \tag{15.4–23}$$

und damit

$$E = E_0 - \frac{9}{4R^2} \tag{15.4–24}$$

Für $R > 15\ a_0$ läßt sich die Energie des H_2^+-Grundzustandes (ebenso wie die des tiefsten $1\sigma_u$-Zustandes) recht gut durch (15.4–24) beschreiben. Bei kleineren Abständen werden allerdings chemische Wechselwirkungen (s. Kap. 4) dominant.

15.5. Dispersion

Die Dispersionswechselwirkung ist der dominante langreichweitige Beitrag zur Wechselwirkungsenergie zweier neutraler Teilsysteme ohne permanente Dipol-, Quadrupol- und Oktupolmomente. Wir wollen diese typisch quantenmechanische und klassisch schwer deutbare Erscheinung gleich am Beispiel der Wechselwirkung zweier H-Atome bei großen Abständen erläutern.

Der gesamte Hamilton-Operator ist (vgl. Abb. 14)

$$\mathbf{H} = -\frac{1}{2}\Delta_1 - \frac{1}{2}\Delta_2 - \frac{1}{r_{a1}} - \frac{1}{r_{a2}} - \frac{1}{r_{b1}} - \frac{1}{r_{b2}} + \frac{1}{r_{12}} + \frac{1}{R} \tag{15.5–1}$$

Der ungestörte Operator ist

$$\mathbf{H}_0 = -\frac{1}{2}\Delta_1 - \frac{1}{r_{a1}} - \frac{1}{2}\Delta_2 - \frac{1}{r_{b2}} \tag{15.2–2}$$

Im Störungsoperator

$$\mathbf{V} = \mathbf{H} - \mathbf{H}_0 = -\frac{1}{r_{a2}} - \frac{1}{r_{b1}} + \frac{1}{r_{12}} + \frac{1}{R} \tag{15.5–3}$$

benutzen wir für $\frac{1}{r_{a2}}$ sowie $\frac{1}{r_{b1}}$ die Laplace-Entwicklung (15.3–5) und für $\frac{1}{r_{12}}$ die Bipolarentwicklung (15.3–1). Ähnlich wie im Beispiel des H_2^+ von Abschn. 15.4 kompensieren sich die $\frac{1}{R}$-Beiträge zu $\mathbf{V}$ vollständig, außerdem kompensieren sich die Beiträge in $\frac{1}{R^2}$, so daß verbleibt

$$\mathbf{V} = \sum_{l=3}^{\infty} \frac{\mathbf{V}_l}{R^l} \tag{15.5–4}$$

Das erste nicht verschwindende $\mathbf{V}_l$ ist

$$\begin{aligned}\mathbf{V}_3 &= -\sqrt{\frac{4\pi}{3}} \Big[2Y_1^0(\vartheta_{a1}, \varphi_{a1})\, Y_1^0(\vartheta_{b2}, \varphi_{b2}) - Y_1^1(\vartheta_{a1}, \varphi_{a1})\, Y_1^{-1}(\vartheta_{b2}, \varphi_{b2}) - \\ &\quad - Y_1^{-1}(\vartheta_{a1}, \varphi_{a1})\, Y_1^1(\vartheta_{b2}, \varphi_{b2})\Big] \\ &= -(2z_{a1}z_{b2} - x_{a1}x_{b2} - y_{a1}y_{b2})\end{aligned} \tag{15.5–5}$$

Entsprechend ist Ψ_3 der erste nicht verschwindende Störungsbeitrag zu Ψ. Die inhomogene Differentialgleichung für Ψ_3

$$(\mathbf{H}_0 - E_0)\,\Psi_3 = \mathbf{V}_3\Psi_0 \tag{15.5–6}$$

läßt sich nicht geschlossen lösen, und damit erhält man auch keinen geschlossenen Ausdruck für den ersten nicht verschwindenden Beitrag zur Wechselwirkungsenergie

$$E_6 = \langle\Psi_0|\,\mathbf{V}_3|\,\Psi_3\rangle \tag{15.5–7}$$

Immerhin lassen sich beliebig genaue Näherungslösungen erhalten.
Der Wert

$$E_6 = -6.49903 \text{ a.u.}^{*)}$$

ist deshalb recht zuverlässig. Oft wird $-E_6$ als C_6 bezeichnet.

Die Dispersionswechselwirkung geht also für große R wie $\frac{E_6}{R^6}$.

In Tab. 29 sind die E_6-Werte für einige Paare von Atomen bzw. Molekülen zusammengestellt.

Um uns anschaulich klar zu machen, wie die Dispersionswechselwirkung zustandekommt, gehen wir davon aus, daß $\mathbf{V}_3$, das für diese Wechselwirkung verantwortlich ist, den Operator der Dipol-Dipol-Wechselwirkung darstellt. Sein Erwartungswert ver-

* L. Pauling, J.Y. Beach, Phys. Rev. *47*, 686 (1935).

Tab. 29. C_6-Konstanten für die Wechselwirkung zwischen Edelgasatomen*) und anderen Molekülen**) sowie Atomen***) in a.u.[1)].

	He	Ne	Ar	Kr	Xe	O_2	H_2	H	Na	K
He	1.46	3.04	9.55	13.31	19.83	10.8	4.0	2.9	28	41
Ne		6.43	19.53	27.12	40.36	22.6	8.1	5.8	56	81
Ar			64.20	90.44	135.60	28	28	20.2	215	312
Kr				127.90	192.40	99	39	29	319	462
Xe					290.50	148	59	49	526	765
O_2						80.5	29.4	17.1	196	283
H_2							12.1	8.8	101	145
H								6.5	79	115
Na									1700	2570
K										3930

* P.J. Leonard, J.A. Barker, in 'Theoretical Chemistry, Advances and Perspectives', Vol. I, p. 117 (H. Eyring, D. Henderson ed.). Academic Press, New York 1975.
** G. Starschall, R.G Gordon, J. Chem. Phys. *54*, 663 (1971).
*** P.W. Langhoff, M. Karplus, J. Chem. Phys. *53*, 233 (1970).
1) 1 a.u. = 1 Hartree · $a_0^6 = 0.95716 \cdot 10^{-60}$ erg cm^6.

schwindet allerdings, da beide Teilsysteme keine permanenten Dipolmomente haben, sicher liegt auch keine Wechselwirkung von permanenten Dipolen vor, dafür aber so etwas wie eine Wechselwirkung momentaner Dipole. Bei einem isolierten H-Atom (im Grundzustand) sind alle Orientierungen des aus Proton und Elektron gebildeten Dipols gleich wahrscheinlich, weil sie die gleiche Energie haben, so daß insgesamt gewissermaßen im zeitlichen Mittel kein Dipol vorliegt. Bei einem System aus zwei H-Atomen haben dagegen die ‚momentanen' Konfigurationen 1 bis 3 auf Abb. 99, bei denen die ‚momentanen' Dipole sich anziehen, eine etwas tiefere Energie als die Konfiguration 4 bis 6, bei denen die Dipole sich abstoßen. Wegen der etwas tieferen Energie werden deshalb die Konfigurationen 1 bis 3 im Mittel etwas wahrscheinlicher sein.

Die Elektronen der beiden Atome sind nicht unabhängig voneinander, sondern etwas korreliert in dem Sinne, daß z.B., wenn das Elektron des Atoms A rechts vom Kern ist, auch das Elektron am Kern B bevorzugt rechts von seinem Kern ist.

Tatsächlich stellt die Dispersionswechselwirkung einen Korrelationseffekt dar (vgl. I.12.2).

15.6. Resonanz

Die Wechselwirkungsenergie zweier neutraler Teilsysteme ohne Multipolmomente niedrigerer Ordnung geht, wie wir eben sahen, asymptotisch wie E_6/R^6. Sie kann allerdings ausnahmsweise wie $\pm E_3/R^3$ gehen, und zwar dann, wenn beide Teilsysteme gleich sind und eines von ihnen sich im Grundzustand Ψ_0, das andere in einem Dipol-

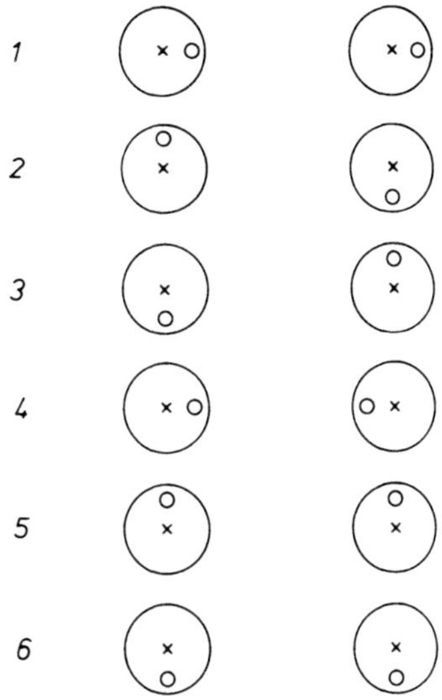

Abb. 99. Zur Erläuterung der Dispersions-Wechselwirkung.

Übergangs-erlaubten angeregten Zustand Ψ_1 befindet (d.h. in einem Zustand, dessen Wellenfunktion Ψ_1 mit der des Grundzustands Ψ_0 ein nicht verschwindendes Matrixelement des Dipoloperators $\vec{m} = e\vec{r}$ bildet).

Wir betrachten als Beispiel ein H-Atom im $1s$-Zustand und ein zweites im $2p\sigma$-Zustand. Der Wechselwirkungsoperator $\mathbf{V}$ ist der gleiche (15.4–17) wie bei zwei H-Atomen im $1s$-Zustand, d.h. $\mathbf{V}$ beginnt mit $\mathbf{V}_3/R^3$; auch verschwindet der Erwartungswert von $\mathbf{V}_3$, gebildet mit $1s(1)2p\sigma(2)$. Wir sollten also erwarten, daß die Wechselwirkungsenergie analog wie in Abschn. 15.5 wie R^{-6} geht. Der Unterschied zu dem Beispiel zweier H-Atome im Grundzustand besteht allerdings darin, daß jetzt der ungestörte Eigenwert zweifach entartet ist*). Die beiden Funktionen

$$\phi_1 = 1s_A(1)\, 2p\sigma_B(2)$$

$$\phi_2 = 2p\sigma_A(1)\, 1s_B(2) \qquad (15.6\text{–}1)$$

sind nämlich beide Eigenfunktionen von $\mathbf{H}_0$ zum gleichen Eigenwert $E(1s) + E(2p)$. Wir müssen deshalb die Störungstheorie für entartete Zustände anwenden und zuerst die der Störung angepaßten Linearkombinationen bilden. Hierzu diagonalisieren wir

* In Wirklichkeit ist die Entartung noch größer als zweifach, einmal weil $2p\sigma$ mit $2p\pi$ und $2p\bar{\pi}$ entartet ist (ja beim H-Atom sogar mit $2s$). Außerdem kann jedes der beiden Elektronen α- oder β-Spin haben. Schließlich kann man die Elektronen 1 und 2 vertauschen, ohne daß sich die Energie ändert. Wir brauchen diese zusätzliche Entartung jedoch nicht zu berücksichtigen, da z.B. $1s(1)\, 2p\sigma(2)$ zu einem Σ-Zustand, $1s(1)\, 2p\pi(2)$ zu einem Π-Zustand gehört und beide aus Symmetriegründen nicht mischen können. Ferner geht der Spin in unsere Überlegung nicht ein. Es genügt, nachträglich zu berücksichtigen, daß zu einer symmetrischen Ortsfunktion (bez. Elektronenvertauschung) eine antisymmetrische Spinfunktion gehört und umgekehrt. Die Aufspaltung der Energie als Folge des Elektronenaustauschs ist vernachlässigbar klein vgl. mit derjenigen durch Resonanz.

$\mathbf{V}_3$ in der Basis der beiden miteinander entarteten Funktionen (vgl. I.8.3). Die Diagonalelemente verschwinden, die Nichtdiagonalelemente sind jedoch von 0 verschieden, da

$$< 1s_A(1)|z_1|2p\sigma_A(1)> = \frac{\sqrt{5}}{3} \neq 0 \tag{15.6–2}$$

und damit

$$< \phi_1|\frac{\mathbf{V}_3}{R^3}|\phi_2> = \frac{2 < 1s_A(1)|z_1|2p\sigma_A(1)> < 1s_B(2)|z_2|2p\sigma_B(2)>}{R^3}$$

$$= \frac{1.11}{\mathrm{R}^3} \text{ a.u.} \tag{15.6–3}$$

Den gleichen Wert erhält man für $<\phi_2|\frac{\mathbf{V}_3}{R^3}|\phi_1>$. Die Eigenvektoren einer Matrix $\begin{pmatrix} 0 & H_{12} \\ H_{12} & 0 \end{pmatrix}$ sind bekanntlich (I.A 7.5) gleich $\pm H_{12}$ und die zugehörigen Eigenvektoren $\frac{1}{\sqrt{2}}(1, \pm 1)$. Die der Störung angepaßten Funktionen sind also

$$\Psi_1 = \frac{1}{\sqrt{2}}[1s_A(1)\, 2p\sigma_B(2) + 2p\sigma_A(1)\, 1s_B(2)]$$

$$\Psi_2 = \frac{1}{\sqrt{2}}[1s_A(1)\, 2p\sigma_B(2) - 2p\sigma_A(1)\, 1s_B(2)] \tag{15.6–4}$$

zu Ψ_1 und Ψ_2 gehören die asymptotischen Energien

$$E_1 = E(1s) + E(2p) + \frac{1.11}{R^3}$$

$$E_2 = E(1s) + E(2p) - \frac{1.11}{R^3}$$

Der Zustand Ψ_2 ist also bei großen Abständen anziehend, der Zustand Ψ_1 abstoßend.

Ersetzt man $2p\sigma$ durch $2p\pi$, so ist das (15.6–3) entsprechende Matrixelement genau halb so groß. Entsprechend ist die Wechselwirkungsenergie $\pm\frac{0.55}{R^3}$.

Für ein Elektron in $1s$ und das andere in ns (oder nd, nf etc.) tritt dagegen keine Resonanzwechselwirkung auf, weil das (15.6–3) entsprechende Matrixelement (das ja bis auf einen Faktor $\frac{2}{R^3}$ gleich dem Quadrat des Dipol-Übergangs-Matrixelements zwischen $1s$ und ns ist) verschwindet.

Die Resonanzwechselwirkung kann, weil sie nur wie $\frac{1}{R^3}$ geht, recht stark werden. In vielen Fällen, z.B. bei He_2, tritt im Grundzustand keine Bindung auf, weil die Dispersionswechselwirkung zu klein ist, wohl aber ist der erste angeregte Zustand $HeHe^*$ gebunden (genauer gesagt spaltet dieser in einen bindenden und einen antibindenden Zustand auf und wir beziehen uns auf den ersteren). Dimere, die nur im angeregten Zustand (als Folge der Resonanzwechselwirkung), nicht aber im Grundzustand gebunden sind, spielen eine wichtige Rolle. Man bezeichnet sie als Excimere*).

15.7. Kräfte bei sehr großen Abständen

Der hier benutzte Formalismus sollte aufgrund der gemachten Voraussetzungen um so besser werden, je größer der Abstand R zwischen den Teilsystemen ist. Das ist in Wirklichkeit jedoch nicht der Fall, und zwar aus einem überraschenden Grund, der nicht mit irgendwelchen Näherungsannahmen im Rahmen der Quantenmechanik zusammenhängt, sondern damit, daß das Licht eine endliche Geschwindigkeit hat. Wir arbeiten üblicherweise in der Quantenmechanik der Atome und Moleküle mit elektrostatischen Potentialen, d.h. wir setzen die Coulomb-Wechselwirkung als eine ‚Fernkraft' an. Das ist angesichts der kleinen Dimensionen auch völlig zulässig, wird aber problematisch, wenn wir zwei Systeme in sehr großem Abstand betrachten. Hier müßte man die statischen Potentiale durch sog. retardierte Potentiale wie in der Theorie der Ausbreitung von Rundfunkwellen ersetzen. Das läßt sich auch streng durchführen, und man erhält für sehr große Abstände nicht mehr eine R^{-6}-, sondern eine R^{-7}-Abhängigkeit**).

$$\Delta E = -\frac{23}{4\pi\alpha R^7}\,\alpha_s(A)\alpha_s(B) \tag{15.7–1}$$

Hier bedeuten $\alpha_s(A)$ und $\alpha_s(B)$ die statischen Polarisierbarkeiten der beiden Teilsysteme und α im Nenner die Feinstrukturkonstante $\left(\approx \frac{1}{137}\right)$.

Der Bereich der ‚sehr großen' Abstände ist zwar theoretisch interessant, aber von geringer praktischer Bedeutung, da die Wechselwirkungsenergien in diesem Bereich zu klein sind, um physikalisch irgendeine Rolle zu spielen. Entscheidend dafür, wo der Bereich großer Abstände in den sehr großer Abstände übergeht, ist die Wellenlänge λ der langwelligsten Absorption. Wenn $R \gg \lambda$, so gilt die Grenzformel, die unter Benutzung der retardierten Potentiale abgeleitet wurde, wenn $R \ll \lambda$, die übliche Formel für die Dispersionsenergie. Typische Werte von λ liegen bei 1000 Å und darüber, d.h.

---

* Th. Förster in ‚Modern Quantum-Chemistry' (O. Sinanoğlu ed.). Vol. III, p. 93. Acad. Press, New York 1965.

** M.B.G. Casimir, D. Polder, Phys. Rev. *73*, 360 (1948)

der Bereich der sehr großen Abstände ist praktisch uninteressant. Im Bereich zwischen ca. 10 und 100 Å gelten die mit statischen Potentialen berechneten Ausdrücke in sehr guter Näherung.

15.8. Zwischenmolekulare Kräfte bei mittleren Abständen

Während der Bereich sehr großer Abstände nur akademisches Interesse beansprucht, ist der Bereich mittlerer Abstände praktisch sehr wichtig, weil insbesondere in diesem Bereich die van-der-Waals-Minima liegen.

In diesem Bereich ist die Entwicklung nach Potenzen von $\frac{1}{R}$ nicht zulässig, weil Durchdringungs-, Überlappungs- und Austauscheffekte nicht zu vernachlässigen sind. Andererseits sind diese Effekte aber wiederum nicht so groß, daß chemische Bindung (bzw. Abstoßung abgeschlossener Schalen, vgl. Abschn. 8.4) möglich ist. Die Störungstheorie zur Berechnung der Wechselwirkungen versagt in diesem Bereich, hauptsächlich wegen des erwähnten Symmetrie-Dilemmas. Man kann eine symmetrisierte Störungstheorie definieren, und viele Varianten einer solchen Theorie sind vorgeschlagen worden, von denen keine wirklich befriedigend ist*). Wir können hier nicht auf Einzelheiten eingehen.

Überraschenderweise erwiesen sich Variationsansätze zur Berechnung der zwischenmolekularen Wechselwirkungen bei mittleren Abständen als sehr erfolgreich**), so daß die ab-initio-Berechnung etwa von van-der-Waals-Minima heute keine grundsätzlichen Schwierigkeiten macht. Überraschend waren diese Erfolge deshalb, weil die Wechselwirkungsenergien so außerordentlich klein sind und als Differenzen sehr großer Zahlen berechnet werden müssen. Auch hier würden Einzelheiten den Rahmen dieses Buches sprengen. Übrigens wurden im Anschluß an die erfolgreichen Variationsrechnungen auch neue störungstheoretische Ansätze vorgeschlagen, die eigentlich als störungstheoretische Vereinfachungen von Variationsrechnungen aufzufassen sind.

---

* Bez. einer Übersicht s. J. O. Hirschfelder, Chem. Phys. Letters *1*, 325, 363 (1967); P. R. Certain, L. W. Bruch, MTP Int. Rev. Sci. Phys. Chem. *1*, 113 (1972); D. M. Chipman, J. D. Bowman, J. O. Hirschfelder, J. Chem. Phys. *59*, 2830 (1973); W. Kutzelnigg, J. Chem. Phys. *73*, 343 (1980); I. G. Kaplan, *Theory of Molecular Interactions,* Elsevier, Amsterdam 1986.
Zu neueren Überlegungen s. K. T. Tang, J. P. Toennies, C. C. Yiu, J. Chem. Phys. *94*, 7266 (1990); T. Cwiok, B. Jeziorski, W. Kolos, R. Moszynski, K. Szalewicz, J. Chem. Phys. *97*, 7555 (1992), Chem. Phys. Lett. *195*, 67 (1992); W. Kutzelnigg, Chem. Phys. Lett. *195*, 77 (1992); W. H. Adams, Int. J. Quant. Chem. *S24*, 531 (1990), *S25*, 165 (1991), J. Math. Chem. *10*, 1 (1992).

**) Ein Beispiel ist die Potentialhyperfläche der Wechselwirkung zwischen He und H_2 von W. Meyer, P. C. Hariharan u. W. Kutzelnigg, J. Chem. Phys. *73*, 1880 (1980), die auch als Grundlage für die Berechnung thermodynamischer und kinetischer Eigenschaften einer He/H_2-Mischung gedient hat, s. J. Schäfer u. W. E. Köhler, Physica A *129*, 469 (1985).

Anhang

A 1. Komplexe Einheitswurzeln

Eine komplexe Zahl

$$z = x + iy \qquad \text{(A1–1)}$$

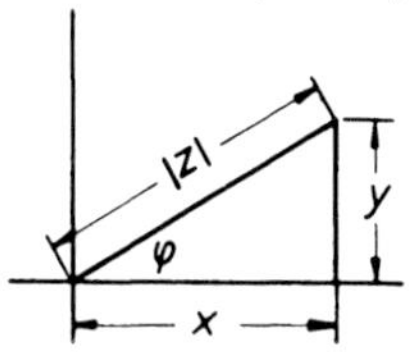

Abb. A–1. Gaußsche Zahlenebene.

mit $i^2 = -1$ läßt sich als Punkt in der sog. Gaußschen Zahlenebene darstellen (Abb. A–1). Die Abszisse des Punktes z stellt den Realteil $\mathrm{Re}(z) = x$ und die Ordinate den Imaginärteil $\mathrm{Im}(z) = y$ dar. Statt durch die cartesischen Koordinaten x, y kann man einen Punkt in der Ebene auch durch seine Polarkoordinaten r, φ kennzeichnen. Wir bezeichnen $r = |z|$ als den Betrag der komplexen Zahl z und $\varphi = \mathrm{Arg}(z)$ als ihr Argument.

$$r = |z| = +\sqrt{x^2 + y^2}\ ; \quad \mathrm{tg}\varphi = \mathrm{tg}\,\mathrm{Arg}(z) = \frac{y}{x} \qquad \text{(A1–2)}$$

Ausgedrückt durch Betrag und Argument läßt sich eine komplexe Zahl z schreiben als

$$z = |z| \cos\varphi + i|z| \sin\varphi \qquad \text{(A1–3)}$$

oder unter Benutzung der Beziehung

$$e^{i\varphi} = \cos\varphi + i \sin\varphi \qquad \text{(A1–4)}$$

(die man unmittelbar aus einem Vergleich der Potenzreihen von $e^{i\varphi}$, $\cos\varphi$ und $\sin\varphi$ erhält) als

$$z = |z| \cdot e^{i\varphi} \qquad \text{(A1–5)}$$

Das Produkt zweier komplexer Zahlen z_1 und z_2 ist in dieser Darstellung

$$z_1 \cdot z_2 = |z_1|\,|z_2|\, e^{i\varphi_1} \cdot e^{i\varphi_2} = |z_1|\,|z_2|\, e^{i(\varphi_1 + \varphi_2)} \qquad \text{(A1–6)}$$

Das bedeutet anschaulich: man multipliziert zwei komplexe Zahlen, indem man die Beträge multipliziert und die Argumente addiert. (Das gleiche Ergebnis erhält man übrigens auch in der Darstellung (A1–3) unter Benutzung der Additionstheoreme für sin und cos.) Aus (A1–6) ergibt sich unmittelbar ein Ausdruck für die n-te Potenz einer komplexen Zahl

$$z^n = |z|^n e^{in\varphi} \qquad \text{(A1–7)}$$

Zunächst ist Potenzieren als wiederholtes Multiplizieren nur für ganzzahliges n definiert, aber wir können (A1–7) als Definition einer Potenz mit beliebigem reellem Exponenten auffassen, insbesondere für $n = \frac{1}{m}$ (mit m ganzzahlig) haben wir damit einen Ausdruck für die m-te Wurzel einer komplexen Zahl

$$\sqrt[m]{z} = z^{\frac{1}{m}} = \sqrt[m]{|z|}\, e^{\frac{i\varphi}{m}} \qquad \text{(A1–8)}$$

Wir müssen allerdings folgendes beachten. Ändern wir das Argument von z um $k \cdot 2\pi$ (mit k ganzzahlig), d.h. zählen wir zu φ ein beliebiges Vielfaches von 360° hinzu, so ändert sich z nicht. In (A1–8) ändert sich also die linke Seite nicht, wohl aber die rechte Seite, denn aus dieser wird

$$\sqrt[m]{|z|}\, e^{i\left(\frac{\varphi}{m} + \frac{2\pi k}{m}\right)} \qquad \text{(A1–9)}$$

Das stimmt mit der rechten Seite von (A1–8) nur dann überein, wenn k ein ganzzahliges Vielfaches von m ist. Tatsächlich gibt es genau m verschiedene Ausdrücke (A1–9), mit $k = 0, 1, 2 \ldots m-1$; denn ersetzen wir k durch $k + j \cdot m$ (mit j beliebig ganzzahlig), so ändert sich das Argument um $j \cdot 2\pi$, d.h. die komplexe Zahl ist die gleiche. Es gibt zu einem z also m verschiedene Zahlen $a_k (k = 0, 1, 2 \ldots, m-1)$, die durch (A1–9) gegeben sind und die sämtlich als m-te Wurzeln von z anzusprechen sind, denn sie erfüllen alle die Gleichung

$$(a_k)^m = z \qquad \text{(A1–10)}$$

Von besonderem Interesse sind die m m-ten Wurzeln $\omega_k^{(m)}$ der Zahl 1, man bezeichnet sie als komplexe Einheitswurzeln.

$$1 = 1 \cdot e^{2k\pi i} \qquad \text{(A1–11)}$$

$$\omega_k^{(m)} = e^{\frac{2k\pi i}{m}} = \cos\frac{2k\pi}{m} + i \sin\frac{2k\pi}{m} \;;\; k = 0, 1, 2, m-1 \qquad \text{(A1–12)}$$

Für $m = 2, 3, 4, 6$ lauten diese Einheitswurzeln explizit

$$\omega_0^{(2)} = 1 \;;\; \omega_1^{(2)} = -1$$

$$\omega_0^{(3)} = 1 \;;\; \omega_1^{(3)} = -\frac{1}{2} + \frac{i}{2}\sqrt{3} \;;\; \omega_2^{(3)} = -\frac{1}{2} - \frac{i}{2}\sqrt{3}$$

$$\omega_0^{(4)} = 1 \; ; \; \omega_1^{(4)} = i \; ; \; \omega_2^{(4)} = -1 \; ; \; \omega_3^{(4)} = -\, i$$

$$\omega_0^{(6)} = 1 \; ; \; \omega_1^{(6)} = \frac{1}{2} + \frac{i}{2}\sqrt{3} \; ; \; \omega_2^{(6)} = -\frac{1}{2} + \frac{i}{2}\sqrt{3}$$

$$\omega_3^{(6)} = -1 \; ; \; \omega_4^{(6)} = -\frac{1}{2} - \frac{i}{2}\sqrt{3} \; ; \; \omega_5^{(6)} = \frac{1}{2} - \frac{i}{2}\sqrt{3}$$

A 2. Darstellung von Symmetriegruppen*)

A 2.1. Symmetrieoperationen und Symmetriegruppen

Betrachten wir als Beispiel für ein symmetrisches Molekül das Cyclopropan (Abb. A–2)

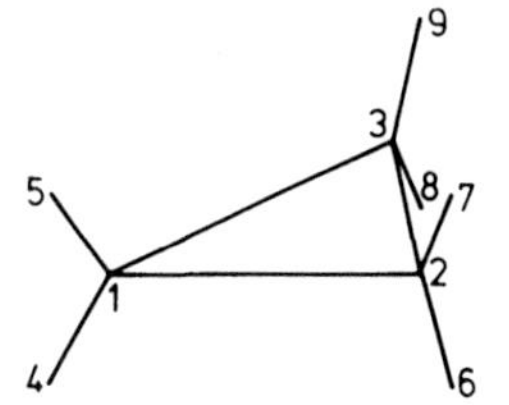

Abb. A–2. Erläuterung von Symmetrieoperatoren am Beispiel des Cyclopropans.

Wir können an diesem Molekül gewisse geometrische Operationen (Drehungen, Spiegelungen etc.) vornehmen, die es in eine deckungsgleiche Lage bringen, und zwar z.B.: Eine Drehung um 120° nach links um die dreizählige Symmetrieachse senkrecht zur Ebene der C-Atome durch den Molekülmittelpunkt. Dabei kommt das Atom, das vorher in der Position 1 war, in die Position 2, entsprechend wird Atom 2 in Atom 3 übergeführt, oder z.B. Atom 5 in Atom 7 etc. Wir wollen diese Drehoperation mit dem Symbol $\mathbf{C}_3^1$ bezeichnen. Dann bedeutet die Vorschrift $\mathbf{C}_3^1$, angewandt auf das Molekül, daß die Atome (1, 2, 3 | 4, 5, 6, 7, 8, 9) überführt werden in (2, 3, 1 | 6, 7, 8, 9, 4, 5). Hätten wir die Atome nicht numeriert, würden wir das Molekül vor und nach der Drehung nicht unterscheiden können.

Diese Drehung um 120° ist aber nur eine von 12 verschiedenen Operationen, die ebenfalls Atom-Positionen in andere überführen, insgesamt aber das Molekül in eine deckungsgleiche Lage bringen. Dies sind, mit Symbolen und mit Angabe der Positionen, in die die 9 Atome übergeführt werden, die folgenden:

$\mathbf{C}_3^1$	soeben besprochen	(2, 3, 1 | 6, 7, 8, 9, 4, 5)
$\mathbf{C}_3^2$	Drehung wie $\mathbf{C}_3^1$, aber um 240°	(3, 1, 2 | 8, 9, 4, 5, 6, 7)
σ_h	Spiegelung an der Ebene der C-Atome (1, 2, 3)	(1, 2, 3 | 5, 4, 7, 6, 9, 8)
σ_v	Spiegelung an der Ebene durch die Atome 1, 4, 5	(1, 3, 2 | 4, 5, 8, 9, 6, 7)
σ_v'	Spiegelung an der Ebene durch die Atome 2, 6, 7	(3, 2, 1 | 8, 9, 6, 7, 4, 5)

* Kleine Auswahl der Lehrbücher über die Gruppentheorie s. S. 557.

σ_v''	Spiegelung an der Ebene durch die Atome 3, 8, 9	(2, 1, 3 | 6, 7, 4, 5, 8, 9)
$\mathbf{C}_2$	Drehung um 180° durch die Winkelhalbierende von ∢ 4, 1, 5	(1, 3, 2 | 5, 4, 9, 8, 7, 6)
$\mathbf{C}_2'$	Drehung um 180° durch die Winkelhalbierende von ∢ 6, 2, 7	(3, 2, 1 | 9, 8, 7, 6, 5, 4)
$\mathbf{C}_2''$	Drehung um 180° durch die Winkelhalbierende von ∢ 8, 3, 9	(2, 1, 3 | 7, 6, 5, 4, 9, 8)
$\mathbf{S}_3'$	wie $\mathbf{C}_3^1$ und anschließend σ_h	(2, 3, 1 | 7, 6, 9, 8, 5, 4)
$\mathbf{S}_3''$	wie $\mathbf{C}_3^2$ und anschließend σ_h	(3, 1, 2 | 9, 8, 5, 4, 7, 6)
$\mathbf{E}$	‚Identität'	(1, 2, 3 | 4, 5, 6, 7, 8, 9)

Die Operationen $\mathbf{S}_3'$ und $\mathbf{S}_3''$ bezeichnet man als Drehspiegelungen. Die Identitätsoperation entspricht der Vorschrift, mit diesem Molekül überhaupt nichts durchzuführen. Es ist sinnvoll, diese Operation in die Aufstellung mit aufzunehmen.

Man kann sich davon überzeugen, daß es für das Cyclopropan in der Tat nur die angegebenen 12 Symmetrieoperationen, d.h. geometrische Operationen, die das Molekül in eine deckungsgleiche Lage bringen, gibt. Man sieht unmittelbar, daß das Hintereinanderausführen zweier Symmetrieoperationen $\mathbf{A}$ und $\mathbf{B}$ wieder eine Symmetrieoperation $\mathbf{C}$ ist, denn insgesamt haben wir dabei eine geometrische Operation durchgeführt, und das Molekül befindet sich in einer deckungsgleichen Lage. Wir schreiben das Hintereinanderausführen zweier Symmetrieoperationen $\mathbf{A}$ und $\mathbf{B}$ als Produkt

$$\mathbf{C} = \mathbf{A} \cdot \mathbf{B} = \mathbf{AB} \tag{A2.1–1}$$

Die Schreibweise $\mathbf{A} \cdot \mathbf{B}$ bedeutet, daß zuerst $\mathbf{B}$ und dann $\mathbf{A}$ auf das Molekül anzuwenden ist, z.B. ist

$$\mathbf{C}_3^1 \cdot \mathbf{C}_3^1 = \mathbf{C}_3^2 \tag{A2.1–2}$$

(zweimalige Drehung um 120° ergibt eine Drehung um 240°)

$$\sigma_h \cdot \mathbf{C}_3^1 = \mathbf{S}_3' \tag{A2.1–3}$$

(Drehung und anschließende Spiegelung ergibt eine Drehspiegelung).
Ferner gilt, daß $\mathbf{E} \cdot \mathbf{A} = \mathbf{A} \cdot \mathbf{E}$ für beliebiges $\mathbf{A}$. Schließlich gibt es zu jeder Symmetrieoperation $\mathbf{A}$ eine inverse Operation $\mathbf{A}^{-1}$, die diese Operation rückgängig macht, d.h. derart, daß

$$\mathbf{A}^{-1} \cdot \mathbf{A} = \mathbf{A} \cdot \mathbf{A}^{-1} = \mathbf{E} \tag{A2.1–4}$$

(z.B. ist $\mathbf{C}_3^2$ das Inverse von $\mathbf{C}_3^1$ oder σ_h das Inverse von σ_h – bei Symmetrieebenen sind Symmetrieoperation und deren Inverses identisch).

Bekanntlich nennt man eine Menge von Elementen **A**, **B** . . . eine *Gruppe*, wenn eine Verknüpfung $\mathbf{A} \cdot \mathbf{B}$ definiert ist und wenn gilt, daß

1. $\mathbf{A} \cdot \mathbf{B}$ ein Element der Gruppe ist, sofern **A** und **B** Elemente der Gruppe sind.
2. Ein Einheitselement **E** existiert, mit der Eigenschaft $\mathbf{A} \cdot \mathbf{E} = \mathbf{E} \cdot \mathbf{A} = \mathbf{A}$
3. Zu jedem **A** ein Inverses $\mathbf{A}^{-1}$ existiert, derart, daß $\mathbf{A}^{-1}\mathbf{A} = \mathbf{A}\mathbf{A}^{-1} = \mathbf{E}$
4. Die Verknüpfung assoziativ ist, d.h. $(\mathbf{A} \cdot \mathbf{B}) \cdot \mathbf{C} = \mathbf{A} \cdot (\mathbf{B} \cdot \mathbf{C})$

Wenn man noch prüft, daß die Hintereinanderanwendung von Symmetrieoperationen assoziativ ist, was wir nicht tun wollen, erkennt man, daß die Symmetrieoperationen eines Moleküls in der Tat eine Gruppe bilden.

Wir weisen darauf hin, daß die Gruppenmultiplikation in der Regel nicht kommutativ ist, d.h. daß i. allg. $\mathbf{A} \cdot \mathbf{B} \neq \mathbf{B} \cdot \mathbf{A}$, z.B. ist

$$\mathbf{C}_3^1 \cdot \sigma_{\mathrm{v}} = \sigma_{\mathrm{v}''}$$

$$\sigma_{\mathrm{v}} \cdot \mathbf{C}_3^1 = \sigma_{\mathrm{v}'} \tag{A2.1–5}$$

Die Zahl der verschiedenen Elemente einer Gruppe nennt man ihre Ordnung. Die Symmetriegruppe des Cyclopropans hat also die Ordnung 12. Es gibt auch Gruppen der Ordnung ∞. Ein Atom kann man z.B. um beliebige Drehachsen durch den Kern drehen oder an beliebigen Ebenen durch den Kern spiegeln und es bleibt immer deckungsgleich mit sich selbst. Die Drehspiegelgruppe eines Atoms hat also die Ordnung ∞.

A 2.2. Die Symmetriegruppen von Molekülen

In Bezug auf die makroskopische Symmetrie von Kristallen gibt es bekanntlich 32 Symmetriegruppen. Alle diese kommen auch als Symmetriegruppen von Molekülen in Frage. Für Moleküle gibt es noch weitere Symmetriegruppen, die bei Kristallen nicht verwirklicht sind, und zwar solche, die 5-zählige, 7- oder höherzählige (insbesondere auch ∞-zählige) Symmetrieachsen aufweisen. Zur Kennzeichnung der verschiedenen Symmetriegruppen braucht man gewisse Symbole, die auch in der Kristallographie üblich sind, und zwar verwendet man in der Theorie der Moleküle ausschließlich die sog. Niggli-Schönfliessche Bezeichnungsweise. Wir wollen diese nur ganz kurz erläutern.

1. Cyclische Gruppen $C_n (n = 1, 2, 3 \ldots .)$. Sie bestehen aus Drehungen um $\alpha = \frac{2\pi}{n}$ und um Vielfache von α. Nur eine n-zählige Drehachse liegt vor. Die Gruppe C_1 besteht nur aus der Identität. Sie ist die Symmetriegruppe völlig symmetrieloser Moleküle. (Man verwechsle nicht das Gruppensymbol C_n mit dem Symbol $\mathbf{C}_n^k$ für eine Gruppenoperation).

2. Die Gruppen $C_{n\mathrm{h}}$ und $C_{n\mathrm{v}}$. Sie enthalten zusätzlich zu den Symmetrieoperationen von C_n noch Symmetrieebenen σ, und zwar bei $C_{n\mathrm{h}}$ ein σ senkrecht zur Achse (σ_{h}), bei $C_{n\mathrm{v}}$ n Symmetrieebenen durch die Achse (σ_{v}), die Winkel von $\alpha = \frac{2\pi}{n}$ miteinander bilden. Für $n = 1$ sind $C_{1\mathrm{h}}$ und $C_{1\mathrm{v}}$ identisch, man schreibt

dafür C_s, dies ist eine Gruppe, die nur aus einer Spiegelebene und der Identität besteht. Lineare Moleküle ohne Symmetriezentrum wie CO oder HCN gehören zur Gruppe $C_{\infty v}$.

3. Diedergruppen D_n. Sie enthalten zusätzlich zu C_n noch n zweizählige Achsen, die senkrecht zu C_n^1 stehen und sich alle in einem Punkt schneiden.

4. Die Gruppen D_{nh}, die zusätzlich zu den Elementen von D_n noch eine Spiegelebene senkrecht zur n-zähligen Achse enthalten, sowie weitere Symmetrieelemente, die sich als Produkte der angegebenen Operationen darstellen lassen. Homonucleare zweiatomige Moleküle wie N_2 gehören zu $D_{\infty h}$. Die Gruppe D_{2h} wird meist als V_h abgekürzt. Sie unterscheidet sich von den anderen D_{nh}-Gruppen dadurch, daß bei ihr alle drei (zweizähligen) Achsen gleichwertig sind.

5. Die Symmetriegruppe C_i, deren einziges Symmetrieelement außer der Identität ein Inversionszentrum ist.

6. Gruppen wie D_{nd} und S_n, die u.a. eine ausgezeichnete $2n$-zählige (bei D_{nd}) bzw. n-zählige (bei S_n) Drehspiegelachse enthalten.

7. Die Symmetriegruppen T_d des Tetraeders und O_h des Oktaeders sowie des Würfels. Diese enthalten sowohl 2-, 3- und 4-zählige Dreh- oder Drehspiegelachsen, ferner eine Reihe von Symmetrieebenen. O_h weist u. a. auch ein Inversionszentrum auf. Die Gruppen O und T enthalten nur Drehachsen, keine Spiegelebenen.

8. Die bei Kristallen nicht, wohl aber bei Molekülen möglichen Ikosaedergruppen I und I_h. Sie weisen zehn 3-zählige und sechs 5-zählige Drehachsen auf, I_h noch zusätzlich σ_h-Ebenen und ein Inversionszentrum.

9. Die Drehspiegelgruppe $R^{\pm}(3)$ (auch K_{3i} genannt) der Atome. Sie besteht aus ∞ vielen ∞-zähligen Symmetrieachsen und Symmetrieebenen durch den Kern, sowie einem Symmetriezentrum und ∞ vielen ∞-zähligen Drehspiegelachsen.

Für die Theorie der chemischen Bindung besonders wichtig sind die Gruppen T_d und O_h, mit denen wir uns noch ausführlicher beschäftigen werden.

A 2.3. Symmetrie und Quantenmechanik. Darstellungen einer Gruppe

Wir wollen uns zunächst überlegen, wie wir die Anwendung einer Symmetrieoperation auf einen Vektor (z.B. den Positionsvektor eines Atoms) formal beschreiben wollen. Eine Drehung eines zweidimensionalen Vektors (x, y) um einen Winkel gegen den Uhrzeigersinn in einen neuen Vektor (x', y') kann man bekanntlich durch die folgende Transformation darstellen (vgl. Abb. A–3)

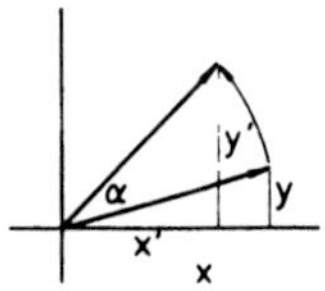

Abb. A–3. Drehung eines Vektors um den Winkel α.

$$\begin{pmatrix} x' \\ y' \end{pmatrix} = \begin{pmatrix} \cos\varphi & -\sin\varphi \\ \sin\varphi & \cos\varphi \end{pmatrix} \begin{pmatrix} x \\ y \end{pmatrix} = \begin{pmatrix} x\cos\varphi - y\sin\varphi \\ x\sin\varphi + y\cos\varphi \end{pmatrix} \qquad \text{(A2.3–1)}$$

Im dreidimensionalen Raum wird eine Drehung eines Vektors um die z-Achse um den Winkel φ durch die Matrix

$$\begin{pmatrix} \cos\varphi & -\sin\varphi & 0 \\ \sin\varphi & \cos\varphi & 0 \\ 0 & 0 & 1 \end{pmatrix} \qquad \text{(A2.3–2)}$$

beschrieben, eine Inversion am Koordinatenursprung durch die Matrix

$$\begin{pmatrix} -1 & 0 & 0 \\ 0 & -1 & 0 \\ 0 & 0 & -1 \end{pmatrix} \qquad \text{(A2.3–3)}$$

oder z.B. eine Spiegelung an der x-y-Ebene durch die Matrix

$$\begin{pmatrix} 1 & 0 & 0 \\ 0 & 1 & 0 \\ 0 & 0 & -1 \end{pmatrix} \qquad \text{(A2.3–4)}$$

Allgemein läßt sich die Anwendung jeder möglichen Symmetrieoperation auf einen Vektor durch eine unitäre Matrix darstellen. Daß die Matrix unitär sein muß, folgt unmittelbar daraus, daß Längen von Vektoren und Winkel zwischen Vektoren bei Anwendung einer Symmetrieoperation invariant bleiben müssen (vgl. I.A7).

Man kann den gleichen Effekt wie die Anwendung einer Symmetrieoperation **R** auf einen Vektor $\vec{r}$ erreichen, wenn man auf das Koordinatensystem die zu **R** inverse Operation $\mathbf{R}^{-1}$ anwendet, wie in Abb. A–4 erläutert wird.

Die Koordinaten von $\vec{r}$ in dem um $-\varphi$ gedrehten Koordinatensystem sind die gleichen wie die des um $+\varphi$ gedrehten Vektors im ursprünglichen Koordinatensystem. Man spricht im ersten Fall von einer aktiven, im zweiten von einer passiven Anwendung der Drehoperation. In der Quantenmechanik haben wir es mit der Anwendung von

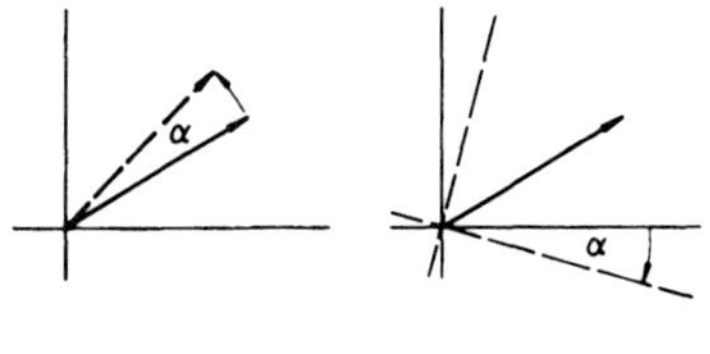

Abb. A–4. Aktive und passive Symmetrieoperationen.

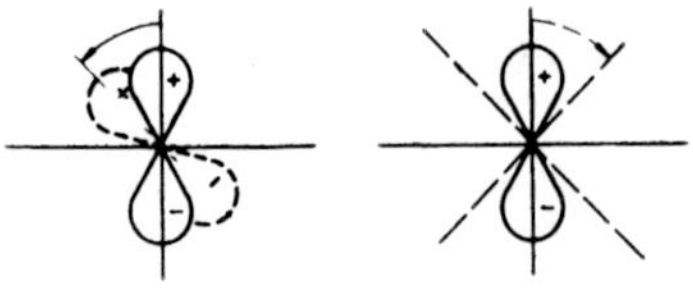

Abb. A–5 (a und b). Drehung eines p-AO's.

Symmetrieoperationen auf Wellenfunktionen zu tun. Charakterisieren wir etwa eine atomare p-Funktion wie üblich durch eine Konturlinie wie in Abb. (A–5a), so ist anschaulich klar, wie die um einen Winkel α gedrehte Funktion aussieht (A–5b). Der analytische Ausdruck für die gedrehte Funktion ist offenbar derselbe wie der für die ursprüngliche Funktion im um $-\alpha$ gedrehten Koordinatensystem (A–5b). Wir beschreiben also die gedrehte Funktion $\mathbf{R}f(x, y, z)$, indem wir in $f(x, y, z)$ die alte funktionale Form beibehalten, aber die alten Koordinaten x, y, z durch die Koordinaten x', y', z' im neuen Koordinatensystem ausdrücken. Um $\vec{r} = (x, y, z)$ durch $\vec{r}' = (x', y', z')$ zu ersetzen, müssen wir auf $\vec{r}$ die zu R inverse Matrix anwenden

$$\vec{r}' = R^{-1}\vec{r} \tag{A2.3–5}$$

Wir wenden also $\mathbf{R}$ auf $f(\vec{r})$ an, indem wir $\vec{r}$ durch $R^{-1}\vec{r}$ ersetzen. Formal können wir deshalb schreiben

$$\mathbf{R}f(\vec{r}) = f(R^{-1}\vec{r}) \tag{A2.3–6}$$

und dies als Definitionsgleichung für die Anwendung einer Symmetrieoperation auf eine Funktion ansehen.

Als Beispiel betrachten wir die Drehung einer p_x-Funktion um einen Winkel von 120° (um die z-Achse gegen den Uhrzeigersinn). Die Drehmatrix R und ihr Inverses R^{-1} sind

$$R = \begin{pmatrix} \cos 120° & -\sin 120° & 0 \\ \sin 120° & \cos 120° & 0 \\ 0 & 0 & 1 \end{pmatrix} = \begin{pmatrix} -\frac{1}{2} & -\frac{1}{2}\sqrt{3} & 0 \\ \frac{1}{2}\sqrt{3} & -\frac{1}{2} & 0 \\ 0 & 0 & 1 \end{pmatrix} \tag{A2.3–7}$$

$$R^{-1} = \begin{pmatrix} -\frac{1}{2} & \frac{1}{2}\sqrt{3} & 0 \\ -\frac{1}{2}\sqrt{3} & -\frac{1}{2} & 0 \\ 0 & 0 & 1 \end{pmatrix} \tag{A2.3–8}$$

Die (ungedrehte) p_x-Funktion ist

$$\Psi(\vec{r}) = x \cdot f(r) = p_x \qquad \text{(A2.3–9)}$$

Wir ersetzen $\vec{r}$ durch $R^{-1}\vec{r}$, wobei $r = |\vec{r}|$ sich nicht ändert, aber x zu $-\frac{1}{2}x + \frac{1}{2}\sqrt{3}\,y$ wird; damit ist

$$\mathbf{R}\Psi(\vec{r}) = \left(-\frac{1}{2}x + \frac{1}{2}\sqrt{3}\,y\right) f(r) = -\frac{1}{2}p_x + \frac{1}{2}\sqrt{3}\,p_y \qquad \text{(A2.3–10)}$$

Die Drehung einer p_x-Funktion um 120° ergibt, was zunächst überraschen mag, eine Linearkombination aus einer p_x- und einer p_y-Funktion.

Die Anwendung einer Symmetrieoperation **R** auf einen Operator, der in irgendeiner Weise von den Koordinaten von Teilchen abhängt, vollziehen wir genauso, indem wir jeweils $\vec{r}_k$ durch $R^{-1}\vec{r}_k$ ersetzen. Sei der betrachtete Operator nun der Hamilton-Operator **H** eines Moleküls und **R** ein Operator aus der Symmetriegruppe des Moleküls, so ändert sich **H** überhaupt nicht. Eine geometrische Operation, die das Molekül in eine deckungsgleiche Lage bringt, führt zum gleichen **H** wie vorher.

Sei jetzt Ψ eine beliebige Funktion (nicht unbedingt eine Eigenfunktion von **H**). So ist die Gleichung

$$\mathbf{H}(\vec{r})\Psi(\vec{r}) = \Phi(\vec{r}) \qquad \text{(A2.3–11)}$$

invariant gegenüber irgendeiner Drehung des Koordinatensystems, insbesondere bez. der Ersetzung $\vec{r} \to R^{-1}\vec{r}$

$$\mathbf{R}[\mathbf{H}(\vec{r})\Psi(\vec{r})] = \mathbf{H}(R^{-1}\vec{r})\,\Psi(R^{-1}\vec{r}) = \Phi(R^{-1}\vec{r}) \qquad \text{(A2.3–12)}$$

Nun ist aber

$$\mathbf{H}(R^{-1}\vec{r}) = \mathbf{H}(\vec{r}) \qquad \text{(A2.3–13)}$$

$$\Psi(R^{-1}\vec{r}) = \mathbf{R}\Psi \qquad \text{(A2.3–14)}$$

so daß unmittelbar folgt

$$\mathbf{RH}\Psi = \mathbf{HR}\Psi \qquad \text{(A2.3–15)}$$

Der Hamilton-Operator eines Moleküls vertauscht mit den Symmetrieoperatoren des Moleküls. Daraus folgt unmittelbar, daß die Eigenfunktionen von **H** so gewählt werden können, daß sie gleichzeitig Eigenfunktionen von **R** sind. Nun vertauschen aber die verschiedenen Symmetrieoperationen i.allg. nicht miteinander, so daß die Eigenfunktionen von $\mathbf{H}$ nicht gleichzeitig Eigenfunktionen sämtlicher Symmetrieoperatoren sein können. Ähnlich erging es uns ja bei den Operatoren des Drehimpulses (I.3).

Um nun allgemeine Aussagen zum Verhalten quantenmechanischer Wellenfunktionen gegenüber Symmetrieoperationen zu erhalten, brauchen wir den Begriff der Darstellung, den wir hier nicht allgemein, sondern auf unsere Fragestellung spezifiziert einführen wollen. (Bez. einer allgemeinen Diskussion vgl. Abschn. A2.9.). Wir sagen, ein Satz von linear unabhängigen Wellenfunktionen $\Psi_1, \Psi_2 \ldots . \Psi_d$ bildet die Basis einer Darstellung der Symmetriegruppe G eines quantenmechanischen Systems, wenn Anwendung eines beliebigen Operators $\mathbf{R}$ dieser Gruppe auf eines der Ψ_k aus diesem eine Linearkombination der Funktionen des Satzes macht, d.h. wenn

$$\mathbf{R}\Psi_i = \sum_{k=1}^{d} c_{ik}\,\Psi_k\,;\quad i = 1, 2 \ldots d \quad \text{für alle } \mathbf{R} \in \mathrm{G}^{*)} \tag{A2.3–16}$$

Wir nennen d die Dimension dieser Darstellung.

Betrachten wir als Beispiel ein zweiatomiges Molekül, etwa das CO, und wählen wir als z-Achse die Molekülachse, so besteht die Symmetriegruppe des Moleküls aus beliebigen Drehungen um die z-Achse (und Spiegelungen an beliebigen Ebenen durch die z-Achse, auf die wir aber jetzt nicht achten wollen). Eine p_x- und eine p_y-Funktion des C-Atoms bilden dann die Basis einer Darstellung der Symmetriegruppe, denn

$$\begin{aligned} \mathbf{R}^\alpha p_x &= \cos\alpha \cdot p_x + \sin\alpha \cdot p_y \\ \mathbf{R}^\alpha p_y &= -\sin\alpha \cdot p_x + \cos\alpha \cdot p_y \end{aligned} \tag{A2.3–17}$$

Ferner bilden z.B. im Benzol die sechs $2p_z$-AO's der C-Atome die Basis einer Darstellung der Symmetriegruppe des Moleküls, denn Anwendung einer Symmetrieoperation führt ein $2p_z$-AO in ein anderes oder in das Negative eines anderen $2p_z$-AO's über.

Wenn eine Basis $\{\Psi_k\,;\ k = 1, 2 \ldots d\}$ einer Darstellung gegeben ist, so gehört zu jedem Symmetrieoperator $\mathbf{A}$ der Gruppe eine quadratische Matrix $\{c_{ik}^{(\mathbf{A})}\}$ der Dimension d. Man bezeichnet die Gesamtheit dieser Matrizen als Darstellung der Gruppe und d als die Dimension dieser Darstellung. Die Zahl der Matrizen ist natürlich gleich der Zahl der $\mathbf{R} \in \mathrm{G}$, d.h. gleich der Ordnung der Gruppe.

Ein wichtiger Satz besagt, daß die Eigenfunktionen des Hamilton-Operators eines Atoms oder Moleküls zu einem Eigenwert die Basis einer Darstellung der Symmetriegruppe dieses Atoms oder Moleküls bilden. Der Beweis folgt unmittelbar aus der Vertauschbarkeit von $\mathbf{H}$ und jedem $\mathbf{R} \in \mathrm{G}$.

$$\mathbf{H}\,\Psi_i = E\Psi_i\,;\quad i = 1, 2 \ldots d \tag{A2.3–18}$$

(Der Eigenwert E sei also als d-fach entartet angenommen.)

$$\mathbf{RH}\Psi_i = \mathbf{HR}\Psi_i = \mathbf{R}E\Psi_i = E\mathbf{R}\Psi_i\,;\quad \text{für jedes } \mathbf{R} \in \mathrm{G} \tag{A2.3–19}$$

* Die Schreibweise $\mathbf{R} \in \mathrm{G}$ bedeutet: $\mathbf{R}$ ist Element der Gruppe G.

Wenn Ψ_i Eigenfunktion von **H** zum Eigenwert E ist, so ist also auch $\mathbf{R}\,\Psi_i$ Eigenfunktion von **H** zum gleichen Eigenwert, das heißt aber $\mathbf{R}\Psi_i$ ist Linearkombination der d linear unabhängigen Ψ_k zum Eigenwert E. Folglich bilden diese Ψ_k in der Tat die Basis einer d-dimensionalen Darstellung der Symmetriegruppe von **H**.

Bei einem Atom ist (vgl. I.7 u. 10) jeder Eigenwert E_{nl} genau $(2l + 1)$-fach entartet, wenn l die Quantenzahl des Bahndrehimpulses ist. Diese $(2l + 1)$ Funktionen zum gleichen n und l aber verschiedenem m bilden also die Basis einer $(2l + 1)$-dimensionalen Darstellung der Drehspiegelgruppe $\mathrm{R}^{\pm}(3)$ des Atoms. Das gilt sowohl für den Einelektronen- als auch den Mehrelektronenfall.

Wenn eine Gruppe G gegeben ist sowie eine Basis Ψ_i einer Darstellung dieser Gruppe, so bilden die Darstellungsmatrizen $c^{(\mathrm{R})}$ ebenfalls eine Gruppe, und zwar ist die Gruppe der Matrizen $c^{(\mathrm{R})}$ homomorph zur Gruppe der Symmetrieoperatoren **R**. Darunter versteht man folgendes:

Eine Gruppe g mit den Elementen **a, b, c**, . . . ist zu einer Gruppe G mit den Elementen **A, B, C** . . . . *homomorph*, wenn jedem Element **R** von G ein Element **r** von g zugeordnet ist*), derart, daß aus

$$A \cdot B = C \text{ folgt, daß } a \cdot b = c \qquad \text{(A2.3–20)}$$

In Bezug auf die Darstellung einer Gruppe bedeutet die Homomorphie, daß

$$c^{(\mathrm{A}\cdot\mathrm{B})} = c^{(\mathrm{A})} \cdot c^{(\mathrm{B})} \qquad \text{(A2.3–21)}$$

Dies folgt unmittelbar aus (A 2.3–16)

A 2.4. Reduzible und irreduzible Darstellungen

Mit Vorteil wählt man die Basen von Darstellungen orthonormal**), d.h. so, daß

$$(\Psi_i, \Psi_k) = \delta_{ik} \qquad \text{(A2.4–1)}$$

Diese Wahl wollen wir im folgenden immer voraussetzen. Es läßt sich dann allgemein zeigen, daß die Darstellungsmatrizen sämtlich unitär sind.

Wir sagen jetzt, eine Darstellung ist *reduzibel*, wenn man aus der gegebenen Basis Ψ_i durch eine unitäre Transformation eine neue Basis Φ_i konstruieren kann

$$\Phi_i = \sum_{k=1}^{d} U_{ik} \Psi_k \qquad \text{(A2.4–2)}$$

* wobei zu verschiedenen Elementen **R** und **S** von G nicht unbedingt auch verschiedene Elemente **r** und **s** von g gehören müssen. Die Ordnung von g kann also kleiner als die von G sein. Wenn zu jedem **R** genau ein **r** gehört und umgekehrt, nennt man die Gruppen isomorph.

** Das ist für das folgende zwar nicht notwendig, aber vorteilhaft, da die von uns betrachteten Funktionen Elemente eines unitären Raumes sind und ein Skalarprodukt definiert ist.

derart, daß in der neuen Basis alle Darstellungsmatrizen in der gleichen Weise in zwei Blöcke der Dimensionen d_1 und $d_2 = d - d_1$ faktorisiert sind

$$C_{ik}^{(R)} = \begin{pmatrix} \overset{d_1}{\boxed{}} & 0 \\ 0 & \overset{d_2}{\boxed{}} \end{pmatrix} \tag{A2.4-3}$$

so daß außerhalb der Blöcke Nullen stehen. Anders gesagt heißt das, daß die ersten d_1 Φ_k für sich und die anderen $d_2 \Phi_k$ ebenfalls für sich bereits Basen für eine d_1- bzw. d_2-dimensionale Darstellung der Gruppe bilden.

Eine Darstellung heißt *irreduzibel*, wenn eine solche gleichzeitige Faktorisierung sämtlicher Darstellungsmatrizen durch keine Wahl einer unitären Transformation der Basis möglich ist.

Ein Beispiel für eine *irreduzible* Darstellung bildet z.B. diejenige, die durch die zwei Funktionen $2p_x$, $2p_y$ des C-Atoms im CO gegeben ist. Wir wollen aber nicht beweisen, daß diese Darstellung irreduzibel ist. Ein Beispiel für eine *reduzible* Darstellung ist durch die vier sp^3-Hybrid-AO's des C-Atoms im Methan gegeben. Diese bilden in der Tat die Basis einer Darstellung, denn Anwendung einer beliebigen Symmetrieoperation führt eines der vier Hybrid-AO's in ein anderes (in Richtung einer anderen CH-Bindung) oder in sich selbst über. Die Darstellung ist aber reduzibel, denn man kann aus den vier sp^3-Hybriden durch eine unitäre Transformation die vier Funktionen $2s$, $2p_x$, $2p_y$, $2p_z$ erhalten. Nun wissen wir aber, daß $2s$ für sich eine eindimensionale Darstellung und $2p_x$, $2p_y$, $2p_z$ eine dreidimensionale Darstellung der Kugeldrehspiegelgruppe des Atoms ‚aufspannen' (d.h. Basen der betreffenden Darstellungen sind). Sie spannen damit auch Darstellungen der Tetraedergruppe auf, weil die Symmetrieelemente der Tetraedergruppe alle auch Symmetrieelemente der Kugeldrehspiegelgruppe sind.

In der Quantenmechanik spielt nun das sog. *Irreduzibilitätspostulat* eine wichtige Rolle. Wir haben gezeigt, daß die Eigenfunktionen zu einem Eigenwert von H eine Darstellung der Symmetriegruppe von H aufspannen. Wenn die Symmetriegruppe von H mehrdimensionale (d_1-, d_2- etc. dimensionale) irreduzible Darstellungen hat, so sind notwendigerweise gewisse Eigenwerte von H d_1-, d_2- ... etc. fach entartet. Die Symmetrie ist die Ursache dieser Entartung. Eine nicht-symmetriebedingte Entartung bezeichnet man als ‚zufällige Entartung'.

Es ist i.allg. beliebig unwahrscheinlich, daß zwei Eigenwerte eines Hamilton-Operators zufällig (d.h. ohne einen zwingenden Grund) genau gleich sind. Alle bekannten Entartungen beruhen tatsächlich auf Symmetrieeigenschaften im weitesten Sinne, so daß man das Irreduzibilitätspostulat so formulieren kann: die Eigenfunktionen des Hamilton-Operators zu einem Eigenwert bilden die Basis einer *irreduziblen* Darstellung der Invarianzgruppe des Hamilton-Operators. Ausnahmen sind, wie gesagt, nicht ausgeschlossen, aber doch beliebig unwahrscheinlich. Die bekannte Nichtüberkreuzungsregel (s. Kap. 7) ist eine unmittelbare Folge des Irreduzibilitätspostulats. ‚Unerklärliche' Entartungen sind fast immer ein Hinweis auf eine noch unerkannte höhere Symmetrie des betreffenden Systems.

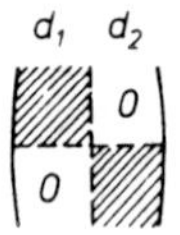

A 2.5. Irreduzible Darstellungen von abelschen Gruppen

Wir bezeichnen eine Gruppe G als *abelsch*, wenn alle ihre Elemente miteinander kommutieren, d.h. wenn

$$\mathbf{A} \cdot \mathbf{B} = \mathbf{B} \cdot \mathbf{A} \text{ für alle } \mathbf{A}, \mathbf{B} \in G \tag{A2.5–1}$$

Wir nennen eine Gruppe *cyclisch*, wenn sich alle Gruppenelemente, einschließlich der Identität, als ganzzahlige Potenzen eines Elements $\mathbf{A}$ darstellen lassen. Eine cyclische Gruppe der Ordnung n besteht offenbar aus den Elementen (alle $\mathbf{A}^k$ verschieden

$$\mathbf{A}\,;\; \mathbf{A} \cdot \mathbf{A} = \mathbf{A}^2\,;\; \mathbf{A} \cdot \mathbf{A} \cdot \mathbf{A} = \mathbf{A}^3\,; \ldots ;\; \mathbf{A}^n = \mathbf{E} \tag{A2.5–2}$$

Da $\mathbf{A}^j \cdot \mathbf{A}^k = \mathbf{A}^{j+k} = \mathbf{A}^k \cdot \mathbf{A}^j$, vertauschen sicher alle Elemente einer cyclischen Gruppe miteinander, eine cyclische Gruppe ist also immer auch abelsch. Da $\mathbf{A}^{n+k} = \mathbf{E} \cdot \mathbf{A}^k = \mathbf{A}^k$, hat die Gruppe in der Tat genau n Elemente, also die Ordnung n.

Die Symmetriegruppen C_n, die wir in Abschn. (A2.2) eingeführt haben, sind cyclische Gruppen im Sinne der soeben gegebenen Definition.

Für die irreduziblen Darstellungen von abelschen Gruppen (und damit insbesondere auch von cyclischen Gruppen) gilt der wichtige Satz, daß diese sämtlich *ein*dimensional sind.

Zum Beweis dieses Satzes betrachten wir irgendeine m-dimensionale Darstellung einer abelschen Gruppe.

Jedem Gruppenelement $\mathbf{R}$ ist dann eine $(m \times m)$-Matrix $\Gamma^{(\mathbf{R})}$ zugeordnet. Wir greifen jetzt ein bestimmtes Gruppenelement $\mathbf{A}$ heraus und suchen nach derjenigen unitären Matrix U, die $\Gamma^{(\mathbf{A})}$ auf eine Diagonalmatrix $\Lambda^{(\mathbf{A})}$ transformiert

$$U^+ \,\Gamma^{(\mathbf{A})}\, U = \Lambda^{(\mathbf{A})} = \begin{pmatrix} \lambda_1^{(\mathbf{A})} & & 0 \\ & \lambda_2^{(\mathbf{A})} \ddots & \\ 0 & & \lambda_m^{(\mathbf{A})} \end{pmatrix} \tag{A2.5–3}$$

Aus der Eigenwerttheorie normaler Matrizen (vgl. I, A.7.5; $\Gamma^{(\mathbf{A})}$ ist unitär und damit auch normal) wissen wir, daß die Matrix U, die dies leistet, die Matrix der Eigenvektoren von $\Gamma^{(\mathbf{A})}$ ist

$$U = (\vec{u}_1, \vec{u}_2, \ldots \vec{u}_m) \tag{A2.5–4}$$

$$\Gamma^{(\mathbf{A})} \cdot \vec{u}_k = \lambda_k^{(\mathbf{A})} \vec{u}_k \tag{A2.5–5}$$

Da nun aber sämtliche Gruppenelemente $\mathbf{R}$ miteinander vertauschen und da folglich auch die Darstellungsmatrizen vertauschen (die ja eine zu G homomorphe Gruppe bilden), haben alle $\Gamma^{(\mathbf{R})}$ die gleichen Eigenvektoren $\vec{u}_k$, sie werden also durch die gleiche Matrix U auf Diagonalgestalt transformiert. Die Matrix U besorgt also eine Reduktion unserer m-dimensionalen Darstellung auf m eindimensionale Darstellungen.

Bestand die Basis unserer m-dimensionalen Darstellung aus den Funktionen $\Psi_1, \Psi_2 \ldots$
$\ldots \Psi_m$, so sind die Funktionen $\Phi_k (k = 1, \ldots m)$ gemäß

$$\Phi_k = \sum_{i=1}^{m} U_{ik}^{*} \Psi_i \qquad \text{(A2.5–6)}$$

$$\Psi_l = \sum_{j=1}^{m} U_{lj} \Phi_j \qquad \text{(A2.5–7)}$$

jede für sich die Basis einer eindimensionalen Darstellung der Gruppe, denn

$$\mathbf{R}\Psi_i = \sum_{l=1}^{m} \Gamma_{il}^{(\mathbf{R})} \Psi_l$$

$$\mathbf{R}\Phi_k = \sum_{i=1}^{m} U_{ik}^{*} \mathbf{R}\Psi_i = \sum_{i=1}^{m} \sum_{l=1}^{m} U_{ik}^{*} \Gamma_{il}^{(\mathbf{R})} \Psi_l$$

$$= \sum_{i=1}^{m} \sum_{l=1}^{m} \sum_{j=1}^{m} U_{ik}^{*} \Gamma_{il}^{(\mathbf{R})} U_{lj} \Phi_j$$

$$\mathbf{R}\Phi_k = \sum_{j=1}^{m} \Lambda_{kj}^{(\mathbf{R})} \Phi_j = \lambda_k^{(\mathbf{R})} \Phi_k \qquad \text{(A2.5–8)}$$

Dieses Ergebnis ist im Grunde nichts anderes als der uns bereits bekannte Satz, daß es zu vertauschbaren Operatoren Funktionen gibt, die gleichzeitig Eigenfunktionen dieser Operatoren sind. Eine Funktion φ, die gleichzeitig Eigenfunktion sämtlicher Operatoren einer Symmetriegruppe ist, ist offenbar auch für sich allein Basis einer Darstellung der Symmetriegruppe, denn Anwendung irgendeines $\mathbf{R} \in G$ macht aus φ ein Vielfaches von φ.

Die Darstellungsmatrizen einer abelschen Gruppe sind also einfache Zahlen [(1×1)-Matrizen]. Für den Spezialfall einer *cyclischen* Gruppe können wir diese Darstellungen leicht ableiten. Wir wissen, daß

$$\mathbf{A}^n = \mathbf{E} \qquad \text{(A2.5–9)}$$

und daß

$$\mathbf{A}\Phi = a\Phi \qquad \text{(A2.5–10)}$$

Wiederholte Anwendung von $\mathbf{A}$ auf Gl. (A2.5–10) ergibt

$$\mathbf{A}^2\Phi = \mathbf{A}\mathbf{A}\Phi = \mathbf{A}a\Phi = a\mathbf{A}\Phi = a^2\Phi$$

$$\mathbf{A}^n\Phi = \mathbf{E}\Phi = a^n\Phi = \Phi$$

$$a^n = 1 \qquad \text{(A2.5–11)}$$

Folglich ist a eine komplexe Zahl, deren n-te Potenz gleich 1 ist, d.h. a ist eine komplexe Einheitswurzel (vgl. A1)

$$a_k = e^{\frac{2\pi i}{n}k} = \cos\frac{2\pi}{n}k + i\sin\frac{2\pi}{n}k\,;\quad k = 1, 2 \ldots n \qquad \text{(A2.5–12)}$$

Es gibt genau n verschiedene a_k, und genauso viele verschiedene irreduzible (eindimensionale) Darstellungen Γ_k der Gruppe

$$\Gamma_k(\mathbf{A}^j) = (a_k)^j = e^{\frac{2\pi i}{n}\cdot k\cdot j} \qquad \text{(A2.5–13)}$$

Man beachte, daß in (A2.5–13) der Index k die Darstellungen zählt, der Index j die Gruppenelemente. Betrachten wir zwei Sonderfälle!

$\underline{n = 2}$ $\quad a_k = \cos k\pi + i\sin k\pi\,;\; a_1 = -1\,;\; a_2 = +1$

	$\mathbf{A}$	$\mathbf{A}^2 = \mathbf{E}$
Γ_1	-1	1
Γ_2	1	1

$\underline{n = 3}$ $\quad a_k = \cos\frac{2\pi}{3}k + i\sin\frac{2\pi}{3}k\,;$

$$a_1 = -\frac{1}{2} + \frac{i}{2}\sqrt{3}\,;\; a_2 = -\frac{1}{2} - \frac{i}{2}\sqrt{3}\,;\; a_3 = 1$$

	$\mathbf{A}$	$\mathbf{A}^2$	$\mathbf{A}^3 = \mathbf{E}$
Γ_1	$-\frac{1}{2} + \frac{i}{2}\sqrt{3}$	$-\frac{1}{2} - \frac{i}{2}\sqrt{3}$	1
Γ_2	$-\frac{1}{2} - \frac{i}{2}\sqrt{3}$	$-\frac{1}{2} + \frac{i}{2}\sqrt{3}$	1
Γ_3	1	1	1

Bei cyclischen Gruppen, und das gilt für abelsche Gruppen allgemein, ist die Zahl der verschiedenen irreduziblen Darstellungen gleich der Zahl der Gruppenelemente. Als Beispiel für eine abelsche, nicht cyclische Gruppe betrachten wir die Symmetriegruppe D_2. Wir schreiben die irreduziblen Darstellungen gleich explizit hin!

$D_2 = V$	E	C_2	C_2'	C_2''
A	1	1	1	1
B_1	1	1	− 1	− 1
B_2	1	− 1	1	− 1
B_3	1	− 1	− 1	1

Wir haben hierbei die irreduziblen Darstellungen nicht als Γ_1, Γ_2 etc. numeriert, was man auch könnte, sondern die sog. Mullikenschen Symbole verwendet, die unmittelbar Auskunft über das Symmetrieverhalten einer Funktion geben, die Basis der betreffenden Darstellung ist. Eine Funktion zur Darstellung A ist ‚totalsymmetrisch', d.h. sie wird bei Anwendung jeder der vier Symmetrieoperationen in sich selbst übergeführt, während Funktionen zu den Darstellungen B_1, B_2, B_3 symmetrisch in bezug auf je zwei und antisymmetrisch in bezug auf die zwei anderen Operationen sind.

Eine Funktion, die zu einer Basis einer irreduziblen Darstellung gehört, bezeichnet man als *symmetrieadaptiert*. In der Quantenchemie steht man oft vor der Aufgabe, symmetrieadaptierte Funktionen zu finden.

Nehmen wir als Beispiel für die Gruppe D_2 die vier *s*-AO's der H-Atome in *p*-Dichlorbenzol (diese hat sogar die Gruppe D_{2h}, aber für unsere folgende Überlegung spielt das keine Rolle).

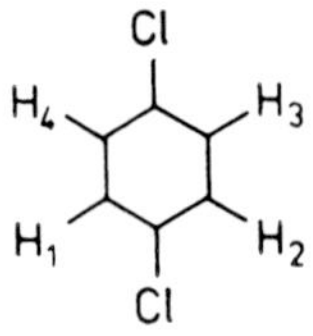

Die AO's h_1, h_2, h_3, h_4 bilden offenbar eine Basis einer Darstellung der Symmetriegruppe, die Darstellung ist aber sicher reduzibel, denn wir wissen, die Gruppe D_2 kann nur eindimensionale irreduzible Darstellungen haben. Wir sehen leicht, daß folgende Linearkombinationen der vier AO's

$$\varphi_1 = \frac{1}{2}(h_1 + h_2 + h_3 + h_4)$$

$$\varphi_2 = \frac{1}{2}(h_1 + h_2 - h_3 - h_4)$$

$$\varphi_3 = \frac{1}{2} (h_1 - h_2 + h_3 - h_4)$$

$$\varphi_4 = \frac{1}{2} (h_1 - h_2 - h_3 + h_4) \qquad \text{(A2.5-14)}$$

tatsächlich symmetrieadaptiert sind. Und zwar transformiert sich (bei ‚richtiger' Wahl der drei Achsen bez. des Moleküls) φ_1 wie A_1, φ_2 wie B_1, φ_3 wie B_2 und φ_4 wie B_3.

Eine allgemeine Vorschrift zur Konstruktion von symmetrieadaptierten Funktionen aus einer willkürlich gegebenen Funktion χ lautet: man bilde

$$\varphi_k = \sum_{\mathbf{R}} \Gamma_k^{(\mathbf{R})} \cdot (\mathbf{R}^{-1}\chi) \qquad \text{(A2.5-15)}$$

wobei die Summe über alle Operatoren der Gruppe geht und wo $\Gamma_k^{(\mathbf{R})}$ die eindimensionale Darstellungsmatrix der k-ten Darstellung zum Symmetrieoperator $\mathbf{R}$ ist. Man überzeugt sich durch Einsetzen, daß φ_k Basis der k-ten eindimensionalen Darstellung Γ_k von G ist. Sei $\mathbf{S}$ ein beliebiger Symmetrieoperator $\in G$. Dann ist, weil die $\Gamma_k^{(\mathbf{R})}$ einfach Zahlen sind,

$$\begin{aligned} \mathbf{S}\varphi_k &= \sum_{\mathbf{R}} \Gamma_k^{(\mathbf{R})} (\mathbf{S}\mathbf{R}^{-1}\chi) \\ &= \Gamma_k^{(\mathbf{S})} \sum_{\mathbf{R}} \Gamma_k^{(\mathbf{S}^{-1})} \Gamma_k^{(\mathbf{R})} (\mathbf{S}\mathbf{R}^{-1}\chi) \\ &= \Gamma_k^{(\mathbf{S})} \sum_{\mathbf{R}} \Gamma_k^{(\mathbf{S}^{-1}\mathbf{R})} (\mathbf{S}\mathbf{R}^{-1}\chi) \\ &= \Gamma_k^{(\mathbf{S})} \sum_{\mathbf{T}} \Gamma_k^{(\mathbf{T})} (\mathbf{T}^{-1}\chi) = \Gamma_k^{(\mathbf{S})} \varphi_k \end{aligned} \qquad \text{(A2.5-16)}$$

Wir haben beim Auswerten des Ausdrucks für $\mathbf{S}\varphi_k$ benützt, daß die Gruppe der (eindimensionalen) Matrizen $\Gamma_k^{(\mathbf{R})}$ homomorph zur Gruppe der Operatoren $\mathbf{R}$ ist, d.h. insbesondere, daß

$$\Gamma_k^{(\mathbf{S})} \cdot \Gamma_k^{(\mathbf{S}^{-1})} = 1 \qquad \text{(A2.5-17)}$$

$$\Gamma_k^{(\mathbf{S}^{-1})} \cdot \Gamma_k^{(\mathbf{R})} = \Gamma_k^{(\mathbf{S}^{-1}\cdot\mathbf{R})} \qquad \text{(A2.5-18)}$$

und daß die Gesamtheit der Elemente $\mathbf{A} \cdot \mathbf{R}$, wobei $\mathbf{A}$ ein festes Element von G ist und $\mathbf{R}$ über alle Gruppenelemente geht, identisch mit der Gesamtheit der Gruppenelemente von G ist.

A 2.6. Klassen von Symmetrieelementen. Charaktere

Bei nicht-abelschen Gruppen kommen auch mehrdimensionale irreduzible Darstellungen vor. Wir überlegen uns zunächst, daß die Darstellungsmatrizen noch etwas willkürlich sind. Sei z.B. eine Basis $\{\Psi_i\}$ vorgegeben sowie eine andere Basis $\{\Phi_i\}$, die aus $\{\Psi_i\}$ durch eine unitäre Transformation hervorgeht, so sind beide Basen der gleichen Darstellung, aber die Darstellungsmatrizen sind verschieden, und zwar erhält man die Darstellungsmatrizen zu $\{\Phi_i\}$ aus denen zu $\{\Psi_i\}$ durch eine unitäre Transformation. Wir stellen uns jetzt auf den Standpunkt, daß uns nur solche aus einer Darstellungsmatrix ableitbaren Größen interessieren, die sich bei einer unitären Transformation der Matrix nicht ändern. Als solche unitäre Invarianten (vgl. I.A7) einer Darstellung kommen in Frage:

1. Die Determinante.
2. Die Spur, d.h. die Summe der Diagonalelemente.
3. Die Summe der Betrags-Quadrate aller Elemente.

Es zeigt sich, daß praktisch alle Informationen über die Darstellungsmatrizen, die wir brauchen, in ihren Spuren enthalten sind. Es ist üblich, die Spur einer Darstellungsmatrix $\Gamma^{(\mathbf{R})}$ als ihren Charakter $\chi^{(\mathbf{R})}$ zu bezeichnen.

$$\chi^{(\mathbf{R})} = \mathrm{Spur}\,(\Gamma^{(\mathbf{R})}) = \sum_{i=1}^{d} \Gamma_{ii}^{(\mathbf{R})} \qquad \text{(A2.6–1)}$$

Wir wollen künftig statt der Darstellungsmatrizen nur deren Charaktere angeben. Bei eindimensionalen Matrizen ist eine Matrix mit ihrem Charakter identisch.

Wir sagen, daß zwei Elemente $\mathbf{A}$ und $\mathbf{B}$ einer Gruppe zu derselben Klasse gehören, wenn es ein weiteres Gruppenelement $\mathbf{C}$ gibt, derart, daß

$$\mathbf{C}^{-1}\mathbf{A}\mathbf{C} = \mathbf{B} \qquad \text{(A2.6–2)}$$

Beispiele für Klassen finden wir etwa in der Gruppe D_{3h} des Cyclopropans, z.B. gehören die Operatoren $\mathbf{C}_3^1$ und $\mathbf{C}_3^2$ zu einer Klasse, die Operatoren σ_v, σ_v' und σ_v'' zu einer anderen Klasse, und auch $\mathbf{C}_2$, $\mathbf{C}_2'$ und $\mathbf{C}_2''$ bilden eine Klasse für sich. Anschaulich gesehen gehören Symmetrieoperatoren dann zu einer Klasse, wenn sie symmetrisch gleichwertige Symmetrieoperatoren sind. Die drei Symmetrieachsen $\mathbf{C}_2$, $\mathbf{C}_2'$ und $\mathbf{C}_2''$ gehen z.B. durch Drehung um die dreizählige Symmetrieachse ineinander über. Die Gl. (A2.6–2) ist die mathematische Formulierung dieses Tatbestandes. Wenn nun zwei Symmetrieoperatoren $\mathbf{A}$ und $\mathbf{B}$ zur selben Klasse gehören, so gilt wegen (A2.6–2) und der Homomorphie auch für ihre Darstellungsmatrizen

$$\Gamma^{-1(\mathbf{C})}\,\Gamma^{(\mathbf{A})}\,\Gamma^{(\mathbf{C})} = \Gamma^{(\mathbf{B})} \qquad \text{(A2.6–3)}$$

d.h. $\Gamma^{(\mathbf{B})}$ ergibt sich aus $\Gamma^{(\mathbf{A})}$ durch eine unitäre Transformation, d.h. aber, die unitären Invarianten von $\Gamma^{(\mathbf{A})}$ und $\Gamma^{(\mathbf{B})}$ sind die gleichen. Insbesondere gilt:

Symmetrieoperatoren, die zur gleichen Klasse gehören, haben für die gleichen Darstellungen dieselben Charaktere.

Wenn wir also die Charaktere der Darstellungen einer Gruppe suchen, genügt es, von den Gruppenelementen einer Klasse nur ein einziges zu betrachten, denn die anderen Elemente der gleichen Klasse haben dieselben Charaktere.

Ein Beispiel für eine Charakterentafel ist etwa diejenige der Gruppe D_{3h}:

	E	$2C_3$	$3C_2$	σ_h	$2S_3$	$3\sigma_v$
A_1'	1	1	1	1	1	1
A_2'	1	1	−1	1	1	−1
E'	2	−1	0	2	−1	0
A_1''	1	1	1	−1	−1	−1
A_2''	1	1	−1	−1	−1	1
E''	2	−1	0	−2	1	0

Man gibt von jeder Klasse nur ein Element an, schreibt aber davor, wieviel Elemente zu dieser Klasse gehören.

In abelschen Gruppen gehört zu jeder Klasse nur ein einziges Element. Da alle Gruppenelemente vertauschen, folgt aus

$$\mathbf{B} = \mathbf{C}^{-1}\mathbf{A}\mathbf{C} = \mathbf{C}^{-1}\mathbf{C}\mathbf{A} = \mathbf{A} \qquad \text{(A2.6–4)}$$

d.h. **A** und **B** können nur dann zur gleichen Klasse gehören, wenn **A** mit **B** identisch ist. Es gilt allgemein, daß die Zahl der verschiedenen irreduziblen Darstellungen einer Gruppe gleich der Zahl der Klassen ist.

Zur Nomenklatur der irreduziblen Darstellungen nach Mulliken: A und B bedeuten eindimensionale, E zweidimensionale, F oder T dreidimensionale, U vierdimensionale und V fünfdimensionale Darstellungen. A-Darstellungen sind symmetrisch bez. der ausgezeichneten Drehachse, B-Darstellungen antisymmetrisch. Die Indizes 1 bzw. 2 bedeuten symmetrisch bzw. antisymmetrisch bez. einer zur ausgezeichneten Achse senkrechten Achse. (Bei D_2 und D_{2h}, wo es keine ausgezeichnete Achse gibt, haben die Indizes in B_1, B_2, B_3 eine etwas andere Bedeutung). Indizes g bzw. u beziehen sich auf ein Symmetriezentrum und ′ bzw. ″ auf das Symmetrieverhalten bez. der zur ausgezeichneten Achse senkrechten Symmetrieebene. Bei den Gruppen $C_{\infty v}$ und $D_{\infty h}$ benutzt man andere Symbole, nämlich Σ, Π, Δ etc. die unmittelbar mit den Quantenzahlen M_L bez. des Operators $\mathbf{L}_z$ zusammenhängen.

Bei der Drehspiegelgruppe eines Atoms verwendet man die uns bekannten Symbole S, P, D etc., die mit den Quantenzahlen L bez. des Operators $\mathbf{L}^2$ zusammenhängen.

In der Praxis ist oft eine reduzible Darstellung einer Symmetriegruppe gegeben, und man steht vor der Aufgabe, herauszufinden, in welche irreduziblen Darstellungen diese reduzible Darstellung zerfällt, wenn man sie voll ausreduziert, d.h. wenn man auf solch eine Basis transformiert, daß die Darstellungsmatrizen in der neuen Basis so weit faktorisiert sind, daß die einzelnen Blöcke alle zu irreduziblen Darstellungen gehören. Man schreibt formal

$$\Gamma = \sum_k n_k \, \Gamma_k \qquad \text{(A2.6–5)}$$

und meint damit, die reduzible Darstellung Γ zerfällt bei vollständiger Reduktion in n_1-mal die irreduzible Darstellung Γ_1, n_2-mal Γ_2 etc. Dabei muß n_k natürlich ganzzahlig sein; wenn $n_k = 0$, so heißt das: Γ_k tritt in der Zerlegung nicht auf. Wir Wir hatten als Beispiel für eine reduzible Darstellung bereits die vier tetraedrischen Hybrid-AO's des C-Atoms im CH_4 erwähnt. Wenn wir diese Darstellung reduzieren, so erhalten wir eine eindimensionale Darstellung mit der Basis 2*s*, eine dreidimensionale mit der Basis $2p_x$, $2p_y$, $2p_z$, d.h.

$$\Gamma = 1 \times A_1 + 1 \times T_2 \qquad \text{(A2.6–6)}$$

wobei ein 2*s*-AO zur eindimensionalen irreduziblen Darstellung A_1 der Symmetriegruppe T_d des Tetraeders und die drei 2*p*-Funktionen zur dreidimensionalen irreduziblen Darstellung T_2 der Gruppe T_d gehören.

Um herauszufinden, in welche irreduziblen Darstellungen eine reduzible Darstellung zerfällt, kann man sich einer allgemeinen Gleichung*) für n_k bedienen

$$n_k = \frac{1}{g} \sum_\alpha g_\alpha \, \chi_k^{(\alpha)} \, \chi^{(\alpha)} \qquad \text{(A2.6–7)}$$

Die Summe über α geht dabei über sämtliche Klassen, g_α ist die Zahl der Elemente in der α-ten Klasse, g ist die Ordnung der Gruppe, $\chi_k^{(\alpha)}$ ist der Charakter der α-ten Klasse in der k-ten irreduziblen Darstellung und $\chi^{(\alpha)}$ derjenige in der gegebenen reduziblen Darstellung.

Wir müssen also als erstes den Charakter $\chi^{(\alpha)}$ unserer reduziblen Darstellung für alle Klassen α von Symmetrieoperationen berechnen und können dann unter Benutzung einer Tabelle der Charaktere der irreduziblen Darstellungen Gl. (A2.6–7) anwenden, um die Anzahl n_k des Auftretens der irreduziblen Darstellung Γ_k in der gegebenen reduziblen Darstellung zu berechnen.

In unserem Beispiel schreiben wir zunächst aus einem Tabellenwerk die Charakterentafel der Symmetriegruppe T_d ab:

* Die Ableitung dieser grundlegenden Gleichung der Darstellungstheorie ist nicht schwierig, aber etwas länglich, so daß wir hierauf verzichten wollen. Man leitet (A2.6–7) meist aus der sog. Orthogonalitätsrelation der Darstellungsmatrizen ab. Eleganter ist die Ableitung aus der Gruppenalgebra (vgl. A. 2.9).

T_d	$\mathbf{E}$	$8\mathbf{C}_3$	$3\mathbf{C}_2$	$6\mathbf{S}_4$	$6\sigma_d$
A_1	1	1	1	1	1
A_2	1	1	1	−1	−1
E	2	−1	2	0	0
T_1	3	0	−1	1	−1
T_2	3	0	−1	−1	1

Dann überlegen wir uns, wie die Charaktere zu unserer reduziblen Darstellung mit den vier sp^3-Hybrid-AO's als Basis aussehen. Die Darstellungsmatrix des Identitätsoperators ist offenbar eine Einheitsmatrix der Dimension 4, d.h. $\chi^{(\mathbf{E})} = 4$. Durch jede Ecke des Tetraeders gibt es eine dreizählige Achse $\mathbf{C}_3$. Drehung um eine solche Achse läßt ein Hybrid-AO invariant und permutiert die anderen drei, also ist ein Diagonalelement gleich 1, die anderen drei gleich 0 und $\chi^{(\mathbf{C}_3)} = 1$. Eine zweizählige Achse $\mathbf{C}_2$ geht durch zwei gegenüberliegende Tetraederkanten. Drehung um eine solche Achse läßt kein Hybrid-AO invariant, alle Diagonalelemente der Darstellungsmatrix verschwinden, d.h. $\chi^{(\mathbf{C}_2)} = 0$. Ähnlich findet man, daß $\chi^{(\mathbf{S}_4)} = 0$. Spiegelung an einer der sechs Symmetrieebenen läßt zwei Hybrid-AO's invariant, so daß $\chi^{(\sigma_d)} = 2$

Stellen wir das Ergebnis zusammen

	$\mathbf{E}$	$8\mathbf{C}_3$	$3\mathbf{C}_2$	$6\mathbf{S}_4$	$6\sigma_d$
Γ	4	1	0	0	2

Anwendung von Gl. (A2. 6–7) ergibt

$$n(A_1) = \frac{1}{24}(1\cdot 1\cdot 4 + 8\cdot 1\cdot 1 + 3\cdot 1\cdot 0 + 6\cdot 1\cdot 0 + 6\cdot 1\cdot 2) = 1$$

$$n(A_2) = \frac{1}{24}(1\cdot 1\cdot 4 + 8\cdot 1\cdot 1 + 3\cdot 1\cdot 0 - 6\cdot 1\cdot 0 - 6\cdot 1\cdot 2) = 0$$

$$n(E) = \frac{1}{24}(1\cdot 2\cdot 4 - 8\cdot 1\cdot 1 + 3\cdot 2\cdot 0 + 6\cdot 0\cdot 0 + 6\cdot 0\cdot 2) = 0$$

$$n(T_1) = \frac{1}{24}(1\cdot 3\cdot 4 + 8\cdot 0\cdot 1 - 3\cdot 1\cdot 0 + 6\cdot 1\cdot 0 - 6\cdot 1\cdot 2) = 0$$

$$n(T_2) = \frac{1}{24}(1\cdot 3\cdot 4 + 8\cdot 0\cdot 1 - 3\cdot 1\cdot 0 - 6\cdot 1\cdot 0 + 6\cdot 1\cdot 2) = 1$$

Das Ergebnis stimmt mit dem überein, das wir vorher in einer mehr anschaulichen Weise gewonnen haben.

A 2.7. Symmetrieerniedrigung

Gegeben sei eine Gruppe G. Wenn eine Teilmenge H der Elemente der Gruppe G bereits eine Gruppe bildet, so nennen wir diese Teilmenge H eine Untergruppe von G. Betrachten wir z.B. die Gruppe D_{3h}, die wir vom Cyclopropan kennen, und greifen wir aus dieser Gruppe die folgenden Elemente heraus:

$$\mathbf{E}, \mathbf{C}_3^1, \mathbf{C}_3^2, \sigma_h, \mathbf{S}_3', \mathbf{S}_3''$$

so bilden diese Elemente für sich bereits eine Gruppe, nämlich die Gruppe C_{3h}. Aber auch die Gruppe, die nur aus den Elementen

$$\mathbf{E}, \sigma_h$$

besteht, ist eine Untergruppe. Andere Untergruppen sind

$$\mathbf{E}, \sigma_v$$

oder

$$\mathbf{E}, \mathbf{C}_3^1, \mathbf{C}_3^2$$

Bei Molekülen ist es oft so, daß ein Ausgangsmolekül eine gewisse Symmetriegruppe G hat, daß aber die Symmetriegruppe eines substituierten Moleküls nicht G, sondern nur die Untergruppe H von G ist. So hat z.B. Benzol die Symmetriegruppe D_{6h}, das *p*-Dichlorbenzol nur die Symmetriegruppe D_{2h} und das *m*-Dichlorbenzol gar nur die Symmetriegruppe C_{2v}.

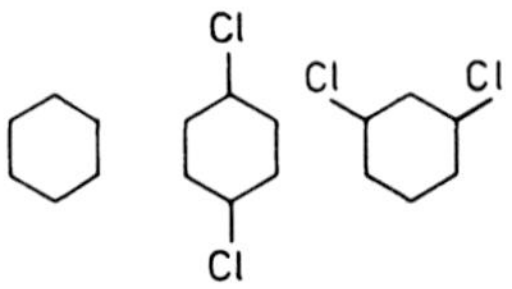

D_{6h} D_{2h} C_{2v}

Eine Untergruppe von G hat natürlich immer eine kleinere Ordnung als die ursprüngliche Gruppe G.

Sei nun die Basis ψ_i einer Darstellung von G gegeben, so ist diese sicher auch Basis einer Darstellung einer Untergruppe H von G. Daß ψ_i Basis einer Darstellung von G ist, bedeutet ja, daß Anwendung eines beliebigen $\mathbf{R} \in G$ auf ein ψ_k eine Linearkombination der ψ_i ergibt. Da jedes Element von H auch Element von G ist (aber nicht umgekehrt), ergibt auch Anwendung eines $\mathbf{R} \in H$ auf ψ_k eine Linearkombination der ψ_i.

Eine irreduzible Darstellung einer Gruppe G ist sicher auch eine Darstellung einer Untergruppe H von G, aber nicht notwendigerweise auch eine irreduzible, sondern i.allg. eine reduzible Darstellung.

So hat z.B. die Symmetriegruppe D_{6h} des Benzols einige zweidimensionale irreduzible Darstellungen. Eine zweidimensionale Darstellung von D_{6h} ist sicher eine reduzible Darstellung von D_{2h}, da diese Symmetriegruppe keine zweidimensionalen irreduziblen Darstellungen hat; eindimensionale irreduzible Darstellungen von D_{6h} sind aber auch irreduzible Darstellungen von D_{2h}, denn eindimensionale Darstellungen kann man nicht weiter reduzieren.

Wir erinnern uns an dieser Stelle an das Irreduzibilitätspostulat der Quantenmechanik. Entartungen von Eigenwerten des Hamilton-Operators, die nicht auf Symmetrieeigenschaften beruhen, d.h. die nicht mit mehrdimensionalen irreduziblen Darstellungen des Hamilton-Operators zusammenhängen, sind beliebig unwahrscheinlich. Erniedrigen wir die Symmetrie eines Atoms oder Moleküls durch Substitution oder in sonstiger Weise, derart, daß eine d-dimensionale irreduzible Darstellung der ursprünglichen Symmetriegruppe G zu einer reduziblen Darstellung der neuen Symmetriegruppe H (die eine Untergruppe von G ist) wird, so besteht kein Grund mehr dafür, daß der entsprechende Eigenwert des ursprünglichen Atoms oder Moleküls d-fach entartet ist, sondern er wird in einen d_1-fachen, einen d_2-fachen etc. Eigenwert aufspalten, wobei $d_1 + d_2 + \ldots = d$ und wobei d_1, d_2 etc. die Dimensionen der irreduziblen Darstellungen von H sind, in die man die d-dimensionale irreduzible Darstellung von G reduzieren kann. Als Beispiel betrachten wir ein Atom, das aus abgeschlossenen Schalen plus einem einfach besetzten d-Orbital besteht, in einem Feld mit Oktaedersymmetrie, also z.B. ein Ti^{3+}-Ion in einem $[TiF_6]^{3-}$-Komplex. Ein d-Orbital gehört zu einer 5-dimensionalen irreduziblen Darstellung der Kugeldrehspiegelgruppe $R^{\pm}(3)$ des freien Atoms bzw. Ions. Die Symmetriegruppe des Oktaeders ist O_h, diese ist natürlich eine Untergruppe von $R^{\pm}(3)$, denn $R^{\pm}(3)$ umfaßt Drehungen um beliebige Winkel und beliebige Drehachsen durch das Atom und Spiegelungen an beliebigen Spiegelebenen durch das Atom, während die Symmetrieoperationen der Gruppe O_h Drehungen um spezielle Achsen und spezielle Winkel und Spiegelungen an speziellen Symmetrieebenen sind.

Da O_h keine 5-dimensionalen irreduziblen Darstellungen enthält, ist die durch die fünf d-AO's gegebene Darstellung sicher reduzibel. Reduziert man die Darstellung nach Gl. (A 2. 6–7) aus, so findet man, daß sie die irreduziblen Darstellungen E_g und T_{2g} enthält und daß die beiden reellen Funktionen d_{z^2} und $d_{x^2-y^2}$ eine Basis von E_g, die drei reellen Funktionen d_{xy}, d_{yz}, d_{xz} eine Basis von T_{2g} bilden.

Betrachtet man dagegen das gleiche Atom nicht in einem Ligandenfeld oktaederischer Symmetrie, sondern in einem homogenen Magnetfeld, so ist die Symmetriegruppe des Hamilton-Operators jetzt $C_{\infty h}$, wobei die ausgezeichnete Achse die Richtung des Magnetfeldes ist. Die 5-dimensionale irreduzible Darstellung D des Atoms spaltet jetzt in fünf irreduzible Darstellungen Σ_g, Π_g, Π_g^*, Δ_g, Δ_g^* auf.

In Tab. 19 auf S. 412 haben wir für einige wichtige Gruppen angegeben, in welche irreduziblen Darstellungen der betreffenden Gruppe die irreduziblen Darstellungen der Kugeldrehspiegelgruppe des Zentralatoms aufspalten. Es empfiehlt sich, gleichzeitig auch anzugeben, in welche irreduziblen Darstellungen des Komplexes diejenigen reduziblen Darstellungen zerfallen, deren Basen AO's der Ligandenatome sind.

Bei den AO's der Liganden unterscheidet man sinnvollerweise solche, die um die Verbindungsachse zum Zentralatom symmetrisch (σ) bzw. antisymmetrisch sind (π).
S. auch Tab. 8 auf S. 167 ff.

A 2.8. Direkte Produkte von Darstellungen

Seien $\psi_i(1), i = 1, 2 \ldots n$ und $\varphi_i(2), i = 1, 2 \ldots m$ zwei Basen von Darstellungen einer Symmetriegruppe G, so bildet die Gesamtheit der $n \cdot m$ Produkte

$$\psi_i(1)\,\varphi_k(2); i = 1, 2 \ldots n;\; k = 1, 2 \ldots m \tag{A2.8–1}$$

ebenfalls eine Darstellung der Symmetriegruppe bez. gleichzeitiger Anwendung der Gruppenoperatoren auf beide Koordinatensätze ($\vec{r}_1$ und $\vec{r}_2$), denn wenn

$$\mathbf{R}\,\psi_i(1) = \sum_{j=1}^{n} c_{ij}\,\psi_j(1) \tag{A2.8–2}$$

$$\mathbf{R}\,\varphi_k(2) = \sum_{l=1}^{m} d_{kl}\,\varphi_l(2) \tag{A2.8–3}$$

so gilt

$$\mathbf{R}\,\psi_i(1)\,\varphi_k(2) = \sum_{j=1}^{n}\sum_{l=1}^{m} c_{ij}\,d_{kl}\,\psi_j(1)\,\varphi_l(2) \tag{A2.8–4}$$

Die Darstellungsmatrizen $c_{ij}\,d_{kl}$ haben die Dimension $m \cdot n$.

Wenn ψ_i und φ_k Basen von irreduziblen Darstellungen Γ_1 und Γ_2 sind, so ist $\psi_i\varphi_k$ i.allg. Basis einer reduziblen Darstellung. Wir bezeichnen diese Darstellung als das direkte Produkt von Γ_1 und Γ_2 und schreiben

$$\Gamma = \Gamma_1 \otimes \Gamma_2 \tag{A2.8–5}$$

Wie jede reduzible Darstellung kann man auch Γ ausreduzieren, d.h. formal als eine Summe von irreduziblen Darstellungen schreiben. Beispiele für die Reduktion von direkten Produkten haben wir in der Atomtheorie kennengelernt (I Kap. 10). Wenn z.B. Γ_1 und Γ_2 beide die dreidimensionale irreduzible Darstellung P der Kugeldrehspiegelgruppe $R^{\pm}(3)$ sind, so bilden die neun Produkte wie z.B. $p\sigma(1)\,p\sigma(2)$ etc. eine reduzible Darstellung von $R^{\pm}(3)$. Reduziert man diese aus, so erhält man, daß

$$P \otimes P = S + P + D \tag{A2.8–6}$$

Das heißt zu einer Konfiguration p^2 sind Zweielektronenzustände zu den Darstellungen S, P, D möglich.

In Komplexen wird aus einer d^n-Konfiguration im Oktaederfeld eine $(e_g^k\,t_{2g}^{n-k})$-Konfiguration, und hier stellt sich die Frage, welche irreduziblen Darstellungen von O_h für den durch diese Konfiguration gegebenen n-Elektronenzustand möglich sind. Die Antwort erhält man auf dem Weg über eine Reduktion von direkten Produkten.

A 2.9. Gruppenalgebra

Grundlage unserer bisherigen Überlegungen waren folgende drei Voraussetzungen:
1. Die Symmetrieoperationen eines Moleküls bilden eine Gruppe.
2. Der elektronische Hamilton-Operator des Moleküls ist invariant bez. Operationen der Symmetriegruppe.
3. Eine Anwendung einer Symmetrieoperation (Gruppenelement) auf einen Vektor des Hilbert-Raums (eine Wellenfunktion), der zum Hamilton-Operator gehört, ist definiert.

Die dritte Voraussetzung ist nicht weniger wichtig als die ersten beiden, obwohl auf sie seltener hingewiesen wird. Es gibt nämlich durchaus Symmetrie-Operationen, deren Anwendung auf eine Wellenfunktion *nicht* definiert ist und die deshalb für das Symmetrieverhalten der Wellenfunktion ohne Belang sind. Beschränken wir uns, wie wir das in diesem Buch fast immer taten, auf den Hamiltonoperator der Born-Oppenheimer-Näherung mit festen Kernen, der nur auf die Koordinaten der Elektronen, bezogen auf ein raumfestes Koordinatensystem, wirkt, so ist die Anwendung u.a. folgender Symmetrieoperatoren auf die (elektronischen) Wellenfunktionen definiert:

a) Permutation der Koordinaten zweier Elektronen

b) Drehung oder Spiegelung des gesamten Kerngerüsts bezügl. eines raumfesten Koordinatensystems, bei festgehaltenen Elektronenkoordinaten.

Nicht definiert ist dagegen die Anwendung eines Symmetrieoperators, der einer Permutation der Kerne entspricht, die nicht einer Drehung oder Spiegelung des Moleküls äquivalent ist. Ein Beispiel wäre die Permutation zweier C-Atome im Benzol, obwohl der Hamiltonoperator gegenüber einer solchen Permutation invariant ist.

Nachdem wir soeben die Menge der Symmetrieoperationen einschränkten, wollen wir anschließend eine größere Menge von Operatoren betrachten, deren Anwendung auf Elemente des Hilbertraums definiert ist, die aber nicht alle Symmetrieoperatoren sind.

Diejenigen Symmetrieoperationen $\mathbf{R}$, deren Anwendung auf ein Element φ des Hilbertraums definiert ist (sie bilden eine Untergruppe G der gesamten Invarianzgruppe), können als Operatoren mit diesem Hilbertraum als Definitionsbereich aufgefaßt werden (vgl. I.A.6). Zunächst ist eine Linearkombination von zwei solchen Operatoren nicht erklärt. In der folgenden Gleichung

$$(c_1\mathbf{R} + c_2\mathbf{S})\varphi = c_1\mathbf{R}\varphi + c_2\mathbf{S}\varphi \tag{A2.9–1}$$

ist nur die rechte Seite a priori definiert, wir können deshalb (A2.9–1) als Definitionsgleichung für die Linearkombination $c_1\mathbf{R} + c_2\mathbf{S}$ auffassen. Mit dieser Definition bildet die Gesamtheit der Linearkombinationen der Gruppenoperatoren aus G, deren Ordnung g sei, einen linearen Raum der Dimension g. Die Multiplikation zweier Elemente dieses linearen Raums läßt sich auf die Gruppenmultiplikation zurückführen, wenn wir die Gültigkeit des Distributivgesetzes zwischen Multiplikation und Addition postulieren.

Die Gesamtheit der Linearkombinationen der Gruppenelemente einer Gruppe G wird die Gruppenalgebra oder der Gruppenring A(G) der Gruppe G genannt. (Lassen wir für die c_i komplexe Werte zu, wie wir das tun wollen, ist die Gruppenalgebra komplex. Man kann sich auch auf eine reelle Gruppenalgebra beschränken.) Die Elemente der Gruppenalgebra einer Symmetriegruppe, die nicht Elemente der Gruppe sind, sondern Linearkombinationen von solchen, entsprechen keinen Symmetrieoperationen.

Allgemein versteht man unter einer Algebra eine Menge von Elementen, zwischen denen zwei Verknüpfungen, genannt Addition und Multiplikation, definiert sind, sowie außerdem die Multiplikation mit einem Skalar (reell oder komplex, wir wollen ja eine komplexe Algebra betrachten), derart, daß die Elemente bez. Multiplikation mit einem Skalar sowie Addition einen linearen Raum (vgl. I.A 6) bilden, daß die Multiplikation assoziativ ist (man kann auch nicht-assoziative Algebren definieren, sie sollen uns aber nicht interessieren), daß ein Einheitselement definiert ist ($\mathbf{EA} = \mathbf{AE} = \mathbf{A}$ für alle $\mathbf{A}$ aus der Algebra) und daß bez. der beiden Verknüpfungen das Distributivgesetz gilt $[\mathbf{A}(\mathbf{B} + \mathbf{C}) = \mathbf{AB} + \mathbf{AC};\ (\mathbf{A} + \mathbf{B})\mathbf{C} = \mathbf{AC} + \mathbf{BC}]$.

Eine Algebra wird am besten (vor allem, wenn sie endlich ist, d.h. wenn sie als linearer Raum bez. der Addition eine endliche Dimension hat) durch eine Basis und eine Multiplikationstafel gekennzeichnet. Eine Basis besteht aus der Maximalzahl von linear unabhängigen Elementen $\mathbf{A}_i$ (i = 1, 2 ... n). Das Produkt von zwei Basiselementen $\mathbf{A}_i\mathbf{A}_j$ ist dann, da es ein Element der Algebra ist, als Linearkombination der Basiselemente darstellbar.

$$\mathbf{A}_i\mathbf{A}_j = \sum_{k=1}^{n} c_{ij}^{(k)} \mathbf{A}_k \qquad \text{(A2.9–2)}$$

Die $c_{ij}^{(k)}$ aus (A2.9–2) stellen die Multiplikationstafel der Algebra dar.

Wählen wir für unsere Gruppenalgebra A(G) die Gruppenelemente $\mathbf{R}_i \in \mathrm{G}$ als Basis, so wird die Multiplikationstafel besonders einfach, da $\mathbf{R}_i\mathbf{R}_j$ gleich einem anderen Gruppenelement $\mathbf{R}_l$ ist, so daß $c_{ij}^{(k)} = \delta_{kl}$.

Um die Linearkombinationen von Gruppenelementen und damit die Gruppenalgebra über (A2.9–1) zu definieren, mußten wir einen linearen Raum V, hier den Hilbertraum der Wellenfunktion zu gegebener Teilchenzahl, einführen, auf den die Gruppenoperatoren wirken. Auf Elemente aus genau dem gleichen Raum V mußten wir uns beziehen (Abschn. A2), um die Darstellungen einer Gruppe zu definieren. Dies ist bereits ein Hinweis auf den engen Zusammenhang zwischen Gruppenalgebra und Darstellungstheorie. In der Tat gelingt der eleganteste Zugang zur Darstellungstheorie über die Gruppenalgebra*).

Man sieht zunächst relativ leicht, daß eine Basis einer Darstellung der Gruppe auch eine Basis einer Darstellung der Gruppenalgebra ist und umgekehrt. Die Addition ist für die Darstellungsmatrizen von vornherein definiert und gleich der gewöhnlichen Matrizenaddition (wie die Multiplikation gleich der konventionellen Matrizenmultipli-

* Einzelheiten findet man z.B. in *H. Boerner*: Darstellungen von Gruppen. Springer, Berlin 1967.

kation ist). Jedem Element $\mathbf{A}$ aus A(G) ist in einer Darstellung eine Matrix $c(\mathbf{A})$ zugeordnet, derart daß

$$\begin{aligned} c(\mathbf{A}+\mathbf{B}) &= c(\mathbf{A})+c(\mathbf{B}) \\ c(\mathbf{A}\cdot\mathbf{B}) &= c(\mathbf{A})\cdot c(\mathbf{B}) \end{aligned} \tag{A2.9–3}$$

Der gesamte Darstellungsraum V ist invariant gegenüber A(G), d.h. jedes Element von A(G) führt den Darstellungsraum V in sich selbst über. Es gibt auch (bez. A(G)) invariante Unterräume von V, insbesondere spannt jede Basis einer Darstellung von G einen invarianten Unterraum auf. Ein solcher invarianter Unterraum wird vielfach auch als Modul der Darstellung bezeichnet. Die invarianten Unterräume kleinstmöglicher Dimension (die nicht selbst invariante Unterräume noch kleinerer Dimension enthalten) entsprechen den irreduziblen Darstellungen.

Eine besondere Bedeutung hat die sog. reguläre Darstellung. Man erhält sie, wenn man als linearen Raum V, auf den die Elemente von A(G) anzuwenden sind, die Gruppenalgebra selbst nimmt, die ja u.a. auch ein linearer Raum ist. Die natürliche Basis der regulären Darstellung sind die Gruppenelemente $\mathbf{R}_i \in$ G und die Darstellungsmatrizen für die Gruppenelemente $\mathbf{R}_k$ enthalten nur Nullen und Einsen (und zwar in jeder Zeile und jeder Spalte genau eine Eins), da $\mathbf{R}_i\mathbf{R}_k$ wieder gleich einem Gruppenelement $\mathbf{R}_j$ ist und da bei festem $\mathbf{R}_i$ die Menge $\{\mathbf{R}_i\mathbf{R}_k\}$ gleich der Menge $\mathbf{R}_k$ (evtl. anders geordnet) ist. Man kann zeigen, daß die reguläre Darstellung jede d-dimensionale irreduzible Darstellung d mal enthält.

Die reguläre Darstellung ist zunächst etwas unanschaulich. Was sie praktisch bedeutet, kann man sich folgendermaßen klar machen. Betrachten wir etwa am Beispiel des Cyclopropans (Abb. A–2) ein s-AO, das an einem C-Atom zentriert ist, und wenden wir auf dieses AO der Reihe nach alle 12 Symmetrieoperationen der Gruppe D_{3h} an.Manche Operationen lassen das AO invariant, andere überführen es in ein s-AO eines der beiden anderen C-Atome. Die Gesamtheit der Gruppenoperationen macht aus diesem AO einen invarianten linearen Raum der Dimension 3 (entsprechend einer dreidimensionalen Darstellung). Ausgehend von einem s-AO eines H-Atoms, erhalten wir einen linearen Unterraum der Dimension 6. Gehen wir dagegen von einem AO χ in ‚allgemeiner Lage' aus, dessen Zentrum auf keiner Symmetrie-Achse oder -Ebene liegt, so erhalten wir einen invarianten linearen Raum der Dimension der Ordnung der Gruppe, d.h. 12. In diesem Fall sind alle $\mathbf{R}_i\chi\,(i = 1,2, \ldots 12)$ voneinander verschieden, und sie bilden genau die Basis der regulären Darstellung. Ausgehend von AO's in speziellen Lagen erhält man Darstellungen kleinerer Dimension, die nicht alle irreduziblen Darstellungen enthalten, während in der regulären Darstellung alle möglichen irreduziblen Darstellungen vorkommen müssen.

Die Gruppenalgebra A(G) ist noch etwa unhandlich deshalb, weil für ihre Elemente das Kommutativgesetz nicht gilt (außer wenn G eine abelsche Gruppe ist). Wir betrachten deshalb eine Teilmenge von A(G), die wir als das Zentrum der Gruppenalgebra Z(G) bezeichnen wollen. Sie enthält genau diejenigen Elemente von A (G), die mit allen $\mathbf{R}_i \in$ G vertauschen. Man überzeugt sich davon, daß Z(G) auch eine Algebra ist, und zwar eine kommutative Algebra. Eine Basis von Z(G) stellen die sog. Klassensummen dar. Unter einer Klassensumme C_i verstehen wir die Summe der Gruppenelemente einer Klasse. Es gibt also soviel Klassensummen, wie die Gruppe Klassen hat. Die Klassensummen kommutieren offensichtlich, d.h. $C_i C_k = C_k C_i$. Allerdings ist das Produkt zweier Klassensummen nicht wieder notwendigerweise eine Klassensumme, sondern eine Summe von solchen. Für Z (G) gilt also die allgemeine Form der Multiplikationstafel (A2.9–2). Z (G) ist selbst zwar eine Algebra, aber keine Gruppenalgebra (außer wenn G abelsch ist, dann sind A (G) und Z (G) identisch).

Man kann nun in Z(G) eine andere Basis wählen als die Klassensummen C_i , und zwar wollen wir solche Linearkombinationen der C_i wählen

$$\mathbf{P}_k = \sum_{i=1}^{m} \alpha_i^{(k)} C_i \qquad k = 1, 2 \ldots m \tag{A2.9–4}$$

die die Eigenschaften haben

$$\mathbf{P}_k = \mathbf{P}_k^{\dagger}$$

$$\mathbf{P}_k \mathbf{P}_k = \mathbf{P}_k \tag{A2.9–5}$$

$$\mathbf{P}_k \mathbf{P}_l = 0, \quad k \neq l \tag{A2.9–6}$$

Die durch das Symbol $\dagger$ symbolisierte Operation des Adjungierens eines Elementes aus A (G) ist definiert, sofern V ein unitärer Raum ist (in dem ein Skalarprodukt erklärt ist, was ja für den Hilbertraum der Fall ist, vgl. I.A 6.5). Da die Gruppenoperatoren, wie man leicht sieht, unitär sind, gilt für diese $\mathbf{R}^{\dagger} = \mathbf{R}^{-1}$.

Operatoren $\mathbf{P}_k$, die die Eigenschaft (A2.9–5) haben, bezeichnet man als Projektoren oder Projektionsoperatoren. Zwei Projektoren, die (A2.9–6) erfüllen, nennt man orthogonal. Aus (A2.9–5) und (A2.9–6) folgt unmittelbar, daß die Summe zweier orthogonaler Projektoren wiederum ein Projektor ist. Wir wollen einen Projektor $\mathbf{P}_k$ im Sinne von (A2.9–4 bis 6) als irreduzibel bezeichnen, wenn er sich nicht in eine Summe von zwei oder mehr orthogonalen Projektoren zerlegen läßt, die sämtlich auch Elemente von Z (G) sind. In einer endlichen komplexen Gruppenalgebra gibt es genauso viele (m) irreduzible $\mathbf{P}_k$ wie Klassensummen C_i, d.h. eine Basis von $\mathbf{P}_k$ für Z (G) existiert und ist außerdem eindeutig. Es gilt ferner, daß die Summe aller dieser $\mathbf{P}_k$ gleich dem Einheitselement ist

$$\sum_{k=1}^{m} \mathbf{P}_k = \mathbf{E} \tag{A2.9–7}$$

weshalb man (A2.9–7) vielfach als eine ‚Zerlegung der Einheit' bezeichnet.

Die Projektoren teilen den gesamten Vektorraum V, auf den die Elemente von G wirken, in m Teilräume V_k auf, derart, daß die Elemente von V_k gegeben sind als

$$\mathbf{P}_k \varphi \tag{A2.9–8}$$

wobei φ irgendein Element von V ist. Wegen (A2.9–5) hat $\mathbf{P}_k \varphi$ keine Komponente in einem anderen Teilraum.

Die Koeffizienten $\alpha_i^{(k)}$ in (A2.9–4) hängen unmittelbar mit den Charakteren $\chi_i^{(k)}$ der irreduziblen Darstellungen zusammen, gemäß

$$\alpha_i^{(k)} = g^{-\frac{1}{2}} \chi_i^{(k)} \tag{A2.9–9}$$

In der Tat ist die durch (A2.5–5) gegebene Vorschrift, bis auf einen konstanten Faktor, gleich der Anwendung eines Projektionsoperators auf eine gegebene Funktion. Jeder irreduziblen Darstellung Γ_k der Gruppe entspricht genau ein Projektor $\mathbf{P}_k$ und Anwendung von $\mathbf{P}_k$ auf irgendein φ ergibt eine Funktion, die sich wie eine Basisfunktion von Γ_k transformiert (die zu Γ_k symmetrieadaptiert ist) – oder aber verschwindet (wenn nämlich φ keine Komponente aus V_k enthält).

Die Aufgabe, die Charaktere der irreduziblen Darstellungen Γ_k zu finden, ist nach (A2.9–9) gleichbedeutend mit derjenigen, die Koeffizienten $\alpha_i^{(k)}$ in (A2.9–4) anzugeben, d.h. die Projektoren $\mathbf{P}_k$ zu konstruieren. Damit haben wir den engen Zusammenhang zwischen Darstellungstheorem und Theorie der Gruppenalgebra zwar nicht bewiesen, aber doch deutlich gemacht.

Wir haben die Diskussion in diesem Abschnitt auf die Gruppenalgebra endlicher Gruppen beschränkt. Besonders vorteilhaft ist die Anwendung des Formalismus der Gruppenalgebra auf sog. kompakte kontinuierliche Gruppen, wie etwa die dreidimensionale Rotationsgruppe R(3), u.a. weil sich die Drehimpulsoperatoren als Elemente der Gruppenalgebra A[R(3)] erweisen, ja sogar als ‚Erzeugende' dieser Algebra, und weil damit ein unmittelbarer Zusammenhang zwischen der Theorie der dreidimensionalen Rotationsgruppe und der Theorie des Drehimpulses hergestellt werden kann. Wir werden hiervon im kommenden Abschnitt Gebrauch machen.

A 2.10. Die Gruppe SU (2) und die Doppelgruppen

Betrachten wir die Gruppenalgebra der dreidimensionalen Rotationsgruppe R(3) und in dieser die Operatoren

$$\mathbf{T}_z^\alpha = \frac{1}{\alpha}(\mathbf{R}_z^\alpha - \mathbf{1}) \tag{A2.10–1}$$

wobei $\mathbf{1}$ der Einheitsoperator ist und $\mathbf{R}_z^\alpha$ eine Drehung um die z-Achse um den Winkel α bedeutet. Im Grenzfall $\alpha \to 0$ wird aus $\mathbf{T}_z^\alpha$, bis auf einen Faktor, der Operator der z-Komponente des Drehimpulses

$$\lim_{\alpha \to 0} \mathbf{T}_z^\alpha = \frac{\partial}{\partial \varphi} = \frac{i}{\hbar} \ell_z \tag{A2.10–2}$$

Wegen der Gleichwertigkeit der drei Raumrichtungen hängen ℓ_x und ℓ_y in analoger Weise mit infinitesimalen Drehungen um die x- und die y-Achse zusammen. Vereinbaren wir, daß Operatoren, die wie in (A2.10–2) durch Grenzübergänge gewonnen werden, auch Elemente unserer Gruppenalgebra sind, so können wir feststellen, daß die Drehimpulsoperatoren ℓ_x, ℓ_y, ℓ_z Elemente unserer Gruppenalgebra sind. Tatsächlich lassen sich alle Elemente der Gruppenalgebra auch aus ℓ_x, ℓ_y und ℓ_z aufbauen. Gehen wir davon aus, daß zu jedem Operator $\mathbf{A}$ (von pathologischen Fällen abgesehen) ein Exponentialoperator $\mathbf{a} = \exp(\mathbf{A})$ definiert ist und daß für diesen die immer konvergente Potenzreihenentwicklung

$$\mathbf{a} = \exp(\mathbf{A}) = 1 + \mathbf{A} + \frac{1}{2}\mathbf{A}^2 + \frac{1}{3!}\mathbf{A}^3 + \ldots \qquad \text{(A2.10–3)}$$

gilt, so sehen wir ohne weiteres, daß nach dem Satz von Taylor

$$\exp(\alpha \frac{i}{\hbar}\ell_z)\,\psi(r,\vartheta,\varphi) = \exp(\alpha\frac{\partial}{\partial\varphi})\,\psi = \psi + \alpha\frac{\partial\psi}{\partial\varphi} + \frac{1}{2}\alpha^2\frac{\partial^2\psi}{\partial\varphi^2} +$$

$$+\frac{1}{3!}\alpha^3\frac{\partial^3\psi}{\partial\varphi^3} + \ldots = \psi(r,\vartheta,\varphi+\alpha) \qquad \text{(A2.10–4)}$$

d.h. daß

$$\exp(\alpha\frac{i}{\hbar}\ell_z) = \mathbf{R}_z^\alpha \qquad \text{(A2.10–5)}$$

Wir können folglich unsere Gruppenalgebra neu definieren als die Algebra, deren Elemente Linearkombinationen von Produkten beliebiger Potenzen von ℓ_x, ℓ_y und ℓ_z sind. Ein beliebiges Element dieser Algebra ist

$$\sum_{\alpha_x,\alpha_y,\alpha_z} c\,(\alpha_x,\alpha_y,\alpha_z)\,\ell_x^{\alpha_x}\,\ell_y^{\alpha_y}\,\ell_z^{\alpha_z} \qquad \text{(A2.10–6)}$$

Wir sehen nun folgendes: Wenn ein Unterraum V_k des Vektorraums, der den Definitionsbereich unserer Gruppenoperatoren bildet, invariant gegenüber den Operatoren ℓ_x, ℓ_y und ℓ_z ist, d.h. wenn

$$a \in V_k\,,\ \ell_x a = b,\ b \in V_k \qquad \text{(das gleiche gelte für } y, z) \qquad \text{(A2.10–7)}$$

so ist V_k auch invariant bezüglich allen Operatoren der Gruppenalgebra und damit auch der Rotationsgruppe. Wir haben hiervon bei der Atomtheorie Gebrauch gemacht, wo wir die Eigenfunktionen von ℓ^2 und ℓ_z suchten und automatisch irreduzible Darstellungen der Kugeldrehgruppe erhielten.

Wir betrachten jetzt analog zu (A2.10–6) die Algebra, deren Elemente

$$\sum_{\alpha_x,\alpha_y,\alpha_z} c\,(\alpha_x,\alpha_y,\alpha_z)\,\mathbf{s}_x^{\alpha_x}\,\mathbf{s}_y^{\alpha_y}\,\mathbf{s}_z^{\alpha_z} \qquad \text{(A2.10–8)}$$

[das sind alles (2 × 2)-Matrizen] aus den Spinoperatoren (Spinmatrizen)

$$\mathbf{s}_x = \frac{\hbar}{2}\begin{pmatrix}0&1\\1&0\end{pmatrix},\ \mathbf{s}_y = \frac{\hbar}{2}\begin{pmatrix}0&i\\-i&0\end{pmatrix},\ \mathbf{s}_z = \frac{\hbar}{2}\begin{pmatrix}1&0\\0&-1\end{pmatrix} \qquad \text{(A2.10–9)}$$

aufgebaut sind, insbesondere die Operatoren

$$\mathbf{U}_x^\alpha = \exp(\alpha \frac{i}{\hbar} \mathbf{s}_x) = \exp\left[\frac{\alpha i}{2} \begin{pmatrix} 0 & 1 \\ 1 & 0 \end{pmatrix}\right]$$

$$= \begin{pmatrix} 1 & 0 \\ 0 & 1 \end{pmatrix} + \frac{\alpha i}{2} \begin{pmatrix} 0 & 1 \\ 1 & 0 \end{pmatrix} - \frac{1}{2} \frac{\alpha^2}{4} \begin{pmatrix} 1 & 0 \\ 0 & 1 \end{pmatrix} - \frac{i}{3!} \frac{\alpha^3}{8} \begin{pmatrix} 0 & 1 \\ 1 & 0 \end{pmatrix} + \frac{1}{4!} \frac{\alpha^4}{16} \begin{pmatrix} 1 & 0 \\ 0 & 1 \end{pmatrix} + \ldots$$

$$= \begin{pmatrix} 1 - \frac{1}{2}(\frac{\alpha}{2})^2 + \frac{1}{4!}(\frac{\alpha}{2})^4 + \ldots & i\{\frac{\alpha}{2} - \frac{1}{3!}(\frac{\alpha}{2})^3 + \frac{1}{5!}(\frac{\alpha}{2})^5 - \ldots\} \\ i\{\frac{\alpha}{2} - \frac{1}{3!}(\frac{\alpha}{2})^3 + \frac{1}{5!}(\frac{\alpha}{2})^5 - \ldots\} & 1 - \frac{1}{2}(\frac{\alpha}{2})^2 + \frac{1}{4!}(\frac{\alpha}{2})^4 + \ldots \end{pmatrix}$$

$$= \begin{pmatrix} \cos\frac{\alpha}{2} & i\sin\frac{\alpha}{2} \\ i\sin\frac{\alpha}{2} & \cos\frac{\alpha}{2} \end{pmatrix} \qquad \text{(A2.10–10)}$$

$$\mathbf{U}_y^\beta = \exp(\beta \frac{i}{\hbar} \mathbf{s}_y) = \exp\left[\frac{\beta}{2} \begin{pmatrix} 0 & -1 \\ 1 & 0 \end{pmatrix}\right] = \begin{pmatrix} 1 & 0 \\ 0 & 1 \end{pmatrix} + \frac{\beta}{2} \begin{pmatrix} 0 & -1 \\ 1 & 0 \end{pmatrix} - \frac{1}{2} \frac{\beta^2}{4} \begin{pmatrix} 1 & 0 \\ 0 & 1 \end{pmatrix} -$$

$$- \frac{1}{3!} \frac{\beta^3}{8} \begin{pmatrix} 0 & -1 \\ 1 & 0 \end{pmatrix} + \frac{1}{4!} \frac{\beta^4}{16} \begin{pmatrix} 1 & 0 \\ 0 & 1 \end{pmatrix} + \ldots = \begin{pmatrix} \cos\frac{\beta}{2} & -\sin\frac{\beta}{2} \\ \sin\frac{\beta}{2} & \cos\frac{\beta}{2} \end{pmatrix} \qquad \text{(A2.10–11)}$$

$$\mathbf{U}_z^\gamma = \exp(\gamma \frac{i}{\hbar} \mathbf{s}_z) = \exp\left[\frac{\gamma i}{2} \begin{pmatrix} 1 & 0 \\ 0 & -1 \end{pmatrix}\right]$$

$$= \begin{pmatrix} \cos\frac{\gamma}{2} + i\sin\frac{\gamma}{2} & 0 \\ 0 & \cos\frac{\gamma}{2} - i\sin\frac{\gamma}{2} \end{pmatrix} \qquad \text{(A2.10–12)}$$

Alle drei Matrizen sind unitär und haben die Determinante $+1$. Man sagt vielfach, daß diese Matrizen Rotationen in einem abstrakten ‚Spinraum' um die Achsen x, y, z und die Winkel α, β, γ beschreiben. Dieser Spinraum ist nicht identisch oder auch isomorph mit dem physikalischen dreidimensionalen Raum. Drehungen in diesem werden bekanntlich durch reelle orthogonale dreidimensionale Matrizen mit der Determinante $+1$ beschrieben, z.B. ist

$$\mathbf{R}_z^\alpha = \begin{pmatrix} \cos\alpha & \sin\alpha & 0 \\ -\sin\alpha & \cos\alpha & 0 \\ 0 & 0 & 1 \end{pmatrix} \qquad \text{(A2.10–13)}$$

Jede reelle orthogonale dreidimensionale Matrix $\mathbf{R}$ mit der Determinante $+1$ beschreibt eine Drehung um irgendeinen Winkel um irgendeine Achse. Jedes solche $\mathbf{R}$ läßt sich als Produkt gewisser Drehungen $\mathbf{R}_x^\alpha$, $\mathbf{R}_y^\beta$, $\mathbf{R}_z^\gamma$ um die x, y und z-Achse darstellen. Analog läßt sich jede unitäre 2-dimensionale Matrix $\mathbf{U}$ mit der Determinante $+1$ als Produkt aus gewissen $\mathbf{U}_x^\alpha$, $\mathbf{U}_y^\beta$, $\mathbf{U}_z^\gamma$ schreiben. Die Gesamtheit dieser Matrizen $\mathbf{U}$ bildet eine Gruppe, die man als SU(2) bezeichnet (spezielle unitäre Gruppe der Dimension 2). Es zeigt sich nun, daß zwischen den Gruppen R(3) und SU(2) eine Homomorphie-Beziehung besteht, derart, daß jedem Element von SU(2) ein Element von R(3) entspricht, insbesondere daß $\mathbf{U}_x^\alpha$, $\mathbf{U}_y^\beta$, $\mathbf{U}_z^\gamma$ von SU(2) die Matrizen $\mathbf{R}_x^\alpha$, $\mathbf{R}_y^\beta$, $\mathbf{R}_z^\gamma$ zugeordnet sind, daß aber jedem Element von R(3) genau zwei Elemente von SU(2) zuzuordnen sind, insbesondere gehören $\mathbf{U}_x^\alpha$ und $\mathbf{U}_x^{\alpha+2\pi}$ zu $\mathbf{R}_x^\alpha$. Tatsächlich ist $\mathbf{R}_x^{\alpha+2\pi}$ mit $\mathbf{R}_x^\alpha$ identisch, weil $\cos\alpha$ und $\sin\alpha$ die Periode 2π haben und weil es anschaulich klar ist, daß eine Drehung um 2π gleich der Identitätsoperation ist. Wie man anhand von (A2.10–10) sieht, ist aber $\mathbf{U}_x^{\alpha+2\pi} \neq \mathbf{U}_x^\alpha$, vielmehr ist:

$$\mathbf{U}_x^\alpha = \begin{pmatrix} \cos\frac{\alpha}{2} & \mathrm{i}\sin\frac{\alpha}{2} \\ \mathrm{i}\sin\frac{\alpha}{2} & \cos\frac{\alpha}{2} \end{pmatrix}$$

$$\mathbf{U}_x^{\alpha+2\pi} = \begin{pmatrix} \cos(\frac{\alpha}{2}+\pi) & \mathrm{i}\sin(\frac{\alpha}{2}+\pi) \\ \mathrm{i}\sin(\frac{\alpha}{2}+\pi) & \cos(\frac{\alpha}{2}+\pi) \end{pmatrix} = -\mathbf{U}_x^\alpha \qquad \text{(A2.10–14)}$$

Bei Drehungen im ‚Spinraum' entspricht die Identität einer Drehung um 4π. Die Drehung um 2π ist eine von der Identität verschiedene Operation. Sie wird vielfach mit dem Symbol $\mathbf{R}$ bezeichnet.

Die irreduziblen Darstellungen von R(3) werden bekanntlich durch eine ganzzahlige Quantenzahl l gekennzeichnet, die die Eigenfunktionen von ℓ^2 zählt. Wegen der Homomorphie von R(3) zu SU(2) sind diese irreduziblen Darstellungen von R(3) automatisch auch Darstellungen von SU(2). Daneben hat SU(2) aber noch irreduzible Darstellungen, die durch halbzahlige Quantenzahlen charakterisiert werden und die nicht irreduzible Darstellungen von R(3) sind, obwohl man diese Darstellungen oft in mißverständlicher Weise als sog. ‚zweideutige' Darstellungen von R(3) bezeichnet.

Bei Anwesenheit von Spin-Bahn-Wechselwirkung enthält der Hamilton-Operator das Skalarprodukt $\vec{\ell} \cdot \vec{\mathbf{s}}$, dieses ist invariant bez. einer gleichzeitigen Drehung im Orts- und Spinraum um einen beliebigen Winkel α. Die Gruppe der gleichzeitigen Drehungen im Orts- und Spinraum ist isomorph zu SU(2), deshalb ist eine Klassifikation der Zustände eines Atoms mit Spin-Bahn-Wechselwirkung nach den irreduziblen Dar-

stellungen von SU(2) möglich, diese werden durch j und m_j im Einelektronenfall bzw. J und M_J im Mehrelektronenfall gekennzeichnet, wobei j (bzw. J) ganz oder halbzahlig sein kann. Das wurde in I.11 ausführlich diskutiert.
Der Hamilton-Operator eines Atoms ist auch invariant gegenüber Inversion am Kern. Das bedeutet, daß die vollständige Symmetriegruppe das direkte Produkt aus SU(2) und der Gruppe C_i, bestehend aus 1 und **i** ist. Da die Elemente der beiden Gruppen miteinander vertauschen, kann man das Symmetrieverhalten bez. SU(2) und C_i unabhängig voneinander betrachten.

In Komplexen (bzw. Molekülen) ist der spinunabhängige Teil des Hamilton-Operators nur invariant gegenüber Drehungen um bestimmte Winkel um bestimmte Achsen [d.h. gegenüber einer Untergruppe von R(3)], folglich ist auch der Gesamt-Hamilton-Operator nur invariant gegenüber gemeinsamen Drehungen im Orts- und Spinraum um diese Winkel, d.h. gegenüber einer Untergruppe von SU(2).

Die entsprechende Untergruppe von SU(2) wird als Doppelgruppe des Moleküls bezeichnet. Die Charaktertafel der Doppelgruppe O^*, die der Oktaedergruppe O entspricht, ist in Tab. A 1 mit aufgeführt. Zustände von Molekülen, die ohne Spin-Bahn-Wechselwirkung die Symmetriegruppe O_h haben (O_h ist direktes Produkt aus O und C_i), sind bei Anwesenheit von Spin-Bahn-Wechselwirkung nach irreduziblen Darstellungen von O^* zu klassifizieren sowie zusätzlich als gerade (g) bzw. ungerade (u) bez. C_i. Einzelheiten findet man in Abschn. 14.18.

Tab. A1. Charaktertafeln wichtiger Gruppen.

C_s	**E**	σ
A′	1	1
A″	1	−1

C_i	**E**	**i**
A_g	1	1
A_u	1	−1

C_2	**E**	$\mathbf{C}_2$
A	1	1
B	1	−1

$D_2 = V$	**E**	$\mathbf{C}_2(x)$	$\mathbf{C}_2(y)$	$\mathbf{C}_2(z)$
A	1	1	1	1
B_1	1	−1	−1	1
B_2	1	−1	1	−1
B_3	1	1	−1	−1

C_{2v}	**E**	$\mathbf{C}_2$	$\sigma_v(zx)$	$\sigma_v(yz)$
A_1	1	1	1	1
A_2	1	1	−1	−1
B_1	1	−1	1	−1
B_2	1	−1	−1	1

C_{3v}	**E**	$2\mathbf{C}_3$	$3\sigma_v$
A_1	1	1	1
A_2	1	1	−1
E	2	−1	0

$D_{2h} = V_h$	E	$C_2(x)$	$C_2(y)$	$C_2(z)$	i	$\sigma(x,y)$	$\sigma(zx)$	$\sigma(yz)$
A_g	1	1	1	1	1	1	1	1
B_{1g}	1	−1	−1	1	1	1	−1	−1
B_{2g}	1	−1	1	−1	1	−1	1	−1
B_{3g}	1	1	−1	−1	1	−1	−1	1
A_u	1	1	1	1	−1	−1	−1	−1
B_{1u}	1	−1	−1	1	−1	−1	1	1
B_{2u}	1	−1	1	−1	−1	1	−1	1
B_{3u}	1	1	−1	−1	−1	1	1	−1

D_{3h}	E	$2C_3$	$3C_2$	σ_h	$2S_3$	$3\sigma_v$
A_1'	1	1	1	1	1	1
A_2'	1	1	−1	1	1	−1
E'	2	−1	0	2	−1	0
A_1''	1	1	1	−1	−1	−1
A_2''	1	1	−1	−1	−1	1
E''	2	−1	0	−2	1	0

D_{4h}	E	$2C_4$	C_2	$2C_2'$	$2C_2''$	i	$2S_4$	σ_h	$2\sigma_v$	$2\sigma_d$
A_{1g}	1	1	1	1	1	1	1	1	1	1
A_{2g}	1	1	1	−1	−1	1	1	1	−1	−1
B_{1g}	1	−1	1	1	−1	1	−1	1	1	−1
B_{2g}	1	−1	1	−1	1	1	−1	1	−1	1
E_g	2	0	−2	0	0	2	0	−2	0	0
A_{1u}	1	1	1	1	1	−1	−1	−1	−1	−1
A_{2u}	1	1	1	−1	−1	−1	−1	−1	1	1
B_{1u}	1	−1	1	1	−1	−1	1	−1	−1	1
B_{2u}	1	−1	1	−1	1	−1	1	−1	1	−1
E_u	2	0	−2	0	0	−2	0	2	0	0

$D_{2d} = V_d$	E	$2S_4$	C_2	$2C_2'$	$2\sigma_d$
A_1	1	1	1	1	1
A_2	1	1	1	−1	−1
B_1	1	−1	1	1	−1
B_2	1	−1	1	−1	1
E	2	0	−2	0	0

D_{4d}	**E**	$2S_8$	$2C_4$	$2S_8^3$	C_2	$4C_2'$	$4\sigma_d$
A_1	1	1	1	1	1	1	1
A_2	1	1	1	1	1	−1	−1
B_1	1	−1	1	−1	1	1	−1
B_2	1	−1	1	−1	1	−1	1
E_1	2	$\sqrt{2}$	0	$-\sqrt{2}$	−2	0	0
E_2	2	0	−2	0	2	0	0
E_3	2	$-\sqrt{2}$	0	$\sqrt{2}$	−2	0	0

T_d	**E**	$8C_3$	$3C_2$	$6S_4$	$6\sigma_d$
A_1	1	1	1	1	1
A_2	1	1	1	−1	−1
E	2	−1	2	0	0
T_1	3	0	−1	1	−1
T_2	3	0	−1	−1	1

O_h	**E**	$8C_3$	$3C_2$	$6C_4$	$6C_2'$	**i**	$8S_6$	$3\sigma_h$	$6S_4$	$6\sigma_d$
A_{1g}	1	1	1	1	1	1	1	1	1	1
A_{2g}	1	1	1	−1	−1	1	1	1	−1	−1
E_g	2	−1	2	0	0	2	−1	2	0	0
T_{1g}	3	0	−1	1	−1	3	0	−1	1	−1
T_{2g}	3	0	−1	−1	1	3	0	−1	−1	1
A_{1u}	1	1	1	1	1	−1	−1	−1	−1	−1
A_{2u}	1	1	1	−1	−1	−1	−1	−1	1	1
E_u	2	−1	2	0	0	−2	1	−2	0	0
T_{1u}	3	0	−1	1	−1	−3	0	1	−1	1
T_{2u}	3	0	−1	−1	1	−3	0	1	1	−1

$C_{\infty v}$	**E**	$2C_\infty^\phi$	···	$\infty\sigma_v$
$A_1 = \Sigma^+$	1	1	···	1
$A_2 = \Sigma^-$	1	1	···	−1
$E_1 = \Pi$	2	$2\cos\phi$	···	0
$E_2 = \Delta$	2	$2\cos 2\phi$	···	0
$E_3 = \Phi$	2	$2\cos 3\phi$	···	0
···	···	···	···	···

$D_{\infty h}$	E	$2C_\infty^\phi$	...	$\infty\sigma_v$	i	$2S_\infty^\phi$	...	∞C_2
Σ_g^+	1	1	...	1	1	1	...	1
Σ_g^-	1	1	...	−1	1	1	...	−1
Π_g	2	$2\cos\phi$	...	0	2	$-2\cos\phi$	...	0
Δ_g	2	$2\cos 2\phi$	...	0	2	$2\cos 2\phi$	...	0
...	...	...	...	...	...	...	...	...
Σ_u^+	1	1	...	1	−1	−1	...	−1
Σ_u^-	1	1	...	−1	−1	−1	...	1
Π_u	2	$2\cos\phi$	...	0	−2	$2\cos\phi$	...	0
Δ_u	2	$2\cos 2\phi$	...	0	−2	$-2\cos 2\phi$	...	0
...	...	...	...	...	...	...	...	...

O^*	E	R	$8C_3$	$8C_3R$	$6C_2$	$12C_2'$	$6C_4$	$6C_4R$
T_d^*	E	R	$8C_3$	$8C_3R$	$6C_2$	$12\sigma_d$	$6S_4$	$6S_4R$
A_1	1	1	1	1	1	1	1	1
A_2	1	1	1	1	1	−1	−1	−1
E	2	2	−1	−1	2	0	0	0
T_1	3	3	0	0	−1	−1	1	1
T_2	3	3	0	0	−1	1	−1	−1
E'	2	−2	1	−1	0	0	$\sqrt{2}$	$-\sqrt{2}$
E''	2	−2	1	−1	0	0	$-\sqrt{2}$	$\sqrt{2}$
U'	4	−4	−1	1	0	0	0	0

A3. Methoden der ab-initio-Quantenchemie

A 3.1. Allgemeine Bemerkungen

Es ist nicht die Aufgabe dieses Buches, eine Anleitung zur Benutzung oder gar zur Weiterentwicklung der Methoden der Quantenchemie zu geben. Wer selbst quantenchemisch arbeiten möchte, sei auf Darstellungen verwiesen, die sich ausdrücklich mit quantenchemischen Rechenmethoden befassen*).

* S. z.B. R. McWeeny, B.T. Sutcliffe: Methods of Molecular Quantum Mechanics. Academic Press, New York 1969, sowie insbesondere H.F. Schaefer ed.: Modern Theoretical Chemistry, Vol. III, Methods of Electronic Structure Theory, Plenum Press, New York 1977.

Wir wollen hier in erster Linie dem nicht selbst theoretisch arbeitenden Leser diejenigen Informationen geben, die er braucht, um aus den Ergebnissen von quantenchemischen Rechnungen die richtigen Schlüsse zu ziehen. Wir beschränken uns hierbei auf ab-intio-Methoden, und auch hierbei nur auf solche Ansätze, die besonders häufig verwendet werden. Eine kritisch vergleichende Würdigung der semiempirischen Methoden ist bisher nicht versucht worden und soll auch hier nicht gegeben werden. Immerhin haben wir uns ja in diesem Buch (Kap. 6) ausführlich mit dem Problem der Herleitung der semiempirischen Ansätze aus der Schrödinger-Gleichung beschäftigt.

Rechnungen, die relativistische Effekte berücksichtigen,oder bei denen die Bewegung von Kernen und Elektronen gemeinsam behandelt wird, sind heute noch so selten, daß wir hierauf nicht einzugehen brauchen und uns auf die Näherung der ruhenden Kerne (Born-Oppenheimer-Näherung) beschränken können. Man kann im wesentlichen zwei Klassen von Näherungsverfahren unterscheiden, erstens solche, die sich im Rahmen der Eindeterminanten-Näherung (Hartree-Fock, SCF) bewegen, und zweitens solche, die darüber hinausgehen, d.h., die Korrelationseffekte berücksichtigen. Diese Unterscheidung ist relativ unproblematisch bei abgeschlossenschaligen Zuständen, während für offenschalige Systeme eine gewisse Willkür in der Definition der Hartree-Fock-Näherung besteht. Dies ist auch der Fall für nahezu offenschalige Zustände wie z.B. ein H_2-Molekül bei großen Abständen. Es gibt auch Verfahren, die man in keine der beiden oben angegebenen Klassen einteilen kann, weil sie z.B. zwar im Prinzip über die Eindeterminanten-Näherung hinausgehen, aber den Hartree-Fock-Anteil der Wellenfunktion nur sehr bescheiden approximieren. Ein Beispiel wäre die ab-initio-VB-Methode, die zwar gelegentlich (vielleicht sogar zunehmend) verwendet wird, die aber z.Zt. keine große praktische Bedeutung hat.

In nahezu allen praktisch verwendeten Verfahren spielen Orbitale eine entscheidende Rolle, und diese werden als Linearkombinationen gegebener Basisfunktionen angesetzt. Wir wollen deshalb zunächst mögliche Basissätze diskutieren.

A 3.2. Basissätze

Die hauptsächlich verwendeten Basisfunktionen sind von dreierlei Typ

1. Slater-Funktionen (Slater type orbitals, STO)

$$\varphi = N r^n \exp(-\alpha r)\; Y_l^m(\vartheta, \varphi) \qquad \text{(A3.2–1)}$$

2. Cartesische Gauß-Funktionen (Gauss type orbitals, GTO)*)

$$\varphi = N x^l y^m z^n \exp(-\beta r^2) \qquad \text{(A3.2–2)}$$

3. Reine Gauß-Funktionen (Gaussian lobe functions)**)

$$\varphi = N \exp(-\beta r^2) \qquad \text{(A3.2–3)}$$

---

* S.F. Boys, Proc. Roy. Soc. *A 200*, 542 (1950).

** H. Preuss, Z. Naturforsch. *A 11*, 823 (1956), Mol. Phys. *8*, 157 (1964); F.L. Whitten, J. Chem. Phys. *39*, 349 (1963).

Dabei ist N ein Normierungsfaktor, der jeweils von den in φ enthaltenen Parametern abhängt.

In der Regel ist ein Atom Ursprung des Koordinatensystems für eine Basisfunktion φ (die Basisfunktionen sind Atomen ‚zugeordnet'), wobei die Koordinatenachsen der den verschiedenen Atomen entsprechenden Koordinatensysteme i.allg. parallel (und natürlich molekülfest) sind. Die Zentren der reinen Gauß-Funktionen müssen allerdings nicht unbedingt mit den Atomkernen zusammenfallen. Dies erhöht die Flexibilität der Basis. Die reinen Gauß-Funktionen sind nur *s*-artig (kugelsymmetrisch), *p*- und *d*-artige Funktionen kann man als Linearkombinationen von reinen Gauß-Funktionen mit verschiedenen Zentren darstellen. Im Grenzfall, daß der Abstand zwischen den Zentren gegen Null geht, werden daraus echte *p*- etc. artige Funktionen; bei endlichem Abstand sind sie durch Anteile mit anderem (i.allg. höherem) Drehimpuls ‚verunreinigt'. Das macht aber i.allg. nicht viel aus, es beeinträchtigt allenfalls etwas die Rotationsinvarianz der Ergebnisse.

Aufgrund allgemeiner Überlegungen sollte man die Slater-Funktionen bevorzugen, denn nur diese ermöglichen es, das richtige Verhalten der Molekülfunktionen in Kernnähe (wo die Wellenfunktion eine Spitze, einen sog. cusp, haben muß) und für große Abstände vom Kern (wo die Wellenfunktion exponentiell gegen Null gehen muß) zu gewährleisten, dies allerdings nur, wenn man zumindest eine double-zeta-Basis nimmt (s. dazu später). Der große Nachteil der Slater-Funktionen besteht darin, daß die Mehrzentren-Elektronenwechselwirkungsintegrale über Slater-Funktionen zu außerordentlich komplizierten mathematischen Ausdrücken führen, die schwer zu programmieren sind und sehr viel Rechenzeit beanspruchen. Obwohl in den letzten Jahren Fortschritte erzielt wurden, sind STO's z.Zt. nur für Atome und lineare (insbesondere zweiatomige) Moleküle mit den GTO's konkurrenzfähig.

Den Nachteil der Gauß-Funktionen, daß sie für große sowie kleine Kernabstände das falsche Verhalten haben, kann man dadurch ausgleichen, daß man eine Basis aus genügend vielen Gauß-Funktionen verwendet. Auch wenn man drei oder vier GTO's pro STO nimmt, ist der Rechenaufwand für die GTO's noch deutlich niedriger. Es zeigt sich ferner, daß das falsche Verhalten in Kernnähe (die Gauß-Funktionen haben keine Spitze) sich zwar auf die absoluten Energien von Atomen und Molekülen auswirkt, nicht aber auf Energiedifferenzen, wie Bindungsenergien oder auch Anregungsenergien, und daß auch das zu rasche Abklingen der Gauß-Funktionen bei großen Abständen nicht weiter störend ist. Zwischenmolekulare Wechselwirkungen im Bereich großer Abstände werden durch Induktions- und Dispersionsbeiträge (s. Kap. 15) bestimmt (nicht durch die Überlappung), und diese erfaßt man mit Gauß-Funktionen sehr gut.

Nahezu alle derzeitigen Rechnungen mit GTO's beruhen auf den sog. Huzinaga-Tabellen*). Dieser Autor hat für die Atome der ersten drei Perioden optimale Exponentialfaktoren β für Basen verschiedener Dimension berechnet, bei C z.B. für die Basen (6/3), (7/3), (8/4), (9/5), (10/6), (11/7), wobei die erste Zahl in der Klammer die Dimension der *s*-Basis, die zweite die der *p*-Basis angibt. In diesen Tabellen finden sich gleichzeitig die Entwicklungskoeffizienten für die SCF-AO's der Atome in diesen verschiedenen Entwicklungen.

* S. Huzinaga, J. Chem. Phys. *42*, 1293 (1965), sowie ‚Approximate Atomic Functions', I, II, Technical report, University of Alberta, 1971.

Cartesische und reine Gauß-Funktionen sind in ihrer Qualität durchaus vergleichbar, die Integrale über reine Gauß-Funktionen lassen sich kompakter programmieren, was zu gewissen Vorteilen führt. Die Huzinaga-Tabellen lassen sich auch für reine Gauß-Funktionen verwenden.

In molekularen Rechnungen verwendet man vielfach sog. kontrahierte Basen, d.h., man konstruiert aus gewissen Basisfunktionen Linearkombinationen mit festen Koeffizienten. Sei etwa eine Basis von 5 sog. primitiven Gauß-Funktionen $\varphi_1, \varphi_2, \ldots, \varphi_5$ gegeben, dann kann man z.B. eine (3, 1, 1)-Kontraktion zu drei Gauß-Gruppen χ_1, χ_2, χ_3 nach der folgenden Vorschrift durchführen

$$\begin{aligned} \chi_1 &= c_{11}\,\varphi_1 + c_{12}\varphi_2 + c_{13}\varphi_3 \\ \chi_2 &= \varphi_4 \\ \chi_3 &= \varphi_5 \end{aligned} \qquad \text{(A3.2–4)}$$

Als ‚Kontraktionskoeffizienten' wählt man i.allg. die Koeffizienten, mit denen die φ_i in gewissen SCF-AO's (meist 1*s*-AO's) der Atome auftreten.

In der weiteren Rechnung werden dann die χ_i als Basisfunktionen verwendet, und es treten nur soviel lineare Variationsparameter wie Gruppen auf. Der Rechenaufwand kann dadurch erheblich reduziert werden, ohne daß sich die Einbuße an Flexibilität nachteilig auf die Ergebnisse auswirkt, vorausgesetzt, daß man geschickt kontrahiert. Einige Regeln für eine günstige Kontraktion wurden von Dunning*) zusammengestellt. Etwas ähnliches wie die ‚Dunningschen' Regeln wurde aber von vielen Kollegen, die mit GTO's arbeiteten, schon lange vor der Dunningschen Arbeit gefunden und verwendet. Dennoch erscheinen noch heute vielfach Publikationen mit ungeschickten Kontraktionen.

Eine goldene Regel zum Kontrahieren von Gauß-Funktionen besteht darin, nur die Funktionen mit den größten β, die ‚steilsten' Gauß-Funktionen, die für eine Approximation des ‚cusp' sorgen, zu kontrahieren, wobei man durch Inspektion der Huzinaga Tabellen geprüft hat, daß diese ‚steilen' GTO's in den verschiedenen SCF-AO's des Atoms mit nahezu konstantem Koeffizientenverhältnis auftreten. Eine (7/3)-Basis kann man geschickterweise zu (4, 1, 1, 1/2, 1) kontrahieren, eine ungeschickte Kontraktion wäre dagegen z.B. (3, 1, 1, 2/1, 2). Bei gleicher Anzahl von Gruppen ist in der Regel die aus einer kleineren Zahl von primitiven GTO's kontrahierte Basis besser, zwar nicht in Bezug auf Gesamtenergien, wohl aber zur Beschreibung der Bindung. Eine (3, 1, 1)-Basis des H-Atoms ist in diesem Sinne besser als eine (4, 1, 1) oder (5, 1, 1)-Basis oder gar eine (3, 2, 2)-Basis.

Zur Klassifikation der Basen nach ihrer Flexibilität benutzt man Begriffe, die ursprünglich für STO's vorgeschlagen wurden*).

Eine minimale Basis besteht aus einem *s*-AO für H und zwei *s*-AO's (entsprechend 1*s* und 2*s*) sowie einem *p*-Satz (p_x, p_y, p_z) für Atome der zweiten Periode (Li bis Ne) und drei *s*-AO's sowie zwei *p*-Sätze für Atome der dritten Periode (Na bis Ar) etc. (evtl. ohne *p* für Li, Be, Na, Mg). Sie enthält also im Prinzip solche AO's, die in den

* T.H. Dunning, J. Chem. Phys. *53*, 2823 (1970), *55*, 716, 3958 (1971)

** R.S. Mulliken, Rev. Mod. Phys. *32*, 232 (1960).

freien Atomen besetzt sind. Ein Basis-AO kann hier etwa ein STO oder eine Gauß-Gruppe sein, etwa eine sog. STO-3G-Funktion*). Minimale Basen sind schon für Atome nicht gut. Mit einem einzigen STO pro AO kann man durch Variation von α i.allg. nicht gleichzeitig die Energie minimisieren, die cusp-Bedingungen am Kern und das richtige asymptotische Verhalten erfüllen. Hierzu braucht man zumindest zwei, wenn nicht sogar drei STO's.

Wenn eine Basis zwei Funktionen pro besetztes AO enthält, spricht man von einer ‚double-zeta'-Basis, entsprechend ist ‚triple-zeta' definiert, obwohl dieser Begriff nicht viel verwendet wird. Eine (4, 1, 1, 1/2, 1)-Basis für das C-Atom ist z.B. von double-zeta-Qualität, ebenso eine (6, 1, 1, 1/4, 1)-Basis, während (4, 1, 1, 1, 1, 1/3, 1, 1) eine triple-zeta-Basis wäre.

Um die Elektronenverteilung in einem Molekül richtig zu beschreiben, reicht auch eine double- oder triple-zeta-Basis nicht aus, man muß die Basis noch durch sog. Polarisationsfunktionen ergänzen, das sind z.B. p-AO's bei H und d-AO's bei den Atomen der zweiten und dritten Periode. Solche Polarisationsfunktionen sind unumgänglich bei den Atomen der dritten Periode, aber auch bereits in der zweiten Periode erfaßt man gewisse Erscheinungen ohne Polarisationsfunktionen überhaupt nicht (vgl. dazu Tab. A2).

Besondere Vorkehrungen bei der Wahl der Basis sind erforderlich, wenn man negative Ionen, stark polare Moleküle oder Moleküle in angeregten Zuständen berechnen will. Die üblichen Basen sind ja für neutrale Atome in ihren Grundzuständen optimiert. Man kann sie aber durch Hinzufügen weiterer Funktionen, vor allem solcher mit kleinen β, die oft, etwas unglücklich, als ‚diffuse' Funktionen bezeichnet werden, so ergänzen, daß sie auch für angeregte Zustände oder negative Ionen geeignet sind.

Die Erfahrung hat gezeigt, daß die erforderliche Qualität der Basis unterschiedlich je nach Problemstellung ist. Wir werden hierauf in Abschn. A3.6 eingehen.

Gelegentlich werden auch sog. subminimale Basen verwendet. Hier ist die Zahl der Basisfunktionen gleich der Zahl der mit Elektronenpaaren besetzten Orbitale. Im CH_4 sind z.B. fünf Orbitale besetzt, eine subminimale Basis besteht folglich aus fünf AO's, während eine minimale Basis immerhin 9 AO's (C: $1s$, $2s$, $2p_x$, $2p_y$, $2p_z$, 4H: $1s$) enthält.

Da bei einer subminimalen Basis die Zahl der MO's gleich der Zahl der AO's (beide spinfrei) ist, da die MO's Linearkombinationen der AO's sind und da ferner eine Slater-Determinante invariant gegenüber einer linearen Transformation der besetzten Orbitale ist (vgl. Abschn. 10.2.1), ist in diesem Fall die Gesamtwellenfunktion gleich der Slater-Determinante gebildet aus den Basisfunktionen. Folglich ist die Gesamtenergie unabhängig von den MO-Entwicklungskoeffizienten, und diese haben keine Bedeutung als Variationsparameter. Die einzige Möglichkeit, die Energie zu variieren, besteht darin, nichtlineare Parameter der Basisfunktionen als variabel anzusehen, insbesondere die Exponentialfaktoren β sowie die Zentren, in bezug auf die sie definiert sind. Ein derartiges Verfahren, basierend auf der Variation der nichtlinearen Parameter in einer subminimalen Basis von reinen Gauß-Funktionen, wurde von Frost**) vorgeschlagen

* W.J. Hehre, R.F. Stewart, J.A. Pople, J.Chem.Phys. *51*, 2657 (1969).

** A.A. Frost, J.Chem.Phys. *47*, 3707, 3714 (1967).

Tab. A2. Vereinfachte Klassifizierung quantenchemischer ab-initio-Verfahren im Hinblick auf ihre Eignung zur Berechnung bestimmter Eigenschaften (nach W. Kutzelnigg, Pure Appl. Chem. *49*, 981 1977).

Typ	Basis	Eigenschaften oder Verbindungsklassen für deren Berechnung die Methode geeignet ist	ungeeignet ist
Ein-Determinanten-SCF	minimale Basis (z.B. STO-3G)	Molekülgeometrien, Orbitalenergien (z. Vgl. mit PE-Spektren)	Dissoziationsenergien, Kraftkonstanten, negative Ionen
	double-zeta Qualität	Isomerisierungsenergien Konformationen	Vgl. von cyclischen und offenkettigen Molekülen, negative Ionen
	double-zeta + ‚diffuse' Funktionen	negative Ionen, angeregte Zustände	
	double-zeta + Polarisationsfunktionen	Hydrierungs- und Protonierungsenergien, Dipolmomente, Inversionsbarrieren, Vgl. von cyclischen und offenkettigen Molekülen	Dissoziationsenergien, Vgl. von klassischen und nichtklassischen Ionen
Beschränkte Konfigurations-Wechselwirkung (CI)	double-zeta + diffuse Funktionen	spektrale Übergänge	genaue Eigenschaften der am Übergang beteiligten Zustände
ausgedehnte CI, Näherung der gekoppelten Elektronenpaare (CEPA), MC-SCF, etc.	double-zeta + Polarisations-Funktionen	spektroskopische Konstanten, Dissoziationsenergien, alle statischen Eigenschaften	
	große Basis, + zusätzliche Techniken	van-der-Waals-Minimum, Spindichte, Magnetische Suszeptibilitäten	

A 3.3. Die Hartree-Fock (self-consistent field, SCF)-Näherung

Im Rahmen der Hartree-Fock-Näherung approximiert man die Wellenfunktion durch eine einzige Slater-Determinante Φ (bei offenschaligen Systemen gelegentlich auch durch eine Linearkombination von Slater-Determinanten mit fest vorgegebenen Koeffizienten, sofern nämlich eine einzige Slater-Determinante nicht Eigenfunktion von $\mathbf{S}^2$ ist bzw. sich nicht wie eine irreduzible Darstellung der Symmetriegruppe transformiert). Man minimiert den Energie-Erwartungswert bez. Φ, wobei man die in Φ enthaltenen Spinorbitale ψ_i variiert. Wir wollen hier der Einfachheit halber nur die Formulierung mit Spinorbitalen wählen und nicht den Spin eliminieren [was man in praxi natürlich tun muß (vgl. I.9.2.3), weil sonst der Rechenaufwand unnötig vergrößert würde, was aber den Formalismus verkompliziert].

Nach (I.9.2.2) ist der Energieausdruck einer Eindeterminanten-Näherung gegeben zu

$$E = \sum_i \langle \psi_i | \mathbf{h} | \psi_i \rangle + \sum_{i<j} \langle \psi_i(1)\, \psi_j(2) | \frac{1}{r_{12}} | \psi_i(1)\, \psi_j(2) \rangle -$$

$$- \sum_{i<j} \langle \psi_i(1)\, \psi_j(2) | \frac{1}{r_{12}} | \psi_j(1)\, \psi_i(2) \rangle \qquad \text{(A 3.3–1)}$$

Dieser Ausdruck wird stationär (mit den Nebenbedingungen, daß die ψ_i orthonormal sind und daß sie, was kein Verlust der Allgemeingültigkeit ist, die Matrix der Lagrange-Multiplikatoren diagonalisieren), wenn die Spinorbitale die Hartree-Fock-Gleichungen

$$\mathbf{F}\, \psi_i = \epsilon_i\, \psi_i \qquad \text{(A 3.3–2)}$$

erfüllen, wobei der Fock-Operator gegeben ist zu

$$\mathbf{F} = \mathbf{h} + \sum_j (\mathbf{J}^j - \mathbf{K}^j) \qquad \text{(A. 3.3–3)}$$

mit

$$\mathbf{J}^j(1) = \int \frac{|\psi_j(2)|^2}{r_{12}}\, d\tau_2$$

$$\mathbf{K}^j(1)\, \varphi(1) = \int \frac{\psi_j^*(2)\, \psi_j(1)\, \varphi(2)}{r_{12}}\, d\tau_2 \qquad \text{(A 3.3–4)}$$

Aufgrund der herkömmlichen Herleitung der Hartree-Fock-Gleichungen besagen diese nur, daß die Hartree-Fock-Spinorbitale diesen Gleichungen genügen müssen, nicht aber, wie man diese Gleichungen sinnvollerweise löst. Ausgehend von einer anschaulichen Überlegung (vgl. I.9.3) hat es sich von Anfang an durchgesetzt, das Gleichungssystem iterativ zu lösen, indem man irgendwelche ψ_i rät, aus diesen $\mathbf{F}$ konstruiert, hieraus neue ψ_i gewinnt etc., ohne daß man viel darüber wußte, ob bzw. unter welchen Voraussetzungen das iterative Verfahren konvergiert.

Es ist befriedigender, bereits bei der Herleitung der Gleichungen davon auszugehen, daß man sie iterativ zu lösen gedenkt. Wir setzen also voraus, daß eine gewisse Slater-Determinante $\widetilde{\Phi}$ gegeben ist, die wir iterativ so verbessern, daß sie schließlich gleich der Determinante Φ ist, die die Energie zum Minimum macht.

Wir gehen davon aus, daß in $\widetilde{\Phi}$ die Spinorbitale $\widetilde{\psi}_i$ besetzt und die $\widetilde{\psi}_a$ unbesetzt sind, die Indizes $i, j, k \ldots$ beziehen sich also auf besetzte, $a, b, c \ldots$ auf unbesetzte und $p, q, r \ldots$ auf beliebige Spinorbitale. Die in Φ besetzten bzw. unbesetzten Spinorbitale ψ_i bzw. ψ_a erhalten wir aus den $\widetilde{\psi}_i$ und $\widetilde{\psi}_a$ (die ein Orthonormalsystem bilden sollen) durch eine unitäre Transformation U

$$\psi_i = \sum_j U_{ij}\,\tilde{\psi}_j + \sum_b U_{ib}\,\tilde{\psi}_i$$

$$\psi_a = \sum_j U_{aj}\,\tilde{\psi}_j + \sum_b U_{ab}\,\tilde{\psi}_b \qquad \text{(A 3.3–5)}$$

Der Energieerwartungswert läßt sich dann nach den U_{pq} minimieren, wobei Bestimmungsgleichungen für die U_{pq} resultieren. Dieses Verfahren ist jedoch unpraktisch, da man bei der Minimierung die Unitarität von $\boldsymbol{U}$ berücksichtigen muß, was dazu führt, daß die resultierenden Gleichungen eine Matrix von Lagrange-Multiplikatoren enthalten, die zu eliminieren zwar im closed-shell-Fall, aber nur in diesem, einfach möglich ist. Besser ist es, $\boldsymbol{U}$ anzusetzen als*)

$$\boldsymbol{U} = \exp(\boldsymbol{T}) \qquad \text{(A 3.3–6)}$$

(bez. der Definition von Funktionen einer Matrix s. IA. 7.6) $\boldsymbol{U}$ ist dann und nur dann unitär, wenn $\boldsymbol{T}$ antihermitisch, bzw., da wir nur reelle Transformationen betrachten wollen, wenn $\boldsymbol{T}$ antisymmetrisch ist, d.h. wenn gilt

$$T_{pq} = -T_{qp} \qquad \text{(A 3.3–7)}$$

Wir können jetzt den Energieerwartungswert als Funktion der T_{pq} formulieren und nach ihnen minimieren, wobei die Bedingung der Unitarität bei der Variation dadurch gewährleistet ist, daß wir die T_{pq} mit $p<q$ als unabhängige Variationsparameter ansetzen und die entsprechenden T_{qp} nach (A 3.3–7) ausdrücken. Nebenbedingungen und damit Lagrange-Multiplikatoren treten hierbei nicht auf.

Man erhält für die Energie

$$\begin{aligned} E = \langle\Phi|\mathbf{H}|\Phi\rangle &= \langle\tilde{\Phi}|\mathbf{H}|\tilde{\Phi}\rangle + 2\sum_{p<q}\{\langle\tilde{\Phi}|\mathbf{H}|\tilde{\Phi}_p^q\rangle - \langle\tilde{\Phi}|\mathbf{H}|\tilde{\Phi}_q^p\rangle\}\,T_{pq} + \\ &+ \sum_{p<q}\sum_{r<s}\{\langle\tilde{\Phi}|\mathbf{H}|\tilde{\Phi}_{pr}^{qs}\rangle - \langle\tilde{\Phi}|\mathbf{H}|\tilde{\Phi}_{ps}^{qr}\rangle - \langle\tilde{\Phi}|\mathbf{H}|\tilde{\Phi}_{qr}^{ps}\rangle + \\ &+ \langle\tilde{\Phi}|\mathbf{H}|\tilde{\Phi}_{qs}^{pr}\rangle + \langle\tilde{\Phi}_p^q|\mathbf{H}|\tilde{\Phi}_r^s\rangle - \langle\tilde{\Phi}_q^p|\mathbf{H}|\tilde{\Phi}_r^s\rangle - \\ &- \langle\tilde{\Phi}_p^q|\mathbf{H}|\tilde{\Phi}_s^r\rangle + \langle\tilde{\Phi}_q^p|\mathbf{H}|\tilde{\Phi}_s^r\rangle\}\,T_{pq}\,T_{rs} + 0(T^3) \end{aligned} \qquad \text{(A3.3–8)}$$

wobei $\tilde{\Phi}_p^q$ diejenige Slater-Determinante bedeutet, die man aus $\tilde{\Phi}$ erhält, wenn man das Spinorbital $\tilde{\psi}_p$ (sofern es besetzt ist) durch $\tilde{\psi}_q$ ersetzt. $\tilde{\Phi}_q^p$ verschwindet, wenn $\tilde{\psi}_q$ unbesetzt ist, aber auch, wenn ψ_p besetzt ist, denn dann wäre in $\tilde{\Phi}_p^p$ ein Spin-

---

* Dieser Ansatz wurde vermutlich zuerst gewählt von B. Levy [Chem. Phys. Letters *4*, 17 (1969), Int. J. Quant. Chem. *4*, 297 (1970)] im Zusammenhang mit einer Multikonfigurations-SCF-Theorie. Als Vorläufer dieses Ansatzes kann man aber vielleicht den Formalismus von R. Lefebvre und C. Moser [J. Chem. Phys. *53*, 393 (1956), J. Chem. Phys. *54*, 168 (1957)] ansehen.

orbital doppelt besetzt. Analoges gilt für die $\widetilde{\Phi}_{pr}^{qs}$. Nehmen wir vorübergehend an, daß $\widetilde{\Phi} = \Phi$, d.h., daß $\widetilde{\Phi}$ die Energie zum Minimum macht. Dann muß

$$\frac{\partial E}{\partial T_{pq}} = 0 \text{ für alle } T_{pq} \text{ an der Stelle } T_{rs} = 0, \text{ alle } r, s \qquad \text{(A3.3–9)}$$

gelten, und das bedeutet, wie man sofort sieht

$$\langle \Phi | \mathbf{H} | \Phi_p^q \rangle - \langle \Phi | \mathbf{H} | \Phi_q^p \rangle = 0 \qquad \text{(A3.3–10)}$$

Offensichtlich ist aber Φ_p^q nur dann von Null verschieden, wenn p besetzt und q unbesetzt ist, d.h., wenn $\Phi_p^q = \Phi_i^a$, in diesem Fall verschwindet aber $\Phi_q^p = \Phi_a^i$ und umgekehrt, so daß

$$\langle \Phi | \mathbf{H} | \Phi_i^a \rangle = \langle \psi_i | \mathbf{F} | \psi_a \rangle = 0 \qquad \text{(A3.3–11)}$$

Bedingung für Stationarität der Energie ist also, daß das Brillouin-Theorem (A3.3–11) erfüllt ist.

Wir wollen jetzt wieder annehmen, daß $\widetilde{\Phi} \neq \Phi$, aber daß $\widetilde{\Phi}$ genügend nahe an Φ liegt, so daß die Matrixelemente T_{pq} klein sind und man die Entwicklung nach Potenzen von T in (A3.3–8) nach den quadratischen Gliedern abbrechen kann, bzw., daß man in den Ausdrücken für $\frac{\partial E}{\partial T_{pq}}$ die Entwicklung nach den linearen Gliedern abbrechen darf. Wir erhalten dann zwar nicht die exakten T_{pq}, aber wir können unter Benutzung der berechneten T_{pq} neue $\widetilde{\psi}_p$ ausrechnen und, ausgehend von diesen, das Verfahren wiederholen. Eine solche iterative Methode ist vom Newton-Raphsonschen Typ, und sie konvergiert quadratisch, sofern das Start-$\widetilde{\Phi}$ dem endgültigen Φ ‚genügend nahe' ist. (Was man unter ‚genügend nahe' versteht, wollen wir hier nicht präzisieren.)

Das soeben skizzierte Verfahren ist zu aufwendig, da in jedem Iterationsschritt sämtliche zweiten Ableitungen der Energie nach den Matrixelementen T_{qp} zu berechnen sind. Man kann sich zwar auf die T_{ia} beschränken, da die T_{ab} und T_{ij} in erster Ordnung nur Transformationen zwischen besetzten Spinorbitalen bzw. unbesetzten Spinorbitalen unter sich bewirken, die die Wellenfunktion und damit die Energie nicht verändern. Man muß also die zweiten Ableitungen vereinfachen, damit ist das Verfahren zwar nicht mehr vom Newton-Raphson-Typ, und es konvergiert deshalb langsamer, aber der Rechenaufwand ist insgesamt doch geringer. Eine Approximation der zweiten Ableitungen hat keinen Einfluß auf das Endergebnis, vorausgesetzt, daß die ersten Ableitungen exakt berechnet werden und daß das Verfahren konvergiert.

Die Berechnung der zweiten Ableitungen ist deshalb mühsam, weil sehr viele Matrixelemente des Zweielektronen-Hamilton-Operators $\frac{1}{r_{12}}$ zu berechnen sind. Eine Vereinfachung erreicht man, wenn man in diesen zweiten Ableitungen den vollständigen Hamilton-Operator $\mathbf{H}$ durch einen ‚ungestörten' Operator $\mathbf{H}_0$ wie in der Störungstheorie ersetzt, wobei $\mathbf{H}_0$ keine Zweielektronenoperatoren enthält. Wählen wir im

Sinne der Møller-Plessettschen Variante der Rayleigh-Schrödinger-Störungstheorie $\mathbf{H}_0$ als

$$\mathbf{H}_0 = \sum_i \widetilde{\mathbf{F}}(i) - \langle\widetilde{\Phi}| \sum_{i<j} \frac{1}{r_{ij}} |\widetilde{\Phi}\rangle \tag{A3.3–12}$$

wobei $\widetilde{\mathbf{F}}(i)$ der Fock-Operator (A3.3.–3), gebildet mit den alten ψ_j ist, so erhält man

$$\frac{\partial E}{\partial T_{ia}} = \langle\psi_i|\widetilde{\mathbf{F}}|\psi_a\rangle + T_{ia}\{\langle\psi_a|\widetilde{\mathbf{F}}|\psi_a\rangle - \langle\psi_i|\widetilde{\mathbf{F}}|\psi_i\rangle\} = 0$$

$$T_{ia} = \frac{\langle\psi_i|\widetilde{\mathbf{F}}|\psi_a\rangle}{\langle\psi_i|\widetilde{\mathbf{F}}|\psi_i\rangle - \langle\psi_a|\widetilde{\mathbf{F}}|\psi_a\rangle} \tag{A3.3–13}$$

Denselben Wert für T_{ia} erhält man auch, wenn man die Eigenvektoren der Fock-Matrix $\widetilde{\mathbf{F}}$ mit den Elementen

$$F_{pq} = \langle\psi_p|\widetilde{\mathbf{F}}|\psi_q\rangle$$

störungstheoretisch approximiert. Damit ist gezeigt, daß ein iteratives Verfahren, beruhend auf Konstruktion der Fock-Matrix und deren Diagonalisierung, d.h. gerade das konventionelle SCF-Verfahren, als ein mögliches Näherungsverfahren zur Bestimmung der Hartree-Fock-Wellenfunktion in Frage kommt*). Man kann aber eine Reihe von Varianten konstruieren, die sich vom hier gegebenen Standard-Verfahren durch eine andere Wahl von $\mathbf{H}_0$ unterscheiden und die zu wesentlich besserer Konvergenz führen können**).

Vor allem bei offenschaligen Systemen ist die Methode, basierend auf unitären Transformationen, der herkömmlichen Methode, bei der die Energie unmittelbar nach den Orbitalen optimiert wird, überlegen.

A 3.4. Die Methode der Konfigurationswechselwirkung und verwandte Verfahren***)

Die Standardmethode zur Berechnung von Wellenfunktionen, die über die Hartree-Fock-Näherung hinausgehen und damit zumindest einen Teil der Elektronenkorrelation erfassen, ist die Methode der Konfigurationswechselwirkung (Konfigurationsmischung, configuration interaction, CI). Im Prinzip geht man aus von einem Satz von Spinorbitalen ψ_p, konstruiert daraus alle möglichen n-Elektronen-Slater-Determinanten Φ_μ und approximiert die gesuchte Wellenfunktion Ψ als eine Linearkombination der Φ_μ

---

* Die unmittelbare Verwendung von (A3.3–13), wie sie zuerst wahrscheinlich von Lefebvre und Moser vorgeschlagen wurde, kann auch Vorteile gegenüber der Matrixdiagonalisierung haben, z.B. wenn man die Hartree-Fock-Theorie mit lokalisierten Orbitalen formulieren will. (S. dazu J.P. Daudey, Chem. Phys. Letters *24*, 574 (1974).)

** R. Ahlrichs, unveröffentlichte Ergebnisse.

*** Ein sehr guter Übersichtsartikel hierüber stammt von I. Shavitt, in ‚Modern Theoretical Chemistry, III, Methods of Electronic Structure Theory' (H.F. Schaefer ed.). Plenum Press, New York 1977.

$$\Psi = \sum_{\mu} c_{\mu} \Phi_{\mu} \tag{A3.4–1}$$

Minimiert man die Energie als Funktion der c_{μ}, so erhält man (für orthonormale ψ_p) das Gleichungssystem

$$\sum_{\nu} H_{\mu\nu} c_{\nu}^{(i)} = E_i c_{\mu}^{(i)} \tag{A3.4–2}$$

Die Eigenwerte E_i der Matrix $H_{\mu\nu}$ stellen dann obere Schranken für die Eigenwerte von $\mathbf{H}$ dar, und die Eigenvektoren kennzeichnen die zugehörigen genäherten Wellenfunktionen.

Ein Vorteil des CI-Verfahrens ist, daß man Näherungen für mehrere Eigenzustände von $\mathbf{H}$ gleichzeitig erhalten kann, obwohl das nur dann mit Erfolg gelingt, wenn man die Orbitalbasis so wählt, daß sie auch angeregte Zustände zu beschreiben vermag.

Für praktische Zwecke scheitert das soeben skizzierte ‚brute-force' CI-Verfahren an der großen Zahl der auftretenden Slater-Determinanten. Diese ist nämlich gleich $\binom{m}{n} = \frac{m!}{n!\,(m-n)!}$, wobei m die Dimension der Spinorbitalbasis und n die Zahl der Elektronen ist. Im Falle des Methans bei einer Minimalbasis ist $m = 18$ (9 AO's je mit α- und β-Spin), $n = 10$, $\binom{m}{n} = 43758$, bei einer ‚double-zeta-plus-Polarisations'-Basis $m = 70$, $n = 10$, $\binom{m}{n} = 3.967 \cdot 10^{11}$. Durch Ausnutzen von Symmetrien (Punktgruppe und Spin bzw. Permutation) kann man gewisse Slater-Determinanten zu Linearkombinationen mit festen Koeffizienten zusammenfassen und die Dimension des Säkularproblems erheblich reduzieren. Es läßt sich aber grundsätzlich nicht vermeiden, daß man rasch in astronomische Dimensionen gerät. Man kann zwar heute die Eigenwerte (bzw. genau gesagt, nur den tiefsten Eigenwert bzw. einige der tiefsten Eigenwerte) von Matrizen der Dimension von einigen tausend mit vertretbarem Aufwand berechnen, aber auch dies hilft nicht allzuviel weiter.

Man ist also gezwungen, eine Auswahl unter den Konfigurationen zu treffen. Dies läßt sich am besten bewerkstelligen, wenn man von der Slater-Determinante Φ der Hartree-Fock-Näherung ausgeht und die übrigen Determinanten danach klassifiziert, wievielfach sie bez. Φ substituiert (‚angeregt') sind. Man hat dann eine CI-Entwicklung

$$\Psi = c_0 \Phi + \sum_{i,a} c_i^a \Phi_i^a + \sum_{i<j} \sum_{a<b} c_{ij}^{ab} \Phi_{ij}^{ab} + \ldots \tag{A3.4–3}$$

wobei z.B. Φ_{ij}^{ab} die Determinante ist, die man aus Φ erhält, wenn man ψ_i und ψ_j durch ψ_a und ψ_b ersetzt.

Da der Hamilton-Operator nur Ein- und Zweiteilchen-Operatoren enthält, verschwinden die Matrixelemente von $\mathbf{H}$ zwischen Φ und drei- und mehrfach substituierten Determinanten

$$\langle \Phi | \mathbf{H} | \Phi_{ijk}^{abc} \rangle = 0 \tag{A3.4–4}$$

Ferner gilt, wenn Φ die Hartree-Fock-Wellenfunktion ist, das Brillouin-Theorem

$$\langle \Phi | \mathbf{H} | \Phi_i^a \rangle = 0 \qquad \text{(A3.4–5)}$$

Berechnet man die Koeffizienten c_i^a, c_{ij}^{ab} etc. in erster störungstheoretischer Näherung, so erhält man

$$c_i^{a(1)} = 0\,; \quad c_{ijk}^{abc(1)} = 0$$

$$c_{ij}^{ab(1)} = \langle \Phi | \mathbf{H} | \phi_{ij}^{ab} \rangle \,/\, \{\langle \Phi | \mathbf{H} | \Phi \rangle - \langle \Phi_{ij}^{ab} | \mathbf{H} | \Phi_{ij}^{ab} \rangle\} \qquad \text{(A3.4–6)}$$

Offenbar sind die zweifach-substituierten Determinanten am wichtigsten, da sie als einzige in der niedrigsten störungstheoretischen Näherung einen Beitrag liefern.

In der Regel beschränkt man sich deshalb bei CI-Rechnungen auf Φ und alle Φ_{ij}^{ab}, gelegentlich werden auch die Φ_i^a mitgenommen, da deren Zahl klein ist und sie die Rechnungen nicht sehr verkomplizieren, zumal sie auf gewisse Eigenschaften einen deutlichen Einfluß haben.

Oft ist auch bei Beschränkung auf die Φ_i^a und Φ_{ij}^{ab} die Zahl der Konfigurationen noch zu groß, und man trifft eine weitere Auswahl, etwa ausgehend vom Beitrag, den die verschiedenen Konfigurationen in störungstheoretischer Näherung liefern. Es ist vorgeschlagen worden, den Beitrag der vernachlässigten Konfigurationen nach einem Extrapolationsverfahren abzuschätzen*).

Wenn eine einzige Slater-Determinante eine schlechte nullte Näherung ist, d.h., wenn mehrere Determinanten in der Entwicklung (A3.4–1) vergleichbare Koeffizienten haben, ferner wenn man mit dem Grundzustand auch angeregte Zustände berechnen will, wählt man statt der Entwicklung (A3.4–3) mehrere ‚unsubstitutierte' Determinanten und alle bez. dieser einfach- und zweifach-substituierten Konfigurationen.

Die meiste Rechenzeit bei derartigen CI-Rechnungen wird von einem Rechenschritt beansprucht, dem man zunächst keine besondere Bedeutung zumessen würde, nämlich der Transformation der Elektronenwechselwirkungsintegrale von der Ausgangsbasis χ_μ auf die Basis ψ_p der besetzten und unbesetzten Hartree-Fock-Orbitale. Während man zu Beginn der Rechnung die Integrale

$$\int \chi_\mu(1)\, \chi_\nu(2)\, \frac{1}{r_{12}}\, \chi_\rho(1)\, \chi_\sigma(2)\, d\tau_1\, d\tau_2 = (\mu\rho | \nu\sigma) \qquad \text{(A3.4–7)}$$

berechnet und speichert, werden zur Konstruktion der CI-Matrixelemente die Integrale

$$\int \psi_p(1)\, \psi_q(2)\, \frac{1}{r_{12}}\, \psi_r(1)\, \psi_s(2)\, d\tau_1\, d\tau_2 = (pr | qs) \qquad \text{(A3.4–8)}$$

gebraucht. Letzere ergeben sich aus den ersten gemäß

$$(pr | qs) = \sum_{\mu,\,\rho,\,\nu,\sigma} d_p^\mu d_q^\nu d_r^\rho d_s^\sigma\, (\mu\rho | \nu\sigma) \qquad \text{(A3.4–9)}$$

* R.J. Buenker, S.D. Peyerimhoff, Theor.Chim.Acta *35*, 33 (1974), *39*, 217 (1975).

Wenn m die Dimension der Orbitalbasis ist, gibt es

$$\frac{m(m+1)\,[m(m+1)+2]}{8} \approx \frac{m^4}{8} \qquad \text{(A3.4–10)}$$

verschiedene Elektronenwechselwirkungsintegrale. Zunächst gibt es m^4 solcher Integrale, aber wegen

$$\begin{aligned}(\mu\rho\,|\,\nu\sigma) &= (\rho\mu\,|\,\nu\sigma) = (\rho\mu\,|\,\sigma\nu) = (\mu\rho\,|\,\sigma\nu) = \\ &= (\nu\sigma\,|\,\mu\rho) = (\nu\sigma\,|\,\rho\mu) = (\sigma\nu\,|\,\rho\mu) = (\sigma\nu\,|\,\mu\rho)\end{aligned} \qquad \text{(A3.4–11)}$$

reduziert sich die Zahl auf (A3.4–10). Eine weitere Reduktion ist möglich, wenn man berücksichtigt, daß gewisse Integrale wegen der Punktsymmetrie des Moleküls gleich sind, ferner wenn man (was sich unbedingt empfiehlt), alle Integrale vernachlässigt und gar nicht erst berechnet, die (aufgrund einer einfachen Abschätzung) kleiner als ein gewisser Schwellwert sind. Da man ohnehin mit einer endlichen Stellenzahl rechnet, wäre es inkonsequent, derartige Integrale zu berechnen. Wir wollen die Möglichkeit einer Reduktion der Zahl der Integrale über (A3.4–10) hinaus jetzt nicht weiter verfolgen*) und von (A3.4–10) ausgehen. Würde man jedes Integral $(pr|qs)$ nach (A3.4–9) für sich berechnen, so würde jedes $(pr|qs)$ m^4 Additionen und $5 \cdot m^4$ Multiplikationen beanspruchen, insgesamt ist die Zahl der Integrale proportional zu m^4, so daß die Integraltransformation ein m^8-Schritt wäre und damit nur für ganz kleine Werte von m möglich. Man kommt mit einem m^5-Schritt aus, wenn man zunächst über einen einzigen Index μ summiert und die Zwischenintegrale $(p\rho|\nu\sigma)$ speichert, dann über ρ summiert etc..

$$\begin{aligned}(p\rho|\nu\sigma) &= \sum_{\mu} d_p^{\mu}\,(\mu\rho|\nu\sigma) \\ (pr|\nu\sigma) &= \sum_{\rho} d_r^{\rho}\,(p\rho|\nu\sigma) \\ (pr|q\sigma) &= \sum_{\nu} d_q^{\nu}\,(pr|\nu\sigma) \\ (pr|qs) &= \sum_{\sigma} d_s^{\sigma}\,(pr|q\sigma)\end{aligned} \qquad \text{(A3.4–12)}$$

Die Organisation einer solchen m^5-Integraltransformation ist nicht ganz einfach und nur auf Rechenanlagen möglich, die große periphere Speicher (Trommeln, Platten) mit ‚random access' haben. Einfacher zu handhaben ist eine zweistufige Transformation, die zu m^6 proportional ist

$$\begin{aligned}(pr|\nu\sigma) &= \sum_{\mu,\rho} d_p^{\mu} d_r^{\rho}\,(\mu\rho|\nu\sigma) \\ (pr|qs) &= \sum_{\nu,\sigma} d_q^{\nu} d_s^{\sigma}\,(pr|\nu\sigma)\end{aligned} \qquad \text{(A3.4–13)}$$

---

* R. Ahlrichs, Theoret. Chim. Acta *33*, 157 (1974).

Ob nun m^5 oder m^6, die Zeit für die Integraltransformation ist für nicht zu kleine m immer wesentlich größer als die Zeit der Integralberechnung. Ausnutzen von Symmetrien reduziert allerdings die Zeit für die Integraltransformation nicht unerheblich, da dann viele d_p^ν verschwinden.

Beträchtlich ist ferner der Aufwand zur Aufstellung des sog. ‚symbolic matrix element tape'. Dieses enthält die Information darüber, in welcher Weise die einzelnen CI-Matrixelemente aus Integralen über die MO's ψ_p zu konstruieren sind.

Einigen Erfolg hatten in jüngster Zeit solche CI-Verfahren, bei denen auf eine getrennte Berechnung der CI-Matrix und anschließende Lösung des Eigenwertproblems verzichtet wurde und beides in einem iterativen Verfahren gemeinsam ausgeführt wurde. Bei diesen impliziten CI-Verfahren, insbesondere denen von Roos*) und Bender**), wird vor allem die Berechnung der symbolischen Matrixelemente eingespart, während die Integraltransformation nach wie vor erforderlich ist. Letztere wird vermieden beim PNO-CI (pair-natural-orbital configuration interaction***)) und beim SCEP (self consistent electron pair) Verfahren von Wilfried Meyer[1], die beide als Verallgemeinerungen von Ansätzen von Ahlrichs et al. [2] [3] aufgefaßt werden können. Bei diesen beiden beiden Verfahren treten keine m^5-, sondern nur noch m^4-Schritte auf. Wir wollen auf diese Verfahren im folgenden Abschnitt kurz zu sprechen kommen.

Alle auf eine ‚führende' Slater-Determinante und einfach- sowie zweifach-substituierte Konfigurationen beschränkten CI-Ansätze haben einen wesentlichen Nachteil, sie gewährleisten nicht die richtige Abhängigkeit der Energie von der Zahl der Elektronen. Für ein ‚Supersystem' aus n nicht in Wechselwirkung stehenden Zweielektronensystemen ist die exakte Energie und auch die Korrelationsenergie proportional zu n, die CI beschränkt auf Einfach- und Zweifach-Substitutionen, liefert aber eine Korrelationsenergie, die für große n proportional zu $\sqrt{n}$ ist, wie wir im folgenden Abschnitt zeigen werden.

Während man bei der SCF-Näherung die Entwicklungskoeffizienten fest läßt (dies trivialerweise, wenn die Wellenfunktion eine einzige Slater-Determinante ist) und die Orbitale variiert, geht man bei der CI-Methode genau umgekehrt vor, man läßt die Orbitale fest und variiert die Entwicklungskoeffizienten. Eine Kombination beider Verfahren, das sog. Multikonfigurations-SCF (MC-SCF)-Verfahren besteht darin, daß man sowohl die Orbitale, als auch die Koeffizienten variiert und die Energie als Funktional beider zu einem Minimum macht. Die Erfahrung hat gezeigt, daß das MC-SCF-Verfahren nur dann erfolgreich ist (genügend rasch konvergiert), wenn die Zahl der Konfigurationen und damit der Entwicklungskoeffizienten nicht zu groß ist. Die MC-SCF-Methode ist in den Fällen die Methode der Wahl, wo es nicht eine ‚führende' Slater-Determinante in der Wellenfunktion gibt, sondern wo mehrere Slater-Determinanten vergleichbares Gewicht haben. Beispiele hierfür findet man bei den sog. ‚ver-

* B. Roos, Chem. Phys. Letters *15*, 153 (1972).

** R.F. Hausmann, S.J. Bloom, C.F. Bender, Chem. Phys. Letters *32*, 483 (1975).

*** W. Meyer, J. Chem. Phys. *58*, 1017 (1973).

1) W. Meyer, J. Chem. Phys. *64*, 2901 (1976).

2) R. Ahlrichs, W. Kutzelnigg, J. Chem. Phys. *48*, 1819 (1968).

3) R. Ahlrichs, F. Driessler, Theoret. Chim. Acta *36*, 275 (1975).

miedenen Überkreuzungen' von Potentialkurven sowie bei großen Abständen von gebundenen Atomen (vgl. hierzu Abschn. 4.2 u. 7.5).

Die MC-SCF-Methode ist insbesondere geeignet zur Berechnung von Potentialkurven über einen größeren Abstandsbereich, weil sie das richtige Dissoziationsverhalten gewährleistet. Man kann insbesondere versuchen, alle diejenigen Konfigurationen mitzuberücksichtigen, die für die Molekülbildung wichtig sind, und diejenigen wegzulassen, die hauptsächlich nur mit der Elektronenkorrelation in den Atomrümpfen zu tun haben. Dies geschieht in der OVC(optimum valence configuration)-Methode von A.C. Wahl, die sich vor allem für zweiatomige Moleküle sehr bewährt hat*).

Gelegentlich benutzt man die MC-SCF-Methode zur Erstellung einer ersten Näherung für die gesuchte Wellenfunktion und verbessert diese Näherung durch anschließende Konfigurationswechselwirkung.

A 3.5. Weniger konventionelle Methoden zur Erfassung der Elektronenkorrelation

Ein Nachteil der Methode der Konfigurationswechselwirkung besteht darin, daß sie eine Wellenfunktion liefert, die an den Stellen, wo die Koordinaten zweier Elektronen zusammenfallen, analytisch ist, während die exakte Wellenfunktion hier eine Spitze (Korrelationscusp, vgl. I.12.2) hat.

Die langsame Konvergenz der CI-Entwicklung hat hierin ihre Ursache. Man kann bessere Konvergenz erzwingen, d.h., man kommt mit wesentlich weniger Termen in der Entwicklung aus, wenn man einen Ansatz für die Wellenfunktion wählt, der die interelektronischen Abstände r_{ij} explizit enthält. Die auftretenden Integrale sind dabei allerdings so schwer auszuwerten, daß derartige Ansätze bisher nur bei Zweielektronensystemen (He, H_2) und ausnahmsweise bei Dreielektronensystemen (Li) erfolgreich angewendet wurden. Die genauesten bekannten quantenchemischen Rechnungen, nämlich diejenigen von Kolos und Wolniewicz (vgl. Abschn. 4.5), gehören allerdings zu diesem Typ.

Als Alternativen zur CI-Entwicklung für Systeme mit mehr als drei Elektronen spielen eine praktische Rolle nur die Störungstheorie sowie Näherungen, die mit der ,linked-cluster-Entwicklung' der Wellenfunktion zusammenhängen. Von den beiden Hauptvarianten der Störungstheorie, Rayleigh-Schrödinger (RS) und Brillouin-Wigner (BW), kommt nur die erstere infrage (vgl. hierzu I.6.4), weil die BW-Reihe eine falsche Abhängigkeit der Energie von der Zahl der Elektronen ergibt**). (Der Grund hierfür ist im Prinzip der gleiche, der für die falsche Abhängigkeit einer CI mit nur Zweifach-Substitutionen von der Teilchenzahl verantwortlich ist. Wir kommen hierauf gleich zurück.) Aber auch die Anwendung der RS-Störungstheorie zur Erfassung der Elektronenkorrelation ist nicht eindeutig definiert, da es bei diesem Problem keinen ,natürlichen' Störparameter gibt und deshalb eine unendlich große Willkür in der Wahl des ungestörten

* A.C. Wahl, in MTP International Review of Science, Physical Chemistry, Series One, Vol. 1 Theoretical Chemistry (W. Byers Brown ed.) p. 41, Butterworths, London 1972.

** Vgl. hierzu W. Kutzelnigg in 'Modern Theoretical Chemistry, III Methods of electronic structure Theory' (H.F. Schaefer III, ed.). Plenum Press, New York 1977.

Hamilton-Operators $\mathbf{H}_0$ besteht. Wir können nämlich von $\mathbf{H}_0$ nur verlangen, daß die ‚ungestörte' (unkorrelierte) Wellenfunktion Φ (in der Regel die beste Slater-Determinante der Hartree-Fock-Theorie) Eigenfunktion von $\mathbf{H}_0$ mit der ‚ungestörten' Energie (Hartree-Fock-Energie) E_0 als Eigenwert ist

$$\mathbf{H}_0 \Phi = E_0 \Phi \tag{A3.5–1}$$

Ein $\mathbf{H}_0$, das dies leistet, ist das von Møller und Plesset vor langer Zeit vorgeschlagene**)

$$\mathbf{H}_0 = \sum_{i=1}^{n} \mathbf{F}(i) - \sum_{i<j} [\langle ij \,|\, \frac{1}{r_{12}} \,|\, ij\rangle - \langle ij \,|\, \frac{1}{r_{12}} \,|\, ji\rangle] + \sum_{\mu<\nu} \frac{1}{R_{\mu\nu}} \tag{A3.5–2}$$

wobei $\mathbf{F}(i)$ der Fock-Operator für das i-te Spinorbital ist und die zweite und dritte Summe Konstanten sind, die der gesamten Elektronenabstoßung bzw. der Kernabstoßung entsprechen. Würde man diese Konstanten weglassen, so wäre Φ zwar auch Eigenfunktion von $\mathbf{H}_0$, aber nicht zum Eigenwert E_0, vielmehr wäre der Eigenwert dann gleich der Summe der Orbitalenergien der besetzten Orbitale; dabei wird die Elektronenwechselwirkung doppelt gezählt (vgl. I.9.3) und die Kernabstoßung vernachlässigt.

Im Rahmen der Møller-Plessett-Störungstheorie sind die Störbeiträge 2. und 3. Ordnung zur Energie (die 1. Ordnung verschwindet, wenn Φ die Hartree-Fock-Funktion ist)

$$E^{(2)} = \sum_{i<j} \sum_{a<b} \frac{|\langle \Phi_{ij}^{ab} \,|\, \mathbf{H} \,|\, \Phi \rangle|^2}{e_i + e_j - e_a - e_b} \tag{A3.5–3}$$

$$E^{(3)} = \sum_{i<j} \sum_{a<b} \sum_{k<l} \sum_{c<d} \frac{\langle \Phi \,|\, \mathbf{H} \,|\, \Phi_{ij}^{ab} \rangle \langle \Phi_{ij}^{ab} \,|\, \mathbf{H} \,|\, \Phi_{kl}^{cd} \rangle \langle \Phi_{kl}^{cd} \,|\, \mathbf{H} \,|\, \Phi \rangle}{(e_i + e_j - e_a - e_b)(e_k + e_l - e_c - e_d)} \tag{A3.5–4}$$

wobei e_i die Orbitalenergien der besetzten und e_a diejenigen der unbesetzten (‚virtuellen') Spinorbitale sind. Die Summen über a, b, c, d sind im Prinzip unendlich. In der Praxis wählt man jedoch eine endliche Basis, d.h. man berechnet eigentlich nicht die Störentwicklung des Hamilton-Operators, sondern die seiner Matrixdarstellung (CI-Matrix).

Offensichtlich kann man (A3.5–1) auch erfüllen, wenn man $\mathbf{H}_0$ durch ein $\mathbf{H}_0' = \mathbf{H}_0 + \mathbf{A}$ ersetzt, wobei

$$\mathbf{A}\Phi = 0 \tag{A3.5–5}$$

gelten muß, $\mathbf{A}$ aber sonst beliebig ist. Damit gibt es beliebig viele Varianten, weil $E^{(2)}$ und $E^{(3)}$ etc. je nach der Wahl von $\mathbf{A}$ verschieden ausfallen, obwohl die Ge-

** C. Møller, M.S. Plesset, Phys. Rev. *46*, 618 (1934).

samtenergie, sofern die Reihe konvergiert, von **A** unabhängig sein muß. Unter den Alternativen zur Møller-Plessett-Störungstheorie hat bisher nur diejenige von Epstein und Nesbet*) eine Rolle gespielt. Man kann diese am einfachsten so herleiten, daß man zunächst die CI-Matrix in der Basis der Φ, Φ_i^a, Φ_{ij}^{ab} etc. aufstellt und dann den Diagonalteil dieser CI-Matrix als $\mathbf{H}_0$ betrachten (d.h. die Matrix, die aus **H** hervorgeht, indem man alle $H_{\mu\nu}$ für $\mu \neq \nu$ gleich Null setzt). Der Störoperator ist dann der Nichtdiagonalteil der CI-Matrix, und man erhält für die Störungsbeiträge 2. und 3. Ordnung.

$$E^{(2)} = \sum_{i<j} \sum_{a<b} \frac{|\langle \Phi_{ij}^{ab} | \mathbf{H} | \Phi \rangle|^2}{\langle \Phi | \mathbf{H} | \Phi \rangle - \langle \Phi_{ij}^{ab} | \mathbf{H} | \Phi_{ij}^{ab} \rangle} \tag{A3.5–6}$$

$$E^{(3)} = \sum_{i<j} \sum_{a<b} \sum_{k<l} \sum_{c<d} \frac{\langle \Phi | \mathbf{H} | \Phi_{ij}^{ab} \rangle \langle \Phi_{ij}^{ab} | \mathbf{H} | \Phi_{kl}^{cd} \rangle \langle \Phi_{kl}^{cd} | \mathbf{H} | \Phi \rangle}{\{\langle \Phi | \mathbf{H} | \Phi \rangle - \langle \Phi_{ij}^{ab} | \mathbf{H} | \Phi_{ij}^{ab} \rangle\} \{\langle \Phi | \mathbf{H} | \Phi \rangle - \langle \Phi_{kl}^{cd} | \mathbf{H} | \Phi_{kl}^{cd} \rangle\}} \tag{A3.5–7}$$

Während die Energienenner in der MP-Variante der Störungsentwicklung einfach Differenzen von Orbitalenergien sind, sind sie in der EN-Variante Differenzen von Erwartungswerten. Auf die Vor- und Nachteile beider Varianten können wir hier nicht eingehen**).

Von Interesse ist noch eine weitere störungstheoretische Variante, die man wiederum aus der CI-Matrix herleiten kann***). Wir teilen den von den Slater-Determinanten Φ, Φ_i^a etc. aufgespannten Raum in drei zueinander orthogonale Unterräume auf, einen „P", der nur aus Φ besteht, einen „Q", der aus allen in bezug auf Φ einfach und zweifach substituierten Determinanten Φ_i^a und Φ_{ij}^{ab} besteht, und einen „R", der alle übrigen Determinanten enthält. Die CI-Matrix hat dann folgende Block-Struktur

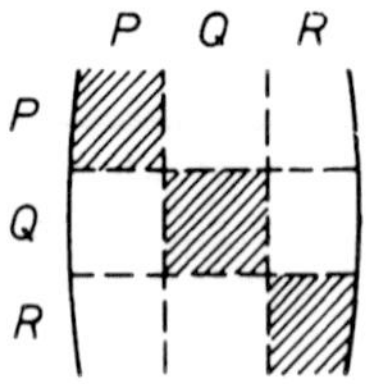

(A3.5–8)

Wir wählen jetzt als $\mathbf{H}_0$ die Matrix der Diagonal-Blöcke (in A3.5–8 schraffiert). Bei dieser Wahl von $\mathbf{H}_0$ ergibt sich, daß $E^{(3)}$ verschwindet und $E^{(2)}$ gewissermaßen das bestmögliche $E^{(2)}$ ist. Man erhält (wenn man die Beiträge der Φ_i^a vernachlässigt – ihre Berücksichtigung macht aber keine Schwierigkeiten)

* D.S. Epstein, Phys. Rev. *28*, 695 (1926). R.K. Nesbet, Proc. Roy. Soc. (London) A *230*, 312 (1955).
** S. hierzu P. Claverie, S. Diner, J.P. Malrieu, Int. J. Quant. Chem. *1*, 715 (1967).
*** W. Kutzelnigg, Chem. Phys. Letters *35*, 283 (1975).

$$E^{(2)} = \sum_{i<j} \sum_{a<b} f_{ij}^{ab} \langle \Phi | \mathbf{H} | \Phi_{ij}^{ab} \rangle \tag{A3.5–9}$$

wobei die f_{ij}^{ab} dem linearen Gleichungssystem genügen

$$\sum_{k<l} \sum_{c<d} \{\langle \Phi_{ij}^{ab} | \mathbf{H} | \Phi_{kl}^{cd} \rangle - \delta_{ik}\delta_{jl}\delta_{ac}\delta_{bd} \langle \Phi | \mathbf{H} | \Phi \rangle\} f_{kl}^{cd} + \langle \Phi | \mathbf{H} | \Phi_{ij}^{ab} \rangle = 0 \tag{A3.5–10}$$

Das gleiche Gleichungssystem (A3.5–9, 10) läßt sich auch in anderer, nicht störungstheoretischer Weise ableiten, wie wir später sehen werden.

Bei der Besprechung der Methoden der Konfigurationswechselwirkung (CI) haben wir erwähnt, daß zwar einige Argumente dafür sprechen, daß man sich auf eine führende Slater-Determinante Φ und die bez. Φ ein- und zweifach substituierten Determinanten beschränkt, daß aber diese so naheliegende und so beliebte Näherung zu einer falschen Abhängigkeit der Energie von der Elektronenzahl führt*). Wir wollen jetzt den Beweis für dieses eigenartige Verhalten geben und einen Weg zur Beseitigung dieses Mangels zeigen.

Wir betrachten zunächst ein Modellsystem bestehend aus n gleichen nicht in Wechselwirkung stehenden Zweielektronensystemen, wobei jedes Zweielektronensystem durch eine 2×2 CI, d.h. durch Beimischen einer einzigen zweifach-substituierten Konfiguration beschrieben werden. Die CI-Matrix für ein Teilsystem ist dann

$$\begin{pmatrix} \alpha & \beta \\ \beta & \alpha + \gamma \end{pmatrix} \tag{A3.5–11}$$

wobei α, β und $\alpha + \gamma$ Abkürzungen für die auftretenden Matrixelemente sind. Der tiefste Eigenwert ist

$$\epsilon = \alpha + \frac{\gamma}{2} - \frac{1}{2} \sqrt{\gamma^2 + 4\beta^2} \tag{A3.5–12}$$

und die Energie des Gesamtsystems natürlich gleich

$$E = n \cdot \epsilon \tag{A3.5–13}$$

Die CI-Matrix des Gesamtsystems, beschränkt auf Zweifach-Substitutionen, sieht dann in einer lokalisierten Beschreibung so aus

* R. Ahlrichs, Theoret. Chim. Acta *35*, 59 (1974).

$$\begin{pmatrix} n\alpha & \beta & \beta & \beta \\ \beta & n\alpha+\gamma & 0 & 0 \\ & 0 & & \\ & & & 0 \\ \beta & 0 & 0 & n\alpha+\gamma \end{pmatrix} \qquad \text{(A3.5–14)}$$

und man erhält für den tiefsten Eigenwert

$$\widetilde{E} = n\alpha + \frac{\gamma}{2} - \frac{1}{2}\sqrt{\gamma^2 + 4n\beta^2} \qquad \text{(A3.5–15)}$$

Man sieht sofort, daß für große n die Korrelationsenergie $E - n\alpha$ wie $\sim\sqrt{n}$ statt wie $\sim n$ geht.

Von einer vollständigen CI muß man natürlich die richtige Energie (A3.5–13) erhalten. In der vollständigen CI berücksichtigt man auch vierfach-, sechsfach- etc. Substitutionen, in denen 2, 3 etc. Teilsysteme ‚gleichzeitig' substituiert werden. Diese ‚unlinked cluster' in der Wellenfunktion sind in der Tat wichtig, um die richtige Abhängigkeit von der Zahl der Elektronen herzustellen. Eine Wellenfunktion für unser Modellproblem (aber von allgemeinerer Anwendbarkeit), die diese Produkte von Paaranregungen explizit enthält, ist die sog. APSG (antisymmetrized product of strongly orthogonal geminals) bzw. ‚separated-pair wave function'*),

$$\Psi = \mathcal{A}\,\{\omega_1(1,2)\,\omega_2(3,4)\ldots\omega_n(2n-1,2n)\} \qquad \text{(A3.5–16)}$$

wobei $\mathcal{A}$ den normierenden Antisymmetrisierungsoperator bedeutet und die ω_i Paarfunktionen, sog. Geminale sind, die ‚stark orthogonal' sein sollen, d.h. für die gelten soll

$$\int \omega_R(1,2)\,\omega_S(1,3)\,d\tau_1 = 0 \quad \text{für} \quad R \neq S \qquad \text{(A3.5–17)}$$

Man kann natürlich jedes Geminal nach Zweielektronen-Slater-determinanten entwickeln

$$\omega_R(1,2) = \sum_{p<q} c_R^{pq} \frac{1}{\sqrt{2}}\,[\psi_p(1)\,\psi_q(2) - \psi_q(1)\,\psi_p(2)] \qquad \text{(A3.5–18)}$$

Wenn eine Slater-Determinante Φ eine gute erste Näherung für Ψ ist, wird auch jedes Geminal in erster Näherung durch eine Slater-Determinante beschrieben. Nennen wir die in dieser enthaltenen Spinorbitale ψ_{2R-1} und ψ_{2R}, so können wir ω_R etwas anders schreiben, indem wir die ‚führende' Determinante aus der Summe herausziehen

* A.C. Hurley, J.E. Lennard-Jones, J.A. Pople, J. Chem. Phys. *45*, 194 (1966).

$$\omega_R(1,2) = c_0^R \cdot \frac{1}{\sqrt{2}} \{[\psi_{2R-1}(1)\,\psi_{2R}(2) - \psi_{2R}(1)\,\psi_{2R-1}(2)] + \\ + \sum_{a<b} d_R^{ab}\,[\psi_a(1)\,\psi_b(2) - \psi_b(1)\,\psi_a(2)]\} \qquad \text{(A3.5–19)}$$

Einsetzen von (A3.5–19) in (A3.5–16) ergibt

$$\Psi = c_0 \{\Phi + \sum_R \sum_{a<b} d_R^{ab}\,\Phi_{2R-1,2R}^{ab} + \\ + \sum_{R<S} \sum_{a<b} \sum_{c<d} d_R^{ab}\,d_S^{cd}\,\Phi_{2R-1,2R,2S-1,2S}^{abcd} + \ldots\} \qquad \text{(A3.5–20)}$$

wobei c_0 ein gemeinsamer Normierungsfaktor ist, Φ die Slater-Determinante, gebildet aus den ψ_{2R-1} und ψ_{2R} und $\Phi_{2R-1,2R}^{ab}$ in üblicher Weise eine zweifach-substituierte Slater-Determinante bedeutet.

Definieren wir den Paaranregungsoperator $\mathbf{A}_{ij}^{ab}$, der angewandt auf eine Slater-Determinante $\tilde{\Phi}$, in der ψ_i und ψ_j besetzt sind, ψ_i und ψ_j durch ψ_a und ψ_b ersetzt und der Null ergibt, wenn ψ_i oder ψ_j (oder beide) in $\tilde{\Phi}$ nicht besetzt sind oder wenn ψ_a oder ψ_b (oder beide) in $\tilde{\Phi}$ besetzt sind,*), so können wir (A3.5–20) auch schreiben als

$$\Psi = c_0\{1 + \sum_R \sum_{a<b} d_R^{ab}\,\mathbf{A}_{2R-1,2R}^{ab} + \\ + \sum_{R<S} \sum_{a<b} \sum_{c<d} d_R^{ab}\,d_S^{cd}\,\mathbf{A}_{2R-1,2R}^{ab}\,\mathbf{A}_{2S-1,2S}^{cd} + \ldots\}\,\Phi$$

$$= c_0\,\{1 + \sum_R \sum_{a<b} d_R^{ab}\,\mathbf{A}_{2R-1,2R}^{ab} + \\ + \frac{1}{2} \sum_{R,S} \sum_{a<b} \sum_{c<d} d_R^{ab}\,d_S^{cd}\,\mathbf{A}_{2R-1,2R}^{ab}\,\mathbf{A}_{2S-1,2S}^{cd} + \\ + \frac{1}{3!} \sum_{R,S,T} \sum_{a<b} \sum_{c<d} \sum_{e<f} d_R^{ab}\,d_S^{cd}\,d_T^{ef}\,\mathbf{A}_{2R-1,2R}^{ab}\,\mathbf{A}_{2S-1,2S}^{cd}\,\mathbf{A}_{2T-1,2T}^{ef} + \\ + \ldots\}\,\Phi$$

$$= c_0 \exp\{\sum_R \sum_{a<b} d_R^{ab}\,\mathbf{A}_{2R-1,2R}^{ab}\}\,\Phi \qquad \text{(A3.5–20a)}$$

---

* Für den mit dem Formalismus der zweiten Quantisierung vertrauten Leser sei angemerkt, daß $\mathbf{A}_{ij}^{ab} = \mathbf{a}_a^\dagger \mathbf{a}_b^\dagger \mathbf{a}_j \mathbf{a}_i$, wobei die $\mathbf{a}_p$ und $\mathbf{a}_q^\dagger$ Vernichtungs- bzw. Erzeugungsoperatoren sind.

Bei dieser Umformulierung ist zu bedenken, daß $R = S$ in die Summe einzubeziehen ist, da Hintereinanderanwendung von $\mathbf{A}_{2R-1,2R}^{ab}$ und $\mathbf{A}_{2R-1,2R}^{cd}$ Null ergibt. Die Exponentialfunktion eines Operators ist durch die Reihenentwicklung definiert.

Wir sehen an (A3.5–20), daß die APSG-Funktion tatsächlich nicht nur Zweifach-Substitutionen, sondern auch bestimmte Vierfach-, Sechsfach- etc. Substitutionen enthält. Man kann sich davon überzeugen, daß diese Funktion für ein System aus nicht in Wechselwirkung stehenden Zweielektronensystemen, z.B. auch für das obige Modellbeispiel, die richtige Energie liefert. Die mehrfachsubstituierten Konfigurationen sind also nicht unwichtig, obwohl sie keine Matrixelemente des Hamilton-Operators mit der Grundfunktion liefern. Interessant ist, daß eine Formulierung der richtigen Wellenfunktion möglich ist, in der formal nur Zweifach-Substitutionsoperatoren auftreten, diese allerdings im Exponenten. Eine Verallgemeinerung von (A3.5–20), die die Korrelation zwischen beliebigen Paaren von Elektronen zu erfassen gestattet und automatisch alle ‚unlinked cluster' enthält, ist*)

$$\begin{aligned} \Psi &= \exp\Big(\sum_{i<j}\sum_{a<b} d_{ij}^{ab}\mathbf{A}_{ij}^{ab}\Big)\,\Phi \\ &= e^{\mathbf{S}}\,\Phi \end{aligned} \qquad \text{(A3.5–21)}$$

Diese $e^{\mathbf{S}}$-Entwicklung ist Grundlage der Methoden, die über die beschränkte CI hinausgehen, indem sie deren falsche Teilchenzahlabhängigkeit korrigieren. Während der normale CI-Ansatz zu einem linearen Gleichungssystem für die Entwicklungskoeffizienten c_{ij}^{ab} führt, sind die Gleichungen für die im $e^{\mathbf{S}}$-Ansatz auftretenden d_{ij}^{ab} nichtlinear und damit komplizierter. Es ist insbesondere sehr aufwendig, die $e^{\mathbf{S}}$-Theorie im Rahmen des Variationsprinzips zu formulieren, d.h. so, daß die erhaltene Energie streng eine obere Schranke für die exakte Energie darstellt. Wir können hier nicht auf Einzelheiten eingehen**), wir weisen aber immerhin darauf hin, daß man den Energieausdruck des $e^{\mathbf{S}}$-Ansatzes nach Potenzen von $\mathbf{S}$ entwickeln und nach einer bestimmten Ordnung in $\mathbf{S}$ abbrechen kann. Geht man bis zur 2. Ordnung in $\mathbf{S}$ (was gerechtfertigt ist, wenn $\mathbf{S}$ klein ist, d.h. die in $\mathbf{S}$ enthaltenen d_{ij}^{ab} klein sind), so erhält man ein lineares Gleichungssystem für die d_{ij}^{ab}, das identisch mit dem Gleichungssystem (A3.5–10) ist. Das CI-Gleichungssystem beschränkt auf Zweifach-Substitutionen ist übrigens vom gleichen Typ, nur daß $\langle\Phi|\mathbf{H}|\Phi\rangle$ durch den Eigenwert E zu ersetzen ist.

Wählen wir für (A3.5–10) und das entsprechende CI-System eine einheitliche Formulierung

$$\sum_{k<l}\sum_{c<d} \langle\Phi_{ij}^{ab}|\mathbf{H}|\Phi_{kl}^{cd}\rangle f_{kl}^{cd} + \langle\Phi|\mathbf{H}|\Phi_{ij}^{ab}\rangle = W_{ij}\, f_{ij}^{ab} \qquad \text{(A3.5–22)}$$

$W_{ij} = \langle\Phi|\mathbf{H}|\Phi\rangle$: lineares System (A3.5–10)

$W_{ij} = E$: CI, beschränkt auf Zweifachsubstitutionen

---

* F. Coester, H. Kümmel, Nucl.Phys. *17*, 477 (1960); O. Sinanoğlu, J.Chem.Phys. *36*, 706, 3198 (1962).

** s. W. Kutzelnigg, in ‚Modern Theoretical Chemistry', l.c.

so lassen sich Varianten von (A3.5–22) denken, in denen W_{ij} irgendwo zwischen $\langle \Phi | \mathbf{H} | \Phi \rangle$ und E liegt. Eine mögliche Wahl ist z.B.

$$W_{ij} = \langle \Phi | \mathbf{H} | \Phi \rangle + \epsilon_{ij} \qquad \text{(A3.5–23)}$$

wobei ϵ_{ij} die Korrelationsenergie des *i–j*-ten Paares ist. Die auf dieser Wahl basierende Methode wurde von W. Meyer*) als CEPA (später als CEPA (2)) bezeichnet. CEPA ist eine Abkürzung für ‚coupled electron pair approximation'. Für ein System aus nicht in Wechselwirkung stehenden Paaren, das durch eine APSG-Funktion richtig beschrieben wird, ist das entsprechende CEPA-System exakt. Im Allgemeinfall ist es oft eine gute Näherung, wobei noch verschiedene Varianten möglich sind**).

Die Lösung des Systems (A3.5–22) mit beliebigen W_{ij} verlangt im wesentlichen den gleichen Aufwand wie die Lösung des CI-Problems mit allen Zweifach-Substitutionen in einer gegebenen Basis. Wir haben aber bereits im vorigen Abschnitt gesehen, daß die brute-force-Methode wegen ihrer langsamen Konvergenz und der Notwendigkeit der 4-Index-Transformation hierzu nicht sehr geeignet ist. Es gibt aber zwei Verfahren, die diese Nachteile in sehr wirkungsvoller Weise umgehen. Das erste benutzt die PNO-Entwicklung der Paarfunktionen und wird für die Wahl $W_{ij} = E$ als PNO-CI-Verfahren bezeichnet*). Es werden zunächst nach einem störungstheoretischen Verfahren sog. ‚pair natural orbitals' (oder ‚pseudo natural orbitals' PNO) konstruiert, die eine optimale Konvergenz der störungstheoretischen Paar-Korrelationsfunktionen gewährleisten und die diese auf Diagonalgestalt transformieren. Im Beispiel einer APSG-Funktion würden die PNO's etwa das Geminal (A3.5–19) auf die Form bringen:

$$\begin{aligned} \omega_R(1,2) = c_0^R \{ & \tfrac{1}{\sqrt{2}} [\psi_{2R-1}(1)\, \psi_{2R}(2) - \psi_{2R}(1)\, \psi_{2R-1}(2)] + \\ & + \sum_a d_R^a \tfrac{1}{\sqrt{2}} [\psi_{2a-1}(1)\, \psi_{2a}(2) - \psi_{2a}(1)\, \psi_{2a-1}(2)] \} \end{aligned} \qquad \text{(A3.5–24)}$$

In der Entwicklung nach den PNO's tritt nur noch ein Summationsindex auf, und nur wenige Terme in der Summe sind nötig. Formuliert man anschließend das CI- bzw. CEPA-Problem mit Slater-Determinanten aus PNO's, so ist deren Zahl gegenüber einer herkömmlichen CI beträchtlich reduziert, was den Rechenaufwand erheblich verringert. Die Tatsache, daß die PNO's kein Orthogonalsystem bilden, führt zu keinerlei Schwierigkeiten.*)

Das SCEP-Verfahren***) versteht man am besten, wenn man es in Analogie zum herkömmlichen SCF-Verfahren sieht. Beim letzteren versuchen wir, gegebene Spinorbitale durch sukzessive unitäre Transformationen so lange zu verbessern, bis sie die Energie zu einem Minimum machen. Dabei berechnen wir in jedem Iterationsschritt die ersten Ableitungen der Energie nach den Elementen einer Matrix T (die mit der unitären Transforma-

---

* W. Meyer, J. Chem. Phys. *58*, 1017 (1973).

** W. Kutzelnigg, l.c.

*** W. Meyer, J. Chem. Phys. *64*, 2901 (1976).

tion U zusammenhängt nach A3.3–6) exakt, die zweiten Ableitungen aber nur genähert. Nun können wir das Gleichungssystem (A3.5–22) ableiten als Bedingung dafür, daß die Energie stationär bez. einer unitären Zweiteilchen-Transformation – dies allerdings nur bis zur 2. Ordnung – ist*). Man kann jetzt zur Lösung von (A3.5–22) so vorgehen, daß man zunächst nur in den von f unabhängigen Termen das richtige $\mathbf{H}$ stehen läßt, in den anderen $\mathbf{H}$ durch ein ‚ungestörtes' $\mathbf{H}_0$ ersetzt. Damit erhält man genäherte $\tilde{f}_{ij}^{ab}$. Im nächsten Schritt berechnet man eine Korrektur Δf_{ij}^{ab} zu den $\tilde{f}_{ij}^{ab}$ der letzten Iteration aus dem Gleichungssystem

$$\sum_{k<l}\sum_{c<d} \langle \Phi_{ij}^{ab} | \mathbf{H} | \Phi_{kl}^{cd} \rangle \tilde{f}_{kl}^{cd} + \sum_{k<l}\sum_{c<d} \langle \Phi_{ij}^{ab} | \mathbf{H}_0 | \Phi_{kl}^{cd} \rangle \Delta f_{kl}^{cd} +$$

$$+ \langle \Phi | \mathbf{H} | \Phi_{ij}^{ab} \rangle = W_{ij} (\tilde{f}_{ij}^{ab} + \Delta f_{ij}^{ab}) \qquad \text{(A3.5–25)}$$

worin in dem in Δf_{kl}^{cd} linearen Term $\mathbf{H}$ durch $\mathbf{H}_0$ ersetzt worden ist. Es sind verschiedene Möglichkeiten für $\mathbf{H}_0$ vorgeschlagen worden, ein Epstein-Nesbet-artiges von Ahlrichs und Driessler**) und dasjenige nach Møller und Plessett von Meyer***). Der entscheidende Vorteil der iterativen Anwendung des Gleichungssystems (A3.5–25) besteht darin, daß eine Integraltransformation (A3.4–12) oder (A3.4–13) gänzlich vermieden wird, weil bei Kenntnis der $\tilde{f}_{kl}^{cd}$ die Summe

$$\sum_{c<d} \langle \Phi_{ij}^{ab} | \mathbf{H} | \Phi_{kl}^{cd} \rangle \tilde{f}_{kl}^{cd} \qquad \text{(A3.5–26)}$$

in einem einzigen Durchgang durch die Integrale (m^4-Schritt) berechnet werden kann. Auf den Beweis hierfür müssen wir verzichten, wir beschränken uns auf den Hinweis, daß man die Summation über die $\tilde{f}_{kl}^{cd}$ in den entsprechenden Dichtematrizen vor der Kontraktion der Integrale durchführen kann.

A 3.6. Berechnung der Eigenschaften von Molekülen

Das Ziel der meisten quantenchemischen Rechnungen besteht darin, gewisse physikalische Eigenschaften von Molekülen (oder auch Atomen) zu berechnen. Oft werden die physikalischen Eigenschaften auch als Vorbereitung zur Erfassung chemischer Eigenschaften (Reaktivitäten etc.) aufgefaßt. Die Erfahrung hat gezeigt, daß der erforderliche Rechenaufwand für verschiedene Eigenschaften verschieden groß ist. Gleichgewichtsgeometrien kann man schon mit relativ bescheidenen Basen in der SCF-Näherung recht gut erhalten, während z.B. die Berechnung der magnetischen Suszeptibilität (außer für einkernige Hydride) sehr genaue Wellenfunktionen erfordert. Dieser Gesichtspunkt ist für die Beurteilung quantenchemischer Rechnungen erheblich.

---

* W. Kutzelnigg, l.c.

** R. Ahlrichs, F. Driessler, Theoret. Chim. Acta *36*, 275 (1975).

*** W. Meyer, J. Chem. Phys. *64*, 2901 (1976).

Zunächst kann man Rechnungen an Molekülen in der Näherung der ruhenden Kerne in folgender Weise einteilen:

1. Rechnungen für einen Zustand (meist den Grundzustand) in einer einzigen geometrischen Konfiguration (i.allg. der sog. experimentellen Geometrie).
2. Rechnungen eines Ausschnitts der Potentialhyperfläche, d.h. der Energie (und auch der Wellenfunktion) als Funktion sämtlicher inneren Koordinaten, für einen Zustand.
3. Rechnungen mehrerer Zustände a) bei einer gemeinsamen; b) bei verschiedener Geometrie.
4. Ausschnitte aus Potentialhyperflächen von mehreren Zuständen
5. Rechnungen, bei denen unmittelbar Differenzen der Energien von zwei Zuständen berechnet werden.

Rechnungen, bei denen sämtliche inneren Koordinaten variiert werden, sind selten, meist werden zumindest gewisse Koordinaten festgehalten.

Für die berechneten Eigenschaften bietet sich folgende Klassifikation an.

1. Eigenschaften, zu deren Berechnung die *Energie* als Funktion der inneren Koordinaten für einen Zustand erforderlich ist.

Zu nennen sind vor allem Gleichgewichtsgeometrien und Kraftkonstanten, aber auch vibronische Zustände, Streuquerschnitte etc.; Bindungsenergien und Isomerisierungsenergien kann man ebenfalls der Potentialhyperfläche entnehmen.

2. Eigenschaften, die sich aus der *Wellenfunktion* eines Zustandes bei gegebener Geometrie, die nicht unbedingt die Gleichgewichtsgeometrie sein muß, berechnen lassen. Hierher gehören Erwartungswerte von Einelektronenoperatoren wie Dipolmoment, Quadrupolmoment, Feldgradienten am Kernort etc., während Erwartungswerte von Zweielektronenoperatoren wie die sog. ‚Nullfeldaufspaltung' weniger interessieren.

3. Eigenschaften, zu deren Berechnung man ausgehend von der Wellenfunktion des Zustands *Störungstheorie* treiben muß. Beispiele sind die elektrische Dipol-Polarisierbarkeit (ebenso die Quadrupol-Polarisierbarkeit und die Hyperpolarisierbarkeiten), die sog. van-der-Waals-Konstanten, magnetische Suszeptibilitäten, chemische Verschiebungen (der Kernresonanz), Kernspin-Kopplungskonstanten etc.

4. Eigenschaften, zu deren Berechnung im Prinzip die Energie mehrerer Zustände erforderlich ist, wie optische Anregungsenergien (UV-Spektren), Franck-Condon-Faktoren, Ionisationspotentiale.

5. Eigenschaften, die die Kenntnis der Wellenfunktion zweier Zustände voraussetzen, wie Übergangsmomente und damit Absorptionsintensitäten. Die für nichtadiabatische Reaktionen wichtigen nichtadiabatischen Kopplungselemente verlangen sogar die Kenntnis der Ableitung der Wellenfunktionen nach den Kernkoordinaten.

6. Abschließend wäre noch an Eigenschaften zu denken, die nur aus relativistischen oder sonstwie verfeinerten Rechnungen zu erhalten sind.

Relativ unproblematisch ist die Berechnung von Gleichgewichtsgeometrien. Diese werden in der SCF-Näherung, wie bereits erwähnt, recht gut wiedergegeben. Allerdings sind die ‚Hartree-Fock-limit'-Gleichgewichtsabstände i.allg. zu klein*), dagegen sind

* Bez. einer Begründung hierfür s. z.B. W. Kutzelnigg, Pure appl. Chem. *49*, 981 (1977).

mit einer minimalen Basis berechnete Abstände i.allg. zu groß. Es gibt also vielfach mittlere Basen, für die gerade die richtigen Abstände erhalten werden, ohne daß man hieraus schließen dürfte, die entsprechende Rechnung wäre auch sonst gut.

Pople und Mitarbeiter*) fanden in einer Studie von 69 H_mABH_n-Molekülen mit einer minimalen Basis eine mittlere Abweichung zwischen experimentellen und berechneten Bindungsabständen von 0.03 Å. Will man die Genauigkeit um eine Größenordnung verbessern, so genügt eine Verbesserung der Basis allein noch nicht, man muß auch Korrelationseffekte berücksichtigen. Meyer und Rosmus**) fanden in CEPA-Rechnungen mit großen Basen an XH-Molekülen mit X aus der 2. und 3. Periode maximale Unterschiede zwischen berechneten und experimentellen Werten von 0.003 Å, wobei diese Abweichung wahrscheinlich mehr auf der Fehlerbreite der experimentellen als der theoretischen Werte beruht. Erfahrungsgemäß ist für zuverlässige Geometrien aus einer CEPA-Rechnung bei C für s und p eine (7,3)-double-zeta-Basis ausreichend, während man für O bereits eine (9,5)-triple-zeta-Basis braucht; eine d-Funktion ist in beiden Fällen erforderlich.

Beim Vergleich von theoretischen und experimentellen Geometrien muß man berücksichtigen, daß man theoretisch die sog. r_e-Geometrie berechnet, die dem Minimum der Potentialhyperfläche entspricht, während man die sog. r_0-Geometrie mißt, die durch eine Mittelung über die Nullpunkt-Schwingungen zustande kommt. Bei OH-Bindungen ist r_0 um ca. 0.02 Å größer als r_e. Man kann aus den Experimenten oft unter gewissen Annahmen auch die r_e-Geometrie extrahieren. Problemlos ist das aber nicht***).

Mehr Schwierigkeiten als Gleichgewichtsabstände und -winkel machen Kraftkonstanten. Hier sind SCF-Werte i.allg. deutlich zu groß, vor allem bei Mehrfachbindungen. Fehler von 50 % und mehr sind keine Seltenheit. Auf die allgemeine Problematik der experimentellen Bestimmung von Kraftkonstanten und ihrer ‚Harmonisierung' etc. können wir hier nicht eingehen. Es scheint aber, daß quantenchemische Rechnungen z.B. für Nichtdiagonalkraftkonstanten durchaus mit dem Experiment konkurrenzfähig sind.

Die Berechnung von Bindungsenergien verlangt die Berücksichtigung der Elektronenkorrelation. Ausgenommen von dieser allgemeinen Feststellung sind Bindungen, bei denen die Zahl der gepaarten Elektronen erhalten bleibt, etwa bei semipolaren oder Charge-Transfer-Bindungen. So lassen sich Protonierungsenergien aus Hartree-Fock-Rechnungen auch mit bescheidenen Basen recht gut berechnen, wahrscheinlich leichter und genauer, als Protonenaffinitäten in der Gasphase (denn mit diesen müßte man vergleichen) sich experimentell bestimmen lassen. Schwieriger ist dagegen z.B. die Berechnung der Acidität, d.h. der Protonenabtrennungsenergie, weil man hierzu ein negatives Ion zu berechnen hat, das besondere Vorsicht bei der Basiswahl erfordert. Isomerisierungsenergien wie Rotations- und Inversionsbarrieren kann man in der SCF-Näherung in guter Näherung erfassen. Hierbei ist allerdings wichtig, daß man alle geometrischen Parameter in beiden Isomeren getrennt optimiert (relaxiert). In den beiden Konformationen ‚staggered' und ‚eclipsed' beim Äthan muß man z.B. die C—C-Abstände und

---

* W.A. Lathan, L.A. Curtiss, W.J. Hehre, J.B. Lisle, J.A. Pople, Progr.Phys.Org.Chem. *11*, 175 (1974).

** W. Meyer, P. Rosmus, J.Chem.Phys. *63*, 2356 (1975).

*** Einen Überblick über verschiedene Typen von Molekülgeometrien geben K. Kuchitsu u. K. Oyanagi in Farad. Dis. Chem. Soc. *62*, 20 (1977).

die HCH-Winkel getrennt optimieren*)**). Beim Vergleich der relativen Stabilität von offenkettigen und ringförmigen Verbindungen ist es entscheidend***), daß man Polarisationsfunktionen berücksichtigt, anderenfalls werden Ringstrukturen energetisch zu sehr benachteiligt. Auch für Inversionsbarrieren sind Polarisationsfunktionen wichtig, weil sich z.B. beim Übergang vom pyramidalen zum planaren NH_3 die Bindungsverhältnisse entscheidend ändern, anders etwa als beim Übergang zwischen den beiden Konformeren des Äthans.

Erwartungswerte von Einelektronenoperatoren erhält man in der Regel recht gut (mit Fehlern in der Größenordnung von 1 %) aus Hartree-Fock-Rechnungen. Im Prinzip gilt diese Feststellung auch für den elektronischen Anteil der Dipolmomente und der höheren Multipolmomente.

Da die gesamten Multipolmomente sich aber aus vergleichbar großen und z.T. entgegengesetzten Beiträgen der Elektronen und der Kerne zusammensetzen, können kleine Fehler bei den elektronischen Beiträgen einen großen Einfluß auf die Gesamtmomente haben, vor allem, wenn letztere dem Betrag nach sehr klein sind, etwa beim Dipolmoment des CO (s. Abschn. 8.8). Verwendet man korrelierte Wellenfunktionen, so erhält man i.allg. gute Werte für Dipolmomente, sofern einfach-Substitutionen berücksichtigt werden, die zwar zur Energie sehr wenig, zum Dipolmoment aber stark beitragen[1]. Zu den Erwartungswerten von Einelektronenoperatoren kann man im gewissen Sinne auch die Elektronendichte rechnen. Hier reichen bereits sehr bescheidene Rechnungen aus, um Ladungsdichten etwa mit der Genauigkeit zu berechnen, wie sie aus Röntgenstreuexperimenten in neuerer Zeit bestimmt wurden.

Eine interessante Größe ist auch die Spindichte, d.h. die Differenz der Dichten der Elektronen mit α- und β-Spin. Die Spindichte am Ort der Kerne ist verantwortlich für die Hyperfeinkopplungskonstanten der ESR-Spektroskopie. Als Erwartungswerte von Einelektronenoperatoren sollten die Spindichten leicht zugänglich sein. Dies ist tatsächlich auch der Fall bei solchen Zuständen, die ein ungepaartes Elektron oder mehrere in einem MO enthalten, das am Kernort eine endliche Dichte hat. Hat das betreffende MO eine Knotenfläche am Ort des betrachteten Kerns, so verschwindet die Hartree-Fock-Spindichte und die sog. Spinpolarisation, die man zu den Korrelationseffekten rechnen kann, wird entscheidend. Es gibt eigentlich nur eine Arbeit, in der diese Spinpolarisation in wirklich befriedigender Weise erfaßt wurde[2].

Zum Glück haben Erwartungswerte von Zweielektronenoperatoren keine große Bedeutung, denn ihre Berechnung ist nahezu hoffnungslos. Für Erwartungswerte von Operatoren, die Funktionen des interelektronischen Abstandes sind, liefern auch die besten verfügbaren Wellenfunktionen noch schlechte Ergebnisse.

Eigenschaften, zu deren Berechnung die Wellenfunktionen des betrachteten Zustandes noch nicht ausreichen, so daß man Störungstheorie treiben muß, nennt man vielfach auch ‚second order properties', d.h. Eigenschaften zweiter Ordnung. Obwohl alle in

---

* A. Veillard, Theoret. Chim. Acta *18*, 21 (1970).

** R. Ahlrichs, H. Lischka, B. Zurawski, W. Kutzelnigg, J. Chem. Phys. *63*, 4685 (1975).

*** P.C. Hariharan, W.A. Lathan, J.A. Pople, Chem. Phys. Lett. *14*, 385 (1972).

1) S. Green, J. Chem. Phys. *54*, 827 (1971).

2) W. Meyer, J. Chem. Phys. *51*, 5149 (1969).

Frage kommenden Störoperatoren, z.B. der Dipolmomentoperator bei der Polarisierbarkeit, Einelektronenoperatoren sind, spielen Korrelationseffekte eine große Rolle. Bei der Berechnung von Erwartungswerten gehen nämlich die in der korrelierten Wellenfunktion beigemischten substituierten Konfigurationen nur mit dem Quadrat ihrer Koeffizienten ein, in ‚second order properties' dagegen linear in den Koeffizienten. Bei der Größenordnung von 0.1 für die Beträge der Koeffizienten macht das einen deutlichen Unterschied. Besonders wirken sich Korrelationseffekte bei Zuständen aus, die mit anderen Zuständen der gleichen Symmetrie fast-entartet sind, so daß besonders große Koeffizienten resultieren, etwa bei den Atomen Be, Mg, etc., für die Hartree-Fock-Rechnungen van-der-Waals-Konstanten ergeben, die um ca. einen Faktor 2 zu groß sind*) (vgl. Abschn. 15.5).

Es stellt sich ferner vielfach heraus, daß Orbitalbasen, die zur Bestimmung der Energie gut genug sind, zur Berechnung von Eigenschaften zweiter Ordnung bei weitem nicht ausreichen. Dies gilt insbesondere für magnetische Eigenschaften wie Suszeptibilitäten, chemische Verschiebungen, Kernspinkopplungskonstanten etc., die sehr große Orbitalbasen erfordern. Die Unzulänglichkeit zu kleiner Basen manifestiert sich hier deutlich in der Abhängigkeit der Ergebnisse von der Eichung des Vektorpotentials.

Im Hamilton-Operator für ein Teilchen im Magnetfeld (vgl. I.11.4) tritt ja nicht die magnetische Feldstärke $\vec{\mathcal{H}}$ selbst, sondern ihr Vektorpotential $\vec{A}$ auf. Nun kann man zwar, z.B. für ein homogenes Feld $\vec{A}$ durch $\vec{\mathcal{H}}$ ausdrücken, aber nicht in eindeutiger Weise, sondern es gibt dafür unendlich viele Möglichkeiten, die man als mögliche ‚Eichungen' bezeichnet. Löst man die Schrödinger-Gleichung exakt, d.h. hier insbesondere in einer vollständigen Basis, so ist das Ergebnis von der Eichung unabhängig, ‚eichinvariant'. (Auch die exakte Lösung der Hartree-Fock-Gleichungen liefert eichinvariante Ergebnisse.) Näherungslösungen hängen jedoch stark von der gewählten Eichung ab, und man muß sehr große Basissätze wählen, um einigermaßen eichinvariante Ergebnisse zu erzielen. Es wurden zwar Vorschläge gemacht, die Eichabhängigkeit künstlich zu eliminieren (Verwendung sog. eichinvarianter Orbitale). Damit täuscht man sich aber nur selbst. Denn das Problem besteht nur scheinbar in der Abhängigkeit der Ergebnisse von der Eichung. In Wirklichkeit besteht das Problem darin, daß man sehr große und sinnvoll gewählte Basen braucht, um die Störung eines Moleküls durch ein Magnetfeld richtig zu erfassen. Bei Atomen, wo es eine ‚natürliche' Eichung gibt, ist alles viel einfacher (s. I.11.4).

Unter den Energiedifferenzen zwischen verschiedenen Zuständen des gleichen Hamilton Operators**) machen Ionisationspotentiale (Photoelektronenspektren) die geringsten Schwierigkeiten. Nach dem Koopmansschen Theorem***) stellen die Beträge der Orbitalenergien der besetzten Orbitale erste Näherungen für die entsprechenden vertikalen Ionisationspotentiale dar. Bei der Ableitung des Koopmansschen Theorems wurden zwei Annahmen gemacht, daß

---

* F. Maeder, W. Kutzelnigg, Chem. Phys. Lett. *37*, 285 (1976).

** Wir haben in diesem Buch die Zahl der Elektronen explizit im Hamilton-Operator berücksichtigt, man kann aber **H** unabhängig von der Elektronenzahl definieren, dann kann man die Ionisation mit einem einzigen Hamilton-Operator beschreiben.

*** T. Koopmans, Physica *1*, 104 (1933).

1. die nicht an der Ionisation beteiligten MO's sich bei der Ionisation nicht verändern,
2. die Korrelationsenergie sich bei der Ionisation nicht ändert.

Keine der beiden Annahmen ist gerechtfertigt, aber Mulliken*) wies darauf hin, daß ‚Umordnungsenergie' und Änderung der Korrelationsenergie vielfach entgegengesetzte Vorzeichen haben und sich weitgehend kompensieren. Dies gilt jedoch, wie wir heute wissen, nur für die ersten Ionisationspotentiale, nicht etwa für Ionisation aus den inneren Schalen. In den Fällen, wo die Koopmans-Näherung nicht gut genug ist, kann man entweder für Neutralmolekül und Ion getrennte CEPA-Rechnungen machen**) oder z.B. mit einer störungstheoretischen Methode, unter Verwendung Greenscher Funktionen***), die Korrekturen zu den Koopmans-Energien direkt ausrechnen. Damit ist die Berechnung von Ionisationspotentialen auf ca. 0.1 eV genau möglich.

Mehr Schwierigkeiten macht die Berechnung von Elektronenaffinitäten. Zum einen haben Umordnungsenergie und Änderung der Korrelationsenergie in der Regel das gleiche Vorzeichen und kompensieren sich deshalb nicht, so daß ein Analogon des Koopmansschen Theorems nicht gilt. Zum anderen ist die Berechnung negativer Ionen allgemein problematisch, sie erfordert u.a. besondere Sorgfalt in der Auswahl der Basis (vgl. Abschn. A 3.2).

Zur Berechnung der Energiedifferenz zwischen Grundzustand und verschiedenen angeregten Zuständen (UV-Spektren) wird heute vor allem die Methode der Konfigurationswechselwirkung (CI) benutzt[1], mit der man vertikale Übergangsenergien mit ca. 0.5 eV Genauigkeit berechnen kann, wenn man gewisse, nicht immer triviale Vorkehrungen trifft. Die Methode ist sicher noch entwicklungsfähig, obwohl die allgemeinen Bemerkungen zur CI in Abschn. A3.4 nicht zu zuviel Hoffnung Anlaß geben sollten. Eine Alternative, die sich zunehmender Popularität erfreut, ist die equations-of-motion (EOM)-Methode[2], auf die wir hier nicht eingehen können.

Zu den schwierigsten Aufgaben der Quantenchemie gehört wahrscheinlich die Berechnung der nichtadiabatischen Kopplungselemente zwischen verschiedenen adiabatischen Zuständen. Befriedigend ist dies bisher erst bei Einelektronenproblemen[3] und ausnahmsweise bei Zweielektronenproblemen gelungen.

Eine vereinfachte Übersicht über quantenchemische Methoden verschiedener Näherungsstufen und die Eigenschaften, die auf der jeweiligen Näherungsstufe besonders gut bzw. besonders schlecht erfaßt werden, gibt Tab. A2.

A 3.7. Populationsanalyse

Vielfach ist man außer an der Berechnung physikalischer Eigenschaften von Molekülen auch an Aussagen über die chemische Bindung in einem Molekül interessiert. Man möchte etwa wissen, wie sich die Gesamtladung auf die Atome verteilt, in welchem

---

* R.S. Mulliken, J. Chim. Phys. *46*, 497, 675 (1949).

** W. Meyer, Int. J. Quant. Chem. *5*, 341 (1971), J. Chem. Phys. *58*, 1917 (1973).

*** L.S. Cederbaum, Theoret. Chim. Acta *31*, 239 (1974).

1) S.D. Peyerimhoff, R.J. Buenker, Adv. Quant. Chem. *9*, 69 (1975).

2) P.J. Rowe, Rev. Mod. Phys. *40*, 153 (1968), T. Shibuya, V. McKoy,Phys.Rev. *A2*, 2208 (1970)

3) P. Habitz, W.H.E. Schwarz, Chem.Phys. Letters *34*, 248 (1975).

Valenzzustand sich die Atome befinden, zwischen welchen Atomen Bindung besteht und wie stark diese (Einfachbindung, Zweifachbindung etc.) ist. Die Antwort auf derartige Fragen ist noch relativ einfach, wenn man von einer Rechnung in einer minimalen Basis ausgeht, wie wir das etwa in Kap. 5 und 6 unterstellt haben, sie wird aber beliebig schwierig für Rechnungen mit großen Basen.

Es gibt nämlich keinerlei eindeutige Vorschrift, die Wellenfunktion eines Moleküls in Anteile der einzelnen Atome zu zerlegen. Eine solche Zerlegung bietet sich zwar in einer scheinbar natürlichen Weise an, wenn man von einer Basis von Atomorbitalen (AO's) ausgeht. Nun bildet aber ein vollständiger Satz von AO's eines einzelnen Atoms bereits eine vollständige Basis, und eine Basis aus sämtlichen AO's von N Atomen ist N-fach übervollständig, d.h. hochgradig linear abhängig. Man kann ein AO eines Atoms als Linearkombination der AO's der anderen Atome darstellen, womit die Entwicklungskoeffizienten der MO's nach AO's beliebig bedeutungslos werden. Diese Schwierigkeit manifestiert sich allerdings erst, wenn die AO-Basis so groß ist, daß sie sich für praktische Zwecke der Vollständigkeit nähert.

Das Standard-Verfahren, die Elektronendichte in Beiträge der Atome und Bindungen aufzuteilen, ist nach wie vor die Populationsanalyse nach Mulliken, die wir jetzt erläutern wollen.

Unterstellen wir hierzu, daß die Basis relativ klein und genügend weit entfernt von linearer Abhängigkeit ist sowie daß die Basis ausgeglichen ist, so daß eine Zuordnung der Basisfunktionen zu Atomen zumindest formal möglich ist (vgl. etwa Kap. 5). Die Forderung der Ausgeglichenheit ist wesentlich, die Qualität der Basen für die beteiligten Atome muß vergleichbar sein. Dies läßt sich zwar schwer quantitativ formulieren, ein Beispiel für eine unausgeglichene Basis wäre etwa für das CH_4 eine, die für das C von double-zeta Qualität ist und Polarisationsfunktionen enthält, für das H aber nur eine single-zeta-Basis.

Aber auch bei ausgeglichenen Basen sind die Ergebnisse noch stark basisabhängig, und man sollte die Aussagen für ein Molekül nicht zu wörtlich nehmen und das Augenmerk mehr auf Unterschiede zwischen verwandten Verbindungen richten.

Bei der Mullikenschen Populationsanalyse*) gehen wir aus von der Einteilchendichtematrix (vgl. I. 12.1)

$$\rho(\vec{r}_1, \vec{r}_1{}') = n \int \psi(\vec{r}_1 s_1, \vec{r}_2 s_2 \ldots \vec{r}_n s_n)\, \psi(\vec{r}_1{}' s_1, \vec{r}_2 s_2 \ldots \vec{r}_n s_n)\, d\tau_2 \ldots d\tau_n ds_1 \ldots ds_n \tag{A3.7–1}$$

die für Eindeterminantenwellenfunktionen gleich der Summe der Orbitaldichten der besetzten Orbitale ist.

$$\rho(\vec{r}_1, \vec{r}_1{}') = \sum_i n_i \varphi_i(\vec{r}_1)\, \varphi_i(\vec{r}_1{}') \tag{A3.7–2}$$

wobei n_i die Besetzungszahl von φ_i ist, die gleich 0, 1 oder 2 sein kann. Bei korrelierten Wellenfunktionen treten auch nicht-ganzzahlige Besetzungszahlen auf.

---

* R.S. Mulliken, J.Chem.Phys. *23*, 1833, 1841, 2338, 2343 (1955).

Sei $\chi_{\mu s}(\vec{r})$ die AO-Basis, so läßt sich ρ nach dieser entwickeln

$$\rho(\vec{r}, \vec{r}\,') = \sum_{\mu, s} \sum_{\nu, t} \tilde{p}_{\mu s, \nu t}\, \chi_{\mu s}(\vec{r})\, \chi_{\nu t}(\vec{r}\,') \qquad \text{(A3.7–3)}$$

Die Spur der Dichtematrix muß gleich der Gesamtzahl der Elektronen sein

$$\text{Spur}\,\rho = \int \rho(\vec{r}, \vec{r})\, d\tau = \sum_i n_i = \sum_{\mu, s} \sum_{\nu, t} \tilde{p}_{\mu s, \nu t} S_{\mu s, \nu t} = n \qquad \text{(A3.7–4)}$$

wobei $S_{\mu s, \nu t}$ das Überlappungsintegral zwischen $\chi_{\mu s}$ und $\chi_{\nu t}$ ist.
Man kann nun eine Ladungsordnung des μ-ten Atoms definieren als

$$q_\mu = \sum_{s} \sum_{\nu, t} \tilde{p}_{\mu s, \nu t} S_{\mu s, \nu t} \qquad \text{(A3.7–5)}$$

Es lassen sich auch Partial-Ladungsordnungen über AO's bestimmter Symmetrie ($s, p, d \ldots$) definieren, indem man die Summe über s nur über die AO's der jeweiligen Symmetrie gehen läßt. Die so definierten Atom-Ladungsordnungen haben die Eigenschaft, daß

$$\sum_\mu q_\mu = n \qquad \text{(A3.7–6)}$$

d.h., daß ihre Summe die Gesamtelektronenzahl gibt.
Man bezeichnet die q_μ als die Mullikenschen ‚gross charges'.
Man könnte die Summe (A3.7–4) noch anders aufteilen, etwa gemäß

$$n = \sum_{\mu, s} \tilde{q}_{\mu, s} + \sum_{(\mu,s) \neq (\nu,t)} p_{\mu s, \nu t}$$

$$\tilde{q}_{\mu s} = p_{\mu s, \mu s}\,;\; p_{\mu s, \nu t} = \tilde{p}_{\mu s, \nu t} S_{\mu s, \nu t} \qquad \text{(A3.7–7)}$$

Nach Mulliken bezeichnet man die $\tilde{q}_{\mu s}$ als ‚net charges' und die $p_{\mu s, \nu t}$ als ‚overlap populations'. Letztere sind ein Maß für die Bindungsstärke.
Eine weitere Aufteilungsmöglichkeit ist

$$n = \sum_{\mu, s} \approx{q}_{\mu, s} - \sum_{(\mu, s) \neq (\nu, t)} p_{\mu s, \nu t} \qquad \text{(A3.7–8)}$$

$$\approx{q}_{\mu s} = p_{\mu s, \mu s} + 2 \sum_{[(\nu, t) \neq (\mu, s)]} \tilde{p}_{\mu s, \nu t} S_{\mu s, \nu t} \qquad \text{(A3.7–9)}$$

Die $\approx{q}_{\mu s}$ haben ähnlich wie die $\tilde{q}_{\mu s}$ nicht die Eigenschaft, daß ihre Summe die Elektronenzahl ergibt, vielmehr gilt

$$\frac{1}{2} \sum_{\mu, s} (\tilde{q}_{\mu s} + \approx{q}_{\mu s}) = n$$

Die in den ‚overlap populations' steckende Ladung fehlt in den $q_{\mu s}$, während sie in den $\tilde{\tilde{q}}_{\mu s}$ doppelt gezählt wird.

Die $\tilde{\tilde{q}}_{\mu s}$ lassen sich anschaulich in einer suggestiven Weise interpretieren.

Interpretiert man nämlich die $p_{\mu s,\nu t}$ als Anteile der Gesamtladung in den Bindungen und erinnert man sich an die klassische Vorstellung nach Lewis, daß die kovalente chemische Bindung darauf beruht, daß gewisse Elektronenpaare zwei Partnern gemeinsam angehören, die damit beide ihre Edelgasschale weitgehend auffüllen, so liegt es nahe, die zwei Atomen gemeinsame Population beiden zuzurechnen, d.h. die $\tilde{\tilde{q}}_{\mu s}$ als Maß für die effektive Besetzungszahl des AO's $\chi_{\mu s}$ anzusehen. Daß die Summe über die $\tilde{\tilde{q}}_{\mu s}$ nicht gleich der gesamten Elektronenzahl, sondern größer ist, verwundert dabei nicht weiter.

Im H_2-Molekül erhält man $\tilde{\tilde{q}}_1 = \tilde{\tilde{q}}_2 \approx 1.7$ aus einer MO-LCAO-Funktion (ohne ‚scaling') und nahezu den gleichen Wert aus einer VB-Funktion*)**), jedes H-Atom hat schon fast die K-Schale aufgefüllt, was $\tilde{\tilde{q}}_1 = \tilde{\tilde{q}}_2 = 2$ entsprechen würde, während ein freies H-Atom $\tilde{\tilde{q}}_1 = 1$ hat.

Betrachten wir den Zusammenhang der drei soeben definierten Populationen zum quantenmechanischen Einteilchendichteoperator ρ, dessen Integralkern durch (A3.7–1) gegeben ist, in einer mehr formalen Weise, so stellen wir fest*), daß es drei Möglichkeiten gibt, ρ in eine Orbitalbasis $\{\chi_{\nu s}\}$ zu entwickeln

$$\rho = \sum_{\mu,s} \sum_{\nu,t} |\chi_{\mu s}\rangle\, \tilde{p}_{\mu s,\nu t} \langle \chi_{\nu t}|$$

$$\rho\,|\chi_{\mu s}\rangle = \sum_{\nu,t} p_{\mu s,\nu t}\, |\chi_{\nu t}\rangle$$

$$\tilde{\tilde{p}}_{\mu s,\nu t} = \langle \chi_{\mu s}|\rho|\chi_{\nu t}\rangle$$

wobei die drei Matrizen p, $\tilde{p}$, $\tilde{\tilde{p}}$ und die Überlappungsmatrix S der Basis zusammenhängen gemäß

$$\tilde{\tilde{p}} = Sp = S\tilde{p}S$$

Offensichtlich sind die ‚net populations' $\tilde{q}_{\mu s}$ die Diagonalelemente von $\tilde{p}$, die ‚gross populations' $q_{\mu s}$ die Diagonalelemente von p, und die $\tilde{\tilde{q}}_{\mu s}$ die Diagonalelemente von $\tilde{\tilde{p}}$. Letztere sind auch als Erwartungswerte von ρ, gebildet mit den AO's $\chi_{\mu s}$, zu interpretieren. Als Erwartungswerte haben die $\tilde{\tilde{q}}_{\mu s}$ eine wichtige Stationaritätseigenschaft. Nehmen wir an, wir ändern die anderen $\chi_{\nu t}$ ab, ohne ρ und $\chi_{\mu s}$ zu ändern, dann bleibt $\tilde{\tilde{q}}_{\mu s}$ das gleiche. Es ist durch $\chi_{\mu s}$ und ρ eindeutig bestimmt. Bei der gleichen Operation ändern sich dagegen $q_{\mu s}$ und $\tilde{q}_{\mu s}$ sehr wohl, in deren Zahlenwerte gehen außer ρ und $\chi_{\mu s}$ auch die übrigen $\chi_{\nu t}$ ein. Die $\tilde{\tilde{q}}_{\mu s}$ haben

* R. Heinzmann, R. Ahlrichs, Theor. Chim. Acta *42*, 33 (1976).

** E.R. Davidson, J. Chem. Phys. *46*, 3320 (1967).

einen weiteren Vorteil. Man braucht zur Berechnung der Wellenfunktion und zur anschließenden Populationsanalyse durchaus nicht die gleiche Basis zu verwenden. Dies wurde von Ahlrichs und Heinzmann (l.c.) erkannt und ausgenutzt. Es empfiehlt sich z.B., im ersten Schritt eine möglichst große Basis zu verwenden, bei der durchaus nicht alle Basisfunktionen Atomen zugeordnet sein müssen. Im zweiten Schritt wählt man dagegen eine möglichst kleine Basis, wobei aber diese Basisfunktionen so gewählt werden, daß die Summe der $\tilde{\tilde{q}}_{\mu s}$ möglichst dicht an der Spur $\tilde{\tilde{p}}$ liegt. Hierbei ergeben sich sog. modifizierte Atomorbitale (MAO's). Einzelheiten findet man in der erwähnten Originalarbeit. Die so berechneten Populationen erweisen sich (ganz anders als die $q_{\mu s}$ nach Mulliken) als außerordentlich stabil gegenüber Änderungen in der Ausgangsbasis, selbst wenn diese völlig unausgeglichen ist.

A 3.8. Fortschritt seit ca. 1978*)

In den letzten 15 Jahren hat die numerische ab-initio-Quantenchemie einen entscheidenden Durchbruch erlebt.

Ab-initio-Rechnungen zu allen möglichen Problemen von chemischem Interesse werden heute allenthalben mit kommerziell vertriebenen *black box*-Programmen erfolgreich durchgeführt. Zu dieser Entwicklung haben auch Fortschritte der Computer-Architektur, insbesondere auf dem Gebiet der Hochleistungs-Workstations, beigetragen. An den eingesetzten Methoden hat sich allerdings nicht so sehr viel geändert, so daß der hier gegebene Überblick noch weitgehend gültig ist.

Nahezu alle quantenchemischen ab-initio-Rechnungen benutzen Basen von Gaußfunktionen, und zwar fast ausschließlich cartesische Gaußfunktionen**). (Gelegentlich werden noch *gaussian lobes* eingesetzt. Die Integrale über diese lassen sich leichter programmieren. Man hat aber mehr Probleme mit numerischer Stabilität und lokaler Rotationsinvarianz. Bei Slaterfunktionen ist nur über Fortschritte bei der Integralberechnung, aber nicht über Anwendungen zu berichten***). Auf numerische oder seminumerische Basen gehen wir später ein.) Wegen der leichten Verfügbarkeit des Programmpakets GAUSSIAN aus der Gruppe von J. A. Pople werden vorwiegend die von Pople vorgeschlagenen Basissätze verwendet, auch wenn sie nicht immer optimal sind. Ein Vorteil ist, daß diese Basissätze in hohem Maße standardisiert sind, so daß Rechnungen mit GAUSSIAN von verschiedenen Autoren an verschiedenen Molekülen durchaus vergleichbar sind. Einen guten Überblick über dieses Programmpaket und über damit mögliche Rechnungen findet man bei Hehre et al.[1)]

Die wichtige Frage, wie die Basen beschaffen sein müssen, damit bei systematischer Vergrößerung der Basis das Ergebnis einer Matrixdarstellung der Schrödingergleichung gegen die exakte Lösung der Schrödingergleichung konvergiert, ist erst relativ spät untersucht worden[2)]. Für die Praxis noch bedeutungsvoller ist die Abhängigkeit des Fehlers von der Basisgröße und die Wahl von Basen bzw. Verfahren, die schnell konvergieren. Hierzu gibt es eine grundlegende Arbeit[3)]. Für eine *even-tempered*-Basis, bei der die Exponentialfaktoren β in (A.3.2) eine geometrische Folge bilden[4)], konnte gezeigt werden, daß der Fehler der Energie von der Basisgröße N wie $[\sim \exp(-\alpha\sqrt{N})]$ abhängt[5)], wobei α eine Konstante ist.

* s. hierzu auch W. Kutzelnigg, J. Mol. Struct. Theochem *181*, 33 (1988).
** Zur Berechnung der Integrale über Gauß-Funktionen s. V. R. Saunders, in *Methods in Computational Molecular Physics*, G. H. F. Diercksen, S. Wilson ed., Reidel, Dordrecht 1983.
*** J. Grotendorst u. E. O. Steinborn, Phys. Rev. A *38*, 3857 (1988).
1 W. J. Hehre, L. Radom, P. v. R. Schleyer and J. A. Pople, *Ab-initio Molecular Orbital Theory*, Wiley, New York 1986.
2 B. Klahn, J. Chem. Phys. *83*, 5749, 5754 (1985) und dort zitierte Literatur.
3 R. N. Hill, J. Chem. Phys. *83*, 1173 (1985).
4 M. W. Schmidt, K. Ruedenberg, J. Chem. Phys. *71*, 3959 (1979).
5 W. Kutzelnigg, Int. J. Quant. Chem., im Druck 1994.

Es gab eine Reihe technischer Fortschritte bei der Programmierung von SCF-Rechnungen. Hierzu gehört, daß man nicht alle $N^4=8$ Zweielektronenintegrale berechnet (deren Zahl viel zu groß wäre), sondern daß man vor der Integralberechnung abschätzt, welche Integrale zum Ergebnis signifikant beitragen, und man dann nur diese berechnet[*]. Vielfach sind auch das noch zu viele Integrale, um diese vor der eigentlichen SCF-Rechnung abspeichern zu können. Hier helfen die sog. direkten SCF-Verfahren weiter[**], bei denen die Zweielektronen-Integrale nicht abgespeichert, sondern von Fall zu Fall neu berechnet werden, sobald sie gebraucht werden. Den Aufwand für die Mehrberechnung nimmt man in Kauf, wenn man dadurch mit weniger peripherem Speicher auskommt. Bei einem ‚semidirekten' Verfahren[*] wird nur ein Teil der Integrale abgespeichert, nämlich diejenigen, deren Berechnung besonders aufwendig ist. Einiges hat sich auch getan bei der Beschleunigung des SCF-Verfahrens, wobei besonders das DIIS-Verfahren (direct inversion in iterative space) von Pulay zu erwähnen ist[***], bei dem man mit erheblich weniger Iterationen auskommt.

SCF-Rechnungen werden heutzutage routinemäßig auch von Nichtexperten durchgeführt, z. B. als Ergänzung zu experimentellen Arbeiten. Daß bei SCF-Rechnungen die Basiswahl oft entscheidend ist und daß SCF-Rechnungen vielfach nicht ausreichen, hat sich mittlerweile auch unter *reinen Anwendern* herumgesprochen. Unter den Verfahren zur genäherten Erfassung der Elektronenkorrelation hat sich das Møller-Plesset-Verfahren 2. Ordnung (MP2) zu einer Art Standard für Routine-Rechnungen entwickelt und in der Regel gut bewährt. Bei Routinerechnungen ist es inzwischen selbstverständlich, nicht nur die stationären Punkte einer Potentialhyperfläche zu suchen (für die die erste Ableitung der Energie nach den inneren Koordinaten verschwindet), sondern diese stationären Punkte auch zu charakterisieren als Minima, einfache Sattelpunkte, Sattelpunkte höherer Ordnung etc. (gemäß der Zahl der negativen Eigenwerte der Matrix der 2. Ableitungen, der sog. Hesse-Matrix). Es ist heute ebenso selbstverständlich, für Minima einer Potentialfläche (stabile oder metastabile Konfigurationen) die Nullpunkts-Schwingungsenergie genähert auszurechnen, vor allem, wenn man Isomere vergleichen will, die möglicherweise unterschiedliche Nullpunktsenergien haben.

Rechnungen, die über SCF oder MP2 hinausgehen, sind immer noch eine Aufgabe für Experten. Während das Erreichen des *Hartree-Fock limits* durch systematische Basisvergrößerung keine sehr großen Schwierigkeiten bereitet, ist die genaue Erfassung der Elektronenkorrelation immer noch problematisch. Zur Beschreibung der *nichtdynamischen Korrelation* (Fast-Entartungseffekte, vermiedene Überkreuzungen etc.) eignen sich Multikonfigurationsansätze (MC-SCF)[1], unter

* M. Häser u. R. Ahlrichs, J. Comput. Chem. *10*, 104 (1989)
H. Horn, H. Weiß, M. Häser, M. Ehrig, R. Ahlrichs, J. Comput. Chem. *12*, 1058 (1991).

** J. Almlöf, K. Faegri, K. Korsell, J. Comput. Chem. *3*, 385 (1982).

*** P. Pulay, Chem. Phys. Lett. *73*, 393 (1980). Zu einem verbesserten Verfahren, bei dem der Kommutator von Fock-Matrix und Dichtematrix als Konvergenzkriterium benutzt wird, s. P. Pulay, J. Comput. Chem. *3*, 556 (1982).

1 z. B. H. J. Werner u. P. J. Knowles, J. Chem. Phys. *82*, 5053 (1985).

diesen insbesondere *complete active space* (CAS-SCF)[*)] Verfahren. Bei dem letzteren Ansatz bleiben die inneren Orbitale (Rumpf) doppelt besetzt, während man im Raum der aktiven Orbitale (Valenzorbitale) alle möglichen Slaterdeterminanten mitnimmt. Sowohl die Orbitale als auch die Koeffizienten der Slaterdeterminanten werden optimiert.

Pulay hat eine originelle Vereinfachung des CAS-SCF-Verfahrens vorgeschlagen[**)], bei der man von einer *unrestricted Hartree-Fock*-Rechnung ausgeht und hieraus die natürlichen Orbitale konstruiert.

Für die *dynamische Korrelation*, d. h. die kurzreichweitige Wechselwirkung der Elektronen eignen sich coupled-cluster(CC)-Verfahren, die man unter Einschluß von Einfach- (single) und Doppel(double)-Anregungen (CC-SD) oder unter Mitberücksichtigung von Dreifach(triple)-Anregungen (CC-SDT) oder auch darüber hinaus (z. B. CC-SDTQ) durchführen kann[***)]. Der Rechenaufwand bei CC-SDT ist so groß, daß man auf kleine Systeme beschränkt bleibt (s. hierzu weiter unten).

Recht vorteilhaft sind vereinfachte CC-Verfahren, wie CEPA (s. S. 547) oder das verwandte CPF (coupled-pair functional)[1)].

Wenn sowohl dynamische als auch nichtdynamische Elektronenkorrelation wichtig ist – und das ist eher der Regelfall – müßte man MC-SCF und CC-Ansätze kombinieren. Das ist noch nicht zur vollen Zufriedenheit geglückt. Immerhin stehen in der ACPF-Methode[2)] (averaged coupled pair functional) und den Multireferenz-CEPA-Verfahren[3),4)] brauchbare Näherungen für eine Kombination von MC-SCF und CC zur Verfügung, und es gibt auch leistungsfähige MC-SCF-CI-Verfahren.[5)]

* B. Roos, J. R. Taylor, P. Siegbahn, Chem. Phys. *48*, 157 (1980).

** P. Pulay u. T. D. Hamilton, J. Chem. Phys. *88*, 4926 (1988)
J. M. Bofill u. P. Pulay, J. Chem. Phys. *90*, 3637 (1989).

*** Zu Originalzitaten zur Coupled-Cluster(CC)-Methode s. S. 546, sowie J. Cizek, J. Chem. Phys. *45*, 4256 (1966).
Einen Überblick über die CC-Methode findet man bei R. J. Bartlett, J. Phys. Chem. *93*, 1697 (1989). Eine didaktische gute Einführung in CC und many-body perturbation-Methoden mit Anwendungen bei Atomen geben I. Lindgren und J. Morrison in *Atomic Many-Body Theory*, Springer, Berlin 1982. Bzgl. eines Vergleiches von CEPA und CC-Methoden s. S. Koch u. W. Kutzelnigg, Theoret. Chim. Acta *59*, 387 (1981). Eine allgemeine Analyse des CC-Ansatzes und Diskussionen möglicher Verbesserungen findet man bei W. Kutzelnigg, Theoret. Chim. Acta *80*, 349 (1991).

1 R. Ahlrichs, P. Scharf, C. Ehrhardt, J. Chem. Phys. *82*, 890 (1985).

2 R. J. Gdanitz, R. Ahlrichs, Chem. Phys. Lett. *143*, 413 (1988).

3 P. J. A. Ruttnik, J. H. van Lenthe, R. Zwaans, G. C. Groenenboom, J. Chem. Phys. *94*, 7212 (1991).

4 R. Fink u. V. Staemmler, Theoret. Chim. Acta 1993, im Druck.

5 z. B. H.-J. Werner, P. J. Knowles, J. Chem. Phys. *89*, 5803 (1988).

In jüngerer Zeit sind auch sogenannte *full-CI*-Rechnungen möglich geworden. Man geht dabei von einer bestimmten Einelektronenbasis aus, konstruiert alle aus dieser Basis darstellbaren Slaterdeterminanten Φ_μ und entwickelt die gesuchte Wellenfunktion Ψ nach diesen[*]. Man erhält so das für diese Basis bestmögliche Ergebnis. Solche full-CI-Rechnungen sind allerdings nur für relativ kleine Basen durchzuführen, für die man eine Übereinstimmung mit dem Experiment noch nicht erwarten kann. Das Hauptinteresse an full-CI-Rechnungen besteht darin, daß diese eine Art *benchmark* für Näherungsverfahren (wie z. B. coupled-cluster-Ansätze) sind. Reproduziert man für die gleiche Basis mit einem genäherten Verfahren die full-CI-Ergebnisse, so gilt das generell als Ermutigung.

Es sei noch erwähnt, daß die meisten der bisher erwähnten CI-artigen Verfahren von *direktem* Typ sind, d. h. (vgl. dazu auch S. 539) nach dem Vorschlag von Roos[**] werden Matrixdarstellungen eines Mehrteilchen-Hamiltonoperators nie explizit berechnet, sondern nur das Ergebnis der Anwendung einer Matrix auf einen Vektor. Matrixeigenwerte werden iterativ berechnet, wobei sich das sog. Davidson-Verfahren bewährt hat[***].

Für den praktischen Durchbruch der ab-initio-Rechnungen haben sich Verfahren als wichtig erwiesen, bei denen unmittelbar erste oder zweite (auch höhere) Ableitungen der Energie nach den inneren Koordinaten berechnet werden.

Mit Hilfe solcher Gradientenmethoden kann man z. B. vollautomatisch Energieminima als Funktion der Koordinaten finden (Geometrieoptimierung). Solche Verfahren sind auf SCF-Niveau, auf MP2-Niveau und auf höheren Näherungsstufen verfügbar[1].

Für den Erfolg der Gradientenmethoden war zunächst die Beobachtung von Pulay wichtig[2], daß man zur Berechnung der ersten Ableitung der Energie nach den inneren Koordinaten nur die Ableitungen der Integrale, nicht die der Wellenfunktion benötigt. Für zweite und dritte Ableitungen der Energie kann man die erforderliche Ableitung der Wellenfunktion mit Coupled-Hartree-Fock-ähnlichen Verfahren berechnen[3].

Eine noch nicht so populäre Alternative zur Geometrieoptimierung mit Hilfe von Gradienten sind die Methoden[4],[5] vom Typ des *simulated annealing*[*], bei denen

* N. C. Handy, Chem. Phys. Lett. *111*, 315 (1984).
** B. Roos, Chem. Phys. Lett. *15*, 153 (1972).
*** E. R. Davidson, J. Comput. Phys. *17*, 87 (1975).
1 s. z. B. die Übersichtsartikel: P. Pulay, Adv. Chem. Phys. *69*, 241 (1987)
T. Helgaker u. P. Jørgensen, Adv. Quant. Chem. *19*, 183 (1988)
J. Gauss u. D. Cremer, Adv. Quant. Chem. *23*, 205 (1992).
2 P. Pulay, Mol. Phys. *17*, 197 (1969).
3 J. Gerratt u. I. M. Mills, J. Chem. Phys. *49*, 1719 (1968), R. Moccia, Chem. Phys. Lett. *3*, 260 (1970), J. A. Pople, R. Krishnan, H. B. Schlegel, J. S. Binkley, Int. J. Quant. Chem. *13*, 225 (1979), J. F. Gaw u. N. C. Handy, R. Soc. Chem. Ann. Rep C, 291 (1984).
4 R. Car u. M. Parrinello, Phys. Rev. Lett. *55*, 2471 (1985).
5 B. Hartke u. E. A. Carter, J. Chem. Phys. *97*, 6569 (1992).

man die Kernkoordinaten und die Parameter der elektronischen Wellenfunktion gleichzeitig relaxiert und durch einen Überschuß an kinetischer Energie der Kernbewegung und langsams *Abkühlen* dafür sorgt, daß man möglichst im globalen und nicht in einem lokalen Minimum landet.

Zur Abschätzung des Rechenbedarfs eines quantenchemischen Verfahrens ist es wichtig zu wissen, wie es mit der Zahl der Elektronen skaliert bzw. mit der Zahl N der Basisfunktionen, die man in der Regel etwa proportional zur Zahl der Elektronen wählt. Ein *brute force* SCF-Verfahren geht wie $\sim N^4$, durch Ausnutzung der zu Beginn dieses Abschnitts besprochenen Tricks (s. S. 559) kann man zumindest für große N eine $\sim N^2$- bis $\sim N^3$-Abhängigkeit erreichen, was eine entscheidende Verbesserung bedeutet. Vorgeschlagene MP-, CI- oder CC-artige Verfahren haben N-Abhängigkeiten zwischen $\sim N^5$ (MP2) und $\sim N^{10}$ (volles CC-SDTQ). Zu den z. Zt. *besten* Verfahren gehören diejenigen vom CCSD(T)-Typ bei denen die *triples* nur näherungsweise (nicht iterativ) berechnet werden. Diese gehen wie $\sim N^7$. Solange man von der hohen Teilchenzahlabhängigkeit nicht wegkommt – was vielleicht durch systematischen Übergang zu einer lokalisierten Darstellung möglich ist[**)] – hat man bei wirklich großen Molekülen wenig Chancen jenseits von Hartree-Fock.

Ähnlich wichtig wie die Skalierung des Rechenaufwands mit der Zahl der Elektronen (oder der beteiligten Atome) ist die Abhängigkeit des Fehlers vom Rechenaufwand bei festgehaltener Elektronenzahl.

Besonders kritisch ist die Konvergenz von CI- oder CC-artigen Methoden mit der Größe der Basis. Man weiß, daß der Fehler ΔE der Energie wie $(L+1)^{-3}$ geht, wobei L der höchste in der Basis gesättigte Drehimpuls ist[***)]. Will man den Fehler um ca. den Faktor 10 verringern, muß man das maximale L mindestens verdoppeln. Da die Zahl der erforderlichen Basisfunktionen zu einem L mindestens wie L geht, ist etwa eine Vergrößerung der Basis um den Faktor 4 erforderlich, bei einem Rechenaufwand wie $\sim N^5$ (etwa bei MP2) bedeutet das eine Erhöhung des Rechenaufwandes um einen Faktor $4^5 \approx 1000$. Diese Abschätzung ist recht entmutigend und eigentlich eine Herausforderung, sich um besser konvergierende Verfahren zu kümmern. Hier setzen die Chancen von Methoden ein, bei denen man Wellenfunktionen verwendet, die explizit vom interelektronischen Abstand abhängen, womit eine korrekte Beschreibung des interelektronischen Cusps möglich wird, und bei denen man die langsame Konvergenz der CI-Entwicklungen vermeidet. Dabei sind zu nennen die Verwendung der sog. Gauß'schen Geminale[1)] und Ansätze mit linearen r_{12}-Termen[2)] (Stichwort MP2-R12, CCSD-R12 etc.). Der entscheidende

* S. Kirkpatrick, C. D. Gelatt, Jr., M. D. Vecchi, Science *220*, 671 (1983).

** Szaebø u. Pulay l. c.

*** W. Kutzelnigg u. J. D. Morgan III, J. Chem. Phys. *96*, 4482 (1992).

1 K. Szalewicz, B. Jeziorski, H. J. Monkhorst, J. G. Zabolitzky, J. Chem. Phys. *78*, 1420 (1983); *79*, 554 (1983).

2 W. Kutzelnigg, Theoret. Chim. Acta *68*, 445 (1985)
W. Klopper u. W. Kutzelnigg, Chem. Phys. Lett. *134*, 17 (1986)

Durchbruch bei letzteren bestand darin, daß die Berechnung *schwieriger* Integrale vermieden wird.

Bei gleicher Basis ist der Rechenaufwand bei MP2-R12 etwa 5mal größer als bei konventionellem MP2, aber man reduziert den Fehler der Energie um etwa einen Faktor 10. Bei CC-SD-R12 hat man einen ähnlichen Gewinn an Genauigkeit, bei praktisch unverändertem Rechenaufwand, gegenüber konventionellem CC-SD mit der gleichen Basis*).

Zu den Großverbrauchern an Rechenleistung gehören die Anwender im Bereich der Verbindungen der Übergangsmetalle**), die teilweise recht erfolgreich waren, etwa bei biologisch wichtigen Übergangsmetallkomplexen wie Häm***) oder bei Metallclustern[1]), die aber teilweise auch zu frustrierenden Ergebnissen führten, etwa wenn es um zweiatomige Moleüle von Übergangsmetallverbindungen, wie Ni_2 oder Cr_2 ging. Das Problem beim Ni_2 ist, daß das Ni-Atom energetisch dicht beieinanderliegende Zustände der Konfigurationen $3d^{10}$, $3d^94s$, $3d^84s^2$ hat, die alle an der Molekülbildung beteiligt sind. Nun haben aber die Zustände zu diesen Konfigurationen sehr unterschiedliche Korrelationsenergien, und man kann ein gutes Ergebnis einer Molekülrechnung nur erwarten, wenn diese auch in der Lage ist, die energetischen Abstände der tiefsten atomaren Zustände richtig zu erfassen. Dazu braucht man aber sehr große Basen für die Atome, die man bei Molekülen nicht durchsteht[2]). Hier muß man sich vermutlich neue Ansätze ausdenken, z. B. Verfahren mit expliziter r_{12}-Abhängigkeit. Auch Dichtefunktionalrechnungen (s. weiter unten) sind oft erfolgreich, obwohl noch nicht wirklich verstanden ist, warum.

Die in Abschn. A.3.5 als *weniger konventionell* charakterisierten Verfahren gehören heute längst zum Standard des Methodenapparates der Quantenchemie, das gilt sowohl für die bereits erwähnten coupled-cluster-Methoden als auch für die Mehrteilchen-Störungstheorie[3]), obwohl letztere viel an Attraktivität verloren hat, seit es Hinweise gibt[4]), daß die Störentwicklung vielfach nicht oder nur sehr langsam konvergiert.

* W. Kutzelnigg u. W. Klopper, J. Chem. Phys. *94*, 1985 (1991)
J. Noga, W. Kutzelnigg, W. Klopper, Chem. Phys. Lett. *199*, 497 (1992).

** s. z. B. D. Salahub, in *Ab-initio Methods in Quantum Chemistry II*, K. P. Lawley ed. Adv. Chem. Phys. *69*, 447 (1987), sowie P. E. M. Siegbahn, U. Wahlgren in *Reaction Energetics on Metal Surfaces; Theory and Applications*, E. Shustorovich (ed.) VCH, Weinheim 1992.

*** A. Dedieu, M. M. Rohmer, A. Veillard, Adv. Quant. Chem. *16*, 43 (1982);
A. Veillard, Chem. Rev. *91*, 743 (1991).

1 M. A. Nygren, P. E. M. Siegbahn, U. Wahlgren, H. Åkeby, J. Chem. Phys. *96*, 3633 (1992); H. Tatewaki, M. Tomonary, Canad. J. Chem. *70*, 642 (1992).

2 C. W. Bauschlicher, P. E. M. Siegbahn, L. G. M. Pettersson, Theoret. Chim. Acta *74*, 479 (1988).

3 Einen guten Überblick über die Mehrteilchenstörungstheorie findet man bei Lindgren l. c. Zur Geschichte und den wesentlichen Aspekten der Mehrteilchen-Störungstheorie, s. W. Kutzelnigg, in *Applied Many-Body Methods in Spectroscopy and Electronic Structure*, D. Mukherjee ed., Plenum, New York 1992.

4 N. C. Handy, P. J. Knowles, K. Somasundram, Theoret. Chim. Acta *68*, 87 (1985).

Als *unkonventionell* würde man heute z. B. Methoden bezeichnen, die auf der Analogie zwischen der Schrödingergleichung und der Diffusionsgleichung beruhen (Stichwort Green-Funktion Monte-Carlo) und die trotz vieler Vorschußlorbeeren und großer Anstrengungen noch keine echte Konkurrenz zu den konventionellen quantenchemischen Methoden darstellen (von Ausnahmefällen, wie H_3^+, abgesehen)[*].

Interessant sind Ansätze, bei denen man auf eine Entwicklung nach Basisfunktionen herkömmlicher Art verzichtet und das Konzept der finiten Elemente oder der finiten Differenzen einsetzt. Derartige Ansätze haben sich bei Hartree-Fock-Rechnungen an linearen Molekülen sehr bewährt, aber kaum noch darüber hinaus[**].

Recht originell, aber von begrenztem Anwendungsbereich ist die *seminumerische* Methode von McCullough[***], die auf zweiatomige Moleküle beschränkt ist. Man wählt elliptische Koordinaten und macht bzgl. der einen der beiden elliptischen Koordinaten eine Entwicklung nach Legendre-Polynomen, während man die andere elliptische Koordinate nach der Methode der finiten Elemente behandelt.

Die vielfach totgesagte Valence-bond-Methode wird gelegentlich wieder zum Leben erweckt und erfreut sich z. Zt. einer gewissen Popularität[1]. Nur Eingeweihte wissen, daß *generalized valence bond (GVB)*[2] alles andere als eine verallgemeinerte, eher eine sehr eingeschränkte VB-Näherung ist.

Wirklich unkonventionell, aber durchaus reizvoll ist die Methode der sog. Dimensionalitätsentwicklung[3]. Man kann die Schrödingergleichung außer für die reale dreidimensionale Welt ($D = 3$) auch für andere Dimensionen formulieren, z. B. $D = 1$. Besonders einfach ist vielfach der Grenzfall $D \rightarrow \infty$, von dem aus man störungstheoretisch auf $D = 3$ schließen kann. Einige grundsätzliche Probleme sind gelöst, aber der Weg zu einer chemierelevanten Anwendung ist noch weit.

Ein wirklich ernstzunehmender Konkurrent ist den Standard-ab-initio-Verfahren inzwischen in den *Dichtefunktionalansätzen* erwachsen. Dichtefunktionale kennt man zwar schon lange, und insbesondere aus der Festkörpertheorie sind sie nicht hinwegzudenken. Im Rahmen der Dichtefunktionaltheorie versucht man, die Energie als Funktional der Elektronendichte zu formulieren (was im Prinzip

* P. J. Reynolds, D. M. Ceperley, B. J. Alder, W. A. Lester jr., J. Chem. Phys. *77*, 5593 (1982) J. B. Andersen, J. Chem. Phys *96*, 307 (1992).

** L. Laaksonen, P. Pyykkö, D. Sundholm, Int. J. Quant. Chem. *23*, 309 (1983) D. Sundholm, P. Pyykkö, L. Laaksonen Mol. Phys. *56*, 1419 (1985) D. Heinemann, A. Rosén, B. Fricke, Phys. Scripta *42*, 692 (1990).

*** E. A. McCullough, J. Chem. Phys. *62*, 3991 (1975), J. Phys. Chem. *86*, 2178 (1982).

1 s. z. B. D. L. Cooper, J. Gerratt and M. Raimondi in *Ab-initio methods in Quantum Chemistry II*, K. P. Lawley ed., Adv. Chem. Phys. *69*, 319 (1987), R. McWeeny, in *Computational Molecular Physics*, S. Wilson, G. H. F. Diercksen ed., Plenum, New York 1992.

2 W. A. Goddard III, L. B. Harding, Ann. Rev. Phys. Chem. *29*, 363 (1978).

3 J. G. Loeser, D. R. Herschbach, J. Chem. Phys. *86*, 2114 (1987) D. R. Herschbach et al. eds., *Dimensional Scaling in Chemical Physics*, Kluwer, Dordrecht 1993.

gehen sollte, wobei man sich vielfach auf das sog. Hohenberg-Kohn-Theorem*) beruft, das aber für die Formulierung einer Dichtefunktionaltheorie wenig hilfreich ist) und die optimale Dichte variationell zu bestimmen. Es ist relativ leicht, die Wechselwirkung zwischen Elektronen und Kernen sowie den Hauptanteil der Elektronenwechselwirkung als Funktional der Dichte darzustellen. Große Schwierigkeiten macht die Formulierung der kinetischen Energie als Funktional der Dichte, und auch Dichtefunktionale für Austausch und Korrelation sind nicht leicht zu konstruieren. Die populärsten Dichtefunktionalansätze vom *Kohn-Sham-Typ* **) sind eigentlich keine echten Dichtefunktionalansätze, da die kinetische Energie nicht als Dichtefunktional berechnet wird, sondern exakt quantenmechanisch für ein Modellproblem nicht-wechselwirkender Teilchen. Der darüber hinausgehende Anteil der kinetischen Energie wird zum Austausch-Korrelationspotential geschlagen, das – in Analogie zu Resultaten für das homogene Elektronengas – mehr oder weniger geraten wird. Derartige *Dichtefunktional*-Rechnungen erfolgen iterativ, ähnlich wie bei Hartree-Fock. In jedem Iterationszyklus werden Orbitale gewonnen, aus denen man dann die Dichte generiert. Die Ergebnisse sind meist erstaunlich gut, besser als für konventionelle quantenchemische Rechnungen bei erheblich geringerem Aufwand. Dichtefunktionalansätze zeigen eine Tendenz zur Überschätzung der Bindungsenergie (während Hartree-Fock-Rechnungen diese gewaltig unterschätzen). Der Grund dafür, daß Dichtefunktionalmethoden bisher in der Quantenchemie einen schweren Stand hatten, liegt hauptsächlich darin, daß einerseits nicht einsichtig ist, warum diese Methoden so gut arbeiten, und daß andererseits kein Rezept vorliegt, wie man die Rechnung systematisch verbessern kann, wenn die Ergebnisse nicht gut genug sind. Die zunehmende Popularität der Dichtefunktionalmethoden in jüngerer Zeit hat sicher auch etwas mit neuen verbesserten Funktionalen zu tun, vor allem dem Austauschfunktional von Becke***) sowie dem Korrelationsfunktional von Colle-Salvetti[1)], modifiziert von Lee et al.[2)]. Einen guten Überblick über die Dichtefunktionaltheorie aus der Sicht der Chemie geben Parr und Yang[3)]. Einen weitgehend vollständigen Überblick über die relevante Literatur findet man bei Kryachko und Ludena[4)].

Bei quantenchemischen Rechnungen geht es zunächst um die Energie sowie um Größen, die unmittelbar mit der Energie zusammenhängen, wie Gleichgewichtsgeometrie, Kraftkonstanten etc.. In zunehmendem Maße gewinnen aber auch sog. *Eigenschaften* an Interesse, die z. B. mit dem Verhalten eines Moleküls in einem elektrischen oder magnetischen Feld zu tun haben.

* P. Hohenberg, W. Kohn, Phys. Rev. *136*, B864 (1964).
** W. Kohn, L. J. Sham, Phys. Rev. *140*, A1133 (1965).
*** A. D. Becke, Phys. Rev. A *38*, 3098 (1988) , s. auch J. P. Perdew u. W. Yue, Phys. Rev. B *33*, 8800 (1986).
1 R. R. Colle, O. Salvetti, Theoret. Chim. Acta *37*, 329 (1975).
2 C. Lee, W. Yang, R. G. Parr, Phys. Rev. B *37*, 785 (1988).
3 R. G. Parr, W. Yang, *Density-functional Theory of Atoms and Molecules*, Oxford Univ. Press 1989.
4 E. S. Kryacho, E. V. Ludena, *Energy Density Functional Theory of Many-Electron Systems*, Kluwer, Dordrecht 1990.

Eine besonders wichtige Eigenschaft ist die chemische Verschiebung eines Kerns, wie sie in der kernmagnetischen Resonanz-Spektroskopie (NMR) untersucht wird.

Chemische Verschiebungen lassen sich relativ leicht messen und zum Glück auch mit nicht allzugroßem Aufwand befriedigend genau berechnen[*)**)]. Der Vergleich berechneter und gemessener chemischer Verschiebungen hat sich zu einem wichtigen Hilfsmittel zur Stukturaufklärung entwickelt[***)].

Eine Arbeitsrichtung der theoretischen Chemie, die in den nächsten Jahren zunehmend an Bedeutung gewinnen wird, ist die *Relativistische Quantenchemie.* Vor allem für die Chemie (und Strukturchemie) der schweren Atome spielen relativistische Effekte eine wichtige Rolle. Mit einigem Grund kann man Gold als das *relativistischste aller Elemente* ansehen und viele Besonderheiten der Goldchemie lassen sich auch qualitativ nur im Rahmen der relativistischen Quantenchemie verstehen. Auch bei leichteren Atomen sind relativistische Effekte wichtig, wenn man hohe Genauigkeit anstrebt. Einen schönen Überblick über relativistische Effekte in der Chemie gibt Pyykkö[1)], dem wir auch eine nahezu vollständige Bibliographie zur relativistischen Quantentheorie verdanken[2)]. Auch kann noch auf einen Übersichtsartikel über Methoden und gewisse Grundlagenfragen der relativistischen Quantenchemie hingewiesen werden[3)].

* s. z. B. W. Kutzelnigg, U. Fleischer, M. Schindler, in *NMR Basic Principles and Progress*, Vol. 23, Springer, Berlin 1990.

** J. A. Tossel ed., *Nuclear Magnetic Shielding and Molecular Structure*, Kluwer, Dordrecht 1993.

*** s. z. B. M. Bühl u. P. v. R. Schleyer, in *Electron Deficient Boron and Carbon Clusters*, G. A. Olah et al. ed. Wiley, New York 1991.

1 P. Pyykkö, Chem. Rev. *88*, 563 (1988).

2 P. Pyykkö, Lecture Notes in Chemistry, Vol. *41* (1986), Fortsetzung in Vorbereitung.

3 W. Kutzelnigg, Physica Scripta *36*, 416 (1987).

Namensregister für Teil II

Sachregister für die Teile I und II

Die vorangestellten römischen Ziffern bezeichnen die beiden Teile
(Teil I: Quantenmechanische Grundlagen, Teil II: Die Chemische Bindung)

Lightning Source UK Ltd.
Milton Keynes UK
UKOW040752290212

188065UK00002B/1/P

9 783527 306091